普通高等教育农业农村部"十三五"规划教材

北京市高等教育精品教材

农药残留分析原理与方法

第二版

刘丰茂　潘灿平　钱传范　主编

化学工业出版社

·北京·

内 容 简 介

本书在第一版的基础上，结合农药残留分析领域最新技术成果与发展前沿，系统介绍了农药残留分析的发展、农药残留分析的前处理技术以及气相色谱法、液相色谱法、薄层色谱法、农药残留快速分析技术、免疫分析技术、毛细管电泳技术等内容，还介绍了植物源产品、动物源产品和环境样品中农药多残留分析方法以及手性农药残留分析、茶叶特殊基质中农药残留的检测方法。另外，本书还对农药残留的不确定度评价、实验室质量管理规范等内容进行了介绍。

本书力图涵盖农药残留分析的基本理论、方法与最新进展，可作为高等院校农药、农产品安全、食品科学、环境安全等专业本科生、研究生课程教材，也可供农药残留分析检测人员及科研与管理人员参考。

图书在版编目（CIP）数据

农药残留分析原理与方法/刘丰茂，潘灿平，钱传范
主编. —2 版. —北京：化学工业出版社，2021.7
ISBN 978-7-122-39005-9

Ⅰ. ①农… Ⅱ. ①刘… ②潘…③钱… Ⅲ. ①农药
残留量分析-高等学校-教材 Ⅳ. ①X592.02

中国版本图书馆 CIP 数据核字（2021）第 076078 号

责任编辑：刘 军 孙高洁 　　　　　文字编辑：李娇娇 陈小滔
责任校对：王 静 　　　　　　　　　装帧设计：王晓宇

出版发行：化学工业出版社（北京市东城区青年湖南街 13 号 邮政编码 100011）
印　　刷：北京京华铭诚工贸有限公司
装　　订：三河市振勇印装有限公司
787mm×1092mm 1/16 印张 38 字数 1009 千字 2021 年 9 月北京第 2 版第 1 次印刷

购书咨询：010-64518888 　　　　　　　售后服务：010-64518899
网　　址：http://www.cip.com.cn
凡购买本书，如有缺损质量问题，本社销售中心负责调换。

定　　价：128.00 元

本 书 编 写 人 员 名 单

主　　编： 刘丰茂　潘灿平　钱传范
编写人员：（按姓名汉语拼音排序）

卞艳丽　山东省农药科学研究院
董丰收　中国农业科学院植物保护研究所
韩丽君　中国农业大学
侯志广　吉林农业大学
贾　丽　北京市理化分析测试中心
李　莉　中国科学院动物研究所
梁　林　山东省农药科学研究院
刘　丹　中国农业大学
刘东晖　中国农业大学
刘丰茂　中国农业大学
刘曙照　扬州大学
刘艳萍　广东省农业科学院植物保护研究所
刘颖超　河北农业大学
罗逢健　中国农业科学院茶叶研究所
马立利　北京市理化分析测试中心
潘灿平　中国农业大学
钱传范　中国农业大学
王鸣华　南京农业大学
王素利　河北北方学院
吴俊学　北京市农林科学院
徐　军　中国农业科学院植物保护研究所
薛佳莹　安徽农业大学
薛晓峰　中国农业科学院蜜蜂研究所
杨晓云　华南农业大学
尤祥伟　中国农业科学院烟草研究所
张红艳　中国农业大学
张新忠　中国农业科学院茶叶研究所
赵尔成　北京市农林科学院
周　利　中国农业科学院茶叶研究所
邹　楠　山东农业大学

农药是重要的农业生产资料，在现代农业生产中发挥了重要的作用。在农药的研发、生产、销售、登记和监管等各个环节中，农药残留分析和产品质量分析都是非常重要的手段。

由我国著名学者钱传范先生主编、刘丰茂和潘灿平教授等副主编完成的《农药残留分析原理与方法》一书，自 2011 年出版以来得到国内众多农药科研工作者和高等院校研究生、本科生的关注。该书的章节涉及农药残留研究与管理的主要方面，涵盖了残留分析的基本原理、检测方法、质量控制、管理法规等内容，该书在农药学学科建设方面发挥了重要作用。

近年来我国农药管理法规逐步完善，在农药残留标准体系建设和登记管理方面借鉴了国际食品法典和发达国家的诸多做法。我国的农药残留标准体系不断完善，实施了新的《农药管理条例》，有关管理部门出台了配套的农药登记资料要求和试验测试准则。农药残留分析方法方面也出现了高分辨质谱、更快捷的前处理技术等新变化。为适应农业绿色发展的需要，该书著作者们投入了大量时间和精力对全书做了修订，予以再版。在修订版本中，他们将最新的农药残留管理政策、研究成果予以编入，也修订了使用中发现的一些问题，使得该书与时俱进，具有更好的可读性和参考性。

该书是一本很好的农药学和相关专业的教材，我相信会受到广大在校学生的欢迎。同时，《农药残留分析原理与方法》一书的再版，将会为我国农药研究、管理、教学、生产、贸易等领域的工作者提供有价值的参考。

中国工程院院士，贵州大学校长

2021 年元月

前言

PREFACE

《农药残留分析原理与方法》(第一版，2011年)是很多高等学校相关课程的教材和参考书，全国70余家农药残留试验单位以及科研院所也将其作为重要技术参考资料，在使用过程中，得到了众多读者的肯定。2013年，该书入选"北京市高等教育精品教材"。但由于农药残留分析新的技术和方法不断涌现，再加上近几年我国在农药管理政策上的变革，对农药残留技术层面也有了更高和更新的要求。为了让学生在课堂上接受与科技发展以及与现实要求匹配的教育，及时对《农药残留分析原理与方法》进行修订很有必要。

本次修订在第一版的基础上，紧密结合我国农药残留管理的政策重大变化及相关技术要求、国际食品法典农药残留委员会最新研究成果以及发达国家农药管理和研究的特色等进行更新，增加了近年来的新技术、新的农药管理政策、相关技术的新要求以及国际食品法典农药残留委员会最新研究成果，以提高其实用性。2019年，本书第二版入选"第二批农业农村部'十三五'规划教材"名单，为第二版的撰写奠定了新的高度。《农药残留分析原理与方法》(第一版)主编钱传范先生今年已九十高龄，她对第二版的编写工作多次提出指导性建议。本书的编写工作由国内农药残留分析相关教学与研究的部分高校及科研机构专家共同完成。

本书各章编写及修订人员分工如下：第一章为刘丰茂、刘颖超、尤祥伟，第二章为赵尔成、马立利、潘灿平、刘丰茂，第三章为刘丰茂、卞艳丽，第四章为王素利、刘颖超、赵尔成、潘灿平、刘丰茂、马立利、贾丽，第五章为赵尔成、吴俊学、张红艳、刘丰茂，第六章为侯志广、薛佳莹、周利、潘灿平，第七章为刘丹，第八章为刘丹、刘东晖、邹楠，第九章为刘曙照，第十章为韩丽君，第十一章为董丰收、王鸣华，第十二章为韩丽君、刘丰茂、潘灿平，第十三章为李莉、薛晓峰，第十四章为杨晓云，第十五章为罗逢健、张新忠，第十六章为徐军、刘艳萍、梁林、潘灿平。审稿由韩丽君、侯志广、李莉、刘丹、刘东晖、刘曙照、刘颖超、尤祥伟、王鸣华、王素利、张红艳、张新忠、周利共同完成。全书最后由刘丰茂、潘灿平定稿。

在此，我们要特别感谢第一版编写人员，他们在第一版承担的编写工作，为修订奠定了基础，第二版的很多章节沿用了第一版的内容。对他们的贡献，在此致以诚挚的谢意。同时，还要感谢在本书编写和审校过程中，周启圳、王文卓、王冬伟、陈蕊、李晓晗、高志强、王娟、戴岳、刘成成、张贤钊等研究生的参与。

本书继续定位于教学教材、相关课题研究的工具书，为学生提供一个完整的农药残留分析原理与技术体系，与其研究和就业需求相适应，提高教材的适用性。本书所涉及领域广泛，内容撰写较多，但由于编者水平所限，这次修订难免有疏漏之处，欢迎读者批评和指正。

中国工程院院士、贵州大学校长宋宝安教授为本书作序。特此致谢。

编者

2020 年 12 月

第一版前言

　　农药在防治作物病虫草害上起了极为重要的作用，可提高农产品质量和单位面积产量，但随着农药的广泛使用，其在各种作物、土壤、水域和环境中的残留问题也显露出来，有时造成一些食品安全和环境污染事故，不仅危害了人体健康和环境，还会影响到国际国内贸易。研究和了解农药在农作物、食品和环境中的残留问题，提出控制、减少或解决的办法，以保证人体健康和保护环境，是政府部门和科学工作者的责任，也不断对农药残留的管理、检测和监控等方面提出了更高的要求。

　　农药残留分析是综合性的学科、技术和方法，属于痕量分析，涉及的范围广。首先，使用的农药种类多，我国已登记的农药有效成分 600 多种，其生物活性各异，各类农药的性质有很大不同，测定时有时要包括有毒代谢物、降解产物和相关杂质等，检测对象的数量就更多；其次，农药残留测试的样品类型也很广泛，有各种农畜产品、食品和环境样品等，各类样品中的干扰杂质均不相同。为了保护人民的健康，我国和其他国家制定的农药在食品和农产品中的最高残留限量都比较低，质量分数一般在百万分之几（如 mg/kg）或亿万分之几（μg/kg）。样品中农药残留量很少，即化学结构各异的痕量农药及其有毒代谢物存在于复杂的样品基质中。除规范田间残留试验等样品外，一般农药残留分析样品的待测组分是未知的，需要对待测组分进行筛选和确证。

　　实验室内的农药残留分析方法主要分为样品前处理和仪器分析两个部分，其中样品前处理时间约占整个分析方法的 60%。为了从复杂的样品基质中检测痕量的未知农药及其代谢物，通常需要将农药从基质中提取出来，分离其中的杂质，再进行检测和确证。本书重点介绍了农药的提取和净化的技术和新进展，如少溶剂或无溶剂化、操作简单的前处理方法；在仪器分析方面以色谱、气/质和液/质联用新技术、酶联免疫吸附测定法等为重点，其他如毛细管电泳、薄层色谱法、酶抑制法等也作了介绍；在测定方法上主要集中在第十二章介绍了国内外农药的多残留分析，重点讨论了采用基质分散净化的 QuEChERS 法、日本的肯定列表制度及我国制定的各类标准，以及一些特殊类型的农药分析方法、特殊基质如茶叶中残留农药分析方法。在本书的前面部分介绍了农药残留分析方法的基本概念和对检测农药的确认；残留分析样品的采集、包装和运输。在农药残留问题上消费者的信心、食品贸易的决策及管理机构的调控等，都与农药残留分析工作的质量有关。本书的最后两章介绍了残留分析结果的不确定度评价与实验室分析质量保证与质量控制的一般原则和良好实验室规范（GLP），并介绍了几个主要国家的农药管理法规、国际食品法典委员会、农药残留联席会议、国际食品法典农药残留委员会组织等机构和职责，以及农药残留的农药风险评估等内容。

本书是在中国农业大学多年农药残留分析教学和科研的基础上，主要是由该校农药分析与环境毒理教研组的同事们和国内同行共同努力完成的，全书共十五章，第一、二章（刘丰茂），第三章（钱传范、刘丰茂），第四章（钱传范、刘丰茂），第五章（钱传范、潘灿平、刘丰茂、王素利、贾桂芳），第六章（刘丰茂、张红艳），第七章（潘灿平、周利），第八、九章（刘丹），第十章（刘曙照），第十一章（韩丽君），第十二章（钱传范、韩丽君、潘灿平、刘丰茂），第十三章（陈宗懋、罗逢健），第十四、十五章（钱传范、潘灿平），附录由刘丰茂整理。全书由钱传范、刘丰茂、潘灿平修改定稿；康漱、刘聪云、张荷丽等也参加了部分内容的编写工作。在此一并表示感谢。

本书不仅可作为各高等院校有关专业的教材，也可供农业科研单位及农业、食品、卫生、质检、商检和环境等部门的农药残留分析工作者和管理人员使用和参阅。

近年来农药残留分析的前处理技术、仪器测定方面新技术、对实验室的管理及风险评估要求等方面国内外都有较大的发展，作者在编写过程中尽可能参考收集新技术和新进展，但是难免有遗漏与不足，欢迎读者批评指正。

全书由中国工程院院士、中国农业科学院茶叶研究所陈宗懋研究员审阅。特此致谢。

编者
2010 年 9 月

目录
CONTENTS

065　第三章　**农药残留样品**

079　第四章　**样品前处理技术**

175　第五章　气相色谱法和气质联用分析技术

216　第六章　液相色谱法和液质联用分析技术

244　第七章　薄层色谱法

266　第八章　农药残留快速分析技术

288　第九章　农药免疫分析技术

327　第十章　毛细管电泳

347　第十一章　手性农药异构体的分离分析

391 第十二章 植物源产品中农药多残留分析

470　第十三章　动物源产品中农药多残留分析

505　第十四章　环境样品中农药多残留分析

522　第十五章　茶叶中农药残留分析

544　第十六章　农药残留风险评估与管理

578　附录

第一章

绪 论

第一节 农药残留

一、农药残留研究的背景

（一）农药工业发展概述

农药在农业生产中具有非常重要的意义，被广泛应用于农业的产前或产后过程，是重要的农业生产资料。现代农业的发展和食品安全保障离不开农药的使用，近年来农药朝着对人类健康与环境低风险的方向发展。联合国粮食及农业组织（FAO）统计数据表明，每年因病虫草害造成的损失约占世界粮食该年总产量的1/3，若无防治措施，农产品产量损失率将在40％以上，甚至绝收，而每年通过防治病虫草害等植保措施，挽回的损失可达1亿吨左右，占总产量的15％以上。2015年以来，我国积极推进农药减量增效行动并取得了明显成效。农业农村部发布官方消息称，经科学测算，2020年我国水稻、玉米、小麦三大粮食作物上的农药利用率为40.6％，比2015年提高4个百分点，但仍低于发达国家的50％～60％的水平。积极研发、推广高效、低毒和环境友好的低风险农药产品，使用高效的植保机械和助剂，采用物理和生物等结合的绿色防控手段或其他植保措施，是保障我国粮食产量与品质、保护生态环境和人民身体健康的迫切需要。

我国《农药管理条例》中规定，农药是指用于预防、控制危害农业、林业的病、虫、草、鼠和其他有害生物以及有目的地调节植物、昆虫生长的化学合成或者来源于生物、其他天然物质的一种物质或者几种物质的混合物及其制剂。农药的称谓在不同地区和不同时期也有所区别，美国早期称农药为"economic poison"，在欧洲被定义为"agrochemicals"。在20世纪80年代以前，农药的定义和范围侧重于对有害物质的"杀死"，但80年代以后，更加注重调控，"biorational pesticides" "environmental acceptable pesticides" "environmental friendly pesticides" "crop protection chemicals"等概念应运而生。农药的发展经历了天然药物时代、无机农药时代和有机农药时代三个阶段，而农药残留研究主要是随着有机农药的使用而开展起来的。

农药的使用可以追溯到公元前，早在古希腊就有用硫黄熏蒸杀虫防病的记载。1865年，巴黎绿（亚砷酸铜与醋酸铜形成的络盐，原作颜料用）开始用于防治马铃薯甲虫，并于1900年在美国登记，成为世界上第一种正式登记的农药。1874年德国化学家Zeidler首次合成了化合物滴滴涕（DDT），1939年瑞士化学家Müller发现了其杀虫活性。这一发现成为大规模使用有机广谱杀虫剂的开端，DDT 是人类历史上第一个有机合成农药。由于 DDT 在卫生和农业上的应用与贡献，Müller 获得 1948 年诺贝尔生理学或医学奖。英国科学家 M. Farady 于 1925 年合成了六六六（BHC），1942 年科学家才开始发现其杀虫活性。可以说，DDT 和六六六杀虫活性的发现翻开了有机氯类农药应用的篇章，开启了有机农药生产和应用的新时代。第二次世界大战期间，德国化学家 G. Schrader 等的研究工作为有机磷农药的发展奠定了基础。1943 年，特普（TEPP）成为第一个商品化的有机磷杀虫剂；1945 年，对硫磷成为第二次世界大战后第一个大量使用的有机磷杀虫剂。20 世纪 50 年代瑞士 Geigy 公司首先研制了氨基甲酸酯类杀虫剂地麦威，并陆续研发了广泛应用的产品如甲萘威、涕灭威、克百威、灭多威等。有机氯、有机磷和氨基甲酸酯类农药成为这一时期杀虫剂的三大支柱。

在杀菌剂方面，早期使用铜、硫、砷等无机杀菌剂，20 世纪 40 年代之前有机汞、醌类及福美双等有机杀菌剂开始大量应用，随后，福美铁、克菌丹、百菌清、多菌灵等各类杀菌剂开始陆续出现。有机除草剂也是在 20 世纪 40 年代以后开发的，首先是 2 甲 4 氯、2,4-滴等苯氧羧酸类除草剂的研发，随后，各种作用机制的除草剂也得到了快速发展。

从 20 世纪 40 年代中期开始，农药的发展进入了有机合成时代。随着这些合成有机物的广泛使用，其在环境和生物体中的缓慢降解、累积、毒性以及残留危害也逐渐引起了人们的重视，50 年代后期，有关农药残留毒性的文献报道大量出现，人们逐渐认识到，一些持久性农药不仅具有毒性，还会污染大气、水域、土壤等，破坏生态平衡，对人体形成蓄积毒性等副作用。为此，许多国家相继采取措施，加大对农药科学使用的管理，关注农药的副作用，积极开展环境和农产品中农药残留污染的监测，明确各类农药的污染程度危害。同时对高风险农药予以限制或禁止使用，调整农药产品结构，开发和使用低毒安全农药，引入生物农药，实现生态环境友好的目标。

对于新开发农药的安全性评价和高风险农药的持续监测等方面，都是农药残留研究的焦点。

（二）分析技术的发展

农药残留研究的基础是农药残留分析技术，随着分析技术的不断改进、创新，农药残留的发展也越来越快速、简易、灵敏和准确。农药残留分析技术一般包括样品处理和分析检测两个环节，样品处理包括样品的制备、提取、净化和浓缩等环节，分析检测一般采用色谱和光谱等方法，较少使用化学分析方法。农药残留分析包括定性分析和定量分析。

多数传统的样品处理方法，如液液萃取（liquid-liquid extraction，LLE）、柱层析（column chromatography）、凝胶渗透色谱（gel permeation chromatography，GPC）以及索氏提取（Soxhlet extraction）等，在操作过程中不仅使用大量对环境不友好的有毒有害化学溶剂，还存在费时、费力、难以实现自动化、精密度差等不足。相对落后的样品前处理方法在一定程度上制约着农药残留分析方法的发展。为了克服这一不足，科研工作者相继开发了一些效果较好的新型样品前处理方法，如固相萃取（solid phase extraction，SPE）、固相微萃取（solid phase micro-extraction，SPME）、液相微萃取（liquid phase micro-extraction，LPME）、基质固相分散（matrix solid phase dispersion，MSPD）、分散固相萃取（dispersive solid phase extraction，DSPE）、浊点萃取（cloud point extraction，CPE）和微波辅助萃取（microwave assisted extraction，MAE）、加速溶剂萃取（accelerated solvent extraction，ASE）、超临界流体萃取（supercritical fluid extraction，SFE）、单滴微萃取（single-drop microextraction，SDME）以及 QuEChERS（quick，easy，cheap，effective，rugged and safe）方法等。

在农药残留检测技术中，色谱法是一种非常重要的分离、分析和定性、定量技术。色谱理论经过 100 多年的发展，从理论到技术，到各种分离模式，以及在各个学科领域内的应用都已经比较成熟。其中在农药残留分析领域中应用比较广泛的主要是气相色谱法和液相色谱法。

在早期的色谱技术中，色谱柱比较简单，往往是一根玻璃柱或不锈钢柱，其中装进颗粒状的吸附剂填料，称之为填充柱。但这种填充柱的柱效很低，性能也差，难以满足对分离、分析越来越高的需求。随着对色谱理论与技术的深入研究，适用于气相色谱及高效液相色谱的现代色谱柱填料及固定液技术日臻完善。如弹性熔融石英毛细管柱（flexible fused silica capillary column）以及高效液相色谱柱，分离效能大大提高，也延长了使用寿命。另外，针对特殊研究开发出的手性色谱柱、免疫亲和色谱柱等，扩大了色谱法的应用范围。与色谱技术相联系的检测技术也有了很大发展，例如液相色谱法的紫外检测器、二极管阵列检测器、荧光检测器、质谱检测器（四极杆、离子阱、飞行时间质谱、串联质谱等）广泛应用。气相色谱法中检测器的种类更多，除了具有广谱性检测化合物的热导检测器（TCD）、火焰离子化检测器（FID）外，一些选择性检测器，如火焰光度检测器（FPD）、电子捕获检测器（ECD）、氮磷检测器（NPD）、质谱检测器等针对低含量特殊化合物开发的检测器，在农药残留的研究中发挥了重要作用。由于质谱及其联用技术具有高特异性和灵敏度，在很大程度上缓解了农药残留分析技术的"前处理瓶颈"效应。

以上提到的农药残留检测技术由于涉及复杂的样品前处理过程和昂贵的仪器设备，同时对分析实验室场所也有较高要求，因此不能满足现场快速检测的需要。为了适应这种需求，一些快速检测方法得到了发展，如酶抑制法、酶联免疫法、拉曼光谱法、近红外光谱法、太赫兹时域光谱法、激光诱导击穿光谱法、化学发光光谱法、离子迁移谱等检测技术，这些方法可以辅助仪器法，提高样品中农药残留快速筛查效率。王静等还报道了农药残留免疫分析快速检测试纸，可以在几分钟之内同时完成多种农药残留的检测，检测结果可以通过安装在智能手机上的软件直接显示，是快速分析与信息化结合的有益尝试，具有很好的应用前景。

（三）社会关注的变化

20 世纪初期大量使用毒性很大的砷制剂防治苹果食心虫，为了限制其残留量，1905 年英国最早制定了砷酸化合物在苹果上的允许残留量。在进入广泛使用有机农药时代之后，人们对农药的急性毒性给予了高度重视，但忽视了接触微量农药的长期危害。1960 年美国加州某地发生食鱼性鸟类大量死亡事件，鸟体脂肪中 DDT 含量比当地湖水高出 70 多万倍。1962 年，美国海洋生物学家 Rachel Carson 撰写的 *Silent Spring*（《寂静的春天》）一书出版，她在书中列举了大量事实，警示有关农药残留对人类、生物体和环境的影响及危害。世界上有近 300 万种昆虫，其中只有 3000 种是有害的，其余则是无害或是有益的。而 DDT 等有机氯农药由于其广谱性，在消灭害虫时，更多的益虫也遭到了毒杀。同时，这些有机氯农药化学性质非常稳定，在环境中的半衰期长达数年。虽然 DDT 等对哺乳动物急性毒性不高，但在生物体内可累积，通过食物链在人奶和人体脂肪中富集，对胎儿及婴幼儿的健康产生影响。这一时期，有机氯农药对水体、土壤、鱼虾、鸟类、牛奶、奶油中的污染报道非常多，这些有机氯农药的禁用和淘汰也就成为科学发展的必然趋势。有机氯农药残留分析也就成了这一时期乃至随后很长一段时期的研究重点。

随着农药行业的发展，有机磷、氨基甲酸酯类杀虫剂，以及被广泛使用的磺酰脲、苯氧羧酸、三氮苯类等除草剂，有机硫、取代苯、杂环类等杀菌剂都成了农药残留关注和研究的内容。其中很多农药也由于急性毒性、慢性毒性、三致（致畸、致癌、致突变）作用、环境中的持久性、环境内分泌干扰特性等原因被禁用或限用。国际上通过实施国际公约，严格管控高毒、高风险农药的生产、销售、贸易和使用。

国际上涉及农药禁限用管理的公约主要有《鹿特丹公约》《斯德哥尔摩公约》《蒙特利尔议定书》。

《鹿特丹公约》也称《PIC公约》，全称为《关于在国际贸易中对某些危险化学品和农药采用事先知情同意程序的鹿特丹公约》，目前规定了在国际贸易中须事先告知进口方的化学品有48个，其中农药有36个：2,4,5-涕、甲草胺、涕灭威、艾氏剂、谷硫磷、乐杀螨、敌菌丹、克百威、氯丹、杀虫脒、乙酯杀螨醇、滴滴涕、狄氏剂、二硝基邻甲酚（DNOC）、地乐酚及其盐和酯、1,2-二溴乙烷、硫丹、二氯乙烷、环氧乙烷、氟乙酰胺、六六六、七氯、六氯苯、林丹、甲胺磷、汞化合物、久效磷、对硫磷、五氯酚、甲拌磷、毒杀芬、敌百虫、所有的三丁锡化合物，还有某些甲基对硫磷制剂、磷胺制剂，以及含苯菌灵、克百威和福美双的制剂。

《斯德哥尔摩公约》也称《POPs公约》，全称为《关于持久性有机污染物的斯德哥尔摩公约》，公约公布和不定期修订持久性有机污染物（POPs）名单。持久性有机污染物是一类具有环境持久性、生物累积性、长距离迁移能力和高生物毒性的特殊污染物。该公约于2004年11月11日正式生效。第一批POPs名单中有12个化合物，其中包括滴滴涕、氯丹、灭蚁灵、狄氏剂、异狄氏剂、艾氏剂、七氯、毒杀芬几种农药。2009年POPs公约第四次缔约方大会又提出了9类严重危害人类健康与自然环境的有毒化学物质应减少并最终禁止使用，具体包括：α-六六六和β-六六六，六溴联苯醚和七溴联苯醚，四溴联苯醚和五溴联苯醚，十氯酮，六溴联苯，林丹，五氯苯，全氟辛烷磺酸、全氟辛烷磺酸盐和全氟辛基磺酰氟。2011年第五次缔约方大会在名单中增列了硫丹，2017年增列了三氯杀螨醇。

《蒙特利尔议定书》全称为《关于消耗臭氧层物质的蒙特利尔议定书》，议定书的目的是减少臭氧消耗物质的生产和使用，保护地球脆弱的臭氧层，例如农药中的溴甲烷。溴甲烷常用作杀虫剂、杀菌剂、土壤熏蒸剂、谷物熏蒸剂、船舱消毒熏蒸剂，也用作木材防腐剂。溴甲烷是一种消耗臭氧层的物质，根据《蒙特利尔议定书哥本哈根修正案》，发达国家于2005年淘汰溴甲烷，发展中国家采取配额使用制度，并于2015年全面淘汰。我国开发了氯化苦、硫酰氟等替代产品。

对于农药的禁限用，有时也会从环境内分泌干扰物的角度来考虑。环境内分泌干扰物（environmental endocrine disruptors，EED），又称环境激素、内分泌活性化合物、内分泌干扰化合物，是指能模拟或拮抗体内天然的激素生理作用的外源化合物。内分泌干扰物能干扰正常的生理代谢、内分泌、生殖机能，引起种种负面的生物学效应，如出现生殖障碍、出生缺陷、发育异常、代谢紊乱及生殖系统癌症等现象。美国环境保护署（EPA）在1998年8月公布了67种（类）危及人体和动物的"内分泌干扰物质"，其中农药类内分泌干扰物有44种（类）（包括2种代谢中间产物）。其中包括了常见的除草剂，如甲草胺、莠去津、嗪草酮、除草醚、氟乐灵、2,4-滴、2,4,5-涕等；杀菌剂，如苯菌灵、多菌灵、代森锰锌等；杀虫剂（含杀线虫剂），如林丹、氯丹、硫丹、甲萘威、三氯杀螨醇、狄氏剂、异狄氏剂、滴滴涕及代谢产物、七氯和环氧七氯、灭蚁灵、对硫磷、氧氯丹、毒杀芬、涕灭威、克百威、二溴氯丙烷等。

FAO针对高危害农药（highly hazardous pesticides，HHP），提出了HHP的8个判定依据：①农药制剂符合WHO推荐的农药危害分级标准中的ⅠA或ⅠB标准；②农药有效成分和制剂符合《全球化学品统一分类和标签制度（GHS）》中致癌性类别1A或1B标准；③农药有效成分和制剂符合《全球化学品统一分类和标签制度（GHS）》中致突变性类别1A或1B标准；④农药有效成分和制剂符合《全球化学品统一分类和标签制度（GHS）》中生殖毒性类别1A或1B标准；⑤《斯德哥尔摩公约》附件A和附件B中所列的农药有效成分，或者农药有效成分符合《斯德哥尔摩公约》附件D第一款所有标准；⑥《鹿特丹公约》

附件Ⅲ所列的农药有效成分和制剂；⑦《蒙特利尔协定书》所列的农药；⑧农药有效成分和制剂已经显示出对人类健康或环境具有严重的或不可逆转的负面影响。

不同国家各自有农药禁用或限用名单，我国对部分农药提出了禁用或限用措施。表1-1列出了我国早期陆续禁用的农药名单。

表 1-1　我国早期禁用农药名单

农药名称	禁用时间	原因
醋酸苯汞	1971	高毒、生物富集
艾氏剂	20 世纪 80 年代	高毒、生物富集
狄氏剂	20 世纪 80 年代	高毒、生物富集
二溴氯丙烷	1982	致癌、致突变
氟乙酰胺	1982	高毒
六六六	1983	生物富集
滴滴涕	1983	生物富集
二溴乙烷	1984	致癌、致突变
敌枯双	1986	致癌、致畸
毒鼠强	1991	剧毒
杀虫脒	1993	致癌
除草醚	1997	三致

2002 年，农业部发布的《农药限制使用管理规定》指出，农药限制使用是在一定时期和区域内，为避免农药对人畜安全、农产品卫生质量、防治效果和环境安全造成一定程度的不良影响而采取的管理措施。

自 2002 年以来，我国先后发布了多个公告或通知，提出了部分农药的禁用或限用措施。

2002 年，农业部公告（第 194 号），停止受理甲拌磷、氧乐果、水胺硫磷、特丁硫磷、甲基硫环磷、治螟磷、甲基异柳磷、内吸磷、涕灭威、克百威、灭多威等 11 种高毒、剧毒农药（包括混剂）产品的新增临时登记申请。自 2002 年 6 月 1 日起，撤销氧乐果在甘蓝上，甲基异柳磷在果树上，涕灭威在苹果树上，克百威在柑橘树上，甲拌磷在柑橘树上，特丁硫磷在甘蔗上的登记。

2002 年，农业部公告（第 199 号）公布了国家明令禁止使用的农药：六六六、滴滴涕、毒杀芬、二溴氯丙烷、杀虫脒、二溴乙烷、除草醚、艾氏剂、狄氏剂、汞制剂、砷类、铅类、敌枯双、氟乙酰胺、甘氟、毒鼠强、氟乙酸钠、毒鼠硅。在蔬菜、果树、茶叶、中草药材上不得使用和限制使用的农药：甲胺磷、甲基对硫磷、对硫磷、久效磷、磷胺、甲拌磷、甲基异柳磷、特丁硫磷、甲基硫环磷、治螟磷、内吸磷、克百威、涕灭威、灭线磷、硫环磷、蝇毒磷、地虫硫磷、氯唑磷、苯线磷等 19 种高毒农药。茶树上不得使用三氯杀螨醇、氰戊菊酯。

2003 年，农业部公告（第 274 号）决定，自 2004 年 6 月 30 日起，所有含甲胺磷、对硫磷、甲基对硫磷、久效磷和磷胺 5 种高毒有机磷农药的混配制剂不得在市场上销售。自公告之日起，撤销丁酰肼（比久）在花生上的登记。

2003 年，农业部公告（第 322 号）决定，自 2007 年 1 月 1 日起，全面禁止甲胺磷、对硫磷、甲基对硫磷、久效磷和磷胺 5 种高毒有机磷农药在农业上使用。

2005 年，农业部公告（第 494 号）决定，自 2006 年 6 月 1 日起，停止受理和批准新增含甲磺隆、氯磺隆和胺苯磺隆等农药产品（包括原药、单剂和复配制剂）的登记。

2006年，农业部公告（第632号）决定，自2007年1月1日起，全面禁止在国内销售和使用甲胺磷等5种高毒有机磷农药。撤销所有含甲胺磷等5种高毒有机磷农药产品的登记证和生产许可证（生产批准证书）。保留用于出口的甲胺磷等5种高毒有机磷农药生产能力。

2006年，农业部公告（第671号）决定，自2006年6月1日起，停止批准新增含甲磺隆、氯磺隆和胺苯磺隆等除草剂产品（包括原药、单剂和复配制剂）的登记。

2006年，农业部公告（第747号）决定，自2008年1月1日起，不得销售含有八氯二丙醚的农药产品。

2008年，国家发展改革委、农业部等部门联合发布（第1号）公告，废止甲胺磷、对硫磷、甲基对硫磷、久效磷、磷胺的农药产品登记证、生产许可证和生产批准证书；禁止甲胺磷、对硫磷、甲基对硫磷、久效磷、磷胺在国内的生产、流通；禁止甲胺磷、对硫磷、甲基对硫磷、久效磷、磷胺在国内以单独或与其他物质混合等形式的使用。

2009年，农业部公告（第1157号）决定，鉴于氟虫腈对甲壳类水生生物和蜜蜂具有高风险，在水和土壤中降解慢，自2009年10月1日起，氟虫腈除可用于卫生、玉米等部分旱田种子包衣剂外，在我国境内停止销售和使用用于其他方面的含氟虫腈成分的农药制剂。

2009年，环境保护部等多部门联合发布公告（第23号），决定自2009年5月17日起，禁止生产、流通、使用和进出口滴滴涕、氯丹、灭蚁灵及六氯苯。

2010年，农业部等多部门联合发布通知（农农发〔2010〕2号），提出23种禁用农药名单，包括六六六、滴滴涕、毒杀芬、二溴氯丙烷、杀虫脒、二溴乙烷、除草醚、艾氏剂、狄氏剂、汞制剂、砷类、铅类、敌枯双、氟乙酰胺、甘氟、毒鼠强、氟乙酸钠、毒鼠硅、甲胺磷、甲基对硫磷、对硫磷、久效磷、磷胺；在蔬菜、果树、茶叶、中草药材等作物上限制使用的农药名单19种。

2011年，农业部公告（第1586号）决定，停止受理苯线磷、地虫硫磷、甲基硫环磷、磷化钙、磷化镁、磷化锌、硫线磷、蝇毒磷、治螟磷、特丁硫磷、杀扑磷、甲拌磷、甲基异柳磷、克百威、灭多威、灭线磷、涕灭威、磷化铝、氧乐果、水胺硫磷、溴甲烷、硫丹等22种农药新增田间试验申请、登记申请及生产许可申请；停止批准含有上述农药的新增登记证和农药生产许可证；撤销氧乐果、水胺硫磷在柑橘树，灭多威在柑橘树、苹果树、茶树、十字花科蔬菜，硫线磷在柑橘树、黄瓜，硫丹在苹果树、茶树，溴甲烷在草莓、黄瓜上的登记。自2013年10月31日起，停止销售和使用苯线磷、地虫硫磷、甲基硫环磷、磷化钙、磷化镁、磷化锌、硫线磷、蝇毒磷、治螟磷、特丁硫磷等10种农药。

2012年，农业部公告（第1744号），为进一步贯彻落实农业部、工业和信息化部联合发布的第1158号公告要求，停止受理和批准含量低于30%的草甘膦混配水剂的田间试验、农药登记（包括临时登记、正式登记和续展登记）。

2012年，农业部、工业和信息化部、国家质量监督检验检疫总局联合发布公告（公告第1745号），自2014年7月1日起，撤销百草枯水剂登记和生产许可、停止生产，保留母药生产企业水剂出口境外使用登记、允许专供出口生产，2016年7月1日停止水剂在国内销售和使用。

2013年，农业部公告（第2032号）决定，自2015年12月31日起，禁止氯磺隆在国内销售和使用，禁止胺苯磺隆、甲磺隆单剂产品以及福美脲、福美甲脲在国内销售和使用；自2017年7月1日起，禁止胺苯磺隆复配制剂产品、甲磺隆复配制剂产品在国内销售和使用。自2016年12月31日起，禁止毒死蜱和三唑磷在蔬菜上使用。

2015年，农业部公告（第2289号）决定，自2015年10月1日起，撤销杀扑磷在柑橘树上的登记，禁止杀扑磷在柑橘树上使用，将溴甲烷、氯化苦的登记使用范围和施用方法变更为土壤熏蒸，撤销除土壤熏蒸外的其他登记。

2016年，农业部公告（第2445号）决定，2,4-滴丁酯、百草枯仅供出口境外使用登记；自2018年10月1日起，全面禁止三氯杀螨醇销售和使用，禁止氟苯虫酰胺在水稻上，克百威、甲拌磷、甲基异柳磷在甘蔗上使用。

2017年农业部公告（第2552号）决定，从2019年3月26日起，禁止硫丹在农业上使用，自2019年8月1日起，禁止乙酰甲胺磷、丁硫克百威、乐果在蔬菜、瓜果、茶叶、菌类和中草药材作物上使用。

2017年农业部公告（第2567号）制定了限制使用农药名录（2017版）。包括甲拌磷、甲基异柳磷、克百威、磷化铝、硫丹、氯化苦、灭多威、灭线磷、水胺硫磷、涕灭威、溴甲烷、氧乐果、百草枯、2,4-滴丁酯、C型肉毒梭菌毒素、D型肉毒梭菌毒素、氟鼠灵、敌鼠钠盐、杀鼠灵、杀鼠醚、溴敌隆、溴鼠灵、丁硫克百威、丁酰肼、毒死蜱、氟苯虫酰胺、氟虫腈、乐果、氰戊菊酯、三氯杀螨醇、三唑磷、乙酰甲胺磷，总计32种。

2019年农业农村部公告（第148号）决定，自2019年3月26日起，撤销含氟虫胺农药产品的农药登记和生产许可。自2020年1月1日起，禁止使用含氟虫胺成分的农药产品。

2019年11月29日，我国农业农村部梳理了禁止（停止）使用的农药，列出了禁止（停止）使用的农药（46种），包括六六六、滴滴涕、毒杀芬、二溴氯丙烷、杀虫脒、二溴乙烷、除草醚、艾氏剂、狄氏剂、汞制剂、砷类、铅类、敌枯双、氟乙酰胺、甘氟、毒鼠强、氟乙酸钠、毒鼠硅、甲胺磷、对硫磷、甲基对硫磷、久效磷、磷胺、苯线磷、地虫硫磷、甲基硫环磷、磷化钙、磷化镁、磷化锌、硫线磷、蝇毒磷、治螟磷、特丁硫磷、氯磺隆、胺苯磺隆、甲磺隆、福美胂、福美甲胂、三氯杀螨醇、林丹、硫丹、溴甲烷、氟虫胺、杀扑磷、百草枯、2,4-滴丁酯。其中氟虫胺自2020年1月1日起禁止使用，百草枯可溶胶剂自2020年9月26日起禁止使用，2,4-滴丁酯自2023年1月29日起禁止使用，溴甲烷可用于"检疫熏蒸处理"，杀扑磷已无制剂登记。同时还给出了20种限用农药名单（即部分范围内禁止使用的农药）（表1-2）。

表1-2　在部分范围内禁止使用的农药

通用名	禁止使用范围
甲拌磷、甲基异柳磷、克百威、水胺硫磷、氧乐果、灭多威、涕灭威、灭线磷	禁止在蔬菜、瓜果、茶叶、菌类、中草药材上使用，禁止用于防治卫生害虫，禁止用于水生植物的病虫害防治
甲拌磷、甲基异柳磷、克百威	禁止在甘蔗作物上使用
内吸磷、硫环磷、氯唑磷	禁止在蔬菜、瓜果、茶叶、中草药材上使用
乙酰甲胺磷、丁硫克百威、乐果	禁止在蔬菜、瓜果、茶叶、菌类和中草药材上使用
毒死蜱、三唑磷	禁止在蔬菜上使用
丁酰肼	禁止在花生上使用
氰戊菊酯	禁止在茶叶上使用
氟虫腈	禁止在所有农作物上使用（玉米等部分旱田种子包衣除外）
氟苯虫酰胺	禁止在水稻上使用

随着新农药研发及替代、抗性、农产品安全与环境安全关注等因素，农药的禁用、限用措施，是一个不断更新、变化的过程。

（四）我国与农药残留相关的管理追溯

追溯我国对于农药残留的关注和管理监督，可以分为以下几个阶段。

在新中国成立初期乃至随后很长一段时间内，我国人民对于粮食以及果品蔬菜的需求还处于满足数量的水平，政府首先要解决的是"够吃"，因此，对于农药残留的关注也基本处于防止急性中毒发生的阶段。随着改革开放和加入世界贸易组织（WTO），以及农业技术的快速发展，"数量"已经不是主要矛盾，政府对产品质量有了更多关注，同时也制定了食品安全相应的标准，从食品的"数量"到"质量"的过渡，这种变化是社会发展的结果。

2001年4月，农业部启动了"无公害食品行动计划"，先期将北京、天津、上海和深圳四市确定为试点城市。从2002年开始，在全国范围内全面推进"无公害食品行动计划"，将蔬菜中农药残留监测的抽检工作扩展到全国省会城市、计划单列市等37个城市。随着这项计划的有效实施，蔬菜水果中农药残留超标率大幅下降，基本实现了产品的无公害化。这项计划初期所涉及的农药种类主要集中在甲胺磷、甲拌磷、对硫磷、甲基对硫磷、氧乐果、毒死蜱、乙酰甲胺磷、克百威、涕灭威、氯氰菊酯、氰戊菊酯、甲氰菊酯、氯氟氰菊酯、三唑酮、百菌清等农药，近年来，我国农业监管部门陆续扩大监测范围，直辖市、省会城市和计划单列市每次必检，部分地级市也纳入监测范围。水果、蔬菜监测对象包括禁用农药、限用农药和常规农药近70种，茶叶监测对象有20种。

2019年12月17日，农业农村部印发《全国试行食用农产品合格证制度实施方案》的通知，决定在全国试行食用农产品合格证制度，督促种植养殖生产者落实主体责任、提高农产品质量安全意识，探索构建以合格证管理为核心的农产品质量安全监管新模式，形成自律国律相结合的农产品质量安全管理新格局，全面提升农产品质量安全治理能力和水平，为推动农业高质量发展、促进乡村振兴提供有力支撑。食用农产品合格证中，生产者承诺不使用禁限用农药、兽药及非法添加物，遵守农药安全间隔期、兽药休药期规定，销售的食用农产品符合农药、兽药残留食品安全国家强制性标准，对产品质量安全以及合格证真实性负责。

从我国农药残留检测方法以及最大残留限量法规建设的发展历程也可以看到我国农药残留研究的发展情况。目前检测方法标准包括了国家标准（GB）、农业行业标准（NY）和商检行业标准（SN）等。

根据农药残留检测方法国家标准发布的年代以及内容，分析发现20世纪80年代，我国标准制定还处于起步阶段，在1992年之前，农药残留检测标准还非常少；1992年针对茶叶建立了农药残留检测标准。系统制定农药残留标准是从1994年开始，但数量有限，大部分是针对单一农药残留建立的方法。1998年，农药多残留检测方法开始增多，首先是单一类型农药多残留分析，随后，不同结构和类型的农药多残留分析国家标准也越来越完善。从2003年开始，已有农药标准也得到了多次修订。近年来，我国在农药残留方面的投入力度逐渐加大，极大地促进了农药残留分析方法标准和最大残留限量标准的制定。

为加强对农药生产、经营和使用的监督管理，保证农药质量，保护农业、林业生产和生态环境，维护人畜安全，我国从1982年开始连续发布了《农药登记规定》和《农药安全使用规定》以及一系列《农药合理使用准则》。这些法规和规范加强了我国的农药管理工作，规定和限制了高毒和高残留农药的使用范围，要求根据农药合理使用准则控制农药的使用范围、使用量、使用次数和安全间隔期，并提出了一些农药的最大残留限量。1997年国务院发布了《农药管理条例》，我国的农药管理工作正式迈入法制化。该条例分别于2001年、2017年进行了修订。条例规定，国务院农业行政管理部门负责全国的农药登记和农药监督管理工作，具体工作由农业农村部农药检定所执行。农业部于1999年制定了《农药管理条例实施办法》，于2007年进行了修订。2001年我国制定的《农药登记资料要求》在2007年、2017年进行了更新。

1995年和2006年我国先后颁布了《中华人民共和国食品卫生法》和《农产品质量安全

法》。2009 年《中华人民共和国食品安全法》施行，同时废止已经实施了 14 年的《中华人民共和国食品卫生法》。该法令改变了过去我国食品安全监管多部门各自为政的局面，初步构建了"一部门综合协调，多部门分工负责"的新格局，意味着中国的食品安全监管进入了一个新的阶段。

根据我国《农产品质量安全法》《食品安全法》《农药管理条例》的有关规定，2010 年我国成立了国家农药残留标准审评委员会，该委员会主要负责审议农药残留国家标准，制定农药残留国家标准体系规划，为农药残留国家标准管理提供政策和技术意见，研究农药残留标准相关重大问题。2016 年第二届国家农药残留标准审评委员会成立时，农业部已经组织制定了 387 种农药在 284 种农产品中的 5450 项残留限量标准，为推进农业标准化生产和加强农产品质量安全监管提供了强力支撑。

我国农药残留标准制定工作扎实推进，取得了显著成效。一是规范标准制定，实现原理、程序、方法与国际接轨。制定了《食品中农药残留风险评估指南》《食品中农药最大残留限量制定指南》《农药每日允许摄入量制定指南》等技术规范。二是完善标准体系，增强标准的系统性和配套性。清理整合多部食品中农药残留标准，形成统一的食品中农药残留强制性国家标准。目前，我国制定的农药残留限量标准 GB 2763—2021《食品安全国家标准 食品中农药最大残留限量》规定了 564 种农药共 10092 项最大残留限量，并规定了相应的配套分析方法。还有一批限量标准和分析方法标准在制定和发布程序中。

二、农药残留的定义

（一）农药残留的概念

农药残留（pesticide residue），是指农药使用后残存于生物体、农副产品和环境中的微量农药原体、有毒代谢物、在毒理学上有重要意义的降解产物和反应杂质的总称。残存的数量称残留量，以每千克样品中有多少毫克（或微克、纳克）表示（mg/kg、μg/kg、ng/kg）。农药残留是化学农药施用后的必然现象，但食品中残留量如超过最大残留限量（MRL），对人畜产生不良影响或通过食物链对生态系统中的生物造成不良影响，则称为农药残留毒性（残毒）。应科学合理用药，遵循标签规定的用药剂量和使用方法，严格遵循安全间隔期采收，以减少对环境的污染及对人类和生态系统的不良影响。

从农药残留的定义来看：

① 农药残留研究的主体是农药原体及其代谢物、降解物和杂质。

② 农药残留研究的基质是生物体、农副产品和环境。

③ 农药残留物是有毒理学意义的微量物质。

根据检测目的，可以将农药残留物（residue definition）分为两类，一是用于 MRL 符合性监测，也称残留物的监测定义，二是用于膳食摄入风险评估，也称残留物的评估定义。这两种残留物定义，还可能由于植物或动物不同而有所区分，即：①植物源食品中用于 MRL 符合性监测的残留物；②动物源食品中用于 MRL 符合性监测的残留物；③植物源食品中用于膳食摄入风险评估的残留物；④动物源食品中用于膳食摄入风险评估的残留物。根据在植物、动物、环境中代谢规律以及加工特性等的不同，也可能针对特定的食品制定特定的残留物定义。

如麦草畏的残留物定义：

植物源食品中用于 MRL 符合性监测的残留物：麦草畏；

动物源食品中用于 MRL 符合性监测的残留物：麦草畏和 3,6-二氯水杨酸之和，以麦草畏表示；

植物源食品中用于膳食摄入风险评估的残留物：麦草畏和 5-OH 麦草畏之和，以麦草畏表示；

动物源食品中用于膳食摄入风险评估的残留物：麦草畏和 3,6-二氯水杨酸之和，以麦草畏表示。

在某些特殊情况下，还可能针对某具体情形指定不同的残留物。如氰霜唑在植物源食品的长期膳食摄入评估时，残留物为氰霜唑和 CCIM〔代谢物 4-氯-5-(4-甲苯基)-1H-咪唑-2-腈〕，以氰霜唑表示，但短期膳食摄入评估时，仅用 CCIM。溴氰虫酰胺在初级农产品中为原体溴氰虫酰胺，但在加工植物源产品中，残留物为溴氰虫酰胺和 IN-J9Z38 之和，以溴氰虫酰胺表示。

（二）农药残留的分类

根据使用有机溶剂和常规提取方法能否从基质中提取出来，农药残留分为可提取残留（extractable residue）和不可提取残留（un-extractable residue）。不可提取残留又可分为结合残留（bound residue）和轭合残留（conjugated residue）。

结合残留：农药或代谢物与土壤中的腐殖质、植物体的木质素、纤维素通过化学键合或物理结合作用，牢固结合形成的残留物。结合残留的形成可以看作是农药的解毒机制，但有研究表明，在一定条件下，结合残留可以重新游离，释放出农药。如土壤中的微生物可以使土壤中的结合残留释放出来，并将其降解。这一过程有可能是增毒过程。所以农药的结合残留对环境的影响是一个值得关注的课题。

轭合残留：农药原体或代谢物与生物体内某些内源物质如糖苷、氨基酸、葡萄糖醛酸等在酶的作用下结合形成的极性较强、毒性较低的残留物。轭合残留也可能包含在残留物定义中，需要通过酸解等形式进行解离后测定。

农药残留还有一些其他表述方法。

积年残留（aged residue）：施用的农药经过长时间的转移、吸附、代谢及消解等过程而改变了其分布和化学性质后，在环境中存在的农药及其降解物。

田间残留（incurred residue）：田间使用特定农药后农产品中的残留，或被动物摄食或环境污染导致的残留，或称"原生残留、自然残留"，也就是通常意义上的残留。区别于实验室内添加到样品中的农药残留。

可漂洗残留（dislodgeable residue）：施药后试验植物上很容易移除的农药残留部分，通常是将叶片在水中轻轻漂洗，然后测定所去除的残留量。它可以用来作为对农场工人危险评估的指标。这里涉及重返间隔期（restricted entry interval，REI）的概念，有时也称重返施药期（或再进入施药期）。

田间使用农药后，再次进入施药区作业，由于其环境中农药残留短时期内仍处于较高浓度，可能存在重返施药区的中毒危害。20 世纪 60 年代，在美国加州南部发现施药后在田间作业或收获的工人出现有机磷农药中毒的症状。针对此现象，美国、欧盟等制定了重返施药区的安全间隔期，即在一种作物或一个地区施药后，操作者再次进入这一施药区前所要求的间隔天数，称为重返间隔期。

（三）非原体农药残留物

从农药残留的定义可以知道，农药残留物除了农药原体外，还可能包括有毒理学意义的代谢物、降解物和杂质。残留物的确定需要综合考虑化合物的毒性与动物（如大鼠等）代谢、植物、畜禽与环境中代谢、田间残留量与降解规律、加工特性、市场样品测试结果和分析方法可行性等诸多综合因素。在我国，植物源食品中用于 MRL 符合性监测的残留物，很多不仅仅是母体，还包括相关代谢物、降解物或杂质，有些甚至不包含母体。表 1-3 给出的是我国 GB 2763—2021 中涉及的相关农药成分。

表 1-3　MRL 符合性监测的残留物中含非原体成分的部分农药种类

农药	残留物
2,4-滴丁酸	2,4-滴丁酸及其游离态和共轭态之和，以 2,4-滴丁酸表示
2,4-滴二甲胺盐	2,4-滴
2,4-滴异辛酯	2,4-滴异辛酯和 2,4-滴之和，以 2,4-滴表示
2 甲 4 氯丁酸	2 甲 4 氯丁酸及 2 甲 4 氯及其游离态和共轭态之和，以 2 甲 4 氯表示
2 甲 4 氯二甲胺盐	2 甲 4 氯
阿维菌素	阿维菌素 B_{1a}
矮壮素	矮壮素阳离子，以氯化物表示
氨氯吡啶酸三异丙醇铵盐	氨氯吡啶酸
百草枯	百草枯阳离子，以二氯百草枯表示
倍硫磷	倍硫磷及其氧类似物（亚砜、砜化合物）之和，以倍硫磷表示
苯菌灵	苯菌灵和多菌灵之和，以多菌灵表示
苯线磷	苯线磷及其氧类似物（亚砜、砜化合物）之和，以苯线磷表示
吡氟禾草灵	吡氟禾草灵和吡氟禾草酸之和，以吡氟禾草酸表示
丙硫菌唑	脱硫丙硫菌唑
丙森锌	二硫代氨基甲酸盐（或酯），以二硫化碳表示
代森铵	二硫代氨基甲酸盐（或酯），以二硫化碳表示
代森联	二硫代氨基甲酸盐（或酯），以二硫化碳表示
代森锰锌	二硫代氨基甲酸盐（或酯），以二硫化碳表示
代森锌	二硫代氨基甲酸盐（或酯），以二硫化碳表示
敌草腈	2,6-二氯苯甲酰胺
敌草快	敌草快阳离子，以二溴化合物表示
滴滴涕	p,p'-滴滴涕、o,p'-滴滴涕、p,p'-滴滴伊和 p,p'-滴滴滴之和
敌螨普	敌螨普的异构体和敌螨普酚的总量，以敌螨普表示
丁酰肼	丁酰肼和 1,1-二甲基联氨之和，以丁酰肼表示
多杀霉素	多杀霉素 A 和多杀霉素 D 之和
噁草酸	噁草酸和喹禾灵酸之和，以喹禾灵酸计
二氯异氰尿酸钠	氰尿酸，以二氯异氰尿酸钠计
氟吡草酮	氟吡草酮及其代谢物 2-(2-甲氧基乙氧甲基)-6-(三氟甲基)吡啶-3-羧酸和 2-(2-羟基乙氧基)-6-(三氟甲基)吡啶-3-羧酸之和，以氟吡草酮表示
氟吡甲禾灵和高效氟吡甲禾灵	氟吡甲禾灵、氟吡禾灵及其共轭物之和，以氟吡甲禾灵表示
氟虫腈	氟虫腈、氟甲腈、氟虫腈砜、氟虫腈硫醚之和，以氟虫腈表示
氟菌唑	氟菌唑及其代谢物[4-氯-α,α,α-三氟-N-(1-氨基-2-丙氧基亚乙基)-o-甲苯胺]之和，以氟菌唑表示
氟嘧菌酯	氟嘧菌酯及其 Z 异构体之和

农药	残留物
氟噻草胺	氟噻草胺及其代谢物 N-氟苯基-N-异丙基的代谢物之和,以氟噻草胺表示
氟噻虫砜	氟噻虫砜和代谢物 3,4,4-三氟丁-3-烯-1-磺酸之和,以氟噻虫砜表示
福美双	二硫代氨基甲酸盐(或酯),以二硫化碳表示
福美锌	二硫代氨基甲酸盐(或酯),以二硫化碳表示
复硝酚钠	5-硝基邻甲氧基苯酚钠、邻硝基苯酚钠和对硝基苯酚钠之和
活化酯	活化酯和其代谢物阿拉酸式苯之和,以活化酯表示
甲氨基阿维菌素苯甲酸盐	甲氨基阿维菌素苯甲酸盐 B_{1a}
甲拌磷	甲拌磷及其氧类似物(亚砜、砜)之和,以甲拌磷表示
甲基硫菌灵	甲基硫菌灵和多菌灵之和,以多菌灵表示
甲硫威	甲硫威、甲硫威砜和甲硫威亚砜之和,以甲硫威表示
甲哌鎓	甲哌鎓阳离子,以甲哌鎓表示
精二甲吩草胺	精二甲吩草胺及其对映体之和
井冈霉素	井冈霉素 A
抗倒酯	抗倒酸
克百威	克百威及 3-羟基克百威之和,以克百威表示
喹禾糠酯	喹禾糠酯和喹禾灵酸之和,以喹禾灵酸计
喹禾灵	喹禾灵与喹禾灵酸之和,以喹禾灵酸计
利谷隆	利谷隆及其可转化为 3,4-二氯苯胺的代谢物之和,以利谷隆表示
邻苯基苯酚	邻苯基苯酚和邻苯基苯酚钠之和,以邻苯基苯酚表示
磷化铝	磷化氢
磷化镁	磷化氢
硫丹	α-硫丹和 β-硫丹及硫丹硫酸酯之和
硫酸链霉素	链霉素和双氢链霉素的总和,以链霉素表示
六六六	α-六六六、β-六六六、γ-六六六和 δ-六六六之和
螺虫乙酯	螺虫乙酯及其代谢物顺式-3-(2,5-二甲基苯基)-4-羰基-8-甲氧基-1-氮杂螺[4,5]癸-3-烯-2-酮之和,以螺虫乙酯表示
螺甲螨酯	螺甲螨酯与代谢物 4-羟基-3-均三甲苯基-1-氧杂螺[4.4]壬-3-烯-2-酮之和,以螺甲螨酯表示
氯氨吡啶酸	氯氨吡啶酸及其能被水解的共轭物,以氯氨吡啶酸表示
氯氟吡啶酯	氯氟吡啶酯及其酸代谢物之和,以氯氟吡啶酯表示
氯氟吡氧乙酸异辛酯	氯氟吡氧乙酸
氯丹	顺式氯丹、反式氯丹之和
氯溴异氰尿酸	氰尿酸,以氯溴异氰尿酸计
茅草枯	2,2-二氯丙酸及其盐类,以茅草枯计
咪鲜胺和咪鲜胺锰盐	咪鲜胺及其含有 2,4,6-三氯苯酚部分的代谢产物之和,以咪鲜胺表示
棉隆	棉隆及其代谢物异硫氰酸甲酯之和,以异硫氰酸甲酯表示

农药	残留物
灭草松	灭草松,6-羟基灭草松及 8-羟基灭草松之和,以灭草松表示
灭螨醌	灭螨醌及其代谢物羟基灭螨醌之和,以灭螨醌表示
七氯	七氯与环氧七氯之和
嗪氨灵	嗪氨灵和三氯乙醛之和,以嗪氨灵表示
氰氟草酯	氰氟草酯及氰氟草酸之和
氰氟虫腙	氰氟虫腙,E-异构体和 Z-异构体之和
炔草酯	炔草酯及炔草酸之和
噻草酮	噻草酮及其可以被氧化成 3-(3-磺酰基-四氢噻喃基)-戊二酸-S-二氧化物和 3-羟基-3-(3-磺酰基-四氢噻喃基)-戊二酸-S-二氧化物的代谢物和降解产物,以噻草酮表示
噻菌铜	2-氨基-5-巯基-1,3,4-噻二唑,以噻菌铜表示
噻唑锌	2-氨基-5-巯基-1,3,4-噻二唑,以噻唑锌表示
三氯杀螨醇	三氯杀螨醇(o,p'-异构体和 p,p'-异构体之和)
三乙膦酸铝	乙基磷酸和亚磷酸及其盐之和,以乙基磷酸表示
三唑酮	三唑酮和三唑醇之和
三唑锡	三环锡
杀虫单	沙蚕毒素
杀虫双	沙蚕毒素
杀螺胺乙醇胺盐	杀螺胺
杀线威	杀线威和杀线威肟之和,以杀线威表示
双胍三辛烷基苯磺酸盐	双胍辛胺
双甲脒	双甲脒及 N-(2,4-二甲苯基)-N'-甲基甲脒之和,以双甲脒表示
特丁硫磷	特丁硫磷及其氧类似物(亚砜、砜)之和,以特丁硫磷表示
特乐酚	特乐酚及其盐和酯类之和,以特乐酚表示(欧盟)
涕灭威	涕灭威及其氧类似物(亚砜、砜)之和,以涕灭威表示
调环酸钙	调环酸,以调环酸钙表示
烯草酮	烯草酮及代谢物亚砜、砜之和,以烯草酮表示
辛菌胺醋酸盐	辛菌胺
亚砜磷	亚砜磷、甲基内吸磷和砜吸磷之和,以亚砜磷表示
盐酸吗啉胍	吗啉胍
乙拌磷	乙拌磷,硫醇式-内吸磷以及它们的亚砜化物和砜化物之和,以乙拌磷表示
乙烯菌核利	乙烯菌核利及其所有含 3,5-二氯苯胺部分的代谢产物之和,以乙烯菌核利表示
异狄氏剂	异狄氏剂与异狄氏剂醛、酮之和
异噁唑草酮	异噁唑草酮与其二酮腈代谢物之和,以异噁唑草酮表示
抑霉唑硫酸盐	抑霉唑

有机磷农药性质不稳定,易降解消失,但很多有机磷农药,如对硫磷、杀螟硫磷、马拉硫磷、内吸磷等的氧化代谢物是有毒代谢物。如研究发现,内吸磷在水溶液中迅速氧化为对

马血胆碱酯酶抑制作用很强的代谢物。表 1-4 列出了不同剂量内吸磷水溶液对酶的抑制作用。可以看出，8h 后对酶的抑制作用增加，0.5μg 和 1μg 剂量组增加 3～6 倍，7d 后对酶的抑制作用保持平衡。

表 1-4　内吸磷水溶液对马血胆碱酯酶的抑制作用

测定时间	内吸磷对酶的抑制率/%			
	0.5μg	1μg	2μg	3μg
配制后立即测定	8	29.2	66.4	92.0
8h 后测定	45.7	95.6	100.0	100
一昼夜后	21.8	59.8	93.1	100
4 昼夜后	—	16.0	46.0	71.6
7 昼夜后	8.8	14.0	44.5	64.9
20 昼夜后	4.4	14.1	44.3	63.0

杀虫脒（结构式如图 1-1）对哺乳动物具有急性经口中等毒性，但其原体及代谢物 N-甲基-4-氯邻甲苯胺和 4-氯邻甲苯胺对小鼠具有致癌作用，杀虫脒的致癌无作用剂量为 20mg/kg，4-氯邻甲苯胺为 2mg/kg。1987 年 JMPR 报告中提出，在接触杀虫脒的工人的尿中检出了 4-氯邻甲苯胺，这些工人的膀胱癌发生率是未接触工人的 72 倍。实验还表明杀虫脒及其代谢产物 4-氯邻甲苯胺具有致突变作用，对 DNA 有损伤和诱变作用。因此，FAO/WHO 资料规定其残留测定必须是杀虫脒及其代谢物 4-氯邻甲苯胺的总和。杀虫脒于 1993 年在我国已被禁用。

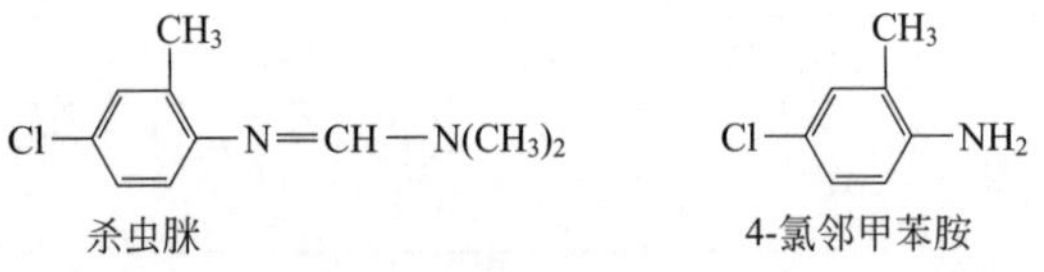

图 1-1　杀虫脒及代谢产物（4-氯邻甲苯胺）化学结构

涕灭威颗粒剂施于土壤中可防治苗期蚜虫，被植株根部吸收后，转移到木质部，进入细胞后立即转化为亚砜和砜。涕灭威、亚砜和砜的毒性都很高，对小白鼠的急性经口 LD_{50} 分别为 0.9mg/kg、0.9mg/kg 和 25mg/kg。亚砜和砜的杀虫效果和原体相当，在作物上的残留形态也主要是亚砜和砜，最初亚砜的数量多，然后逐渐下降，而砜的数量在一定时间内维持动态平衡。因此研究涕灭威在作物、土壤和水中的残留时，以原体、亚砜和砜的总量计算。

克百威对大鼠急性经口（LD_{50} 为 8～14mg/kg）毒性较高，其代谢途径是呋喃环上的甲基氧化为 3-羟基克百威（LD_{50} 为 18mg/kg）和 3-酮基克百威（LD_{50} 为 68mg/kg）。3-羟基克百威的毒性接近克百威，因此在进行残留测定时应测定克百威与 3-羟基克百威，3-酮基克百威毒性较低且含量极少，可以不测定。

滴滴涕原药产品中主要含 p,p'-滴滴涕（70%）（另有 30% o,p'-滴滴涕），属高残留农药，它被脱氯化氢酶转化为 p,p'-滴滴伊和 p,p'-滴滴滴（此过程是解毒代谢过程），二者都不具有杀虫活性，但其慢性毒性与原药相似或更高，在动物性脂肪或人乳中积累的总滴滴涕中，代谢物 p,p'-滴滴伊占总量的 70%～90%，说明其性质稳定，易于在生物体和环境中富集。p,p'-滴滴伊/p,p'-滴滴涕比值可以反映滴滴涕的使用情况，比值愈小表示仍在使用，停止使用滴滴涕后，比值逐渐增大。在我国停止使用有机氯农药以前，1981～1982 年 10 个国家联合监测人奶中的滴滴涕、六六六的残留量，我国人奶中 p,p'-滴滴涕为 1.8mg/L，p,p'-滴滴伊为 4.4mg/L，p,p'-滴滴伊/p,p'-滴滴涕比值为 2.4，明显低于美国（＞11）、瑞典（9.4）、日本（7.1），也说明我国滴滴涕禁用时间晚于这几个国家（见表 1-5）。

六六六的主要异构体 α-、β-、γ-、δ-六六六又被称为甲体、乙体、丙体和丁体六六六。γ-六六六又称为林丹，有强力杀虫作用，其他异构体药效极低或无效。六六六和其他异构体在作物、食品、饲料和土壤中都有积累，尤其是 β-六六六，性质最稳定。在工业六六六中，γ-和 β-六六六之比是 1∶0.7，而在稻草中两者之比为 1∶8，在牛奶中为 1∶78。说明 β-六六六在生物和环境中富集系数很高。在表 1-5 中，在 1982 年我国人奶中 β-六六六含量为 6.6mg/L。美国、瑞典、日本分别为＜0.05mg/L、0.085mg/L、1.9mg/L。在研究六六六农药残留时，必须同时考虑六六六的其他异构体含量。

表 1-5　10 个国家人奶中滴滴涕、六六六含量比较（陈昌杰等，1993）

（中位数，以奶脂为基础计算）　　　　　　　　　　　　单位：mg/L

国家	年份	样品数	p,p'-滴滴涕	p,p'-滴滴伊	β-六六六
中国	1982	100	1.8	4.4	6.6
比利时	1982	40	0.13	0.94	0.20
联邦德国	1981	81	0.25	1.2	0.28
印度	1981	50	1.1	4.8	4.6
以色列	1981/1982	52	0.23	2.2	0.29
日本	1980/1981	107	0.21	1.5	1.9
墨西哥	1981	48	0.71	3.7	0.40
瑞典	1981	58	0.09	0.85	0.085
美国	1979	50	＜0.1	1.1	＜0.05
南斯拉夫	1981/1982	50	0.18	1.9	0.28

杀菌剂代森类化合物的代谢产物亚乙基硫脲（ETU），有致甲状腺癌作用。在分析代森类产品农药残留的风险时，应同时提供 ETU 残留数据。由于 ETU 也可能从其他类似农药产品中产生，通常需专门对 ETU 进行风险评估，必要时制定 ETU 的残留限量。类似需要考虑的还有亚丙基硫脲（PTU）。

杀菌剂甲基硫菌灵被植物吸收后即转化为多菌灵。使用薄层碘显色法测定（表 1-6），发现在蕉肉中的甲基硫菌灵迅速消失，1h 消失 31.1%，24h 约转化 87.5%，而在煮熟的蕉肉中基本无此转化。在测定甲基硫菌灵或苯菌灵等多菌灵的前体农药残留时，须同时测定原体和多菌灵。

表 1-6　不同时间蕉肉中甲基硫菌灵的检出率（薄层碘显色法）

蕉肉（生）/g	甲基硫菌灵加入量/(mg/kg)	测定时间	检出率/%
100	2	10min	87.5
100	2	30min	80.1
100	2	1h	68.9
100	2	3h	54.3
100	2	7h	28.3
100	2	24h	12.5
100	空白对照	7h	—
30（煮熟）	2	6h	94.3

烯草酮在植物体内可迅速被代谢为亚砜、砜、5-羟基亚砜、5-羟基砜以及 5-羟基轭合物，其中亚砜和砜含量最高，我国 GB/T 2763—2019 中规定了烯草酮残留监测的定义，即：烯草酮及代谢物亚砜、砜之和，以烯草酮表示。尤祥伟等对烯草酮及其代谢物在油菜中的残留消解趋势进行了评价。试验结果表明，烯草酮仅在施药后 2h 及 1d 时有微量检出，而亚砜在施药后 2h 的检出量较高，为 7.27mg/kg，这说明烯草酮在植物体上可迅速消解并转化为亚砜。另外，研究还发现，油菜中砜的检出量随着时间的增长呈现先升高后降低的趋势，其残留量在施药后 5 天达到最大值（0.38mg/kg）。

三唑酮可以转化为三唑醇，且两者代谢途径和毒性都较为相似。赵柳微等研究了三唑酮在红枣加工过程中残留水平的变化。结果发现，在制得的枣酒和枣醋中均有代谢物三唑醇的检出，说明在发酵过程中部分三唑酮转化成了三唑醇。在动物体内，JMPR 评估报告（2007）中显示，三唑醇可能通过转化为三唑酮并进而代谢为其他小分子化合物。

因此，在进行农药残留研究时，对于原药中存在的杂质以及在环境或生物体中产生的降解物或代谢物，甚至一些助剂应给予足够的重视，以合理评价农药产品的安全性。

三、农药残留的来源和影响因素

（一）农药残留的来源

作物与食品中的农药残留，一方面来自农药对作物的直接残存，另一方面来自作物从环境中对农药的吸收以及食物链传递与生物富集。

1. 农药对作物的直接残存

施用农药后，必然有部分农药残存于作物上，或黏附于作物的体表，或渗入植物组织内部，或随植物的体液传导至植株的各个部分。这些农药在外界环境的影响下和植物体内各种酶系的作用下会逐渐降解、消失。如果药剂施用不当，在作物收获时往往还带有部分残留的农药，当这些作物加工成农副产品时就会残存在农副产品中。

2. 作物从环境中吸收农药

农药在田间施用后，大部分农药都进入环境中，很容易在土壤、大气以及水体中分布。种植的农作物可从土壤或水分中吸收残留农药，并在体内不断累积形成残留。

3. 农药的生物富集与食物链传递

生物富集是生物通过取食（主要方式）或吸收等方式从环境中不断吸取少量的农药，并逐渐在体内积累的能力，是通过食物链而发生的农药的转移和浓缩。食物链传递是指动物体吞食有残留农药的生物体后，农药在生物体之间转移的现象。

农药施用时，除了植株中附着农药外，还有部分农药会落入土壤或者扩散到大气中。土壤中的农药可能被植物吸收，还可能通过雨水冲刷、灌溉等地表径流进入河川，淋溶进入地下水，大气中的农药又可随降雨回到土壤或河川，河川中的农药通过水生生物，进入生物链富集。人类处于食物链中最高位置，和其他生物相比，在人体内会富集较高量的农药。通过生物富集与食物链传递，可使动植物体内的农药残留浓度提高数百倍至数万倍。

影响农药在生物体中富集的因子首先是农药的脂溶性，脂溶性大的容易在生物体富集，其次是农药在环境中的数量和稳定性，最后是动物的取食方式和取食量。一般代谢能力强、脂肪含量高的生物易于富集农药。

4. 农药残留的其他来源

除了上述途径外，还有很多途径都可能造成农药对农副产品或食品的污染，也必须加以重视。例如：使用被农药污染的水源加工食品或农副产品；食品或农副产品与农药一起运输、贮藏或销售过程中被农药污染；农药的生产及使用者在接触农药后立即接触食品或农产品等。

（二）农药残留的影响因素

农药残留在田间可通过生物或非生物分解而逐渐消失，农产品在储存、加工和食用烹饪时其残留可能不断减少。影响作物上农药残留量及其分布的因素有以下方面。

1. 农药的理化性质

物理性质中以蒸气压和溶解度最为重要。蒸气压高的农药，如敌敌畏易挥发消失快；脂溶性强的农药，如滴滴涕易在植物的蜡质层和动物的脂肪中积累；水溶性大的农药，易被雨水淋失，但亦易被根部吸收传导至植株叶部和籽实；易光解的农药，如辛硫磷施于植物表面残留消失快；残留农药还可被氧化或水解，或被生物体内的酶所分解。在相同条件下，不同理化性质的农药，持久性有很大差异。

2. 作物类型和作物部位

农药在作物上的原始沉积量随作物种类而异，在相同施药条件下主要取决于作物可食部位的表面积，在叶用蔬菜、茶叶、牧草等作物上农药的原始沉积量较黄瓜、茄子、苹果等果实类作物大得多。目前使用的农药大都是亲脂性的，沉积在作物表面的农药很快溶入蜡质层，不再以物理方式消失，大多积存于果皮、糠和麸皮中，因此除去农产品的外皮，可以去除大部分残留。

3. 施药方法、用量和时期

不同施药方法对残留影响不同，飞机喷药时植株上部 1/3 处约有总药量的 90%。内吸杀虫剂用不同方法施药，残留期相差很大，喷雾于叶面，原始沉积量高，但残留期短；土壤处理或根茎处理，农药被缓慢吸收，残留期长。施药量和施药次数增加，残留量亦递增，六六六等高残留农药表现特别明显。施药时期尤其是最后一次施药距收获的间隔天数对残留量的影响很大。施于作物上的农药随时间不断消失，施药后不同时间测定农作物上的残留量，可得残留消解动态曲线。

4. 环境因子

作物和土壤中的农药可通过各种途径消失，消失速度除与农药本身性质有关外，环境因子影响很大，如光对有些农药降解影响大，辛硫磷在茶叶上 3d 后已低于残留限量，但在土壤中的药效可维持 10d。土壤中的农药还可被微生物降解和随水淋溶，这些消解因素又随土壤质地、有机质含量、水分含量、pH 和温度而变化。有机质含量高，黏粒多的土壤，农药易被吸附而保留于土壤中；很多农药在碱性条件下易分解，水分对土壤中的农药残留起重要作用，在渍水条件下促进农药降解；温度升高，亦加快农药分解。

四、农药最大残留限量

1. 最大残留限量的定义

最大残留限量（maximum residue limit，MRL），是指在生物体、食品、农副产品、饲料和环境中农药残留的法定最高允许浓度，又称最高残留限量、最大允许残留量，以每千克农畜产品中农药残留的质量（mg/kg）表示。在美国也称允许残留量（tolerance）。为了不被误认为仅是毒理学上允许承受的数量，FAO 于 1972 年采用了"最大残留限量"。MRL 是按照农药标签上规定的施药剂量和方法使用农药后，在农产品中残留的可能最大浓度；其数值必须是毒理学上可以接受的，最后由各国政府部门按法规公布。

2. 制定最大残留限量的目的

制定最大残留限量有助于控制农产品中过量农药残留以保障食用者的安全。新农药申请登记时必须提供其在各类作物上的最大残留量数据，供政府部门评价其在农产品中残留的潜在危害。各国政府均以法规的形式公布此值以指导和推行合理用药，对超过此限量的农产品应采取禁止食用或销售等措施。农产品的监测值大于残留限量时，表明未按推荐剂量和次数施药，这是检验其是否遵从标签规定的 GAP 合理使用的尺度之一。

由于各国病虫害发生不同，用药方式有差异，导致农产品中残留水平不同。通常对于消费量大的农产品中农药残留控制更加严格，不同地区膳食结构不一样，主要消费的农产品种类不同。有些国家或地区对本地不生产的农产品或不使用的农药管控更加严格，因此各国制定的 MRL 往往不一致。为了减少国际贸易纠纷，协调和促进农产品贸易，国际食品法典委员会（CAC）制定了国际 MRL 标准（Codex MRL）。

MRL 标准一般是动态管理，该 MRL 值可能根据农药使用条件的变化或科学研究新发现进行调整或撤销。CAC 及一些国家的 MRL 的周期性评估时间一般为 15 年。

3. 最大残留限量制定的依据

最大残留限量的制定，主要根据农药毒理学数据、人们的膳食结构数据和田间残留试验（含食品加工试验）等三方面资料。MRL 的制定流程具体见第十六章。

第二节　农药残留试验准则

农药残留试验准则是用于农药登记残留试验的一系列相关技术规范性文件。规范化的农药残留试验可以提供充分的残留数据，是取得完整可靠残留评价资料的保证，为制定食品农药最大残留限量和进行食品农药残留风险评估提供残留化学依据。

国际上发达国家或部分国际组织也制定了农药残留试验的相关准则。如美国环境保护署（EPA）1996 年制定了残留化合物测试准则（OPPTS 860 系列），涉及化合物性质、植物和牲畜体内残留物的性质、分析方法、储藏稳定性、作物田间试验、加工食品、限量推荐、后茬作物累积等内容。联合国粮食与农业组织（FAO）1997 年出版了《联合国粮食与农业组织用于推荐食品和饲料中最大残留限量的农药残留数据提交和评估手册》，2002 年、2009 年和 2015 年分别出版了第 1、2、3 版。该手册对于制定国际食品法典农药最大残留限量中涉及的农药残留相关试验及资料的准备给出了详尽描述。经济合作与发展组织（OECD）于 2007 年制定了农作物中的代谢、后茬农作物中的代谢、家畜体内的代谢、后茬农作物中的残留、家畜体内的残留、样品储藏中的农药残留稳定性、加工农产品中农药残留特性-高温水解等一系列农药残留相关的准则。2008 制定了加工产品中农药残留水平试验准则，2009年制定了农作物田间试验准则。

我国农药残留试验准则的最早版本是 1984 年颁布的《农药残留试验准则（试行）》，2004 年，该准则经修改后以农业部行业标准的形式发布，即 NY/T 788—2004《农药残留试验准则》。借鉴其他国家或国际组织农药管理经验，结合我国实际情况，我国进一步对农药残留试验相关准则进行了补充完善，修订形成了 NY/T 788—2018《农作物中农药残留试验准则》（原 2004 版作废），新制定了 NY/T 3094—2017《植物源性农产品中农药残留储藏稳定性试验准则》、NY/T 3095—2017《加工农产品中农药残留试验准则》、NY/T 3096—2017《农作物中农药代谢试验准则》、NY/T 3557—2020《畜禽中农药代谢试验准则》、NY/T 3558—2020《畜禽中农药残留试验准则》。

本章仅围绕农作物中农药残留试验和加工农产品中农药残留试验进行介绍。农药残留储藏稳定性试验相关内容将在第三章进行介绍。

一、农作物中农药残留试验

NY/T 788—2018《农作物中农药残留试验准则》适用于农药登记试验，用于农药膳食摄入评估、最大残留限量及合理使用准则的制定。

NY/T 788—2018《农作物中农药残留试验准则》对 NY/T 788—2004《农药残留试验准则》进行了修订，修改内容主要涉及以下几个方面：田间试验设计中供试作物品种、试验小区数量、试验小区面积和施药器具等要求；最终残留量试验中施药剂量、次数、间隔和时期的要求；消解动态试验修改为残留消解试验，修改了试验点数、试验小区和采样间隔期等要求；田间样品采集数量、样品制备、运输和储藏的相关要求；残留物检测中待测残留物确定、检测方法、样品检测及结果计算的部分要求。

规范农药残留试验是指在良好农业规范（GAP）和良好实验室规范（GLP）或相似条件下，为获得推荐使用的农药在可食用（或饲用）初级农产品中可能的最高残留值，以及这些农药在农产品中的消解动态而进行的试验。

规范农药残留试验研究包括两个部分，田间试验部分和实验室内样品测定部分。本节仅对田间试验部分进行介绍，实验室内样品测定部分见其他章节。

（一）试验地点

应综合考虑气候条件、土壤类型、作物布局、耕作制度、栽培方式和种植规模等因素，选择具有代表性的试验地点进行农药残留田间试验。我国据此制定了《农药登记残留试验区域指南》，同时考虑作物种植面积、消费量、是否广泛种植等因素规定了特定作物农药登记残留试验的点数要求，通常作物需要进行 8～12 个点的残留试验，对于部分作物，由于种植面积小或区域种植集中，可以进行 4～6 个点的残留试验。

（二）供试作物

通常情况下，农药在具体作物上登记后才可以使用。但对于某些小作物（minor crop），即种植面积小或农药使用较少的作物，也包括一些特色作物（specialty crop），由于缺乏农药登记及残留试验数据，导致这些作物在病虫害发生时农民无药可用，可能进而导致滥用农药。小作物和特色作物中农药的使用和限量标准的完善是农药 MRL 标准体系中急需完善的主要内容。国际食品法典委员会提出对作物进行分组，每组作物中选择代表性作物（representative crop），通过代表性作物的残留水平来估计同组或亚组中其他未进行残留试验的作物上残留水平，这个过程也称为农药残留外推法（extrapolation method），残留外推是在保证科学合理的风险评估下，既不增加登记过程中的负担，又确保数据需求的一个解决途径。

1. 作物分组与代表性作物

根据形态学、栽培措施和可食部位以及可能的残留规律将作物（或商品）进行分组。把具有相同特征的作物归为一组，将形态学上差异较大和（或）残留规律不同的作物分开，用以指导作物及作物组 MRL（Group-MRL）的制定，这有利于对农药残留进行科学评估，保障消费者安全，同时有利于全球农产品贸易的开展。对于每个组，还会综合考虑植物学关系、可食可用部位、栽培特性、地理分布、生产实际、饲料和加工产品等，进行适当的亚组划分。每一农产品组或亚组会基于农药暴露情况和商业生产规模进行代表性作物的选择，以更好地服务于农产品保护和残留外推。

代表性作物是基于其相对于同组或亚组中其他作物在商业上的重要性，形态学的相似性以及残留特性等原因进行选择的。代表性作物的选择一般遵循以下原则：

①代表性作物可能含有最高残留量；

②代表性作物在生产和/或消费中占主要地位；

③代表性作物与同组或亚组中其他作物在形态学、生长习性、虫害和食用部位最相似。

但能同时满足以上三个原则的作物是很难选择的，所以在某些情况下，可以考虑至少满足前两个原则，有时可以采用多种作物共同作为代表性作物。

2. 国际食品法典委员会作物分组

国际食品法典委员会（CAC）制定的 Codex MRL 体系中，把国际贸易中的产品分成了五种类型（class），具体包括 A 类植物源初级产品、B 类动物源初级产品、C 类饲料产品、D 类植物加工产品、E 类动物加工产品。

A 类植物源初级产品又分为水果（type 01）、蔬菜（type 02）、谷物（type 03）、坚果和植物的汁液（type 04）、香草和香料（type 05）、其他（type 06）六类，每类中再细分组（group）、亚组（subgroup），亚组下才是具体的产品（见表1-7）。每个产品信息包括：产品代码（由组代码＋四位数字号组成）、英文名称、产品相关作物的拉丁学名以及必要的解释。产品代码具有唯一性。

这里主要介绍需要进行田间残留试验的 A 类植物源初级产品的具体信息。

表 1-7　植物源初级产品作物分组及亚组

类	组编号	组代码	组名	亚组
水果	001	FC	柑橘类水果	001A 柠檬与青柠类水果；001B 柑橘类水果；001C 酸甜橙子类水果；001D 柚类水果
	002	FP	仁果类水果	无
	003	FS	核果类水果	003A 樱桃类水果；003B 李子类水果；003C 桃类水果
	004	FB	浆果和其他小型水果	004A 藤蔓类浆果；004B 灌木类浆果；004C 大型灌木/木本类浆果；004D 小型攀缘藤本类浆果；004E 矮生浆果
	005	FT	皮可食热带及亚热带水果	005A 小型皮可食热带及亚热带水果；005B 中型、大型皮可食热带及亚热带水果；005C 棕榈类皮可食热带及亚热带水果
	006	FI	皮不可食热带及亚热带水果	006A 小型皮不可食热带及亚热带水果；006B 大型皮不可食热带及亚热带水果；006C 大型粗糙或毛状皮不可食热带及亚热带水果；006D 仙人掌类皮不可食热带及亚热带水果；006E 藤本类皮不可食热带及亚热带水果；006F 棕榈类皮不可食热带及亚热带水果
蔬菜	009	VA	鳞茎蔬菜	009A 鳞茎洋葱类蔬菜；009B 青葱类蔬菜
	010	VB	芸薹蔬菜（叶类芸薹蔬菜除外）	010A 头状花序芸薹蔬菜；010B 结球芸薹蔬菜；010C 茎类芸薹蔬菜
	011	VC	葫芦科瓜类蔬菜	011A 黄瓜和西葫芦瓜类蔬菜；011B 甜瓜、南瓜和笋瓜类蔬菜
	012	VO	茄果类蔬菜	012A 番茄类蔬菜；012B 辣椒类蔬菜；012C 茄子类蔬菜
	013	VL	叶菜类蔬菜	013A 绿叶菜类蔬菜；013B 叶类芸薹蔬菜；013C 根和块茎类蔬菜叶；013D 树、灌木、藤本植物叶；013E 水生叶类蔬菜；013F 菊苣类蔬菜；013G 叶类葫芦科蔬菜；013H 叶类蔬菜嫩叶；013I 芽菜
	014	VP	豆类蔬菜	014A 带嫩荚菜豆类蔬菜；014B 带嫩荚豌豆类蔬菜；014C 不带嫩荚菜豆类蔬菜；014D 不带嫩荚豌豆类蔬菜；014E 地下豆类蔬菜
	015	VD	干豆	015A 干大豆类作物；015B 干豌豆类作物；015C 地下干豆类作物
	016	VR	根和块茎类蔬菜	016A 根类蔬菜；016B 块茎和球茎类蔬菜；016C 水生根和块茎类蔬菜
	017	VS	茎类蔬菜	017A 茎及叶柄类蔬菜；017B 嫩梢类蔬菜；017C 其他茎类蔬菜
	018	VF	食用菌	无

类	组编号	组代码	组名	亚组
谷物	020	GC	谷物	020A 小麦类谷物;020B 大麦类谷物;020C 水稻类谷物;020D 高粱类谷物;020E 玉米类谷物;020F 甜玉米类谷物
	021	GS	产糖或糖浆草本植物	无
坚果、种子和树汁	022	TN	坚果	无
	023	SO	油料作物	023A 油菜籽类作物;023B 葵花籽类作物;023C 棉籽类作物;023D 其他油料作物;023E 油果类作物
	024	SB	饮料或糖用种子作物	无
	025	ST	树汁	无
香草香料	027	HH	香草	027A 草本植物香草;027B 木本植物叶类香草;027C 食用花
	028	HS	香料	028A 籽粒类香料;028B 果实和浆果类香料;028C 树皮类香料;028D 根和根茎类香料;028E 芽类香料;028F 花和柱头类香料;028G 种皮类香料;028H 陈皮;028I 干辣椒
其他	029	MU	未分类作物	无

3. 我国作物分组

根据农药登记资料要求规定，可以在选择代表作物进行残留试验的基础上，再选择 1~2 种非代表作物进行试验后，申请供试农药在该类作物上的登记。我国作物分组情况见表 1-8。

表 1-8 我国作物分组列表

大类	亚类	作物(代表作物)
谷物	稻类	水稻、旱稻等
	麦类	小麦、大麦、燕麦、黑麦、荞麦等
	旱粮类	玉米、高粱、粟、稷、薏仁等
	杂粮类	绿豆、小扁豆、鹰嘴豆、赤豆等
蔬菜	鳞茎类	鳞茎葱类:大蒜、洋葱、薤等 绿叶葱类:韭菜、葱、青蒜、蒜薹、韭葱等 百合
	芸薹属类	结球芸薹属:结球甘蓝、球茎甘蓝、抱子甘蓝等 头状花序芸薹属:花椰菜、青花菜等 茎类芸薹属:芥蓝、菜薹、茎芥菜、雪里蕻等 大白菜
	叶菜类	绿叶菜类:菠菜、普通白菜(小油菜、小白菜)、叶用莴苣、蕹菜、苋菜、萝卜叶、甜菜叶、茼蒿、叶用芥菜、野苣、菊苣、油麦菜等 叶柄类:芹菜、小茴香等
	茄果类	番茄、辣椒、茄子、甜椒、秋葵、酸浆等
	瓜类	黄瓜 小型瓜类:西葫芦、苦瓜、丝瓜、线瓜、瓠瓜、节瓜等 大型瓜类:冬瓜、南瓜、笋瓜等
	豆类	荚可食类:豇豆、菜豆、豌豆、四棱豆、扁豆、刀豆等 荚不可食类:青豆、蚕豆、利马豆等
	茎类	芦笋、茎用莴苣、朝鲜蓟、大黄等

大类	亚类	作物(代表作物)
蔬菜	根、块茎和球茎类	根类:萝卜、胡萝卜、甜菜根、根芹菜、根芥菜、辣根、芜菁、姜等 块茎和球茎类:马铃薯 其他类:甘薯、山药、牛蒡、木薯等
	水生类	茎叶类:水芹、豆瓣菜、茭白、蒲菜等 果实类:菱角、芡实等 根类:莲藕、荸荠、慈姑等
	其他类	竹笋、黄花菜等
水果	柑橘类	橘、橙、柑、柠檬、柚、佛手柑、金橘等
	仁果类	苹果、梨、楹楟、柿子、山楂等
	核果类	桃、枣、油桃、杏、枇杷、李子、樱桃等
	浆果和其他小型水果	藤蔓和灌木类:枸杞、蓝莓、桑葚、黑莓、覆盆子、醋栗、越橘、唐棣等 小型攀缘类:皮可食:葡萄、五味子等 皮不可食:猕猴桃、西番莲等 草莓
	热带和亚热带水果	皮可食:杨桃、杨梅、番石榴、橄榄、无花果等 皮不可食:小型果:荔枝、龙眼、黄皮、红毛丹等 中型果:芒果、鳄梨、石榴、番荔枝、西番莲、山竹等 大型果:香蕉、木瓜、椰子等 带刺果:菠萝、菠萝蜜、榴莲、火龙果等
	瓜果类	西瓜 其他瓜果:甜瓜、哈密瓜、白兰瓜等
坚果	小粒坚果	杏仁、榛子、腰果、松仁、开心果、白果等
	大粒坚果	核桃、板栗、山核桃等
糖料作物		甘蔗 甜菜
油料作物		小型油籽类:油菜籽、芝麻、亚麻籽、芥菜籽等 其他类:大豆 花生 棉籽 葵花籽 油茶籽
饮料作物		茶 咖啡豆、可可豆 啤酒花 菊花、玫瑰花等
食用菌	蘑菇类	平菇、香菇、金针菇、茶树菇、竹荪、草菇、羊肚菌、牛肝菌、口蘑、松茸、双孢蘑菇、猴头、白灵菇、杏鲍菇等
	木耳类	木耳、银耳、金耳、毛木耳、石耳等
调味料	叶类	芫荽、薄荷、罗勒、紫苏等
	果实类	花椒、胡椒、豆蔻等
	种子类	芥末、八角茴香等
	根茎类	桂皮、山葵等

大类	亚类	作物（代表作物）
饲料作物		苜蓿、黑麦草等
药用植物	根茎类	人参、三七、天麻、甘草、半夏、白术、麦冬等
	叶及茎秆类	车前草、鱼腥草、艾、蒿等
	花及果实类	金银花等
其他		烟草等

（三）试验小区

在选择试验小区时，应先进行背景调查，包括试验地点的土壤类型、前茬作物、农药使用历史、气候等。应选择作物长势均匀、地势平整的地块开展试验。前茬以及试验进行中不得施用与供试农药类型相同的农药，以免干扰对试验农药的分析测试。

我国进行残留试验时，粮食作物小区设置一般不小于 $100m^2$，蔬菜作物小区设置不小于 $50m^2$，果树不得少于 4 棵，单株栽培的葡萄树不得少于 8 棵，对于藤蔓交织自然连片的葡萄棚不得小于 $50m^2$。设 1 个处理小区，1 个对照小区。对照小区和处理小区应设置在相邻区域，但应采取必要措施避免污染。小区设置应考虑风向、水流方向、施药剂量、施药飘移、挥发、淋溶等因素影响，避免交叉污染。

（四）施药方法和器具

残留试验应采用常规施药方法和器具。一般采用药效试验要求的施药方法和器具。施药前应对施药器具彻底清洗，并经检查、校准后使用，确保其工作状态良好和药液量可控。施药应均匀一致，避免喷雾边缘重叠或转弯处的偶然液滴滴落导致施药剂量增大或由于飘移导致施药剂量减少。如果试验点所在区域机动器械施药较为普遍，可采用经过校准的机动器械设备施药，应保证施药准确性和均匀性、覆盖足够大的小区面积、不产生交叉污染。

（五）消解动态试验

1. 残留消解动态与半衰期

农药残留动态（pesticide residual dynamics），也称消解动态（dissipation dynamics，或 decline），指施药后残留农药受风、雨、光、热等环境因素的影响随时间逐步降解和消失的过程。它是为研究农药在农作物、土壤、田水中残留量变化规律而设计的试验，是评价农药在农作物和环境中稳定性和持久性的重要指标。

研究农药残留动态，了解施药至收获时农药残留的消长，可以预测农药残留行为，指导安全、合理使用农药；根据农药残留动态，可以计算安全间隔期（pre-harvest interval，PHI）、进入施药现场的限制间隔期，或称重返间隔期（restrictred entry interval，REI）和半衰期（half life，DT_{50}），还有利于了解它对有害生物的药效期。

农药残留动态是多方面因素综合作用的表现，农药本身物理化学性质、使用方法、施药时期、作物类型、土壤类型及环境条件都会影响农药在生物体和环境中的消解趋势。

农药残留量消解一半时所需的时间，即"半衰期"，可用图示法求半衰期，即以农药本体及其代谢物、降解物残留量总和为纵坐标，以时间（T）为横坐标绘制消解曲线图求得半衰期。

半衰期也可以通过计算得出。有些农药在农作物、环境中的残留量（C）随施药后的时间（t）变化以近似负指数函数递减的规律变化，可用一级反应动力学方程公式计算：

$$C = C_0 e^{-Kt}$$

式中　C——时间 t 时的农药残留量，mg/kg；

　　　C_0——施药后原始沉积量，mg/kg；

　　　K——消解系数；

　　　t——施药后时间，d。

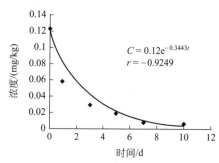

图 1-2　农药残留动态曲线

原始沉积量 0.12mg/kg；半衰期 2.0d；
MRL 0.02mg/kg；安全间隔期 5d

当 $C = 0.5C_0$ 时，可计算半衰期，$DT_{50} = \ln 2/K$。

从图 1-2 可以看出，农药的消解速率一般有两个阶段：迅速消解阶段、缓慢消解阶段。

在计算消解动态指数方程的相关性时，一般用相关系数（correlation coefficient，r）进行评价。以图 1-2 为例，取 $N = 6$，即自由度 $N - 2 = 4$，由检验表 1-9 可知，$|r| \geqslant 0.8114$，即在 95% 置信水平（$\alpha = 0.05$）上相关性显著。反之，若计算所得 $|r|$ 小于列表中的 r 值，表明不显著，如 $|r| < 0.8114$，说明它在 95% 置信水平（$\alpha' = 0.05$）上显著性差，即分析物浓度或质量与时间之间的相关性不明显或不相关。相关性评价时，通常取 $\alpha = 0.05$。

表 1-9　相关系数（r）显著性检验表

$N-2$	0.10	0.05	0.01	0.001	$N-2$	0.10	0.05	0.01	0.001
1	0.9877	0.9969	0.9999	1.0000	9	0.5214	0.6021	0.7348	0.8471
2	0.9000	0.9500	0.9900	0.9990	10	0.4973	0.5760	0.7079	0.8233
3	0.8054	0.8783	0.9587	0.9912	11	0.4762	0.5529	0.6835	0.8010
4	0.7293	0.8114	0.9172	0.9741	12	0.4575	0.5324	0.6614	0.7800
5	0.6694	0.7545	0.8745	0.9507	13	0.4409	0.5139	0.6411	0.7603
6	0.6215	0.7067	0.8343	0.9249	14	0.4259	0.4973	0.6226	0.7420
7	0.5822	0.6664	0.7977	0.8982	15	0.4124	0.4821	0.6055	0.7246
8	0.5494	0.6319	0.7646	0.8721	16	0.4000	0.4683	0.5897	0.7084

注：0.10、0.05、0.01、0.001 为 α 不同取值。

2. 消解动态试验的施药剂量和方法

根据我国 NY/T 788—2018《农作物中农药残留试验准则》规定，作物可食用部位形成后施用农药，应对可食用部位进行残留消解试验。残留消解试验的施药剂量、次数、间隔和时期与最终残留量试验一致。残留消解试验一般在最终残留量试验小区中开展，不需额外设置试验小区，但是应保证满足残留试验采样量要求。可采用一次施药多次采样，或多次施药一次采样的方法进行试验，施药后分别于 0d（在施药后药液基本风干的 2h 之内，即原始沉积量）、1d、3d、7d、14d、21d、30d、45d、60d 采样。有的农药消解快，采样间隔时间应以小时计。在模拟消解趋势时，原则上采样次数不少于 6 次，最后一次的样品中残留量以消解率大于 90% 为宜。

（六）最终残留量试验

采用推荐的最高使用剂量、最多施药次数和最短施药间隔进行施药，最后一次施药后在不同采收间隔期采收可食可饲部位样品，测定样品中农药残留量。一般根据实际防治需要和推荐采收间隔期推算第一次施药时间和后续施药间隔时间。通过最终残留量田间试验，可以获得最终残留数据，从中得到规范残留试验中值和最高残留值等用于膳食风险评估的数据。

1. 采收间隔期

采收间隔期（harvest interval）是指采收距最后一次施药的间隔天数。采收间隔期是在安全间隔期的基础上进行设置的。

对于农药标签要求标注安全间隔期的农药，一般设 2 个采收间隔期，设置要求见表 1-10。农药标签可以不标注安全间隔期的农药，一般设 1 个采收间隔期。

表 1-10 最终残留量试验采收间隔期设置

推荐的 PHI/d		采收间隔期/d
<3		推荐的 PHI 和 3
3		3 和 5
5		5 和 7
7		7 和 10
10		10 和 14
≥14	7 的倍数	推荐的 PHI 和推荐的 PHI+7
	其他	推荐的 PHI 和推荐的 PHI+10

2. 安全间隔期

安全间隔期（pre-harvest interval，PHI）是指经残留试验确证后农药登记管理部门批准的农药产品实际使用时采收距最后一次施药的间隔天数。也就是收获前禁止使用农药的日期。在等于或大于规定的安全间隔日期施药，收获农产品中的农药残留量不会超过国家或国际上规定的最大残留限量，可以保证食用者的安全。

获得安全间隔期的数据有两条途径。

① 从消解动态曲线上推算。通常按照实际使用方法施药后，在不同的时间间隔采样测定，画出农药在作物上的消解动态曲线，以作物上的残留量降至最大残留限量的天数，作为安全间隔期的参考。但前提条件是，此消解动态试验中施药剂量应与推荐施药剂量一致。

② 进行采收间隔期试验，从中推算安全间隔期。采收间隔期是与残留量相关性最显著的因素，也是制定安全间隔期的重要依据。间隔期的确定必须科学、合理，由于农作物品种繁多，病、虫、草害的发生和防治时期差异甚大，应根据农作物病、虫、草害防治的实际情况和农产品采收适期确定间隔期。有的农产品需在鲜嫩时采摘，如黄瓜、番茄、茶叶等，则间隔期应相应短些，可在 1d、2d、3d、5d、7d 内，有的农作物如水稻、棉花、柑橘等，施药距收获时间较长，间隔期可适当长些，一般设 7d、14d、21d、30d，通常在进行农药残留试验时至少应设 2 个以上的采收间隔期。根据不同采收间隔期样品中农药残留水平，确定安全间隔期。

在制定农药安全间隔期时，必须参考农药的实际使用情况，如拌种剂、除草剂中的土壤处理剂或苗后、芽前处理剂等，使用农药的日期是固定的，不再根据消解动态算出安全间隔期，而是测定收获后作物中的最终残留，其最终残留不超过最大残留限量即可。

安全间隔期因农药性质、作物种类和环境条件而异。不同农药的安全间隔期不同，性质稳定的农药不易分解，安全间隔期长；相同的农药在不同作物上的安全间隔期亦不同，果菜类作物上的残留量比叶菜类作物低得多，安全间隔期也短；在不同地区由于日光、气温和降雨等因素，同一农药在相同作物上的安全间隔期是不同的。因此必须制定各种农药在各类作物上适合于当地的安全间隔期。

3. 残留试验中值

残留试验中值（supervised trials median residue，STMR）是指农药在某作物上多个独立试验的有效残留数据进行大小排序后其中间值或中间两个值的平均值。

4. 最高残留值

最高残留值（highest residue，HR）是指农药在某作物上多个独立试验的有效残留数据中的最大值。

5. 在残留田间试验资料基础上推荐 MRL

在 GAP 条件下进行农药残留田间试验，根据最终试验数据，提出推荐 MRL 值。多数农药的田间实测最大残留数值低于慢性毒性的数值，如果制定的 MRL 远大于田间实测数据，是不可能来指导和推行合理用药的。但如果实测的田间农药残留数据大于根据慢性毒性算出的可允许的残留量，则此农药不能使用。

在制定最大残留限量时，一般是根据最大残留数据，给出经验值作为推荐 MRL。FAO JMPR 和欧盟国家一般利用 OECD MRL 计算器进行推荐。

（七）农药合理使用准则

农药合理使用准则（guideline for safety application of pesticides）是农药管理的一种措施，是一类技术规范性文件，目的在于指导科学、合理、安全使用农药，达到既能有效地防治农作物病虫草害，又使农产品中农药残留不超过规定的限量标准的目的。主要包括 GB/T 8321.1～GB/T 8321.10《农药合理使用准则（一）》～《农药合理使用准则（十）》。

随着农业产业化、工业化和城市化进程的加快，我国农药使用量呈逐年增加的趋势，农药在减少农作物病虫害、增加作物产量、提高农业生产效率等方面发挥了巨大的作用。农药在作物生产中的合理使用，可以在达到理想的防治效果同时，延缓病、虫、草害抗药性产生、保证农产品产量和质量、保护消费者食用安全和环境安全、促进农产品贸易。为指导农药的合理使用，有必要研究和制定各种农药在防治不同农作物病虫草害时的各项技术指标，控制施药量、施药次数和安全间隔期等。

通常情况下，农药合理使用的具体要求和注意事项，在农药使用说明书中会详细列出，在登记标签上会有简要介绍，制定农药合理使用准则是进一步加强农药管理的措施之一。

农业部从 1974 年开始，组织全国部分科研单位和高等院校进行了科学、合理、安全使用农药的试验研究工作。根据研究结果，1984 年 5 月 18 日城乡建设环境保护部批准发布了《农药安全使用标准》（GB 4285—1984），列出了 29 种农药在 14 种作物上的 69 项标准。1989 年 9 月 6 日，由国家环境保护局批准发布《农药安全使用标准》（GB 4285—1989），取代 GB 4285—1984。列出了为防治农作物的病、虫、草害而使用的农药，包括水稻、小麦等 30 种作物上农药制剂的农药安全使用标准总计 128 条。具体信息包括作物、农药、剂型、常用药量或稀释倍数、最高用药量或稀释倍数、施药方法、最多使用次数、最后一次施药离收获的天数（安全间隔期）以及实施说明等信息。该标准于 2017 年 1 月由国务院标准化协调推进部联席会议办公室发布作废公告。

依据农药残留试验研究结果，农业部在制定《农药安全使用标准》的同时，还制定了一系列农药合理使用准则。其前身是 1986 年 8 月 15 日农牧渔业部批准发布的行业标准《农药安全使用指南》（一），1987 年，经农牧渔业部批准，该行业标准上升为国家标准，由国家标准局于 1987 年 10 月 21 日发布，即 GB 8321.1—1987《农药合理使用准则（一）》，同时整理了 GB 8321.2—1987《农药合理使用准则（二）》。1989 年发布了 GB 8321.3—1989《农药合理使用准则（三）》，1993 年发布了 GB 8321.4—1993《农药合理使用准则（四）》。1997 年在发布 GB/T 8321.5—1997《农药合理使用准则（五）》时，第一次采用了 GB/T 形式，即该准则成为推荐标准。2000 年，在发布 GB/T 8321.6—2000《农药合理使用准则（六）》时，对前期发布的《农药合理使用准则（一）》~《农药合理使用准则（三）》重新进行了修订，即 2000 版，均改为 GB/T 形式。之后，2002 年发布 GB/T 8321.7—2002《农药合理使用准则（七）》，2006 年修订了 GB 8321.4—1993《农药合理使用准则（四）》和 GB/T 8321.5—1997《农药合理使用准则（五）》，新编号分别为 GB/T 8321.4—2006 和 GB/T 8321.5—2006。由于农药新品种和新制剂不断出现，植物保护工作不断发展，研究和制定农药合理使用准则的工作还在继续进行中。目前已经制定了 GB/T 8321.10—2018《农药合理使用准则（十）》。

在农药合理使用准则中，给出了农药名称、农药制剂、适用作物、防治对象、每亩每次施药量、施药方法、每季最多使用次数、最后一次施药距收获天数（安全间隔期）、实施要点说明和最大残留限量（MRL）等信息。

二、加工农产品中农药残留试验

（一）农药残留加工因子

农药残留加工研究最初只考虑国际贸易中的重要加工产品，如今为了进行膳食摄入评估也会考虑其他加工产品中的残留水平。农药残留专家联席会议（Joint FAO/WHO Meeting of Pesticide Residues，JMPR）根据农药毒理学资料和残留资料的评估，推荐农药的 MRL。在评估资料中，涉及农药残留加工农产品的相关研究和信息，为加工品中农药 MRL 的制定提供了依据，也为加工品的风险评估提供了信息，加工农产品中农药残留试验一般对加工过程是否产生新的代谢物、农药残留量的变化进行测试。我国目前仅要求测试残留量的变化，也就是测定加工因子。

加工因子（processing factor，Pf），也称加工系数，可以对加工过程中农产品中的农药残留量的变化进行直观描述。加工因子是指加工农产品中的农药残留量与初级农产品中的农药残留量之比。当加工因子大于 1 时，表明加工过程使农产品中的农药残留量增加；反之，农产品中的农药残留量降低。其中，初级农产品（raw agricultural commodities，RAC）是指来源于种植业、未经加工的农产品。加工农产品（processed agricultural commodities，PAC）是指以种植业产品为主要原料的加工制品。

加工因子受到多种因素的影响，包括农药残留的理化性质（水溶性或脂溶性）、残留在作物中的分布（附着在表层或是内部）、加工方式、施药时期等，因而加工因子也可视作是农药和作物综合作用的结果。如果某种农药在某初级农产品中进行了多个加工研究，则采用 Pf 中值来表示加工因子。但如果两个研究的加工因子差距很大，这时最好选择最高的加工因子作为代表值。此外，加工因子也受初级农产品采收间隔期的影响。一般选用采收间隔期最短的初级农产品进行加工所得到的相应结果。当采用不同间隔期的初级农产品进行加工研究所得加工因子差异不大时，则可考虑全部采纳这些数据。

加工农产品中农药残留实验是为明确农产品加工过程中农药残留量的变化和分布，获取加工因子而进行的试验，包括田间和加工试验两部分。我国 NY/T 3095—2017《加工农产品中农药残留试验准则》规定了加工农产品中农药残留试验的方法和技术要求。

（二）田间试验

进行加工过程中农药残留变化规律研究时，样品中的残留不能来源于室内添加，而应该是田间残留（incurred residue），因此，农药残留加工试验需要进行田间试验。

参照农药登记规范残留试验提供的良好农业规范，选取最高施药剂量、最多施药次数和最短安全间隔期，在作物不同的生产区设两个以上独立的田间试验。试验小区面积应满足加工所需要的产品数量要求，确保有足够的样品量且初级农产品中的农药残留量足够高，样品中农药残留量应大于 LOQ，一般要求至少为 0.1mg/kg 或 LOQ 的 10 倍。在不发生药害的前提下，作物上施用农药的浓度高于推荐的最高施药剂量，最大可增至 5 倍。

（三）加工试验

食品法典中的加工产品指的是经过物理、化学或生物过程处理初级作物产品后的产品。对于典型的加工方式，应模拟其加工过程进行试验。对于不同的加工模式，应优先选择规模大的或商业化的加工方式。试验中使用的技术应尽可能与实际加工技术一致，规模化生产的加工农产品应使用具有代表性的生产技术。如加工过程主要在家庭（如烹煮的蔬菜），应使用家庭通常使用的设备和加工技术。不同规模化、商业化加工工艺的差异应有明确体现并具体说明。

不同的加工方式可能会造成加工产品中残留变化趋势有所不同。去皮、烹饪、榨汁等可能降低残留水平，而榨油等加工可能使残留有所升高。另外，有的加工过程可能使某些活性成分转化成比原体毒性更高的代谢物。如果加工产品中残留没有浓缩现象，则不需要建立 MRL，但是以膳食摄入评估为目的时，则要考虑加工产品中的残留水平。如果残留发生了浓缩，JMPR 则会对加工产品中的 MRL 进行评估。《农药残留加工因子手册》一书对 JMPR 报告中涉及的农药残留加工因子信息进行了整理，可供参考。

第三节　农药残留分析

农药残留分析是一种比较复杂的分析技术，其中一项重要研究工作就是建立合适的分析方法，以适应不同农药目标物、不同基质以及高选择性、高灵敏度的要求。

一、农药残留分析的特点

农药残留分析，主要是对农产品、食品和环境样品等待测样品中的农药残留进行定性和定量分析。包含已知农药残留分析和未知农药残留分析两方面的内容。

农药残留分析技术自 20 世纪 70 年代至 21 世纪初期，有很大的变化和进展，表 1-11 比较了样品量、提取方法、净化、测定和计算等方面的变化，包括目前广泛应用的 QuEChERS 方法。

表 1-11　农药残留分析方法的进展

序号	项目	自 20 世纪 70 年代	20 世纪末期	QuEChERS 方法
1	实验室测定的样品量	50～100g(mL)的样品量	10～25g(mL)，环境水样品除外	从匀浆样品中取出 10g 于离心管中

序号	项目	自 20 世纪 70 年代	20 世纪末期	QuEChERS 方法
2	提取方法	大容量溶剂	较少溶剂直接提取	在同一离心管中加入溶剂、无机盐,剧烈振荡后离心分层
3	净化	分液漏斗液液分配,常规柱色谱手动操作	固相萃取小柱或免疫亲和色谱柱,自动化系统	取出 1mL 上层提取液,以分散固相萃取净化后离心
4	测定	气相色谱 -手动进样 -填充柱 -常规检测器 常规液相色谱 薄层色谱	气相色谱 -自动进样 -毛细管柱 -质谱检测器 液质联用 高效薄层色谱(HPTLC)	取出上层净化液直接进样,气相色谱-大体积进样,液质联用
5	计算	记录仪和手动积分	计算机积分和数据处理	数据处理智能化、自动化

农药残留分析的主要特点如下:①样品中农药的含量很少。每千克样品中仅有毫克(mg/kg)、微克(μg/kg)、纳克(ng/kg)量级的农药,在大气和地表水中农药含量更少,每千克仅有皮克(pg/kg)、飞克(fg/kg)量级。而样品中的干扰物质脂肪、糖、淀粉、蛋白质、各种色素和无机盐等含量都远远大于农药,决定了农药残留分析方法对灵敏度要求很高,对提取、净化等前处理要求也很高。②农药品种繁多。目前在我国经常使用的农药品种多达数百个,各类农药的性质差异很大,有些还需要检测有毒理学意义的降解物、代谢物或者杂质,要根据各类农药目标物特点确定残留分析方法。③样品种类多,包括农畜产品、土壤、大气、水样等,各类样品中含水量、脂肪含量和糖含量均不相同,成分各异,各类农药的前处理方法差异很大。④基于以上原因,测定样品时对方法的准确度要求不高,要求灵敏度要高、特异性要好,要求能检出样品中的特定微量农药。

农药常量分析与农药残留分析的比较见表 1-12。

表 1-12 农药常量分析与残留分析比较

项目	农药常量分析	农药残留分析
研究内容	农药产品、制剂有效成分、中间体、杂质的定性定量分析	生物体、农副产品、环境中农药残留的原体、有毒降解物、代谢物、杂质的定性定量分析
应用范围	生产单位控制合成步骤、改进合成方法;药检、农资部门保证产品质量及储藏稳定性;科研部门改进制剂性能、改进施用技术	残留试验及残留分析,为合格农药登记提供依据,制定合理的使用准则;评价农药残留的危害性,保障人民身体健康;检测和监测环境中农药污染,为治理污染提供依据等
要求	特异性、准确度、线性要求高,灵敏度要求不高	特异性、准确度、线性要求不高,但灵敏度要求很高

二、农药残留分析的分类

(一)农药单残留分析

农药单残留分析(single residue method,SRM)是定量测定样品中的一种农药(包括具有毒理学意义的杂质或降解产物)的方法,这类方法在农药登记注册的残留试验、制定 MRL 或在其他特定目的的农药管理和研究中经常应用。

对于具有某些特殊性质的农药,如不稳定、易挥发,或是两性离子,或几乎不溶于任何溶剂,甚至有些检测目标物结构尚不明确,只能进行单残留分析,这种测定比较费时,花费较大。

（二）农药多残留分析

农药多残留分析（multi-residue method，MRM），是指在一次分析中能够对待测样品中多种农药残留同时进行提取、净化、定性和定量分析。

根据分析农药残留的种类不同，可分为两种，一种仅适用于同一类的多种农药残留，称为单类型农药多残留分析，也称为选择性多残留方法（selective MRM），同类型农药的理化性质相似，可以实现同时分析，如有机磷农药多残留分析、有机氯农药多残留分析、氨基甲酸酯农药多残留分析、磺酰脲除草剂多残留分析等；另一种是一种方法适用于多类型农药残留，也称多类多残留方法（multi-class multi-residue method）。多残留方法经常用于管理和研究机构对未知用药历史的样品进行农药残留分析，以及对农产品、食品或环境介质的质量进行监督、评价和判断。

三、农药残留分析的步骤

农药残留分析的过程可以分为：采样（sampling），样品预处理（sample pretreatment），提取（extraction），净化（clean-up），浓缩（concentration），定性和定量分析（analysis），报告（report）。采用的方法应进行方法确认（method validation）。实验室应有日常的数据质量控制与质量保证（quality control and quality assurance，QC/QA）措施。有时也将样品的提取、净化、浓缩等环节统称为样品前处理（sample preparation）。

残留分析过程中，还涉及样品的运输、储藏等操作。

样品预处理是指将实际样品转变为实验室分析样品的过程，首先去除分析时不需要的部分，如果蒂、叶子、黏附的泥土、土壤中的植物体、石块等，然后进行均质化过程，采用匀浆、捣碎等方法，得到具有代表性的、可用于实验室分析的样品。

提取过程通常是采用振荡、超声波、固相萃取等方法从试样中分离残留农药的过程，一般是将农药转移到提取液中，此时，很多共提物也随农药一起存在于提取液中。

净化是采用一定的方法，如液液分配、柱层析净化、凝胶渗透色谱法（GPC）、吹扫蒸馏、固相萃取等技术去除共提物中部分色素、糖类、蛋白质、油脂以及干扰测定的其他物质的过程。在有些农药残留分析中，为了增强残留农药的可提取性或提高分辨率、测定的灵敏度，对样品中的农药进行化学衍生化处理，称之为衍生化（derivatization）。衍生化反应改变了化合物性质，为净化方法的优化提供了更多选择。

浓缩过程在农药残留分析中也是一个重要环节。由于农药残留多是微量或痕量水平，通过浓缩，可以提高检测响应值。常用的浓缩装置有 K-D 浓缩器、旋转蒸发仪、氮气流浓缩器等。

农药残留分析中常用的定性、定量分析方法有：气相色谱法，配备多种检测器，如FPD、NPD、ECD、MSD、MS/MS 等；液相色谱法，配备 UVD、DAD、FLD、MSD、MS/MS 等检测器；薄层色谱法；酶抑制法；酶联免疫法等，还有一些其他方法，如毛细管电泳法等新技术。人们通常把从分析仪器获得的与样品中的农药残留量成比例的信号响应称为检出（detection），把通过参照比较农药标准品的量测算出试样中农药残留的量称为检测（determination）。

结果报告不仅是残留分析结果的计算、统计和分析，也应包括残留分析方法的性能参数确认，如准确度（正确度、精密度）、灵敏度、线性范围、不确定度分析等。

本书其他章节将对样品前处理、定量和定性分析等环节进行阐述。

参　考　文　献

[1]　CAC. CX/PR 10/42/3. Part 1 List of maximum residue limits for pesticides in food and animal feeds. 2010.

[2]　FAO manual on the submission and evaluation of pesticide residues data for the estimation of maximum residue levels in food and feed. Food and Agricultural Organization of the United Nations Rome，2016. http://www.fao.org/agriculture/crops/core-themes/theme/pests/jmpr/jmpr-rep/en/.

[3]　FAO. List of Pesticides evaluated by JMPR and JMPS. 2011.

[4]　FAO/IAEA Training and Reference Centre for Food and Pesticide Control. Recommendation methods of sampling for the determination of pesticide residues for compliance with MRLs. Principles and practice of sampling，Appendix 2，2003.

[5]　Holland P T. Glossary of terms relating to pesticides. IUPAC Reports on Pesticides（36）（IUPAC Recommendations 1996）. Pure & Appl. Chem，1996，68（5）：1167-1193.

[6]　OECD. Test No 508：Magnitude of the Pesticide Residues in Processed Commodities. OECD Guidelines for the Testing of Chemicals. 2008.

[7]　Plimmer J K，Gammon D W，Ragsdale N N. Encyclopedia of Agrochemicals：Vol. 1～3. Hoboken，New Jersey，USA：John Willy & Sons Inc.，Publication，2003.

[8]　Rotterdam convention on the Prior Informed Consent procedure for certain hazardous chemicals and pesticides in international trade. Notifications of final regulatory actions by chemical name（Non ANNEX Ⅲ chemicals）. 2011.

[9]　You X W，Liang L，Liu F M. Dissipation and residues of clethodim and its oxidation metabolites in a rape-field ecosystem using QuEChERS and liquid chromatography/tandem mass spectrometry. Food Chem，2014，143（15）：170-174.

[10]　Zhao L W，Liu，F M，Wu L M，et al. Fate of triadimefon and its metabolite triadimenol in jujube samples during jujube wine and vinegar processing. Food Control，2017，73：468-473.

[11]　安红波，李占双 . 绿色农药的研究现状及进展 . 应用科技，2003，30（9）：47-50.

[12]　卫生部卫生防疫司 . 全球环境监测系统资料汇编　生物样品监测部分 .1983.

[13]　丁昌东，潘志远 . 我国农残标准浅析 . 农业质量标准，2008（5）：23-25.

[14]　段丽芳 . FAO 关于高危害农药鉴定标准农药科学与管理 . 农药科学管理，2019，40（9）：8.

[15]　范小建 . 加大无公害食品行动计划实施力度，全面提高我国农产品质量安全水平 . 中国植保导刊，2004，24（1）：5-7.

[16]　韩熹莱 . 中国农业百科全书：农药卷 . 北京：农业出版社，1993.

[17]　季颖，李富根，刘丰茂，等 . 农药残留加工因子手册 . 北京：中国农业出版社，2017.

[18]　简秋，朱光艳，郑尊涛，等 . 国际禁限用农药残留限量标准制定原则简析 . 农药科学与管理，2014，35（6）：20-25.

[19]　雷扬 . 试论无公害农产品 . 农业环境与发展，2004（3）：1-3.

[20]　李富根，朴秀英，廖先骏，等 . 农药残留国家标准体系建设新进展 . 农药科学与管理，2019，40（4）：8-11.

[21]　李俊锁，邱月明，王超 . 兽药残留分析 . 上海：上海科学技术出版社，2002.

[22]　李茹，赵佳东，熊战之，等 . 浅议化学农药 . 现代农业科技，2005（9）：51-52.

[23]　刘丰茂 . 农药质量与残留实用检测技术 . 北京：化学工业出版社，2011.

[24]　刘连馥 . 绿色食品实务 . 济南：山东人民出版社，1993.

[25]　刘维屏 . 农药环境化学 . 北京：化学工业出版社，2006.

[26]　芦志成，张鹏飞，李慧超，等 . 中国农药创制概述与展望 . 农药学学报，2019，21（5-6）：551-579.

[27]　杨普云，王凯，厉建萌，等 . 以农药减量控害助力农业绿色发展 . 植物保护，2018，44（5）：95-100.

[28]　农业部农垦局 . 我国禁用和限用农药手册 . 北京：中国农业科学技术出版社，2007.

[29]　农业部农药检定所，德国技术合作局 . 农药安全有效使用准则（国际农药生产者协会）. 国外农药管理文件汇编，1997.

[30]　农业部农药检定所 . 农药登记残留田间试验标准操作规程 . 北京：中国标准出版社，2007.

[31]　石键 . 河北农业大学农药残留工作 20 年 . 河北农业大学学报，1995，18（1）：52-56.

[32]　王大宁，董益阳，邹明强 . 农药残留检测与监控技术 . 北京：化学工业出版社，2006.

[33]　无公害农产品绿色食品有机食品特点及其关系 . 农业环境与发展，2004（3）：24.

[34]　吴永宁 . 现代食品安全科学 . 北京：化学工业出版社，2003.

[35]　薛南冬，王洪波，徐晓白 . 水环境中农药类内分泌干扰物的研究进展 . 科学通报，2005，50（22）：2441-2449.

第二章

农药残留分析方法

　　农药残留分析方法是进行农药残留研究和食品、环境安全研究的基础工具。最近几年农药残留分析方法在样品前处理技术、检测方法等方面发展迅速，如快捷简单的前处理技术、快速色谱分离和高分辨质谱定性定量分析、特异性强的检测手段等。

　　本章将重点介绍农药残留分析方法性能评估，并介绍中国、国际食品法典委员会、欧盟和美国等国家和组织的农药残留分析方法的确认指南，同时对农药残留分析的不确定度和数据分析进行介绍。

第一节　农药残留分析方法的开发与确认

　　根据目的不同，农药残留分析方法分为定量方法、定性方法、快速筛查方法（也叫扫描方法、半定量方法）；依据目标分析物的数量，农药残留分析方法可分为单残留和多残留分析方法。从用途来看，农药残留分析方法可以用于农药登记之前的残留试验，也可以用于农产品、环境样品中的农药残留监测，以判断监测食品中的农药残留是否超过国家规定的最大残留限量标准。用于农药登记残留试验的分析方法，目标分析物相对较少，但有时需要检测农药和代谢物，多采用单残留分析方法，农产品、环境监测的农药种类多，最多高达几百种，一般采用多残留分析方法。

　　方法开发与性能评估是农药残留分析研究的重要内容，方法开发时需要根据分析农药的理化性质和基质选择合适的前处理方法和分析仪器。经济合作与发展组织（OECD）农药残留化学试验准则认为提取效率和确认技术是方法开发时需要考虑的重点。提取效率（extraction efficacy）是建立分析方法的关键步骤之一，提取效率低是农药残留分析误差的主要来源之一。需要注意的是传统的添加回收率试验并不能正确反映提取效率，一般需要采用放射性标记代谢试验研究来验证萃取效率，通过放射性标记试验产生的样品进行不同溶剂的萃取，确定最佳的萃取效率。国际纯粹与应用化学联合会（IUPAC）认为"残留分析方法中的萃取步骤应该使用同位素标记的样品验证"。当没有放射性标记代谢样品时，可以采用溶剂对比的方法，第一步采用代谢条件下使用的溶剂体系进行萃取，然后用另外一种溶剂萃取，比较这两种不同溶剂的萃取效率，间接评估第二种溶剂的萃取效率。

　　分析方法开发完成后，为了确保分析方法的性能参数（performance parameters）和适用性满足研究的要求，进行样品检测之前，必须对建立的检测方法进行确认（method validation）（在 NY/T 788—2018《农作物中农药残留试验准则》中称方法确证）。方法确认是指实验室通过试验，提供客观有效证据证明特定检测方法满足预期的用途。根据 GB/T

27417—2017《合格评定　化学分析方法确认和验证指南》和 ISO/IEC 17025:2017 的规定，当实验室采用非标准方法、实验室制定/开发的方法，或者将现有的标准分析方法适用到新的基质或目标分析物，或者改变分析方法用途、方法的某一关键步骤时，也需要对方法进行确认。同时指出，实验室采用官方已经发布的标准方法时，没有必要对所有方法参数进行实验室内确认，只需要进行部分性能参数的方法验证（method verification）即可，即证实试验方法能在该实验室现有条件下获得令人满意的结果，一般进行正确度、精密度、灵敏度等参数的评价，必要时可参加能力验证（proficiency test，PT）或进行实验室间比对。

进行方法确认的具体要求可以查询相关的标准/指南，国际食品法典委员会（CAC）、欧盟（EU）等已经发布了关于农药残留分析方法的评价标准。我国发布的 GB/T 27417—2017《合格评定　化学分析方法确认和验证指南》，提出了实验室内方法确认（in-house method validation）和实验室间方法确认（interlaboratory method validation）。农业部公告2386 号《农药残留检测方法国家标准编制指南》规定，在进行实验室间方法确认时，试验应在不同实验室间进行，实验室个数不少于 3 个（不包括标准起草单位）。

实验室在开展方法确认之前首先确定需要考察的性能参数，方法确认中需要考察的参数主要有：选择性/特异性、线性范围、准确度（正确度、精密度）、灵敏度、稳健度/耐用性等。具体内容见本章第三节"农药残留分析方法确认参数"。

第二节　农药标准物质

应用仪器分析方法对农药残留进行准确定性和定量分析时，农药标准物质（reference material，RM）是必不可少的。通常情况下，可以购买商品化的农药标准物质来使用，为了保证标准物质的品质，通常需要标准物质分析证书（certificate of analysis，COA），也称有证标准品（certified reference material，CRM）。

在 COA 中，通常会给出该标准物质的名称、CAS 编号、分子量、化学结构等基本信息，还需要有标准值（应给出不确定度）、质量、批号、生产日期、有效期、储藏条件、生产商、用途、使用注意事项等，还有些 COA 会给出该标准物质的定性、定量依据。

一、标准物质的分级

我国将标准物质分为一级和二级。

一级标准物质又称国家一级标准物质，是由国家权威机构审定的标准物质。例如：美国国家标准局的 SRM 标准物质，英国的 BAS 标准物质，德国的 BAM 标准物质以及我国的GBW 标准物质。代号 GBW 表示以国家级标准物质的汉语拼音中"Guo""Biao""Wu"三个字的字头。一级标准物质采用绝对测量法或两种以上不同原理的准确可靠的方法定值，不确定度具有国内最高水平，均匀性良好，稳定性在一年以上。

二级标准物质采用与一级标准物质进行比较测量的方法或一级标准物质的定值方法定值，其不确定度和均匀性未达到一级标准物质的水平，稳定性在半年以上。二级标准物质由国务院计量行政部门批准、颁布并授权生产，用 GBW（E）来表示，即"GBW"加"二级""Er"的字头"E"。

GBW 和 GBW（E）的管理机构是国家市场监督管理总局计量司；国家市场监督管理总局标准技术管理司也有标准物质，代号为 GSB。中国计量院的标准物质，代号为 BW，未通过总局批准，没有取得有证标准物质号。

在农药残留研究中，农药标准物质的来源比较多，除以上标准物质外，还有参考品、国内外厂家生产的标准样品等，尽管大部分也提供标准样品证书、认定值和不确定度，但是由于没有经过相关部门、权威机构审核、认证和发布，其质量和溯源性是否符合有证标准品的要求需要作进一步判断。

二、标准物质的定值

（一）定性分析

进行定性分析时通常采用三种方法，其中至少包括一种物理-化学方法和一种色谱法。目的是确认标准物质的品质，避免对品质不合格的标准物质进行定量分析，造成人力物力的损失。

1. 物理-化学方法

该方法以物质的物化性质为评判依据，能够大致估计标准物质的品质，不必有参考物质作对照。主要包括熔点测定、沸点测定、不同溶剂中的溶解度测定、干燥失重测定、蒸馏法等手段。

2. 色谱法

主要通过对比标准物质与参考物质的比移值、保留时间等，进而对标准物质定性。该类方法需要有纯目标物作为参考物质，优点是可以筛选标准物质中的杂质。主要包括薄层色谱法、毛细管电泳法、气相色谱法、高效液相色谱法等。

（二）定量分析

由于商品标准物质的定值准确与否关系到农药残留分析实验结果的可信度大小，所以对标准物质进行定量测定时需采用绝对的、权威的测量方法进行定值，推荐方法包括差示扫描量热法、相溶解度分析法、滴定法、官能团测定法、元素分析法、重量分析法、气相色谱法、高效液相色谱法等。

以上是推荐方法，通常需要联合几种方法确定最终的纯度。此外还可采用"面积归一法"确定标准物的纯度，使用这种方法时默认每种物质对仪器的响应程度是相同的，且全部流出，但实际检测时不同物质的响应程度往往不同，所以需要多种方法配合使用，即在气相色谱、液相色谱和薄层色谱的基础上筛分杂质，再进行定量，几种方法互相补充配合，进而对标准物质进行定量。利用多种定量方法相结合的方式测得的数据一般认为更加合理，准确度更高，但需注意这些方法在进行面积归一时不能存在干扰杂质。

三、标准物质的保存

应按照标准物质的性质特点，按照 COA 中给出的条件，设置合适的专用区域和设施保存标准物质，以防止污染。

常温保存：用于化学性质较稳定的标准物质，保存于干燥阴冷的地方；

4℃冷藏保存：用于常温下不是很稳定的标准物质，保存于冰箱冷藏室；

−20℃冷冻保存：用于化学性质不稳定，常温下容易分解的物质；

−80℃冷冻保存：多用于一些具有活性的物质，农药标准物质使用较少。

对于标准物质的保存期限，一般按照标准品的规定贮存期限执行，没有期限的原则上化学提纯物标准品为 3 年，生物试剂和不稳定的以 6～12 个月为宜。

四、农药标准溶液的配制

农药标准溶液指可用于仪器调试、方法验证和分析质量控制，在测试环境样品、农副产品、动植物样品中农药残留时，可用作定性、定量的参比物的溶液。

农药标准溶液作为农药残留分析中的参比物质，目的是用来计算待测组分的含量，因此需要正确配制与标定，并妥善保存。

我国的国家级农药标准溶液目前只在发展阶段，从1991年开始，农业部环保科研监测所与中国标准技术开发公司合作，从国外引进国际标准参比物作为基础，研制了适用于气相色谱、液相色谱、薄层色谱以及色质联用仪等仪器的40种农药标准溶液，并通过国家技术监督局的技术鉴定。按照我国对国家标准物质的要求，企业或者部门均可以研制农药标准溶液，经国家市场监督管理总局的核查与批准即可成为国家级标准物质。

实验室配制的标准溶液通常指由标准物质配制的标准贮备液和由标准贮备液稀释来的标准工作液。

无论是国家级标准溶液还是实验室配制的标准溶液，溶剂的选择决定了标准溶剂的质量。配制标准溶液的溶剂需满足以下条件：

① 使标准品完全溶解。

② 能保证标准品有效成分的稳定存在。

③ 适用于相应的检测条件。气相色谱（GC）检测时要求采用沸点低、易于气化、杂质干扰少的有机溶剂，比如丙酮、异辛烷、正己烷等。从检测器考虑，所选溶剂不应影响检测结果，如电子捕获检测器（ECD）检测时溶剂不应含有电负性大的元素；火焰光度检测器（FPD）的溶剂不应含有硫、磷元素；氮磷检测器（NPD），不用含氮溶剂等；高效液相色谱（HPLC）检测时对挥发性要求不高；紫外检测器（UV）应采用截止波长低的溶剂，与目标分析物的吸光波长差距大的溶剂，如乙腈；蒸发光散射检测器（ELSD）要求用易挥发溶剂，如丙酮。

标准溶液的保存条件、有效成分的自身性质以及溶剂介质均对其稳定性有影响，实验室配制标准溶液应注意其保存期限。GB/T 27404—2008《实验室质量控制规范　食品理化检测》中给出了标准溶液的参考有效期，$500 \sim 1000 \text{mg/L}$ 标准储备液，0℃条件下保存6个月，$0.5 \sim 1 \text{mg/L}$ 或适当浓度的标准工作液，$0 \sim 5$℃条件下保存 $2 \sim 3$ 周。农业部2386公告给出的农药残留分析标准方法推荐示例中，标准储备液放置于4℃冰箱可保存半年，进一步稀释的标准中间液置于4℃冰箱，一般可保存一个月。

配制标准溶液常用的溶剂有：甲醇（$\lg K_{ow} -0.82 \sim -0.77$）、乙腈（$\lg K_{ow} -0.34$）、丙酮（$\lg K_{ow} -0.24$）、甲苯（$\lg K_{ow} 2.69$）、异丁醇（$\lg K_{ow} 0.76$）、正己烷（$\lg K_{ow} 3.9$）等。杨丽莉研究发现敌敌畏、马拉硫磷、对硫磷和甲基对硫磷在不同溶剂中的稳定性不同，丙酮与氯仿配制的有机磷标准溶液稳定性较好，甲醇的稍差。

五、农药基质匹配标准溶液

1. 基质效应的概念

基质是样品中被分析物以外的组分，常对分析有显著干扰，影响分析结果的准确性，这些影响和干扰被称为基质效应（matrix effect，ME）。基质效应对方法灵敏度、线性、准确度和精密度均可能产生影响。

2. 基质效应的评价

通常评价基质效应的方法有：柱后注射法和提取后添加法。柱后注射法可以定性评价基质效应产生的时间，进而通过控制目标物的保留时间而避免基质效应的影响；提取后添加法可以定量评价基质效应的大小，这类分析方法也是在农药残留分析中最常用的基质效应评价方法，即通过在空白基质提取物和纯溶剂中添加相同浓度的待测物，测定其检测信号强度，计算它们的相对比值来评价基质效应情况。

具体计算方法为：

$$ME = (A/B - 1) \times 100\%$$

式中，A 为某种农药的基质匹配标准溶液峰面积；B 为某种农药的纯溶剂标准溶液峰面积。$ME = 0$，说明无基质效应；$-20\% < ME < 20\%$，表示弱基质效应，基质效应可以忽略；当 $ME > 20\%$ 或者 $ME < -20\%$ 时，表示基质增强或者基质抑制效应。ME 为 $-50\% \sim -20\%$ 或 $20\% \sim 50\%$ 时为中等基质效应；当 $ME < -50\%$ 或 $> 50\%$ 时为强基质效应。

另一种计算方法：

$$ME = A/B \times 100\%$$

当 $ME = 100\%$ 时，表示无基质效应；当 ME 在 $80\% \sim 120\%$ 时，表示弱基质效应；当 $ME > 120\%$ 或者 $ME < 80\%$ 时，表示基质增强或者基质抑制效应。

农药残留检测试验中通常采用的评价方法是：计算基质标准曲线拟合的线性方程斜率与溶剂标准曲线线性方程斜率的比值（slope ratio，SR），用该比值的大小反应基质效应的大小。$SR = 1$，说明无基质效应；$0.8 < SR < 1.2$，表示弱基质效应，基质效应可以忽略；当 $SR > 1.2$ 或者 $SR < 0.8$ 时，表示基质增强或者基质抑制效应。SR 为 $0.5 \sim 0.8$ 或 $1.2 \sim 1.5$ 时为中等基质效应；当 $SR < 0.5$ 或 > 1.5 时为强基质效应。

3. 基质效应的补偿和基质匹配标准溶液

基质效应的大小受到多种因素影响，包括目标物浓度和性质、基质种类和浓度、进样技术等。因此，为了提高检测结果的准确度，应消除或补偿基质效应。欧盟 SANTE/12682/2019《食品和饲料中农药残留分析质量控制和方法验证步骤指南》、国际食品法典委员会指导文件 CAC/GL 90—2017《食品和饲料中农药残留测定分析方法的性能标准指南》和我国很多相关国家标准都使用基质匹配标准溶液校正法，这也是目前最常用的补偿基质效应的方法。

基质匹配标准溶液，就是使用空白样品提取液配制得到的标准溶液。该溶液中含有与待测样品中相似的基质物质，可以用来抵偿基质效应的影响。

这种方法使用的前提是具有空白样品，对于市场监测等不具备空白样品的情况，这种方法的效果会有很大的不确定性。此时，研究可以采用校准所有样品基质效应的标准物质或者通用的基质。在准确性要求不是很高的日常残留快速筛选中，通用基质校准法可以满足检测要求。

Martinez 等在进行农产品中农残检测时建议将黄瓜作为蔬菜的通用基质，将西瓜作为水果的通用基质。美国食品药品监督管理局建议用胡萝卜（根类作物）、草莓（高含糖量作物）和莴苣（高叶绿素作物）作为混合通用基质。

另外还可以采用纯溶剂校准曲线校正基质匹配校准曲线获得校准因子，校正检测过程中基质效应带来的校准误差。但是这种方法在使用时要求分析仪器系统必须稳定，并且纯溶剂校准曲线和基质匹配校准曲线在分析大量样品和校准溶液时必须在一定时间内保持稳定。

六、农药基体标准物质

基体标准物质是基体与目标物的结合，它与真实检测样品更加一致，结合基体标准物质进行校准，可以更好地保障检测结果的准确性和质量控制的有效性。

基体标准物的制备方法分为两大类：一类是较常用的制备方法，在被目标物污染的环境中天然生长或饲喂后得到的天然样品；另一类是正常生长的空白样品处理后，由人工添加一定的目标物制得的基体标准物质。福建出入境检验检疫局在研制"鳗鲡肌肉冻干粉中呋喃唑酮代谢物"过程中对鳗鲡进行药浴，再对带药基体进行处理制得冻干粉基体标准物；上海市计量检测技术研究院在研制"猪尿冻干粉中盐酸克伦特罗标准物质"过程中采用在空白基体中添加目标物的方法。

目前，从存放条件与质量保证方面考虑，基体标准物质主要以真空冷冻干燥的方式制成冻干粉保存。制得的基体标准物质需具备定值准确、有良好的均一性与稳定性、易保存等特点，目前常采用的定值考察方法主要是同位素稀释高分辨质谱、液相色谱串联质谱、气相色谱串联质谱等方法，并通过随机检测多个样品的情况和比较储存一定时间后样品质量的变化考察样品均一性和稳定性。在储存过程中为了防止微生物污染造成标准物质变质，通常采用紫外灭菌、冷冻储存等处理以提高基体标准物的质量保证期限。

我国目前对农药目标物的基体标准物缺乏系统的研究，在谷物、蔬菜方面的农药基体标准物质匮乏。澳大利亚、日本、韩国对蔬菜和水产品中的农药基体标准物质有较多的关注和研究。更多的基体标准物质研究主要集中在美国、欧盟和英国。

第三节　农药残留分析方法确认参数

分析方法的确认（validation）是对方法的性能参数（performance parameters）进行评价，以判定方法是否可以满足分析目的的要求。方法确认是实验室在方法开发和应用环节的重要步骤，国内外对分析方法的确认要求有具体的规定，并制定了指南文件。综合分析国内外的指南标准，确认农药残留分析方法必须提供方法的选择性、线性范围、正确度、精密度、不确定度、抗干扰性等参数的确认结果。

一、方法的选择性/特异性

选择性（selectivity）和特异性（specificity）是两个相似的概念，某些法规将二者等同，如 OECD 的农药残留分析方法指南文件［ENV/JM/MONO（2007）17］认为选择性和特异性可以交互使用。针对这两个表述，IUPAC 推荐使用选择性，有些管理机构使用特异性，IUPAC 认为"特异性是最高级的选择性"。分析化学中，很多分析方法的特异性不够强，因此 IUPAC 推荐使用选择性。欧盟在 SANTE/12682/2019 指南文件中指出，选择性是指提取、净化、衍生化、分离系统，尤其是检测器区分分析物和其他化合物的能力，如 GC-ECD 是一种选择性检测系统，但是没有特异性。特异性指检测器（必要时，在提取、净化、衍生化或分离系统的支持下）提供可以有效鉴定分析物的能力，如气相色谱-质谱联用（GC-MS）在电子轰击离子化（EI）模式下是一种没有选择性的检测系统，但是具有很好的特异性，而高分辨质谱既有很高的选择性也有很好的特异性。《农药残留检测方法国家标准编制指南》指出，方法的特异性是指在确定的分析条件下，分析方法检测和区分共存组分中目标化合物的能力。

根据《农药残留检测方法国家标准编制指南》，可以采用以下方法确定特异性：

（1）一般应对具有代表性的空白基质和空白基质添加被测组分的样品，按照确定的样品前处理方法处理后进行分析，考察基质中存在的物质是否对被测组分存在干扰。

（2）存在干扰峰时：

① 定量限小于或等于限量值的 1/3 时，干扰峰的容许范围小于或相当于限量值浓度峰

的 1/10；

② 定量限大于限量值的 1/3 时，干扰峰的容许范围小于或相当于定量限浓度峰的 1/3。
对化合物的确认方法可采用：

——不同极性或类型色谱柱确证；

——气相色谱-质谱法；

——液相色谱-质谱法；

——其他。

欧盟的 SANTE/12682/2019 中对于特异性的要求是空白基质和溶剂中响应值要低于或等于报告限的 30%。我国 NY/T 788—2018《农作物中农药残留试验准则》中规定进行添加回收测定时，应首先检测基质空白和溶剂空白，其响应不应超过定量限添加水平的 30%。

二、线性范围

线性范围（linearity range）是通过标准曲线（standard curve）考察，表示被分析物质不同浓度与测定仪器响应值之间的线性定量关系的范围。使用农药标准溶液，通常测定 5 个浓度，尽可能覆盖 2 个数量级，样品中被测组分浓度应在标准曲线的范围内。每个浓度平行测定两次以上，采用最小二乘法处理数据，得出线性方程和相关系数（correlation coefficient，r），或决定系数（coefficient of determination，R^2）等，一般要求相关系数或决定系数在 0.99 以上。

在进行标准曲线的测定时，如果基质效应不明显，可以考虑用纯溶剂配制标准曲线溶液，但如果存在明显的基质增强或基质减弱效应，一般可采用基质提取液配制标准曲线溶液，即基质匹配标准溶液。

三、准确度

准确度（accuracy）是指测试结果或测量结果与真值间的一致程度。测量结果的准确度由正确度和精密度两个指标进行表征。

（一）正确度

正确度（trueness）是无穷多次重复测量得到的量值的平均值与一个参考量值间的一致程度，正确度差意味着存在系统误差。实际上残留分析中不可能进行无穷多次重复测量，因此正确度一般用偏倚或偏差（bias）表示，农药残留检测时一般用添加回收率评估偏倚，即向空白样品中加入一定浓度的某一农药后，得到样品中此农药测定值对加入值的百分率。

用添加法测定回收率，原则上添加浓度应以接近待测样品的农药含量为宜。但由于待测样品中的农药残留是未知的，因此，一般以该样品的最大残留限量（MRL）和方法定量限（LOQ）作为必选的浓度，即回收率试验至少设定 2 个添加浓度。若没有 MRL 值参照时，以 LOQ 和高于 10 倍 LOQ 的浓度作添加浓度，每个浓度进行 5 次以上的重复试验。添加回收率结果应以接近 100% 为最佳，但由于杂质干扰，操作误差等诸多因素的影响，实际结果会有很大偏差，通常要求回收率应在 70%～110% 范围内。我国农业部公告（第 2386 号）《农药残留检测方法国家标准编制指南》和 NY/T 788—2018《农作物中农药残留试验准则》中给出了不同添加浓度对回收率的要求（表 2-1）。

由于前处理方法的不断改进和高灵敏度、高选择性检测器的出现，分析工作者可测定样品中越来越低的农药残留量。但通常开发新的残留分析方法尤其是设计回收率试验时必须考虑该农药的 MRL 或者试验样品中可能的残留量。

表 2-1　不同添加浓度对回收率的要求

添加浓度(C)/(mg/kg)	回收率/%	添加浓度(C)/(mg/kg)	回收率/%
$C>1$	70～110	$0.001<C\leqslant0.01$	60～120
$0.1<C\leqslant1$	70～110	$C\leqslant0.001$	50～120
$0.01<C\leqslant0.1$	70～120		

联合国粮食及农业组织（FAO）根据农药的最大残留限量提出相应较低的实测量，也称报告限（lower practical analytical levels，LPL），也可以作为测定回收率时的最低添加水平。有些农药的 MRL 值较高，回收率测定的最低值（LPL）可根据表 2-2 进行设定。

表 2-2　最大残留限量与报告限的关系

最大残留限量/(mg/kg)	报告限/(mg/kg)	最大残留限量/(mg/kg)	报告限/(mg/kg)
$\geqslant5$	0.5	0.05～0.5	0.02～0.1
0.5～5	0.1～0.5	$\leqslant0.05$	0.5×MRL

如果有些农药的 MRL 标准定得很低，而在一定条件下分析方法的 LOQ 不可能再下降，则 LPL 也可以定在 MRL 水平。

（二）精密度

精密度（precision）是偶然误差的量度，即在一定条件下使用该方法对某一均匀样品多次采样测定结果的分散程度。与样品的真值无关，精密度在很大程度上与测定条件有关，通常以重复性（repeatability）和再现性（reproducibility）表示，两者进行评估的条件不相同。

重复性指在同一实验室，由同一操作者使用相同设备、按相同的测试方法，并在短时间内从同一被测对象取得相互独立测试结果的一致性程度。

再现性指由不同操作者按相同的测试方法，从同一被测对象取得相互独立测试结果的一致性程度。若实验在不同实验室间进行，得到的是方法在实验室间的再现性。

重复性和再现性代表了在残留分析中可以得到两种极端的变异性，重复性是分析结果的最小变异性，而再现性代表了最大变异性。在残留分析中，重复性或再现性的表征参数一般采用相对标准偏差（relative standard deviation，RSD）表示。

RSD 是标准偏差在平均测定值中所占的百分率，有时也用变异系数（coefficient of variation，CV）来表示。在进行添加回收率实验时，对同一浓度的回收率试验必须进行至少 5 次重复。平行实验结果偏差与添加浓度相关，添加浓度愈低，允许偏差愈大。《农药残留检测方法国家标准编制指南》对重复性和再现性所要求的相对标准偏差见表 2-3。

表 2-3　实验室内和实验室间相对标准偏差

被测组分浓度(C)/(mg/kg)	相对标准偏差/%	
	实验室内	实验室间
$C>1$	$\leqslant14$	$\leqslant19$
$0.1<C\leqslant1$	$\leqslant18$	$\leqslant25$
$0.01<C\leqslant0.1$	$\leqslant22$	$\leqslant34$
$0.001<C\leqslant0.01$	$\leqslant32$	$\leqslant46$
$C\leqslant0.001$	$\leqslant36$	$\leqslant54$

NY/T 788—2018《农作物中农药残留试验准则》中给出了不同添加浓度对相对标准偏差的要求（表2-4）。

表2-4 不同添加浓度对相对标准偏差的要求

添加浓度(C)/(mg/kg)	相对标准偏差/%	添加浓度(C)/(mg/kg)	相对标准偏差/%
C>1	≤10	0.001<C≤0.01	≤30
0.1<C≤1	≤15	C≤0.001	≤35
0.01<C≤0.1	≤20		

四、灵敏度

（一）表达形式

灵敏度一般用检出限和定量限表示。

检出限（limit of detection，LOD）是指在与样品测定完全相同的条件下，某种分析方法能够检出的分析对象的最小浓度。它强调的是检出，而不是准确定量。有时也称最小检出浓度、最低检出浓度、最小检出量、定性限等，单位用 mg/kg 或 mg/L 或 ng 表示。有些文献方法也用纯物质标准溶液在仪器上的最小响应表示仪器的检出限，而用含有基质提取液的标准溶液或添加回收实验评价方法的检出限。

定量限（limit of quantification，LOQ）是指在与样品测定完全相同的条件下，某种分析方法能够检测的分析对象的最小浓度。它强调的是检出并定量，有时也称测定限、检测极限、最低检测浓度、最小检测浓度，单位用 mg/kg 或 mg/L 表示。用同一分析方法测定不同样品基质中的农药时，可得出不同的 LOQ。当分析方法的 LOQ 明显低于 MRL 时，可对样品中 MRL 水平的待测物进行准确定量。因此，一般要求 LOQ 最高不超过 1/3 MRL，如有可能，LOQ 为 1/5 MRL 或更低。如某农药的 MRL 为 0.05mg/kg，则 LOQ 最好低于 0.01mg/kg。方法的灵敏度较差时，LOQ 至少要等于 MRL。

LOD 和 LOQ 的值均与背景值或噪音有关系，降低背景值，可以提高方法的 LOD 或 LOQ 水平。

背景值产生的原因主要有三个方面。

（1）试剂、玻璃容器背景 这可以通过采用更高级别的溶剂、重蒸，以及充分洗涤玻璃容器（洗涤液、蒸馏水、丙酮、高温烘干）使之降低。

（2）基质噪音 可以采用更有效的净化方法、使用选择性检测器来降低。

（3）仪器背景 每台仪器都有一定的信噪比（signal-to-noise，S/N），可以通过仪器调谐降低其水平，采用恒流电源、恒温操作环境也有助于降低信噪比。

在农药残留分析中，方法的 LOD 或 LOQ 应根据分析要求而定，对于 MRL 高的农药，不必追求过低的 LOD 或 LOQ，可以比 MRL 低一个数量级，一般为 0.01～0.05mg/kg，并且不小于或等于 MRL。LOD 和 LOQ 用一位有效数字表示。对检测不出的残留量，不可用"残留量零"或"无残留"记录，而应写为"<检出限"或"ND"（non-detectable，no detectable residues）、"未检出"字样；高于 LOD 但低于 LOQ 水平的残留量，可以用"痕量"或"<LOQ"表示。但均应同时注明方法的 LOD 或 LOQ 的具体数值。

（二）LOD 的计算方法

LOD 一般定义为信噪比为 2 或 3 的水平，所以可以简单地规定为信噪比为 2～3 的色谱峰所表示的目标物的量，当以浓度形式给出时，应换算为目标物在样品中的浓度。它只是给出一个检出的结果，尽管提供了一个数值，但准确度不高。

还有其他几种表示方法，这里分别介绍。

方法一：首先对 LOD 值进行预测。

在预测 LOD 值的 2～5 倍水平进行添加回收率试验，计算回收率的标准偏差（SD，standard deviation）。

$$LOD = t_{0.99} \times SD$$

其中 $t_{0.99}$ 是 t-检测中均值置信区间，可以从统计表中查得。

如果添加样品的平均残留水平是 LOD 的 2 倍，则认为结果是满意的，如果小于 $2 \times$ LOD，则需重新试验，可以在较高水平进行添加回收率试验，直至得到大于 $2 \times$ LOD 为止。

方法二：根据空白值简单估算。

对不含待测农药的空白样品进行分析，理论上空白样品应无待测物信号，但实际分析过程中可能出现"表观残留物"（apparent residue）信号，即为空白值，是由样品共萃取物、溶剂或试剂中的杂质、仪器噪音等造成的。

对空白样品进行测定，若空白值（A）比较稳定，可根据测定数据，A_1，A_2，$\cdots$，A_i，$\cdots$，A_m（$m \geq 3$），分别计算平均数 A 和标准差 SD。若空白值不稳定，变异大，则需改进样品净化方法。

$$LOD = 2 \times t_{0.05(f)} \times SD/S$$

例如：空白值 $A = 0.012$，0.015，0.017，0.026 mg/kg

空白值平均值为 0.018 mg/kg

标准差为 0.006 mg/kg，$f = 4 - 1 = 3$，查表：单侧 $t_{0.05(3)} = 2.353$

若灵敏度 S（校正曲线的斜率，即灵敏度的估计值）≥ 0.70

则：$LOD = 2 \times 2.353 \times 0.006/0.70 = 0.04$ mg/kg。

方法三：根据回收率试验估算。

$$LOD = 2 \times t_{0.05(f)} \times SD/S$$

例如：空白测定值 $A = 0.007$，0.010，0.012，0.021 mg/kg

空白平均值为 0.012 mg/kg

空白标准差 $SD_A = 0.006$ mg/kg

最低添加浓度 $B = 0.1$ mg/kg

测定值 $B = 0.090$，0.091，0.096，0.098，0.098 mk/kg

平均值 $B = 0.095$ mg/kg

标准差 $SD_B = 0.004$ mg/kg

$$加权标准差（SD） = \sqrt{\frac{(m-1)SD_A^2 + (n-1)SD_B^2}{m+n-2}} = 0.005 \text{ mg/kg}$$

式中，m 为空白样品的测定次数，n 为某添加浓度重复次数。

由添加回收率平均值和添加水平简单估计灵敏度，$S = 0.095/0.1 = 0.95$

$$LOD = 2 \times 1.943 \times 0.005/0.95 = 0.02 \text{ mg/kg}$$

注：灵敏度的测定方法如下。

向空白样品中按若干浓度梯度添加农药，进行回收率试验。测出回收率，并按添加浓度-测定信号绘制校正曲线。此校正曲线表明浓度与测定信号的相关性。

添加浓度（B）的设置应包括预计的 LOD 和最终测定的浓度范围，较适宜的浓度梯度如 $B = 0.005$，0.01，0.05，0.1 和 0.5 mg/kg，每一浓度水平重复测定 4 次（$n = 4$），得到相应 n 个测定值（y）。可得到以下线性方程：

$$y = a + S \times B$$

式中，B 为已知添加浓度，mg/kg；y 为添加浓度的测定信号值；S 为校正曲线的斜率即为方法灵敏度的估计值，即单位浓度变化时，测定信号的改变量。

（三）LOQ 的计算方法

LOQ 一般是 LOD 的数倍，可以给出相对准确的定量结果，也可以简单地规定为信噪比为 10 左右的色谱峰所表示的目标物的量；当以浓度形式给出时，应换算为目标物在样品中的浓度。为了判断给出的 LOQ 水平是否可靠，可以在 LOQ 水平通过添加回收的方式进行验证，如果回收率满足要求，则证明所给出的 LOQ 是准确的。农药残留登记试验方法中，要求在 LOQ 水平进行添加回收试验并验证；报告的 LOQ 应该是可准确定量的最低添加水平；当实际样品中检出量低于 LOQ 时，表示为＜LOQ。

在研究早期，分析人员采用检测极限的概念表示 LOQ，由仪器最小检测量、样品重量和分析操作中的浓缩比例求得，计算公式随分析方法而异。气相色谱法和高效液相色谱法的公式为：

$$检测极限 = \frac{最小检测量}{样本重量} \times \frac{最终浓缩体积}{进样量}$$

式中，最小检测量（ng）为在色谱图上可清楚确认分析对象色谱峰下限的农药量。在实测未施药对照样品条件下，此色谱峰应大于仪器噪音 3 倍。样本重量（g）、进样量（μL）和最终浓缩体积（mL），应根据实验操作的可行性而定。若样本重量过大，则会给提取、净化等带来困难；而减小最终浓缩体积和加大进样量，也因杂质干扰有一定限度。

在实际测定中，依上式计算出的 LOQ，有时不能检出。主要原因有：在分析成分峰附近有杂峰干扰；杂质影响检测器的灵敏度；在分析操作中，提取、净化等步骤产生较大损失；低浓度衍生化时反应率下降等。如出现上述现象，应在检测极限值附近，进行添加回收率试验，加以确证。

由于此方法得到的 LOQ 值在很多情况下并不能真实反映一个方法的有效性，因此，这种方法一般不再采用。

我国农药残留登记试验的分析方法要求 LOQ 必须是采用实际添加回收的方法进行评估得到的。添加回收法能可靠地实际检测出样品中待测农药的最低残留量（以 mg/kg 或 mg/L 表示），因此将添加回收试验中的最低添加水平作为方法的 LOQ。在该添加浓度下，通常检测信号信噪比在 7～10，可以进行准确定量分析。一些情况下，当检测信号信噪比在 7～10 以上时，也可以粗略估算出该方法的 LOQ。

五、测量不确定度

分析结果的总误差可以通过测定偏倚（正确度）和扩散测量（精密度），用不确定度定量描述。这几个概念之间的关系见图 2-1。具体评估方法见第五节。

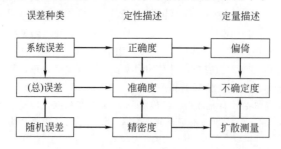

图 2-1　方法确认相关的概念之间的关系（Eurachem Guide 2014）

第四节　农药残留分析方法的确认要求

针对农药残留分析方法的确认要求，很多国家和国际组织都制定了用于分析方法的性能评估的相关标准文本和指南，本节重点介绍中国、CAC、欧盟、美国、日本以及 OECD 制定的农药残留分析相关指南文件中关于分析方法确认的内容。

一、中国

我国在分析方法领域已经建立了一些相关的质量标准，如 GB/T 27417—2017《合格评定　化学分析方法确认和验证指南》列出了实验室对化学分析方法进行方法确认和方法验证的一般性原则。

其中确认方法的特性参数包括：方法的选择性、方法的适用范围、检出限和/或定量限、测量范围和/或线性范围、精密度、稳健度、正确度、准确度、灵敏度、结果的测量不确定度等。GB/T 27404—2008《实验室质量控制规范　食品理化检测》指出，对于标准方法需要按照规定的技术要素进行确认，包括回收率、校准曲线、精密度、测定低限、准确度、提取效率、特异性和耐用性等。以上两个指南涉及范围比较广，几乎覆盖了食品实验中的所有化学分析方法。

为了统一规范农药残留检测方法国家标准制定工作，2016 年农业部发布了 2386 号公告《农药残留检测方法国家标准编制指南》，该指南适用于食品安全国家标准植物源性食品中农药残留检测方法标准的编制，是我国开展食品中农药残留分析方法标准制定工作的指南。指南附录 A 关于"植物源性食品中农药残留检测方法编制技术要求"，对残留方法制定过程中需要涉及的基质材料、方法性能与质量控制做出了规定，其中基质材料分为谷物（糙米、小麦、玉米等）、油料（大豆或花生）、蔬菜及制品（结球甘蓝、芹菜、番茄、茄子、马铃薯、萝卜、菜豆、韭菜等）、水果及制品（苹果或梨、桃或杏、葡萄、柑橘等）、坚果（杏仁或核桃）、食用菌、植物油、茶叶、香辛料、其他共十大类，当规定某方法"检测范围为某类植物源性食品时，基质材料的选择应包括该类所列的所有品种"。方法性能与质量控制中，需要考察的项目有提取效果、方法的特异性、标准工作曲线、正确度、精密度、定量限、验证试验等。其中，验证项目包括方法使用的所有基质材料的回收率、精密度和定量限。

NY/T 788—2018《农作物中农药残留试验准则》，对农药残留分析方法的选择和确认做出了规定。由于农药登记残留试验研究对象相对比较明确，因此对定性要求不是很高，重点是定量分析，要确保分析结果的准确性。

（1）检测方法的选择　所选择的检测方法要能满足对待测残留物的定量检测，优先选择已经发布的标准方法。当目标分析物有多个异构体或类似物时，尽量选择能够分别检测不同的异构体或类似物的方法。

（2）检测方法的确认/确证　对定量限、正确度、精密度和标准曲线 4 个指标进行了规定，各性能指标的要求如下：

定量限：应该在 0.01～0.05mg/kg 之间，并且要小于或者等于 MRL。

正确度：用回收率试验评价，至少设定 3 个添加水平，且必须包括定量限的浓度，每个添加水平至少要 5 个重复。不同添加浓度的回收率要求见表 2-1。空白样品中的干扰峰响应值不能超过定量限添加水平响应值的 30%，对于复杂基质，如茶叶、香辛料等作物，如果精密度符合要求，回收率的要求可以适当放宽。

精密度：检测方法的精密度用回收率试验的相对标准偏差衡量，不同添加水平对应的相对标准偏差要求见表 2-4。

标准曲线：浓度范围尽可能覆盖 2 个数量级，至少包括 5 个点（不包括原点）。

（3）样品检测 从定性、定量、质控三个方面做了规定。在检测结果定性不确定的情况下，可以通过使用不同的色谱柱或检测器进行定性分析。定量时一般采用外标法和标准曲线，特定情形下也可以采用内标法。每批样品检测应该设置 2 个平行质控样品，添加水平尽可能与实际样品接近。

二、国际食品法典委员会

在国际食品法典层面，国际食品法典农药残留委员会（Codex Committee on Pesticide Residues，CCPR）负责审查食品和饲料中农药残留的采样和分析方法。2017 年 CAC 发布了 CAC/GL 90—2017《食品和饲料中农药残留测定方法的性能标准指南》。此外，CAC 还有两个与农药残留分析相关的指南，CAC/GL 40—1993《农药残留分析良好实验室操作规范》和 CAC/GL 56—2005《使用质谱法鉴定、确认和定量测定残留物的准则》，也提到了与分析方法确认相关的内容。CAC/GL 90—2017 规定了农药残留分析方法性能评估的参数及参数的要求，适用于筛查、定量、鉴定和确认方法，并针对这四种分析方法提出了具体的性能评价标准。对于分析方法需要评估的性能参数包括：选择性、标准曲线、线性、基质效应、正确度、精密度、定量限、分析范围、稳健性、不确定度等指标。目前，CCPR 成立了专门工作组讨论对以上三个指南进行整合或修订。

筛查方法通常是定性、半定量方法，主要目的是鉴别低于阈值的残留样品（"阴性"）和高于阈值的残留样品（"阳性"）。因此，对筛查方法的确认重点是建立一个高于潜在阳性结果的阈值浓度，为"假阳性"和"假阴性"结果判定提供一个统计学上的基本比例。筛查方法的确认主要是基于检测力（screening detection limit，SDL），即样品最低添加水平下的检出率。筛查方法的 SDL 是最低的浓度水平，在该水平下，能检测到 95% 样品中的分析物（假阴性率<5%）。

定量方法的确认参数包括选择性、定量结果（正确度、精密度等）、灵敏度等，CAC/GL 90—2017 指南认为选择性对于定量方法非常重要，除了选择性，正确度和精密度也需要重点考察，至少两个添加浓度，浓度范围要覆盖 LOQ 和 MRL，每个浓度至少 5 个重复。回收率在 70%～120% 之间，RSD≤20%。在特定情况下（多为 MRM 中），回收率超出该范围也是可以接受的。

CAC/GL 90—2017 基于质谱的鉴别方法做了介绍，具体的标准见表 2-5。需要考虑的指标有：分析物的保留时间、离子比率（提取离子色谱图的一致性）、信噪比（S/N>3）、离子对的选择原则、空白对照等。

如果最初的分析方法不能明确地鉴别或不能满足定量分析的要求，则需要进行确认分析。如果残留量超过了限量标准，则需要对同一样品的备样进行分析。确认分析可以通过对样品或提取液再分析的方式进行。可以采用的技术手段见表 2-6。如果最初的方法不是基于质谱的方法，建议采用基于质谱的方法进行鉴别。

三、欧盟

在欧盟，健康和食品安全总司 2020 年 1 月 1 日发布了 SANTE/12682/2019《食品和饲料中农药残留分析质量控制和方法验证步骤指南》，SANTE/12682/2019 文件适用于核查最大残留限量监督检查、消费者农药暴露评估时农药残留分析的质量控制和方法确认。该文件对农药残留分析方法确认做了明确的规定，将分析方法分为定量方法和筛查方法两种。

表 2-5　不同类型质谱仪的鉴别要求

MS 方式/特征	典型质谱系统	获得信息	定性要求	
			最少离子数	其他
单位质量分辨	四极杆、离子阱、飞行时间(TOF)	全扫描,有限的质荷比,选择离子监测	3 个离子	信噪比≥3[e]
MS/MS	三重四极杆、离子阱、Q-trap、Q-TOF、Q-Orbitrap	选择性或多反应监测,质谱分辨率等同于或好于单位分辨质谱	2 个子离子	选择离子色谱中分析物各离子必须完全重合
精准质量数测定	高分辨质谱:TOF 或 Q-TOF,Orbitrap 或 Q-Orbitrap,FT-ICR-MS sector MS	全扫描,有限的质荷比范围,选择离子监测,有/没有前体离子选择的碎片	质量精确度≤5ppm[❶]的 2 个离子[a,b,c]	同一序列中离子比率在校正曲线平均值的±30%以内[f]
		将单级 MS 与具有单位分辨质谱相当的前体离子分离的 MS/MS 串联	2 个离子:1 个分子离子,质量精确度≤5ppm 的质子化离子[a,c]外加 1 个 MS/MS 子离子[d]	

a 最好包括分子离子、质子化分子或加合离子。
b 包括最少一个碎片离子。
c ＜1mDa 或质荷比＜200。
d ≤5ppm。
e 如果噪音消失,在后续至少 5 个扫描中须有信号。
f 如果前体离子的质量精度小于 5ppm,离子比例是可选的。

表 2-6　用于分析物检测的鉴别方法举例

检测方法	标准
液相色谱或气相串联质谱	可以检测到足够数量的离子碎片
液相色谱-二极管阵列检测器	有紫外特征吸收峰
液相色谱-荧光检测器	与其他技术结合
2-D 薄层色谱-(光谱)	与其他技术结合
气相色谱-ECD、NPD、FPD	通常与两种或更多种的分离技术集合
衍生	不是最佳的选择
液相色谱-免疫法	与其他技术结合
液相色谱-紫外/可见光检测器(单波长)	与其他技术结合

　　欧盟依据不同的用途和时间段将验证分为四种类型:①新开发方法的验证,主要适用于新开发方法,需要对方法进行全面的确认;②针对方法扩大目标分析物的确认,把新的分析物增加到已经确认的方法时,也需要进行完整的确认;③扩大到新的基质,可以采用分析进行中的方法确认;④分析过程中的确认,目的是为了确认方法在常规分析检测中的稳定性,一般需要在每个批次分析样品设置平行的质控样品,检测结果是否符合方法的性能标准。

　　对于定量方法,欧盟指南要求进行灵敏度/线性、平均回收率(作为正确度或偏倚的表示)、精密度(以重复性表示)、定量限(LOQ)等定量确认参数,还需要评估定性参数,比如离子比、保留时间等,具体确认要求见表 2-7。其中,LOQ 为方法确认时满足添加回收

---

❶ 1ppm＝10^{-6}。

率的最低浓度。在进行方法的添加回收率试验时，至少需要设置两个添加浓度，每个浓度重复 5 次。方法回收率要求在 70%～120% 之间，重复性 $RSD_r \leqslant 20\%$。特殊情况下，如果方法回收率不在 70%～120% 之间，RSD 满足要求，回收率差的原因已经明确，回收率在 30%～140% 之间也可以接受。这种情况下，需要对结果进行校正或者采用一个更为准确的方法。实验室内再现性 RSD_{WR} 可以从室内检测室的质控数据获得，$RSD_{WR} \leqslant 20\%$。

表 2-7　欧盟关于分析方法确认的指标和要求

参数	内容	标准
灵敏度/线性	5 个水平下的线性检查	计算标准品浓度时偏差 $\leqslant \pm 20\%$
基质效应	溶剂标准品和基质匹配标准品的响应值比较	*
LOQ	满足定性、方法性能评估中回收率和精密度要求的最低添加水平	$\leqslant$ MRL
特异性	检查试剂空白和对照样品中的响应值	<报告限的 30%
回收率	每个添加水平的平均回收率	70%～120%
精密度（RSD_r）	每个添加水平的重复性	$\leqslant 20\%$
精密度（RSD_{WR}）	实验室内的再现性，来自于日常方法验证数据	$\leqslant 20\%$
稳健度	来自日常方法验证数据，平均回收率和 RSD_{WR}	见上
离子比例	对于质谱技术，检查与鉴定要求的一致性	低分辨质谱：样品和标准品中的离子比例差别在 $\pm 30\%$。高分辨质谱：无要求
保留时间		± 0.1min

* 当信号增强或者抑制超过 20% 时，需要用基质标准曲线定量。

对于筛查方法，该指南认为如果只是作为定性使用，则不需要进行回收率的确认，需要进行检测能力的确认。对于每种商品组，进行至少 20 个添加样品的分析，添加浓度为筛查方法的检测限，可以接受的假阴性概率为 5%。针对选择性，采用分析空白未添加样品的方法，确定假阳性率。

鉴定和确认方法：欧盟的指南中，关于这两种方法的要求属于分析方法过程的一部分。对于方法鉴定，原则需要采用质谱进行，因为色质联用仪器可以同时提供保留时间、质荷比和丰度等数据。色谱的保留时间偏差允许范围为 ± 0.1min，化合物的保留时间应该至少是色谱柱时间的 2 倍。对于质谱，如果采用的是全扫描方式下的质谱图鉴别，指南没有明确的要求，只推荐如下几点建议：分析物的参考质谱图应该来自同一仪器相同分析条件；如果实验室仪器得到的分析物质谱图和标准谱库中的质谱图有较大的差异，则需要证明实验室质谱图的有效性；全扫描分析时进行本底扣除是必要的，但是无论是人工扣除还是自动扣除，必须确保质谱图的代表性。如果采用的是选择离子进行鉴别，正确地选择离子很重要，选择的离子必须具有选择性，分子离子、$[M+H]^+$ 或者 $[M-H]^-$ 等离子具有较强的特征性，可以用作选择离子。对于高分辨质谱，离子的选择性取决于质量提取窗口的宽度，质量提取窗口越窄，选择性越好。提取离子色谱图应该具有相似的色谱峰保留时间、峰形等参数。质谱的鉴定要求与质谱的种类和操作方法有关系，在这方面 EU 和 CAC 的要求比较相似，具体可以参见表 2-5。

四、美国

美国没有统一针对农药残留检测方法的指南标准，具体要求一般由各州政府部门根据需要制定。美国环保署（EPA）主要负责农药登记和限量标准的制定，为了让企业提供合规的数据，EPA 下属的农药和毒性物质预防办公室（OPPTS）发布了残留化学测试指南，其中 OPPTS 860.1340《残留分析方法》适用于农药登记残留试验，EPA 要求企业在开展登记试验时，必须开发可以检测所有有毒理学意义的化合物分析方法，且在提交数据前，分析方法必须经过独立的实验室验证，方法回收率在 70%～120% 之间，空白对照中干扰峰的响应值不能超过推荐限量标准值的 20%，考察提取效率必须采用放射性标记的方法。

美国农业部（USDA）和 FDA 负责食品中农药残留监测，其中 USDA 主要负责动物源性食品中的农药残留监测，FDA 负责其他食品的监测。FDA 于 2019 年 10 月 17 日发布了《食品、饲料、化妆品、兽药产品中化学分析方法的确认指南》文件，该指南的适用范围广泛，包括定性分析、定量分析、筛查分析、确证分析、基质扩大等多种方法。其中针对新的定量分析方法，需要确认的指标有：正确度、精密度、选择性、检出限、定量限、线性、测量范围、不确定度、稳健性、结果确认和添加回收。对于新的定性方法的确认至少要包括以下参数：灵敏度、选择性、假阳性率、假阴性率、最低检测浓度、稳健性和结果确认。USDA 也根据检测需要，以标准操作规程（SOP）的形式发布了农药残留分析确认的步骤和性能要求。

五、日本

日本厚生劳动省发布了《食品中农用化学品分析方法确认指南》，该指南适用于食品中农药、兽药、饲料添加剂等残留物的分析方法的确认。

日本指南中分析方法的确认包括选择性、正确度、精密度、定量限等参数。对于选择性的要求，根据 LOQ 的不同，设定了三个不同的标准，具体见表 2-8，与我国的标准编制指南相比，日本指南中关于干扰峰的判断标准多了一项不得检出的情况。正确度需要评估不少于 5 个添加样品的回收率，精密度包括重复性试验和实验室之间的再现性，正确度和精密度的要求见表 2-9。当 LOQ 等于 MRL 值或该化合物不得检出时，方法的 LOQ 必须满足以下两点：①正确度、重复性和再现性的结果要满足表格 2-9 中的要求；②当用色谱进行分析时，目标物的色谱峰信噪比必须大于 10。

表 2-8 日本指南中关于干扰峰的判断标准

MRL 和 LOQ 的关系	干扰峰面积的允许范围
LOQ≤1/3 MRL	＜相当于 1/10 MRL 的峰面积
LOQ＞1/3 MRL	＜相当于 1/3 LOQ 的峰面积
不得检出	＜相当于 1/3 LOQ 的峰面积

表 2-9 日本指南中关于正确度、重复性和再现性要求

浓度(C)/(mg/kg)	正确度/%	重复性(RSD)/%	实验室间精密度(RSD)/%
$C<0.001$	70～120	＜30	＜35
$0.001<C\leq0.01$	70～120	＜25	＜30
$0.01<C\leq0.1$	70～120	＜15	＜20
$C>0.1$	70～120	＜10	＜15

六、OECD

OECD 发布的 ENV/JM/MONO（2007）17《农药残留分析方法指南文件》主要适用于农药登记试验，规定了方法确认需要的参数，包括：回收率、选择性（特异性）、校准、重复性、再现性、检出限、定量限等。这些指标要求和 EPA 的农药残留试验要求（OPPTS 860.1340）相似，针对农药登记试验的残留分析方法，OECD 指南认为如果最初的方法具有一定的特异性，可以不进行额外的方法确认。

第五节　农药残留分析的不确定度

为提高农药残留样品检测质量，减少国际和国内贸易中对超标农产品的争议，使分析结果更加可靠且具有可比性，在报告农药残留检测结果时应该评估测试结果的不确定度。对测试结果而言，没有不确定度范围的数据是不完整的，不确定度的评定是中国合格评定国家认可委员会（China National Accreditation Service for Conformity Assessment，CNAS）对检测实验室认证的基本要求。

一、不确定度的概念

根据《测量不确定度评定和表示指南》（Guide to the evaluation and expression of uncertainty in measurement，GUM）的术语定义，不确定度（uncertainty）是与测量结果相关联的参数，表征了可以合理地赋予被测量的量值分散程度。测量时由于误差的存在，测定值是以一定概率分散在某个区域内。不确定度即是表征被测量的真值所处的量值范围，体现测量结果的可信程度，其大小决定了测量结果的使用价值。不确定度越小，测量结果与被测量的真值越接近，使用价值越高。

在一般测量中，误差可分为三类：过失误差、随机误差和系统误差。过失误差是分析过程中产生的无意/非预期误差，这种类型的误差使测定结果失效。实验室质量保证程序要尽量减少过失误差，在不确定度的估计中计入过失误差或统计过失误差是不可行的。随机误差经常出现在整个测量过程中，使重复测出的结果落在均值的两边。测量的随机误差是不可抵消的，只能通过增加测量次数与培训分析人员来减少其影响。而在测试中，所有系统误差之和称为偏离或偏倚（bias）。由于多次测量并不会减少总体的系统误差，因此通过重复分析不能直接检出个别的系统误差。除非采取合适的预防措施，否则发现不了系统误差。实际测试中，分析中的系统误差可以通过下述方法识别：分析技术中使用参照物质、样品由另一个分析人员或由另一个实验室分析，或采用另外的分析方法再分析。仅当参照物与样品按分析、基质、浓缩完全匹配时才能发现系统误差。方法的正确度可用分析方法的偏离表示，采用添加回收率予以评估。不过，回收率研究一般仅用于评估分析方法受影响的程度，而很少用于实际样品分析中的偏离校正。除非当平均回收率显著偏离 100％时，结果通常不进行回收率校正。如果结果采用回收率校正，那么与回收率相关的不确定度应该并入测定的不确定度估计中。

不确定度和误差是两个不同的概念。误差为单个测量结果与被测量的真值之差，是单一值，其大小反映测量结果偏离真值的程度。不确定度以一个范围或区间的形式表示，更能全面反映结果的分散性。误差可能为正值，可能为负值，也可能十分接近于 0，而不确定度总是不为 0 的正值。不确定度是可以具体评定的，而误差是测定结果减去被测量的真值，一般由于真值未知而不能准确评估。

不确定度的内涵包含两方面内容：一个是区间的宽度如 $\pm U$；另一个是该区间对应的置信概率，说明该区间包含真值的可能性有多大。不确定度的"区间宽度"与"置信概率"紧密相关，不可分割。

测量的不确定度是对测量结果好坏的评估，是测量质量的指标，常用测量列的标准偏差表示。设测量值为 x，其测量不确定度为 U，若服从正态分布规律，则真值落在量值（$x-U$，$x+U$）范围中的可能性为 68.3％。真值落在量值（$x-2U$，$x+2U$）范围中的可能性为 95.4％。若每 n 次测量得到一个区间（结果和不确定度），测量了 m 组（每组测 n 次），共得到 m 个区间。m 足够大时，大约有 95.4％ m 个区间可包括真值。

不确定度的主要用途是证明分析结果的精密度和可靠性，也可用于比较两个测试结果的差别，或对分析方法进行全面评定。在农药残留分析中，只有明确了不确定度范围的测试结果方可准确用于限量标准的符合性判定。

二、测量不确定度的评估方法及其在农药残留分析中的应用

实验室评估测量不确定度的程序有两种方法，"自下向上（bottom up）"与"自上向下（top down）"方法。

"自下向上"法或逐个组分法（component-by-component），是对分析测试的各个单元操作予以逐一评价并整合的过程，也称为测量不确定度指南 GUM 法。分析者需拆分所有的分析操作至各初级单元，从而估计每个步骤如称量、定容等单元操作中的系统误差和随机误差的贡献，进而得到测量过程的组合不确定度值。"自下向上"法比较费时费力，并要求对整个分析过程具有详细的了解。通过该方法评估，可了解对所测量的不确定度有主要组成贡献的分析单元。因此，在实际应用中可对一些关键控制点予以控制和改善，以便减少或管理所测量的不确定度。"自下向上"法的基本过程包括：分析测试结果的组成分析、剖析各变量相关单元操作及其主要影响因素、计算各单元操作标准不确定度、评估组合不确定度、计算总体不确定度和结果表述。

在检测农药残留时，通常要求农产品中的农药残留量在规定的限值内，即低于 MRL，测量不确定度可以用于准确判定检测结果是否符合国际或国家标准。

图 2-2 表示检测值、不确定度和 MRL 之间的关系：检测值与扩展不确定度（$x \pm U$）大于 MRL，说明样品中的农药残留量大于 MRL；检测值大于 MRL，但测量不确定度下限值小于 MRL；检测值小于 MRL，但测量不确定度上限值大于 MRL；检测值与扩展不确定度（$x \pm U$）均小于 MRL，说明样品中的农药残留量小于 MRL。

注：出现（2）和（3）的情况时，必须谨慎处理。通常表述为等于 MRL，并不判定为超过或低于 MRL。

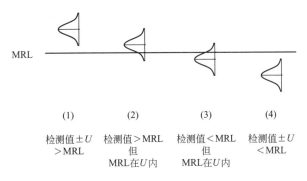

图 2-2　检测值、不确定度和 MRL 之间的关系

农药残留分析不确定度来源有三个方面，也是得到残留分析数据的三个基本步骤——样本制备（S_s）、样本处理（S_{sp}）、分析（S_a）。

合成标准不确定度（S_{res}）和相对标准不确定度（CV_{res}）可以按照误差传递定律计算：

$$S_{res} = \sqrt{S_s^2 + (S_{sp}^2 + S_a^2)}$$

其中 $\sqrt{S_{sp}^2 + S_a^2} = S_L$ 为实验室分析过程中的标准偏差。

如果测定了全部样品，且平均残留水平保持不变，上式可以用变异系数表示：

$$CV_{res} = \sqrt{CV_s^2 + CV_{sp}^2 + CV_a^2}$$

其中$\sqrt{CV_{sp}^2 + CV_a^2} = CV_L$ 为实验室分析过程中的相对标准不确定度。

如果采样不属于实验室管理范畴，也即测试"只对来样负责"，只需评估实验分析过程中引入的不确定度。表 2-10 和表 2-11 列出了农药残留分析中的误差的主要来源。要注意的是，在不确定度估计中，不是所有提及的误差来源都必须被评估。总的不确定度评估应考虑主要的误差来源，而另一些次要的要素则可能被忽略而不予考虑。在考虑忽略前，要先识别与评估所有的误差源。

表 2-10　实验测试样本制备和处理过程中的误差主要来源

	系统误差来源	随机误差来源
样本制备(S_s)	样本分析部分的不正确选择	分析样本与其他样本接触造成的污染； 淋洗、冲刷程度不同所造成的去除程度不同
样本处理(S_{sp})	样本制作过程中分析物的分解，样本的交叉污染	分析样本间的不均匀性； 分析样本混匀和粉碎的不均匀性； 样本均质过程中温度的变化； 植物的成熟度对均质效果的影响

表 2-11　实验室内测试（S_a）中误差的主要来源

	系统误差来源	随机误差来源
提取/净化	分析物回收不完全； 共提取物的干扰(包括吸附剂的过载)	样本组成(如水、脂肪及糖分的含量)变化； 样本基质及溶剂的组成和温度
定量分析	共提取物的干扰； 分析用标准品纯度不准确； 质量/体积测量偏差； 操作人员读取仪器、设备的偏差； 被测物不来源于样本(如被包装材料污染)； 残留物定义的不同； 偏差校正	仪器参数在允许范围内的变化； 天平的精确度与线性； 衍生化反应的不完整和可变性； 分析过程中实验室环境条件的改变； 进样、色谱及检测条件的变化(基质效应、系统惰性、检测器响应、信噪比等)； 操作者影响(疏忽)； 校准

ISO/TS 21748—2017 提出将协作实验重现性的标准偏差作为评估不确定度的有效依据，以测定值为中心评估其可以接受或不能接受的区域。可将以下要素适当地组合形成合成不确定度：协作实验的重复性、重现性和偏差，达到协作实验要求的实验室内的偏差和精密度，在控制条件下的实验室的偏差和精密度等。方法确认的数据、重复性、重现性和能力验证实验方案的结果均可用于食品质量控制实验室来简化不确定度的评估。

CCPR 提出简洁的 top down 评估方法（CAC GL 59 Annex），该法也称为"自上向下"法，是基于分析方法的建立及从实验室检测样本、已发表的文献数据和实验室间的协作实验等得来的长期精确的数据。基于实验室间研究项目所得的不确定度评估需要衡量数据的实验室间变异性，提供一个与方法应用有关的不确定度和方法确证的可靠的评估。值得注意的是，协作研究项目虽然是用来评估特定方法和所参与实验室的性能的，它并不考虑样本在较高均质性的制备或分析过程中的不精确性。

通常由于监测方法的需要，农药残留分析实验室要在样本中测试数百个残留物。因此，评估多残留的不确定度时，实验室应选择合适的分析物与样本基质，以代表这些残留物和被分析样本（根据农药残留分析 GLP 规范选择具有代表性物理、化学性质的成分），而不是对每个方法（或分析物、基质）组合开展不确定度评估。关于分析物与基质的代表性范围的选择所提供的不确定度评估，应有验证数据和选择基质（或分析物）的研究报告作依据。

三、不确定度的组成与"自下向上"评估方法

（一）标准不确定度 $u(x_i)$

标准不确定度是以标准偏差表示测量结果 x_i 的不确定度。在合成前，所有不确定度分量必须以标准不确定度表示。当不确定度分量是通过实验方法用重复测量的分散性得出时，可用标准偏差表示。对于单次测量的不确定度分量，标准不确定度就是所观测的标准偏差，多次测量求得平均值时，使用平均值的标准偏差表示。

在证书/报告中报告测量不确定度时，应使用"$y \pm U$（y 和 U 的单位）"或类似的表述方式；测量结果也可以用表格表示，即将测量结果的数值与其测量不确定度在表中对应列出。

标准不确定度的评定分为 A 类评定和 B 类评定。A 类评定是对在规定测量条件下测得的量值用统计分析的方法进行的测量不确定度分量的评定；B 类评定是用不同于 A 类评定的方法对测量不确定度分量进行的评定。

A 类评定建立在观测数据概率分布的基础上，常用标准偏差法或极差法表示。在重复性或重现性条件下对被测量 x 进行 n 次测量，得到 n 个结果 x_i（$i = 1, 2, \cdots, n$），x 的真值的最佳估计值是取 n 次独立测量值的算术平均值：

$$\overline{x} = \frac{1}{n} \sum_{i=1}^{n} x_i$$

由于测量误差的存在，每个独立测量值 x_i 不一定相同，与平均值之间存在残差：

$$v(i) = x_i - \overline{x}$$

n 次测量中某单个测得值 x_i 的实验标准偏差可按贝塞尔公式计算：

$$s(x_i) = \sqrt{\frac{\sum_{i=1}^{n}(x_i - \overline{x})^2}{n-1}}$$

标准偏差的计算与 x 的分布无关。所得标准偏差 $s(x_i)$ 指这个条件下测量列中任一次结果的标准偏差，可以理解为这个测量列中的测量结果虽然各不相同，但其标准偏差相同。

n 次测量的算术平均值 $\overline{x}$ 的实验标准偏差为：

$$s(\overline{x}) = \frac{s(x_k)}{\sqrt{n}} = \sqrt{\frac{\sum_{i=1}^{n}(x_i - \overline{x})^2}{n(n-1)}}$$

即是测量结果 $\overline{x}$ 的 A 类标准不确定度 $u(\overline{x})$。

B 类评定采用的是非统计方法。如果测量不是在统计控制状态下进行的重复测量，就得不到实验的标准偏差，只能根据非统计方法所得到的信息估计"近似标准偏差"或"等价标准偏差"。这些信息有：以前的测量数据，对有关技术资料及测量仪器特性的了解和经验，生产部门提供的技术文件、校准证书、检定证书或其他数据，手册或某些资料给出的参考数据及其不确定度，技术规范中对测量方法所规定的重复性限 r 或再现性限 R。

B 类不确定度的估算步骤为：若被测量值 x_i 分散区间的半宽为 a，且 x_i 落在（$x_i - a$，$x_i + a$）区间的概率为 100% 或较高的置信水平，通过对其分布的估计可得出标准不确定度 $u(x_i)$ 为：

$$u(x_i) = \frac{a}{k_i}$$

包含因子 k 取决于测量值的分布规律，表 2-12 列出了常用分布类型置信水平和对应的包含因子。

表 2-12　常用分布类型置信水平与包含因子对应关系

分布类型	$P/\%$	k
正态	99.73	3
	99	2.576
	95.45	2
	68.27	1
三角	100	$\sqrt{6}$
	99.73	2.32
	99	2.2
	95	1.9
均匀	100	$\sqrt{3}$
	99.73	1.73
	99	1.71
	95	1.65

如果检定证书、说明书等资料明确给出扩展不确定度 $U(x_i)$ 及包含因子 k_i，则标准不确定度 $u(x_i) = U(x_i)/k_i$。若没有具体指明 k_i，可认为均匀（矩形）分布，则 $u(x_i) = \Delta(x_i)/\sqrt{3}$。其中，$\Delta(x_i)$ 可以为仪器的误差限。

如果给出了置信区间，但没有提供置信百分数，可以根据数据的概率分布类型，选择适当的分布如正态分布、三角形分布、均匀分布、两点分布、梯形分布和反正弦分布等进行计算，如表 2-13 和表 2-14 所示。

表 2-13　B 类标准不确定度评定中符合正态分布概率类型的计算

分布图	适用情形	不确定度
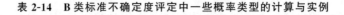	• 估计值来源于对随机变化过程的重复测定 • 没有标明分布类型，且不确定度以标准偏差 s、相对标准偏差 $s/\bar{x}$ 或变异系数 $CV\%$ 表示 • 没有标明分布类型，不确定度置信水平为 95%（或其他），区间为 $x \pm \sigma$	$u(x) = s$ $u(x) = x \times (s/\bar{x})$ 或 $u(x) = \dfrac{CV\%}{100} \times x$ $u(x) = \sigma/2$（95.4% 置信水平） $u(x) = \sigma/3$（99.7% 置信水平）

表 2-14　B 类标准不确定度评定中一些概率类型的计算与实例

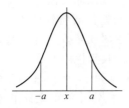 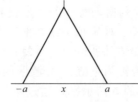 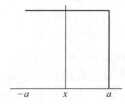

正态分布 $P=0.95,u(x)=a/2$	三角形分布 $u(x)=a/\sqrt{6}$	均匀分布 $u(x)=a/\sqrt{3}$
实例		
称样量的置信区间： $(m\pm0.1)$mg$(P=0.95)$ $u(m)=0.1$mg$/2=0.05$mg	容量瓶的标称值和规格限： $V=(250.00\pm0.15)$mL $u(V)=0.15$mL$/\sqrt{6}=0.061$mL	纯度"不小于 $p(\%)$ 水平"： $100-p=2a$ $u(p)=(100-p)/2\sqrt{3}$

（二）合成标准不确定度 $u_c(y)$

当测量结果 y 是由若干个其他量的值求得时，按其他各量的方差或协方差合成算得的标准不确定度之和为合成标准不确定度，又称组合标准不确定度。评估了单个的或成组的不确定度分量并将其表示为标准不确定度后，要计算合成标准不确定度。数值 y 的 $u_c(y)$ 与其所依赖的独立参数的不确定度有关。

合成标准不确定度需按照误差的传递规律进行计算，如 $y=(p+q+r+\cdots)$，则 $u_c(y)=[u(p)^2+u(q)^2+u(r)^2\cdots]^{1/2}$。

若量的表达式为 $q=x_1+x_2+x_3+x_4$，则 $\delta q=[(\delta x_1)^2+(\delta x_2)^2+(\delta x_3)^2+(\delta x_4)^2]^{1/2}$。

（三）扩展不确定度 U

扩展不确定度是指被测量的值以一个较高的置信水平存在的区间宽度，由合成标准不确定度（u_c）和包含因子 k 相乘得到。扩展不确定度需要给出一个期望区间，合理地赋予被测量的数值分布的大部分会落在此区间内。

在选择包含因子 k 的数值时，应考虑所需的置信水平、分布类型，以及评估随机影响所用的数值的个数。大多数情况下，推荐 k 为 2。如果合成不确定度是基于较小自由度（约小于 6）的统计观察的话，选择这个 k 值不充分。此时 k 值应取决于有效自由度。当合成标准不确定度由某个自由度小于 6 的分量占决定作用时，推荐将 k 设为与该分量自由度数值和置信水平（通常为 95%）相当的 t 分布的双边数值。

例如，称量操作的合成标准不确定度，由标准不确定度值 $u_{cal}=0.01$mg（天平因素）和 5 次重复实验的标准偏差 $s_{obs}=0.08$mg 合成而得。则合成标准不确定度 $u_c=(0.01^2+0.08^2)^{1/2}mg=0.081$mg。基于 5 次重复实验并具有 $5-1=4$ 自由度的重复性分量 s_{obs} 为主要因素。k 值需要通过学生 t 分布确定。自由度为 4，置信水平为 95% 时，双边数值 t 为 2.8（表 2-15），则 k 值为 2.8，因此扩展不确定度为：$U=2.8\times0.081$mg$=0.23$mg。

表 2-15　95% 置信（双边）的学生 t 分布

自由度 ν	t	自由度 ν	t
1	12.7	4	2.8
2	4.3	5	2.6
3	3.2	6	2.4

因此，扩展不确定度 U 可用以下两种方式表示：

（1）$U=k\times u_c$

（2）$U=t_{\nu,0.95}\times u_c$（或 $U=t_{\nu,0.95}\times S_{res}$）

报告分析结果时，必须同时给出结果（x）和扩展不确定度（U），以及包含因子（k）。推荐采用方式：

"结果：$(x \pm U)$（单位）

报告的不确定度是扩展不确定度，使用的包含因子是 k，对应的置信水平大约是 P"。

表述测试结果及其不确定度时，具体数值不可呈现太多的数字位数。无论是扩展不确定度 U，还是标准不确定度 $u(x_i)$，通常有效数字不超过两位，最终测试结果应根据所给出的不确定度进行适当修约。

"自下向上"法是利用以上基础知识，通过评估各个单元操作的不确定度分量，计算合成不确定度，从而最终对分析方法进行不确定度评定的，这里以苹果中内吸磷测定的不确定度评定为例予以说明，见二维码。

四、"自上向下"的不确定度评估方法

本文以不确定度评估指南（CAC/GL 59-2006 ANNEX）为依据介绍几种"自上向下"的不确定度评估方法：

（一）使用默认值对食品中农药残留不确定度进行评估

欧盟成员国对于欧盟食品中农药残留分析的测量不确定的默认值为 50%（扩展不确定度）。该默认值是基于多次能力验证研究实验室的农药多残留方法评价统计的结果。多次能力验证结果表明，残留分析的组合实验室间平均相对标准偏差介于 20%～25% 之间，因此可推断大多数测量的扩展不确定度为 50% 左右。

在缺乏其他统计数据时，实验室检测结果可采用扩展不确定度默认值。使用该默认值的前提是，实验室的分析方法应经过确认和验证，并参加实验室间能力验证表明实验室的分析能力在统计控制范围。评估案例参见示例 1。

示例 1：

某实验室测定番茄样本中毒死蜱残留量为 0.40mg/kg。采用公认的扩展不确定度默认值 50% 来计算结果。因此，实验室报告结果为 (0.40 ± 0.20)mg/kg。

（二）使用 Horwitz 方程进行大致评估

如果分析方法缺少实验室间比对和重现性标准偏差等数据，测量不确定度可考虑采用 Horwitz 方程做大致的评价。Horwitz 方程表示的是分析物浓度的重复性标准偏差。

$$u' = 2^{1-0.5\lg c}$$

式中，u' 为重复性相对标准偏差；c 为分析物质量浓度，g/g。

该方程表明，测试的精密度（变异系数 CV）与分析物质量浓度有关。且测试结果精密度和分析物质量浓度的关系是基于大量协作研究得到的经验规律。

相对扩展不确定度 U'（95% 置信水平）由下式计算：

$$U' = f \times u' (f = 2)$$

由于 Horwitz 方程是分析物质量浓度的函数，它可提供一系列取决于农药质量浓度的不确定度值，如表 2-16 所示：

表 2-16　不同农药质量浓度所对应的不确定值

质量浓度/（mg/kg）	u'/%	U'/%
1.0	16	32
0.1	22.6	45
0.01	32	64

示例 2：

某实验室测定番茄样本中的毒死蜱残留，测得浓度为 0.40mg/kg。请按照 Horwitz 方程评价结果的不确定度。

依据 Horwitz 方程计算，样品中质量浓度为 0.40mg/kg 时，重复性相对标准偏差为 18.4%。即 $u' = 18.4\%$，则 $U' = 2u' = 37\%$。因此，实验室报告的结果为 （0.40±0.15）mg/kg（其中不确定度值为置信水平 95%，包含因子为 2 时的扩展不确定度）。

注：除非另有说明，实验室扩展不确定度报告一般采用置信水平 95%、包含因子为 2 时的数值。

如果缺少足够的数据支持，根据 Horwitz 方程仅可进行大致评价，应谨慎使用不确定度结果。随着分析方法的进步，特别是现代色谱分析仪器可以在非常低的检测水平较准确开展定量，实际中可以提供比 Horwitz 方程更小的不确定度结果。Thompson 和 Lowthian 建议采用仪器分析样品，在低残留浓度范围不建议采用 Horwitz 方程评估不确定度。Thompson 等建议在样品中质量浓度低于 0.1mg/kg 时，u' 的最大值采用 22%。

（三）基于实验室间协作研究和实验室能力验证结果进行评估

分析方法的实验室间研究通常包括多个实验室间协作研究（collaborative studies）和参加能力验证试验（proficiency test，PT）。实验室间的测试结果反映了分析方法受到的精密度和偏差影响程度。如果这些实验室间研究涉及足够数量的实验室，并涵盖实际测试条件（分析物和基质的范围），获得的重复性标准偏差可反映实际测试的情况。因此，实验室间研究的数据可用于评估测试的不确定度。

实验室间协作研究通常对分析方法步骤有明确的文件说明，一般在专业的及经验丰富的残留分析实验室间进行。在实验室间协作研究条件下，样品的不均匀性几乎不考虑，此时测试分析的方差体现了实验室的正常水平。如果一个实验室在协作研究中表现良好，则实验室间的再现性标准偏差可作为不确定度评价的基础。通过协作研究，实验室可以发现问题，在日常测试中提高测试方法的精密度，从而降低测量不确定度。

如果在实验室间协作评价时，使用了有证标准品（CRM），研究报告中应提供有评价方法与参考值间的偏差。评价测量不确定度时应考虑该项偏差。

在能力验证考核中，实验室分析样品时一般采用已熟练掌握的方法。该类方法可能是标准方法或经优化的标准方法或实验室自行开发且经过确认的方法。在多个实验室能力验证试验中，参与评价的实验室的分析能力往往有较大差异。考虑到这些因素，能力验证研究得到的实验室间重复性标准偏差往往比从实验室间协作研究得到的数值要大。基于此类数据评估得到的测量不确定度也要比实验室间协作研究得到的大。然而，在评价国际贸易的农产品和食品中农药残留与限量标准符合性时，基于不同实验室采用不同分析方法的实验室能力验证数据而评估的测量不确定度是较为切合实际和有效的。需要说明的是，本章提到的欧盟成员国采用的测量不确定度默认值 50% 就是基于一系列的实验室间能力验证数据评估总结得到的。

在比较和验证实验室内确证数据或质量控制数据时，实验室参与能力验证的数据也可提供有用的信息。

使用实验室参加能力验证的理论值或最佳评估值（理想值）进行评估时可使用公式 $U' = 2u'$，其中 U' 为相对扩展不确定度，u' 为相对合成标准不确定度，其计算公式为：

$$u' = \sqrt{u'(R_w)^2 + u'(bias)^2}$$

式中，$u'(R_w)$ 为实验室间相对标准不确定度，即实验室间重复性相对标准偏差；$u'(bias)$ 为由偏差引起的相对标准不确定度。

示例 3：

某实验室测定番茄中毒死蜱残留的实验室结果为 0.40mg/kg，添加浓度为 0.5mg/kg 的质控样本批次间相对标准偏差（每周一个添加样本，连续添加 3 个月）为 15%。该实验室参与某次共 16 个实验室参与的能力验证，分析物包括了 6 个不同蔬菜和水果基质中毒死蜱检测。这些基质测定实验室结果与理想值之间的相对偏差为 -15%，5%，-2%，7%，-20% 和 -12%。6 项测试进行总体评估，毒死蜱的实验室间平均再现性相对标准偏差（s_R）为 25%。

$$u'(\text{bias}) = \sqrt{\text{RMS}_{\text{bias}}'^2 + u'(c_{\text{ref}})^2}$$

式中，$\text{RMS}_{\text{bias}}'$ 为相对标准偏差的均方根；$u'(c_{\text{ref}})$ 为毒死蜱在 6 项测试中理论值的平均相对不确定度。

$$\text{RMS}_{\text{bias}}' = \sqrt{\frac{\sum(\text{bias})^2}{n}} \quad (n \text{ 为能力验证测试测试的数目})$$

$$= \sqrt{\frac{(-15\%)^2 + (5\%)^2 + (-2\%)^2 + (7\%)^2 + (-20\%)^2 + (-12\%)^2}{6}} = 11.9\%$$

$$u'(c_{\text{ref}}) = \frac{s_R}{\sqrt{m}}$$

式中，s_R 为毒死蜱在 6 个实验中的平均再现性相对标准偏差；m 为每个研究参与实验室的平均数目。

$$u'(c_{\text{ref}}) = \frac{25\%}{\sqrt{16}} = 6.3\%$$

所以，$u'(\text{bias}) = \sqrt{(11.9\%)^2 + (6.3\%)^2} = 13.5\%$，因此，$u' = \sqrt{(15\%)^2 + (13.5\%)^2} = 20\%$，相对扩展不确定度（置信区间为 95%）为 40%，实验室报告结果应为（0.40±0.16）mg/kg。

注：① $\text{RMS}_{\text{bias}}'$ 值包括偏差和不确定度偏差。

② 在此例中，$u'(R_w)$ 由实验室内部质量控制数据得到，最好是长期质控数据。$u'(\text{bias})$ 由能力验证数据估算。

③ 不同基质和不同毒死蜱浓度的能力验证数据是测量不确定度评估的最佳依据。

④ 如果可能的话，测量不确定度的计算应该建立在达到或接近评价比较的标准水平上，如 Codex 的 MRL 值。

如果在能力验证研究中使用了合适的有证标准品，且确保其在添加的测试样本中分布均匀，那么就不需要采用示例 3 的方法计算 $u'(c_{\text{ref}})$，可以用参考物质标明的不确定度转换成相对标准偏差表示。

例如，在置信区间为 95% 时，毒死蜱有证标准品的值为（0.489±0.031）mg/kg，那么：

$$u(c_{\text{ref}})(\text{标准偏差}) = \frac{0.031}{2} = 0.0155\text{mg/kg}$$

$$u'(c_{\text{ref}})(\text{相对标准偏差}) = \frac{0.0155}{0.489} \times 100\% = 3.17\%$$

如果在多次能力验证中，使用不同批次的有证标准品，则可以计算 $u(c_{\text{ref}})$ 平均值做评估。

示例 4：

在该例中，6 次能力验证中使用了 3 个不同的有证标准品（表 2-17）。

表 2-17 CRM 带来的不确定度

序号	CRM	相对偏差	$u'(c_{\text{ref}})$
1	A	-12%	2.3%
2	B	-15%	1.7%
3	C	-3%	2.0%
4	C	5%	2.0%
5	C	-20%	2.0%
6	A	0%	2.3%

平均 $u'(c_{\text{ref}})=2.05\%$；而按照参考示例 3 中计算方法，$\text{RMS}'_{\text{bias}}=11.6\%$，所以，$u'(\text{bias})=11.8\%$。

注：与有证标准品相关的相对不确定度通常会小于能力验证的指定赋予值或理想值。

参考示例 3，如果实验室内的分析相对标准不确定度 $u'(R_{\text{w}})$ 还是 15%，则 $u'=19\%$，$U'=38\%$。实验室报告的结果应为 $(0.40\pm0.15)\text{mg/kg}$。

（四）使用实验室内部确证和质量控制数据进行不确定度评估

分析过程中不确定度评价的最佳方式，是采用实验室的方法确认和/或验证研究及长期质量控制数据进行评价。当然这是要基于实验室长期采取了适当的质量控制（QC）样本、CRM 或基质添加样品进行了确认和/或验证研究。

农药有证标准品是宝贵的资源，在实验室内部质量控制中可用于样品添加或其他适当的特征样品。通过分析自然残留样品、能力验证的留样或添加回收样品等基质匹配的质控样品，可提供包括偏差和精密度的实验室方法性能评价。针对以上数据统计得到的质量控制图是评估长期精密度和监测统计分析过程的有力工具。

在评估测量不确定度时，方法的偏差如显著时应予以考虑，参见示例 5。方法的偏差最好是通过与有证标准品比较予以评价。然而考虑到食品中的农药多残留分析中涉及大量的目标物农药，购买大量的有证标准品是不现实的，一般可通过基质添加样本的回收率来评价方法的偏差。

能力验证评价通常有多达数十个实验室参加。能力验证评价报告可提供单个实验室在能力验证中采用某分析方法与参考值（通常是添加的理论值或最佳评估值）之间的偏差。在使用能力验证评估结果应用于不确定度评价时，建议使用经过确证的多个能力验证的评估数据。

示例 5：

番茄中毒死蜱的实验室测试平均结果为 0.40mg/kg，制备标准添加溶液的校正液纯度为 $(95\pm2)\%$（证书标称）。3 个月内毒死蜱添加浓度为 0.5mg/kg 的批次质控样本的 14 个回收率（%）值为：90，100，87，89，91，79，75，65，80，82，115，110，65，73，平均回收率为 86%，相对标准偏差为 15%。

参考标准物质的扩展不确定度 U（置信区间为 95%）：

$$u'(c_{\text{ref}})=\frac{2\%}{2}=1\%$$

注：这种情况下，应假设添加溶液和添加番茄样本引入的不确定度是不显著的。否则，$u'(\text{cref})$ 对整体不确定度的贡献很小。

如 $u'(R_{\text{w}})=15\%$（实验室间重复性相对标准偏差），假定方法的回收率接近 100%，则 $\text{RMS}'_{\text{bias}}=20\%$，所以，$u'(\text{bias})=20\%$，$u'=25\%$，$U'=50\%$，那么实验室报告结果应为

(0.40 ± 0.20)mg/kg。

注：这个结果的不确定度表述的前提是没有采用回收率校正分析结果。如果采用 3 个月内分析的平均回收率的结果用于测试结果的校正，则 $u'(\mathrm{bias})$ 值只需要反映平均回收率的不确定度。这种情况下，$u'(\mathrm{bias})$ 值可以用回收率的相对标准不确定度（平均回收率的相对不确定度）和添加浓度的相对标准不确定度 $u'(c_{\mathrm{ref}})$ 综合表示。

平均回收率的相对标准不确定度

$$u'\overline{\mathrm{Rec}}=\frac{u'(R_{\mathrm{w}})}{\sqrt{n}}$$

式中，n 为平均回收率计算时的重复次数。

$$u'\overline{\mathrm{Rec}}=\frac{15\%}{\sqrt{14}}=4\%$$

$$u'(\mathrm{bias})=\sqrt{u'(\overline{\mathrm{Rec}})^2+u'(c_{\mathrm{ref}})^2}$$

因此 $u'(\mathrm{bias})=\sqrt{(4\%)^2+(1\%)^2}=4.1\%$。

当 $u'(R_{\mathrm{w}})$ 值为 15% 时，计算得到：$u'=15.6\%$，因此 $U'=31\%$。

如果用回收率校正了测试结果，则结果应报告为 (0.40 ± 0.12)mg/kg。

注：该例表明，如果分析结果采用回收率校正，且校正因子是基于分析过程中的 9 个或多个重复试验，并且使用的有证标准品的纯度有很高的确定性，则测量不确定度的合理评估仅考虑实验室间重复性标准偏差即可。

第六节 数 据 处 理

根据采用的检测方法进行结果计算和数据统计，色谱法最常用的计算方法为外标法和内标法。残留量应为农药本体及其代谢物、降解物的总和，以 mg/kg 表示。检测值有效位数应与最低检出浓度有效位数一致，应真实记录实际检测结果，分别列出各重复试验检测值和平均值，一般不使用回收率校正结果。

一、计算方法

（一）外标法

外标法分为标准曲线法和单标法。二者均是根据被测组分的重量或该组分的浓度与色谱响应的峰面积或峰高成正比的关系进行定量。

标准曲线法，是采用标准溶液作标准曲线进行定量的分析方法。一般以峰面积与浓度或含量之间的关系作图得到标准曲线，测定样品时，根据其峰面积从标准曲线上查得浓度或含量。

单标法是在线性范围内，配置与样品浓度相近的一个标准溶液（已知浓度），在同一色谱条件下连续测定标准溶液和样品溶液，通过其峰面积比值计算样品浓度。

外标法定量时，标准溶液与样品测定条件应一致，一般是连续测定。相比而言，单标法更简单些。外标法缺点是对进样量要求高，而气相色谱分析进样量一般较小，一般为 $1\sim2\mu$L，因而导致结果重复性较差。

（二）内标法

内标法是向分析样品中加入一定量内标物，与分析组分进行比较定量的方法。内标法也可以分为标准曲线法和单标法。

一般情况下，内标物要求能与样品溶液互溶，没有化学反应，且样品中不含该物质，在色谱图上无干扰，同农药保留时间接近，但又能完全分开。配置的内标物浓度和样品浓度均应在线性范围内，且峰高相近。内标法可以避免因仪器稳定性差、进样不重复等其他原因引起的测定误差。缺点是增加了内标物，尤其在多组分测定时，色谱分离要求更高。

采用标准曲线法时，首先配制系列不同浓度的标准溶液，分别加入一定量的内标物。色谱分析后，以农药对内标物的峰面积或峰高之比为纵坐标，标准溶液量与内标物质量比为横坐标作图，得到内标法工作曲线。在相同色谱条件下测定样品。由样品中农药对内标物峰面积之比，在标准曲线上查得质量比，最后计算出样品中浓度。

单标法是向试样中准确加入一定量的内标物，进行色谱分析，与相应的加内标物的标准溶液进行比较，根据峰面积或峰高定量计算。

内标物的引入，有时也用作分析过程质量的控制手段。内标物在每个样品预处理后、仪器分析前加入样品中，同处理过的试样一起走完仪器分析的全过程，用来监控仪器分析过程。还有一种添加方式，就是在样品预处理前定量加入样品中，随样品走完预处理和仪器分析的全过程，用来监控整个分析过程。这时的"内标"称之为"替代物（surrogate）"。替代物是指样品中不含有的，但和目标物的物理化学性质相似的一种化合物，且能够被定量测定。由于替代物不存在于样品中，且和目标物的物理化学性质相似，可以认为替代物在前处理过程中的损失或受污染的程度和目标化合物是一致的。因此，未知目标物在预处理过程中的回收率，可由已知的替代物的回收率来衡量。这就是替代物在样品分析中的作用。

二、有效数字

为了取得准确的分析结果，不仅要准确测量，还要正确记录与计算。所谓正确记录是指记录数字的位数。因为数字的位数不仅表示数字的大小，也反映测量的准确程度。所谓有效数字（significant figure），就是实际能测得的数字。

有效数字保留的位数，应根据分析方法与仪器的准确度来决定，一般使测得的数值中只有最后一位是可疑值。例如：在万分之一分析天平上称取试样 1.2340g，最后一位数字"0"是可疑的。实际质量为（1.2340±0.0001）g，称量一次样品要读两次数，绝对误差为0.0002g。如果采用千分之一的分析天平称量同一物质，得到的结果为 1.234g，最后一位数字"4"是可疑的，实际质量为（1.234±0.001)g，此时称量的绝对误差为 0.002g。故记录数据的位数不能任意增加或减少。如在上例中，在分析天平上，测得某物质的质量为10.4320g，这个记录说明有 6 位有效数字，最后一位是可疑的。因此所谓有效数字就是保留末一位不准确数字，其余数字均为准确数字。同时从上面的例子也可以看出有效数字和仪器的准确程度有关，即有效数字不仅表明数量的大小，而且也反映测量的准确度（表 2-18）。

表 2-18　有效数字位数举例

数字	有效数字的位数	数字	有效数字的位数
1.0008,23142	5	54,0.00051,pH 2.89	2
0.2000,98.96%	4	R（气体常数）	不确定
0.0362,1.09×10^{-6}	3		

在残留量的测定过程中，要经过样品的称量、溶液的定容、待测溶液的量取、测定结果的计算及报告等。各个环节采用的量器精度不同，如何确定各环节的相应有效位数是非常重要的。

采用同一分析天平称量不同质量的物质，相对误差是不同的，质量越小，相对误差越大。如用感量为 0.0001g 的分析天平，差减法分别称量真值为 0.2000g 和 2.0000g 的物质，计算绝对误差和相对误差。

绝对误差由天平的称量准确度决定，万分之一的天平绝对误差是 0.0002g。

称量 0.2000g 的物质，相对误差为 0.0002/0.2000＝0.1%。

称量 2.0000g 的物质，相对误差为 0.0002/2.0000＝0.01%。

量取液体体积时，例如用 10mL 量筒，应记录为 10.0mL；0.5mL 移液管，应记录为 0.500mL；10mL 移液管，应记录为 10.00mL。使用时应注意不同量器的准确度。

对于常数、倍数等，由于不是测量数字，可认为有无限多位有效数字。pH、pK 等数值的小数部分为有效数字。

在计算时，要首先对有效数字进行修约，遵循的原则是：四舍六入五留双，先修约，后运算，修约要一次到位。

三、异常数据的取舍

通常在一组测定数据中，容易觉察到个别数据偏离其余数值较远。若保留这一数据，则对平均值及偶然误差都将产生较大影响。一般分析人员多倾向于凭主观判断，随意取舍这一数据，试图获得一致性的测定结果。但这种做法有时会导致不合理的结论。数据取舍一般根据统计学的异常数据处理原则来决定。

常用的方法有四种。

(1) 4δ 法　在一组四个以上测定数据中，异常数据的舍弃原则为：

|可疑值－不包括可疑值在内的平均值|≥4δ。δ 为不包括可疑值在内的其余数据的平均偏差。

(2) 2.5δ 法　计算方法同上，在一组四个以上测定数据中，异常数据的取舍原则为：

|可疑值－不包括可疑值在内的平均值|≥2.5δ 时，可疑值舍弃；＜2.5δ 时则应保留。此法比 4δ 严格。

(3) Q 检验法　此法根据计算所得 Q 值与 Q 值检验表比较后决定取舍。

例如，某一组平行测定，得到 6 个残留量数据（mg/kg）：15、13、14、12、19、16。其中 19mg/kg 是否舍弃，按 Q 检验法的计算如下。

Q 值＝(可疑值－与其最接近的值)/极差＝(19－16)/(19－12)＝0.43

查 Q 检验表（表 2-19），若计算值大于表中的 Q 值，可疑值舍去。计算值小于表中 Q 值，可疑值保留。该例中 0.43＜0.56，即保留可疑值。

表 2-19　Q 值检验表

测定次数	3	4	5	6	7	8	9	10
Q 值 0.90 置信限	0.94	0.76	0.64	0.56	0.51	0.47	0.44	0.41
Q 值 0.95 置信限	1.53	1.05	0.86	0.76	0.69	0.64	0.60	0.58

(4) Grubbs 检验法（G 检验法）　此法较 Q 检验法，要求更高。

步骤如下：

将数据从小到大排列，计算包括可疑值在内的该组数据的平均值和标准偏差 SD；

计算可疑值与平均值之差，计算 G＝|可疑值－平均值|/SD。

如果 G 大于表 2-20 中相应数据，则舍弃可疑值，否则保留。

表 2-20 Grubbs 检验法的临界值

测定次数	置信概率		测定次数	置信概率	
	95%	99%		95%	99%
3	1.15	1.15	15	2.55	2.81
4	1.48	1.50	16	2.59	2.85
5	1.71	1.76	17	2.62	2.89
6	1.89	1.97	18	2.65	2.93
7	2.02	2.14	19	2.68	2.97
8	2.13	2.27	20	2.71	3.00
9	2.21	2.39	21	2.73	3.03
10	2.29	2.48	22	2.76	3.06
11	2.36	2.56	23	2.78	3.09
12	2.41	2.64	24	2.80	3.11
13	2.46	2.70	25	2.82	3.14
14	2.51	2.76			

第七节　农药残留分析质量控制

农药残留分析操作过程复杂，在分析过程中会产生误差。质量控制的目的是把分析结果的误差控制在容许范围内，保证分析结果有一定的正确度和精密度，使分析数据在一定的置信水平内，可以达到规定的质量要求。实验室质量控制包括内部质量控制和外部质量控制两种。同时，还需要利用有效的方法对分析结果进行质量评价，及时发现分析过程中的问题，确保分析结果的可靠性。通常可分为"实验室内"的质量评价和"实验室间"的质量评价，评价的方法应根据具体情况选择。

一、内部质量控制

内部质量控制是农药残留分析质量控制的基础，是实验室的一种自我控制活动，用以评价和确保检测结果的稳定可靠，着重于发现日常监督活动的随机误差及新出现的系统误差。农药残留分析实验室应建立和实施充分的内部质量控制计划，以确保并证明检测过程受控，以及检测结果的准确性和可靠性。质量控制计划应包括空白分析、重复检测、比对、加标和控制样品的分析，计划中还应包括内部质量控制频率、规定限值和超出规定限值时采取的措施。"实验室内"的质量评价包括：通过多次重复测定，确定随机误差；用标准物质或其他可靠的方法检验系统误差；用操作者交替的方法确定操作误差；用更换仪器的方法确定仪器误差；绘制质量控制图以便及时发现分析过程中的问题。

二、外部质量控制

外部质量控制是指实验室之间的质量控制，目的是为了发现系统误差和实验室间数据的可比性。外部质量控制可以用于评价实验室的测试系统和实验室的分析能力，一般通过参加标准实验室间的比对试验实现。实验室间比对是指按照预先规定的条件，由两个或多个实验室对相同或类似检测样品进行检测的组织、实施和评价。实验室间比对的目的是确定某个实验室对特定试验或测量的能力，检测监控实验室的持续能力。外部质量控制一般通过能力验证的方法进行，评估实验室间是否有系统误差。

三、能力验证

能力验证（proficiency test）是通过实验室间比对来确定参加者（实验室、检测机构或其他部门）特定监测或测量的能力，或用于监测实验室的持续能力。而能力验证的结果可以有多种形式，并构成各种统计分布。分析数据的统计方法应与数据类型及其统计分布特性相适应。因此能力验证的统计设计和结果的分析技术要与能力验证的目的相适应。

在开展能力验证前，组织者应确保样品的均匀性或稳定性，从而确保能力验证中的不满意结果不能归咎于样品之间的或其本身的差异。对于批量样品的检测能力验证，通常必须进行样品的均匀性检测。而对于稳定性检验则可根据样品的性质与能力验证要求进行判断，对于性质不稳定的样品或在能力验证试验中传递周期较长的测量样品，通常需进行稳定性检验。开展均匀性检测时，需对批量样品编号，从样品总体中随机抽取至少 10 个样品开展试验，每个样品至少重复检测 2 次且重复样品需单独取样，重复测试时需按随机次序进行。均匀性检验中所用的测试方法，其精密度和灵敏度不应低于能力验证计划预定测试方法的精密度和灵敏度；检测所称取样品量不应大于能力验证计划预定测试方法的样品量。当需检测多个特性量时，可从中选择有代表性和对不均匀性敏感的特性量进行均匀性检验。对于结果中的异常值不能随意剔除。对于检测结果可采用单因子方差方法分析进行处理，若无显著性差异，则表明样品是均匀的。如果已确定能力验证计划中能力评价标准偏差的目标值 σ，则可计算样品之间的不均匀性的标准偏差 s_S，若 $s_S \leqslant 0.3\sigma$，则使用的样品可认为在本能力验证计划中是均匀的。开展稳定性检测时，应选择容易发生变化和有代表性的特性量进行稳定性检验，所采用的检测方法需有较好的精密度、灵敏度和重现性。检测样品从样本总体中随机抽取，抽取数量需具有代表性，并且在能力验证计划运作的始末及期间都应同时进行稳定性检验。

开展能力验证计划后，参与者对被测物质进行测试，对测试结果进行统计处理，最终需给出相应的能力评级。选择的统计方法应适合能力验证的目的并符合统计原理。一般为三个步骤：第一，指定值的确定，指定值为对能力验证物品的特定性质赋予的值；第二，能力统计量的计算；第三，能力评级。

指定值的确定有多种方式，常用的方式有以下几种，正常情况下，按照次序指定值的不确定度也随之增大。①已知值，对被测物质特性值的已确定的结果；②有证参考值；③参考值，根据国家标准或国家标准中的标准物质或参考标准的分析、测量或对比来确定；④由专家参与者确定的公议值，此时专家参与者应当具有可证实的测定被测量的能力，并使用已确认的、有较高准确度的方法来确定；⑤由参加者确定的公议值，使用 GB/T 28043—2019《利用实验室间比对进行能力验证的统计方法》和 IUPAC 国际协议等给出的统计方法，并考虑离群值的影响，如以参加者的稳健平均值或中位值作为指定值。

能力统计量的计算是指需要将能力验证的结果转化为量化的能力统计量，以便进行比较和结果解释，最终方便进行后续能力评定。能力统计量有多种统计量，而能力评定选择统计量需适合于相关检测，常见的统计量如表 2-21 所示。

进行能力评定时，根据能力度量方式制定能力评定准则，有三种方式：①专家公议，由顾问组或其他有资格的专家直接确定报告结果是否与预期目标相符合，专家达成一致是评估定性测试结果的典型方法；②与目标的符合性，根据方法性能指标和参加者的操作水平等预先确定准则；③用统计方法确定比分数，其准则应当适用于每个比分数。评定标准为：a. 对于 z、z'、ξ 比分数来说，绝对值小于等于 2，则为"满意"，无需进行进一步措施；绝对值为 2 至 3 时，则为"有问题"，产生警戒信号；绝对值超过 3 时，则为"不满意"，产生措施信号。b. 对于 E_n 值，绝对值小于等于 1，表明"满意"，绝对值超过 1，则为"不满意"。其中 z 比分数常被用于农药行业中。最终结果显示时，应当尽量使用 GB/T 28043—2019《利用实验室间比对进行能力验证的统计方法》和 IUPAC 国际协议所描述的图形来显示参加者能力，如直方图、误差条形图以及顺序 z 比分数图等，用以表示参加者结果的分布，多个能力验证样品结果间的关系，以及不同方法的结果分布的比较。

表 2-21 能力验证中常见的统计量

统计量	公式	注释
差值 D	$D = x - X$	x 为参加者结果；
百分相对差 $D/\%$	$D = \dfrac{(x-X)}{X}$	X 为指定值；
比分数 z	$z = \dfrac{x-X}{\sigma}$	u_x 为参加者结果的合成标准不确定度；
比分数 z'	$z' = (x-X)/\sqrt{\sigma^2 + u_X^2}$	u_X 为指定值的标准不确定度；
比分数 ξ	$\xi = \dfrac{x-X}{\sqrt{u_x^2 + u_X^2}}$	U_x 为参加者结果的扩展不确定度； U_X 为指定值的扩展不确定度；
E_n 值	$E_n = \dfrac{x-X}{\sqrt{U_x^2 + U_X^2}}$	σ 为能力评定标准差

注：σ 为能力评定标准差，由以下方法确定。

1. 与能力评价的目标和目的相符，由专家判定或法规规定（规定值）；

2. 根据以前轮次的能力验证得到的估计值或由经验得到的预期值（经验值）；

3. 由统计模型得到的估计值（一般模型）；

4. 由精密度试验得到的结果；

5. 由参加者结果得到的稳健标准差、标准化四分位距、传统标准差等。

参 考 文 献

[1] CAC/GL 40—1993. Guidelines on good laboratory practice in residue analysis.

[2] CAC/GL 90—2017. Guidelines on performance criteria for methods of analysis for the determination of pesticide residues in food and feed.

[3] CAC/GL 59—2006. Guidelines on estimation of uncertainty of results.

[4] CNAS—GL002—2018. 能力验证结果的统计处理和能力评价指南.

[5] CNAS—GL003—2018. 能力验证样品均匀性和稳定性评价指南.

[6] Fong W G，Moye H A，Seiber J N，et al. Pesticide residue in foods：methods, technologies and registrations. A Wiley-Interscience Publication，John Wiley & Sons，INC.，1999.

[7] Henriet J，Polvsen H H. Guideline for the definition，preparation and determination of purity of reference materials for the analysis of pesticide products//CIPAC Handbook Vol. D. Cambridge：Black Bear Press Ltd.，1988.

[8] Holland P T. Glossary of terms relating to pesticides. IUPAC Reports on Pesticides（36）（IUPAC Recommendations 1996）. Pure & Appl. Chem.，1996，68（5）：1167-1193.

[9] ISO/TS 21748—2017. Guidance for the use of repeatability，reproducibility and trueness estimates in measurement uncertainty evaluation. second edition，2017-04.

[10] Mena M L，Martinez-Ruiz P，Rviejo A J，et al. Molecularly imprinted polymers for on-line preconcentration by solid phase extraction of pirimicarb in water samples. Ananl. Chim. Acta，2002，451（2）：297-304.

[11] Ministry of Health，Labour and Welfare，Japan. Guidelines for the validation of analytical methods for testing agricultural chemical residues in food.

[12] OECD ENV/JM/MONO（2007）17. Guidance document on pesticide residue analytical methods.

[13] SANTE/12682/2019. Guidance document on analytical quality control and method validation procedures for pesticide

residues and analysis in food and feed.

［14］ U. S. Food and Drug Administration. Guidelines for the validation of chemical methods in food, feed, cosmetics, and veterinary products. 3rd Edition.

［15］ US EPA OPPTS 860.1340. Residue analytical method.

［16］ 鲍忠赞，邓昭浦. 气相色谱法检测果蔬中 30 种有机磷类农药残留的基质效应. 湖北农业科学，2019，58（20）：152-156.

［17］ 樊德方. 农药残留量分析与检测. 上海：上海科学技术出版社，1982.

［18］ 龚勇，单炜力，叶纪明，等. 茶饮料中 7 种农药残留检测能力验证分析. 农药科学与管理，2011，32（12）：22-27.

［19］ 郭明才，卢连华，王勤，等. 测量不确定度评估与分析质量控制. 山东：山东科学技术出版社，2018.

［20］ 韩熹莱. 中国农业百科全书：农药卷. 北京：农业出版社，1993.

［21］ 李静，张居舟，余晓娟，等. 超高效液相色谱-串联质谱法测定豆芽中植物生长调节剂残留量的不确定度评定. 食品科学，2019，40（10）：292-297.

［22］ 李俊锁，钱传范译. 农药残留分析中的检测限和测定限. 农药译丛，1997，19（2）：52，56-59.

［23］ 李兰英，许丽，徐勤，等. 猪尿冻干粉中盐酸克伦特罗标准物质的研制. 中国测试，2014，40（2）：49-52.

［24］ 李丽春，刘书贵，尹怡，等. QuEChERS 结合 UPLC-MS/MS 测定水产品中 9 种除草剂残留及基质效应. 食品科学，2020，41（18）：258-266.

［25］ 李权龙，袁东星，陈猛. 替代物和内标物在环境样品分析中的作用及应用. 海洋环境科学，2002，21（4）：46-49.

［26］ 刘春浩. 测量不确定度评定方法与实践. 北京：电子工业出版社，2019.

［27］ 刘丰茂. 农药质量与残留实用检测技术. 北京：化学工业出版社，2011.

［28］ 刘进玺，秦珊珊，冯书惠，等. 高效液相色谱-串联质谱法测定食用菌中农药多残留的基质效应. 食品科学，2016，37（18）：171-177.

［29］ 刘素丽，王宏伟，赵梅，等. 食品中基体标准物质研究进展. 食品安全质量检测学报，2019，10（1）：8-13.

［30］ 罗俊霞，赵建波. 气相色谱法测定农药残留中因基质效应引起的检测结果偏离的修正方法的研究. 食品安全质量检测学报，2019，10（11）：3501-3506.

［31］ 农业部公告第 2308 号. 食品中农药最大残留限量制定指南. 2015.

［32］ 欧菊芳. 蔬菜中农药多残留气相色谱-质谱法测定中的基质效应研究. 北京：中国农业科学院，2008.

［33］ 潘灿平，钱传范，江树人. 农药残留分析不确定度的评价及其应用. 现代农药，2002，1（2）：12-14，37.

［34］ 苏海雁. 气相色谱-质谱法测定柑橘中丙溴磷的不确定度评定. 食品安全质量检测学报，2019，10（10）：3024-3030.

［35］ 苏萌，艾连峰. 液相色谱-串联质谱基质效应及其消除方法. 食品安全质量检测学报，2014，5（2）：511-515.

［36］ 塔依尔·斯拉甫力，王锦荣. 浅议国家标准物质、国家标准样品的区别与使用. 中国计量，2015（1）：84-86.

［37］ 屠雨晨，王明芳，彭力，等. UPLC-MS/MS 测定蔬菜中 5 种酰胺类农药的基质效应. 浙江农业科学，2019，60（7）：1216-1220.

［38］ 王惠，吴文君. 农药分析与残留分析. 北京：化学工业出版社，2007.

［39］ 王以燕. 确认农药制剂分析方法准则. 农药译丛，1995，17（4）：59-62.

［40］ 魏霞. 正确使用标准物质/标准样品. 化学分析计量，2014，23（3）：85-88.

［41］ 闫顺华，李海芳，尹薛荣，等. 液相色谱串联质谱法测定肉糜中克伦特罗残留量的不确定度评定. 食品安全质量检测学报，2019，10（2）：482-488.

［42］ 向平，沈敏，卓先义. 液相色谱-质谱分析中的基质效应. 分析测试学报，2009，28（6）：753-756.

［43］ 徐美蓉. 农药多残留检测中的样品基质干扰及消除. 甘肃农业科技，2015（12）：54-57.

［44］ 许晓敏，李凌云，林桓，等. 基质效应对液相色谱串联质谱分析农药残留的影响研究. 农产品质量与安全，2019（6）：11-15，20.

［45］ 杨丽莉，母应锋，胡恩宇，等. 有机磷农药标准溶液稳定性的研究. 环境科学与管理，2006（8）：173-175.

［46］ 尹太坤，杨方，刘正才，等. 鳗鲡肌肉中孔雀石绿代谢物隐性孔雀石绿染料残留标准物质的研制. 水产科学，2016，35（3）：272-277.

［47］ 岳永德. 农药残留分析. 北京：中国农业出版社，2004.

［48］ 翟铁伟. 差示扫描量热法在对照品纯度分析中的应用——以大环内酯类抗生素为例. 实用药物与临床，2019，22（11）：1178-1181.

［49］ 张继东. 农药产品分析中参比物质的定义、制备和纯度测定准则——国际农药分析协会（CIPAC）. 农药科学与管理，1990（3）：6-11.

［50］ 张庆合，卢晓华，阚莹，等. 化学测量相关领域标准物质现状与趋势. 化学试剂，2013，35（10）：865-870.

［51］ 周同惠. 溶解度分析法. 化学通报，1963（10）：1-4，13.

第三章

农药残留样品

第一节　农药残留样品的采样、包装和运输

农药残留分析的基本过程包括采样和预处理、样品前处理和测定三个基本环节。残留分析样品可能是田间残留试验的样品、国内市场监测或监督抽取样品、进出口检验抽取样品、委托送检样品、其他科学研究样品。田间残留试验样品需在田间采取适当的取样策略；市场和进出口货物抽样需从集中的堆积样品中统计抽取；委托的样品一般仅针对来样。样品的处理包括预处理和前处理，预处理过程是从总体样品中获取分析测试部位并经缩分获得代表性实验室样品的过程；前处理过程一般指对实验室样品进行均质化等处理，并对从中称取的试样进行溶剂提取以及净化去除基质干扰的过程。测定一般是指利用分析仪器对净化后的样品溶液进行定性和定量分析的过程。

采样（又称取样、抽样）是从原料或产品的总体中抽取一部分样品，通过分析一个或数个样品，对整批样品的质量进行评估。一般情况下，残留在农产品和食品中的农药并不是均匀分布的，因此农药残留样品的正确采集是很重要的。此外，在运输和储藏过程中处置不当，也可能直接影响数据的可靠性。因此在进行农药残留分析之前，应根据分析的目的和要求采集、运输和储藏样品，然后按拟定的方法进行样品预处理。

采样必须随机、有代表性，并确保充足的样品量。正确的采样是获得准确分析数据和进行残留评价的基础。采样时应遵循如下原则：

（1）代表性　所采集的样品应能真实反映样品的总体水平，即通过对具代表性样品的检测能客观推测总体样品的情况。

（2）适量性　采集的样品量应视实验目的和实验检测量而定。

科学、规范化地采集代表性样品非常关键。样品代表性将直接影响检测结果的准确性，采样方法和采样量是影响试验结果误差的重要因素。样品采集的标准化是获得准确数据的基础。为了获得有效的分析结果，采样量不能仅仅满足分析方法对样品量的要求，而从实际考虑又不能采集太多的样品，因此必须遵照一定的规则。

国际食品法典委员会（CAC）和美国、德国等一些国家对于农药残留分析样品的采样原则、采样方法、采样量、重复样品、空白样品、样品预处理、样品的包装、运输、储藏，以及样品的标签和记载内容等都有明确规定。我国也对相关内容进行了规定，如 NY/T 788—2018《农作物中农药残留试验准则》附录 A "田间采样部位、检测部位和采样量要求"以及 NY/T 789—2004《农药残留分析样本的采样方法》。

按照规定的方法在田间采集的样品称为田间样品，田间样品一般要求按原样运回实验室，然后按照样品缩分原则从田间样品制备实验室样品。实验室样品须妥善储藏，用于分析取样和复检；按照分析方法经初步处理并准确称量后立即测定或短期保存后直接用于分析的样品称为分析样品。

一、田间采样方法

田间采样方法一般根据试验目的和样品种类实际情况而定，按照产地面积和地形不同，主要有以下几种方法：

(1) 随机法　通过抽取随机数字决定小区中被采集的植株。

(2) 棋盘式法　将试验小区均匀地划成许多小方格，形如棋盘，然后将采样点均匀分配在这些方格中。这种方法能获得较为可靠的样品。

(3) 对角线法　在试验小区的对角线上采样，可分为单对角线法和双对角线法两种。单对角线方法是在田块的某条对角线上，按一定的距离选定所需的全部样品。双对角线法是在田块四角的两条对角线上均匀分配样品采样点。两种方法可在一定程度上代替棋盘式法，但误差较大些。

(4) 五点法　是对角线法的一个特例，即在小区的正中央（对角线交点）、交点到四个角的中间，共五点取样，是应用最普遍的方法。

(5) 平行线法　例如在桑园中，每隔数行取一行进行采样。

(6) 其他方法　如"S"形法：按"S"形走向在小区中多点采样。

二、田间采样注意事项

(1) 在采样点上应有选择地采样，避免采有病、过小或未成熟的样品；

(2) 采集果树样品时，需在植株各部位（上、下、内、外、向阳和背阴面）采样，果实密集的部位相对多采；

(3) 按规定采集可食用部分，注意尽可能符合农产品采收实际要求；

(4) 应避免在地头或边沿采样（留0.5m边缘），防止飘移和重复喷药对样品的干扰；

(5) 先采集对照区的样品，再按施药剂量从小到大的顺序采集其他处理小区样品。

三、采样部位、采样量

农作物种类繁多，采样部位及采样量亦有很大差别，每种作物要分别统一分析部位和采样量，否则会造成混乱。样品预处理是采样工作的继续，是采样后到化学分析前，准备试样的工作。表3-1给出了在取样测定农药残留量并进行 MRL 符合性判断以及为制定 MRL 而开展残留试验时的样品采集要求（NY/T 788—2018）。

总体而言，样品采集主要集中在可食用或可饲用部位。

除了对农作物中的农药残留进行分析之外，在日常工作中往往还会涉及对土壤、水等环境样品的检测。

采集土壤样品时，一定要保持采样操作规范及深度一致，耕作层土壤一般为 $0\sim20cm$。采样时应清除明显的动植物残体和石块等杂物，土壤样品不能风干，如果样品状态允许，可采用20目筛过筛处理，取 $250\sim500g$ 保存待测。同时测定样品中水分含量，用于校正干土的残留量。

表 3-1　田间采样部位、检测部位和采样量要求

组别	组名	作物种类			田间采样部位及检测部位	每个样品采样量
1	谷物	稻类:水稻、旱稻等			稻谷 分别检测糙米和稻壳,并应计算稻谷残留量	不少于 12 个点,至少 1kg
					秸秆,并计算以干重计的残留量(用含水量折算)	不少于 12 个点,至少 0.5kg
		麦类	小麦		籽粒	不少于 12 个点,至少 1kg
					秸秆,并计算以干重计的残留量(用含水量折算)	
			大麦、燕麦、黑麦、荞麦等		籽粒	不少于 12 个点,至少 1kg
		旱粮类	玉米		鲜食玉米(包括玉米粒和轴)	从不少于 12 株上至少采集 12 穗,至少 2kg
					籽粒	从不少于 12 株上至少采集 12 穗,至少 1kg
					秸秆,并计算以干重计的残留量(用含水量折算)	不少于 12 株,每株分成 3 个等长的小段(带叶),取 4 个上部小段,4 个中部小段和 4 个下部小段,至少 2kg
			高粱、粟、稷、薏仁等		籽粒	不少于 12 个点,至少 1kg
		杂粮类:绿豆、小扁豆、鹰嘴豆、赤豆等			籽粒	不少于 12 个点,至少 1kg
2	蔬菜	鳞茎类	鳞茎葱类:大蒜、洋葱、薤等		去除根和干外皮后的整个个体	从不少于 12 株上至少采集 12 个球茎,至少 2kg
			绿叶葱类:韭菜、葱、青蒜、蒜薹、韭葱等		去除泥土、根和干外皮后的整个个体	不少于 24 株,至少 2kg
			百合		鳞茎头	从不少于 12 株上至少采集 12 个鳞茎头,至少 2kg
		芸薹属类	结球芸薹属:结球甘蓝、球茎甘蓝、抱子甘蓝等		去除明显腐坏和萎蔫部分茎叶后的整个个体 抱子甘蓝:检测芽状小甘蓝	不少于 12 个个体,至少 2kg
			头状花序芸薹属:花椰菜、青花菜等		花序和茎	不少于 12 个个体,至少 1kg
			茎类芸薹属:芥蓝、菜薹、茎芥菜、雪里蕻等		茎芥菜:去除顶部叶子后的球茎 其他作物:茎叶	不少于 12 个个体,至少 1kg
			大白菜		去除明显腐坏和萎蔫部分茎叶后的整个个体	不少于 12 个个体,至少 2kg
		叶菜类	绿叶类:菠菜、普通白菜(小油菜、小白菜)、叶用莴苣、薤菜、苋菜、萝卜叶、甜菜叶、茼蒿、叶用芥菜、野苣、菊苣、油麦菜等		去除明显腐坏和萎蔫部分的茎叶后的整个个体	不少于 12 株,至少 1kg
			叶柄类:芹菜、小茴香等		去除明显腐坏和萎蔫部分的茎叶	不少于 12 株,至少 1kg

组别	组名	作物种类		田间采样部位及检测部位	每个样品采样量
2	蔬菜	茄果类	番茄、辣椒、甜椒、酸浆等	去除果梗和萼片后的整个果实	从不少于12株上至少采集24个果实,至少2kg
			茄子		从不少于12株上至少采集12个果实,至少1kg
			黄秋葵		从不少于12株上至少采集24个果实,至少1kg
		瓜类	黄瓜	去除果梗后的整个果实	从不少于12株上至少采集12个果实,至少2kg
			小型瓜类:西葫芦、丝瓜、苦瓜、线瓜、瓠瓜、节瓜等		
			大型瓜类:冬瓜、南瓜、笋瓜等		从不少于12株上至少采集12个果实
		豆类	荚可食类:豇豆、菜豆、豌豆、四棱豆、扁豆、刀豆等	鲜豆荚(含籽粒)	不少于12株,至少2kg
			荚不可食类:青豆、蚕豆、利马豆等	籽粒	不少于12株,至少1kg
		茎类	芦笋、茎用莴苣、朝鲜蓟等	去除明显腐坏和萎蔫部分的可食茎、嫩芽	不少于12个个体,至少2kg
			大黄	茎	不少于12个个体,至少1kg
		根和块茎类	根类:萝卜、胡萝卜、甜菜根、根芹菜、根芥菜、辣根、芜菁、姜等	去除泥土的根	不少于12个个体,至少2kg
			块茎和球茎类:马铃薯、甘薯、山药、牛蒡、木薯等	去除块茎顶部的整个块茎	从不少于6株上至少采集12个大的块茎或24个小的块茎,至少2kg
		水生类	茎叶类:水芹、豆瓣菜、茭白、蒲菜等	可食部位	不少于12个个体,至少1kg
			果实类:菱角、芡实等	整个果实(去壳)	不少于12个个体,至少1kg
			根类:莲藕、荸荠、慈姑等	莲藕:块茎、莲子 荸荠:块茎 慈姑:球茎	块(球)茎:从不少于6株上至少采集12个大的块(球)茎或24个小的块(球)茎,至少2kg 莲子:不少于6株,至少1kg
		其他类:竹笋、黄花菜等	竹笋	幼芽	不少于12株,至少1kg
			黄花菜	花朵(鲜) 分别检测花朵(鲜)和花朵(干)	不少于12株,至少1kg
3	水果	柑橘类	橙、橘、柑等	整个果实 分别检测全果和果肉(仅去除果皮)	从不少于4株果树上至少采集12个果实,至少2kg
			佛手柑、金橘	整个果实	从不少于4株果树上至少采集12个果实,至少1kg
			仁果类:苹果、梨、榲桲、柿子、山楂等	去除果梗后的整个果实 山楂:检测去除籽的整个果实,但残留量计算包括籽	从不少于4株果树上至少采集12个果实,至少2kg

组别	组名	作物种类				田间采样部位及检测部位	每个样品采样量
3	水果	核果类:桃、枣、油桃、杏、枇杷、李子、樱桃等				去除果梗后的整个果实 检测去除果核后的整个果实,但残留量计算包括果核	从不少于 4 株果树上少采集 12 个果实,至少 2kg 枣、樱桃等小型水果:不少于 4 株果树,至少 1kg
		浆果和其他小型水果	藤蔓和灌木类	枸杞		去除果柄和果托的整个果实	不少于 12 个点,至少 1kg
				其他类:蓝莓、桑葚、黑莓、覆盆子、醋栗、越橘、唐棣等		去除果柄的整个果实	不少于 12 个点或 6 丛灌木,至少 1kg
			小型攀缘类	皮可食:葡萄、五味子等		去除果柄的整个果实	从不少于 8 个藤上至少采集 12 串,至少 1kg
				皮不可食:猕猴桃、西番莲等		整个果实	从不少于 4 株果树上至少采集 12 个果实,至少 2kg
			草莓			去除果柄和萼片的整个果实	不少于 12 株,至少 1kg
		热带和亚热带水果	皮可食:杨桃、杨梅、番石榴、橄榄、无花果等			整个果实 杨梅:检测果肉,但残留量计算包括果核	从不少于 4 株果树上至少采集 12 个果实,至少 1kg
			皮不可食	小型果:荔枝、龙眼、黄皮、红毛丹等		整个果实 检测去果核后的整个果实和果肉,但整个果实的残留量计算包括果核	从不少于 4 株果树上至少采集 12 个果实,至少 2kg
				中型果:芒果、鳄梨、石榴、番荔枝、西榴莲、山竹等		整个果实 芒果、鳄梨、山竹:检测去除果核后的整个果实和果肉,但整个果实的残留量计算包括果核	从不少于 4 株果树上至少采集 12 个果实,至少 2kg
				大型果:香蕉、木瓜、椰子等		去除果柄和花冠后的整个果实香蕉:分别检测全果和果肉 椰子(果肉和果汁):去除壳后的整个果实,分别检测果肉和果汁,残留量以整个可食部分(果肉和果汁)计算	木瓜:从不少于 4 株果树上至少采集 12 个果实,至少 2kg 香蕉:从不少于 4 株果树上至少采集 24 个果实 椰子:不少于 12 个果实
				带刺果:菠萝、菠萝蜜、榴莲、火龙果等		菠萝和火龙果:去除叶冠后的整个果实,分别检测全果和果肉 菠萝蜜和榴莲:整个果实,检测果肉,残留量计算包括果核	不少于 12 个果实
		瓜果类	西瓜、甜瓜、哈密瓜、白兰瓜等			去除果梗后的整个果实	不少于 12 个果实,至少 2kg
4	坚果	小粒坚果:杏仁、榛子、腰果、松仁、开心果、白果等				去壳后的整个可食部位	不少于 4 株果树,至少 1kg
		大粒坚果:核桃、板栗、山核桃等				去壳或去皮后的整个可食部位	不少于 4 株果树,至少 1kg
5	糖料作物	甘蔗				茎	不少于 12 株,每株分成 3 个等长的小段,取 4 个上部小段,4 个中部小段和 4 个下部小段
		甜菜				根	不少于 12 株,至少 2kg

组别	组名	作物种类		田间采样部位及检测部位	每个样品采样量
6	油料作物	小型油籽类:油菜籽、芝麻、亚麻籽、芥菜籽等		种子	不少于 12 个点,至少 0.5kg
		其他类	大豆	青豆(带荚)	不少于 12 个点,至少 0.5kg
				籽粒	
				秸秆,并计算以干重计的残留量(用含水量折算)	不少于 12 个点,至少 1kg
			花生	花生仁	不少于 12 个点,至少 1kg
				秸秆,并计算以干重计的残留量(用含水量折算)	
			棉籽	棉籽	
			葵花籽	籽粒	
			油茶籽	籽粒	
7	饮料作物	茶		茶叶(鲜)分别检测茶叶(鲜)和茶叶(干)	不少于 12 个点,至少 1kg
		咖啡豆、可可豆		豆	不少于 12 个点或 6 丛灌木,至少 1kg
		啤酒花		圆锥花序(鲜)分别检测圆锥花序(鲜)和圆锥花序(干)	不少于 4 株,至少 1kg
		菊花、玫瑰花等		花(鲜)分别检测花(鲜)和花(干)	不少于 12 个点,至少 1kg
8	食用菌	蘑菇类:平菇、香菇、金针菇、茶树菇、竹荪、草菇、羊肚菌、牛肝菌、口蘑、松茸、双孢蘑菇、猴头、白灵菇、杏鲍菇等		整个子实体	不少于 12 个个体,至少 0.5kg
		木耳类:木耳、银耳、金耳、毛木耳、石耳等			
9	调味料	叶类:芫荽、薄荷、罗勒、紫苏等		叶片(鲜)分别检测叶片(鲜)和叶片(干)	至少 0.5kg 鲜(0.2kg 干)
		果实类:花椒、胡椒、豆蔻等		整个果实	
		种子类:芥末、八角茴香等		成熟种子	
		根茎类:桂皮、山葵等		整棵	
10	饲料作物	苜蓿、黑麦草等		整个植株	不少于 12 个点,至少 0.5kg
		青贮玉米		秸秆(鲜)(含玉米穗)	不少于 12 株,每株分成 3 个等长的小段(带叶),取 4 个上部小段,4 个中部小段和 4 个下部小段
11	药用作物	根茎类:人参、三七、天麻、甘草、半夏、白术、麦冬等		根或茎(鲜)分别检测根或茎(鲜)和根或茎(干)	不少于 12 个根或茎,至少 2kg
		叶及茎秆类:车前草、鱼腥草、艾等		去除根部及萎蔫叶后的整个茎叶部分	不少于 12 株,至少 1kg
		花及果实类:金银花等		花(鲜)分别检测花(鲜)和花(干)	不少于 12 株,至少 1kg
12	其他	烟草		叶(鲜)分别检测叶(鲜)和叶(干)	不少于 12 个点,至少 1kg

土壤缩分时常用的是试验筛，以筛目来标志筛孔尺寸大小，其标准的命名在习惯上很不一致，有的按每英寸长度（1英寸等于2.54cm）上筛孔数来表示（如每英寸长度上有200个筛孔则称为200目的筛子）；有的按每平方厘米上的筛孔数表示（如每厘米长度上有70个筛孔，即每平方厘米上有4900孔，称为4900孔筛子）；也有直接按筛孔大小表示的，如筛孔宽度为0.8mm，直接称为08号筛；最常用的是以筛孔直径表示的筛目，表3-2介绍了常用的筛目-筛孔直径对照表。

表3-2　筛目-筛孔直径对照表

筛目	筛孔直径/μm	筛目	筛孔直径/μm
20	850	270	53
25	710	325	45
30	600	400	38
35	500	450	32
40	425	500	28
45	355	600	23
50	300	700	20
60	250	800	18
70	212	1000	13
80	180	1250	10
100	150	1670	8.5
120	125	2000	6.5
140	106	5000	2.5
170	90	8000	1.5
200	75	10000	1.3
230	63	12000	1.0

水样品的采集一般采用硬质玻璃（又称硼硅玻璃）容器，不宜采用聚乙烯容器。容器在使用前，要经过水样或丙酮等有机溶剂淌洗3次，以免瓶壁吸附农药产生误差。采集水量根据需要，一般取50～2000mL。需要注意的是，在采集液体样品时应去除其中的漂浮物、沉淀物和泥土等杂质，并在最终报告结果时对该情况进行说明。采集的样品在2～5℃保存，或尽快萃取。也可使水样品通过SPE，保存吸附了农药的SPE柱，测定前再进行洗脱，或保存洗脱液。

对于其他环境样品，如大气样品的采集方法，主要包括直接采样、主动采样和被动采样三种，具体参见第十四章。

四、样品包装、运输

采集的样品应该用特制的惰性包装袋（盒）装好，一般使用较厚的聚乙烯塑料袋包装，最好外面再加一层纸袋包装。样品的包装袋（盒）应是新的并且对样品分析没有干扰，还应有足够的强度，防止破损。

液体样品一般储藏在塑料瓶或玻璃瓶中，用于盛液体样品的玻璃容器要彻底清洗，必要时要用有机溶剂漂洗后再使用，瓶盖材料也可能吸附农药，最好使用聚四氟乙烯瓶垫，在倒出样品后还应该漂洗玻璃瓶，防止农药残留在瓶壁上。

采集的每一个样品都应该有标签。标签应能够防潮，一般在样品包装内外各附一个。

样品及有关资料（样品名称、采样时间、地点及注意事项等）应尽快运送到实验室（一般在 24h 以内）。在样品抵达实验室之后，接收人员应该对样品资料进行核对，检查并记录样品状态以及检查是否与样品资料相符，必要时与试验组织者核查并做出补充。样品运输时不应使用运输农药的容器和车辆。

不易腐烂变质的残留试验样品可以常温运送到实验室，但是必须保证不出现降解和可能的污染。冷冻样品可以保存在具有较好保温性能的聚苯乙烯泡沫塑料箱中运送，也可用中间填有保温材料的双层纸箱包装。必要时加装干冰保证低温。冷冻样品在送到实验室之前不能融化。

应尽快将样品放入冷冻或冷藏冰箱中。注意如果使用干冰保存样品，聚乙烯塑料袋易碎而易使样品散失。有些合成包装材料如 PVC 塑料等会干扰样品分析，必要时要进行验证。使用罐装包装时，内壁不能有油膜、油漆、树脂等可能引起分析干扰的物质。

第二节　样品预处理

在田间采样或监测抽样时，一般需要进行样品的预处理。例如蔬菜水果样品，应去除泥土及其他黏附物，去除老皮、明显腐烂和萎蔫的部分、果梗、果蒂等，对于土壤样品，应去除植物残枝、石块等，水样品应去除漂浮物、沉淀物和泥土等。

在采集田间样品或监测样品时，有些样品个体较大，采集个体数量多时会导致样品总质量过大，采集个数少时又不能获得代表性样品，这时需要采集足够数量个体，进行缩分处理，以得到合适质量的代表性实验室样品。

一般来说，实验室样品不得少于 1～2kg，实验室分析时通常将样品匀浆后取出有代表性的试样。由于农药残留在样品中分布不均匀造成缩分试样有差异，因此当试样量减少时缩分误差会更大，分析数据的不确定度也会增大。但目前为了防止环境污染，减少有害溶剂和试剂使用，节省时间和费用，趋势是分析试样量相对较小，通常为 25～50g，因此制备均匀的分析试样是十分必要的。Young 等（1996）曾用含有比较稳定的农药 p,p'-甲氧滴滴涕的苹果、甘蓝和含荚青豆匀浆试样，从中各取出 25g、50g 和 100g 测定其残留量，重复 3 次，测定结果重复性很好，但是如果称取 2g 含荚青豆和 10g 甘蓝试样测定，其结果在统计学上有显著差异。Arpad 等研究表明，测定试样量小时，样品的均匀性对结果的精密度影响很大。样品匀浆或均质时，应该选择适用的匀浆机或分步分级处理以降低不确定度。

一、样品缩分与混合

进行样品缩分时应选择通风、整洁、无扬尘、无易挥发化学物质的场所。

缩分用的工具和容器包括：制备样品用的聚乙烯砧板或木砧板，组织捣碎机、不锈钢菜刀、剪刀等，分装用的玻璃瓶、塑料瓶、包装盒（袋）等。缩分时所用的工具应避免交叉污染。

个体较小的样品，如麦粒和小粒水果，用四分法将田间样品缩分成实际需要的实验室样品，谷物等样品先粉碎、过 40 目筛，最后取 250～500g 样品保存。所谓四分法，是指将样品堆积成圆锥形，从顶部向下将锥体等分为四份，除去对角两部分，剩余部分再次混匀成圆锥形，再等分，除去对角部分，剩余部分再混匀，如此重复直至剩余合适样品量为止。

中等个体的样品，如豆荚等，样品缩分可能导致失去代表性，需十分谨慎操作，可在充分混合的田间样品中随机选取足够量的实验室样品。

较大个体的样品，如大白菜、西瓜等蔬菜、水果样品，缩分十分困难，稍不留心可能导致样品不具有代表性，通常也可以先进行四分法缩分，沿纵轴进行十字分割，取其四分之一。但如果切分后影响运输，应尽可能将所有样品运送到实验室再进一步处理。

经初步缩分后，有些样品量仍然较大，或者有些样品不适宜进行四分法缩分，这时，可采用捣碎匀浆的形式将所有样品处理成均一样品，从中再分取适量的样品。

很多样品如草莓、葡萄、黄瓜等水果、蔬菜样品，运送到实验室后，一般也先进行捣碎匀浆处理，随后再在冷冻条件下储藏待测。

捣碎常用的设备见图 3-1、图 3-2 所示。

图 3-1　组织捣碎机

(a) 手持式匀浆机　　　　　(b) 可调高速匀浆机　　　　(c) 德国IKAT18 basic
　　　　　　　　　　　　　　　　　　　　　　　　　分散机(匀浆机)

图 3-2　几种匀浆机

二、样品预处理过程中农药的稳定性

农药在样品预处理过程中的稳定性问题，一直以来都很容易被忽略。事实上，样品含水量、样品基质的种类、酶的活性以及农药本身的性质都是影响农药残留分解的重要原因，会影响到农药在预处理过程中的稳定性。

所以，在样品处理过程中应该防止农药损失，尤其是对一些易分解的农药。S. F. Howard 等（1971）报道了代森锰添加于切碎的新鲜甘蓝中的不稳定性。因为匀浆处理一般是在室温下进行，植物组织在破碎过程中释放的多种酶和一些化学物质，都可能和残留农药发生反应。而化学反应的速度随着温度降低而减慢，因此在处理前首先将样品冷藏，然后放入干冰（固体二氧化碳）与样品一起捣碎可以消除或减少农药损失。在此情况下，可以达到比室温低

40℃左右的温度，称为低温研磨。Fussell 等（2002）提出，在室温捣碎有农药残留的苹果样品时，下述农药的降解率为：联苯三唑醇（95%）、庚烯磷（50%）、异柳磷（40%）、甲苯氟磺胺（48%），但使用低温研磨法可以消除这些农药的降解。又如在室温捣碎时苯氟磺胺和氯唑灵分别降解 54% 和 48%，而在 −20℃ 时，则为 10% 和 14%。如果使用低温研磨，研磨后的样品必须装在开口袋内放入冰箱中，使干冰充分挥发。刘聪云等（2006）比较了四种样品基质（橙子、苹果、生菜和黄瓜）中 25 种农药在不同预处理方法中的稳定性。结果表明，部分农药，如百菌清在生菜中以室温和冷冻两种条件处理时均发生了降解，在苹果中以室温处理时，百菌清和甲萘威发生了降解；对大部分农药来说，低温加干冰处理会避免农药的降解，但农药降解率与样品基质的种类有关。

第三节　样品的储藏稳定性

农药残留试验样品若不能及时进行测定，则需进行储藏。根据农药与样品的性质，可以判断影响农药残留在各种样品中稳定性的因素。农药残留的储藏稳定性不仅与其本身的性质（如化学结构、蒸气压、水溶性等）有关，还与样品的性质、储藏状态以及储藏条件（温度、湿度等）等因素有关。为了使实验数据精确可靠更具有科学性，农药残留储藏稳定性研究是非常必要的。分析样品运到实验室后，要根据农药的性质及样品类型确定储藏条件和时间，保证被分析的农药残留在储藏期内不发生变化，以确保分析结果真实可靠。

一、样品的储藏

对于农药残留性质不稳定的样品，应立即进行测定。容易腐烂变质的样品，应马上捣碎处理，低于 −18℃ 冷冻储藏。水或液体样品在冷藏条件下保存，或者通过萃取等处理得到提取液在冷冻条件下保存。储藏时不应把样品与农药一起存放，另外还应防止农产品和土壤样品的交叉污染。样品中若有遇光分解的农药应尽量避免暴露。

总体来说，实验室内储藏样品时主要包括四种形式：①原状态储藏，其优点是尽可能少地改变样品，保持样品的原状态。如小麦籽粒、水稻籽粒等。②粗切状态储藏，一般适用于部分水果或蔬菜样品。③捣碎匀浆储藏，适用于不宜原状态保存的水果或蔬菜样品。④样品提取后的提取液储藏。提取保存主要适用于不宜保存的样品，如水或液体样品。

运到实验室的新鲜样品应储藏在冷藏条件下，一般为 3～5℃，采集的试样中若有性质不稳定易分解的农药，应当立即测定。一般也应尽快检测（1 周之内），如需储藏较长时间，则样品必须在不高于 −18℃ 条件下储藏。由于冷冻试样的细胞已经破坏，解冻后的样品必须立即分析，取冷冻样品进行检测时，应不使水和冰晶与样品分离，必要时应重新匀浆。检测后的样品需保存一段时间，以供复检。如果怀疑农药在储藏时会发生降解，需在相同储藏条件下做添加回收率试验进行验证。一般不建议匀浆储藏，除非可以证明这样储藏是稳定的，但可先提取待测样品并去掉溶剂后在不高于 −18℃ 条件下储藏。水样则应保存在冰点以上，以防止冻裂容器。进行样品储藏稳定性实验时，应选择代表性的农药和介质。

含有农药残留的样品在室温储藏期间，由于水解、生物降解、氧化作用等使得农药残留发生分解。在不高于 −18℃ 条件下储藏一定时间，部分农药也会发生降解。但是一般农药残留分析实验室所采集的样品不可能在短时间内完成分析，需将样品储藏较长时间。另外，农药残留在储藏过程中的稳定性与农药本身的性质（化学结构、极性、溶解性、挥发性等）、样品基质、水分、pH、酶活性及储藏条件（温度、湿度、时间等）等多种因素有关。因此，有必要进行储藏稳定性试验。

二、储藏稳定性试验

（一）基本原则

NY/T 3094—2017《植物源性农产品中农药残留储藏稳定性试验准则》，规定了植物源性农产品中农药残留储藏稳定性试验的基本准则、方法和技术要求。储藏稳定性试验应在开展农药残留分析前进行。一般试验样品在30d内完成检测，可不进行储藏稳定性试验。但是，样品提取物不能在24h内完成检测的，应提供储藏稳定性数据。储藏稳定性试验应有足够的样品量，且样品中农药残留物的浓度要足够高，至少应达到10倍LOQ。储藏稳定性的样品可为来自农药残留田间试验的样品，也可以是添加已知量农药及其代谢物的实验室样品，并将样品在24h内储藏。添加农药及其代谢物时，要包括所有残留物，但是，为避免掩盖化合物之间的转化，不建议混合添加，应进行独立试验。

（二）样品要求

储藏稳定性试验样品的状态应与残留试验样品储藏状态一致，可以是整个样品、粗切、匀浆或样品提取物。根据农药的理化性质合理选择储藏样品的状态。储藏稳定性试验每次测定至少包括空白样品1个、质控样品2个（是指检测时空白样品添加目标化合物的样品）、储藏试验样品2个。同类作物可以使用代表性作物进行储藏稳定性试验，见表3-3。

表3-3 我国采用的作物分组方法

作物种类	包含作物	代表性作物
高水含量	仁果类水果 核果类水果 鳞茎蔬菜 果类蔬菜/葫芦 芸薹类蔬菜 叶菜和新鲜香草 茎秆类蔬菜 草料/饲料作物 新鲜豆类蔬菜 根茎类蔬菜 热带亚热带水果 甘蔗 茶鲜叶 菌类	苹果、梨 杏、枣、樱桃、桃 鳞茎洋葱 番茄、辣椒、黄瓜 花椰菜、十字花科蔬菜、甘蓝 生菜、菠菜 韭菜、芹菜、芦笋 小麦和大麦的草料，紫花苜蓿 食荚豌豆、青豌豆、蚕豆、菜豆 甜菜 香蕉、荔枝、龙眼、芒果
高油含量	树生坚果 含油种子 橄榄 鳄梨 啤酒花 可可豆 咖啡豆 香料	核桃、榛子、栗子 油菜籽、向日葵、棉花、大豆、花生
高蛋白含量	干豆类蔬菜/豆类	野生豆、干蚕豆、干扁豆(黄色,白色/藏青色,棕色,有斑的)
高淀粉含量	谷物类 根叶和块茎蔬菜的根 淀粉块根农作物	水稻、小麦、玉米、大麦和燕麦 甜菜、胡萝卜 马铃薯、甘薯

作物种类	包含作物	代表性作物
高酸含量	柑橘类水果 浆果类 葡萄干 奇异果 凤梨 大黄	柑、柠檬、橘、橙 葡萄、草莓、蓝莓、覆盆子

不同类别作物的试验依照下列规定进行：

（1）高含水量作物　选择 3 种不同作物进行储藏稳定性试验，若符合储藏稳定性要求，同类其他作物可不再做要求。

（2）高含油量作物　选择 2 种不同作物进行储藏稳定性试验，若符合储藏稳定性要求，同类其他作物可不再做要求。

（3）高蛋白含量作物　选择干豆/豆类代表性作物进行储藏稳定性试验，若符合储藏稳定性要求，同类其他作物可不再做要求。

（4）高淀粉含量作物　选择 2 种不同作物进行储藏稳定性试验，若符合储藏稳定性要求，同类其他作物可不再做要求。

（5）高酸含量作物　选择 2 种不同作物进行储藏稳定性试验，若符合储藏稳定性要求，同类其他作物可不再做要求。

如果农药残留在 5 类作物中均没有显著下降，则其他农产品不需要进行储藏稳定性试验。试验结果表明不稳定的，则应进行储藏稳定性试验。

（三）储藏条件

应为农药残留试验样品提供低温和避光的储藏条件，一般储藏温度应不高于−18℃。储藏样品的容器应尽可能与规范残留试验中使用的样品容器一致，以防容器材质对农药残留的稳定性有影响。此外，还应持续监测和记录储藏温度、时间、取样间隔及储藏设备运行情况。

（四）取样间隔

取样间隔要包括样品处理的初始点，得到样品中农药残留的初始浓度。储藏样品的取样间隔根据农药残留的稳定性情况确定，如果样品中农药残留稳定性不确定或不稳定的，一般可选取 0d、2 周、4 周、8 周和 16 周。如果样品中农药残留较稳定的，取样间隔可选取 0d、1 个月、3 个月、6 个月和 12 个月。样品储藏时间超过 1 年的，取样间隔为 6 个月。一般认为，降解率在 30% 以内时农药残留在试验样品中是稳定的，分析结果可以接受。

开展储藏稳定性试验时，一般要求每次测定应开展随行回收率试验（procedural recovery），以确保分析方法的可靠性。

三、试验样品中农药残留的降解和防止农药残留降解的措施

卞艳丽等综述了农药残留储藏稳定性的影响因素和提高措施。影响农药残留降解的因素较多，应根据不同农药和不同基质的特点，选择合适的储藏方法。Guo 等研究了光照和温度对提取液和有机溶剂中有机磷农药稳定性的影响，结果表明，农药因结构不同，受光照和温度的影响具有差异。一般样品都储藏在冰箱中，在低温及黑暗条件下酶降解与光解作用不

显著。有些报道称农药残留的稳定性与基质中的水分含量有关，Egli 研究证明水解是残留样品在储藏中降解的主要作用，卞艳丽等通过冻干的方式证明了水分含量对有机磷农药在黄瓜中稳定储藏的重要作用，因此样品中水分含量与残留农药稳定性有关；pH 还会影响农药残留的稳定性，大部分农药在碱性条件下不稳定，董见南等研究指出，将 pH 调节至酸性条件，可以提升大部分有机磷农药残留的储藏稳定性；氧化作用对农药的稳定性也有一定影响，如在含硫蔬菜样品中，有的农药会发生氧化降解，但氧化作用比较缓慢；另外，董见南等研究表明，分析样品的基质储藏状态对农药残留的稳定性也有十分明显的影响，有机磷农药残留在黄瓜、芹菜、豇豆、葡萄和橘肉等匀浆状态样品中表现稳定，而在胡萝卜粗切样品中呈现更稳定的趋势。因此，了解残留农药在各类样品及不同温度下的稳定性是很重要的。一般认为立即测定的样品可以放在 4℃ 条件下保存，如果长时间储藏，需保存在不高于 -18℃ 条件下，但有些农药在 -18℃ 条件储藏也可能会发生降解。

Bian 等（2020）对比了不同外源添加物质对黄瓜基质中几种农药的稳定性影响，研究表明，向基质中添加 Al^{3+}、Fe^{3+}、Co^{2+} 等金属离子，半胱氨酸、抗坏血酸、水杨酸、乙二胺四乙酸二钠（EDTA-2Na）、盐酸胍、脲和十二烷基硫酸钠（SDS）等有机物可以提高马拉硫磷的稳定性。同时，研究表明，样品基质中某些活性酶如过氧化氢酶有可能是影响有机磷农药残留储藏稳定性的因素，通过添加影响酶活力的外源物质可以提高农药残留储藏稳定性。

根据农药残留储藏稳定性的影响因素，一般提高储藏稳定性可采取的措施主要有：

① 易光解农药可避光低温储藏；
② 某些农药可加掩蔽剂防止其氧化，如向样品中添加维生素 C 等；
③ 调节试样的 pH 可以保持一些农药的稳定性；
④ 改变样品的基质储藏状态；
⑤ 添加可以抑制酶活力的外源性物质。

参 考 文 献

[1] Bian Y L，Liu F M，Chen F. Storage stability of three organophosphorus pesticides on cucumber samples for analysis. Food Chem.，2018，250：230-235.

[2] Bian Y L，Wang Y H，Liu F M，et al. The stability of four organophosphorus insecticides in stored cucumber samples is affected by additives. Food Chem.，2020，331：127352.

[3] Dong J N，Bian Y L，Liu F M，et al. Storage stability improvement of organophosphorus insecticide residues on representative fruit and vegetable samples for analysis. J Food Process Pres.，2019，43（8）：1-12.

[4] Egli H. Storage stability of pesticide residues. J. Agric. Food Chem.，1982，30（5）：861-866.

[5] FAO manual on the submission and evaluation of pesticide residues data for the estimation of maximum residue levels in food and feed. Third edition. 2016.

[6] Fussell R J，Jackson A K，Reynolds S L，et al. Assessment of the stability of pesticides during cryogenic sample processing. 1. Apples. J. Agric. Food Chem.，2002，50（3）：441-448.

[7] Guo G，Jiang N W，Liu F M，et al. Storage stability of organophosphorus pesticide residues in peanut and soya bean extracted solutions. R. Soc. Open Sci，2018，5（7）：180757.

[8] Howard S F，Yip G. Stability of metallic bisdithiocarbamates in chopped kale. J. AOAC Int.，1971，54（6）：1371-1372.

[9] Visi E. Possibilities of controlling the various analytical steps. Quality assurance/quality control in pesticide residue laboratories. FAO/IAEA Training and Reference Center for Food and Pesticide Control. Training Workshop on Introduction to QA/QC measures in Pesticide Residue Analytical Lab. IAEA's Laboratories Seibersdorf. Australia 17 June—26 July，2002.

[10] Young S J V，Parfitt C H，Newell R F，et al. Homogeneity of fruits and vegetables comminuted in a vertical cutter mixer. J. AOAC Int.，1996，79（4）：976-980.

[11] 卞艳丽，刘丰茂．农药残留储存稳定性的研究进展．食品安全质量检测学报，2016，7（8）：3013-3019.

[12] 卞艳丽．蔬菜分析样品中四种有机磷农药残留储藏稳定性的影响因素研究．北京：中国农业大学，2020.

[13] 董见南．10种有机磷杀虫剂和8种杀菌剂残留在代表性水果蔬菜中的储存稳定性．北京：中国农业大学，2014.

[14] 国家进出口商品检验局《食品分析大全》编写组．食品分析大全：第一卷．北京：高等教育出版社，1997.

[15] 刘聪云，王小丽，刘丰茂，等．室温及低温制备生菜样本过程的不确定度和25种农药残留的稳定性．农药学学报，2008，10（4）：431-436.

[16] 刘丰茂，王素利，韩丽君，等．农药质量与残留实用检测技术．北京：化学工业出版社，2011.

[17] 王素利．农药残留样本储存与稳定性关系研究．北京：中国农业大学，2007.

第四章

样品前处理技术

传统的样品前处理技术包括一系列费时费力的操作步骤，如匀质化、提取、过滤或离心、柱层析、浓缩和溶剂转换等，这不仅导致整个方法比较复杂和费时，而且容易造成更多的系统误差和偶然误差。因此，很长时间以来，样品前处理是农药残留分析工作的主要瓶颈。随着计算机、硬件、软件等技术的快速发展，样品测定环节如进样、色谱分离、检测和数据处理等，已经实现高度先进和自动化。然而，样品前处理技术的发展相对缓慢，主要是因为大多数的研究机构对样品前处理的技术的开发研究重视不够，不愿意花时间和精力来改进。规模较大的仪器厂家不愿意开发自动化样品前处理设备，规模较小、技术较差的厂家很难生产出实用的设备。另外，农药残留的样品基质复杂，其难度也影响了样品前处理技术的发展。

随着残留检测样品数量与需求的增加，劳动力成本也在快速增长，同时公众对环境中化学废料的排放要求提升，促使研究人员对样品前处理技术进行研究和改进，以减少污染和提高工作效率。因此，近年来也陆续出现了一些针对样品前处理的简化、自动化、小型化以及与色谱分析联用技术方面的研究和应用。此外，仪器分析领域，如进样技术、色谱分离及检测器的选择性和灵敏度等方面的发展和进步也可以大大简化了样品前处理的过程。

样品前处理技术包含提取、净化和样品浓缩等关键步骤，本章介绍样品提取方法、浓缩和常用的净化手段以及样品前处理技术如液液萃取、常规柱层析法、固相萃取、凝胶渗透色谱、超临界流体萃取、加速溶剂萃取、微波辅助萃取、固相微萃取、液相微萃取、分散液液微萃取、基质固相分散、分散固相萃取和胶束介质萃取等。

第一节　样品前处理概述

一、样品提取

样品提取是用溶剂将农药从样品中提取出来的步骤，样品的提取过程实际上也达到了样品净化的目的。在农药残留分析时，样品中农药残留量低，而各种样品中的干扰物质多而复杂。因此，为满足可靠的定性、定量分析要求，应首先将农药从试样中提取出来，然后再使用一种或几种净化步骤，使样品提取液符合仪器测定的要求。

（一）样品提取技术

农药残留分析方法中，提取效率将直接影响结果的准确性。提取时应根据农药种类、试样类型、试样中脂肪含量、试样中水分含量和最终测定方法等来选择提取方法和提取溶剂，以便尽可能完全地将农药从试样中提取出来，并尽量避免提取出干扰物质。

不同类型样品的提取方法不同，大致可以分为以下几类。①水样：早期直接用有机溶剂在分液漏斗中以液液分配提取，一般先在水样中添加 3％～6％ NaCl，待盐全部溶解后，加入约十分之一水样体积的提取溶剂，连续提取 2～3 次，合并提取液，供净化或直接测定；如果试样中农药含量极低，可用大孔聚苯乙烯树脂或活性炭等进行吸附后再洗脱。目前主要根据农药的性质选择不同的固相萃取柱富集水样中的农药，经溶剂淋洗杂质后再将农药洗脱下来测定。②土壤样品：可用混合溶剂或含水溶剂在振荡器或索氏提取器中提取。③作物样品：水果、蔬菜等含水量高的样品切碎后，加入与水混溶的溶剂或混合溶剂在组织捣碎机中高速捣碎，使溶剂与试样反复接触和萃取。脂肪量高的样品，如谷物、豆类、油料作物等经粉碎后放入容器中，加入非极性或极性较小的溶剂振荡提取。④动物组织样品：可以用微型玻璃研磨器将组织研碎后，用溶剂提取后净化，对不易捣碎的样品，可用消化法，如称取 2～3g 样品加入消化液 30mL（60％过氯酸＋冰醋酸＝1：1 配制而成），在沸水浴中消煮 2～3h，稀释后再经液液分配提取。⑤含糖量较高的样品：一般先加入一定量水分，再用有机溶剂提取。

经典的提取方法包含振荡法、索氏提取法、捣碎提取法、超声波提取法等。

（1）振荡法　通常将样品和适量溶剂加入具塞锥形瓶中，用水浴恒温振荡器或气浴恒温振荡器振荡 30min 或更长时间，经过滤或离心即可（图 4-1，图 4-2）。还有一些特殊用途的振荡器，如分液漏斗振荡器（图 4-3），将液液分配操作中的人工摇动自动化。

图 4-1　水浴恒温振荡器　　　　　　　　图 4-2　气浴恒温振荡器

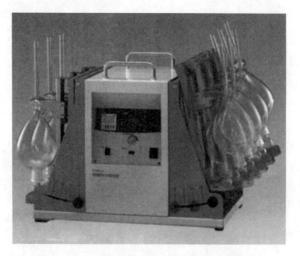

图 4-3　分液漏斗振荡器（萃取净化振荡器）

（2）**索氏提取法** 索氏提取法是利用溶剂的回流和虹吸原理，对固体混合物中所需成分进行连续提取的方法，其装置见图4-4。当提取管中回流溶剂的液面达到索氏提取器的虹吸管最高处时，提取管中的溶剂流回圆底烧瓶内，即发生虹吸。随温度升高，再次回流开始，每次虹吸前，溶于溶剂的部分物质被萃取，溶剂反复利用，萃取效率较高。

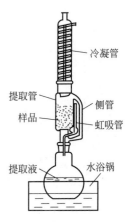

图4-4 索氏提取器

索氏提取法适用于提取水分较少的样品，但当农药受热易分解和萃取剂沸点较高时，不宜用此种方法。包裹样品的滤纸筒的高度不能超过提取器的蒸气入口，以免堵住气流影响回流。管内所装样品不应超过管高的2/3，回流的溶剂应完全浸泡样品。一般回流4～6h，回流速度控制在每小时6～12次。方法操作简便，不需多次转移样品，不受样品基质影响，是经典的完全提取方法。但该方法提取时间长，每个样品需要300～500mL溶剂，还需对提取液进行浓缩。

（3）**捣碎提取法** 将粗碎的样品和一定量溶剂加入到捣碎机中，高速匀浆（>10000r/min）2～3min，使溶剂与样品的微细颗粒紧密接触、混合，将待测物从样品中快速提取出来，经过滤或离心后得提取液，残渣再重复提取一次，合并提取液进行净化即可。这是农药残留分析常用的提取方法，速度快，提取效果好。

（4）**超声波提取法** 样品经粉碎后加入提取剂，在超声波仪中提取数十秒或数分钟即可完成，是目前广泛使用的一种快速高效的农药残留物提取法。

除了以上方法，还有很多提取技术，如液液分配、固相萃取、加速溶剂萃取、微波辅助萃取、固相微萃取、液相微萃取、分散液液微萃取、基质固相分散、胶束介质萃取等方法，将在本章分别进行介绍。

（二）提取溶剂

具有Cl、P、N等功能元素的农药，如果溶剂中也含有这些元素，很可能对农药化合物的检测产生干扰。如果使用了含有这些元素的溶剂，为避免溶剂干扰，一般应在仪器测定前去除这些溶剂。目前常用的提取溶剂有丙酮、乙腈、乙酸乙酯、石油醚或正己烷、甲醇和二氯甲烷等。

（1）**溶剂的纯度** 溶剂纯度对残留分析的影响很大，因此对溶剂有特殊要求，许多国家都生产农药残留与环境保护分析专用溶剂纳米级（nano级）。残留分析提取过程中通常选用分析级或农药残留专用溶剂。

（2）**溶剂的极性** 很多溶剂可以用来提取样品中的农药残留，一般根据提取效率选择溶剂。在测定单个农药残留时，除了考虑样品类型外，还取决于待测农药的极性，一般根据极性相似原理，非极性农药如有机氯农药用非极性溶剂提取或反萃取，有机磷农药和一些除草剂则使用极性较强的溶剂提取或反萃取。大多数溶剂的极性可用介电常数表示，非极性溶剂如环己烷、正己烷等介电常数小，极性溶剂如乙腈、丙酮等介电常数大，水的介电常数最大，常用于农药残留分析溶剂的介电常数见表4-1。

但是必须注意，一些水果蔬菜样品含水量很高，不能使用与水不相混的溶剂，一般先使用极性溶剂如丙酮、乙腈和甲醇等提取，再根据农药性质转移至有关溶剂中。如果使用与水混溶的提取溶剂，提取液中会含有大量水分，必须在浓缩前除去。两种溶剂混合使用提取效果很好，即非水溶性溶剂（己烷、石油醚）和与水相溶的极性溶剂（丙酮、乙腈、异丙醇、甲醇、乙醚等）混合使用时，可以提取不同极性的农药，既能解决提取过程中的乳化问题，又可提高农药提取效率，在两相分配中进行部分净化工作。

表 4-1　常用溶剂的重要物理性质

溶剂	介电常数(20℃)	沸点/℃	蒸气压(25℃)/kPa	水中溶解度/g
戊烷	1.8	36	68.3	0.01
正己烷	1.9	69	20.2	0.01
环己烷	2.0	81	13.0	0.012
石油醚	2.0	30～60	68.3	0.012
乙酸乙酯	6.0(25℃)	77	12.6	9.8
二氯甲烷	9.1	40	58.2	0.17
丙酮	20.7(25℃)	56	30.8	混溶
甲醇	32.6(25℃)	65	16.9	混溶
乙腈	37.5	82	11.8	混溶
水	78	100		

（3）溶剂的沸点　溶剂的沸点对前处理过程的操作影响很大，因为提取液在净化或测定前需进行浓缩。沸点低浓缩时溶剂较易蒸发，但沸点太低，在提取操作时容易挥发；沸点太高，则不易浓缩，而且浓缩时会使一些易挥发或热稳定性差的农药受损失。一般要求提取溶剂的沸点在 45～80℃ 之间（见表 4-1）。

（4）溶剂的安全性　溶剂的易燃性和毒性也是需要考虑的两个问题，除了水和二氯甲烷外，常用的有机溶剂都是易燃的。以闪点表示易燃性。闪点是指可燃性液体挥发出的蒸气和空气的混合物，与火源接触能闪燃的最低温度。常用溶剂的闪点都比较低，因此实验室必须保持通风良好，所有电器设备都应该是防火花的，提取和蒸馏步骤均应在通风橱中进行。除了易燃性溶剂的潜在危害外，溶剂对工作人员的吸入毒性也应该重视和避免。表 4-2 列出了常用溶剂的闪点和吸入暴露限（exposure limit），乙腈和正己烷的暴露限是很低的，操作应注意。

表 4-2　常用溶剂的闪点和吸入暴露限

溶剂	闪点/℃	长期暴露限(8h)/(mg/m³)	溶剂	闪点/℃	长期暴露限(8h)/(mg/m³)
正戊烷	−44	—	二氯甲烷	—	100(350)
正己烷	−22	20(72)	丙酮	−20	500(1210)
环己烷	−20	100(350)	乙腈	6	40(68)
石油醚	−40～−22	—	甲醇	11	200(266)
乙酸乙酯	−4	200(—)			

其他如溶剂的价格、稳定性，以及不与样品发生作用、不能对检测器产生干扰而影响测定结果等也是必须考虑的因素。

（三）农药多残留分析方法的提取溶剂

为了适应大量样品的检测，农药多残留分析方法得到了快速发展。其目的是在一次分析中能够同时测定多种农药。如果不使用多残留分析方法，残留分析工作者要面临数百种单个农药的残留分析，而且有些方法还很相似，这是不可想象的。但是多残留分析方法也是有一定限度的，不可能开发出一个适合所有农药/食品或农产品组合的提取和净化方法，多组分的残留分析方法中农药的回收率和精密度也不可能都达到完全满意。

农产品和食品中农药残留的种类很多，不同农药的极性不同，见表4-3。各种不同的有机溶剂或其不同的组合可用来从样品中提取具有不同理化性质的农药。丙酮、乙腈和乙酸乙酯是极性和非极性农药在许多农产品的多残留测定中使用最多的三种溶剂，它们的性质各有优点与缺点，如丙酮、乙腈和水是完全互溶的，常用于提取水果和蔬菜中的多种农药，但提取液中含有大量水分，在进入色谱系统测定前，必须除去水分；乙酸乙酯与水的可混溶性较差。以下分别介绍在农药多残留分析中最常用的几种溶剂的特点。

表 4-3　部分农药的 $\lg K_{ow}$

农药	$\lg K_{ow}$	农药	$\lg K_{ow}$
乙酰甲胺磷	-0.89	禾草敌	2.88
甲胺磷	-0.8	百菌清	2.92
氧乐果	-0.74	甲基对硫磷	3.0
麦草畏	-0.55	六六六	3.5
久效磷	-0.22	苯霜灵	3.54
乐果	0.704	敌菌丹	3.8
多菌灵	1.38	对硫磷	3.83
克百威	1.52	乙草胺	4.14
甲萘威	1.59	丙硫克百威	4.22
嗪草酮	1.6	甲基毒死蜱	4.24
甲霜灵	1.75	毒死蜱	4.7
敌敌畏	1.9	α-硫丹	4.74
莠去津	2.5	β-硫丹	4.79
异丙隆	2.5	苯硫膦	>5.02
马拉硫磷	2.75	氯菊酯	6.1
克菌丹	2.8	氯氰菊酯	6.6

注：通常化合物的 $\lg K_{ow}$ 范围为 $-3\sim7$。

1. 乙腈

乙腈沸点为 80.1℃，可以溶解并提取各种极性与非极性农药，能与水混溶，与果蔬样品混合匀浆后，提取液中有水分，但比较容易用盐析出，离心或用分液漏斗后与水分离，可定量取出乙腈提取液。乙腈极性较大，不易与非极性溶剂混匀，一些非极性的杂质如油脂、蜡质和叶绿素等不会与农药一起被提取出来，提取出的样品杂质较丙酮和乙酸乙酯少，在固相萃取和反相液相色谱上应用较多。其缺点是在气相色谱测定时液-气的转换膨胀体积较大，应限制进样体积。乙腈优点突出，我国和许多国家的标准方法都相继使用乙腈作为提取溶剂。

Mills P. A. 最早于1963年发表的有机氯农药多残留分析方法是使用乙腈作为水果、蔬菜的提取溶剂的，提取后加入大量水和饱和食盐水，通过液液分配相对非极性的有机氯农药转入石油醚中，浓缩的石油醚提取液经弗罗里硅土柱净化后，用 GC-ECD 测定。20 世纪 60 年代末期，广泛使用有机磷农药后，分析工作者希望能将它们放在多残留方法中一起测定，但使用石油醚液液分配时这些较极性的有机磷农药回收率低。Storherr 等改进的方法仍使用乙腈为提取溶剂，但在液液分配时用较极性的二氯甲烷代替非极性的石油醚，并使用酸处理的活性炭代替弗罗里硅土柱净化。该方法可以作为水果和蔬菜中有机磷农药的多残留分析方法。20 世纪 90 年代初期已有人使用乙腈从农产品中提取约 100 种有机氯、有机磷和氨基甲酸酯类农药。Ton Joe 和 Cusick 用乙腈从各种不同作物中提取 143 种农药，使用 100mL 乙腈提取 50g 捣碎的样品，加入固体氯化钠以分开两层液体，上层乙腈不需净化，即可进入 GC/MS 测定。美国加州食品和农业部的 Lee S. M. 等使用上述相同的提取步骤，但增加固相萃取小柱净化，使之适应于 GC 的 FPD、ECD 和 HPLC 测定。Fillion 等也使用相同的提取技术，但是以活性炭和硅藻土净化样品，以 GC/MS 和 HPLC-荧光检测器测定。Cook 等仍应用该提取方法，使用不同的固相萃取柱净化，对水果和蔬菜中 89 种农药残留进行了测定。

我国于 20 世纪 90 年代末期引进上述以美国加州食品和农业部为主的方法，基本采用上述相同的提取步骤制定了 NY/T 761—2008《蔬菜和水果中的有机磷、有机氯、拟除虫菊酯和氨基甲酸酯类农药多残留的测定》。

QuEChERS 使用乙腈或酸化乙腈为提取溶剂。参照 QuEChERS 法制定了 NY/T 1380—2007《蔬菜、水果中 51 种农药多残留的测定 气相色谱-质谱法》和 GB 23200.113—2018《食品安全国家标准 植物源性食品中 208 种农药及其代谢物残留量的测定 气相色谱质谱联用法》等，这些方法均采用乙腈提取。

2. 丙酮

丙酮沸点 56.2℃，是最常用的易挥发溶剂，可以溶解并提取极性和非极性农药，能与水、甲醇、乙醇、乙醚和氯仿等混溶，是在液液分配中最常用的与水相溶的有机溶剂之一，提取出的杂质较乙腈多，相比于乙腈和乙酸乙酯，价格便宜、毒性小。20 世纪中后期，我国在单个农药残留及多残留分析方法中广泛应用。

20 世纪 70 年代初期有报道使用丙酮提取植物样品中的有机氯和有机磷农药。1975 年 Luke 等开发了以丙酮为提取溶剂测定有机氯、有机磷和有机氮农药的方法，即称取 100g 捣碎的果蔬样品，加入 200mL 丙酮提取，再用液液分配将农药转入石油醚和二氯甲烷的混合溶剂中。与 Mills 法相同，用弗罗里硅土净化。1981 年 Specht 和 Tillkes 发表了蔬菜和动物源食品中 90 种农药的多残留分析方法，用二氯甲烷将农药从丙酮水溶液提取出来后，使用凝胶色谱柱（GPC）净化，后来发展为德国的 DFG S-19 法，20 世纪 80～90 年代，该方法在德国以及许多欧洲实验室被使用。

20 世纪 90 年代初期分析化学家面临不得使用含氯有机溶剂（如二氯甲烷的毒性等）的压力，Koinecke 等（1994）提出，可以使用环己烷、石油醚和叔丁基甲基醚等毒性较低的溶剂取代二氯甲烷，之后很多农药甚至水溶性的农药也可以从样品的丙酮提取液萃取到这些溶剂中。Specht 还将 DFG S-19 法液液分配中的二氯甲烷用乙酸乙酯/环己烷（1:1，体积比）取代，同时还简化了该法，将丙酮提取与液液分配步骤合并为一步，更为有利的是乙酸乙酯/环己烷（1:1）也是 GPC 的淋洗溶剂，不需进行溶剂交换。

同时，固相萃取发展很快，不少研究者用固相萃取柱取代与丙酮水溶液进行液液分配的二氯甲烷。实际上，固相萃取不仅是在提取过程取代了液液分配，它本身还具有净化作用。Adou 等在加速溶剂萃取（ASE）中使用丙酮与其他溶剂混合溶液，使提取过程自动化，减少操作人员与溶剂的接触。

3. 乙酸乙酯

乙酸乙酯沸点为 77.1℃，作为提取溶剂在欧盟国家、FAO、IAEA 等机构广泛使用。在我国则较少使用乙酸乙酯作为农药残留分析的提取溶剂。

乙酸乙酯微溶于水，可以溶解并提取各种极性与非极性农药，其主要特点是与果蔬样品混合匀浆后，在提取液中添加无机盐类，可以盐析出乙酸乙酯层，很容易除去提取液中的微量水分，不需进行液液分配，有时与水完全分离需离心，可取出定量提取液。与丙酮、乙腈相比其极性小，因此在提取油性样品时，可将一些非极性亲脂性干扰物质提取出来。其缺点是提取出的样品杂质较乙腈多。

Watts 等（1969）首先发表用乙酸乙酯从苹果、胡萝卜、甘蓝等样品中提取多种有机磷农药残留，以活性炭柱净化后用 GC-NPD 测定，60 种有机磷农药均获得较好的回收率。但直到 20 世纪 80 年代后期乙酸乙酯才较多使用，Roos 等报道用乙酸乙酯从水果、蔬菜和粮食中提取有机氯和有机磷农药，以凝胶色谱柱净化样品提取液，对粮食中的有机氯农药的回收率与使用丙酮提取是一样的。Holstege 等（1994）在乙酸乙酯中加入 5％乙醇从植物和动物样品中提取有机氯、有机磷和氨基甲酸酯等杀虫剂，认为从水果蔬菜中提取比较极性的有机磷农药（如乙酰甲胺磷、甲胺磷和久效磷等）添加乙醇是十分必要的，而且对极性最弱的有机磷农药毒死蜱的回收率没有影响。Obana 等同样使用乙酸乙酯从果蔬中提取多种类型农药，样品高速匀浆后，加入对水有很高吸附容量的丙烯酸聚合物替代无水硫酸钠。据报道 1g 丙烯酸聚合物吸收 200mL 水，作者从不同的水果和蔬菜中提取测定 107 种不同类型的农药，回收率均大于 70％。与使用乙腈提取测定的回收率基本一致，仅甲胺磷和杀扑磷差些。

（四）影响提取效率的因素

1. pH

提取某些农药时 pH 十分重要，它会影响这些农药的离解和溶剂化作用，有时甚至影响其稳定性。水果、蔬菜匀浆样品的 pH 范围较广，大多在 2～7 之间。许多酯类农药遇水缓慢水解，但对 pH 特别敏感，在碱性条件下会迅速水解。如邻苯二甲酰亚胺类农药克菌丹和敌菌丹会很快水解成四氢邻苯二甲酰亚胺，灭菌丹则水解为邻苯二甲酰亚胺，三氯杀螨醇会水解为 4,4′-二氯代二苯甲酮。这些农药在残留监测中只测定其原体的残留，水解产物并未包括在残留测定的范围内。

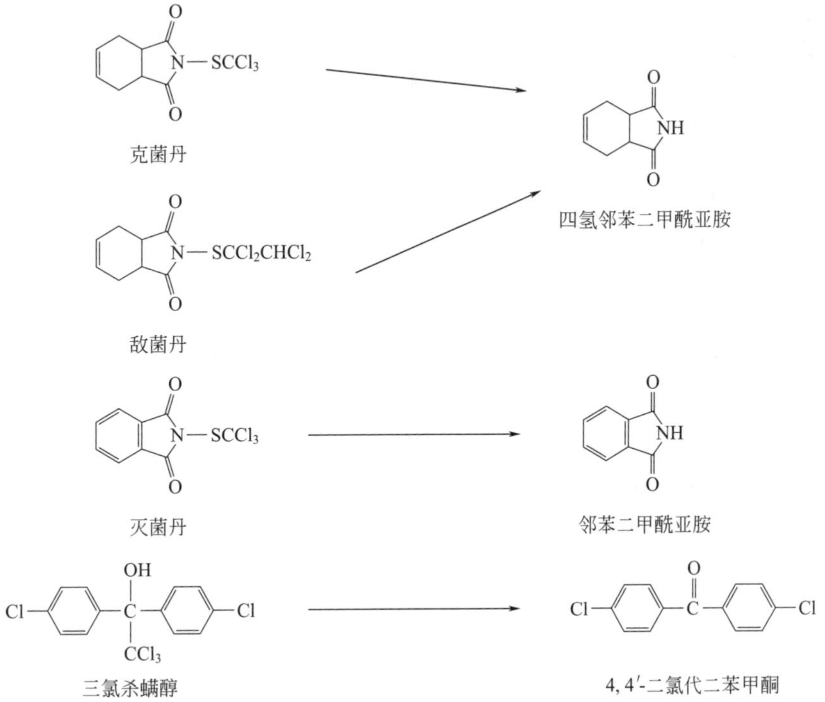

克菌丹

敌菌丹

四氢邻苯二甲酰亚胺

灭菌丹

邻苯二甲酰亚胺

三氯杀螨醇

4,4′-二氯代二苯甲酮

有些农药残留在样品前处理的任何阶段（如在提取净化及使用仪器测定时）都可能被分解。有人报道克菌丹、敌菌丹和灭菌丹添加到新鲜的花椰菜中，匀浆后 70％～90％丢失，但如添加到冷冻蔬菜中，就没有丢失，推测这些杀菌剂是由于新鲜花椰菜成分而分解，添加表面活性剂 Triton X-114 降低 pH，解决了水解问题，但不太明确其机理。有报道克菌丹、敌菌丹和灭菌丹等储存在固相萃取柱中，即使放在低温下也会有降解，他们认为这些降解不完全是水解也不是挥发。但是他们发现所试农药的无水有机提取物放在 -18℃ 冰箱内是稳定的。对于碱敏感性农药，如百菌清、甲基异柳磷等，一般还需在乙腈提取溶剂中加入其他溶剂，以提高目标物的提取效率和分析稳定性。Hou 等在建立碱性基质甘蓝中百菌清残留分析方法时，向提取溶剂乙腈（0.1% 甲酸）中加入了等体积甲苯，可以使碱敏感性百菌清的提取回收达到 71%～93%。

pH 对测试样品的提取效率影响很大，如多菌灵（$pK_a=4.2$）、抑霉唑（$pK_a=6.5$）、噻菌灵（$pK_a=4.7$）均是弱碱，它们在 pH 低的水溶液中会质子化，特别是它们的盐易溶于水相，在非极性和低极性的有机溶剂中溶解度很低。对于多菌灵、抑霉唑、噻菌灵等在 pH 提高到 7.5 时，其自由碱基比其盐有利于溶于与水不相混的有机溶剂中，很容易将它们从水相中提取出来。侯帆等在检测小米中咪唑乙烟酸残留时，提取过程中采用 Na_2CO_3-$NaHCO_3$（pH=10）缓冲液，可以使咪唑乙烟酸呈离子状态，易于提取。不同品种和不同成熟度的水果和蔬菜的 pH 是不同的，不成熟的水果偏酸。由于成熟度不同，同一产品不同样品的 pH 可能不一样。易于水解的农药见表 4-4。

表 4-4　一些易于水解的农药

农药	在 pH 低时易水解	在 pH 高时易水解	农药	在 pH 低时易水解	在 pH 高时易水解
毒死蜱	是	是	百菌清	不是	是
甲基毒死蜱	是	是	苯氟磺胺	不是	是
甲拌磷	不是	是	三氯杀螨醇	不是	是
辛硫磷	不是	是	敌菌丹	是	是
甲基嘧啶磷	是	是	克菌丹	不是	是
三唑磷	是	是	灭菌丹	不是	是
乙嘧酚磺酸酯	是	不是	甲苯氟磺胺	不是	是

2. 使用无机盐以除去提取溶液中的水分

使用与水互溶的溶剂如丙酮、乙腈可以从水果蔬菜中萃取极性与非极性农药。在丙酮-水或乙腈-水中加入 NaCl，通过盐析作用将水分从有机相中分离。为了降低极性农药在水溶液中的溶解度，加入高浓度的各种盐，以有效地降低农药对水相的亲和力；当用非极性有机相萃取时也可促使它们转移到与水不相混的有机溶剂中。在乙腈溶液中加入 NaCl 较丙酮易于与水分离，所以许多分析工作者使用乙腈作为提取溶剂。乙腈提取液盐析后，为除去乙腈中微量水分，可以使用干燥剂。

在净化（如使用 SPE 净化）和进行 GC 测定前先从各种样品提取液（如乙腈、乙酸乙酯等）中除去微量水分是很重要的，微量水分会影响样品基质成分的去除、农药的分离和回收率。Schenck 和 Lehotay 报道无水无机盐类作为干燥剂从有机溶剂中除去水分是与水形成水合物。在液液分配中常用的三种盐 NaCl、Na_2SO_4、$MgSO_4$ 中，只有 Na_2SO_4 和 $MgSO_4$ 可以作为干燥剂，因为 Na_2SO_4、$MgSO_4$ 可以形成水合物，Na_2SO_4 形成七水合物和十水合物，$MgSO_4$ 可形成一、二、五和七水合物。这主要是由于 Na^+ 半径大于 Mg^{2+}，周围可以容纳更多的水分子，结合水的数目多。但根据经验，$MgSO_4$ 作为干燥剂，比 Na_2SO_4 能更好地除去有机相提取液中的微量水分，主要原因是 Mg^{2+} 电荷大，半径小，与水的结合力更强，从而除水能力更强，而 Na$^+$尽管结合水数目较多，但结合力不强，去除水的效果较差。

Schenck 等分别在分液漏斗中加入 200mL 乙腈或丙酮，加入 80mL 水（模拟约 100g 蔬菜水果中的水分）混匀后，再加入 8g NaCl，振摇 1min，静止分层 15min 后，将下层被盐析出的水相和未溶解的盐放出，分别从上层有机相中取出 2mL 置于核磁共振仪的玻璃小瓶中测定。从表 4-5 可以看出，在乙腈-水、丙酮-水溶液中添加 NaCl 盐析，可以分层除去大部分水相，但是在有农药的有机溶剂相还有水分，会影响后续操作，乙腈中的水分为 8.7%，丙酮中的水分为 17.6%，试验说明 NaCl 分离乙腈水溶液中水分的效果较丙酮好；干燥剂如 Na$_2$SO$_4$、MgSO$_4$ 通常用来除去有机相中的水分。在分液漏斗中分别加入 10g 颗粒 Na$_2$SO$_4$ 或 10g 粉状 Na$_2$SO$_4$、10g MgSO$_4$，振摇 1min 静置分层，取出 2mL 测定。比较了两种干燥剂的效果，其结果见表 4-5。可以看出，无论是粉状或颗粒状 Na$_2$SO$_4$ 均不能除去有机相中的水分，但是在加入 MgSO$_4$ 后，乙腈中的水分减至 2.6%，丙酮中的水分减至 7.2%，试验证实 MgSO$_4$ 去除有机相中水分的效果好，去除乙腈中水分的效果比丙酮好，而 Na$_2$SO$_4$ 几乎没有效果。

表 4-5　比较加入过量 NaCl 盐析有机相中水分的效果及再加入两种干燥剂的效果[①]

有机溶剂	有机相中的水/%			
	加入干燥剂前	加入 10g 粒状 Na$_2$SO$_4$ 后	加入 10g 粉状 Na$_2$SO$_4$ 后	加入 10g MgSO$_4$ 后
乙腈	8.7	8.8	8.6	2.6
丙酮	17.6	16.6	16.9	7.2

① 重复两次测定的结果。

表 4-6 的三种无机盐中，NaCl 的溶解度与温度无关；而 MgSO$_4$ 和 Na$_2$SO$_4$ 的溶解度随温度升高而显著增加。它们与农药竞争溶解在水相中，可以促使更多的农药进入有机相以提高回收率。Lehotay S. J. 还研究了使用几种无机盐去除鸡蛋的乙腈提取液中的水分试验，从表 4-7 可以看到 MgSO$_4$ 从乙腈提取液中去除水分的效果最好，去除率为 90%，而 Na$_2$SO$_4$ 去除水分仅 35%。

表 4-6　几种用于多残留分析的无机盐在不同温度的溶解度　　　　单位：g

盐	0℃	10℃	20℃	25℃	30℃	40℃	50℃
MgSO$_4$	18.2	21.7	25.1	26.3	28.2	30.9	33.4
NaCl	26.3	26.3	26.4	26.5	26.5	26.7	26.8
Na$_2$SO$_4$	4.3	—	16.1	21.9	26.5	32.4	31.6

表 4-7　比较几种无机盐在乙腈提取液中去除水分的效果[①]

盐	加盐量	加盐前乙腈中的水/%	加盐后乙腈中的水/%
NaCl	2g/27mL	27	6.0(13.5mL 加 1g,水分剩余 22%)
Na$_2$SO$_4$	0.8g/4mL	6	3.9(12mL 加 1.2g,水分剩余 65%)
分子筛	0.8g/4mL	6	3.2(12mL 加 1.2g,水分剩余 53%)
MgSO$_4$	0.8g/4mL	6	0.6(12mL 加 1.2g,水分剩余 10%)

① 使用核磁共振仪测定水分。

3. 提取效率考察

按不同试样和农药选定提取溶剂和方法后，如果考察该方法的提取效率，可用以下方法：

① 用公认彻底的索氏提取法提取 12h 后测定的结果，与选定的方法进行比较。

② 重复萃取法，将已经提取测定的试样，再用相同方法提取 1～2 次，测定第二次、第三次的提取液中是否仍有农药。

③ 比较使用不同溶剂的提取效果。

④ 添加同位素标记农药，用溶剂提取后，再测定样品残渣中的农药残留量。

二、样品净化

（一）净化

样品净化是从待测样品提取液中将杂质与农药分离并去除的步骤。使用有机溶剂提取样品中的农药时，样品中的油脂、蜡质、蛋白质、叶绿素及其他色素、胺类、酚类、有机酸类和糖类等会同农药一起被提取出来。提取液中既有农药又有许多干扰物质，这些物质亦称共提物，会严重干扰残留量的测定。共提物的含量很高，可以用百分数来表示，而待测农药的含量很低，通常为百万分之几，仅占提取物中极小一部分。农产品中一般都含有数量不等的脂肪、水、糖和色素等其他物质（见表 4-8～表 4-10）。

表 4-8　谷物中脂肪、水分的大致含量

谷物	脂肪/%	水分/%	谷物	脂肪/%	水分/%
糙米	2	11	荞麦（去壳，烘干）	2.71	8.41
精米	0.4	12	燕麦	4.7～7	9
米糠	13	10	黑麦	1.7	11
麦粒	2	10	玉米（干）	2.08	10
麦麸	5	9	高粱	3	11
大麦	1	11			

表 4-9　蔬菜中脂肪、水分和糖的大致含量

蔬菜	脂肪/%	水分/%	糖/%	蔬菜	脂肪/%	水分/%	糖/%
大白菜	0.2	95.32	1	韭菜	0.3	83	3.9
甘蓝	0.18	92.52	2.7	洋葱	0.16	89.68	4.1
红甘蓝	0.26	91.55	5.4	马铃薯	0.1	78.96	1.0
花茎甘蓝（花椰菜）	0.35	90.69	1.6	萝卜	0.54	94.84	2.7
菜花	0.18	92.26	2.2	甘薯	0.3	72.84	5.0
芹菜	0.14	94.64	1	芋头	0.2	70.64	0.8
芦笋	0.22	92.25	2.1	荸荠	0.1	73.46	4.8
朝鲜蓟	0.15	84.94	2.2	山药	0.17	69.6	0.5
莴苣	0.2	94.91	2	蘑菇	0.42	91.81	1.8
菠菜	0.35	91.58	0.4	青豌豆	0.4	78.86	4.5
胡萝卜	0.19	87.79	6.6	新鲜甜玉米	1.18	75.96	5.4
大蒜	0.5	58.58	1	佛手瓜	0.3	93	—
黄瓜	0.12	96.05	2.3	辣椒	0.2	87.74	
茄子	0.1	91.93	3.4	甜椒	0.19	92.19	2.5
葫芦（圆）	0.02	95.54	—	南瓜	0.1	91.6	4.4

注：表 4-9 和表 4-10 中糖含量是一个或多个单糖和双糖的总和，有的食品目前缺乏该项指标。在少数食品中的脂肪、水分和糖分含量的总和超过 100%，这是因为数据是从不同来源、不同时间和不同样品上搜集得来的。下同。

表 4-10　水果、坚果类中脂肪、水分和糖的大致含量

果名	脂肪/%	水分/%	糖/%	果名	脂肪/%	水分/%	糖/%
葡萄(美)	0.35	81.3	16.4	杏	0.39	86.35	9.3
葡萄(德)	0.58	80.56	18.1	杏干	0.46	31.09	38.9
葡萄干(无籽)	0.46	15.42	61.7	甜瓜(香瓜)	0.28	89.78	8.1
草莓	0.37	91.57	5.7	柿子(日本)	0.19	80.32	—
黑莓	0.55	86.57	—	柿子	0.4	64.4	—
柑橘	0.21	87.14	8.9	石榴	0.3	80.97	8.9
中国柑橘	0.19	87.6	—	番荔枝	0.3	73.2~81.2	—
鳄梨	17.3	72.56	0.9	栗子(带壳)	2.26	48.65	10.6
樱桃(酸)	0.3	86.13	8.1	栗子(去壳)	1.25	52	11.3
樱桃(甜)	0.96	80.76	14.6	橡树果	23.86	27.9	—
枣(干)	0.45	22.5	64.2	花生(未加工)	49.24	6.5	4.3
桃	0.09	87.66	8.7				

净化过程中在去除这些杂质时，常常会伴随农药丢失，所以样品净化是农药残留分析中难度较大的亦是最重要的步骤之一，是残留分析成败的关键。

净化过程中主要使用分离技术，基于混合物中各组分不同的理化性质，如挥发性、溶解度、电荷、分子大小、分子的形状和极性的不同，在两个物相间转移。但对于多组分样品，需要较复杂的分离技术，通常从互不相溶的两相中进行选择性转移。所有的分离技术都包含一个或几个化学平衡，分离的程度会随着实验条件而变化，不能单纯依赖理论，需多次实践才能达到理想的分离效果。常用的两相分离技术见表 4-11。

表 4-11　两相分离技术与相系统

技术	相系统
液液萃取	液-液
液固萃取	液-固
气相色谱	气-液、气-固
液相色谱	液-液、液-固
薄层色谱	液-固、液-液
离子交换和分子(尺寸)排阻色谱	液-固、液-液
超临界流体色谱、电泳	超临界流体-液体、固-液
毛细管电泳色谱	液-固

净化的要求与方法在很大程度上取决于农药和样品的性质、提取溶剂、提取方法、最终检测方法、对分析时间和对分析结果正确度的需求。

（二）净化方法

净化方法有很多，如液液分配法、柱层析法、固相萃取法、凝胶渗透色谱法、吹扫蒸馏法、磺化法、凝结剂沉淀法、基质固相分散、分散固相萃取、免疫亲和色谱和分子印迹技术等。这些方法将在本章分别进行介绍。

（三）基质效应

样品净化的目的是最大程度地去除样品中杂质的同时，尽量减少农药的损失，消除共提

物中杂质对检测结果的影响，保证检测结果的正确度，提高检测灵敏度。但是样品提取物经过净化后，仍然存在一些杂质。在进行分析时，这些杂质会影响到进样口、检测器、仪器接口分配过程，即存在基质效应，从而影响分析的可靠性、灵敏度、分辨率，提高了随机误差及系统误差的水平，进而影响到农药的定量和定性分析。

1. 基质效应产生的机理

基质效应主要来源于生物样品的内源性组分。内源性组分是指生物样品中存在的有机和无机成分，经前处理后仍存在于提取液中。包括离子颗粒物成分（电解质、盐类）、强极性化合物（酚类、色素）和各种有机化合物（糖类、胺类、尿素、脂类、肽类与其分析目标物的同类物及其代谢物）。

外源性组分是生物样品中不存在的物质，同样也会带来基质效应，如样品前处理过程引入的塑料和聚合物的残留、邻苯二甲酸盐、清洁剂（烷基酚）、离子对试剂、有机酸、缓冲液、SPE 柱材料、流动相等。

目前对于基质效应产生的机制并不是十分清楚，一些学者对基质效应产生的机制进行推测。在气相色谱、液相色谱、气质联机、串联质谱与电感耦合等离子体质谱等应用分析中，基质效应对目标分析物浓度和质量测定准确度的影响普遍存在。如对于液相色谱-串联质谱（LC-MS/MS）而言，通常基质效应主要是由质谱检测器的离子化过程产生的，受色谱柱的影响甚微。在电子喷雾时，基质效应是喷雾液滴中非挥发性干扰物质与待测物质在雾滴表面离子化过程中产生竞争造成的。非挥发性物质如何阻止分析物形成气态离子的具体机理还没弄清楚，但这形成的竞争可能妨碍或增强目标物离子的形成。也有人认为基质效应是基质中内源性物质与待测组分共洗脱而引起的色谱柱超载所致。

在气相色谱分析时，由于目标分析物分子与样品中的杂质组分分子竞争柱头的金属离子或进样口、硅烷基以及不挥发性物质等形成活性位点，从而使待测物与活性位点的相互作用机会减少，降低了目标物到达检测器的概率。在分析溶剂标准液时，活性位点主要由目标物占据，导致农药进入色谱柱的速度变慢，检测器检测到的目标物色谱峰变宽，峰形变差，峰面积偏低。另外，这些活性位点会诱导部分农药发生分解，也会导致农药标样峰面积偏低，最终导致回收率大于 100％。

2. 基质效应的影响因素

（1）农药的性质、结构和种类　不同的农药由于自身理化性质不同，会产生不同的基质效应。例如，对气相色谱分析而言，一般来说热不稳定性农药、极性农药，以及带有氢键结合能力的羟基、氨基、咪唑基、磷酸基团类农药，受基质效应的影响较大。这些农药可以称之为基质效应敏感性农药，如甲胺磷、乙酰甲胺磷、氧乐果、百菌清等。

（2）待测物浓度　待测农药的浓度不同，产生的基质效应程度也不同。同一农药的不同浓度在同种基质中产生的基质效应强弱不同，如百菌清在番茄中的基质效应随着浓度的增加而稍微减小，而抗蚜威在番茄中的基质效应则随着浓度的增加而增大。

（3）样品的类型和浓度　基质效应的产生依赖于样品的种类和浓度。受样品溶液中基质的种类、pH、浓度等因素构成的化学环境的影响，同种农药在不同样品基质中表现出基质效应和稳定性差异。基质效应的强弱与基质本身的浓度有一定的关系。李淑娟等研究发现在果蔬中基质效应均随着基质浓度的增大而增大。

（4）检测器类型、进样模式和色谱条件　不同的检测仪器或者色谱条件同样是产生基质效应的重要因素。Souverain 等研究发现，液质联用仪的 ESI 源比 APCI 源更加容易受到基质效应的影响。在气相色谱或者气相色谱串联质谱仪的检测过程中，不同的进样模式（大体积进样、脉冲进样、柱上进样、程序升温气化进样和样品直接导入进样等）对基质效应的影响有着巨大的差别，同时衬管的惰性程度、隔垫使用状况、色谱柱的污染状况、程序升温条件、载气的压力、流速、分析时间和分析温度等色谱条件同样会影响到基质效应，因而做好仪器维护显得尤为重要。

随着进样模式的多样化，20世纪90年代后，经典的热不分流进样技术被脉冲不分流进样技术代替，这在一定程度上大大减少了基质效应。另外，带有少量玻璃棉的衬管，在降低溶剂效应的同时，还可以降低基质效应，减少基质对系统的污染。

3. 基质效应的补偿

考虑到基质效应可能会对农产品农药残留检测结果产生较大影响，因此在日常检测过程中，必须采用一些必要的手段来减小或补偿基质效应，从而获得更加准确的结果。

消除和补偿基质效应的方法有：净化消除基质干扰、基质匹配标准校正、优化进样技术、标准加入法、加入分析保护试剂法、内标和稳定同位素内标法、统计法校正等。

（1）净化消除基质干扰　改进前处理方法、对样品进行净化、尽可能地减少最终提取液中的基质成分是最有效、可彻底地消除基质效应的方法。合适的色谱分离也可降低基质效应。

如果试样提取液直接进入仪器，可能导致基质效应严重，同时增加系统的维护频率，从而导致样品分析通量减少，分析效率降低。通过样品前处理可以有效降低基质效应，但过多的样品制备步骤和复杂程度的提高仍然会影响到样品分析的通量，对方法的正确度也有一定程度的影响。针对不同的基质样品和检测仪器，应探讨合适的净化方法。

例如GC系统中，基质效应的产生主要是由于活性位点的存在。对于长期暴露于高温环境中的化学惰性物质来说，引发基质效应的活性位点较少，甚至可以忽略不计；但沉积性非挥发性基质会产生新的活性位点。如果减少进入到GC系统中的样品基质，可以大大降低基质效应。因此有效地提取洗脱等净化步骤是非常必要的。

（2）基质匹配标准校正　当基质效应较明显时，可以使用空白样品提取液配制标准溶液来补偿基质效应。基质效应的评价见第二章。

（3）优化进样技术　改进进样技术主要是针对气相色谱或气相色谱-串联质谱法而言的。直接进样技术可以降低基质效应的产生，减少非挥发性基质污染物的沉积，降低样品分析的难度，缩短GC分析的时间，适合于较脏样品的分析。同时，样品中的挥发性基质组分进入注射器后仍然影响到分析过程的很多方面。一般来说，直接进样技术在多残留检测中是非常实用的。脉冲不分流进样技术可在1～2min内增加柱头压，同时增加通过进样器的载气流速，使样品蒸气快速进入到GC分离柱中。与传统的不分流技术相比，样品停留在进样器中的时间缩短，可减少进样口处样品吸附和分解的产生，提高分析结果的准确性。使用程序升温气化（PTV）技术可以降低进样过程中对分析温度的要求。样品注入低温气化室，升高气化室的温度，挥发的溶剂和分析样品进入到色谱柱中。PTV操作方式灵活，可减少分析物的流失，提高热不稳定性化合物的回收率，降低在进样过程中非挥发性物质的不利影响。用PTV进行大剂量进样的另一个优点就是节省时间以满足试样浓缩的不同需求。对于柱头进样法来说，数次实物样品注入之后，色谱柱前端基质沉积物会造成强烈的基质诱导色谱升高效应，在定量方面并不实用。为了减少目标分析物的基质效应，PTV是一种最合适的进样技术。

（4）标准加入法　标准加入法又名标准增量法，是一种被广泛使用的检验仪器正确度的测试方法。这种方法尤其适用于在干扰物质存在时对单个或者少量样品进行准确定量。基本方法是将一定量已知浓度的标准溶液加入待测样品中，测定加入前后样品的浓度。加入标准溶液后的浓度将比加入前的高，其增量等于加入的标准溶液中所含的待测物质的量，然后采用统计学的方法计算出实际样品中目标物的含量。标准加入法能够很好地消除基质效应带来的检测误差，但是它是把样品和标准混在一起同时测定，速度很慢，比较费时，一般只在分析少量样品时才会使用此种方法。

（5）加入分析保护试剂法　分析保护试剂也称基体改进试剂，能有效地与待分析物竞争衬管中的活性位点，从而保护待测物不被进样口附近活性位点吸附。目前常用的保护剂包括3-乙氧基-1,2-丙二醇、古洛糖酸-γ-内酯、聚乙二醇和橄榄油等。

分析保护试剂的选择遵循一定的原则：①与待测物不发生反应；②对待测物的测定不产生干扰；③不污染和损害色谱系统，包括进样口、色谱柱和检测器等。

当在纯溶剂标准溶液和样品溶液中加入相同量的分析保护试剂时，它能同等程度地补偿标准溶液和样品溶液的基质效应。林晓燕等采用L-古洛糖酸-γ-内酯和D-山梨醇对蔬菜样品中农药残留进行GC-MS检测时的基质效应补偿作用进行了研究，获得了较好的补偿基质效果，除葱、姜、韭菜等复杂样品，L-古洛糖酸-γ-内酯的使用可以替代基质匹配标液消除基质效应的方法进行样品中农药的检测。NY/T 1380—2007《蔬菜、水果中51种农药多残留的测定　气相色谱-质谱法》中使用了3-乙氧基-1,2-丙二醇和山梨醇的混合溶液作为分析保护剂，有效地消除了部分农药的基质效应，提高了分析灵敏度和稳定性。

在常规残留检测过程中，样品基质的种类千差万别，对待测目标分析物色谱行为的影响及与仪器系统中活性位点的作用不尽相同，仅有少数化合物在复杂基质中农药多残留检测中对基质效应有一定的补偿效果，这为分析保护剂向通用标准方法的开发提供了可能性。

（6）内标和稳定同位素内标法　理想的内标应该与待测组分在包括样品制备、色谱分离和质谱检测的全过程中具有相似的行为并且对待测组分的提取、测定无任何干扰。在提取过程中，内标应能追踪待测组分，以补偿待测组分提取回收率所发生的变化。在色谱分离过程中，内标应与待测组分的色谱和质谱行为相似，以补偿待测组分由于基质效应的影响所引起的响应信号的改变。稳定同位素标记物是符合上述标准的理想的内标选择。

通常采用的内标物为性质稳定的农药类似物，如环氧七氯、三苯基磷酸酯（TPP）等。在实际的检测过程中发现，尽管这些内标物可以在一定程度上补偿由于仪器响应波动造成的结果差异，但实际上这些内标物本身也会在一定程度上受基质效应的影响，因此这种农药类似物内标法并不能很好地解决基质效应问题。如果在检测过程中，针对一些敏感性的化合物加入同位素内标或氘代内标，不仅可以消除仪器响应对检测结果带来的影响，补偿前处理过程中目标物的损失，还可以显著降低由于基质效应引起的被测物响应值的变化。同位素内标法被认为是一种十分理想的解决基质效应的选择，但是它同样存在很多的局限性，例如大多数农药都没有可售的同位素内标物、同位素内标物价格昂贵等。

（7）统计法校正　基质效应造成的结果误差可以采用数据统计学的方法来进行校正。该方法是利用纯溶剂标准曲线校正基质匹配校正曲线获得校正因子，从而建立一个统计校正模型，这就要求系统环境和操作条件必须始终处于稳定状态。然而在实际检测中，仪器的灵敏度会不断变化，溶剂校准曲线难以保持稳定，这就导致该方法在实际应用中的效果不是很理想。

基质效应会对检测结果的正确度产生重大影响，但是由于产生基质效应的原因复杂、来源多样，基质效应不可避免。基质效应的补偿方法多样化，但对于检测条件和人员有限、样品量大的基层检测机构而言，并不是每种方法都适用。因此，找到一种既要最大限度减弱基质效应，保证检测结果的准确，又经济实用、可操作性强的方法很重要。

三、样品浓缩

使用常规方法从样品中提取出来的带有农药残留的溶液，一般浓度是很低的，在下一步净化或检测前，需要对提取液浓缩，以减少其体积，提高浓度，利于进行净化步骤。在浓缩过程中，应注意防止农药的损失，特别是蒸气压高、稳定性差的农药。在农药残留分析各个操作步骤中，以浓缩对农药的损失最大。因此不能使用一般的蒸馏法。但是无论使用何种方法浓缩，不可将溶剂蒸干，蒸干时农药最易损失。通常在浓缩时，在提取液中添加不干扰分析的抑制蒸发剂（如二甘醇等）以防止溶剂蒸干导致农药损失。

常用的浓缩方法有氮气吹干法、旋转蒸发和 K-D 浓缩。

（一）氮气吹干法

适用于体积小、易挥发的提取液。早期使用自制带有细口的玻管吹氮气，现在已经商品化。

氮吹仪（见图 4-5）采用惰性气体对加热样液进行吹扫，使待处理样品迅速浓缩。该方法操作简便，尤其可以同时处理多个样品，大大缩短了检测时间。很多仪器的每个气道都可同时或独立控制，可根据试管高度自由调节升降高度。多数仪器选取智能温控器，数字显示，温控范围比室温高 5～150℃，完全满足实验需要，且设有上限温度报警功能，使操作更加安全。目前在农药残留样品前处理过程中广泛应用。

图 4-5　氮吹仪装置

（二）旋转蒸发

旋转蒸发器中盛蒸发溶剂的圆底烧瓶是可以旋转的，水浴的温度可以调节，在相对温度变化不大的情况下，热量传递快而且蒸发面积大，可以在减压下较快地、平稳地蒸馏，而不发生暴沸现象。如图 4-6 所示，烧瓶的转速可以调节，冷凝器上端可接水抽滤器或抽气机，有活塞可以调节真空度；在使用时根据浓缩液的体积，可以改换各种容量的烧瓶，从 10mL 到 1L 均可，是农药残留实验室常用的浓缩装置。

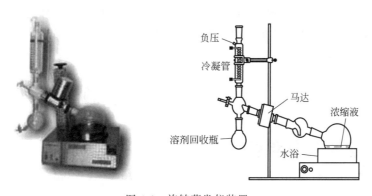

负压
冷凝管
马达
浓缩液
溶剂回收瓶
水浴

图 4-6　旋转蒸发仪装置

（三）K-D 浓缩

K-D 浓缩器（见图 4-7）是简单、高效、玻璃制的浓缩装置，由 K-D 瓶、刻度试管、施奈德分馏柱、温度计、冷凝管和溶剂回收瓶组成。K-D 瓶上接施奈德分馏柱、下接刻度试管，浓缩时溶剂蒸出，经施奈德分馏柱，通过冷凝管收集在溶剂回收瓶中，同时可以进行浓缩、回流洗净器壁和在刻度试管中定容。回流可以防止农药残留被溶剂带走，直接定容减少了溶剂转移造成的损失。水浴温度应根据溶剂的沸点而定，一般在 50℃ 左右，不得超过 80℃。K-D 浓缩器可以在常压下，也可以在减压下进行，减压是在冷凝管和溶剂回收瓶中

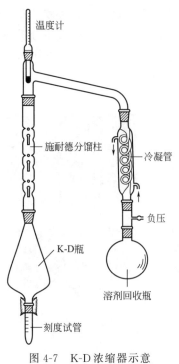

温度计

施耐德分馏柱

冷凝管

负压

K-D瓶

溶剂回收瓶

刻度试管

图 4-7　K-D 浓缩器示意

间加一抽气接头。操作时先在施奈德分馏柱外包上石棉，将 K-D 瓶与刻度试管接好，加入样品提取液至 K-D 瓶的 1/3 处，加入 2~3 块小沸石，安装好即开始用水浴加热，沸腾后当浓缩器内部温度达到平衡时，大部分溶剂的蒸气从施奈德分馏柱顶端逸出，通过冷凝器回收。在施奈德分馏柱可以防止溶剂冲出，三个球上冷凝的溶剂返回到 K-D 瓶和刻度试管时，可以将随着溶剂蒸气上升的农药残留带回，防止农药残留被溶剂带走，而且能将依附在瓶壁上的农药残留洗下来，随着溶剂不断减少，农药残留也被淋洗到下部刻度管中。当溶液剩几毫升时停止蒸馏，最后刻度试管中的溶液可以用氮气流在室温或稍加温下浓缩至 0.5mL。为了防止蒸干，一般加入一滴不干扰分析测定的二甘醇以保证农药不损失。使用 K-D 瓶浓缩器，将 300mL 溶液浓缩至 2mL 只需 10min。此外，下面的刻度试管，中间的 K-D 瓶都可以根据要求更换，施奈德分馏柱也有二球与三球之分。在浓缩过程中，施奈德分馏柱可以使农药的损失降低到最小。

早期农药残留分析方法中 K-D 浓缩器使用较多，近年来用得较少。

（四）其他方法

还有一些其他浓缩方法，如冷冻干燥、红外加热旋转浓缩、真空离心浓缩等方式。但在农药残留分析领域应用不是很广泛。

本节分别介绍了样品前处理技术中的提取、净化和浓缩三个环节，但在很多前处理过程中，这三个环节并不是严格分开的，有些方法兼有提取和净化效果，甚至还有浓缩效果，如液液分配、固相萃取等。本章从第二节开始，将分别对一些前处理技术进行介绍，不再区分该技术用于提取、净化或浓缩。

第二节　液 液 分 配

一、液液分配的概念及原理

在农药残留样品前处理中，液液分配是利用样品中的农药和干扰物质在互不相溶的两种溶剂（溶剂对）中分配系数的差异，进行分离和净化的方法。

通常使用一种能与水相溶的极性溶剂和另一种不与水相溶的非极性溶剂配对来进行分配，这两种溶剂称为溶剂对。

液液萃取的原理是根据 Nernst 于 1891 年提出的分配定律，即在一定温度下，溶质在一对互不相溶的溶剂中进行分配，平衡时溶质在两相中浓度之比为常数，该常数称为分配系数（K）。分配系数除了与选择的溶剂对、pH 有关，还与两相溶剂的体积比、极性溶剂中的含水量、盐分有关。

分配系数 $K = A_o$（在非极性溶剂中的溶质部分）$/A_w$（在极性溶剂中的溶质部分）。在讨论农药的液液分配时，为了更容易理解农药在一种溶剂中的部分与总量之比，通常引入

p 值。

p 值可定义为：在等体积的一对溶剂中，溶质在两相中达到平衡后，分配在非极性相（或较弱极性相）中的溶质占总溶质的份数。$K = p/q$，因为 $p + q = 1$，如 $p = 0.6$，则 $q = 0.4$，$K = 1.5$。溶质的总量是 1，在非极性相中溶质的份数即是 p 值。

如 $p = 0.01$ 表示有 1%农药在非极性溶剂中，99%在极性溶剂中：
$$K = p/q = 0.01/0.99 = 0.01$$

如 $p = 0.99$ 表示有 99%农药在非极性溶剂中，1%在极性溶剂中：
$$K = p/q = 0.99/0.01 = 99$$

p 值的测定：

① 用气相色谱或其他方法测定 5mL 非极性溶剂相（事先用极性溶剂平衡）中所含有的某农药质量。

② 在一个 10mL 具塞刻度离心管中，加入上述含有某农药的非极性溶剂 5mL，再加入事先用非极性相平衡了的极性溶剂 5mL，振摇 1min，静置分层，对非极性相中农药含量进行测定。

③ 非极性溶剂相中某农药的量/某农药的总量等于 p。

二、农药残留分析中常用的溶剂对

在使用液液分配净化时，一般是在农药残留样品提取后，结合提取溶剂进行溶剂对的选择。对于含水量高的样品，一般采用极性溶剂提取；对于非极性和含油量高的样品，如果是极性比较低的农药残留目标物，可采用非极性溶剂提取，如果是极性较强的农药残留目标物，可用极性溶剂提取。提取后，根据农药的性质，选择合适的配对溶剂，进行净化处理。

1. 含水量高的样品

此类样品先用极性溶剂提取，再转入非极性溶剂中。

（1）净化有机磷、氨基甲酸酯等极性稍强农药的溶剂对　水-二氯甲烷；丙酮、水-二氯甲烷；甲醇、水-二氯甲烷；乙腈、水-二氯甲烷。

（2）净化非极性农药的溶剂对　水-石油醚；丙酮、水-石油醚；甲醇、水-石油醚。

2. 含水量少、含油量较高的样品

此类样品净化的主要目的是除去样品中的油和脂肪等杂质。

（1）净化极性较强的农药时，先用乙腈、丙酮或二甲基亚砜、二甲基甲酰胺提取样品，然后用正己烷（或石油醚）进行分配，提取出其中的油脂干扰物，弃去正己烷层，农药留在极性溶剂中，加食盐水溶液于其中，再用二氯甲烷（或正己烷）反提取其中农药。常用的溶剂对有：乙腈-正己烷，二甲基亚砜-正己烷，二甲基甲酰胺-正己烷。

（2）净化极性较弱的农药时，用正己烷（或石油醚）提取样品后，用极性溶剂乙腈（或二甲基甲酰胺）多次提取，农药转入极性溶剂中，弃去石油醚层，在极性溶剂中加食盐水溶液，再用石油醚或二氯甲烷提取农药。

3. 利用 pH 对分配的影响选择溶剂对

对于含胺或酚的农药或其代谢物，可利用调节 pH 以改变化合物的溶解度，而达到分配净化的目的。

（1）含胺基的化合物在有机相中，$R{-}NH_2 \xrightarrow[\text{用酸溶液提取}]{\text{调节 } H^+ (\text{pH } 1)} R{-}NH_2 H^+$（进入酸性水相）$\xrightarrow[\text{将水相调成碱性}]{\text{pH} = 14} R{-}NH_2$，再用有机相萃取，$R{-}NH_2$ 重新进入有机相，样品得到净化。

（2）含酚化合物在有机相中，$R-OH \xrightarrow[\text{用碱溶液提取}]{\text{调节 } OH^- (pH\ 14)} RO-Na^+$（进入碱性水溶液）

$\xrightarrow[\text{将水相调酸性}]{\text{调节 } pH=1} ROH$，再加入有机相萃取，酚又重新进入有机相，样品得到净化。

三、液液分配净化的操作模式

1. 等体积一次萃取

非极性溶剂中农药量/农药总量＝p，极性溶剂中农药量/农药总量＝q，当 p 值大，在非极性溶剂中的溶质多，有利于用非极性溶剂向极性溶剂中提取农药；p 值小，在极性溶剂中的溶质多，有利于用极性溶剂向非极性溶剂中提取农药。

不同化合物在"特定溶剂对"中具有不同的 p 值，在一定溶剂对条件下，p 值为一常数。从表 4-12 可以看出，在等体积正己烷：乙腈溶剂对中，几个有机磷农药的 p 值很小的，为 $0.022\sim0.044$，而艾氏剂的 p 值最高为 0.73，丙体六六六在等体积正己烷：乙腈溶剂对中一次萃取的 p 值为 0.12，$q=0.88$，$K=0.12/0.88=0.14$，在非极性溶剂中的量很少。但是在异辛烷：80％丙酮的溶剂对的分配中，其 p 值升高为 0.78，其他农药的 p 值在异辛烷：80％丙酮的溶剂对中均升高，因此在用非极性溶剂萃取农药时，必须增加极性溶剂的比例，使农药的 p 值增加，以利于萃取。

表 4-12　常用农药在几种溶剂对中的 p 值（25℃±0.5℃）

农药	正己烷：乙腈	异辛烷：N,N-二甲基甲酰胺	异辛烷：85％ N,N-二甲基甲酰胺	庚烷：90％乙醇	异辛烷：80％丙酮
艾氏剂	0.73	0.38	0.86	0.76	0.98
p,p'-DDT	0.38	0.083	0.36	0.64	0.93
烯丙菊酯	0.21	0.14	0.59	0.41	0.84
三氯杀螨醇	0.15	0.043	0.18	0.32	0.84
丙体六六六	0.12	0.052	0.14	0.41	0.78
氟乐灵	0.23	0.21	0.81	0.72	0.93
对硫磷	0.044	0.029	0.082	0.30	0.76
马拉硫磷	0.042	0.015	0.037	0.14	0.46
甲基对硫磷	0.022	0.012	0.015	0.11	0.40
甲萘威	0.02	0.02	0.01	0.06	0.20

2. 等体积多次萃取

分两种情况：

（1）丙体六六六在等体积正己烷：乙腈分配中的 p 值为 0.12，如用乙腈在正己烷中提取三次，丙体六六六可被乙腈萃取出来。丙体六六六在两相中的比值为：

在正己烷中＝$p^3=(0.12)^3=0.00173$，在乙腈中＝$1-p^3=0.998$。

（2）用非极性溶剂（正己烷）多次从极性溶剂（乙腈）中提取农药时，p 值小，即使提取三次也很难提取出来，丙体六六六在两相中的比值为：

在乙腈中＝$(1-p)^3=(1-0.12)^3=0.68$，在正己烷中＝$1-(1-p)^3=0.32$。

3. 不等体积一次萃取

在具体工作中，进行分配的两种溶剂的体积不一定相等。假设 a 是不等体积的非极性溶剂体积与极性溶剂体积之比（$a=$非极性溶剂体积/极性溶剂体积），则在非极性相中的农药比值不是 p 而是 $E_{非}$。

$$E_{非}=ap/(ap-p+1), \quad E_{极}=(1-p)/(ap-p+1)=1-E_{非}$$

如 $a=1$，则 $E_{非}=p$，$E_{极}=1-p$。

如 $p=0$，则 $E_{非}=0$，农药全部在极性溶剂中；

$p=1$，则 $E_{非}=1$，农药全部在非极性溶剂中；

p 在 $0\sim1$ 之间，如以 $E_{非}$ 与 p 作图，则成直线相关。

如 $a\neq1$ 时，$E_{非}$ 与 p 不是简单的直线关系；

如 $a<1$，非极性溶剂体积小，$E_{非}$ 比相应的 p 值小，农药在非极性溶剂中少；

如 $a>1$，非极性溶剂体积大，$E_{非}$ 比相应的 p 值大，农药在非极性溶剂中多。

表 4-13 为两种溶剂一次分配的 p 值与不同体积比的 $E_{非}$ 值关系，从表中数据可以看出，在一次萃取时要调节 p 值，可以通过改变溶剂对的体积之比来解决。减少非极性溶剂的量，p 值减少，反之，则 p 值增加。此外还可以改变极性溶剂，即在其中加入不同比例的水分，以减少极性溶剂的强度，则 p 值增加。

表 4-13　两种溶剂一次分配的 p 值与不同体积比的 $E_{非}$ 值关系
（溶剂对：戊烷-90％乙醇）

农药	p 值	$E_{非}(a=0.2)$	$E_{非}(a=0.1)$
艾氏剂	0.7	0.32	0.25
α-氯丹	0.59	0.22	0.13
狄氏剂	0.58	0.22	0.13
p,p'-滴滴涕	0.61	0.25	0.14
七氯	0.73	0.34	0.20
环氧七氯	0.58	0.22	0.13
滴滴滴	0.48	0.16	0.087

4. 不等体积多次分配

根据不等体积一次提取公式，若 n 为分配次数，用极性溶剂对非极性溶剂中农药多次提取的 $E_{非}$ 值，是一次提取公式的 n 次方，则

$$E_{非}=[ap/(ap-p+1)]^n$$

用非极性溶剂对极性溶剂中农药多次提取时，则

$$E_{极}=[(1-p)/(ap-p+1)]^n$$

四、液液分配萃取的影响因素

（1）p 值是与农药极性和分配系数有关的数值，有助于选择合适的溶剂对：p 大有利于应用非极性溶剂从极性溶剂中提取农药；p 小，有利于应用极性溶剂，从非极性溶剂中提取农药。在指定的溶剂对中，外界条件不变，p 值是常数，理论上可利用 p 值来鉴别农药种类。

（2）在液液分配萃取时，溶剂对的体积比会影响萃取效果，增加非极性溶剂的体积，则 p 值增加，减少非极性溶剂的量，则 p 值减少。

（3）还可以改变极性溶剂，即在其中加入不同比例的水分，以减少极性溶剂的强度，则 p 值增加，如从表 4-12 可以看出，异辛烷∶80％丙酮溶剂对的 p 值相较于其他都增大。

（4）在液液分配萃取时，增加萃取次数，也可以提高萃取效率。在进行农药残留样品的液液分配净化时，通常极性溶剂中添加氯化钠或无水硫酸钠水溶液，水与极性溶剂之比 5∶1 或 10∶1，一般进行 2～3 次萃取。

（5）液液分配净化在使用中的限制：①消耗溶剂量太多，处理废溶剂十分困难。②易形成乳状液，难于分离。虽可通过改变 pH、加甲醇或消泡剂、离心过滤等办法解决，仍比较复杂。③使用分液漏斗提取与分配，大量手工操作，费工费事。有时需要分离上层萃取液则更复杂。因此，液液分配萃取目前已被固相萃取等其他方法取代。

第三节　常规柱层析

一、常规柱层析的概念及原理

常规柱层析（conventional column chromatography）主要指常规吸附柱层析，是利用色谱原理在开放式柱中将农药与杂质分离的净化方法。

常规柱层析，一般使用直径 0.2～2cm，长 10～20cm 的玻璃柱，以吸附剂作固定相，溶剂为流动相，将样品提取浓缩液加入柱中，使其被吸附剂吸附，再向柱中加入淋洗溶剂，使用极性稍强于提取剂的溶剂淋洗，极性较强的农药先被淋洗下来，样品中的大分子和非极性杂质则留在吸附剂上。只有当吸附剂的活性和淋洗剂的极性选择适宜，淋洗剂的体积掌握合适时，杂质才能滞留在柱上，农药被淋洗下来，可使农药与杂质分开。

常规柱层析是以吸附剂为柱填料，如氧化铝、弗罗里硅土、硅胶和活性炭等。对吸附剂的基本要求：①表面积大的，内部是多孔颗粒状的固体物。②具有较大的吸附表面和吸附性，而且其吸附性是可逆的。③吸附剂应具有化学惰性，即与样品中各组分不起化学反应，在展开剂中不溶解。④质量差的吸附剂，需在 500～600℃重新活化 3h，放在干燥器中避光保存；目前市售吸附剂一般质量较好，使用前在 130℃加热过夜，使用时根据需要添加一定量水分脱活，可以保持测定结果的重复性。

柱层析中吸附剂和淋洗剂的选择，根据经验可概括如下：①极性物质易被极性吸附剂吸附，非极性物质易被非极性吸附剂吸附。②氧化铝、弗罗里硅土对脂肪和蜡质的吸附力较强，活性炭对色素的吸附力强，硅藻土本身对各种物质的吸附力弱，但酸性硅藻土对样品中的色素、脂肪和蜡质净化效果好。③改变淋洗溶剂的组成，可以获得特异的选择性，如在一根柱上用不同极性溶剂配比进行淋洗，可将各种农药以不同次序先后淋洗下来。

二、常用吸附材料

常规柱层析中会用到很多种吸附材料，这些材料，在后文中的固相萃取、基质固相分散、分散固相萃取等方法中也会用到。

（一）硅胶

未键合的硅胶，是一种常用极性吸附剂，表面呈弱酸性（pH 4.5），有很强的极性。用于分离非极性、弱极性化合物等。不适于分离强碱性物质和在酸性条件下易分解的物质。

其制备是在可溶性硅酸盐（硅酸钠）中加入酸（HCl 或 HNO$_3$）反应后得硅酸 H$_2$SiO$_3$。

$$Na_2SiO_3 + 2HCl \longrightarrow 2NaCl + H_2SiO_3$$

H$_2$SiO$_3$ 也可以用 SiO$_2$·xH$_2$O 表示。它的吸附性能是由连接在硅原子表层的自由羟基（—OH）所决定的。

其特点为：

① 其结构为无定型的多孔固体，相对惰性。

② 易在标准条件下，制成各种类型的硅胶，如不同孔径、不同表面积等。

③ 负载量大，有较大的吸附表面，吸附容量大。

④ 表面有很多硅羟基（$\equiv Si-OH$），能吸附大量水分，表面吸附的水称"自由水"，加热后，能可逆地被除去（$\equiv Si-OH\cdots O\rightleftharpoons H_2$）。

⑤ 硅胶的吸附性强，则活性度大；活性度与含水量有关，含水量高，吸附性减弱，活性度降低。加热后，可除去表面吸附水，加强吸附力为活化；加水后，吸附力降低，为脱活。

⑥ 一般商品含水量为 3.7%，吸湿性可达 40% 左右，表面吸附水为"自由水"，它的吸附性能由连接硅原子表层的自由羟基（—OH）所决定。当加热到 200℃时，硅羟基变成硅氧基，失去吸附性能。因此，硅胶的吸附性能不仅与其物理吸附水有关（表面吸附水多，活性度降低），还与其表面羟基性质有关，表面只有硅羟基，活性最大。硅胶活化时不能超过 150℃，通常在 110℃加热数小时，以除去水分，可以净化极性较高的农药。

$$\equiv Si-OH \qquad \begin{array}{c} \equiv Si-O-H \\ \equiv Si-O-H \end{array} \qquad \begin{array}{c} \equiv Si \\ \equiv Si \end{array}\!\!>\!\!O$$

Ⅰ羟基游离态　　　　Ⅱ与邻近羟基形成氢键　　Ⅲ过度失水形成硅氧基，失去吸附性能

（二）弗罗里硅土

弗罗里硅土（Florisil）是由硫酸镁和硅酸钠作用生成的硅酸镁，经沉淀、过滤干燥而得，也称硅镁吸附剂，主要包含 84% 二氧化硅，15.5% 氧化镁，还有少量的杂质硫酸钠（0.5%），是多孔性有很大表面积的固体（比表面积 297m²/g）。为一种高选择性的极性吸附剂，在非水溶液中从非极性基质中强烈吸附极性分析物，可用于油脂、色素等杂质的分离。

质量好的弗罗里硅土必须严格控制反应产物硫酸钠的含量。有不同大小的筛孔和活性，因为是合成材料，各批次间的吸附性能差异很大。商品弗罗里硅土应在 600～650℃活化 3h，放在干燥器中避光保存，使用前在 130℃加热过夜，4d 后不使用必须重新加热处理。活化的弗罗里硅土使用前可根据需要添加定量水脱活。

其活性度是以 1g 弗罗里硅土吸附月桂酸（分子量约 200）的质量，用月桂酸值（LA）表示，其 LA 值应在 110 以上。LA 值越低，则硫酸钠含量越高，可以用水洗去除硫酸钠，再在 650℃烘干 5～6h，月桂酸值可达到要求。

美国 AOAC 早期公布的方法，是使用此柱（22mm×300mm，10g 弗罗里硅土），以乙醚-石油醚淋洗，随着淋洗液的极性增大，淋洗下来的农药极性亦依次增大。①6% 乙醚-石油醚：六六六、滴滴涕、甲拌磷、氟乐灵等。②15% 乙醚-石油醚：二嗪磷、杀螟硫磷、2,4-滴、对硫磷等。③50% 乙醚-石油醚：马拉硫磷。

也可使用以下淋洗剂：①20∶80 二氯甲烷/正己烷；②50∶0.35∶49.65 二氯甲烷/乙腈/正己烷；③50∶1.5∶48.5 二氯甲烷/乙腈/正己烷。

（三）氧化铝

氧化铝也是国内外广泛使用的吸附剂，它吸附脂肪、蜡质的效果和弗罗里硅土相似。氧化铝有酸性、中性和碱性三种。

酸性氧化铝 pH 4～5，其路易斯酸特性被增强，对富电子化合物具有更好的保留性，适用于吸附中性或带负电荷物质（如电中性酸或酸性阴离子），还可以作阳离子交换剂。

中性氧化铝 pH 7～7.5，具有电中性表面，偏向于保留芳香族和脂肪胺类等富电子化合物，适用于吸附杂环类、芳香烃和有机胺等富电子化合物。

碱性氧化铝 pH 9～10，表面偏向于保留带正电荷或含氢键类物质，具有阴离子特性，并有阳离子交换功能，适用于给电子体样品（如中性胺类化合物），碱性氧化铝有强氢键作用，对极性阳离子样品作用十分明显，可用于去除有机酸、酚类等。

从农药的性质来考虑，有机氯、有机磷在碱性氧化铝中易分解，可以选用中性或酸性氧化铝净化；均三氮苯类杀草剂的净化则选用碱性氧化铝。

市售氧化铝如未标明活性度，则要进行活化处理，在 300～500℃ 活化 4h，存放在干燥器中，经活化的氧化铝吸附性太强，农药在柱中不易被淋洗下来。氧化铝的活性度与水分含量有关，加水脱活是使用氧化铝的关键。硅胶、氧化铝的含水量与活性级别的关系见表4-14，Ⅰ级活性度不含水分，吸附力最强，随着水分的增加，活性不断减弱。

除了吸附剂的活性度外，在实际测定中吸附剂与淋洗剂的配合很重要，即根据需要将吸附剂的活性与淋洗剂的极性巧妙配合。如表 4-15 某农药在不同活性度的碱性氧化铝中的淋洗次序与回收率（%）可以看出，Ⅴ级氧化铝含水分多，脱活后吸附性小，用 100mL 正己烷：二氯甲烷（1：1，V/V）即可将农药全部淋洗下来，而Ⅲ级氧化铝含水分少，吸附性大，用 100mL 正己烷：二氯甲烷（2：8，V/V）可将农药全部淋洗下来。

表 4-14　硅胶、氧化铝的含水量与活性度关系

活性级别	硅胶含水量/%	氧化铝含水量/%	活性级别	硅胶含水量/%	氧化铝含水量/%
Ⅰ（吸附力强）	0	0	Ⅳ	25	10
Ⅱ	5	3	Ⅴ（吸附力弱）	38	15
Ⅲ	15	6			

表 4-15　某农药在不同活性度的碱性氧化铝中的淋洗次序与回收率

活性级别	正己烷：二氯甲烷(100mL)						
	8：2	7：3	6：4	1：1	4：6	3：7	2：8
Ⅴ级氧化铝		少量	～90%	少量			
Ⅳ级氧化铝				10%	85%	少量	
Ⅲ级氧化铝					少量	85%	少量

又如以 8g Ⅴ级中性氧化铝，装入 1cm×30cm 的层析柱中，顶端加 1g 无水硫酸钠，用 20mL 正己烷预淋，有机氯和有机磷农药的样品浓缩液上柱后，用以下溶剂淋洗。淋出农药的次序如下。

（1）30mL 正己烷　极性较小的农药先洗脱，如氯丹、对位滴滴涕、邻位滴滴涕、滴滴伊、丙体六六六、毒杀芬、溴硫磷、乙拌磷。

（2）前 30mL 2%丙酮：正己烷　中等极性的农药洗脱，如甲氧滴滴涕、二嗪磷、杀螟硫磷、马拉硫磷、对硫磷等。

（3）后 50mL 2%丙酮：正己烷　乙基保棉磷、毒虫畏。

（四）PSA 硅烷化键合硅胶

PSA 硅烷化键合硅胶为硅胶上键合 N-丙基乙二胺（primary secondary amine，PSA）的固相吸附剂。PSA 有两个氨基，pK_a 值分别为 10.1 和 10.9，有比氨基柱更强的离子交换能力。去除有机酸、脂肪酸、酚类、糖类和极性色素等杂质。

（五）十八烷基硅烷键合硅胶

硅胶上键合 C_{18} 的吸附材料，即十八烷基硅烷键合硅胶，是常用的反相吸附剂。硅胶表面键合的大量直链烷基，使其对非极性化合物，特别是脂类具有较强的亲和力。保留机理为疏水相互作用。适用于富集和提取水相样品中的化合物，适用于去除非极性干扰物，例如脂类、花青素、蜡类等。

（六）碳基吸附材料

（1）活性炭　活性炭是经过特殊工艺加工而成的无定型碳，具有丰富的微孔结构和巨大的比表面积和复杂多样的表面官能团，吸附选择性较差，对多数污染物具有较好的吸附性能。活性炭具有高度疏水性，属于非极性吸附剂，对非极性大分子吸附力强，但是活性炭有不可逆的吸附性使被吸附的农药不易被洗脱。活性炭对色素吸附力强，但对脂肪和蜡质的吸附力较差。

活性炭吸附剂的选择性较差，影响了其对特定污染物的吸附性能。针对去除特定污染物的类型对活性炭表面性质进行定向调控，可有效提高其对某种物质的选择性吸附效果。

一般商品活性炭需经以下处理：200g 活性炭用 500mL 浓盐酸调成浆状，煮沸 1h，并不断搅拌，加入 500mL 蒸馏水，搅拌后再煮沸 0.5～1h，在布氏漏斗上过滤，用蒸馏水洗到滤液中性，在 130℃下烘干后即可使用。常与中性氧化铝、弗罗里硅土或硅藻土混合装柱，适于纯化果蔬类含叶绿素的样品提取液，混合吸附剂比单一吸附剂净化效果好。活性炭对农药的吸附力强，在混合装柱时必须对其进行预试验，确定添加的数量方可正式使用。孙海滨等在测定荔枝和土壤中的氯氰菊酯、毒死蜱时，依次装入 5g 弗罗里硅土、1g 活性炭和 1cm 无水硫酸钠的层析柱，将石油醚提取液移入柱中用 20～30mL 石油醚淋洗，弃去；再用40～50mL 石油醚/乙酸乙酯（95：5 或 90：10）混合液淋洗并收集洗脱液，浓缩后进气相色谱测定。

（2）石墨化碳黑　石墨化碳黑（graphitized carbon black，GCB），是应用广泛的碳基吸附剂，它是将碳黑加热到 2700～3000℃制成的。石墨化碳黑由无孔片状分子组成，带有正六元环结构，且呈正电性，这种六元环结构对平面芳香结构以及具有六元环结构的分子具有较好的选择性。该类吸附剂表面总是带有一些功能基团如羟基、羧基、羰基等。另外，其表面还带有正电荷活性中心，使得该类吸附剂对极性较大的酸类、碱类、磺酸盐类分析物有很好的吸附萃取能力，能很好地去除色素和固醇类化合物。最早的一些商品化石墨化碳黑吸附剂有Supelco 公司的 carbopack B 和 ENVI-Carb SPE，Altech 公司的 carbograph 1，carbograph。

（3）多孔石墨碳　多孔石墨碳（porous graphitic carbon，PGC）较 GCB 有更好的机械强度，可以用于填充 HPLC 色谱柱。该材料具有平的晶面，是二维的石墨层状结构，层内的碳原子以 sp^2 杂化排列成六边形，石墨层与层之间紧密地结合在一起。PGC 对分析物的保留机理基于疏水性作用和电子作用，这种多重作用机制使得其对从非极性到极性的化合物具有强的保留作用，尤其对具有平面分子结构的且含有极性基团和离域大 π 键、孤对电子的分析物具有强的吸附能力。

（4）石墨烯　石墨烯（graphene，G/GN/rGO）是一种新型的碳纳米材料，是英国曼彻斯特大学的 Geim 等首次采用微机械剥离法得到的单层石墨微片。自从石墨烯被发现后，其奇特的性质引起了科学家的极大兴趣和广泛关注。石墨烯是由 sp^2 轨道杂化的碳原子按正六边形紧密排列成蜂窝状晶格的单层二维平面结构。

石墨烯的主要优势体现在以下方面：①良好的热稳定性和化学稳定性是作为吸附剂的基础。②单层的石墨烯理论厚度只有 0.335nm，其比表面积可达 $2630m^2/g$，其片层表面具有

大 π 共轭体系，可以与芳香族化合物及具有大 π 体系的化合物作用，保留机理为 π-π 相互作用，具有优越的吸附性能；而且片层的两侧均可实现吸附。③石墨烯的制备方法简单，在普通实验室即可实现。④制备石墨烯的中间体氧化石墨烯（GO）表面含有大量的亲水性基团，例如羟基、羧基等，对基团的特异性修饰可实现对不同目标物的选择性吸附，并进一步反应生成还原氧化石墨烯（rGO）。

因此石墨烯及其复合材料在样品前处理中的应用日益增多，在固相萃取、固相微萃取、分散固相萃取、磁固相萃取以及其他形式样品前处理中具有广泛的应用。

（5）多壁碳纳米管　多壁碳纳米管（multiwalled carbon nanotube，MWCNT）是一种新型的吸附材料，碳纳米管（CNT）是由碳六元环构成的类石墨平面卷曲而成的纳米级中空管，其中每个碳原子通过 sp^2 杂化与周围 3 个碳原子发生完全键合。碳纳米管完全由表面碳原子组成，具有封闭的面状 π 电子系。单层和多层碳纳米管是根据碳管壁中碳原子层的数目而分的，各单层的顶端有五边形或七边形参与封闭，MWCNT 的层间距一般为 0.34nm。比表面积大，表面原子缺少相邻的碳原子，具有不饱和性，易与其他原子相结合而趋于稳定，具有很大的化学活性，因此对其他化合物具有很强的吸附能力和较大的吸附容量，具有优于或相当于 C_{18}、C_8 及 PSA 等萃取吸附剂的萃取能力。

第四节　固相萃取

一、固相萃取的概念及基本原理

固相萃取（solid phase extraction，SPE），是液固萃取和液相色谱技术相结合的一项技术，主要用于样品的分离、净化和富集。

SPE 技术是基于液固色谱理论，采用选择性吸附、选择性洗脱的方式对样品进行富集、分离与净化，是一种包括液相和固相的物理萃取过程，也可以将其近似地看作一种简单的色谱过程。

SPE 利用了选择性吸附和选择性洗脱的液相色谱法分离原理。较常用的方法是使液体样品溶液通过吸附剂，保留其中被测物质，再选用适当强度溶剂淋洗杂质，然后用少量溶剂迅速洗脱被测物质，从而达到快速分离净化与浓缩的目的。也可选择性吸附干扰物质，让被测物质流出；或同时吸附杂质和被测物质，再使用合适的溶剂选择性洗脱被测物质。

与传统的液液分配法相比较，SPE 具有明显优势，见表 4-16。

表 4-16　LLE 与 SPE 优缺点比较

项目	优点	缺点
LLE	无需特殊装置	操作繁琐，费时 需要耗费大量的有机溶剂，导致高成本和对环境的污染 难以从水中提取高水溶性物质 易发生乳化现象
SPE	可同时完成样品富集与净化，大大提高检测灵敏度 比液液萃取快，节省时间，节省溶剂 可自动化批量处理 多种键合固定相可选 可富集痕量农药 可消除乳化现象 回收率高、重现性好	使用固相萃取小柱，成本较高 需要进行方法开发

二、固相萃取柱及配套装置

1. SPE 柱

（1）SPE 柱　常见的 SPE 柱（图 4-8）分为三部分：聚丙烯柱管，多孔聚丙烯筛板（20μm）和填料（多为 40～60μm 或 80～100μm）。

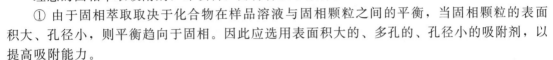

图 4-8　SPE 柱

常用规格：100mg/1mL，是指质量为 100mg 的填料，1mL 为空柱管体积。其他规格还有 200mg/3mL，500mg/3mL，1g/6mL 等。

SPE 柱一般是一次性使用，避免交叉污染，保证检测可靠性。

理想的固相萃取吸附剂，即填料，需符合以下条件。

① 由于固相萃取取决于化合物在样品溶液与固相颗粒之间的平衡，当固相颗粒的表面积大、孔径小，则平衡趋向于固相。因此应选用表面积大的、多孔的、孔径小的吸附剂，以提高吸附能力。

② 应该选择纯度高的吸附剂。

③ 要提高固相萃取测定的回收率，不仅应该提高吸附剂的吸附能力，还应该考虑吸附剂的解吸附，即吸附的可逆性，可以较容易地将被吸附的农药完全淋洗下来。

④ 吸附剂化学性质应稳定，能抵抗较强的酸性和碱性溶剂的腐蚀。但常用的键合硅胶在 pH 8 以上和强酸溶液 pH 2 以下，不太稳定，使用时应注意。

⑤ 固相萃取吸附剂的界面必须与样品溶液有很好的接触，良好的界面接触是定量萃取的保证。

（2）96 孔板　96 孔板是高通量的 SPE 产品，每孔含少量吸附剂（10～100mg），样品载量约 2mL/孔。用于小量样品的净化处理。

2. 固相萃取配套装置

真空 SPE 装置（SPE vacuum manifolds）：玻璃缸，真空压力表，收集管架，流速调节阀，导流针，废液桶等，属于负压方式。也可采用其他方式实现 SPE 操作，如离心、正压使样品通过 SPE 柱，见图 4-9。

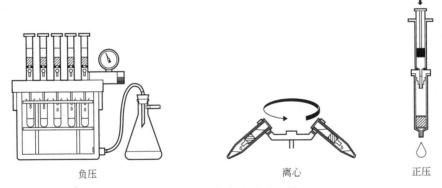

负压　　　　　　　　　　　　离心　　　　　　　　　正压

图 4-9　SPE 操作方式示意图

三、基本操作步骤

按照 SPE 的净化原理，SPE 可以分为两类：一是利用固相材料吸附基质，目标物在固相材料上不保留；二是利用固相材料保留分析目标物，利用适当极性的混合溶剂进行杂质淋洗和目标物的洗脱。第二种 SPE 方法较为常见，该类 SPE 操作可分为以下四个步骤，示意图见图 4-10。

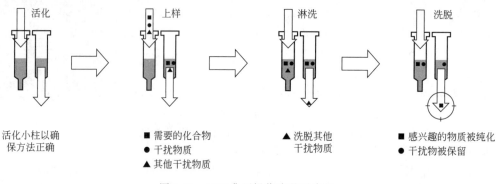

图 4-10　SPE 典型操作步骤示意图

1. 活化

活化也称柱预处理、固定相活化。除去柱内的杂质并创造与样品溶剂相容的环境。通常需要两种溶剂来完成上述任务，第一个溶剂（初溶剂）用于净化固定相，另一个溶剂（终溶剂）用于建立一个合适的固定相环境使样品分析物得到适当保留。每一活化溶剂用量为1～2mL/100mg 固定相。

终溶剂的洗脱强度不应强于样品溶剂，若使用太强的溶剂，将降低回收率。通常应采用一个弱于样品溶液的溶剂。值得注意的是，在活化的过程中和结束时，固定相都不能抽干，否则将导致填料床出现裂缝，从而使得回收率较低和重现性较差，样品也没得到应有的净化。如果在活化步骤中出现干裂，应将所有活化步骤进行重复操作。

2. 上样

上样指将样品用一定的溶剂溶解，转移上柱，并使组分保留在柱上的操作过程。这时分析物和部分样品干扰物保留在固定相上。

为了保留分析物，溶解样品的溶剂必须较弱。如果溶剂太强，分析物将不被保留。有时候固体样品必须用一个很强的溶剂进行萃取，这样的萃取液是不能直接上样的，这时的萃取液要用一个弱溶剂稀释以得到一个合适的溶剂总强度进行上样。例如一个土壤样品，采用50%甲醇萃取，取 2mL 萃取液，用 8mL 水稀释，得到 10% 的甲醇溶液，这样就可以直接上反相固相萃取柱。

3. 淋洗

淋洗可最大程度去除干扰物。分析物得到保留后，通常需要淋洗固定相以洗掉不需要的样品组分，淋洗溶剂的洗脱强度应略强于或等于上样溶剂。淋洗溶剂强度必须适当，以洗掉尽量多的干扰组分，但不能洗脱任何一个分析物。

淋洗时不宜使用太强溶剂，太强溶剂会将保留杂质洗下来。使用太弱溶剂，会使淋洗体积加大。可改为强、弱溶剂混用，或先后使用不同的溶剂进行淋洗。

有些情况，填料对杂质的吸附比目标物更强，此时，淋洗除去的杂质有限，主要是通过调整洗脱液的强度，在洗脱化合物的同时使大部分杂质仍保留在填料上，从而达到净化的目的。这种情况下，就不需要淋洗步骤。

4. 洗脱

洗脱指用小体积的溶剂将被测物质从固定相洗脱下来并收集。溶剂必须进行认真选择，溶剂太强，一些更强保留的不必要组分将被洗出来；溶剂太弱，就需要更多的洗脱液来洗出分析物，这样固相萃取柱的浓缩功效就会削弱。

一般是使用较强的溶剂，用5~10个床体积（bed volumes）的溶剂，将农药洗脱下来。一个床体积是指填满柱子中粒子及各粒子间空隙所需的溶剂。如40μm的填料粒子，有6nm空隙。100mg填料的柱子，其一个床体积为120μL。500mg填料的柱子，则其床体积为0.6mL，以5~10个床体积计，淋洗所需溶剂体积为3~6mL。

值得注意的问题是溶剂互溶性。后流过柱床的溶剂必须与前一溶剂互溶，一个不与柱内残留溶剂互溶的溶剂是不能与固定相充分作用的，也不会出现适当的液固分配，易造成差的回收率和不理想的净化效果。如果使用互溶的溶剂有困难，就必须先对柱床进行干燥，干燥的方法是让氮气或空气通过柱床10~15min；或离心，干燥效果更好。

四、固相萃取填料

固相萃取的关键要素是填料，即吸附剂。吸附剂的物理化学性质决定与农药分子相互作用和萃取的效率。目前，商品化的不同吸附剂，孔径6~30nm，粒径10~100μm，载体有硅胶、氧化铝和聚合物等。在SPE的应用上目前有两种趋向，首先是集中关注其通用性，可适用于广谱的农药多残留分析，其次是其选择性和特异性。目前常见的填料类型有键合硅胶、高分子聚合物和吸附型填料三类，也有混合型填料。

1. 键合硅胶

在SPE中最常见的填料是硅胶和键合硅胶。其pH适用范围为2~8。

硅胶为刚性、不规则形、平均直径15~100μm，一般为40μm，多孔性，孔径在5~50nm之间，具有可以衍生化的硅羟基，可以键合不同的基团。

键合硅胶是利用化学反应的方法，通过具有不同官能团的硅烷化试剂与硅胶表面的硅烷羟基进行反应，即硅醚键连接，可把不同极性基团键合至载体表面，使它们像"刷子"一样突出在颗粒表面并与样品基质中的成分进行相互作用。制备时先将硅胶进行酸洗、中和、干燥活化，使其表面保持自由硅羟基，按以下方式键合，将有关基团引入硅胶是通过硅胶的硅羟基与氯代硅烷反应完成的。通式为：

$$\equiv Si{-}OH + Cl{-}\underset{\underset{CH_3}{|}}{\overset{\overset{CH_3}{|}}{Si}}{-}R \longrightarrow \equiv Si{-}O{-}\underset{\underset{CH_3}{|}}{\overset{\overset{CH_3}{|}}{Si}}{-}R$$

$$\equiv Si{-}OH + RCl \longrightarrow \equiv Si{-}OR + HCl$$

$$\equiv Si{-}OH + Cl_3SiR \longrightarrow \equiv Si{-}O{-}Cl_2SiR$$

式中，R为不同基团，如十八烷基（C_{18}），辛烷基（C_8），苯基（C_6），氰基（CN），二醇基等。

C_{18}，是以硅胶为基质的反相C_{18}萃取柱。分封端和未封端两种。用三甲基硅烷等硅烷化试剂与固定相上残留的硅羟基反应，使残留硅羟基被封闭或惰性化称为"封端"。未封端C_{18}增强了对碱性化合物的保留，是极性和非极性化合物萃取的通用型固定相。

C_8，吸附性与C_{18}相似，但由于C_8碳键较C_{18}短，对非极性化合物的保留较弱，有助于对非极性吸附性过强的样品进行洗脱。

CN，以硅胶为基质的氰基萃取柱，具有中等极性，可用于反相或正相萃取。

NH_2，以硅胶为基质的氨基萃取柱。具有极性固定相和弱阴离子交换剂，可通过弱阴离子交换（水溶液）或极性吸附（非极性有机溶液）达到保留作用，因此具有双重作用。当用在非极性溶液中（如正己烷）进行预处理时，它能与带有—OH，—NH或—SH官能团的分子形成氢键。氨基$pK_a = 9.8$，与阴离子的作用较SAX弱，在pH<7.8水溶液中，可

用作弱阴离子交换剂，去除磺酸根离子等强阴离子。

PSA，N-丙基乙二胺。与—NH$_2$相似的吸附剂。PSA 有两个氨基，pK_a 分别为 10.1 和 10.9，有比—NH$_2$更强的离子交换能力。同时 PSA 可与金属离子产生螯合作用。常用于去除有机酸、色素、金属离子和酚类等杂质。

SAX，是以硅胶为基质的强阴离子交换萃取柱。键合有季铵盐官能团。主要用于弱阴离子型化合物的萃取，如羧酸等。可用于去除强阴离子杂质。

COOH，是以硅胶为基质的弱阳离子交换萃取柱。键合官能团为羧基，pK_a＝3.8，用于季铵盐类化合物或其他强阳离子的萃取。

PRS，丙磺酸，以硅胶为基质的强阳离子交换萃取柱。键合官能团为丙基磺酸，酸性略低于 SCX（苯磺酸）。用于萃取弱阳离子。

SCX，苯磺酸，以硅胶为基质的强阳离子交换萃取柱，键合有苯磺酸官能团。用于萃取有机碱类化合物。

Diol，二醇基，以硅胶为基质的二醇基萃取柱。通过材料的极性作用，从非极性溶液中萃取极性样品。还可以用于提取非极性化合物，因为其键合相上的碳链可以提供足够的非极性作用力来保留疏水性样品。

2. 高分子聚合物

20 世纪 90 年代末，为扩大反相固相萃取材料的适用范围和改善吸附平衡性，并提高重现性，以极性官能化高分子树脂为主题的新型反相固相萃取材料开始应用。此类填料是以吡咯烷酮和二乙烯苯共聚得到的高分子聚合物，对各类极性、非极性化合物具有均衡的吸附作用。

PEP，官能化聚苯乙烯/二乙烯苯萃取柱。表面同时具有亲水性和憎水性基团，从而对各类极性、非极性化合物具有较均衡的吸附作用。pH 适用范围为 1～14，相当于 HLB 柱。

PAX 混合型阴离子交换柱，以阴离子交换混合机理的水可浸润型聚合物为基质的固相萃取小柱。在 pH 0～14 时都很稳定。

PCX 混合型阳离子交换柱，以阳离子交换混合机理的水可浸润型聚合物为基质的萃取柱。在 pH 0～14 时都很稳定。可提供双重保留模式，即离子交换和反相保留。

PWAX，以弱阳离子交换与反相混合机理的水可浸润型聚合物为基质。在 pH 0～14 时都很稳定。

PWCX，以阳离子交换混合机理的水可浸润型聚合物为基质。提供双重保留模式，即离子交换和反相保留，在 pH 0～14 时都很稳定。

HXN 磺酰脲专用柱，为中等极性高分子，官能团聚苯乙烯/二乙烯苯萃取柱。专门用于土壤和水中磺酰脲类除草剂样品制备。也可用于各种中等极性到强极性化合物的提取、净化和富集。

PS，是未取代聚苯乙烯/二乙烯苯萃取柱，对非极性和极性化合物具有较高的吸附性和样品容量。如 Isolute ENV＋PS-DVB 结构。Oasis HLB 柱的结构类型为 PS-DVB-NVP［聚苯乙烯基-二乙烯基苯（亲脂性）-N-乙烯基吡咯烷酮（亲水性）］，也是一种新型的亲水-亲脂两亲平衡型固相萃取吸附剂。HLB 柱由于本身具有两亲平衡性，使其表面具有永久润湿性，不需经过预处理，可直接对样品溶液进行萃取。另外，两亲平衡性使该类产品具有通用型萃取剂的性质，使用范围广泛，可同时萃取极性和非极性化合物，适用于酸性、碱性或中性化合物的同时提取。

3. 吸附性填料

吸附性填料包括硅胶、弗罗里硅土、氧化铝、活性炭、碳分子筛、石墨化碳黑、多孔石墨碳、石墨烯和多壁碳纳米管等。具体见第三节。

4. 其他

基于抗原-抗体相互作用（分子识别）的材料也可以用作选择性萃取。免疫亲和 SPE 的应用也越来越多。免疫吸附剂可以通过将抗体固定到固体支撑物上得到。常用的是活性硅胶和琼脂糖凝胶。这些免疫亲和固定相对痕量分析方法有很强的选择性，特别是识别污染物和药物残留。因为每个分析物必须有一个选择性抗体，免疫亲和 SPE 的应用范围比较窄。

分子印迹聚合物固相萃取（molecularly imprinted polymer-based on SPE，MIP-SPE）是作为免疫亲和色谱的替代技术而发展起来的。它与传统的 SPE 以及免疫亲和 SPE 的比较见表 4-17。

表 4-17　几种 SPE 性能比较

项目	优点	缺点
传统的改性硅胶和聚合物 SPE	各种吸附剂都易得到 费用低，允许单个使用 可萃取低水平的化合物 使用简单，技术公认 可以制造成多种使用方式	吸附剂的吸附能力易变化 改性硅胶对极大和极小 pH 不稳定 对不同极性母体药及代谢物的共同萃取较困难 比 MIP 和免疫亲和 SPE 选择性差 相同分析物在不同基质中，有时需要重新开发新方法
免疫亲和 SPE	有优异的选择性 可在水环境中工作 适用于复杂基质分析	必须为新分析物开发可用产品 分析应用要求开发选择性的抗体 在有机溶剂、较大或较小 pH、高温下不稳定 开发抗体可能长达 1 年 不同的免疫将产生不同的抗体，抗原与抗体结合是特异性的
分子印迹聚合物 SPE	对单个化合物和一类化合物选择性高 在有机溶剂中工作特别好 稳定方法的快速开发 适于较大和较小 pH，有机溶剂，可耐 120℃高温 相对免疫亲和 SPE 有较低的费用，允许单个使用 仅数周生产期（免疫亲和 1 年）	必须为新分析物开发可用产品 分析应用要求开发选择性的 MIP 吸附剂 如果聚合物膨胀和收缩，它可能破坏吸附剂床的完整性，阻止重复使用 从聚合物上去除模板比较困难

五、固相萃取的分类

1. 反相固相萃取

反相固相萃取由非极性固定相组成，适用于极性或中等极性的样品基质。待分析农药化合物多为中等到非极性化合物。洗脱时采用中等极性到非极性溶剂。纯硅胶表面的亲水性硅羟基通过硅烷化反应被疏水性烷基、芳香基取代。因此，烷基、芳香基键合的硅胶属于反相 SPE 类型，如 LC-18、ENVI-18、LC-8、LC-4、LC-Ph 等。

另外，以下物质也用于反相条件：①含碳的吸附物质，如 ENVI-carb 材料，是由石墨、无孔炭组成；②聚合类吸附物质，如 ENVI-chrom P 材料，由苯乙烯-二乙烯基苯构成，用之保留一些含有亲水性官能团的疏水性物质，尤其是芳香型化合物，如苯酚，效果好于 C_{18}

键合硅胶。

由于分析物中的碳氢键同硅胶表面的官能团的吸附作用，使得极性溶液（如水溶液）中的有机物能保留在 SPE 物质上。这些非极性-非极性吸附力为范德华力或色散力。一般采用非极性溶剂洗脱。

2. 正相固相萃取

正相 SPE 由极性固定相组成，适用于极性分析物质。可以用于极性、中等极性或非极性样品基质。极性官能团键合硅胶（如 LC-CN、LC-NH₂ 和 LC-Diol 等）、极性吸附物质（如 LC-Si、LC-Florisil 和 LC-Alumina 等）常用于正相条件。

在正相条件下，分析物质如何保留取决于分析物的极性官能团和吸附剂表面的极性官能团之间的相互作用，包括氢键、π-π 相互作用、偶极-偶极相互作用、偶极-诱导偶极相互作用及其他。洗脱时采用极性更高的溶剂。

正相与反相固相萃取的区别简单用表 4-18 说明。在 SPE 中常用的溶剂性质见表 4-19。

表 4-18　正相与反相固相萃取的区别一览表

项目	正相萃取	反相萃取
固定相极性	极性大或中等	非极性或弱极性(C₁₈柱等)
溶剂极性	非极性或中等	极性或中等极性
样品洗脱次序	非极性化合物先被淋洗出	极性强的化合物先被淋洗出
增加溶剂极性	降低洗脱时间	增加洗脱时间（如加水）

表 4-19　溶剂性质一览表

项目	类别		溶剂	水溶性
非极性	强反相	弱正相	正己烷	否
			异辛烷	否
			四氯化碳	否
			三氯甲烷	否
			二氯甲烷	否
			四氢呋喃	是
			乙醚	否
			乙酸乙酯	差
			丙酮	是
			乙腈	是
			异丙醇	是
			甲醇	是
			水	是
极性	弱反相	强正相	醋酸	是

3. 离子交换 SPE

离子交换 SPE 适用于带有电荷的化合物。基本原理是静电吸引，也就是化合物上的带电荷基团与键合硅胶上的带电荷基团之间的吸引。为了从水溶液中将化合物吸引到离子交换树脂上，样品的 pH 一定要保证其分离物的官能团和键合硅胶上的官能团均带电荷。如果某种离子带有与所分析物一样的电荷，它将会干扰所分析物的吸附。洗脱溶液的 pH 一般能使其中和分离物的官能团上所带电荷，或者中和键合硅胶上的官能团所带电荷，当官能团上的电荷被中和，静电吸引也就没有了，分析物随之而洗脱。另外，洗脱溶液也可能是一种离子强度很大或者含有另一种离子能取代被吸附的化合物，这样被吸附的化合物也随之而洗脱。

离子交换 SPE 有阴离子交换（如 LC-SAX、LC-NH$_2$）和阳离子交换（如 LC-SCX、LC-WCX）。

4. 二级相互作用

所有的键合硅胶都有一定数量的未反应硅羟基，这使得反相 SPE 中，除了非极性的相互作用，也有一些极性二级相互作用。如果非极性溶剂不能有效地从填料上洗脱化合物，可以添加部分极性溶剂（如甲醇），以破坏极性相互作用而保留的化合物。在这种情况下，甲醇与硅胶上的羟基形成氢键，打断了分析物与硅胶上的羟基形成的氢键。

硅羟基在硅胶表面，当 pH 大于 4 时，以 Si—O— 存在。这时在硅胶基体上也可能发生阳离子交换的二级相互作用，能吸附阳离子或碱性化合物。此时，有必要在洗脱液中增加酸或碱以调整 pH。

常见的 SPE 固定相性质见表 4-20。

表 4-20 常见 SPE 固定相的性质

吸附剂	化学结构	保留机制	碳量/%	应用
C$_{18}$（ODS）十八烷基	≡Si—C$_{18}$H$_{37}$	疏水	5～18	非极性、反相固定相，该类中新型吸附剂在烷基上带有极性基团
C$_8$ 辛烷基	≡Si—C$_8$H$_{17}$	疏水	9～11	非极性、反相固定相，比 C$_{18}$ 选择性强
C$_2$ 乙基	≡Si—C$_2$H$_5$	疏水	5～6	弱极性、选择性反相固定相
C—H 环己基	≡Si—C$_6$H$_{12}$	疏水	9～10	弱极性、选择性反相固定相
Ph 苯基	≡Si—C$_6$H$_6$	疏水 π-π	6～11	非极性、反相固定相，与 C$_8$ 相似，但有 π-π 相互作用
PS-DVB 聚苯乙烯-二乙烯基苯		疏水，π-π	＞90%	反相固定相，对水样中极性化合的保留较 C$_{18}$ 好
改性 PS-DVB，以极性和离子改性(混合模式相)		π-π 疏水极性(氢键)或离子	＞90%	反相固定相、有些型号有极性基，具有水可湿性，不需老化柱子
PSA，N-丙基乙二胺	≡Si—(CH$_2$)$_3$NH(CH$_2$)$_2$NH$_2$	极性(氢键)弱离子弱疏水	7～8	正相固定相，比氨丙基亲脂性强，pK_a 为 10.1
NH$_2$氨基，氨丙基	≡Si—CH$_2$CH$_2$CH$_2$NH$_2$	极性(氢键)弱离子和弱疏水	5～7	正相固定相，pK_a 为 9.8
DEA 二乙胺，二乙基氨基丙基	≡Si—(CH$_2$)$_3$NH(CH$_2$CH$_3$)$_2$	极性(氢键)弱离子、弱疏水	8～9	阴离子交换固定相，pK_a 为 10.7
SAX 三甲基铵丙基	≡Si—(CH$_2$)$_3$N$^+$(CH$_3$)$_3$	强离子	8～9	强阴离子交换剂，带电荷季铵基
SCX 对乙基苯磺酸	≡Si—(CH$_2$)$_2$(C$_6$H$_4$)SO$_3^-$H$^+$	强离子，疏水，π-π	9～11	强阳离子交换剂，pK_a＜1
PRS 丙基磺酸	≡Si—(CH$_2$)$_3$SO$_3^-$Na$^+$	强离子，极性(氢键)	2	强阳离子交换剂，pK_a＜1

吸附剂	化学结构	保留机制	碳量/%	应用
CBA(WCX)丙羧酸	$\equiv Si-CH_2CH_2COOH$	弱离子，极性（氢键）	7～8	弱阳离子交换剂
CN 氰基，氰丙基	$\equiv Si-CH_2CH_2CH_2CN$	极性（氢键受体），弱疏水性，$\pi-\pi$	7～10	正相固定相，在正相方式的保留较二醇基弱
Diol 二醇基，2,3-二羟基丙氧基丙基	$\equiv Si-(CH_2)_3$ $OCH_2CHOHCH_2OH$	极性（氢键）	7～8	正相固定相
Si 硅胶	SiO_2	极性（氢键）酸性	0	常用于馏分洗脱
FL 弗罗里硅土	MgO_3Si	极性（氢键）	0	常用于有机氯农药的分离
AL 中性氧化铝	Al_2O_3	极性（氢键）	0	颗粒小，有很高的表面活性
碳	六角环状结构的石墨层	极性，疏水性	100	非多孔性物质（ENVI-Carb）

六、穿透体积

1. 穿透体积的理论预测

固相萃取的效果，首先与化合物的保留因子 k 有关，即化合物在固定相和流动相中量的比值，k 值越大，化合物就越容易被 SPE 固定相保留。而 k 值在很大程度上取决于分析物的化学结构、性质和 SPE 的固定相类型，还与 SPE 柱的分配效率（即柱效）有关。理论塔板数越高，净化效果越好。

为了有效地进行 SPE 操作，在上样环节中，样品加入到 SPE 柱并通过固定相时，分析物应保留在固定相上以达到富集作用，进一步通过淋洗和洗脱实现净化。但如果溶解样品的溶剂太强，或者样品中分析物总量超过了 SPE 柱容量，分析物将不被保留，导致回收率降低，这一现象称穿透现象（breakthrough），也称穿漏现象。穿透现象发生前所允许的样品体积称穿透体积（breakthrough volume，BTV）。换句话说，穿透体积是指在 SPE 时待测物随样品溶液的加入而不被自行洗脱下来所能流过的最大液样体积，也可以理解为样品溶液的溶剂对样品中残留农药的保留体积，是确定上样体积和衡量浓缩能力的重要参数。

穿透体积的计算公式：

$$V_b=(1+k)(1-2.3/n^{1/2})V_0$$

式中，V_b 为理论穿透体积；k 为保留因子；n 为 SPE 柱的理论塔板数；V_0 为 SPE 柱的死体积。

从上式可知，一个化合物的保留因子越大，穿透体积也越大，使用的 SPE 柱的理论塔板数越大，柱效越高，穿透体积越大。但 SPE 柱一般很短，理论塔板不可能很高，通常为 20 左右。V_0 可由吸附剂的空隙率（ε）和固定相的柱床体积（V_c）进行估算，它们的关系为 $V_0=V_c\varepsilon$。已知这些参数就可以估算一种 SPE 柱对于某种样品的穿透体积。

例如：现有 C_{18} 填充 SPE 柱的柱床体积为 $0.75cm^3$，大多数反相填料的空隙率（ε）在 $0.65～0.7$ 之间，以 0.7 计，V_0 为 $0.75\times0.7=0.525cm^3$，若某化合物的保留因子为 3000，假设 SPE 柱的理论塔板数为 20，则根据上式可计算得到该体系的穿透体积为 765mL。

由此也可以看出，对于确定的 SPE 柱，k 值是决定穿透体积的关键因素。

2. 穿透体积的测定

穿透体积也可通过测定穿透曲线的方法来确定。

最简单的测定方法是直接法，即以合适的恒定流速使一样品溶液流过 SPE 柱，在 SPE 柱的出口安装检测器。连续监测出口处分析物的浓度，根据测定数据作穿透曲线。浓度变化开始的体积就是开始穿透体积。当流出浓度与样品原始浓度相同时，即完全穿透体积。该方法要求检测器必须有高的灵敏度，否则流出液浓度很难准确测定。测定时溶液浓度必须合适，以防过载。流速也应尽可能与实际样品测定时一致。

另一种方法，先用 SPE 柱浓缩一系列体积不断增大但含有相同质量被分析物的溶液，然后洗脱被吸附的分析物，再用色谱仪测定洗脱液的峰高或峰面积。只要 SPE 柱不发生穿透，则被 SPE 柱保留的溶质总量及随后的洗脱液的浓度均保持不变，这样上述一系列不同体积的溶液在色谱测定中得到的色谱图及峰高或峰面积均应相同。当穿透发生后，随着溶液体积的不断增大，被 SPE 柱萃取的分析物的质量不断减少，峰高或峰面积也不断降低。最后作峰高或峰面积-样品体积图，就可得到穿透体积。

也有采用回收率测定形式得到穿透体积的。配置不同体积的相同浓度溶液，首先将这些样品溶液分别通过相同的几个 SPE 柱，然后洗脱被吸附的分析物，测定过程中的回收率。当未达到穿透体积时，回收率保持稳定，穿透现象发生时，回收率开始降低。Liu F M 等采用 Oasis HLB SPE（500mg/6mL）柱测定水溶液中甲胺磷的穿透曲线。从图 4-11 可以看出，在该研究中，水溶液为 20mL 左右时穿透现象就开始出现，50mL 左右完全达到穿透。

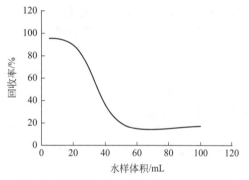

图 4-11　甲胺磷（5μg/L）穿透曲线示意图

七、固相萃取盘

除了 SPE 柱，SPE 的另一种形式是固相萃取盘。

固相萃取盘表观上与膜过滤器十分相似。盘式萃取器是含有填料的聚四氟乙烯（polytetrafluoroethylene，PTFE）圆片或载有填料的玻璃纤维片，后者较坚固，无需支撑。使用的填料占 SPE 盘总量的 60%～90%，盘的厚度约 1mm。由于填料颗粒紧密地嵌在盘片内，在萃取时无沟流形成。SPE 柱和盘式萃取器的主要区别在于床厚度/直径比。对于等重的填料，盘式萃取的截面积比 SPE 柱约大 10 倍，因而允许液体试样以较高的流量通过。SPE 盘的这个特点适合从水中富集痕量的污染物。1L 纯净的地表水通过直径为 50mm 的 SPE 盘仅需 10～20min。

第五节　凝胶渗透色谱

凝胶渗透色谱（gel permeation chromatography，GPC）是基于体积排阻的分离机理，利用多孔性物质对溶液中不同体积大小的分子进行分离，农药的分子量大多在 200～400 之间，而脂肪及其他干扰物质的分子量很大，在净化样品时，可以将样品中大分子的脂肪、蜡质、叶绿素、类胡萝卜素等与小分子的农药分离，大多数农药分子大小相近，它们通过 GPC 时的谱带比较窄，在相对集中的体积内淋洗出。凝胶具有三维网状结构，各种分子在柱内流动相中进行垂直向下移动或无定相的扩散运动，其分离机理见图 4-12，在农药样品浓缩液淋洗凝胶柱的过程中，农药分子 C、B 首先渗透进入充满溶剂的凝胶微孔中，大分子杂质 A 不能渗入微孔被排除在外，只能分布在颗粒之间，被溶剂首先淋出，农药 B 分子稍大于 C，先于农药 C 淋出，小分子物质还可以从一个凝胶扩散到另一凝胶的颗粒中，小分子

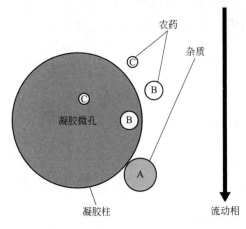

农药
杂质

© 农药

® 杂质

凝胶微孔

©

®

A

凝胶柱   流动相

图 4-12 凝胶渗透色谱分离机理

的物质最后被淋出，通过凝胶柱农药和大分子杂质可以分离，而且各类农药的分子大小相对集中，可以在较窄的谱带中淋出。

一、凝胶渗透色谱柱净化的特点

（1）分离是基于体积排阻，与待测物的极性无关，可用于各种类型农药（酸性、中性和碱性）在农畜产品中多残留分析的净化方法，特别适用于分离样品中的对热不稳定的、易分解的、易被不可逆吸附的农药和油脂类物质。

（2）它的分离不是依赖于流动相和固定相分子间的相互作用力，分离条件比较温和，不易发生其他副反应。

（3）色谱柱中通常不会积累被吸附的分子，因此使用寿命长，与常规净化用的一次性吸附色谱柱不同，GPC 可以多次重复使用。

（4）柱中没有活性点超载的问题，同样大小的柱子能接收试样的容量比通常液体色谱大得多。

（5）试样在色谱柱中的保留时间以保留体积计算。

（6）分离的重现性好，所有测定的样品都可以完全被淋洗出，没有不可逆的吸附，柱的性质在较长时间内保持恒定，而且完全可以忽略残留农药被吸附和分解。

（7）进样后首先接收并弃去油脂和大分子杂质，然后收集农药部分，最后清洗凝胶柱以便进行下一个测定，循环的重现性好，易于自动化。

（8）一般方法中淋洗溶剂与 GC 测定溶剂是匹配和一致的。

（9）过去净化用的凝胶色谱柱为内径 20～25mm、长 40～50cm 的大柱，耗费很多的溶剂和时间，现在不仅有自动化的装置，在仪器上安置自动进样器和馏分收集器，还可以根据用途和需要设计柱的容量，溶剂消耗量，淋洗大分子干扰物、农药和循环的时间等。通常样品中大分子干扰物如叶绿素、油脂等先从凝胶柱流出，农药以较窄的谱带后流出。因此，该法至今仍然广泛使用，尤其是适用于从食品中去除油脂类物质。

二、凝胶渗透色谱的应用

最早的报道是在 20 世纪 60 年代末期，Stalling 等报道使用凝胶色谱法分离鱼肉中的脂肪，之后德国 Specht W 于 1979～1995 年连续发表了多篇有关在农药多残留分析中使用 GPC 净化的论文，以其工作为基础德国制定了 DFG S19 方法，欧盟也将其作为标准方法。美国 EPA 方法 SW846 的 3640A 也使用凝胶色谱净化，适用于测定半挥发性有机物和农药，可以除去高沸点和分子量高的干扰物质。美国农药分析手册 PAM 方法 304 节油脂类食品中农药残留测定方法 C5，也是使用凝胶色谱柱净化。

（1）凝胶 凝胶色谱是利用多孔性凝胶将样品中不同体积大小的物质进行分离。选择合适的凝胶是非常重要的，20 世纪 60 年代末期有人使用 8％交联聚苯乙烯凝胶柱（Bio beads S-X8），以苯作淋洗剂分离麦粒中的干扰物质和马拉硫磷；后有人使用改性的交联葡聚糖凝胶柱（Sephadex LH-20），以乙醇和丙酮作淋洗剂分离农药。Stalling D. L. 等于 1972 年使用凝胶色谱法分离鱼肉中的脂肪测定有机氯农药时，发现交联聚苯乙烯凝胶比交联葡聚糖凝胶好。交联聚苯乙烯凝胶 Bio beads S-X3 是使用最广的有机凝胶，它是苯乙烯和二苯乙烯的共聚物，一般是用悬浮聚合的方法得到球形的颗粒，通过控制交联剂含量和稀释剂种类得到不同孔径的产品。市售有粗粒度（37~76μm）和细粒度（10μm）两大类，细粒度是高效凝胶，孔径分布比较宽，能分离的分子量范围也较宽。一般都用湿法装柱，在有机溶剂中处于溶胀状态后装柱。凝胶在不同溶剂中的溶胀因子不同。因此，在使用时不能在柱中直接更换溶剂。凝胶的结构是分离作用的关键，要求具有良好化学惰性和热稳定性、一定的力学强度、不易变形、流动阻力小、不吸附待测物质和凝胶的孔径分布宽等性质，同时还与凝胶粒度的大小和填充密度有关，粒度小、均匀和填充得越紧密越好。

（2）溶剂　交联二苯乙烯-苯乙烯共聚物凝胶是疏水凝胶，溶胀和淋洗使用非极性溶剂，不能用丙酮、乙醇等溶剂。但溶剂的极性和强度是影响农药淋出性能的因子，所以不能仅使用非极性溶剂，必须加入部分极性溶剂，才可使农药在较窄的范围内从GPC中淋出。早期使用的淋洗剂有二氯甲烷-正己烷（1:1，V/V）、二氯甲烷-环己烷（1:1，V/V），后来由于二氯甲烷对人的危害和对环境的影响，主要使用乙酸乙酯-环己烷（1:1，V/V）作为淋洗溶剂，可将样品中大分子干扰物先淋出，农药在后面较小范围中淋出。

（3）凝胶色谱柱　早期使用（20~25)mm×40cm柱，溶剂用量达250~300mL，净化时间也长，先使用淋洗溶剂将凝胶溶胀一夜后装柱。在使用前应该验证凝胶柱的性能，一般选用样品的提取液和最先、最后淋出的两个对照化合物试验，以观察样品中的干扰物是否在前面淋出，两个化合物是否能回收。将待分析作物空白样品的提取液进GPC，测定其共萃取物在淋出液中的分布，结果列于表4-21，可以看出所有作物的共萃取物在110mL前基本都已淋出，大部分作物在90mL前已淋出90%，但番茄和豌豆荚约淋出70%，而花椰菜叶仅淋出约50%。

表 4-21　不同作物的乙酸乙酯提取液通过凝胶色谱柱时在不同淋洗体积中的共萃取物质量[①]

农作物	样品质量/g	淋出液分级/mL					
		0~50	50~70	70~90	90~110	110~130	130~180
苹果	50	7	105	165	36	—	—
大豆	50	3	14	32	10	2	—
胡萝卜	50	—	22	55	16	4	—
花椰菜	50	3	2	65	11	—	—
花椰菜,叶	100	5	69	390	500	73	—
芹菜,叶	50	21	85	85	55	16	2
芹菜,茎	50	4	10	75	16	1	—
樱桃	100	8	53	110	17	4	—
棉籽	23	5	80	2800	101	6	2
黄瓜	50	2	2	7	2	1	—
黄瓜皮	50	4	8	18	10	2	—
葡萄	100	15	850	180	51	22	—
卷心菜花	50	12	35	35	15	5	—
啤酒花	25	4	350	425	140	7	—
洋葱	50	6	20	30	16	5	2
洋葱芽	50	8	55	85	31	5	2
豌豆	50	6	29	115	10	—	—
豌豆荚	50	31	28	42	50	2	—
马铃薯	50	—	26	8			
稻谷	20	24	72	68	30	9	4
甜菜叶	50	1	10	22	6		
甜菜根	50	—	8	23	13	4	2
番茄	50	2	18	60	24	10	1

① 单位为 mg。

表 4-22 为几种农药在内径 20mm 凝胶色谱柱净化时的淋出范围，氟胺氰菊酯在 95～125mL 范围中淋出，灭螨猛在 170～200mL 最后淋出，然后核实该两种农药的回收率是否达到要求。表中还列出了其他 18 个代表性农药在粗径（20mm 内径）凝胶柱中的淋出体积，可以看出这些农药都在 95～200mL 的溶剂范围中淋出。

表 4-22 几种农药在内径 20mm 凝胶色谱柱净化时的淋出范围（Thier，1992）

农药	淋出范围/mL	农药	淋出范围/mL
氟胺氰菊酯	95～125	丙体六六六	110～140
灭螨猛	170～200	甲霜灵	115～150
甲草胺	125～150	除草醚	135～165
地散磷	115～135	噁草酮	115～145
毒死蜱	110～140	对硫磷	110～140
二嗪磷	105～135	五氯硝基苯	135～165
异狄氏剂	130～160	苄呋菊酯	100～130
杀螟硫磷	120～150	西草净	120～150
七氯	110～140	氟乐灵	100～130
异菌脲	115～145	乙烯菌核利	100～130

注：柱为 Bio beads S-X3，200～400 目；流动相为乙酸乙酯-环己烷（1∶1）；流速为 5mL/min。

20 世纪 90 年代后期许多研究工作者致力于研究小型的凝胶柱，目前柱的内径已缩小至 14mm 或 10mm，可以大大节省溶剂用量和试验时间。如以 8～9g S-X3 凝胶溶胀后装入 10mm（id）×30cm 柱，淋洗溶剂减至每个样品 30mL。但小型柱的负荷容量也减少，测定含油量高的样品时，称样量必须减少，对于油脂含量较少的稻米、玉米、水果、蔬菜等样品是非常适用的。表 4-23 为玉米、稻米和麦粒提取液与 20 种农药在 10mm 内径凝胶色谱柱的淋洗模式，作物中的干扰物大部分在 10mL 前淋出，而农药在第 9mL 也开始淋出，在 9～10mL 之间干扰物质与农药是重叠的。为了不降低农药的回收率，可以在第 9mL 开始接收，对接收的淋洗液再通过硅胶柱净化以进一步清除干扰物质。

表 4-23 代表性农作物提取液与农药在小型凝胶色谱柱的淋洗模式

农作物与农药	淋洗体积/mL													
	5	6	7	8	9	10	11	12	13	14	15	16	17	18～21
	回收率/%													
玉米提取液	0	8	18	27	21	15	9	2						
稻米提取液	7	15	20	27	17	10	5	1						
麦粒提取液 I	7	12	20	26	21	10	5	1						
麦粒提取液 II	8	25	32	20	9	4	1							
莠去津						13	31	35		21				
二嗪磷						5	25	49	12	4	3	1	1	0
敌敌畏					7	41		41		10		1		
杀螟硫磷						14		31		31		1		
异丙隆						19	30	33		17				
马拉硫磷						16		31		30		22		1

农作物与农药	淋洗体积/mL													
	5	6	7	8	9	10	11	12	13	14	15	16	17	18～21
	回收率/%													
溴谷隆							18	32		30		21		
嗪草酮							18	32		25		24		
久效磷					37	63								
对硫磷						6		46		48		1		
甲基对硫磷						16		31		30		23		1
甲基嘧啶磷						18		31		30		21		
扑草净							21	30		22		11		15
三唑磷						1	6	35	33	14	8	2	1	1
甲基硫菌灵								100						
抑菌灵								52		42		6		
氯苯嘧啶醇								59		41				
涕灭威						14		50		30		6		
克百威								54		46				
抗蚜威								31		42		23	4	

注：引自 IAEA-TECDOC-1462。

凝胶色谱柱是一种有效且通用的净化技术，但是也有不足，其缺点是：①使用相当大量的溶剂，过柱后的淋洗液需浓缩，耗费溶剂和时间；小型 GPC 柱使用的溶剂较少，但是柱容量也减少，清除大分子杂质能力较差，有些大分子农药与杂质峰重叠。②凝胶色谱柱不能分离与农药的分子大小相近的杂质，有时必须增加其他的净化措施，如再使用硅胶或弗罗里硅土小柱净化。③需购置自动化设备。④淋洗溶剂的挥发性较差，浓缩较费时。我国标准 GB/T 20770—2008《粮谷中 486 种农药及相关化学品残留量的测定　液相色谱-串联质谱法》，试样采用均质和振荡法用环己烷＋乙酸乙酯（1＋1）提取农药及相关化学品，提取液经凝胶渗透色谱净化后，进液相色谱-串联质谱仪检测。该标准说明在测定含一定量油脂样品中数百种不同类型农药时使用凝胶渗透色谱净化是很好的选择。

第六节　超临界流体萃取

超临界流体萃取（supercritical fluid extraction，SFE）是一种样品前处理技术，利用超临界条件下的流体作为萃取剂，从固体或半固体样品中萃取待测组分的一项分离技术。所谓超临界流体（supercritical fluid，SCF）是物质处在临界温度和临界压力以上的状态，既不是气体也不是液体，兼有气体和液体的某些物理性状，如类似于液体具有较大的密度和溶解力，又类似于气体具有黏度小、扩散系数大、渗透性好、传质能力强等优点，可以称为超临界流体或高密度气体（dense gases）。这些特性使得超临界流体成为一种良好的萃取剂，能渗入到样品基质中，发挥有效的萃取功能，且溶解能力随着压力的升高而急剧增大。二氧化碳（CO_2）是应用最广的超临界流体，在较低的温度和压力下达到超临界状态，纯度高、无毒、不易燃、无腐蚀性、沸点低、化学性质稳定、低温下具有较强的萃取能力，后处理简单，而且廉价易得；超临界流体克服了液-液萃取法、索氏提取法等使用成本高的高纯有机溶剂、费时、有毒、污染环境等缺点。主要用于非极性或弱极性农药的分析，对于极性化合物可以加入改性剂以改变流体的极性。

超临界流体萃取可在较低温度下提取和分离，从而减少和防止热敏成分的分解，无溶剂残留，环境相容性好，较传统的样品前处理方法操作简单、萃取时间短、效率高、重现性好，对目标物选择性强，并能将干扰成分减少到最低程度，一般每个样品从制样到完成需要40min左右。1986年Capriel P.等首次报道将超临界流体萃取技术运用于土壤和植物样品中结合态农药的残留分析。20世纪90年代以来，国内外许多学者研究了超临界流体萃取技术在农药残留分析中的应用，特别是在探索SFE技术萃取植物样品、动物组织、土壤、水体等各种待测样品中的杀虫剂、杀菌剂、除草剂等农药的最优化条件，分析农药残留量、研究环境和生物体农药降解动态等方面取得较大的进展。

一、超临界流体萃取原理

物质是以气体、液体和固体三种状态存在。气体分子间的距离大，且具有较大的能量和穿透性。降低温度或加大压力时，气体凝结成液体，液体分子间的距离减小，其溶解能力和密度明显增大。当系统温度与压力达到某一特定点时，气-液两相密度趋于相同，合并为均一相。此特定点，即定义为该物质的临界点，而所对应的温度和压力，则分别为该纯物质的临界温度（critical temperature，T_c）和临界压力（critical pressure，P_c）。气体的临界温度，是指能被液化的最高温度，若气体的温度高于临界温度时，不论有多大压力都不能使之液化，处于超临界状态为超临界流体，只是随着压力增加而密度加大。气体的临界压力，是处于临界状态时的压力（压强），就是指临界温度时使气体液化所需的最小压力（见图4-13）。如果对流体施加的压力大于P_c，那无论温度如何升高其均不能气化。在临界温度和临界压力状态下，压力和温度的微小变化，都会引起流体密度很大的变化，可使其溶解能力有100~1000倍的变化。

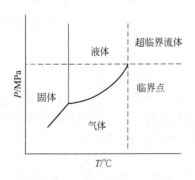

图 4-13　超临界流体相图

超临界流体萃取就是利用超临界流体在临界点附近体系温度和压力的微小变化，使物质溶解度发生几个数量级的突变性质来实现对某些组分的提取和分离。通过改变压力或温度来改变超临界流体的性质，达到选择性地提取各种类型化合物的目的。流体密度在相当程度上反映了它的溶解能力，而超临界流体的密度与压力和温度有关，随着压力的增大，超临界流体的密度增大，其溶解能力就越大，反之亦然。一般来讲在超临界流体中农药的溶解度，在恒温下，随压力P（$P > P_c$）升高而增大；在恒压下，随温度T（$T > T_c$）升高而增大，温度和压力适宜变化时，可使农药等物质的溶解度在100~1000倍的范围内变化，与在液体中萃取情况显然不同，这一特性有利于从基质中萃取某些易溶解的成分。由于可以通过温度和压力的改变来调节其溶解力，这种可控性亦就增加了萃取的选择性。虽然超临界流体的密度和溶解度与许多有机溶剂相当，但其黏度低1~2个数量级，扩散系数高1~2个数量级。正是由于其高流动性和扩散能力，可以渗透进入样品基质内部和间隙，增加与农药接触的概率和速度，加速溶解平衡使农药从基质中转移出来，可以提高萃取效率，还有助于待测各成分之间的分离。超临界状态下，超临界流体与待分离物质相互接触，使其有选择性地依次将溶解度大小、沸点高低、分子量大小不同的成分萃取分离出来。超临界流体的密度和介电常数会随着密闭体系压力的增加而增大，利用程序升压可将不同极性的分子逐步提取。在不同压力范围内所得的萃取物不可能是单一的，但可以通过控制温度、压力等条件而得到最佳比例的混合成分，之后再借助减压、升温等方法使超临界流体转变为普通气体，被萃取物质成分则自动析出从而实现分离提纯的目的。所以超临界流体萃取是通过温度和压力的调节来控制其溶解能力的。同时，正确选择萃取条件，如流体的密度与温度、静态萃取时间、流速及样品的吸附剂，可以增加萃取的选择性，减少干扰物质，减少或无需净化步骤即可进行仪器分析。有时为了改进对极性农药的萃取效果，常在流体中加入改性剂，这种方法虽可提高其萃取效率，但也会降低选择性，增加萃取液中的干扰物质。

二、超临界流体

可作为超临界流体的物质有 CO_2、NH_3、甲烷、乙烷、丙烷、戊烷、己烷、三氯甲烷、二氯甲烷、四氯化碳、甲醇、乙醇、异丙醇等，表 4-24 列举了几种常用流体的临界温度和临界压力。最普遍使用的超临界流体是 CO_2，CO_2 的临界压力适中，临界温度 31℃，可在接近室温的条件下工作。其密度大，与液体接近，有较高的溶解能力，黏度低，扩散系数高，传质速度快，可以较快地渗透进入固体样品的空隙，且无毒、不易燃、相对便宜易得、一般纯度较高，在萃取完成后可将无害、挥发性强的 CO_2 迅速吹扫至大气中。超临界流体萃取示意图见图 4-14。

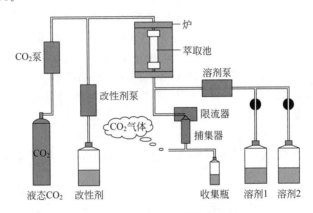

图 4-14 超临界流体萃取示意图

表 4-24 几种流体的临界温度和临界压力

项目	临界温度 T_c/℃	临界压力 P_c/atm[①]	临界压力 P_c/psi[②]
三氯甲烷	263	54	794.8
二氯甲烷	237	60	883.1
乙烷	32.4	49.5	707.8
甲醇	240	78.5	1173.4
四氯化碳	283.1	45	662.3
水	374.1	218.3	3208.2
CO_2	31	72.9	1073
NH_3	132.4	115.0	1646.2

① 1atm=101325Pa。

② 1psi=6894.757Pa。

超临界流体的特性及与其他流体的比较列于表 4-25 和表 4-26。从表中可以看出，超临界流体的密度为 $0.2 \sim 0.9 (g/cm^3)$，接近于液体，比气体（$0.0006 \sim 0.002$）高数百倍以上。

其黏度很低，接近于气体。扩散系数虽比气体小，约为气体的百分之一，而较液体大百倍。

表 4-25　超临界流体的特性与气体、液体的比较

| 项目 | 气体 | 超临界流体 | | 液体 |
	$P=1atm$, $T=15\sim30℃$	$P=P_c$, $T=T_c$	$P=4P_c$, $T=T_c$	$P=1atm$, $T=15\sim30℃$
密度/(g/cm³)	0.0006~0.002	0.2~0.5	0.4~0.9	0.6~1.6
黏度/[10⁻⁴g/(cm·s)]	1~3	1~3	3~9	20~300
扩散系数/(cm²/s)	0.1~0.4	0.7×10⁻³	0.2×10⁻³	(0.2~2)×10⁻⁵

表 4-26　比较超临界流体（CO_2）和其他液体溶剂在 25℃ 时的物理特性

项目	CO_2	C_6H_{14}	CH_2Cl_2	CH_3OH
密度/(g/cm³)	0.746	0.66	1.326	0.791
黏度/[10⁻⁴g/(cm·s)]①	0.800	2.94	4.11	5.47
在稀苯甲酸中的扩散系数/(m²/s)	6.0	4.0	2.9	1.8

① 在 200atm 及 55℃ 条件下。

与其他高纯有机液体萃取溶剂相比，超临界流体有如下优点：

（1）无毒、无污染，几乎不使用有机溶剂　CO_2 在常温、常压下是气体，残留农药易于分离。而且，在低温下非氧化介质中操作，适用于提取受热分解或易于氧化的化合物、亲脂性溶质、中等级性溶质，比如从复杂生物基质中提取有机磷农药。

（2）超临界流体的选择性高　超临界流体的强度与其密度直接相关，精确巧妙地控制温度和压力可达到选择性提取的目的，一般有机溶剂做不到。当增加流体的压力，流体密度增大，强度增强，对分子量大的化合物溶解能力大。当减小流体的压力，流体的强度减弱。当压力减到大气压，流体就完全失去溶解能力，成为气体进入大气，与被萃取的化合物分开。

（3）提取速度快　超临界流体的黏度比液体溶剂低，使得其扩散系数比某些有机溶剂高，可使分子较快扩散进入样品基质的孔隙中，快速将农药分子溶解并提取到流体中。

（4）操作步骤简单　使用超临界流体萃取后，压力降低时，气体进入大气，可省掉减压浓缩溶剂等操作。

（5）可改性　萃取时，使用改性剂（modifier），也称助溶剂（co-solvent），可以增强对较极性农药的提取效率，甲醇、乙腈是常用的改性剂，能提高许多物质在 CO_2 中的萃取效率。①可克服溶质（农药）与样品基质的物理吸附，提高提取量；②可提高萃取剂的极性，CO_2 是相对非极性和中等极性的提取剂，通常加入 0.4%~40% 甲醇可以提取极性农药。

这一技术最主要的局限就是不能提取极性化合物，但是可以通过使用改性剂改变超临界流体的极性提高对目标化合物的溶解能力，这些改性剂通常是极性有机溶剂，添加低百分浓度的改性剂可以使超临界流体的极性有较大提高。

分析条件的选择：天然样品基质不同采用的策略不同。固体样品需要预先干燥，冷冻干燥，与惰性助剂混合研磨，如硅藻土或者海盐。液体样品用惰性或多孔物质吸附或将样品与超临界流体共同注射到萃取池或柱子中。目的是对样品高效、选择性、快速和精确地提取。最适提取条件的选择取决于待提取分析物或化合物的特点，包括结构、分子量、极性、浓度等。在给定的压力下，提高温度可以减小超临界流体二氧化碳的密度，降低其溶解强度，提

高目标化合物的挥发性和传质速率（萃取动力学）。超临界流体在萃取过程中的一个重要参数就是提取压力，可以用来调节超临界流体的选择性。压力越大，超临界流体的溶解能力越大，选择性越小。超临界流体二氧化碳的选择性通常用密度来表示，其范围 $0.15\sim1.0g/cm^2$。二氧化碳的流速是一个关键参数，影响超临界流体过程中的热力学和动力学。

三、超临界流体萃取在农药残留分析中的应用

杨立荣等研究了超临界流体萃取小白菜中氯氟氰菊酯及甲氰菊酯残留的条件，并建立了在小白菜中该两种菊酯农药的萃取分离及 GC 检测方法。将小白菜在液氮环境下粉碎，与硅藻土按质量比 2：1 充分混匀以吸附样品中的水分，以四分法缩分后待用。从 4.0kg 蔬菜样品中精确称取粉碎样品 4.00g 置于 10mL 样品萃取仓中，待仪器达到预设条件后，将样品仓放入萃取池进行萃取，萃取物在甲醇中解压收集，定容至 10mL。经上述方法处理后即可进行检测。作者设计了五因素四水平正交试验，研究了萃取压力、萃取温度、动态 CO_2 流量、静态萃取时间、改性剂添加量等因素对 SFE 的影响，结果说明在压力 5000psi、温度 45℃、改性剂甲醇添加量 0.04mL/g、CO_2 用量 25mL、静态萃取时间 20min 的优化条件下萃取效果最好，萃取过程快速、高效、选择性强、有机溶剂用量少，萃取及 GC 检测可在 1h 内完成，使用 GC-ECD 检测，测得氯氟氰菊酯及甲氰菊酯的萃取率分别为 98.46％和 99.47％，建立了 SFE 对两种农药的有效萃取和测定方法。

温可可等研究并优化了大米、小米和玉米中的氯菊酯、氯氰菊酯、氰戊菊酯、溴氰菊酯等农药的超临界流体萃取条件，建立了以超临界流体萃取、气相色谱法测定粮谷中拟除虫菊酯残留量的方法。称取粉碎的样品 1.00g，置于超临界流体萃取仪的萃取池中，萃取的优化条件是：22MPa，80℃，以 0.5mL/min 流速动态萃取 20min，不加改性剂。对玉米样品萃取的压力改为 18MPa，其他条件不变。使用 BP-1 石英毛细管柱，GC-ECD 进行分析，回收率在 95％以上，RSD＜8％，整个分析时间小于 1h，定量限：氯菊酯 0.05mg/kg，其余 3 种均为 0.02mg/kg。

王建华等建立了用超临界流体萃取、气相色谱测定韭菜中百菌清、艾氏剂、狄氏剂、异狄氏剂等 4 种农药残留量的方法。将切碎的韭菜（50g）与无水硫酸镁（75.0g）混匀，研成均匀的粉状，称取 5.00g 上述样品置于 10mL 萃取池（仓）中，样品上下部各添加 0.5g 无水硫酸镁，在 30.4MPa、40℃、CO_2 用量 15mL 条件下静态萃取 1min，再动态萃取后，萃取物收集于 3mL 乙酸乙酯中，提取液经氮气吹干后加入内标液环氧七氯，快速混匀后测定。在优化的条件下，整个萃取过程只需 10min。使用 DB-5 石英毛细管柱进行测定，色谱条件：氮气流速为 8.0mL/min，进样口 240℃，ECD 检测器 300℃。程序升温：190℃（12min），以 10℃/min 速率升至 225℃（10min），4 种农药的回收率和精密度均达到要求。

超临界流体技术最早应用于农药残留检测中是采用未添加改性剂的 CO_2 流体，Poustka 等使用未添加改性剂的 CO_2 作为超临界流体萃取剂，研究了加标小麦粉样品中甲基毒死蜱和马拉硫磷等有机磷农药残留。SFE 的条件是 CO_2 流体密度 0.6g/mL，压力 1.23×10^4 kPa，温度 50℃，流速 3.0mL/min，萃取时间 30min，富集温度为 10℃。甲苯洗脱后，采用 GC-FPD 对萃取物进行定量。结果表明，在提取小麦粉基质中有机磷农药残留方面，SFE 与传统的液相萃取-凝胶渗透色谱净化（LE-GPC）的样品前处理方法得到了相似的结果，而且 SFE 过程不使用有毒的有机溶剂，不需要净化步骤就可以直接进行色谱分析，缩短了样品前处理的时间，共萃取物干扰少，具有明显优势。但是与相关机构给出的有机磷残留值相比，SFE 结果的可靠性还需要进一步验证。

甲醇作为超临界流体的萃取剂常用于极性农药的提取，在对农药及其代谢产物进行放射

性同位素标记示踪研究中发现有些杀虫剂或其代谢产物可以与生物体内的组分结合，采用传统的萃取方法常常不能将其代谢产物从土壤、植物或食品中完全移除，因此利用 SFE 优良的溶解能力则可以解决常规的萃取方法不能提取的农药残留（即结合态残留）的问题。Ca-priel 等用 ^{14}C 标记的除草剂莠去津对 SFE 提取玉米的过程进行示踪研究，加标回收试验结果表明，以甲醇为萃取剂的 SFE 回收率（95%）明显高于高温蒸馏法（78%）。

由于 CO_2 流体是非极性溶剂适用于提取低极性的物质，而极性的甲醇达到临界点的温度和压力都较高，容易造成待测物化学结构的改变，这都使得单一组分的超临界流体应用受到较大限制。研究表明，在 CO_2 流体中加入少量的改性剂，如甲醇、丙酮、水等，可以显著改变超临界流体的极性，增加待测物的溶解度，扩宽 SFE 在农药残留萃取方面的应用范围。

超临界流体萃取技术作为样品前处理技术与质谱（MS）、液质（HPLC-MS）、气质（GC-MS）等检测技术联用提高了检测的灵敏度和农药残留富集效率，实现了快速检测。

Jiang 等采用超临界流体-高效液相色谱法（SFC-HPLC）成功地对丙硫菌唑的对映体进行了拆分并且实现了土壤和番茄中丙硫菌唑含量的选择性测定。以 CO_2-2-丙醇（80：20，V/V）为流动相，3,5-二甲基苯基氨基甲酸酯修饰的纤维素为手性固定相丙硫菌唑对映体进行拆分，(R)-$(-)$-丙硫菌唑和(S)-$(-)$-丙硫菌唑，实际样品中的添加回收率为 91.84%～101.66%，相对标准偏差（RSD）不大于 3.98%，该方法可用于食品和环境样品中丙硫菌唑对映体的快速选择性测定和残留定量分析。

Zhang 等采用超临界流体色谱-质谱联用的技术（SFC-Q-TOF/MS）实现了烯唑醇两对对映体［R-$(-)$-烯唑醇；S-$(-)$-烯唑醇；R-$(+)$-烯唑醇；S-$(+)$-烯唑醇］的手性分离及其在茶、苹果和葡萄这 3 种实际样品中残留量的检测。在流动相为二氧化碳/异丙醇（96/4，V/V），流速为 2.0mL/min，萃取压力为 2000psi，辅助溶剂为含有醋酸铵的（2mmol/L）甲醇水溶液（1/1；V/V）等最优检测条件下测定得到的 R-$(-)$-烯唑醇和 S-$(+)$-烯唑醇线性范围均为 0.01～1.00mg/L（$R^2>0.99$）。将该方法应用于苹果和葡萄样品中 R-$(-)$-烯唑醇和 S-$(+)$-烯唑醇的测定，添加回收率为 69.8%～102.1%，RSD<10.4%，LOQ 为 0.005mg/kg，对红茶样品中 R-$(-)$-烯唑醇和 S-$(+)$-烯唑醇的测定添加回收率为 85.6%～90.6%，RSD<9.5%，LOQ 为 0.01mg/kg，同时通过追踪调查红茶和绿茶中烯唑醇类农药在加工过程中的含量变化，发现红茶中 R-$(-)$-烯唑醇和 S-$(+)$-烯唑醇含量分别下降了 37.1%～49.3% 和 35.9%～57.9%，绿茶中 R-$(-)$-烯唑醇和 S-$(+)$-烯唑醇含量分别下降了 22.3%～32.6% 和 21.7%～40.3%，烯唑醇的含量差异约 15%，造成这一差异的原因可能是制作红茶的发酵过程农药发生了降解。

Wang 等采用超临界流体萃取-质谱联用（SFC-MS/MS）技术实现了菊花中 112 种农药残留的快速检测，该方法有效地降低了样品的基质效应，提高了检测灵敏度，利用该方法检测得到大多数农药的线性范围为 2～250μg/L，检出限为 0.01～31.41μg/L。与传统的 LC-MS/MS 方法相比 SFC-MS/MS 灵敏度更高，更加绿色环保。

此外美国环保署使用超临界流体萃取的方法有：EPA3560、EPA3561 和 EPA3562，应用于从土壤、较干的淤泥和固体废弃物中萃取环境污染物。其中 EPA3562 是测定有机氯农药的方法。超临界流体萃取主要用于固体、半固体样品的萃取处理，仪器价格比较昂贵。

第七节　加速溶剂萃取

加速溶剂萃取（accelerated solvent extraction，ASE）是在密闭容器内通过升高温度和压力从样品中快速萃取出农药或其他化学品的方法，也称加压液体萃取（pressurized liquid extraction，PLE），主要用于从固体和半固体样品中萃取化学品。美国戴安公司（Dionex）于1996年开发了加速溶剂萃取仪，为化学分析样品前处理作出了突出贡献。经各国科学家多年实践，将含有水分的待测样品（如水果、蔬菜）与硅藻土等填料研成粉粒状加至萃取池中，使萃取时待测物与溶剂接触的表面积增大，可以测定含有一定水分的样品，扩展了加速溶剂萃取的使用范围。加速溶剂萃取是集萃取时间短、溶剂消耗少、自动控制于一体的萃取技术，很快就成为各国的环境、食品和其他固体半固体样品中农药残留的标准萃取方法。该类设备目前已经实现了国产化。

一、加速溶剂萃取原理

加速溶剂萃取在较高温度（100～200℃）和高压（10.3～20.6MPa）下进行。一般溶质分子即农药分子与样品基质或固相表面分子之间有一定的相互作用力，如氢键作用力、范德华力等。升高温度削弱了分子间的相互作用，可加快农药从样品表面解析，而且降低了溶剂的黏度，加快了溶剂向基质中扩散的速度，同时增大了农药在溶剂中的溶解度。溶剂的沸点随压力升高而增大，增大压力可保证溶剂在高于其正常沸点温度时仍保持液体状态，可快速充满萃取池。所以增加温度可加速解析动力学，升高压力可以保证溶剂的液体形态，达到提高萃取效率的目的。

二、加速溶剂萃取装置

加速溶剂萃取仪（图4-15、图4-16）由带有溶剂控制器的溶剂瓶系列、泵、氮气瓶及气路系统、加热炉、不锈钢萃取池、圆盘式传送装置和收集瓶组成。首先将制备好的样品装入萃取池中，拧紧池盖后，放入圆盘式传送装置，该传送装置将萃取池送入加热炉腔内并与对应的收集瓶连接，炉腔内萃取池在一定的压力下自动密封，将溶剂泵入装好样品的萃取池需20～60s，加热和加压5～8min可达到设定的温度和压力。在此恒定的温度和压力下静态萃取一定时间后（如5～10min），萃取液自动经过滤膜进入收集瓶中，再向萃取池中注入池体积60%的溶剂并用氮气吹扫60～100s，萃取液全部进入收集瓶中，然后加入一些新的溶剂清洗萃取池并用氮气吹扫后，萃取池回到转盘，可以开始按程序进行下一个样品的萃取。大部分萃取在20min内即可完成。不同加速溶剂萃取仪有6、12、24个不等的萃取位，可比较同一样品用不同极性的溶剂萃取的效果。萃取池体积有11mL、22mL、34mL、66mL和100mL等规格。

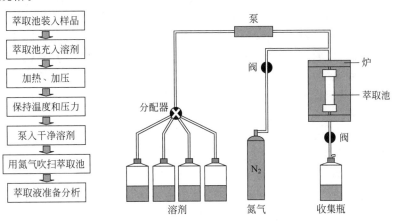

图4-15　ASE加速溶剂萃取仪工作流程

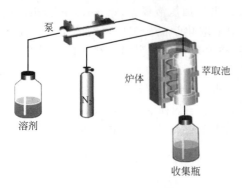

泵

溶剂

N_2

炉体

萃取池

收集瓶

图 4-16　加速溶剂萃取仪

三、加速溶剂萃取的影响因素

加速溶剂萃取方法的影响因素除温度和压力外，还包括萃取溶剂和吸附剂的选择、静态萃取时间和次数、冲洗体积和次数、吹扫时间等。溶剂选择应根据样品基质和分析物的性质来决定，通常选择与待测物的极性相似，对待测物溶解度大的溶剂。含水量大的样品必须与一定量的吸附剂混匀以控制样品中的水分，还可使样品基质分布在很大的表面上，加速待测物转向萃取溶剂的速度。在设定的温度和压力下，静态萃取时间长，萃取效率高。对于一些较难萃取的样品，待测物在样品基质的空隙或其结构上保留性较强，还可以通过增加静态萃取的循环次数来提高效率。此外，静态萃取后还需冲洗和吹氮气以保证萃取溶剂全部回收到收集瓶中。

四、加速溶剂萃取的应用

目前加速溶剂萃取技术已应用于农产品、食品、环境、制药等领域。美国环保署固体废弃物有害物质的标准测定方法 EPA SW-864 Method 3545A 中即使用该技术测定了碱性/中性/酸性（BNAS）物质、有机氯杀虫剂和除草剂、多氯联苯（PCB）、有机磷杀虫剂等。我国的国家标准 GB 23200.9—2016《食品安全国家标准　粮谷中 475 种农药及相关化学品残留量的测定　气相色谱-质谱法》也是使用加速溶剂萃取方法（参见本书第十二章植物源产品中农药多残留分析）。

张桃英等研究了加速溶剂萃取/气相色谱法测定果蔬中 15 种有机氯农药（α-六六六、六氯苯、β-六六六、γ-六六六、δ-六六六、七氯、艾氏剂、环氧七氯、硫丹、p,p'-滴滴伊、狄氏剂、艾氏剂、p,p'-滴滴滴、o,p'-滴滴涕、p,p'-滴滴涕）的残留。从高速捣碎的果蔬样品中准确称取 10.00g 于小型研钵中，加入 6g 硅藻土研成粉粒状，置于 33mL 的萃取池中，然后用硅藻土填满萃取池，用 10% 丙酮/正己烷混合溶剂萃取，萃取温度 100℃，压力 1500psi（约 10MPa），静态萃取时间 5min，2 个循环次数，用池体积 60% 的溶剂清洗，60s 氮气吹扫，收集的全部提取液经无水硫酸钠脱水，浓缩至约 5mL 后，用弗罗里硅土柱净化。分别在荷兰豆、马铃薯、香菇、梨和菠萝中添加了 15 种有机氯农药各 100μg/kg，进行回收率测定，平行测定 6 次，回收率在 85.7%～108.5%，RSD 在 10% 以下。作者还在菠萝样品中按 50μg/kg 和 200μg/kg 水平添加了该 15 种有机氯农药进行回收率试验，比较了加速溶剂萃取法与振荡法（GB/T 5009.19—2008《食品中有机氯农药多组分残留量的测定》）的萃取效果。试验结果说明，加标 200μg/kg 水平的样品，两种萃取方法的回收率相当，而对于加标 50μg/kg 水平的样品，15 种农药使用振荡法的回收率都偏低，但是大部分能达到残留分析的回收率要求。

Su 等将加速溶剂萃取和分子印迹技术与高效液相色谱检测方法相结合，建立了检测果蔬中 5 种苯基脲类除草剂残留的新方法，线性范围为 0.8～2.3μg/kg（$R^2=0.9999$），并将该方法成功地应用于樱桃中敌草隆的检测，检出限为 40μg/kg，该方法具有良好的线性和选择性、正确度、较高的灵敏度（μg/kg 水平）。

Luca 等建立了在线净化加速溶剂萃取法结合 GC-MS/MS 测定蜂蜜中 53 种农药残留的方法，并且与 QuEChERS 方法进行比较。ASE 采用己烷-乙酸乙酯萃取剂和弗罗里硅土净化剂、乙腈萃取机和 PSA 净化剂两种方法。QuEChERS 方法和乙腈-PSA 组合的 ASE 方法回收率均能满足要求，而己烷-乙酸乙酯和弗罗里硅土的组合 ASE 方法部分农药回收率不足70％。ASE 乙腈-PSA 方法的回收率不受浓度的影响，而 QuEChERS 方法回收率与浓度密切相关，特别是，当添加浓度降低时，满足回收率的化合物数量大幅减少。ASE 在线净化方法与传统方法相比，成本低，产生废弃物少，提取、净化一步完成，不仅节约时间，而且具有较高的灵敏度和较宽的线性范围。

Negeri 等（2000）使用了索氏提取、微波辅助萃取和加速溶剂萃取等方法测定咖啡豆中百菌清残留的回收率，表 4-27 结果说明微波辅助萃取和加速溶剂萃取百菌清的效果和经典的索氏提取基本相当。朱红梅等（2002）用加速溶剂萃取仪萃取污染土壤中的有机氯农药滴滴涕和六六六的异构体和代谢物，取 20g 土壤样品装入 66mL 的萃取池中，并用石英砂填满萃取池，用丙酮：石油醚（1：1，体积比）混合溶剂，在温度 100℃，压力 10.3MPa 条件下，静态萃取 5min，用溶剂快速冲洗样品，氮气吹扫收集全部提取液及系统清洗液，每个样品用溶剂 40mL，耗时 22min。在净化和色谱分析方法完全相同的条件下，作者也比较了加速溶剂萃取和索氏提取两种方法的回收率，实验说明两者提取效果基本相当。

表 4-27　不同提取方法对咖啡豆中百菌清的添加回收率

添加水平/(mg/kg)	索氏提取/%	微波辅助萃取/%	加速溶剂萃取/%
0.01	94.0±1.6	90.5±0.6	83.2±1.3
0.05	85.4±2.2	87.3±3.1	82.8±1.7
1.00	90.6±1.8	86.3±2.6	83.0±1.6
2.00	86.8±1.3	89.3±2.8	82.4±1.9
平均	89.2±3.9	88.4±1.9	82.8±0.3

Barriada-Pereiva 等以 2,4,5,6-四氯间二甲苯为内标，使用 Dionex ASE200 加速溶剂萃取仪萃取测定了生菜、马铃薯、菠菜、番茄、青椒蔬菜中 α-氯丹、γ-氯丹、甲氧滴滴涕、异狄氏剂酮、艾氏剂、α-六六六、β-六六六、γ-六六六、δ-六六六、p,p'-滴滴滴、p,p'-滴滴伊、p,p'-滴滴涕、狄氏剂、α-硫丹、β-硫丹、硫丹硫酸盐、异狄氏剂、异狄氏剂醛、七氯、七氯环氧化物等有机氯农药。从新鲜蔬菜样品中取出 1～2kg，切碎匀浆取出 100g，冷冻干燥后磨碎，于棕色瓶中室温避光保存。称取预先添加过定量农药标样溶液的样品 0.3g 和0.075g 硅藻土在研钵中研匀后，装入萃取池中。在温度 110℃、压力 10MPa（1500psi）条件下，用溶剂（丙酮：己烷=1：1）约 30mL，静态提取 5min，之后用 60％溶剂清洗，氮气吹扫 60s，最后将提取液浓缩成 1mL，经 Envi-carb 碳吸附剂的 SPE 柱净化后用 GC-ECD测定。作者同时进行了微波辅助萃取试验并比较两者的优缺点。两者的回收率均基本达到要求；LOQ 低于 MRL，但在加速溶剂萃取中有的农药的 LOQ 已接近其 MRL；两方法均使用较少溶剂，但是微波辅助萃取用量更少。在测定含水量较多的样品时，加速溶剂萃取的样品制备比较复杂，需要测试硅藻土的适用量及混匀等。此外，加速溶剂萃取测定结果的色谱峰中，干扰物质较多，需进一步优化净化步骤。

从上述讨论并结合表 4-28 列出的加速溶剂萃取与索氏提取、自动索氏提取、超声、微波和经典的分液漏斗振摇等传统方法比较可以看出，加速溶剂萃取有如下突出优点：①有机溶剂用量少，10g 样品仅需 15mL 溶剂，减少了废液的处理；②快速，完成一次萃取一般仅需 15～20min；③由于萃取过程为垂直静态萃取，可在充填样品时预先在底部加入过滤层或吸附介质；④方法开发方便，已成熟的用溶剂萃取的方法都可用快速溶剂萃取法；⑤自动化程度高，减少了样品制备的步骤，可同时对 6～24 个样品进行连续多次萃取，或改变溶剂萃取，可通过事先编程全自动控制；⑥萃取效率高，选择性好；⑦使用方便、安全性好。

表 4-28　加速溶剂萃取与几种萃取技术比较

萃取技术	样品处理量/g	溶剂使用量/mL	平均萃取时间/h	同时萃取数/个
振荡提取	50	200～300	2～8	6
索氏提取	2～50	200～300	4～48	6
自动索氏提取	10	50～100	1～4	6
超声波萃取	30	150～200	0.5～1	1
微波辅助萃取	5～10	25～50	0.5～1	12
加速溶剂萃取	10～30	15～45	15～20/min	6～24

加速溶剂萃取技术的缺点是：①整套仪器价格很贵，一般实验室都不具备该仪器；②检测的样品应该是干的或半干的，蔬菜水果等含水量高的样品，必须添加固体填料于样品中，使之成为半固体状；③该技术虽加快了萃取速度，减少了溶剂的用量，但是萃取样品时无选择性，萃取液还必须净化后才能测定；④有时萃取液需浓缩。

第八节　微波辅助萃取

微波辅助萃取（microwave assisted extraction，MAE），也称微波辅助溶剂萃取（microwave assisted solvent extraction，MASE），是在密闭的容器内，直接利用微波能加热的特性来加强溶剂的提取效率，使农药或其他化学品从样品基质中快速分离出来的技术，适用于萃取固体和半固体物质如土壤、沉积物、食品等样品中的农药残留。主要使用实验室微波仪。MAE 技术于 1986 年由匈牙利学者 Ganzler 等开发，该课题组在微波的作用下成功提取了土壤和食物样品中的脂肪和杀虫剂，发现利用家用微波炉，所消耗的溶剂量与索氏提取法相同，获得的回收率与传统萃取方法相当，但微波辅助萃取法提取时间短，仅需几分钟即可达到提取完全。之后，该课题组又利用该方法对马铃薯中的吡啶糖苷等进行了提取。尽管微波技术用于萃取领域的时间不长，但作为一项节约能源、溶剂和节省时间的技术，正以极快的速度发展起来。

一、微波辅助萃取原理

在快速振动的微波磁场中，物质分子的偶极振动与微波振动具有相似的频率，但分子的偶极振动往往滞后于磁场，物质分子吸收微波电磁能后，促进了分子的转动，如果分子具有一定的极性，便产生瞬时极化，以每秒数十亿次的高速振动而产生热能，同时加快待测物由样品基质向萃取溶剂界面的扩散速率，提高了萃取效率。物质分子吸收微波电磁的能力，除取决于微波功率外，还主要取决于物质本身的性质如其介电常数，其值表示物质被极化的能力，即吸收微波的能力。通常，在微波场中，介电常数不同的物质，其吸收微波的能力也不同，因此可以选择性地加热某些组分，有利于目标分析物的提取和分离。微波穿过介电常数大的溶剂时电磁能转化为热能使其温度升高，同时与其共存物质的温度也升高。所以微波加热不同于一般的外加热方式将热量由物质外部传递到内部，而是一个内部加热过程，直接作用于介质分子，整个物料同时被加热，升温速度快。微波萃取可减少 90% 的溶剂消耗，效率高，已成功用于水果、蔬菜及土壤等多种样品中多种农药残留的萃取分析。

二、微波萃取设备

微波辅助萃取装置可分为三种：高压密闭微波辅助萃取（PMAE）装置、敞口微波辅助萃取（AMAE）装置和动态微波辅助萃取（DMAE）装置（图 4-17～图 4-19）。由于高压密闭微波辅助萃取具有以下两大优势：①萃取罐内温度升高，压力增大，溶剂的沸点也随之升高，加速了溶剂对待萃取组分的溶解，提高萃取率；②密闭系统防止蒸气挥发，避免了待萃取成分的损失，提高了萃取效率。因此该方法相较于其他两种方法应用较为广泛。

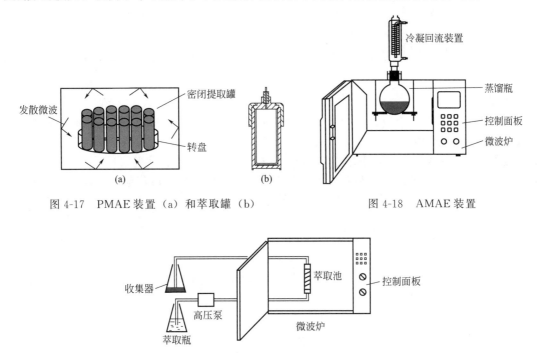

图 4-17　PMAE 装置（a）和萃取罐（b）　　　　图 4-18　AMAE 装置

图 4-19　DMAE 装置

三、影响微波辅助萃取的因素

微波辅助萃取的影响因素除微波炉的萃取功率外，还包括以下几项：

1. 萃取溶剂的选择

微波辅助萃取是利用微波能加热样品和提取溶剂，使农药较快地从样品基质分配到溶剂中的过程。索氏提取是在大气压下进行，溶剂的温度是大气压下的沸点。与索氏提取相反，微波辅助萃取是在密闭的容器中进行，密闭容器是用对溶剂相对惰性和能透过微波的物质专门设计和制造的，微波能透过容器很快将样品和溶剂混合物加热，迅速升高温度并保持一定时间进行萃取。在密闭条件下，微波能可以将溶剂加热到很高的温度。Renoe 等报道在微波萃取时使用实验室常用的溶剂在开口和密闭容器中的沸点是不同的（表 4-29），在开口容器中，溶剂的沸点是正常的，在密闭容器中，大部分极性溶剂如甲醇、乙腈、2-丙醇、丙酮、二氯甲烷等在 175psi 压力时的温度可以升至 140～194℃。正己烷和环己烷等非极性溶剂不能吸收微波，不能被加热，说明微波萃取效率与溶剂的介电常数是成正比的。但是丙酮和正己烷（1∶1）的混合溶剂在微波下很快升高温度。因此，为了成功进行微波萃取，选择可以吸收微波能并将其转化为热能的溶剂是十分必要的。通常可以在控制一定的温度下，用固定比例的混合溶剂萃取，使农药或其他化学品的溶解度达到最大。

表 4-29　微波萃取时实验室常用的溶剂在开口和密闭容器中的沸点

溶剂	沸点/℃	密闭容器 175psi 的沸点/℃
二氯甲烷	39.8	140
丙酮	56.2	164
甲醇	64.7	151
己烷	68.7	①
环己烷	80.7	①
乙腈	81.6	194
2-丙醇	82.4	145
丙酮∶己烷(1∶1,体积比)	52	156

① 在微波炉中不加热。

2. 水分的影响

在使用微波萃取不含或含极少水分的样品如土壤、沉积物或其他干的物质时，要添加一定水分，因为水分能吸收微波能而将能量传递给其他物质分子，加速热运动和提高萃取的速率和效率。Lopez-Avila 等利用微波萃取测定沉积物样品中的农药实验说明（表 4-30），在完全没有水分的样品中异狄氏剂和狄氏剂的回收率仅为 16.4％和 14.1％，在含有 5％的水分时就可以达到 91.9％和 93.7％，含水 10％与之相当，含水 15％时，回收率略有下降。

表 4-30　沉积物样品含水量对微波萃取回收率的影响

水分/％	平均回收率和 RSD/％	
	异狄氏剂	狄氏剂
0	16.4(0.8)	14.1(1.2)
5	91.9(3.2)	93.7(2.6)
10	94.6(3.1)	95.4(4.2)
15	88.8(4.0)	82.5(3.9)

3. 萃取时间和温度的影响

Lopez-Avila 等还报道了微波萃取沉积土中异狄氏剂和狄氏剂不同萃取时间对回收率的影响（见表 4-31），在该试验中选择 2～3min 较合适。在通常情况下微波萃取温度提高会提高萃取效率，但提高温度会降低萃取选择性，可能会萃取出多种干扰物质而影响测定，还可能导致农药分解而降低回收率，所以选择萃取温度以提高萃取效率时，还应该兼顾溶剂萃取的选择性和农药的稳定性。在实际操作中应控制溶剂温度使其不沸腾，在该温度下农药不分解，萃取回收率在一定的范围内随温度增加而增加即可。根据 Fish 等报道，当微波辅助萃取土壤中的林丹、滴滴涕、狄氏剂等有机氯农药时，温度为 120℃时的回收率较好，见表 4-32。

表 4-31　微波萃取时间对土壤中异狄氏剂和狄氏剂回收率的影响

时间/s	平均回收率和 RSD/％	
	异狄氏剂	狄氏剂
30	53.3(0.9)	14.1(1.2)
60	91.9(3.2)	93.7(2.6)
120	94.6(3.1)	95.4(4.2)
240	88.8(4.0)	82.5(3.9)

表 4-32　温度对微波萃取土壤中有机氯农药回收率的影响

温度/℃	回收率/%					
	林丹	七氯	艾氏剂	狄氏剂	异狄氏剂	滴滴涕
90	79	51	62	51	71	86
110	81	73	74	72	75	82
120	94	97	93	95	96	98

四、微波辅助萃取的特点与应用

（1）快速高效　样品及溶剂中的偶极分子在高频微波能的作用下，以极快速度变换其正、负极，产生偶极涡流、离子传导和高频率摩擦，可在短时间内产生很大的热量。偶极分子旋转导致的弱氢键破裂、离子迁移等加速了溶剂分子对样品基体的渗透，待测物很快溶剂化，缩短了微波萃取时间。

（2）加热均匀　微波加热使透入物料内部的能量被物料吸收转换成热能对物料加热，形成独特的物料受热方式，整个物料被均匀加热。

（3）微波加热具有选择性　微波对介电性质不同的物料呈现出选择性的加热特点，溶质和溶剂的极性越大，对微波能的吸收越大，升温越快，促进了萃取速度；而对于介电常数小的不吸收微波的非极性溶剂，微波几乎不起加热作用。所以，在选择萃取剂时一定要考虑到溶剂的极性，以达到最佳效果。

（4）生物效应（非热效应）　由于大多数生物体内含有极性水分子，在微波作用下引起强烈的极性震荡，从而导致细胞分子间氢键松弛，细胞膜结构击穿破裂，加速了溶剂分子对基体的渗透和待测物的溶剂化。因此，利用微波从生物基体中萃取待测成分时，能提高萃取效率。

以下是微波辅助萃取与另外几种方法的特性比较（表 4-33）。

表 4-33　微波辅助萃取与其他萃取方法的比较

项目	索氏提取	超声波萃取	微波辅助萃取	超临界流体萃取	加速溶剂萃取
时间	24～48h	30～60min	4～20min	30～60min	15min
预分离	不过滤	过滤和溶剂蒸发	洗脱	不过滤	不过滤
溶剂用量	多	多	少	少	较少
费用	低	低	高	高	高
工作强度	大	大	低	低	低
污染程度	大	大	小	小	小

与其他的萃取技术相比，微波辅助萃取技术最突出的优点在于溶剂用量少、快速、可同时测定多个样品、有利于萃取热不稳定的物质、萃取效率高、设备简单、操作容易。

微波辅助萃取仪利用微波的穿透性和激活能力加热密闭容器内的试剂和样品，可以根据设置的压力和温度自动调节微波功率。通常首先应测试在萃取时该系统对被测农药的稳定性，一般做法是，在有一定量混合农药标样的萃取瓶中，加入 25mL 正己烷∶丙酮（1∶1），加热微波炉至设定的参数，萃取后冷却、测定，检查是否有农药分解。

Diagne 等比较了使用索氏提取器和微波辅助萃取测定豆荚中的杀螟硫磷，所使萃取仪为家用微波炉（Sharp Model R-530CW）。将 2.5g 经处理的豆荚样品放入 25mL 萃取瓶中，加入 10mL 正己烷∶丙酮（1∶1），萃取瓶用聚四氟乙烯瓶盖拧紧，激烈振摇后放入安全的塑料容器中，在约 900W 功率下萃取 30～300s 后放冷至室温后测定。在添加水平为 0.19mg/kg、

0.94mg/kg 和 1.9mg/kg 时，平均回收率达 88% 以上，与索氏提取器的回收率结果相当。但是在本试验中微波萃取后用 HPLC 测定前不需净化，而用索氏提取器后必须进一步净化，而且微波辅助萃取溶剂使用少，有人估计使用微波萃取 500 个样品的溶剂，使用索氏提取器只能提取 25 个样品。因此微波辅助萃取是一种简便、快速和绿色环保型技术。

微波辅助萃取和色谱技术结合可以成功地对复杂体系中目标化合物进行高灵敏的检测。

Wang 等建立了一种微波辅助破乳分散液-液微萃取法并与气相色谱-质谱联用，成功地测定了环境水样中三唑类杀菌剂的含量。对微波功率、微波时间、超声时间、萃取溶剂种类和体积进行优化，在最优条件下检测腈菌唑、戊唑醇和苯醚甲环唑的线性范围均为 1～100μg/L，LOD 和 LOQ 分别为 0.14～0.27μg/L 和 0.47～0.90μg/L，三唑类农药的最佳富集倍数为 425～636。回收率为 89.3%～108.7%，RSD 为 5.4%～8.6%，该方法快速高效且经济环保。

Wang 等采用微波辅助萃取-超声辅助分散液-液微萃取与高效液相色谱联用的方法成功地测定了荔枝果实中拟除虫菊酯残留量。用微波辅助萃取法（MAE）联合超声辅助萃取法（UADLLME）对样品进行前处理，即 310μL 氯苯作为萃取剂，1.3mL 乙醇为分散溶剂，超声萃取 3min；微波萃取 4min，萃取温度为 70℃，溶剂与物料的比例为 40∶1 （V/V），结果发现利用该方法检测 6 种拟除虫菊酯类农药均有较好的线性范围（0.0050～4.98mg/L），添加回收率为83.3%～91.5%（RSD<5.6%），检出限为 1.15～2.46μg/L。

第九节　固相微萃取

固相微萃取（solid phase micro-extraction，SPME）是在 1989 年由加拿大 Waterloo 大学 Belardi 和 Pawliszhyn 首次提出，是在液液分配和固相萃取的基础上开发的一种无溶剂，集采样、萃取、浓缩、进样于一体的样品前处理新技术。自 1993 年 Supelco 推出了商品化的固相微萃取装置后，固相微萃取技术得到了很快发展。该技术使用少量多聚物吸附剂涂布在熔融石英纤维头上进行萃取，简化了样品预处理过程，提高了分析速度及灵敏度。固相微萃取技术的主要优点是：不用或少用溶剂，操作简便，易于自动化和可与其他技术在线联用。与其他常用的富集技术相比，克服了传统的液液萃取法需使用大量溶剂和试剂、处理时间长、操作步骤多的缺点，尤其适于水样中农药残留分析。

一、固相微萃取原理

固相微萃取的原理是基于待测物在样品基质和萃取涂层之间的分配系数，在使用液体高分子涂层进行萃取时，在萃取平衡状态下涂层中待测物的量与总量呈固定比值，仅与分配系数和涂层体积有关。

$$C_0 V_s = C_s V_s + C_1 V_1 \tag{4-1}$$

式中，C_0 为样品中待测物初始浓度；C_s 为平衡时样品中待测物浓度；C_1 为平衡时涂层中待测物浓度；V_s 为样品体积；V_1 为涂层的体积。

设 K 为待测物在涂层及样品层间的分配系数；n 为纤维涂层中所吸附的待测物物质的量，则分配系数

$$K = C_1 / C_s \tag{4-2}$$
$$n = C_1 V_1 \tag{4-3}$$

对于一个单组分的单相体系，当系统达到平衡时，涂层中所吸附的待测物物质的量（n）可由下式决定，将式(4-2)、式(4-3) 代入式(4-1)，则

$$n = KV_1C_0V_s/(KV_1 + V_s) \qquad (4\text{-}4)$$

由于样品体积 $V_s \gg KV_1$，式(4-4)可以改写为：

$$n = KV_1C_0V_s/V_s$$

即
$$n = KV_1C_0 \qquad (4\text{-}5)$$

由式(4-5)可以看出，纤维涂层中所吸附的待测物物质的量 n 和样品中待测物初始浓度 C_0 呈线性关系，体系中的待测物在样品及涂层间的分配系数 K 及萃取涂层体积 V_1 值是影响方法灵敏度的重要因素。因此，对某一种或一类农药选择一个特定的萃取头十分必要，萃取头固定相液膜越厚，n 越大。在实际测定中一般采用对待测物有较强吸附作用的涂层和增加萃取纤维的长度及厚度的办法来提高萃取的富集效果。但是，由于萃取物是全部导入色谱柱的，一个微小的固定液体积即可满足分析需要，而且萃取头最终要代替微量注射器进样，在技术上液膜也不可能太厚，通常为 $5\sim100\mu m$，这比一般毛细管柱的液膜（$0.2\sim1\mu m$）厚得多。

二、装置和方法

固相微萃取装置是特制的不锈钢注射器筒，由手柄和萃取头两部分组成，萃取头类似色谱进样器。在注射器筒内的不锈钢细管顶端分别连接穿透针和纤维固定针，纤维固定针是一根涂有不同固定相或吸附剂的熔融石英纤维，石英纤维接不锈钢针，外套不锈钢管以保护石英纤维，纤维头固定在不锈钢活塞上，活塞可以将熔融石英纤维头伸出或缩进中空注射针，当纤维暴露在样品中时，涂层可从液态或气态基质中吸附萃取待测物，然后将纤维/分析物转入分析仪器进行解吸附、分离和定量。

固相微萃取技术流程见图4-20，主要分为两个步骤。①吸附/萃取步骤：a. 分析人员或自动进样器首先将纤维缩进萃取器针头，将针头插入样品瓶；b. 压下针塞管，将纤维头插入液体样品中或在顶空萃取中暴露在样品上端，待测物被纤维上的涂布层吸附；c. 在达到平衡时将纤维缩进针管，然后拔出萃取头。②热解吸附步骤：d. 将针头插入 GC 进样口中；e. 压下针塞管，萃取物在此进行热解析；f. 将纤维缩进针管，拔出 SPME 针筒。

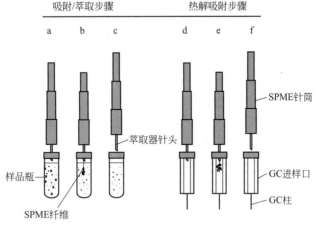

图 4-20　典型固相微萃取程序图解

三、萃取方式

根据涂层纤维和样品基质的相对位置，固相微萃取有三种萃取模式：①直接插入法，将石英纤维直接暴露在样品中，主要用于半挥发性的气体、液体样品的萃取，更适于气体样品及洁净水样中农药残留分析。②顶空法，将石英纤维放置在样品瓶的顶空中，主要用于分析挥发性固体或废水水样，可以萃取样品中的挥发性有机污染物和有较大扩散系数的挥发性物质，萃取时间比直接法大大缩短。例如，对于水中苯的同系物，取样时间可从直接法的5min缩短到顶空法的1min，检测限达到ng/L级。③膜保护法，用一个具有选择性的高分子材料膜将试样与萃取头分离，实现间接萃取。膜的作用是保护萃取头使其不被基质污染，同时提高萃取的选择性。与顶空萃取SPME相比，该方法更有利于对难挥发性物质组分的萃取富集。另外，由特殊材料制成的保护膜对萃取过程提供了一定的选择性。表4-34对三种萃取方式进行了简单比较。萃取一定时间后，已富集了待测物的纤维头可直接转移到气相色谱仪或液相色谱仪中解吸附进行分离和分析。

表4-34　固相微萃取方式的比较

项目	顶空 SPME	直接 SPME	膜保护 SPME
基质	任何基质	气态或液态干净样品	气态或液态复杂样品
待测物	挥发	半挥发性多数化合物	难挥发化合物
萃取时间	短（约1min）	长（5～20min）	长（5～20min）
回收率	低	高	高

四、影响萃取效率的因素

1. 萃取涂层的选择

　　萃取涂层是SPME的核心部分，涂层的性质决定了整个萃取过程的选择性和灵敏度。涂层的吸附萃取性能、厚度、耐溶剂性、热稳定性等，都会影响目标物的富集和分析。萃取纤维涂层的发展很快，最初仅利用熔融石英纤维作为吸附层进行萃取，如应用于茶和可乐中咖啡因的定性及定量分析。而后出现了将气相色谱固定液涂布在萃取介质上形成吸附涂层提高萃取效率的方法。涂层一般可以分为非极性、中等极性和极性三种涂层，使用较多的涂层是非极性的聚二甲基硅氧烷（PDMS）和极性的聚丙烯酸酯（PA）及聚乙二醇，此外还有聚二甲基硅氧烷-二乙烯基苯（PDMS-DVB），聚乙二醇-二乙烯基苯（carbowax-DVB），聚乙二醇-模板树脂（carbowax-TR），碳分子筛-聚二甲基硅氧烷（carboxen-PDMS），二乙烯基苯-碳分子筛-聚二甲基硅氧烷（DVB-carboxen-PDMS）等混合涂层。除了根据极性对涂层进行分类之外，还可按萃取机理将它们分成两类：均相的聚合物涂层和多孔颗粒聚合物涂层。均相的聚合物涂层如PDMS和PA一般通过吸收来萃取分析物，通过增加涂层厚度来增加它的萃取总容量。其他的为多孔颗粒聚合物涂层，是通过吸附来萃取，其机械稳定性较差，但是具有较高的选择性，而且可以通过增加涂层的多孔性来增加萃取容量并提高对分析物的保留能力，也可以通过增大孔径，来增加涂层对分析物的选择性。商品固相微萃取纤维涂层的种类和测定对象见表4-35。

表4-35　商品固相微萃取纤维涂层的种类和测定对象

纤维涂层	厚度/μm	性状	极性	最高使用温度/℃	化合物类型
聚二甲基硅氧烷（PDMS）	100	非键合	非极性	280	低分子量挥发性和非极性化合物
	30	非键合	非极性	280	半挥发性和非极性化合物
	7	键合	非极性	340	半挥发性和非极性化合物

纤维涂层	厚度/μm	性状	极性	最高使用温度/℃	化合物类型
聚二甲基硅氧烷-二乙烯基苯(PDMS-DVB)	60	高度交联	两性	270	极性和挥发性化合物
	65	部分交联	两性	270	极性和半挥发性化合物
	65	高度交联	两性	270	极性和半挥发性化合物
聚丙烯酸酯(polyacry-late,PA)	85	部分交联	极性	320	极性和半挥发性化合物
碳分子筛-聚二甲基硅氧烷	75	部分交联	两性	320	低挥发性有机物
	85	高度交联	两性	320	低挥发性有机物
聚乙二醇/二乙烯基苯	65	部分交联	极性	265	极性化合物
	70	高度交联	极性	265	极性化合物
聚乙二醇/分子模板树脂	50	部分交联	极性	240	表面活性剂
二乙烯基苯-碳分子筛-聚二甲基硅氧烷(DVB-CAR-PDMS)	50/30	高度交联	两性	270	$C_3 \sim C_{20}$大范围化合物

涂层的选择是决定萃取选择性和灵敏度的关键步骤。理想的萃取头涂层应具备以下条件：①对待测物有较强的萃取能力；②能在较短的时间内达到平衡；③热解时待测物能迅速从萃取头解析；④必须具有良好的热稳定性。与其他的萃取方法一样，固相微萃取同样遵循"相似相溶"规则。涂层的极性必须与分析物的性质相匹配，极性较强的涂层将萃取极性较强的化合物，而非极性涂层则萃取非极性化合物，某些双极性（bipolar）涂层可以同时测定不同类型的农药，扩大了 SPME 的农药谱。涂层体积也是影响 SPME 灵敏度好坏的重要因素。

根据上述式(4-5)可知，纤维涂层萃取待测物物质的量除与原始样品浓度、分配系数有关外，主要与涂层体积成正比，涂层体积增大则萃取的农药量增大，提高了检测灵敏度。此外，萃取过程中样品基质和涂层对待测物有竞争性吸附，因此应充分考虑涂层对待测物的亲和力，如使用极性涂层从水中萃取极性化合物时，必须具有比水更强的亲和力。因此涂层的种类和厚度是影响萃取效果的关键因子，纤维涂层应依据待萃取组分的分配系数、极性、沸点等参数进行选择。

2. 样品组成

在直接使用 SPME 萃取悬浮液样品时，会产生三相（纤维/水/基质）平衡，必须考虑几个影响因子，除了纤维涂层类型与厚度外，农药的物理化学性质也会影响测定结果。如在提取离子化合物如羧酸类除草剂时，需调节样品的 pH 到非离子态，使除草剂能容易地分配到非极性的萃取相中。对于极性农药，则需在样品中加入无机盐（如硫酸铵、氯化钠）以降低待测物的溶解度，促使待测物从水相分配进入亲脂性萃取剂，提高分配系数和萃取效率，但在萃取中等或低极性化合物时，无机盐的加入会产生相反效果，发生化合物沉淀或吸附在样品的亲脂表面，使平衡萃取时间延长。

3. 平衡和萃取时间

当待测物在纤维上的浓度不断增加至最高点时即达到平衡，平衡时间往往由众多因素决定，如分配系数、物质的扩散速度、样品基质、样品体积、萃取头膜厚度等。在萃取过程的初始阶段，萃取头固定相中的浓度迅速增加，样品浓度越高增加越快，但在接近平衡时其速度变得非常缓慢，此时再延长时间对萃取量的增加已无意义。实际测定时为缩短萃取时间没有必要等到最后平衡，通常萃取时间为 5～20min 可以获得满意的结果。需要注意的是，为提高定量的重现性，每次萃取时间必须保持一致。

4. 温度

加热样品可提高待测物质的挥发度，加快传质速率。值得注意的是，在顶空萃取时由于温度升高会使待测物在顶空与涂层的分配系数下降，导致涂层吸附能力降低，所以，在实际操作中应选择一个最佳萃取温度，为了消除误差，顶空的体积和温度必须保持恒定，恒定的温度是获得 SPME 良好精密度的重要条件。

5. 搅动作用

在萃取时搅动样品如搅拌、振动和使用超声波等，可促进样品均一化，尽快达到分配平衡，减少平衡时间。

五、固相微萃取的特点与应用

固相微萃取技术具有多功能和通用性的优势，其主要特点是：①不使用有机溶剂萃取，改善了实验室环境，避免了对溶剂后期的处理工作，同时也减小了工作量，实现了保护环境的目的，降低了检测成本。②设备体积小，价格便宜，方法的核心是一只携带方便的萃取器，特别适于野外的现场取样分析。如直接将萃取纤维暴露于空气中，进行大气污染物的测定；直接置于河流、湖泊中进行水质的有机污染物分析。将萃取物带回实验室进行仪器分析，避免了传统方法中环境样品在运输及保存中的变质与干扰问题。③操作简单，时间短，完成从萃取到分析的整个过程一般只需十几分钟，具有样品量小、重现性好等优点，适用于多种样品的分析工作。④在顶空萃取时，具有选择性功能。⑤与分析仪器联用，可直接进样进行 GC 测定，减少不挥发性物质对 GC 系统的污染，与 HPLC 及其他测定仪器联用也已有报道。SPME 是色谱分析进样方式的革新，从化合物的提取到进样分析，中间完全省略了样品前处理的一些基本步骤，萃取头独特的取样方式使其应用范围得到大大扩展。几种萃取方法的比较见表 4-36。

表 4-36　固相微萃取与几种萃取方法的比较

项目	液液分配	固相萃取	固相微萃取
操作时间/min	60～180	20～60	5～20
样品量/mL	50～100	10～50	1～10
萃取溶剂量/mL	50～100	3～10	微量
适用范围	非挥发性物质	非挥发性物质	挥发与非挥发性物质
RSD/%	—	—	<30

SPME 技术作为一种新型绿色环保样品前处理技术，在农药残留检测中已有广泛应用。从 1994 年首次将 SPME 应用于农药残留分析起，目前 SPME 已应用于各类杀虫剂，包括有机氯、有机磷及氨基甲酸酯、少数除草剂等农药的残留分析。大多数有机磷农药的沸点并不高，对热较稳定，有机氯农药的极性较小，较易挥发，这两类农药的分析多选用 SPME-GC 或 GC-MS 联机分析。多数氨基甲酸酯类农药对热不稳定，且极性较大，不易挥发，但其在 220nm 波长处有较强吸收，适合采用 SPME-HPLC 分析；至于除草剂，多数极性较大，目前 SPME 主要用于三嗪类、苯脲类除草剂的残留分析。

SPME 应用于固态样品如蔬菜和水果中农药残留分析时，必须先将试样中的农药从基体中提取出来，制备成水溶液后进行直接浸入萃取，最适宜测定果汁和各种酒类等液体样品。随着微波辅助萃取与SPME的结合使用，使得SPME技术也可用于复杂基质的固体样品测定。冯时、叶非等报道了使用SPME萃取桃、橘子、菠萝果汁中54种农药，每次测定用1mL果汁样品，仅需10min，添加回收率在71%~108%之间，检测限为0.01~1.67μg/L，作者还报道了使用微波辅助萃取、顶空SPME及GC/MS测定土壤中的灭蚁灵、DDT、七氯、环氧七氯、狄氏剂、六氯苯等11种农药，通过优化条件检测限为0.02~3.6ng/g，变异系数为16%~36%。袁宁等建立了微波辅助萃取-固相微萃取-气相色谱（MAE-SPME-GC）技术，同时测定茶叶中六六六（α、β、γ、δ 4种异构体）、滴滴涕（DDD、DDE、o,p'-DDT、p,p'-DDT）、氯氰菊酯和氰戊菊酯等农药残留的方法，采用外标法定量，除氰戊菊酯外，农药的质量浓度与其色谱峰面积在一定范围内有较好的线性关系，10种组分的加标回收率为64%~121%，RSD<22.9%，检测限为1~50ng/L，使用该方法可有效减少复杂基体的干扰。

虞游毅等建立了固相微萃取气相色谱质谱联用法同时检测苹果中五氯硝基苯、六氯苯、七氯和百菌清4种有机氯类农药残留量的方法。该方法筛选得到的最佳检测条件为65μm PDMS/DVB萃取头，50℃下萃取50min，萃取搅拌速度为600r/min，NaCl浓度为10%，结合气相色谱质谱联用法对4种有机氯农药进行分离和检测，得到4种目标分析物在线性范围内（0.02~2.00mg/L）呈现良好的线性关系，相关系数均大于0.9992，回收率为83.3%~93.4%，RSD<8.4%（$n=6$）。该方法快速简便，回收率、精密度均符合检测要求。

对于固相微萃取来说，涂层材料的性能直接影响到萃取头的选择性和吸附能力，从而进一步影响目标检出的最低检出浓度。随着新型材料制备技术的发展，SPME涂层材料已从最开始的聚合物、多孔碳材料扩展到离子液体、碳纳米管、氧化石墨烯、金属及金属氧化物纳米粒子、金属有机框架材料等新型材料。纳米材料经适当表面修饰，可高选择性地结合目标分子，纳米复合材料的开发及在分离和检测领域的应用已越来越受到重视。金属有机框架材料（metal-organic frameworks，MOFs）是由有机配体和金属离子或团簇通过配位键自组装形成的具有分子内孔隙的杂化材料，多样性的框架空隙结构表现出良好的吸附性能，随着SPME技术的不断发展，微型化的芯片SPME和在线SPME也不断涌现，为食品安全分析前处理方法研究提供了新的思路。以环芳烃作为功能单体通过溶胶凝胶法构建了分子印迹聚合物固相微萃取（molecularly imprinted polymer solid phase micro-extraction，MIP-SPME）纤维，用于萃取甲基对硫磷及相似有机磷农药，功能基团及分子结构的相似性使得聚合物纤维膜对目标物具有较高的选择性和特异性识别作用，结合气相色谱检测，应用于水果样品中的有机磷农药分析。与液-液萃取相比，该MIP-SPME表现出更低的检出限和更高的回收率。

正因为SPME前处理技术操作快速简便，易于自动化，有研究者将SPME与质谱直接联用，实现食品中痕量有害物质残留的在线快速筛选。Gómez-Ríos等以涂覆有生物相容性聚合物（C_{18}-PAN）的钢丝构建了固相微萃取装置，与高分辨质谱联用，实现食品和环境基质中农药残留的在线快速筛选和定量分析。该模式下，吸附分析物的萃取头通过传输装置与质谱联用，同时快速完成热解析和离子化，进入质谱定量检测。该快速筛查方法检出限在ng/mL级以下，可以在2min内完成检测分析，是SPME技术作为食品痕量有害物质快速筛选手段的新应用。

Chen等制备了一种新型的固相微萃取涂层材料（MWCNTs/PANI-PPy@PDMS）用于检测大蒜中六氯苯、百菌清、氟虫腈残留的快速检测，在最佳条件下，该方法在标准溶液和加药的均质大蒜样品中均表现出较宽的线性范围，测定系数均在0.9944以上。检测限为

0.38～1.90ng/L，RSD＜15.5％，回收率在 84.0％～108.2％之间，表明该方法具有良好的精密度和正确度。

Huang 等采用溶胶凝胶法成功地制备以喹诺酮为模板分子的分子印迹固相微萃取涂层，并且将其与液相色谱联用实现了五种有机磷农药（喹硫磷类、三唑磷类、对硫磷类、倍硫磷类、毒死蜱类）的选择性检测。五种农药的检测线性范围均为 0.02～2.0μg/mL，检出限为 3.0～10.0μg/mL，将该方法用于番茄、白菜及水体中有机磷类农药的测定，回收率为 82％～98％，RSD＜7.8％。

ZhaoH 等使用 PDMS 萃取头建立了毒死蜱、甲基对硫磷和马拉硫磷的自由态浓度测定方法。三种农药自由态浓度测定的线性范围分别为毒死蜱 0.0025～1.7μmol/L（$R^2=0.9975$），甲基对硫磷 1.0～27μmol/L（$R^2=0.9974$），马拉硫磷 0.5～70μmol/L（$R^2=0.9973$）。其中毒死蜱、甲基对硫磷和马拉硫磷在仪器上的 LOD 分别为 1ng、5ng 和 10ng。此外作者将测定的自由态浓度带入到蛋白分子单结合位点模型和双结合位点模型中进行拟合，计算出有机磷农药与人血清白蛋白的结合常数和相互作用力，将 SPME 用于配体与受体结合作用研究中，提出了新思路。

SPME 的优点很多，但在实际应用中仍受到一定限制，主要表现在以下几方面：萃取涂层纤维价格较贵，使用寿命较短，尤其是遇到复杂基质样品需加盐和改变 pH 时，易损坏纤维；纤维的长短差异造成不同纤维对样品的富集变异较大，因此在使用前应非常小心地对纤维进行热活化；样品连续测定时会产生携带（carry over）效应，必须增加净化措施，此外使用 SPME 定量分析复杂基质样品时还有多种因子需要考虑和解决。在农产品常规多残留检测中，由于需要对样品中每一种待测物（未知）进行添加标准回收率试验，以及方法较高的 RSD 等原因，目前 SPME 不适于作为常规检测定量分析使用，但适合用于对农药残留样品筛选分析和现场分析。

第十节　液相微萃取

近年来在农药残留分析化学领域，简化和小型化的环境友好型样品制备方法受到普遍关注，实验过程中可以减少样品、溶剂的使用量和操作时间，提高样品前处理效率。传统的前处理方法比如液液萃取有机溶剂用量大，毒性高、污染环境，样品易乳化，不能自动化或大批量操作，很难同时实现净化、浓缩、高效预分离，不仅费时、费溶剂，还易造成检测对象的损失与误差，而液相微萃取（liquid phase micro-extraction，LPME）过程仅使用数微升的有机溶剂，使液液萃取达到小型化，萃取效率高，快速价廉，还可实现与气相色谱仪和液相色谱仪器联用。总体可以归纳为三类方法：单滴溶剂微萃取、中空纤维膜液相微萃取、分散液液微萃取，由于单滴溶剂微萃取和中空纤维膜液相微萃取操作方法、原理类似，本书将单滴溶剂微萃取和中空纤维膜液相微萃取作为液相微萃取一起介绍，分散液液微萃取单独介绍。

一、液相微萃取原理

液相微萃取技术是一种微型化的液液萃取技术，是以液液萃取的原理和类似小型化的固相微萃取相结合发展起来的，有两相和三相两种萃取方式。

（1）在液相微萃取的两相方式中，通过悬挂在微量注射器针头上的微液滴（1～3μL），也可通过疏水性膜的小孔或内腔将分析物从水相样品液（供体液相）提取进入有机相（受体相）。化合物（A）在两相方式中为：

$$A_a \longleftrightarrow A_o \qquad a=水相, o=有机相$$

A_a是水相中的分析物，A_o是有机相中的分析物，在平衡时，化合物在两相中的分配比例为：

$$K = C_{o,eq}/C_{a,eq} \qquad (4\text{-}6)$$

式中，$C_{o,eq}$为平衡时分析物在有机相中的浓度；$C_{a,eq}$为平衡时分析物在水相中的浓度。

根据物质平衡相互关系，在萃取平衡状态下，可得如下公式：

$$C_t V_a = C_{o,eq} V_o + C_{a,eq} V_a \qquad (4\text{-}7)$$

式中，C_t为分析物在样品溶液中的原始浓度；V_a为水相样品的体积；V_o为有机相的体积。

液相微萃取是一个平衡过程，可以非常有效地富集分析物，因为受体液相和供体液相的浓度比在增加。富集因子（enrichment factor，EF）可以定义为：

$$EF = C_{o,eq}/C_t \qquad (4\text{-}8)$$

根据式(4-6)、式(4-7)计算，式(4-8)可得

$$EF = 1/(V_o/V_a + 1/K) \qquad (4\text{-}9)$$

从式(4-9)可以看出，要想获得高的富集因子，应尽量减小有机相与水相的体积比（V_o/V_a），增大分配系数K。液相微萃取的两相方式可用于萃取中等极性、非极性化合物和萃取前极性可降低的化合物，最重要的是萃取溶剂或混合溶剂（受体相）与样品水相溶液（供体相）必须是不互溶的。

（2）在三相膜液相微萃取中，是通过疏水性膜的微孔中的有机溶剂（有机相）将分析物（A）从样品水溶液（供体相）中萃取出来，然后再进入膜内腔或另一侧的水溶液中（受体相）。本方法适用于酸性或碱性能电离的化合物，通过调节供体相和受体相的pH进行萃取，该类分析物在有机相中的扩散是由离解平衡所决定，可用下式表示：

$$A(供体相) \longleftrightarrow A(有机相) \longleftrightarrow A(受体相)$$

二、单滴溶剂微萃取

1. 单滴溶剂微萃取概述

单滴溶剂微萃取（single drop micro-extraction，SDME）与固相微萃取的原理不同，不是使用涂层纤维而是使用一滴溶剂来萃取样品中的分析物。通常的操作是在常规微量注射器的针头上悬挂一微滴溶剂，插入样品溶液进行萃取。由于提取溶剂处于静止状态称为静态单滴溶剂微萃取。液滴在每次提取后即更换新的萃取溶剂，因此克服了固相微萃取时涂层纤维失效的问题。SDME最初由Jeannot和Cantwell在1996年提出，将一滴有机溶剂悬浮在聚四氟乙烯（PTFE）杆的一端进行萃取，之后于1997年又提出了将液滴悬挂在气相色谱的注射器上，可以直接进样测定（图4-21）。Zhao E等利用SDME技术检测了橘汁中的灭线磷、二嗪磷、甲基对硫磷、杀螟硫磷、马拉硫磷、水胺硫磷、喹硫磷等7种有机磷农药，以毒死蜱为内标，GC-FPD测定其残留量，使用$10\mu L$带有斜角针尖的GC注射器，吸入一定量溶剂，插入10mL样品瓶中，压出一滴溶剂，固定萃取15min后取出注射器，直接进样测定。其中作者考察了有机溶剂的选择、液滴体积、搅拌速度、萃取时间等条件对萃取效率的影响，最后选择$1.6\mu L$甲苯作萃取溶剂，样品溶液中加入5% NaCl、搅拌速度400r/min、萃取15min。在实际测定时发现有机溶剂微滴在果汁样品中不稳定，因此用蒸馏水稀释10~25倍，但是稀释后果

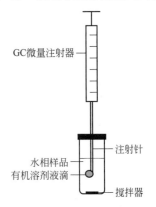

图 4-21　单滴液微萃取
（也可以不用搅拌器）

汁颗粒仍然影响测定结果，作者将样品溶液离心去除颗粒后，再按上述条件测定，得到了7种农药的回收率为73％～109％。

动态液相微萃取是用微量注射器抽取到一定量萃取溶剂后，将其针头插入水样中，抽取定量水样进入注射器。此时，注射器内壁会留有一层液膜，保留一定时间后，水样中的目标物分配进入注射器内壁的液膜有机相中，推出水样保留萃取溶剂，如此反复多次，最后使有机溶剂进入色谱分析。如果使用手动操作，重复较差，为了解决重复性差的问题，出现了自动化动态液相微萃取。通过萃取相在注射器内的自动移动实现萃取，大幅度提高了分析方法的重现性。Jiang 等开发了一种基于受体相自动移动-动态-液相-液相-液相微萃取技术，通过向 2cm 长的中空纤维膜中加入 4μL 的受体相，将中空纤维膜壁用 1-正辛醇浸泡，然后将中空纤维膜放到 4mL 水溶液中。样品中的目标分析物首先萃取到纤维膜壁中的有机相中，然后被萃取到受体相中。在萃取过程中，通过注射器泵控制受体相的来回移动。定量分析结果显示，富集倍数可以达到 400 倍，该方法适于分析一些酸性或者碱性化合物，通过调节水样和受体相中的 pH 实现。该方法也可以划分到膜液相微萃取。

2. 顶空单滴溶剂微萃取

顶空单滴溶剂微萃取（headspace SDME）是 SDME 的另一种配置（图 4-22），与传统的顶空取样相似，可以从样品上端形成的蒸气中萃取挥发性物质，目前在农药残留分析中已开始应用。

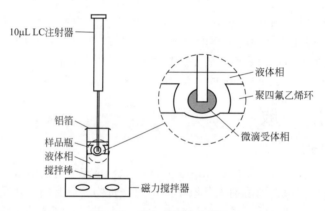

图 4-22　顶空单滴液微萃取

SDME 技术操作简单，使用溶剂极少，萃取速度和预浓缩快，仪器设备简单，可以通过改变样品体积、萃取时间、萃取次数（如动态 SDME）来调节方法的灵敏度，是很有前途的萃取技术。但 SDME 技术也存在一些问题和技术要求：①需用手工操作来控制关键技术。②要求提取溶剂的表面张力大，可以在样品溶液中形成一个明显的液滴。③液滴的稳定性和方法的灵敏度是方法的两大关键，所以在试验时必须控制好影响萃取的参数，才能得到重现性的结果。④与固相微萃取一样，在 SDME 中并不需达到分配平衡，是一种不完全萃取技术，回收率只能通过计算相对回收率的方法实现，因此准确地掌握萃取时间才能提高方法的精密度和预浓缩因子。⑤样品溶液中不能有腐植酸和其他悬浮颗粒，遇到复杂样品必须先过滤或采取其他措施。⑥为了防止液滴的挥发和流失，不能无限制延长萃取时间，也不能加快搅拌速度，加快搅拌速度会让液滴从注射器针头脱落。⑦方法的灵敏度和精密度相对不是很高。

三、膜液相微萃取

膜液相微萃取（membrane liquid-phase micro-extraction，MLPME）技术是用膜将样品

溶液（供体相）与萃取溶剂（受体相）分开，而待测物可以从供体相通过膜进入受体相，"膜"是两相间的选择性屏障，当一种驱动力施加于膜时，物质即可以从供体相传输至受体相。为了提高回收率，大多数膜萃取选择在动态方式下进行，如样品溶液在通道内流动以形成较高的富集系数，根据需要受体相可流动或不流动，如受体相在流动状态，被萃取的化合物可以从膜中传送出来，也可提高萃取效率。此外还可以通过化学反应或提高分配系数使待测物进入受体相。

按照膜的不同结构可以将膜分为微孔膜与非孔膜两类，两者的性质不同，使用的领域也不同。微孔膜技术基于体积排阻原理进行分离，以简单的浓度差作为物质转移的驱动力。膜两侧的溶液通过膜自身的小孔以物理方式连接，小分子能透过膜，而大分子样品留在基质中得以分离，起到净化作用。许多微孔膜的作用实际上是渗析，而不是萃取。非孔膜是介于供体相和受体相中间的一个分离相，它可以是充满了液体的微孔膜或者是硅橡胶，两种膜的化学性质会影响其选择性和过程的流量，驱动膜分离的原理是不同化学物质有移动速度的差异，大多数化合物通过膜是由于浓度梯度的被动扩散，是选择性的基础。

1. 微孔膜液相微萃取技术

微孔膜液相微萃取技术分为两类，一类使用棒状或 U 状中空纤维膜，称为中空纤维液相微萃取（hollow-fiber LPME，HF-LPME），另一类是使用平面膜以分离样品（供体）和萃取溶液（受体），即称为微孔膜液液萃取（microporous membrane liquid-liquid extraction，MMLLE）。后者还受分配系数（K）的影响，K 越大富集系数越高。两种技术萃取原理相同，使用的设备和操作不同。

（1）HF-LPME 中样品（供体相）与萃取溶剂（受体相）都是不流动的，膜是一次性使用的，实际上是起了保护溶剂的作用，容易操作，搅拌速度的影响较小，价格便宜，快速，使用溶剂极少。微量注射器不仅用作引入萃取溶剂，还是中空纤维的支持和测定时的进样器，在样品处理过程中不需泵等设备，中空纤维膜的膜面积比平面膜大，可增加溶质的通量，但不容易自动化。以棒状中空纤维微萃取为例（图 4-23），Lambropoulou 等以聚丙烯中空纤维萃取饮用水和河水中 7 种有机磷农药（敌敌畏、顺式速灭磷、灭线磷、甲基毒死蜱、稻丰散、杀扑磷、三硫磷）和克百威，使用内径 $600\mu m$、壁厚 $200\mu m$、孔径 $0.2\mu m$ 的聚丙烯中空纤维。先在丙酮中超声波清洗数分钟以去除污染物，取出晾干后，切成 $1.3cm$ 长的棒状，用有斜角针尖的 $10\mu L$ 注射器，吸入 $3\mu L$ 有机溶剂（通常为甲苯）后吸入 $3\mu L$ 水，将注射器针尖插入中空纤维，再将此装置浸入有机溶剂中 10s，使溶剂充满纤维壁的小孔。疏水性的中空纤维通道中充满了有机溶剂后，压出注射器中的 $3\mu L$ 水，冲洗中空纤维以除去内腔多余的有机溶剂。将准备好的装置从溶剂中取出，放入内装 5mL 样品溶液有磁

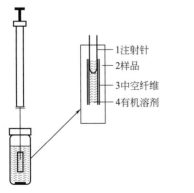

图 4-23　棒状中空纤维膜液相微萃取

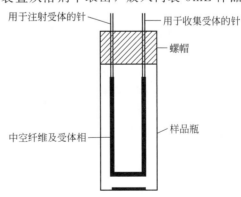

图 4-24　U 形中空纤维管液相微萃取

搅拌棒的反应瓶中，最后将注射器中的有机溶剂压出使之完全进入中空纤维中。样品在室温25℃、800r/min 速度搅拌下萃取 20min 后，吸入 1.5μL 富集了待测物的甲苯于注射器中，可以直接进样测定。此外还有 U 形中空纤维管液相微萃取（图 4-24），该设备使用两个微量注射器，其针尖分别通过隔膜插入 U 形中空纤维管的两端，两个针尖成为中空纤维的支柱。其中一个注射器用于注入萃取溶剂，另一注射器用于收集萃取溶剂。而棒状中空纤维只用一个注射器注入和收集萃取溶剂，其他均相同。

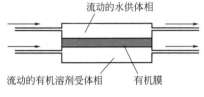

流动的水供体相

流动的有机溶剂受体相　　有机膜

图 4-25　微孔膜液液萃取

（2）MMLLE 的原理与传统液液萃取相同，只是整个过程在流动系统中进行（图 4-25）。受体是极少量的有机溶剂，将该溶剂充满疏水性膜的小孔中，泵连续地将新鲜样品溶液（水供体相）输入系统，样品和有机溶剂分别放置于微孔聚丙烯膜两侧的供体槽和受体槽中。在膜孔中预先填满有机溶剂，作为受体相与供体相水溶液的屏障，防止两相互混。渗入疏水性膜微孔中的有机溶剂与待测物接触并将其富集，在膜的表面进行物质交换，从而将待测物富集至有机溶剂中。影响微孔膜液液萃取技术的因素有微孔膜的材质、厚度、孔径、孔率、有机溶剂的性质和流速，以及待测物在该溶剂中的分配系数（K）。使用分配系数大的溶剂，即使受体相在静止状态，用少量溶剂也可获得相当的富集系数。如果 K 很小，则受体相应以慢速流动进行萃取，以保证化合物在膜上的扩散，这样也可以达到较高的富集系数。MMLLE 适合萃取非极性化合物如有机氯农药等，也有用于测定环境水样中磺酰脲类除草剂。该技术虽不能像下一节的支载-液体膜萃取（SLME）那样被反萃取至另一水相中，但由于待测物最终被萃取进入有机溶剂中，适于与气相色谱和正相液相色谱联用。

所有上述微孔膜技术比 SDME 更具有吸引力，除了简单、快速外，膜的价格相对便宜，有的膜是一次性使用，可随意使用和处理；膜技术可以容纳较大量的受体相溶剂，因此增加了方法的灵敏度和重现性；小微孔使膜的作用像个过滤器，防止供体相中的大分子和干扰物质进入有机相中，可有效地将样品基质与分析物分开，因此这些技术不仅能很好地富集分析物，还用作复杂基质样品的净化。其缺点是：由于连续使用会造成携带效应，尤其是在萃取疏水性有机化合物时有记忆效应；实验室手工切割和封膜操作，可能导致结果的重现性差。

2. 非孔膜液相微萃取技术

为了避免微孔膜萃取存在的问题，可以使用非孔膜。非孔膜是一种选择性膜，由多聚物膜（如聚四氟乙烯 PTFE）或液体膜在供体相和受体相之间形成分离层，被分离的分子先从供体相萃取至膜相，再从膜相被反萃取至受体相达到富集分离的目的。因此非孔膜技术是基于液液萃取与反萃取的原理，化合物在样品溶液和膜相之间的分配系数是个重要参数。非孔膜实际有极微细的小孔，其微孔 0.2μm，厚度 30μm，除了非孔的本质和较薄外，其膜内部的体积比微孔膜高 50～100 倍，提取时可加温至 40℃，最后测定时可以使用大体积进样。

支载-液体膜萃取（supported-liquid membrane extraction，SLME）是膜萃取的一种特殊情况，SLME 利用膜支撑液体作为萃取和反萃取的中间载体，膜中的支撑液体作为萃取剂从供体相（样品）中萃取被测组分，该组分随后从支撑液体相转移到受体相。测定时首先将聚四氟乙烯膜浸泡在有机溶剂中约 15min，有机溶剂通过毛细管作用进入疏水性膜的微孔，所谓液体膜实际上是这些小孔里的溶剂与两边的两个液相接触，是一个水相-有机相-水相的三相系统，SLME 比微孔膜液液萃取的选择性强，尤其对小分子碱性化合物有很高的选择性。最常用的受体溶剂是正十一烷，其他极性较弱的二己基醚也可用。

支载-液体膜萃取装置有直线型和螺旋型，都是将疏水性膜夹在两片惰性材料之间，与膜接触面上都刻有沟槽，分别为供体相槽和受体相槽，两槽固定时可以吻合，常用的萃取槽体积在 $10\sim1000\mu L$ 之间。图 4-26 是 SLME 的基本结构和原理，最早用于胺类物质的富集。以萃取碱性化合物为例，先加入碱调节样品溶液的 pH 使胺不能电离而以中性分子的形式存在，此样品溶液（供体相）由泵引入萃取系统，经过支载膜时未电离的胺分子（B）被萃取进入附着在聚四氟乙烯膜孔中的有机相中，膜的另一侧为静止的酸性缓冲液（受体相），进入液膜的胺

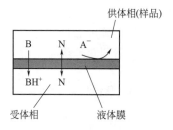

图 4-26　支载-液体膜萃取

分子在膜与受体界面上发生电离（BH^+），扩散进入受体溶液，萃取过程是基于离子态和非离子态的化合物在水相和有机相中分配系数之间的差异，分子胺不断地从样品中转移到受体溶液中，以离子形式存在，电离后的化合物不可能再返回样品溶液。由于存在大面积支载液膜，富集倍数可以达数百倍甚至更高，其关键技术是支载液膜的形成和液膜的稳定性。对于酸性物质，可以在上述相反的 pH 条件下进行萃取。

影响支载-液体膜萃取技术的因素是溶剂的选择，有机溶剂应是非极性、低挥发性、有较高黏度，否则液膜会挥发和流失，降低稳定性。供体和受体的种类及酸度、待测物的分配系数、萃取条件、样品溶液的流速等都是影响富集效率的因素。支载-液体膜萃取最终的萃取液是水相，测定时可以与反相 HPLC 匹配。支载-液体膜萃取中，有机溶剂（受体相）被纤维保护，可以减少有机溶剂溶解进入样品溶液中。膜萃取的表面积较大，增加了样品与有机相的接触面积，提高了萃取速度。

3. 聚合物膜萃取

聚合物膜萃取（polymeric membrane extraction，PME）是使用疏水性的硅橡胶固相膜来分开流动的供体相（样品）和静止的受体溶液，分析物从供体相通过聚合物膜进入受体相。硅橡胶具有很长的使用寿命，解决了支载-液体膜萃取中液体的不稳定性问题，减少了萃取过程中的化学反应，已成为很有前途的膜萃取技术。聚合物膜萃取的基本原理、萃取装置和微孔膜液液萃取和支载-液体膜萃取相似，可以进行水相-膜-有机相萃取，也可进行水相-膜-水相萃取，可以使用多种萃取相组合的方式，如水相/聚合物/水相、有机相/聚合物/水相和水相/聚合物/有机相（见表 4-37）等。该技术可以萃取含有多种有机物或脂质复杂样品中的化合物，对于疏水性的小分子化合物如农药等有很高的透过性。不同化合物的溶解度和扩散进入聚合物膜的差别是选择性的基础，如样品溶液中离子态化合物，不能分配进入疏水的硅橡胶膜；大分子通过硅橡胶的速度比小分子化合物慢；调节受体水相的 pH 到可以捕集离子化合物，可提高富集因子增加萃取的选择性（同 SLME）。受体有机相适于萃取中性有机化合物，其在有机相中的分配系数决定富集因子的大小。

表 4-37　用于测定农产品和食品中污染物的主要膜萃取技术

名称	相组合 （供体相/膜/受体相）	适用的化合物类型
微孔膜液液萃取（MMLLE）	水相/膜/有机相	有机氯农药、多氯联苯、多环芳烃等
支载-液体膜萃取（SLME）	水相/膜（有机相）/水相	营养液中的离子化合物、果汁中的均三氮苯除草剂、磺酰脲除草剂等
聚合物膜萃取（PME）	水相/聚合物/水相 有机相/聚合物/水相 水相/聚合物/有机相	离子和中性化合物、均三氮苯除草剂、氨基甲酸酯和有机磷杀虫剂

PME 技术选择性高，富集能力强，后处理简单，溶剂用量少，可以与分析仪器在线联

用，一般聚合物膜的性质较其他膜稳定，且萃取过程在密闭系统中进行，可重复操作，所以该技术的正确度和精密度均较高。其不足之处有：①每次处理只适于处理某一定类型的农药，经常需要重新优化实验条件；②进行痕量分析时所需的富集时间较长。

四、液相微萃取的参数优化

1. 萃取溶剂（受体相）的选择

萃取用有机溶剂应与水不相混溶或在水中的溶解度小，对分析物的溶解度大，在中空纤维中不流动，与色谱测定的溶剂匹配。以下一些不同极性、沸点的溶剂曾经在 LPME 方法中使用，如正己烷、1-辛醇、四氯化碳、甲苯、氯代苯、十一碳烷、正二己烷醚、1-氯丁烷和环己烷等。在农药残留分析的液相微萃取中甲苯是最常用的萃取溶剂，除了具有以上优点外，它在中空纤维小孔中比较固定，在萃取过程中比较稳定，溶剂损失少。已有多篇有关以甲苯作受体相测定样品中有机氯、有机磷和一些杀菌剂的报道。

2. 受体相（萃取溶剂）和供体相（样品溶液）的体积比

受体相和供体相溶液的体积比是 LPME 的重要影响因素之一。不论是两相或三相 LPME，有机相与水相的体积比 (V_o/V_a) 都很小，富集因子与 V_o/V_a 成反比。受体相 V_o 通常很小，如在单滴液微萃取中一般是 $2\mu L$，供体相（样品）体积是 5mL，相差 2500 倍，这是液液分配法和固相萃取法所达不到的；在膜萃取中，受体相体积较大，在 $10\sim25\mu L$ 之间，以便与 HPLC 测定相匹配；在支载-液体膜萃取中受体相高达 $100\sim800\mu L$，但与供体相相比仍然很小，一般用大体积进样。

3. 萃取时间

液相微萃取是一个基于分析物在有机溶剂（受体相）与样品溶液间动态平衡分配的过程，所以分析物在平衡时的萃取量将达到最大，对于分配系数较小的分析物，一般需要较长的时间才能达到平衡。但 LPME 不是完全的萃取技术，绝对萃取效率仅为 1% 左右，萃取时间不与萃取平衡相匹配，而且萃取时间增加，可能会造成萃取溶剂丢失，因此萃取时间一般选择在非平衡状态，方法的灵敏度和精确度最好的条件下。如在农药残留分析单滴液微萃取的萃取时间一般为 $15\sim30min$，其他液相微萃取的时间不会超过 60min。

4. 搅拌子搅动速度

搅拌样品可以提高两相间分子的转移速度，缩短两相之间的平衡时间。一般情况下搅动速度快则平衡时间短，但在单滴液微萃取中，太快的搅动速度会使悬挂的液滴脱落，不能完成萃取，搅动速度超过 $600r/min$，会造成有机溶剂丢失。在单滴液微萃取中，应特别注意针尖上液滴插入萃取小瓶的深度，一般液滴在样品溶液面下 0.75cm 较合适。液滴离液面较近时，上部样液运动慢，萃取效果不佳，如插入很深，液滴离搅拌子较近时，有机分子很容易脱离液滴进入溶液中。如在测定中，将 5mL 待测溶液，加至内径 1.9cm、高 4cm 小瓶，液面高 1.6cm，加入搅拌子，用 $10\mu L$ 微量注射器吸取一定量有机溶剂，将针尖插入待测溶液液面下 0.75cm，挤出 $2\mu L$ 液滴悬挂在针尖上，在一定的搅拌速度下，萃取 20min，然后取出液滴直接进样测定。在膜 LPME 中，有机溶剂被膜封在疏水性的膜中，所以不受搅拌速度的影响，一般在 $400\sim1300r/min$。

5. 温度

温度对液相微萃取有两方面的影响：升高温度，分析物的扩散系数增大，扩散速度随之增大，有利于缩短达平衡的时间；但是，升温会使分析物的分配系数减小，导致其萃取量减少，还可能导致液滴损失或膜中有机溶剂丢失。萃取温度的选择对顶空技术尤为重要，其他方式大多在室温（25℃±3℃）下进行。有报道称使用单滴液微萃取技术萃取持久性有机污染物（POPs）及有机氯农药时，可以将温度提高至50℃，在膜辅助萃取中也经常加温至50℃以加速物质的转移动力。因此，实验时应兼顾萃取时间和萃取效果，寻找最佳的工作温度。

6. 盐效应与 pH

分析物在有机溶剂和样品之间的分配系数受样品基体的影响，当样品基体发生变化时，分配系数也会随之发生变化。通过向样品中加入一些无机盐类（如 NaCl、Na₂SO₄ 等），可以增加溶液的离子强度，增大分配系数，从而提高它们在有机相中的分配。控制溶液的 pH 能够改变一些分析物在溶液中的存在形式，减少它们在水中的溶解度，增加它们在有机相中的分配。如在对酚类化合物进行 LPME/BE（反萃取）时，控制较小的 pH，使溶液中的酚类化合物以分子形式存在，在水中的溶解度减小，从而提高了萃取率。因此无机盐的加入和pH 调节也是提高分析灵敏度的有效途径。

第十一节　分散液液微萃取

分散液液微萃取（dispersive liquid-liquid micro-extraction，DLLME）是 2006 年 Assadi 等开发的一种新型的微萃取技术，该技术操作非常简单，萃取效率高，在农药残留分析中得到了广泛应用。

DLLME 相当于一种微型的液液萃取技术，是一种由水相、萃取剂、分散剂组成的三元混合体系。首先利用分散剂将萃取剂分散于样品溶液中，在分散剂的影响下，萃取剂会形成分散的、细小的有机液滴，最终形成分散剂/萃取剂均匀分散在水相中的三相乳浊液体系，由于分析物在水相和萃取剂中的分配系数不同，分析物会逐渐富集于有机小液滴中，在达到萃取平衡后，可经离心或一定时间的静置，将有机相与水相分层，然后可直接吸取有机相的溶液进行仪器检测。

DLLME 克服了传统液相微萃取的一些缺点，比如 SDME 技术悬挂的液滴悬挂不稳定，萃取效率低，以及 HF-LPME 的萃取速度慢、操作复杂等难题。DLLME 的萃取效率高，对某些弱极性化合物绝对回收率可以达到 90% 以上，而传统的微萃取技术绝对回收率仅在 3% 左右，只能采用相对回收率的方法计算结果。

根据萃取剂的种类及萃取方法的不同，除了常规分散液液微萃取，还有基于离子液体的分散液液微萃取（IL-DLLME）、悬浮固化分散液液微萃取（SFO-DLLME）、超声乳化分散液液微萃取等多种方法。

一、分散液液微萃取操作过程

DLLME 的操作过程如图 4-27 所示。首先将样品溶液（一般为 5mL 左右）转移到尖底玻璃离心管中，然后将萃取溶剂（10～20μL，早期的方法要求密度要大于水，以利于萃取剂的收集）加入到分散剂（1mL 左右）中，将混合液立即加入到离心管中，振荡离心管，此时离心管中的混合液将形成乳浊液，此时分析物将被快速萃取到萃取剂中。经过离心后，微量萃取溶剂将沉淀到离心管底部。最后用微量进样器将萃取剂取

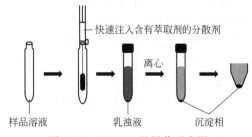

图 4-27　DLLME 的操作示意图

出，直接进 GC 或 HPLC 分析。

二、影响分散液液微萃取效率的主要因素

影响 DLLME 萃取效率的因素有萃取剂的种类及体积、分散剂的种类及体积、水溶液的 pH 及体积、离子强度等。

（1）萃取剂种类　萃取溶剂是影响 DLLME 萃取效率的关键因素，一般是进行 DLLME 操作时优化的第一个参数。选择的原则是"相似相溶"原理，目标分析物必须在萃取溶剂中具有良好的溶解性，才能获得较好的萃取效率。良好的萃取溶剂一般不溶于水，易溶于分散剂（一般为乙腈或者丙酮），密度大于水，而且具有良好的色谱性能，即可以作为溶剂进 GC 或者 HPLC，溶剂峰可以与目标分析物分开。比如含有卤素的有机溶剂，不适于作为溶剂进 GC-CED，会污染检测器。早期的 DLLME 萃取溶剂主要有氯苯、二氯苯、四氯乙烯等有机溶剂，但是这些溶剂多为含有卤素的有机溶剂，毒性高，而且当用 GC 分析时，使用范围受到限制。随着 DLLME 技术的发展，一些密度小于水的溶剂比如甲苯、二甲苯、十二烷醇等被作为萃取溶剂萃取农药残留。此外，绿色溶剂如离子液体、低共熔溶剂也被开发作为 DLLME 的萃取溶剂。

（2）萃取溶剂的体积　萃取溶剂的体积影响萃取效率和富集倍数，一般来说，随着萃取溶剂体积的增加，萃取效率也会提高，但是另外，会降低富集倍数。这是因为萃取剂体积越大，离心后，沉淀相的体积也越大，降低了分析物在沉淀相中的浓度，导致富集倍数和分析方法灵敏度降低。如果萃取溶剂太少，沉淀相的体积很小，给操作带来困难，一般萃取溶剂体积在 $10\sim50\mu L$ 之间，可以得到高的回收率和灵敏度。

（3）分散剂种类　在 DLLME 操作中，分散剂起着将萃取溶剂以微小液滴的方式分散到水相中的作用，分散剂需要满足同时溶解于水和萃取剂的条件。分散剂内溶解的萃取剂随着分散剂体积的扩大而释放出来，当扩张的分散剂溶于样品溶液中时，萃取剂部分析出，达到分散到样品溶液中的目的。常用的分散剂有：甲醇、乙腈、丙酮等。

（4）分散剂体积　分散剂的体积影响 DLLME 三元体系乳浊液的形成，从而影响萃取效率。当分散剂体积较小时，会影响萃取剂在水相中的分散程度，导致萃取剂不能均匀分散到水相中，降低萃取效率。分散剂体积太大，会增加目标分析物和萃取剂在水相中的溶解度，当分散剂体积超过一定量，导致萃取剂直接溶解到水相中，从而不能进行 DLLME 萃取。因此，分散剂的体积对 DLLME 萃取效率有直接影响，一般 DLLME 的分散剂体积为 $0.5\sim1.5mL$ 之间。

（5）萃取时间　DLLME 萃取时间指的是从三元体系乳浊液的形成到开始离心的时间，由于萃取剂以微小液滴的形式存在，萃取剂的比表面积比较大，萃取过程可以很快完成。在 DLLME 操作中，一般 $1\sim3min$ 的萃取时间可以实现好的回收率。

（6）pH　改变样品溶液的 pH，会改变酸性或者碱性化合物在水相中的溶解度，从而影响 DLLME 的萃取效率。比如酸性化合物，在酸性条件下会有比较高的萃取效率。但是大部分农药是中性化合物，因此，改变 pH 对萃取效率的影响有限。

（7）离子强度　离子强度对萃取效率的影响一般通过向样品中添加盐的方法评估，加入一定的盐后，会改变样品溶液中离子浓度，离子浓度会影响目标分析物在水相中的溶解度，改变目标分析物在萃取剂-水相中的分配系数，影响 DLLME 萃取效率。离子强度对 DLLME 萃取效率的影响比较复杂，第一，提高样品中离子浓度，会降低分析物在水相中的溶解度，增加在萃取相中的分配系数；第二，也会降低萃取剂在水中的溶解度，从而导致沉

淀相体积的增加，降低富集倍数；第三，大量离子的存在，会改变能斯特扩散层的物理结构，改变分析物到萃取剂的扩散速度。

三、分散液液微萃取在农药残留分析中的应用

目前，DLLME 技术在农药残留分析中得到了广泛的应用，用于有机磷农药、有机氯农药、拟除虫菊酯类农药、氨基甲酸酯类农药、新烟碱类杀虫剂、琥珀酸脱氢酶抑制剂类杀虫剂、酰胺类除草剂等多种农药。从色谱分析仪器角度看，DLLME 可以与 GC、HPLC 等色谱仪联用。早期的应用多集中在分析水样，比如 Alves 等采用 DLLME 和 GC-MS 联用的方法分析自来水、井水、灌溉水中 6 种有机磷农药残留，使用氯仿作为萃取剂，异丙醇作为分散剂。DLLME 与 HPLC 联用时一般需要溶剂转化，将萃取剂用氮气吹干后，使用适于进 HPLC 的溶剂溶解，以得到较好的色谱分析结果，尤其是与 HPLC-UV 联用时，由于氯苯、二氯苯作为萃取剂直接进 HPLC 会有杂质干扰，采用溶剂转换的方法可以降低杂质干扰。DLLME 还可以与毛细管电泳、质谱联用。Moreno-González 等采用 DLLME 和毛细管电泳-串联质谱联用的方法分析了水体中 17 种氨基甲酸酯类农药。

DLLME 从方法上在萃取剂、分散技术、与其他前处理技术的联用等方面也有很多改进。早期的 DLLME 技术中萃取溶剂采用的是密度比水大的有机溶剂，多为含有卤素的有机溶剂。但含卤素有机溶剂的毒性比较高，不符合绿色化学的发展方向，因而在解决萃取溶剂选择面比较窄的问题方面，出现了多种新型 DLLME 操作方式，比如低密度溶剂-分散液液微萃取、基于悬浮液滴固化-分散液液微萃取（SFOD-DLLME）和溶剂密度调节法（AS-DLLME）。Chen 等（2010）采用甲苯作为萃取溶剂，乙腈作为分散剂，分析了水体中 4 种氨基甲酸酯类农药。Chen 等（2017）等采用密度比水低的甲苯为主要萃取剂，密度比水高的 1-己基-3-甲基咪唑六氟磷酸盐为辅助溶剂，分析了果汁、果醋中 4 种杀菌剂，该方法保持较高的萃取效率同时使混合萃取剂液滴在提取目标农药后沉降在离心管底部，简化了萃取液滴的收集步骤。Chen 等利用改进的一次性吸管作为分散液液微萃取的萃取装置，在离心后，采用升高样品液面至一次性吸管细颈部分，提升萃取剂高度，方便收集，实现了利用甲苯等密度比水低的溶剂作为萃取剂富集农药残留。You 等采用 1-十一醇为萃取剂，利用其熔点较高的特点，在富集过程完成后，通过低温的方式使萃取剂凝固，方便收集，在室温下熔化后对果汁和红酒中的 6 种杀菌剂残留进行检测。

此外，基于离子液体的 DLLME 也是研究的热点之一。You 等利用离子液体作为萃取剂，富集了果汁中的 5 种杀菌剂，该方法的 LOD 在 $0.4 \sim 1.8 \mu g/L$ 之间。针对分散剂可能会降低萃取效率的问题，研究者开发了一些新型的方法代替分散剂，比如使用超声辅助（USA-DLLME）、涡旋辅助（VA-DLLME）、空气辅助（AA-DLLME）、泡腾辅助（EA-DLLME）等，如 Chen（2015）等采用涡旋辅助分散液液微萃取的方法，检测了水体中 4 种酰胺类除草剂，样品经 GC-ECD 检测，富集倍数最高达到 57 倍，该方法的 LOD 在 $0.15 \sim 0.30 \mu g/L$ 之间；Jiang 等将离子液体与柠檬酸和碳酸钾固体粉末混匀压片后制得离子液体泡腾片，泡腾片加至样品溶液中产生大量气泡，辅助离子液体分散萃取目标物，建立了不用分散剂萃取果汁中 4 种杀菌剂的泡腾辅助-分散液液微萃取方法。You X 等通过空气辅助的方式，实现了含卤族元素溶剂、离子液体、密度比水低的有机溶剂作为萃取剂进行液体样品中农药残留的富集；采用了超声与表面活性剂辅助相结合的方式实现了低密度萃取剂的均匀分散。

DLLME 技术可以与其他前处理技术固相萃取、分散固相萃取等技术联用，显著提高方

法的灵敏度。比如利用乙腈作为分散剂的特点，将 DLLME 与 QuEChERS 联用，可以把微萃取技术的使用范围扩大到固体样品，固体样品先用 QuEChERS 进行提取与净化，提取液（乙腈）用作 DLLME 步骤的分散剂，可以将目标分析物从乙腈中富集到微量有机溶剂中。陈波等将 QuEChERS 与 DLLME 联合使用，首先将样品经过 QuEChERS 方法进行提取与净化，再取净化后的上清液 1.5mL，加入 $60\mu L$ 四氯甲烷进行萃取，最后取四氯甲烷层进行气相分析，富集倍数为 25 倍，回收率为 73.3%～126.8%，RSD＜23.6%，检出限低至 0.001～0.22μg/kg；You X 等利用 QuEChERS 方法与 DLLME-SFO 方法相结合，测定了葡萄中的 6 种杀菌剂，方法的 LOQ 在 0.5～5mg/kg 之间；Zhou S 等将 SPE 与 DLLME 技术联用分析水果、蔬菜中的克百威、甲萘威、抗蚜威等氨基甲酸酯类农药，样品中的分析物首先用 SPE 提取，SPE 小柱上的目标分析物用乙腈洗脱，然后用 DLLME 处理乙腈洗脱液，用 HPLC 检测，富集倍数在 5400～7650 之间，该方法的 LOD 在 0.005～0.06ng/kg 之间，SPE-DLLME 成功地用于分析黄瓜、苹果中的氨基甲酸酯类农药。

第十二节　基质固相分散

基质固相分散（matrix solid phase dispersion，MSPD）萃取技术是美国路易斯安那州立大学的 Staren Barker 于 1989 年首次提出的一种集样品匀化、提取和净化过程于一体的快速样品前处理技术，用于动物组织样品中抗生素等药物的提取和净化。它是将样品直接与适量反相填料（C_{18} 或 C_8 键合硅胶）一起研磨，混匀制成半干状态的物质，然后装柱，用不同的溶剂淋洗柱子，将各种待测物洗脱下来。MSPD 方法将样品匀浆、细胞裂解、提取、分离及纯化集于一个简单的过程，缩短了样品分析时间，减少了样品量，极大地降低了溶剂用量，降低了环境污染的可能性并提高了操作安全性，是一种理想的残留提取净化方法。MSPD 可用于黏性、半固体或固体样品，适用于农药多残留分析，内源物或外源物均可，不仅用于动物组织，还适合植物样品进行一类化合物或单个化合物的分离。MSPD 首先提高了分析速度，使现场监测成为可能，其次更适用于自动化分析。

一、基质固相分散原理

MSPD 是在常规 SPE 基础上发展起来的，所用填料与 SPE 相同，但是作用的方式不同。MSPD 是在样品与固相分散剂研磨过程中，利用剪切力将样品组织分散。键合的有机相将样品组分分散在载体表面，大大地增加了萃取样品的表面积。样品在载体表面的分散状态取决于其组分的极性大小。小的、极性分子与载体表面未被键合的硅烷醇结合或形成氢键；大的、弱极性分子则分散在键合相/组织基质形成的两相物质表面。样品和固相分散剂的最佳比例是 1：4，大多数 MSPD 柱中，典型的样品用量为 0.5g。

MSPD 技术作为一种样品处理技术，集提取、过滤、净化于一体，避免了传统方法中的繁琐操作，对方法的正确度和精密度有了一定的提高，显示出了其省时、省力、快速、高效的特点。

二、萃取过程

固相分散剂是 MSPD 中很重要的一部分。反相吸附剂通常是非极性或弱极性的，特别是 C_8 和 C_{18}，主要用来萃取和分离的目标化合物是中等极性到非极性的化合物。其在农药残留分析中的应用实例见表 4-38。

正相吸附剂是极性的，如键合硅胶以及氧化铝和弗罗里硅土等，用于分离极性较大的化合物，其在农药残留分析中的应用见表 4-39。

表 4-38　反相吸附剂在基质固相萃取中的应用（部分引自 Amadeo R 等，2005）

基质	农药	样品质量	吸附剂	附加净化	预淋洗溶剂	洗脱溶剂	测定
水果	杀线威、灭多威	0.5g	2.5g C$_{18}$	不需	10mL 己烷	10mL 二氯甲烷	LC-FLD
水果、蔬菜	10 种不同类型农药	0.5g	C$_8$	不需	不需	10mL 二氯甲烷	LC-MS
	13 种不同类型农药	0.5g	0.5g C$_{18}$	0.5g 硅胶	不需	10mL 乙酸乙酯	GC-MSD/ECD /NPD/FPD
	氨基甲酸酯农药	0.5g	0.5g C$_8$	不需	不需	10mL 二氯甲烷/乙腈(6∶4)	LC-MS
柑橘	3 种苯甲酰脲、丙硫克百威、噻螨酮	0.5g	0.5g C$_8$	不需	10mL 水	10mL 二氯甲烷	LC-MS
水果	9 种有机磷、1 种拟除虫菊酯	0.1g	0.1g C$_8$	不需	水	100μL 乙酸乙酯	GC-MS
牛油	9 种有机氯	0.5g	2g C$_{18}$	2g 弗罗里硅土	不需	8mL 乙腈	GC-ECD

表 4-39　大孔正相吸附剂在样品分散和提取/分配中的应用（部分引自 Amadeo R 等，2005）

基质	农药	样品质量	吸附剂	洗脱	净化	测定	备注
水果、蔬菜	199 种农药	10g	12g Extrelut-20	100mL 二氯甲烷		GC-NPD/ECD，LC/UV	
水果、蔬菜	约 160 种农药	5g	8～12g 弗罗里硅土	50mL 乙酸乙酯	不需	GC-FPD/ECD/NPD	回收率好
水果、蔬菜	10 种有机磷农药	5g	硅胶适量	60mL 二氯甲烷∶丙酮(9∶1)	硅胶或硅胶/碳	GC-NPD	芸薹菜需要使用活性炭
蔬菜	9 种不同类型农药	5g	10g 弗罗里硅土 8g 砂	50mL 二氯甲烷	C$_{18}$	GC-MS	还试验了氧化铝和硅胶
苹果	28 种氯基甲酸酯农药及其代谢物	20g	硅藻土约 30g	150mL 二氯甲烷	凝胶色谱柱	LC-衍生物-FLD	

MSPD 的萃取是将小量样品（0.5～2g）与固相分散剂一同放入玻璃研钵中研磨，达到完全分离分散。研钵和杵为玻璃或玛瑙制品，用瓷或其他多孔渗水材料有可能造成目标化合物的损失。混匀之后，将所形成的半固态物质转移到底部预先垫上一柱塞板（或玻璃棉）的玻璃柱中后，在其上部再垫上一层柱塞板，以防止样品外漏，装好后用合适大小的活塞轻轻挤压，使得混合物中间没有裂痕，最后用一定体积、合适极性的溶剂将目标分析物淋洗下来。图 4-28 为 MSPD 的萃取操作过程。

三、影响因素

1. 固相分散剂性质

固相分散剂载体的孔径对于 MSPD 结果没有太大的影响，但是其粒径比较重要，粒径太小（3～20μm）会使洗脱液流速很慢，甚至滞留；粒径太大会使表面积减小，吸附能力减弱。一般使用 40μm 粒径的载体，使 MSPD 净化效果更好。

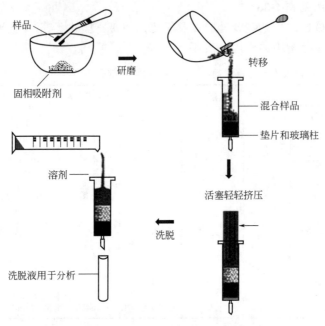

图 4-28　MSPD 的萃取操作过程示意图

固相分散剂的种类和性质在 MSPD 中具有很重要的作用。MSPD 使用反相材料作为分散剂，特别是 C_8 和 C_{18}，主要用来分离亲脂性物质。对于复杂脂溶性基质的提取（如橄榄油）用氨丙基硅胶能取得较好的净化效果。

有些使用氰基、氨基极性较大的固定相以及氧化铝和弗罗里硅土作为正相吸附剂，用于分离极性较大的农药。也有用一些惰性的物质（如沙、硅藻土）代替正相或反相填料作为分散剂使用，此时，仅仅通过样品成分在洗脱溶剂中溶解性的不同来控制样品组分在分散剂上的保留行为。还有一些专属性强的分散剂，诸如含碳高分子材料、分子印迹聚合物等。

2. 样品基质

样品基质装入层析柱，不同样品基质的油脂成分、蛋白质含量及其分布状态不同，因而目标物在不同基质中的测定结果和回收率也不相同。基质在载体中的分散状态与固定相的结合稳定程度不同，基质组分会与固定相和洗脱液发生动态相互作用，某些基质成分也会随洗脱液一起流出。但由于目标化合物和共萃取物的相对极性不同，用不同溶剂淋洗，可以将其分离，并除去这些潜在干扰因素。

与 SPE 柱用于净化液体样品一样，MSPD 中有时候也需要加入酸、碱或离子对试剂于基质或洗脱液中，以改变其性能，来增强或抑制分析物和样品组分的电离，影响特定分析物与基质组分和洗脱溶剂相互作用的性质。

3. 洗脱液的种类及其添加顺序

洗脱液的种类及其添加顺序是使 MSPD 成功的最重要因素。洗脱溶剂的选择与分析物和固定相的性质密切相关。理想的洗脱溶剂应该具有足够的强度，使尽量多的目标分析物流出，更多的基质留在柱中，而且溶剂应与后续的检测方法相适应。因此，可以通过改变洗脱分布模式或采用更进一步的净化方式以获得好的分离效果。当分散剂为反相填料时，洗脱剂一般选用乙腈或甲醇。当分散剂为正相填料或非极性物质时，一般选用正己烷、二氯甲烷等。当目标分析物具有中等或高极性时，可选用乙腈、丙酮、乙酸乙酯、甲醇及水-乙醇等。

大多数 MSPD 洗脱剂靠重力流动，一些情况下可用橡皮球在柱顶加压，或使用真空减压装置控制流速。

四、应用

MSPD 避免了样品匀浆、沉淀、离心、转溶、乳化、浓缩等造成的被测物的损失。可用于蔬菜、水果、果汁、动物组织、谷物等基质中的氨基甲酸酯、有机磷、有机氯杀虫剂以及多种除草剂、杀菌剂的残留分析。一些应用实例见表 4-38 和表 4-39。

样品用量小是 MSPD 方法的一个特点，通常只需 0.5g，但是受到仪器检测限的限制和样品农药检测限的要求，在一些样品的测定中，可以适当增加样品量，或增加浓缩步骤来达到方法的要求。Chu 等在测定苹果汁中的 266 种农药时，取样量为 10g。

对于番茄、胡萝卜、苹果等样品，所含色素及共提物较多，给前处理造成很大困难。而 MSPD 方法中，基质组分和色素在分散、淋洗过程中减少。Wang S. 等建立了蔬菜水果中多种杀菌剂的 MSPD 残留检测方法，此方法称样量为 0.5g，以 0.5g C_{18} 作为固相分散剂，用乙酸乙酯作为洗脱剂，最后用甲醇定容 0.5mL，其基质质量/定容体积为 1mg/μL。同样 Navarro M 等建立的蔬菜水果中多种杀菌剂的 MSPD 的方法中，其基质质量/定容体积也为 1mg/μL，而经典的乙酸乙酯法称样 50g，定容到 10mL，其基质质量/定容体积为 5mg/μL。

第十三节　分散固相萃取

分散固相萃取技术是在传统固相萃取的液固分配理论上发展起来的一种样品前处理净化技术，明显地简化了过程，缩短了提取和净化时间。分散固相萃取方法中的固体吸附剂不是装在柱子里，而是直接与含有分析物的液体样品接触，固体吸附剂在分散状态下有更大的比表面积，从而可以与目标分析物更加充分地接触混合均匀，从时间上来看较传统固相萃取有无法比拟的优势。分散固相萃取技术适合直接分析含有微粒或微生物（广泛存在于食物和环境样本中）的样本，因为这些微粒或微生物可能会阻塞柱塞板，导致传统固体萃取失败，延长前处理的时间。

一、分散固相萃取原理

分散固相萃取（dispersive solid phase extraction，DSPE）利用固相分散材料与样品或样品提取液充分接触，通过吸附其中的杂质而达到净化的目的，或者利用固相吸附剂吸附目标分析物，然后再进行解析而达到净化的目的。

将固相吸附剂加入到提取液中的方法，有两种形式：一种形式是将固体吸附剂直接加入到样品中，加入提取溶剂，经过振荡、涡旋等，固体吸附剂和样品充分接触，吸附其中的杂质，离心，过滤，分析提取溶剂中的分析物。另一种形式是先将含有分析物的样品用合适的提取溶剂进行提取，然后在一定量的提取液中加入少量固相吸附材料，进行振荡、涡旋等处理。

在 DSPE 过程中，基质干扰物被选择性地保留吸附在固体吸附剂上，而目标分析物在上清液中待进一步分析；或者分析物被吸附于固体吸附材料中，在清除上清液之后，然后以适当的溶剂解吸。

二、分散固相萃取技术的应用

DSPE 法快速、简便、价格低廉，不仅应用于蔬菜水果农药残留检测，而且应用于谷物，油脂类农产品（橄榄、橄榄油和大豆油、花生油、芝麻油），环境样品中的农药多残留检测、农产品兽药检测及生物样品药物检测中。

王萍等（2003）对蔬菜中 8 种有机磷农药残留的 DSPE 方法进行了研究，称取 10g 捣碎蔬菜样品于具塞三角瓶内，加入 40mL 乙酸乙酯为提取溶剂，15g 无水 Na_2SO_4，5g Na_2Cl，10%样品量的弗罗里硅土，0.5%～1.0%活性炭，混合后在振荡器内振荡 30min。经滤纸过滤，量取滤液 20mL 于浓缩瓶内，在旋转蒸发仪上（35℃）浓缩近干，吹干，用乙酸乙酯定容至 1mL，进样分析。结果表明甘蓝等蔬菜样品中敌敌畏、甲胺磷、甲拌磷、二嗪磷、乐果、毒死蜱、马拉硫磷、杀螟硫磷具有较好的回收率，同时，对于样品中杂质去除效果也很好，当吸附剂比例增大时会导致回收率下降。

Walorczyk（2008）报道了应用 DSPE 技术分析谷物和饲料中 140 种农药和代谢物的 GC-MS/MS 分析方法。5g 样品中加入 10mL 水、15mL 乙腈振荡 5min，再加入 0.5g 柠檬酸氢二钠倍半水合物、1g 柠檬酸三钠二水合物、4g 无水硫酸镁和 1g 氯化钠，混合均匀，振荡 1min，离心 2min，取部分上清液于玻璃管中在 -26℃冷冻至少 2h。将提取液移至称有 100mg 无水硫酸镁、70mg C_{18} 和 20mg PSA 的离心管中涡旋 0.5min，4500r/min 离心 2min，将上清液移至玻璃管中。每毫升提取液中加入 15μL 5%甲酸乙腈溶液（V/V），然后用 N_2 吹干，甲苯定容，进行 GC-MS/MS 分析。结果表明在添加浓度为 0.01mg/kg 时，回收率在 70%～120%之间，RSD<20%，较高浓度时除灭菌丹、克菌丹、苯氟磺胺、甲苯氟磺胺、螺环菌胺外都能够满足农药残留分析的要求。

王素利等（2009）用 DSPE 净化液相色谱-质谱联用快速检测糙米中的多种残留农药。称取 10g 磨碎过 0.45mm 孔径筛的糙米样品于 50mL 离心管中，加入 20mL 乙腈，浸泡 15min，在涡旋仪上涡旋 2min，离心 10min。取上清液 4mL 于 10mL 玻璃管中，氮气吹干，用 2mL 乙腈定容。取 1mL 溶液于称有 50mg 的 PSA 和 50mg C_{18} 的离心管中，涡旋 1min，然后离心 1min，取上清液，过滤膜待 LC-MS 检测。结果 30 种农药在 0.05～2mg/kg 范围内线性良好，方法的 LOQ 为 2～60μg/kg，平均回收率在 73%～109%之间，RSD<10%，均能够满足农药残留分析的要求。牟仁祥等（2008）用乙腈提取，盐酸酸化，SCX 阳离子交换吸附剂 DSPE 净化后，采用 HPLC-MS 测定了稻米中的 13 种苯氧羧酸类除草剂（可参见第十二章　植物源产品中农药多残留分析）。

邵华等（2008）用石墨化碳黑 DSPE-气相色谱-质谱法测定蔬菜中 48 种残留农药。称取 20g 粉碎后蔬菜试样置于烧杯中，加入 40mL 乙腈，用高速组织捣碎机均质 1min，抽滤，滤液收集于装有 7～8g 氯化钠的具塞试管中，充分振荡 1min，静置 60min。吸取 25mL 上清液于具塞试管中，加入 0.5g 石墨化碳黑粉和 0.5g 无水硫酸镁，剧烈振荡 1min，离心 1min。吸取离心后上层清液 20mL 于圆底烧瓶中，38℃减压浓缩至 1mL 左右，剩余溶液用氮气吹干。最后用 2mL 丙酮＋环己烷（3＋7）定容，加入 0.04mL 100mg/L 环氧七氯（内标），充分振荡后，过 0.45μm 微孔滤膜后待 GC-MS 检测。结果各蔬菜基质中绝大多数农药回收率在 80%～110%之间，RSD<9%，方法检出限为 0.001～0.145mg/kg。

该法具有操作简便、有机溶剂用量较少、不需要特殊的仪器设备、成本低等优点，是很实用的农药多残留测定方法。

三、QuEChERS 方法

（一）QuEChERS 方法发展历史

传统的农药多残留测定方法的缺点主要有：样品前处理步骤复杂、费力、耗时、需要大量有机溶剂，易造成对环境的污染；通常的农药残留分析方法无法同时满足多种物质的分析检测，如一种样品中碱性、酸性或强极性化合物的同时测定。为了对某些特殊物质进行检测，实验人员必须使用另外的方法进行逐个分析或者使用多个相对复杂的多残留分析方法。大多数实验室的农药多残留常规检测工作需要建立一套较复杂的程序。为满足对大批量样品进行快速分析检测的需要，农药残留分析方法必须向简单、快速、灵敏、多残留、低成本、易推广、对检测人员和环境友好的方向等发展。在样品前处理与分析过程中，应尽量满足方法简单、处理速度快、装置小、引进误差小、对待测定组分的选择性和回收率高等要求。一种理想的多残留分析方法应该快速、易于操作、所需化学试剂少、有一定的选择性、不需复杂的净化过程，而且分析对象广泛。

美国农业部东部研究中心的 Anastassiades M 和 Lehotay S J 等于 2003 年前后开发了一种简单快速的 DSPE 法，该方法用乙腈提取蔬菜水果中多种农药残留，并用固相材料如 PSA、C_{18} 等吸附提取液中的杂质，提取液经过离心后上清液直接进 GC/MS 分析。Anastassiades 等在第四届欧洲农药残留工作组会议、Lehotay 在美国 Florida Pesticide Residue 研讨年会上针对该方法进行了交流，并将其发表在 2003 年的 Journal of AOAC International 期刊上。该方法被命名为"QuEChERS"方法，各个简写字母代表的意思是快速（quick）、简便（easy）、经济（cheap）、有效（effective）、耐用（rugged）及安全（safe）。后来该方法被广泛应用于其他基质的分析和液质联机检测、GC-FPD 和 ECD 检测，并扩展到兽药和抗生素残留等分析上。与传统分析方法相比，QuEChERS 方法简化了前处理步骤，减少了分析过程中溶剂的消耗，分析速度快。

表 4-40 列出了 QuEChERS 方法与传统分析方法的比较。

表 4-40　QuEChERS 方法与传统分析方法的比较

传统分析方法	QuEChERS 方法	传统分析方法	QuEChERS 方法
样品均质	此步可省略（采用捣碎）	转移全部萃取液	移取部分(可用内标法)
超声混合等措施	振摇或者涡旋	使用大量玻璃器皿	萃取、分离在一个容器中进行
过滤等操作	离心	旋转蒸发、定容	可引入大体积进样、使用更灵敏的仪器
多步骤分离	一步分离	经典的 SPE 柱	分散 SPE

（二）QuEChERS 方法的步骤和特点

1. 典型的 QuEChERS 方法的操作步骤

QuEChERS 方法分为提取和净化两个步骤。在提取过程中以乙腈作为提取溶剂，可提取极性范围较大的多类型农药残留，同时该方法使用具有较强吸水作用的无水硫酸镁，在吸水的过程中同时释放大量的热能，从而促进农药残留物的提取。在净化过程中，采用 PSA、GCB、C_{18} 等材料进行净化，去除基质中的干扰物质。QuEChERS 方法的技术核心是在样品基质的提取液中直接加入除水剂和吸附剂，经过离心后，提取液可直接进行色谱、质谱等仪器分析。典型的操作步骤如下：

（1）称取 10g 或者 15g 捣碎样品至聚四氟乙烯离心管（样品量根据样品类型可变化）；

（2）加入 10mL 乙腈（提取液体积根据样品类型和含水量可变化，并可使用其他溶剂或者辅助提取试剂），加入 $5\mu L$ 内标（ISTD）溶液，摇匀；

（3）振摇或涡旋提取 1min；

（4）加入 4g 无水 $MgSO_4$ 和 1g NaCl，振摇或涡旋提取 1min；

（5）3000r/min 下离心 1min；

（6）分散固相净化：每 1mL 上清液中加入 50mg PSA、150mg 无水 $MgSO_4$，并振摇或涡旋 30s；

（7）离心 1min，移取上清液，进 GC-MS 或 LC-MS 分析。

QuEChERS 方法在提取过程中，使用乙腈或者使用乙腈和乙酸/乙酸钠缓冲液为溶剂进行萃取，也可使用乙酸乙酯等溶剂提取，加入无水硫酸镁和氯化钠促使液液分离。随后使用 DSPE 净化，通过 PSA 和 C_{18} 等固相材料吸附样品提取液中叶绿素、脂肪酸等干扰杂质，并用无水硫酸镁除去有机提取液中水分。净化后的上清液可通过 LC-MS 或 GC-MS 进行分析测定。

2. QuEChERS 方法的优点

（1）回收率高（>85%）　不论是极性强，还是挥发性强的农药，大部分都有满意的回收率。目前可以分析 300 多种农药残留。

（2）省时省力　一个分析人员可以在 30min 内制备 10 个以上样品。

（3）费用低　每个样品只需要 1 美元左右的材料费用。

（4）方法简单　只需在一个聚四氟乙烯管中进行操作，且容器易清洗、可再利用。

（5）清洁、环保　整个过程产生的可溶性废弃物不到 10mL，而传统方法产生 75～450mL 的废弃物。

（6）准确　可用内标来校正提取液体积的变化和水分含量变化。

（7）溶剂消耗少。

（8）加入乙腈提取液后容器立即密封，减少了对操作者的危害。

目前 QuEChERS 法已经发展成为一个应用范围非常广泛的样品前处理方法，得到了 AOAC 和欧盟农残委员会的认可，并成为多个国家农药监测体系的官方方法，在食品安全检测实验室得到广泛使用。我国 GB 23200.113—2018《食品安全国家标准　植物源食品中 208 种农药及其代谢物残留量的测定　气相色谱-质谱联用法》中水果、蔬菜和食用菌的样品前处理也采用了 QuEChERS 方法。目前，一些厂商可以提供预包装 QuEChERS 试剂包。

关于 QuEChERS 法在农药多残留分析中的方法优化见第十二章第四节"QuEChERS 农药多残留分析方法"。

（三）QuEChERS 方法前处理的改进

1. 用 SPE 柱取代 DSPE

在 QuEChERS 萃取方法中，通过向萃取液加入 PSA（或同时加入 C_{18} 及 GCB）来萃取干扰杂质。也有人提出用商品 SPE 柱取代 DSPE，例如，用 PSA 柱或 GCB/PSA 双层柱对萃取液进行净化。Schenck 等的实验表明采用 GCB/PSA 双层 SPE 柱对萃取物进行净化处理，同样可以得到较为干净的样品及满意的回收率。在 Schenck 的研究中，采用了 GCB/PSA 双层 SPE 柱。其中 GCB 用于吸附水果蔬菜中的共萃取干扰物及甾酮类干扰物。但 GCB 的用量必须控制，根据 Schenck 等的报告，500mg 的 GCB 会导致非极性芳香族化合物的回收率大为降低。由于 GCB 对具有平面苯环结构的农药吸附力较强，因此在洗脱溶液中加入了 25%左右的甲苯，以破坏 GCB 和这类农药之间的相互作用。另外，甲苯的存在还可以防止碱性敏感农药在碱性吸附剂（PSA 和—NH₂）上的降解。在 QuEChERS 萃取中采用了双层填料的标准 SPE 柱对萃取物进行净化，可以实现净化操作的自动化。

2. 滤过型固相净化法

结合传统的 SPE 方法和 QuEChERS 法，潘灿平等发明了滤过型固相净化装置（multi-plug filtration clean-up，m-PFC），如图4-29所示。该方法将 DSPE 步骤中使用的吸附剂装填至 SPE 柱柱管内，柱管与注射器相连，通过抽拉注射器的方式使提取液通过净化剂层，该净化操作简单，其特点在于充分利用样品与固相材料的多次平衡提高效率和重复性，操作时只需吸取提取液快速数次通过固相材料，即可在数十秒内达到净化目的。

图 4-29　滤过型净化柱装置示意图

1—注射器；2—柱体；3—筛板（上）；4—筛板（下）；5—固相材料或混合材料；6—针头；7—离心管

m-PFC 在净化操作时针头保持在液面以下，然后推拉注射器活塞：

（1）抽拉活塞，所有提取液进入 m-PFC 柱管并通过吸附剂；

（2）推动活塞，所有提取液注入微型离心管中并再次通过吸附剂；

（3）重复（1）和（2）两次；

（4）拔去针头并将提取液经过微孔滤膜后注入进样小瓶中待测。

目前该方法已应用于多种基质中农兽药前处理分析。Zhao 等将 m-PFC 方法与 LC-ESI-MS/MS 联用，建立了苹果、甘蓝、马铃薯中的 40 种农药的 m-PFC 净化方法，添加浓度为 0.01mg/kg 和 0.1mg/kg，回收率在 71%～117% 之间，大部分农药的 RSD 均小于 15%。Zhao 等将 MWCNT 作为 m-PFC 中的净化材料，建立了番茄和番茄制品中 186 种农药的残留分析方法，回收率与 RSD 均满足残留分析要求。Han 等将 m-PFC 方法与 GC-MS/MS 联用，建立了白酒及酿酒原材料（高粱和稻壳）中 124 种农药的残留分析方法，其中 121 种农药的回收率在 71%～121% 之间，且除了嘧菌环胺、吡氟草胺和丙硫菌唑等农药外，其余农药的 RSD 均低于 16.8%。Qin 等建立了小麦、菠菜、胡萝卜、花生、苹果和柑橘等 6 种典型基质上的 25 种农药的 m-PFC 净化方法并与 DSPE 方法比较，结果表明，m-PFC 方法可去除更多色素干扰物，且 m-PFC 操作过程中无需旋转蒸发、涡旋、离心等步骤，简化了净化方法。Hou 等通过优化 m-PFC 中净化材料的种类和用量，以及净化次数，建立了小麦粒、植株、土壤中氯氟吡氧乙酸异辛酯和氯氟吡氧乙酸的 LC-MS/MS 分析检测方法，样品加标回收率为 90%～107%，RSD＜7.4%。相比 DSPE，m-PFC 方法不需要称量吸附剂，也无需涡旋离心等操作，可以大大缩短净化时间，从而提高工作效率。

为改善手动 m-PFC 方法进行大量样品处理时耗费人力的缺陷，Qin 等还开发了一种自动化 m-PFC 设备。操作简便，节省人力，同时可精准控制 m-PFC 次数、m-PFC 体积、抽提速度、灌注速度，提高了方法准确度。该自动化 m-PFC 设备已在枸杞、猕猴桃及其果汁和代表性基质（蔬菜、水果、谷物等）中的农药多残留分析中进行了应用。

四、磁性分散固相萃取

（一）原理

磁性分散固相萃取（magnetic dispersive solid phase extraction，MDSPE）是 21 世纪在

分离富集领域的革命性技术，也称为磁纳米微萃取技术。MDSPE 是以磁性或可磁化的材料作为吸附剂的一种分散固相萃取技术。在 MDSPE 过程中，磁性吸附剂不直接填充到吸附柱中，而是被添加到样品的溶液或者悬浮液中，将目标分析物吸附到分散的磁性吸附剂表面，在外部磁场作用下，目标分析物随吸附剂一起迁移，最终通过合适的溶剂洗脱被测物质，从而与样品的基质分离开来，再进行后续的分析检测。其装置示意图见图 4-30。

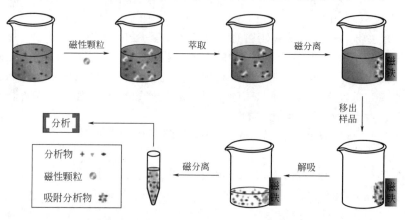

图 4-30　磁性分散固相萃取操作示意图

（二）磁性纳米材料

MDSPE 的核心是具有较大比表面积、较好生物相容性、容易达到磁性分离的磁性纳米粒子（magnetic nanoparticle，MNP），通常由铁矿物和磁性铁氧化物组成，如磁性 Fe_3O_4 纳米粒子。

目前制备磁性 Fe_3O_4 纳米粒子的常用方法有化学共沉淀法、水热法和溶剂热法。由于磁性 Fe_3O_4 纳米粒子具有超顺磁性，极易发生团聚，并且对目标物缺少选择性，故其吸附性能受到一定限制。对磁性 Fe_3O_4 纳米粒子进行表面功能化修饰，或采用一定的包埋技术制得磁性纳米复合材料可有效避免上述问题发生。

常用的磁性纳米复合材料有无机物包覆型 MNP、有机高分子包覆型 MNP、氧化物包覆型 MNP、碳纳米材料负载型 MNP、有机高分子嫁接型 MNP、有机小分子嫁接型 MNP 以及离子液体或低共熔溶剂嫁接型 MNP 等。磁性纳米复合材料不仅能反复使用，而且能避免传统 SPE 小柱易堵塞等问题，使得 MDSPE 具有简单快速、绿色安全、高效经济等优点。目前，MDSPE 已广泛应用于食品、环境和生物样品检测的前处理中，是一种极具潜力的样品前处理技术。

（三）磁性分散固相萃取的影响因素

在磁性分散固相萃取过程中，影响最后回收效率的因素有许多，其中较为重要的有：

（1）磁性固相材料的种类　磁性固相材料种类的选择，对萃取效率起到至关重要的作用，在选择种类时需满足下列条件：①对目标分析物有较好的吸附能力；②具有一定稳定性，在对应基质样品中能保证相对的吸附能力；③能较快地达到吸附平衡，减少萃取时间。

（2）磁性固相材料的用量　磁性固相材料的用量，对吸附结果有直接的影响。一般来说吸附材料越多，对目标物的吸附效果越好，但是，在固定解吸附溶剂体积时，过多的吸附剂量，不利于目标分析物的解吸附，从而会降低总体前处理的回收效果，故磁性固相材料的用量往往具有一个相对较优值。

（3）基质的种类　不同的基质类型对萃取的效果也有一定的影响，因为磁性固相材料的吸附能力会受不同基质环境的影响而变化，如样品的 pH、离子强度等条件都会对吸附能力造成较大的影响。如果磁性固相材料在酸性环境下有较好的吸附能力，其在碱性样品中的萃取能力必然会有所下降。基质的组成也会有较大影响，如颗粒杂质较多的基质，必然会阻碍磁性固相材料与样品的充分接触，含脂量较高的基质对非极性目标物的保留能力较强，也会影响磁性固相材料的吸附结果。

（4）萃取时间与解吸附时间　一般来说，磁性固相材料上的目标物浓度是随时间逐渐增加的，最终达到平衡，而这段时间取决于许多因素，如分配系数、样品基质、样品体积、磁性固相材料体积、目标物扩散速度等，在具体实验中可以通过涡旋、振荡、搅拌、超声等辅助方法，使材料和样品更快均一化，加速其达到平衡的时间。随着时间的增长，到后期接近平衡的状态下，再增加时间并不能对吸附效果有很好的提高，反而会增加时间成本，故萃取时间一般会有一个较优值。同理，解吸附时，解吸附效果也会受解吸附时间的影响，一般也会有一个较优的解吸附时间。

（5）解吸附溶剂的种类与量　解吸附溶剂用量不能太大，避免增加浓缩环节，但是又要满足解吸附目的，故其种类尤为重要，解吸附溶剂必须对目标物有较大的分配系数，根据"相似相溶"原则，解吸附溶剂的极性应与目标物近似。同时需通过实验确定一个最优解吸附溶液体积，使其在满足解吸附目的的同时，又能达到最大浓缩倍数的目的。

（四）应用实例

黄倩等（2014）通过乳液聚合反应制备了苯乙烯与甲基丙烯酸共聚物改性的磁性微球 [Fe_3O_4@P（St-co-MAA）]，并将其作为吸附剂建立了 MDSPE-GC 联用体系，分析了番茄汁、草莓汁中的 5 种有机磷农药，LOD 为 $0.013\sim0.305\mu g/L$，回收率为 $85.4\%\sim118.9\%$，RSD$<8.8\%$。

Mukdasai 等（2014）将 3-氨基丙基三乙氧基硅烷功能化的磁性纳米材料用作 DLLME 的分散剂和分散微固相萃取（D-m-SPE）步骤的吸附剂，分析水体和蔬菜中 4 种菊酯类农药，回收率在 $91.7\%\sim104.5\%$ 之间，检测限在 $0.05\sim2\mu g/L$（水样）和 $0.02\sim2\mu g/kg$（蔬菜）之间，RSD$<2.5\%$。

张咏等（2015）利用共聚技术制备了甲基丙烯酸改性的磁性纳米复合材料（Fe_3O_4@MAED）并作为吸附剂，用 HPLC 测定果汁中的 4 种苯甲酰脲类杀虫剂，LOD 为 $0.29\sim0.30\mu g/kg$，回收率为 $78.8\%\sim118.0\%$。

朱建国等（2016）采用溶剂热法一步合成制备出具有比表面积大和官能团丰富的石墨烯基铁氧化物磁性材料（G-Fe_3O_4），并结合 GC-MS/MS 建立了花生中百菌清等 9 种农药残留的检测方法，其 LOD 为 $0.07\sim1.85\mu g/kg$，回收率为 $81.9\%\sim119.3\%$，RSD$<6.6\%$，该方法可满足花生等高油脂复杂基质中农药多残留检测的需求。

Hou 等（2017）在传统 QuEChERS 方法基础上，引入 Fe_3O_4（$100\sim300nm$）磁性纳米材料与 MWCNT 物理混合，在外加磁场的作用下实现提取液和固体净化剂的分离，完成对基质提取液的净化过程，结合 LC-MS/MS，建立了嘧菌酯、戊唑醇两种农药在花生仁、花生壳、带壳整粒花生中的残留分析方法，回收率在 $77\%\sim113\%$ 范围内，RSD$<6\%$，LOQ 为 $0.1\sim1.0\mu g/kg$。

周恋（2017）利用锌基的 MOF 材料制备磁性固相材料，将其用于实际水样、水果和蔬菜样品中的 4 种三嗪类除草剂的富集处理，检出限可低至 $0.18\sim0.72ng/L$。

邓玉兰（2018）利用铁基的 MOF 材料结合聚多巴胺的特点，将两者结合并包覆在磁性材料上制备了磁性固相复合材料，并用其富集环境水样中的磺酰脲类除草剂，检出限可低至

$0.28\sim0.77\mu g/L$，加标回收率在 $78.8\%\sim109.7\%$ 之间，RSD<7.5%。

Chormey（2019）等通过将油酸和硬脂酸涂覆在磁性纳米材料表面形成新的磁性固相材料对农药、烷基酚类、激素和双酚 A 等 12 种化合物进行了前处理富集，最后进行 GC-MS 检测。该方法对目标物的富集倍数可达 $64\sim345$ 倍，LOQ 低至 $0.13\sim2.7\mu g/L$，回收率在 $90\%\sim109\%$ 之间。

Mohammad（2021）等利用 C_{18} 结合的磁纳米材料来富集水溶液中的莠去津，在优化萃取条件后，该方法对莠去津的 LOQ 为 $0.7\mu g/L$，方法的 RSD<7%。

Laleh（2019）等利用单宁酸对涂覆有双层氢氧化锌的磁性纳米材料进行了改性，利用改性后的材料对水体里的二嗪磷和甲霜灵进行前处理富集，富集因子可达 500 倍，LOQ 分别为 $0.6\mu g/L$ 和 $2\mu g/L$，回收率为 $85\%\sim96.6\%$。

Bagheria 等将磁性固相分散萃取技术与超临界流体萃取技术相结合，用于检测果蔬样品中 3 种拟除虫菊酯类杀虫剂（氟氯氰菊酯、氯氰菊酯和苯戊酸酯）的残留。采用超临界流体萃取技术对实际样品（苹果、桃子、番茄和黄瓜等）中的农药残留进行预处理，然后以 $Fe_3O_4@SiO_2@IL$（离子液体）NP 为磁性吸附剂对预处理液中的农药进行富集与分离，进而通过高效液相色谱仪农药残留量进行检测。该方法对 3 种拟除虫菊酯类杀虫剂检测的线性范围均为 $0.3\sim5mg/kg$（$R^2>0.9931$），检出限为 $0.1mg/kg$（RSD<8.4%，$n=3$），在实际样品中的添加回收率为 $91\%\sim94\%$。

第十四节　胶束介质萃取

胶束介质萃取（micelle-mediated extraction，MME）技术是将表面活性剂应用于分析化学领域的一种重要的分离技术，可分为浊点萃取（cloud point extraction，CPE）和凝聚萃取（coacervation extraction，CE）。浊点萃取是指通过调节体系的温度而使得中性表面活性剂的水溶液达到相分离，非离子和两性离子表面活性剂即属于此类。凝聚萃取是指其他参数（如酸、有机溶剂等）诱导的离子型表面活性剂（包括阴离子和阳离子表面活性剂）的相分离。当表面活性剂水溶液发生浊点或凝聚现象时，水相中的疏水性物质自动聚集到表面活性剂富集相中，从而达到分离的目的。由于该法不使用挥发性有机溶剂，不影响环境，具有经济、安全、高效、简便、应用范围广等优点，已广泛应用于生物大分子、临床治疗药物监测、体内微量元素、有机毒物及中药成分等样品的分离分析预处理。

一、胶束介质萃取原理

（一）胶束的形成和胶束介质萃取过程

表面活性剂分子由疏水基团和亲水基团两部分构成。疏水基团一般是直链或支链含有碳原子数目不同的碳氢链，也可能有芳香环；亲水基团是离子型或强极性基团。在水溶液中，亲水基团使表面活性剂分子有进入水的倾向，而憎水基团则竭力阻止其在水中溶解，倾向于从水的内部向外迁移，这两种倾向平衡的结果是表面活性剂在水表富集，亲水基伸向水中，憎水基伸向空气中，使得水面像被一层非极性的碳氢链覆盖。一般情况下，表面活性剂在界面富集吸附为单分子层，吸附达到饱和时，表面活性剂分子不能在表面继续富集，而憎水基的疏水作用仍竭力促使其逃离水环境，于是表面活性剂分子则在溶液内部自聚，即疏水基聚集在一起形成内核，亲水基向外张开形成胶束（micelle）。而表面活性剂在水溶液中形成胶束的最小浓度称为临界胶束浓度（critical micelle concentration，CMC）。胶束不仅有大小之分，还有不同的形状，如球状、棒状、层状等。

胶束介质萃取过程分为三个步骤：溶质在胶束水溶液中溶解；采取措施诱导表面活性剂富集相从水溶液中分离；测定表面活性剂富集相中的目标物。

目标物在胶束水溶液中溶解时为两相状态，分为胶束内部的疏水"溶解状态"和胶束-水界面的极性"吸附状态"。

（二）相关参数

研究影响胶束介质萃取效果的常用参数有表面活性剂的浊点、相体积比、分配系数（D）、萃取效率（R）和预富集因子（P）。

相体积比：萃取后表面活性剂富集相与水相的体积比。

分配系数（D）：用于表示分析物从水相进入表面活性剂富集相的程度。

$$D = \frac{c_s}{c_w}$$

式中，c_s、c_w 分别为分析物在表面活性剂富集相和水相中的最终浓度。c_w 可以通过质量平衡求得：

$$c_o V_o = c_w V_w + c_s V_s$$

式中，V_o、c_o 分别为萃取前原始溶液的体积和分析物浓度；V_w、V_s 则分别为萃取后水相和表面活性剂富集相的体积。

萃取效率（R），即萃取获得的分析物的百分数，表示如下：

$$R = \frac{100 c_s V_s}{c_o V_o} = \frac{100 c_s V_s}{c_s V_s + c_w V_w} = \frac{100 D}{D + (V_w / V_s)}$$

预富集因子（P）定义为：

$$P = \frac{c_s}{c_o}$$

结合萃取效率公式可表示为：

$$P = \frac{R V_o}{100 V_s}$$

（三）萃取效率与预富集因子

胶束介质萃取过程包括对分析物的萃取和预富集，因此在开发方法时需要评估萃取效率和与之相对应的预富集因子。

1. 萃取效率

理论上，萃取效率由溶质结合到胶束相的平衡常数决定。每个特定的表面活性剂体系存在一个结合常数的极限值，确保分析物在表面活性剂富集相中定量回收。平衡常数与溶质相关的多个参数有关，如疏水性、形成氢键的能力、摩尔折光率和偶极等。同样地，结合常数也受表面活性剂结构、电解质或有机添加物的存在，以及温度的影响。

就表面活性剂结构而言，根据相似相溶原理，含有同等长度的碳氢链的非离子表面活性剂胶束，结合有机溶质的能力比离子胶束更强。因此，理论上，浊点萃取法萃取有机物的效率高于凝聚萃取。但是研究表明，实验结果并没有遵循这个规律，说明存在其他因素影响胶束介质的萃取效率。例如，温度升至浊点时，非离子表面活性剂胶束的溶解能力增强；随盐酸浓度增大，分析物在阴离子表面活性剂烷基磺酸盐胶束中的分配系数增大。一般地，若不考虑表面活性剂的类型，萃取效率随疏水性和表面活性剂含量的增大而增大。

2. 预富集因子

富集水相和表面活性剂富集相的体积比随表面活性剂浓度增加而减小，表面活性剂浓度越小，预富集因子越大。但是，富集相体积减小使得萃取过程更加困难，正确度和重现性都会降低。因此，理想的胶束介质萃取应尽可能减少表面活性剂的用量，使其形成胶束核。

对于中性表面活性剂，预富集因子的减小与表面活性剂的加入量呈线性关系。而在凝聚萃取中，加入的盐酸量会影响表面活性剂富集相的体积，其随介质酸性增大而减小。在一些体系中，表面活性剂的存在对分析物的信号有增敏作用时，可获得高表观预富集因子。

目前为止，系统研究影响凝聚萃取中预富集因子的报道较少。在酸性诱导相分离烷基磺酸盐萃取苯酚时，发现预富集因子随烷基磺酸盐的烷基链的增长而增大。主要是因为阴离子表面活性剂的疏水性增强，相分离所需的盐酸浓度降低，预富集能力增强。

总之，在胶束介质萃取过程中，为获得较高的萃取效率，宜选用疏水性较强、产生相体积尽量小的表面活性剂。为保证实验的精确度和重复性，在尽量得到小的相体积的同时，表面活性剂浓度不宜过低，所以需要在相体积比和易处理性方面找到平衡点。

二、浊点萃取

浊点萃取主要是利用表面活性剂的两个重要性质——增溶作用和浊点现象。增溶作用是表面活性剂在水溶液中的浓度达到临界胶束浓度而形成胶束后，能使不溶或微溶于水的有机物的溶解度显著增大，形成澄清透明的溶液。此时的增溶体系是热力学稳定体系。浊点现象是指在一定的温度范围内，表面活性剂易溶于水成为澄清溶液，而当温度升高（或降低）时，溶解度反而减小，而出现浑浊、析出、分层的现象。溶液由透明变为浑浊时的温度称为浊点（cloud point）。表 4-41 列出了一些常用表面活性剂的浊点和临界胶束浓度。

表 4-41　CPE 中常用表面活性剂的名称、结构和浊点

表面活性剂		临界胶束浓度 /(mmol/L)	浊点/℃
聚氧乙烯脂肪醇 $C_n H_{2n+1}(OCH_2CH_2)_m OH(C_n E_m)$	$C_{10}E_4$	0.81	19.7
	$C_{10}E_5$	0.84	41.6
	$C_{10}E_6$	0.95	60.3
	$C_{10}E_8$	1.00	84.5
	$C_{12}E_4$(Brij 30)	0.02~0.06	6.0
	$C_{12}E_5$	0.062	28.9
	$C_{12}E_6$	0.067	51.0
	$C_{12}E_8$	0.087	77.9
	$C_{12}E_{23}$(Brij 35)	0.06	>100
	$C_{13}E_8$(Genapol X-080)		42
	$C_{14}E_5$	0.01	20
	$C_{14}E_6$	0.01	42.3
	$C_{16}E_{10}$(Brij 56)	0.0006	64~69
对叔辛基苯基聚己二醇醚 $(CH_3)_3CCH_2C(CH_3)_2C_6H_4$ $(OCH_2CH_2)_m OH(OPE_m)$	(Triton X-114)	0.20~0.35	22~25
	(Triton X-100)	0.17~0.30	64~65

表面活性剂		临界胶束浓度/(mmol/L)	浊点/℃
正烷基苯基聚己二醇醚 $C_9H_{19}C_6H_4(OCH_2CH_2O)_mOH$ (NPE_m)	$NPE_{7.5}$(Ponpe-7.5)	0.085	1～7
	NPE_{10}(Ponpe-10)	0.07～0.085	56(1%[①]表面活性剂水溶液),63
	$NPE_{10～11}$(Igepal CO-710)		70～72
两性离子表面活性剂 $R(CH_3)_2N^+(CH_2)_3OSO_3^-$	C_9-APSO$_4$	4.5	65
	C_{10}-APSO$_4$		88
	C_8-Lecithin		45

① 本节中表面活性剂的浓度均为质量和体积比（m/V）。

（一）种类

1. 非离子表面活性剂胶束介质萃取

　　非离子表面活性剂是在水溶液中不会离解成带电的阴离子或阳离子，而是以中性非离子分子或胶束状态存在的一类表面活性剂。它的疏水基是由含活泼氢的疏水性化合物如高碳脂肪醇、烷基酚、脂肪酸、脂肪胺等提供的，亲水基是由含能与水形成氢键的醚基、自由羟基的化合物如环氧乙烷、多元醇、乙醇胺等提供的。这类表面活性剂稳定性比较高，不易受强电解质和酸碱等物质的影响。

　　含有非离子表面活性剂的水溶液随着温度升高在一个狭窄的温度区间内变浑浊，即到达了浊点。在浊点以上，溶液分为两层：一层是富含表面活性剂的相；另一层是水相，水相中表面活性剂的浓度近似等于它的临界胶束浓度。

　　浊点与表面活性剂的结构和浓度有关。由图 4-31（a）可知，随着表面活性剂浓度的增大，浊点升高。对聚氧乙烯同系物的非离子表面活性剂而言，浊点随碳氢链长度的减小或乙烯-氧化物端长度的增加而升高。有盐、碱金属、酸、聚合物、尿素和其他表面活性剂存在时，浊点也会发生变化。例如，在非离子表面活性剂的水溶液中加入盐类电解质，相分离温度会降低。Genapol Ⅹ-080 在 5%氯化钠溶液中的浊点低于无盐时。

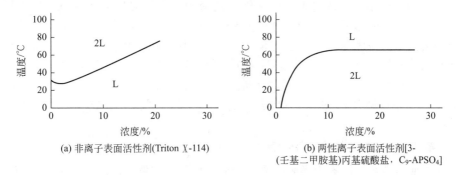

(a) 非离子表面活性剂(Triton Ⅹ-114)　　(b) 两性离子表面活性剂[3-(壬基二甲胺基)丙基硫酸盐, C_9-APSO$_4$]

图 4-31　水溶液中表面活性剂浊点典型相图
L—单液相区；2L—两相液相区

　　萃取温度和表面活性剂的浓度对预富集因子有影响，尤其是后者。表面活性剂浓度一定时，萃取温度升高，平衡时间延长，表面活性剂富集相体积减小。这是因为温度升高，氢键断裂，表面活性剂富集相中的水分减少，导致其体积减小。

　　萃取效率与分析物和表面活性剂的疏水性密切相关，其原理与液液萃取类似。对于同一表面活性剂，分析物的疏水性越强，萃取效率越高；对于同一分析物，使用疏水性越大的表面活性剂，萃取结果越完全。

总之，对于疏水性物质（$\lg K_{ow}$ 较大），采用低浓度的表面活性剂可获得较高的萃取效率；预富集因子由相体积比决定，表面活性剂的浓度增大，预富集因子减小。因此，采用低浓度表面活性剂即可获得高萃取效率和高预富集因子。但是对于亲水性物质（$\lg K_{ow}$ 较小），要获得较高的萃取效率需要高浓度表面活性剂，同时高预富集因子则要求低浓度，因此最终浓度需要优化折中处理。

非离子表面活性剂用于浊点萃取有许多优越性：它能浓缩多种分析物，具有高预富集因子；较安全、经济，仅需要少量的相对不燃烧、非挥发性的非离子表面活性剂作为萃取剂，减少了大量有机溶剂的使用；非离子表面活性剂易于处理，在废丙酮、乙醇中易燃烧；表面活性剂富集相与胶束液相色谱中的胶束流动相和反相高效液相色谱的流动相都混溶，前处理后可以直接用胶束液相色谱或反相高效液相色谱分析；萃取与预富集一步完成；非离子表面活性剂能与分析物共洗脱，可优化分析物的响应，有可能提高检测灵敏度。与此同时，也存在一些局限性：非离子表面活性剂结构中含有芳香环，在紫外区有高背景吸收和长保留时间，其色谱峰容易覆盖强极性化合物；相分离需要高浊点，所以不能萃取热不稳定性化合物。

2. 两性离子表面活性剂胶束介质萃取

两性离子表面活性剂兼具阳离子和阴离子表面活性剂的性质，如甜菜碱型、磺酸甜菜碱、含磺酸基型等。

两性离子表面活性剂与非离子表面活性剂最大区别是两性离子表面活性剂在温度降低时相分离，高于浊点为单相，浊点以下分离成两相。但是也有例外，如十二烷基二甲基胺基癸烷基苯基亚磷酸酯和十二烷基甲基氧化膦在室温为一相，升高温度变成两相。与非离子表面活性剂相反，两性离子表面活性剂的浊点随加盐量的增加而升高。

Saitoh T 等详细研究了两性离子表面活性剂在萃取有机物和蛋白质时的优势，指出 3-（壬基二甲胺基）丙基硫酸盐（C_9-APSO$_4$）和 3-（癸基二甲胺基）丙基硫酸盐（C_{10}-APSO$_4$）比非离子表面活性剂 Ponpe-7.5 的相分离速度快。C_9-APSO$_4$ 和 C_{10}-APSO$_4$ 在 254nm 有微弱吸收，不会干扰检测，可用于采用紫外、荧光、磷光法分析时对目标物的富集。如图 4-31(b) 所示，两性离子表面活性剂的两相区域在温度低的一侧，不需要加热促使相分离，可用于萃取热不稳定化合物或膜蛋白，以减少其分解或降解。此外，有研究表明两性离子表面活性剂是优良的可溶性试剂，能替代电荷型表面活性剂抑制生物化合物的分解或蛋白质变性。但是浊点萃取时使用两性离子表面活性剂存在一个潜在问题，其临界胶束浓度（如 C_9-APSO$_4$ 为 4.5mmol/L）远大于非离子表面活性剂（如 Triton X-114 为 0.20～0.35mmol/L），导致每次萃取时都有较多的表面活性剂残留在水溶液中，需要加入高浓度的盐将其回收。

3. 两性-非离子表面活性剂混合体系胶束介质萃取

在两性表面活性剂水溶液中提高非离子表面活性剂的比例，浊点会下降。例如，在含有 C_9-APSO$_4$ 的体系中辛基配糖物大于 40% 时，浊点降到 0℃ 以下。所以通过调配两性、非离子表面活性剂的比例，可以降低浊点，分离热不稳定化合物。

（二）影响因素

实验时优化选择合适的参数，可以促进一些前处理技术的广泛应用。影响浊点萃取技术萃取效率的因素有 pH、离子强度、表面活性剂性质和浓度、平衡温度和时间等。

1. 溶液 pH

通常分子的中性形式比离子形式更容易与溶液中胶束结合，所以 pH 对浊点萃取过程有一定的影响，尤其是对于离子型化合物。

在非离子表面活性剂胶束介质萃取过程中，调节溶液 pH 是为了确保分析物是中性分子形式，对浊点没有影响。对于无离子形式的化合物，如多环芳香烃、多氯联苯和多氯联苯醚等，pH 的影响可以忽略。但是对于酚衍生物、胺或极性较大的化合物，pH 影响比较显著，需要将 pH 调至目标物为无电荷状态以获得最高的萃取效率。对于无机物，不同 pH 对形成的配合物的萃取效率影响很小，这是因为这些配合物体积较大，不带电荷，且为共价形式。只有在依靠 pH 形成配合物的情况下，才会影响萃取效率，如 Cr(Ⅲ) 在碱性条件下才会与螯合试剂 8-羟基喹啉反应生成疏水性配合物。

在两性离子表面活性剂胶束萃取过程中，溶液 pH 会影响浊点。例如，5% C_9-APSO$_4$ 在溶液 pH 为 4~10 时浊点相对稳定，约为 50℃。随 pH 减小，浊点急剧下降，pH 为 0 时，在 0℃以上才会形成完全透明的均一溶液。

2. 表面活性剂性质和浓度

表面活性剂的分子结构影响浊点萃取的效果，理想的表面活性剂应具有适宜的浊点和疏水性。浊点与分子中亲水、疏水链的长度有关。疏水部分相同时，亲水链增长，浊点升高；相反，疏水链增长，浊点下降。

表面活性剂的浓度一方面影响分析物的萃取效率，另一方面关系到分相后表面活性剂富集相体积的大小。萃取体系中表面活性剂对疏水性物质具有一定的增溶能力，实验中适当加大表面活性剂的浓度，可以提高分析物的萃取效率，但超过一定浓度，会造成富集相体积过大，从而降低体系的富集倍数，亦可导致萃取效率降低。而富集相体积太小，难于收集，会导致回收率和重复性差的问题。因此，在确保待测物完全萃取的条件下，应减小表面活性剂的体积，以提高富集倍数。

3. 平衡温度和时间

浊点萃取过程中，在温度的影响下表面活性剂溶液分为两相。理论上，最佳萃取条件一般选择浊点 15~20℃以上。随着平衡温度升高，氢键断裂，胶束相脱水，表面活性剂富集相中含水量减少，富集相体积变小，相体积比和预富集因子增大，检测灵敏度提高。

平衡时间也是一个重要的影响因素。经过适当时间的平衡，才能保证分析物最大程度萃取分离，得到较高的回收率，但是平衡时间过长会影响实验的进程，增加一些没必要的样品预处理时间。一般情况下，20~30min 即可获得较理想的萃取效果。

在处理惰性金属时，为了得到满意的萃取效率需要升高温度（>80℃）和延长平衡时间，以使配位反应完全。对于金属来说，它们与螯合试剂的反应和进入胶束的移动过程是动力学控制的，平衡时间起很重要的作用。反应时间应大于定量萃取的最小极限时间。多数研究选择 10min 作为最佳反应时间，与有机物进入胶束的最佳平衡时间一致。

4. 添加剂的加入和离心作用

添加剂的加入对萃取效率影响不大，但很多添加物如电解质、有机物等在很大程度上影响表面活性剂的浊点，引发表面活性剂水溶液的相分离。在非离子表面活性剂的浊点萃取体系中，加入盐析型电解质，一方面可以使胶束与水分子之间的氢键断裂，水相密度增大，表面活性剂富集相密度减小，促进两相分离，进而使表面活性剂的浊点温度降低，另一方面可以加强目标物的疏水性，通过影响极性小的物质的水溶性使其易于富集。而添加剂的加入对两性表面活性剂（如 C_9-APSO$_4$）的作用正好相反，浊点随盐浓度的增加而升高。

一般情况下，离心时间不会影响胶束的形成，但是会加速相分离。通常 5～10min 能够满足大部分浊点萃取的要求。

三、凝聚萃取

离子表面活性剂作胶束介质萃取过程中的萃取剂时，相分离是通过改变一些参数如样品的 pH、离子强度、添加剂等实现的，不包括通过改变温度来达到相分离的方法为凝聚萃取法。

（一）种类

凝聚萃取法包括阳离子和阴离子表面活性剂胶束介质萃取两大类。

1. 阳离子表面活性剂胶束介质萃取

阳离子表面活性剂一般由脂肪族铵盐或烷基链连接季铵盐极性头构成，且阳离子极性头的电性多用卤素中和。文献报道，阳离子表面活性剂（如烷基三甲基溴化铵）在高浓度 NaCl 溶液（400g/L）和辅助物质 1-辛醇存在下会发生相分离。但是，1-辛醇的体积对表面活性剂富集相的体积有较大的影响：如在 10mL 阳离子表面活性剂水溶液中，1-辛醇从 5μL 增加到 8μL 时，表面活性剂富集相体积由 2.20mL 降至 0.29mL，导致实验结果的重复性较差。因而，尽管阳离子表面活性剂克服了非离子和两性离子表面活性剂的一些缺点，由于其分离和富集目标物时的重现性较差，很少被使用。

2. 阴离子表面活性剂胶束介质萃取

阴离子表面活性剂是最常见的一类表面活性剂，在水中可以水解出两亲性阴离子，如烷基苯磺酸盐、烷基磺酸盐、烷基硫酸盐、脂肪酸盐等。此类表面活性剂在 pH 诱导下会发生相分离，从而将其应用在胶束介质萃取中，也称为酸性诱导浊点萃取。

阴离子表面活性剂的典型相图见图 4-32，癸烷磺酸钠（sodium decane sulfonate，SDeS）、十二烷基磺酸钠（sodium laurylsulfonate，SDoS）是在室温绘制的；十四烷基磺酸钠（sodium 1-tetradecanesulphonate，STS）在高于 35℃ 时才会溶于盐酸，所以其相图是在 50℃ 绘制。十六烷基磺酸钠即使在浓度为 0.1％、体系温度高于 80℃ 时也不溶于盐酸（0～10mol/L）；辛烷磺酸钠在 10mol/L 盐酸中浓度为 0.2％～10％ 时没有相分离现象。

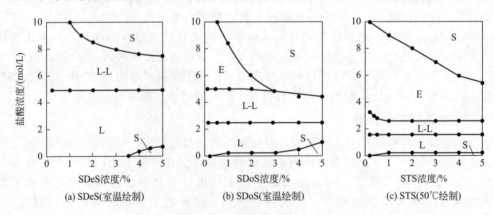

图 4-32　水溶液中阴离子表面活性剂凝聚典型相图
L—单液相区；L-L—两相液相区；E—乳状液相区；S—液-固相区

由图 4-32(b)、(c) 可知，SDoS、STS 有四相，而 SDeS 没有乳状液相区（E），可能是由于 SDeS 的富集相密度较小，利于相分离。由图 4-32 可知，酸诱导相分离所需的盐酸浓度（临界盐酸浓度）随阴离子表面活性剂烷基链的增长而减小，与表面活性剂浓度无关。阴离子表面活性剂的盐酸浓度-温度相图见图 4-33，可以看出相分离所需的临界盐酸浓度与温度关系不大。在表面活性剂浓度均为 1.0% 时，SDeS 和 SDoS 相分离所需的盐酸浓度与温度（10~80℃）无关，而 STS 在 $T > 50℃$ 时，略微降低。

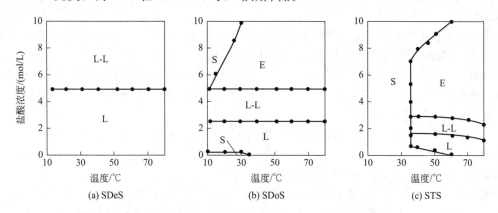

图 4-33　阴离子表面活性剂（1%）盐酸浓度-温度相图

由于 SDeS 和 SDoS 在 10℃ 即可相分离，可用来萃取热不稳定化合物。酸性诱导的阴离子表面活性剂相分离时，增大溶液离子强度（加惰性盐）不会促进分离，反而可能造成表面活性剂沉淀。例如，室温下向盐酸浓度为 0~3.5mol/L 的 1% SDoS 溶液中，加入氯化钠使其浓度大于 0.4mol/L，SDoS 会形成沉淀。因此，盐酸的存在对阴离子表面活性剂的相分离是必要的，但是在中性溶液中，即使氯化钠加至饱和状态也无相分离，即盐对阴离子表面活性剂相分离没有作用。

随烷基磺酸盐的烷基链增长，表面活性剂分子疏水性增强，相分离所需的盐酸浓度减小，预富集能力增强。尽管 STS 的预富集能力比 SDoS 强，但是 SDoS 无需加热即可实现相分离，所以实验时通常选择 SDoS。

阴离子表面活性剂胶束介质萃取相比传统的浊点萃取，有很多优势：方法更加可靠，实验中物理变量（如萃取时间、温度、平衡时间、离心时间）不会影响萃取效率，尽管盐酸浓度是一临界值，但是通过调节可以避免其对萃取参数产生较大的影响；实验快速，萃取可在几分钟内完成；可用来萃取热不稳定化合物；由于阴离子表面活性剂结构中无芳香环，在紫外区低吸收，且又是极性分子，具有低保留时间，可借助色谱用于分析一些极性化合物；阴离子表面活性剂的存在与否对分析物的色谱响应没有影响，这点要优于非离子表面活性剂，因为非离子表面活性剂能与分析物共洗脱，从而改变分析物的色谱响应；表面活性剂富集相位于试管上端，实验易于操作。但是相对于传统液液萃取和浊点萃取，此法有严重的局限性：极性弱碱化合物在酸性介质中为离子形式，所以采用阴离子表面活性剂胶束介质萃取时回收率很低。

（二）影响因素

盐酸浓度、一些物理因素、表面活性剂的性质和浓度、分析物的性质和浓度等会影响表面活性剂富集相和水相的体积比，进而影响方法的回收率。

（1）盐酸浓度　盐酸是促使阴离子表面活性剂溶液分离成两相的重要影响因素。最佳的浓度下，酸诱导的阴离子表面活性剂在 10~90℃ 即可发生两相分离。

随盐酸浓度增加，阴离子表面活性剂富集相体积减小，即富集相中的水分减少，胶束的疏水性增强，对有机物的亲和力增大，从而导致分配系数增大。但是盐酸浓度增加到一定程度，预富集因子增大，萃取效率反而降低，这是由于酸浓度增加使富集相体积减小的程度大于预富集因子增大的幅度，最终导致回收率降低。这也说明萃取效率是相体积比和分配系数共同作用的结果。

（2）物理因素　一些物理因素如平衡时间、萃取温度、盐浓度等一定程度上会影响凝聚萃取的效率。

Sohrabi 等研究表明，加入电解质能够促进胶束在室温下形成，从而实现阳离子表面活性剂（十六烷基三甲基溴化铵，cetyltrimethyl ammonium bromide，CTAB）溶液相分离，若不加任何盐类物质，萃取效率较低。对影响 CTAB 萃取二嗪磷效率的因素进行评估发现，平衡时间对前处理具有最高贡献（35.8%），其他因素如表面活性剂浓度、温度和盐浓度分别为 31.8%、22.3%、10.1%。

一般情况下，阴离子表面活性剂的平衡时间与萃取效率无关，萃取温度对相体积比、分配系数、萃取效率和预富集因子也没有影响。但是有文献报道，将多环芳烃（polycyclic aromatic hydrocarbons，PAH）从腐植酸溶液中完全萃取需要的平衡时间为 2h。也有文献报道采用阴离子表面活性剂萃取固体环境样品中 PAH 时，萃取效率随萃取温度的升高而增大，主要原因是 PAH 强烈吸附在样品的多孔渗透基质中，常温下难以萃取完全，且 80℃ 时萃取效率虽然略有增大，但精密度较小，所以最终选择 60℃。一般分析水质样品时，目标物从水相进入胶束的萃取热动力学很快达到平衡，约在 2min 内即可完成。而在固体样品中，固体和胶束相间的分配动力学由结合到多孔渗透基质的分析物的种类和位点决定，所以平衡时间对回收率有较大影响，该文献最终选择 1h。另外，搅拌对分析物从样品基质中解析也有促进作用。

因此，在阴离子表面活性剂胶束介质萃取中，物理因素（平衡时间、萃取温度、搅拌等）对萃取参数是否有影响主要取决于样品基质的类型。

（3）表面活性剂的浓度　与非离子表面活性剂介质萃取相似，阴离子表面活性剂的浓度与分配系数无关，但是影响富集相的体积、萃取效率和预富集因子。随浓度增加，富集相体积增大，相体积比和萃取效率也随之增大，但是 R/V_s、预富集因子可能减小。例如，用浓度为 1% 和 3% 的 SDoS 溶液萃取五氯苯酚（分配系数为 710），预富集因子分别为 15.8 和 4.9。

（4）分析物的性质和浓度　分析物的初始浓度不影响回收率和相体积比。萃取效率由分析物的疏水性决定。例如，随苯酚衍生物取代氯的增加、邻苯二甲酸酯烷基取代增加、多环芳香烃的环数增加，分析物的疏水性增强，萃取效率提高。弱碱性化合物的萃取效率一般都较低，这是因为其在酸性介质中带正电荷，在富集相中的亲和力较强。这种现象与传统的有机溶剂萃取相似，非离子型的有机物与有机萃取剂间的亲和力比离子型有机物强。但是也存在特殊情况，阳离子表面活性剂（如十二烷基氯化吡啶）在酸性介质中同样带正电荷，用阴离子表面活性剂萃取时回收率却很高，主要是由于体系中形成了分析物（阳离子表面活性剂）-萃取剂（阴离子表面活性剂）的混合胶束。此外，由于阴、阳离子表面活性剂亲水端的静电相互作用有利于阴-阳离子混合胶束的形成，阴离子表面活性剂萃取阳离子表面活性剂的效率高于非离子和阴离子表面活性剂。两性化合物（如染料）也可以与烷基磺酸盐形成混合胶束，其萃取效率主要由分子结构决定。

四、胶束介质萃取技术在农药残留分析中的应用

表 4-42 列出了部分胶束介质萃取技术在农药残留分析中的应用示例，涉及水、蔬菜、

水果等多种基质。这些文献大多采用非离子表面活性剂胶束介质萃取即浊点萃取技术，检测手段打破了以往以高效液相色谱为主的局面，更加多样化，分光光度计、气相色谱仪、气相色谱-质谱联用仪都可用于胶束介质萃取样品的后续测定。

表 4-42　MME 在农药残留分析中的应用

化合物	基质	表面活性剂	回收率/%	仪器
有机磷	水	2% Genapol X-080,3% NaCl 溶液	62.6～84.5	HPLC
甲萘威	水	sodium dodecyl sulfate(SDS),12mol/L 盐酸	90.7～98.6	分光光度计
甲萘威	水和蔬菜	SDS,浓盐酸	85.0～103.0	分光光度计
氨基甲酸酯类	玉米	4% Triton X-114,18% Na_2SO_4 溶液	84.8～93.0	HPLC
氨基甲酸酯类	水果	1.5% Triton X-114,7.0% NaCl 溶液	80.0～107	HPLC
有机磷	蜂蜜	100g/L Triton X-114,0.1mol/L 盐酸(pH=2)	90.0～107.0	GC-MS
三唑类	水	2% PEG 600 MO,2.5% Na_2SO_4 溶液	82.0～96.0	HPLC
有机磷[1]	浓缩果汁	6% PEG 6000,20% Na_2SO_4 溶液	71.6～94.6	GC-FPD
有机磷	苹果汁	PEG 4000,Na_2SO_4	72.5～102.6	GC-FPD
扑草净、异丙隆	水、土壤、蔬菜	2.4% PEG 6000,11% Na_2SO_4 溶液	84.4～92.7	HPLC
二嗪磷	水	十六烷基三甲基溴化铵(CTAB),10^{-5}mol/L KI 溶液	85～93.6	分光光度计
有机磷	苹果、梨	Triton X-114,磷酸盐缓冲液	74.7～104.5	HPLC
三嗪类	牛奶	Triton X-100,冰醋酸,Na_2SO_4	70.5～96.9	HPLC
戊菌唑	水	27g/L PEG 6000,120g/L Na_2SO_4 溶液	91.4～92.9	UPLC
有机磷	蔬菜	50g/L Triton X-114,磷酸盐缓冲溶液	95.0～101.0	分光光度计
有机磷	中药材	$C_{12}E_{10}$,饱和 NaCl 溶液	80.69～100.66	GC-MS
新烟碱类[2]	水、土壤、尿液	1.25% Triton X-114,氯化胆碱、苯酚	80～115	HPLC

① 浊点萃取与超声辅助后萃取联用；② 浊点萃取结合深共晶溶剂原位复分解反应。

　　此外，胶束介质萃取技术可以与其他前处理技术如分散液相微萃取等技术联用，简化前处理步骤同时扩大方法的应用范围。比如利用离子液体作为萃取剂易操作的特点，将胶束介质萃取与 DLLME 联用，可以把方法的使用范围扩大到固体样品，固体样品先用胶束介质萃取进行提取，提取液中的表面活性剂用作 DLLME 步骤的分散剂，将目标分析物从胶束介质中富集到微量离子液体中。Chen 等将胶束介质萃取与 DLLME 进行联合使用，首先利用吐温-20 胶束溶液对豇豆样品进行提取，取上清液加入纯水稀释使胶束转变为表面活性剂溶液，再加入 $30\mu L$ 离子液体进行富集萃取，最后取离子液体层进行液相分析。该方法不仅降低了前处理过程中的有机溶剂用量，而且方法灵敏度也有较大提高，实现了胶束介质萃取与 DLLME 技术联用检测豇豆样品中苯醚甲环唑的目标。

第十五节　其他前处理方法

一、低温冷冻法

　　测定含油脂较多的食品中的农药残留时，可以使用液液分配法、磺化法、凝胶渗透色谱法或吹扫蒸馏法去除油脂，但是这些方法不仅费时，还使用大量的试剂、溶剂和玻璃器皿。20 世纪 60 年代开始，有报道使用低温冷冻净化（low temperature purification，LTP）方法提取油脂中的农药残留，以丙酮作提取溶剂，利用油脂低温下在丙酮中不溶解的原理，冷却到 $-70℃$ 时油脂沉淀下来，而农药溶解于丙酮溶液中，实现了农药残留与油脂的分离。此法可以有效去除提取液中的油脂类物质，农药残留的回收率也较高。

　　在测定脂肪中农药滴滴涕的残留时发现，脂肪在丙酮中的析出及滴滴涕的回收率与冷冻温度有关。从表 4-43 可见，含有滴滴涕的 100g 黄油的丙酮溶液在不同温度下放置 30min 后，沉淀油脂的效果不同，在−45～−40℃滤液中的脂肪含量较高，影响测定结果，−70～−65℃时去除脂肪的效果最好，而且DDT的回收率最好，所以应当使用−70℃的低温处理。然而，虽然可以用丙酮加干冰来达到−70℃，但需在特殊的容器中进行，限制了该方法的使用。近年来，有研究提出用−20℃冷冻沉淀技术或结合SPE等净化手段以除去样品中的油脂。

表 4-43   冷冻温度对 100g 黄油的丙酮溶液中脂肪沉淀的影响（樊德方，1982）

项目	放置温度/℃		
	−45～−40	−60～−55	−70～−65
脂肪沉淀量/g	83.7	92.2	96.4
滤液中脂肪量/g	15.7	7.4	3.7
通过弗罗里硅土柱后的脂肪量/g	4.6	0.22	0.022
滴滴涕的回收率/%	不能测定	96.8	103.4

注：冷冻时间为30min。

Lentza-Rizos 等（2001）建立了−20℃冷冻提取和GC-NPD测定橄榄油中常用的有机磷杀虫剂（谷硫磷、毒死蜱、二嗪磷、乐果、倍硫磷、倍硫磷亚砜、倍硫磷砜、乙基对硫磷、甲基对硫磷、伏杀硫磷等）和均三氮苯类除草剂（莠去津、扑草净、西玛净）的方法，该研究选定农药的 lgK_{ow} 在 0.2～4.7 范围内。为了达到最好的去除油脂效果和农药回收率，作者使用 5g 橄榄油，选择了几种不同溶剂配比进行低温冷冻提取，其结果如下：①使用乙腈 15mL＋正己烷 10mL 混合溶剂提取，在−20℃时油不冷冻而不能两相分离，而且该混合溶剂提取液中杂质较多，影响测定。②使用乙腈 15mL＋丙酮 10mL 混合溶剂冷冻提取时，农药的回收率基本达到要求，但提取液中的油脂量较多，是单用乙腈提取的两倍。③乙腈：分别使用 20mL、25mL、50mL 三个处理。研究结果表明单独使用乙腈冷冻提取的效果最好，样品量 5g 时，乙腈的最低用量为 25mL，加大乙腈用量会增加其提取液中的油脂量。测试时油样品与溶剂放入具塞试管或 100mL 分液漏斗中充分振荡混匀 20～40min 后，在−20℃冷冻一夜后，取出 10mL 乙腈提取液浓缩后用 2mL 丙酮定容，进行测定。5g 油样经低温冷冻提取后，204 个样品的乙腈提取液（5g 样品）含油量平均为（0.055±0.035）g，即提取液中约留有 1.1% 原油，这与 349 个样品使用经典的乙腈-正己烷液液分配后乙腈中的含油量（0.054g±0.038g）几乎相等。低温冷冻提取后测定的有机磷杀虫剂和三氮苯类除草剂的回收率为 77%～104%，基本达到要求，仅个别农药有基质增强效应。

Li L 等（2007）报道使用低温冷冻法测定大豆油、花生油和芝麻油中的 14 种有机磷农药（甲胺磷、敌敌畏、灭线磷、甲拌磷、乐果、二嗪磷、甲基对硫磷、杀螟硫磷、马拉硫磷、毒死蜱、水胺硫磷、喹硫磷、杀扑磷、苯线磷）的残留量。称取 5g 样品于 50mL 离心管中，加入 10mL 乙腈，拧紧瓶塞、剧烈振摇 5min 后，垂直放置于−20℃一夜，次日取出 1mL 提取液氮气吹干，乙酸乙酯定容后，即可用 GC-FPD 测定。14 种农药的 lgK_{ow} 在 −0.8～4.7 之间，回收率与其 lgK_{ow} 相关，lgK_{ow} 较小的甲胺磷和乐果等回收率较高，而 lgK_{ow} 大的毒死蜱和喹硫磷的回收率略低，但是测定结果基本达到要求。低温冷冻法使用的溶剂量极少，是一个有效测定植物油中有机磷农药残留的方法，部分测定结果见表 4-44。

Lentza-Rizos 等（2001）还研究测定了硫丹及氯氰菊酯、溴氰菊酯、氰戊菊酯、λ-氯氟氰菊酯和二氯苯醚菊酯等在橄榄油中的残留，这些化合物极性较低，lgK_{ow} 在 3.8～7.0 范围，使用净化要求严格的 GC-ECD 测定。作者分别使用−20℃冷冻沉淀提取和正己烷-乙腈液液分配法提取后，再经 SPE 柱净化后使用 GC-ECD 测定，结果（表 4-45）表明，使用该两种不同提取方法后，测定的结果基本一致，回收率达到 71%～91%，RSD＜17%，而低温冷冻法溶剂用量少，操作简单，结合 SPE 净化适于测定橄榄油中硫丹和菊酯类农药的残留。

表 4-44 14 种有机磷农药在大豆油、花生油和芝麻油中的添加回收率及 RSD

| 农药 | lgK_{ow} | 添加回收率/% | | | | | |
| | | 大豆油 | | 花生油 | | 芝麻油 | |
		0.02mg/kg	0.5mg/kg	0.02mg/kg	0.5mg/kg	0.02mg/kg	0.5mg/kg
甲胺磷	−0.8	100.3(14.9)	87.2(4.3)	106.1(12.5)	103.4(4.3)	96.7(11.3)	93.0(8.5)
敌敌畏	1.9	74.1(9.2)	71.3(4.3)	83.0(12.2)	93.9(3.7)	88.2(7.2)	88.1(8.2)
灭线磷	3.6	80.9(9.8)	74.4(2.8)	83.1(8.9)	85.7(2.5)	78.4(8.0)	76.4(6.6)
甲拌磷	3.9	72.5(8.7)	68.6(3.3)	72.6(6.7)	79.4(2.3)	69.1(4.9)	75.9(9.0)
乐果	0.7	90.0(1.9)	97.8(8.4)	93.5(8.2)	102.7(2.3)	86.2(5.9)	94.3(7.5)
二嗪磷	3.3	75.7(13.6)	72.3(3.8)	76.3(6.4)	81.5(2.5)	68.7(9.0)	73.6(6.8)
甲基对硫磷	3.0	78.2(5.0)	86.2(3.8)	97.7(5.5)	97.9(2.6)	91.1(10.2)	88.0(7.8)
杀螟硫磷	3.4	89.4(6.4)	90.5(5.6)	80.9(12.6)	94.3(5.3)	77.0(10.9)	86.3(7.1)
马拉硫磷	2.8	93.6(3.3)	92.9(3.1)	100.1(9.7)	101.7(2.6)	90.4(14.1)	92.1(6.9)
毒死蜱	4.7	58.7(8.3)	62.3(3.7)	69.1(7.3)	70.1(2.6)	63.2(4.8)	63.9(6.4)
水胺硫磷	2.7	92.6(7.1)	92.5(2.3)	93.8(11.7)	99.9(1.8)	92.6(15.1)	91.9(7.1)
喹硫磷	4.4	75.8(2.9)	75.4(4.9)	80.8(5.2)	85.0(4.4)	72.6(9.3)	75.2(7.1)
杀扑磷	2.2	91.1(6.8)	86.6(1.9)	88.4(12.7)	93.6(3.1)	89.8(16.4)	85.6(7.2)
苯线磷	3.3	85.7(12.3)	90.0(7.4)	84.2(12.0)	88.8(3.2)	78.5(8.4)	81.5(7.5)

注：括号内数字为 RSD,%。

表 4-45 比较低温冷冻与液液分配提取（均再经氧化铝-N 固相萃取柱净化）
测定橄榄油中农药残留的回收率

| 农药 | lgK_{ow} | 回收率/%±RSD/% | |
		低温冷冻提取	液液分配提取
α-硫丹	4.74	72±9	73±12
β-硫丹	4.79	79±7	82±8
硫丹硫酸盐	3.77	82±11	91±8
λ-氯氟氰菊酯	6.90	84±16	88±17
氯菊酯	6.10	71±6	74±13
氯氰菊酯	6.60	80±6	86±8
氰戊菊酯	5.01	83±7	89±10
溴氰菊酯	4.60	78±14	91±16

注：添加浓度为 0.02mg/kg、0.05mg/kg、0.1mg/kg、0.2mg/kg、1mg/kg, $n=5$。

Li L 等建立了测定大豆油、花生油中不同类型的农药，包括杀虫剂、除草剂和杀菌剂的残留方法，选定农药的 lgK_{ow} 在 0.7～6.9 之间，使用 GC-MS 定量。该研究比较了不同的提取和净化步骤——低温冷冻和液液分配提取法，采用不同的吸附剂进行 QuEChERS 的 DSPE 法净化。具体步骤如下：称取 5.00g 大豆油或花生油样品于 50mL 离心管中，添加一定数量农药工作标准混合标样后混匀，①低温冷冻提取，加入 10mL 乙腈剧烈振摇后，置于 −20℃ 冰箱中冷冻一夜，取出 1mL 上层溶液；②液液分配提取，加入 5mL 正己烷和 10mL 乙腈，剧烈振摇 5min，静置 10min，取出 1mL 上层溶液，待净化。提取液均以 DSPE 作为净化方法：在上述 1mL 提取液中分别加入（a）无水 MgSO₄、（b）无水 MgSO₄ ＋PSA、 （c）无水 $MgSO_4$＋PSA＋C_{18} 三种方式净化，振摇 1min 后离心，从中取出 0.5mL 测定。试验结果说明使用低温冷冻法或液液分配法提取，结合 DSPE 净化和 GC-MS，均可获得良好的净化结果。此外作者以空白花生油试验其中干扰物质的净化效果，试样低温冷冻后，提取液再经上述三种不同试剂 DSPE 净化，净化后的 GC-MS 总离子流图如图 4-34 所示，不加 PSA 处理（a）的总离子流图中可见亚麻油酸、油酸等杂质峰，图（b）、（c）加入 PSA 处理，这些杂质峰未出现，说明针对花生油基质中的不饱和脂肪酸，可被 PSA 有效吸附，由此可见，DSPE 在很大程度减少了提取液中的杂质，可作为冷冻提取法有效的补充。

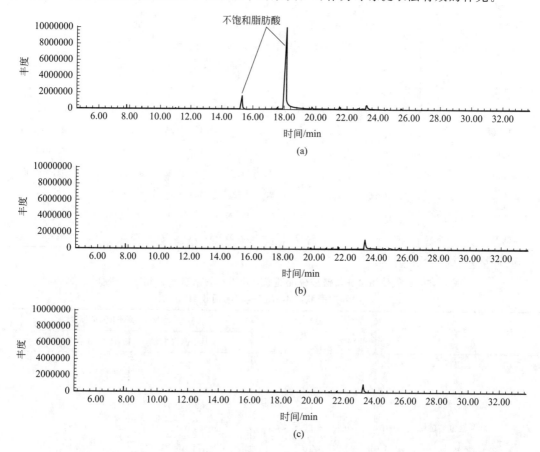

图 4-34 花生油空白提取液经（a）无水 $MgSO_4$、（b）无水 $MgSO_4$＋PSA、（c）无水 $MgSO_4$＋PSA＋C_{18} 净化后的总离子流图

综上所述，低温冷冻法适用于富含油脂类样品的提取，其步骤简单快速、只需振摇和离心，绿色环保，仅使用少量有机溶剂、基本无有害废液。但在使用时也需根据农药的性质，主要是 $\lg K_{ow}$ 和检测仪器的要求，适当增加净化步骤，如 SPE 或 DSPE 等，以达到检测的要求。

二、吹扫共蒸馏法

吹扫共蒸馏（sweep-codistillation，SCD），也称吹扫-捕集（purge & trap），是用惰性气体将液体样品或样品提取液中的挥发性物质驱赶到气相中，再将其带入一个收集阱收集后进行分析，是一种非平衡态的连续萃取。因此，吹扫捕集法又称为动态顶空浓缩法。收集阱可以填充吸附剂如活性炭、石墨化碳黑、硅胶等。收集的组分通过溶剂洗脱，进入色谱仪分析。也可以将样品提取液与玻璃棉、玻璃珠或海砂等混合装柱，将柱加热，在恒定的温度下通氮气，溶剂和挥发性农药等被气化，随氮气流入冷凝管而收集下来。不挥发的脂肪、油脂和色素等高沸点物质则黏附于填料上，从而达到净化的目的。

含油脂量较高的农畜产品，采用常规的液-液分配、柱色谱等方法，不能将油脂完全除去，且步骤复杂，可采用此法。

吹扫蒸馏法参见图 4-35。经过预处理的样品提取液由进样口注入分馏管的内管中。残留农药在一定温度下气化，随载气（氮气）经装有硅烷化玻璃珠的外管进入装有吸附剂弗罗里硅土的收集管中，而油脂等高沸点物质则留在分馏管外管的玻璃珠上。取下收集管，用适当淋洗剂将农药淋洗下来，经浓缩即可测定。

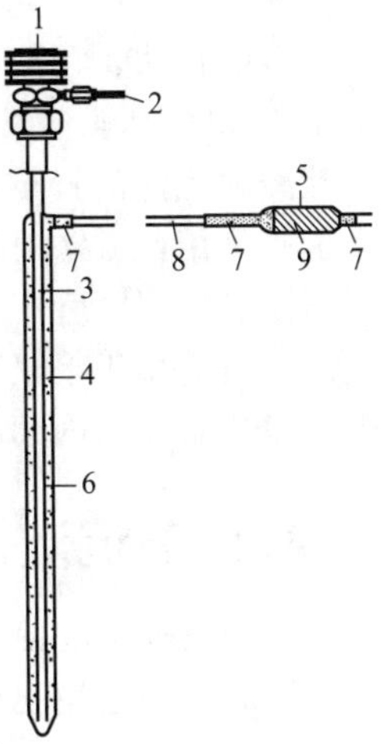

三、搅拌棒吸附萃取

搅拌棒吸附萃取（stir bar sorptive extraction，SBSE）方法的原理与 SPME 相似，也是一种无溶剂损耗的样品制备方法，适用于从液态基质中萃取和富集有机化合物。搅拌棒吸附萃取（SBSE）是采用覆盖有吸附剂〔通常为聚二甲基硅氧烷（PDMS）〕的搅拌棒在一定时间内搅拌样品，分析物通过在吸附剂和水相之间的分布常数不同而进行分配富集，随后通过进样器温度（GC 法）或通过流动相（LC 法）进行解吸。

Viñas 等比较了 SBSE 和膜辅助溶剂萃取（MASE）测定葡萄酒和果汁中的六种噁唑类杀菌剂残留效果，结果表明，SBSE 方法的灵敏度、重复性和回收率均优于 MASE 方法。Barletta 等开发了一种用于 SBSE 的新型聚二甲基硅氧烷/活性炭（PDMS-ACB）涂层材料，用于测定甘蔗汁样品中的农药残留。SBSE 的优点是易于应用和自动化，高度灵活，几乎不受不利相比率的影响，具有较高的灵敏度、稳定性和重复性。但是，SBSE 的主要缺点是涂层材料一般基于单一的非极性聚合物，应用范围有限；如果要使用热解析的方式释放目标物，则只能适用于易挥发性和热稳定性强的化合物，另外，可以考虑使用与 PDMS 兼容的溶剂进行解吸附。

四、磺化法

利用脂肪、蜡质等杂质与浓硫酸的磺化作用，生成极性很大的物质而与农药进行分离，一般不被浓硫酸分解的农药是可以用磺化法净化的。

所以此法通常用于有机氯农药样品（水、土壤、植株）净化。遇酸易分解或起反应的有机磷、氨基甲酸酯和菊酯类农药，则不能使用此法。

油脂类与硫酸的磺化反应式如下：

$$
\begin{array}{l}
CH_3-(CH_2)_n-COO-CH_2 \\
\quad\quad\quad\quad\quad\quad\quad\quad | \\
CH_3-(CH_2)_n-COO-CH \\
\quad\quad\quad\quad\quad\quad\quad\quad | \\
CH_3-(CH_2)_n-COO-CH_2
\end{array}
\xrightarrow{H_2SO_4}
\begin{array}{l}
HO_3S-CH_2-(CH_2)_n-COO-CH_2 \\
\quad\quad\quad\quad\quad\quad\quad\quad\quad\quad | \\
HO_3S-CH_2-(CH_2)_n-COO-CH \\
\quad\quad\quad\quad\quad\quad\quad\quad\quad\quad | \\
HO_3S-CH_2-(CH_2)_n-COO-CH_2
\end{array}
$$

按加酸的方式又可分为两种方法。

硫酸硅藻土柱法：在等量的浓硫酸和 20% 发烟硫酸（9mL）中，加入 30g Celite 545，与硅藻土混合后装柱，加入样品提取液后，使用己烷或石油醚等非极性溶剂淋洗，用于有机

图 4-35　吹扫蒸馏示意
（据 S. M. Watters）
1—进样口；2—载气进口；
3—分馏管内管；4—分馏管
外管；5—收集管；6—硅烷化
玻璃珠（1.5mm）；7—硅烷
化玻璃棉；8—无水硫酸钠；
9—弗罗里硅土

氯农药残留样品的净化，当样品杂质含量多时常用此法。

直接磺化法：用浓硫酸与样品提取液在分液漏斗中直接进行磺化，硫酸用量约为提取液的 1/10。如样品含油量较多，可用硫酸磺化 2～3 次，此法比上述硫酸硅藻土柱简便。

硫酸磺化法的特点是：微型化、快速、省溶剂、效果好。

也有采用此方法对部分菊酯类农药样品（水、土、植株）进行净化。取 2mL 样品提取液（石油醚）于试管中，加入硫酸-乙醇混合液（1∶1）2mL，分离出石油醚相，水洗至中性。此方法适用于溴氰菊酯、高效氯氟氰菊酯、氯氰菊酯、苯醚菊酯、氯菊酯，但不适用于烯丙菊酯、右旋炔丙菊酯等。

五、凝结剂沉淀法

凝结剂沉淀法是使用凝结剂将农药残留样品提取液中的干扰物质沉淀下来的净化方法。该方法用简单的过滤就可将干扰物质与农药分离，适用于极性较强、在水中有一定溶解度的农药，例如有机磷、氨基甲酸酯或其他含氮农药。

1. 蛋白质的去除

将氯化铵和磷酸按一定的比例配成凝结剂，可使酸度变化而使样品中蛋白质等沉淀。

20g 氯化铵溶于适量水后，加入 40mL 85％磷酸，400mL 蒸馏水，使用时再用水稀释 5 倍。测定时将样品提取液浓缩后，溶于一定比例的丙酮水溶液中，加入凝结剂后，可使蛋白质等干扰物质沉淀，过滤后除去杂质即可。

2. 脂肪酸的去除

高级脂肪酸可以与除钠、钾以外的金属离子起反应，生成不溶性的金属羧酸盐，成为"金属皂"沉淀，如醋酸铅、醋酸锌、硫酸锌等。

虞云龙在中草药农药残留分析方法探讨中报道了在测定麦冬、半夏、知母中有机磷农药时用醋酸锌-氯化铵-盐酸，氯化铵-磷酸进行样品的净化方法。也有研究人员曾将凝结剂沉淀法用于测定稻米中氨基甲酸酯农药残留，操作如下：在糙米的 3mL 丙酮提取浓缩液中加入 30mL 氯化铵-磷酸凝结剂或 0.5mL 硫酸锌溶液，不断摇动，半小时后用快速定性滤纸过滤，再将提取液分配至二氯甲烷即可。使用凝结剂不仅可除去糙米中的干扰物质，还可除去其中的油分。特别是在室温较低的情况下硫酸锌除油效果更好。

六、其他

免疫亲和色谱（immunoaffinity chromatography，IAC）是利用抗体与抗原的高亲和力、高专一性和在一定条件下可逆结合的特性而建立的一种色谱方法。

分子印迹技术（molecular imprinting technique，MIT）是以在空间结构和结合位点上与目标分析物相匹配、对目标分析物具有选择性可逆结合能力的高分子聚合物为受体（也被称之为人工合成抗体），实现选择性分子识别的分离分析技术。

这两种方法的详细介绍，见第九章　农药免疫分析技术。

参 考 文 献

[1] Adou K，Bontoyan W R，Sweeney P J. Multiresidue method for the analysis of pesticide residues in fruits and vegetables by accelerated solvent extraction and capillary gas chromatography. J. Agric. Food Chem.，2001，49（9）：4153-4160.

[2] Ainiyatul Nadiah M N，Noorfatimah Y，Nur Nadhirah M Z，et al. Thiol-functionalized magnetic carbon nanotubes for magnetic micro-solid phase extraction of sulfonamide antibiotics from milks and commercial chicken meat products.

Food Chem，2019，276：458-466.

［3］ Alves A C H，Gonçalves M M P B，Bernardo M M S，et al. Validated dispersive liquid-liquid microextraction for analysis of organophosphorous pesticides in water. J. Sep. Sci.，2011，34 (11)：1326-1332.

［4］ Ambrus A，Fuzesi I，et al. Summary of cost effective screening methods for pesticide residue analysis in fruits，vegetable and cereal grains//Validation of thin-layer chromatographic methods for pesticide residue analysis. IAEA-TECDOC-1462，2005：1-25.

［5］ Anastassiades M，Lehotay S J，Stajnbaher D，et al. Fast and easy multiresidue method employing acetonitrile extraction/partitioning and "dispersive solid-phase extraction" for the determination of pesticide residues in produce. J. AOAC Int.，2003，86 (2)：412-431.

［6］ Bagheria H，Yaminib Y，Safarib M，et al. Simultaneous determination of pyrethroids residues in fruit and vegetable samples via supercritical fluid extraction coupled with magnetic solid phase extraction followed by HPLC-UV. J. of Supercritical Fluids，2016，107：571-580.

［7］ Barker S A. Matrix solid phase dispersion (MSPD). J. Biochem. Biophys. Methods，2007，70 (2)：151-162.

［8］ Barriada-Pereira M，González-Castro M J，Muniategui-Lorenzo S，et al. Comparison of pressurized liquid extraction and microwave assisted extraction for the determination of organochlorine pesticides in vegetables. Talanta，2007，71 (3)：1345-1351.

［9］ Blevins K C，Burke D D. Sorbent extraction technology. Analytical International，Inc.，Harbor City，CA，1990.

［10］ Capriel P，Haisch A，Khan S V J. Supercritical methanol：An efficacious technique for the extraction of bound pesticide residues from solid and plant samples. Agric. Food Chem.，1986，34 (1)：70-73.

［11］ Chen H，Chen R，Li S. Low-density extraction solvent-based solvent terminated dispersive liquid-liquid microextraction combined with gas chromatography-tandem mass spectrometry for the determination of carbamate pesticides in water samples. J. Chromatogr. A，2010，1217 (8)：1244-1248.

［12］ Chen T，Xu H. In vivo investigation of pesticide residues in garlic using solid phase microextraction-gas chromatography-mass spectrometry. Analytica Chimica Acta，2019，1090 (5)：72-81.

［13］ Chen X，Bian Y，Liu F，et al. Comparison of micellar extraction combined with ionic liquid based vortex-assisted liquid-liquid microextraction and modified quick，easy，cheap，effective，rugged，and safe method for the determination of difenoconazole in cowpea. J. Chromatogr. A，2017，1518：1-7.

［14］ Chen X，You X，Liu F，et al. Low-density solvent based vortex-assisted surfactant enhanced emulsification microextraction with a home-made extraction device for the determination of four herbicide residues in river water. Anal. Methods，2015，7 (22)：9513-9519.

［15］ Chen X，Zhang X，Liu F，et al. Binary-solvent-based ionic-liquid-assisted surfactant-enhanced emulsification microextraction for the determination of four fungicides in apple juice and apple vinegar. J. Sep. Sci.，2017，40 (4)：901-908.

［16］ Cheng Z，Song H，Cao X，et al. Simultaneous extraction and purification of polysaccharides from Gentiana scabra Bunge by microwave-assisted ethanol-salt aqueous two-phase system. Industrial Crops and Products，2017，102 (9)：75-87.

［17］ Chiesa L M，Labella G F，Panseri S，et. al. Accelerated solvent extraction by using an 'in-line' clean-up approach for multiresidue analysis of pesticides in organic honey，Food Additi. Contam：Part A，2017，34 (5)：809-818.

［18］ Christina V，Marcel A，Sofya L，et al. An automated magnetic dispersive micro-solid phase extraction in a fluidized reactor for the determination of fluoroquinolones in baby food samples. Anal. Chim. Acta，2018，1001：59-69.

［19］ Chu X，Hu X，Yao H. Determination of 266 pesticide residues in apple juice by matrix-solid phase dispersion and gas chromatograhy-mass selective detection. J. Chromatogr. A，2005，1063：201-210.

［20］ Cook J，Beckett M P，Reliford B，et al. Multiresidue analysis of pesticides in fresh fruits and vegetables using procedures developed by the Florida Department of Agriculture and Consumer Services. J. AOAC Int.，1999，82 (6)：1419-1435.

［21］ Diagne R G，Foster G D，Khan S U. Comparison of soxhlet and microwave-assissted extraction for the determination of fenitrothion in bean. J. Agric. Food Chem.，2002，50 (11)：3204-3207.

［22］ Chormey D S，Akkaya E，Erulas F A，et al. Oleic and stearic acid-coated magnetite nanoparticles for sonication-assisted binary micro-solid phase extraction of endocrine disrupting compounds，and their quantification by GC-MS. Microchim. Acta，2019，186 (12)：849.

［23］ Farajzade H M A，Sohrabi H，Mohebbi A，et al. Combination of a modified quick，easy，cheap，efficient，rugged，and safe extraction method with a deep eutectic solvent based microwave-assisted dispersive liquid-liquid microextraction: Application in extraction and preconcentration of multiclass pesticide residues in tomato samples. Journal of Separation Science, 2019, 42 (6): 1273-1280.

[24] FDA. Pesticide Analytical Manual: Vol. 1, Chapter 2, Section 201. 1994.

[25] Fillion J, Hindle R, Lacroix M, et al. Multiresidue determination of pesticides in fruit and vegetables by gas chromatography-mass selective detection and liquid chromatography with fluorescence detection. J. AOAC Int. , 1995, 78 (5): 1252-1266.

[26] Fish J R, Revesz R. Microwave solvent extraction of chlorinated pesticides from soil. LC-GC, 1996, 14: 230-234.

[27] Fritz James S. Analytical solid-phase extraction. New York: Wiley-VCH, 1999.

[28] Gómez-Ríos G A Pawliszyn J. Solid phase microextraction (SPME) -transmission mode (TM) pushes down detection limits in direct analysis in real time (DART) . Chemical Communications, 2014, 50 (85): 12937-12940.

[29] Guan W B, Li C S, Liu X, et al. Graphene as dispersive solid phase extraction materials for pesticides LC-MS/MS multi-residue analysis in leek, onion and garlic. Food Addit. Contam. Part A, 2014, 31 (2): 250-261.

[30] Hamid Rashidi N, Hassan S, Hamid G, et al. Magnetic graphene coated inorganic-organic hybrid nanocomposite for enhanced preconcentration of selected pesticides in tomato and grape. J. Chromatogr. A, 2018, 1509: 26-34.

[31] Han Y, Pan C. Simultaneous determination of 124 pesticide residues in Chinese liquor and liquor-making raw materials (sorghum and rice hull) by rapid Multi-plug Filtration Cleanup and gas chromatography-tandem mass spectrometry. Food Chem. 2018, 241: 258-267.

[32] Harris P A. Sample preparation and isolation using bonded silicas. Analytical International, Inc. , Harbor City, CA, 1985.

[33] Holstege D M, Scharberg D L, Tor E R, et al. A rapid multiresidue screen for organophosphorus, organochlorine and N-methyl carbamate insecticides in plant and animal tissues. J. AOAC Int. , 1994, 77 (5): 1263-1274.

[34] Hou F, Chen C, Liu F, et al. Trace analysis of fluroxypyr-meptyl and fluroxypyr in wheat and soil ecosystem based on ion column-solid phase extraction method and liquid chromatography-tandem mass spectrometry. Food Analytical Methods, 2018, 11 (8): 2261-2271.

[35] Hou F, Zhao L, Liu F. Determination of chlorothalonil residue in cabbage by a modified QuEChERS-based extraction and gas chromatography-mass spectrometry. Food Analytical Methods, 2016, 9 (3): 656-663.

[36] Hou F, Teng P, Liu F, et al. Tebuconazole and azoxystrobin residue behaviors and distribution in field and cooked peanut. Journal of Agricultural and Food Chemistry, 2017, 65 (22): 4484-4492.

[37] Huang X C, Ma J K, Feng R X, et al. Simultaneous determination of five organophosphorus pesticide residues in different food samples by solid-phase microextraction fibers coupled with high-performance liquid chromatography. Journal of the Science of Food and Agriculture, 2019, 99 (15): 6998-7007.

[38] Jeannot M A, Cantwell F F. Mass transfer characteristics of solvent extraction into a single drop at the tip of a syringe needle. Anal. Chem. , 1997, 69 (2): 235-239.

[39] Jeannot M A, Cantwell F F. Solvent micro-extraction into a single drop. Anal Chem, 1996, 68 (13): 2236-2240.

[40] Jiang W, Chen X, Liu F, et al. Effervescence-assisted dispersive liquid-liquid microextraction using a solid effervescent agent as a novel dispersion technique for the analysis of fungicides in apple juice. J. Sep. Sci. , 2014, 37 (21): 3157-3163.

[41] Jiang X, Oh S Y, Lee H K. Dynamic liquid-liquid-liquid microextraction with automated movement of the acceptor phase. Anal. Chim. , 2005, 77 (6): 1689-1695.

[42] Koinecke A, Kreuzig R, Bahadir M, et al. Investigations on the substitution of dichloromethane in pesticide analysis of plant materials. Fresenius J. Anal. Chem. , 1994, 349: 301-305.

[43] Lahmanov D E, Varakina Y I. A short review of sample preparation methods for the pesticide residue analysis in fatty samples. IOP Conference Series: Earth and Environmental Science, 2019, 263 (5): 1-8.

[44] Laleh A, Maryam E, Meisam S, et al. Development of ferrofluid mediated CLDH@Fe$_3$O$_4$@Tanic acid-based supramolecular solvent: Application in air-assisted dispersive micro solid phase extraction for preconcentration of diazinon and metalaxyl from various fruit juice samples. Microchem J. , 2019, 146: 1-11.

[45] Lambropoulou D A, Triantafyllos A A. Application of hollow fiber liquid phase microextraction for the determination of insecticides in water. Journal of Chromatography A, 2005, 1072 (1): 55-61.

[46] Lee S M, Papathakis M L, Feng H M C, et al. Multi pesticide residue method for fruits and vegetables: California Department of food and Agriculture. Fresenius J. Anal. Chem. , 1991, 339: 376-383.

[47] Lehotay S J, Lightfield A R, Harman-Fetcho J A, et al. Analysis of pesticide residues in eggs by direct sample introduction/GC/Tandem MS. J. Agric. Food Chem. , 2001, 49: 4589-4596.

［48］　Lentza-Rizos Ch，Avramides E J，Visi E. Determination of residues of endosulfan and five pyrethroid insecticides in virgin olive oil using gas chromatography with electron-capture detection. J. Chromatogr. A，2001，921（2）：297-304.

［49］　Lentza-Rizos E J，Avramides F C. Low-temperature clean-up method for the determination of organophosphorus insecticides in olive oil. J. Chromatogr. A，2001，912（1）：135-142.

［50］　Li L，Xu Y，Liu F，et al. Simplified pesticide multiresidue analysis of soybean oil by low-temperature cleanup and dispersive solid-phase extraction coupled with Gas Chromatography/Mass Spectrometry. J. AOAC Int.，2007，90（5）：1387-1394.

［51］　Li L，Zhou Z，Liu F，et al. Determination of organo-phosphorus pesticides in soybean oil，peanut oil and seasame oil by low-temperature extraction and GC-FPD. J. AOAC Int.，2007，66（7-8）：625-629.

［52］　Liu F M，Bischoff G，Pestemer W，et al. Multiresidue analysis of some polar pesticides in water samples with SPE and LC/MS/MS. Chromatographia，2006，63（5-6）：233-237.

［53］　Lopez-Avila V. Sample preparation for environmental analysis. Crit. Rev. Anal. Chem.，1999，29：195-230.

［54］　Luke M A，Froberg J E，Doose G M，et. al. Improved multiresidue gas chromatographic determination of organophosphorus，organonitrogen and organohalogen pesticides in produce using flame photometric and electrolytic conductivity detectors. J. AOAC Int.，1981，65（5）：1187-1195.

［55］　Luke M A，Froberg J E，Masumoto H T. Extraction and clean up of organochlorine，organophosphorus，organonitrogen and hydrocarbon pesticides in produce for determination by gas-liquid chromatography. J. AOAC Int.，1975，58（5）：1020-1026.

［56］　Kermani M，Jafari M T，Saraji M. Porous magnetized carbon sheet nanocomposites for dispersive solid-phase microextraction of organophosphorus pesticides prior to analysis by gas chromatography-ion mobility spectrometry. Microchim. Acta，2019，186：88.

［57］　Mills P A，Onley J H，Gaither R A. Rapid method for chlorinated pesticide residues in nonfatty foods. J. AOAC Int.，1963，46（2）：186-191.

［58］　Mohammad B，Hamid Reza S，Ali E. Combination of ultrasonic-assisted dispersive liquid phase micro-extraction with magnetic dispersive solid-phase extraction for the pre-concentration of trace amounts of atrazine in various water samples. Int. J. Environ. Anal. Chem.，2021，101（5）：609-620.

［59］　Moreno-González D，Gámiz-Gracia L，Bosque-Sendra J M，et al. Dispersive liquid-liquid microextraction using a low density extraction solvent for the determination of 17 N-methylcarbamates by micellar electrokinetic chromatography-electrospray-mass spectrometry employing a volatile surfactant. J. Chromatogr. A，2012，1247：26-34.

［60］　Mukdasai S，Thomas C，Srijaranai S. Two-step microextraction combined with high performance liquid chromatographic analysis of pyrethroids in water and vegetable samples. Talanta，2014，120：289-296.

［61］　Navarro M，Prco Y，Font G，et al，Application of matrix-solid phase dispersion to the determination of a new generation fungicides in furits and vegetables. J. Chromatogr. A，2002，968：201-209.

［62］　Negeri B O，Foster G D，Khan S U. Determination of chlorothalonal residue in coffee，Toxicolog. Environ. Chem.，2000，77：41-47.

［63］　Obana H，Akutsu K，Okihashi M，et. al. Multiresidue analysis of pesticides in vegetables and fruits using high capacity absorbent polymer for water. Analyst，1999，124：1159-1165.

［64］　Qin Y，Pan C. Automated multiplug filtration cleanup for pesticide residue analyses in kiwi fruit（actinidia chinensis）and kiwi juice by gas chromatography-mass spectrometry. J Agric Food Chem.，2016，64（31）：6082-6090.

［65］　Qin Y，Pan C. The comparison of dispersive solid phase extraction and multi-plug filtration cleanup method based on multi-walled carbon nanotubes for pesticides multi-residue analysis by liquid chromatography tandem mass spectrometry. J Chromatogr A. 2015，1385：1-11.

［66］　Qin Y，Zhang J，Zhang Y，et al. Automated multi-plug filtration cleanup for liquid chromatographic-tandem mass spectrometric pesticide multi-residue analysis in representative crop commodities. J Chromatogr A. 2016，1462：19-26.

［67］　Renoe W. Microwave assisted extraction. American Lab，1994，8：34-40.

［68］　Roos R R，Van Munsteren A J，Nab F M，et al. Universal extraction/clean-up procedure for screening of pesticides by extraction with ethylacetate and size-exclusion chromatography. Anal. Chim. Acta，1987，196：95-102.

［69］　Saitoh T，Hinze W L. Concentration of hydrophobic organic compounds and extraction of protein using alkylammoniosulfate zwitterionic surfactant mediated phase separation（cloud point extractions）. Anal. Chem.，1991，63：2520-2525.

[70] Sanchez-Camargo A D, Parada-Alfonso F, Ibanez E, et al. On-line coupling of supercritical fluid extraction and chromatographic techniques. J Sep Sci, 2017, 40 (1): 213-227.

[71] Schenck F J, Lehotay S J, et al. Comparation of magnesium sulfate and sodium sulfate for the removal of water from pesticide extracts of foods. J. AOAC Int. , 2002, 85 (5): 1177-1180.

[72] Souverain S, Rudaz S, Veuthey J-L. Matrix effect in LC-ESI-MS and LC-APCI-MS with off-line and on-line extraction procedures. Journal of Chromatography A, 2004, 1058 (1-2): 61-66.

[73] Specht W, Pelz S, Gilsbach W. Gas-chromatographic determination of pesticide residue after clean-up by gel-permeation chromatography and mini-silica gel-column chromatography. Fresenius J. Anal. Chem. , 1995, 353: 183-190.

[74] Storherr R W, Ott P, Watts R R. A general method for organophosphrous pesticide residues in nonfatty foods. J. AOAC Int. , 1971, 54 (3): 513-516.

[75] Su M, Jia L, Wu X, et al. Residue investigation of some phenylureas and tebuthiuron herbicides in vegetables by ultra-performance liquid chromatography coupled with integrated selective accelerated solvent extraction-clean up in situ. J. Sci Food Agric, 2018, 98 (13): 4845-4853.

[76] Thier H, Kirchhoff J. Manual of pesticide residue analysis, Vol. Ⅱ. Method S19. VCH Publishers, Weinheim, Federal Replublic Germany (New York, USA), 1992.

[77] Ting Keh-Chuh. The basic concepts of pesticide residue analyses in food crops. Lecture in FAO/IAEA Training Course, 2002.

[78] Ton Joe W L, Cusick W G. Multiresidue screening for fresh fruits and vegetables with gas chromatography/mass spectrometric detection. J. AOAC Int. , 1991, 74 (3): 554-565.

[79] Viñas P, Aguinaga N, Campillo N, et al. Comparison of stir bar sorptive extraction and membrane-assisted solvent extraction for the ultra-performance liquid chromatographic determination of oxazole fungicide residues in wines and juices. Journal of Chromatography A, 2008, 1194 (2): 178-183.

[80] Virginia Cruz F, Maria F, Joao P. G. J, et al. Magnetic dispersive micro solid-phase extraction and gas chromatography determination of organophosphorus pesticides in strawberries. J. Chromatogr. A, 2018, 1566: 1-12.

[81] Walorczyk S. Development of a multi-residue method for the determination of pesticides in cereals and dry animal feed using gas chromatography-tandem quadrupole mass spectrometry: Ⅱ. Improvement and extension to new analytes. J. Chromatogr. A, 2008, 1208: 202-214.

[82] Wang K, Xie X, Zhang Y, et al. Combination of microwave-assisted extraction and ultrasonic assisted dispersive liquid-liquid microextraction for separation and enrichment of pyrethroids residues in Litchi fruit prior to HPLC determination. Food Chemistry, 2018, 240 (2): 1233-1242.

[83] Wang P, Zhao Y, Wang X, et al. Microwave-assisted-demulsification dispersive liquid-liquid microextraction for the determination of triazole fungicides in water by gas chromatography with mass spectrometry. Journal of Separation Science, 2018, 41 (24): 4498-4505.

[84] Wang S C, Qi P P, Di S S, et al. Significant role of supercritical fluid chromatography-mass spectrometry in improving the matrix effect and analytical efficiency during multi-pesticides residue analysis of complex chrysanthemum samples. Analytica Chimica Acta, 2019, 1074 (7): 108-116.

[85] Wang S L, Xu Y J, Liu F M, et al. Application of matrix solid-phase dispersion using liquid chromatography-mass spectrometry to fungicides residue analysis in fruits and vegetables. Anal. Bioanal. Chem, 2007, 387: 673-385.

[86] Watts R R, Pardue J R, et al. Charcoal column cleanup method for many organophosphorus pesticide residues in crop exacts. J. AOAC Int. , 1969, 52 (3): 522-526.

[87] You X, Chen X, Liu F, et al. Ionic liquid-based air-assisted liquid-liquid microextraction followed by high performance liquid chromatography for the determination of five fungicides in juice samples. Food chemistry, 2018, 239: 354-359.

[88] You X, Jiang W, Liu F, et al. QuEChERS in combination with ultrasound-assisted dispersive liquid-liquid microextraction based on solidification of floating organic droplet method for the simultaneous analysis of six fungicides in grape. Food Analytical Methods, 2013, 6 (6): 1515-1521.

[89] You X, Xing Z, Liu F, et al. Air-assisted liquid-liquid microextraction by solidifying the floating organic droplets for the rapid determination of seven fungicide residues in juice samples. Analytica Chimica Acta, 2015, 875: 54-60.

[90] Zhang P, Ding J, Hou J, et al. Dynamic microwave assisted extraction coupled with matrix solid phase dispersion for the determination of chlorfenapyr and abamectin in rice by LC-MS/MS. Microchemical Journal, 2017, 133 (7): 404-411.

[91] Zhang S, Qian Y, Zhi L, et al. Zeolitic imidazole framework templated synthesis of nanoporous carbon as a novel

fiber coating for solid-phase microextraction. Analyst，2016，141（1）：1127-1135.

［92］ Zhang X Z，Zhao Y C，Cui X Y，et al. Application and enantiomeric residue determination of diniconazole in tea and grape and apple by supercritical fluid chromatography coupled with quadrupole-time-of-flight mass spectrometry. Journal of Chromatography A，2018，1581（7）：144-155.

［93］ Zhang Y，Li G，Wu D，et al. Recent advances in emerging nanomaterials based food sample pretreatment methods for food safety screening. Trends. Anal Chem，2019，121：115669.

［94］ Zhao E，Han L，Zhou Z，et al. Application of a single-drop micro-extraction for the analysis of organophosphorus pesticides in juice. J. Chromatogr. A，2006，1114：269-273.

［95］ Zhao H，Bojko B，Liu F，et al. Mechanism of interactions between organophosphorus insecticides and human serum albumin：Solid-phase microextraction，thermodynamics and computational approach. Chemosphere，2020（253）：126698.

［96］ Zhao P，Pan C. Multiplug filtration clean-up with multiwalled carbon nanotubes in the analysis of pesticide residues using LC-ESI-MS/MS. J Sep Sci.，2013，36（20）：3379-3386.

［97］ Zhao P，Pan C. Rapid multiplug filtration cleanup with multiple-walled carbon nanotubes and gas chromatography-triple-quadruple mass spectrometry detection for 186 pesticide residues in tomato and tomato products. J Agric Food Chem.，2014，62（17）：3710-3725.

［98］ Zhou S，Chen H，Wu B，et al. Sensitive determination of carbamates in fruit and vegetables by a combination of solid-phase extraction and dispersive liquid-liquid microextraction prior to HPLC. Microchim. Acta.，2012，176：419-427.

［99］ 陈波，吴卫东，卞学海，等. QuEChERS-分散液液微萃取-气相色谱串联质谱技术检测果蔬中 31 种农药残留. 中国卫生检验杂志，2019，29（17）：2060-2067.

［100］ 陈福疆. 磁性固相萃取技术在水中三唑类杀菌剂和多环芳烃残留分析中的应用研究. 杭州：浙江工业大学，2017.

［101］ 成瑶. 活性氧化铝对水中污染物吸附脱除的研究. 北京：北京化工大学，2016.

［102］ 单正军. 硫酸磺化法用于菊酯类农药样品净化. 第十二届全国农药残留工作暨技术交流会，2001.

［103］ 邓玉兰. MOFs 功能化磁性复合材料的制备及其用于有机农药残留的磁固相萃取和富集研究. 北京：北京化工大学，2018.

［104］ 樊德方. 农药残留量分析与检测. 上海：上海科学出版社，1982.

［105］ 冯时，叶非. 自动固相微萃取技术与气相色谱-质谱联用在农药残留分析中的应用. 农药科学与管理，2008，29（5）：13-15.

［106］ 郭会华，陈刚，马玖彤，等. 微孔有机聚合物固相微萃取纤维的制备及在有机氯农药检测中的应用. 色谱，2017，35（3）：318-324.

［107］ 何丽君，金绍锋，孙亚明. 石墨烯基吸附剂的制备及其在农药残留萃取中的应用研究进展. 河南工业大学学报：自然科学版，2019（4）：114-122.

［108］ 侯帆，薛佳莹，刘丰茂，等. 分散固相萃取与高效液相色谱-质谱联用测定小米及土壤中咪唑乙烟酸残留. 农药，2014，53（11）：829-839.

［109］ 江桂斌. 环境样品前处理技术. 北京：化学工业出版社，2004.

［110］ 李俊锁，邱月明，王超. 兽药残留分析. 上海：上海科学技术出版社，2002.

［111］ 李莉，钱传范，刘丰茂，等. 蔬菜和水果中农药残留基质固相分散技术的应用//江树人. 农药与环境安全国际会议论文集. 北京：中国农业大学出版社，2005，277-282.

［112］ 刘丹，钱传范. 有机磷和有机氯杀虫剂在谷物籽粒中多残留分析方法的研究. 农药学学报，2000，2（2）：77-82.

［113］ 刘丰茂. 农药质量与残留实用检测技术. 北京：化学工业出版社，2011.

［114］ 刘长武，翟广书，买光熙，等. 固相萃取技术的原理及进展. 农业环境与发展，2003，20（1）：42-44.

［115］ 陆峰，刘荔荔，吴玉田. 固相微萃取技术的原理、应用及发展. 国外医学药学分册，1998，25（3）：173-177.

［116］ 罗庆，王诗雨，单岳，等. 固相微萃取-气相色谱/质谱联用技术测定水样中 13 种有机磷酸酯. 分析科学学报，2018，34（6）：751-756.

［117］ 马立利，秦冬梅，刘丰茂，等. 浊点萃取法在农药残留分析中的应用. 农药学学报，2009，11（2）：159-165.

［118］ 农业部农药检定所. 农药残留量实用检测方法手册（第三卷）. 北京：中国农业出版社，2005.

［119］ 邵华，刘肃，杨锚. 石墨化碳黑分散固相萃取-气相色谱-质谱法测定蔬菜中农药多残留. 农业质量标准，2008（3）：43-45.

［120］ 沈在忠，钱传范. 20 种农药在作物中多残留分析方法的研究. 环境科学学报，1991，11（2）：223-230.

［121］ 唐常青，嫘陈. 蔬菜中农药残留测定前处理方法综述. 南方农业，2019，13（21）：137-138.

［122］王凤丽，胡奇杰，王东旭，等．新型固相微萃取技术在食品安全检测中的应用进展．食品研究与开发，2018，39（23）：214-218．

［123］王建华．蔬菜中有机氯农药残留的超临界流体提取和气相色法测定．色谱，1998，16（6）：506-507．

［124］王萍，刘丰茂，南瑞然，等．蔬菜中8种有机磷农药残留快速检测方法研究//江树人．农药与环境安全国际会议论文集．北京：中国农业大学出版社，2003：250-253．

［125］王素利，任丽萍，刘丰茂，等．分散固相萃取净化液相色谱-质谱联用快速检测糙米中的多种残留农药．分析实验室，2009，28（4）：38-42．

［126］温可可，邱月明．超临界流体萃取在食品农药残留量检验中的应用．分析仪器，1995（2）：13-15．

［127］杨立荣，张兴，陈安良，等．超临界流体萃取三氟氯氰菊酯及甲氰菊酯残留条件研究．农药，2005，44（1）：16-18．

［128］易军，李云春，弓振斌．食品中农药残留分析的样品前处理技术进展．化学进展，2002，14（6）：415-424．

［129］虞游毅，璐杨，享廖，等．固相微萃取气相色谱质谱联用法测定苹果中4种有机氯类农药残留．农药，2018，57（1）：54-57．

［130］张桃英，绕竹．快速溶剂萃取/气相色谱测定果蔬中有机氯农药残留的研究．农药科学与管理，2005，26（10）：10-13．

［131］张咏，陈蕾，黄晓佳，等．磁分散固相微萃取-高效液相色谱联用测定水样和果汁中苯甲酰脲类杀虫剂．分析化学，2015，43（9）：1335-1341．

［132］赵慧宇．固相微萃取技术测定水中农药残留及有机磷农药与人血清蛋白的结合作用．北京：中国农业大学，2014．

［133］周恋．功能化磁性MOFs复合材料在有机农药残留萃取中的应用研究．北京：北京化工大学，2017．

［134］朱红梅，崔艳红，陶澍，等．用加速溶剂萃取仪萃取污染土壤中的有机氯农药．环境科学，2002，23（5）：113-116．

［135］朱建国，李培武，张文，等．磁固相萃取/气相色谱-串联质谱法测定花生中多种农药残留．分析测试学报，2016，35（9）：1087-1093．

第五章

气相色谱法和气质联用分析技术

　　色谱法（chromatography）是一种物理化学的分离分析方法，它是利用样品中各种组分在固定相与流动相中受到的作用力不同，而将分析样品中的各组分进行分离的一种方法。该方法依据出峰时间的差异对各组分进行定性。1903 年，俄国植物学家 Tswett 利用一根填充有碳酸钙的柱子，以石油醚为流动相，依靠碳酸钙对叶绿素中不同色素吸附能力的差别，将色素按照石油醚的流动方向分离成一个个带有不同颜色的谱带。1906 年，Tswett 在德国植物学杂志上发表文章，提出了 chromatography 的称谓，并沿用至今。著名有机化学家 Paul Karrer 在 1947 年的 IUPAC 会议上说："没有其他的发现像 Tswett 的色谱吸附分析法那样对广大有机化学家的研究领域产生过如此重大的影响。如果没有这种新的方法，维生素、激素、类胡萝卜素和众多其他天然化合物的研究就不可能得到如此迅速的发展，这使人们发现了许多自然界中密切相关的化合物。"1952 年，英国生物化学家 Richard 和 Archer 由于发表了从理论到实践比较完整的气液色谱方法（gas-liquid chromatography）而获得诺贝尔化学奖。

　　一个多世纪以来，色谱技术在不断改进和研究中飞速发展。色谱法在分析化学、生命化学、有机化学、材料化学、环境化学、药物化学、地球化学等学科的发展中均发挥了重要作用。

　　在农药残留分析领域应用较广泛的色谱法包括气相色谱法和液相色谱法。本章主要对气相色谱法及气相色谱-质谱联用法进行介绍，还介绍了柱前衍生化技术在农药残留分析中的应用。

第一节　气相色谱法

　　气相色谱法（gas chromatography，GC）是 20 世纪 50 年代发展起来的一种分析方法，它以惰性气体（一般称为载气，根据检测器不同而采用 N_2、H_2、He、Ar 等）为流动相，将气化的样品带入色谱柱，基于样品中待测物质的溶解度、蒸气压、吸附能力、立体化学等物理化学性质的微小差异，导致在流动相和固定相之间的分配系数等参数有所不同，当两相作相对运动时，组分在两相间进行连续多次分配，从而达到彼此分离的目的。

　　气相色谱法在检测农药时，被分离农药在色谱柱内运动时必须处于"气化"状态，而"气化"与农药的性质和其所处的环境（主要指进样口温度和压力、气体类型和进样方式等）有关。所以，被分离农药无论是液体还是固体，只要这些农药可在气相色谱仪工作温度下"气化"，而且不发生分解，原则上都可以采用气相色谱法进行分析，气相色谱法的适用范围较广。

气相色谱仪的工作温度可高达 450℃，在该温度下，可对蒸气压不小于 20～1300Pa，且热稳定性好的农药进行分析；对于沸点在 500℃ 以下、分子量小于 400 的农药，原则上都可以采用气相色谱法进行分离和分析，但对于那些分子量大、热分解和难挥发农药则不能直接采用 GC 分析，这些化合物可以通过衍生化提高热稳定性或降低沸点，以满足 GC 分析需要。

农药残留分析中气相色谱法的优点主要有：

（1）分离效率高　毛细管色谱柱的使用，使得色谱柱理论塔板数大幅度提高，使得化合物多组分分离、化合物与干扰物质的分离更加简单。

（2）分析速度快　分析农药样品一般需要几分钟，尤其在用毛细管柱替代填充柱以后，大大提高了农药多残留分析的速度，甚至几十秒就可以完成分离。几十种甚至上百种农药在几十分钟内就可以很好地分离，大幅缩短了检测时间。

（3）所需样品量小　气相色谱分析进样体积一般在 $1～2\mu L$。毛细管色谱柱承载样品量一般在纳克级水平。

（4）灵敏度高　气相色谱法一般配备高灵敏度的检测器，大大提高了化合物检测能力，适合农药残留痕量组分的分离分析。如电子捕获检测器（ECD）可以检测 1×10^{-12}g 的组分甚至更低；火焰光度检测器（FPD）对有机磷和有机硫农药有特异性响应；氮磷检测器（NPD）对有机氮、有机磷农药有特异性响应；质谱检测器，尤其是在选择离子监测（SIM）模式下，可以在提供定性信息的同时，降低基质干扰物对待分析物的影响，从而提高了方法检测灵敏度。

（5）选择性好　气相色谱柱的固定相对性质相似的组分具有较强的分离能力。选择适宜的固定液，可以根据各组分之间的分配系数差异而实现分离。此外，不同类型的检测器对某类农药组分具有较高的响应，如 ECD 对含有卤族元素的农药化合物有很好的响应，FPD 对含磷、硫农药有较高的响应，NPD 对含氮、磷农药有较高的响应，从而可以去除其他低响应化合物或杂质的干扰。采用质谱检测器的选择离子监测模式，甚至在色谱柱上不能分离的组分也可以通过选择合适的检测离子而避免组分间的相互干扰，实现高选择性。

气相色谱仪包括进样系统、分离系统（色谱柱）、检测系统、气路和数据处理等几部分，这里主要对进样系统、分离系统和检测系统进行介绍。

一、进样系统

气相色谱的进样系统是把试样引入色谱柱的装置，从进样设备上可以分为注射器或进样阀，可以采用手动或者自动的方式。

在进样系统中，气化室（衬管）温度一般要保证样品中所有农药组分在不分解情况下瞬间气化。适当地提高气化室的温度，特别是在样品量比较大时，是比较有利的，但温度不可太高，应尽量避免引起柱前部分固定相的剥落和分解造成基线不稳定或出现鬼峰（ghost peak）的情况。另外，气化室进样垫的流失也有可能产生干扰峰，造成基线不稳定，因此，一般要增加注射垫清洗气路，使注射对分析的干扰减到最小。也可以根据需要，提前对注射垫的材质进行选择，或事先清洗、烘烤。

（一）注射器进样方式

手动注射器进样时，样品的吸取方式根据注射器内样品分段状态主要分为以下几种：

（1）一段法（全为样品法）　用注射器抽取一定体积的液体样品直接注入气化室内。该方法简便快捷，冷柱头进样时多采用此方法。但在气化室温度较高时，此方法的进样量存在着较大的不确定因素。首先，当注射器针尖插入高温气化室内，针尖内样品瞬间被气化，之后样品才被推入气化室内，相当于样品被 2 次进样，进样的时间也同时延长，造成峰形一定程度的延展；其次，进样结束后残留在针尖内的样品也被气化进入柱内，造成实际进样体积大于进样器读数。

（2）两段法（样品-空气法）　这是较常用的方法。先用试液清洗注射器，将样品吸至注射器中，随即回抽，以使针头部充满空气，避免针尖内的样品先气化，减少峰形延展。该方法的进样量为 2 次读数的差值（读数 1－读数 2）。

（3）三段法（空气-样品-空气法、三明治法）　该方法具有较高的精密度，既避免了进样前针尖内的样品先气化，又避免了进样后针尖内样品的气化。所进样品的绝对量可精确控制，是一种较好的进样技术。

（4）多段法（溶剂-空气-样品-空气法）　这种方法增加了溶剂冲洗注射器的过程，使进样量更加准确，但操作较繁琐。

由于分析要求不同，气化室的操作也不相同：气化室有恒温操作或程序升温操作；样品引入气化室或直接引入色谱柱柱头；样品在气化室有分流或不分流。具体可以按不同的分析对象和不同分析要求选择合理的进样方式。

（二）进样模式

根据样品类型不同和分析方法要求，可选用适当的进样方式。主要的进样方式有以下几种。

1. 直接进样

直接进样是填充柱气相色谱法采用的进样方式，该进样方式有很好的定量精度和正确度，适用于痕量分析。与程序升温气化进样器（PTV）联用，其柱分离和定量结果都可以达到程序升温柱进样的水平。在使用时需注意色谱柱不可插入气化室太深，以免柱头与气化室的死角产生鬼峰。进样时间一般越短越好，时间过长，会使色谱峰展宽，降低柱效。

2. 冷柱头进样

冷柱头进样适用于大口径毛细管柱，是较高沸点和热不稳定样品常采用的进样方式。样品直接进入未涂固定液的预柱或柱入口，进样部分温度相当低，以防止溶剂在进样时针头气化，样品在冷的柱壁上形成液膜，组分在液膜上实现气化。目前有许多型号的自动进样器，可用于标准孔径（0.25～0.32mm）毛细管柱柱头进样。

进样器的升温方式有恒温与程序升温两种，后者更理想。冷柱头程序升温进样，不仅可以降低分流、不分流进样所带来的歧视、热降解和吸附效应，而且可以使许多复杂的样品（沸程宽、组成复杂、含量差异大）都能得到很好的分离和定量结果。

填充预柱与 PTV 结合的进样方式可以将样品的进样量提高到 $1000\sim2000\mu L$。使用 PTV 的大量试剂导入法，是在 PTV 用的玻璃衬管中装经惰化处理的石英棉或 Tenex GC 作预浓缩吸附柱，在低温下除去试样中大部分溶剂，只将目标化合物导入分析柱。最初进样时，PTV 保持在接近样品溶剂的沸点处进样，此时分流比较大，溶剂从分流处逸出。在反复多次大量进样时，PTV 升温至高于溶剂沸点 $20\sim30℃$ 处，此时比溶剂沸点高的组分被预处理柱吸附，仅溶剂气化从分流逸出，在此过程高沸点化合物在预处理柱浓缩，当大部分溶剂被排出后，将分流比调小，以 PTV 急速升温的方式，使吸附在预柱中的高沸点化合物脱附，快速进入分析柱。这样既可大量注入试样获得更高的灵敏度，还不会造成毛细管柱中色谱峰展宽，样品的萃取浓缩过程也得以简化。

3. 分流/不分流进样

气相色谱毛细管柱分析中常见的进样方式是分流进样。样品在加热的气化室内气化，气化后大部分通过分流器经分流管道放空，只有极小一部分被载气带入色谱柱。由于大部分的样品都放空，所以常用于浓度较高的样品，但对于沸程宽、浓度差别大、化学性质各异的样品，会造成非线性分流导致的定量失真（歧视效应）和微量组分检出困难等问题。

不分流进样即进样时分流阀处于关闭状态，样品没有分流，当大部分样品进入柱子后才打开分流阀，使系统处于分流状态。这种方式由于大部分样品都进入了色谱柱，所以适合于痕量分析。不分流进样歧视效应小，有较好的准确度。但进样时间长（30～90s），易引起初始谱带的展宽，须采用冷阱或溶剂效应消除初始谱带的展宽。

进样后，被测组分被冷却捕集在柱头或保护柱，溶剂被吹出，冷阱迅速升温短时间将捕集的溶质"赶入"色谱柱内，相当于一次新的进样，这就是冷阱的工作原理。但溶剂效应更加常用，即进样时关闭分流阀，在很低的初始温度下大量溶剂在柱头冷却形成液膜作为临时固定相，对溶质进行捕集从而达到聚焦效应，而后升温将溶质快速从柱头冲入柱内。

不分流进样一般要求进样时柱温要比溶剂沸点低 20℃，否则会影响最先流出的色谱峰。常用溶剂的初始柱温推荐值见表 5-1。进样量一般在 0.5～3μL，进样 30～90s，保证大部分样品进入柱子，随后打开分流阀，让部分溶剂蒸气放空，以消除溶剂峰拖尾导致的分离干扰。

表 5-1　常用溶剂的初始色谱柱柱温（分流/不分流模式）

溶剂	沸点/℃	建议初始柱温/℃	溶剂	沸点/℃	建议初始柱温/℃
乙醚	35	10～25	氯仿	61	25～50
戊烷	36	10～25	己烷	69	40～60
二氯甲烷	40	10～30	异辛烷	99	70～90
二硫化碳	46	10～35			

采用不分流进样方式时，应注意溶剂种类、进样量、起始柱温、进样温度及放空时间的选择。

4. 顶空进样

与前面几种液态进样方式不同，顶空进样是测定挥发性化合物所采用的一种从样品容器顶空部分抽取气态样品进样的技术，即气态进样。这种技术可以免除大量样品基质对柱系统的影响，操作简单，可以实现自动化（自动顶空进样器）。

顶空技术分静态顶空和动态顶空两种。

静态顶空是用注射器直接吸取容器顶空中的气体作为样品的方法。它具有简单易行、减少人为因素影响及不受非挥发性组分干扰的特点，但用于组分复杂而含量很低的样品分析时，仍受到一定的限制。它的影响因素主要是顶空瓶内样品的平衡时间和温度。具体操作分两步，首先将液体或固体样品密封在顶空瓶中，保持瓶内样品上方留有一半以上的气体空间，在一定温度下使样品相与气体相达到平衡；然后用气密性注射器抽取样品瓶内顶空气体，直接注入到色谱柱进样口进行分析。静态顶空是"一次气体萃取"，操作简单。

动态顶空是采用吹扫-吸附装置，有时也称为吹扫-捕集方法。通气将挥发性组分吹出并捕集在吸附材料上，然后快速升温将所捕集到的挥发性组分转移至用干冰冷却的玻璃毛细管冷阱中，随后再将冷凝的液样注入气相色谱仪进行分析。动态顶空是"连续气体萃取"，可极大地提高分析方法的灵敏度和重复性。两相无需平衡即可取样，但受捕集阱中吸附剂的种类和填充量的影响。吸附材料可以用 Tenax、Carbotrap、活性炭等。

顶空进样在农药残留分析中的典型应用是测定代森类农药化合物的残留量。这类化合物多数都不溶于水和有机溶剂，其在农产品上的残留量一般以母体化合物酸解产生的二硫化碳（CS_2）的量来表达。

（三）进样系统的维护

气相色谱进样系统的维护包括隔垫、衬管、分流平板、进样器等的维护。一般进样 150～200 个样品后，需要更换新的进样隔垫，以防止漏气影响实验结果。气化室中的衬管是进样系统的关键组成部分，必须要定期进行维护，因为在进行分流/不分流进样时，大部分不挥发性组分会滞留在衬管中，不进入色谱柱。这些污染物长期累积后，可能会吸附样品中的某些活性组分，造成峰拖尾，导致分析结果重现性和灵敏度下降，所以必须定期对衬管进行维护。维护的方法有清洗衬管、更换玻璃毛或者更换新衬管等。对于基质复杂的样品（如茶叶、韭菜、大蒜等），一般进样 200 次左右需清洗衬管，更换玻璃毛，或根据质控样品中标准品的响应情况、色谱峰的峰形适时更换衬管。如果仍不能解决问题，需要清洗或更换进样口底端的金属密封垫（又叫分流/不分流平板）。将金属密封垫卸下用纯水或有机溶剂超声清洗，可用棉签轻柔擦拭表面，不可用硬物划伤上表面。

用于连接进样口与色谱柱的石墨垫也需要定期检查维护，石墨垫损坏会造成水、空气等渗入气相色谱系统，损坏色谱柱，污染仪器。在安装色谱柱时，先用手拧紧柱帽，再用扳手拧紧，对于纯石墨型石墨垫不需要过分拧紧，以免导致变形，影响使用。

二、色谱柱

（一）填充柱与毛细管柱

气相色谱技术发展初期，绝大多数的农药残留分析使用的是填充色谱柱，随着毛细管色谱柱技术的发展，填充色谱柱的使用越来越少。

填充柱一般是采用中空的玻璃管或不锈钢管，内部填充担体和固定液，不同的固定液适于分离不同性质的化合物。毛细管柱目前一般采用熔融石英毛细管柱，内部中空，不填充任何担体，在毛细管内壁涂敷液体固定液，用于分离不同化学性质的化合物。

填充柱和毛细管柱的参数比较见表 5-2。

表 5-2 填充柱和毛细管柱的区别

参数	填充柱	毛细管柱
柱材	玻璃柱,不锈钢柱	玻璃柱,石英柱
填料	载体上涂渍;填充方式	中空;涂抹或键合方式
长度/m	0.5～4	5～50
内径/mm	2～4	0.1～0.53
塔板数	4000	100000
峰容量/(μg/peak)	10	50
膜厚度/μm	1～10	0.1～1
载气流速/(mL/min)	10～60	0.5～5

随着石英毛细管柱的快速发展，填充柱和玻璃毛细管柱逐渐淡出农药分析领域，石英毛细管柱是目前应用最广泛的色谱柱类型。

（二）农药残留气相色谱分析常用固定相

固定相是气相色谱柱的核心，固定相的种类决定了色谱柱的使用范围。按固定相的状态可以分为气固色谱和气液色谱，目前在农药残留分析中主要使用的是气液色谱，这里仅对在农药残留分析中部分常用的固定液进行介绍。其他见表 5-3。

表 5-3　农药残留测定常用 GC 固定液的性质

国外商品名称或缩写	化学名称	极性	最高使用温度/℃
Apiezon L	高分子量饱和烃的混合物，L 型	非	250～300
AC-1 BP-1 DB-1 DC-11 DC-200 HP-1 OV-1 OV-101 SE-30 SF-96 SPB-1 RTX-1 Ultra-1	100％甲基硅酮	非	300～375
AC-5 BP-5 DB-5 DC-710 HP-5 OV-5 RTX-5 SE-52 SE-54 SPB-5 Ultra-5	5％苯基 95％甲基硅酮	弱	300
DB-35 HP-35 OV-35 SPB-35 Ultra-35	35％二苯基 65％甲基硅酮	中	320
DB-17 HP-50 OV-17 RTX-50 SPB-50	50％苯基 50％甲基硅酮	中	300～375
DB-624 HP-624 OV-1301	6％氰丙基苯基 94％甲基硅酮	中	240
AC10 DB-1701 HP-1701 OV-1701 RTX-1701 SPB-1701	14％氰丙基苯基(其中 7％氰丙基 7％苯基)86％甲基硅酮	中	300～375

国外商品名称或缩写	化学名称	极性	最高使用温度/℃
OV-210 QF-1	三氟丙基甲基硅酮	中	250～275
AC225 BP-225 DB-225 HP-225 OV-225 RTX-225	50％氰丙基苯基(其中25％氰丙基25％苯基)50％甲基硅酮	中	275
XE-60	氰乙基甲基硅酮	中	250～275
DEGA	己二酸二乙二醇聚酯	中	190～200
NPGA	己二酸叔戊二醇聚酯	中	225～240
NPGS	丁二酸叔戊二醇聚酯	中	225～240
Reoplex 400	己二酸丙二醇聚酯	中	190～200
DEGS	丁二酸二乙二醇聚酯	极	190～200
AC-20 Carbowax-20M PEG-20M	聚乙二醇-20000	极	225～250
Epon 1001	环氧树脂	极	225
Tween 80	聚氧亚乙基山梨糖	极	150
Versamid 900	聚胺树脂	极	250～275

（1）烃类　包括烷烃、芳烃及其聚合物，属于非极性或弱极性固定液。其中角鲨烷（最高使用温度150℃）是典型的标准非极性固定液，通常将其相对极性定为0。另外，还有石蜡油、真空脂（如饱和烃润滑脂阿皮松）、聚乙烯等。

适于分析非极性化合物，固定液和被分离分子间的相互作用主要是色散力，保留时间按沸点顺序变化，极性化合物在这类固定液上流出很快，很容易与非极性化合物分离。

（2）醇和聚醇类　能形成氢键的强极性固定液，如聚乙二醇（PEG）、甘油、戊季四醇等。PEG是应用广泛的一种固定液，随分子量不同，极性有一定差别。

（3）硅酮类　在农药分析中最常用的一类固定液，根据取代基的种类及其数目不同，极性也有所不同。

① 非极性固定液（甲基硅酮类）　代表性种类：SE-30，OV-1，能耐高温，且温度变化对其黏度影响小，有较好选择性。此类固定液的极性很弱，适于分析非极性或弱极性化合物。

$$CH_3-\underset{\underset{CH_3}{|}}{\overset{\overset{CH_3}{|}}{Si}}-O-\underset{\underset{CH_3}{|}}{\overset{\overset{CH_3}{|}}{Si}}-O-\cdots-\underset{\underset{CH_3}{|}}{\overset{\overset{CH_3}{|}}{Si}}-CH_3$$

② 中等极性固定液（苯基甲基硅酮）　代表性种类：OV-17。苯基取代甲基使甲基硅酮类化合物的热稳定性升高，对芳烃溶解度增大，苯基的存在使之较易极化，适于一些极性化合物的分析。含苯基的甲基硅酮对芳香族化合物和一些极性化合物有较强的保留能力，而且随苯基数与硅原子数之比的增加而增加。

因苯基的含量不同，苯基甲基硅酮可分为几种类型，如：

5％	OV-3
20％	OV-7
50％	OV-17

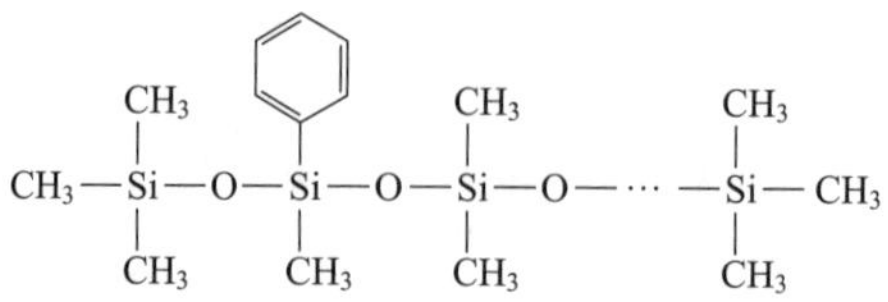

③ 中等极性固定液（三氟丙基甲基硅酮）　代表性种类：QF-1，OV-210（含 50％三氟丙基甲基硅酮）等，适宜于分析含卤素化合物。

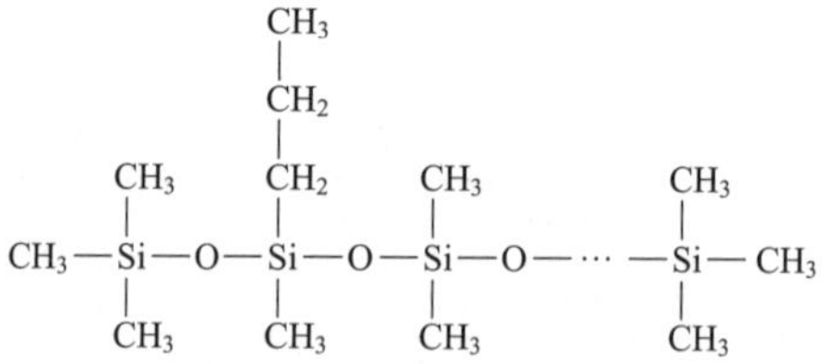

（三）色谱柱的维护与老化

新购买的色谱柱在使用之前一定要先测试色谱柱性能是否合格，可以按照色谱柱出厂时的测试条件进行验收。暂时不用的色谱柱从仪器上卸下来后，柱两端用硅橡胶或者废旧的进样隔垫密封，以免氧化或污染。

为了延长色谱柱的使用寿命，色谱柱在使用过程中，实际使用的最高温度要低于推荐的最高使用温度，以降低柱流失。色谱柱长期使用后，出现柱效下降、鬼峰、灵敏度下降时，可以考虑对色谱柱进行必要的维护，包括老化色谱柱、清洗色谱柱等，直至色谱分析正常。

具体方法是：先高温下通载气将色谱柱中的污染物冲出来，即老化色谱柱；如果色谱柱性能仍不能恢复，可以将色谱柱从仪器上卸下，将色谱柱头截去 10cm 或者更长一段，再安装上测试。如果还不起作用，可以注射溶剂进行清洗，常用的溶剂依次为丙酮、甲苯、乙醇、氯仿和二氯甲烷。需要注意的是只有固定液交联的色谱柱才可用此法清洗，否则会将固定液全部洗掉。在每次关机之前，应将仪器柱温箱降到 50℃以下，然后再关闭电源和载气。

色谱柱老化的方法一般是将色谱柱接入载气气路系统（为安全起见，一般采用 N_2 作载气，不用 H_2），色谱柱的一端接气化室，另一端与检测器断开（不接检测器，避免污染，尤其是 ECD 或 NPD），用与操作时相近的载气流速，略高于操作温度 10～20℃（同时保证低于固定液的最高使用温度 10～20℃）的条件下，通气 3～10h，一般极性固定相或较厚涂层的色谱柱老化时间较长，弱极性和涂层较薄的色谱柱老化时间短。色谱柱老化完成后，再接上检测器，在操作温度下，基线稳定后即可使用。

色谱柱老化的目的有以下两方面：

（1）彻底除去固定相中残余溶剂和某些挥发性物质，确保检测器不受污染，使之有较低的检测器本底基线。

（2）进一步促使固定液均匀地，牢固地分布在载体表面上，提高柱效。

色谱柱老化时需要注意的问题：

（1）由于不同固定液具有不同的最高使用温度，因此应注意老化温度不能超过固定液的最高使用温度，当然实际使用温度更不能超过最高使用温度（表 5-3）。

（2）不仅仅是新装填好的色谱柱或新购置的色谱柱需要老化，长时间不用的色谱柱或者同一根色谱柱连接不同检测器时也需要老化，尤其是从选择性检测器（如FPD）更换为另一种选择性检测器（如ECD）时要通过老化去除残留在色谱柱中的杂质，避免污染检测器。

三、农药残留常用检测器

气相色谱检测器是一种测量载气中各分离组分及其浓度变化的装置。检测器性能的好坏直接影响色谱分析的定性定量结果。因此，正确地评价和科学地比较各种检测器，合理地使用检测器，充分了解检测器的工作机理及其各种参数选择，十分重要。

表5-4列出了在气相色谱法中用到的几种检测器及其适用性。

表5-4　常用气相色谱检测器

检测器	适用性	载气	线性范围
氢火焰离子化检测器（FID）	可燃烧有机化合物	H_2，N_2，He	$1\times10^7\sim1\times10^8$
火焰光度检测器（FPD）	有机磷，有机硫	He，N_2	1×10^4(P)，1×10^3(S)
氮磷检测器（NPD）	有机磷，有机氮	He，N_2	$1\times10^2\sim1\times10^3$
电子捕获检测器（ECD）	卤素或含氧化物	N_2，Ar	1×10^4
热导检测器（TCD）	所有化合物	H_2，He，N_2	1×10^5
质谱检测器（MSD）	所有化合物	真空	1×10^6
原子发射检测器（AED）	几乎所有化合物	N_2	$1\times10^3\sim1\times10^4$

在以上检测器中，FID与TCD在农药残留分析中很少应用，这里主要介绍ECD、FPD、NPD，MSD将在第二节单独介绍。

（一）电子捕获检测器

电子捕获检测器（electron capture detector，ECD）是选择性和灵敏度很高的一种检测器，它对电负性物质很敏感，如含硫、磷、氮、氧、卤素化合物，金属有机物，含羟基、硝基、共轭双键化合物。电负性越强，检测器的灵敏度越高。在农药残留分析中ECD广泛应用于有机氯农药、拟除虫菊酯类农药残留的测定。

1. 结构

电子捕获检测器是一种放射性检测器，其结构示意图见图5-1。在检测器池体内，装有一个圆筒状β放射源（^{3}H或^{63}Ni）作为负极，一个不锈钢棒作为正极，两者之间以聚四氟乙烯或陶瓷绝缘。在检测室内，放射源（^{3}H或^{63}Ni）能放出初级电子及β射线，在电场加速作用下向正极移动，与载气（N_2、Ar）碰撞，产生更多的次级电子和正离子，在电场作用下，分别向极性相反的电极移动，形成本底电流，即基流，当电负性组分进入电场，立即捕获这些次级电子而成负离子，负离子在移动过程中与正离子复合生成中性分子，从而出现基流下降的反峰信号，所以ECD的信号都是反峰信号。

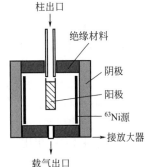

图5-1　电子捕获检测器结构示意图

2. 捕获原理

电负性物质捕获电子的机理可以用下列反应式表示：

$N_2+\beta\longrightarrow N^++e^-$，$e^-$产生基流，亦称背景电流。

电负性物质：$AB+e^-\longrightarrow AB^-$

$$AB + e^- \longrightarrow A + B^-$$
$$AB^-/B^- + N^+ = 中性分子$$

被测组分浓度愈大，捕获电子概率愈大，结果使基流下降越快，倒峰愈大。基流的大小可以判断检测器的灵敏度，下降程度可判断放射源受污染和流失情况。

由于 ^{63}Ni 的寿命及使用温度都优于 ^3H，因此，商品 ECD 多采用 ^{63}Ni 电镀在镍片上制成的箔片作放射源；但由于 ^3H 源的 β 粒子射程短，活性大，所以新发展的 μ-ECD 多采用 ^3H 作放射源。

3. 使用 ECD 时应该注意的几个问题

载气：ECD 在 N_2、Ar 中的灵敏度高于 He、H_2，因此一般采用 N_2、Ar 作载气。在使用 ^3H 作放射源时，不能采用 H_2 作载气，以免缩短放射源的使用寿命。

氧气和水都有一定的电负性，其存在会降低基流，影响 ECD 灵敏度，因此，一般要对载气进行脱水、脱氧处理。

样品溶剂中不能含有卤族元素，如 CH_2Cl_2、$CHCl_3$ 等亲电性化合物；

为了保持 ECD 池的清洁，色谱柱必须充分老化后才能与 ECD 联用，必须先将检测器温度升高后再升柱温，且温度要比柱温高 50℃（但 <350℃），最低不得低于 250℃。尽量使用耐高温色谱柱，降低柱流失。使用高纯气体作为尾吹气，关机降温时，需要最后关闭尾吹气。

使用一定时间后，若发现 ECD 有污染（检测器基线有显著提高），可以升温至 340℃ 加热数十小时，或接一空心柱，注入大量苯、正己烷、丙酮、甲醇等溶液，或水清洗（蒸汽状态）。

由于 ECD 电离源采用放射源，放射性污染也要给予足够重视。检测器的温度一定不能超过最高使用温度，以免影响放射源的稳定性；用 ^3H 作放射源时，尾气导入通风橱或室外；严格执行放射源使用、存放管理条例；拆卸、清洗应由专业人员进行，个人不得私自拆开 ECD。

4. 非放射性 ECD

传统的 ECD 采用放射源，一方面有放射性污染；另一方面，由于稳定性的影响也限制了 ECD 最高使用温度，ECD 检测池体积也较大。为了克服这些缺点，仪器公司开发了脉冲放电电子捕获检测器（pulsed discharge ECD，PDECD）。

PDECD 工作原理为：载气 He 在放电电极脉冲电压的作用下，产生大量亚稳态 He。它跃迁到基态，发射出波长为 60~110nm 的光，提供 11.3~20.7eV 的高能电子。它可将 He 中的甲烷电离，产生大量自由电子。这些电子通过非弹性碰撞，动能下降形成低能热电子，被收集即为 ECD 的基流。当柱流出物的电负性组分进入检测池反应区，就捕获这些热电子，使基流下降产生信号。

与放射性 ECD 相比，二者的选择性相近，但 PDECD 的灵敏度略高，而且实际有效池体积更小，更适用于毛细管柱和快速色谱分析。

（二）火焰光度检测器

火焰光度检测器（flame photometric detector，FPD），对含 S、含 P 化合物具有高选择性和高灵敏度（S：1×10^{-11}g/s；P：1×10^{-12}g/s）的检测器，也称硫磷检测器。在农药残留分析中广泛用于有机硫、有机磷农药的分析测定。

1. 结构

常用的火焰光度检测器（图 5-2）为单火焰，其构成主要包括气路、发光和光接受三部

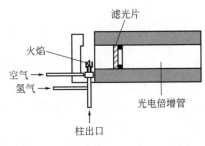

图 5-2　火焰光度检测器结构示意图

分。气路与氢火焰离子化检测器（FID）类似，大量的氢气和氮气预混合后从喷嘴周围流出或氢气从喷嘴周围流出，空气和氮气与样品混合后从喷嘴中心流出。由于氢氧比例较大（2.5～5），形成较大的扩散富氢火焰，当含 S、P 的化合物在喷嘴出口燃烧时，分别发出 394nm 和 526nm 特征光，通过相应波长的滤光片送到光电倍增管，将光信号转换为电流信号，再经过微电流放大器放大得到采集信号。通过改变 FPD 的火焰条件，还可以对含 N、含卤化物进行有效检测。发光室和滤光片之间的窗口即石英窗，作用是保护滤光片不受水气和燃烧产物的侵蚀。

图 5-2 是典型的单火焰 FPD，当进样量大或溶剂峰进入火焰时，有时会由于瞬间缺氧导致火焰熄灭，尤其当大量烃和含 S、P 化合物同时流出，会使光发射产生猝灭效应，甚至灭火。目前，双火焰型 FPD（dual flame photometric detector，DFPD）就可以解决这个问题。结构如图 5-3。

DFPD 有两个串联的富氢焰，出溶剂峰时，下火焰会瞬间熄灭，当溶剂峰过后，上火焰自动点燃下火焰。DFPD 进样量可以达到 60μL 而不灭火。DFPD 的信号是取上火焰的光通过光电倍增管放大输出，由于上火焰发光条件稳定，可以避免猝灭效应。

2. 工作原理

当含 S 或 P 的化合物流出色谱柱后，在富氢-空气火焰中燃烧，生成化学发光物质，发出特征波长的光，含 S 化合物特征光为 394nm，含 P 化合物为 526nm，这些特征波长的光通过石英玻璃到干涉滤光片上，只有当样品中含有 S 或 P 的时候，光线才能通过干涉滤光片，激发光电倍增管，光电倍增管把光信号转变为电信号，从而得到色谱图。含硫化合物反应式如下：

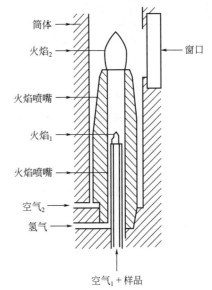

图 5-3　双火焰型 FPD 喷嘴示意图

$$2RS+(2+x)O_2 \longrightarrow xCO_2+2SO_2$$
$$2SO_2+4H_2 \longrightarrow 4H_2O+S_2$$
$$S_2 \longrightarrow S_2^*$$
$$S_2^* \longrightarrow S_2+h\nu$$

激发态 S_2^* 是一种化学发光物质，当返回基态时，发射出 350～430nm 的特征光谱，最大吸收波长为 394nm。

含磷化合物燃烧时生成磷的氧化物，在富氢火焰中被氢还原成化学发光的 HPO 碎片，HPO 碎片回到基态发射出 480～600nm 的特征光谱，最大吸收波长为 526nm。因此，火焰光度检测器滤光片分 S 型和 P 型滤光片。

3. 使用 FPD 的注意事项

使用 FPD 测定含 P 化合物时，可以采用 He、H_2、N_2 作载气，流速影响不大；测定含 S 化合物时，采用 H_2 作载气，响应值随载气流速增加而增大。

O_2/H_2 是影响响应值的关键因素，它决定火焰的性质和温度，从而影响灵敏度。实验时应根据具体情况测定最佳值。一般在 0.2～0.4 之间。

检测器温度也影响含 S 化合物测定时的灵敏度，温度升高响应值反而减小。含 P 化合物基本没有影响。

FPD 测定时，使用烃类溶剂是一个比较好的选择，因为含 S、P 化合物的响应值是烃类化合物的 10^4～10^5 倍。

更换滤光片时，勿用手触摸滤光片，以防污染。

如果出现 FPD 不能点火的现象，可能有以下几个原因：气体纯度不够、气体流量不稳、点火圈老化或者密封圈漏气、色谱柱安装不正确等。需要逐一进行排查。

FPD 出现基线升高的现象，可能是载气污染、色谱柱污染等原因导致。

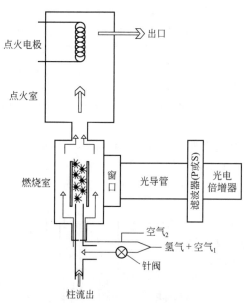

图 5-4　脉冲火焰光度检测器结构示意图

4. 脉冲火焰光度检测器

脉冲火焰光度检测器（pulse flame photometric detector，PFPD）是在 FPD 基础上发明的。见示意图 5-4。

与传统 FPD 相比，PFPD 具有如下优点：

（1）具有更好的灵敏度和选择性；

（2）PFPD 对 S、P、N 化合物具有很高的灵敏度和选择性，并可用于至少 25 种元素的检测（As、Sn、Se、Br、Ga、Ge、Te、Cu、In、Sb、Al、Bi、Cr、V、Eu、Fe、Ni、Rh、Ru、W、C、Mn、B、Pb、Si），总计可以进行 28 种元素的检测；

（3）对于存储的发射光谱进行数字信号处理以及后处理；

（4）双通道、双门模拟输出功能，可以同时输出 S 和 P 的信号，或者 S 和 C 的信号，以及其他双元素的输出；

（5）与其他一些 S 和 P 类的选择性检测器相比，提高了稳定性，并且降低了仪器维护费用；

（6）气体消耗量降低了大约 9/10 倍；

（7）自清洁式设计，避免了烟尘的沉积；

（8）消除了由于水或者溶剂导致的火焰猝灭效应。

PFPD 是将 FPD 原有的单一燃烧室改成分开的点火室和燃烧室。PFPD 以"脉冲"方式工作：点火室内点火器持续通电，一直处于灼烧状态，但无火焰。柱流出物随富氢/空气混合气进入燃烧室，并与从旁路进入的富空气/氢气混合气一起流入点火室点燃，接着又自动引燃燃烧室中的混合气，使被测组分在富氢/空气焰中燃烧、发光。燃烧后由于瞬间缺氧，火焰熄灭。连续的气流继续进入燃烧室，排掉燃烧产物，重复此过程进行第二次点火；如此反复进行，一秒断续燃烧 1～10 次，即火焰脉冲频率为 1～10Hz。当组分从柱后流入燃烧室，在脉冲氢焰中发光。

通常分析有机化合物时，大量 C、H 元素的基体会干扰其他元素的测定，在 PFPD 中，有机化合物燃烧后的基体 OH^* 和 CH^* 的光发射时间大约为 3ms，比含 P、S 等其他可测元素的发射时间要短很多（图 5-5），因此，控制光发射光子的采集时间在每次燃烧后的 4ms 开始，就可以避开 C、H 元素的干扰。

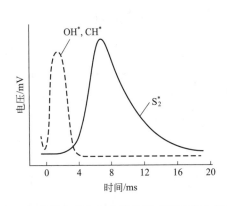

图 5-5　碳氢化合物和硫光发射时间的变化趋势

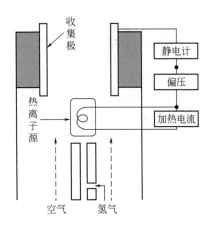

图 5-6　氮磷检测器结构示意

（三）氮磷检测器

氮磷检测器（nitrogen phosphorus detector，NPD），又称碱盐离子化检测器（alkali salt flame ionization detector），或热离子检测器（thermionic detector，TID）是分析含 N、P 化合物的高灵敏度、高选择性和宽线性范围的检测器。

1. 结构

NPD 结构与 FID 很相近，在喷嘴和收集极之间加上一个碱盐源（铷珠）及加热碱盐源的装置，见图 5-6。

碱盐源：采用非挥发性的硅酸铷玻璃珠（Rb_2SiO_3）制成，性能稳定，有一定使用寿命。

2. 工作原理

NPD 的响应机理有不同的解释，Kolb 提出了气相电离理论，认为铷珠被加热后，在周围挥发出激发态铷原子。无样品时，气化的铷原子与火焰中的各种基团反应生成 Rb^+，被负极的铷珠吸引返回表面，中和后又再次挥发；而火焰中产生的各种基团获得电子成为负离子，负离子与电子被正极的收集极吸引和收集，形成本底基流。含 N 和 P 化合物进入铷珠周围的冷焰区，生成稳定的电负性基团，这些基团从气化的铷原子获得电子，向收集极迁移形成电流，并输出信号，Rb^+ 又回到负电位的铷表面，被吸收还原，以维持铷珠的长期使用。

由于铷珠周围是冷火焰带，只有含 N、P 的有机物在此发生裂解和激发反应，而烃类化合物不会被燃烧掉，从而实现对含 N、P 化合物的选择性检测。

3. NPD 使用注意事项

NPD 在测定含 N 化合物上显示出特殊的优越性，含 N 化合物的响应值与结构有以下顺序关系：—N≡N—＞—CN＞氮杂环＞芳香胺＞硝基化合物＞R—NH_2＞$RCONH_2$，主要应用于农药残留中含 N、P 化合物的分析检测。

加热电流变大，基线和噪声会增加，也直接影响铷珠使用寿命。铷珠不能骤然升温。尤其在长期放置后初次使用时，必须逐级缓慢升温。长期不用时，应避免铷珠吸潮。选择色谱柱时，应避免使用固定液为含氮化合物的色谱柱。样品溶剂应避免使用含氮溶剂。碱源是可挥发性的碱金属，使用寿命短，检测器的灵敏度难以保持稳定。

第二节　气质联用分析技术

气相色谱与质谱联用（gas chromatography-mass spectrometry，GC-MS）技术是利用气相色谱对混合物的高效分离能力和质谱对物质的准确鉴定能力而发展成的一种技术，其仪器称为气质联用仪。GC-MS 的发展经历半个多世纪，是非常成熟且应用广泛的分离分析技术，可用于农药单残留和多残留的快速分离与定性和定量分析。

一、质谱仪

质谱法是在高真空下，具有高能量的电子流等碰撞加热气化的样品分子时，分子中的一个电子（价电子或非价电子）丢失生成阳离子自由基（$M^{+\cdot}$，分子离子），这类离子继续碎裂会变成更多的碎片离子，把这些离子按照质量（m）与电荷比值（m/z，质荷比）的大小顺序分离并记录的分析方法。所得结果即为质谱图（也称质谱，mass spectrum）。根据质谱图提供的信息可以进行多种有机物及无机物的定性和定量分析、复杂化合物的结构分析、样品中各种同位素比的测定等。因此，质谱法具有以下几方面的用途：①准确测定分子量，通过分子离子峰的质量数，可测出精确到个位数的分子量；②鉴定化合物，事先可估计出样品的结构式，用同一装置、同样操作条件测定标准样品及未知样品，通过比较它们的质谱图可以进行定性；③推测未知物的结构，从离子碎片的碎裂情况可推测分子结构，但一般比较困难，还需参考 IR、NMR 以及 UV 的数据进行综合分析；④测定分子中 Cl、Br 等的原子数，同位素含量比较多的元素（Cl、Br 等），其同位素峰的分布特征明显，可通过分子离子和碎片离子推算出这些原子的数目。

质谱仪是利用电磁学原理，使带电的样品离子按质荷比（m/z）进行分离的装置。质谱仪种类非常多，工作原理和应用范围也有很大的不同。然而无论是哪种类型的质谱仪都有把样品分子离子化的电离装置，把不同质荷比（m/z）的离子分开的质量分析装置和可以得到样品质谱图的检测器。因此质谱仪基本组成是相同的，包括进样系统、离子源、质量分析器、检测器和数据处理系统等。此外，还包括电气系统和真空系统等辅助设备。不同类型质谱的区别在于质量分析器部分，具有四极杆分析器、离子阱分析器和飞行时间质量分析器的质谱可以分别称为四极杆质谱、离子阱质谱和飞行时间质谱。

（一）常用质谱术语

（1）奇电子离子（odd-electron ion，OE）　含有一个未成对电子的离子，用"+·"号表示。奇电子离子类似于游离基，一般来说，它比较活泼，较容易碎裂。奇电子离子碎裂可产生奇电子碎片离子（如重排离子）或偶电子碎片离子。在电子电离（EI）质谱中主要产生单电荷离子。

（2）偶电子离子（even-electron ion，EE）　不含未成对电子（即电子全配对）的离子，用"+"号表示。偶电子离子碎裂更有利于产生偶电子碎片离子，而不利于产生奇电子碎片离子。

（3）分子离子（molecular ion）　化合物分子被电子轰击，失去一个电子而形成单电荷的分子离子。分子离子必然含有一个未成对电子，因此分子离子是一个游离基离子，即奇电子离子，分子离子的质荷比等于分子量，通常用 $M^{+\cdot}$ 表示。如图 5-7 和图 5-8 中 m/z 349 的离子峰。

（4）碎片离子（fragment ion）　分子离子发生一级或多级裂解形成的产物离子。

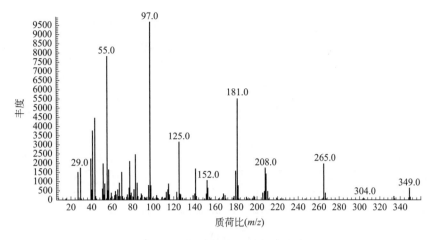

图 5-7　甲氰菊酯绝对丰度质谱图

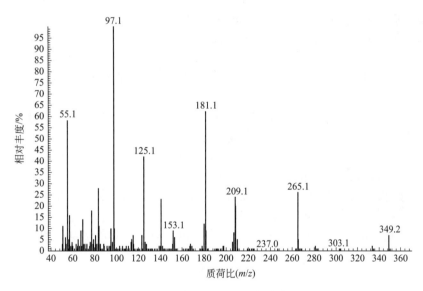

图 5-8　甲氰菊酯相对丰度质谱图

（5）重排离子（rearrangement ion）　由原子或基团重排或转位而生成的一种碎片离子，其结构并非原分子中所有。在重排反应中，化学键的断裂和生成同时发生，并丢失中性分子或碎片。

（6）同位素离子（isotope ion）　由相同原子的不同同位素构成的碎片离子。自然界中大多数元素含有同位素，有机质谱中常见同位素的天然丰度（指相对丰度）列于表 5-5。

表 5-5　常见元素的天然同位素丰度表

元素	m		m+1		m+2		元素类型
	质量	相对丰度比	质量	相对丰度比	质量	相对丰度比	
H	1	100	2	0.015			A
P	31	100					A
F	19	100					A
I	127	100					A

元素	m		$m+1$		$m+2$		元素类型
	质量	相对丰度比	质量	相对丰度比	质量	相对丰度比	
C	12	100	13	1.1			A+1
N	14	100	15	0.37			A+1
O	16	100	17	0.04	18	0.20	A+2
S	32	100	33	0.80	34	4.4	A+2
Si	28	100	29	5.1	30	3.4	A+2
Cl	35	100			37	32.0	A+2
Br	79	100			81	97.3	A+2

(7) 准分子离子（quasi-molecular ion，QM^+）　指与分子存在简单关系的离子，最常见的是分子得到或失去一个氢生成的 $[M+H]^+$ 或 $[M-H]^-$。

(8) 多电荷离子（multiple-charged ion）　一些带有多个极性官能团的分子在离子化过程中，可以失去两个或多个电子形成多电荷离子 $[M+nH]^{n+}$，其质荷比为 m/ne。EI 源一般产生单电荷离子。在质谱图中，双电荷离子出现在单电荷离子的 1/2 质量处。双电荷离子仅存在于稳定的结构中，如蒽醌，m/z 180 为由 M 丢失 CO 的离子峰；m/z 90 为该离子的双电荷离子峰。

(9) 母离子（precursor/parent ion）　在任一反应中发生裂解的离子。母离子可以是分子离子或碎片离子，但分子离子在裂解反应中总是母离子。

(10) 氮规则（nitrogen rule）　假若一个化合物不含有氮原子或含有偶数个氮原子，则其分子离子的质量将是偶数；反之，如果一个化合物含有奇数个氮原子，则其分子离子的质量将是奇数，因为组成有机化合物的主要元素 C、H、O、N、S 及卤素中只有氮的化合价是奇数（一般为 3）而质量数是偶数，所以出现氮规则。

(11) 质荷比（mass-to-charge ratio，m/z）　离子质量与其所带电荷的比值，单电荷离子的质荷比等于离子质量数。

(12) 质谱图（mass spectrum）　以离子质荷比为横坐标，离子信号强度为纵坐标所作的棒状图（图 5-7 和图 5-8）。

(13) 离子绝对丰度（abundance of ion）　检测器检测到的离子信号强度的绝对值。如质谱图 5-7，横坐标是离子的质荷比，纵坐标为离子的绝对丰度。

(14) 离子相对丰度（relative abundance of ion）　以质谱图中指定质荷比范围内丰度最大的峰为 100%，其他离子峰对其归一化所得的相对强度，用百分数表示（表 5-5）。图 5-8 中横坐标是离子的质荷比，纵坐标为离子的相对丰度。

(15) 基峰（base peak）　质谱图中指定质荷比范围内强度最大的峰为基峰，其相对丰度为 100%。如图 5-7 和图 5-8 中基峰为 m/z 97。通常质谱图以基峰进行归一化，纵坐标为各离子的相对丰度。

(16) 总离子流色谱图（total ion chromatogram，TIC）　质谱扫描一次，得到该时刻的一张质谱图。质谱图上所有峰的绝对丰度之和即为该时间的检测值，时间和检测值构成总离子流上的一个点。不同时间的检测值，构成了一张 TIC 图。所以 TIC 图是由扫描点构成的。横坐标是时间，纵坐标是检测值。在色谱-质谱联用时，TIC 图相当于色谱图，EI 源的 TIC 图和 GC 的 FID 检测器得到的色谱图很相似。

(17) 提取离子流色谱图（extracted ion chromatogram，EIC）　又称质量色谱图，是由

总离子流色谱图重新建立的特定质量离子强度随扫描时间变化的离子流图，只是从每一次扫描范围内选择一个质量或几个特征质量的离子。

（18）全扫描离子监测（full scan）　全扫描离子监测是一种常用的质谱扫描方式，扫描的质量范围覆盖被测化合物的分子离子和碎片离子的质量，得到的是化合物的全谱，可以用来进行谱库检索。一般在未知化合物的定性分析时，多采用全扫描方式。为有利于未知化合物的鉴定，扫描参数选择需要既能获得好的质谱图，又能有好的总离子流色谱图。一般全扫描方式需要设置的参数主要有：扫描的质量范围、信号阈值以及扫描时间和倍增器电压等。

① 扫描的质量范围。一般仪器默认的扫描的质量范围不一定是最佳的，应根据待测化合物的分子量和低质量的离子碎片设置合理的扫描质量范围。对于未知化合物，低质量端建议从 m/z 12 开始；如果已知化合物的分子量，高质量端的设置要超过化合物的分子量，具体可根据分子中含有的同位素离子的数目多少来确定，同时应尽量缩小扫描范围。

② 扫描时间。扫描时间是指在设置的质量范围内完成一次扫描所需要的循环时间，包括从低质量端到高质量端质谱峰的采集处理时间、从高质量端返回低质量端的时间以及程序处理时间。扫描时间显示为每秒钟的扫描次数或循环次数（scans/s 或 cycles/s），是由输入的质量范围和采样频率计算出来的一个近似值。每个色谱峰的扫描次数越多，峰形越好，基本上每个峰扫描 10 次以上，峰形已经较好，出错率也较低。

③ 阈值（threshold）。阈值的设置对质谱峰数的多少有影响，同时也影响色谱图的基线和峰的分离。阈值设置过高，相对强度较小的峰就会采集不到，只有丰度等于或高于此值的离子峰会保留在每次扫描的质谱图中。仪器默认的阈值不一定是最佳的，对于痕量分析，阈值可以设为 50 或 80。

④ 倍增器工作电压。加在电子倍增器上的电压和质谱的响应取决于倍增器工作电压。一般根据仪器调谐结果确定。仪器调谐就是进行仪器的校准，仪器调谐目的一是为了了解仪器状态，检查仪器是否正常，能否达到规定的性能指标，二是为了满足不同分析方法要求，获得最佳定性、定量分析条件。仪器的调谐一般有人工输入参数的手动调谐（manual tuning），也有完全由计算机控制的自动调谐（automatic tuning），通常选择自动调谐。电压值越高，响应（信号和噪音）越大。在实际应用时倍增器工作电压一般以低于 2000eV 为宜，倍增器电压增高，说明离子源污染了。若仪器自动调谐程序能够通过，表明仪器可以工作，但不等于仪器状态完全正常和能够满足样品分析要求，有时需要根据具体实验要求进行人工调谐。

（19）选择离子监测（selected ion monitoring，SIM）　选择离子监测不是连续扫描某一质量范围，而是在设定的时间内扫描某几个选定的质量，得到的不是化合物的全谱，不能进行谱库检索。SIM 主要用于目标化合物的检测及定量分析。SIM 扫描方式参数的设置主要为特征离子、每个离子采集时间间隔、离子组的数目以及扫描质量窗口，其他和全扫描相同。

① 化合物的特征离子。是指化合物特有的高质量、高丰度的离子。选择高质量离子是为了避免低质量烃类碎片的干扰，选择高丰度的离子是为了提高检测灵敏度。通常在定量分析中选择一个定量离子和 3～5 个定性离子，定量离子尽可能选择丰度大的，可以是基峰，也可以不是。如图 5-7 为甲氰菊酯的全扫描质谱图，m/z 97 为基峰，其次为 m/z 55 的峰，但由于这两个碎片离子均处于低质量端且又均为奇数，所以在定量分析的时候一般选择 m/z 100 以上的碎片离子，如果有分子离子峰出现，通常选择分子离子峰。m/z 349 为甲氰菊酯的分子离子峰，所以在做此农药的质谱定量分析的时候可以选择 m/z 181、m/z 125、m/z 265、m/z 349 等离子，其中 m/z 265 作为定量离子，其余三个离子作为定性离子。因为 m/z 349 的离子丰度较低，所以没有选择分子离子 m/z 349 作为定量离子。

② 采集时间间隔也叫驻留时间（dwell time）。是指消耗在选择离子的采样时间，单位一般为 ms。仪器的缺省值是 100ms，适用于在一般毛细管气相色谱中选择 2～3 个离子的情况。如果多于 3 个离子，要确信有足够的数据定义一个峰。

③ 离子组数目。质谱选择离子监测方式允许最多分段选择定义 50 组特征离子，每组最多 30 个离子。实际应用时应尽量选择使用最小的离子组数目和每组最少的离子，以获得最大的灵敏度和精度。

④ 扫描质量窗口。扫描质量窗口太窄会影响灵敏度，太宽会有干扰，一般通过仪器调谐寻找最佳的扫描质量窗口值。

（二）质谱仪的主要性能指标

1. 灵敏度

灵敏度指在规定条件下，针对待测化合物产生的某一质谱峰，仪器对单位样品质量所产生的响应值，也可以说是在一定样品和一定分辨率下产生一定信噪比的信号值所需的样品量。灵敏度是反映仪器整体性能的一项指标，影响灵敏度的因素主要有质谱分辨率、扫描方式、化学噪声、调谐方式等。

（1）质谱分辨率　对于四极杆质谱、离子阱质谱等分析器，灵敏度和分辨率成反比，即其他条件相同时，提高分辨率，灵敏度会降低。

（2）扫描方式　不同扫描方式的灵敏度不同。对于单四极杆质谱，选择离子监测模式比全扫描方式的检测限低几个数量级。三重四极杆质谱的多反应选择监测模式比单四极杆质谱选择离子监测模式的灵敏度高。

（3）化学噪声　化学噪声的来源是多方面的，主要有色谱柱流失、扩散泵油蒸气、样品基质干扰、载气纯度不够、色谱进样口隔垫流失、衬管污染、样品残留、清洗仪器用溶剂残留、离子源污染、质量分析器污染等。

（4）调谐方式　在实际样品分析时要根据不同的需要选择不同的调谐程序，否则得不到满意的灵敏度或离子丰度比。

2. 分辨率

分辨率表示质谱仪把相邻两个质谱峰分开的能力，用 R 表示。

如果某质谱仪在质量平均值为 M 的两离子峰处刚刚分开时，两峰质量差为 ΔM，则 $R = M/\Delta M$。

所谓两峰分开，一般是指两峰间的峰谷是峰高的 10%（每个峰提供 5%），为了对不同 M 处的分辨率都有一个共同的表示法，四极杆质谱仪一般都表示为 M 的倍数，如 $R = 1.7M$ 或 $R = 2M$ 等，如果是 $R = 2M$，表示在 $M = 100$ 时，$R = 200$。

3. 质量范围

质量范围指质谱仪所能够进行分析的样品的原子量（或分子量）范围，通常采用原子质量单位（atomic mass unit，amu）进行度量。由于多数电离源得到的离子为单电荷离子，这样，质量范围实际上就是可以测定的分子量范围，质量范围的大小取决于质量分析器，这是因为不同的质量分析器质量分离原理不同。

4. 质量稳定性

质量稳定性指仪器在工作时质量稳定的情况，通常用一定时间内质量漂移的质量单位表示。例：0.1amu/12h 是指该仪器在 12h 内质量漂移不超过 0.1amu。

5. 质量精度

质量精度指质量测定的精确程度，常用相对百分比表示。对于高分辨率质谱仪，这是重要的一项指标。

（三）离子源

离子源的功能是提供能量将待分析样品电离，形成由不同质荷比（m/z）离子组成的离子束。质谱仪的离子源种类很多，如电子电离（electron ionization，EI）、化学电离（chemical ionization，CI）、场致电离（field ionization，FI）、快速原子轰击（fast atom bombardment，FAB）、电喷雾电离（electro spray ionization，ESI）、大气压化学电离（atmospheric pressure chemical ionization，APCI）及基质辅助激光解吸电离（matrix assisted laser desorption ionization，MALDI）等。其中 EI 和 CI 源适用于易气化的有机物样品分析，主要用于气相色谱-质谱联用仪，表 5-6 列出了 EI 和 CI 离子源的特点。一般 EI 电离能量较高（70 eV），生成较多碎片离子，常被称为"硬"电离技术，CI 碎片离子很少或无碎片离子，相对 EI 而言称为"软"电离技术，不同电离方式可以给出互补的样品信息。

表 5-6 EI 和 CI 离子源的特点

离子源	电离媒介	离子化能量	样品状态	特点及主要应用
电子电离（EI）	电子	高能电子	蒸气	硬电离，灵敏度高，重现性好，特征碎片离子丰富，有标准谱库供检索。适合在一定温度可以气化的化合物。用于分子结构判定
化学电离（CI）	气相离子	反应气离子	蒸气	软电离，碎片离子较少，生成准分子离子，保留了分子量信息，适合在一定温度可以气化的化合物。用于分子量确定

1. 电子电离

电子电离（EI）是应用最为广泛的离子源，它主要用于在一定温度下可以气化的化合物的电离。图 5-9 是电子电离的原理图。主要由电离室（离子盒）、灯丝、离子聚焦透镜和一对磁极组成。由 GC 或直接进样杆导入的样品分子，以气态形式进入离子源，被加热灯丝发出的电子轰击电离，得到的离子被加速、聚焦成离子束进入质量分析器。在 70eV 电子碰撞作用下，有机物分子可能丢失一个电子形成分子离子 M^+·，也可能会发生化学键的断裂形成碎片离子。由分子离子可以确定化合物分子量，由碎片离子可以得到化合物的结构。对于一些不稳定的化合物，在 70eV 的电子轰击下很难得到分子离子，在这种情况下，为了得到分子量，可以采用 20eV 的电子能量，不过此时仪器灵敏度将大大降低，需要加大样品的进样量，而且得到的质谱图不是标准质谱图。采用 70eV 是 EI 常用的标准能量，由此得到的才是标准质谱图，才能进行计算机标准图谱检索。

离子源中进行的电离过程比较复杂。在电子轰击下，样品分子可能有四种不同途径形成离子：

（1）样品分子丢失一个电子形成分子离子。

$$M+e \longrightarrow M^+· +2e$$

（2）分子离子进一步发生化学键断裂形成碎片离子。

$$M^+· \longrightarrow F^+ +A·$$

（3）分子离子或碎片离子发生结构重排形成重排离子。

（4）通过分子离子反应生成加和离子。

此外，还有同位素离子，同位素离子的丰度比可以确定同位素元素的原子个数。因此样品分子可以产生很多带有结构信息的离子，对这些离子进行质量分析和检测，可以得到具有样品信息的质谱图。

电子轰击源主要适用于易挥发有机物的电离，GC-MS 联用仪中都配有这种离子源，其优点是方法的重现性好，离子化效率高，检测灵敏度也高，有标准质谱图可以检索，碎片离

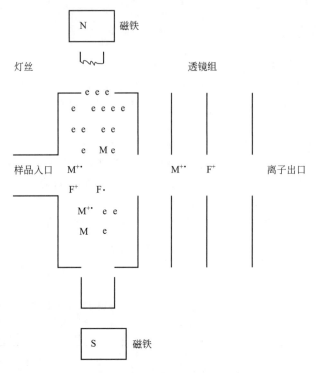

图 5-9　电子电离的原理图

子可提供丰富的结构信息。缺点是只适用于能气化的有机化合物的分析，并且仅形成正离子，对与一些稳定性差的化合物无法得到其分子离子。

2. 化学电离

化学电离（CI）结构和 EI 相似，也是由电离室、灯丝、离子聚焦透镜和一对磁极组成。化学电离与电子电离相比，是在真空度相对较低（0.1～100Pa）的条件下进行的，离子化室的气密性比 EI 源好，以保证通入离子源的反应试剂有足够压力。CI 源工作过程中要引进一种反应气体，根据被分析样品的性质，可选择不同的反应气试剂，常用甲烷、异丁烷、氨气等，多数化学电离是以甲烷为反应气体。

灯丝发出的高能电子（100eV）首先将反应气电离，然后反应气离子与样品分子进行离子-分子反应，并使样品分子电离，生成加合离子，如甲烷气体作反应气：

$$CH_4 + e \longrightarrow CH_4^+ + CH_3^+ + CH_2^+ + CH^+ + C^+ + nH \cdot$$
$$CH_4^+ + CH_4 \longrightarrow CH_5^+ + CH_3 \cdot$$
$$CH_3^+ + CH_4 \longrightarrow C_2H_5^+ + H_2$$

生成的二级活化离子 CH_5^+ 和 $C_2H_5^+$ 与气态样品分子反应生成准分子离子 $(M+H)^+$、$(M-H)^+$。

因为化学电离源采用能量较低的二次离子，是一种软电离方式，化学键断裂的可能性小，碎片峰的数量随之减少。与 EI 不同的是，目前没有针对 CI 电离的标准谱库，所以不能进行标准谱谱库检索。有些用 EI 方式得不到分子离子的样品，改用 CI 后可以得到准分子离子，因而可以求得分子量，用 CI 获得分子量信息结合 EI 源获得碎片信息，使 CI/EI 获得的信息非常全面。对于含有很强吸电子基团的化合物，检测负离子的灵敏度远高于正离子的灵敏度，因此，CI 源一般都有正 CI（PCI）和负 CI（NCI）模式，可以根据样品情况选择不同的 CI 模式。而 EI 源只可检测正离子。表 5-7 列出了 PCI 和 NCI 化学反应机理的几种方式。

表 5-7　PCI 和 NCI 化学反应机理

化学电离模式	反应机理	反应方程式	离子质荷比(m/z)
正化学电离	质子转移	$BH^+ + M \longrightarrow MH^+ + B$	M+1
	失去氢负离子	$R^+ + M \longrightarrow [M-H]^+ + RH$	M−1
	加成	$C_2H_5^+ + M \longrightarrow MC_2H_5^+$	M+29
	电荷转移	$X^{+\cdot} + M \longrightarrow X + M^{+\cdot}$	M
负化学电离	电子捕获	$MX + e^-(热) \longrightarrow MX^-$	MX
	解离电子捕获	$MX + e^-(热) \longrightarrow M^\cdot + X^-$	MX
	形成离子对	$MX + e^-(热) \longrightarrow M^+ + X^- + e^-$	MX

质子转移和失去氢负离子两种反应都常见。负化学电离的电子捕获反应，对于易捕获电子的样品具有很高的灵敏度。在理想条件下，对某些样品的灵敏度比正化学电离高 10～1000 倍，该反应适用于含杂原子如氮、磷、氧、硫、硅，特别是含卤素的化合物。但是 CI 重复性不如 EI，没有标准谱库，反应试剂易形成较高本底。

3. 场致电离

场致电离（field ionization，FI）也是一种软电离方式，只有分子离子几乎没有碎片离子，而且没有反应试剂形成的本底，适合于聚合物和同系物的分子量测定，尤其是烃类混合物中各类烃的分子量测定，结合高分辨质谱能给出元素组成，从而获得化合物的分子式，对化合物鉴定非常有利。

场致电离适用于能气化、热稳定的样品的分析，不适用于分析难气化、热不稳定性样品。

4. 大气压气相色谱电离

大气压离子化（atmospheric pressure ionization，API）主要用于液相色谱-质谱联用仪，最近几年，出现了大气压电离技术用于气相色谱仪的离子源。Waters 公司推出的大气压气相色谱电离（APGC），是一种适用于 Waters 公司多种质谱系统的离子源，可以与气相色谱仪联用。APGC 采用的软电离技术，可以在 GC 和 LC 之间快速切换，可以将 GC 和其他质谱联用。APGC 是在大气压条件下的电离，消除了真空系统对 GC 流速和载气类型的限制，可以使用更高的流速和更宽口径的色谱柱，减少了运行时间，提高了分析效率。APGC 是一种可产生较少碎片的"软"电离技术，需要的电离能比 EI 低，产生更强的母离子从而提高灵敏度。由于存在较强的分子或准分子离子，因此为 MS/MS 分析提供了理想的条件。程志鹏等将该技术用于分析有机磷、有机氯农药等残留分析的研究，APGC-QTOF-MS 用于分析有机氯农药残留灵敏度提高了 7～305 倍。

（四）质量分析器

质量分析器（mass analyzer）的作用是将离子源产生的离子按其质荷比 m/z 顺序分离，质量分析器只检测带电粒子，测定的是离子的质荷比 m/z；只检测气相离子，质量分析器必须在真空状态下工作。

不同类型质谱的区别之一在于质量分析器部分，目前专用的气相色谱-低分辨质谱联用仪器主要是四极杆质谱，质量范围是 m/z 10～4000，另外也有离子阱质谱，质量范围是 m/z 10～6000。气相色谱-高分辨质谱联用仪器主要是飞行时间质谱、扇形场质谱，串联式质谱仪器主要有三重四极杆质谱。本节将重点介绍四极杆、离子阱、三重四极杆、飞行时间、四极杆-飞行时间分析器。

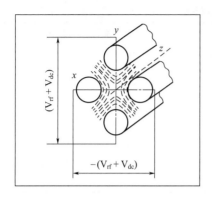

图 5-10 四极杆质量分析器示意图

1. 四极杆质量分析器

四极杆质量分析器又称单四极质量分析器（single quadrupole analyzer，Q），由四根严格平行并与中心轴等间隔的圆柱形或双曲面柱状电极构成，电极材料是石英镀金或钼合金，四极杆的尺寸精密到百分之几毫米以内，以达到最佳的峰形和分辨率。从四极杆的截面上看，四个杆分别位于正方形的四个角。相对的两根电极串联成一组，一组加正直流电压（正极杆，V_{dc}），另一组加负直流电压（负极杆，$-V_{dc}$），两组电压值相等，极性相反。另外，所有四极杆上都同时加射频电压（V_{rf}）。四个棒状电极形成一个动态电场即四极电场。图5-10为四极杆质量分析器示意图。

离子从离子源进入四极电场后，发生复杂的振荡运动。对应于电压变化的每一个瞬间，四极电场只允许一种质荷比的离子通过并到达检测器被检测，其余离子则振幅不断增大，最后碰到四极杆而被过滤掉，随后被真空泵抽走。四极杆质量分析器精密地控制四极电压变化，使一定质荷比的离子通过正、负电极形成的动态电场到达检测器，所以又有"质量过滤器"之称。

四极杆质量分析器是GC-MS中常用的质量分析器，体积小，质量轻，性能稳定。有全扫描（full scan，FS）和选择离子监测（selected ion monitoring，SIM）两种不同扫描模式。四极杆质量分析器扫描速度快，灵敏度高，尤其是选择离子监测模式，可以消除组分间的干扰，降低信噪比，提高灵敏度几个数量级，特别适用于定量分析，但因为选择离子监测方式得到的质谱不是全谱，因此不能进行质谱库检索和定性分析。在SIM模式下，需要进行分析物鉴定至少要选择3个碎片离子。四极杆质量分析器多配置EI和正负CI离子源。

2. 离子阱质量分析器

20世纪80年代推出了离子阱质量分析器（ion trap analyzer）。离子阱的主体是由一个环形电极和上、下两个端盖电极构成的三维四极场，直流电压V_{dc}和射频电压V_{rf}加在环形电极和端盖电极上，经典离子阱结构见图5-11。

与四极杆分析器类似，离子阱内也有一个稳定区。在稳定区内的离子，轨道振幅保持一定大小，可以长时间留在阱内，处于非稳定区的离子振幅很快增大撞击到电极而消失。对于一定质量的离子，在一定的V_{dc}和V_{rf}下可以处在稳定区。改变V_{dc}或V_{rf}的值，离子可能处于非稳定区。如果在引出电极上加上负脉冲，就可把阱中稳定

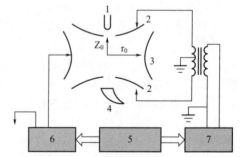

图 5-11 离子阱质量分析器

Z_0—两个端盖电极间的最短距离；

r_0—环形电极的最小半径；

1—灯丝；2—端帽；3—环形电极；4—电子倍增器；5—计算机；6—放大器和射频发生器（基本射频电压）；7—放大器和射频发生器（附加射频电压）

的离子引出，由检测器检测。离子阱与四极杆质量分析器不同的是：四极杆质量分析器使目标离子（共振离子）穿越四极杆到达检测器得以检测，而离子阱正相反，目标离子（共振离子）长时间留在阱内振荡，保持一定振幅，非共振离子才脱离离子阱，在目标离子以外的其他离子撞在电极上消失以后，改变直流电压或射频电压，可使稳定区的离子处于非稳定区，

目标离子从阱内引出，进入检测器。离子阱内需充一定量的氦气（约 1×10^{-3} Torr[1]），会有利于离子朝中心聚集，离子聚集得越紧凑，则离子发射出去和检测的效率就越高，提高分辨率和灵敏度。

同四极杆质谱相似，离子阱质谱也有全扫描和选择离子扫描功能，但离子阱与其他质量分析器最大的不同是它可以将各种离子保存在离子阱中，为实现多级质谱分析提供了前提条件，这就是所谓的离子储存技术。可以选择任一质量离子进行碰撞解离，实现二级或多级质谱分析的功能。由一级质谱（MS[1]）中选择某一离子，碰撞碎裂后产生的子离子谱称二级质谱（MS[2]）；再从二级质谱中选择某一离子，碰撞碎裂后产生的子离子谱称三级质谱（MS[3]），如此一级一级获得离子阱多级质谱（MS[n]），但它有别于串联质谱 MS/MS 的功能，MS/MS 表示有两个质量分析器串联，而离子阱只有一个质量分析器，不是由两个质量分析器分别扫描子离子和母离子（空间上的质量分离），而是在时间上实现多级质量分离。即某一瞬间选择一母离子进行碰撞裂解，扫描获得子离子谱，下一瞬间从子离子中再选择一个离子作为母离子再碰撞裂解，扫描获得下一级的子离子谱。理论上讲可以一直继续下去获得多级子离子信息，但离子丰度会越来越小。

离子阱具有体积小、质量轻、结构简单的特点，可以用于 GC-MS 和 LC-MS。对于 GC-MS 的定性分析应用，有 EI 电离可提供丰富的结构信息，又有谱库检索，离子阱的多级质谱功能优势并不明显。而在定量分析中，无论是检测限、线性范围、稳定性方面，四极杆质谱具有明显的优势。四极杆质谱的选择离子扫描比全扫描灵敏度提高两个数量级，而离子阱的选择离子扫描和全扫描的灵敏度是相似的。离子阱同样可配置 EI、正负 CI 电离源。

3. 三重四极杆质量分析器

三重四极杆质量分析器（triple quadrupole analyzer，QQQ）是将三组四极杆串接起来的质量分析器，第一组和第三组是质量分析器，中间一组四极杆是碰撞池（图 5-12）。三重四极杆质谱仪是有两个质量分析器的串联质谱仪，两个质量分析器在不同操作条件下可以协同完成碎片离子扫描或子离子扫描（product ion mode）、前体离子扫描或母离子扫描（precursor ion mode）、中性丢失扫描（neutral loss mode）和多反应选择监测（multiple reaction monitoring，MRM）或选择反应监测（selected reaction monitoring，SRM）。子离子、母离子、中性丢失三种扫描方式主要用于化合物的结构分析，多反应选择检测方式主要用于定量分析，比单四极杆质量分析器的 SIM 方式选择性更好，排除干扰能力更强，信噪比更低，检测限更低。

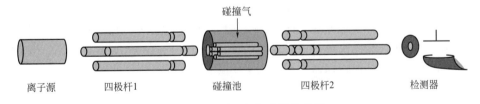

碰撞气

离子源　四极杆1　碰撞池　四极杆2　检测器

图 5-12　三重四极杆质谱示意图

（1）子离子扫描　第一个质量分析器固定扫描电压，选择某一质量离子进入碰撞室，离子发生碰撞产生碎片离子，第二个质量分析器进行全扫描，得到选定离子产生的所有碎片离子（子离子），为子离子谱。

（2）母离子扫描　第一个质量分析器选择若干母离子进入碰撞室，母离子在碰撞室发生

---

[1] 1Torr＝133.3224Pa。

碎裂，第二个质量分析器固定扫描电压，只选择由所选母离子产生的某一特征离子质量，由此得到所有能产生该子离子的母离子谱。

（3）中性丢失扫描　第一个质量分析器扫描所有离子，所有离子进入碰撞室碎裂后，第二个质量分析器以与第一个质量分析器相差固定质量联动扫描，检测丢失该固定质量中性碎片的离子对，得到中性碎片谱。

（4）多反应选择监测　第一个质量分析器选择一个或多个特征离子，进入碰撞室碰撞解离后，到达第二个质量分析器再进行选择离子检测，只有符合特定条件的离子才能被检测到。因为是两次选择，选择性更强，当样品基质较复杂时，可以较好地排除杂质的干扰，灵敏度明显提高。

三重四极杆质谱在许多标准的农药残留分析中常作为最重要的定量方法，可以与 GC 联用，配置 EI 或者 CI 离子源。利用三重四极杆质谱仪可实现 MS/MS 方式检测。

4. 飞行时间质量分析器

飞行时间质量分析器（time of flight analyzer，TOF）是最简单的质量分析器，主要部分是一个离子漂移管（见图 5-13）。离子束被高压加速以脉冲方式推出离子源进入飞行管，"自由漂移"到检测器，由于离子质量不同，获得加速度不同，即对于能量相同的离子，离子的质量越大，达到检测器所用的时间越长，质量越小，所用时间越短。根据这一原理，可把不同质量的离子分开，同时适当增加漂移管的长度可以提高分辨率。

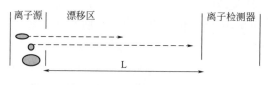

图 5-13　飞行时间质量分析器

由于 TOF 在理论上不存在质量上限，且目前采用了离子的延迟引出、反射器以及快速电子技术，TOF 具备了高分辨和高质量准确度的性能，m/z 可达到 10^6，分辨率可达到 10000 以上。因此 TOF 在高分子量分析中具有重要的作用，尤其是对那些需要记录全过程的完整"谱图"作鉴定的应用方面。TOF 可配置 EI、正负 CI 和 FI 源。在气相色谱-质谱联用仪中，与四极杆、离子阱质谱相比，TOF 在农药残留分析中的应用并不广泛。

5. 四极杆-飞行时间质量分析器

四极杆飞行时间质量分析器（quadrupole-time of flight analyzer，Q-TOF）是四级杆与飞行时间质谱的串联，其工作原理是四级杆质谱作为质量过滤器，而飞行时间质谱作为质量分析器。其优点是能够提供高分辨谱图；定性能力好于 QQQ；速度快，适合于生命科学的大分子量复杂样品分析。但该仪器维护的成本较高。

（五）检测器

检测器的功能是接收经质量分析器分离的离子，将离子流转换成电信号放大输出，经计算机采集、处理得到按不同 m/z 排列及对应离子丰度的质谱图。质谱仪常用的检测器包括电子倍增器、直接电检测器、闪烁检测器和微通道检测器等，在 GC-MS 联用中电子倍增器的应用最为广泛。经质量分析器分离的离子打在表面涂有特殊材料的金属打拿极上，产生若干电子，而后通过逐级倍增，最后检测到倍增后的电子流。这种检测器的响应快、灵敏度高。电子倍增器的使用寿命一般为 1～3 年，这取决于打击在它表面的离子数目、本身所加电压的高低以及自身的老化。

（六）质谱定性分析及谱图解析

质谱图可提供许多有关分子结构的信息，是农药残留物定性分析及结构鉴定的有力工具之一，主要包括分子量测定、化学式的确定以及推断分子结构。

1. 分子量测定

从分子离子峰的质荷比的数据可以准确地测定该物质的分子量，这是质谱分析的优点，所以准确确认分子离子峰十分重要。在质谱中最高质荷比的离子峰不一定是分子离子峰，而且有时由于分子离子不稳定而观察不到分子离子峰。因此在判断分子离子峰时应注意以下一些问题。

在纯样品质谱中，分子离子峰应具有以下性质。

（1）原则上除同位素峰外分子离子峰是最高质量的峰。

（2）分子离子峰质量数符合"氮规则"。由 C、H、O、N 组成的化合物，不含或含偶数个氮原子的分子的质量数为偶数，含有奇数个氮原子的分子的质量数为奇数。凡不符合氮规则者，就不是分子离子峰。

（3）M+1 峰　某些化合物如醚、酯、胺、酰胺等形成的分子离子不稳定，分子离子峰很小，甚至不出现；但 M+1 峰却相当大，这是由于分子离子在离子源中捕获一个 H 而形成的，即形成了质子化离子（M+H）$^+$。

（4）M−1 峰　某些化合物如芳醛、醇等没有分子离子峰，但 M−1 峰却很大，这是由于形成了去质子化离子（M−H）$^+$。

（5）存在合理的中性碎片丢失　在有机分子中，经电离后分子离子可能损失一个 H 或 CH_3、H_2O、C_2H_4 等碎片，相应为 M−1、M−15、M−18、M−28 等碎片峰，而不可能出现 M−3 至 M−14、M−21 至 M−24 范围内的碎片峰，若出现这些峰，则峰不是分子离子峰。

（6）在 EI 源中，降低电子轰击电压，对于增加分子离子峰的相对强度有一定作用。采用软电离技术如化学电离等，可以得到较强的分子离子峰或准分子离子峰。

（7）分子离子稳定性的一般规律　分子离子峰的相对强度直接与分子离子稳定性有关，分子离子的稳定性与分子结构有关。碳数较多，碳链较长和有链分支的分子，一般分裂概率较高，其分子离子峰的稳定性低；具有 π 键的芳香族化合物和共轭链烯，分子离子较稳定，分子离子峰较大。分子离子稳定性的大致顺序为：芳香环＞共轭烯＞烯＞脂环化合物＞羰基化合物＞直链的烷烃类＞硫醇＞酮＞胺＞酯＞醚＞分支较多的烷烃类＞醇。在同系物中，分子量越大则分子离子峰相对强度越小。

2. 化学式的确定

高分辨质谱仪可精确地测定分子离子或碎片离子的质荷比（误差可小于 1×10^{-5}），故可利用元素的精确质量及丰度比求算其元素组成。对于分子量较小，分子离子峰较强的化合物，在低分辨质谱仪上可通过同位素相对丰度法推导其化学式。C、H、O、N、Cl、Br、Si、S 等元素各自还有一定量的对应同位素，因此由这些元素所构成的化合物，随元素种类及数量的不同各自显示出其特有大小的同位素峰。不同的样品由于含有原子数目不同，会形成数目不同的同位素峰以及一群具有特征图案的离子簇，不仅分子离子峰有相应的同位素峰，碎片离子峰也有，这是识别谱图的有力依据。

如 ^{37}Cl 的丰度比为 32.5%，即 $x(^{37}Cl):x(^{35}Cl)=1:3$，因此若碎片离子含有一个 Cl，就会出现强度比为 3:1 的 M 和 M+2 峰。图 5-14 为氨氯吡啶酸的 GC-MS 质谱图，氨氯吡啶酸的分子式为 $C_6H_3Cl_3N_2O_2$，m/z 240、242、244、246 为分子离子峰，含有 3 个氯原

子，强度比约为 $27:27:9:1$。m/z 196、198、200、202 为丢失 CO_2 后的碎片，仍然含有 3 个氯原子，比例关系和分子离子峰类似。m/z 161、163、165 为丢失 CO_2 和 Cl 原子后的碎片，含有两个氯原子，强度比为 $9:6:1$。

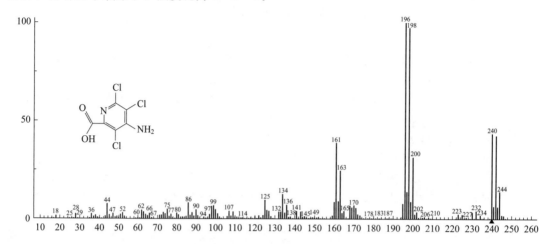

图 5-14　氨氯吡啶酸质谱图

同样，若分子中含有一个 Br，因其同位素丰度比为 97.9%，因此质谱图上就会出现强度比大约相等的 M 和 M+2 二连峰，强度比约为 $1:1$；分子中含有两个 Br 时，三连峰强度比为 M：(M+2)：(M+4)$=1:2:1$；含有三个 Br 时，四连峰强度比为 M：(M+2)：(M+4)：(M+6)$=1:3:3:1$。

3. 推断分子结构

根据确定的分子量、化学式以及碎片离子峰的质荷比，应用各种可能的裂解方式、氮规则等质谱裂解规律，推导出分子结构。

二、气质联用仪器配置

气质联用仪主要由四部分组成：气相色谱仪、接口（GC 和 MS 之间的连接装置）、质谱仪和计算机。气相色谱仪是样品中各组分的分离器；接口是组分的传输器并保证 GC 和 MS 两者气压的匹配；质谱仪是组分的鉴定器；计算机是整机工作的控制器、数据处理器和分析结果输出器。

气相色谱部分和一般的气相色谱仪基本相同，包括进样系统、色谱柱系统和气路系统等，一般不再有前面章节中所介绍的色谱检测器，而是利用质谱仪作为色谱的检测器。气相色谱仪的结构、配置前面章节中已作了详细介绍，在此仅介绍气质联机中使用的气相色谱的一些特殊性。下面主要介绍气相色谱-质谱联用仪的接口以及质谱仪部分。

（一）气相色谱-质谱接口

气相色谱-质谱联用技术的最大困难是气相色谱和质谱仪是有着巨大压力差的两个系统。气相色谱的操作通常是在 $1\sim3$ 个大气压（$760\sim2250$Torr）下，而质谱仪需要高真空，操作压力要求大约 1×10^{-5} Torr。接口是解决气相色谱仪和质谱仪联用的关键部件，顺利完成压力转换，好的接口可以使气相色谱和质谱都达到或接近最佳的操作条件，同时，还要保证被测组分可以从气相色谱传输到质谱而没有任何不良现象如灵敏度的损失、二次反应、峰形的改变等发生。图 5-15 为气相色谱-质谱联用的接口示意图。

图 5-15　气相色谱-质谱接口示意

气相色谱-质谱接口分为直接插入接口和分子分离器两种。分子分离器主要是为了所配的真空泵抽速有限，不能满足气相色谱使用大孔径或填充柱大流量进样或其他特殊进样需要而设计的，它具有去除载气、浓缩样品及分子分离的能力。由于高分辨细径毛细管色谱柱的广泛应用，载气流量大为降低，现在多数 GC-MS 联用仪器已经采用将色谱柱直接插入质谱的离子源的直接连接方式，接口仅仅是一段传输线，其结构相当简单，如图 5-16 所示。

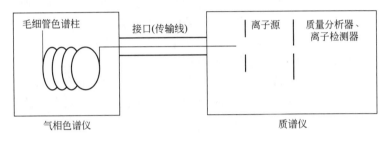

图 5-16　直接插入接口示意图

直接插入接口主要由一根金属导管和加热套，以及温度控制和测温元件组成。这种接口仅起控温作用，以防止由气相色谱仪插入到质谱仪的毛细管柱被冷却，一般接口的温度稍高于柱温。色谱柱通过传输线直接插入到离子源距离子盒入口约 2mm 处，色谱柱流出的所有流出物全部导入质谱仪的离子源内，绝大部分载气被离子源高真空泵抽出，达到离子源真空度的要求。

直接插入接口的优点是：死体积小；无催化分解效应；无吸附；不存在与化合物的分子量、溶解度、蒸气压等有关的歧视效应；结构简单，减少了漏气部位；色谱柱易安装，操作方便；与分子分离器比较，样品几乎没有损失，可增加检测的灵敏度。

直接插入接口的缺点是：不适用于大流量进样和大口径毛细管柱；不能在抽真空状态下更换柱子，更换色谱柱子时系统必须放空到常压；色谱柱固定液流失随样品全部进入离子源，污染离子源，影响灵敏度。

（二）气质联机中气相色谱的特殊性

质谱仪在高真空状态下工作，对进样量和进样方式有较高的要求，常用的样品导入离子源的方法有三种：可控漏孔进样（又称储罐进样）、插入式直接进样杆（探头）和色谱法进样。进样方法的选择取决于样品的物理化学性质，如熔点、蒸气压、纯度及所采用的离子化方式等。色谱法进样是最重要最常用的进样方式之一。将色谱柱分离的组分直接导入质谱，使混合物的直接质谱分析成为可能。气相色谱-质谱联用（GC-MS）已成为常规分析仪器，连接在质谱仪前面的气相色谱有一定的特殊性。

（1）载气　GC/MS 比 GC 对载气的要求更为严格，GC 使用化学惰性好的气体即可，通常是氮气、氢气或氦气，而 GC/MS 只能使用氦气，其余两种都不可以，原因在于 GC/MS 的载气除化学惰性外，还要求不干扰质谱图，不干扰总离子流的检测，氮气电离能为 15.6eV，氢气为 15.4eV，和一般有机物电离能（10eV 左右）接近，载气电离效率较高，对总离子流有干扰，氮气分子离子 m/z 28 较强，和某些化合物的特征离子重叠，且有 m/z 14 离子，接近通常质谱扫描起始质量，会产生较高的本底，干扰低质量范围质谱图。而氦气分子量小，容易被真空泵抽掉，且其电离能 24.6eV 远高于一般有机物的电离能，其电离效率很低，对总离子流干扰小，其分子离子仅为 m/z 4，远低于通常质谱扫描起始质量。所以 GC/MS 使用的载气是纯度为 99.999％以上的高纯氦气。

（2）隔垫　进样口隔垫要求质地柔韧、耐高温、低流失，否则，隔垫被注射器穿过时容易脱落碎屑，样品溶剂将其中的甲基硅氧烷溶解，通过色谱柱进入离子源，产生 m/z 73、m/z 207、m/z 281 等特征碎片，这些峰干扰正常分析。

（3）衬管　当使用分流进样模式时，衬管中可加适量去活化处理的玻璃毛，有助于高沸点化合物快速气化和混合均匀，如果使用不分流进样模式，尽量不使用玻璃毛，以免其对样品造成吸附。农药残留分析多采用不分流进样。

（4）色谱柱　气质联用多使用口径窄的毛细管柱，避免使用大孔径、厚液膜的柱子。由于 GC/MS 色谱柱固定相流失进入离子源，离子化产生的各种离子形成质谱的本底，降低信噪比，干扰质谱的定性、定量分析，最好选用热稳定性好的专用 MS 柱。但毛细管色谱柱一般都有流失现象，柱流失会随着温度的升高而加剧。

安装色谱柱要格外避免插入离子源一头的污染，一般伸出传输线套管外 1～2mm，和离子源入口相距 1mm 左右，距离过大，样品会损失，伸进离子源太长会导致灵敏度下降甚至不出峰。连接进样口一端的柱头可使用石墨垫，进入离子源的一头尽量不使用，以防石墨碎屑被吸入质谱。

（5）柱流量　由于质谱部分要求高真空工作环境，所以气质联用不可设置过大的柱流量，一般使用内径不超过 0.25mm 的毛细管柱，流量不超过 1.5mL/min，0.32mm 内径的柱子柱流量可以达到 2.0mL/min。

（三）计算机系统

对于 GC-MS 联用系统，GC 和 MS 的数据处理系统是一体的，工作站具有控制仪器运行和数据采集处理的全部功能，包括硬件、软件两部分。硬件主要包括计算机主机、显示器、键盘、打印机等，一般都是通用的计算机。软件部分主要包括运行仪器的操作系统和各种应用程序，还有各种用途的质谱数据库。

三、气质联用农药残留分析技术

色谱与质谱联用技术将分离、定性和定量分析融为一体，是最有效、经济、合理的分析方法，其中气质联用是各种联用技术中最成熟的一种，现已成为农药残留分析实验室的常规分析技术。

气质联用仪用于检测农药残留具有气相色谱不可比拟的优越性。主要表现在以下几个方面：①定性能力强。用化合物分子的指纹质谱图鉴定组分，可靠性大大优于色谱保留时间定性，定性更加准确。②色谱未能分离的组分，可以采用质谱的提取离子色谱法、选择离子监测法等技术将总离子流色谱图上尚未分离或被噪声掩盖的色谱峰分离。③选择离子监测和多级质谱技术提高了复杂基质中痕量组分检测的准确性和灵敏度。

近年来应用气质联用仪进行农药残留分析的方法国内外已有大量的报道：庞国芳等采用气相色谱与单级四极杆质谱联用配 EI 源对粮谷中 475 种农药及相关化学品的多残留进行了的测定（GB 23200.9—2016），方法的检出限在 0.005～0.8mg/kg 之间；Lehotay 等采用气相色谱-离子阱质谱对水果和蔬菜中的 144 种农药残留量进行了分析；Martijn K. van der Lee

等建立了动物饲料中 100 种以上农药的气相色谱-飞行时间质谱分析方法。

（一）农药残留 GC-MS 定性分析及数据处理

农药残留分析具有农药种类多、含量低、样品基质复杂等特点，当进行农药多残留样品检测时，针对单独使用气相色谱不能将部分化合物分离或者在测定时出现"假阳性"的情况，可以使用气相色谱法或 GC-MS 对未知化合物进行定性确证。气相色谱法定性主要采取以下几种方式：采用极性不同的两根色谱柱对同一化合物的保留时间与标准物质在这两根色谱柱上的保留时间进行对比；选用不同的检测器对同一化合物，与标准物质进行比较；在同一检测器、同一色谱柱上采用不同的程序升温条件进行检测定性。

使用 GC-MS 定性分析，满足下列条件即可认为把未知化合物确证出来：在完全相同的气相色谱条件下，未知物和标准样品的保留时间一致，并且在扣除背景后的样品质谱图中，所选择的目标离子均已出现，离子丰度比与标准样品的离子丰度比相一致（相对丰度＞50%，允许±20%偏差；相对丰度＞20%～50%，允许±25%偏差；相对丰度＞10%～20%，允许±30%偏差；相对丰度≤10%，允许±50%偏差），可以判断样品中存在目标农药。

对于未知的农药残留结构解析，通常采用 GC-MS 全扫描方式对未知物进行定性分析。全扫描质谱图可看作被测组分结构的指纹图，用计算机检索定性，也可通过谱图解析定性。为使定性准确，一般应进行仪器调谐、条件设定、实时分析和数据处理等操作。

（1）仪器调谐（校准） 为使仪器处于最佳状态，在仪器稳定后、样品分析前用标准物质对仪器进行调谐。常用的调谐试剂为全氟三丁胺（PFTBA），这种化合物的稳定性为在线调谐提供了必要的条件，而且该化合物具有足够的挥发性使其进入离子源而不需要加热。PFTBA 碎片离子质量数覆盖了很宽的质量范围，并且由于只有 ^{13}C 和 ^{15}N 同位素，使碎片离子质量容易解析。

仪器调谐一般有几种方式：自动调谐、标准谱图自动调谐、快速调谐和手动调谐。自动调谐主要是调节仪器使其在整个扫描范围内的灵敏度最大；标准谱图自动调谐为在整个扫描范围内标准响应调节，主要用于检索商品谱图谱库；快速调谐是指调整响应（倍增器电压）、分辨率和质量轴校正等；手动调谐为用户自己设置调谐参数以达到分析要求。调谐需要根据方法要求，设置标准化合物的特征离子和相对丰度，如 PFTBA 选择 m/z 69、m/z 219、m/z 502 三个离子，其相对丰度 100：38.07：1.95，或根据不同要求设置。调谐时离子源和质量分析器的温度都不能低于 150℃。运行调谐程序时，多数仪器的调谐窗口上显示所选择三个离子的峰形图，按一定程序反复调节之后，峰形比较平滑对称。各离子质量的测定值以及离子丰度比、同位素峰的比例都要接近理论值。

（2）条件设定 由于进样量往往会影响检索结果，一般定性分析时的进样量最好控制在 20～50ng，最高不能超过 300ng。质谱需进行以下参数的设定：

① 质量范围 在扫描速度相同的情况下，质量范围越小，灵敏度越高。如已知欲鉴定组分分子量，可尽量缩小扫描范围，高质量端一般设在比待鉴定组分分子量大 50 处。对于未知化合物，低质量端建议从 12 开始。

② 扫描速度 每个色谱峰通过 5～10 次扫描可以很好地定性，通过 10～20 次扫描可以很好地定量，扫描速度以 3～5 次每秒比较合适。

③ 阈值 只有丰度等于或高于此值的离子会保留在每次扫描的质谱中。对于痕量分析，阈值一般设为 50 或 80。

④ 数据采集时间 一般比溶剂延迟时间迟 0.5min，是开始进行扫描采集质谱数据的时间。溶剂延迟是指从分析开始到打开质谱的时间（min），此时间内，灯丝关闭，直到溶剂

峰从柱子中出来并通过质谱后才打开灯丝,溶剂延迟的目的是为了保护质谱。

(3)实时分析 在样品进样分析运行期间,可以利用工作站的前台对运行情况进行监测,异常时需进行调整,同时可以转入数据处理系统进行数据分析等其他工作。

(4)数据处理 对于定性分析来说,主要是本底扣除和标准谱库检索。扣除本底是为了提高被测组分质谱图与标准谱库谱图的相似度。谱库检索作为定性鉴定的有效工具被广泛采用,目前商用仪器主要配有 NIST、Willey 和其他专用谱库供用户选择。最常用的为 NIST 库,有十万余张谱图。谱库检索有 NIST 和 PBM 两种方式,一般相似度在 90% 以上即可参考定性。当谱库中没有被鉴定组分的标准谱图时,必须进行人工谱图解析。对于农药残留分析来说,大多数农药的标准谱库已经建立(如 NIST 谱库),而对于新开发的农药或者农药代谢物,其标准谱库并没有建立,需要根据有机化合物的裂解机理进行合理的人工解谱,至于如何解谱,可参考相关文献。

NIST 谱库的检索方式有两种:在线检索和离线检索。在线检索是将 GC-MS 分析时得到的、已扣除本底的全扫描质谱图,与库中存有的质谱图进行比对,将得到的匹配度(相似度)最高的 20 个质谱图的有关数据如化合物的名称、库中索引号、分子量、可能的结构式等列出来,供被检索的质谱图作定性参考。

离线检索指从质谱谱库中调出有关的质谱图与已经得到的质谱图进行比较,然后做出定性分析。主要有以下两种。①化合物索引号检索。如果已知谱库中给每一个化合物设定了序号,将其直接输入,就可将此化合物的标准质谱图调出进行比较。②CAS 登记号检索。CAS 登记号是每个化合物在美国化学文摘服务处的登记号码,是唯一的,不同的谱库中同一化合物的 CAS 均相同。如果已知 CAS 登记号,只要输入 CAS 登记号,就可将此化合物的标准质谱图调出进行比较。此外还有化合物名称检索、分子式检索、分子量检索、峰检索等。

(二)农药残留 GC-MS 定量分析及数据处理

定量分析必须在正确定性的基础上进行。同时对于痕量化合物的检测一般选用选择离子监测(SIM)或者多反应监测(MRM)模式。农药残留的 GC-MS 分析经过以下几个步骤:

(1)气相色谱条件的选择 色谱条件从进样口到色谱柱、进样方式、衬管类型、进样口的清洁程度、不分流进样开启分流阀的时间、柱效的保持、选用的溶剂和相应的初始柱温、升温程序等影响色谱分析结果的因素同样会影响 GC-MS 联用的定量。如色谱峰拖尾,首先要判断拖尾部分是否由色谱分离所造成,是否有共流出物干扰。如果是共流出物干扰,可以考虑更换定量离子;如果是峰拖尾,只有通过改变色谱条件改善峰形。如百菌清在实际测定过程中,随着进样次数的增加,百菌清的响应值(峰高、峰面积)会明显降低,灵敏度也相应降低,为改善响应值必须更换衬管,如果没有预柱的话,可将连接进样口一端的色谱柱柱头割掉一段(5~10cm,或者更长)。而对于部分有机磷农药,基质标样的响应值要明显高于溶剂标样的响应值,如氧乐果、甲胺磷、乙酰甲胺磷等,因此在测定时最好使用基质标样。这可能是因为这几种农药的基质效应比较明显。

(2)质谱条件选择 质谱条件包括各调谐文件、运行时间、溶剂延迟、离子源、检测器、质谱扫描模式等。采样参数的设置要保证每个离子有足够的采样时间,同时每个色谱峰能够得到足够的数据点。一般来说,每个色谱峰需要有 10~20 个扫描数据点才能很好地定量。

(3)全扫描标准样品 用质谱全扫描方式分析农药标准样品,得到各样品的总离子流色谱峰及相对保留时间,确定每种农药组分的特征离子。特征离子通常选择分子离子,或具有特征的、质量大、强度高的碎片离子,使其既能排除其他组分的干扰,又最大限度地降低检测限，其中定量离子多数情况下选择基峰或较强的峰，这样可以减少误差。每个化合物一般选3~5个特征离子，其中包括一个定量离子，其余几个离子作为定量离子的限定条件。

（4）全扫描空白样品　用与农药标准样品质谱全扫描完全相同的条件扫描不含待测化合物的空白样品，对比标准样品在每一个农药组分出峰时间的质谱图和空白样品在该时间流出物的质谱图，来检测通过标准样品质谱图所选择的作为定性定量用的各农药化合物的特征离子是否受到空白基质的干扰。

（5）编辑 SIM 方法　根据全扫描方式检测下所得到的标准样品中各农药的相对保留时间，将整个色谱分析时间分成若干个组。分组原则：相邻的前面一个峰的终点与后一个峰的起点时间差大于 6s 时可以分组，而且下一组的起始时间以两峰中间偏后的时间开始。每一个 SIM 方法一般允许最多定义 50 组，每组最多 30 个离子。

（6）采用编制的 SIM 方法对标准样品、空白样品和待测样品进行定量分析　GC-MS 联用常用的定量分析方法和色谱法一样，有归一化法、外标法和内标法等。①外标法，又称绝对法，根据被测化合物的标准样品浓度对响应值绘制标准工作曲线，一般做 2~3 个数量级，找出仪器的灵敏度、检测限和线性范围。然后在相同的条件下进行实际样品分析，由校准曲线确定含量。该法简便，但该方法误差较大，在 GC-MS 联用技术中实际应用较少。②内标法。又称相对法，是常用的定量方法。内标法可以补偿进样体积的微小变化和仪器灵敏度的波动引起的误差，因此准确度相对较高。内标物一般选择待测样品中不存在的化合物，而且其性质应尽可能和待测化合物相近，选择的标准可以参照气相色谱内标物的选择。对于 GC-MS 联用技术，可以选用待测化合物同位素标记物作为内标，其他色谱检测器无法使用，这是 GC-MS 联用独到之处。

（三）农药残留 GC-MS 检测实例

1. GC-MS 分析枸杞中 12 种农药的方法

（1）方法中所用的 12 种农药　烯丙菊酯、噻嗪酮、抑食肼、炔螨特、溴螨酯、胺菊酯、甲氰菊酯、氯氟氰菊酯、氟氯氰菊酯、氯氰菊酯、氰戊菊酯、溴氰菊酯。

（2）气相色谱-质谱条件

气相色谱-质谱联用仪　Agilent 6890N/5973 inert MSD 气相色谱-质谱联用仪（Agilent Technologies，USA），带有 7683 自动进样器、分流/不分流进样口及 EPC（电子自动控制）模式。

色谱柱　HP-5MS（Agilent）[30m×0.25mm（i.d.）×0.25μm]，熔融石英毛细管柱。

载气　氦气（纯度为 99.999%）。

进样口　250℃，不分流进样。

进样量　1μL。

升温程序　初始温度为 80℃，保持 1.0min，以 20℃/min 的速率升温至 180℃，保持 1min，再以 10℃/min 的速率升温至 220℃，保持 10min，最后以 10℃/min 的速率升温至 260℃，保持 13min。

柱流速　1.0mL/min。

色谱-质谱接口温度　280℃。

离子源温度　230℃。

四极杆温度　150℃。

离子化方式　EI。

电子能量　70eV。

质谱检测方式 在 50～600amu 范围内全扫描，确定各种农药的保留时间和主要离子。

（3）选择监测离子，编辑质谱 SIM 检测方法 在 50～600amu 范围内对 12 种农药的溶剂标准溶液进行全扫描，确定各种农药的保留时间和主要离子。选择定性离子时，应尽量选择分子量较大、相对丰度较高、干扰较少的离子，而定量离子的选择更为重要，最好选择特异性离子。定性时除了要同时出现选择的定性离子，其相对丰度也要与标准品相似。采用定量离子定量，结果见表 5-8。

表 5-8 农药的保留时间、定性和定量离子

时间/min	农药	保留时间/min	定性离子/(m/z)	定量离子/(m/z)
4.01～17.00	烯丙菊酯(allethrin)	13.58	123,79,81	123
	噻嗪酮(buprofezin)	15.93	105,106,172	105
17.01～22.50	抑食肼(RH-5849)	18.31	105,240,77	105
	炔螨特(propargite)	21.35	135,81,57	135
22.51～24.50	溴螨酯(bromopropylate)	23.27	341,185,183	341
	胺菊酯(tetramethrin)	23.49	164,123	164
	甲氰菊酯(fenpropathrin)	23.78	181,97,55	181
24.51～28.00	氯氟氰菊酯(cyhalothrin)	25.25,25.63	181,208,197	181
28.01～32.00	氟氯氰菊酯(cyfluthrin)	29.07,29.42 29.57,29.75	226,163,165	226
	氯氰菊酯(cypermethrin)	30.09,30.50 30.66,30.85	181,163,165	181
32.01～35.00	氰戊菊酯(fenvalerate)	33.53,34.55	419,125,167,225	419
35.01～38.50	溴氰菊酯(deltamethrin)	36.34,37.44	181,251,253,255	181

在设定的选择离子监测模式中，每个扫描时间段内通常只扫描一种或者两种农药，降低了产生干扰的可能性。在杂质不产生干扰的情况下，选择基峰和较高丰度的离子作为监测离子，以降低检出限。

（4）前处理方法的选择 参考 Anastassiades 和 Leohaty 等报道的 QuEChERS 方法，根据枸杞中含水量较少的特点，对 QuEChERS 方法进行了适当的改进，即省去了原方法中提取时使用的干燥剂无水硫酸钠或硫酸镁和盐析使用的氯化钠，只在净化时使用了 300mg 硫酸镁吸附溶剂中的少量水分，使前处理方法更简便。

（5）空白样品扫描 按照建立的前处理方法处理空白枸杞样品，将空白样品提取液在建立的气相色谱-质谱-选择离子监测条件下进行扫描检测。对比空白样品和标准样品在每一个农药组分出峰时间和质谱图，如果空白样品中在农药的出峰时间有峰出现，则要看为哪个离子的质谱峰，如果为该农药的定量离子，那么必须重新对农药的定量离子作调整，编辑新的质谱方法，设定质谱扫描参数。

（6）方法的线性范围和检出限 在气相色谱-质谱联用测定枸杞样品的过程中，农药的响应值受到基质效应的影响，与溶剂标准溶液相比有不同程度的变化，这影响到农药的定量。因此，方法的线性及定量均使用其基质匹配标准溶液，最大程度地消除基质效应的影响。

准确配制不同浓度的基质匹配农药标准溶液，按所建立的条件进行分析，得出各种农药的含量对峰面积的校准曲线。由表 5-9 可知，12 种农药在其范围内线性良好；按照信噪比

为 3 设定各农药检出限；根据添加水平设定各农药的定量限。结果表明，12 种农药的检出限在 $2\sim15\mu g/kg$ 范围内。

表 5-9　12 种农药的线性范围、线性方程、相关系数、LOD 及 LOQ

农药	线性范围/(mg/L)	线性方程	相关系数	LOD/(µg/kg)	LOQ/(µg/kg)
烯丙菊酯(allethrin)	0.01~0.4	$y=107332x-1740.8$	0.9996	2	10
噻嗪酮(buprofezin)	0.01~0.4	$y=129149x-2863.4$	0.9994	2	10
抑食肼(RH-5849)	0.02~0.8	$y=241053x-6446.9$	0.9994	2	20
炔螨特(propargite)	0.02~0.8	$y=75548x-3134.7$	0.9965	6	20
溴螨酯(bromopropylate)	0.01~0.4	$y=68208x-1504.6$	0.9991	3	10
胺菊酯(tetramethrin)	0.01~0.4	$y=77516x-3172.3$	0.9965	3	10
甲氰菊酯(fenpropathrin)	0.01~0.4	$y=116778x-4269.2$	0.9974	2	10
氯氟氰菊酯(cyhalothrin)	0.02~0.8	$y=82560x-2506.7$	0.9991	4	20
氟氯氰菊酯(cyfluthrin)	0.05~1.5	$y=97259x-2899.3$	0.9948	12	50
氯氰菊酯(cypermethrin)	0.05~1.5	$y=121228x-4588.6$	0.9939	12	50
氰戊菊酯(fenvalerate)	0.05~1.5	$y=121773x-4704.3$	0.9954	10	50
溴氰菊酯(deltamethrin)	0.05~1.5	$y=58770x-1573.8$	0.9927	15	50

（7）准确度的测定　在空白样品中添加不同体积的标准溶液，以获得不同的添加水平，按照所建立的方法处理样品，并同时获得基质匹配标样，使用外标法定量，重复 6 次，得到各不同添加水平的回收率及相对标准偏差（RSD）（表 5-10）。三个添加水平的平均回收率分别为 83%～105%、86%～97% 和 76%～114%，RSD 均小于 20%。

表 5-10　枸杞中 12 种农药的回收率及 RSD

农药	添加浓度/(mg/kg)	回收率/%	RSD/%	添加浓度/(mg/kg)	回收率/%	RSD/%	添加浓度/(mg/kg)	回收率/%	RSD/%
烯丙菊酯(allethrin)	0.01	88	9	0.02	90	8	0.1	86	14
噻嗪酮(buprofezin)	0.01	85	8	0.02	89	10	0.1	76	13
抑食肼(RH-5849)	0.02	84	8	0.05	87	9	0.25	80	14
炔螨特(propargite)	0.02	83	9	0.05	87	9	0.25	78	14
溴螨酯(bromopropylate)	0.01	83	9	0.02	86	9	0.1	84	13
胺菊酯(tetramethrin)	0.01	85	7	0.02	89	10	0.1	85	14
甲氰菊酯(fenpropathrin)	0.01	80	10	0.02	91	13	0.1	83	12
氯氟氰菊酯(cyhalothrin)	0.02	91	9	0.05	91	9	0.25	95	13
氟氯氰菊酯(cyfluthrin)	0.05	105	8	0.1	95	9	0.5	114	12
氯氰菊酯(cypermethrin)	0.05	92	11	0.1	92	10	0.5	102	13
氰戊菊酯(fenvalerate)	0.05	98	7	0.1	96	14	0.5	113	12
溴氰菊酯(deltamethrin)	0.05	95	12	0.1	97	11	0.5	110	16

2. GC-MS/MS 分析黄瓜中 10 种农药的方法

（1）方法中所用的 10 种农药　氟啶虫酰胺、丁苯吗啉、氟吡菌酰胺、氟啶虫胺腈、环酰菌胺、氟吡菌胺、唑嘧菌胺、氟吗啉、烯肟菌酯和烯肟菌胺 10 种。

（2）气相色谱-质谱条件　Agilent 7000D 三重四极杆-串联质谱仪（美国安捷伦公司）。色谱条件：HP-5 MS Ultra Inert 色谱柱（30m×250μm×0.25μm，美国安捷伦公司）。升温程序：80℃保持1min，以 10℃/min 升温至 240℃，再以 2.5℃/min 升温至 250℃；最后以 20℃/min 升温至 300℃，保持 6.5min；运行时间 30min。载气为氦气（纯度≥99.999%），流速 1.0mL/min。不分流进样，进样体积 1μL，进样口温度 280℃，接口温度 280℃。质谱条件：电子电离（EI），离子源温度 300℃，电离能量 70eV，四极杆温度 180℃，溶剂延迟时间 5.0min，多反应监测（MRM）模式。

（3）MRM 质谱条件的确定　在 m/z 50～450 范围内对 10 种农药的标准溶液进行 MS^2 全扫描，确定各组分的保留时间。根据所得化合物的全扫描谱图，选择响应较强、高质量端的特征碎片离子作为母离子。通过产物离子模式，在不同的碰撞能量（2.5～40eV）下对多反应监测方法进行优化，确定各组分的碎片离子信息及最佳的碰撞能量，优化结果见表 5-11。

表 5-11　10 种农药的保留时间、特征离子和碰撞能量

农药	保留时间/min	定量离子对	碰撞能量/eV	定性离子对/(m/z)	碰撞能量/eV
氟啶虫酰胺（flonicamid）	11.801	174/146	10	174/69	35
丁苯吗啉（fenpropimorph）	15.918	128/70	10	128/110	5
氟吡菌酰胺（fluopyram）	16.729	173/145	15	173/95	30
氟啶虫胺腈（sulfoxaflor）	17.696	174/154	15	174/104	30
环酰菌胺（fenhexamid）	19.663	177/78	25	177/113	15
氟吡菌胺（fluopicolide）	19.795	209/182	15	173/145	15
唑嘧菌胺（ametoctradin）	22.845	176/121	15	176/65	30
氟吗啉（flumorph）	24.372	285/165	15	285/123	15
烯肟菌酯（enestroburin）	26.397	145/102	25	145/115	15
烯肟菌胺（fenaminstrobin）	28.141	116/89	15	132/77	20

（4）黄瓜中 10 种农药前处理方法的选择　样品采用 QuEChERS 方法，经乙腈涡旋振荡提取，无水硫酸镁和氯化钠盐析后，取 5mL 提取液，加入含 125mg PSA、900mg 无水 MgSO$_4$ 和 25mg GCB 的组合净化剂进行净化。

（5）基质效应　用乙腈和黄瓜基质溶液，分别配制 10 倍定量限浓度的标准品溶液，结果表明：烯肟菌酯、氟啶虫酰胺、唑嘧菌胺和烯肟菌胺的基质效应分别为 5.3%、6.1%、9.5% 和 12%，为弱基质效应（ME<20%）；氟吗啉、丁苯吗啉、氟吡菌酰胺和氟啶虫胺腈的基质效应分别为 29%、34%、37% 和 41%，为中等程度基质效应（20%<ME<50%）；而氟吡菌胺和环酰菌胺的基质效应分别为 59% 和 62%，为强基质效应（ME>50%）。因此，为提高结果的准确性，采用基质匹配标准溶液进行定量。

（6）线性范围　用基质空白溶液分别配制质量浓度为 0.005～2.5mg/L 的基质匹配标准工作溶液。以各农药定量离子对的峰面积和对应的质量浓度绘制标准曲线，方法线性方位在 0.001～1mg/L 之间，决定系数>0.9969。将回收率在 70%～120% 的最低添加水平确定为方法的 LOQ，LOQ 在 0.001～0.02mg/kg 之间（表 5-12）。

（7）准确度　添加回收率结果显示 10 种农药的平均回收率在 76%～105% 之间，RSD<12%。多反应监测总离子流图见图 5-17，从中可以看出，10 种农药在优化后的色谱条件下实现了完全的分离，样品经过净化后，在目标物出峰处基本没有干扰。

表 5-12　10 种农药的线性方程、线性范围、决定系数及定量限

农药	线性方程	线性范围/(mg/L)	决定系数(R^2)	定量限/(mg/kg)
氟啶虫酰胺（flonicamid）	$y=9816410x-217764$	0.05～1	0.9969	0.005
丁苯吗啉（fenpropimorph）	$y=1385908x-10263$	0.001～0.4	0.9998	0.001
氟吡菌酰胺（fluopyram）	$y=11405934x-9868$	0.005～1.5	0.9994	0.005
氟啶虫胺腈（sulfoxaflor）	$y=2359301x-104436$	0.05～5	0.9997	0.05
环酰菌胺（sulfoxaflor）	$y=1470536x-7835$	0.01～1	0.9997	0.01
氟吡菌胺（fluopicolide）	$y=4756974x+5649$	0.005～0.5	0.9989	0.005
唑嘧菌胺（ametoctradin）	$y=612958x-19477$	0.02～2	0.9993	0.02
氟吗啉（flumorph）	$y=5933544x-11786$	0.005～0.75	0.9982	0.005
烯肟菌酯（enestroburin）	$y=1925750x-22563$	0.01～1	0.9992	0.01
烯肟菌胺（fenaminstrobin）	$y=799031x+89481$	0.02～1	0.9987	0.02

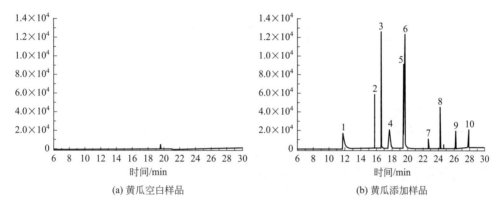

(a) 黄瓜空白样品　　　　　　　　(b) 黄瓜添加样品

图 5-17　GC-MS/MS 多反应监测总离子流图

1—氟啶虫酰胺（0.005mg/kg）；2—丁苯吗啉（0.001mg/kg）；3—氟吡菌酰胺（0.005mg/kg）；
4—氟啶虫胺腈（0.05mg/kg）；5—环酰菌胺（0.01mg/kg）；6—氟吡菌胺（0.005mg/kg）；
7—唑嘧菌胺（0.02mg/kg）；8—氟吗啉（0.005mg/kg）；9—烯肟菌酯（0.01mg/kg）；
10—烯肟菌胺（0.02mg/kg）

四、气质联用仪器的维护

在气相色谱质谱联用仪的使用过程中，需要同时维护气相色谱和质谱仪。气相色谱的维护见上述章节中气相色谱仪的维护部分，气质联用仪使用高纯氦气（99.999%）作为载气，需要定期检查气体净化系统。质谱仪的维护主要包括真空系统、质谱性能的检查维护。真空系统的维护主要指机械泵、扩散泵、分子涡轮泵等。定期检查前机泵的泵油油位，检查是否有漏油现象，一般建议每半年更换一次泵油。开机时观察分子涡轮泵的转速是否能快速达到 100%，若泵速达到 80%，说明真空系统基本正常，若只达到 10% 则说明气路存在严重的泄漏，需要检查气路以及色谱柱连接处是否存在漏气。一般需要定期进行调谐，建立系统的调谐数据档案，以检查质谱的状态。调谐时发现质量数 m/z 219 和 m/z 502 丰度偏低时，一般是离子源污染或者电压的问题。当以下情况出现时可以初步判断为离子源污染：分析结果重现性变差、标准调谐无法通过、调谐结果不好，如本底噪音高、EM 电压过高、高质量数丰度偏低等。离子源的清洗步骤可以参考各仪器公司的使用说明。调谐时如果发现氮气和氧

气的响应远高于水的响应，说明质谱存在漏气现象，需要检查气相色谱仪的管路系统以及质谱的接口，尽快查找漏气原因。首先要检查气路系统，检查所有的管路是否有明显的松动，对于比较严重的漏气可以采用检漏液检查；对于轻微的漏气，可以将气相色谱仪的进样口压力关掉，关掉气瓶的总阀，打开分压阀，15min后观察分压阀的压力是否下降。气相色谱部分的漏气处包括色谱柱的连接处、进样口等。用棉签蘸检漏物质（丙酮）接近怀疑漏气的位置。如果某处漏气，检漏物质的特征离子峰（m/z 58）强度立即明显增大。注意棉签接近而不是接触漏气部位，避免过多溶剂进入分析管道。灯丝出现损坏时，需及时更换灯丝，确保质谱仪正常工作，可以通过溶剂延迟的方法延长灯丝的寿命。影响灯丝使用寿命的因素有以下几点：质谱的真空度、样品的浓度、灯丝的正确安装、溶剂延迟等。

作为一种高灵敏度分析仪器，GC-MS在使用过程中极易受到污染，污染源包括来自GC、MS的污染。其中，来自GC的污染主要有：色谱柱或者隔垫流失、进样口衬管、进样器污染、载气中的杂质、载气管道污染、空气泄漏、用于清洁的溶剂和材料。来自质谱的污染包括：空气泄漏、泵油、离子源污染等。常见的柱流失碎片和污染物碎片见表5-13和表5-14，当在质谱分析中检测到以下质量碎片响应值变高时，需要引起重视，及时维护GC-MS系统。

表 5-13　常见色谱柱流失

柱型	常见碎片（m/z）
SE-54、HP-1、HP-5、OV101等非极性或弱极性色谱柱	73,147,207,221,253,281,327,355
OV-17、HP-17等中等极性色谱柱	73,147,197,221,253,281,327,355
OV-255、HP-255等中等极性色谱柱	73,135,156,197,253,269,313,327,403
聚乙二醇类色谱柱	131,133,147,161,163,191,195,205,207,281,355

表 5-14　GC-MS常见污染物碎片

化合物	可能来源	碎片（m/z）
甲烷	CI源气体	13,14,15,16
水、氮气、氧气以及氮、氧元素等等	残留的空气、水；空气泄漏	18,28,32,44,40,或 14,16
PFTPA相关离子	PFTPA调谐标准	31,51,69,100,119,131,169,181,214,219,264,376,414,426,464,502,576,614
扩散泵油	扩散泵油	77,94,115,141,168,170,262,354,446
邻苯二甲酸酯类增塑剂	塑料瓶、盖或溶剂中的增塑剂；塑料手套等	149
二甲基聚硅氧烷	隔垫流失或柱流失	73,147,207,221,281,295,355,429

五、气质联用技术在农药残留分析中的展望

质谱检测器可以认为是具有选择性的通用型检测器，可以独立检测各种元素组成的化合物以达到高的选择性，因此利用质谱检测器可以实现使用比较少的步骤来测定尽可能多的农药种类。同时，与具有选择性检测器的气谱或原子发射检测器不同的是，气相色谱-质谱联用可以同时完成对被分析化合物的确证和鉴定而不需提供额外的信息，省去了在另一气相色谱系统重新进样（不同的柱子、不同的检测器或不同的升温条件等）来完成农药的确证。通过使用选择离子监测模式，或有效的离子阱、四极杆或串联质谱检测器，现代气相色谱-质谱仪可以提供与气相色谱选择性检测器相似或更低的检测限。

总之，更加灵敏和稳定的气相色谱-质谱联用技术在农药残留的检测与确证方面将发挥

重要的作用。开发灵敏的、稳定的、多组分的同时定量检测和确证技术将是气相色谱-质谱联用技术应用的重点和方向。

第三节　气相色谱分析农药残留衍生化技术

前文已经提到，气相色谱法只适用于那些分子量较小、热稳定性好的化合物，不适用于分子量大、易热分解、挥发性差、极性大、解离性差等的物质。对具有气相色谱检测器检测的特征官能团或元素的化合物，可以通过一定的化学反应使这些化合物性质发生改变，就有可能采用 GC 方法进行检测。还有些化合物由于不含有特征官能团，达不到相应的灵敏度，可以通过衍生化技术向该化合物分子中引入特征官能团，以达到 GC 检测的目的。此外衍生化步骤还能增加检测的灵敏度和选择性，有利于快速确认化合物。一些难分离的组分，将其转变为衍生物后易于分离，更有利于准确定性；有些化合物制备成衍生物后，用选择性检测器检测可提高该化合物的检测灵敏度；另外，有些化合物的吸附等温线是非线性的，而其衍生物的吸附等温线是线性的，衍生物有利于定性、定量分析。

在气相色谱法中常用的是柱前衍生化（pre-column derivatization）方法，要求反应定量进行，以满足定量分析的要求；反应容易，操作简单；反应可小量进行；无污染；衍生试剂价廉、易得等特点。

根据化合物的不同，气相色谱衍生化方法有酰化、酯化、硅烷化等，此外，烷基化、裂解、缩合、成环、全卤化、光化学等也是常用反应。这里对农药残留分析中常见的几种衍生化方法进行介绍。

一、酰化反应

酰化反应能降低羟基、氨基、巯基的极性，改善这些化合物的色谱性能（如减少拖尾等），并能提高这些化合物的挥发性。当酰化时引入含有卤族元素的酰基，就可以使用 ECD 进行高灵敏度检测。

氨基甲酸类农药异丙威的酰化反应。首先碱解，然后与三氟乙酸酐发生酰化反应，生成三氟乙酰衍生物。

双甲脒的 GC 测定方法，是将样品中残留的双甲脒碱解为 2,4-二甲基苯胺，然后用七氟丁酸酐将 2,4-二甲基苯胺衍生化成为 2,4-二甲基苯七氟丁酰胺，用 GC-ECD 进行测定。

二、酯化反应

1. 重氮甲烷法

重氮甲烷作为甲酯化反应的试剂，要注意其潜在的爆炸和致癌危险。

麦草畏属于酸类，可以采用此法。

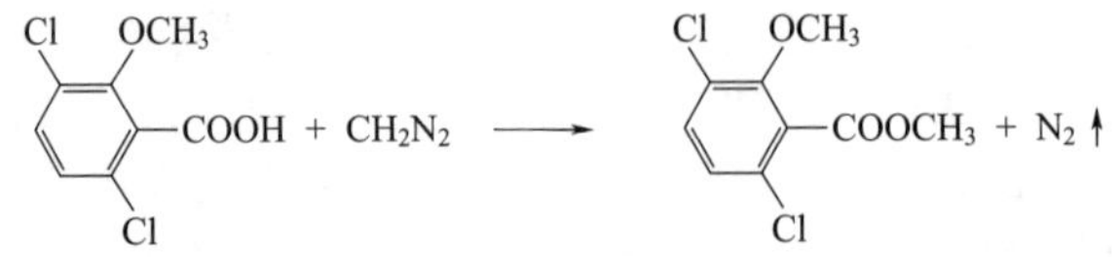

杀虫脒在我国于 1993 年禁止生产和使用。不过其早期的残留检测方法，是将杀虫脒水解为 4-氯邻甲苯胺，再经重氮化制备碘衍生物，用 GC-ECD 检测。

乙烯利水溶性很强，$\lg K_{ow}$ 较低，不宜直接进行 GC 测定。可以在甲醇中对乙烯利残留进行重氮化，之后采用 GC-FPD/NPD 进行检测。

2. 甲酯法

$$RCOOH + CH_3OH \longrightarrow RCOOCH_3 + H_2O$$

许多脂肪酸甲酯化以后进行 GC 测定。衍生化试剂多为醇类或酚类（如邻氨基苯酚等）。

2,4-D 等苯氧羧酸类化合物（对氯苯氧乙酸、对氯苯氧丙酸、苯氧丁酸、麦草畏、2 甲 4 氯苯氧乙酸、2 甲 4 氯苯氧丙酸、2 甲 4 氯苯氧丁酸、2,4-滴、3,4-滴、2,4,5-涕、2,4,5-涕丙酸、2,4-滴丙酸、2,4-滴丁酸），可以采用重氮甲烷衍生化，也可采用三氟化硼-甲醇作为衍生化试剂，酯化过程简单、快速、有效、安全。

下图为 2,4-D 衍生化反应过程示意图。

3. 五氟溴苄酯化

苯氧羧酸类化合物也可采用五氟溴苄（pentafluorobenzyl bromide，PFBBr）衍生化，然后采用 GC-ECD 检测。

三、硅烷化法

对于含有多羟基化合物，如糖类化合物，可以采用硅烷化试剂衍生后进行测定。

硅烷化反应常用于含有 R—OH、R—COOH、R—NH—R 等质子性基团的物质，原理是硅烷化试剂的强电负性原子与质子性基团的氢原子形成共价化合物而脱去，组分中的活泼氢被烷基-硅基取代后，可生成极性低、挥发性和热稳定性好的硅烷基化合物。反应式如下：

$$R_3Si—X + H—R' \longrightarrow R_3Si—R' + HX$$

最常用的硅烷化试剂有三甲基硅烷（TMS）、三乙基硅烷（TES）、三甲基氯硅烷（TMCS）、N,N-二乙氨基二甲基硅烷（DADS）、叔丁基甲氧基苯基硅烷（TBMPS）等。

硅烷化反应总是在密闭的小瓶中进行，因为所有硅烷化试剂及其衍生物都易受潮气影响发生水解作用，所以整个反应过程要求严格无水。大多数情况下试剂本身就是很好的溶剂，需要溶剂时应避免使用含有活泼氢的溶剂，吡啶是最合适的溶剂，其他还有二甲基甲酰胺、二甲基亚砜和四氢呋喃等也能作硅烷化反应的介质。

不过硅烷化操作对试剂要求严格，回流步骤较繁琐。

水产品中氯霉素含量分析方法，首先将氯霉素甲醇标准溶液转移到具塞离心管中，用氮气吹干后，加入衍生化试剂：N,O-双三甲基硅三氟乙酰胺（BSTFA）（含 1％TMCS）硅烷化试剂，盖塞并混合 5s，固定衍生化温度为 60℃，适宜的衍生化时间为 20～30min。衍生化试剂对潮气非常敏感，遇水自行分解失效，因此进行衍生化反应时，应特别要注意：确保洗脱剂吹干；加衍生化试剂时空气湿度不能高，必要时使用空调进行抽湿；衍生化试剂包装产品开封后如有剩余应密封保存在干燥处。

井冈霉素有 A、B、C、D、E、F 六个异构体，其中 A 异构体是最有活性的物质。井冈霉素 A 是一个氨基环醇类化合物，本身无挥发性，难于气化，不能直接进行气相色谱分析，可以采用三甲基氯硅烷作硅烷化反应催化剂，N,O-双（三甲基硅烷基）乙酰胺（BSA）作硅烷化试剂，吡啶为反应溶剂对其衍生化后进行 GC 分析。

四、溴化反应

以溴水为衍生化试剂，使苯酚转化为三溴苯酚。采用 ECD 检测水体中痕量苯酚。

苯酚与溴水生成 2,4,6-三溴苯酚的反应特别灵敏，反应瞬间即可完成，反应产物不溶于水而溶于有机溶剂，特别有利于通过萃取进行富集和分离。衍生反应在水相中进行，水相 pH 在 3～7.5 时衍生物能够定量生成。

衍生反应体系中过量溴的存在使生成的三溴酚不稳定，三溴酚的浓度随时间锐减，因此溴化反应后必须立刻除去体系中过量的溴。当 pH 为 3～7.5 以抗坏血酸还原过量的溴时，体系中三溴酚可以稳定 24h 以上。使用 KI 为还原剂，稳定性也好，只是有机相呈红色，且色谱图中有一不规则的宽峰，本文选用抗坏血酸为稳定剂，体系中加入 1％抗坏血酸 1～15滴对测定无影响。

五、其他

有些化合物也是通过一定的化学反应，使之转化为其他化合物进行检测的。

咪鲜胺是一种杀菌剂，它在环境中首先降解成为 BTS 44595 和 BTS 44596 等组分，最后都降解为 2,4,6-三氯苯酚（图 5-18）。含有 2,4,6-三氯苯酚基团的化合物具有毒理学意义，在进行咪鲜胺残留研究时，应同时检测其含有 2,4,6-三氯苯酚结构单元的所有代谢产物。一般做法是先将咪鲜胺及代谢物在高温下与吡啶盐酸盐反应，使其均转化为最终代谢物 2,4,6-三氯苯酚，然后用 GC 测定 2,4,6-三氯苯酚的量。残留量用 2,4,6-三氯苯酚的量根据分子量比例转换为咪鲜胺母体的量表示。

乙烯利还可以在有机溶剂中、碱性、高温条件下分解为乙烯，采用顶空气相色谱法（HS-GC）分析乙烯的含量。如 Tseng 等采用 HS-GC-FID 测定了苹果、番茄、葡萄、猕猴桃及甘蔗中乙烯利的残留。李丽华等则利用顶空固相微萃取-气相色谱联用技术（HS-SPME-GC），以 Carboxen-聚二甲基硅氧烷（CAR/PDMS）萃取头分析了芒果原浆中乙烯利的残留。董见南等（2015）采用 HP-PLOT Q 毛细管色谱柱，通过 KOH 碱解，在 70℃加热下，将乙烯利转化为乙烯，用 HS-GC-FID 进行了玉米中乙烯利残留的测定。

$$\text{Cl—CH}_2\text{—CH}_2\text{—}\overset{\overset{\text{O}}{\|}}{\underset{\underset{\text{OH}}{|}}{\text{P}}}\text{—OH} + \text{KOH} \longrightarrow \text{Cl—CH}_2\text{—CH}_2\text{—}\overset{\overset{\text{O}}{\|}}{\underset{\underset{\text{OK}}{|}}{\text{P}}}\text{—OK} + \text{H}_2\text{O} \overset{\triangle}{\longrightarrow} \text{H}_2\text{C}=\text{CH}_2 + \text{KCl} + \text{KH}_2\text{PO}_4$$

丁酰肼极性很高且受热易分解，因此不能直接采用 GC 法检测，必须先对其进行衍生化处理。Suzuki 等采用将丁酰肼在碱性条件下转化为 1,1-二甲基肼，衍生化后用氨基柱净化，最后 GC-ECD 测定其产物的间接方法测定了水果和果汁中丁酰肼的残留。Brinkman 等采用衍生化后用 GC-NPD 检测的方法分析了苹果中丁酰肼的残留，方法的准确度也令人满意。

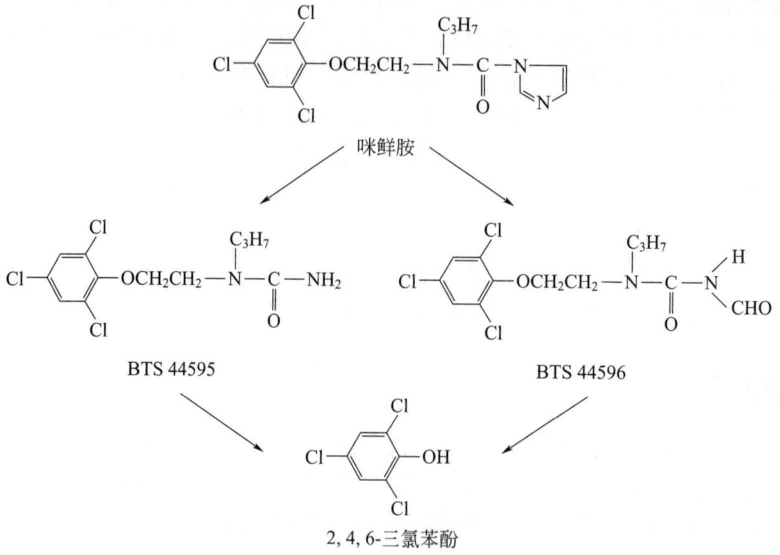

图 5-18 咪鲜胺在环境中的转化途径

参 考 文 献

［1］ Anastassiades M，Lehotay S J，Stajnbaher D，et al. Fast and easy multiresidue method employing acetonitrile extraction/partitioning and "dispersive solid-phase extraction" for the determination of pesticide residues in produce. J. AOAC Int.，2003，86（2）：412-431.

［2］ Dong J N，Ma Y Q，Liu F M，et al. Dissipation and residue of ethephon in maize field. J Integr Agric.，2015，14（1）：106-113.

［3］ Godoi A F L，Favoreto R，Santiago-Silva M. GC analysis of organotin compounds using pulsed flame photometric detection and conventional flame photometric detection. Chromatographia，2003，58：97-101.

［4］ Lehotay S J，Dekok A，Hiemstra M. Validation of a fast and easy method for the determination of residues from 229 pesticides in fruits and vegetables using gas and liquid chromatography and mass spectrometric detection. J. AOAC Int.，2005，88（2）：595-614.

［5］ Martijn K van der Lee，Guido van der Weg，Traag W A，et al. Qualitative screening and quantitative determination of pesticides and contaminants in animal feed using comprehensive two-dimensional gas chromatography with time-of-flight mass spectrometry. J. Chromatography A，2008，1186：325-339.

［6］ Philip W L. Handbook of residue analytical methods for agrochemicals：Vol. Ⅱ. Chichester，West Sussex；Hoboken，N. J.；Wiley，2003.

［7］ 白国涛，刘来俊，盛万里，等. QuEChERS-气相色谱-串联质谱法测定黄瓜中 10 种农药残留. 农药学学报，2019，21（1）：89-96.

［8］ 北京大学化学系仪器分析教研组. 仪器分析教程. 北京：北京大学出版社，1997.

［9］ 北京农业大学. 仪器分析. 北京：农业出版社，1993.

［10］ 成都科学技术大学分析化学教研室. 分析化学手册：第四分册（色谱分析）. 北京：化学工业出版社，1984.

［11］ 程志鹏. 大气压气相色谱四极杆飞行时间质谱在农药残留分析中的应用研究. 北京：中国农业科学院，2017.

［12］ 褚莹倩，陈溪，崔妍，等. 色谱质谱分析技术在快速筛查检测领域的研究进展. 食品安全质量检测学报，2018，9（24）：6355-6361.

［13］ 傅若农. 色谱分析概论. 北京：化学工业出版社，2005.

［14］ 韩丽君，钱传范，江才鑫，等. 咪鲜胺及其代谢物在水稻中的残留检测方法及残留动态. 农药学学报，2005，7（1）：54-58.

［15］ 韩熹莱. 中国农业百科全书：农药卷. 北京：农业出版社，1993.

［16］ 黄勇顺，江浩，於岳峰，等. 气相色谱法中液体样品的进样技术. 干旱环境监测，2002，16（3）：180-181.

［17］ 匡华，储晓刚，侯玉霞，等. 气相色谱法同时测定大豆中 13 种苯氧羧酸类除草剂的残留量. 中国食品卫生杂志，

2006，18（6）：503-508.

[18] 李本昌．农药残留量实用检测方法手册．北京：中国农业科技出版社，1995.

[19] 李波，郭德华，韩丽，等．小麦中苯氧羧酸类除草剂残留量的GC-MS/MS研究．化学世界，2005（9）：524-528.

[20] 李浩春．分析化学手册：第五分册（气相色谱分析）．北京：化学工业出版社，1999.

[21] 李莉，江树人，刘丰茂，等．分散固相萃取-气相色谱-质谱方法快速净化测定枸杞中12种农药残留．农药学学报，2006，8（4）：371-374.

[22] 刘丰茂．农药质量与残留实用检测技术．北京：化学工业出版社，2011.

[23] 刘志广，张华，李亚明．仪器分析．大连：大连理工大学出版社，2004.

[24] 钱传范．农药分析．北京：北京农业大学出版社，1992.

[25] 小川雅弥，等．仪器分析导论：第一册．北京：化学工业出版社，1988.

[26] 沈美芳，吴光红，费志良，等．气相色谱法测定水产品中氯霉素残留前处理方法的比较．水产学报，2005，29（1）：103-108.

[27] 盛龙生，苏焕华，郭丹滨．色谱质谱联用技术．北京：化学工业出版社，2006.

[28] 孙毓庆．仪器分析选论．北京：科学出版社，2005.

[29] 谭莹，莫卫民，胡宝祥．手性农药残留分析的进展概况．浙江化工，2005，36（5）：22-25，28.

[30] 王大宁，董益阳，邹明强．农药残留检测与监控技术．北京：化学工业出版社，2006.

[31] 王光辉，熊少祥．有机质谱解析．北京：化学工业出版社，2005.

[32] 王立，汪正范，牟世芬，等．色谱分析样品处理．北京：化学工业出版社，2001.

[33] 王维国，李重九，李玉兰，等．有机质谱应用——在环境、农业和法庭科学中的应用．北京：化学工业出版社，2006.

[34] 王永华．气相色谱分析．北京：海洋出版社，1990.

[35] 邢金仙，刘晨光．用色谱-脉冲火焰光度（GC-PFPD）法分析汽油中的总硫．分析试验室，2003，22（5）：85-88.

[36] 许国旺．现代实用气相色谱法．北京：化学工业出版社，2006.

[37] 许鹏军，江树人，张红艳，等．柱前衍生化-毛细管气相色谱法分析井冈霉素A含量．农药，2007，46（12）：832-833，836.

[38] 严衍禄．现代仪器分析．北京：北京农业大学出版社，1995.

[39] 于庆娟，尹作芝．论进样技术与操作条件的选择．质量天地，2002（10）：43.

[40] 岳永德．农药残留分析．北京：中国农业出版社，2004.

[41] 张明时，王爱民．溴化衍生气相色谱法测定环境水体中痕量苯酚．分析化学，1999，27（1）：63-65.

[42] 朱明华．仪器分析．北京：高等教育出版社，2001.

[43] 邹耀洪．邻氨基苯酚衍生气相色谱-质谱分析不饱和脂肪酸．食品科学，2007，28（3）：277-281.

第六章

液相色谱法和液质联用分析技术

第一节　高效液相色谱法

色谱法在 20 世纪 40～50 年代得到了理论和技术上的发展，伴随着气相色谱法在石油和天然产物等各个领域的广泛应用，塔板理论、速率理论等色谱理论也同时建立了起来。至20 世纪 60 年代，随着填料制备技术的发展，化学键合固定相的出现，柱填充技术的进步以及高压输液泵的研制，使具有优良性能的液相色谱仪得到了商品化生产。这种分离效率高、分析速度快的液相色谱被称作高效液相色谱法（high performance liquid chromatography，HPLC）。

一、分类

高效液相色谱法依据溶质（样品）在固定相和流动相分离过程的物理化学原理，可分为液液分配色谱、液固吸附色谱法、离子交换色谱法、离子对色谱法、离子排斥色谱法、空间排阻色谱法和亲和色谱法等。

1. 液液分配色谱法

将高沸点液体作为固定相通过涂渍或化学键合固定在载体上，并以不同极性的溶剂作流动相，即可依据样品中各组分在固定液上分配性能的差别来实现分离，称为液液分配色谱法（liquid-liquid partition chromatography）。按固定相与流动相的极性差别，液液分配色谱法可分为正相色谱法和反相色谱法。

（1）正相色谱法　流动相极性小于固定相极性的称为正相色谱法（normal chromatography），如以硅胶为固定相，烷烃为流动相即为正相色谱法。由于固定相是极性填料，流动相是非极性或弱极性溶剂，故样品中极性小的组分先流出，极性大的组分后流出。由于固定液易流失，现已采用正相键合相色谱替代，常用氰基或氨基键合相，分离对象主要是可诱导极化的化合物或极性化合物。

（2）反相色谱法　流动相极性大于固定相极性的称为反相色谱法（reversed chromatography），极性大的组分先流出色谱柱，极性小的组分后流出。在色谱分离过程中，由于固定液在流动相中会有微量溶解，以及流动相通过色谱柱时的机械冲击，固定液会不断流失，从而导致保留行为改变、柱效和分离选择性变坏等后果。为解决该问题，将各种不同有机基团通过化学反应共价键合到硅胶（担体）表面的游离羟基上，形成化学键合固定相，取代了机械涂渍的液体固定相。它不仅可用于正相色谱、反相色谱，还用于离子对色谱、离子交换色谱等，其中反相化学键合相色谱应用最广。典型的反相键合相色谱是将十八烷基键合到硅胶表面所得的 ODS 柱上，采用甲醇-水或乙腈-水为流动相，适合分离非极性和中等极性的化合物。

2. 液固吸附色谱法

液固吸附色谱法（liquid-solid adsorption chromatography）用固体吸附剂作固定相，以不同极性溶剂作流动相，根据样品中各组分在吸附剂上吸附性能的差别来实现分离。液固吸附色谱法中，硅胶是最常用的吸附剂，流动相常用以烷烃为主的二元或多元溶剂系统，适用于分离中等分子量的非极性溶剂样品，对具有不同官能团的化合物和异构体有较高的选择性。液固色谱分析中，一般为正相色谱系统，即流动相一般为非极性溶剂（如正己烷、石油醚等），或配以小比例极性异丙醇等溶剂。

3. 离子交换色谱法

离子交换色谱法（ion-exchange chromatography）用离子交换树脂为固定相，固定相上可电离的离子与流动相中具有相同电荷的溶质离子进行可逆交换，依据这些离子对交换剂的不同亲和力进行分离。常用的离子交换剂有以交联聚苯乙烯为基体的离子交换树脂和以硅胶为基体的键合离子交换剂。流动相为含水的缓冲溶液。离子交换色谱主要用于可电离化合物的分离。根据被分离组分的离子化性质，可分为阳离子和阴离子交换色谱。

4. 离子对色谱法

离子对色谱法（ion pair chromatography）在固定相上涂渍或流动相中加入与溶质分子电荷相反的离子对试剂，来实现离子型或可离子化的化合物的分离。该法可分为正相离子对色谱法和反相离子对色谱法，目前广泛应用反相离子对色谱法。早期反相离子对色谱法通常将离子对试剂涂渍在固定相上。而现在多采用以 C_8 或 C_{18} 键合相为固定相，用含有离子对试剂的有机溶剂（甲醇或乙腈）-水溶液为流动相进行分析。用于阴离子分离的离子对试剂有烷基铵类，如氢氧化四丁基铵、氢氧化十六烷基三甲铵等；用于阳离子分离的离子对试剂有烷基磺酸类，如己烷磺酸钠等。

5. 离子排斥色谱法

离子排斥色谱法（ion-exclusion chromatography）是利用电介质与非电介质对离子交换剂的不同吸力、斥力而达到分离的色谱方法。它主要根据 Donnon 膜排斥效应，电离组分受排斥不被保留，而弱酸具有一定保留作用。因此离子排斥色谱主要用于分离有机酸以及无机含氧酸根等目标物。

6. 空间排阻色谱法

空间排阻色谱法（size exclusion chromatography，SEC）用化学惰性的多孔性凝胶作固定相，按固定相对样品中各组分分子体积阻滞作用的差别来实现分离。按流动相的不同分为两类：流动相为水溶液时，称为凝胶过滤色谱（gel filtration chromatography）；流动相为有机溶剂时，称为凝胶渗透色谱法（gel permeation chromatography，GPC）。

空间排阻色谱法的分离机理与其他色谱法不同，它不是靠被分离组分在流动相和固定相两相之间的相互作用的不同而进行分离，而是依赖其分子尺寸与凝胶的孔径大小之间的相对关系来分离。具有不同分子大小的样品通过多孔性凝胶固定相时，样品中的大分子不能进入凝胶孔洞而完全被排阻，只能沿多孔凝胶粒子之间的空隙通过色谱柱，首先从柱中被流动相洗脱出来；中等大小的分子能进入凝胶中的一些适当的孔洞中，但不能进入更小的微孔，在柱中受到滞留，较慢地从柱中洗脱出来；小分子可进入凝胶的绝大部分孔洞，在柱中受到更强的滞留，会更慢地被洗脱出。

7. 亲和色谱法

亲和色谱法（affinity chromatography）是利用蛋白质或生物大分子等样品与固定相上生物活性配位体之间的特异亲和力进行分离的液相色谱方法。亲和色谱的固定相由具有生物活性的配位体以共价键结合到不溶性固体基质上制得。常见的生物活性配位体：酶（如底物及其类似物）、辅酶（如类固醇）、抗体（植物激素）、激素（如糖和多糖）、抗生素（核苷酸）等。基质通常为凝胶，许多无机和有机聚合物都可形成凝胶，如琼脂糖衍生物、多孔玻璃。

亲和色谱分离机理：亲和色谱是吸附色谱的进一步发展，在分离过程中涉及疏水相互作用、静电力、范德华力和立体相互作用等多种作用力。加入含生物活性大分子的样品时，亲和色谱柱只会吸附与该柱中键合配位体表现出明显亲和性的生物大分子，这些被吸附的生物分子只有在改变流动相（缓冲溶液）的组成时才会被洗脱。亲和色谱主要用于蛋白质和生物活性物质的分离与制备。

8. 亲水作用色谱

亲水作用色谱（hydrophilic interaction liquid chromatography，HILIC）由美国科学家Andrew Alpert 于 1990 年命名，又称为反反相（reversed-reversed-phase）色谱，固定相是强亲水性的极性吸附剂，流动相是高水溶性有机溶剂，配以较低的缓冲盐浓度，不使用离子对试剂，具有与质谱检测良好的兼容性和灵敏度。

Li 等利用 HILIC 柱成功完成了对强极性化合物草甘膦和草铵膦的液相色谱和串联质谱直接分析，并对流动相比例、缓冲液浓度、流速和柱温等条件进行了优化。在 UV 195nm 进行检测，串联质谱检测时 LOQ 分别为 0.05mg/kg 和 0.02mg/kg，此方法在西瓜、菠菜、马铃薯、番茄、胡萝卜和水样中都有满意的添加回收率结果。

二、进样器

进样方式对柱效和重现性有很大影响。好的进样装置应满足：样品被"浓缩"的瞬间注入到色谱柱的上端填料中心，形成集中的一点，重现性好，可在高压下操作，使用方便。

（1）注射器进样　进样方式同气相色谱，试样用微量注射器穿过密封的弹性隔膜注入色谱柱。缺点是只能在低压或停流状态下使用、易漏液且重现性差。

（2）六通进样阀　六通进样阀可直接向压力系统内进样而不必停止流动相的流动。当六通阀处于进样位置时，样品用注射器注入储样管。转至进样位置时，储样管内样品被流动相带入色谱柱。此种进样重现性好，能耐 20MPa 高压。

六通阀的进样方式有部分装液法和完全装液法两种。用部分装液法进样时，进样量应不大于定量环体积的 50%（最多 75%），并要求每次进样体积准确、相同。此法进样的准确度取决于注射器进样的熟练程度，而且易产生由进样引起的峰展宽；用完全装液法进样时，进样量应不小于定量环体积的 5～10 倍（最少 3 倍），这样才能完全置换定量环内的流动相，消除管壁效应，确保进样的准确度。如美国 Rheodyne 公司生产的 7125 型六通进样阀，经过不断改进，已成为多种型号高效液相色谱仪采用的手动进样装置。

（3）自动进样器　自动进样器由计算机自动控制定量阀，按预先编制注射样品的操作程序工作。取样、进样、复位、样品管路清洗和样品盘的转动，全部按预定程序自动进行，一次可进行几十个或上百个样品的分析。自动进样的样品量可连续调节，进样重复性高，适合大量样品分析，节省人力，可实现自动化操作。

三、色谱柱

色谱是一种分离分析手段，分离是核心，因此担负分离作用的色谱柱可谓色谱系统的心脏。

色谱柱按用途可分为分析型和制备型两类，尺寸规格也不同：常规分析柱（常量柱），内径 2～5mm（常用 4.6mm，也有 4mm 和 5mm），柱长 10～30cm；窄径柱（又称细管径柱、半微柱），内径 1～2mm，柱长 10～20cm；毛细管柱（又称微柱 microcolumn），内径 0.2～0.5mm；半制备柱，内径＞5mm；实验室制备柱，内径 20～40mm，柱长 10～30cm；生产制备柱内径可达几十厘米。

色谱柱使用前均要对其性能进行考察，使用期间或放置一段时间后也要重新检查。柱性能指标包括在一定实验条件下（样品、流动相、流速、温度）的柱压、理论塔板高度和塔板数、对称因子、容量因子和选择性因子的重复性或分离度。一般说来容量因子和选择性因子的重复性应在±5％或±10％以内。

四、检测器

液相色谱检测器要求灵敏度高、噪声低（即对温度、流量等外界变化不敏感）、线性范围宽、重复性好和适用范围广。下面简要介绍几种常用检测器。

（一）紫外检测器

紫外检测器（ultraviolet detector，UVD）是高效液相色谱仪中使用最广泛的一种检测器，可分为固定波长、可变波长和二极管阵列检测器（photo-diode array detector，DAD，或 PDA、PAD、PDAD）。其检测波长一般为 190～400nm，也可延伸至可见光范围（400～700nm）。

（1）固定波长紫外检测器　固定波长紫外检测器，由低压汞灯提供固定波长的紫外线（如 254nm）。

（2）可变波长紫外检测器　可变波长紫外检测器采用氘灯作光源，波长在 190～600nm范围内可连续调节。可变波长紫外吸收检测器，由于可选择的波长范围很大，既提高了检测器的选择性，又可选用组分的最灵敏吸收波长进行测定，提高了检测的灵敏度。

（3）光电二极管阵列检测器　光电二极管阵列检测器（photodiode array detector，DAD，或 PDA、PAD、PDAD）由光源发出的紫外或可见光通过检测池，所得组分特征吸收的全部波长经光栅分光，聚焦到阵列上同时被检测，计算机快速采集数据，得到三维色谱-光谱图、每一个峰的实时紫外线谱图。三维时间-色谱-光谱图包含大量信息，不但可根据色谱保留规律和光谱特征吸收曲线进行定性分析，还可根据每个色谱峰的多点实时吸收光谱图，进行纯度测定。

（二）荧光检测器

荧光检测器（fluorescence detector，FLD）是利用某些溶质在受紫外线激发后，能发射可见光（荧光）的性质来进行检测。它是一种具有高灵敏度和高选择性的检测器，灵敏度比紫外检测器高 100 倍。对不产生荧光的物质，可使其与荧光试剂进行柱前或柱后反应，制成可发生荧光的衍生物进行测定。

（三）其他检测器

HPLC 常用检测器中还有示差折光检测器、电化学检测器（电导检测器和安培检测器）、蒸发光散射检测器和质谱检测器等。高效液相色谱与质谱检测器联用（HPLC-MS）是复杂基质中痕量分析的首选方法，可用于定性和定量分析，应用已越来越广泛。

第二节　高效液相色谱法在农药残留分析中的应用

一、高效液相色谱条件的选择

农药的分子量一般较小，在实际应用中可根据分析目的的要求，待测目标农药的组成、极性、溶解度、分子结构和解离情况等特性对实验条件进行选择和优化。

（一）色谱柱的选择

色谱分离系统是高效液相色谱的重要组成部分，因此色谱柱的选择是实验成功的关键因素之一。柱长、孔径、比表面积、填料种类、键合基团、粒径、含碳量等色谱柱参数均会对分析效果产生影响。下面重点介绍填料种类和键合基团。

（1）填料种类　HPLC柱多数填料由硅胶颗粒制备而成。以硅胶为基质键合有机表面层，如 C_{18}、C_8 等。硅胶具有机械强度好、反压较低、柱寿命长等优良的物理性质。硅胶作为基质的填充柱突出的优点是有更高的柱效，缺点是高 pH 下会溶解。充分水合的硅胶填料具有高浓度的双硅醇和缔合硅醇，因其酸性很弱，有利于碱性化合物的分离。因此，对于分离碱性或极性化合物，应特别注意硅胶的纯度。硅胶中的金属离子可与一些化合物螯合，引起拖尾峰或不对称峰，甚至目标物保留其中，不能流出。

多孔聚合物具有疏水性，不需表面涂层就能用于反相色谱。聚合物填料多为聚苯乙烯-二乙烯基苯或聚甲基丙烯酸酯等，在较高 pH 时分离碱性物质，色谱峰良好。大孔的聚合物对蛋白质等样品的分离也有较好的效果。相对于硅胶基质的填料，现有的聚合物填料的缺点是色谱柱柱效较低。

其他无机填料，像石墨化碳、氧化铝和氧化锆等，在 HPLC 中只限于特殊用途。如石墨化碳柱可用于分离某些几何异构体，由于在 HPLC 流动相中不会被溶解，这类柱可在较广 pH 和温度范围下使用。

免疫亲和型吸附剂、通道限制性填料以及分子印迹聚合物为代表的整体柱分离应用也有报道。目前已有商品化的整体柱。王金芳等利用 $100\text{mm} \times 4.6\text{mm}$ 整体柱对杀螟硫磷和吡丙醚进行了高通量、快速分离，并与普通 $XBP\text{-}C_{18}$ 的 $150\text{mm} \times 4.6\text{mm}$ $5\mu m$ 色谱柱进行比较。相同条件下，吡丙醚在整体柱中的保留时间较短（图 6-1）。

Shintani 等首次将 $15\text{cm} \times 200\mu m$ 的 C_{18} 键合硅胶整体柱引入管内与 HPLC 在线联用。实验表明，在 $5\sim50\text{mL/min}$ 的流速范围内，整体柱对联苯的吸附容量基本保持不变，柱压变化也仅为 $0.2\sim2.4\text{MPa}$，因此使用这种整体柱有望实现目标物快速富集和检测。用该方法来检测环境水样中常见的杀虫剂，检测灵敏度提高了 50 倍。

（2）键合基团　使用较多的是 C_{18}（或标记为 ODS）柱，以正十八烷基作为键合相，其他键合碳链还有 C_8、C_4 等。

最常用的极性键合基团是氰丙基和丙氨基。由氰丙基二甲基硅烷键合在硅胶上制成的色谱柱称氰基柱，由丙氨基硅烷键合相填料制成的色谱柱是氨基柱。氰基键合相为质子接受体，对碱性、酸性样品可获得对称的色谱峰，对含双键的异构体或双键环状化合物具有较好的分离能力。氰基柱正反相都可以用，是极性最强的反相柱。在正相模式中，氰基键合相可以替代硅胶，但比硅胶的保留值低。氨基键合相兼有质子接受和给予体的双重性能，具有强极性，对具有较强氢键作用力的目标物呈现大的 k 值，可用于极性化合物的正相、弱阴离子交换和反相色谱分离。苯基柱用于一般反相柱难分离的化合物，其具有 π 电子作用的苯基

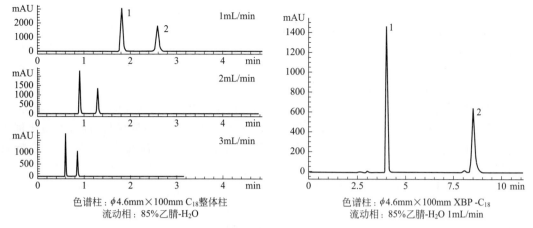

色谱柱：$\phi 4.6\text{mm} \times 100\text{mm}$ C$_{18}$整体柱
流动相：85%乙腈-H$_2$O

色谱柱：$\phi 4.6\text{mm} \times 100\text{mm}$ XBP -C$_{18}$
流动相：85%乙腈-H$_2$O 1mL/min

图 6-1　整体柱与普通色谱柱在农药分析中差异的比较

1—杀螟硫磷；2—吡丙醚

检测波长：254nm

能增加带芳香环分析物的相对保留能力，可以替代 ODS 和 C$_4$分析肽类物质和蛋白。

（二）流动相的优化

（1）流动相类型　正相高效液相色谱的流动相以烷烃类溶剂为主，加入适当的极性溶剂可以获得更好的分离度（R）值。乙醇是一种很强的调节剂，异丙醇和四氢呋喃较弱，三氯甲烷是中等强度的调节剂。反相色谱最常用的流动相及其洗脱强度为：水＜甲醇＜乙腈＜乙醇＜丙醇＜异丙醇＜四氢呋喃。常用流动相组成是"甲醇-水"和"乙腈-水"。

（2）流动相 pH　流动相 pH 对色谱柱性能和目标化合物的保留情形有一定的影响。以硅胶为基质的 C$_{18}$填料，一般的 pH 范围都在 2～8。流动相的 pH 小于 2 时，会导致键合相的水解；当 pH 大于 7 时硅胶易溶解。聚合物填料，如聚苯乙烯-二乙烯基苯或聚甲基丙烯酸酯等，pH 为 1～14 均可使用。无机填料色谱柱的 pH 选择范围也较宽。

在反相色谱中常常需要向含水流动相中加入酸、碱或缓冲液，以使流动相的 pH 控制在一定数值，以此来抑制溶质的离子化，减少谱带拖尾，改善峰形，提高分离的选择性。例如在分析有机弱酸时，向流动相中加入适量甲酸（或乙酸、三氯乙酸、磷酸、硫酸），可获得对称色谱峰。对于弱碱样品，向流动相中加入三乙胺，也可达到同样的效果。实际试验过程中，pH 可从 $pK_a \pm 2$ 开始优化，每次以不超过 0.5 为宜。

（3）离子强度选择　在反相色谱中，在分析易离解的碱性有机物时，随流动相 pH 的增加，键合相表面残存的硅羟基与碱的阴离子的亲和能力增加，会引起峰形拖尾并干扰分离，此时若向流动相中加入 0.1%～1% 的乙酸盐或硫酸盐、硼酸盐，就可减弱或消除残存硅羟基的干扰作用。应避免经常使用磷酸盐或氯化物，其会引起硅烷化固定相的降解。盐的加入会引起流动相表面张力的变化，改善色谱系统的动力学因素，优化色谱系统。对于非离子型溶质，k 值增加；对于离子型化合物，则会使 k 值减小。

含盐流动相的正确使用方法：在使用含盐流动相之前，需要用不含盐的流动相冲洗色谱柱，直至基线平稳。原则上，用于冲洗的流动相与分析时所用的流动相含水的比例相同（或含水更多），使用后也需同样处理。然后按色谱柱使用要求，换大比例或全部有机溶剂冲洗，保存。

（4）流动相流速　柱效是柱中流动相线性流速的函数，改变流速可得到不同的柱效。不同内径的色谱柱，经验最佳流速如下：内径为 4.6mm 的色谱柱，流速一般选择 1mL/min；内径为 4.0mm 时，流速 0.8mL/min 为佳；内径为 3.0mm 时，流速 0.4mL/min 为佳；内径为

2.1mm 时，最佳流速为 0.2mL/min。当选用最佳流速时，分析时间可能延长。可采用改变流动相洗涤强度的方法以缩短分析时间，如使用反相柱时，可适当增加甲醇或乙腈的含量。

（5）梯度洗脱　当分离组成复杂的混合物或样品中含有较晚流出的干扰物时，需采用梯度洗脱技术。使用梯度洗脱技术应注意以下几点。

① 为保证流速的稳定，需使用恒流泵。

② 选用混合流动相时，各溶剂间应有较好的互溶性。较为合理的流动相应是混合溶剂，如反相高效液相色谱中，A 相为高比例有机相-低比例水相，B 相为低比例有机相-高比例水相。不建议采用纯溶剂，如 A 相为纯有机相，B 为纯水相，采用梯度洗脱时，可能会导致基线漂移严重。

③ 待测目标物应在每个梯度的溶剂中都能溶解。

④ 每次分析结束后，所用梯度应返回起始流动相组成；进行下次分析之前，色谱柱要用起始流动相进行平衡，然后再进行新的一次梯度洗脱。

⑤ 在样品进行梯度洗脱前，必须进行一次空白梯度，即不注入样品，仅按梯度洗脱程序运行得到，此时会出现基线漂移或杂质峰。可通过向含水流动相中加入无吸收的无机盐或缓冲溶液消除漂移现象。

（三）其他条件的选择

选择性随温度变化而变化，因此控制温度可以成为实现更好分离的选择性调节手段。温度会影响离子化特性、非离子化合物的亲水性、流动相的 pH 等。通常情况下，提高温度可以降低流动相的黏度及其反压。随着反压的降低，可以实现更高的线速度，使分析时间变得更短，温度每改变 1℃，保留时间会改变 1%～3%。对某些组成复杂的样品，若单一色谱柱不能分离，需使用二维色谱技术，利用柱切换使两根色谱柱在不同柱温下操作，以实现多组分的完全分离。此外，使用柱后冷却功能可以使热流动相在检测池中冷却，显著降低紫外检测器的噪声。

二、高效液相色谱分析中的衍生化技术

高效液相色谱是农药分析中常用的分离分析手段，最常用的检测器是紫外检测器和荧光检测器。但一些药物的紫外或荧光检测效果不佳或不能检测，若将这些待测药物进行衍生化，可大大提高检测灵敏度和检测范围。

衍生化技术可分为柱前、柱中和柱后衍生三种。柱中衍生化法主要应用于手性药物对映体的分离，它是基于衍生化试剂和药物对映体反应，形成非对映体的衍生化产物。在此只介绍柱前衍生化和柱后在线衍生化。

1. 柱前衍生化

色谱分析前，使待测物与衍生化试剂反应，待反应完成后，再向色谱系统进样。用于柱前衍生的样品有以下几种情形：

① 原本没有紫外或荧光吸收的物质，经衍生化，键合上发色基团而能被检测出来。

② 使样品中某些组成与衍生化试剂发生选择性反应，与其他组分分开。

③ 通过衍生化反应，改变样品中某些组分的性质，从而改变它们在色谱柱中的保留行为，以利于定性鉴定或分离。

柱前衍生化的优点是，样品的反应和纯化都可以以手工离线的方式实现，反应容易进行，对流动相及反应速度无限制，该方法除增加检测灵敏度外，还可以改善整个分离方法的选择性和色谱分辨率。其缺点是可能产生多种衍生化产物，使色谱分离复杂化。

张艳等用柱前衍生化建立了甘蓝和蘑菇中甲氨基阿维菌素苯甲酸盐的 HPLC-FLD 检测

方法。样品中甲氨基阿维菌素苯甲酸盐残留用乙酸乙酯提取，提取液旋转蒸发浓缩近干后，用少量乙酸乙酯溶解，再经 SPE 净化，洗脱液经氮气吹干后，用氮甲基咪唑和三氟乙酸酐衍生，衍生物用高效液相色谱分析。在添加浓度 $1.0 \sim 20.0 \mu g/kg$ 范围内，平均回收率为 $78.6\% \sim 84.9\%$，RSD<8.9%，LOD 为 $0.1 \mu g/kg$。

马婧玮等利用柱前衍生化法建立了简单、快速测定花生中杀菌剂代森锰锌的残留检测方法。用 L-半胱氨酸盐酸盐和 EDTA-2Na 的混合溶液震荡提取花生样品，与碘甲烷发生甲基衍生化反应，其产物可用高效液相色谱仪在 272nm 处进行检测。所用色谱柱为 Ailgent TC-C_{18}，流动相为乙腈-水（50:50，V/V），以 $1.0mL/min$ 的流速梯度洗脱。代森锰锌的添加浓度在 $0.05 \sim 2.0mg/kg$ 范围内，该方法的 LOQ 为 $0.05mg/kg$。

反应方程式如下：

$$
\text{代森锰锌} \xrightarrow[\text{NaOH}]{\text{EDTA}} \begin{array}{c} H_2C-NH-\overset{\displaystyle S}{\underset{\displaystyle }{C}}-SNa \\ | \\ H_2C-NH-\overset{\displaystyle }{\underset{\displaystyle S}{C}}-SNa \end{array} \xrightarrow[\text{CHCl}_3\text{正己烷(3:1)}]{\text{CH}_3\text{I Bu}_4\text{N}^+} \begin{array}{c} H_2C-NH-\overset{\displaystyle S}{\underset{\displaystyle }{C}}-S-CH_3 \\ | \\ CH_2-NH-\overset{\displaystyle }{\underset{\displaystyle S}{C}}-S-CH_3 \end{array}
$$

2. 柱后在线衍生化

样品注入色谱柱并经分离，在柱出口与衍生化试剂混合，并进入反应器，在短时间内完成衍生化反应，其衍生化产物再进入检测器检测。由于是在线衍生，要求选用快速的衍生化反应，否则短时间内反应不能进行完全。柱后出口与检测器间的反应器体积要非常小，否则会引起峰形扩展而影响分离效果。

最简单的反应器是用玻璃、聚四氟乙烯或不锈钢等材料制成的管状反应器（tubular reactor），适应于滞留时间低于 30s 的快速反应。还有一种柱床反应器（bed reactor），它是由多孔玻璃珠填充的玻璃或毛细管柱，适用于滞留时间为 $1 \sim 5min$ 的中等速度的反应。对于滞留时间超过 5min 的反应，则需要载流式反应器（carrier reactor），它是一种长而细的盘管，为减少峰扩张，在洗脱液与试剂混合时不断地打入空气或不与流动相相溶的溶剂，使溶液在分割的情况下流动，这样可以使峰扩张小于 10%。

氨基甲酸酯类农药极性强、热稳定性差、紫外吸收弱，NY/T 761—2008 中给出了蔬菜和水果中涕灭威砜、涕灭威亚砜、灭多威、3-羟基克百威、涕灭威、克百威、甲萘威、异丙威、速灭威、仲丁威 10 种氨基甲酸酯类农药及其代谢物的检测方法。样品用乙腈提取，经过滤、浓缩后采用 SPE 分离、净化，由于上述待测物在碱性溶液中水解产生甲胺，甲胺和邻苯二甲醛及巯基乙醇反应生成具有强荧光性的异吲哚衍生物，通过柱后衍生荧光法测定这类农药，方法灵敏度高。

三、UPLC 在农药残留分析中的应用

2004 年超高效液相色谱（ultra performance liquid chromatography，UPLC）出现，在常规高效液相色谱需要 30min 的样品分析在超高效液相色谱中仅需 5min，色谱柱柱效高达 20 万块/m 理论塔板数。

UPLC 的分析速度是传统 HPLC 的 $5 \sim 9$ 倍，检测灵敏度提高了 2 倍（分离度相同时），前者分离度是后者的 1.7 倍（其他条件相同时），UPLC 和 UPLC-MS 联用技术已在农药残留分析领域获得非常广泛的应用。图 6-2~图 6-5 是利用 UPLC-MS/MS 分别检测苹果中的代森锰锌、土壤中的阿维菌素、小麦中的莠去津、甘蓝中的甲氨基阿维菌素苯甲酸盐在 $0.005mg/kg$ 或 $0.001mg/kg$ 水平的添加色谱图，从图中也可以看出，UPLC 在 3min 内实现了对环境和食品中这些残留农药的检测。

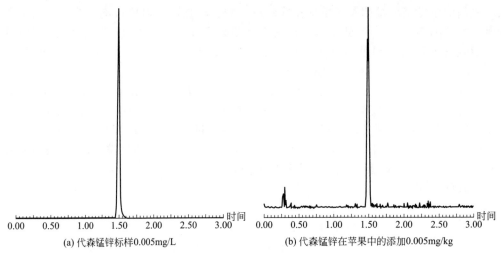

(a) 代森锰锌标样0.005mg/L   (b) 代森锰锌在苹果中的添加0.005mg/kg

图 6-2   UPLC-MS/MS 测定代森锰锌

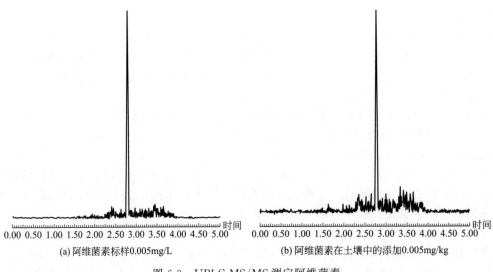

(a) 阿维菌素标样0.005mg/L   (b) 阿维菌素在土壤中的添加0.005mg/kg

图 6-3   UPLC-MS/MS 测定阿维菌素

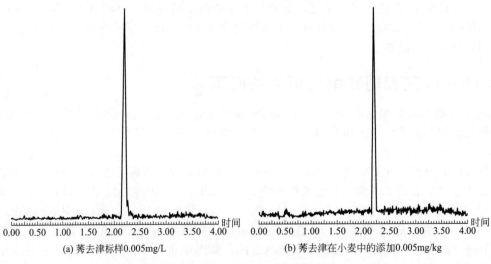

(a) 莠去津标样0.005mg/L   (b) 莠去津在小麦中的添加0.005mg/kg

图 6-4   UPLC-MS/MS 测定莠去津

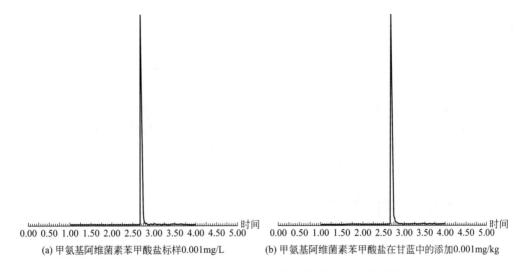

(a) 甲氨基阿维菌素苯甲酸盐标样0.001mg/L   (b) 甲氨基阿维菌素苯甲酸盐在甘蓝中的添加0.001mg/kg

图 6-5　UPLC-MS/MS 测定甲氨基阿维菌素苯甲酸盐

第三节　液质联用技术及其在农药残留分析中的应用

一、液质联用技术的特点与概况

高效液相色谱是以液体溶剂作为流动相的色谱技术，一般在室温下操作。质谱（MS）是强有力的结构解析工具，能为结构定性提供较多的信息，是理想的色谱检测器。液相色谱-质谱联用技术的研究开始于 20 世纪 70 年代，与气相色谱-质谱（GC-MS）联用技术不同的是液质联用技术似乎经历了一个更长的实践、研究过程，其中的主要关键技术就是要解决液相色谱与质谱的接口问题。直到 90 年代才出现了被广泛接受的商品接口及成套仪器。质谱工作的真空环境一般为 1×10^{-5} Pa 左右，而为与在常压下工作的液质接口相匹配并维持足够的真空度，现有 LC-MS 仪器增加了真空泵的抽速并采取了分段、多级抽真空的设计，形成真空梯度来满足接口和质谱正常工作的需求。大气压离子化（atmospheric pressure ionization，API）是目前 HPLC-MS 仪中主要的接口技术。该技术不仅有效地解决了 HPLC 流动相为 $0.5 \sim 1.0$ mL/min 的液体与 MS 需要在高真空条件下操作之间的矛盾，同时还实现了样品分子在大气压条件下的离子化。大气压离子化接口包括：①大气压区域，其作用为雾化 HPLC 流动相、去除溶剂和有机改性剂、形成待测物气态离子；②真空接口，其作用是将待测物离子从大气压区传输到高真空的质谱仪内部，再由质量分析器将待测物离子按质荷比（m/z）不同逐一分离，由离子检测器测定。电喷雾电离（electronspray ionization，ESI）和大气压化学电离（atmospheric pressure chemical ionization，APCI）是目前液-质联用仪常采用的大气压离子化方法，相应的仪器部件分别称为 ESI 源和 APCI 源。

液质联用法在药学领域主要应用于：药物（包括生物大分子）结构信息的获取、分子量的确定；药物质量控制（尤其是药物杂质、异构体、抗生素组分的分析，药物稳定性及降解产物研究）；药物的体内过程分析、药物代谢产物研究、临床血药浓度检测；代谢组学、蛋白组学、高通量药物筛选研究等。近年来，LC-MS 联用在技术及应用方面取得了很大进展，在农药的各研究领域特别是在农药残留分析、环境分析等领域应用非常广泛。

液质联用与气质联用不同，气质联用仪（GC-MS）是最早商品化的联用仪器，适宜分析小分子、易挥发、热稳定、能气化的化合物；用电子电离（EI）得到的谱图，可与标准谱库对比。液质联用主要可解决不挥发性化合物、极性化合物、热不稳定化合物、大分子量化合物（包括蛋白质、多肽、多聚物等）等的分析测定。液质联用具有高效、快速、高灵敏度的特点，选择性高，分离度高，定性定量准确，是进行纯物质分析的有效手段之一，既能满足未知物质的定性需要，也能满足定量需要，集高效分离和结构鉴定于一体，缺点是离子化获得的碎片信息较少，谱图解析难度更大。

二、液质联用的接口和目标物离子化

（一）接口技术

液相色谱中的流动相是液体，而质谱检测的是气体离子，所以"接口"技术必须要解决液体离子化难题。接口同时兼作了质谱仪的电离部分，接口和色谱仪共同组成了质谱的进样系统。在接口技术方面发展了多种接口，如直接液体进样（direct liquid introduction，DLI）接口、传送带接口（moving belt interface，MBI）、粒子束接口（particle beam interface，PBI）、热喷雾接口（thermospray interface，TSI）、电喷雾电离（electrospray ionization，ESI）接口、声波喷雾电离（sonic spray ionization，SSI）接口、快速原子轰击（dynamic fast atom bombardment，FAB）接口、等离子体喷雾接口（plasmaspray，PSP）、激光解吸电离（laser desorption ionization，LDI）接口和基质辅助激光解吸电离（matrix assisted laser desorption ionization，MALDI）接口等，由于有些技术存在限制和缺陷，某些接口现在已经很少采用了。目前在农药分析方面广泛使用的接口技术有电喷雾电离（ESI）、大气压化学电离（APCI）、大气压光电离（APPI）等，也有使用组合源的商品仪器。

大气压离子化（API）技术是一种常压电离技术，不需要真空，使用方便，因而近年来得到了迅速的发展。API主要包括电喷雾电离（ESI）和大气压化学电离（APCI）等模式。它们的共同点是样品的离子化在处于大气压下的离子化室内完成，离子化效率高，增强了分析的灵敏度和稳定性。APCI对分子量不大的弱极性化合物的定性、定量比较准确。这种离子源进行的分析不易形成多电荷分子碎片，谱图较简单。

ESI是一种很温和的离子化技术，多用于极性、不挥发性、质量数较大、热不稳定的化合物。ESI尤其适用于生物分子聚合物的分析。ESI/MS测定具有较高的分辨率，测量精密度可达0.005%，从而可对经液相色谱纯化的生物分子等物质直接进行质谱分析。Thurman等评价了75种农药在ESI和APCI两种方式上不同的响应，一方面，中性和碱性农药如苯脲类、三嗪类和氨基甲酸酯类在大气压化学电离时更加灵敏，而阳离子和阴离子类除草剂在电喷雾方式下更容易电离（尤其在负离子模式下）。另一方面，液相色谱的流动相也会对电离效果有一定的影响，首先由于非挥发性的盐可能会附着在离子源上而污染离子源，故在流动相中不允许添加使用非挥发性的盐。其次，流动相的组成和pH有时也会影响离子化的效果。一般来说，碱性流动相会增强酸性化合物的响应值（一般在负离子模式下）；酸性流动相会增强碱性化合物的响应（一般在正离子模式下）。要注意的是有时这种规律也不是通用的，最佳的色谱条件和质谱条件要通过实验获得。

有些仪器配备了组合源，即在不更换接口硬件的条件下同时配备多个离子化源，如ESI/APPI，APCI/APPI。其目的是在不换源的条件下，扩大可以分析的化合物范围，实现在一张色谱质谱采集中源的自动切换。

（二）目标物离子化

液质联用中电离源最常用的电离方式有 ESI、APCI 和 APPI 等，同属于大气压离子化（API）技术，其离子化过程发生在大气压下。API 电离模式下，离子化的效率与化合物的质子亲和势有关，非极性化合响应通常较差；而高亲和势的杂质化合物可抑制目标物的离子化（产生基质减弱效应），或形成加合离子使基线信号变得复杂。而 APPI 模式是在光子照射下使样品电离，适合含有芳环的有机化合物，因而在如多环芳烃等有机污染物的环境分析中应用较多。下面重点介绍 ESI 和 APCI 电离模式下目标物的离子化过程和特点。

1. 电喷雾电离

工作原理：电喷雾电离（ESI）是在液滴变成蒸气、产生离子发射的过程中形成的。溶剂由液相泵输送到 ESI 探针，经其内的不锈钢毛细管流出，这时给毛细管加 2～4kV 的高压，由于高压和雾化气的作用，流动相从毛细管顶端流出时，会形成圆锥状喷雾，使液滴生成含样品和溶剂离子的气溶胶。

电喷雾电离可分为三个过程。

（1）形成带电小液滴　在强电场下，样品溶液会形成泰勒锥释放出带有正电荷的微液滴。

（2）溶剂蒸发和小液滴碎裂　溶剂蒸发，离子向液滴表面移动，液滴表面的离子密度越来越大，当达到 Rayleigh（瑞利）极限时，即液滴表面电荷产生的库仑排斥力与液滴表面的张力大致相等时，液滴会非均匀破裂，分裂成更小的液滴，在质量和电荷重新分配后，更小的液滴进入稳定态，然后再重复蒸发、电荷过剩和液滴分裂这一系列过程。

（3）形成气相离子　对于半径<10nm 的液滴，液滴表面形成的电场足够强，电荷的排斥作用最终导致部分离子从液滴表面蒸发出来，最终样品以单电荷或多电荷离子的形式从溶液中转移至气相，形成了气相离子。

ESI 的特点：ESI 是软电离技术，产生的是准分子离子。ESI 对多数化合物都有很高的灵敏度；高分子量生物大分子和聚合物产生多电荷离子；低分子量化合物一般产生单电荷离子（失去或得到一个质子）；其灵敏度取决于化合物本身和基质。

待测溶液（如液相色谱流出物）通过一终端加有几千伏高压的毛细管进入离子源，气体辅助雾化，产生的微小液滴，并去溶剂化后，形成单电荷或多电荷的气态离子，如 $[M+H]^+$、$[M+Na]^+$、$[M+K]^+$、$[M+NH_4]^+$、$[M-H]^-$ 以及 $[M+nH]^{n+}$、$[M+nNa]^{n+}$、$[M-nH]^{n-}$。这些离子再经逐步减压区域，从大气压状态传送到质谱仪的高真空中。电喷雾离子化可在 $1\mu L/min～1mL/min$ 流速下进行，适合极性化合物和分子量高达 100000 的生物大分子研究，是液相色谱/质谱联用、高效毛细管电泳/质谱联用最成功的接口技术。

通常，反相高效液相色谱常用的溶剂如水、甲醇和乙腈等都十分有利于电喷雾离子化，但纯水或纯有机溶剂作为流动相不利于去溶剂或形成离子；在高流速情况下，流动相含有少量水或至少 20%～30% 的有机溶剂有助于获得较高的分析灵敏度。其他适用的溶剂还包括四氢呋喃、丙酮、分子较大的醇类（如异丙醇、丁醇）、二氯甲烷、二氯甲烷-甲醇混合物、二甲亚砜及二甲基甲酰胺，但需注意二氯甲烷、二甲亚砜及二甲基甲酰胺等有机溶剂对 PEEK 材料管道的影响。烃类（如正己烷）、芳香族化合物（如苯）以及四氯化碳等溶剂不适合 ESI。

液相色谱常使用缓冲盐和添加剂来控制流动相 pH，以保证色谱峰适宜的分离度、保留时间及峰形。但目前还没有 LC-MS 接口可以完全兼容含不挥发性缓冲盐和添加剂的流动相，因此硫酸盐和磷酸盐应避免在 LC-MS 分析中使用。挥发性酸、碱、缓冲盐，如甲酸、乙酸、氨水、醋酸铵、甲酸铵等，常常用于 LC-MS 分析。为减少污染，避免化学噪声和电离抑制，这些缓冲盐或添加剂的量都有一定的限制，如甲酸、乙酸、氨水的浓度应控制在 0.01%～1% (V/V)；醋酸铵、甲酸铵的浓度最好保持在 20mmol/L 以下；强离子对试剂三氟乙酸会降低 ESI 信号，若其在流动相中浓度达到 0.1% (V/V)，可以通过柱后加入含 50% 丙酸的异丙醇溶液来提高分析灵敏度。

虽然在通常情况下有必要除去多余的 Na^+、K^+，但 ESI 偶尔也需要加入一些阳离子，以帮助待测物生成 $[M+Na]^+$、$[M+K]^+$ 等加合离子，浓度为 10～50μmol/L 的钠、钾溶液是常用的添加剂。

2. 大气压化学电离

大气压化学电离（APCI）是在大气压条件下利用尖端高压（电晕）放电促使溶剂和其他反应物发生电离、碰撞，及电荷转移等，形成反应气等离子区，样品分子通过等离子区时，发生质子转移，形成了 $[M+H]^+$ 或 $[M-H]^-$ 离子或加合离子。

大气压化学电离可分为以下两个步骤：①快速蒸发。液流被强迫通过一根窄的管路使其得到较高的线速度，经毛细管高温加热及雾化气的作用使液流在脱离管路的时候蒸发成气体。②气相化学电离（电晕放电）。通过电晕放电，达到气相化学电离。

APCI 的特点：APCI 是软电离技术，产生准分子离子。APCI 主要产生单电荷离子，几乎没有碎片离子，由于是纯气相离子化过程，只产生极少的添加离子。相比于 ESI，APCI 受基质影响较小，质谱图不受缓冲盐及其缓冲力变化的影响，适于极性较小的化合物。APCI 一般适合分析挥发性化合物，有时也可用于分析从中性到极性的化合物。APCI 电离下，热不稳定化合物可能会发生降解。APCI 也可能生成加合物和（或）多聚体；其适合的流速范围较 ESI 更大，可为 0.2～2.0mL/min。

流动相在热及氮气流的作用下雾化成气态，经由带有几千伏高压的放电电极时离子化，产生的试剂气离子与待测化合物分子发生离子-分子反应，形成单电荷离子如 $[M+H]^+$、$[M+Na]^+$、$[M+K]^+$、$[M+NH_4]^+$、$[M-H]^-$。大气压化学离子化能够在流速高达 2mL/min 下进行，是 LC-MS 的重要接口之一。

商业化的设计中，电喷雾离子源与大气压化学离子源常共用一个真空接口，很容易相互更换。选择电喷雾电离还是大气压化学电离，分析者不仅要考虑溶液（如液相色谱流动相）的性质、组成和流速，待测化合物的化学性质也至关重要。ESI 更适合于在溶液中容易电离的极性化合物。如碱性化合物很容易加合质子形成 $[M+H]^+$，而酸性化合物则容易丢失质子形成 $[M-H]^-$；季铵盐和硫酸盐等已经是离子性的化合物很容易被 ESI 检测到相应离子；含有杂原子的聚醚类化合物以及糖类化合物也常常以阳离子加合物出现；容易形成多电荷离子的化合物、生物大分子（如蛋白质、多肽、糖蛋白、核酸等）均可以考虑使用 ESI 离子源。APCI 常用于分析分子质量小于 1500Da 的小分子或非极性、弱极性化合物（如甾族化合物类固醇和雌激素等），主要产生的是单电荷离子。相对而言，电喷雾电离更适合于热不稳定的样品，而大气压化学电离易与正相液相色谱联用，如果特别需要使用 ESI 作正相 LC-MS 分析，可以采用在色谱柱后添加适当的溶剂来实现。许多中性化合物同时适合于电喷雾电离及大气压化学电离，且均具有相当高的灵敏度。无论是电喷雾电离还是大气压化学电离，选择正离子或负离子电离模式，主要取决于待测化合物自身性质。离子源的性能决定了离子化效率，因此很大程度上决定了质谱检测的灵敏度。

三、液质联用的质量分析器

在高真空状态下，质量分析器将离子按质荷比分离。

质量范围、分辨率是质量分析器的两个主要性能指标，其他常用指标还有分析速度、离子传输效率、质量准确度，其中质量准确度与质量分析器的分辨率及稳定性密切相关。质量范围指质谱仪所能测定的质荷比的上限。分辨率（R）表示质谱仪分辨相邻的、质量差异很小的峰的能力。以 m 及 $m+\Delta m$ 分别表示两相邻峰的质量，则分辨率 $R=m/\Delta m$。分辨率也常通过测定某独立峰（m）在峰高 50% 处的峰宽作为 Δm 来计算，这种分辨率称为半峰宽（FWHM）。通常，以 FWHM 计算的分辨率 $\geqslant 10000$ 时，称高分辨率，分辨率 <10000 时，为低分辨率。高分辨率质量分析器可以提供待测物分子的准确质量，有利于推测该物质的元素组成。

四极质量杆分析器、离子阱质量分析器、三重四级杆质量分析器、飞行时间质量分析器、轨道阱质量分析器各具特色、应用广泛。本章节将对它们的原理和特点作简要介绍。

（一）四极杆质量分析器

四极杆分析器由四根平行排列的金属杆状电极组成（图6-6），以两个电极为一组，分为 x 与 y 两组平行并对称于一中心轴排列。直流电压（DC）和射频电压（RF）分别作用于电极上，形成高频振荡电场（四极场）。在特定的直流电压和射频电压条件下，仅一定质荷比的离子可以沿 z 轴前进，稳定地穿过四极场，到达检测器。改变直流电压和射频电压大小，但维持它们的比值恒定，可以实现质谱扫描。

图 6-6　四极杆的结构示意图

四极杆分析器的质量上限通常是 4000Da，分辨率约为 1×10^3，属低分辨质谱。四极杆分析器具有扫描速度快、对真空度要求低的特点，是色谱-质谱联用中使用最为广泛的质量分析器。采用扫描、选择离子监测（selected ion monitoring，SIM）等方式，单级四极杆分析器可以获得待测物的定性和定量结果，因而广泛应用于制药工业，尤其是新药开发领域。

采用 RF-only 模式，四极杆分析器具有离子聚焦作用，因而可在串联质谱（如三重四极杆质谱）中进行离子引导和碰撞池进行串联。

（二）离子阱质量分析器

离子阱质量分析器是由三个电极组成（图6-7），通过环电极和端盖电极之间的高频电势差，可以产生一个四极的电场，离子通过端盖电极上的孔进出离子阱。离子阱是一种小型、容易操作的质量分析器，采用交变电场，离子阱在三维或两维空间中存储离子，因而可实现时间上两级以上质量分析的结合，即多级串联质谱分析。离子阱的主要缺点是低分辨率、不能进行前体离子扫描和中型丢失扫描，定量效果不如四极杆准确。

四极离子阱（Q-trap）由两个端盖电极和位于它们之间的环电极组成。端盖电极处在低电位，而环电极上施加射频电压（RF），以形成三维四极场。

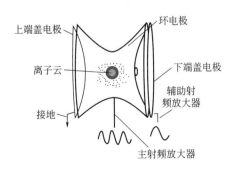

图 6-7　离子阱的结构示意图

选择适当的射频电压，四极场可以储存质荷比大于某特定值的所有离子。采用"质量选择不稳定性"模式，提高射频电压值，可以将离子按质量从高到低依次射出离子阱。挥发性待测化合物的离子化和质量分析可以在同一四极场内完成。通过设定时间序列，单个四极离子阱可以实现多级质谱（MS^n）的功能。

线性离子阱（LIT）是二维四极离子阱，结构上等同于四极质量分析器，但操作模式与三维离子阱相似。四极线性离子阱具有更好的离子储存效率和储存容量，可改善离子喷射效率及提高扫描速度和较高的检测灵敏度。

离子阱分析器因其体积小巧，造价低廉，同时又具有多级 MS 的功能而广泛应用于 LC-MS 仪及 GC-MS 仪，用于目标化合物的筛选、药物代谢研究以及蛋白质和多肽的定性分析。由电喷雾电离或基质辅助激光解吸电离产生的生物大分子离子，可借助离子引导等方式，进入离子阱分析器分析。离子阱分析器与四极杆分析器具有相近的质量上限，分辨率为 $1 \times 10^3 \sim 1 \times 10^4$，属低-中等分辨率仪器。

（三）三重四极杆质量分析器

三重四极杆（QQQ）为三级四极杆式构造（图 6-8），第一个四极杆（Q1）用于扫描目前的质荷比范围，选择需要的离子。第二个四极杆（Q2），也被称为碰撞池，它集中和传输离子，并在所选择的离子的飞行路径引入碰撞气体（氩气或氦气）。离子进入碰撞池和碰撞气体进行碰撞，如果碰撞能量足够高的话，离子就会裂解。碎裂的方式取决于能量、气体和化合物性质。小离子只需要很少的能量，更重的离子需要更多的能量来碎裂。第三个四极杆（Q3）用于分析在碰撞池（Q2）产生的碎片离子。与单级四极杆相比，三重四极杆的主要优点是操作方式灵活、选择性和灵敏度高。QQQ 可以有几种不同的 MS/MS 扫描方式：母离子扫描、子离子扫描、恒定中性丢失和多反应监测（MRM）模式，其中多反应监测模式常用于农药残留分析。MRM 可以提供很高的选择性和灵敏度。与离子阱质谱相比，QQQ的优点是它的扫描速度快，QQQ 可以用作单级四极质谱，还可以用作串联质谱。

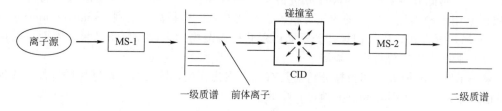

图 6-8　三重四极杆质谱结构示意图

液相色谱-串联质谱联用仪（LC-MS/MS）的扫描模式：

① 产物离子（子离子）扫描（product-ion scan）　MS-1 选择了某一特定质量的母离子，碰撞池产生碎片离子，然后在 MS-2 中分析。即第一个四极杆为选择性离子监测模式，第二个为全扫描监测模式。

② 前体离子（母离子）扫描（precursor-ion scan）　MS-1 进行全扫描，碰撞池产生碎片离子，MS-2 进行选择特定的碎片离子扫描。

③ 中性丢失扫描（neutral-loss scan）　MS-1 和 MS-2 同时扫描，监测母离子特定的中性丢失。

④ 选择反应监测（selective reaction monitoring，SRM）　MS-1 选择某一质量的母离子，碰撞池产生碎片离子，MS-2 只分析一个碎片离子。此过程产生一个简单的单个离子碎片谱图。

⑤ 多重反应监测（multi-reaction monitoring，MRM）　MS-1 选择特定质量的母离子，碰撞池产生碎片离子，MS-2 用于搜寻多个选择反应监测。

实际应用中，空间串联质谱仪可以通过产物离子（子离子）扫描、前体离子（母离子）扫描、中性丢失扫描及选择反应监测等方式获取待测化合物的结构信息和定量数据。目前，空间串联质量分析器的主要模式有：磁式质谱质量分析器串联（EB、BE、EBE，其中 E 代表电场，B 代表磁场）；三重四极杆质量分析器（QQQ）；飞行时间质量分析器串联（TOF-TOF）；混合串联［Q-TOF、EBE-TOF、IT-(Q-trap) ICR］。

串联质谱技术在未知化合物的结构解析、复杂混合物中待测化合物的鉴定、碎片裂解途径的阐明以及低浓度生物样品的定量分析方面具有很大优势。采用前体离子扫描方式，可以在固定某质荷比产物离子的情况下，搜索出待测物样品中能够产生该质谱碎片离子的所有结构类似物；通过产物离子扫描，可以获得药物、杂质或污染物的前体离子的结构信息，有助于未知化合物的鉴定；产物离子扫描还可用于肽和蛋白质碎片的氨基酸序列检测。由于代谢物可能包含作为中性碎片丢失的相同基团（如羧酸类均易丢失中性二氧化碳分子），采用中性丢失扫描，串联质谱技术可用于寻找具有相同结构特征的代谢物分子。若丢失的相同碎片是离子，则前体离子扫描方式可帮助找到所有丢失该碎片离子的前体离子。

当质谱与色谱联用时，若色谱仪未能将化合物完全分离，串联质谱法可以通过选择性测定某组分的特征性离子，获取该组分的结构和质量的信息，而不会受到共存组分的干扰。如在药物代谢动力学研究中，待测药物的某离子信号可能被基质中其他化合物的离子信号掩盖，采用 SRM（或 MRM）方式，通过 MS-1 和 MS-2，选择性监测一定的前体离子和产物离子，可实现复杂生物样品中待测化合物的专属、灵敏的定量测定。当同时检测两对及以上的前体离子-产物离子时，SRM 可以同时、专属、灵敏地定量测定供试品中多个组分。

（四）飞行时间质量分析器

飞行时间（time of flight，TOF）质量分析器的构想最早在 1946 年由 Stephens 提出。飞行时间质量分析器是一种利用离子飞行速度差异来分析离子质核比的仪器，其原理为具有相同动能、不同质量的离子因飞行速度不同而实现分离。当飞行距离一定时，离子飞行需要的时间与质荷比的平方根成正比，质量小的离子在较短时间到达检测器。为了测定飞行时间，将离子以不连续的组引入质量分析器，以明确起始飞行时间。离子组可以由脉冲式离子化（如基质辅助激光解吸电离）产生，也可通过门控系统将连续产生的离子流在给定时间引入飞行管。为了改善飞行时间质谱的分辨率，W. C. Wiley 和 I. H. McLaren 设计使用了延迟产生的高电压脉冲来加速离子，1973 年 B. A. Mamyrin 提出反射飞行时间质谱仪，即在无场飞行区加入一个反射式静电场，从而使离子折返到另一个检测器，补偿离子的飞行时间差异，提高分辨率。为了配合电喷雾等连续性离子源，在离子飞行途中加入高脉冲电压加速离子，使所有离子有一个共同的起点一起飞行，通过不同的飞行时间区分不同离子，即开发成功正交加速飞行时间质量分析器。最近几年，TOF 质量分析器的技术有了很大的进步，主要是正交加速和离子反射加速器等显著地改善了 TOF 的分辨能力，从而使该技术成为一种非常有用的农药残留分析工具。在飞行时间质谱的早期阶段，它最大的缺点是非常窄的线性响应范围，从而限制了其在定量分析上的应用。因为非常窄的动态范围，需要复杂的数学算法来获得宽的线性范围，这也限制了 TOF-MS 的应用范围。最新的仪器可以提供 2~3 个数量级的线性范围。Q-TOF-MS 有单级质谱和串联质谱 MS/MS 的操作模式，在单级质谱模式下，离子通过四极杆后直接到 TOF 质谱分析器。在 MS/MS 模式，一个前体离子在第一个四极杆被选择，第二个四极杆产生碰撞诱导解离（CID），产生的碎片被 TOF 分析。通过这种方式可以得到很好的信噪比。

现代飞行时间分析器具有质量分析范围宽（上限约15000Da）、离子传输效率高（尤其是谱图获取速度快）、检测能力多重、仪器设计和操作简便、质量分辨率高（约1×10^4）的特点，可以进行准确质量测定。由准确质量数能够进一步获得分子离子或碎片离子的元素组成，是该质量分析器的一个特别优势。因此飞行时间质谱仪已成为生物大分子分析的主流技术，近年来在农药多残留分析中的应用也逐渐增多。

（五）轨道阱质量分析器

轨道阱（orbitrap）的发展可追溯到1923年，当时Kingdon首次实施了轨道俘获。2000年，Makarov对轨道俘获的概念进行了修订，在Kingdon阱的基础上，提出了一种分辨率高、电荷容量高、精度高及动态范围宽的质量分析器-轨道阱。不同于传统意义上的离子阱，轨道阱使用静电场替代射频电场或磁场来捕获离子。其质量分析器形状类似纺锤体，由纺锤形中心内电极和左右2个外纺锤半电极组成（图6-9）。仪器工作时，在中心电极逐渐加上直流高压，在轨道阱内产生特殊几何结构的静电场。离子进入轨道阱室内后，受到中心电场的

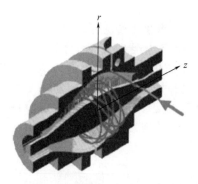

图6-9　轨道阱质量分析器示意图

引力，开始向着中心电极做圆周轨道运动，向着中心电极静电场的吸引力被离心力补偿，这个离心力根据离子的初始切线速度而增大，如同轨道上的卫星。离子在静电场的作用下，在离子阱的内部做螺旋状的运动，沿中心内电极做水平和垂直方向的振荡。离子轴向的运动与其初始的能量、角度和位置无关。该振荡通过镜像电流的检测测定。镜像电流被外部电极测定，并被放大。通过快速傅里叶变换来获取不同质量离子的频谱，从而转换为一个具有准确质荷比（m/z）的质谱图。

自2005年正式投入商用以来，轨道阱质谱仪目前已发展为主流的质谱仪器之一。其通过与多种外部累加器联合、耦合多种离子源，其可支持从常规化合物鉴定到复杂基质中痕量化合物的组分分析。将线性离子阱与静电场轨道阱质谱串联组合，可同时具有二者的检测能力，由离子阱质谱获得的化合物离子碎片进入高分辨质谱后，可通过测定精确质量数计算分子式，为结构类似物如异构体的鉴别的分析提供了全面的信息。四极杆与静电场轨道阱质谱串联可对化合物进行全扫描，获得碎片离子的多级质谱信息，一次分析即可实现对成百上千种组分进行鉴定和确认，并进行准确定量。

相比于飞行时间质谱，静电场轨道阱质谱在分辨率（约1×10^5）、质量准确度、灵敏度、线性范围和稳定性方面均具领先优势，但其扫描速度较飞行时间质谱慢得多。这是由于超高效液相色谱峰宽一般为2~5s，质谱的速度应>5Hz才可使每个色谱峰具有足够的数据采集点，而静电场轨道阱质谱满足高分辨率时，扫描速度却会相应降低。

四、液质联用仪器的其他重要单元

（1）离子检测器　通常为光电倍增器或电子倍增器。电子倍增器（又称转换拿极，conversion dynode）首先将离子流转化为电流，再将信号多级放大后转化为数字信号，计算机处理获得质谱图。

（2）真空系统　离子的质量分析必须在高真空状态下进行。质谱仪的真空系统一般为机械泵和涡轮分子泵组合构成的差分抽气高真空系统，真空度需达到$1\times10^{-6}\sim1\times10^{-3}$Pa，

即 $1\times10^{-8}\sim1\times10^{-5}$ mmHg[●]。

（3）数据处理 化合物的质谱是以测得离子的质荷比（m/z）为横坐标，以离子强度为纵坐标的谱图。采用 scan 方式，色谱-质谱联用分析可以获得不同组分的质谱图；以色谱保留时间为横坐标，以各时间点测得的总离子强度为纵坐标，可以测得待测混合物的总离子流色谱图（total ion chromatogram，TIC）。当固定检测某个或某些质荷比离子，对整个色谱流出物进行选择性检测时，将得到选择离子检测色谱图。

计算机系统用于控制仪器，记录、处理并储存数据。当配有标准谱库软件时，计算机系统可以将测得的化合物质谱与标准谱库中图谱比较，进而可以获得相应化合物可能的分子组成和结构信息。

五、液质联用分析条件的选择和优化

1. 接口的选择

ESI 适合于中等极性到强极性的化合物分子，特别是那些在溶液中能预先形成离子的化合物和可以获得多个质子的大分子（如蛋白质）。APCI 不适合分析多电荷、大分子化合物，其优势在于弱极性或中等极性的小分子的分析。

2. 质量分析器的选择

质量分析器的选择应依据应用领域和仪器性能而定，主要考虑质量分析器的质量分辨能力、质量范围、准确度、精密度、灵敏度、检测速度、体积大小、操作界面、价格与维护成本和实验室条件等，常见质量分析器的性能见表 6-1。如分析已知的目标化合物时，三重四极杆是最佳的选择；分析未知化合物，则应选择高分辨率的飞行时间、轨道阱或其与四极杆串联的模式。

表 6-1 常见质量分析器性能比较

质量分析器	四极杆	离子阱	飞行时间	轨道阱
质量分辨能力	约 1×10^3	约 1×10^3	约 1×10^4	约 1×10^5
质量精度/ppm	100	50～100	5～50	2～5
质量范围	$>10^5$	$>10^3$	$>10^3$	～20000
串联质谱功能	有	有	有	有

3. 正、负电离模式的选择

选择的一般原则为：

正离子模式：适合于分析易结合 H^+ 的碱性样品，可用乙酸或甲酸对样品加以酸化。样品中含有仲氨或叔氨时可优先考虑使用正离子模式。如果待测物质的 pK_a 是既定的，应将 pH 调整 2 个单位。

负离子模式：适合于测定易失去 H^+ 的酸性样品，可用氨水或三乙胺对样品进行碱化。样品中含有较多的强负电性基团，如含氯、含溴和多个羟基时可尝试使用负离子模式。

4. 流动相的选择

（1）常用的流动相为甲醇、乙腈、水和它们不同比例的混合物以及一些易挥发盐的缓冲液，如甲酸铵、乙酸铵等，还可以加入易挥发酸碱如甲酸、乙酸和氨水等调节 pH。

[●] 1mmHg=133.3224Pa。

（2）LC-MS接口避免进入不挥发的缓冲液，避免含磷和氯的缓冲液，含钠和钾的成分必须＜1mmol/L（盐分太高会抑制离子源的信号和堵塞喷雾针及污染仪器），含甲酸（或乙酸）＜2%，含三氟乙酸≤0.5%，含三乙胺＜1%，含醋酸铵＜10～50mmol/L。

（3）进样前应优化LC条件，保证目标物可基本分离，缓冲体系符合MS要求。

（4）注意事项　将现有的HPLC方法用于LC-MS/MS时应注意：

① 硫酸盐、磷酸盐和硼酸盐等非挥发性缓冲剂，需用挥发性缓冲剂，如乙酸铵、甲酸铵、甲酸、乙酸、氨水等代替。

② pH。当用挥发性酸、碱，如甲酸、乙酸和氨水等代替非挥发性酸、碱，pH通常应保持不变。

③ 有机溶剂。大多数HPLC用的溶剂，尤其是RPLC、HILIC的流动相应与MS相匹配。

5. 流量和色谱柱的选择

（1）不加热ESI的最佳流速是1～50μL/min，使用4.6mm内径LC柱时要求柱后分流，目前大多采用1～2.1mm内径的微柱，ESI源最高允许流速为1mL/min，建议使用0.2～0.4mL/min。

（2）APCI的最佳流速是1mL/min，常规直径4.6mm柱最合适。

（3）为了提高分析效率，常采用＜100mm的短柱（由于质谱定量分析时使用MRM的功能，所以不要求各组分完全分离），大批量定量分析时可以节省大量的时间。

6. 辅助气体流量和温度的选择

（1）雾化气对流出液的喷雾形成有影响，干燥气影响喷雾去溶剂效果，碰撞气影响二级质谱的产生。

（2）操作中温度的选择和优化主要是指接口的干燥气体温度，一般情况下选择干燥气温度高于分析物的沸点20℃左右即可。对热不稳定性化合物，要选用更低的温度以避免显著的分解。

（3）选用干燥气温度和流量大小时还要考虑流动相的组成，有机溶剂比例高时可采用适当低的温度和小一点的流量。

7. LC-MS/MS分析样品的预处理

（1）进行样品预处理的必要性

① 从保护仪器角度出发，防止固体小颗粒堵塞进样管道和喷嘴，防止污染仪器，降低分析背景，排除对分析结果的干扰。

② 为获得最佳的分析结果，从ESI电离的过程分析，ESI电荷是在液滴的表面，样品与杂质在液滴表面存在竞争，不挥发物（如磷酸盐等）妨碍带电液滴表面挥发，大量杂质妨碍带电样品离子进入气相状态，增加电荷中和的可能。故杂质的存在将会降低目标物的离子化效果从而使分析结果变差。

（2）LC-MS/MS分析样品预处理的方法

① 超滤。

② 溶剂萃取/去盐。

③ 固相萃取。

④ 灌注（perfusion）净化/去盐。

⑤ 色谱分离：反相色谱分离；亲和技术分离。

⑥ 甲醇或乙腈沉淀蛋白。

⑦ 酸水解，酶解。

⑧ 衍生化。

8. 影响 LC-MS/MS 测定的因素

（1）pH。正离子方式使用较低 pH，负离子方式使用较高 pH 较为有利，除对离子化有影响外，还影响峰形。

（2）气流和温度。当水含量高及流量大时要相应增加气体流速与提高温度。

（3）溶剂和缓冲液流量。适当提高流速有利于提高峰的灵敏度。

（4）溶剂和缓冲液的类型。通常正离子模式使用甲醇，负离子模式使用乙腈；加入缓冲液对一些化合物有助于提高响应。

（5）液相色谱类型。ESI 一般适合选择反相色谱；APCI、APPI 可用于正相色谱。

（6）定容溶剂。一般情况下，选择和流动相相近的定容溶剂，有利于改善色谱峰峰形，减少色谱峰拖尾等现象。

（7）电压。DP 电压较高时，样品会在源内分解或碎裂；因此高 DP 电压时多电荷离子比例低，同时多聚体也会减少。

（8）样品结构和性质。

（9）杂质。溶剂的纯度、水的纯净程度等。当成分复杂，杂质太多时，竞争作用会抑制使被测物离子化程度，同时会影响 LC 的分离情况。

（10）样品浓度。样品浓度不够，有时需要浓缩；化合物浓度太高时，需要进行稀释后进样，避免离子饱和现象。

9. LC-MS/MS 常见本底离子

m/z 50-150：溶剂离子，$[(H_2O)nH^+，n=3\sim112]$。

m/z 102：H^+＋乙腈＋乙酸，$C_4H_7NO_2H^+$。

m/z 149：管路中邻苯二甲酸酯的酸酐，$C_8H_4O_3H^+$。

m/z 279：管路中邻苯二甲酸二丁酯，$C_{16}H_{22}O_4H^+$。

m/z 288：2mm 离心管产生的特征离子。

m/z 316：2mm 离心管产生的特征离子。

m/z 384：瓶的光稳定剂产生的离子。

m/z 391：管路中邻苯二甲酸二辛酯，$C_{24}H_{38}O_4H^+$。

m/z 413：邻苯二甲酸二辛酯＋钠，$C_{24}H_{38}O_4Na^+$。

m/z 538：乙酸＋氧＋铁（喷雾管），$Fe_3O(O_2CCH_3)$。

六、液质联用技术在农药残留分析中的应用

LC-MS 在分析中应用很广，如研究环境样品、初级农产品和食品中的抗生素、多环芳烃、多氯联苯、酚类化合物、农药残留、农药代谢、农药原药组成等。由于目前低浓度、难挥发、热不稳定和强极性农药分析方法并不是十分理想，因此发展高灵敏度的多残留可靠分析方法已成为环境分析化学及农业化学家的重要战略目标。高效液相色谱法弥补了气相色谱法不宜分析难挥发、热稳定性差的物质的缺陷，可以直接测定那些难以用 GC 分析的农药。但是常规检测器如 UV 及 DAD 等定性能力有限，因而在复杂环境样品痕量分析时，常会因为化学干扰影响痕量测定时的准确性，从而限定了他们在多残留超痕量分析中的应用。自20 世纪 80 年代末大气压电离质谱成功地与 HPLC 联用以来，LC-MS 已经在农药分析中占据重要地位，成为农药残留分析最有力的工具之一，也是目前发达国家进行农药残留定性定量分析的重要手段。

三重四极杆质谱（QQQ）的全扫描分析对环境中未知农药的筛选十分有效，是最早的用于农药残留分析的商品化仪器，QQQ还可进行持续中性丢失（CNL）及反应过程监测。四极离子阱（QIT）体积较小、自动化程度高、分析快捷，可同时存储正、负离子进行进一步分析。对不同类别的农药，该类仪器开发了多种模式，如多反应监测、选择反应监测等。为进一步提高灵敏度，QIT技术还可以进行多级质谱（MS^n）分析，为研究化合物离解过程提供了有力工具。TOF-MS价格高和定量能力较弱，但是其强大的定性能力，使其在农药残留分析中被逐渐应用起来。García-Reyes等将农药残留分为以下三类：目标农药检测（常规的农药残留检测）、非目标农药检测和未知化合物的分析，并对TOF在农药残留检测的这三个方面作了详细的介绍，Q-TOF分析质量精确、灵敏度高、仪器结构简单，可同时检测多个质量数离子。

国内LC-MS分析技术目前在逐步普及，农药残留分析领域的应用报道和分析方法标准也正逐步增多。

例如，磺酰脲类除草剂具有高效性，大田用量很低，其痕量检测分析的最佳方法是HPLC带正电喷雾接口、离子阱或采用三重四极杆质谱，至少可检测一个母体化合物与子离子跃迁。超高效液相色谱串联质谱（UPLC-MS/MS）定量检测环境土壤和水体中痕量磺酰脲类除草剂（甲磺隆、氯磺隆、吡嘧磺隆、苯磺隆、噻吩磺隆、胺苯磺隆、氯嘧磺隆、苄嘧磺隆、乙氧磺隆、醚磺隆、环丙嘧磺隆、砜嘧磺隆、酰嘧磺隆）的方法，具有分离快速和检测灵敏的优点。土壤样品采用的提取液为0.2mol/L磷酸盐缓冲液（pH 7.8）：乙腈（8/2，V/V），经振荡和超声提取，调pH后过C$_{18}$ SPE净化，定容后，用超高效液相色谱分离，串联四极杆质谱以MRM扫描方式检测。水样调节pH后直接过SPE柱进行目标物的富集和净化，洗脱后用UPLC-MS/MS检测。

结果表明，此方法线性范围为5～500μg/L，相关系数r在0.99以上；土壤中13种磺酰脲类除草剂的方法检出限为0.006～0.08μg/kg；水中方法检出限为1.0～6.7ng/L。该方法对苯磺隆和砜嘧磺隆回收率较低，土壤中苯磺隆回收率为10.4%，砜嘧磺隆为28.2%。除苯磺隆和砜嘧磺隆外，土壤中其他磺酰脲类除草剂回收率在66.9%～125.3%之间，水样中回收率在65.2%～128.3%，3次测定结果的相对标准偏差<20%。

方法采用的色谱条件如下。色谱柱：ACQUITY UPLC BEH C$_{18}$，2.1mm×50mm，1.7μm。柱温：30℃。流动相：乙腈+0.1%甲酸。流速：0.2mL/min。进样量：5μL。梯度洗脱方案见表6-2。

表6-2 13种磺酰脲类除草剂UPLC-MS/MS方法梯度洗脱方案

时间/min	流速/(mL/min)	A（乙腈）	B（0.1%甲酸）	时间/min	流速/(mL/min)	A（乙腈）	B（0.1%甲酸）
0.0	0.2	20	80	5.1	0.2	20	80
1.0	0.2	40	60	7.0	0.2	20	80
5.0	0.2	70	30				

质谱条件为：电喷雾离子源（ESI）；正离子电离模式；多反应监测扫描（MRM）；毛细管电压3.0kV；离子源温度110℃；干燥气温度400℃；去溶剂流速700L/h；驻留时间为0.050s。

多反应监测（MRM）、锥孔电压和碰撞能量参数见表6-3。

表 6-3　13 种磺酰脲类除草剂质谱测定条件

农药	MRM	锥孔电压/V	碰撞能量/eV
氯磺隆	358.0→141.0[a]	120	15
	358.0→167.0		20
酰嘧磺隆	370.0→261.0[a]	140	10
	370.0→218.0		20
甲磺隆	382.0→167.0[a]	120	15
	382.0→141.0		20
噻吩磺隆	388.0→167.0[a]	120	15
	388.0→141.0		30
苯磺隆	396.0→155.0[a]	100	10
	396.0→181.0		20
乙氧磺隆	399.0→261.0[a]	140	10
	399.0→218.0		20
胺苯磺隆	411.0→196.0[a]	140	15
	411.0→168.0		30
苄嘧磺隆	411.0→149.0[a]	140	20
	411.0→182.0		20
醚磺隆	414.0→183.0[a]	140	15
	414.0→157.0		30
氯嘧磺隆	415.0→186.0[a]	140	15
	415.0→121.0		45
吡嘧磺隆	415.0→182.0[a]	140	20
	415.0→139.0		50
环丙嘧磺隆	422.0→218.0[a]	120	30
	422.0→260.0		15
砜嘧磺隆	432.0→182.0[a]	140	25
	432.0→325.0		10

a 表示定量离子对。

Ferrer 等采用 QuChERS 和 LC-TOF-MS 方法测定了甜椒、花椰菜、番茄、柑橘、柠檬、苹果和西瓜中的 15 种农药多残留的方法。样品中的待测物经乙酸乙酯和 NaOH 溶液提取后，提取液旋转蒸发仪浓缩后超声溶解于甲醇中，过膜待测，外标法定量。LC-ESI-TOF-MS 参数和待测物质谱参数如表 6-4 和表 6-5。

表 6-4　LC-ESI-TOF-MS 测定参数

参数	值
毛细管电压(capillary voltage)	4000V
喷雾压力(nebulizer pressure)	40psi
干燥气(drying gas)	9L/min
气体温度(gas temperature)	300℃
裂解电压(fragmentor voltage)	190V
锥孔电压(skimmer voltage)	60V
八极杆 DC1(octapole DC1)	37.5V
八极杆 RF(octapole RF)	250V
质量范围(mass range)(m/z)	50～1000
分辨率(resolution)	9500±500(922.0098)
参比质量数(reference masses)	121.0509;922.0098

表 6-5　待测物质谱参数

化合物	分子式	保留时间/min	监测离子	m/z 实验值	m/z 计算值	偏差 mDa	偏差 ppm
灭蝇胺（cyromazine）	$C_6H_{10}N_6$	3.2	$[M+H]^+$	167.1040	167.10397	0.029	0.17
多菌灵（carbendazim）	$C_9H_9N_3O_2$	6.1	$[M+H]^+$	192.0767	192.07675	-0.05	0.27
噻菌灵（thiabendazole）	$C_{10}H_7N_3S$	7.5	$[M+H]^+$	202.0430	202.04334	-0.34	1.7
灭多威（methomyl）	$C_5H_{10}N_2O_2S$	12.3	$[M+Na]^+$	185.0355	185.03552	-0.02	0.11
吡虫啉（imidacloprid）	$C_9H_{10}N_5O_2Cl$	15.7	$[M+H]^+$	256.0597	256.05957	0.12	0.47
啶虫脒（acetamiprid）	$C_{10}H_{11}N_4Cl$	16.6	$[M+H]^+$	223.0742	223.07450	-0.3	1.3
噻虫啉（thiacloprid）	$C_{10}H_9N_4ClS$	17.7	$[M+H]^+$	253.0308	253.03092	-0.12	0.48
多杀菌素（spinosyn A）	$C_{41}H_{65}NO_{10}$	20.9	$[M+H]^+$	732.4668	732.46812	-1.32	1.81
多杀菌素（spinosyn D）	$C_{42}H_{67}NO_{10}$	21.9	$[M+H]^+$	746.4832	746.48377	-0.57	0.77
烯酰吗啉（dimethomorph）	$C_{21}H_{22}NO_4Cl$	22.8	$[M+H]^+$	388.1310	388.13101	-0.01	0.03
嘧菌酯（azoxystrobin）	$C_{22}H_{17}N_3O_5$	24.3	$[M+H]^+$	404.1243	404.12409	0.20	0.50
氟菌唑（triflumizol）	$C_{15}H_{15}N_3OF_3Cl$	25.9	$[M+H]^+$	346.0925	346.09285	-0.35	1.0
氟铃脲（hexaflumuron）	$C_{16}H_8N_2O_3F_6Cl_2$	27.2	$[M+H]^+$	460.9885	460.98889	-0.39	0.85
氟苯脲（teflubenzuron）	$C_{14}H_6N_2O_2F_4Cl_2$	27.6	$[M+H]^+$	380.9816	380.98152	0.077	0.20
虱螨脲（lufenuron）	$C_{17}H_8N_2O_3F_8Cl_2$	28.6	$[M+H]^+$	510.9854	510.98570	-0.30	0.58
氟虫脲（flufenoxuron）	$C_{21}H_{11}N_2O_3F_6Cl$	29.2	$[M+H]^+$	489.0440	489.04351	0.49	1.0

实验结果表明，15 种农药的精确质量精度≤2ppm，LOQ 在 0.0005～0.05mg/kg 之间，LC-ESI-TOF-MS 测定的实际样品中目标农药的残留量与 QQQ-MS 测定结果相近，且 LC-ESI-TOF-MS 筛查出了样品中的非靶标农药。同时对于含有同位素的化合物，同位素类型和同位素丰度可作为物质鉴定的有利证据（图 6-10）。

七、液相色谱质谱仪日常维护

1. 液相部分

（1）流动相　使用 HPLC 与 LC/MS 等级的溶液，尽量不使用表面活性剂作为流动相，否则容易导致离子抑制；流动相中尽量使用易挥发的盐，不使用磷酸缓冲剂、磷酸盐及其他不挥发缓冲盐，以免由于盐的沉淀发生堵塞等；流动相中不使用无机酸、三氟醋酸、三乙胺等具有腐蚀性和强离子抑制性的物质。溶剂瓶应避免阳光直射，流动相使用前需超声脱气；纯水每天更换；水相中含有盐或酸时，建议使用时间不超过两天；乙腈用棕色瓶盛装。每次使用仪器前，需确认溶剂瓶中的流动相体积，以免流动相走空，影响定性和定量结果，并造成仪器中产生气泡。

（2）色谱柱　选用合适的色谱柱。新色谱柱使用前需进行活化，并进行性能测试；流动相的性质要与色谱柱的耐酸碱性、耐水性相匹配。色谱柱在使用过程中，不能碰撞、弯曲或强烈震动，并应避免压力和温度的急剧变化，以免造成柱内填料的填充状况发生改变。每次分析工作结束后，都要用适当的溶剂来清洗色谱柱；若分析柱长期不使用，应用适当有机溶剂保存并封闭。进行复杂样品分析时，建议使用保护柱。

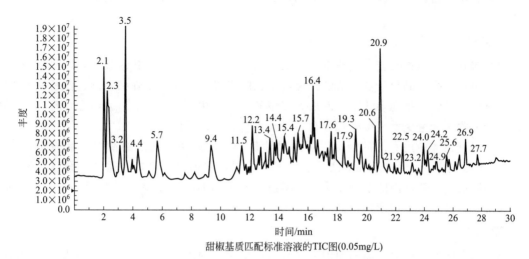

甜椒基质匹配标准溶液的TIC图(0.05mg/L)

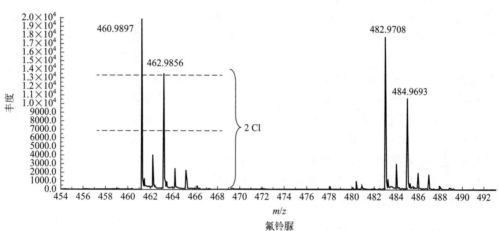

氟铃脲

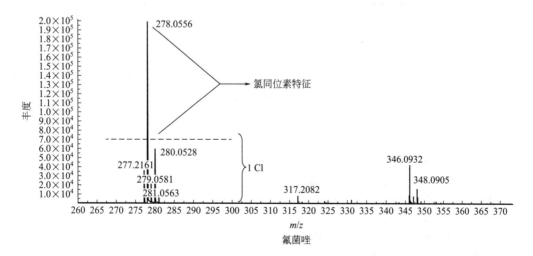

氟菌唑

图 6-10　LC-ESI-TOF-MS 测定中的 Cl 同位素类型

（3）进样系统和泵　清洗进样针；10％的甲醇或10％乙腈溶液清洗柱塞杆和密封圈，防止流动相中的盐析出；清洗或更换溶剂过滤头，尤其对于水相流动相的流路；更换泵头处的滤芯。

2. 质谱部分

（1）锥孔　一级锥孔应定期清洗，一般两周清洗一次，若进样数量较大，则尽量一周清洗一次，也可根据样品数量及时清洗。清洗锥孔时先将离子源温度降到室温，注意关闭阻断阀，取下锥孔并取下锥孔上的密封圈后，在甲醇：水：甲酸为45：45：10的溶剂中超声清洗，晾干或吹干。避免手直接碰触锥孔，锥孔需平放在平面位置。

（2）机械泵　使用专门的泵油。观察泵油是否出现浑浊或缺油的情况，泵的油面宜在2/3处，若油的颜色变深或液面降至1/2以下，需及时更换泵油。每周需要拧开震气阀按钮进行半小时震气，使油内的杂物排出，油雾过滤器中的油放回到泵中，然后再拧紧该旋钮。注意无油涡旋泵，也需定期维护。

3. 故障排除

（1）压力问题　压力过高的原因大多是管路堵塞，因此需要分段检查发生堵塞的部分，如色谱柱的过滤芯是否被污染，Purge阀过滤芯是否被污染，色谱柱是否被污染，检查进样器旋转密封阀或者进样针及针座有无堵塞。压力过低大多是漏液造成的，可能是色谱柱接口松动漏液，管路泄露或者泵头密封垫老化，主动阀、四元出口阀或单向出口阀失灵，色谱柱固定相流失、溶剂或者流速的改变等因素。注意压力传感器之前的某些部件地方堵塞也会造成压力过低。压力波动最常见的原因就是存在气泡或者单向阀污染。

（2）质谱信号问题　质谱影响信号低或不稳定的原因可能是喷雾针堵，造成喷雾形状不稳定；雾化器位置偏移造成喷雾偏离锥孔位置；一级锥孔污染；色谱柱接头或流路中漏液；色谱柱污染。质谱无响应信号，表现为质谱信号为一条直线，主要原因是质谱与数据采集软件无连接；喷雾针无喷雾；质谱采集信号时调用的质谱调谐不正确，或者是信号采集时调谐文件出现错误；一级锥孔完全阻塞。

八、液相色谱其他联用技术

1. 色谱-色谱联用技术

色谱-色谱联用技术是将分离机制不同而又相互独立的两支色谱柱以串联方式结合起来，目的是用一种色谱法补充另一种色谱法分离效果上的不足。常见的联用方法有高效液相色谱-气相色谱（HPLC-GC）联用法、高效液相色谱-高效液相色谱（HPLC-HPLC）联用法等。

2. 液相色谱-核磁共振波谱联用

核磁共振具有重现性较高、选择性好、样品用量少等优点，能够提供有关化合物最多结构信息的分析技术。高效液相色谱-核磁共振波谱（HPLC-NMR）联用既能高效、快速地获得混合物中未知物的结构信息，又能为植物粗提取物化学成分的快速分离鉴定提供非常重要的在线信息。近年来，由于NMR技术在灵敏度、分辨率、动态范围等方面的提高，以及不用或少用氘代试剂而降低实验成本，使得HPLC-NMR联用技术用于农药分析成为可能，该法对农药代谢产物研究也非常实用。

3. 液相色谱-傅里叶变换红外光谱联用

液相色谱-傅里叶变换红外光谱联用（LC-FTIR）技术结合了液相色谱独特的分离能力

与红外光谱的分子结构鉴定能力，检测灵敏度显著提高，可用于分离、鉴定各类复杂混合物。如 LC-FTIR 检测各物质（尤其是苯系物的同分异构物质）官能团的特征性红外吸收峰，定性结果非常准确。LC-FTIR 法可鉴别光学异构体及其他异构体，用于鉴别未知或谱库中不存在的组分及其所属的化合物类别。

4. 固相微萃取-液相色谱联用技术

固相微萃取-液相色谱联用技术（SPME-LC）通过在一根纤细的熔融石英纤维头表面涂布高分子层对样品组分进行选择性萃取和预富集，然后将吸附组分热脱附或淋洗脱附后直接对样品进行 HPLC 在线进样分析。SPME-LC 具有装置简单，操作方便，萃取速度快，集样品采集、萃取、浓缩、进样、解析为一体的优点。

5. 在线固相萃取-液相色谱联用技术

在线固相萃取技术（在线 SPE）是一种基于二维液相色谱的新的样品前处理技术，可实现基质目标化合物的在线提取、浓缩、净化等过程。在线 SPE 技术通常包括上样、清洗、洗脱、分离和检测这几个过程。样品组分经进样器与萃取泵流动相引入到在线 SPE 柱上富集或纯化，非目标物则流出柱至废液中，此时分析柱处于清洗和平衡的状态；切换柱切换阀，分析流动相将目标化合物从在线 SPE 柱上转移到分析柱，待目标化合物全部转移后，再次切换柱切换阀使目标化合物在分析柱上进行分离和定性（定量），在线 SPE 柱则进行清洗和平衡过程，待下次进样。与离线 SPE 相比，在线 SPE 技术具有 SPE 柱可重复使用、可实现全自动前处理、避免人工操作带来误差等优点。

九、结语

液相色谱串联质谱技术结合了色谱、质谱两者的优点，将色谱的高分离性能和质谱的高选择性、高灵敏度、极强的专属性特点结合起来，组成了先进可靠的现代分析技术。随着科技水平的提高，液相色谱-串联质谱技术取得了较大的发展，各种仪器的价格不断降低，自动化水平不断提高，使其在很多领域中的应用越来越广泛，农药残留分析也越来越依赖该项技术。

参 考 文 献

[1] Asperger A，Efer J，Koal T，et al. Trace determination of priority pesticides in water by means of high-speed on-line solid-phase extraction-liquid chromatography-tandem mass spectrometry using turbulent-flow chromatography columns for enrichment. J. Chromatogr. A，2002，960：109-119.

[2] Baglio D，Kotzias D，Larsen B R. Atmospheric pressure ionisation multiple mass spectrometric analysis of pesticides. J. Chromatogr. A，1999，854 (1-2)：207-220.

[3] Beeson M D，Driskell W J，Barr D B. Isotope dilution-high-performance liquid chromatography-tandem mass spectrometry method for quantifying urinary metabolites of atrazine, malathion, and 2,4-dichlorophenoxyacetic acid. Anal. Chem.，1999，71 (16)：3526-3530.

[4] Bossi R，Vejrup K V，Mogensen B B，et al. Analysis of polar pesticides in rainwater in Denmark by liquid chromatography-tandem mass pectrometry. J. Chromatogr. A，2002，957 (1)：27-36.

[5] Chiron S，Abian J，Ferrer M，et al. Comparative photodegradation rates of alachlor and bentazone in natural water and determination of breakdown products. Environ Toxicol Chem，1995，14 (8)：1287-1298.

[6] Clauwaert K，Van Bocxlaer J，Major H，et al. Investigation of the quantitative properties of the quadrupole orthogonal acceleration time-of-flight mass spectrometry with electrospray ionization using 3,4-methylendi-oxymethamphetamine. Rapid Commun Mass Spectrom. Chem.，1999，13 (14)：1540-1545.

[7] Draper W M. Electrospray liquid chromatography quadrupole ion trap mass spectrometry determination of phenylurea herbicides in water. J. Agric. Food Chem，2001，49 (6)：2746-2755.

[8] Fernández-Alba. Comprehensive screening of target, non-target and unknown pesticides in food by LC-TOF-MS

Trends. Anal Chem，2007（26）：828-841.

［9］　Ferrer I，Garcia-Reyes J F，Mezcua M，et al. Multi-residue pesticide analysis in fruits and vegetables by liquid chromatography-time-of-flight mass spectrometry. Journal of Chromatography A，2005，1082（1）：81-90.

［10］　Goodwin L，Startin J R，Goodall D M，et al. Tandem mass spectrometric analysis of glyphosate，glufosinate，aminomethylphosphoacid，and methyl-phosphinicopropinoic acid. Rapid Commun Mass Spectrom，2003，17（9）：963-969.

［11］　Hamide Z S，Vural G，Ebru A S. Future perspectives in orbitrap™ high resolution mass spectrometry in food analysis-A review. Food Addit Contamin A，2015，32（10）：1568-1606.

［12］　Hogenboom A C，Speksnijder P，Vreeken R J，et al. Rapid target analysis of microcontaminants in water by on-line single-short-column liquid chromatography combined with atmospheric pressure chemical ionization ion-trap mass spectrometry. J. Chromatogr. A，1997，777（1）：81-90.

［13］　Hogenboom A C，Niessen W M A，Brinkman U A T. The role of column liquid chromatography-mass spectrometry in environmental trace-level analysis. Determination and identification of pesticides in water. J Sep Sci，2001（24）：331-354.

［14］　Jeannot R，Sabik H，Sauvard E，et al. Application of liquid chromatography with mass spectrometry combined with photodiode array detection and tandem mass spectrometry for monitoring pesticides in surface waters. J. Chromatogr. A，2000（1），879：51-71.

［15］　Juan F. García-Reyes，Hernando M D，Antonio Molina-Díaz，et al. Comprehensive screening of target，non-target and unknown pesticides in food by LC-TOF-MS. Trac Trends in Analytical Chemistry，2007，26（8）：828-841.

［16］　Kingdon K H. A method for the neutralization of electron space charge by positive ionization at very low gas pressures. Physical Review，1923，21（4）：408-418.

［17］　Lagana A，Bacaloni A，Leva I D，et al. Occurrence and determination of herbicides and their major transformation products in environmental waters. Anal. Chim. Acta，2002，462（2）：187-198.

［18］　Li X，Xu J，Jiang Y，et al. Hydrophilic-interaction liquid chromatography（HILIC）with DAD and mass spectroscopic detection for direct analysis of glyphosate and glufosinate residues and for product quality control. Acta Chromatographica，2009，21（4）：559-576.

［19］　Makarov A. Electrostatic axially harmonic orbital trapping：a high-performance technique of mass analysis. Anal. Chem.，2000，72（6）：1156-1162.

［20］　Mamyrin B A，Karataev V I，Shmikk D V，et al. The mass-reflectron，a new nonmagnetic time-of-flight mass spectrometer with high resolution. Journal of Experimental & Theoretical Physics，1973，37（37）：45.

［21］　Marchese S，Perret D，Gentili A，et al. Determination of phenoxyacid herbicides and their phenolic metabolites in surface and drinking water. Rapid Commun Mass Spectrom，2002，16（2）：134-141.

［22］　Pico Y，Blasco C，Font G. Environmental and food applications of LC-Tandem Mass Spectrometry in pesticide residue analysis：an overview. Mass Spectrom. Rev.，2004，23：45-85.

［23］　Shintani Y，Zhou X J，Furuno M，et al. Monolithic silica column for in-tube solid-phase microextraction coupled to high-performance liquid chromatography. Journal of Chromatography A，2003，985（1-2）：351-357.

［24］　Soler C，James K J，Pico Y. Capabilities of different liquid chromatography tandem mass spectrometry systems in determining pesticide residues in food. Application to estimate their daily intake. J. Chromatogr. A，2007，1157（1-2）：73-84.

［25］　Soler C，Manes J，Pico Y. Comparison of liquid chromatography using triple quadrupole and quadrupole ion trap mass analyzers to determine pesticide residues in oranges. J. Chromatogr. A，2005（1067）：115-125.

［26］　Sun L，Lee H K. Stability studies of propoxur herbicide in environmental water samples by liquid chromatography-atmospheric pressure chemical ionizationion-trap mass spectrometry. J. Chromatogr. A，2003，1014（1-2）：153-163.

［27］　Thurman E M，Ferrer I，Barcelo D. Choosing between atmospheric pressure chemical ionization and electrospray ionization interfaces for the HPLC/MS analysis of pesticides. Anal. Chem.，2001，73（22）：5441-5449.

［28］　Van Bocxlaer J F，Vande Casteele S R，Van Poucke C J，et al. Confirmation of the identity of residues using time-of-flight mass spectrometry. Anal. Chim. Acta，2005，529（1-2）：65-73.

［29］　Wiley W C，McLaren I H. Time-of-flight mass spectrometer with improved resolution. Review of entific Instruments，1955，26（4）：324-327.

［30］　常娜. 谷物中磺酰脲类除草剂多残留分析. 北京：中国农业大学，2009.

［31］　陈耀祖. 有机分析方法研究和应用. 西安：陕西师范大学出版社，1996.

［32］ 李明，马家辰，李红梅，等．静电场轨道阱质谱的进展．质谱学报，2013，34（3）：185-192.

［33］ 潘元海，金军，蒋可．高效液相色谱、大气压化学电离质谱快速分析水中痕量有机磷农药．分析化学，2000，28（6）：666-671.

［34］ 潘元海，金军，蒋可．源内碰撞诱导解离质谱技术在农药残留分析中的应用．分析试验室，2000，19（6）：77-80.

［35］ 祁彦，李淑娟，占春瑞，等．高效液相色谱-质谱法测定大豆中磺酰脲类除草剂多残留量的研究．分析化学，2004，32（11）：1421-1425.

［36］ 任晋，黄翠玲，赵国栋，等．固相萃取-高效液相色谱-质谱联机在线分析水中痕量除草剂．分析化学，2001，29（8）：876-880.

［37］ 吴晓东，王志举，周新欣．液相色谱-质谱联用法测定水中豆磺隆的研究．安徽化工，2005，137（5）：55-56.

［38］ 张艳，胡继业，刘丰茂，等，高效液相色谱荧光检测法测定蔬菜中残留的甲氨基阿维菌素苯甲酸盐．色谱，2008，26（1）：110-112.

［39］ 周同惠．生物医药色谱新进展．北京：化学工业出版社，1996.

第七章

薄层色谱法

薄层色谱法（thin layer chromatography，TLC）又称为薄层层析法，是20世纪50年代在经典柱色谱及纸色谱法的基础上发展起来的一种平面色谱技术。1938年Izmailor N A和M. S. Schraiber首次在显微镜载玻片上涂布的氧化铝薄层分离了多种植物酊剂中的不同成分，这是最早的薄层色谱法。至1949年J. E. Meinhard和N. F. Hall报道了以淀粉为黏合剂的氧化铝和硅藻土板进行无机离子的分离，这也启发了Kirchner J G等使用硅胶为吸附剂、煅石膏为黏合剂涂布于玻璃载板上制成硅胶薄层，成功分离挥发油。此法可以双向展开，可用显色剂显示无色组分的斑点，这种方式将柱色谱与纸色谱的优点结合在一起，奠定了薄层色谱的基础。20世纪50年代薄层色谱法已初具规模，Stahl E进行了较系统的研究，于1965年出版了《薄层色谱》一书，使薄层色谱技术被广泛使用，日趋成熟和完善。此时，我国农药学界也开始使用薄层色谱法，并逐渐应用于农药残留分析中。

研究人员对薄层色谱法在缩短分离时间、提高分离效率和检测的灵敏度、保证定量精度及扩大应用范围等方面不断进行研究，取得了很大进展。现代薄层色谱借助于高科技与计算机技术已实现了仪器化、自动化、计算机化以及与其他分离分析技术联用，拓宽了薄层色谱法的应用范围。在分析一些组成复杂或极微含量样品时，可用薄层色谱先分离、定量收集待测组分的斑点，经洗脱、浓缩等步骤，用气相色谱仪或高效液相色谱仪进行分离和鉴定。

第一节　薄层色谱法基本原理

薄层色谱，与其他色谱技术的原理一样，是一种利用样品中各组分的理化特性的差异将其分离的技术。这些理化特性包括分子的大小、形状、所带电荷、挥发性、溶解性及吸附性等。按其固定相的性质和分离机理可分为吸附薄层法、分配薄层法、离子交换薄层法以及凝胶薄层法。在农药残留分析中吸附薄层法应用最广泛。

吸附薄层色谱法是将固定相（吸附剂）涂在一些光洁物质（如玻璃、金属和塑料等）的表面，使之成为均匀的薄层，而后把待分析的试样溶液点在薄层板一端适当的位置上，然后将其放在密闭的层析缸里，将点样端浸入合适的溶剂中。借助于薄层板上吸附剂的毛细管作用，溶剂会载着被分离组分向前移动，这一过程称为展开，所用溶剂称为展开剂。展开时，各组分不断地被吸附剂吸附，又被展开剂解吸，由于吸附剂对不同组分有不同的吸附能力，展开剂也有不同的解吸能力，与吸附剂结合较紧密的组分较难被展开剂解吸，而与吸附剂结合较松散的组分则较容易被展开剂解吸。因此在展开剂向前移动的过程中，不同组分移动的距离不同，样品中的各组分就可以得到分离。

一、分离度

分离度一般用比移值（retention factor，R_f）来表示，其数值可以通过被分离组分斑点中心离原点的距离与展开剂前沿离原点的距离之比计算出来。若 R_f 为零，表示组分在原点不动，即该组分不随展开剂移动；R_f 为 1 时，表示该组分不被吸附剂保留，随展开剂迁移到溶剂前沿，因此 R_f 在 $0\sim1$ 之间变化。实际测定时被分离组分的 R_f 应在 $0.2\sim0.8$ 之间。

被分离组分在薄层上移动距离的影响因素较多，如被分离组分和展开剂的性质、薄层板的性质、环境温度及湿度、展开方式和展开距离等，因此 R_f 值的重现性较差。为了补偿一些难以控制的条件变化，常采用相对比移值 $R_{i,s}$，其重现性及可比性均优于 R_f 值。操作如下：将被分离组分与一参比物点在同一块薄层板上，用相同的色谱条件进行分离，被分离的组分和参比物的比移值之比即为相对比移值，即，

$$R_{i,s}=\frac{R_i}{R_s}=\frac{原点至被测组分斑点中心的距离}{原点至参比物斑点中心的距离}$$

$R_{i,s}$ 与 R_f 不同，R_f 在 $0\sim1$ 之间变化，而 $R_{i,s}>1$ 或 $R_{i,s}<1$ 均可。

二、吸附薄层色谱固定相

吸附薄层色谱的固定相常称为吸附剂。目前最常用的吸附剂是硅胶和氧化铝，其次是聚酰胺、硅酸镁等，还有一些物质如氧化钙（镁）、氢氧化钙（镁）、硫酸钙（镁）、淀粉、蔗糖等，但有的碱性太大或因吸附性太弱，用途有限；而活性炭的吸附性太强，且材料呈黑色影响色谱带区分，故很少用于色谱分离。吸附色谱对固定相的具体要求如下：

（1）具有大的表面积和足够的吸附能力，常用内部多孔的颗粒和纤维状固体物质；

（2）在所用的溶剂和展开剂中不溶解；

（3）不破坏或分解待测组分，不与待测组分中溶剂和展开剂起化学反应；

（4）颗粒大小均匀，一般要求直径小于 $70\mu m$（小于 250 目）且在使用过程中不会破裂；

（5）具有可逆的吸附性，既能吸附样品组分，又易于解吸附；

（6）为便于观察分离结果，最好是白色固体。

（一）硅胶

硅胶的主要成分为 $SiO_2 \cdot nH_2O$，化学性质稳定，除强碱和氢氟酸外，不与其他酸碱反应，大多数农药在硅胶板上稳定，因此硅胶在农药残留分析薄层色谱中得到普遍应用。常用的硅胶类型主要为硅胶 H、硅胶 G（含 13% 的石膏黏合剂）和硅胶 GF_{254}（含 13% 的石膏黏合剂和在 254nm 波长光照下发荧光的物质，锰激活的硅酸锌，$ZnSiO_3$：Mn）等。

新型的硅胶固定相多为改性的硅胶，一般都采用硅胶（薄壳型或全多孔微粒型）为基体。在键合反应之前，要对硅胶进行酸洗、中和、干燥活化等处理，然后再使硅胶表面上的硅羟基与各种有机物或有机硅化合物进行反应，制备化学键合固定相。按键合有机硅烷的官能团分为极性键合相和非极性键合相。极性键合相硅胶一般用于正相薄层色谱，常见的极性键合基团可有氰基（—CN）、二醇基 [—(OH)$_2$]、氨基（—NH$_2$）等；非极性键合相硅胶一般用于反相薄层色谱，键合相表面都是极性很小的烃基，如十八烷基、辛烷基、乙基等，最常用的是十八烷基键合硅胶，展开剂大多是强极性溶剂或无机盐的缓冲溶液。

化学键合薄层板具有许多优良性能，其主要特性如下：

（1）重复使用　用过的键合相薄层板只要经过洗涤和干燥后就可以重新使用，薄层板必

须避免机械损坏。

（2）重现性良好　在吸附 TLC 中，硅胶的活性常因吸附空气中水分而降低，实验时分析物的 R_f 值常常随之变异，给测定带来麻烦；而用化学键合相硅胶板实验，仍可获得重现性良好的 R_f 值，相对标准偏差为 2%～3%。

（二）氧化铝

在薄层色谱法中氧化铝的应用范围仅次于硅胶。可根据需要选择酸性、中性或碱性氧化铝。弱碱性氧化铝适合分离中性或碱性化合物；中性氧化铝适用于酸性或对碱不稳定的化合物的分离；酸性氧化铝适用于酸性化合物的分离。

（三）纤维素

纤维素是一种惰性支持物，它与水有较强的亲和力而与有机溶剂亲和力较弱。薄层常用的纤维素为普通纤维素，普通纤维素有三种应用形式：

（1）天然纤维素　纤维长度为 2～20μm 的短纤维，纤维素中可以添加波长为 254nm 的荧光指示剂。

（2）高纯度纤维素　是将天然纤维素在很缓和的条件下用酸进行洗涤并用水洗至中性，再用有机溶剂脱脂。用高纯度纤维素的薄层展开后前沿没有黄色，斑点集中，适用于定量研究。

（3）微晶纤维素　是由高纯度纤维素盐酸水解制成的，其平均聚合度为 40～200，并用 X 射线确证其微晶结构。

以上三种纤维素的分离特性有一些差别，应通过试验选择更适宜于实际应用的品种。

层析时吸着在纤维素上的水是固定相，而展开溶剂是流动相。当欲被分离的各种物质在固定相和流动相中的分配系数不同时，它们就能被分离开。在制作纤维素薄层板时，通常加入少量羧甲基纤维素钠，起黏合剂作用，可使纤维素粉能较牢固地黏附于玻璃板上，加入量过多会破坏纤维素薄层的毛细作用而使层析速度延缓，加的量过少则黏合不牢固，因此其加入量需要注意控制。纤维素薄层板涂布厚度及活化时间均会影响分离效果，薄层过薄时拖尾严重，分离效果差，过厚则易产生边缘效应。纤维素板展开速度快，可作为反应过程中的监测手段，用于监测反应时厚度以 1～1.5mm 为宜，定量测定时以 2～2.5mm 为宜。

三、吸附色谱流动相

薄层色谱的流动相即其溶剂系统，又称为展开剂或洗脱剂。薄层色谱分离的条件是由被分离物质的性质（如溶解度、酸碱性及极性）、吸附剂以及展开剂三种因素而定的。上述三种因素中被分离物质是固定的，吸附剂常用的种类也不多，而展开剂的种类则千变万化，不仅可以应用不同极性的单一溶剂作为展开剂，更多的是应用二元、三元或多元的混合溶剂作为展开剂。薄层色谱是被分离物质即样品、吸附剂及展开剂共同作用的结果。因此，找到与样品及吸附剂相匹配的展开剂是建立薄层色谱体系的关键。

薄层色谱对流动相的要求包括：①能使待测组分很好地溶解，且不与待测组分或吸附剂发生化学反应；②使展开后的组分斑点圆而集中，无拖尾现象；③使待测组分的 R_f 值最好在 0.2～0.8 之间，定量测定在 0.3～0.5 之间，各组分 ΔR_f 值的间隔应大于 0.05，以便完全分离；④沸点适中和黏度较小；⑤混合溶剂最好现配现用；⑥价格低廉，毒性小。

薄层技术的成功在很大程度上依赖于展开剂的选择。选择展开剂，通常用尝试法，特别是分离复杂的混合物时，往往单一溶剂很难达到分离目的，必须经过大量选择，才能找到强度适当的选择性好的溶剂系统，即最佳分离效果的展开剂。依据被分离物质与所选用的吸附剂性质这两者结合起来考虑，即遵循"相似性原则"，强极性试样宜用强极性展开剂，弱极性试样宜用弱极性展开剂。

用单一溶剂不能分离时，可用两种以上的多元展开剂，并不断地改变多元展开剂的组成和比例。因为每种溶剂在展开过程中都有其一定作用，一般可以考虑以下4点：

（1）展开剂中比例较大的溶剂极性相对较弱，对待分析组分起基本分离的作用，一般称之为底剂。

（2）展开剂中比例较小的溶剂，极性较强，对被分离物质有较强的洗脱力，帮助化合物在薄层上移动，可以增加 R_f 值，但不能提高分辨率，称之为极性调节剂。

（3）展开剂中加入少量酸、碱，可抑制某些酸、碱性物质或其盐类的解离而产生斑点拖尾，称之为拖尾抑制剂。

（4）展开剂中加入丙酮等中等极性溶剂，可促使不相混溶的溶剂混溶，并可以降低展开剂的黏度，加快展速。

根据以上原则选择展开剂，有时极性适中，但分离效果却并不理想，此时可以选择不同种溶剂组成但极性相当的展开剂增加选择性。在吸附薄层法中可通过简易的计算找到满意的溶剂系统。根据溶剂的洗脱能力与介电常数成比例的特性，拟定了计算溶剂系统极性强度近似值 ε_s 的式(7-1) 和式(7-2)，并用来计算分离 100 多个化合物常用的约 150 种溶剂系统的 ε_s，结果发现它们的 ε_s 几乎都在一个狭窄的范围（2～7）之内，在这样的溶剂强度下，化合物的 R_f 值在 0.3～0.7 之间；同时根据 J. Touchstone 的观点，两种溶质不能被预先选定的一定强度的展开剂分开时，可被强度相当的不同组成的溶剂系统分开。

$$\varepsilon_s = \frac{\sum_{i=1}^{n} v_i \varepsilon_i}{v_s} \tag{7-1}$$

假定混合时，无体积效应，则

$$v_s = \sum_{i=1}^{n} v_i \tag{7-2}$$

ε_s 等于组成展开剂的各种溶剂的介电常数（ε_i）与体积分数（v_i）乘积之和除以总体积（v_s），n 为组成溶剂系统的溶剂之总数目。根据待分离农药的种类，选择起始的溶剂系统，设定一适当的 ε_s，应用式(7-1) 和式(7-2) 计算各组分之体积比，然后进行薄层试验。如极性不足，可增大 ε_s 至所需的值。若薄层色谱表明虽然极性适中但分离效果不好，则需改变溶剂系统的组成，再应用上述公式估算，选择相当强度的溶剂组成新溶剂系统，便可较迅速找到分离满意的展开剂。表 7-1 为常用溶剂的介电常数以及在硅胶薄层上的 Snyder 溶剂强度参数 ε° 值。而在氧化铝上的 Snyder 的 ε° 值有所不同，并且洗脱顺序也不同。

表 7-1　薄层色谱上常用溶剂的介电常数以及在硅胶板上的 Snyder 溶剂强度参数 ε° 值

溶剂	介电常数 ε_i	溶剂强度参数 ε° 值	溶剂	介电常数 ε_i	溶剂强度参数 ε° 值
正己烷	1.89	0.01	四氢呋喃	7.39	0.35
石油醚	2.13	0.01	丙酮	20.7	0.43
环己烷	2.02	0.03	乙酸丁酯	5.01	0.45
异辛烷	1.94	0.08	乙酸乙酯	6.02	0.45
四氯化碳	2.24	0.14	乙腈	37.5	0.5
甲苯	2.38	0.21	正丙醇	20.1	0.63
苯	2.28	0.25	乙醇	24.3	0.68
乙醚	4.34	0.29	甲醇	32.6	0.73
氯仿	4.81	0.31	乙酸	6.15	0.77
二氯甲烷	9.08	0.32			

在实际工作中，一般可以查阅相关文献，结合经验，从而通过较少的试验即可找到最佳的溶剂系统。此外，还可以采用三角形优化法、点滴试验法等较为简便的方法初步探寻展开剂。

第二节　薄层色谱法的操作技术

薄层色谱法操作步骤包括薄层板的制备、点样、展开、显色、定性和定量分析等。

一、薄层板的制备

制备薄层板简称制板，即将固定相均匀地涂布在玻璃板上的过程，分为手工制板和预制板。

（一）手工制板

手工制板常采用玻璃板，其尺寸一般为 20cm×20cm、10cm×20cm 和 5cm×20cm，厚度为 1.3~4mm，也可用 25mm×75mm 显微镜载玻片。玻璃板表面必须保持清洁，并要仔细保护板的边缘部分，以免损坏。薄层板一般分为不含黏合剂的软板和含黏合剂的硬板两种，通常使用的黏合剂为羧甲基纤维素钠（CMC-Na）。软板是将吸附剂用干法在玻璃板上涂成均匀的薄层即可使用，但薄层疏松且操作很不方便，目前很少使用。制备含黏合剂的硬板，必须先选择合适的玻璃板，要求板面平整，洗净后备用。然后制备固定相的匀浆，用手动或简易自动涂布器（如 CAMAG 自动薄层涂布器）将已调制好的固定相匀浆均匀地涂布在玻璃板上。薄层厚度一般在 0.2~0.3mm 之间，置水平台面上，在空气中自然晾干，然后进行活化处理，放入干燥器中备用，晾干的过程中应避免因通风而导致层面产生裂纹。由于固定相即黏合剂类型不同，性能也不一样，常用的不同类别薄层板制备时的用水量及活化条件也不尽相同。可参考表 7-2，将一定量的固定相按表中所列的比例加入适量蒸馏水，在研钵中用研杵研磨或在烧杯中用玻璃棒顺一个方向搅拌均匀。搅拌或研磨的时间视固定相及黏合剂种类的不同而有所不同。涂布时速度要快，避免固定相过度凝固给涂布带来困难。

表 7-2　常用加黏合剂铺薄层板的处理方法

薄层类别	固定相/g：水用量/mL	活化条件
硅胶 G	1：2 或 1：3	80℃或 105℃ 0.5~1h
硅胶 CMC-Na	1：3(0.5%~1.0% CMC-Na 水溶液)	80℃ 20~30min
硅胶 G CMC-Na	1：3(0.2% CMC-Na 水溶液)	80℃ 20~30min
氧化铝 G	1：2 或 1：2.5	110℃ 30min
氧化铝-硅胶 G(1：2)	1：2.5 或 1：3	80℃ 30min
硅胶-淀粉	1：2	105℃ 30min
硅藻土 G	1：2	110℃ 30min
硅胶 H(不含黏合剂)	1：2	105℃ 30min
纤维素	1：5	阴干或不活化

（二）预制板

预制薄层板品种和规格很多，视试验需要，可以直接在市场上选购，但价格相对较贵。

（三）薄层板的活化及活度标定

吸附剂的吸附能力用活度来表示，其吸附能力随含水量增加而减弱。手工制的硅胶或氧化铝薄层板，涂布后在水平放置晾干，通常必须活化，活化的温度及时间可根据要求变化。薄层活度的大小受大气相对湿度的影响，因为吸附剂表面能可逆地吸收水分。如果大气湿度过大，薄层活度会降低，从而影响分离效果，故必须将室温晾干的薄层板在点样前根据活度要求在一定温度下活化。薄层活度并非越大越好，一般晾干后的薄层在 $105\sim120℃$ 干燥 $0.5\sim1h$ 即可达到常规要求的 $\mathrm{II}\sim\mathrm{III}$ 级活度，但是活化后的薄层板在点样过程中在短短的几分钟内就可与环境中的相对湿度达到平衡，因此在恒温恒湿的条件下进行吸附薄层分离是最理想的。

硅胶活度标定方法（Stahl 法）如下。

（1）染料溶液的配制　称取对二甲氨基偶氮苯、靛酚蓝、苏丹红（苏丹Ⅲ）各 20mg，溶于 1mL 氯仿中，摇匀备用。

（2）标定步骤　吸取上述染料混合溶液点在待测的硅胶薄层上，点样的直径 $1\sim2mm$。用石油醚展开 10cm，斑点应不移动，若用苯展开则应分成三个斑点，合格的硅胶黏合薄层，其 R_f 值分别为：对二甲氨基偶氮苯 0.58 ± 0.05，苏丹红 0.38 ± 0.05，靛酚蓝 0.08 ± 0.05，其活度为 $\mathrm{II}\sim\mathrm{III}$ 级，水分含量 $10\%\sim12\%$。如 R_f 值＜标准值，表明硅胶的含水量少（新鲜活化的硅胶板），吸附能力强，活度级别为＜Ⅱ级；如 R_f 值＞标准值，表明硅胶的含水量多（暴露在空气中时间较长的硅胶板），吸附能力弱，活度级别为＞Ⅲ级。硅胶活度级别与硅胶的含水量、吸附能力及样品 R_f 值的关系如下。

硅胶活度	Ⅰ	Ⅱ	Ⅲ	Ⅳ	Ⅴ
硅胶含水量	少	→			多
硅胶吸附能力	强	→			弱
样品 R_f 值	小	→			大

二、点样

将待分离、鉴定的样品溶液滴加到薄层板上的过程称之为点样。点样是定量误差的主要来源。样品溶液的制备过程，不同的点样设备、点样体积和点样方式等均是造成误差的因素。上述条件的选择取决于分析目的、样品溶液的浓度及被检测农药的灵敏度。

（一）点样设备

点样设备分手持型和机械型。最常用的点样设备是定量毛细管或微量注射器，点样时，直接手持点样器接触薄层板面，利用毛细作用或手移滴加样品溶液到薄层板表面，完成点样工作。也有机械点样的设备，全自动点样设备结合了现代电子及机械技术，实现吸样、点样、清洗、点样方式的安排、点样速度控制等一体化操作，使定量分析结果准确。

（二）点样方式

农药残留分析的实际工作中，点状点样与带状点样使用较多。

（1）点状点样　经典的薄层要求原点直径一般控制在 3mm 以内，每 1mL 含 $0.5\sim2mg$ 农药，点样量为 $1\sim5\mu L$，点间距 $1\sim1.5cm$，起始线距底边约 1.5cm，展开距离 $10\sim15cm$。高效薄层色谱原点直径为 $1\sim1.5mm$，点样量为 $0.05\sim0.2\mu L$，点间距 $0.3\sim0.5cm$，起始线距底边约为 1cm，展距为 $5\sim7cm$。

（2）带状点样　将样品溶液点成宽 $2\sim3mm$ 直线状条带，称为带状点样。当样品体积较大、浓度稀或者为了改善分离度时，可用带状点样。此方法可以作为定性定量用。除了用手工点样外，可用精密的自动或半自动点样仪点样，不仅可以控制点样次数、点样器在薄层上的停留时间以及点样器接触薄层的速度，还能避免手动点样时造成准确度的误差。带状点样展开后的谱带分辨率明显高于点状点样，精密度准确，为定量分析提供最佳的条件。

（三）点样操作时的注意事项

（1）点样量要适当。点样量太少，可能斑点模糊或完全不显出斑点；点样量过大会造成原点"超载"，使斑点过大或出现拖尾重叠，使 R_f 值相近的斑点连接起来，达不到分离的目的，且扫描峰形不对称不能达到基线分离。可采用带状点样，以得到更好的分离效果。点样量可根据农药残留测定方法的灵敏度而定。

（2）点样时，点样工具应保持在薄层板垂直方向，小心接触薄层板面进行点样，尽可能不划伤表面，更不能刺穿薄层板上所铺的固定相，否则展开后斑点成不规则状。

（3）点样时需严格控制每次点样条件一致，应尽可能避免多次点样，尤其在农药残留分析定量时，准确点样才能获得重现性好的结果。

（4）配制样品溶液时，应选择对残留农药溶解度相对较小的溶剂，如果溶剂的溶解度过大，点样时样品在原点就开始呈圆形展开，原点将变成空心环，这种现象被称为"上样环形色谱效应"，此效应对随后的线性展开会造成不良影响；溶剂的黏度要小，便于点样；溶剂的沸点要适中，沸点过低会改变样品溶液的浓度导致误差，沸点过高，样品溶液的溶剂不易挥发而留在原点导致展开剂选择性的改变。点样后必须将溶剂全部除去再进行展开。对于样品中含有遇热不稳定的残留农药时，应避免高温加热，以免改变样品中残留农药的性质。

三、展开

展开是展开剂沿薄层板从原点移向前沿的过程。在此过程中，样品中各组分与展开剂及固定相之间相互作用，使样品中的各组分被展开剂沿流动的方向分开。

（一）分类

1. 展开方式分类

薄层色谱的展开方式有线形（linear）、环形（circular）和向心形（anticircular）三种形式，其中线性展开又可分为上行或下行展开，经典薄层色谱多用此方式展开；高效薄层色谱法更多应用水平方向的环形和向心形展开。

2. 展开次数分类

根据展开次数，可分为一次、二次和多次展开。

（1）一次展开 是指按所选的展开方式，展开到前沿位置后将薄层板取出，晾干，直接进行显色定位检测。

（2）二次展开 又称双向展开，将样品点在薄层板上一角 a 处，如图 7-1 所示，先将薄层板的 AB 边浸入展开剂中，使它沿方向 1 展开一次，取出，挥去展开剂，顺时针转 90°后将薄层板的 BC 边浸入另一种展开剂中，沿方向 2 作第二次展开。a 处样品点经第一次展开后得到展开物质在 b 处，第二次展开后 a 处样品点展开到 c 处。这种方法仅适用于定性分析成分较多，性质比较接近的物质分离。实际上此法是为了增加展距，调节展开剂的极性，从而提高分离能力的展开技术。

（3）多次展开 ①单向多次展开以相同的展开剂按同一方向重复展开，以便增大组分的分离度。②增量多次展开，此法是指在同一块薄层上，用同一种展开剂，沿同一方向，展距递

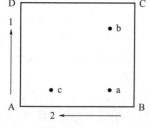

图 7-1 薄层板二次展开

增地重复展开。③阶式展开是对于极性相差很大的农药用两种或两种以上极性不同的展开剂分别展开几次，使之将极性相差很大的农药在一块薄层板上得以分离。④程序多次展开是由 n 次单向展开设计的，每次展开是按常法展开，当达到规定的展开时间后，停止展开，进行干燥过程。每次展开之间不用取出薄层板，仍与溶剂储存器接触，通过在薄层板背部辐射加热蒸发溶剂或在板的正面通过惰性气流使之干燥。

（二）操作方法

在薄层板展开之前，展开室内需用单一溶剂或新近配制混合好的展开剂的蒸气进行饱和，将浸有展开剂的滤纸条附着在展开室内壁上，放置一定时间，待溶剂挥发使展开室内充满饱和蒸气，然后将点样后的薄层板的点样端向下置于展开室中，放置的角度可大于60°或接近直角，展开剂浸没薄层板下端的高度不超过 0.5cm，点样处不能接触展开剂，展开剂展开距离（原点距前沿）一般为 10~15cm。展开时的温度最好控制在 15~25℃。展开后，取出薄层板，待展开剂挥散后，对斑点进行定位、检测。

对于硬板可采用直立型平底或双槽展开室展开，如果需要用与展开剂不同的溶剂蒸气（如挥发性酸或碱等）饱和薄层板时，在平底展开室中放置盛有某种挥发性溶剂的小杯，此时饱和效果较为理想。双槽展开室的优点是节省展开剂，便于进行预饱和，其中一槽放置展开剂，另一槽中放置另一种饱和蒸气用的溶剂，特别是代替在展开剂中互溶程度低，容易分层的混合展开剂。软板只能进行水平展开，一般使用长方形的玻璃展开室。薄板与水平成 15°~20°，将展开室的一端垫高，使展开剂集中在薄层板点有样品的一端，如果薄板需用展开剂饱和，可将薄层板放在垫高的一端，饱和后展开，可将另一端垫高，薄层板就可以接触展开剂进行展开。

（三）展开操作的注意事项

（1）为避免溶剂挥发和形成一个合适的展开环境，展开室均应呈密闭状态。

（2）选用混合溶剂作为展开剂时，沸点较低的以及与吸附剂亲和力弱的溶剂（如氯仿-甲醇混合溶剂中的氯仿），在薄层的两个边缘处较易挥发，故在薄层板的边缘处比中部的浓度小，产生边缘效应。消除办法主要是采用展开前预饱和，展开剂蒸气一般在 30min 以上可达到饱和。使用较宽的薄层板时，边缘效应更易发生，需要更长的预饱和时间。

（3）使用混合展开剂时，一定要现用现配。在选择展开剂时，应尽量选择与吸附剂亲和力相近的两种或多种溶剂，避免发生展开剂分层现象。如氯仿-乙醚（75∶25）作展开剂时，由于乙醚与硅胶易形成氢键，与硅胶有较强的亲和力，在展开的过程中乙醚的比例会逐渐减少，最后形成单一氯仿的展开剂。如果选择苯-环己烷两种强度相近的混合溶剂展开时就可克服这种现象的发生。但混合展开剂分层并不一定产生不利的影响，有些分离的成功正是由于展开剂分层的结果。

四、薄层斑点的定位方法

展开后的薄层板待展开剂完全挥发后，需对待测组分进行确认和检出。用薄层色谱法分离待测农药，通常使用以下几种方法进行定位。

（一）荧光显色定位法

利用薄层底板或农药及其转化物能吸收紫外线或波长较短的可见光，从而发出波长较长的可见荧光的特点。可分为农药斑荧光显示、薄层背景荧光猝熄，及农药斑荧光猝熄、薄层背景荧光显示两种。

大多数农药在可见光下不能显色，但有些农药可在紫外灯（254nm 或 365nm）下显示不同颜色的斑点。那些对可见光、紫外线都不吸收，也没有合适的显色方法的农药可以用荧光淬灭技术进行检测，即将样品点在含有无机荧光剂的薄层板上，展开后，挥去展开剂，放在紫外灯下观察，被分离的农药组分在发亮的背景上显示暗点，因为样品中的化合物减弱了吸附剂中的荧光物质的紫外吸收强度，引起荧光的淬灭。也可用有机荧光剂，如 2,7-二氯荧光素、荧光素、桑色素或罗丹明 B 等配成 0.01%～0.2%的乙醇溶液喷在薄层板上，可以收到与荧光薄层板同样的效果。

（二）化学显色法

利用各种化学试剂与农药及其代谢产物在展开后的薄层上反应生成有色化合物，或农药经适当处理转化成其他化合物与显色剂完成显色反应，使薄层色谱农药斑点与底板的底色呈现不同颜色的可见光波段（400～760nm）的色斑与底色。显色反应的灵敏度与显色剂的用量、酸度、温度、时间有很大关系。表 7-3 是常见化学显色法的灵敏度和适用范围。

表 7-3　常见化学显色法的灵敏度和适用范围

显色试剂	色斑	底色	最小检出量/μg	适用范围
溴-刚果红	蓝	红	0.2～0.5	含硫磷酸酯
溴-溴酚蓝	黄	红	0.1～0.5	含硫磷酸酯
NBP-四亚乙基戊胺	蓝	白	0.2～0.5	磷酸酯
四溴苯酚磺酞乙酯-硝酸银-柠檬酸	蓝-紫	黄	0.05～0.1	含硫磷酸酯
硝酸亚汞-氨	黑色	浅灰	0.02～0.3	含硫磷酸酯
硝酸银-(苯氧乙醇,NH₃)	黑色	浅灰	0.02～0.1	有机氯
二苯胺-氯化锌	绿、橙、紫	蓝	5～20	有机氯、磷酸酯
o-联甲苯胺-碘化钾	黄、绿、蓝	白	0.02～0.5	有机氯、有机氟
对硝基偶氮氟硼酸盐	蓝、紫	橙	0.01～10	磷酸酯、氨基甲酸酯
氯化钯	黄、褐、蓝	白	0.5～3.0	含硫磷酸酯、有机氯
N-2,6-二氯对苯并醌亚胺-硼砂	蓝	无	微克级	氨基甲酸酯
氨基安替吡啉-铁氰化钾	红、紫	黄	微克级	氨基甲酸酯
磷酸-鞣酸-丙酮	洋红	无	1.0	天然除虫菊酯

通常使用喷雾显色法。以特制的玻璃喷雾器或装有自制喷嘴的小三角瓶喷雾至湿润，如斑点还未显现，则还需烘干、紫外线照射或二次喷雾等处理。喷雾方向要和展开剂在薄层板上的展开方向相垂直，喷至板面透湿或呈半透明为止。喷雾要浓密均匀，恰如雾状，不可使喷嘴距板面太近，以免板面遭到破坏。很多显色剂具有毒性，因此，喷雾操作要在通风橱内进行。

（三）蒸气显色法

利用某些物质的蒸气与样品中的待测农药作用生成不同颜色的物质或产生荧光，一些反应是可逆的。最常见的有碘蒸气和溴蒸气法，将展开后挥发除去展开剂的薄层板放入储有晶体碘或液态溴的密闭容器中，大多数的有机物（有机磷农药、氨基甲酸酯类农药）吸收碘蒸气或溴蒸气后显示不同程度的黄褐色斑点，取出薄层板后，立即标出斑点的位置，当薄层离开碘或溴蒸气后斑点的颜色逐渐减退，由于是可逆反应，此法并不改变化合物的性质。

（四）生物和酶检出法

具有生物活性的物质，如黑曲霉素、抗菌素等，含有杀菌剂的残留农药的样品在薄层板上展开后与含有相当微生物的琼脂培养基表面接触，在一定温度、一定湿度下培养后，有农药处的微生物生长受到抑制，琼脂表面出现抑菌点而定位。

薄层酶抑制技术（TLC-EI）是根据有机磷、氨基甲酸酯类农药能抑制昆虫神经系统中乙酰胆碱酯酶活性的原理，应用在薄层色谱上的生物显色法。根据酶源种类和基质的不同，TLC-EI 法可分为直接法和间接法两种。直接法即在薄层色谱上形成有颜色的背景，被抑制区域呈现无色斑点，可直接检出；间接法即酶水解基质不能直接产生有色物质，需通过 pH 指示剂才能使薄层色谱上出现有色背景。

植物酶也可以代替乙酰胆碱酯酶在方法中应用。其操作如下：

农药在薄板上展开后，喷面粉酶液至板面湿润，于 37℃、相对湿度 90% 的恒温箱中静置 20min，取出，喷显色基质溶液。若室温较低，需在 37℃ 恒温箱内保温 5min。因为农药抑制了斑点上的酶活性导致基质不能水解，而其他部分不被抑制，仍可使基质水解，故喷显色基质溶液后可以显色。本方法以醋酸-α-萘酯（醋酸-β-萘酯）为基质，其水解产物萘酚与固蓝 B 反应呈现紫红色，而农药斑点处为白色。通过斑点面积法进行半定量，或使用薄层扫描仪进行定量分析。

表 7-4 列出了各种酯酶基质产生的农药色斑和薄层底色。

表 7-4　各种酯酶基质产生的农药色斑和薄层底色

基质	颜色		基质	颜色	
	农药斑点	底色		农药斑点	底色
乙酸-β-萘酯＋固蓝 B	白	紫红	5-溴-6-氯吲哚乙酸酯	白	粉红
乙酸-α-萘酯＋固蓝 B	白	紫红	5-溴-4-氯吲哚乙酸酯	白	绿-蓝
吲哚乙酸酯	白	蓝	乙酰胆碱＋溴百里酚蓝	蓝	黄
5-溴吲哚乙酸酯	白	蓝-红紫	乙酸靛酯	白	蓝
5-溴吲哚乙酸酯＋固蓝 RR	白	粉红	吲哚酚＋固蓝 RR	白	粉红

（五）薄层色谱与其他检测技术联用

将薄层与其他仪器联用可获得更丰富、更准确的定性鉴别的特征性图谱和数据。如 TLC-HPLC、TLC-GC、TLC-MS、TLC-IR、TLC-AAS、TLC-NMR 等。

五、检测

（一）定性检测

样品通过薄层分离，对斑点用适当的方法定位，通常使用 R_f 值进行定性。

农药斑点 R_f 值在相同的薄层色谱条件下，应该是个常数，由于薄层色谱是开放型不连续的离线操作，因此除固定相、流动相有一定影响外，不同的操作技术以及环境（温度、湿度等）也会有影响，也就是说影响 R_f 值的因素很多。因此，定性时必须将待测的残留农药与其标准品在同一薄层板上经过两种以上不同展开剂展开，两者 R_f 值一致时，才可认为该斑点与标准品是同一农药。

（二）定量方法

薄层色谱分析中对得到的斑点可以进行半定量或定量分析。半定量分析，即可以从斑点的大小和颜色与随行标准品斑点比较，近似估计样品中待测农药的含量。定量分析分为间接定量和直接定量。间接定量也叫洗脱测定法，由于洗脱测定操作步骤繁琐，费时费事，不太适用于样品中残留农药的定量分析。直接定量就是对薄层色谱分离的斑点直接在薄层板上进行的定量测定与校正。现介绍直接定量的几种方法。

1. 目测比较法

将一系列已知浓度的标准品溶液与一定量的样品溶液点在同一薄层板上，经展开、定位后，将样品分离得到的待测农药斑点与其相对应标准品的斑点大小和颜色深浅进行比较，即可估计出样品中该农药的含量。此方法误差较大，不能对样品中待测农药准确定量，但用此法可初步筛选样品中的农药，为正式定量确定合理的点样量，可节省样品的分析时间。

2. 斑点面积测定法

展开后薄层板上样品量 W 的对数和斑点面积 A 的平方根成线性关系。

$$\sqrt{A} = m\lg W + C$$

将一未知浓度的样品溶液、标准溶液和稀释后的标准溶液点在同一薄层板上进行展开、显色、测量各斑点面积。由于是相同处理，薄层的特性、溶剂移动距离等不再成变量，即得：

$$标准溶液 \sqrt{A_s} = m\lg W_s + C$$
$$标准液稀释液 \sqrt{A_d} = m\lg W_d + C$$
$$样品溶液 \sqrt{A} = m\lg W + C$$

由上三式联立解方程，消去 m 和 C，导出如下运算式：

$$\lg W = \lg W_s - \left[\frac{\sqrt{A_s} - \sqrt{A}}{\sqrt{A_d} - \sqrt{A_s}}\right]\lg d$$

式中　A——未知浓度样品的相对斑点面积；

A_s——标准样品的相对斑点面积；

A_d——标准样品稀释倍数后的相对斑点面积；

d——标准样品稀释倍数的倒数；

W_s——标准样品质量；

W——所求未知物质量。

此法还可用透明纸将斑点画下，再将透明纸印在坐标纸上，相当于用多少小格来计算面积，但该方法误差较大。

3. 仪器测定法

仪器测定法又称原位薄层扫描法，即使用薄层色谱扫描仪对薄层上的被分离的待测农药进行直接扫描定量的方法。目前，用薄层扫描仪扫描测定斑点中化合物含量的方法已成为薄层定量的主要方法。薄层扫描仪的工作原理可根据测定方式、扫描光波束数以及扫描轨迹的不同进行分类（表7-5），从表中可知，其工作方法虽各有不同，但总的测定方法不变，主要原理是薄层展开后用一束长宽可以调节的一定波长的光照射薄层斑点，对整个斑点进行扫描，用仪器测量通过斑点或被斑点反射的光束强度的变化，得到扫描曲线，曲线上的每个色谱峰的峰高或峰面积与标准品相比较，可得出样品中待测农药的含量。常用的定量方法有内标法、外标法和归一化法。

六、薄层色谱法常出现的问题及解决办法

在薄层色谱分析中，色谱斑点的好坏直接影响分析结果。尽管按基本要求操作，但有时仍会出现斑点异常现象，如边缘效应、S形和波浪形斑点、念珠状斑点、展开后斑点 R_f 值相差悬殊等，严重干扰色谱结果的判断。对此，必须找出异常斑点产生原因及解决办法。

表 7-5　薄层扫描仪工作原理分类表

类别	测定方式	扫描波长	扫描轨迹
吸收测定法	透射法 反射法 透射反射法	单波长扫描 双波长扫描 多波长扫描	锯齿状扫描 直线扫描 圆形扫描(径向扫描和圆周扫描)
荧光测定法	荧光测定法 荧光猝灭法		

(1) 边缘效应　薄层板上展开剂的比例不一致使薄层色谱边沿处的浓度比在中间部分低，产生边缘效应。常用的克服办法：增加展开室中溶剂蒸气饱和度；选用较合适的单一展开剂代替混合展开剂。

(2) S 形及波浪形斑点　主要是由于薄层厚薄不均而影响展开速度，需选择厚薄一致均匀平整的薄层板。

(3) 念珠状斑点　化合物的斑点之间距离小，互相连接起来，形成一串佛珠。主要原因：点样液中成分过多；原点处多次点样形成复斑，展开后各斑点成为念珠状斑点，需控制样品液为一定浓度，点样 1～2 次完成，同时两次点样中心要重合。

(4) 展开后斑点 R_f 值相差悬殊　薄层色谱法分析样品中农药多残留时，当用一种展开剂展开后，一部分农药斑点被推到展开剂前沿附近，另一部分有可能留在原点附近，分离效果不好。克服办法常采用二次展开。第一次先用极性较大的展开剂，把样品中极性相差较大的农药展开一定距离，使极性较大几种农药斑点能较好分开。然后更换极性较弱的展开剂，进行第二次展开，此时极性较弱的农药也能够被分开。

第三节　薄层色谱法在农药残留分析中的应用

薄层色谱法广泛应用于食品、饮用水、环境基质（土壤、地下水和废水）、生物原料等各种样品中的农药残留的测定。用薄层色谱法进行农药残留分析，可对大量农药进行初步筛选，从而降低对复杂分析仪器的依赖性。它不仅可以作为一个独立的分析方法，而且可以作为其他农药测定方法如气相色谱法、液相色谱法、毛细管电泳分析法和酶免疫测定法等的确证以及增补方法。

一、常见农药类型的薄层色谱分析方法

常见农药类型的薄层色谱分析方法见表 7-6。

表 7-6　常见农药类型的薄层色谱分析方法

农药名称	固定相	展开剂	检测
艾氏剂、滴滴滴、滴滴涕、滴滴伊、异狄氏剂	硅胶 60F 高效薄层	正庚烷	254nm
磺草灵	硅胶(高效)	丙酮-氨水(95：5) 氯仿-丙酮(3：2)(65mm)	Bratton-marshall 试剂
莠去津及其去乙基、去二氨基、去异丙基等代谢物	硅胶 60F(高效)	苯-丙醇-丁醇-乙酸-水(1：1：1：0.5：0.5)(40mm)	254nm 或罗丹明 6G
莠去津及其去乙基、去异丙基及羟基代谢物	硅胶反相薄层	甲醇-水(7：3)	222nm 扫描定量

农药名称	固定相	展开剂	检测
谷硫磷等12种	硅胶	己烷-丙酮(75:25,65:35,50:50)己烷-二乙醚(90:10,99:1)	Pd^{2+}-Calcein(钙黄绿素)试剂
溴硫磷及乐果	C_{18}硅胶	丙酮-水(80:20)	氯化钯试剂
克百威及其代谢产物	硅胶60F(高效)	氯仿-二乙醚(2:1)	254nm或罗丹明6G
杀虫剂甲萘威及其中间体α-萘酚	硅胶H	氯仿	喷氢氧化钠后于366nm下检视,荧光扫描定量
甲萘威、残杀畏、α-萘酚、β-二萘氧基乙酸、对氯酚、邻硝基酚、多菌灵、克百威	硅胶60F	苯,氯仿,四氯化碳或水	喷氢氧化钠后,再喷对硝基苯重氮四氟硼酸盐
除草剂氯溴隆及甲氧隆	硅胶60F	苯-丙酮(66:34)	紫外灯下检视,紫外吸收扫描定量
有机氯杀虫剂(狄氏剂,滴滴涕,艾氏剂,七氯,六六六,异狄试剂,甲氧滴滴涕,七氯环氧化物)	C_{18}硅胶	乙腈-水(75:25)	邻联甲苯胺试剂
植物生长调节剂4-氯苯氧乙酸及其衍生物(2,4-滴、2,4,5-涕、2甲4氯、2,4,5-涕丙酸)	用硝酸银浸渍的硅胶	己烷-乙酸乙酯(72:30:18)	紫外灯下检视,荧光猝灭扫描定量
狄氏剂,硫丹,林丹,滴滴滴,滴滴涕,艾氏剂	硅胶60(高效)	不同比例的庚烷-二氯甲烷多次展开	0.5%硝酸银乙醇溶液,5%氢氧化铵;或0.1%四甲联苯胺(TMB)的丙酮溶液,板干后在短波紫外灯下照30min
杀真菌剂苯菌灵,抗血凝性杀鼠剂,杀鼠萘,丙基增效剂	硅胶60	己烷-丙酮(90:10)	板于200℃加热45min,366nm紫外灯下检视;荧光扫描定量
杀菌剂克菌丹及敌菌丹,除草剂敌草快及百草枯,农药蝇毒磷及鱼藤酮,杀鼠剂敌鼠及杀鼠灵	碱性氧化铝	己烷-丙酮不同比例,丙酮-甲苯(2:9)苯-丁醇-甲醇-1mol/L盐酸(1:1:2:1)	200℃加热45min观察荧光
除草剂(2甲4氯酰肼,2甲4氯,2,4滴,乙酸萘酯,二氯苯氧基丙酸)及其副产物	硅胶	苯或甲苯-乙酸乙酯(17:1)	薄层前用4-溴化甲基-7-甲氧基香豆素衍生化生成荧光,于366nm紫外灯下检视
苯基脲类除草剂	硅胶GF	双向多次展开 第一向:二乙醚-甲苯(1:3;2:1)展开二次 第二向:氯仿-硝基甲烷(1:3)	254nm
甲基苯噻隆,萘草胺,鱼藤酮,杀鼠灵	硅胶60	己烷-丙酮(90:10)	酸、碱处理,加热,观察荧光,荧光扫描定量
60多种各种类型的农药	C_{18}及C_{18}以下高效薄层	甲醇-水(6:4,7:3)丙酮-水(7:3)	硝酸银,+UV,氯气/邻联甲苯胺高锰酸钾
有机锡农药三苯基锡	硅胶G	甲基异丁基酮-吡啶-乙酸(97.5:1.5:1.0)	220nm
苯基脲及N-苯基氨基甲酸酯农药	硅胶60	苯-甲醇(95:5)	喷荧光胺,再喷三乙胺,荧光扫描定量
含硫有机磷农药	硅胶60G	己烷-丙酮(9:1)	喷盐酸,碘化钾+淀粉及氨水

农药名称	固定相	展开剂	检测
杀虫剂甲氧滴滴涕 p,p'-异构体	硅胶 G	正戊烷-无水乙醚(9:1)	λ_s 254nm 扫描定量
仿生杀虫剂杀虫单	硅胶 G	甲醇-乙酸乙酯(7:3)	碘显色,库伦滴定
增效滴滴涕片中吡唑酮,阿维菌素	硅胶 60F$_{254}$	氯仿-乙酸乙酯-甲醇-二氯甲烷(9:9:1:2)	λ_s260nm λ_s240nm λ_s340nm
水中 7 种有机磷农药	硅胶 60F$_{254}$,用前用甲醇-氯仿(1:1)洗涤干燥	正己烷-丙酮(75:30)	UV$_{254}$、UV$_{366}$ 检测,λ_s220nm 定量
自来水中 5 种磺酰脲除草剂的分离及苄嘧磺隆的测定	硅胶 F$_{254}$(高效)	氯仿-丙酮-冰乙酸(90:10:0.75)(A)分离用;甲苯-乙酸乙酯(50:50)(B)测定用	λ_s201nm
水样中 3 种农药	RP-18F$_{254}$(高效)	2-丙醇-水(6:4)	λ_s254nm

注:摘自何丽一的《平面色谱方法与应用》295 页。

二、农药残留薄层色谱经典显色方法

Ambrus 等用薄层色谱法对蔬菜、水果、谷物等样品中的大量残留农药进行了全面筛选,研究确定了 118 种不同类型农药在 11 个淋洗系统的 R_f 值和相对比移值 $R_{i,s}$,采用紫外灯照射法或下述 8 种显色法对不同类型的农药进行定位。农药在不同的淋洗系统中 R_f 值是不同的。经实验证明,118 种农药在硅胶 G-乙酸乙酯系统的 R_f 值在 0.05~0.7 范围之内,在硅胶 G-苯系统上的 R_f 值范围是 0.02~0.7,硅胶 C$_{18}$F$_{254}$-丙酮:甲醇:水(30:30:30 体积比)系统的 R_f 值在 0.1~0.8 之间,R_f 值的相对标准偏差均小于 20%。

以下详细介绍该薄层色谱分析法中的 8 种显色方法。

1. 邻联甲苯胺-碘化钾法(o-tolidine+ potassium iodide,o-TKI)

显色液:0.5g 邻联甲苯胺溶解在 10mL 乙酸中,2g 碘化钾溶解在 10mL 蒸馏水中,将上述溶液混合,用蒸馏水稀释至 500mL。

显色测定:将展开后的薄层硅胶板放入预先用氯气(1g 高锰酸钾加 5mL 浓盐酸)饱和的展开槽中 30s,取出,待氯气挥散后,均匀将上述显色溶液喷雾至薄层板上。背景呈灰白色,被测农药呈蓝色,淡紫色或白色斑点。不同类型的农药斑点的颜色不同。

2. 对硝基苯-氟硼酸盐法(p-nitrobenzene-fluoborate,NBFB)

显色液:将 0.1g 对硝基苯-氟硼酸盐溶于 2.5mL 1,2-乙二醇和 22.5mL 乙醇的混合试剂中,该显色试剂必须现用现配(配好后 5~10min 内使用)。

1.5mol/L 氢氧化钠溶液:将 30g 氢氧化钠溶于 400mL 蒸馏水中,待溶液冷却至室温,于 500mL 容量瓶中用蒸馏水定容,备用。

显色测定:将展开后的薄层硅胶板,用 1.5mol/L 氢氧化钠溶液均匀喷板后将其放在 70℃烘箱中保持 10min,取出,冷却室温,显色溶液喷雾至薄层板上。背景呈白色,农药的斑点呈红色,淡紫色或蓝色。

此方法可选择性地用于测定和确认酚类或能被水解出酚类的农药,如氨基甲酸酯类农药。

3. 对二甲胺基苯甲醛法(p-dimethylamino-benzaldehyde,PDB)

显色液:将 0.15g 对二甲胺基苯甲醛溶于 47.5mL 乙醇和 2.5mL 的盐酸混合溶液中,

充分摇匀，此溶液必须饱和，且需现用现配。

显色测定：将展开后的氧化铝板，放在160℃烘箱中保持25min，取出，冷却至室温。用上述的显色溶液均匀喷雾至薄层板上，观察颜色的变化。背景呈白色，农药的斑点呈黄色或玫瑰色。此方法实际上可测定所有脲类和某些氨基甲酸酯类农药。

能被水解成伯胺类的农药，如脲类除草剂等可采用此方法显色。而硅胶薄层板在160℃会使硅胶失去活性，故此方法不适合硅胶薄层板。

4. 硝酸银-紫外照射法（AgUV, silver nitrate+ UV exposure）

显色液：将0.1g的硝酸银溶解在1mL的重蒸馏水中，加入20mL苯氧基乙醇，一滴双氧水，用丙酮定容于200mL的棕色容量瓶中。

显色测定：展开后的薄层氧化铝板在室内晾干后，将显色溶液均匀喷雾于薄层板上，将其放在无滤光片的强紫外灯下照射，直至斑点出现。背景呈白色，农药的斑点为灰黑色。

此显色方法是使农药中的氯与银离子结合成氯化银，氯化银被光解成含氧氯化银AgClO·AgCl·AgO·AgCl以及少量单体银，使有机氯农药显现黑斑。苯氧乙醇的作用是溶解农药，但它不溶解硝酸银，且它的沸点较高，在显色剂的溶剂挥发后，仍留在板上，此时所形成的微粒硝酸银能加速反应。而微量的过氧化氢可防止背景颜色变深，但太多则斑点不能显出或灵敏度降低。根据试验，加氨水也能保持浅色背景。

此方法适用于农药分子中含有卤素原子的显色测定。此法对所有卤素化合物是没有选择性的，且它对提取液中的杂质也非常灵敏，因此提取液必须经过充分的净化。

5. 光合作用抑制法-希尔反应（photosynthesis inhibition, Hill reaction）

叶绿素提取液：将生长2周的嫩小麦叶剪成2～4mm碎片。称取30g放入研钵中，加入3mL甘油、15mL重蒸水和5g石英砂。研磨成均一的匀浆液，过4层纱布挤压含叶绿体的悬浮液于小烧杯中。用铝箔包好小烧杯，放置冰箱内备用。

硼砂缓冲溶液：350mL 0.05mol/L（9.5g硼砂溶解在500mL水中）硼砂溶液与150mL 0.1mol/L HCl混合。2,6-二氯（酚）靛酚钠盐缓冲液：称取200mg 2,6-二氯（酚）靛酚钠盐溶于500mL硼砂缓冲液。

显色液：取10mL 2,6-二氯（酚）靛酚钠盐缓冲液逐滴加入20～25mL的叶绿素提取液中，混匀，得叶绿素工作液（pH 9～10）。现用现配。

显色测定：将叶绿素工作液均匀喷雾至板面上，放在100W钨灯下照射几分钟，直至在绿色背景下有蓝灰色斑点出现，迅速记录斑点的位置。

希尔反应是绿色植物的离体叶绿体在光照射下分解水，放出氧气，同时还原电子受体。通常氧化剂2,6-二氯（酚）靛酚作为电子受体，接受电子被还原后，颜色由蓝色变为无色。农药在薄层板上展开后，喷小麦嫩叶离体的叶绿体和2,6-二氯（酚）靛酚钠盐的混合溶液。在薄层板上有除草剂的地方抑制了希尔反应，使离体叶绿体在光照射下不能使水分解，不能产生氧气，蓝色的2,6-二氯（酚）靛酚不能被还原，因此有农药斑点的位置是叶绿体和2,6-二氯（酚）靛酚钠盐的混合溶液后的颜色，呈蓝灰色。在无除草剂的地方，进行希尔反应，2,6-二氯（酚）靛酚由蓝色变为无色，背景颜色为小麦嫩叶离体的叶绿体本身颜色，呈绿色。

此方法仅适用于能抑制光合作用的除草剂残留检测，如均三氮苯类、苯基脲类、苯氨基甲酸酯类、脲嘧啶类和酰替苯胺类等。

6. 真菌孢子抑制法［FAN, fungi spore（aspergillus niger）inhibition］

马铃薯琼脂培养基的制备：称取去皮马铃薯100g，切成小块加入500mL蒸馏水于锅中煮半个小时左右，过滤，留下汁液，在汁液中加入10g葡萄糖，10g琼脂在0.05MPa，

110℃的高压锅灭菌 1h。

真菌孢子的培养：将马铃薯琼脂培养基趁热（80～90℃）用 10mL 灭菌移液管移取 10mL，迅速注入灭菌的培养皿内，轻轻在桌面上转动培养皿，使培养基凝固成一平面，待熔化的马铃薯琼脂培养基冷却到 45～50℃，在其上扣入同样大小装有菌液的培养皿，轻轻拍打，使真菌的孢子落入马铃薯琼脂的培养基中，迅速盖上培养皿盖，将其放入 25℃的恒温保湿培养箱内 5d，培养好的孢子用塑料箔包好，放入冰箱中保存备用。

琼脂溶液的制备：称取 1.5g 琼脂于 70mL 煮沸的水中，加入 1.5g 葡萄糖和 0.3g 硝酸钾，充分溶解，冷却至 45℃左右。

真菌孢子悬浮液的制备：将培养 5d 的供试菌种（培养皿内）靠近酒精灯，加入 30mL 重蒸馏水，然后将接种环在火焰上灼烧几次，放入培养皿中轻轻刮动培养基上的孢子，使它们悬浮于灭菌水中。将此悬浮液加入到上述 45℃琼脂溶液中，混匀保持此温度，用 3 层纱布过滤于灭菌的三角瓶内，制成真菌孢子悬浮液，在 1h 内使用。

显色测定：将 45℃真菌孢子悬浮液喷至展开后的薄层硅胶板上直至板面均匀变湿，立刻放入 37℃恒温保湿培养箱内 48h 后，观察结果。背景呈灰色，农药斑点为白色。

此方法是一种测定杀菌剂灵敏方法，而且一般不受植物提取液的干扰。

7. 以乙酸-β-萘酯为基质的抑制牛肝酶法（EβNA, enzyme inhibition with cow liver extract and β-naphthyl-acetate substrate）

显色试剂：

① 酶液制备：称取 10g 切成小片的新鲜牛肝，加入 90mL 重蒸水，高速匀浆机匀浆后，以 4000r/min 离心 10min，收集上层清液 10～20mL，放置低温冷冻冰箱中，备用。使用前加 3 倍重蒸水稀释酶液；

② 乙酸-β-萘酯溶液：称取 25mg 乙酸-β-萘酯溶于 20mL 无水乙醇中；

③ 固蓝 B 盐：称取 10mg 固蓝 B 盐，溶于 16mL 蒸馏水中，现用现配；

④ 显色基质溶液：取上述 10mL 乙酸-β-萘酯溶液与 16mL 固蓝 B 盐溶液充分混匀。

显色测定：将展开后的薄层硅胶板置于预先用溴蒸气饱和的展开槽中，保持 45min，取出，放置通风橱中除去薄层板上多余的溴蒸气。均匀喷以配好的酶工作液至板面湿润，置 37℃、相对湿度 90% 的恒温箱中保温 20min，取出，喷显色基质溶液，若室温较低，需在 37℃恒温箱内保温 5min，观察结果，背景呈紫红色，被测物呈白色斑点。

此方法适用于有机磷和氨基甲酸酯类农药的检测。

8. 以碘化乙酰硫代胆碱为基质的抑制猪、马血清酶法（EAcI, enzyme inhibition with pig or horse blood serum and acetylthiocoline iodide substrate）

显色试剂：

① 2,6-二氯（酚）靛酚钠盐溶液：称取 5mg 2,6-二氯（酚）靛酚钠盐溶解在 10mL 重蒸馏水中。

② 酶液制备：用注射器采猪、马血液，用玻璃棒搅动，防止凝固，转移至离心管中，以 4000r/min 高速离心机离心 10min，收集血清，储存在低温冷冻冰箱中，备用。用 Ellman 方法检测胆碱酯酶的活性，猪血清酶活值 140U/L，马血清酶活值 570U/L。

③ 显色基质溶液：称取 15mg 碘化乙酰胆碱置于 10mL 水中。储存在 4℃冰箱中 6 周。

显色测定：同方法 7。背景呈白色，农药斑点为蓝色。此方法同样适用于有机磷和氨基甲酸酯类农药。

上述方法 7 和方法 8，两种酶抑制法具有相似灵敏度，但蓝色斑点比粉红色背景上白色斑点更为明显，且较少受植物提取液的影响。但某些植物中的天然化合物（如土豆、柠檬、某些草本植物）也有抑制酶的作用，必须加以考虑。

表7-7列出了118种农药在硅胶60F$_{254}$-乙酸乙酯系统的R_f值，采用了邻联甲苯胺-碘化钾法（o-TKI）、对硝基苯-氟硼酸盐法（NBFB）、希尔反应法（Hill reaction）、真菌孢子抑制法（FAN）、乙酸-β-萘酯牛肝酶抑制法（EβNA）和碘化乙酰硫代胆碱为基质的抑制猪、马血清酶法（EAcI）等显色方法得到的不同农药的相对比移值（$R_{i,s}$）。5种方法参比农药分别是莠去津、甲萘威、利谷隆、克菌丹、甲基对硫磷。

表7-7　118种农药在硅胶60F$_{254}$-乙酸乙酯系统的R_f值以及
不同显色方法测出部分农药的相对比移值$R_{i,s}$

农药	R_f	相对比移值（$R_{i,s}$）				
		o-TKI 莠去津	NBFB 甲萘威	Hill reaction 利谷隆	FAN 克菌丹	EβNA EAcI 甲基对硫磷
霜霉威	0.00	0.00	—	—	0.00	—
2,4-滴	0.04	0.07	—	0.07	—	—
氟吡甲禾灵	0.05	0.09	—	0.09	—	—
氧乐果	0.06	0.10	—	—	—	0.09
久效磷	0.08	0.13	—	—	—	0.11
乙酰甲胺磷	0.09	0.15	—	—	—	0.14
乙嘧酚	0.12	0.20	—	—	0.19	—
抑霉唑	0.15	0.25	—	—	0.23	—
杀线威	0.19	0.31	—	—	—	—
磷胺	0.22	0.37	—	—	—	0.34
敌百虫	0.24	0.40	—	—	—	0.36
乐果	0.27	0.45	—	—	—	0.41
杀虫脒	0.29	0.47	—	—	—	—
多菌灵	0.30	0.49	—	—	0.47	—
甲氧隆	0.30	0.50	—	0.47	—	—
苯菌灵	0.31	0.51	—	—	0.48	—
戊唑醇	0.33	0.55	—	—	0.52	—
噻菌灵	0.34	0.55	—	—	0.53	—
枯草隆	0.34	0.57	—	0.53	—	—
噁霜灵	0.36	0.60	—	—	0.56	—
灭多威	0.36	0.60	—	—	—	0.55
二硝甲酚	0.36	0.60	—	0.64	—	—
敌草隆	0.37	0.60	—	0.66	—	—
五氯酚	0.37	0.60	—	0.66	0.58	—
绿麦隆	0.40	0.65	—	0.71	—	—
甲基苯噻隆	0.41	0.67	—	0.73	—	—
速灭磷	0.42	0.69	—	—	—	0.63
倍氧磷	0.42	0.69	—	—	—	0.63
杀螟氧磷	0.42	0.70	—	—	—	0.64
抗蚜威	0.45	0.74	0.75	—	—	0.68
二氧威	0.45	0.75	0.75	—	—	0.68
甲霜灵	0.46	0.76	—	—	0.72	—
氟苯嘧啶醇	0.47	0.77	—	—	0.73	—
磺草灵	0.47	0.78	—	0.84	—	—
氯苯嘧啶醇	0.48	0.79	—	—	0.75	—
涕灭威	0.48	0.80	0.80	—	0.75	0.72
敌敌畏	0.51	0.83	—	—	—	0.76
双苯酰草胺	0.52	0.85	—	0.93	—	—

农药	R_f	o-TKI 莠去津	NBFB 甲萘威	Hill reaction 利谷隆	FAN 克菌丹	EβNA EAcI 甲基对硫磷
敌草胺	0.52	0.86	—	0.93	—	—
毒虫畏	0.55	0.90	—	—	—	0.82
3-酮基克百威	0.55	0.91	0.92	—	—	0.83
利谷隆	0.56	0.92	—	1.00	—	—
乙嘧酚磺酸酯	0.56	0.92	—	—	0.88	—
绿谷隆	0.56	0.93	—	1.00	—	—
氯溴隆	0.57	0.94	—	1.00	—	—
西玛津	0.57	0.94	—	1.02	—	—
甲基硫菌灵	0.57	0.94	—	—	0.89	—
溴谷隆	0.57	0.95	—	1.02	—	—
保棉磷	0.58	0.96	—	—	—	0.87
克百威	0.59	0.98	0.98	—	—	0.89
特丁净	0.60	0.98	—	1.07	—	—
毒草胺	0.60	0.99	—	1.07	—	—
氰草津	0.60	1.00	—	1.07	—	—
甲萘威	0.61	1.00	1.00	—	—	0.91
莠去津	0.61	1.00	—	1.09	—	—
敌菌丹	0.61	1.01	—	—	0.95	—
氯硝胺	0.62	1.02	—	—	0.97	—
嗪草酮	0.62	1.03	—	1.11	—	—
扑草净	0.62	1.03	—	1.11	—	—
灭菌丹	0.62	1.03	—	—	0.97	—
杀扑磷	0.63	1.04	—	—	—	0.95
叠氮津	0.63	1.05	—	1.13	—	—
特丁津	0.63	1.05	—	1.13	—	—
三唑磷	0.63	1.05	—	—	—	0.95
克菌丹	0.64	1.05	—	—	1.00	—
异菌脲	0.64	1.06	—	—	1.00	—
环草啶	0.64	1.06	—	1.14	—	—
邻苯基酚	0.64	1.06	—	—	1.00	—
马拉硫磷	0.64	1.06	—	—	—	0.97
联苯	0.64	1.06	—	—	1.00	—
苯氟磺胺	0.65	1.07	—	—	1.00	—
杀螟硫磷	0.65	1.07	—	—	—	0.97
甜菜宁	0.65	1.07	—	1.16	—	—
乙氧喹啉	0.65	1.07	—	—	1.01	—
乙氧嘧啶磷	0.65	1.07	—	—	—	0.97
腐霉利	0.65	1.07	—	—	1.01	—
二甲硫吸磷	0.65	1.07	—	—	—	0.97
二氰蒽醌	0.65	1.07	—	—	1.01	—
氯苯胺灵	0.65	1.08	—	1.16	—	—
杀螨醇	0.65	1.08	—	—	—	—
茵草敌	0.65	1.08	—	1.16	—	—
倍硫磷	0.65	1.08	—	—	—	0.98
苯胺灵	0.66	1.08	—	1.18	—	—
噁草酮	0.66	1.08	—	1.18	—	—
三氯杀螨砜	0.66	1.09	—	—	—	—

农药	R_f	相对比移值($R_{i,s}$)				
		o-TKI 莠去津	NBFB 甲萘威	Hill reaction 利谷隆	FAN 克菌丹	EβNA EAcI 甲基对硫磷
乙基溴硫磷	0.66	1.09	—	—	—	0.99
二嗪磷	0.66	1.09	—	—	—	0.99
丙硫磷	0.66	1.09	—	—	—	0.99
甜菜安	0.66	1.09	—	1.18	—	
消螨通	0.66	1.09	—	—	—	
艾氏剂	0.67	1.10	—	—	—	
溴螨酯	0.67	1.10	—	—	—	
除草醚	0.67	1.10	—	1.20	—	
甲基对硫磷	0.67	1.10	—	—	—	1.00
乙烯菌核利	0.67	1.10	—	—	1.05	
百菌清	0.67	1.10	—	—	1.05	
毒死蜱	0.67	1.11	—	—	—	1.00
对硫磷	0.67	1.11	—	—	—	1.00
硫丹	0.67	1.11	—	—	—	
灭蚜磷	0.67	1.11	—	—	—	1.01
丙酯杀螨醇	0.67	1.11	—	—	—	
溴氰菊酯	0.67	1.11	—	—	—	
伏杀硫磷	0.67	1.11	—	—	—	1.01
炔螨特	0.67	1.11	—	—	—	
林丹	0.67	1.11	—	—	—	
氯氰菊酯	0.67	1.11	—	—	—	
七氯	0.67	1.11	—	—	—	
杀螨好	0.67	1.11	—	—	—	
丁草敌	0.68	1.12	—	1.21	—	
狄氏剂	0.68	1.12	—	—	—	
丁草胺	0.68	1.12	—	1.21	—	
硫线磷	0.68	1.12	—	—	—	1.02
氟草胺	0.68	1.13	—	1.21	—	
氟乐灵	0.68	1.13	—	1.21	—	
芬硫磷	0.68	1.13	—	—	—	1.03
p,p-滴滴涕	0.68	1.13	—	—	—	
六氯苯	0.69	1.14	—	—	—	
甲氰菊酯	0.69	1.45	—	—	—	

Ambrus 等采取凝胶渗透色谱柱和硅胶小柱净化，利用上述薄层色谱分析的 8 种显色方法检测 81 种农药在甘蓝、青豆、柑橘、番茄、白玉米、稻米和小麦不同样品基质中对农药 R_f 值的影响及最低检出浓度。薄层色谱的 8 种显色方法针对不同类型的农药，灵敏度是不一样的。

Osman Tiryaki 用乙酸乙酯振荡提取谷物样品，凝胶渗透色谱净化，将其净化液用薄层色谱技术检测，采用 o-TKI，Hill 反应，EβNA，AgUV 显色方法测定，分别对多种农药在谷物上的最低检出浓度以及添加回收率做了研究。选取莠去津、利谷隆、杀线威、乐果、二氧威、绿麦隆、噻菌灵、氯溴隆、草净津、甲基对硫磷、敌敌畏、甲萘威、毒死蜱、狄氏剂、嗪胺灵等 15 种农药，LOQ 在 0.25～10mg/kg 之间，添加回收率的范围在 84.31%～106.50% 之间，变异系数在 1.82%～18.97% 之间，均能达到残留分析要求。

三、农药残留双波长薄层色谱扫描仪检测方法

尉志文等用薄层色谱扫描法和 GC-MS 法快速诊断有机磷农药中毒。检材中添加对硫磷、甲拌磷、马拉硫磷、辛硫磷和久效磷,经二氯甲烷萃取后,薄层色谱法快速定性,GC-MS 选择离子模式定性定量检测检材中有机磷农药浓度。用双波长薄层色谱扫描仪对斑点做原位紫外吸收扫描,最大吸收波长(nm)分别为 300,240,225,290 和 260,同时配合比移值进行定性分析,GC-MS 进一步定性定量检测。薄层扫描法定性检测检材中有机磷农药,具有快速、准确、操作简便等特点。

使用薄层色谱扫描仪是薄层色谱分析的发展趋势,它克服了手工操作的一些缺陷,使定量更准确。J. Bladek 等采用 SPE 样品前处理技术和自动多维梯度展开技术和紫外锯齿形薄层扫描仪(CS-9000)扫描,利用荧光猝灭同时测定 8 种农药,包括有机磷(伏杀硫磷、马拉硫磷、杀螟硫磷)、有机氯(三氯杀螨砜、甲氧滴滴涕)和氨基甲酸酯(杀线威、抗蚜威、甲萘威)农药。方法的回收率均大于 70%,变异系数均小于 10%,相关系数均大于 0.99。Mazen Hamada 等对饮用水中 6 种除草剂(莠灭净、莠去津、扑灭津、特丁津、特丁净、西玛津),采用 C_{18} SPE 柱富集,利用自动多维梯度展开技术和 CS-9000 双波长扫描光度计,对其进行快速筛选和定量测定。方法的回收率为 88%~95%,LOD 为 100ng/L。

Singh 等对环境样品中的农药残留量的薄层色谱分析进行了全面综述。分析对象包括蔬菜、水果、谷物、食品、饮料、生物样品等,应用固定相 56 种之多,但多数仍为硅胶普通板及高效板,所用的展开剂有 108 种,除个别情况使用单一溶剂为展开剂外,多数应用二元或三元混合展开剂,三元以上的展开剂几乎没有出现;展开方式一般为上行展开、多次展开、双向展开;展开后的斑点,根据农药不同的性质用不同化学显色方法,如使用紫外灯下观察其荧光或荧光猝灭斑点、生物和酶法、原位扫描等方法进行检出及定性,结合分析仪器对样品中残留农药进行定量测定,绝大部分是用薄层扫描法。

第四节　高效薄层色谱法

高效薄层色谱法(high performance thin layer chromatography,HPTLC)始于 1975 年 Merck 公司生产的高效商业预制薄层板,是一种更为灵敏的定量薄层分析技术。HPTLC 应用高效薄层板与薄层扫描仪相结合使分离效率比普通 TLC 提高数倍,分析时间缩短,检测灵敏度提高。高效薄层色谱法与普通薄层色谱法比较见表 7-8。高效薄层板是由粒径更小的吸附剂,用喷雾法制备成均匀的薄层。HPTLC 在点样、展开、显色、定量等一系列操作步骤中应用一整套现代化仪器来代替传统的手工操作,大大提高了定量结果的准确度。在农药残留分析中,HPTLC 已成为高效液相色谱法、气相色谱法等检测手段的一种重要的补充。

HPTLC 技术在农药定性定量分析中的优势在于:样品预处理简单;溶剂用量少,费用适当,环境影响较小;操作简便;对于同一固定相,其流动相的选择范围较高效液相色谱大。国外应用 HPTLC 分析研究农药范围较广,国内相对较少。Sherma 等对在蜂蜜及水中的杀菌剂五氯酚及杀螨剂噻螨胺进行测定,C_{18} 固相萃取,在带荧光指示剂的 C_{18} 硅胶预制吸附板 HPTLC 上用甲苯-甲醇(9:1)及己烷-丙酮-甲醇-醋酸(35:10:5:0.1)为展开剂,分别在波长 215nm 和 265nm 处进行荧光猝灭光密度扫描,在 0.25~5mg/kg 时水中五氯酚的回收率为 98%~100%,噻螨胺为 90%~95%,在 10mg/kg 及 50mg/kg 时蜂蜜中五氯酚的回收率为 94%~96%,噻螨胺为 92%~94%。Berny 等对血清及肝脏样品中 8 种杀鼠

表 7-8 普通薄层色谱法（TLC）与高效薄层色谱法（HPTLC）性能比较

特征	TLC	HPTLC
吸附剂颗粒直径分布（粒度）/μm	10～40	5～7
平均粒度/μm	20	5
有效理论塔板数/n	<600	≈5000
理论塔板高度 HETP/μm	≈30	<12
薄层板厚度/μm	100～250	100～200
板大小（常用板）/cm²	20×20	10×10(10×20)
点样体积/μL	1～5	0.05～0.2
检测限/吸光(ng)	1～5	0.01～0.5
荧光(ng)	0.05～0.1	0.005～0.01
点样间距/cm	1.0～1.5	0.3～0.5
每板可点样数目/n	10(10～12)	32(18 或 36)
点样原点的直径/mm	3～6	1～1.5
展开后斑点直径/mm	6～15	2～5
展开距离（直线）/cm	10～15(10～20)	3～5(3～6)
最适宜的展距/cm	10	5
展开时间/min	20～40(20～200)	3～20
可分离样品组分数/n	7～10	10～20
R_f 值的重现性	有限	较好（或有限）

注：引自王大宁等主编的《农药残留检测与监控技术》。

剂用 HPTLC 分离并同时测定，检测限为 0.2μg/g，回收率大于 87%，本法操作简便，快速，价廉。张蓉等研究了用 HPTLC 硅胶 F_{254} 测定 5 种磺酰脲类除草剂（甲磺隆、氯磺隆、苄嘧磺隆、氯嘧磺隆和苯磺隆）的方法，优化展开剂为氯仿＋丙酮＋乙酸（90/10/0.75，$V/V/V$），并对建立方法进行确证试验，其中降解试验表明试验过程标准品及展开薄板不受酸、碱、氧化剂、热和光的影响，稳定性好。土壤样品可以不净化，测定水平为 0.05mg/kg、0.1mg/kg 和 0.5mg/kg，回收率为 55%～112%，变异系数为 4.01%～12.86%，方法简单快速。岳永德用 HPTLC 进行农药吸附态光解试验，将试验农药绿麦隆和消草醚直接点样于 10cm×20cm 的硅胶 GF_{254} 的 HPTLC 一端，照光后直接展开，用薄层扫描仪测定，该方法快速高效，重复性好，且可直接观察光解产物。应用 HPTLC 进行农药的吸附态光化学降解，省去了样品提取、净化和浓缩等一系列处理步骤，具有直接快速、经济有效、重复性好和直接分离观察光解产物等优点，是研究土壤中农药吸附态光化学行为的有效手段。

Pawar 等采用氯化钴（Ⅱ）和硫氰酸铵水溶液作为显色剂，在预涂硅胶 G60 F254 高效薄层色谱板检测生物内脏样品中有机磷类除草剂草甘膦残留。采用甲醇-氨（9:1，V/V）混合液作为展开体系，在比移值 R_f 0.46 处，清楚看到在粉白色的背景下蓝色的斑点，草甘膦显色斑点能保持 72h，用此方法草甘膦最低检出量为 3μg。Patil 等在高效薄层硅胶 $G_{60}F_{254}$ 板上分析内脏组织提取物中除草剂 2,4-D 残留，展开剂为己烷-丙酮-乙酸乙酯（7:1:3），显色剂为 4% 铁氰化钾溶液和 2% 4-氨基安替吡啉（4-aminoantipyrene）溶液，分别依次喷雾显色，在 R_f 0.82 处，2,4-D 农药显示砖红色斑点。此方法 2,4-D 最低检出量为 3μg。

参 考 文 献

[1] Ambrus Á，Füzesi I，Susán M，et al. A cost-effective screening method for pesticide residue analysis in fruits，vegetables，and cereal grains. J. Environ. Sci. Heal，2005，40（2）：297-339.

[2] Bладek J，Rostkowski A，Miszczak M. Application of instrumental thin-layer chromatography and solid phase extraction to the analyses of pesticide residues in grossly contaminated samples of soil. J. Chromatogr. A，1996，754（1-2）：273-278.

［3］　Hamada M，Wintersteiger R. Rapid screening of triazines and quantitative determination in drinking water. J. Biochem. Bioph. Methods，2002，53（1-3）：229-239.

［4］　Patil K P，Patil A S，Patil A B，et al. A new chromogenic spray reagent for the detection and identification of 2,4-Dichlorophenol，an intermediate of 2,4-D herbicide in biological material by High-Performance Thin-Layer Chromatography（HPTLC）. Journal of Planar Chromatography，2019，32（5）：431-434.

［5］　Pawar U D，Pawar C D，Mavle R R，et al. Development of a new chromogenic reagent for the detection of organophosphorus herbicide glyphosatein biological samples. Journal of Planar Chromatography，2019，32（5）：435-437.

［6］　Sherma J. Recent Advances in thin-layer chromatography of pesticides. J. AOAC Int.，2001，84（4）：993-999.

［7］　Sherma J. Thin-layer chromatography in food and agricultural analysis. J. Chromatogr. A，2000，80（8）：129-147.

［8］　Singh K K，Shekhawat M S. Thin-layer chromatographic methods for analysis of pesticide residues in environmental samples. J. Planar Chromatogr，1998，11（3）：164-185.

［9］　Tiryaki O，Aysal P. Applicability of TLC in multiresidue methods for the determination of pesticides in wheat grain. Bull Environ. Contam. Toxicol.，2005，75（6）：1143-1149.

［10］　Tiryaki O. Method validation for the analysis of pesticide residues in grain by thin-layer chromatography. Accred Qual Assur，2006，11（10）：506-513.

［11］　陈淑华，罗光荣，赵华明. 薄层色谱中选择流动相的简捷实用方法. 四川大学学报，1985，1：77-82.

［12］　程莹，汤锋，吴存兵. 农药土壤光解与 HPTLC 技术的应用. 安徽农业科学，2006，34（20）：5156-5167.

［13］　何丽一. 平面色谱方法与应用（色谱技术丛书）. 北京：化学工业出版社，2005.

［14］　李薇，肖翔林，张丹雁. 常用中药薄层色谱鉴定. 北京：化学工业出版社，化学与应用化学出版中心，2005.

［15］　李治祥，翟延路. 测定蔬菜水果中农药残留量的薄层-植物酶抑制法. 农业环境保护，1988，7（3）：33-34.

［16］　李治祥，翟延路. 应用植物酶抑制技术测定蔬菜水果中农药残留量. 环境科学学报，1987，4（7）：472-478.

［17］　商检群. 农药残留量薄层层析法. 北京：中国财政经济出版社，1976.

［18］　王成江. 植物、土壤、水样中农药残留测定通用法（续）. 农药科学与管理，1991（4）：33-36.

［19］　王大宁，董益阳，邹明强. 农药残留检测与监控技术. 北京：化学工业出版社，2006.

［20］　尉志文. 薄层色谱扫描法和气相色谱/质谱法快速诊断有机磷农药中毒. 中国药物与临床，2006，8（6）：594-596.

［21］　岳永德. 高效薄层层析进行农药吸附态光解的研究. 环境科学，1995，16（4）：16-18.

［22］　岳永德. 农药残留分析. 北京：中国农业出版社，2004.

［23］　张蓉，岳永德，花日茂. 高效薄层析技术测定 5 种磺酰脲类除草剂方法有效性研究. 安徽农业大学学报，2008，35（4）：544-549.

［24］　张舒，万中义，潘劲松. 农药残留薄层色谱分析中的显色技术. 湖北化工，2002（2）：46-48.

［25］　章育中，郭希圣. 薄层层析法和薄层扫描法. 北京：中国医药科技出版社，1990.

第八章

农药残留快速分析技术

农药残留分析关乎食品安全和人类健康问题，传统农药残留分析方法主要包括气相色谱法、高效液相色谱法与色谱-质谱联用法等，这些常规分析方法灵敏度、准确性与精密度较好，具有检测结果可靠、稳定等优势，但存在样品前处理步骤较繁琐、仪器设备成本高昂且需要专业技术人员操作、检测过程时间长等不足，无法满足快速实时与低成本检测的实际需求。农药残留快速分析技术的发展，提供了更加快速与低成本的农药残留检测手段，可作为常规农药残留分析技术的补充。

第一节 酶抑制法

有机磷与氨基甲酸酯类农药残留常用的检测方法为色谱法，如气相色谱、高效液相色谱、气相色谱-质谱联用、液相色谱-质谱联用等技术。开发和推广适合我国农产品产销特点的检测技术和方法，研究适合现场快速检测果蔬等农产品中农药残留的检测仪器和系统，对于农产品和食品安全的快速筛查分析具有重要的意义。目前，农药残留速测方法有速测箱、速测仪、速测卡、速测试剂盒等方式，这些产品按技术原理的不同可分为化学法、酶抑制法和免疫法。其中化学法由于灵敏度低等原因没有普及；免疫分析法虽然灵敏度高、特异性强，但是研发过程复杂、周期长、抗体制备难度大，一般只适用于单一或少量几个农药残留量的检测分析。酶抑制快速检测方法操作简便、易行、成本低，适用于现场检测及大量样品筛选。

一、酶抑制法原理

酶抑制技术最初应用于临床医学分析，于 20 世纪 50 年代初期才用于农药残留检测，1951 年 Giang 与 Hall 应用有机磷农药在体外对胆碱酯酶（choline esterase，ChE）有不同抑制作用的机理，用 pH 计测定乙酰胆碱被水解后产生乙酸的酸度变化（ΔpH），成功测定了沙林、四乙基磷酸酯、内吸磷以及对氧磷等体外对酶有强抑制作用的化合物。Metcalf 于 1951 年使用人耳血胆碱酯酶比色法测定未被酶水解的乙酰胆碱，乙酰胆碱与碱性羟胺（RCONHOH）反应获得乙酰异羟肟酸（RCONHOCOCH$_3$），再与三价铁离子反应形成紫棕色的复合物。本法可在田间用于对施药人员的安全性监测，可测到较低含量的有机磷农药，为之后使用基质被酶水解后的胆碱以各种比色法测定有机磷和氨基甲酸酯类农药奠定了基础。

1957 年 Kramer 研究了酶的比色法，采用与乙酰胆碱的类似物乙酸萘酯为基质，在酶催化反应下水解生成靛酚（蓝色）和乙酸，酶被抑制后减少或没有蓝色靛酚生成，可测定 1～10μg 的各种有机磷和氨基甲酸酯类化合物。1961 年钱传范以有机磷农药对马血清胆碱酯酶活性的抑制作用为依据，使用上述比色法（在田间用滴定法）研究了内吸磷喷雾后在叶面上的动态和在棉花植株不同部位的持久性。1968 年 Mendoza 等利用薄层层析法，用牛肝匀浆作为酯酶源，测定了 10 种有机磷类和氨基甲酸酯类农药，成功获得毫微克级有重复性的测定结果。该方法将酶液与薄层层析法有机结合，在能很好分离检测农药的同时，提高了方法的灵敏度，为酶抑制法的进一步推广和应用创造了条件。20 世纪 80 年代，人们开始以来源丰富，取材、制备和保存都十分方便的植物酶源代替如牛、猪、绵羊、猴、鼠、兔或鸡的肝脏酯酶等动物酶源，取得了较为满意的结果，并建立了薄层-植物酯酶抑制技术。1985 年，美国农业部中西部研究所曾研制出一种检测农药的酶片（enzyme ticket），可以在田间快速检测水中有机磷和氨基甲酸酯类农药，其灵敏度在 0.1～10mg/L 范围。1985 年中国台湾农业试验所郑允博士利用敏感家蝇脑中的乙酰胆碱酯酶（AChE）建立了生化法（即酶法），并相继研制出与此法相匹配的专用分光光度计，并带有专用软件及打印机。该仪器作为蔬菜样品中的有机磷和氨基甲酸酯类农药快速检测仪得到广泛关注并迅速发展。李治祥等在 20 世纪 90 年代初报道了快速测定蔬菜、水果中的农药残留酶抑制技术，后来又有些单位相继开发研制了酶片及显色基质片速测卡。2000 年前后我国多个企业推出的农药残留速测仪具有快速简捷、适合现场检测、携带方便等优点，是现场检测中相对成熟、较为理想的一种对农产品中农药残留进行定性的方法，能够满足蔬菜、水果采前和售前检测的需要。

（一）基本原理

有机磷和氨基甲酸酯类农药都是神经毒剂，对昆虫、哺乳动物和人体内的乙酰胆碱酯酶具有抑制作用，使该酶的水解作用不能正常进行，导致神经传递介质乙酰胆碱的积累，影响正常的神经传导，引起中毒和死亡。酶抑制法就是根据这一毒理学原理，从而将其应用到农药残留检测中。有机磷和氨基甲酸酯类农药对酯酶抑制率与其浓度呈正相关，所用酯酶包括：各种动物来源的乙酰胆碱酯酶、丁酰胆碱酯酶以及从植物中提取的植物酯酶。酯酶与样品进行反应，如果样品中没有农药残留或残留量极少，酶的活性不被抑制，则可以水解底物，水解产物可通过光度法或电化学的方式进行检测；反之，如果农药的残留量比较高，酶的活性被抑制，底物就不被水解或水解速度较慢，一般是通过抑制率来判断样品中是否含有有机磷或氨基甲酸酯类农药及其含量多少。

（二）酯酶种类及其活性

酶抑制法中酶最为关键，酶的种类决定着检测的灵敏度。测定农药残留所用的酶有胆碱酯酶、羧酸酯酶。常用的胆碱酯酶分为乙酰胆碱酯酶（acetylcholinesterase，AChE）和丁酰胆碱酯酶（butyrylcholinesterase，BChE）两种。AChE 又称为真性或特异性胆碱酯酶，主要分布于脑、脊髓、肌肉和红细胞等组织中，是生物神经传导中的一种关键性酶，能高效水解神经递质乙酰胆碱，保证神经冲动在突触间的正常传导。BChE 又称为非特异性胆碱酯酶或拟胆碱酯酶，主要分布在血清和肝脏中。两类胆碱酯酶都是有机磷和氨基甲酸酯类农药的作用靶标，但是催化胆碱酯类底物的水解反应速率不同，主要差异在于对乙酰胆碱和丁酰胆碱两种底物不同的选择性。乙酰胆碱酯酶催化胆碱酯类水解速度顺序是：乙酰胆碱＞丙酰胆碱＞丁酰胆碱；丁酰胆碱酯酶水解丁酰胆碱的速率大于水解乙酰胆碱的速率。

1. 胆碱酯酶不同来源及其分离纯化

（1）昆虫胆碱酯酶液　昆虫体内仅有乙酰胆碱酯酶一种。据报道以下昆虫的乙酰胆碱酯酶已被成功分离、纯化或部分纯化：家蝇、蜜蜂、麦二叉蚜、黄猩猩果蝇、烟草天蛾、尖音库蚊、黄粉甲、美洲夜蛾、豆荚草盲蝽、马铃薯叶甲、骚扰角蝇、棉铃虫、赤拟谷盗、二化螟等。昆虫体内的乙酰胆碱酯酶主要分布在头部和胸部。由于家蝇生活史短（16～18d），容易饲养，通常以敏感家蝇作为试材。酶源提取方法：家蝇或蜜蜂在-20℃冷冻至死后装入塑料袋中，加入少许干冰振摇，将硬化了的家蝇或蜜蜂的头部与胸腹部断裂分开，收集头部，按 0.24g/mL 在磷酸缓冲液（pH 7.5，0.1mol/L）中匀浆 30s，匀浆液在 4℃以 3500r/min 离心 5min，取上清液经双层纱布过滤，滤液用双层滤纸在布氏漏斗上抽滤，将滤液以每管 1mL 分装，密封后置-20℃冰箱冷冻保存备用。应用时以 pH 7.5，0.02mol/L 磷酸缓冲液稀释 15 倍。该酶液保存 3 个月后未发现酶活力有减低的趋势。

（2）动物血清酯酶液　从目前已生产应用的酶制剂来看，动物血液乙酰胆碱酯酶含量较高，且来源广泛，廉价易得。血清中都可提取乙酰胆碱酯酶，如鸭血清、马血清和牛血清都已经成功地提取纯化出较高比活力的乙酰胆碱酯酶。提取方法：将刚抽取的动物血液注入无抗凝剂的试管（15～25mL）中，封口后放入 37℃恒温箱内 3h，使血液凝团，淡黄色的血清慢慢渗出，用吸管将血清吸入离心管中离心（3000r/min）5～10min，取上清液分装后在-20℃冰箱储存备用，使用前以 4～5 倍蒸馏水稀释。血清法生产乙酰胆碱酯酶简便、快速，且可大批生产，是目前为止应用最广的乙酰胆碱酯酶酶源。

（3）动物肝酯酶液　肝脏组织中鸡肝和猪肝常用作乙酰胆碱酯酶的酶源材料，分离纯化与血清相同。猪肝中提取的乙酰胆碱酯酶对农药的敏感性较好。提取方法：取动物（牛、猪、兔、鼠、鸡）新鲜肝脏，去筋、膜、脂肪后切碎，取一份碎肝加三份蒸馏水（m/v）匀浆，匀浆液以 2000～3000r/min 离心 15～30min，上清液分装后在-20℃储存备用。临用时将上述提取液用 5～20 倍蒸馏水稀释，即为肝酯酶工作液。

（4）植物酯酶液　动植物体内存在遗传学较为复杂的酯酶同工酶体系。20 世纪 80 年代以来，人们开始尝试使用植物酶源替代动物酶源。植物中的酯酶活性不如动物中的高，但来源丰富、取材和制备方便、价廉易得、提取和保存较为方便、成本较低。研究结果表明，粮谷类的酯酶较其他植物中含量高，其中小麦的酯酶活性较高，玉米次之，大米和小米较低。因此目前都从小麦中提取。

提取方法：取市售面粉，按 1：5（m/v）比例加入蒸馏水，在振荡器上振荡 30min，以 3000r/min 离心 10min，上清液经滤纸过滤，滤液置 4℃保存，应用时以蒸馏水稀释。

研究表明，植物酯酶法检测农药残留的精确度和灵敏度不如动物胆碱酯酶。植物酯酶和动物肝酯酶是使用较少的酶源，而昆虫胆碱酯酶和动物血清酯酶应用较多。

2. 酶的保存

酶液一般需冷冻保存，保存时间最好不超过 3 个月，如果在短时间内用不完，最好分装保存。酶液可冷冻干燥以粉状酶保存，粉状酶应储存在冷冻室内（约-18℃），用时以缓冲溶液（pH 8）溶解，溶解后的酶液分成 3～5 小瓶，储存在冷冻室内。用时解冻，解冻后的酶液储存在 0～5℃冷藏室内，在 1 周内用完。酶液反复解冻最多不能超过两次，否则会影响酶的活性。

3. 底物和显色剂

酶抑制显色反应可以使用的底物（基质）和显色剂很多，如乙酰胆碱（ACh）、乙酸萘酯和其他羧酸酯及其衍生物均可作为酶的底物，根据基质被水解后产生的乙酸和另一水解产物如 β-萘酯、吲哚酚、靛酚蓝等的不同，采用不同的显色方法，大致可分为以下几种类型：

（1）乙酰胆碱-溴百里酚蓝显色法　利用底物水解产物的酸碱性变化，以 pH 指示剂显色：

$$乙酰胆碱（ACh）+H_2O \xrightarrow{酶} 胆碱+乙酸$$

溴百里酚蓝显色范围 pH 6.2（黄色）~7.6（蓝色），在薄层色谱酶抑制法中酶作用的底板部位有乙酸 pH<6.2，呈现出黄色，而农药斑点部位抑制乙酰胆碱的水解而无乙酸，pH>7.6，呈现出蓝色。

（2）乙酸-β-萘酯-固蓝 B 盐显色法　利用底物乙酸-β-萘酯的水解产物与显色剂作用形成紫红色偶氮化合物：

$$乙酸-\beta-萘酯+H_2O \xrightarrow{酶} \beta-萘酯+乙酸$$
$$\beta-萘酯+固蓝 B 盐 \longrightarrow 偶氮化合物（呈紫红色）$$

（3）乙酸羟基吲哚显色法　利用底物乙酸羟基吲哚水解产物吲哚酚氧化成靛蓝而显蓝色：

$$乙酸羟基吲哚+H_2O \xrightarrow{酶} 吲哚酚+乙酸$$
$$吲哚酚+O_2 \longrightarrow 靛蓝（呈蓝色）$$

（4）乙酸靛酯显色法　利用发色基质乙酸靛酯水解产物显色：

$$乙酸靛酯+H_2O \xrightarrow{酶} 靛酚蓝（蓝色）+乙酸$$

研究表明，乙酰胆碱-溴百里酚蓝显色法灵敏度不高，而且样品等因素对 pH 的干扰较大，现已很少使用。而以乙酸-β-萘酯-固蓝 B 盐、乙酸靛酯、吲哚乙酸酯及其衍生物为基质的羧酸酯酶显色法，由于灵敏度高，适应性广，酶源、基质、显色剂较易获得，被广泛使用。

许多农药在生物体外是弱的酶抑制剂，有时需转化为它们的氧化物或强的酶抑制物，以提高抑制率和检测灵敏度。转化的试剂有：冷的发烟硝酸、稀溴水、溴蒸气、溴代琥珀酰亚胺、紫外线、过氧化氢-醋酸、过醋酸、过氧化氢和氨水、氨蒸气等。转化方法的选择取决于测定方法、显色反应的类型和待测农药的性状。

二、酶抑制法检测中农药残留的提取

不同种类的蔬菜样品，其农药残留的提取操作也不完全相同。简述如下：

叶菜类：白菜、油菜、甘蓝、韭菜等，取待检样品剪成 1cm^2 的小块若干（韭菜剪成 1cm 长若干段），随机取 8 块（约 1g），韭菜取 8 段（约 1g）放在表面皿中，加入一定体积样品浸提液。用玻璃棒稍加搅拌，浸渍 2min，浸提液即为样品提取液，待测。浸提液是 pH 7.5 缓冲溶液，由 15.0g 磷酸氢二钠（Na$_2$HPO$_4$·12H$_2$O）与 1.59g 无水磷酸二氢钾，用 500mL 蒸馏水溶解而成。

果菜及水果类：番茄、黄瓜、青椒、茄子、苹果、梨等，用取样器沿果菜表面处取约 1cm 厚的样品。加入一定体积浸提液，浸提 2min，待测。

根菜类：胡萝卜、萝卜等，洗去泥土，去掉须根，处理方法同果菜类。

由于蔬菜含有一定量的叶绿素或其他色素，果实还含有丰富的纤维素、胶质成分。样品处理不当会严重干扰显色反应，影响检测结果。所以制样中，样品应切成 1cm 见方，不可过碎，以免色素释出。果菜类（如番茄等），应避免水汁带入样品中致试样混浊。另外应严格控制提取时间为 2min，时间过短，不能有效提取蔬菜表面的农药残留，时间过长会把蔬菜中色素浸出。发现样品混浊时，适当增加静置时间，可消除上述不利影响。

某些蔬菜如韭菜、葱、姜、蒜、辣椒、胡萝卜等，含有破坏酶活性或使显色产物褪色的成分，容易造成检测结果失真。故检测这类菜时要特别注意，采取增大样品切块，减少浸提时间，或将整株蔬菜浸提的方法，或增加平行检测次数均可减少蔬菜成分对检测的干扰。

三、酶抑制标准方法及存在的问题

（一）酶抑制法相关标准

农产品中有机磷和氨基甲酸酯类农药残留量的快速检测方法——酶抑制法，参考标准见表8-1。

表8-1　我国制定农产品中有机磷及氨基甲酸酯农药残留量的快速检测方法——酶抑制法相关标准

标准编号	标准名称
NY/T 448—2001	蔬菜上有机磷和氨基甲酸酯类农药残毒快速检测方法
GB/T 18630—2002	蔬菜中有机磷及氨基甲酸酯农药残留量的简易检验方法　酶抑制法
GB/T 18625—2002	茶中有机磷及氨基甲酸酯农药残留量的简易检验方法　酶抑制法
GB/T 18626—2002	肉中有机磷及氨基甲酸酯农药残留量的简易检验方法　酶抑制法
GB/T 5009.199—2003	蔬菜中有机磷和氨基甲酸酯类农药残留量的快速检测
NY/T 1157—2006	农药残留检测专用丁酰胆碱酯酶
JB/T 12020—2014	多参数食品现场快速检测仪试剂盒（包）质量检验总则
DB22/T 2000—2014	蔬菜中农药残留快速检测仪
KJ201710	蔬菜中敌百虫、丙溴磷、灭多威、克百威、敌敌畏残留的快速检测
JJF(浙)1127—2016	农药残留快速检测仪校准规范
T/ZNZ 008—2019	酶抑制率法农药残留速测设备性能要求

酶抑制法快速检测农产品中有机磷和氨基甲酸酯类农药残留，方法简单易学，在基层农产品质量安全检测机构广泛使用。为保障检测结果的准确性和可靠性，实验室内部质量控制尤为必要，主要包括人员的质量控制、试剂及样本的质量控制、仪器设备的质量控制、实验环境条件的质量控制和报告结果的质量控制等。做好实验室的快速检测每个环节的质量控制管理，使各项操作程序化、规范化，标准化，以确保数据的有效性并能追踪溯源；同时，加强技术研究，解决酶速测法中存在的问题，从而为农产品质量安全提供技术支持和检测质量保证。

（二）酶抑制法中存在的问题及改进措施

① 酶抑制法只适用于有机磷和氨基甲酸酯类农药的检测，其灵敏度有限，且有少部分农药品种对此法不灵敏。因此，对检测结果为阴性的样品，不能认为就不含有农药残留或农药残留量不超过规定标准（MRL值）。

② 影响酶抑制法测定误差的因素很多，如酶和底物来源及浓度、反应温度、pH、反应时间和天然抑制剂等。因此，酶法测定的重现性不理想，但此方法可对大量样品进行初筛。对测定结果为阳性或可疑的样品，必须重复检测2～3次，对最后确定为阳性的样品需进一步用气相色谱等仪器进行定性定量分析，其结果方可作为具有法律意义的数据。

③ 由于农药的含量不同，对酶的抑制程度不同，不同农药对酶的抑制能力也存在差别。因此，根据产生的颜色深浅度不同绘制出标准色板，可以给出待测农药的大致含量。

④ 为了减少样品提取液中的杂质干扰，尤其是样品色素的干扰，建议开发简便易行的净化技术，也是减少假阳性出现可选择的方法之一。

⑤ 酶源选择，目前常用的酶是乙酰胆碱酯酶、丁酰胆碱酯酶和植物酯酶等。酶的保存

与失活特性、来源是否稳定、专一性等因素会造成检测结果的重现性和准确性较差，或者出现假阳性。因此，有必要继续开展酶的选择比较研究，以便获得活性更高的胆碱酯酶；同时，延长酶活性及发色基质的保存时间，选择适当的稳定剂和固化技术等，均是酶法主要的研究内容。

⑥ 酶法不仅适用于水果、蔬菜中有机磷类和氨基甲酸酯类农药的检测，其应用范围可以扩大到其他的农产品快速检测，还可以检查喷洒农药后农民进入果园或农田作业是否安全等。由此可知，酶法是一个有实用价值和发展前途的快速检测技术。但若使酶法真正成为理想的速测法，还有待于进一步研究、提高与完善。

周颖雪等在 1032 批果蔬中，酶抑制率法重复检验 2 次结果均为阳性的样品共有 18 批，用速测卡复检结果为阳性的样品共有 15 批，在 GC-MS/MS 上进行验证，检出阳性样品 15 批。其中，速测卡法出现苦瓜、荠菜 2 批假阴性结果，酶抑制分光光度法出现西柚、榴莲、紫薯 3 批假阳性结果。分析可能原因：速测卡法对有些有机磷类农药的响应值低，如对蔬菜中水胺硫磷的检出限为 3.1mg/kg，乙酰甲胺磷的检出限为 3.5mg/kg，含量较检出限低的样品会出现假阴性结果。酶抑制分光光度法，榴莲无论是表皮提取液还是果肉提取液的结果均为阳性，抑制率大于 90%，因此榴莲不适合用酶抑制法进行快速检测。

葱、蒜、萝卜、韭菜、芹菜、香菜、茭白、蘑菇及番茄汁液中，含有对酶有影响的植物次生物质——含硫化合物，容易产生假阳性。葛静等研究了如何消除韭菜中农药残留酶速测法的假阳性问题。对韭菜样品剪切长度、样品提取、不同温度处理以及在同一温度下对样品提取液加热不同时间对抑制率影响的前处理条件进行优化研究，确定优化条件是选用韭菜剪切长度为 1.0cm，提取液在 80℃加热 1min，取出冷却至室温后添加试剂进行测定。加热处理在一定程度上消除了酶速测中假阳性影响，可提高酶速测对韭菜样品中有机磷和氨基甲酸酯类农药残留快速检测的准确性。

四、农药残留酶抑制法发展趋势

为了改善酶抑制法检测农药残留的缺点，近年来一系列新型酶抑制检测方法被开发出来，包括提升检测灵敏度的新型显色剂与检测技术、基于新型酶试剂检测更多种类的农药以及基于纳米酶的检测方法。这些新型检测方法的开发，提升了酶抑制法的检测性能，拓展了酶抑制法的应用范围，有助于推进酶抑制法在农药残留检测领域的实际应用。

（一）新型显色剂与检测技术

1. 新型显色剂

随着纳米材料的发展，一系列具有优异光学响应性能（光吸收、荧光）的新型纳米材料被开发出来，包括贵金属纳米粒子、量子点等。这些新型纳米材料可作为酶抑制法中的显色剂，以提高酶抑制法检测的灵敏度。使用新型纳米材料作为显色剂时，胆碱酯酶的催化底物一般为硫代乙酰胆碱。硫代乙酰胆碱水解生成硫代胆碱，其分子中的巯基可与金、银纳米粒子等显色剂发生化学反应，改变显色剂的光学响应。Liu 等基于硫代胆碱对金纳米粒子的结合作用影响金纳米粒子的吸光度，使用金纳米粒子作为显色剂，采用乙酰胆碱酯酶抑制法检测有机磷类农药二嗪磷、马拉硫磷、甲拌磷及氨基甲酸酯类农药甲萘威，检测限低至 $0.1\mu g/L$。

2. 新型检测技术

传统酶抑制法主要采用比色法，通过目视对比标准试纸（半定量分析）或分光光度计（定量分析）进行检测，结果可能受到农产品中色素的干扰。而荧光光谱法可作为一种替代检测技术，通过测定荧光探针的荧光发射强度（受酶催化反应程度的影响），在一定程度上减轻甚至避免农产品中色素的干扰。量子点具有荧光强度高、性质稳定、生物相容性好等优点，可作为酶抑制法荧光检测的探针。Díaz 等使用石墨烯量子点结合乙酰胆碱酯酶，酶抑制法荧光检测苯氧威。量子点可产生强荧光，而乙酰胆碱酯酶催化乙酰硫代胆碱水解的产物硫代胆碱可淬灭量子点荧光。苯氧威能抑制乙酰胆碱酯酶的活性，使硫代胆碱生成减少，量子点荧光强度相对无苯氧威时增加。该方法对苯氧威检测限为 $3.15\mu mol/L$。

此外，随着智能手机的广泛普及，具有拍照功能的智能手机结合可定量测定颜色模式的手机软件（APP），作为定量检测工具。进行农药残留酶抑制测试后，将显色反应的结果拍照，使用手机软件测定颜色模式（如 RGB 模式等）的具体数值，寻找有规律的数值与农药含量的线性关系建立标准曲线，即可通过标准曲线法定量检测农药残留。使用智能手机作为检测器，兼顾了低成本、便携、操作简单与可定量检测等优点，具有良好的应用前景。杨冬冬等使用智能手机作为检测器，酶抑制法检测马拉硫磷。通过对显色反应拍照并使用手机软件读取照片的 Y 值（CMYK 颜色模型中的黄色值），实现马拉硫磷的定量检测。

（二）新型酶试剂

酪氨酸酶是一种氧化酶，可催化单酚的羟基化反应以及多酚的氧化反应，广泛存在于微生物、动植物和人体中，参与黑色素的合成。作为酶试剂的酪氨酸酶主要从植物中提取，如菌菇、马铃薯等。

已有研究表明酪氨酸酶的催化活性可被多种农药抑制，包括有机磷类农药、二硫代氨基甲酸酯类农药、莠去津、绿麦隆等，可采用酶抑制法检测这些农药。酪氨酸酶活性测定主要使用左旋多巴（L-DOPA）作为底物，其被酪氨酸酶氧化的产物在约 475nm 处有光吸收，通过分光光度计即可测定酪氨酸酶的活性。可抑制酪氨酸酶活性的农药可通过此方法进行测定。此外，酪氨酸酶催化多酚氧化生成的醌类物质是一种良好的荧光淬灭剂，因此，基于酪氨酸酶的酶抑制法可使用新型纳米材料（量子点等）作为荧光探针，以提升农药残留检测的灵敏度。Yan 等采用酪氨酸酶抑制法检测有机磷农药对氧磷。酪氨酸酶催化酚类物质多巴胺氧化，反应产物可降低荧光探针金纳米团簇的荧光强度。对氧磷可抑制酪氨酸酶催化活性，使氧化产物生成减少，进而改变探针的荧光强度。

（三）纳米酶

酶是一种对其底物具有高度特异性和催化性能的生物催化剂，而一些人工合成的物质例如核酸适配体、分析印迹材料（MIP）等具有与酶类似的催化特性，被称作"人工酶"。随着纳米技术的发展，一系列具有类似某种酶的催化特性，可进行特异性催化的纳米材料被合成出来，这些材料被称为纳米酶。纳米酶兼具纳米材料的优良性能与酶的特异性高效催化效应。与天然酶相比，纳米酶具有稳定性高、易于储存、成本较低、可大规模合成等优点，可作为天然酶的替代品，具有良好的应用前景。

纳米酶可用于酶抑制法检测农药残留。某些农药分子中的活性基团可与纳米酶发生反应，结合纳米酶的催化位点或破坏纳米酶的结构，使纳米酶催化活性降低。通过测定纳米酶催化的显色反应程度，即可实现农药残留的检测。Biswas 等发现金纳米棒具有类似过氧化物酶的活性，可催化过氧化氢氧化 $3,3',5,5'$-四甲基联苯胺（TMB）的显色反应。而有机磷农药马拉硫磷因含位于端位的硫原子，可与金纳米棒结合，影响其催化活性，使 TMB 氧化产物生成减少，吸光度降低。因此通过测定 TMB 氧化产物的吸光度，即可间接检测马拉硫磷。

第二节　新型光谱快速分析技术

一、概述

　　光学分析是基于光与物质相互作用后产生的光信号或发生的变化测定物质的性质、含量和结构的一类分析方法。而光谱法是基于光与物质相互作用时，测量由物质内部发生量子化的能级之间的跃迁而产生的发射或吸收光谱的波长和强度进行分析的方法。

　　光谱法分为原子光谱法和分子光谱法。原子光谱是由原子外层或内层电子能的变化产生的，它的表现形式为线光谱，分析方法有原子发射光谱、原子吸收光谱、原子荧光光谱等。分子光谱是由分子中电子能级、振动和转动能级的变化产生的，表现形式为带光谱，分析方法有红外吸收光谱、紫外-可见吸收光谱、荧光光谱法等。

　　光谱仪可作为色谱仪的检测器，如紫外吸收检测器（UVD）与荧光检测器（FLD），也可作为酶抑制法、免疫分析法的定量检测仪器。红外光谱法则适用于农药残留的定性分析。

　　在这些经典光谱方法之外，近年来一系列新型光谱分析技术，如拉曼光谱法、红外光谱法、太赫兹时域光谱法、激光诱导击穿光谱法、化学发光光谱法等，已广泛应用于分析检测领域。这些新型光谱检测方法的开发，可扩展农药残留检测的分析手段，在传统分析方法之外提供更多选择。

二、拉曼光谱法

　　表面增强拉曼光谱技术是反映分子特征结构和探测分子间相互作用的一种高灵敏度的分析检测技术。拉曼光谱利用光散射效应，根据不同的物质能产生不同的散射光谱，通过产生特征光谱可对物质进行快速的定性定量分析。表面增强拉曼光谱在此基础上，通过目标物与活性基底相互作用，放大目标物分子的拉曼信号，增强对目标物的灵敏度。目前，表面增强拉曼光谱技术已在化学、工业、生物医学、食品质量安全、农产品安全和环境保护等领域发挥着重要作用。

1. 拉曼光谱的基本原理

　　拉曼散射（Raman scattering，RS），又称拉曼光谱（Raman spectroscopy，RS），是一种基于物质对光的非弹性散射效应，最早是 1928 年由印度科学家 Raman 和 Krishman 发现的。当光照射到物质上时，入射光与样品分子之间的 106 次碰撞中，约有 1 次属于非弹性碰撞，此时光子与分子间发生了能量交换，使光子不仅改变了方向，且其能量也发生变化，频率也随之改变。这种散射称为拉曼散射，相应的谱线称为拉曼散射线（图 8-1）。研究拉曼散射线的频率与分子结构之间关系的方法，称为拉曼光谱法。

　　在分子处于基态振动能级或激发态振动能级的状态下，接受入射光子的能量后，从基态或激发态跃迁到受激虚态，而分子处于受激虚态时很不稳定，若分子返回到原基态振动能级或激发态振动能级，其吸收的能量全部以光子形式释放出，光子的能量不变（即瑞利散射）；如果处于受激虚态的分子不返回基态，而返回至振动激发能级（能量高于基态），则分子保留了一部分能量，此时散射光子的能量减少（即拉曼散射），频率降低，由此产生的拉曼散射线称为斯托斯线，强度大而频率低于入射光频率。若处于振动激发态的分子跃迁到受激虚态后，再返回到基态振动能级，此时散射光子得到了来自振动激发态分子的能量，使能量增加，频率提高，所产生的拉曼线称为反斯托克斯线，强度弱，其频率高于入射光频。常温条件下，根据玻耳兹曼分布，处于振动激发态的分子率不足 1%，因此斯托克斯线远强于反

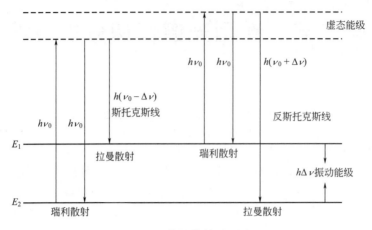

图 8-1　拉曼散射原理图

斯托克斯线。

　　光子在与分子发生碰撞后，拉曼散射光频率与入射光频率之间的差值，称为拉曼位移。拉曼位移与入射光频率无关，仅与分子振动能级有关。而不同分子具有不同的振动能级，因此具有不同的拉曼位移，即每种分子的拉曼位移都是独特的，使每种不同类型的分子都能产生不同的散射光谱，可用于分子的识别。对这种散射光谱进行分析可以得到分子振动、转动等信息。因此，拉曼光谱能对物质进行结构、定性和定量分析。

2. 拉曼光谱仪

　　拉曼光谱仪由激光光源、样品池、单色器及信号处理系统组成。

　　(1) 激光器　激光光源主要采用连续波激光器与脉冲激光器。目前主要使用的激光器有：He-Ne 激光器，波长 632.8nm；Ar^+ 激光器，波长 488.0nm 与 514.5nm；Kr^+ 激光器，波长 568.2nm；红宝石激光器，波长 694.0nm。

　　(2) 样品池　常用样品池包括液体池、气体池与毛细管，可对液体与气体进行测定。测定固体、薄膜样品时，可将其置于样品架上。样品池与样品架置于可进行三维空间调节的平台上，以便进行聚焦。

　　(3) 单色器与检测器　单色器一般采用含全息光栅的双单色器，可有效地消除杂散光，这样波长与激光相近而强度弱的拉曼散射线也可以被检测。检测器一般使用 Ga-As 光阴极光电倍增管，其具有光谱响应范围宽、量子效率高的优点，且在可见光区内响应稳定。

3. 表面增强拉曼光谱

　　拉曼散射线强度一般很低，其光强约为入射光强度的 10^{-10}，且受限于拉曼散射截面，以至于获取的光谱信号强度弱，难以达到对微量和痕量物质的检测要求，使得拉曼散射物质检测的进一步研究受到了限制。因此要实现对微量物质的识别，需要设法对拉曼信号进行增强。1974 年，Feischmann 等发现吸附在粗糙银电极表面的吡啶分子具有巨大的拉曼信号响应，其拉曼信号强度比溶液中的吡啶分子强约 10^6 倍。这种在粗糙表面的拉曼信号增强效应，被称为表面增强拉曼光谱（surface enhanced raman spectroscopy，SERS）效应。SERS 的可能机理有物理增强机理与化学增强机理两种。物理增强机理认为，粗糙金属表面的电子在光电场的作用下会产生疏密振动，可能在光照下被激发到更高能级与光波的电场耦合发生共振，使金属表面的电场增强，产生增强的拉曼散射效应。化学增强机理认为，金属表面的电子在光照下被激发，从金属的费米能级共振跃迁到分子上或从分子共振跃迁到金属上，使分子的有效极化率改变，产生拉曼增强效应。这两种增强机理可能同时存在，在不同的体系中所占比例不同。SERS的发现使得拉曼光谱的信噪比得到了明显提升，可轻松获得分子的高质量拉曼光谱信息，使拉曼光谱可用于微量甚至痕量物质的定性定量检测，拓宽了拉曼光谱在分析检测领域的应用。

SERS增强效应主要是由于吸附在基底上的分子与基底表面等离子体发生共振所引起的增强现象。活性基底是增强SERS信号的重要手段，制备出活性高、稳定强、重复性好的SERS基底一直是SERS发展的关键。随着纳米技术的迅速发展，光子学和纳米科学的融合加速了SERS基底的发展。表面增强基底主要的制备方法包括电化学氧化还原法/沉积法、化学刻蚀法、金属溶胶法、平板印刷法、金属/氧化物核壳法等。粗糙的金属电极是最早的SERS基底，但是整个电极过程是不可控的。金属胶体基底，例如金（Au）和银（Ag）胶体，由于其成本低、制备简单以及与其他基底相比具有良好的增强性而被广泛用使用，并且可以采用优化纳米材料的物理特性，以及纳米溶胶的自组装结构来提高纳米胶体基底的重现性和稳定性。然而，这些贵金属胶体通过静电排斥作用得以稳定，一旦打破这种稳定状态，胶体就不再具有SERS增强活性，因此需要更稳定的基底。固体基底，如纳米点阵列、纳米针阵列、纳米棒阵列等，是将纳米粗糙结构整合到表面，进而达到拉曼增强的效果。与胶体基底相比，固体基底增强效果更好，且重现性高，性质稳定，在实际应用中受到了更多青睐。随着SERS的发展，具有SERS活性的基底材料已从贵金属和过渡金属扩展到半导体材料，与金属相比，半导体材料特性更可控，例如带间隙、光致发光、稳定性和抗降解性。此外，研究人员发现金属-半导体杂化纳米材料比纯半导体材料具有更高的增强作用。近年来，SERS柔性基底材料，如高分子聚合物、纤维、胶带等，因其具有能够与复杂表面接触的特殊能力受到了人们的广泛关注，这类柔性SERS基底能够快速从复杂表面提取分析物，然后直接进行SERS原位检测，极大提高了分析速度。

4. 拉曼光谱法在农药残留检测中的应用

农药分子中可能含多种元素（碳、氧、氮、磷、硫等）与不同种类的化学键，通过合成适当的增强基底（金、银等），可增强农药分子的拉曼响应信号。通过识别特定农药分子的拉曼信号，可判定农药分子的拉曼响应特征，即测得拉曼光谱上的特征峰，实现农药残留的定性识别。而进一步测定拉曼特征峰的强度，可实现农药残留的定量检测。目前，贵金属纳米材料因其优异的拉曼信号增强能力，被广泛用于拉曼光谱法检测农药残留上，可检测的农药包括二硫代氨基甲酸酯类农药、有机磷类农药等。

Wang等将纳米银粒子沉积在三维聚二甲基硅氧烷触须阵列表面，制备了一种触须结构的拉曼信号增强基底用于农药残留检测。高密度的触须状结构提高了基底与样品表面的结合能力以及吸附痕量农药的能力。该方法对苹果表皮福美双残留的检测限为$1.6ng/cm^2$。此外，该基底可同时检测农产品样品中的福美双、甲基对硫磷与孔雀石绿。

将拉曼信号增强试剂与其他功能材料相结合，可制备多功能基底。Liu等制备了一种四氧化三铁-氧化石墨烯-纳米银粒子复合结构多功能拉曼信号增强基底用于检测果皮上的农药残留。相比于单一纳米银增强基底，该复合结构基底具有更高的信号增强性能与稳定性，且磁性粒子的存在使该基底能在吸附样品中的待测农药分子后方便地被分离出来。使用该基底检测农药残留所需时间不到20min，且福美双检测限可达$0.48ng/cm^2$。Li等开发了一种具有固相微萃取能力与自清洁能力的氧化锌-纳米金拉曼信号增强基底，可在吸附样品中残留农药后直接进行拉曼光谱检测，该方法对孔雀石绿的检测限为0.241nmol/L。同时，氧化锌作为半导体具有一定的光催化能力，因此该氧化锌-纳米金复合材料在紫外线照射下可光催化氧化降解吸附的孔雀石绿，实现自清洁与重复使用。

拉曼光谱与其他检测技术相结合可进一步提升检测能力。Alami等将拉曼光谱与酶抑制法结合，使用纳米金粒子作为拉曼信号增强基底，同时增强待测农药与 AChE 催化反应底物乙酰胆碱的拉曼光谱响应，实现了对有机磷农药的超高灵敏检测，对氧磷的检测限可达 0.04pmol/L。通过对拉曼谱图中不同农药分子特征峰的识别，可鉴别氨基甲酸酯类农药和有机磷类农药，为解决酶抑制法难以鉴别待测农药种类提供了思路。

而应用 SERS 技术对复杂基质如农产品中的农药残留进行检测，基质效应对检测结果灵敏度和可重复性有着直接的影响。待测基质可以是液态基质（例如牛奶、果汁等），或者固体基质（例如肉类、水果、蔬菜、谷物等），不同的基质对 SERS 信号的干扰可能会差异很大。由于 SERS 可以检测到靠近基底的大部分化合物，因此非目标物质可能会产生明显的干扰峰，从而降低目标分析物的灵敏度。另外，有些干扰物可能会产生与目标相似的强 SERS峰，干扰对目标物进行定性和定量分析。因此，可以采取以下措施来降低基质效应：

一方面是对样品基质进行一定的净化和浓缩处理，例如液液萃取、固相萃取、固相微萃取、QuEChERS 净化等，降低干扰物浓度，提高目标物浓度；但是，基于 SERS 检测的最大优势是快速、简便、能实现现场检测，而样品前处理过程耗时、耗费溶剂、难以现场化，因此，开发简便、高效、适于与 SERS 联用的前处理技术是亟需解决的难题。

另一方面，对样品基质表面的农药残留进行检测，此技术一般采用两种方式：一种是利用一定技术将基质表面的农药擦拭下来，然后利用 SERS 快速、高灵敏检测的优势，对果蔬表面的农药残留进行快速筛查。另一种方式是原位采样原位分析，即将活性基底液体材料滴到样品表面，或者直接在样品表面制备活性基底纳米膜，然后选择一个映射区域用于 SERS测试和数据分析。基质表面农药残留 SERS 检测技术简单、快速、便携，几乎不需要样品制备过程，且能避免基质内部的干扰组分，提高对目标物的灵敏度，非常适合现场筛选。但是，该技术在实际应用中无法准确评估农药提取量，而且实际中农药在水果上的残留并不均匀，导致出现假阳性或假阴性结果，制备与基质表面相互作用的活性基底也是该技术的难点和重点，且该技术不适合内吸性农药的测定。目前，开发一种可用于现场样品中农药残留高效捕获并快速原位检测的 SERS 分析方法是表面增强拉曼光谱领域研究的热点。

三、红外光谱法

（一）红外光谱法的基本原理

红外光谱法是指利用物质分子对红外辐射（波长范围 $0.78\sim40\mu m$）的吸收，得到与分子结构相对应的红外光谱的光谱分析方法。分子要产生对红外辐射的吸收，需要满足两个条件：分子的振动伴随有偶极矩的变化；红外辐射的频率与分子某种振动方式的频率相同。分子的振动可分为伸缩振动与弯曲振动（变形振动）两大类。伸缩振动指化学键两端的原子沿化学键轴方向作周期往复运动，包括对称与非对称伸缩。弯曲振动指使得化学键键角发生周期性改变的振动，包括剪式振动、平面摇摆、非平面摇摆与扭曲振动。

室温条件下，绝大多数分子处于振动能级基态（$\nu=0$）。被视为谐振子的分子吸收红外辐射后，从基态跃迁到 $\nu=1$ 的激发态，这种跃迁称为基本跃迁，分子吸收的对应红外辐射频率称为基频。对于谐振子分子，只有 $\Delta\nu=1$ 的跃迁是被允许的，其他跃迁为禁阻跃迁。但实际分子不一定为谐振子，具有非谐性，可能会出现 $\Delta\nu=\pm2,\pm3\cdots$ 的跃迁，这种跃迁被称为一级泛音、二级泛音……。而由于相邻能级的能量可视为相等，因此一级和二级泛音的频率分别为基频的两倍和三倍，故称为倍频。分子若在吸收红外辐射后，同时激发了基频不同的两种跃迁，则产生的红外吸收频率等于这两种跃迁频率之和，称为组频。组频带同样是因实际分子具有非谐性而产生的。

（二）近红外光谱与化学计量学

目前，应用最广泛的红外光谱主要为中红外光谱，对应波长范围 $2.5\sim25\mu m$，波数范围 $4000\sim400cm^{-1}$，可检测多种化学键的振动。近红外光谱是研究物质分子对近红外辐射（对应波长范围 $780\sim2526nm$，波数范围 $12820\sim3959cm^{-1}$）的吸收的光谱技术。近红外区域的吸收主要来自分子中 C—H、O—H 与 N—H 化学键的倍频与组频吸收。

分子在近红外区域的吸收强度只有中红外区域的 $1\%\sim10\%$，且近红外区域的吸收带通常较宽且重叠范围很大，难以通过肉眼识别光谱上的极细微差异。因此，为了从大量光谱中快速、准确地获取所需的信息，需要使用化学计量学方法对光谱数据进行处理，进而实现物质的定性与定量检测。要实现定性检测，需要区分不同物质的近红外光谱或光谱的压缩变量组成的多维空间的分布，对比未知样品的光谱是否位于某种物质的空间内。要实现定量检测，需要利用化学计量学方法处理近红外光谱，建立待测变量与光谱数据间的关联模型，以基于光谱数据对待测变量进行测定。

近红外光谱法在农业领域的应用始于 1982 年对谷物中水分的快速、无损测定。此后，近红外光谱法广泛应用于食品安全快速无损检测，包括化学污染物检测、微生物检测、食品溯源等。

（三）近红外光谱仪

通常，近红外光谱仪由光源、单色仪、样品架和检测器组成。近红外光谱仪通常使用的光源是卤素钨灯。对于近红外光谱仪而言，使用单色仪将多色光谱区域分成单色频率至关重要。因此需要使用多种光学装置，包括衍射光栅、干涉仪、二极管阵列、声光可调滤光片等。使用不同光源和单色仪类型的仪器具有不同的光谱频率和光谱范围。近红外测量模式共有三种，包括反射率、透射率和透反射率。根据样品状态和光学特性，这些不同的测量模式适用于不同的样品。现代近红外光谱仪有几种特殊的光谱检测器供选择，包括硅（Si）、硫化铅（PbS）和砷化铟镓（InGaAs）。硅检测器用于测量从可见光区域到 1100nm 范围内的光谱。PbS 检测器对 $1100\sim2500nm$ 范围内的光敏感。InGaAs 检测器可覆盖 $800\sim2500nm$ 的宽范围。

（四）近红外光谱法在农药残留检测中的应用

近红外光谱技术因其检测快速且无损，适用于农产品中农药残留的直接检测。张晓等采用近红外光谱法检测苹果中毒死蜱的残留量。测得近红外光谱后，采用一系列数据预处理方法，包括数据中心化、平滑去噪、小波变换、导数与多元散射校正。光谱数据经预处理后，采用偏最小二乘回归算法，建立不同毒死蜱体积分数与光谱间关系的预测模型。为不同的毒死蜱体积分数赋值，验证经算法处理光谱数据得到的值是否与实际值相符合，确定最优的数据预处理方法，实现毒死蜱残留含量的准确检测。Gonzalez 等使用近红外光谱检测蜂胶样品中三唑酮的含量，采集了 $1100\sim2000nm$ 范围的光谱数据，并通过建立偏最小二乘法判别分析模型判定蜂胶样品是否被三唑酮污染，使用改进的偏最小二乘法回归分析测定蜂胶样品中三唑酮的含量。该方法对于蜂胶中三唑酮的检测限为 $0.061mg/kg$，具有较强的农药残留检测能力。

四、太赫兹时域光谱法

（一）太赫兹时域光谱法的基本原理

太赫兹波是指频率在 $0.1\sim10THz$ 范围内的电磁波，对应波长范围为 $30\sim3000\mu m$，在电磁波谱中位于微波与红外辐射之间。太赫兹波段在电磁波谱中所处的位置使其具有瞬态性、高穿透性、相干性、带宽性与低能性等特性，是一种具有巨大潜力的无损检测技术。太赫兹光谱可用于研究分子的运动，很多有机分子的振动、转动与分子间弱相互作用力如氢键、范德华力、晶格的低频振动等可产生对太赫兹频率的吸收。通过检测分子对不同频率太赫兹辐射的吸收，可确定分子结构信息，进而实现分子的识别与检测。太赫兹波因其所处频段，具有一系列独特的优势。相比于红外光谱，太赫兹辐射波长较长不易受到散射影响；相比于 X 射线，太赫兹辐射能量低，不会对待测样品造成损害。

（二）太赫兹时域光谱系统

太赫兹时域光谱是目前最常用的太赫兹光谱技术，通过测定太赫兹时域脉冲的电场，同时获得振幅与相位信息。太赫兹时域光谱系统主要包括三类：透射式、反射式与衰减全反射式，可依据样品的性质与检测需要进行选择。透射式是目前应用最广泛的太赫兹时域光谱检测技术；反射式主要用于测定液体样品，可避免水对太赫兹波的强吸收效应对测定的影响；衰减全反射式相比于其他技术具有更高的精度。

完整的太赫兹时域光谱系统主要包括飞秒激光器、太赫兹发射器与检测器、时间延迟控制系统等部分。飞秒激光器发射飞秒激光脉冲，该脉冲被分束镜分为互相垂直的两道光：泵浦光与探测光。泵浦光经反射镜被聚焦至光导天线的基底表面，产生太赫兹脉冲。太赫兹脉冲经反射镜准直、聚焦到待测样品上，脉冲与透射样品作用后产生变化，获取样品的信息。载有样品信息的太赫兹脉冲被另一对反射镜准直、聚焦到探测光导天线上。探测光经一系列反射镜与时间延迟装置的作用后，与载有样品信息的太赫兹脉冲共线通过检测器，从而将信号发送至计算机进行数据分析与处理。

太赫兹时域光谱系统扫描样本后，利用快速傅里叶变换将原始太赫兹波时域信号转换为频域信号，通过频域信号的相位与振幅信息，可得到频域内的折射率与吸收系数等光学参数。太赫兹时域光谱数据分析建立在对频域信号的分析上，通过分析大量样本在频谱内的折射率、吸收系数等光学参数，利用化学计量学、模式识别等相关理论，建立光谱数据与样本成分或含量之间数学关系，从而实现对样本的定性与定量检测。具体数据处理分为两部分，光谱数据预处理和建立分类/回归模型。对光谱数据进行预处理的主要目的是去除冗余信息、提高信噪比。常用的预处理方法包括归一化与变换、平滑和基线校正。归一化用于消除自变量之间绝对大小差异对结果造成的影响；平滑是去噪的常用方法，常用的平滑方法有窗口移动平均法、S-G（Savitzky-Golay）平滑等，能有效去除高频噪声对光谱信号的干扰；基线校正用于消除由于仪器器件、样品粒度和其他因素影响而出现的基线漂移现象，常用的方法包括一阶微分、二阶微分、非对称最小二乘等，需要根据光谱的数据特点和具体应用选择合理的预处理方法。由于农产品组分复杂，且不同物质之间有相互影响，导致物质的特征光谱信息无法直接被识别与利用，需要通过化学计量学手段提取有效信息，实现定性与定量检测。

（三）太赫兹时域光谱法在农药残留检测中的应用

使用太赫兹时域光谱法检测农药残留，首先需要测定农药分子在太赫兹时域光谱中的特征响应信息。曹丙花等使用太赫兹时域光谱系统测定灭多威与乙氧氟草醚的光谱信号，并利用基于菲涅尔公式的数据处理模型得到两种农药在太赫兹波段的折射率谱与吸收系数谱。测定结果表明两种农药在太赫兹波段均存在特征光谱吸收峰，证明了使用太赫兹时域光谱法检测灭多威与乙氧氟草醚的潜在可行性。郝国徽等采用太赫兹时域光谱法实现了菊酯类农药的定量检测，在采集到菊酯农药在太赫兹波段的特征光谱吸收峰后，使用线性回归与偏最小二乘回归法对光谱数据进行建模分析，确定吸收系数谱中可与农药含量建立线性关系的参数，实现菊酯类农药的定量检测，检测限为 2.0%。

其次，要实现微量甚至痕量级别农药残留的检测，需要增强太赫兹时域光谱检测的灵敏度。Xu 等使用太赫兹时域光谱技术定量检测甲基毒死蜱。该方法所使用的新型太赫兹材料可通过等离子体效应增强检测灵敏度，可实现微量物质的检测。材料表面的局部电场增强效应的共振会随着材料表面上负载的样品的介电常数改变而改变，而共振峰的位移与添加样品的浓度成正比，通过测定共振峰的位移，即可定量分析待测物的浓度。该方法对甲基毒死蜱的检测限为 0.204mg/L，证明了太赫兹时域光谱技术应用于农药残留检测领域的可行性。

五、激光诱导击穿光谱法

（一）激光诱导击穿光谱法的基本原理

激光诱导击穿光谱法属于原子发射光谱技术。脉冲激光器向样品发射高能脉冲后，样品吸收激光能量，表面温度升高，当温度升高至熔点时，样品发生熔融。随着温度继续升高，样品中能量存积逐渐增多，熔融状态的样品发生气化、雾化及电离，最终生成高温高压的等离子体，包含样品中存在的原子、离子和自由电子。等离子体继续吸收激光的能量会导致其向外发生膨胀，最终在外部形成冲击波。当激光脉冲停止，等离子体开始冷却，膨胀速度也随之减小，其中的原子、离子和电子会逐渐损失能量。在这样的高温体系中，原子、离子等会被激发到不同的能级上，因而会发生由高能级到低能级的跃迁，产生很强的发射光谱。该等离子谱线的波长和强度分别表示样品中元素组成及含量。

（二）激光诱导击穿光谱系统

激光诱导击穿光谱系统由脉冲激光器、样品室、等离子体光学采集系统、光谱仪、增强电荷耦合器件与计算机系统组成。脉冲激光器提供激发光，可产生高度集中的高能激光脉冲，并将激光束汇聚在样品表面。样品在激光照射下积累能量，逐渐被烧灼、熔融，最终产生高温、高电子密度的等离子体；随后，光学采集系统采集等离子体的发射谱线，通过光纤把光学信号传导到光谱仪上，进行时间分辨或空间分辨；最后通过计算机进行数据处理与输出。激光诱导击穿光谱技术能够实现元素的定性定量分析，主要是根据测定元素的谱线特征及元素的含量与信号强度的数值关系进行分析。

（1）脉冲激光器和激光聚焦系统　在食品分析领域，激光诱导击穿光谱系统多采用的是高功率 Nd：YAG 固体激光器，该激光器产生的高能单脉冲可以形成良好聚焦的激光光束。激光聚焦系统通常包含一个聚焦透镜，以将激光光束汇聚到待测样品的固定位点上。因一些可燃性样品经灼烧产生的火焰较高，聚焦透镜应具有小倍率、长工作距离、耐损伤等特点。

（2）样品室　样品室是经过特殊设计的容器，具有激光防护窗，以保证操作的安全性，且可以控制样品室内的大气条件。样品台具备旋转和平移的功能，避免样品被激光击中时发生偏移，便于准确对焦。

（3）光学采集系统和探测系统　光学采集系统由透镜和反射镜组成，样品的等离子体激发光通过该系统聚焦于光纤的入口或光谱仪入射狭缝处。等离子体光谱探测系统由光谱仪、增强电荷耦合器件和脉冲延时器组成，光谱范围、分辨率和采集时间是决定光谱仪性能的三个主要参数，宽光谱范围允许同时记录多个元素的光谱信号，分辨率决定光谱仪解析电磁波谱特征的性能。采集时间由脉冲延时器控制。增强电荷耦合器件负责将激光照射样品产生的光学信号转换为光谱。

（4）数据处理　激光诱导击穿光谱技术是通过将高激光脉冲施加到样品表面上，然后采集等离子体发射出的光谱信息。然而，激光器激光能量的波动、光谱仪分辨率差异、外部环境以及样品表面不均匀等因素均会导致采集到的光谱数据中包含大量的干扰信息，需要对数据进行进一步处理，以从复杂的光谱数据中提取有效信息，提高对未知样品定性、定量分析准确度。应用化学计量学方法进行数据处理、信号解析和模式识别，可处理激光诱导击穿光谱检测产生的大量数据，消除光谱中干扰信息造成的误差，提高激光诱导击穿光谱检测的可靠性与稳定性。

激光诱导击穿光谱的数据处理主要包括光谱数据预处理、定性分析和定量分析。光谱数据预处理主要包括基线校正、噪声滤除、重叠峰分辨和数据压缩等内容，通常使用标准正态变换、多重散射校正、Savitzky-Golay 和 Poisson 缩放等方法进行。数据预处理可将光谱中的有效信息提出来，进而从有效信息中提取可表征待测样品的特征信息，为定性或定量分析提供数据基础。此外，多元统计分析因具有多种优点，包括可同时分析多个变量、减少数据维数和提取相关信息等，可用于处理激光诱导击穿光谱产生的大量、复杂的数据。

对于激光诱导击穿光谱的定性分析，目前较为常用的化学计量学方法是主成分分析和偏最小二乘判别分析。这些方法可提取不同光谱中的差异信息并进行区分，从而实现对未知样品的识别、归属和分类。而使用激光诱导击穿光谱技术进行定量分析时，通常采用多变量统计技术偏最小二乘回归，预测一组因变量或来自一组独立变量或预测变量的响应。此技术适用于自变量数量非常大的情况，因此适用于光谱数据分析。使用激光诱导击穿光谱对样品进行定量分析时往往使用自由定标法进行。自由定标法是指当等离子体达到局部热平衡状态时，直接根据测量谱线的相对强度计算出被测样品中各物质的含量的方法。自由定标法不需要参照物，更适用于实时检测。

（三）激光诱导击穿光谱法在农药残留检测中的应用

农药分子中可能含有碳、氧、氮、磷、硫等多种元素，使用激光诱导击穿光谱测定农药时，可产生一系列不同的元素特征光谱。因此，激光诱导击穿光谱法可作为一种定性、定量检测农药残留的分析技术。赵贤德等使用激光诱导击穿光谱法检测苹果表皮上的毒死蜱残留，通过测定毒死蜱在激光诱导击穿光谱系统中产生的磷元素的谱线位置与强度，可实现毒死蜱的定量检测，检测限为 $1.61\mu g/cm^2$。此外，研究还发现贵金属纳米材料（纳米金、纳米银）可增强毒死蜱在光谱中的响应。Multari 等采用激光诱导击穿光谱法检测油脂中的艾氏剂、狄氏剂与毒死蜱，可免去对油脂的前处理操作，直接将含有农药的油脂样品放入激光诱导击穿光谱中进行测定。通过偏最小二乘回归法建立模型，可判定待测农药是否为艾氏剂、狄氏剂或毒死蜱，还可判断待测农药浓度与对照组农药浓度是否一致，实现农药残留的定量检测。激光诱导击穿光谱法为实现农药残留的原位、快速、无损检测提供了新选择。

六、化学发光法

（一）化学发光法的基本原理

化学发光是指由化学反应释放的化学能激发体系中某种分子后，受激发的分子回到基态时释放能量产生的发光现象。化学反应需要提供足够的能量进行分子的激发。产生可见光要求化学反应提供的能量在 $150\sim400kJ/mol$ 之间，而许多氧化还原反应能提供的能量可满足这个要求。因此化学发光反应主要是氧化还原反应。

化学发光反应包括直接发光反应与间接发光反应两类。直接发光反应是指待测物质作为化学发光反应的反应物参与反应，生成物分子吸收化学反应的能量跃迁至激发态，并在从激发态回到基态的过程中发光。间接发光反应是指化学反应生成的激发态分子并不直接发光，而是作为中间体将能量传递给另一种物质，得到能量的分子在回到基态的过程中产生发光现象。

化学发光法的检测性能与选择的发光剂有着很大的关系。选择发光效率高的发光剂，可显著提升化学发光法检测的灵敏度。目前主要使用的发光剂包括鲁米诺（3-氨基苯二甲酰肼）、光泽精（N, N 二甲基二吖啶硝酸盐）、高锰酸钾等。

化学发光分析仪由样品池、检测器、信号放大与记录系统组成。

（二）化学发光法在农药残留检测中的应用

Zhang 等开发了一种超声辅助的化学发光装置在线检测果皮上的哒螨灵残留。检测的大致原理是利用水在超声作用下生成的高能羟基自由基激发哒螨灵分子，激发态哒螨灵分子在回归基态时释放的能量可激发 3-氨基邻苯二甲酸盐（3-AP）。通过测定 3-AP 发光强度的改变，即可检测样品中哒螨灵的含量。该方法对果皮中哒螨灵残留的检测限可达 0.351mg/kg。Liu 等将化学发光与纸色谱技术结合，制备了一种敌敌畏残留快速检测试纸。该试纸对敌敌畏的检出限可达 3.6ng/mL，具有应用潜力。新型纳米材料的使用有助于增强化学发光法检测农药残留的性能。Khataee 等开发了一种基于抑制化学发光的分析技术用于检测氯氰菊酯。石墨烯量子点（GQDs）与十六烷基三甲基溴化铵的引入增强了桑色素-高锰酸钾化学发光效应，而氯氰菊酯通过与 GQDs 及 CTAB 的作用，破坏化学发光增强体系，使化学发光强度下降。该方法对氯氰聚酯的检测限为 0.08mg/L。

第三节　离子迁移谱快速分析技术

离子迁移谱（ion mobility spectrometry，IMS）是 20 世纪 70 年代由 Cohen 和 Karasek 提出并逐步发展起来的一种微量化学物质快速检测技术，其原理是被电离的气态目标物在弱电场的迁移管中迁移，基于迁移速率的差异而对目标物进行分离和表征，适合于一些挥发性和半挥发性化合物的痕量检测。IMS 对高质子亲和力或高电负性的化合物灵敏度很高，最初是作为军事和国防机构分析爆炸物、毒品和化学战剂的专用设备。因其商业化装置构造简单、体积小、分析时间快、检出限低并具备现场快速检测能力，IMS 在农药残留分析、环境监测、食品品质鉴定、临床等领域也逐步发挥着重要作用。

一、离子迁移谱基本原理

离子迁移谱主要由进样系统、离子源、迁移管、信号收集及放大系统、气路系统和温控系统等部分组成。待测化合物在进样口加热装置中气化，随载气进入离子源的电离区中，通过质子或电子转移反应生成产物离子。这些产物离子通过周期性开关的离子栅门进入到迁移管中，在迁移管弱电场与逆向吹扫的漂气的共同作用下，向信号收集区法拉第盘运动。与此同时，逆向吹扫的漂气还将未能电离的干扰物质吹离迁移区，减少干扰。离子到达法拉第盘后，通过信号转换器进行信号放大和转换，将化学信号转换成电信号，最终形成相应的离子迁移谱图。原理如图 8-2 所示，带电离子在电场作用下的漂移时间与电场强度、迁移气阻力、离子所带电荷数、化合物质量和横截面积及空间构型等有关，而离子的空间构型是由其固有物理、化学特征决定的。根据迁移时间的不同，不同目标物就可得到分离和鉴定，并可进行定量分析。

迁移时间和许多因素有关，而不同设备会由于设备条件及所处操作环境的不同而产生不同的迁移时间，不能作为通用定性判别标准。因此，国际上定义了迁移率〔K，单位 cm²/

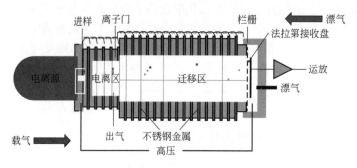

图 8-2　离子迁移谱工作原理图

（V·s）〕这一概念，将其作为离子迁移能力的一个通用表示参数。

离子的 K 和电场的强度有关。如式（8-1）：

$$V_d = KE \tag{8-1}$$

式中，V_d 为迁移时间；K 为离子的迁移率；E 为电场强度。

离子的迁移率不仅和它本身的一些固有特性有关，包括电离所带电荷、分子量、碰撞截面等，还与设备所处的环境有关，包括温度、压力等，因此，在实际应用中一般会使用约化离子迁移率（K_0）作为表示离子迁移能力的参数。K_0 是将不同条件下的迁移率换算为标准大气压及标准温度下的迁移率。计算方法如式（8-2）：

$$K_0 = \frac{d}{K}\left(\frac{273}{T}\right)\left(\frac{p}{101}\right) \tag{8-2}$$

式中，d 为迁移管长度；T 和 p 分别为温度和压力。

在实际检测中我们常常选定一种迁移时间和信号响应比较稳定的化合物作进行仪器校准，称为校准物，根据校准物的 K_0，计算出目标物的 K_0，计算方法如式（8-3）：

$$K_{0exp} = K_{0cal} \times \frac{t_{dcal}}{t_{dexp}} \tag{8-3}$$

式中，K_{0exp} 和 t_{dexp} 为目标物的 K_0 和迁移时间；K_{0cal} 和 t_{dcal} 为校准物的 K_0 和迁移时间。

二、离子迁移谱离子源简介

离子源是离子迁移谱仪的核心部件之一，是待测物实现电离并进行进一步分离检测的基本保障。根据电离的方式不同，离子源分为很多种。目前文献报道的并且应用较多的离子源主要有四大类：放射性离子源、电离离子源、电喷雾离子源及基质辅助激光解析离子源。各类电离源均存在一定的优缺点，如放射性电离源电离性能稳定可靠、构造简单且不需后期维护，但在高温条件下易氧化成不稳定的镍氧化物或镍盐，对环境和使用者造成潜在危害；电离离子源可控性强、灵敏度高具有较大的动态范围，但价格昂贵，而且寿命有限，需要定期更换；电喷雾离子源，最大的优势是使 IMS 能够直接分析液态化合物和高分子质量化合物，突破了传统 IMS 不能分析非挥发性化合物的限制，但造成被测物在迁移管中有较强的记忆效应，影响下一个被测物的测试结果，且被电离的溶剂会降低仪器的分辨率；基质辅助激光解析离子源，适合对混合物及生物大分子的测定，但激光器构造复杂、价格昂贵。为弥补单一离子源的缺陷，拓宽 IMS 应用领域，多通道复合离子源 IMS 系统，即将多种离子源耦合到 IMS 设备中，展示了较好的应用前景，能够满足对不同类型目标物的检测。但是多通道复合离子源结构复杂，能否在保持各离子源性能的前提下尽可能地设计出更小体积、更智能化的装置，是多通道复合离子源 IMS 面临的主要挑战。

三、离子迁移谱分离技术

IMS 迁移管中离子门的开启大多采用脉冲式信号控制，开启时间较短，仅为微秒级，在开启的时间内通过的离子很少，电离区内产生的大部分离子被浪费掉。为了提高离子利用率，在传统技术基础上发展起来三种新的离子分离技术，分别是差分离子迁移谱（differential mobility spectrometry，DMS）、行波离子迁移谱（travelling wave ion mobility spectrometry，TWIMS）和高场不对称波形离子迁移谱（high field asymmetric waveform ion mobility spectrometry，FAIMS）。DMS 主要根据在高电场（$E_{max} \geqslant 20000V/cm$）和低电场（$E_{min} \leqslant 1000V/cm$）条件下气相离子迁移率系数的差异对离子进行分离和识别，其设备小巧，易于制造，与各种电离技术都具兼容性，且设备坚固，信号响应高，可用作现场可移动快速检测设备；TWIMS 可以对迁移管中的叠环离子导向器施加两种电压，即瞬间直流电压和反相射频电压，能够缩短传输时间，有助于提高分辨率和减小交叉干扰，在蛋白质结构分析领域发挥重要作用；FAIMS 最大特点是通过交变的高电场和低电场作用形成一个离子过滤器，能将干扰组分与目标组分分离开来，提高了检测的选择性，可以进行同分异构体和同位素峰的分离和鉴定。

四、离子迁移谱与其他仪器联用技术

IMS 有一些严重的弱点，例如非线性响应、有限的选择性以及反应物离子与样品组分的潜在相互作用。因此，通过 IMS 分析复杂样品中的痕量化合物时会出现以下问题：①可能无法检测到单个成分，②干扰物可能会产生假阳性结果，③竞争性电离会妨碍目标化合物的检测。为了克服 IMS 的劣势，常常将 IMS 与其他仪器联用，如气相色谱-离子迁移谱（GC-IMS）、液相色谱-离子迁移谱（LC-IMS）、离子迁移谱-质谱（IMS-MS）等。GC 与 IMS 联用，IMS 作为检测器增强了 GC 对物质的鉴别能力，GC 作为预分离装置提高了 IMS 的分辨率，且 GC 和 IMS 的分析对象均为气态分子，都是在大气压下工作，不需要真空环境，因此二者联用最为简单和便捷；与普通 GC 色谱柱相比，多毛细管色谱柱（MCC）与 IMS 联用，可提供高流速和适当的分离效率；HPLC 与 IMS 联用，ESI 电离源是二者联用的关键电离源，HPLC 可以对混合物进行分离，减少电喷雾时的离子竞争现象，ESI 电离源可将样品分子直接电离形成气相离子；IMS 与 MS 联用，既发挥了传统上 MS 的优点，高灵敏度、高质量精度、区分具有相同质量的离子的能力，如立体异构体，又结合了 IMS 的高分辨力的优势，使得 IM-MS 可用于分析具有最小结构差异的异构体，包括顺式-反式异构体和非对映异构体等。另外，已有研究人员研究了多级联用技术，如将 IMS 与 DMS 设备串联使用，如 IMS-DMS；开发多维 IMS 仪器，如 IMS-IMS-MS、3D IMS-IMS-IMS-MS 技术；将 GC、LC、MS 与 IMS 组合使用，如 GC-IM-MS、LC-IM-MS 及 LC-TWIMS-MS 等。

五、离子迁移谱应用进展

（一）IMS 的主要应用领域

IMS 在大气压条件下工作，无需流动相，具有灵敏度高、分析时间快、体积小、重量轻和功耗低等特点，已经在军事和国防、农业和医学等领域发挥着重要作用。

在 IMS 出现的早期，Karasek 等就将 IMS 应用到军事和国防领域，主要是探测违禁药品、爆炸物、化学战剂等。到目前为止，IMS 的应用最广泛的领域仍然是军事和国防领域。IMS 对毒品、爆炸物等灵敏度很高，可以在几秒内筛查出信件、箱子等不同形状、大小的包裹内的爆炸物和毒品，同时也可以对人体随身携带物进行探测。IMS 非常适合在海关、机场等重要关口对爆炸物和毒品快速筛查。IMS 已成为探测毒品和爆炸物最主要的方法之一。

IMS 在农业领域的应用主要有土壤污染评估、环境监测、农产品质量和安全性检测、食品质量和安全检测。IMS 的潜在应用之一是评估土壤和环境质量，监测土壤中的环境污染物，包括化学战剂的前导化合物和降解产物、燃料醚类化合物、醇醚类物质、多环芳香族化合物、农药、硝酸盐以及亚硝酸盐等。在农产品和食品方面，IMS 主要对农产品和食品中的农兽药残留、塑化剂、真菌毒素，及其他有毒有害污染物进行分析，另外，IMS 还可进行农产品和食品的种类和真伪鉴别、发酵过程监测、风味物质检测、肉类食品的腐败程度探测等。

在医学领域，IMS 可进行药物产品配方分析、药物活性成分的快速筛查及制药工程的质量保证和过程监察；可通过检测体液（血液、尿液、唾液等）中某些成分指标，直接为临床提供诊断信息；还可通过检测人类口腔中呼出的气体代谢产物，来判断人的健康程度或暴露于有毒物质中受影响的程度。

（二）IMS 在农药残留分析中的应用

为保证检测的准确度，传统上，一般采用 LC-MS（/MS）和 GC-MS（/MS）技术进行农药残留分析。鉴于 IMS 具有灵敏度高、操作简单、分析快、仪器便携等优势，近年来，越来越多的文献报道使用 IMS 进行农药残留分析，且 IMS 技术被认为是可在现场进行的农药筛选测定的快速检测技术。

基于 IMS 的农药残留检测方法主要是在 20 世纪初开发的，旨在对简单基质（例如水样）中的农药进行直接检测。该方法简单、快速，无需前处理过程，能够对环境基质中的农药残留进行快速监控，且减少或避免了样品制备时间和成本，降低在样品运输和存储过程中目标物降解的风险。对于农产品中的农药残留，IMS 基本可以实现农产品表面的农药残留实时检测，且无基质干扰，灵敏度高。王建凤等以蒸馏丙酮萃取樱桃番茄表面的敌敌畏和马拉硫磷，将萃取液进行 IMS 检测，敌敌畏和马拉硫磷的仪器检出限分别为 1ng 和 5ng，RSD 为 8.4％和 7.2％，基本符合快速筛选的要求。Zou 等开发了棉签棒擦拭的方法提取果蔬表面的农药残留，然后采用 IMS 进行测试，该技术基质干扰少，提取效率高，啶虫脒、啶酰菌胺等 7 种农药的 LOD 和 LOQ 分别为 1～3μg/kg 和 3～10μg/kg。但是此技术存在单一农药出现峰簇问题，且农药在果蔬表面分布不均，影响检测结果，因此，必须解决样品中目标物的解吸、目标物电离及 IMS 的选择性差等相关难题。

为了克服 IMS 选择性差的问题，研究人员提出和优化了一系列适用于 IMS 的样品前处理方法，如分散液液微萃取、固相微萃取、搅拌棒吸附萃取等。程浩等以预富集进样方式结合 IMS 对水中的有机磷进行了检测，其中马拉硫磷的检出限为 3.9μg/L，达到了国家对于水中有机磷检测的要求。Mohammad T J 等将填充式注射器微萃取技术与 IMS 联用，检测水样品中的除草剂残留，其中 2,4-D、三氯苯氧丙酸、吡氟氯禾灵的检出限可以分别达到 60ng/L、70ng/L 和 90ng/L，方法回收率为 73％～102％，RSD＜10％。Zou 等用自制的搅拌棒富集水体和土壤中的三嗪类除草剂，并且将搅拌棒吸附萃取与 IMS 联用，实现解吸附和测试过程同时进行，3 种三嗪类除草剂的 LOD 和 LOQ 分别为 0.006～0.015μg/kg 和 0.02～0.05μg/kg，均低于欧盟标准。这些方法所使用的提取溶剂可以直接注入 IMS 系统，基本不会产生信号干扰，和 IMS 联用具有较好的兼容性；方法避免了浓缩过程，耗时少，操作简单，最大程度地减少样品制备时间。为了减少基质干扰，降低基质效应，可以采用特殊的样品分离过程，如使用免疫亲和色谱柱对样品中的目标物进行分离。虽然此过程耗时较长，但 IMS 的快速检测可以适当弥补这一劣势。

为了增强 IMS 的分离和鉴定能力，将 IMS 与其他分离或鉴定技术（如 LC、GC 或 MS）联合使用，可显著提高方法的分辨率，扩展 IMS 在农药分析领域的适用性。IMS 与 LC-MS 联用能够实现对目标农药的定性和定量分析，Regueiro J 等利用色谱保留时间、准确质量和迁移时间作为鉴定参数，成功鉴定了 100 种农药。DMS 与 LC-MS 的结合对于降低背景噪声和去除基质共洗脱峰非常有效，降低了假阳性的风险。目标物在 IMS 分析中，会获得唯一的碰撞截面（collision cross section，CCS）固有值，该值仅取决于仪器的功能和分析条件，可以作为除保留时间、质量之外的另一定性参数，且在保留时间和分子量均无法定性的情况下，CCS 可被视为支持基于 MS 的化合物鉴定（包括同分异构体的区分）的可靠参数。

六、结语

目前，IMS 作为爆炸物、毒品和化学战剂的快速探测设备已经在军事和国防领域有了较为成熟的应用。虽然前期研究证明 IMS 在农药快速检测中具有巨大的应用潜力，但是，在农药残留分析领域，IMS 仍然没有实现广泛应用。相对于爆炸物和毒品来说，农药种类繁多，基质种类多且干扰程度大，因此，农药残留分析是一项复杂而又巨大的痕量组分分析工作。IMS 的显著优势是灵敏度高、测试快速、操作简单、仪器便携、能够实现现场检测，但是也存在明显劣势，即分辨率低和分离度较差。IMS 与其他仪器联用，是克服 IMS 劣势的重要解决方案，但是也会在一定程度上削弱 IMS 的快速和便携的优势。如何实现这一平衡，开发出最优的解决方案，使 IMS 真正成熟并广泛应用于现场快速检测，研究人员们仍然任重道远。相信随着科技的进步，IMS 技术的应用会越来越多，应用领域将越来越广。

参 考 文 献

[1] Biswas S，Tripathi P，Kumar N，et al. Gold nanorods as peroxidase mimetics and its application for colorimetric bio-sensing of malathion. Sensor. Actuat. B-Chem.，2016，231：584-592.

[2] Borsdorf H，Eiceman G A. Ion mobility spectrometry：principles and applications. Appl. Spectrosc. Rev.，2006，41（4）：323-375.

[3] Caballero-Díaz E，Benítez-Martínez S，Valcárcel M. Rapid and simple nanosensor by combination of graphene quantum dots and enzymatic inhibition mechanisms. Sensor. Actuat. B-Chem.，2017，240：90-99.

[4] El Alami A，Lagarde F，Tamer U，et al. Enhanced raman spectroscopy coupled to chemometrics for identification and quantification of acetylcholinesterase inhibitors. Vib Spectrosc，2016，87：27-33.

[5] Ewing R G，Atkinson D A，Eiceman G，et al. A critical review of ion mobility spectrometry for the detection of explosives and explosive related compounds. Talanta，2001，54（3）：515-529.

[6] Fleischmann M，Hendra P J，Mcquillan A J. Raman spectra of pyridine adsorbed at a silver electrode. Chem Phys Lett，1974，26（2）：163-166.

[7] Giang P，Hall S. Enzymatic determination of organic phosphorus insecticides. Anal. Chem.，1951，23（12）：1830-1934.

[8] Gonzalez-Martin M I，Revilla I，Vivar-Quintana A M，et al. Pesticide residues in propolis from spain and chile. An approach using near infrared spectroscopy. Talanta，2017，165：533-539.

[9] Hernández-Mesa M，Escourrou A，Monteau F，et al. Current applications and perspectives of ion mobility spectrometry to answer chemical food safety issues. Trends Analyt. Chem.，2017，94：39-53.

[10] Kafle G K，Khot L R，Sankaran S，et al. State of ion mobility spectrometry and applications in agriculture：A review. Eng. Agric. Environ. Food，2016，9（4）：346-357.

[11] Karasek F，Hill Jr H，Kim S. Plasma chromatography of heroin and cocaine with mass-identified mobility spectra. J. Chromatogr. A，1976，117（2）：327-336.

[12] Khataee A，Hassanzadeh J，Lotfi R. A graphene quantum dot-assisted morin-kmno4 chemiluminescence system for the precise recognition of cypermethrin. New J. Chem.，2017，41（19）：10668-10676.

[13] Li B，Shi Y，Cui J，et al. Au-coated ZnO nanorods on stainless steel fiber for self-cleaning solid phase microextrac-

tion-surface enhanced raman spectroscopy. Anal. Chim. Acta., 2016，923：66-73.

[14] Liu Z，Wang Y，Deng R，et al. Fe₃O₄@graphene oxide@Ag particles for surface magnet solid-phase extraction surface-enhanced raman scattering (SMSPE-SERS)：From sample pretreatment to detection all-in-one. ACS Appl. Mater. Interfaces，2016，8 (22)：14160-14168.

[15] Mendoza C E，Wales P J，McLeod H A，et al. Enzymatic detection of ten organophosphorus pesticides and carbaryl on thin-layer chromatograms：an evaluation of indoxyl，substituted indoxyl and 1-naphthyl acetates as substrates of esterases. Analyst，1968，93 (102)：34-38.

[16] Metcalf R L. The colorimetric microestimation of human blood cholinesterases and its application to poisoning by organic phosphate insecticides. J. Econ. Entomol. 1951，44 (6)：883-890.

[17] Mohammad T J，Mohammad S，Shila Y. Negative electrospray ionization ion mobility spectrometry combined with microextraction in packed syringe for direct analysis of phenoxyacid herbicides in environmental waters. J. Chromatogr. A，2012，1249 (3)：41-47.

[18] Multari R A，Cremers D A，Scott T，et al. Detection of pesticides and dioxins in tissue fats and rendering oils using laser-induced breakdown spectroscopy (LIBS). J Agric Food Chem，2013，61 (10)：2348-2357.

[19] Raman C V，Krishnan K S. A new type of secondary radiation. Nature，1928，121 (3048)：501-502.

[20] Regueiro J，Negreira N，Berntssen MH. Ion-mobility-derived collision cross section as an additional identification point for multiresidue screening of pesticides in fish feed. Anal. Chem.，2016，88 (22)：11169-11177.

[21] Selisker M Y，Herzog D P，Erber R D. Determination of pesticide residues in fruit and vegetables. J. Chromatogr. A.，1996，754 (1-2)：301-331.

[22] Sorribes-Soriano A，de la Guardia M，Esteve-Turrillas F，et al. Trace analysis by ion mobility spectrometry：from conventional to smart sample preconcentration methods. A review. Anal. Chim. Acta.，2018，1026：37-50.

[23] Villate F，Marcel V，Estrada-Mondaca S，et al. Engineering sensitive acetycholinesterase for detection of organophosphate and carbamate insecticides. Biosens. Bioelectron，1998，13 (2)：157-164.

[24] Wang P，Wu L，Lu Z，et al. Gecko-inspired nanotentacle surface-enhanced Raman spectroscopy substrate for sampling and reliable detection of pesticide residues in fruits and vegetables. Anal Chem，2017，89 (4)：2424-2431.

[25] Xu W，Xie L，Zhu J，et al. Terahertz sensing of chlorpyrifos-methyl using metamaterials. Food Chem，2017，218：330-334.

[26] Yan X，Li H，Hu T，et al. A novel fluorimetric sensing platform for highly sensitive detection of organophosphorus pesticides by using egg white-encapsulated gold nanoclusters. Biosens. Bioelectron.，2016，91：232-237.

[27] Yang T，Zhao B，Kinchla A J，et al. Investigation of pesticide penetration and persistence on harvested and live basil leaves using surface-enhanced Raman scattering mapping. J. Agric. Food Chem.，2017，65 (17)：3541-3550.

[28] Zhang W，Wei M，Song W，et al. Evaluation of pyridaben residues on fruit surfaces and their stability by a novel on-line dual-frequency ultrasonic device and chemiluminescence detection. J. Agric. Food Chem.，2017，65 (44)：9799-9806.

[29] Zou N，Yuan C，Chen R，et al. Study on mobility, distribution and rapid ion mobility spectrometry detection of seven pesticide residues in cucumber, apple, and cherry tomato. J. Agric. Food Chem.，2017，65 (1)：182-189.

[30] Zou N，Yuan C，Liu S，et al. Coupling of multi-walled carbon nanotubes/polydimethylsiloxane coated stir bar sorptive extraction with pulse glow discharge-ion mobility spectrometry for analysis of triazine herbicides in water and soil samples. J. Chromatogr. A，2016，1457：14-21.

[31] 曹丙花，侯迪波，颜志刚，等. 基于太赫兹时域光谱技术的农药残留检测方法. 红外与毫米波学报，2008，27 (6)：429-432.

[32] 程浩，高晓光，贾建，等. 用于水中有机磷农药检测的离子迁移率谱仪预富集进样方法. 分析化学，2010，11 (38)：1683-1686.

[33] 丁运华，陈勇智. 用于检测农药残留的胆碱酯酶酶源的研究进展. 热带农业科学，2007，27 (5)：73-77.

[34] 樊德方. 农药残留量分析与检测. 上海：上海科技出版社，1982.

[35] 高晓辉，朱光艳. 蔬菜上农药残毒快速检测技术——酶抑制法检测有机磷和氨基甲酸酯类农药. 农业科学与管理，2000，21 (4)：29-31.

[36] 高晓辉. 蔬菜上农药残留快速检测势在必行. 农药科学与管理，2003，24 (8)：135-137.

[37] 葛静，钱传范，刘丰茂，等. 韭菜中农药残留酶速测法假阳性消除研究. 食品科学，2008，29 (4)：299-311.

[38] 郝国徽，郭昌盛，刘建军，等. 菊酯农药的太赫兹时域光谱定性和定量检测. 光谱学与光谱分析，2012，32 (5)：34-38.

[39] 何勇，刘飞，李晓丽，等. 光谱及成像技术在农业中的应用. 北京：科学出版社，2016.

[40] 黄志勇，袁园，吕禹泽．蔬菜中有机磷农药残留的两种酶抑制快速检测方法的比较研究．食品科，2003，24（8）：135-137.

[41] 井乐刚．食品中残留农药检测技术的新进展．食品科学，2002，23（3）：148-151.

[42] 李治祥，黄士忠，翟延路．快速测定蔬菜水果中农药残毒的酶抑制技术．中国环境科学，1991，11（4）：311-313.

[43] 李治祥，翟延路．应用植物酯酶抑制技术测定蔬菜水果中农药残留量．环境科学学报，1987，7（4）：472-478.

[44] 梁同庭．蔬菜中农药残毒配套监测技术．北京：北京农业大学出版社，1990.

[45] 刘雨平．基于 SERS 检定水果表面农药残留水平的关键技术研究．哈尔滨：哈尔滨工业大学，2019.

[46] 牛剑．酶抑制率法快速检测蔬菜中农药残留的应用及影响因素的探讨．山西食品工业，2002（2）：45-47.

[47] 钱传范．内吸磷（E-1059）在植物上的动态．植物保护学报，1962（1）：69-79.

[48] 涂忆江．我国农药残留快速检测技术的研究和应用现状．农药科学与管理，2001，24（4）：14-16.

[49] 王大宁，董益阳，邹明强．农药残留检测与监控技术．北京：化学工业出版社，2006.

[50] 王冬伟，刘畅，周志强，等．新型农药残留快速检测技术研究进展．农药学学报，2019，21（5-6）：852-864.

[51] 王建凤，张仲夏，杜振霞，等．离子迁移谱法检测圣女果中的敌敌畏和马拉硫磷．分析实验室，2011，30（4）：30-33.

[52] 王玉丽，王玉振．蔬菜农药残留速测法——酶抑制法．山东蔬菜，2006（3）：39-40.

[53] 谢景丽，李元景，陈志强，等．离子迁移谱及其联用技术在食品检测中的应用．现代食品，2018（6）：100-106.

[54] 徐应明，刘潇威．农产品与环境中有害物质快速检测技术．北京：化学工业出版社，2006.

[55] 许泽群，梁洁仪，蔡大川，等．表面增强拉曼光谱在农药检测方面的进展．山东化工，2017，46（12）：84-86，90.

[56] 岳永德．农药残留分析．北京：中国农业出版社，2004.

[57] 张舒，万中义，潘劲松．农药残留薄层色谱分析中的显色技术．湖北化工，2002（2）：46-48.

[58] 张莹，杨大进，方从容．农药残留量快速检测方法——农药速测卡的应用与验证．中国食品卫生杂志，1998，10（2）：12-14.

[59] 赵贤德，董大明，矫雷子，等．纳米增强激光诱导击穿光谱的苹果表面农药残留检测．光谱学与光谱分析，2019，39（7）：2210-2216.

[60] 赵永福，董学芝．酶抑制技术检测蔬果农药残留量研究进展．分析测试技术与仪器，2005，11（4）：277-286.

[61] 邹月春，赵李霞．酶抑制法快速检测农产品农药残留的研究与应用．生命科学仪器，2006（4）：29-32.

第九章

农药免疫分析技术

第一节　农药免疫分析基础

免疫分析（immunoassay，IA）是一种以抗原-抗体特异性识别与结合反应为基础，对目标分析物进行定性定量分析的技术。可以利用已知抗原来识别和测定抗体，也可以利用已知抗体来识别和测定抗原。

免疫分析符合质量作用定律，与常规理化分析相比，该技术具有特异性强、灵敏度高、方法简便快捷、分析速度快、检测成本低、安全可靠等优点，不需要贵重检测仪器，可简化甚至省去样品前处理过程，对使用人员的操作技术要求不高，容易普及和推广。运用免疫化学分析技术开发的检测试剂盒、检测试纸等检测产品，可应用于大量现场样品的快速检测。

20 世纪 90 年代以来，农兽药等小分子化合物免疫分析技术的研究、开发和应用发展迅速，在粮食、果蔬、茶叶、蜂蜜、肉、蛋、奶等农副产品及水、土壤等环境样品中农药、兽药残留物分析方面的应用得到高度重视。世界粮农组织（FAO）向成员国家推荐使用免疫分析技术。美国化学会将免疫分析、色谱分析共同列为农药残留分析的主要技术，免疫分析结果也被列入具有法律效应的范畴，免疫分析成为 20 世纪后期以来农药、兽药、环境内分泌干扰物等小分子化合物分析技术研究、开发和应用的热点之一。

一、抗原

抗原（antigen，Ag）是一类能诱导动物免疫系统发生免疫应答，并能与免疫应答产物（抗体或效应细胞）发生特异性结合的物质。抗原性强的物质多数是结构较复杂、分子量大、具有异物性（抗原与机体自身物质的差异性）的物质。病原微生物，异源性的组织、细胞、蛋白质等具备上述特征，都是良好的抗原。

抗原具有免疫原性和反应原性两种性质。免疫原性是指抗原刺激机体后，诱导免疫系统发生免疫应答，产生相应抗体或效应细胞的特异性免疫反应性。反应原性是指抗原与免疫应答产物（抗体）发生特异性结合的免疫反应性。

（一）抗原的类型

1. 根据抗原的功能，抗原分为完全抗原和半抗原

（1）完全抗原　完全抗原（complete antigen）简称抗原，是一类既有免疫原性，又具有反应原性的物质。大多数蛋白质、细胞、病毒、细菌等都是完全抗原。

（2）半抗原 半抗原（hapten）通常是指有特定化学结构的小分子化合物，具有反应原性，但无免疫原性，故又称为不完全抗原。免疫化学研究中所指的半抗原，通常具有一定稳定性的复杂结构，分子中含有能够与合适大分子物质（如蛋白质）共价连接的活性基团。半抗原与蛋白质等大分子载体共价连接后，在载体表面形成抗原决定簇，以此获得免疫原性。

结构简单的化合物，如链状烷烃等，既不具备反应原性也不具备免疫原性，即使通过衍生活性基团与大分子载体共价连接，也难以获得免疫原性。

2. 根据抗原的来源可分为天然抗原和人工抗原

（1）天然抗原 天然抗原来自天然生物（包括动物、植物、微生物等），这类抗原包括细胞、组织、蛋白质、核酸、杂多糖、细菌、病毒等。天然抗原一般都是良好的完全抗原。

（2）人工抗原 人工抗原包括经过人工化学修饰或改造的天然抗原、全合成人工抗原和以大分子物质为载体的人工抗原。

人工化学修饰或改造的天然抗原：为了研究免疫原性的化学基础，可用已知化学基团置换天然抗原表面的特定基团得到人工化学修饰或人工改造的天然抗原，如 2,4-二硝基苯（DNP）修饰蛋白、碘化蛋白等。

全合成人工抗原：多为高分子聚合物，如由氨基酸聚合成的多肽等。

以大分子物质为载体的人工抗原：分子量小于 2500Da 的小分子化合物，即使有一定复杂结构（即复杂半抗原），一般也不具备免疫原性。但可将小分子量的复杂半抗原与分子量大的载体（如蛋白质）共价偶联制备人工抗原，免疫动物获得对相应小分子化合物具有特异性识别能力的抗体，这是小分子化合物免疫分析技术研究的基础和主要内容。

3. 根据抗原与机体的亲缘关系，可分为同种异体抗原和自身抗原

（1）同种异体抗原 同种异体抗原（alloantigen）是指存在于人和同种动物不同个体（同卵孪生者除外）的抗原性物质。当某个体的细胞或组织进入另一个体时，可引起免疫应答。人类血液中的红细胞血型抗原和白细胞抗原均属此类。

（2）自身抗原 自身抗原（autoantigen）是指能引起自身免疫应答的自身组织成分。一般自身组织对机体没有免疫原性，但在外伤、感染、电离辐射、药物等影响下，自身组织可以发生变性而成为自身抗原，刺激机体产生免疫反应。自身抗原包括隐蔽的自身抗原和修饰的自身抗原。

（二）影响免疫原性的因素

（1）异物性 抗原的化学组成和结构与生物体内物质的差异越大、生物的种属和亲缘关系越远，则免疫原性越强。如鸡卵清蛋白对家禽是弱免疫原，而对羊、兔等动物则是强免疫原。

（2）分子大小 抗原分子量越大其免疫原性越强。分子量大于 10^5 的蛋白质是较强的免疫原，相对分子量小于 10^4 的物质通常是弱免疫原。Young 等（1986）的实验表明：免疫原性要求的最低分子量是由 6 个以上二硝基氯苯赖氨酸组成的寡聚肽。在天然多肽中，至今发现能引起免疫应答的最小分子是分子量为 3480 的升血糖素。

（3）化学组成、结构及稳定性 除分子量外，抗原的免疫原性还取决于其化学组成和结构（包括化学基团和构象）。结构越复杂的抗原，其免疫原性越强。比如杂多糖具有免疫原性，而纤维素、糖原、链状烷烃等，虽然分子量大，但化学结构比较简单，基本不具备免疫原性。抗原表面需要有一定的极性基团或亲水基团，这是维系抗原抗体亲和力的主要分子基础之一。有些抗原对酶、光、热、氧、化学试剂等因子敏感，化学组成和结构（包括立体结构）易发生变化，其免疫原性也容易发生改变。

（4）分子形状与物理状态　颗粒抗原（如病毒等）比溶解性抗原的免疫原性强，球状蛋白比线状蛋白免疫原性强。蛋白质变性后免疫原性会大大降低。

（三）农药人工抗原

结构相对比较复杂的农药、药物等小分子化合物一般不具有免疫原性，但具有反应原性。Landsteiner 在小分子化合物免疫分析方面做出了开创性研究工作，他将氨基苯磺酸重氮化后与蛋白质的酪氨酸残基在酚羟基邻位结合，制备人工抗原，用该人工抗原免疫动物，获得了抗氨基苯磺酸抗体，在此基础上建立了氨基苯磺酸的免疫分析方法。将目标分析农药以半抗原的形式与分子量大的蛋白质共价偶联，使农药分子突出于蛋白质表面作为抗原决定簇，制备人工抗原。以人工抗原免疫动物，诱导免疫系统发生免疫应答，产生抗目标分析农药的特异性抗体，在此基础上可建立对该农药具特异性识别能力的免疫分析方法。

并非所有的农药都能够以半抗原的形式与载体蛋白质共价偶联，免疫动物产生相应农药的特异性抗体。如对酶、光、热、氧、化学试剂等因子敏感的农药，在合成半抗原、制备人工抗原、免疫动物制备抗体的过程中易发生结构变化，难以获得对目标分析农药具特异性亲和力的抗体。抗体-抗原反应一般在水相中进行，氢键和静电引力是维系抗原-抗体亲和力的主要作用力之一。结构简单的链状烷烃，疏水性强，即使其分子量大，与载体蛋白共价偶联后免疫动物，也难以获得抗链状烷烃抗体。许多具有极性取代基、结构较复杂（如含取代杂环、取代芳香环）的农药甚至特异性中间体（如含三元环的拟除虫菊酸），利用自身或通过衍生的活性基团，共价连接在蛋白质表面，成为特定的抗原决定簇，可激活动物的免疫系统，产生对相应农药具特异性亲和力的抗体。研究结果表明：一些结构简单、分子量太小的农药（如甲胺磷），难以有效制备出合适的半抗原和人工抗原，当然也难以获得对甲胺磷具特异性亲和力、能够对甲胺磷进行高灵敏度识别的实用性抗体。

二、抗体

抗体（antibody）是免疫系统受抗原刺激后产生的能与抗原、半抗原发生特异性结合的球蛋白。免疫球蛋白（immunoglobulin，Ig）通常是一组具有抗体活性和抗体样结构的蛋白质。Ig 普遍存在于脊椎动物和人的血液、组织和外分泌液中。所有抗体都是 Ig，但并非所有 Ig 都是抗体，如骨髓瘤蛋白的结构与抗体相似但无免疫学活性，就不能被称为抗体。具有免疫活性的 Ig 才能称之为抗体。

（一）免疫球蛋白的类型与结构

Ig 分子由 4 条多肽链组成，两条短链称为轻链（light chain，L），分子质量约为 25kD。两条长链称为重链（heavy chain，H），分子质量为 50～75kD。轻链有 2 种，即 κ 和 λ。在同一 Ig 分子中，两条轻链是同型（isotype）的。重链有 5 种，分别为 α、γ、δ、ε 和 μ。根据 Ig 重链的种类不同，可将 Ig 分为 5 类：IgA（α 链）、IgD（δ 链）、IgE（ε 链）、IgG（γ 链）和 IgM（μ 链）。肽链间通过二硫键（disulfide bond）连接，单个 Ig 分子呈 "Y" 状结构，见图 9-1。

IgG 是血清中含量最多的免疫球蛋白，占成人血清球蛋白总量的 75% 以上，含量约为 12mg/mL，合成速率约为 33mg/(kg·d)，半衰期为 16～24d。IgG 分子为单体，由 2 条 γ 链和 2 条 κ（或 λ）链组成，分子质量约为 150kD，在人体内开始合成的时间为出生后 3 个月。

IgM 占人总血清免疫球蛋白的 5%～10%，平均浓度为 1.5mg/mL，合成速率约为

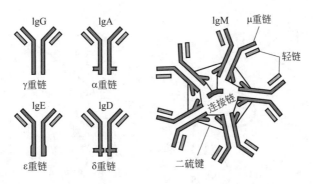

图 9-1　免疫球蛋白（Ig）的类型（按重链的种类不同分）

6.7mg/（kg·d）。单体的 IgM 为膜结合型（mIgM），存在于未成熟的 B 细胞表面，在胞间组织中浓度很低。IgM 是对抗原初次免疫应答产生的抗体，也是新生儿在胚胎后期最先合成的免疫球蛋白，故检测 IgM 水平可用于早期诊断。IgM 的半衰期为 5.1d，远短于 IgG，这是 IgM 在体外难以应用的重要原因。IgM 为五聚体，分子质量约为 950kD。

IgA 在血清中占免疫球蛋白的 10%～15%，人出生后 4～6 个月开始合成，合成速率为 24mg/（kg·d），半衰期为 5.8d。IgA 分血清型和分泌型，在机体的外分泌液如乳汁、唾液、泪液、支气管黏液、泌尿生殖道及消化道分泌液中广泛存在。分泌 IgA 的浆细胞集中排列在黏膜上皮细胞下面。黏膜表面是大部分病原生物的入侵门户，分泌型 IgA 在黏膜表面有非常重要的功能，IgA 结合到细菌或病毒的表面抗原上以后，可以防止病原吸附在黏膜表面，从而抑制病毒感染和细菌的定植。IgA 为单体或二聚体，分子质量约为 160kD。

IgE 开始合成时间较晚，在人血清中的含量约 0.3μg/mL，约占 Ig 总量的 0.003%，半衰期只有 2.5d。IgE 为单体，含糖量较高，分子质量约为 190kD，具有很强的亲细胞性，能与特定细胞表面受体结合，促进这些细胞释放生物活性介质。

IgD 在人血清中含量约为 30μg/mL，占血清总 Ig 的 0.3% 左右。IgD 为单体，分子质量约为 175kD，可随时合成，易被胰酶降解，半衰期为 2.8d。

Ig 分子分为恒定区（constant region，C 区）和可变区（variable region，V 区）两部分。对于不同的 Ig 分子，轻链 N 端的一半和重链 N 端的四分之一这一区域的氨基酸序列有较大的变化，称为可变区，而其余部分因氨基酸序列趋于保守，称为恒定区。可变区某些部位氨基酸序列变化非常大，故称之为高变区（hypervariable region，HVR）。高变区只占 V 区的 20%～25%，其余 75%～80% 则相对保守，称之为框架区（framework region）。轻链（light chain，L）和重链（heavy chain，H）各含有 3 个高变区，其表面为抗原结合位点（antigen binding site）。由于高变区氨基酸序列与结合的抗原形成了结构互补的三维空间结构，所以高变区也被称为互补决定区（complementarity determining region，CDR）。在 γ，α 和 δ 重链中，含有一个非球形片断，位于 C 区的第 1 个（C_{H1}）和第 2 个（C_{H2}）Ig 结构域之间，氨基酸残基有十几个到 60 多个。该区称为铰链区（hinge region）。当抗体与抗原结合时，该区可自由转动，以适应不同距离的抗原决定簇。抗体可凭借铰链区的弹性与某一独特抗原的 1 个以上位点结合，与更多的抗原结合点接触可增加结合的强度。Ig 的结构模型见图 9-2。

人体的免疫球蛋白以 IgG 为主，IgG 分子的轻链是由多肽链折叠而成的，其可变区（V 区）和恒定区（C 区）的层状折叠见图 9-3。

图 9-3 中白色箭头部分表示人 IgG 轻链 β 折叠结构的多肽排列，深黑色条带表示链内二硫键，数字表示从 N 端起的氨基酸的位置。浅黑色条带表示 V 区的 CDR_1、CDR_2 和 CDR_3

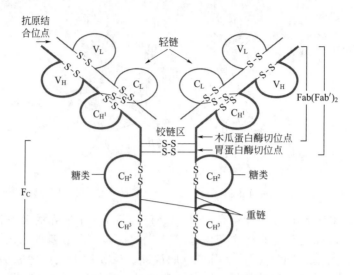

图 9-2　免疫球蛋白（Ig）的结构模型
C_H—恒定区重链；V_H—可变区重链；C_L—恒定区轻链；
V_L—可变区轻链；Fc—可结晶片段；Fab—抗原结合片段

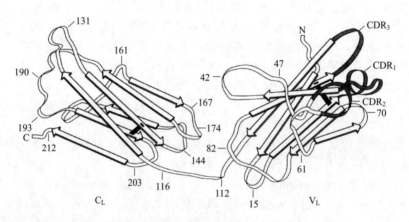

图 9-3　人免疫球蛋白 G（IgG）轻链的层状折叠
CDR—互补决定区；C_L—恒定区轻链；V_L—可变区轻链

环，它们一起形成轻链的结构。轻链折叠成 V_L 和 C_L 两个 Ig 区，即免疫球蛋白折叠（Ig fold）或抗体折叠。每个 Ig 区肽链含 110 个氨基酸，为二层反向平行多肽组成的 β 折叠片层结构，其中一层含有三条反向平行肽链，另一层则由四条反向平行的肽链组成。两个 β 折叠片层间通过二硫键相连。V_L 区的折叠主要取决于各 CDR 之间框架区内氨基酸序列的保守性。V_L 区序列中含有 1 个约 90 个氨基酸残基构成的内二硫环（internal disulfide loop）。V_L 区折叠形成的 CDR 突出于 N 端表面，为抗原结合部位。C_L 区的羧基端形成另一个 Ig 区。

（二）抗体的类型

按制备方法、产生途径和特点，抗体分为多克隆抗体、单克隆抗体和基因工程抗体。

多克隆抗体（polyclonal antibody，PcAb）是指由多株 B 细胞产生的、针对不同抗原决定簇的抗体的混合物。制备方法是用抗原直接免疫兔、羊等动物制备抗血清，再从抗血清中分离抗体。多克隆抗体与抗原的亲和力高、稳定性好，但抗体的均一性和特异性不如单克隆抗体，来源间断，存在批间差异。

单克隆抗体（monoclonal antibody，McAb）是指由某一个抗原决定簇刺激单株 B 细胞所产生的抗体。单克隆抗体是通过杂交瘤技术（又称无性繁殖细胞技术）制备的。单克隆抗体均质性好、特异性强，可在体外培养液中连续批量培养，无批间差异。

基因工程抗体（genetic engineering antibody）是通过对抗体可变区的基因进行克隆或进行部分片段改造，利用 DNA 分子重组技术，再经过表达而产生的具有免疫学活性的重组蛋白。基因工程抗体技术的发展使人工设计和制备具有特殊性质、特殊功能的抗体成为可能。

三、抗原-抗体反应

抗原与抗体的特异性结合称为抗原-抗体反应（antigen-antibody reaction）。脊椎动物机体具有免疫系统，在受到进入体内的细菌、病毒、细胞、组织、蛋白质等外源性物质（抗原）刺激的时候能发生保护性应答反应，产生特异性的保护物质（抗体）来识别该外源性物质并与之相结合，从而"钝化"该物质以排除其干扰。

抗原-抗体的识别和结合反应不仅可以在体内进行，也可以在体外适当条件下进行，符合质量作用定律。这种反应在体内作为体液免疫应答的效应机制自然发生，在体外作为免疫学实验的结果而出现。由于传统免疫学技术多以人或动物的血清作为抗体的来源，所以体外实验中的抗原-抗体反应习惯上称作血清学反应（serologic response）。但是现代的抗原-抗体反应早已突破了血清学时代的概念。

（一）抗原-抗体的结合力

抗原与抗体的结合具有高度的特异性，主要依靠抗原-抗体结合位点空间结构的精密"锲合"和范德华（Vander Waals）力等非共价键力的维系。抗原与抗体的结合虽然是互补性的特异性结合，但不形成牢固的共价键（共价键键能 209.2～418.4kJ/moL），而是以复杂的非共价键结合在一起，这种较弱的结合力至少包括以下四个方面：

1. 静电引力

抗原和抗体分子上带有相反电荷的基团之间可以发生静电引力，又称库仑力。例如抗体分子上碱性氨基酸的游离氨基（$-NH_3^+$）和酸性氨基酸的游离羧基（$-COO^-$），可与抗原分子上带相反电荷的对应基团相互吸引。这种引力的大小与两电荷间的距离的平方成反比，平均键能约 20.9kJ/mol。

2. 范德华力

抗原和抗体相互接近时，由于分子或原子的瞬间偶极作用而出现的引力称范德华力，它可使对应的抗原与抗体相互吸引。范德华力的构成与计算比较复杂，大致与两个相互作用基团的极化程度的乘积成正比，与它们之间距离的 7 次方成反比，键能为 4.2～12.5kJ/mol。

3. 疏水作用力

两个疏水基团在水溶液中相互接触时，由于对水分子排斥而趋向聚集的力称为疏水作用力，亦称为疏水键。抗原-抗体反应时可提供疏水性基团的氨基酸残基有亮氨酸、异亮氨酸、丙氨酸、脯氨酸、缬氨酸、苯丙氨酸和色氨酸等。抗原与抗体由于疏水作用而凝聚成复合物，这样就使其与水接触的表面积减少，亲水性降低。

4. 氢键

供氢体上的氢原子与受氢体原子间的引力。供氢体和受氢体的原子都是电负性很强的原子。在抗原-抗体反应中，羧基、氨基和羟基是主要供氢体，而羧基氧、羧基碳和肽键氧等原子是主要受氢体。氢键具有方向性，因此比范德华力更具有特异性。氢键结合力与供氢体和受氢体之间距离的 6 次方成反比，键能约 20.9kJ/mol。

抗原与抗体间非共价键力能否起作用以及作用力的大小与两分子的距离密切相关，只有两分子表面广泛接触并精密"锲合"时，非共价键力才能起作用，距离越近作用力越强。抗原与对应抗体之间高度的空间互补结构恰好为这些结合力作用的发挥提供了条件。

（二）抗原-抗体亲和性及亲和力

在免疫化学中，一般用亲和性（affinity）和亲和力（avidity）两个术语来表示抗原-抗体结合能力的大小。亲和性是指抗体分子上一个抗原结合位点与对应的抗原决定簇之间的相适性与结合力。而亲和力是指反应体系中复杂抗原与相应抗体之间的总的结合力。亲和力与亲和性有关，也与抗体的结合价和抗原的有效决定簇数目相关。例如 IgM 分子与相应抗原的亲和力是其五个单体的亲和性之和。一个复杂抗原与相应抗体的亲和力是多克隆抗体系统中多种亲和性之和，而在单克隆抗体反应系统中则只有某一个决定簇起作用，所以单克隆抗体与相应抗原的亲和力一般比多克隆抗体弱。

（三）抗原-抗体反应的过程

抗原与相应抗体从混合到出现可见反应，其间经过一系列的化学和物理变化，包括了抗原-抗体特异性结合和非特异性凝聚两个阶段，即由亲水胶体转为疏水胶体的变化过程。

抗体分子是球蛋白，许多抗原是蛋白质或其他能够形成亲水胶体的大分子量物质。在通常的血清学反应条件下，极化的水分子在其周围形成水化层，成为带有负电荷的亲水胶体，因此不会自行聚合形成沉淀。当抗原-抗体结合后，抗原-抗体复合物与水接触的表面积减少，表面电荷减少，水化层变薄，胶体的稳定性降低。上述过程由抗原与抗体的特异性结合直接引起，一般可在数秒内完成，并很快达到平衡，但不出现目测的可见反应现象。如果反应系统中有电解质存在（一般情况下是存在的），就会使抗原-抗体复合物的水化层彻底被破坏，各疏水胶体之间易于靠拢聚集，形成大的、可见的抗原-抗体复合物。这一过程是非特异性反应，速度较为缓慢，需要数分钟、数小时乃至数日，而且这种非特异性反应受抗原与抗体的量比关系和环境条件（例如 pH、温度等）影响。

（四）抗原-抗体反应的类型

根据抗原-抗体反应所产生的现象和结果的不同，传统的血清学反应可分成 5 种类型：①可溶性抗原与相应抗体结合所发生的沉淀反应（precipitation）；②颗粒性抗原与相应抗体结合所发生的凝集反应（agglutination）；③抗原-抗体结合后激活补体所致的细胞溶解反应（cytolysis）；④细菌外毒素或病毒与相应抗体结合所致的中和反应（neutralization）；⑤免疫标记的抗原-抗体反应，这是现代免疫学技术的重要发展，也是农药残留免疫分析技术的基础。

（五）抗原-抗体反应的特点

1. 特异性

特异性（specificity）是抗原-抗体反应的最主要特征，这种特异性是由抗原决定簇和抗体分子高变区之间空间结构的互补性决定的。抗体分子 N 端可变区可形成大小约 3nm×1.5nm×0.7nm 的槽沟，其中高变区氨基酸残基的变异性使槽的形状千变万化，只有与其空间结构形成互补的抗原决定簇才能如楔状嵌入，其关系犹如钥匙和锁。因此，抗原-抗体结合反应具有高度特异性。许多抗原的构成十分复杂，含有许多种抗原决定簇。如果两种不同的抗原分子上具有相同的或相似的决定簇，则有可能与彼此相应的抗体发生交叉反应。

2. 比例性

比例性（proportionality）是指抗原与抗体发生可见反应需遵循一定的量比关系，只有当二者浓度比例适当时才出现可见反应。以沉淀反应为例，在加入固定量抗体的一排试管中依次加入一定体积、浓度递增的抗原进行反应，发现随着抗原浓度的增加，沉淀很快大量出现，但超过一定范围之后，沉淀速度和沉淀量随抗原浓度增加反而迅速降低，甚至到最后无沉淀出现。沉淀反应的速度反映了参加反应的抗原和抗体浓度的适合程度，适合程度高时反应快，反之则慢。沉淀速度最快时的抗原-抗体浓度比称为最适比（optimal ratio），亦称为抗原-抗体反应的等价点。实验证明，在同一抗原-抗体反应系统中，不管抗原和抗体浓度如何变化，其沉淀反应最适比始终恒定不变。

在最适比条件下反应，理论上抗原-抗体基本全部结合，上清液中几乎无游离抗原和抗体。实际上在抗原稍有过剩时形成的沉淀物最多、最大。当抗原和抗体浓度比超过此范围时，沉淀速度和沉淀量都会迅速降低，甚至不出现沉淀。根据定量沉淀反应，可以将抗原-抗体反应分成 3 个区带：①等价带（zone of equalvalence），②抗体过剩带，亦称前带（prozone），③抗原过剩带，亦称后带（postzone）。

天然抗原大多是多价的，抗体至少有两价。根据网络学说，当抗原和抗体在等价带结合时，相互交叉形成网络，易形成肉眼可见的复合物沉淀。当抗原或抗体过剩时，因过剩方的结合价得不到饱和，只能形成小网格复合物，反应系统中有剩余游离的抗原或抗体。当抗原或抗体为单价时，不管抗原和抗体的量比关系是否合适，均不能出现肉眼可见的沉淀现象。

3. 可逆性

可逆性（reversibility）是指抗原与抗体形成复合物后，在一定条件下可解离，恢复为游离抗原和游离抗体的特性。由于抗原-抗体反应是分子表面的非共价键结合，所形成的复合物并不牢固，可以在一定条件下解离。解离后的抗原或抗体还可以与其他对应抗体或抗原再结合，在整个反应系统中达到一种动态平衡，平衡反应的倾向性取决于抗原与抗体的亲和力及环境因素。

免疫复合物在适当条件下解离后，游离出来的抗原或抗体仍保持原来的理化特征和生物学活性，利用这一特征可以分离纯化特异性抗体或抗原，这是以抗原或抗体作配体的免疫亲和层析技术的基础。

（六）影响抗原-抗体反应的主要因素

单纯用抗原-抗体分子结构互补及非共价键力的大小来确定抗原抗体的亲和力是不全面的，抗原与抗体的结合还受其他因素的影响。

1. 反应物自身因素

（1）抗体的来源和类型　抗体的特异性与亲和力是抗原-抗体反应的两个关键要素。来源不同的抗血清，其免疫反应性存在差异。免疫动物的早期获得的抗血清特异性较好，但亲和力偏低。免疫后期获得的抗血清一般亲和力较高，因为免疫时间长易产生针对不同抗原决定簇的抗体，即多克隆抗体，使抗体的类型和反应性变得复杂，亲和力提高，但特异性降低。单克隆抗体是针对单一抗原决定簇的抗体，特异性强，亲和力比多克隆抗体低。较低的亲和力一般不适用于沉淀反应或凝集反应。

（2）抗原和抗体的浓度　抗原-抗体反应中，抗体的浓度是与抗原对应的。为了得到好的反应效果，通常采用方阵实验法筛选抗原-抗体的最适浓度组合，以求得最佳实验结果。

（3）抗原的特性　抗原的理化性质、抗原决定簇的数目和种类均可影响抗原-抗体反应的结果。如可溶性抗原与相应抗体的反应类型是沉淀，而颗粒性抗原的反应类型是凝集，单价抗原与抗体结合不出现可见反应。

2. 环境条件

（1）反应介质中的电解质　电解质是抗原-抗体反应系统中不可缺少的成分，它可使免疫复合物出现可见的沉淀或凝集现象。一般用 8.5g/L 浓度的 NaCl 溶液作为抗原和抗体的稀释剂和反应介质，特殊需要时也可选用较为复杂的缓冲液。如果反应系统中电解质浓度低甚至无，抗原-抗体不易出现可见反应，尤其不易形成沉淀反应。如果电解质浓度过高，则会使蛋白质变性，出现非特异性蛋白质沉淀。

（2）反应介质的 pH　适当的 pH 是抗原-抗体反应取得正确结果的另一影响因素。抗原-抗体反应一般在 pH 6～9 的反应介质中进行，超出这个范围，无论过高还是过低，均可直接影响抗原-抗体反应性，导致假阳性或假阴性结果。

（3）反应温度　温度对免疫反应的影响显而易见，高温会使生物分子变性，低温则降低或停止生物分子的活性。除了上述较极端的情况以外，抗原-抗体的温度适应能力比较强，一般在 15～40℃ 的范围内均可以正常进行。在这个范围内，温度的变化主要影响反应速度，较少影响反应结果。抗原-抗体的最适反应温度一般为 37℃。

（4）反应时间　抗原抗体反应达到平衡状态需要一定的时间。时间本身并不会对抗原-抗体反应主动施加影响，但是实验过程中观察结果的时间不同可能会看到不同的结果。时间因素主要通过反应速度来体现，反应速度取决于抗原-抗体亲和力、反应类型、反应介质、反应温度、反应模式等因素。在一般免疫分析中，固-液两相免疫反应达到平衡的时间在 1～3h。在优化条件或反应促进剂作用下，可缩短免疫反应达到平衡的时间。均相免疫反应比非均相免疫反应达到平衡的速度快。

第二节　农药的免疫分析技术

一、免疫分析方法类型

（一）按抗原-抗体反应是否在固-液两相间进行、是否将结合在固相上的标记物和游离的标记物分离，免疫分析方法分为均相免疫分析和非均相免疫分析

1. 均相免疫分析

均相免疫分析在均匀体系（通常在液相）中进行。如可以用适当的标记物（如酶、荧光剂等）标记抗体或抗原，利用抗原-抗体反应形成复合物后标记物的活性（如酶活性）或其他信号的变化（如荧光偏振、荧光增强、荧光淬灭等）来检测抗体或抗原，反应后不需要分离结合的和游离的标记物，通过直接测定系统中标记物的活性或相关信号的变化，来确定结合的或游离的标记物的数量，从而得到待测抗原或抗体含量的信息。该法不仅可用于蛋白质等大分子抗原或抗体的测定，也可用于农药、药物、激素、毒品、兴奋剂等小分子化合物的测定。均相免疫反应达到平衡的速度快，不需要进行两相分离，方法简便快速。

2. 非均相免疫分析

非均相免疫分析通常在固、液两相中进行。以适当的标记物标记抗体或抗原，将未标记

的抗原或抗体固定于适当的固相载体（如聚苯乙烯微孔板）表面，抗原-抗体反应体系中同时存在着液相中游离的和固相上结合的标记物，两相中的标记物都具有活性。在反应达到平衡后，将固相和液相分离，测定液相中游离标记物的活性或测定固相上结合状态的标记物的活性，推算待测物的含量。

酶联免疫吸附测定（enzyme linked immunosorbent assay，ELISA）是目前最常用的非均相免疫测定法，这种测定方法有三种必要的试剂：①包被在固相上的抗原或抗体，即"免疫吸附剂"（immunosorbent）；②酶标记的抗原或抗体，称为"酶结合物"（conjugate）；③酶促显色反应的显色剂。ELISA法既可用于测定抗原，也可用于测定抗体。由于抗原-抗体反应在两相间进行，反应达到平衡的时间较长，反应平衡后需要进行两相分离，所以分析测定所需时间也比较长。

（二）按抗原-抗体反应的机制不同，免疫分析方法分为非竞争型免疫分析和竞争型免疫分析

1. 非竞争型免疫分析

非竞争型免疫分析主要有双抗体夹心法、间接法和捕获包被法。

（1）双抗体夹心法　病毒等颗粒性抗原、蛋白质等大分子抗原一般具有多个抗原决定簇，对这类抗原的检测多采用双抗体夹心法。双抗体夹心法检测抗原的原理见图9-4，检测步骤如下：

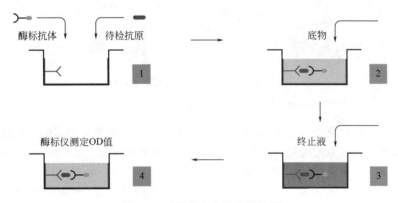

图 9-4　双抗体夹心法检测抗原

① 将特异性抗体包被于固相载体，洗涤除去游离的抗体及杂质，封闭载体上未结合抗体的位点。

② 加待检抗原，37℃保温反应，样品中的抗原与固相抗体结合，形成固相抗体-抗原复合物，洗涤除去未结合的游离物质。

③ 加酶标记抗体，保温反应。固相上的抗体-抗原复合物与酶标抗体结合，形成抗体-抗原-酶标抗体三元复合物。彻底洗涤去除未结合的酶标抗体。此时固相上结合的酶标抗体量与样品中被测抗原量在一定范围内呈正相关。

④ 加显色剂，固相三元复合物上的酶催化显色剂产生有色产物，样品中抗原的量与酶促显色强度成正比，通过比色测定可对抗原进行定性定量。

在实际应用中，如抗体来源于抗血清，包被和酶标记用的抗体最好分别来自不同种属的动物。如应用单克隆抗体，一般选择针对抗原上不同决定簇的单抗，分别用于包被固相和制备酶标抗体。这样的双抗体夹心法具有很强的特异性，而且可以将受检样本和酶标抗体一起加入后保温促进其反应，进行一步法检测。然而由于小分子抗原的体积小，抗体结合位点

少，供抗体结合的空间有限，双抗体夹心法不适用于小分子抗原的测定。

如果是固定抗原检测样本中的抗体，可采用间接法和捕获包被法。

（2）间接法　间接法检测抗体的原理见图9-5。用抗原包被固相，加入待检样品和酶标二抗，待测抗体与固相抗原结合，酶标二抗与待测抗体结合，通过检测酶标二抗的酶促显色反应强度来检测待测抗体。间接法检测抗体的步骤如下：

① 将特异性抗原包被于固相，洗涤除去未结合的抗原及杂质。

② 加待测样品，37℃保温反应。样品中的待测抗体与固相抗原结合，形成抗原-抗体复合物，洗涤去除样品中游离的其他成分。

③ 加酶标二抗，固相抗原上结合的待测抗体与酶标二抗结合，洗涤去除游离物。

④ 加底物显色，固相上结合的酶标二抗量（酶促显色反应强度）与样品中被测抗体量在一定范围内呈正相关。

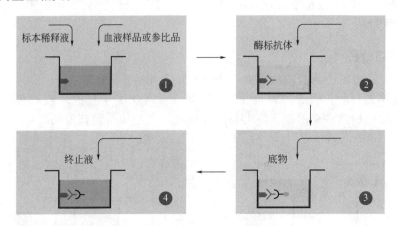

图 9-5　间接法检测抗体

■▶ 抗原；〉— 待测抗体；〉—■ 酶标二抗

间接法的优点是只要变换包被抗原就可利用同一酶标二抗检测相应的不同待测抗体。间接法成功的关键在于抗原的纯度。虽然有时用粗提抗原包被也能取得实际有效的结果，但应尽可能予以纯化，以提高试验的特异性。

（3）捕获包被法　捕获包被法检测抗体的步骤和原理见图9-6。包被在固相上的抗 IgM 抗体（抗抗体）捕获待检样品中的 IgM，再依次与 IgM 的特异性抗原、抗原特异性酶标二抗结合，通过检测酶标二抗的酶促显色反应来检测 IgM。

捕获包被法的具体测定步骤如下：

① 先用抗 IgM 抗体（抗抗体）包被固相，洗涤除去游离物。

② 加待测样品，抗 IgM 抗体捕获样品中的 IgM，洗涤除去游离物。

③ 加入仅与特异性 IgM 相结合的抗原，继而加入与抗原特异性结合的酶标抗体，洗涤去除游离物。

④ 加底物显色，显色强度与样品中 IgM 量呈正相关。

在临床检验中测定抗体 IgM 多采用捕获包被法，此法常用于病毒性感染的早期诊断。

2. 竞争型免疫分析

（1）直接竞争 ELISA 法检测抗体　直接竞争 ELISA 法检测特异性抗体的原理见图9-7。步骤如下：

① 用特异性抗原包被固相。

② 加入待测样品与酶标记的特异性抗体，样本中的待测抗体和一定量的酶标抗体竞争

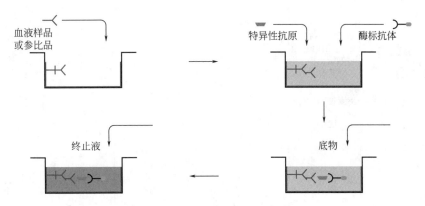

图 9-6　捕获包被法检测抗体

⊢≺ 抗 IgM 抗体；≺ IgM

结合到固相抗原上。

③ 洗涤去除游离物后加显色剂显色，样品中待测抗体量越多，结合在固相上的酶标抗体越少，因此阳性反应显色浅于阴性反应。

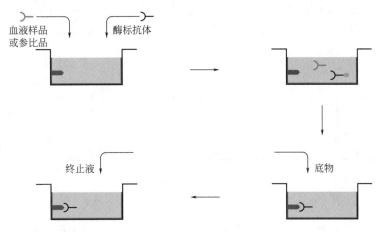

图 9-7　直接竞争 ELISA 法检测抗体

▬ 包被抗原；≻ 待测抗体

（2）直接竞争 ELISA 法检测抗原　直接竞争 ELISA 法检测特异性抗原的原理与直接竞争 ELISA 法检测特异性抗体类似。以特异性抗体包被固相代替特异性抗原包被固相，以酶标抗原代替酶标抗体，待测抗原和一定量的酶标抗原与固相抗体竞争结合，样品中待测抗原含量越高，结合到固相上的酶标抗原越少，最后酶促反应显色也越浅。

大部分化学农药、药物等小分子化合物的分子体积小，不具备多个抗原决定簇，缺乏供两个抗体结合的两个以上位点，难以采用夹心法检测，而多采用竞争模式。

农药、药物等小分子化合物免疫分析的方法包括间接竞争 ELISA 法、包被抗体直接竞争 ELISA 法和包被抗原直接竞争 ELISA 法，见图 9-8。

（3）间接竞争 ELISA 法测定农药　间接竞争 ELISA 法测定农药的原理见图 9-8(a)，检测步骤如下：

① 包被　将包被抗原吸附于固相（聚苯乙烯微孔板微孔表面），洗涤去除游离物；

② 封闭　用封闭液封闭微孔表面剩余的吸附位点，洗涤去除游离物；

③ 竞争反应　将目标分析农药溶液与抗该农药抗体（一抗）溶液混合（或先后加入）

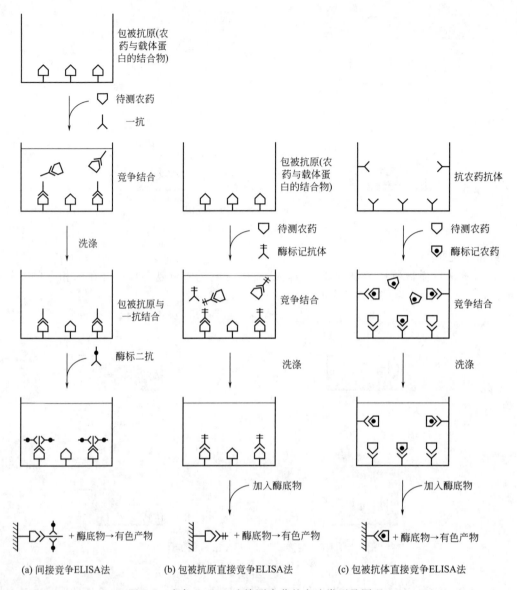

(a) 间接竞争ELISA法   (b) 包被抗原直接竞争ELISA法   (c) 包被抗体直接竞争ELISA法

图 9-8 竞争 ELISA 法检测农药的方法类型及原理

后加入微孔板进行反应，目标分析农药与包被抗原上目标分析农药半抗原竞争结合一抗，洗涤去除游离物，在一定范围内，包被抗原上结合的一抗量与目标分析农药的含量呈反比；

④ 加入酶标二抗溶液 反应平衡后洗涤去除游离物，固相上结合的酶标二抗量与固相上结合的一抗量成正比，与步骤③中加入的目标分析农药含量呈反比；

⑤ 显色测定 加入显色剂显色后中止反应，酶促显色反应的强度与步骤③中目标分析农药含量呈反比。

（4）包被抗原直接竞争 ELISA 法测定农药的原理见图 9-8(b)，检测步骤如下：

① 包被 将包被抗原吸附于固相（聚苯乙烯微孔板微孔表面），洗涤去除游离物；

② 封闭 用封闭液封闭微孔表面剩余的吸附位点，洗涤去除游离物；

③ 竞争反应 将目标分析农药与酶标记的抗农药抗体（酶标一抗）溶液混合（或先后加入）后加入微孔板进行反应，目标分析农药与包被抗原上目标分析农药半抗原竞争结合酶

标一抗，洗涤去除游离物，在一定范围内，包被抗原上结合的酶标一抗的量与目标分析农药的含量成反比；

④ 显色测定　加入酶的底物显色后终止反应，酶促显色反应的强度与包被抗原上结合的酶标一抗量成正比，与步骤③中目标分析农药含量呈反比。

（5）包被抗体直接竞争 ELISA 法测定农药的原理见图 9-8(c)，检测步骤如下：

① 包被　用抗目标分析农药抗体（一抗）包被固相，洗涤去除游离物；

② 封闭　用封闭液封闭微孔表面剩余的吸附位点，洗涤去除游离物；

③ 竞争反应　将目标分析农药溶液与酶标的农药半抗原溶液混合（或先后加入）后加入微孔板进行反应，目标分析农药与酶标记的农药半抗原竞争结合固相上包被的抗体（一抗），洗涤去除游离物，在一定范围内，固相抗体上结合的酶标半抗原量与目标分析农药的含量成反比；

④ 显色测定　加入酶的底物显色后终止反应，酶促显色反应的强度与固相抗体上结合的酶标半抗原量成正比，与步骤③中目标分析农药的含量呈反比。

在建立农药小分子免疫分析，特别是竞争型免疫分析方法的过程中，竞争抗原和免疫原采用不同的载体蛋白、竞争抗原和免疫原所用半抗原的部分结构（一般是指半抗原与载体蛋白或标记物的连接部分或称为间隔臂的结构）有一定差异，有利于降低非特异性反应，提高分析的灵敏度。但半抗原的特异性主体结构不适宜改变，因为在兼顾灵敏度的同时，还应确保分析的特异性。

（三）按抗原（或抗体）是否进行标记，免疫分析方法分为非标记免疫分析和标记免疫分析

1. 非标记免疫分析

非标记免疫分析是以免疫反应前后抗原、抗体的理化性质变化来测定的，包括沉淀反应、免疫扩散、免疫电泳、免疫浊度法和凝结反应等。非标记免疫分析方法简便，特异性较强，反应结果可用肉眼进行判别，但灵敏度不高，一般在抗原、抗体浓度较高的情况下用于检测颗粒抗原或蛋白质等分子量大的抗原。农药残留免疫分析多采用竞争型标记免疫分析法。

2. 标记免疫分析

标记免疫分析利用抗原或抗体上标记物的物理或化学放大作用，实现对目标分析物的微量检测。根据标记物的不同，常见标记免疫分析可以分为以下几种。

（1）放射免疫分析　放射免疫分析（radioimmunoassay，RIA）是由 Yalow R S 和 Berson S A 于 1954 年创建的。该法利用放射性同位素（常用 ^{3}H、^{125}I、^{32}P 等）标记抗原或抗体，通过检测放射性强度对抗原或抗体进行示踪和检测，具有检测灵敏度高（检测限达 ng 至 pg 甚至 fg 级）、特异性强、简便实用等优点。但放射性同位素标记要在特殊的实验室中进行，标记较困难，标记和分析中易造成放射性污染。此外，由于放射性的元素有一定的半衰期，易自行衰减且难以保存，检测时需要特殊的仪器设备，在农药残留分析中的应用受到很大限制，甚至趋向于被淘汰。

（2）酶免疫分析　酶免疫分析法（enzyme immunoassay，EIA）是 Engrall 等于 1966 创建的。该法用特定的酶（如过氧化物酶、碱性磷酸酯酶等）来标记抗原或抗体，利用抗原-抗体反应的特异性和酶催化显色反应的高效性对抗原-抗体反应进行示踪和检测。常用酶免疫分析包括酶抑制法（EI）、酶放大免疫检测法（EMIT）和酶联免疫吸附测定法（ELISA）。

① EI 法　利用特定的酶标记抗原或酶标记抗体，酶标记物在形成抗原-抗体复合物时，酶活性降低，通过测定酶活性的变化对抗原-抗体反应进行检测。EI 是一种均相免疫分析方法，方法简便，既可以用于检测抗体，也可以用于检测抗原，但 EI 法的灵敏度相对较低。

② EMIT 法　将酶标记农药半抗原、待测农药及抗体加入反应管进行竞争结合反应，离心去除结合物，上清液中剩余的酶标农药半抗原量与待测农药含量呈正比。在上清液中加入显色剂，酶促显色反应强度与待测农药含量呈正比。EMIT 法不用固相载体，重复性好，检测速度快。

③ ELISA 法　是将抗原-抗体的特异性反应与酶对底物的高效催化作用相结合的一种敏感性很高的非均相免疫分析技术。将抗原（或抗体）固定于固相（如聚苯乙烯微孔板表面），加入对应抗体（或抗原）及待测样品进行反应，反应平衡后洗涤除去多余的游离物，加入酶标记的抗原（或酶标记的抗体），反应平衡后洗涤去除游离物，结合在固相上的酶标记物催化显色剂显色，通过测定酶促显色强度对抗原-抗体反应进行检测。在实际应用中，检测大分子抗原多采用双抗体夹心（图 9-4）等非竞争模式。检测农药、药物等小分子采用间接竞争 ELISA 法、包被抗原直接竞争 ELISA 法和包被抗体直接竞争 ELISA 法，检测原理见图 9-8。

ELISA 法是目前应用最多的农药残留免疫分析技术。目前已建立了多种有机磷类、氨基甲酸酯类、拟除虫菊酯类等农药的 ELISA 法，有些已开发成商品化免疫检测试剂盒。

（3）荧光免疫分析　荧光免疫分析（fluorescence immunoassay，FIA）是用特定的荧光物质标记抗原或抗体，利用抗原-抗体反应的特异性和荧光检测的高敏感性对抗原-抗体反应进行示踪和检测，具有灵敏度高、易标记、好保存等优点。

经典的 FIA 以有机荧光分子为标记物，常用的有异硫氰酸荧光素（FITC）、四甲基异氰酸罗丹明（TRITC）等。但是大多数有机荧光标记物的荧光寿命短，在实际应用中由于样品、试剂的自身荧光和激发光的散射，背景荧光高，影响了测定的可靠性和灵敏度。

FIA 法检测抗体、颗粒性或大分子抗原通常采用非均相反应和非竞争模式，检测方法和原理如下。

① 直接法　先固定抗原（或先固定抗体），加入荧光标记抗体（或荧光标记抗原），进行免疫反应，洗涤去除游离物后进行荧光检测。如固相上结合了荧光标记抗体（或荧光标记抗原），表明固相上有相应的特异性抗原（或特异性抗体）存在，且荧光强度与相应抗原（或相应抗体）量在一定范围内呈正比。

② 双抗体夹心法检测抗原　先固定抗体，加入待测物进行反应，洗涤去除游离物后加入荧光标记的第二抗体，洗涤去除游离物后进行荧光检测，如固相上结合了荧光标记物，表明有相应的特异性抗原存在，且荧光强度与待测抗原量在一定范围内呈正比。

FIA 法检测农药等小分子化合物通常采用竞争模式，检测方法和原理如下。

① 荧光偏振免疫分析（FPIA）　FPIA 是一种利用物质分子在溶液中旋转速度与分子量大小呈反比的特点检测目标分析物的方法。以适当的荧光物质标记农药半抗原，当荧光标记物受到一个平面偏振光照射时，如果分子的长轴与投入的偏振光面平行，吸收的偏振光最多，分子被激发。当激发态分子回到基态时，发射一个偏振光。荧光标记物在溶液中旋转速度越快，发射的偏振光越弱。由于分子旋转的速度与分子量大小呈反比，因而偏振光减弱的程度与分子旋转的速度呈正比。当荧光标记农药与相应抗体结合后，分子量显著变大，旋转速度明显减慢，偏振光增强。当待测溶液中有目标分析农药存在时，目标分析农药与荧光标记农药竞争结合抗体，使荧光标记农药与抗体的结合减少，偏振光减弱，减弱的程度与待测农药的浓度在一定范围内呈正比。

② 荧光增强和荧光淬灭免疫分析　该法利用抗原-抗体反应过程中荧光标记物发生荧光

增强或荧光淬灭作用来检测抗原或抗体。

荧光偏振免疫分析、荧光增强和荧光淬灭免疫分析通常是均相免疫分析，方法简便快速、经济安全，但背景的干扰限制了方法的灵敏度。

③ 时间分辨荧光免疫分析（TRFIA） 以镧系元素螯合物为荧光标记物的 TRFIA，利用标记物的荧光寿命较长的特点，在背景荧光消失后测定标记物荧光强度，有效降低背景荧光的干扰，显著提高了荧光免疫分析的灵敏度，是 20 世纪 80 年代免疫分析的一个重要突破。

（4）化学发光免疫分析 化学发光是利用化学反应过程中产生的内能激发化学发光剂（常用鲁米诺及其衍生物）发光。化学发光免疫分析（chemiluminescence immunoassay，CLIA）是把化学发光的高灵敏度与免疫分析的高选择性结合起来的微量免疫分析技术，包括化学发光标记免疫分析、化学发光酶免疫分析（底物发光免疫分析）等。

① 化学发光标记免疫分析 检测原理和反应模式与 RIA 基本相同，只是用化学发光剂代替同位素标记抗原或抗体。化学发光剂标记的抗原或抗体与待测抗体或待测抗原反应后经分离、洗涤等步骤，最后通过测定发光强度来确定待测物的含量。

② 化学发光酶免疫分析 检测原理和反应模式与 ELISA 基本相同，只是用化学发光剂代替显色剂作为酶的底物，以检测化学发光强度代替测定吸光度。CLIA 的检测灵敏度可以与 RIA 媲美，方法简便快速。目前，CLIA 存在的主要问题是被测样品中其他物质的背景干扰大，影响定量测定结果的准确度。

（5）胶体金标记免疫分析 胶体金标记免疫分析（colloidal gold immunoassay，CGIA）通常采用紫红色的纳米金颗粒标记抗体，当金标记抗体聚集到一定密度时，出现肉眼可以观察的紫红色，从而对抗原-抗体反应结果进行定性或半定量测定。药物、激素等小分子化合物的胶体金标记免疫分析通常采用竞争模式，实际测定方法有斑点渗漏法和层析法，方法原理如下。

① 斑点渗漏法 在一个塑料小盒内填充吸水性较强的垫料，紧贴垫料中部放置一片硝酸纤维（NC）膜，在膜中心吸附包被抗原（CAg），边上吸附二抗（Ab₂）；洗涤去除游离物，封闭 NC 膜上剩余的吸附位点；将待测样品与胶体金标记的抗农药抗体（金-Ab）的混合液滴在 NC 膜的中心，样品中的农药与 CAg 竞争结合金-Ab，洗涤去除游离物。若样品中不含待测农药，则 NC 膜中心呈现红色斑点（金-Ab-CAg）；若 NC 膜中心不显色或比空白样品显色浅，表明样品中待测农药阳性。膜边缘 Ab₂ 可作为金-Ab 的质控点，若呈现红色斑点，表明金-Ab 有效，若不显色则表明金-Ab 失效。

② 层析法 层析法以测试条作为载体，将适量金-Ab 吸附于测试条下端的玻璃纤维上，将适量 CAg 吸附于测试条中端的 NC 膜上（图 9-9 中 T），测试条中上端则吸附适量 Ab₂（图 9-9 中 C）。在测试条最下端的样品垫上加待测样品溶液或将样品垫浸入待测样品溶液中，随着溶液向上渗透与扩散，玻璃纤维上的金-Ab 溶解，与样品中的相应农药结合并随液体继续上行。若金-Ab 上的农药结合位点被样品中的相应农药完全或部分占据，金-Ab 就不能或只有部分能与固定在测试条中端的 CAg 结合，因而不显色或显色浅，即呈阳性。若样品中不含相应农药，则上行的金-Ab 与固定在测试条中端的 CAg 结合形成金-Ab-CAg 复合物而显紫红色，即呈阴性。随着溶液继续上行，游离的金-Ab 与测试条中上端的 Ab₂ 结

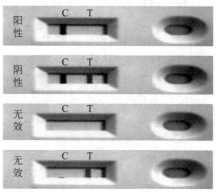

图 9-9　胶体金测试条

合并显色，表明金-Ab 具有免疫学活性，Ab_2 吸附点用作金-Ab 的质控点，Ab_2 不显色则表明测试条失效。

胶体金标记免疫分析技术不需要贵重检测仪器、操作简便快速、可进行定性或半定量测定，可用于现场样品的快速筛查。金-抗体-抗原复合物颜色稳定不变，检测结果可以长期保存。

（6）亲和素-生物素系统酶免疫分析　亲和素-生物素系统（avidin-biotin system，ABS）是利用生物素与亲和素专一性结合及生物素-亲和素既可以标记抗原或抗体，又可以被酶等标记物标记的特性，建立标记物-生物素-亲和素系统来显示抗原抗体特异性反应的免疫检测技术。

ABS 中的亲和素是一种糖蛋白，分子量约 65000，每个亲和素分子由 4 个能和生物素结合的亚基组成。生物素分子中含活性羧基，分子量小（244.31），标记方法简便，生物素-羟基琥珀酰亚胺酯可与蛋白质和糖等多种类型的大小分子形成生物素标记物，也就是说生物素不仅可以用于标记抗原抗体，也可以用于标记半抗原。生物素与亲和素的结合具有很强的特异性，其亲和力较抗原-抗体反应大得多，两者一经结合就极为稳定。由于一个亲和素可与 4 个生物素分子结合，因此可以利用亲和素-生物素酶系统来放大 ELISA 检测信号，提高检测灵敏度。常用亲和素生物素-酶联免疫吸附分析（ABS-ELISA）法如下文介绍。

① B_E-A-B_{Ab} 法　利用亲和素的 4 个结合位点，将生物素标记的酶（B_E）及生物素标记的抗体（B_{Ab}）桥连起来，用于检测抗原。

② A_E-B_{Ab} 法　用酶标记亲和素（A_E）与 B_{Ab} 结合，可用于检测抗原。

③ B_E-A-B_{Ag} 法　利用亲和素的 4 个结合位点，将 B_E 及生物素标记的抗原（B_{Ag}）桥连起来，用于检测抗体。

④ A_E-B_{Ag} 法　用 A_E 与 B_{Ag} 结合，可用于检测抗体。

根据标记物的不同，除了亲和素-生物素系统酶免疫分析（ABS-EIA）技术，还有亲和素-生物素放射免疫检测（ABS-RIA）技术，亲和素-生物素荧光免疫检测（ABS-FIA）技术，亲和素-生物素铁蛋白免疫检测（ABS-Ferritin IA）技术等。

ABS-ELISA 与普通 ELISA 相比，亲和素-生物素检测系统通常需要双标记，反应步骤多，虽灵敏度高，但在农药小分子化合物的免疫分析中应用不多。

（四）其他免疫分析技术

1. 流动注射免疫分析

流动注射免疫分析（flow-injection immunoassay，FIIA）分为均相 FIIA 和非均相 FIIA，通常需要采用标记物。

（1）非均相 FIIA　将抗体固定在载体膜上，制成均匀一致可分段使用的抗体膜带。将膜带的一部分安装于密封的微型槽内，将由流动注射仪输入槽内的待测物和标记物，与固定在膜上的抗体竞争结合，液相中（或固相上）标记物浓度的变化程度与待测物的浓度相关，通过配套的检测系统检测。

（2）均相 FIIA　在微槽内进行的均相（液相）免疫反应，检测免疫反应前后标记物信号的变化。流动注射仪通过计算机程序精确控制反应液的种类、流向、流速、反应时间、反应温度等，具有自动进样、自动检测、自动清洗和循环重复分析等功能，结合免疫分析的特异性，实现对大量样品的高通量连续分析。

2. 脂质体免疫分析

脂质体是一种人工合成的模拟生物膜，将磷脂分散在水介质中，形成密闭的双分子单层或多层的膜。在脂质体表面修饰抗原或抗体，当发生抗原-抗体反应时，脂质体表面的抗原-

抗体复合物可激活补体，引起脂质体的溶解，释放出包容在脂质体内的标记物（如荧光素等），标记物的释放量与膜表面抗原-抗体复合物的形成量呈正比，据此建立脂质体免疫分析法（liposome immunoassay，LIA）。由于脂质体膜可包容上万个标记物分子，具有很高的信号放大作用，因而脂质体免疫分析法成为提高免疫分析灵敏度的有效途径之一。

3. 免疫 PCR 技术

免疫 PCR 技术是将免疫分析技术和强大的聚合酶链式反应（polymerase chain reaction，PCR）技术结合起来的一种免疫分析方法。将 DNA 分子和抗体通过一定的连接分子连接起来，DNA 作为标记物结合在抗体上，然后进行免疫反应，形成抗原-抗体-DNA 复合物。将该复合物纯化后，进行 PCR，使抗原-抗体-DNA 复合物大量扩增，可放大检测信号，提高检测灵敏度。

4. 毛细管免疫电泳

毛细管免疫电泳（capillary electrophoresis immunoassay，CEIA）是将毛细管电泳强大的分离能力和免疫分析的特异性相结合的免疫分析技术。将目标分析抗原（或抗体）混合物经毛细管电泳分离，再与相应的抗体（或抗原）反应，可对复杂抗原或抗体进行检测。CEIA 所需样品量少、检测灵敏度高，这些优点使毛细管免疫电泳在医学临床检验中得到了广泛的应用。在农药等小分子化合物的痕量分析中具有一定的开发应用价值。

5. 控温相分离免疫分析

控温相分离免疫分析（temperature controlled phase separation immunoassay，TCPSIA）是将抗原或抗体固定在智能型水凝胶上，使抗原抗体在水相中快速反应。反应结束后，改变水凝胶的最低临界共熔温度（LCST），使抗原抗体复合物随凝胶沉淀而析出，从而达到与游离物分离并浓缩抗原-抗体复合物的目的，然后再进行检测，可显著提高检测灵敏度。

二、免疫传感器

免疫传感器包括一个对抗原-抗体反应有特殊响应的生物敏感部件和一个能将物理化学信号转变成电信号输出的转换器，是生物传感器的一个类别。

第一代生物传感器是将固定了生物活性物质的膜（如透析膜等）覆被在电化学电极上而形成的。第二代生物传感器是将人工合成的媒介体与生物活性物质掺和后直接吸附或共价结合到转换器表面而形成的。第三代生物传感器是将生物活性物质直接固定在电子元件（如半导体场效应晶体管等）上形成的，从而可以直接感知和放大界面物质的变化，把生物识别与信号转换结合在一起。由于生物传感器的高度自动化、微型化与集成化，在生物、医学、环境监测、海洋、军事等领域具有重要的应用价值，特别适合于现场和原位监测。在农药残留免疫分析和污染监测中具有较好的研究开发和应用价值。

免疫传感器根据是否使用标记物分为标记型免疫传感器和非标记型免疫传感器。标记型免疫传感器利用标记物将免疫反应信号放大（如酶促显色反应）或利用标记物信号强度的变化（如荧光增强、荧光淬灭等）对待测物进行检测。非标记型免疫传感器不用任何标记物，直接利用抗原-抗体反应所产生的电化学信号（如介电常数、电导率、膜电位等）、光信号（如折射、反射、透射）等参数的变化对待测物进行检测。

根据信号转换器的不同，免疫传感器分为电化学免疫传感器、压电晶体免疫传感器、热敏免疫传感器、光学免疫传感器、半导体免疫传感器、微悬臂梁免疫传感器和免疫芯片等。

（1）电化学免疫传感器　电化学免疫传感器分电位型、电流型和电容型。电位型免疫传感器主要包括响应抗原-抗体反应引起的跨膜电位变化和电极电位变化的免疫电极。电流型免疫传感器通常是指在恒压条件下，检测抗体或（抗原）上标记的酶催化底物发生氧化还原反应所产生的电流的电极。电容型免疫传感器是建立在双电层理论上的一种传感技术。在给定电势下，当表面修饰有电绝缘膜的金属（或半导体）电极插入待测溶液中时，在电极-溶液界面形成一个能够储存一定电荷的电容器，以修饰有抗原或抗体的电绝缘膜制备电容型免疫传感器，将这种传感器插入待测溶液中，由于抗原-抗体反应改变了电绝缘膜的介电常数，从而使传感器的电容发生变化，其变化程度与待测物的量在一定范围内呈线性相关。

（2）压电晶体免疫传感器　压电晶体免疫传感器是将抗原（或抗体）修饰在压电晶体上制成的。压电晶体表面抗原-抗体复合物的形成引起质量或声波的改变，通过压电晶体将质量信号或声波信号转化为电信号，从而对待测物进行检测。

（3）热敏免疫传感器　热敏免疫传感器是将抗体（或抗原）固定在含热敏电阻的材料上制成的，一般用在酶免疫等具有反应热变化的检测中。在与抗原-抗体反应相关的酶促催化反应发生时，可产生 $20\sim100kJ/mol$ 的热量，导致热敏电阻的阻值发生变化，从而引起与热敏电阻相关的电路中电流的变化，依此对待测物进行检测。

（4）光学免疫传感器　光学免疫传感器是将免疫反应与光信号变化检测相结合的传感器件。标记型光学免疫传感器一般用酶或荧光材料作标记物，在酶免疫分析中通过测定酶促显色反应的强度（吸光度）对待测物进行检测，在荧光免疫分析中通过测定荧光强度的变化对待测物进行检测。非标记光学免疫传感器是光学免疫传感器的主体。将抗体（或抗原）固定在玻璃或光纤等材料表面，抗原-抗体反应导致光的折射率、反射角、透射率等发生变化，这些变化通过光电转换器转化为电信号，对待测物进行检测。在光学免疫传感器中，光导纤维免疫传感器具有体积小、光传输效率和传输密度高、环境适应性和抗干扰能力强、不需要参比信号、灵敏度高等优势，成为光学免疫传感器研究的热点之一。

（5）半导体免疫传感器　半导体免疫传感器由生物识别单元（抗原-抗体）与半导体器件（通常是场效应晶体管）相结合研制而成，可以直接响应免疫反应引起的电信号（电流、电容）的变化，从而对待测物进行检测。

（6）微悬臂梁免疫传感器　微悬臂梁免疫传感器是将抗体（或抗原）固定在具有纳米金涂层的微悬臂梁表面，抗原-抗体反应的发生导致微悬臂梁的形变，从而导致与微悬臂梁相关的光学（如反射、折射等）、电化学等信号的变化，依此对目标分析物进行检测。

（7）免疫芯片　免疫芯片是指将抗原（或抗体）用适当方法固定在微小片基（如硅片等）上形成的抗原（或抗体）点阵阵列器件。阵列各点可以同时进行非均相（竞争或非竞争）标记型免疫反应，反应结束后洗涤去除游离物，用共聚焦荧光（荧光标记）显微扫描、CCD 成像法进行检测。由于在免疫芯片的不同位点可以固定不同的抗原或抗体，可以进行多组分检测。免疫芯片的研究与开发，为高通量免疫分析开辟了一条重要途径。

目前在农药分析方面，免疫传感器的研究仅局限于检测三嗪类除草剂等少数农药。如Yokoyama（1995）等研制了用于检测莠去津等的压电晶体免疫传感器，Minunni（1998）等研制了用于检测莠去津的表面等离子体共振（SPR）免疫传感器，Grennan（2001，2003）等研制了用于检测莠去津的电化学免疫传感器，Kroger（2002）等研制了用于检测2,4-D 的电流免疫传感器等。

第三节　农药免疫分析技术的建立程序

建立农药免疫分析技术的基本程序包括半抗原和抗原的合成、抗体的制备与分离纯化、半抗原或抗体的标记、免疫分析技术的建立和条件优化等，见图 9-10。

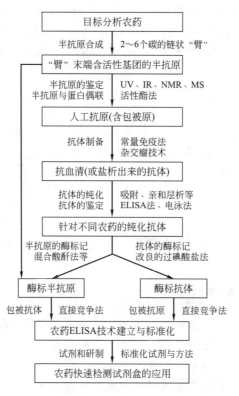

图 9-10　建立农药免疫分析技术的基本程序

一、半抗原的合成

合成具有连接臂的农药半抗原一般从三个方面着手。

一是利用农药分子中原有的活性基团或经适当化学反应在农药分子上形成—Cl、—COCl、—OH、—NH₂和—CHO 等活性基团，然后再与适当试剂缩合。如氨基酸可与酰卤或醛基缩合，酸酐可与羟基反应，形成含适当长度连接臂的农药半抗原。下图为噻菌灵分子中的氨基与卤代丙酸缩合合成噻菌灵半抗原。

二是利用合成农药的中间体或农药降解产物（或结构类似物）合成。如克百威半抗原的合成，先用呋喃酚和光气反应生成 2,3-二氢-2,2-二甲基-7-苯并呋喃基氯甲酸酯，然后再和 4-氨基丁酸或 6-氨基己酸反应得到保留克百威结构特征、具有羧基末端、含 4 个碳原子或 6 个碳原子连接臂的克百威半抗原。反应过程如下：

三是从头合成。如三唑磷半抗原的合成，以三氯硫磷为起始原料，先与乙醇反应生成二氯硫代磷酸乙酯，再先后与苯唑醇、氨基己酸（或氨基丁酸）反应得到三唑磷半抗原 N-$[(O$-乙基-O-1-苯基-1,2,4-三唑)硫代磷酰基]-6-氨基己（或丁）酸。反应过程如下：

$$Cl\underset{\underset{Cl}{|}}{\overset{\overset{S}{\|}}{P}}-Cl + C_2H_5OH \xrightarrow[0℃]{C_5H_5N/Et_2O} C_2H_5O-\underset{\underset{Cl}{|}}{\overset{\overset{S}{\|}}{P}}-Cl$$

$$C_2H_5O-\underset{\underset{Cl}{|}}{\overset{\overset{S}{\|}}{P}}-Cl + \text{(苯基三唑-OH)} \xrightarrow[0℃]{C_5H_5N/CH_2Cl_2} C_2H_5O-\overset{\overset{O}{\|}}{P}-Cl \text{（苯基三唑-O-）}$$

$$C_2H_5O-\overset{\overset{O}{\|}}{P}-Cl \text{（苯基三唑-O-）} + NH_2(CH_2)_5COOH \xrightarrow[0℃]{NaOH/H_2O} C_2H_5O-\overset{\overset{O}{\|}}{P}-NH(CH_2)_5COOH \text{（苯基三唑-O-）}$$

二、农药人工抗原的制备

农药人工抗原的制备是指将农药半抗原与载体蛋白质共价偶联的过程。制备人工抗原时应充分将农药的特征结构突出于载体蛋白表面。根据农药半抗原中活性基团的不同，可采用不同的方法与载体蛋白质共价偶联。对于含羧基的农药半抗原，通常采用活性酯法、碳二亚胺法或混合酸酐法与载体蛋白质形成酰胺键而偶联；对于含脂肪族伯氨的农药半抗原，通常采用戊二醛法、二异氰酸酯法、亚胺酸酯法等与载体蛋白质共价偶联；对于含芳香族伯胺（芳香族硝基可先还原为氨基）的半抗原，可先反应生成重氮盐，再与载体蛋白质分子中酪氨酸残基上酚羟基的邻位形成偶氮键而共价偶联；对于含羟基、氨基的农药半抗原，可与氯乙酸钠、琥珀酸酐反应引入游离羧基，再与载体蛋白质共价偶联；对于含糖基的半抗原，分子中的邻二醇可被过碘酸盐氧化为醛基，再与载体蛋白质的游离氨基形成酰胺键而共价偶联。在制备人工抗原时，用于制备免疫原的载体和用于制备包被原的载体通常采用来自不同种属的蛋白质，这样可以在免疫分析中减少抗体与蛋白质的非特异性的交叉反应。

三、抗体的制备与纯化

（一）多克隆抗体的制备

多克隆抗体的制备采用人工合成的免疫原免疫兔、羊等健康动物制备抗血清，再经分离纯化得到多克隆抗体。由于细菌、病毒等颗粒性抗原的免疫原性比人工抗原的免疫原性强，所以在用人工抗原免疫动物制备抗血清时，需要采用健康的动物。如果用于免疫的动物被细菌、病毒等病原物或寄生虫感染，则难以获得对目标分析农药具特异性亲和力的抗体。

动物免疫方案：首次免疫以弗氏完全佐剂乳化免疫原使其成为油包水乳剂，用于皮内多点注射；加强免疫以弗氏不完全佐剂乳化免疫原使其成为油包水乳剂，用于皮内或皮下多点注射；免疫部位包括背部皮内和皮下、颈部皮下、腹腔、脚掌、腹股沟淋巴结等；未经佐剂乳化的水溶性免疫原，可进行肌肉注射或静脉注射。按免疫剂量，动物免疫可分为微量法、常量法和大量法。微量法的免疫原剂量在微克级，常量法多为 $1\sim2\,mg/kg$ 体重，大量法的免疫剂量每只动物为 $50\sim100\,mg$。首次免疫的间隔时间一般 3 周左右，以后每隔 $7\sim10$ 天加强免疫 1 次。第 4 次免疫后一周开始耳缘静脉采血，室温自然凝固后 4℃放置过夜，分离血清。将抗血清 1：4，1：8，1：16，1：32，1：64…稀释，琼脂双向免疫扩散法测定抗血清效价达 1：64 时，颈动脉采全血，室温自然凝固后 4℃放置过夜。次日分离血清，加 0.02% 叠氮化钠于-20℃分管冻存，可保存 3～5 年。也可采用硫酸铵三步盐析法沉淀分离抗血清中的免疫球蛋白（可用蛋白 A 或蛋白 G 微球，通过离子交换柱层析以及 DEAE 纤维素吸附法进一步纯化），冻干。抗体冻干粉于-20℃可保存 5～10 年甚至更长时间。

（二）单克隆抗体的制备

单克隆抗体的制备采用杂交瘤技术，具体步骤如下文介绍。

1. 动物免疫

用纯化抗原对 8～12 周龄的 BALB/c 健康小鼠进行腹腔注射免疫（水溶性抗原需先用弗氏完全佐剂充分乳化）。通常免疫 5～8 次，免疫间隔时间为 2～3 周，检查血清抗体效价，末次免疫后 3～4 天，分离脾细胞。

2. 骨髓瘤细胞的培养

取 Sp2/0 骨髓瘤细胞株，先用含 8-氮鸟嘌呤的培养基作适应培养，细胞倍增时间一般为 10～15h，最高生长密度 $9.0×10^5$ 个/mL。在细胞融合前一天，用新鲜培养基调节细胞浓度为 $2.0×10^5$ 个/mL，次日一般为对数生长期细胞。

3. 细胞融合

取具有高活性的骨髓瘤细胞和脾细胞按适当比例（一般 1：4）混合，加入聚乙二醇（PEG）使细胞彼此融合，然后用培养液稀释以消除 PEG 的作用。将融合后的细胞适当稀释后置培养板中培养。

4. 筛选

细胞培养至覆盖 10%～20%培养板的孔底时，吸取上清液，用间接 ELISA 法检测抗体含量，筛选出高抗体分泌孔。将孔中细胞再克隆化，而后用 ELISA 法进行抗原特异性测定，选出分泌特异性抗体的杂交瘤细胞株，液氮罐中冻存。

5. 抗体制备与纯化

取筛选出的阳性杂交瘤细胞在 CO_2 培养箱中进行体外培养，从培养液中分离单克隆抗体。或选用 BALB/c 小鼠或其亲代小鼠，先用 4-甲基十五烷或液体石蜡进行腹腔注射，一周后将杂交瘤细胞接种到小鼠腹腔中。接种一周后收集小鼠的腹水，分离腹水中的单克隆抗体。

单克隆抗体的纯化方法与多克隆抗体的纯化方法类似，主要采用硫酸铵分步盐析和选择性吸附法。目前最有效的单克隆抗体纯化方法是免疫亲和色谱法，该法将葡萄球菌 A 蛋白或抗小鼠免疫球蛋白与适当载体（最常用的是琼脂糖凝胶）交联，制备免疫亲和色谱柱，将抗体结合后洗脱，回收率可达 90%以上。

四、标记物的制备与纯化

半抗原、抗原和抗体的标记根据所选的标记免疫分析方法不同，选用不同的标记物。如 ELISA 常用的标记物有辣根过氧化物酶（HRP）、碱性磷酸酯酶（AP）等。FIA 常用的标记物有异硫氰酸荧光素等，TRFIA 的标记物为镧系金属元素的螯合物，CLIA 常用的标记物为鲁米诺等，ABS 系统可标记亲和素及生物素，金标免疫分析所用的标记物是纳米金。

（一）半抗原的标记与纯化

半抗原的标记依标记物的种类和半抗原的活性基团不同采用不同标记方法。如用 HRP 标记含游离羧基的半抗原，通常采用碳二亚胺法、活性酯法或混合酸酐法。用 HRP 标记含有游离氨基的半抗原可采用戊二醛法、二异硫氰酸酯法等。需要注意的是，HRP 催化过氧化物释放活性氧，一些化学性质不够稳定、容易被氧化的半抗原（如酚类化合物等）在与 HRP 共价偶联的过程中要注意避光避氧，防止半抗原被氧化后导致相应抗体无法识别。

酶标半抗原的纯化可采用透析、超滤离心法。小分子标记物标记的半抗原可采用薄层层析、柱层析法分离纯化。

（二）抗原的标记与纯化

抗原的标记视抗原的种类和特性而定。在农药免疫分析中，所用的抗原是人工合成的（半抗原与载体蛋白质的偶联物），因此标记物可以标记在人工抗原的载体蛋白质上。蛋白质类抗原的标记、纯化，与抗体的标记、纯化方法类似。

（三）抗体的标记与纯化

抗体的标记根据标记物的不同采用不同的标记方法。HRP 标记抗体常采用改良的过碘酸盐法，即将 HRP 分子中糖的醇羟基氧化成醛基后与抗体的氨基共价偶联。分子中含游离羧基（如生物素等）、游离氨基的标记物（如 HRP）与抗体的偶联方法类似于含游离羧基、氨基的半抗原与载体蛋白质的共价偶联。含芳香族伯胺的标记物，采用重氮化法与抗体分子中酪氨酸残基的酚羟基邻位形成偶氮键连接。含异氰酸酯结构的标记物可与抗体的游离氨基直接偶联。为防止标记物偶联在抗体的抗原结合部位，导致抗体的免疫学活性降低，可采用马来酰亚胺类活性酯方法等将标记物与单链抗体的巯基共价连接，因为抗体的抗原结合部位不含巯基。

纳米金标记抗体则采用物理吸附法。

由于标记物的分子量大小不同，标记抗体的纯化方法也不同。如标记物为小分子化合物，标记抗体的纯化可采用透析、离心超滤法。若标记物为大分子（如 HRP），标记抗体的纯化通常采用 Sephadex 凝胶柱色谱法。小分子标记物标记的半抗原可采用薄层层析、柱层析法分离纯化。

纳米金标记抗体的纯化多采用离心沉淀法。

五、免疫分析技术的建立与条件优化

（一）抗原和抗体的浓度选择

抗原-抗体反应中，抗体的浓度需与抗原浓度相对应，通常采用方阵实验法筛选抗原-抗体的最适浓度组合。

1. 间接竞争 ELISA 法中包被原和抗体浓度的选择

（1）包被　将包被原用 pH 9.6 的碳酸盐缓冲液倍比稀释成一定的浓度系列包被酶标板不同的行，100μL/孔，空白对照孔加等体积缓冲液，4℃吸附过夜。

（2）封闭　次日倾去包被液，洗涤去除游离物，加封闭液（150μL/孔），37℃封闭1.5h，洗涤去除游离物。

（3）反应　将抗体用适当 pH 的磷酸盐缓冲液（PB）倍比稀释至一定浓度系列加入酶

标板的不同列，37℃反应1～1.5h，洗涤去除游离物。

（4）加酶标二抗　将酶标二抗稀释至工作浓度加入酶标板各孔，37℃反应1～1.5h，洗涤去除游离物。

（5）显色测定　加显色剂100μL/孔，37℃避光反应15min，加终止剂（50μL/孔）终止反应，在酶标仪上测定各孔的吸光值。

（6）分别以包被原浓度和抗体浓度为横坐标、以吸光值为纵坐标作图。选择吸光值约1.0，包被原和抗体浓度都较低、吸光曲线处于拐点处的抗原和抗体浓度为最适浓度组合。

2. 包被抗原直接竞争 ELISA 法中包被原和酶标抗体浓度的选择

（1）包被　将包被原用 pH 9.6 的碳酸盐缓冲液倍比稀释成一定的浓度系列包被酶标板不同的行，100μL/孔，空白对照孔加等体积缓冲液，4℃吸附过夜。

（2）封闭　次日倾去包被液，洗涤去除游离物，加封闭液150μL/孔，37℃封闭1.5h，洗涤去除游离物。

（3）反应　将酶标抗体倍比稀释成工作浓度系列加入酶标板的不同列，37℃反应1～1.5h，洗涤去除游离物。

（4）显色测定　加显色剂100μL/孔，37℃避光反应15min，加终止剂（50μL/孔）终止反应，在酶标仪上测定各孔的吸光值。

（5）分别以包被原浓度和酶标抗体浓度为横坐标、以吸光值为纵坐标作图。选择吸光值约1.0，包被原和酶标抗体浓度都较低、吸光曲线处于拐点处的包被原和酶标抗体浓度为最适浓度组合。

3. 包被抗体直接竞争 ELISA 法中抗体和酶标半抗原浓度的选择

（1）包被　将抗体用适当 pH 的 PB 倍比稀释成一定的浓度系列包被酶标板不同的行，100μL/孔，空白对照孔加等体积缓冲液，4℃吸附过夜。

（2）封闭　次日倾去包被液，洗涤去除游离物，加封闭液150μL/孔，37℃封闭1.5h，洗涤去除游离物。

（3）将酶标半抗原用 PB 倍比稀释成一定浓度系列加入酶标板的不同列，37℃反应1～1.5h，洗涤去除游离物。

（4）显色测定　加显色剂100μL/孔，37℃避光反应15min，加终止剂（50μL/孔）终止反应，在酶标仪上测定各孔的吸光值。

（5）分别以包被抗体浓度和酶标半抗原浓度为横坐标、以吸光值为纵坐标作图。选择吸光值约1.0，抗体和酶标半抗原浓度都较低、吸光曲线处于拐点处的抗体和酶标半抗原浓度为最适浓度组合。

（二）免疫反应介质 pH 的选择

免疫反应介质一般是指在免疫反应时用于稀释抗原、抗体、酶标记物和待测样品的溶剂。抗原-抗体反应介质最佳 pH 的选择标准是抗原-抗体反应的亲和力高，在 ELISA 中表现为最终酶促显色反应最强（吸光值最大）。

间接竞争 ELISA 反应介质最佳 pH 的选择方法是：在确定了最适包被原浓度和最适抗体浓度的条件下，用不同 pH 的 PB 稀释抗体，加入包被好包被原的酶标板中，37℃反应1～1.5h，洗涤去除游离物后用相应 PB 稀释酶标二抗，加入酶标板，37℃反应1～1.5h，洗涤去除游离物后加显色剂，37℃反应15min，终止后测定各孔的吸光值，吸光度最大时的反应介质 pH 为免疫反应的最佳 pH。

在直接竞争 ELISA 中，用不同 pH 的 PB 稀释酶标抗体（或酶标半抗原），加入包被好包被原（或包被好抗体）的酶标板中，37℃反应 1~1.5h，洗涤去除游离物后用相应 PB 稀释酶标二抗，加入酶标板，37℃反应 1~1.5h，洗涤去除游离物后加显色剂，37℃反应 15min，终止后测定各孔的吸光值，吸光度最大时的反应介质 pH 为免疫反应的最佳 pH。

（三）反应介质中电解质浓度的选择

在确定了 pH 的反应介质中加不同浓度的氯化钠作 ELISA 的反应介质，考察不同盐浓度对抗原-抗体亲和力的影响，选择抗原-抗体亲和力高的反应介质盐浓度。试验表明：反应介质中含有适当浓度的电解质有利于抗原-抗体反应，适当提高反应介质的盐浓度，有利于增加抗原与抗体的亲和力，提高 ELISA 的检测灵敏度。

（四）反应温度的确定

在 10~45℃ 范围内，考察温度对抗原-抗体反应的影响。一般情况下，免疫反应对温度适应性比较强。但高温会使生物分子变性，低温则降低或停止生物分子的活性。抗原-抗体反应一般在动物的正常生理条件下进行，因此抗原-抗体反应的最适温度为 37℃。在 15~40℃ 的范围内，温度的变化主要影响反应速度，较少影响反应结果。

（五）反应时间的确定

选择 15、30、45…180min 不同的抗原-抗体反应时间，考察反应时间对 ELISA 检测结果的影响。一般情况下，ELISA 每一步免疫反应的时间在 1~1.5h 基本达到平衡。在缓慢振荡条件下和有反应促进剂（如反应介质中含适量 PEG 等）存在下，免疫反应时间可缩短，有的可以短至 10~30min。均相免疫反应到达平衡的时间短，有的甚至可以短于 5min。

（六）有机溶剂和样品基质对免疫分析的影响

免疫分析中有机溶剂的来源包括分析标样的溶剂和样品前处理（提取、净化、溶解等）带入的有机溶剂。而样品基质则来源于被分析样品的共提取物。因此，为了避免在实际应用中有机溶剂和样品基质对免疫分析结果的干扰，需要事先考察有机溶剂和样品基质对免疫反应和分析结果的影响。由于免疫分析一般在水相介质中进行，因此，分析标样的溶剂一般采用能与水互溶的有机溶剂（如甲醇、乙腈等），对于来自样品前处理、不能与水互溶的有机溶剂，需要事先去除，再用能与水互溶的溶剂溶解。

在优化的免疫反应介质中加入不同浓度的有机溶剂，以不含有机溶剂的反应介质为对照，按正常免疫反应程序操作，比较不同浓度有机溶剂对抗原-抗体反应的影响。标准样品、实测样品、空白样品及对照中含同样浓度的有机溶剂，在一定范围内可以抵消有机溶剂对免疫分析结果的影响。由于抗体的本质是具有生物活性的蛋白质，所以在免疫分析介质中应尽量减少有机溶剂的含量。多数研究表明，反应介质中甲醇含量低于 5%，对免疫反应的影响几乎可以忽略。

在优化的免疫反应介质中加入不同浓度的空白样品提取液，以不含空白样品提取液的反应介质为对照，按正常免疫反应程序操作，比较不同浓度空白样品提取液对抗原-抗体反应活性的影响程度。标样、样品、空白和对照中含有等量样品基质，某种程度上可以抵消样品基质对免疫分析结果的影响。多数研究结果表明，不同样品基质对免疫分析结果的影响程度不同。一般情况下，未经净化处理的样品提取液（按每 1g 样品需 1mL 提取液计），用优化的反应介质稀释 20 倍以上，样品基质的影响可基本排除。但必须考虑稀释后的样品溶液中目标分析物的含量降低，是否在所用方法的线性检测浓度范围内，是否低于方法的检测限。在进行高灵敏度检测时，应当考虑采用适当的样品净化方法，以减少或排除样品基质对分析结果的干扰。

到目前为止，国内外已经建立了数十种农药的免疫分析技术，有些已经研制成商品化的免疫分析试剂盒。我国农药免疫分析化学研究从 20 世纪 90 年代初起步，已经建立了有机磷（对硫磷、甲基对硫磷、三唑磷等）、氨基甲酸酯（克百威、甲萘威、速灭威等）、拟除虫菊酯（氰戊菊酯、氯氰菊酯、三氟氯氰菊酯、溴氰菊酯等）和其他农药（烯效唑、多菌灵、2,4-D 丁酸等）等多种农药的免疫分析技术，但商品化的农药免疫检测试剂盒还非常少。

六、免疫分析试剂盒的研制与应用

1. 分析方法、条件和试剂的标准化

农药免疫检测试剂盒制备的前提条件是免疫分析方法、条件和试剂的标准化。试剂盒中应具备实际检测中所需的标准化试剂。明确抗原、抗体、标记物及相关试剂的使用浓度和使用方法。在确保检测结果准确可靠的前提下，采用简便快速的标准化检测程序和样品前处理方法。试剂盒中应附有比较详细的使用说明书。试剂盒包装及标志应符合相关规范，便于运输和保存。

为简化检测程序，农药免疫检测试剂盒的应用多采用直接竞争模式，同时优化和简化样品前处理方法。为缩短免疫反应的时间，加快检测速度，研制具有自主知识产权的反应促进剂是免疫检测试剂盒研发的重要任务之一。许多从国外进口的试剂盒，免疫反应的时间缩短到 30min 以内，这些试剂盒所使用的免疫反应介质中通常含有受知识产权保护的免疫反应促进剂。

2. 试剂盒稳定剂

为确保试剂盒在常温下有一定的稳定期、在 4℃ 左右有 6 个月以上的保质期，试剂盒中的各种试剂（如抗体、标记物、显色剂等）必须具有一定的稳定性。由于抗体、酶等为生物活性物质，在常温和 4℃ 下稳定性有限，需要采用一定的稳定剂保护。ELISA 试剂盒中所用的稳定剂包括抗体稳定剂、酶标记物稳定剂、显色剂稳定剂等。稳定剂主要由防腐剂、结构稳定剂、抗氧化剂等组成。需要通过研究来优化稳定剂中各种成分的种类、配比和浓度。也可采用商品化的稳定剂和标准试剂。商品化稳定剂和标准化试剂的价格高（一般都有专利保护），导致试剂盒成本显著上升。因此，需要研究开发具有自主知识产权的稳定剂，才能提高国产试剂盒的质量，降低国产试剂盒的成本。

第四节　免疫亲和色谱与分子印迹技术

复杂样品中痕量农药残留的分离、净化和浓缩是农药残留分析中最繁杂的工作，对分析的准确性和可靠性影响很大。传统的分离净化手段如液-液分配、薄层层析、柱层析净化等费时费力，需要使用较多的有机溶剂，复杂的前处理过程还容易造成痕量目标分析农药的变性和损失。固相萃取等方法利用目标分析物与杂质理化性质的差异实现分离净化，其选择性仍然有一定限度，对于一些物理化学性质相似的非目标分析物还是难以有效分离去除，对后续的分析会产生干扰。因此，开发具有高选择性分离富集功能的农药残留分离净化技术是农药残留分析技术的重要研究内容之一。

一、免疫亲和色谱

亲和色谱也称为亲和层析，是一种利用固定相对特定物质的亲和力来吸附目标物，而达到分离纯化目标分析物的液相色谱方法。例如利用酶与底物（或抑制剂）、抗原与抗体、激

素与受体、外源凝集素与多糖及核酸的碱基对等专一性相互作用，从复杂的混合物中选择地截获、可逆分离来达到纯化的目的。如今，亲和色谱已经广泛应用于生物分子的分离和纯化，如药物蛋白、抗体、人生长因子、细胞分裂素、激素、血液凝固因子、纤维蛋白溶酶、促红细胞生长素，以及细胞、细胞器、病毒等。亲和色谱按照分离原理可以分为免疫亲和色谱、金属离子亲和色谱以及拟生物亲和色谱等，与农药残留分析相关的主要是免疫亲和色谱（IAC）。

Axen 等（1967）和 Cuatrecasas（1968）的开拓性工作奠定了免疫亲和色谱的研究基础。从 20 世纪 80 年代后期开始，IAC 作为一项颇具发展潜力的高效分离富集技术受到关注。到目前为止，国内外已有不少关于应用 IAC 法分离富集不同物质的文献报道，对复杂样品提取液中的目标分析农药、兽药、毒素以及各种蛋白质等具有显著的分离纯化效果，富集效率高。蛋白质粗提液经过 IAC 净化，可达到电泳纯水平，并具有很高的回收率。因此，IAC 在医学检验、食品卫生检验、环境监测等领域具有很高的研究应用价值。

（一）免疫亲和色谱基本原理

免疫亲和色谱（immunoaffinity chromatography，IAC）是利用抗体与抗原的高亲和力、高专一性和在一定条件下可逆结合的特性而建立的一种色谱方法。

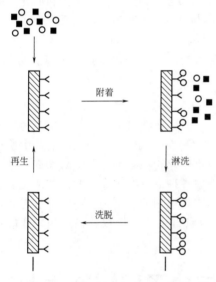

图 9-11　农药免疫亲和色谱流程示意图
○为待测农药；■为其他未被保留的样品组分

农药的 IAC 以抗农药特异性抗体为配体，将其固定到适当的固相载体上，制备 IAC 固定相和 IAC 柱，利用农药小分子的反应原性和抗原-抗体结合的特异性以及在一定条件下可逆解离的性质进行色谱分离。当含有目标分析农药的粗提液经过 IAC 柱时，样液中对该抗体有亲和力的农药就被选择性地结合到固定相上，淋洗去除非目标分析物后，在适当条件下用少量溶剂洗脱，可选择性地分离富集目标分析农药。IAC 通常只需经"加样-洗涤-洗脱"程序（见图 9-11）就可使复杂样品中极微量的特定组分得到高度纯化和浓缩，所得分离物比固相萃取物纯度高，浓缩倍数可达数百甚至上千倍，便于采用 GC、HPLC 等方法直接进样检测，大大简化了样品前处理步骤，减少了有机溶剂的使用和提取过程中待测物的损失，具有特异性好、结合容量大、洗脱条件温和等特点。IAC 柱还可以再生和重复利用，非常适用于农药残留的分离、富集与分析。

（二）农药免疫亲和色谱法的建立

1. 抗农药抗体的制备与纯化

在农药的 IAC 中，作为固定相配体的抗农药抗体是最为关键的材料。合成保持并突出目标分析农药结构特征的半抗原，将半抗原共价结合到一个大分子载体（如牛血清蛋白）上制备人工抗原，以人工抗原免疫动物制备抗目标农药的多克隆抗体（polyclonal antibody，PcAb）或采用杂交瘤技术制备单克隆抗体（monoclonal antibody，McAb）。从 20 世纪 90 年代开始，利用基因工程技术制备抗体的研究工作逐渐开展起来，这无疑会为规模化生产高性能 IAC 柱开辟一条新途径。

抗体的纯度是影响制备高容量、高选择性 IAC 柱的主要因素之一。采用硫酸铵三步盐析法从抗血清中分离出的抗体，须进一步纯化后才能作为配体，用于制备 IAC 固定相。抗体的纯化方法包括二乙氨乙基（DEAE）纤维素吸附法、离子交换柱层析法和亲和色谱法。DEAE 纤维素对血清蛋白的吸附力远高于对免疫球蛋白（IgG）的吸附力，可以有效去除血清中的非免疫球蛋白。蛋白 A 和蛋白 G 与 IgG 有很高的亲和力，以蛋白 A 或蛋白 G 为配体的亲和色谱，条件温和，可以有效纯化抗体并保持抗体的免疫学活性。以人工抗原作为配体的亲和色谱，也是获得高活性纯化抗体的有效途径之一。一般情况下，以农药半抗原与载体蛋白质（BSA 等）的偶联物为人工抗原，以该人工抗原免疫动物制备多克隆抗体，其中有一部分抗体可能是针对载体蛋白质的。所以可对抗血清或多克隆抗体溶液先进行初步分离，去除杂蛋白，然后加入适量载体蛋白质进行反应，离心去除抗原-抗体复合物，可得到抗目标分析农药的特异性纯化抗体。

2. 免疫亲和色谱固相基质

近年来，商品化的 IAC 固相基质越来越多，但选择基质的标准越来越高。理想的免疫亲和色谱固相基质应该具备：①亲水性好，以便与亲水性的配体（抗体）和水溶液中的目标分析物有较好的相容性；②载体本身对非目标分析物没有吸附或非特异性吸附非常小；③具有适当数量的化学基团可供活化以便与适当数量的配体有效偶联；④有较好的物理和化学稳定性，能耐受配体固定化和亲和层析中可能采用的各种条件（如 pH、离子强度、温度、洗脱剂等）；⑤具有多孔的网状结构，能够偶联更多的配体，被亲和吸附的目标分析物能够自由地通过，从而增大配体与目标分析物的结合量；⑥有良好的机械性能，能够承受一定的柱压，在使用条件下不变形，保持稳定的柱体积。为使流动相有较好的流速，IAC 固相基质最好是均一的球状颗粒。

早期，人们曾使用纤维素作为免疫亲和色谱的固相基质，其较差的耐压性导致柱流动性差而未被继续使用。现在常用的载体有琼脂糖凝胶、多孔玻璃、高分子涂层硅胶、聚丙烯酰胺凝胶等。一些常用的亲和色谱固相基质材料的特性见表 9-1。

表 9-1 常用亲和色谱固相基质的物理化学特性

基质	物理化学特性
交联琼脂糖	pH 适用范围广（2～14），亲和容量高，价格比较便宜，耐压性不高
硅胶	机械强度高，有很好的流体动力学性质和化学稳定性，不溶于有机溶剂，无生物降解，孔径和形状易人为控制；但非特异性吸附力较强，只适用于较低 pH 范围（<8）
纤维素	pH 适用范围广（1～14），但流动性差，不耐压
多孔玻璃	不溶解，几乎不受洗脱液、压力、流速、pH 和离子强度变化的影响；但非特异性吸附较强，在较低 pH 范围内使用（<8）
聚丙烯酰胺	有良好的化学稳定性，与生物大分子有良好的生物相容性，pH 适用范围较宽（3～10）
交联琼脂糖包敷（或修饰）的硅胶或玻璃微球	兼具交联琼脂糖和硅胶的优点，pH 适用范围广（2～14），亲和容量高；有较高的机械强度、良好的流体动力学性质和物理化学稳定性；非特异性吸附力大大降低

3. IAC 固相基质的活化与偶联

大部分 IAC 固相基质在与配（抗）体共价偶联之前，均需要进行活化。为了使配体能够更有效地突出于固相基质表面，可以在配体和固相基质之间引入一个"间隔臂"，比如可利用戊二醛的两个醛基分别与基质和配体共价连接。通常配体与基质的偶联方法是先在基质骨架上引入亲电基团，再与"间隔臂"分子或抗体上的亲核基团（如—NH₂、—OH、—COOH等）共价结合。

在小配体的亲和色谱中，需要在基质和配体之间插一个间隔臂，以减少空间位阻的影响。在农药残留免疫亲和色谱中，配体是抗农药抗体，分子量大，目标分析农药与抗体的结合一般不会受空间位阻的影响。相反，间隔臂的引入特别是疏水性间隔臂反而增加了非特异性吸附的机会。IAC固相基质常用的活化试剂有溴化氰（CNBr）、碳酰二咪唑（CDI）、环氧化物（ECD）和高碘酸钠盐（NaIO₄）等。见表9-2。

表 9-2　基质活化常用的化合物及反应基团

活化剂	反应基团	活化剂	反应基团
溴化氰	—NH₂	二乙烯基砜	—NH₂，—OH
二环氧乙烷	—NH₂，—OH，—SH	表氯醇	—NH₂，—OH，—SH
苯醌	—NH₂	肼	—NH₂
碳酰二咪唑	—NH₂	N-羟基琥珀酰亚胺	—NH₂
高碘酸盐	—NH₂	三氟乙磺酰氯	—NH₂，—SH

溴化氰（CNBr）法最早由Axen等提出，属于经典的活化方法，具有方法简单、活化效果好等特点，但是本法有操作CNBr的危险，特别是该法引入了阴离子交换基团异脲衍生物（pK_a=10.4），成为CNBr活化基质非特异性吸附的重要原因。CNBr法制备的IAC固定相在使用过程中可能发生抗体的流失问题。

Bethell等建立了CDI活化法。CDI法活化与偶联反应的产物只有一个，即N-取代氨基甲酸酯衍生物，反应过程较CNBr简单，活化效率较CNBr法高数十倍，与抗体的偶联率可与CNBr法相媲美。

抗体与活化基质的偶联分为随机偶联与定向偶联两种方式。所谓随机偶联就是指将活化好的基质偶联在纯化抗体的不确定部位。随机偶联存在着一些问题：①基质与抗体偶联时，定位不确定，抗原结合位点容易被占，导致抗体的免疫学活性降低或丧失；②抗体与基质多点结合空间位阻加大，阻碍抗原接近结合位点。所以，随机偶联后抗体的活性一般仅为游离抗体的1%～30%。所谓定向偶联就是将固相基质选择性地结合到抗体的非抗原结合部位。目前，基质与抗体定向偶联方法主要有三种。第一种方法是先将蛋白A或蛋白G固定在固相基质上，然后再与多抗（或单抗）相结合，因为蛋白A或蛋白G与IgG有很高的亲和力且只与抗体的非抗原结合部位（IgG的恒定区）结合，从而可使抗体的抗原结合位点游离。该法的缺点是蛋白A或蛋白G与抗体的结合是非共价结合，作为配体的抗体在色谱过程中容易受条件影响而流失。第二种方法是先将抗体或抗体F(ab′)2片段用β-巯基乙醇还原，使抗体的铰链区打开，生成自由的巯基，然后与含碘乙酰基团的基质反应，形成稳定的硫醚键而偶联于基质上。抗体的抗原结部位不含巯基，偶联后不影响抗体的抗原结合部位，但还原后的抗体其稳定性会受到一定影响。第三种定向偶联的方法是将抗体恒定区碳水化合物中的羟基在温和条件下用高碘酸盐氧化，或将末端半乳糖残基与半乳糖氧化酶反应，形成醛基后与含酰肼的基质偶联。定向偶联的优点是不影响抗体的抗原结合位点，可保持抗体的高免疫学活性，提高IAC柱的亲和容量。

4. IAC柱的制备

将抗体与固相基质的偶联物（免疫亲和色谱固定相或称免疫吸附剂）加在适当缓冲液中，轻轻摇匀后加入底部有筛板的玻璃柱或聚乙烯柱中，让免疫吸附剂自然沉降，打开柱出口，用缓冲液平衡后关闭柱出口。

5. IAC 柱性能评价与 IAC 条件的选择

（1）IAC 柱容量的测定　柱容量是 IAC 柱重要实用价值的参数，分为动态柱容量（$\mu g/mL$ 柱床）和绝对柱容量（$\mu g/mg$ IgG）。在 IAC 条件已经确定的情况下，测定柱容量最方便的方法是将一定浓度、超过理论容量的目标分析物溶液通过 IAC 柱，待柱饱和（出柱浓度与入柱浓度相同）后，洗涤去除柱内游离物，用适当溶剂完全洗脱目标分析物，测定其含量，从而可计算出柱容量。IAC 柱在使用和储存过程中应定期监测柱容量的变化。

（2）吸附与洗涤介质的选择　采用一系列不同 pH、离子强度及化学组成的缓冲液分别作为平衡 IAC 柱、分离富集目标分析物和洗涤 IAC 柱的流动相，测定不同条件下的柱容量，选择柱容量最大的缓冲液作为平衡 IAC 柱、分离富集目标分析物和洗涤 IAC 柱的流动相。

（3）洗脱条件的选择　IAC 柱中的目标分析物的洗脱可采用不同方法，如改变缓冲液的 pH、离子强度、极性，或使用变性剂（脲、胍等）、去垢剂和原子序列高的元素的离子配制洗脱剂。对于农药小分子，常采用在缓冲液中加入适当能与水互融的有机溶剂（如甲醇等）作洗脱剂，洗脱液可直接用于 HPLC 或 GC 分析。在样品提取液中杂质含量高的情况下，为了提高 IAC 的效率，有时需要在 IAC 分离净化和富集前增加适当的净化步骤，以去除样品提取液中的大量杂质。

（4）IAC 柱的再生与储存　农药残留 IAC 柱的再生通常采用一定体积和适当浓度的极性有机溶剂（如甲醇溶液等）洗柱，除去非特异性吸附的杂质，然后再用 $10\sim15$ 倍柱体积的平衡缓冲液冲洗 IAC 柱。在温和条件下，IAC 柱可再生使用多次。暂不使用时，可用含 0.02% 叠氮化钠或 0.01% 硫柳汞的平衡缓冲液平衡柱子，于 4℃ 冰箱中保存。因为 IAC 吸附剂的配体为抗体，高浓度有机溶剂容易引起抗体的变性，降低柱效。

（三）免疫亲和色谱技术在农药残留分析中的应用

目前国外已经研究开发了多种农药的 IAC 技术。Lawrence 等（1996）采用 IAC-反相液相色谱法检测萝卜、玉米、草莓等样品中残留的苯基脲类除草剂，检测灵敏度可达 $2\sim5\mu g/kg$，远低于常规 HPLC 的检测限 0.1mg/L。David 等（1996）将水果提取液中残留的多菌灵用 IAC 柱净化浓缩，洗脱液采用高效液相色谱检测，检测限可达 $0.1\mu g/kg$。Spinks 等（1999）采用 IAC 分离富集除草剂百草枯，Rejeb 等（2001）采用 IAC 分离富集小麦、玉米、羊尿等样品中残留的咪唑啉酮类除草剂和花生中残留的噻氟菌胺，均取得了良好的分离富集和检测效果。

我国农药 IAC 技术研究不多，刘曙照等在我国率先建立了克百威（2005）、三唑磷（2006）和氯磺隆（2006）的 IAC-HPLC 技术，分别用于环境水、稻米和农田土壤中克百威、三唑磷和氯磺隆残留的分离富集和定性定量检测。IAC 动态柱容量达 $1.58\sim2.6\mu g/mL$，对目标分析农药的富集倍数为 $160\sim250$，回收率在 90%～102% 之间，经 IAC 分离净化的样品中几乎没有干扰 HPLC 检测的杂质，明显优于固相萃取法的分离净化与富集效果。

（四）免疫亲和色谱的特点及需要进一步解决的问题

在农药分析中，IAC 主要作为样品提取液中痕量农药残留的分离富集手段，然后与 HPLC、GC 等方法联用进行检测。IAC 的高选择性及高效能，可大大简化样品前处理过程，提高分析的灵敏度，在复杂样品中痕量目标农药的分离富集方面具有突出的优势，深受农药残留分析机构和技术人员的欢迎。

当然，IAC 技术的开发应用也存在一些局限性：①作为 IAC 固相基质配体的抗体，其本质是具有生物活性的免疫球蛋白，对有机溶剂、盐浓度、pH、温度等条件的耐受范围有限，在使用过程中容易失去活性，限制了 IAC 的使用范围和使用寿命；②目前所使用的 IAC 柱还不能完全有效避免固相基质对非目标分析物的非特异性吸附；③IAC 固定相制备需要较多的纯化抗体，面临较高的成本压力；④目前已研究开发的 IAC 固定相耐压性较差，还不能直接用作 HPLC 柱进行在线分析。

因此，IAC 技术需要进一步解决的问题是：应用现代科学技术，研制能在苛刻条件下保持高免疫活性的抗体或抗体稳定剂；研制无非特异性吸附、耐压性强、理化性能稳定、与配体相容性好的固相基质；优化配体与基质的偶联方法，提高 IAC 柱容量；研制 IAC 柱稳定剂，延长柱的使用寿命，增加 IAC 柱的重复使用次数，降低使用成本；使 IAC 从单纯的前处理向在线分析发展；将多种抗体或簇特异性抗体固定于固相基质，制备多配体或簇特异性 IAC 柱，对多种目标分析物同时进行分离富集，使单组分 IAC 技术向多组分 IAC 技术发展。

（五）免疫亲和膜分离及检测技术

免疫亲和膜是将抗体或抗原固定到膜材料表面，用于互补免疫物质的有效分离、纯化，具有更高的分离选择性。免疫亲和膜亦可应用于快速检测，如胶体金标记免疫层析。

二、分子印迹技术

（一）分子印迹技术原理与发展

分子印迹技术（molecular imprinting technique，MIT）是以在空间结构和结合位点上与目标分析物相匹配、对目标分析物具有选择性可逆结合能力的高分子聚合物为受体（也称为人工合成抗体），实现选择性分子识别的分离分析技术。

分子识别（molecular recognition）是一种生物体内普遍存在的现象，例如抗体和抗原间、酶与底物或抑制剂间、激素与受体间的专一性结合等。后来把这个理念发展到了化学领域。

1940 年，Pauling 在对抗体形成和酶催化机理的研究中，提出了"锁和匙"的假说，即一种抗体只能针对一种抗原，一种酶只能选择性地催化一种或固定的几种底物。尽管关于抗体形成的"instructive model"后来被"克隆选择理论"所否定，但却形成了分子印迹概念的雏形，"锁和匙"假说激发了科学家们对生物分子天然识别模拟研究的浓厚兴趣。1949 年，Dickey 按照"锁和匙"假说，首先提出了"分子印迹"这一概念并开展实验研究，以染料甲基橙作为模板分子，酸化硅酸盐溶液得到染料印迹胶体，干燥并洗去模板分子后得到了对甲基橙吸附能力比乙基橙高 2 倍的吸附材料。由于对甲基橙的选择性和识别能力很快减弱，这项研究在很长一段时间内都没有引起人们的重视。直到 1972 年，Wulff 研究小组首次报道了人工合成的有机分子印迹聚合物（molecularly imprinted polymer，MIP），这项技术才逐渐被人们认识。但由于该研究主要集中在共价型模板聚合物上，动力学过程较慢，其应用局限于催化领域。20 世纪 80 年代后，非共价型模板聚合物研究取得进展。1993 年瑞典科学家 Mosbach 在 *Nature* 上发表了以茶碱为模板的印迹聚合物的报道，使分子印迹聚合物除了原有的分离和催化功能之外，在生物传感器、人工抗体模拟及色谱固相分离等方面的研究有了新的进展，使分子印迹技术得到了快速发展。

在农药残留分析中，复杂样本中痕量物质的分离净化是整个分析过程的关键环节。分子印迹技术应用到农药残留分析中显示出了其特异性和选择性的独特优势，利用其空穴的空间结构与印迹分子的构型、构象的匹配，以及分子印迹聚合物功能基团与印迹分子功能基团的相互作用，对印迹分子进行专一性结合，有效降低基体干扰，高度选择性地分离或分析实际样品中残留的农药分子。

建立农药分子印迹技术的基础工作是制备对目标分析农药具有选择性可逆结合能力的分子印迹聚合物。以目标分析农药分子为模版，设计、合成或选择与目标分析农药在分子结构、分子间作用力等方面相匹配的功能单体［如甲基丙烯酸（MAA）、4-乙烯基吡啶（4-VP）、三氟甲基丙烯酸（TFMAA）、乙烯基安息香酸等］；将功能单体与模版分子在适当溶剂中结合形成复合物（如 MAA 与氯三嗪、4-VP 与 2,4-D、4-VP 与吲哚乙酸、TFMAA 与甲磺隆、乙烯基安息香酸与有机磷农药的复合物等）；然后选用适合的交联剂［如 N,N'-1,4-亚苯基二丙烯酸酯（EGDMA）、季戊四醇三丙烯酸酯等］，在适当引发剂（如偶氮二异丁腈等）引发下将功能单体相互交联起来，使功能单体与模版分子相匹配的功能基团和空间结构得以固定，形成稳定的分子印迹聚合物；最后采用强极性溶剂多次萃取、索氏提取器反复回流萃取等方法，将聚合物中的模板分子去除，这样就在聚合物上留下了和模板分子在空间结构和结合位点相匹配的三维空穴，这样的空穴能够重新选择性地与模板分子结合。

图 9-12 为以苯氧乙酸为模板的分子印迹聚合物制备示意图。

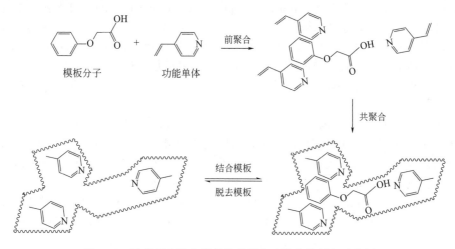

图 9-12　以苯氧乙酸为模板的分子印迹聚合物制备示意图

（二）分子印迹聚合物制备的方法类型

（1）预组装法（pre-organization）　又称共价法，是由德国的 Wullf 等在 20 世纪 70 年代初创立的。模板分子（印迹分子）首先与单体以共价键结合，然后交联聚合，再通过化学途径将共价键断裂而除去模板分子。共价键作用的优点是聚合中能获得在空间精确固定排列的结合基团，缺点是由于共价作用较强，在印迹分子自组装或识别过程中结合与解离速率慢，难以达到热力学平衡，识别作用机理与生物识别相差甚远，因此现已很少采用。

（2）自组装法（self-assembling）　又称非共价法，由瑞典的 Mosbach 等在 20 世纪 80 年代后期创立。该法是将模板分子（印迹分子）与功能单体自组装排列，以非共价键自发形成单体-模板分子复合物，经过交联聚合后这种作用保存下来。在识别过程中目标分子与 MIP 的重新结合也通过非共价键作用完成。常用的非共价键有氢键、静电引力、金属螯合作用、电荷转移、疏水作用以及范德华力等。该合成法相对简单，最为常用。

（3）本体聚合法（bulk polymerization method）　此法将模板分子、功能单体、交联剂和引发剂按一定比例溶解在惰性溶剂中，移入玻璃安瓿引发聚合，一定时间后形成块状聚合物，然后经粉碎、磨细、筛选等过程获得所需粒度的材料。该法优点是装置简单，条件易于控制，便于普及。缺点是后续处理工作繁琐、费时，且产品形状不规则，分散性较差，色谱效率低。

(4) 原位聚合法（in-situ polymerization method） 是一种在色谱柱中直接聚合的方法，直接制得可使用的分子印迹色谱柱，大大简化了色谱固定相的制备步骤。但是棒状的 MIP 对小分子物质的柱效率低，在 HPLC 中的使用寿命不够长。

(5) 乳液聚合法（emulsion polymerization method） 将模板、单体、交联剂溶于有机溶剂，然后将溶液移入水中，搅拌、乳化，最后加入引发剂聚合，可以制备出粒径较均一的球形 MIP。这种方法的最成功之处在于它可以印迹水溶性的分子。

(6) 悬浮聚合法（suspension polymerization method） 悬浮聚合法是制备聚合物微球的常用方法之一，通常使用的单体是疏水性的，分散介质是常见的水或强极性溶剂。但强极性溶剂会极大地降低单体与模板之间相互作用的强度。为了克服水或强极性溶剂干扰的问题，Mosbach 提出了以全氟烃为分散相的悬浮聚合法，即在液态全氟烃中形成非共价印迹混合物乳液，采用氟化的表面活性剂作为分散剂，得到稳定的含有单体、模板、交联剂、孔化剂的乳液液滴，可以直接制得聚合物微球。

(7) 两步或多步溶胀聚合法（multi-step polymerization method） 首先在水中进行乳液聚合，制备聚苯乙烯单分散纳米颗粒作为种子，与活化剂、引发剂、表面活性剂的微乳液混合，在一定搅拌速度下进行第一步溶胀。然后将溶胀后的聚苯乙烯颗粒加入到交联剂、单体、孔化剂和稳定剂组成的溶液中完成第二步溶胀。最后加入模板分子，在氩气保护下引发自由基聚合，可得一定大小的 MIP 微球，除去模板分子后，可以得到大孔体积的 MIP 微球。

(8) 沉淀聚合法（precipitation polymerization method） 又称非均相溶液聚合法。将模板、单体、交联剂和引发剂溶于分散剂中，引发聚合后得到的聚合物不溶于分散剂而沉淀下来，可得到粒度均匀的微球状聚合物。该方法不需额外加入稳定剂，沉淀聚合过程是在大量反应介质中完成的（反应介质的量大大高于聚合物本体的量）。

(9) 表面印迹法（surface-imprinting polymerization method） 表面印迹有两种方法，可以分别识别金属离子和其他有机化合物。识别金属离子是以硅胶树脂为基质，将金属离子与功能单体形成配合物，然后将此配合物缩合聚合到硅胶表面，除去模板金属离子后，在硅胶或聚合物表面留下可重新结合该金属离子的位点。识别有机化合物是将模板分子与金属离子形成配合物，再使金属离子与另一可聚合的功能单体形成配合物，然后将此配合物共聚到其他球形聚合物（如苯乙烯树脂）的表面，去除模板分子后，在球形聚合物表面留下结合位点。

（三）分子印迹聚合物制备的条件选择

(1) 模板分子的选择 制备非共价型印迹聚合物几乎对模板分子没有限制，一般分子中含有强极性基团的化合物易于制备高效能的 MIP。

(2) 功能单体的选择 制备共价型印迹聚合物通常使用的功能单体是含有乙烯基的硼酸、醛、胺、酚和二醇，以及含有硼酸酯的硅烷化合物等。非共价型印迹聚合物使用的单体有丙烯酸（AA）、甲基丙烯酸（MAA）、三氟甲基丙烯酸（TFMAA）、甲基丙烯酸甲酯（MMA）、丙烯酰胺（AM）以及 4-乙烯基吡啶（4-VP）等。

(3) 交联剂的选择 常用的交联剂按照所含乙烯基的数目，可以分成二元交联剂、三元交联剂和四元交联剂，最广泛使用的交联剂是带有两个乙烯基的烯类交联剂，如乙二醇二甲基丙烯酸酯（EDMA）、二乙烯基苯（DVB）等。

（4）溶剂的选择　非共价型 MIP 合成中，溶剂对分子间作用力和 MIP 的形态影响很大，直接关系到 MIP 对模板分子再结合的亲和性和选择性。基本要求是溶剂对聚合反应的各成分（模板、单体、交联剂及引发剂）有较好的溶解性，最好还能够促进模板与单体间的相互作用，至少不干扰这种效应，同时能起着致孔的作用，因此也叫致孔剂。一般地应尽可能采用介电常数低的溶剂，如苯、甲苯、二甲苯、氯仿、二氯甲烷等。

（5）引发剂和引发方式的选择　MIP 的制备一般采用自由基引发，通常以偶氮二异丁腈（AIBN）或偶氮二异庚腈（ABVN）为引发剂。常用的引发方式为光引发或热引发。光引发一般低于室温（通常为 4℃），在 254nm 或 365nm 波长下引发聚合，常用 ABVN 为引发剂。热引发是在加热条件下引发聚合，通常采用 AIBN 为引发剂，温度一般控制在 60℃左右。

（四）分子印迹技术的应用现状、特点与挑战

目前，分子印迹技术在农药分析中主要用于复杂样品中目标分析农药的分离、富集与净化。用针对目标分析农药的分子印迹聚合物制备固相萃取柱，将提取液过柱，样品中的目标分析农药被选择性地保留在聚合物的空穴中，然后用少量洗脱剂洗脱目标分析农药，达到选择性分离、富集和净化的目的。从柱中洗脱的目标分析农药可采用不同方法进行检测，实现对复杂样品中痕量目标分析农药的高灵敏度分析。也有一些使用分子印迹聚合物作为色谱固定相制备色谱分析柱或制备分子印迹传感器的报道。农药的分子印迹聚合物应用于农药残留的固相萃取、固相微萃取涂层、分散固相萃取以及传感器等，见表9-3。

表 9-3　MIP 在农药残留分析中的应用

农药	功能单体	交联剂	溶剂	应用
西玛津	MAA	EDMA	氯仿	SPE
2,4-滴	4-VP	EDMA	甲醇-水	MIA,传感器,固定相
莠去津	MAA,MAA+TFMAA	EDMA	氯仿,二氯甲烷	MIA
莠灭津	MAA+TFMAA	EDMA	氯仿	MIA
特丁津	MAA	EDMA	甲苯	SPE
甲磺隆	MAA,TFMAA,AA,MMA	EDMA,DVB	二氯甲烷,乙腈	SPE
非草隆	MAA	EDMA	甲苯	SPE
利谷隆	TFMAA,MAA	EDMA	甲苯	SPE
异丙隆	TFMAA	EDMA	甲苯	SPE
马拉硫磷	VB	EDMA	水,甲醇	传感器
扑灭津	MMA	EDMA	甲苯	SPE
氰戊菊酯	2-MBI	EDMA	乙醇	固定相
2,4,5-涕	4-VP	EDMA	甲醇,水	固定相
敌草净	AMPS	MBA	水	传感器
苯脲类除草剂	MAA	EDMA	甲苯	固定相

注：AMPS，2-丙烯酰胺基-2-甲基丙烯磺酸；MBA，N,N'-亚甲基双丙烯酰胺；2-MBI，2-巯基苯丙咪唑；MIA，分子印迹吸附测定法；VB，苯甲酸乙烯酯。

分子印迹聚合物是人工合成的，具有与天然抗体类似的识别性能和与高分子物质同样的抗腐蚀、耐高温、耐有机溶剂等优点，因而可广泛应用于生物工程、临床医学、环境监测、

食品工业等众多领域，克服了天然抗体的局限性，在农药分析、特别是脂溶性农药的分析中具有明显的优势。已报道的农药分子印迹技术研究主要集中于除草剂、少数有机磷和拟除虫菊酯杀虫剂和兽药。Caro E. 等以恩诺沙星为模板分子合成了对环丙沙星和恩诺沙星等喹诺酮类兽药具有高度特异性识别和富集功能的 MIP，将 MIP 作为 SPE 选择性吸附剂，实现了复杂基质如猪肝和尿液中该类兽药的检测。

王静等以共性结构为模板分子制备了对 4 种磺酰脲类除草剂和 20 种三唑类农药具有特异性吸附作用的分子印迹聚合物，研制了 MISPE，实现了农产品中多种磺酰脲类除草剂和三唑类农药的确证检测，其技术流程见图 9-13。

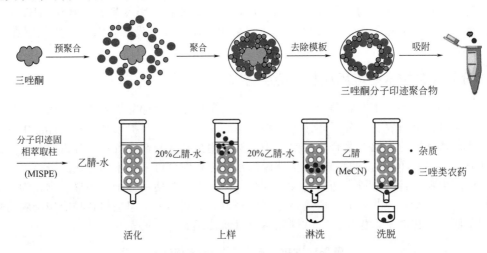

图 9-13　分子印迹固相萃取程序

MIP 作为固相微萃取的涂层，使得固相微萃取装置既具有 SPME 的萃取优势，同时又可实现残留农药的特异性识别。Hu 等以扑草净为模板分子，将扑草净 MIP 涂布于萃取纤维上，制备了 SPME 萃取装置，可以直接与 HPLC 联用，对三嗪类农药有很强的亲和力和选择性，对 5 种三嗪类除草剂的检测限在 $0.012\sim0.09\mu g/L$ 范围内，实现了在实际样品大豆、玉米、生菜和土壤等复杂基质中多种三嗪类农药的检测。目前，关于分子印迹萃取已经有一部分商品化的产品，如氯霉素、三聚氰胺、瘦肉精、三嗪类农药、展青霉素等，这些分子印迹产品为复杂样品基质中痕量目标物的高效萃取和快速分离提供了一种新的方法。MIP 可被用作色谱分离的固定相，对样品进行预处理和手性物质的拆分，或建立高效液相色谱或毛细管电泳分析法；MIP 制备的分离膜为分子印迹技术走向规模化开辟了道路，分离膜具有处理量大，易放大，对目标分子的特异吸附具有高选择性、高回收率的优点。随着量子点、石墨烯、纳米金、磁珠等纳米技术的快速发展，与 MIP 技术的集成与应用也已在农药残留分析、生物或化学传感器、人工酶、具催化功能的人工抗体制备等诸多领域得到研究与发展。

理想的分子印迹聚合物应具备以下性质：①具有高度的选择性；②具有适当的刚性，聚合物在脱去印迹分子后，仍能保持空穴原来的形状和大小；③具有一定的柔性，使底物与空穴的结合能快速达到平衡；④具有一定的机械稳定性，对制备 HPLC 及 CE 中的固相填充材料具有重要意义；⑤具有热稳定性，在高温下其结构性质不会被破坏，仍能发挥正常作用；⑥具有较好的有机溶剂耐受性和一定的亲水性。

分子印迹技术目前存在的主要问题有：现有分子印迹聚合物的三维空穴与模板分子在空间结构和结合位点的锁合上还远达不到抗原-抗体结合的精密程度。因此，分子印迹聚合物对目标分析物的识别能力还远达不到抗体对抗原的特异性识别水平。天然抗原-抗体反应多在水相中进行，近年来分子印迹聚合物的研究已指向水相体系，但成果仍很有限，主要困难是水会破坏以氢键键合的主-客体加成物，同时在水相中采用水溶性交联剂会导致聚合物刚性不足。为克服这些困难，也有一些研究者提出了一些建议，比如选择适当的单体，利用疏水相互作用使单体与模板实现在水中的预组装。此外，如果金属离子能够通过分子印迹技术而适当地固定于聚合物上，就可能在水中识别目标分子。

有机分子印迹聚合物对非目标分析物的非特异性吸附也是困扰分子印迹技术应用的主要问题之一。近年来，借鉴表面改性的硅胶用作 HPLC 的固定相，以具有不同性质特征的无机材料制备分子印迹聚合物已经在一些独特的分子印迹技术中得到采用。如通过制备无机凝胶氧化物（可用相应的烷氧化物通过溶胶-凝胶缩合反应而得）作为键合点，引入一些特定有机基团进行化学改性，制备分子印迹聚合物，并在缩聚后保留在硅胶内部。钛的烷氧化物也可用作无机凝胶的母体，在制备 TiO_2 凝胶时，应用分子印迹技术使之能特异性键合目标化合物，制备分子印迹聚合物。

分子印迹技术的核心是分子印迹聚合物的制备。设计研制能够与模板分子精密匹配的功能单体、研究制备自身不产生非特异性吸附的高效交联剂、优化分子印迹聚合物制备技术、消除分子印迹聚合物的非特异性吸附等，是解决分子印迹技术现存问题的关键。

第五节　农药免疫分析技术的发展趋势

免疫分析技术的基础是抗原-抗体反应，获得对目标分析物具有高亲和力的特异性抗体是建立免疫分析技术的基础。抗体的本质是免疫球蛋白，制备具有高稳定性和特殊功能的抗体是免疫分析化学研究的目标之一。免疫反应的特异性决定了农药免疫分析主要针对单一目标分析物，研究建立能够同时对多种不同结构的农药进行定性定量检测的免疫化学技术还存在一些技术瓶颈。因此，农药免疫分析化学的主要发展方向包括基因工程抗体的研究和多组分免疫分析技术的研究等。

一、具有优良性能的基因工程抗体

（1）具有特殊性能的抗体　将具有特殊功能的基因（如耐酸碱、耐热、耐有机溶剂基因等）引入到抗体基因中并使之表达，以期获得耐酸碱、耐热、耐有机溶剂等特殊性能的抗体。

（2）双特异性抗体　应用基因工程技术，将针对不同抗原结合位点的基因重组到同一个抗体基因中并进行表达，获得一个 Fab 端结合待测抗原，另一个 Fab 端可结合标记物的抗体，从而省去抗原和抗体的标记工作。

（3）具有催化功能的抗体　将具有酶催化功能的基因（如过氧化物酶基因）引入抗体基因并进行表达，以期获得既具有免疫学活性，又具有酶催化功能的抗体，从而可以用于酶免疫分析并省去酶标记工作。

（4）噬菌体展示抗体　噬菌体展示抗体的原理是将特异性抗体的编码基因或抗体的基因片段克隆入噬菌体外壳蛋白结构基因的适当位置，在不影响其他外壳蛋白正常功能的情况下，使外源抗体或抗体片段与外壳蛋白融合表达，随子代噬菌体的重新组装而展示在噬菌体表面。被展示的抗体或抗体片段可以保持相对独立的空间结构和生物活性，以利于抗原的识别和结合，利用该技术可以获得基因工程抗体或抗体片段等。

二、多组分免疫分析技术

由于抗体-抗原结合具有高度的特异性，免疫分析大多数是针对某一种物质或者某一类结构类似物。而在实际分析中，多种不同结构物质的同时测定总是具有重要意义和吸引力的。因此，建立能够对多种不同结构化合物同时进行定性定量检测的免疫分析技术成为当前研究的热点之一，具有重要的理论和实际意义。

（一）现有多组分免疫分析方法

1. 多探针标记免疫分析

用不同类型标记物（如荧光剂、酶、化学发光剂等）分别标记不同抗原（含半抗原）或抗体，免疫反应后检测不同标记物的信号变化，从而对多种相应目标分析物进行分析。然而，多种不同类型探针标记受标记物性质和标记方法的限制，且不同类型标记物需要不同的检测条件，检测手段难以兼容。

2. 多组分定位包被空间分辨免疫分析

将不同抗体或抗原固定在不同位置，不同的抗原（或抗体）用同一种标记物标记，在不同位点分别进行非均相免疫反应，再经分离洗涤，对不同位点进行检测。该法在每个反应点所用试剂不同，操作比较复杂。

3. 共同结构抗体的应用

将某一类目标分析农药的共同结构部分（如拟除虫菊酯类农药的菊醇部分）衍生化，合成半抗原，将半抗原与载体蛋白共价偶联制备突出该类农药共同结构的人工抗原，以此免疫动物或采用杂交瘤技术制备抗目标分析农药共同结构的抗体，用于检测分子中含有共同结构的一类农药，方法简便，可用于一类农药的快速筛查。这种方法的主要缺陷是无法确定检出目标分析物的具体品种。另外，对于含共同结构的一类农药的不同品种，分子中其他部分的结构有差异或差异大，抗共同结构抗体与该类农药中各个品种的亲和力有差异或差异显著，与抗体亲和力小的农药品种可能被漏检或被其他品种所掩盖。

（二）量子点标记免疫分析技术研究

目前，小分子化合物免疫分析技术的发展存在两条并行的路线。一是标记免疫分析法继续在分析的可靠性和灵敏性上不断地革新、完善和进步，为小分子化合物的研究和实际应用提供更为准确和实用的方法。二是研究开发具有优异功能的新型免疫标记探针和免疫标记方法，开拓全新的多组分免疫分析技术领域。新型半导体纳米荧光材料的研究和在生物学领域的开发利用，为小分子化合物多组分免疫分析技术的研究提供了新的途径。

量子点是一种半导体晶体材料的纳米颗粒，作为一种新型荧光探针，与传统有机荧光探针相比，具有如下优异性能：激发波长宽、发射波长窄而对称，可使用同一种激发光同时激发多种颗粒大小不同的量子点，发射出互不干扰的不同波长的荧光；量子点的荧光强度及稳定性可达有机荧光探针的 20~100 倍，几乎没有光褪色现象，可对标记物进行长时间观察，不易受生物分子或其他物质的荧光干扰；经化学修饰、表面带有活性基团的水溶性量子点，可与生物分子进行有效连接并保留生物活性，生物相容性好、荧光量子效率高；量子点的荧光发射波长与其颗粒大小相关，可用不同颗粒大小的量子点对不同生物分子进行标记。

量子点标记免疫分析是近年来荧光免疫分析技术研究的新动向，获得具有不同荧光发射波长、稳定性和生物兼容性好、易于标记且标记后仍然保持稳定的水溶性量子点是关键，可利用量子点的特殊性能，实现小分子化合物的多组分免疫分析。因此，具有高度稳定性、生物相容性、多样性和水溶性的高效标记物的研究、开发和应用，是破解小分子化合物多组分免疫分析技术难题的重要前提。

参 考 文 献

[1] Baggiani C, Girandi G. Chromatographic characterization of molecularly imprinted polymers binding the herbicide 2,4,5-trichlorophenoxyacetic acid. J. Chromatogr. A., 2000, 883 (1-2): 119-126.

[2] Bruche M, Moronne Jr, Alivisatos A P. Semiconductors nanocrystals as fluorescent biological labels. Science, 1998, 281: 2013-2016.

[3] Caro E, Marcé R M, Cormack P A G, et al. Novel enrofloxacin imprinted polymer applied to the solid-phase extraction of fluorinated quinolones from urine and tissue samples. Anal. Chim. Acta., 2006, 562 (2): 145-151.

[4] Chen X F, Li R F, LIU S Z. Development of enzyme linked immunoassay with high specificity to clenbuterol. Chinese J. Anal. Chem., 2013, 41 (6): 940-943.

[5] Dai Y, Wang T, Hu X, et al. Highly sensitive microcantilever-based immunosensor for the detection of carbofuran in soil and vegetable samples. Food Chem., 2017, 229: 432-438.

[6] Dickey F H. The preparation of specific adsorbents . P. Natl. Acad. Sci. USA, 1949, 35 (5): 227-229.

[7] Ferrer I, Lanza F, Tolokan A. Selective trace enrichment of chlorotriazine pesticides from natural waters and sediment samples using terbuthylazine molecularly imprinted polymers. Anal. Chem., 2000, 72 (16): 3934-3941.

[8] Haupt K, Mayes A G. Herbicide assay using an imprinted polymer-based system analogous to competitive fluoroimmunoassays. Anal. Chem. 1998, 70 (18): 3936-3939.

[9] Hu X, Hu Y, Li G. Development of novel molecularly imprinted solid-phase microextraction fiber and its application for the determination of triazines in complicated samples coupled with high-performance liquid chromatography. J. Chromatogr. A, 2007, 1147 (1): 1-9.

[10] Huang X D, Zou H F, Chen X M, et al. Molecularly imprinted monolithic stationary phases for liquid chromatographic separation of enantiomers and diastereomers. J. Chromatogr. A, 2003, 984: 273-282.

[11] Liu L, Xu D, Hu Y, et al. Construction of an impedimetric immunosensor for label-free detecting carbofuran residual in agricultural and environmental samples. Food Control, 2015, 53: 72-80.

[12] Matsui J, Miyoshi Y, Doblhoff-Dier O. A molecularly imprinted synthetic polymer receptor selective for atrazine. Anal. Chem., 1995, 67 (23): 4404-4408.

[13] Matsui J, Okada M. Solid-phase extraction of a triazine herbicide using a molecularly imprinted synthetic receptor. Anal. Commun., 1997, 34 (3): 85-87.

[14] Muldoon M T, Stanker L H. Polymer synthesis and characterization of a molecularly imprinted sorbent assay for atrazine. J. Agric. Food Chem., 1995, 43 (6): 1424-1427.

[15] Panasyuk-Delaney T, Mirsky V M. Impedometric herbicide chemosensors based on molecularly imprinted polymers. Anal. Chim. Acta, 2001, 435 (1): 157-162.

[16] Parmpi P, Kofinas P. Biomimetic glucose recognition using molecularly imprinted polymer hydrogels. Biomaterial 2004, 25 (10): 1969-1973.

[17] Price C P, David D, Newman J. Principles and practice of immunoassay. Macmillan Publishers Ltd, 1991.

[18] Shan G M. Immunoassays in agricultural biotechnology. John Wiley and Sons Inc., Hoboken, New Jersey, USA, 2011.

[19] She Y X, Cao W Q, Shi X M, et al. Class-specific molecularly imprinted polymers for the selective extraction and determination of sulfonylurea herbicides in maize samples by high-performance liquid chromatography-tandem mass spectrometry. J. Chromatogr. B, 2010, 878 (23): 2047-2053.

[20] Siemann M, Anderson L I. Selective recognition of the herbicide atrazine by noncovalent molecularly imprinted polymers. J. Agric. Food Chem., 1996, 44: 141-145.

[21] Takeuchi T, Fukuma D. Combinatorial molecular imprinting: An approach to synthetic polymer receptors. Anal. Chem., 1999, 71 (2): 285-290.

[22] Tamayo F G, Casillas J L. Highly selective fenuron-imprinted polymer with a homogeneous binding site distribution prepared by precipitation polymerisation and its application to the clean-up of fenuron in plant samples. Anal. Chim. Acta, 2003, 482 (2): 165-173.

[23] Ulbricht M. Membrane separations using molecularly imprinted polymers. J. Chromatogr. B, 2004, 804: 113-125.

[24] Wang M R, Kang H M, Xu D, et al. Label-free impedimetric immunosensor for sensitive detection of fenvalerate in tea. Food Chem., 2013, 141: 84-90.

[25] Wei L，Liu L，Kang H，et al. Development of a disposable label-free impedance immunosensor for direct and sensitive clenbuterol determination in pork. Food Anal. Methods，2016，44（2）：258-264.

[26] Wulff G，Sarhan A，Wulff Z K，et al. Enzyme-analog built polymers and their use for the resolution of racemates. Tetrahedron Lett.，1973，14（44）：4329-4332.

[27] Zhang H T，Pan C P. Retention behavior of phenoxyacetic herbicides on a molecularly imprinted polymer with phenoxyacetic acid as a dummy template molecule. Bioorg. Med. Chem，2007，15（18）：6089-6095.

[28] Zhao F，She Y，Zhang C，et al. Selective solid-phase extraction based on molecularly imprinted technology for the simultaneous determination of 20 triazole pesticides in cucumber samples using high-performance liquid chromatography-tandem mass spectrometry. J. Chromatogr. B Analyt. Technol. Biomed. Life Sci.，2017，1064：143-150.

[29] Zhu Q，Haupt K. Molecularly imprinted polymer for metsulfuron-methyl and its binding characteristics for sulfonylurea herbicides. Anal. Chim. Acta，2002，468（2）：217-227.

[30] 曹雪涛. 免疫学前沿进展. 第4版. 北京：人民卫生出版社，2017.

[31] 曾俊源，崔巧利，刘曙照. 直接竞争酶联免疫吸附分析法测定桃中氰戊菊酯的残留量. 农药学学报，2014，16（1）：61-65.

[32] 陈小锋，刘曙照. 胶体金标记免疫分析及其在小分子化合物快速检测中的应用. 药物生物技术，2004，11（4）：278-280.

[33] 冯大和，邵秀金，韦林洪，等. 免疫亲和色谱-高效液相色谱法测定土壤中氯磺隆残留. 农业环境学报，2006，25（6）：1663-1666.

[34] 洪孝庄，孙曼霁. 蛋白质连接技术. 北京：中国医药科技出版社，1993.

[35] 蒋成淦. 酶免疫测定法. 北京：人民卫生出版社，1984.

[36] 焦奎，张书圣. 酶联免疫分析技术及应用. 北京：化学工业出版社，2004.

[37] Wong R C，等. 侧流免疫分析. 孙远明，雷红涛，徐振林，等，译. 北京：科学出版社，2017.

[38] 林金明，赵丽霞，王栩. 化学发光免疫分析. 北京：化学工业出版社，2008.

[39] 刘曙照，冯大和，陈美娟，等. 对克百威具高度特异性的免疫分析技术研究. 分析科学学报，2000，16（5）：373-378.

[40] 刘曙照，冯大和，钱传范. 甲萘威酶联免疫吸附分析技术研究. 农药学学报，1999，1（1）：62-68.

[41] 刘曙照，冯大和，钱传范，等. 固相抗体直接竞争ELISA法测定小白菜和苹果中的甲萘威残留. 农药学学报，2001，3（4）：69-73.

[42] 刘曙照，冯大和，邵秀金. 氯黄隆酶联免疫吸附分析技术研究. 分析科学学报，2000，16（6）：461-465.

[43] 刘曙照，王莲，韦林洪. 三唑磷的免疫分析技术研究. 分析化学，2005，33（12）：1697-1700.

[44] 刘曙照，韦林洪，徐维娜. 克百威的免疫亲和色谱分析研究. 色谱，2005，23（2）：134-137.

[45] 刘曙照，尤海琴. 氰戊菊酯直接竞争酶联免疫吸附分析方法及其试剂盒：200410065107.0，2007.

[46] 刘曙照，袁树忠，徐暄. 固相抗体直接竞争ELISA法测氯黄隆在土壤中的残留动态. 农药学学报，2000，2（2）：57-62.

[47] 刘曙照. 氯磺隆、甲萘威、克百威残留免疫分析化学研究. 北京：中国农业大学，1998.

[48] 邵秀金，刘曙照，冯大和，等. 免疫亲和色谱及在农药残留分析中的应用. 农药学学报，2003，5（4）：9-14.

[49] 孙孔飞，曾俊源，刘曙照. 直接竞争酶联免疫吸附法测定饲料中沙丁胺醇. 分析科学学报，2016，32（6）：774-778.

[50] 陶义训. 免疫学和免疫学检验. 北京：人民卫生出版社，1997.

[51] 汪尔康. 21世纪的分析化学. 北京：科学出版社，1999.

[52] 王重庆. 分子免疫学基础. 北京：北京大学出版社，1997.

[53] 韦林洪，王莲，刘曙照. 稻米中三唑磷残留免疫亲和色谱-高效液相色谱分析. 中国农业科学，2006，39（5）：941-945.

[54] 胥传来. 食品免疫化学与分析. 北京：科学出版社，2017.

[55] 尤海琴，刘浪，刘曙照. 直接竞争酶联免疫吸附分析法测定氰戊菊酯. 分析化学，2009，37（4）：577-580.

[56] 尤海琴，周元元，刘曙照. 拟除虫菊酯类农药半抗原合成方法进展. 现代农药，2004，3（4）：6-9.

[57] 张慧婷，叶贵标，潘灿平. 分子印迹传感器技术在农药检测中的应用. 农药学学报，2006，8（1）：8-13.

[58] 张良，王泉振，刘曙照. 直接竞争酶联免疫吸附-高效液相色谱法测定烯效唑. 分析化学，2012，40（11）：1730-1734.

[59] 张先恩. 生物传感器. 北京：化学工业出版社，2005.

[60] 张阳德. 纳米生物分析化学与分子生物学. 北京：化学工业出版社，2005.

[61] 中华人民共和国国家质量监督检验检疫总局，中国国家标准化管理委员会. 酶联免疫分析试剂盒通则. 北京：中国标准出版社，2016.

[62] 周政，陈美娟，李家大，等. 巨大芽孢杆菌青霉素G酰化酶的噬菌体展示. 生物化学与分子生物学学报，2002，18（3）：332-336.

第十章

毛细管电泳

第一节　毛细管电泳的产生与发展

电泳是指电解质中带电粒子在电场力作用下，以不同的速度向自身所带电荷相反方向的迁移，迁移的速度取决于带电粒子的电荷密度（电荷与质量的比值，即荷/质比）。利用电泳对化学和生物化学组分进行分离的技术称之为电泳技术。从 20 世纪 30～40 年代起，相继发展了多种基于不同支持介质的电泳技术（如纸电泳、凝胶电泳等）。传统的电泳技术由于受到焦耳热的限制，只能在低电场强度下进行，分离时间长、效率低。20 世纪 80 年代初，细径毛细管被用于电泳。由于毛细管内径小、表面积和体积的比值大、易于散热，可以减少焦耳热对电泳的影响，由此产生了一种新型的分析技术，即毛细管电泳。

毛细管电泳（capillary electrophoresis，CE），又称高效毛细管电泳（high performance capillary electrophoresis，HPCE），是指样品各组分在毛细管中以高压电场为驱动力，按其淌度或分配系数的差异进行高效、快速分离的一种电泳技术。1967 年，Hjerten 最先提出在高电场作用下，可以在直径 3mm 的毛细管内进行自由溶液的毛细管区带电泳（capillary zone electro-phoresis，CZE）。1974 年，Hjerten 报道了在 $200 \sim 500 \mu m$ 内径玻璃毛细管内进行的区带电泳分析。1981 年，Jorgenson 和 Lakecs 首先在 $75 \mu m$ 内径的石英毛细管内用高电压进行分离，并阐述了有关理论，创立了现代毛细管电泳技术。1984 年，Terabe 等建立了胶束电动毛细管色谱（micellar electrokinetic capillary chromatography，MECC）。1987 年，Hjerton 建立了毛细管等电聚焦（capillary isoelectric focusing，CIEF）。同年，Cohen 和 Kargor 提出了毛细管凝胶电泳（capillary gel electrophoresis，CGE）。1988 年，Rose 和 Jorgenson 应用毛细管电泳，制备了 50pmol 的蛋白质和肽。

传统的电泳分离只适用于带电粒子，随着电泳理论和技术的发展和成熟，毛细管电泳向多种分离模式发展，先后出现了毛细管区带电泳（CZE）、胶束电动毛细管色谱（MECC）、毛细管凝胶电泳（CGE）、毛细管等速电泳（capillary isotachophoresis，CITP）和毛细管等电聚焦（CIEF）等分离模式。因此，其分离对象也拓宽到中性小分子和对映异构体的分离。HPCE 所面临的主要挑战是需要高灵敏度、多模式检测器的配合。1988～1989 年，出现了第一批商品化的毛细管电泳仪器。为了适应 HPCE 微体积柱检测的需要，1990 年对仪器进行了改进，采用了紫外检测器。1992 年，激光诱导荧光检测器诞生。此后又发展了多种类型的毛细管电泳仪检测器，包括光学、电化学、质谱检测器等。至今，HPCE 通过不断改进和更新，达到了预期的高效分离和高灵敏度检测的需要。在众多 HPCE 检测器中，紫外检测器（UVD）是最普遍使用的检测器。荧光检测器的检测限比 UVD 低 3～4 个数量级，是一类高灵敏度和高选择性的检测器。激光诱导荧光检测器（LIF detector）对荧光黄达到了超高灵敏度分析的水平。此外，CE-MS 联用技术的发展拓展了 HPCE 的检测范围。

HPCE 是 20 世纪 80 年代后期迅速发展起来的一项新技术，最先在生命科学领域得到了广泛的应用。与经典的区带电泳相比较，HPCE 具有如下一些特点：①散热性能较好。HPCE 是在内径 10～200μm 的石英毛细管中进行的，易散热，沿着管截面的温度梯度很小，可以提高加在毛细管两端的电压，一般可达几十千伏。②高灵敏度。通常使用的紫外检测器的检测限可达 $1×10^{-15}$～$1×10^{-13}$ mol/L，若采用激光诱导荧光检测器，检测限更可达 $1×10^{-21}$～$1×10^{-19}$ mol/L，甚至单分子级。③高分辨率。其每米理论塔板数为 $1×10^5$，甚至可达 $1×10^6$ 乃至 $1×10^7$，而 HPLC 一般为 $1×10^3$～$1×10^4$。④高速度。可进行在柱检测，易于计算机进行数据处理，并能实现自动化操作，缩短分析时间，最快可在几十秒内完成一次分析。有报道在 90s 内分离了 6 种血清蛋白。⑤样品用量少。一般只需几个纳升（nL）的进样量。⑥使用成本低。只需少量（数毫升）的流动相和价格相对低廉的毛细管。⑦应用范围广。HPCE 在以生物工程为代表的生命科学各领域中对多肽、蛋白质（包括酶、抗体）、核酸的分离分析中得到了广泛的应用，该方法也是目前自动化程度较高的分离方法。在其他如环境分析和农药残留检测等应用领域，该方法目前也得到了迅速发展。

当然，毛细管电泳技术也有其局限性，主要表现在：①由于进样量少，因而制备能力差；②由于毛细管直径小，光路太短，一些检测方法灵敏度较低；③电渗会因样品组成而变化，进而影响分离重现性。

总之，HPCE 具有高效、快速、样品用量少、易于自动化、操作简便、溶剂消耗少、环境污染少等优点，使它在短短的十几年中，受到分离分析科学家的极大关注，成为生物化学和分析化学领域中备受瞩目、发展较快的一种分离分析技术。当然，HPCE 还是一种正在发展中的技术，有些理论研究和实际应用正在进行与实践。

第二节　高效毛细管电泳技术的基本原理

HPCE 是以高压电场为驱动力，以毛细管为分离通道，依据样品中各组分之间迁移速度和分配行为上的差异而实现分离的一类液相分离技术。HPCE 电泳常用的石英毛细管，在 pH>3 的情况下其内壁表面带负电，与溶液接触时可形成双电层。在高电压的作用下，双电层中的水合阳离子引起溶液在毛细管内整体向负极方向流动，形成电渗流（EOF）。被分离粒子在毛细管内电解质溶液中的迁移速度，等于电泳和电渗流两种速度的矢量和。正离子电泳方向和电渗流一致，故最先流出。中性粒子电泳速度为零，故其迁移速度相当于电渗流速度。负离子运动方向和电渗流方向相反，但因为电渗流速度大于电泳速度，故它将在中性粒子之后流出。各种粒子因迁移速度不同而实现分离。

一、双电层

固体与液体接触时，固体表面分子离解或表面吸附溶液中的离子，在固-液界面形成双电层。HPCE 分离一般是在熔融的石英毛细管中完成的，熔融石英是一种高度交联的 SiO_2 聚合物，具有很好的抗拉强度。石英毛细管表面含有许多硅羟基 Si—OH，在 pH>2.5 的溶液中，可离解为 Si—O$^-$，使表面带有负电荷。由于内壁表面带负电，因此带负电荷的离子被表面排斥，而带正电荷的离子则被毛细管壁吸引，形成双电层，见图 10-1。

按照近代双电层模型，在双电层的溶液一侧，第一层为比较稠密的吸附层（即图 10-1

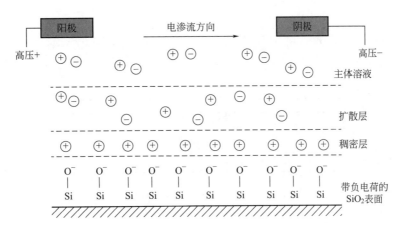

图 10-1 溶液界面上形成双电层

中的稠密层），第二层为扩散层。吸附层与石英内壁表面接触的部分离子是脱水的，外面及扩散层的离子均以水化离子的形式存在。

二、电泳速度

电泳速度是指带电粒子在电泳过程中泳动的速度，用 v_{ep} 表示。

$$v_{ep} = qE/6\pi\gamma$$

式中，q 为有效电荷；E 为电场强度；η 为介质黏度；γ 为粒子的动力学半径（与带电粒子的有效半径有关）。对于棒状粒子：

$$v_{ep} = qE/4\pi\eta\gamma$$

从上述两式可见，电泳速度除了与电场强度和介质特性有关外，还与离子的有效电荷、粒子大小和形状有关。阴离子和阳离子迁移方向相反，最容易分离。其他条件相同时，二价离子的迁移速度是一价离子的 2 倍。

三、电渗流

1. 电渗流的产生

受静电场的作用，靠近毛细管表面的那些阳离子是不迁移的，构成所谓稠密层（stern layer）。由于热运动关系，离表面远的离子构成扩散层。扩散层的阳离子与稠密层在负电荷表面共同形成了圆柱形的阳离子鞘，在毛细管两端所加电场作用下，向阴极移动。由于离子是被水化的，因此在缓冲液中的液体也随迁移着的阳离子一起向阴极移动，形成一种液流，称之为电渗流（electroosmotic flow，EOF）。电渗流的速度 v_{eo}（m/s）和电场强度成正比。

$$v_{eo} = -\varepsilon_o \varepsilon \xi E/\eta$$

式中，ε_o 为真空介电常数；ε 为介质的相对介电常数（8.854×10^{-12} F/m）；E 为电场强度，V/m；η 为介质黏度，Pa·s；ξ 为毛细管壁上双电层之间形成的横向电位差，称为 Zeta 电位。

由此可见，在电泳体系中，以电场为驱动力产生的 EOF 不是径向位置的函数，与 HPLC 中靠外部泵压产生的液流不同，EOF 的流型属扁平流型，或称"塞流"。而 HPLC 的流型，则是抛物线状的层流，如图 10-2 所示。它在壁上的速度为零，中心速度为平均速度的 2 倍。扁平流型不会引起样品区带的增宽，这是 CE 能够获得高分离度的重要原因

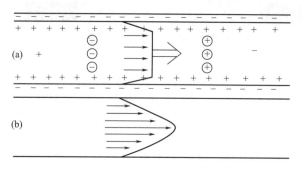

图 10-2　电流渗流型和压力驱动流型的比较
（a）毛细管中电渗流呈"塞式流"流型；（b）HPLC柱中压力驱动呈抛物线流型

之一。

　　将电渗流速度 v_{eo} 和场强 E 的比值定义为电渗淌度 μ_{eo}，即单位场强下的电渗流速度，也称为电渗迁移率。

$$\mu_{eo} = v_{eo}/E$$

　　实际电泳分析中，电渗流速度可通过实验测定相应参数后，按下式得到：

$$v_{eo} = L_{ef}/t_{eo}$$

　　式中，L_{ef} 为毛细管有效长度；t_{eo} 为电渗流标记物（中性物质）的迁移时间。

2. 影响电渗流的因素及控制

　　一般而言，电场强度越大，电渗流速度越快且在一定范围内线性增加。这一方面是由于在毛细管电泳分离中，溶质区带的分离很大程度上取决于电渗速度。另一方面，强的电渗流还可以使系统的自动化检测变得较为容易。

　　但在某些情况下，电渗流是不利的，如在高pH时，电渗流可能太快，使溶质在未得到分离之前就被推出毛细管。而在低pH或中等pH时，毛细管带负电的表面可能会通过静电作用吸附阳离子溶质。这种现象在碱性蛋白质的分离中是个特别严重的问题。另外，在毛细管等电聚焦、等速电泳以及毛细管凝胶电泳模式中常要求降低电渗流速度。

　　控制电渗流一般可从以下几个方面考虑。

　　（1）电场强度　电渗流速度在一定范围随电场强度的增强呈线性增加，但外加电压过高，导致毛细管不能有效地散热，温度升高、介质黏度减小，导致扩散层厚度增大。

　　（2）缓冲溶液pH　调节pH是改变电渗流最方便最有效的方法。由于毛细管内部可解离的硅羟基Si—OH中 H^+ 的解离对缓冲液pH的变化很敏感，在低pH情况下，ξ 降低，电渗流降低；高pH情况下，ξ 升高，电渗流增高。

　　（3）缓冲溶液的成分、离子强度或浓度　缓冲溶液中离子对的不同，导致 ξ 不同，从而影响电渗流速度。增加离子强度或浓度，会导致双电层厚度的减小，ξ 下降，电渗流也下降。但是离子强度太大会产生大电流和引起焦耳热，离子强度过低又会造成样品的吸附，限制样品的堆积效果，而且缓冲溶液的电导与样品的电导不同可能会造成严重的峰形畸变。

　　（4）温度　温度升高，介质黏度下降，电渗流速度增加。温度每变化1℃，介质黏度相应变化2%～3%，借此可以改变电渗流。现代商品化的毛细管电泳仪一般都可以较好地控制温度，所以改变温度有时是较为简便的办法。

　　（5）添加剂和改性剂　在毛细管电泳介质中加入适当物质，如中性盐、有机改性剂、中性亲水高聚物、表面活性剂等，可改变电渗流的速度或改变电渗流的方向。

加入中性盐（如硫酸钾），可使双电层变薄，电渗流速度降低。加入两性离子，可增加溶液的黏度，使电渗流速度下降。

有机改性剂可以调节分离的选择性，因其可以同时对双电层厚度、ξ 和 η 等参数造成影响，例如甲醇和乙腈。但有些有机溶剂有较强的紫外吸收，当使用紫外吸收检测器时可能会影响检测的灵敏度。

中性亲水高聚物可以通过疏水作用吸附于毛细管的表面从而覆盖表面电荷和增加黏度以降低电渗流速度。

表面活性剂可以通过疏水和/或离子相互作用吸附于毛细管表面。阴离子表面活性剂可以增加电渗流，阳离子表面活性剂可以降低电渗流或使之反向。如十二、十四、十六烷基三甲基溴化铵、四甲基氢氧化铵（TMA）、四乙基氢氧化铵（TBA）等均能使电渗流反向。另外，表面活性剂的加入可以大大改变分离的选择性。

（6）共价键合　通过对毛细管内壁的改性（亲水的或带电的）从而减小表面电荷密度。常用的化学衍生试剂包括三甲基氯硅烷等，这种方法由于可能存在共价键的水解，所以稳定性较差。

（7）毛细管材料　不同材料做成的毛细管其电渗流速度不同，因为不同材料表面的电荷特性不同，ξ 不同。在毛细管区带电泳中，石英毛细管使用得最多，也有人使用聚氟乙烯（PVF）、聚氟丙烯（PFP）、聚乙烯（PE）、聚氟碳（PFC）、聚四氟乙烯（PTFE）和聚氯乙烯（PVC）等有机高分子材料制成的毛细管。这些强疏水性材料制成的毛细管内部也带有负电荷，其电渗流也随 pH 的增加而增加，但增加的幅度没有石英毛细管的大。

（8）外加径向电压　在 CZE 中，通过另外一个高压电源在毛细管外壁施加电压，使外壁和相应的毛细管内部之间产生电势，此电势称为外加径向电压。利用外加径向电压的方法，可以在不改变缓冲液的组成、浓度和 pH，也不用化学修饰毛细管内壁的情况下，灵活地改变电渗流的大小。

（9）毛细管处理方法　Lambert 等发现用稀盐酸（pH 2）洗涤石英毛细管后，电渗流速度总是小于用氢氧化钠溶液（pH 12）洗涤石英毛细管后的电渗流速度。Huang 等用多孔凝胶模型对此现象进行了解释，认为石英毛细管用酸洗涤后，在内壁/溶液界面之间形成多孔凝胶层，溶液中的正离子会进入此凝胶层，使 ξ 和电渗流速度减小，而用碱清洗能生成新的石英内壁，使电渗流速度增大。

由于所有影响到毛细管内表面电荷状态的因素都可以导致电渗流的改变，因此通过对这些因素的调节，可以根据需要有效地控制电渗流。

3. 电渗流在毛细管电泳中的重要作用

（1）在多数情况下，电渗流速度比电泳速度快 5～7 倍，因此在毛细管电泳中利用电渗流可将正负离子和中性分子一起朝一个方向（如阴极）产生差速迁移，在一次毛细管电泳中同时完成正负离子的分离与分析。与电渗流同向迁移的组分先到达检测器，其后是中性组分，与电渗流反向迁移的组分后到达检测器。

（2）电渗流呈扁平流型，或称为"塞流"，不会引起样品区带的增宽，区带（谱峰）窄，可以获得比 HPLC 更高的分离度。

四、电泳淌度

由于电泳速度与外加电场强度有关，为了便于比较带电粒子的电泳特性，所以在电泳中常用电泳淌度（μ_{ep}）来描述带电粒子的电泳行为与特性。

电泳淌度是指单位电场强度下带电粒子的平均电泳速度。

$$\mu_{ep} = v_{ep}/E$$

在毛细管电泳体系中，两端施加一定的电压后，毛细管柱内的带电粒子将同时受到电场力和其通过介质时产生的阻滞力的双重作用。带电粒子的电泳淌度（或称迁移率）是由这两种力的平衡决定的。根据物理学基本原理，带电粒子所受到的电场力 F_e 等于电荷 q 与电场强度 E 的乘积。F_e 对正电荷为正值，对负电荷为负值。

$$F_e = q \cdot E$$

电场力促使带电粒子向两极移动，带电粒子在移动过程中，也受到与电场力方向相反的阻滞力 F_d，阻止其移动。阻滞力 F_d 的大小与分子大小、形状、电泳介质孔径大小以及缓冲液黏度等有关，并与带电粒子的移动速度成正比，对于小的球状粒子，F_d 的大小服从斯托克斯（Stokes）定律，即：

$$F_d = 6\pi \eta r v_{ep}$$

式中，η 为溶液的黏度；r 为带电粒子的动力学半径；v_{ep} 为带电粒子的电泳速度。

在电泳过程中，由于阻滞力与带电粒子的移动速度成正比，因此带电粒子所受到的电场力和阻滞力在瞬间即可保持平衡。即 $F_e = F_d$ 或 $q \cdot E = 6\pi \eta r v_{ep}$，则 $v_{ep} = q \cdot E/6\pi \eta r$，代入电泳淌度公式 $\mu_{ep} = v_{ep}/E$，可得到下列电泳淌度公式：

$$\mu_{ep} = q/6\pi \eta r$$

从上式可以看出，电泳淌度 μ_{ep} 与带电粒子所带净电荷 q 成正比，与缓冲液的黏度 η 和分子的大小 r 成反比。具有不同荷质比的粒子将具有不同的电泳淌度，从而在电泳过程中得到分离。

1. 绝对淌度（μ_{ab}）

绝对淌度为无限稀释时单位电场强度下带电粒子的平均迁移速度，是该带电粒子的一种特征物理常数，可在相关的手册中查到。

2. 有效迁移速度

因为实际上不可能在无限稀释而没有其他离子影响下进行工作。有效迁移速度 v_{ef} 是指在毛细管电泳实验中带电粒子实际的迁移速度。

$$v_{ef} = L_d/t_m$$

式中，L_d 为进样端至检测窗口的长度，即毛细管的有效长度；t_m 为带电粒子迁移 L_d 这段距离所需要的时间，称迁移时间或保留时间。

3. 有效淌度

$$\mu_{ef} = (L_d/t_m) \cdot (L_d/E) = (L_d/t_m) \cdot (L_t/V)$$

式中，L_t 为毛细管总长度；V 为毛细管两端施加的电压。

4. 表观迁移速度

$$v_{ap} = v_{ef} + v_{eo}$$

5. 表观淌度

HPCE 中观察到的带电粒子的淌度是带电粒子的电泳淌度 μ_{ep} 和溶液的电渗淌度 μ_{eo} 的加和，定义为表观淌度 μ_{ap}。

$$\mu_{ap} = \mu_{ep} + \mu_{eo}$$

根据以上的讨论，带正电荷的离子的 $\mu_{ep} > 0$，$\mu_{eo} > 0$，故 μ_{ap} 总是为正，离子向阴极移动。而带负电荷的离子受电流的影响被阴极排斥，$\mu_{ep} < 0$。在高 pH 条件下，若 $\mu_{eo} > \mu_{ep}$，

μ_{ap}仍为正，离子仍然可向阴极移动。但在低 pH 条件下，μ_{eo}小，μ_{ap}可为负，离子将向正极移动，因检测器在负极，所以以必须改变电场方向，方可检测到欲分析的离子。

对于实际速度为 u_{net} 的组分，表现淌度可由下式计算：

$$\mu_{ap}=\frac{\mu_{net}}{E}=\frac{L_d/t}{V/L_t}$$

式中 μ_{net}——实际速度；

L_d——从进样口到检测器的实际柱长；

L_t——总柱长；

V——电压；

t——所需的分析时间。

实际测试电渗淌度时可用中性组分，此时 $\mu_{ep}=0$，$\mu_{eo}=\mu_{ap}$，则上式为：

$$\mu_{eo}=\frac{u_{中性}}{E}=\frac{L_d/t}{V/L_t}$$

这样，由于样品各组分间的淌度不同，它们的迁移速度不同，因而经过一定时间后，各组分将按其淌度大小顺序，从毛细管阴极端流入检测器的比色池，依次到达并被检出，得到按时间分布的电泳谱图。用谱峰的迁移时间（t_m），或类似于色谱学的保留时间（t_r）进行定性分析，按其谱峰的高度（h）或峰面积（A）进行定量分析。

6. 分离效率

毛细管电泳的分离效率用理论塔板数 n 来表示，n 值越大，分离效率越高。当两组分达到完全分离时（分离度 $R=1$），根据色谱理论，理论塔板数的表达式如下：

$$n=VL_d/2DL_t(\mu_{ef}+\mu_{eo})$$

式中，D 为溶质的扩散系数。从上述可以看出：毛细管两端施加的电压 V 越高，理论塔板数 n 越多；电渗流速度越快，溶质在柱中停留的时间越短，分离效率越高；溶质的扩散系数小，分离效率高，如蛋白质、DNA 等生物大分子，用毛细管电泳分离，有较高的分离效率。

第三节　高效毛细管电泳技术的分离模式

高效毛细管电泳的分离模式有很多种，较为常用的有毛细管区带电泳（CZE）、胶束电动毛细管色谱（MECC）、毛细管凝胶电泳（CGE）、毛细管等电聚焦（CIEF）、毛细管等速电泳（CITP）、毛细管电色谱（CEC）等。根据化合物的性质不同，可采用不同的毛细管电泳分离方式。在农药分析中，常用的分离模式有毛细管区带电泳（CZE）、胶束电动毛细管色谱（MECC）和毛细管电色谱（CEC）。以下对这些分离模式分别进行介绍。

一、毛细管区带电泳

毛细管区带电泳（CZE）是以具有 pH 缓冲能力的电解质溶液为介质，以散热效率极高的毛细管为分离通道的一种高压区带电泳，是 CE 中最基本、应用最早也最为普遍的一种分离模式。基本原理是根据被分析物的电泳淌度的不同实现分离。在外加电场作用下，具有不同电泳淌度的分离对象将在彼此分开的区带中迁移，而具有相同电泳淌度的分离对象将在同一个区带中共迁移。

毛细管区带电泳除具有一般的电泳迁移外，还受到电渗的影响。电渗流在毛细管电泳分离中起着重要作用。在毛细管区带电泳中（毛细管内壁如果没有进行修饰），正离子迁移的方向与电渗方向一致，负离子迁移的方向与电渗方向相反。因此，正离子在毛细管中的迁移速度加快，负离子在毛细管的迁移速度减慢。多数情况下，电渗的速度比电泳速度快 5～7 倍，故在毛细管中负离子也总是向负极移动。所以在毛细管区带电泳中利用电渗流可将正、负离子和中性分子一起朝一个方向（如阴极方向）产生差速迁移，在一次毛细管区带电泳操作中同时完成正、负离子和中性分子的分离分析。

毛细管区带电泳多用于分离分析离子型或可电离的无机或有机化合物，有一定的局限性。但是可以通过在其缓冲溶液中加入一定的添加剂，如表面活性剂、有机溶剂、两性离子、金属盐、手性试剂、络合剂等成分，通过添加剂与管壁或与样品溶质间的相互作用，改变管壁或溶液相的理化特性，优化分离条件，扩大使用范围，提高选择性和分离度。

分析阳离子时，由于电渗流方向与离子移动的方向一致，不必处理毛细管内壁。电荷差异大的阳离子容易分离。电荷差异小的阳离子，通常在缓冲体系中加入络合剂，使溶质淌度选择性改变。

但在分析阴离子时，电渗流方向通常与离子移动的方向相反，对于电泳速度小于电渗流速度的阴离子，可以直接分离，在阴极检测。对于某些质量小、电荷高的阴离子如 Cl^-、F^- 等，在有些情况下电泳速度大于电渗流速度，使得在阴极无法检测，需要在介质溶液中加入阴离子表面活性剂如烷基铵盐（如十二烷基三甲基溴化铵）等处理毛细管内壁，以使电渗流反向，在阳极检测，而此时阳离子由于迁移方向相反，不会干扰阴离子的检测。

对于蛋白质、肽、核酸（DNA、RNA）等生物大分子，由于扩散系数小，用 CZE 可以获得很高的分离效率。

二、胶束电动毛细管色谱

由于毛细管区带电泳只能分离自由溶液里的带电物质，所以在实际应用中受到限制。1984 年，Terabe 使用含表面活性剂的背景电解质，实现了中性化合物的电泳分离。胶束电动毛细管色谱（MECC）将电泳技术与色谱技术结合，把电泳分离的对象从离子化合物扩展到中性化合物，是电泳分离模式的一大创举，并使得 MECC 成为毛细管电泳最重要的分离模式之一。

MECC 的分离原理是：在电泳缓冲液中加入一些离子型表面活性剂（如十二烷基磺酸钠，SDS），表面活性剂分子的一端具亲水性，另一端具疏水性，当其在溶液中的浓度大于临界胶束浓度（CMC）时，亲水性一端朝外，而疏水性一端朝内，其分子之间的疏水基团聚集在一起形成一疏水内核、外部是带负电的胶束（假固定相），溶质在水相（导电的水溶液）和胶束相（带电的离子胶束）之间进行分配。虽然胶束带负电，但一般情况下电渗流的速度仍大于胶束的迁移速度，故胶束将以较低速度向阴极移动。由于中性物质的亲水性和疏水性能各不相同，在胶束和水相间的分配行为就存在差异，疏水性强的中性分子在胶束中分配多，而亲水性强的中性分子在缓冲溶液中分配相对较多。在胶束中分配越多的分析物，在毛细管内的保留性就越强。中性粒子因其本身疏水性不同，在两相间分配就有差异，疏水性强的和胶束结合牢，流出时间就长，最终按中性粒子疏水性不同得以分离。因此，亲水性和疏水性不同的中性化合物，由于其在胶束和缓冲溶液两相中的分配情况不同而得到分离。这就是胶束电动毛细管电泳的分离机理。胶束电动毛细管色谱实质上是一个将分配和电动移动相结合的分离过程。

表面活性剂按照在水中亲水基是否电离可分为离子型和非离子型两大类，其中离子型又分为阴离子型表面活性剂、阳离子型表面活性剂和两性离子型表面活性剂 3 种。此外，还有近年来发展起来的既有离子型亲水基又有非离子型亲水基的混合型表面活性剂。胶束电动毛细管色谱中最常用的表面活性剂有阴离子型的十二烷基磺酸钠（SDS）、STS 和阳离子型的十六烷基三甲基溴化胺（CTAB）等，以 SDS 使用得最多。

CZE 是基于溶质的淌度差异进行分离的，而 MECC 则是基于溶质在胶束相和水相中的不同分配行为进行分离的。其突出优点是除能分离离子化合物外，还能分离不带电荷的中性化合物，而 CZE 仅能分离离子化合物。对含有离子和中性化合物的混合样品，以及电泳淌度相同的溶质的分离，MECC 要明显优于 CZE。此外，MECC 还可通过改变流动相和胶束相组成来增加分离选择性，非常适合于手性化合物的分离。但是，MECC 对样品的分子大小有一定的局限性，仅适用于分离分子量小于 5000 的样品，而 CZE 则无此限制。

三、毛细管凝胶电泳

毛细管凝胶电泳（CGE）是用凝胶在毛细管中作为支持物进行的区带电泳。由于核酸和蛋白质等生物大分子的荷质比与分子大小相关性小，在自由溶液中，其淌度几乎没有差异，所以以自由溶液为介质的毛细管电泳很难区分这些大分子。凝胶是一种固态的分散体系，具有多孔性，具有类似分子筛的作用。毛细管凝胶电泳利用凝胶对不同大小分子的筛分作用，当被分离物在通过毛细管内的凝胶时，大分子遇到的阻力大，在毛细管内迁移速度相对较慢。小分子物质遇到的阻力小，在毛细管内迁移相对较快。结果分子体积小先流出，分子体积大的后流出，因此，可根据分子大小不同在毛细管内得到分离。

相对于自由溶液的区带电泳来说，毛细管凝胶电泳具有抗对流、减少溶质扩散、降低电渗、避免管壁吸附及主动参与分离过程等优点，从而使谱峰尖锐，柱效提高，可达每米几百万甚至几千万理论塔板数的高分辨率。毛细管凝胶电泳常用的支持介质有聚丙烯酰胺、琼脂糖和 HydroLink™凝胶等，其中聚丙烯酰胺毛细管凝胶电泳最为常用，其优点是凝胶的机械强度较好，柱效和柱容量都较大，无论是分子量较大的蛋白质，还是小分子的核酸片段，都可以在聚丙烯酰胺凝胶电泳上得到很好的分离。但凝胶毛细管制备困难，制胶和装柱过程繁琐，柱保存条件苛刻，使用寿命短，且常用的聚丙烯酰胺毒性较大。为了克服 CGE 上述缺点，人们利用水溶性聚合物如聚乙烯醇、甲基纤维素、葡聚糖、线性聚合丙烯酰胺等代替传统的聚丙烯酰胺凝胶。CGE 主要应用于蛋白质和 DNA、RNA 及其片段的分离、纯度鉴定及分子量的测定，在临床医学方面也有较多的应用。

四、毛细管等电聚焦

毛细管等电聚焦（CIEF）是将传统的等电聚焦过程移到毛细管内进行，其基本原理是基于蛋白质和多肽等生物样品具有不同的等电点（pI）而实现分离的。

毛细管等电聚焦的分离过程包括进样、聚焦和迁移 3 个基本步骤。首先在毛细管内引入载体两性电解质和样品，并在两端加上直流电压。在强电场作用下，两性电解质在分离介质中作定向迁移，在毛细管内形成从阳极到阴极逐渐增高的 pH 梯度。样品中各种具有不同等电点的多肽和蛋白质等生物样品就会按照这一梯度迁移到与其各自的 pI 值相等的 pH 位置并逐渐聚集，由此各自分别产生一条非常窄的聚焦区带，从而使具有不同等电点的蛋白质样品聚焦在不同的位置上后，形成明显的区带。最后，改变检测器端贮液瓶中的 pH，使聚焦的蛋白质依次通过检测器而得以确认。

毛细管等电聚焦中所使用的载体两性电解质一般为四乙烯四胺和四乙烯五胺等胺类化合物及丙烯酸等 α、β-不饱和羧酸随机聚合而制得的混合物，其中包含有数以千计的不同等电点的化合物，足以满足毛细管等电聚焦分析的需要。为得到更加连续而均匀的 pH 梯度，可以进一步选择使用混合的载体两性电解质。

1985 年，Hjerten 和 Zhu 等首次报道了在毛细管内进行的等电聚焦。此后，CIEF 技术不断得到新的发展，它不仅具有传统的平板等电聚焦分析的长处，而且还具有快速、高效、简便、易于自动化、选择性好、峰容量大、耗费样品量少和定量准确等优点，在蛋白质、多肽等两性物质的分离和等电点测定中起到重要的作用，可达到能分辨等电点仅相差 0.01 pH 的高分辨率水平。

五、毛细管等速电泳

毛细管等速电泳（CITP）是毛细管电泳的另一种重要的分离模式，类似于传统的等速电泳，样品的分离主要基于其独特的电解质系统。等速电泳的缓冲系统由前后两种淌度不同的电解质组成，样品组分与电解质一起向前移动的同时得到聚焦分离。

等速电泳的电解质系统采用前导电解质和终末电解质。在毛细管等速电泳的分离过程中，毛细管内首先导入前导电解质，然后进样，进样后再导入终末电解质。前导电解质比待测各组分具有相对较高的电泳淌度，而终末电解质则具有相对较低的电泳淌度，进样后在强电场的作用下，样品区带便夹在前导电解质和终末电解质区带中间迁移。电泳达到稳定状态后，各区带在毛细管内按有效淌度的大小顺序以相同的速率迁移，从而使样品各组分按其淌度不同在两种电解质之间得到聚焦分离。

毛细管等速电泳可在溶液或凝胶中进行，各电泳区带的电位、温度、pH、迁移率等参数按顺序依次递增或递减，对样品区带的紫外吸收、温度和电导率等参量进行直接采集或求导，便得到特色的毛细管等速电泳图。常用于分离离子型物质，也用于微制备，也可作为 CZE 的一种预浓缩方法。

与 CIEF 一样，CITP 在毛细管中的电渗流为零，选择处理或未处理硅胶毛细管均可。电渗流可用 0.25% 羟脯氨酰甲基纤维素抑制。前导电解质为 0.005mol/L 磷酸，终末电解质为缬氨酸。在分离开始时，电流会由于高淌度的电解质完全充满毛细管而迅速增大，进入分离过程时，电流会随着低淌度的电解质进入毛细管而下降。

六、毛细管电色谱

毛细管电色谱（CEC）是将 HPLC 中的固定相微粒填充到毛细管中（或涂渍到管壁），以样品与固定相之间的相互作用为分离机制，以电渗流为流动相驱动力的色谱过程。CEC 结合了毛细管电泳的高柱效和高效液相色谱的高选择性，成为 CE 领域研究的热点之一。因此，CEC 是以电渗流（或电渗流结合高压输液泵）为流动相驱动力的微柱色谱分析方法。

CEC 的分离机理包含有电泳迁移和色谱固定相的保留机理。一般而言，溶质与固定相间的相互作用对分离起主导作用。所用色谱柱为填充了 HPLC 填料的填充型毛细管柱或管内壁涂渍了固定相功能分子的开管毛细管柱。CEC 还处在发展阶段，目前主要应用在药物、手性化合物和多环芳烃的分离分析。另外 CEC 与质谱联用既可解决 LC/MS 的分离效率不高的问题，又可克服 CE/MS 中质量流量太小的缺陷。

除以上六种分离模式外，毛细管亲和电泳、毛细管免疫电泳也有较好的发展趋势。

第四节　高效毛细管电泳仪的基本结构

高效毛细管电泳（HPCE）仪的基本装置包括直流高压电源、毛细管、检测器和两个供毛细管两端插入而又可和电源相连的缓冲液贮瓶，如图 10-3 所示，充满缓冲液的毛细管，两端分别浸入盛有缓冲液的储液瓶中，之后通以 30kV 的电压，整个带电管路置于一个安全保护盒内以防高压危险，打开有机玻璃盒时即自动切断电源。待测组分从毛细管的一端引入，在电场作用下，由于离子迁移速度有差别，而在整个毛细管内形成不同的样品区带，在毛细管的另一端放置检测器，以便连续地检测流过的每一个组分带，分析信号通过检测器接收后，经放大再输入计算机系统进行数据处理与储存。

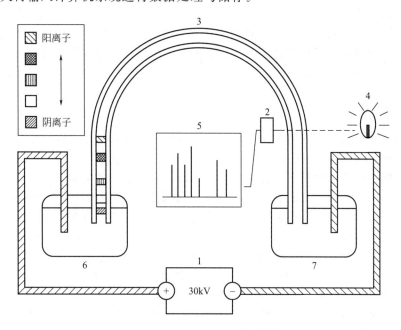

图 10-3　毛细管电泳示意图

1—高压电源；2—光电倍增管；3—温控毛细管；4—光源；5—数据采集；6—缓冲液或样品；7—缓冲液

一、进样技术

在早期的毛细管电泳分析中，常用微量注射器将样品直接注入毛细管内的方法进样，但这种方法一般只能用于内径在 $100\mu m$ 以上的毛细管电泳分析中，而且还可能带来较大的死体积并易引起试液的泄漏。

由于毛细管内径很小，为保证毛细管电泳的分离效率和分析速度，进样必须满足两个首要条件：进样量必须足够小以避免样品过载，进样引起的谱带展宽要尽可能小。进样量的大小直接影响毛细管电泳的柱效和分离效果。如果进样量过大，将使样品引起谱带展宽，从而导致峰形畸变现象；进样量过小，将导致电泳分析的灵敏度不够和重现性不好。所以在现代毛细管电泳分析中，常用电迁移进样和流体动力学进样等直接从柱头进样的方式。

（1）电迁移进样　又称为电动力学进样、电动进样或预电泳进样。此种进样方法是通过施加一短时电压，使样品在电渗流和电迁移的共同作用下进入毛细管。进样量可通过进样电压和进样时间来控制。毛细管电迁移的进样量和淌度有关，样品中淌度较大的组分，通过电迁移进入毛细管的量较多，反之则较少，此即毛细管电泳电迁移进样中的歧视效应。电迁移进样不需要引入额外的装置，操作方便，而且电迁移进样还可用于组分的痕量富集。

（2）流体动力学进样　包括三种方式：虹吸进样、进样端正压进样和出样端负压进样。虹吸进样是通过提高毛细管进样端缓冲溶液液面相对高度而实现的。流体力学进样的进样量与毛细管截面的压差、样品的浓度、进样时间以及毛细管内径的四次方成正比，与黏度和毛细管长度成反比，而与样品组分的淌度无关。所以，流体动力学进样不存在进样的歧视效应。

无论是电迁移进样还是流体动力学进样，在毛细管电泳进样时，均需要注意一些操作细节，如进样要迅速，应尽量使毛细管进样端不要和电极接触，保持恒温操作，防止缓冲液和样品溶液的挥发，尽可能保证缓冲溶液的缓冲容量，随时注意进样前后毛细管进样和出样两端缓冲液的液面高度一致等。

一般认为，与电迁移进样相比，流体动力学进样具有相对较好的进样重现性。但在实际电泳操作中，常需根据分析对象的性质，综合考虑影响进样的各种因素选择进样方式和进样条件，以达到更好的分离效果。

二、检测技术

毛细管电泳技术的广泛应用与深入发展所面临的主要挑战是高灵敏度与多模式检测器的发展。几十年来，为了适应 CE 微体积在柱检测的需要，在检测方法和检测器方面进行了大量的和卓有成效的研究，发展了多种类型的检测器，有光学、电化学、质谱检测器等。在众多 CE 检测器中，紫外-可见光检测器已趋成熟，是最普遍使用的一种检测器。在农药分析中，由于多数农药分子都具有较强的紫外可见吸收，所以使用得最多。

由于毛细管内的样品谱带体积很小，仅为数纳升水平，柱后检测容易出现谱带展宽和灵敏度较低等问题，因此毛细管电泳的检测一般在柱上进行。

按性质区分，毛细管电泳的检测器主要有通用型和选择型两种。前者如示差折光检测器，连续测定流出物的折射率，其响应是基于分析物和缓冲溶液折射率的差异。该检测器虽具有普适性，但灵敏度较低，且受温度影响较大。而选择型检测器，如电化学检测器、荧光以及紫外-可见光检测器等。由于选择型检测器只是选择性地对分析物的电学或光学性质有响应，而对缓冲溶液则基本没有响应，因此与通用型检测器相比其灵敏度较高。

1. 紫外-可见光检测器

紫外-可见光检测器法是 HPCE 分离的一种常规检测方法。自 1981 年 Yang 设计出第一个在柱 UV 吸光检测器后，许多人将 HPLC 中的紫外-可见光检测器进行了改造，并根据 CE 本身的特点进行了检测器的设计。紫外-可见光检测器通用性较好，结构简单，目前商品化的紫外-可见光检测器已经具有了较好的性能，因而成为目前应用最广泛的 CE 检测器，其系统构成如下：

光源：紫外-可见光检测器采用汞灯（150～380nm）、钨灯（380～800nm）或氙灯（190～600nm）作光源，用单色器或滤光片选择波长。除了可以进行固定单波长检测外，还可以进行多波长检测或多波长快速扫描（190～800nm）。

光路系统：为了避免谱带展宽，CE 采用在柱检测。检测器性能与许多因素有关，如毛细管内、外径尺寸，介质折射指数（RI）以及光入射狭缝和聚焦透镜至检测池的距离等。如在毛细管前加球面镜聚焦，灵敏度可以提高 10 倍，对峰宽影响小，因而多数商品化的紫外检测器采用球面镜聚焦。球面镜材料为蓝宝石，可将光束聚焦到 0.2nL 的小体积，它的 RI 为 1.91，在 200nm 有 66％的透射比。

信号接收和处理系统：通常采用光电倍增管（PMT）或光电二极管（PD）作单道或快扫描检测器，也可用光二极管阵列（photodiode array）检测器作多道检测。多道检测时，复合波长的光束通过毛细管后由光栅多色仪分光，成像在阵列检测器上。用光二极管阵列检测器可进行在柱实时光谱分析，在对化合物鉴定和峰纯度的确认上，在选择性和分辨率方面比一般紫外检测器好。

紫外-可见光检测器的检测方法简单，由于多数有机化合物和生物分子在紫外-可见区都有光谱吸收，因此这种检测器已接近通用型检测器。但是，毛细管的短光程严重限制了它的检测灵敏度，一般浓度检测限为 $1\times10^{-6}\sim1\times10^{-5}$ mol/L。

2. 激光诱导荧光检测器

激光诱导荧光检测器是利用某些分子在激光下能自发荧光的性质，进行柱上直接荧光检测。Yeung 和 Chang 报道了用 284nm 倍频氩激光器为激发手段，检测了色氨酸的自发荧光，检测限为 1×10^{-10} mol/L。Nie 等则用倍频氩离子激光器作为激发手段，检测了多环芳烃自发荧光，检测限为 6×10^{-11} mol/L。1985 年，Zare 等首次使用 325nm 的氦镉激光器和光导纤维，成功地检测了丹酰化的氨基酸，检测限约为 0.1μmol/L。激光诱导荧光检测器是目前毛细管电泳分析中最为灵敏的检测器，其浓度检测限可达 1×10^{-13} mol/L 以下，甚至可以做到单分子检测。

虽然直接的柱上激光诱导自发荧光检测使用较为方便，但是大多数物质不具有自发荧光效应，或者自发荧光的量子产量很低，因此需要借助衍生或标记技术，对不发荧光的样品进行荧光标记，即利用一种或几种试剂（它本身不发荧光）与待测组分作用，使待测组分转变为能发荧光的衍生物，提高检测灵敏度。衍生化过程可以在柱前或柱后进行，柱前衍生是在分离进样前将样品进行荧光标记，柱后衍生是在分离完成后再在特殊设计的衍生反应器中完成衍生反应并检测。从分离的角度看，化合物的柱前衍生是简单的，尤其适用于氨基酸、小分子肽和糖，但是衍生化步骤常常需要经过复杂的化学反应过程，操作也相对比较耗时。因此，多数情况下采用柱后衍生激光诱导荧光检测。Dovichi 和他的同事们首先采用了柱后激光诱导荧光检测装置，在毛细管柱后接上一石英质 200μm 中空立方柱形透明鞘流管，然后选择折射率和缓冲溶液相匹配的鞘液，类似流式细胞术，用鞘流约束样品流以达到水力聚焦的目的。激光在毛细管端口下方 30μm 处，通过显微镜的物镜并透过 1mm 厚的石英鞘流管检测窗聚焦到样品流上，经过带通干涉滤镜后，用光电倍增管在与入射激光和毛细管均垂直的方向检测荧光信号。这样就可以避免荧光背景偏高以及毛细管散射等问题。

类似间接紫外吸收检测法，间接激光诱导荧光法是采用可被激发出相对较强荧光信号的背景电解质溶液间接地检测无荧光活性的分析物的方法。由于背景噪声水平比较高，所以间接激光诱导荧光的检测灵敏度远较直接法低，其浓度检测限一般在 $1\times10^{-7}\sim1\times10^{-5}$ mol/L 水平，因此在 HPCE 中应用相对较少。

3. 化学发光检测器

化学发光（chemiluminescence，CL）检测器可对具有化学发光特性的物质进行直接检测或对用化学发光物质（如鲁米诺）标记的目标分析物进行检测。化学发光检测器具有结构简单、灵敏度高（比 UV 检测器的检测限低 2～4 个数量级）、线性范围较宽，可在水相中进行分离和检测的特点。但大多数农药都不具备化学发光特性，需要用化学发光物质进行衍生和标记，增加了样品前处理的步骤，这一点与激光诱导荧光检测器类似。

4. 示差折光检测器

示差折光检测器是利用溶质光折射率的不同来进行检测的一种通用型、非破坏性检测器，其应用领域很广泛。检测时不需要对样品进行衍生化处理，柱前准备工作大大简化。但由于毛细管光程短，检测灵敏度较低，且由于温度对折射率的影响很大，示差折光检测器一般不适用于具有高灵敏度和选择性分析需求的场合。近年利用激光和光纤技术开发的新一代毛细管电泳示差折光检测器，基于后向散射微干涉检测技术的现代示差折光检测器，比传统示差折光检测器灵敏度提高了数倍，在检测碳水化合物、有机染料和咖啡因等样品的应用中，质量检测限可达到 pg 级。

5. 电化学检测法

根据检测方式的不同，毛细管电泳电化学检测法可分为三类：电位、电导和安培检测。

电位检测法是利用离子选择性微电极，当待测离子从样品流进检测器的疏水膜相时，在电极内外会产生电位差，利用能斯特方程即可得到待测离子浓度。优点是响应速度快、波形畸变小。缺点是微电极寿命有限，经常需要校准。

电导检测法是在与电解质溶液基础的两个电极之间加一电压（直流或交流电），通过记录待测离子通过电极间电导率的变化来检测其浓度。电导检测在毛细管电泳分析中是最常用的一种电化学检测方法。

安培检测法是通过检测直流电极表面发生氧化还原反应而导致电流的变化，来测定样品的浓度。由于反应的中间产物很容易在碳电极表面吸附，从而降低电极的性能，经过改进，使用脉冲安培检测法（pulsed amperometric detection，PAD）可部分解决此问题。

尽管电化学检测已在毛细管电泳分析中得到了广泛应用，但是由于电极存在制备、处理、安装等问题，分析结果的重现性不是十分理想，在毛细管电泳电化学检测技术方面还有很多工作有待于进一步探索。

6. 质谱检测

由于毛细管电泳具有很高的分离效率，而质谱具有很好的定性分析能力，把质谱检测技术和毛细管电泳分离技术联用，可以最大限度地发挥两者的优势。随着 GC-MS 和 HPLC-MS 技术的发展，1987 年，Olivares 等首次报道了毛细管电泳与质谱的联用技术。近 20 年来，随着毛细管电泳质谱联用接口技术和质谱检测技术的快速发展，HPCE-MS 联用技术也越来越为广大的化学工作者所青睐。目前，毛细管电泳的大多数模式都已经实现了同质谱检测技术的联用，尤以毛细管区带电泳和质谱联用居多。

质谱可分为磁质谱、四极杆、离子阱、飞行时间（TOF）和傅立叶变换离子回旋共振（FTICT）等类型。在毛细管电泳-质谱联用中，使用较多的还是四极杆和离子阱质谱。质谱离子源使用的离子化技术主要有连续流快原子轰击（continuous-flow FAB，CF-FAB）、离子喷雾（ionspray，ISP）、电喷雾电离（electrospray ionization，ESI）、大气压化学电离（atmospheric pressure chemical ionization，APCI）、基质辅助激光解吸电离（matrix assisted laser desorption ionization，MALDI）和等离子体解吸离子化（plasma desorption ionization，PDI）技术等。电喷雾电离离子源的电离效率高，且能在毛细管内形成稳定的气态离子，是目前毛细管电泳与质谱联用分析的首选离子源。

CE 与 MS 联用，接口系统是其"心脏"。既要保持 CE 的高效性，又要满足 MS 仪器的要求，通常需优化样品的离子化技术和 CE/MS 接口的设计。用于 CE/MS 联用的离子化技术仅有快原子轰击（FAB）和常压离子化（API，其中又可分为电喷雾 ESI 和离子喷雾 ISP）两种，接口设计有同轴接口和液体连接接口，最常用的是同轴连续流快原子轰击接口和电喷雾电离接口。

7. 其他检测方法

除以上介绍的一些检测方法，还有核磁共振与毛细管电泳联用技术，在高检测灵敏度下，该方法还能获得样品的结构信息。核素标记检测法有着极高的检测灵敏度，但由于核素具有放射性，安全性差，目前已极少采用。光热折射检测是利用待检样品在激光光束激发下，通过热扰产生光折射率变化，这种变化与光程无关，光波长单一，故无背景干扰，因此其灵敏度较高，可达到 $1\times10^{-8}\sim1\times10^{-7}\,mol/L$。但对样品适用性差，成本高昂，应用范围较窄。

第五节 高效毛细管电泳在农药分析中的应用与展望

大部分农药分子属于小分子、离子或可离子化的化合物，适宜采用 CZE 或 MECC 等模式来进行分离。同时许多农药分子具有紫外吸收，可以采用通用的紫外或二极管阵列检测器检测，在对灵敏度要求较高时（如用于残留量分析）可使用荧光、化学发光、激光诱导荧光甚至质谱检测器来检测，起到定性、定量、对映体分离、代谢物的定性、定量等目的。HPCE 在农药分离分析（包括农药有效成分分析、残留及代谢分析和手性农药分离分析）中的应用研究已有较多报道，其在农药分析中有关的样品预浓缩或在柱浓缩技术等方面也有一定的发展，以下分别加以介绍。

一、高效毛细管电泳在农药分析中的应用

在常规农药分析中，使用最多的是 GC 和 HPLC 色谱分离分析技术。高效毛细管电泳（HPCE）最初在农药分析中的应用主要是针对常规气相色谱和液相色谱难以分离的离子型化合物。随着 HPCE 的发展，已逐渐应用于中性农药小分子以及手性农药对映体等的分离分析，相关的研究和报道也越来越多。

1. HPCE 用于农药有效成分及杂质分析

HPCE 的定量分析过程与 HPLC 类似，是根据已知含量的农药标准品配制的标准溶液，与待测样品中的有效成分的响应信号（峰面积或峰高）之间的线性关系，来计算待测样品中相应农药的含量。在定量分析中，通常采用 UV 检测器，响应信号的线性相关性达 1×10^3。

一些离子型或可离子化的除草剂，如百草枯、敌草快、草甘膦等，均可使用 CZE 方式测定有效成分含量。Tanaka 等报道了敌草快在 50mmol 醋酸铵缓冲体系中进行电泳，用 UV 检测器检测，得到很好分离。苏大水等采用 MECC 法，在硼酸盐缓冲溶液中加入 SDS，在 UV 260nm 波长下检测二氯喹啉酸，也得到很好的分离效果。Carneiro 等还采用 HPCE 分析了草甘膦、敌草快、抗蚜威、氯氟氰菊酯等农药产品有效成分的含量，并对百草枯、草甘膦、敌草快、抗蚜威等产品中的杂质进行了分离和测定。百草枯产品中测得杂质峰 6 个，且分离度很高，分析时间仅 7min。抗蚜威产品中测得 5 个杂质峰，分析时间为 25min。杂质含量的测定结果与 HPLC 基本一致，但分离效果更好，所需分析时间短。他们还采用 HPCE 对除草剂 36%百草枯水剂分析方法的精密度进行了深入研究，选用内标法测得方法的线性相关系数 $r = 0.9997$，标准偏差 $S = 0.23$，变异系数 RSD $= 0.62\%$。从测得的数据看，HPCE 的精密度与 HPLC（RSD 一般为 $0.5\% \sim 1.0\%$）基本一致。但采用外标法，HPCE 的精密度比 HPLC 差，原因是 HPCE 的进样量少（通常为 10nL，是 HPLC 的 1×10^{-3} 倍），即进样的重复性差。因此采用 HPCE 法时最好采用内标法定量，以提高测定方法的精密度。

邓永智等采用 MECC 法研究了对硫磷和甲基对硫磷的分离分析方法，采用 5mmol 硼砂（pH 9.0）和 50mmol SDS 作为电泳缓冲液，检测波长 265nm。实验考察了甲醇、乙醇、异丙醇和乙腈对迁移时间的影响。结果表明，对于对硫磷和甲基对硫磷的分离，加入 30%的甲醇将使分离效果有很大改善。Chien 等用 HPCE 分析了抑霉唑、草甘膦、2,4-滴、莠去津、敌草隆、敌稗、多菌灵、戊唑醇等农药产品中有效成分的含量，并分别用 GC、HPLC（内标法）、HPLC（外标法）、HPCE（内标法）对同一抑霉唑样品进行精密度测定，四种

方法的变异系数分别为 0.04％、0.28％、0.87％、0.33％，都小于 1％。

2. 手性农药分离

与 HPLC 和 GC 法相比，HPCE 在手性分离中有显著优势。HPCE 的分析速度快，分离效率高、分离条件宽、使用成本低、溶剂样品消耗少、分析方法灵活易建立以及迁移顺序可逆转。具体见第十一章手性农药异构体的分离分析相关内容。

尽管毛细管电迁移技术不是农药手性分析最常用的技术，但它们具有巨大的发展机会，特别是在在线预浓缩和非水毛细管电泳方面。今后农药手性分析的研究可能集中在两个主要方向，即低水溶性手性农药的研究和提高痕量分析方法的灵敏度。

3. 残留及代谢物分析

在农药残留分析中应用较多的是 CZE 和 MECC。

Fanali 等用 MECC 测定了河水样品中的莠去津和西玛津。采用传统的 LLE 进行样品前处理，并使用不同的电解质体系对 CE 分离条件进行了优化选择，采用内标法定量。实验结果表明，由于这些三氮苯类除草剂均为中性化合物，pH 对它们在体系中的容量因子影响不大，pH 8 为最适条件。该方法对莠去津和西玛津的回收率在 80％～117％ 之间，检出限分别为 $0.38\mu g/kg$ 和 $0.35\mu g/kg$，在 10min 内，莠去津、西玛津及内标物完全分离。Wigfield 等用 HPCE 法测定了马铃薯中百草枯和敌草快的残留量。由于百草枯和敌草快是离子型化合物，可直接用 CZE 法测定。采用硅胶小柱净化，在 UV 200nm 波长下检测，内标法定量。方法平均回收率大于 70％，对百草枯和敌草快分析的变异系数分别为 9.8％ 和 10.6％，检测限均为 0.01mg/kg。穆乃强等将 HPCE 法运用于出口食品和畜产品检测分析中。他们将样品经过简单的微孔过滤或微型柱净化后，直接用于 HPCE 分析。他们对饮料、果汁、盐腌菜、酱油中的防腐剂苯甲酸和山梨酸以及皮革中的防腐剂五氯苯酚（PCP）含量进行测定，均取得了较好的实验效果。将 HPCE 法应用于样品中农药和防腐剂残留量的分析，大大简化了样品前处理操作。但实验的结果表明，该方法的检出限仅为 0.1mg/kg 水平，而农畜产品及食品中的有害物的残留量大部分在 0.005～0.1mg/kg 范围内，检测灵敏度有待提高。

HPCE 与电喷射 MS 联机检测技术已有了很多的发展和应用。Grorca 等报道了使用 35cm 熔融石英毛细管，用与 HPCE 有电喷射接口的在线 MS 检测器，分离和测定了 8 种磺酰脲类除草剂。虽然得到了很好的分离，但其检测限约为 400mg/L，远高于一般样品中的残留量。Dinelli 等用 MECC 法分离了水中的苯磺隆、氯磺隆、甲磺隆、百草枯、西玛津、莠去津、利谷隆、特丁津、甲草胺、异丙甲草胺、氟乐灵共 11 种除草剂，其浓度水平均在 1～2mg/L。分离采用 30mmol 硼酸钠-30mmol SDS（pH 8.0）作为缓冲溶液，紫外检测波长 214nm。由于 HPCE 的高柱效和高分辨率，可以在较短的时间内将化学性质迥异的化合物分开，如图 10-4 所示，这一优点是其他分离手段所不能及的。

在农药残留分析中，虽然 HPCE 有许多优点，但也有很多的局限性。由于 HPCE 很低的样品负载量和 UV 检测器检测灵敏度的限制，使得测定方法对样品的最低检测浓度较高（约在 mg/L 级），这对于残留量分析来说，仍需要 1000～5000 倍的样品预浓缩，需要采用预浓缩技术来提高其检测灵敏度。

二、新技术应用与展望

HPCE 在许多研究领域已成为一种有力的分析工具，但它仍具有很多局限性。尤其是检测的灵敏度，制约了它在环境基质中进行残留量分析的应用。这也说明了发展 HPCE 进样分析前的样品制备、净化和浓缩等技术的必要性。最新发展起来的进样前的样品浓缩方

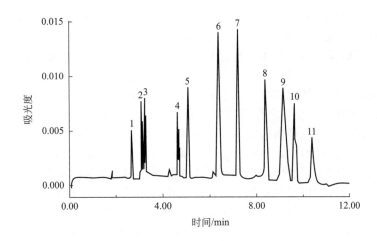

图 10-4　水中 11 种除草剂的 MECC 分离谱图

1—苯磺隆；2—氯磺隆；3—甲磺隆；4—百草枯；5—西玛津；6—莠去津；7—利谷隆；
8—特丁津；9—甲草胺；10—异丙甲草胺；11—氟乐灵

法，主要有在线 SPE-CE、ITP-CZE 联用、样品堆积和场放大浓缩技术及吹扫技术，是将样品浓缩/富集与 HPCE 分离分析集于一体的在线方法。另一个发展领域就是中性或带电粒子的非水电泳分离，这在 HPCE 与 MS 联用时有许多优点。

1. 在线预富集技术

（1）在线 SPE　Cai 等在 1992 年首先报道了采用 C_{18} 毛细管对三氮苯类除草剂进行 HPCE 在线预浓缩。后来市场上推出了在毛细管进样端有 C_8 填充物的浓缩毛细管，已被用于药物的分析。在环境分析中，在线 SPE 将会作为快速富集/分离手段得到广阔的应用。采用这种方法，一些基质的影响也可被减少（在线净化），LOD 会得以改善（在线浓缩或富集）。Hinsmann 等采用 MECC 法测定了非草隆、西玛津、莠去津、甲萘威、莠灭净、扑草净和去草净 7 种农药。他们采用在线 C_{18} 固相萃取小柱进行预浓缩，使添加浓度平均提高了 12 倍，LOD 达到了 $50\mu g/L$，分析时间不到 13min。

（2）ITP-CZE 耦合进样　等速电泳（ITP）是基于离子淌度差异的一种电泳模式，样品区带夹在前导和尾随电解质之间，按其淌度大小连续排列，建立一种稳态迁移模式。在 ITP 中，低浓度样品组分将遵循 Kohlrausch 调整函数，使其浓度适应前导离子浓度水平，产生浓缩效应。由此可见，ITP 对痕量样品是一种浓缩技术，而对样品中的基体成分又是一种稀释技术。不少人曾将 ITP 与 CZE 耦合，用于 CZE 预浓缩进样，浓缩因子可达 100～1000 倍。

（3）在线样品堆积、场放大浓缩或场放大进样　在 HPCE 中，场放大进样（FAI）适用于电动进样，而场放大浓缩（FAC）或样品堆积（sample stacking）适用于流体力学进样方式，但它们的基本原理是相同的，都是基于离子的电泳速度与电场强度之间的线性关系。当样品溶解在与操作缓冲溶液成分相同的稀缓冲溶液或纯水中时，样品溶液的电场会比毛细管中背景电解质的电场强得多，样品带中的离子将会以更快的速度迁移至区带前沿，直到进入到电场强度较低的高浓度缓冲溶液区域，迁移速度才会变慢。于是导致在两种溶液界面的样品堆积，形成一个明显的样品浓缩带。场放大技术是通过反转极性进行样品堆积，排除一部分溶解样品的溶剂，富集结束后反转电压极性开始分析，从而使样品浓度得到提高，从而提高分析的灵敏度。Farran 等采用 HPLC 和 MECC 两种方法对两组农药混合物进行了分离。第一组化合物为两种苯氧羧酸类、一种苯基脲类和三种三氮苯类。第二组为四种有机磷类和一种氨基甲酸酯类。两种方法均可得到很好的分离，但都存在检测灵敏度低的问题。采用离线 SPE 的方法使样品浓缩后，单个农药的检测水平可达到 $\mu g/kg$ 级。采用场放大进样的 MECC 法，可使离子化合物的灵敏度提高 200 倍。

（4）电动色谱的样品吹扫技术　样品吹扫技术（sample sweeping）是使带电粒子的样品堆积技术向中性分子的延伸。因为中性分子不受电场的影响，MECC 中发展了中性分子的在线浓缩方法，即样品堆积和样品吹扫技术。在 MECC 中，由于一种带电的胶体电解质（也称假固定相）的存在，使与之作用的中性分子具有一定的"有效电泳淌度"。样品可以随着假固定相在高低电场区域界面的富集而形成浓缩的样品带，从而使样品浓度提高，起到样品堆积的效果。在吹扫技术中，制备样品用的基体溶液与背景溶液的导电性基本相同，但样品溶液中不加入假固定相。这样，当带有电荷的假固定相在电场的作用下通过（扫过）样品溶液区带时，就会捕集和积累溶质分子，从而使中性溶质分子得到浓缩/富集。理论上对于那些与假固定相有很好的亲和力的化合物，吹扫技术可使其浓度检测灵敏度得到极大的改善。已有报道，采用这一方法可使 MECC 中的待测物浓度提高 5000 倍。仅仅使用这一在线浓缩技术，使添加了 2,4,5-涕丙酸的湖水中检测到的异构体浓度可低达 $10\mu g/L$。

2. 非水毛细管电泳

MECC 常用于农药的分析，但是分离体系要求被分析物在水中具有足够的溶解度。对在水溶液中溶解度很小的化合物，调整分离条件的实验参数有一定的局限性，而且通常它们在毛细管管壁上的吸附也非常明显。当 HPCE 与电喷射 MS 联用时，由于添加的表面活性剂的不挥发性，会导致电喷射效率的降低和离子源的污染。为了避免这些问题，以有机溶剂替代水介质被引入到毛细管电泳中，这就是非水毛细管电泳（NACE）。Krynitsky 等在醋酸盐缓冲溶液体系中加入乙腈，成功地分离了磺酰脲类除草剂。Martinez 等采用离线与传统的 SPE 技术结合对样品净化浓缩，采用 NACE 法检测了水中 6 种三氮苯类化合物，检测限可达到 $\mu g/kg$ 级水平，且有很好的精密度。通过非水毛细管电泳-电喷射离子化（ESI）MS 联用进行农药分析也是环境分析的一种发展趋势。

三、结语

在农药分析中，GC 和 HPLC 是两种主要的、较为成熟的分析分离手段，与之相比，高效毛细管电泳在农药分析中的应用还不多。但 HPCE 具有很高的分离效率和分辨率，分离速度快，所需样品量少，且分离体系建立灵活，对 GC、HPLC 不易分离的离子型化合物可以很容易地使之分离，在许多方面都有着得天独厚的发展优势。在农药制剂分析中，HPCE 以其极高的分辨效率很容易使其有效成分与杂质得到分离，但由于进样量极少等原因，使其进样重复性很难控制，进而影响到分析的重现性。研究结果表明，采用内标法定量可使其精密度与 GC、HPLC 相当。除了采用内标法，采用有效淌度标尺（μ_{eff} scale）和时间校正面积（time correct area）等方法对样品峰进行定性定量分析也将使分析重现性得到改善。已经证明，许多农药的手性对映体并不都具有生物活性。农药的不对称合成和手性对映体的分离分析研究也越来越多。HPCE 在手性分离方面最大的优点在于其经济和快速。到目前为止，可用于 CE 分析的手性选择剂种类很多，与 HPLC 制备手性柱相比，HPCE 分离体系更容易建立，分离效率和分离度更高。

HPCE 有着极低的质量检测限，但由于其进样量的限制，却使其浓度检测限并不低。这制约了 HPCE 在农药残留及代谢研究中的应用。但实际上 GC 和 HPLC 在进样前也需要复杂的样品前处理技术。在 HPCE 中，在线（或在柱）SPE 技术、ITP-CZE 耦合技术、样品堆积和场放大技术以及样品吹扫等技术的联用，可使样品在 CE 分析之前得到几百甚至几千倍的浓缩，有效地降低了其浓度检测限。随着 HPCE 理论及仪器技术的发展，结合选择性的柱前衍生化方法、高灵敏度的检测方法（如 LIF）以及微量在线浓缩技术的应用，HPCE 技术在环境分析领域会有广阔的应用前景。

参 考 文 献

[1] Cai J，Rassi Z E. On-line preconcentration of triazine herbicides with tandem octadecyl capillaries-capillary zone electrophoresis. J. Liq. Chromatogr.，1992，15（6）：1179-1192.

[2] Carneiro M C，Puignou L，Galceran M T. Comparison of capillary electrophoresis and reversed-phase ion-pair HPLC for the determination of paraquat，diquat and difenzoquat. J. Chromatogr. A.，1994，669：217-224.

[3] Chien R L，Burgi D S. Sequential chromatogram ratio technique：evaluation of the effects of retention time precision，adsorption isotherm linearity and detector linearity on qualitative and quantitative analysis. Anal. Chem.，1992，64：489-496.

[4] Desiderio C，Fanali S. Atrazine and simazine determination in river water samples by micellar electrokinetic capillary chromatography. Electrophoresis，1992，13（9-10）：698-700.

[5] Dinelli G，Vicari A，Catizone P. Monitoring of herbicides pollution in water by capillary electrophoresis. J. Chromatogr. A.，1996，733：337-347.

[6] Farran A，Ruiz S，Serra C，et al. Comparative study of HPLC and MECC applied to the analysis of different mixtures of pesticides. J. Chromatogr. A.，1996，737：109-116.

[7] Garcia F，Henion J. Fast capillary elecctrophoresis-ion spray mass spectrometric determination of sulfonylureas. J. Chromatogr. A，1992，606：237-247.

[8] Hinsmann P，Arce L，Ríos A，et al. Determination of pesticides in waters by automatic on-line solid-phase extraction-capillary electrophoresis. J. Chromatogr. A.，2000，866：137-146.

[9] Hsieh Y Z，Huang H Y. Analysis of chlorophenoxy acid herbicides by cyclodextrin-modified capillary electrophoresis. J. Chromatogr. A.，1996，745：217-223.

[10] Krynitsky A J. Determination of sulfonylurea herbicides in water by capillary electrophoresis and by liquid chromatography. J. AOAC Int.，1997，80：392-400.

[11] Martinez R C，Gonzalo E R，Alvarez J D，et al. Determination of triazine herbicides in natural waters by solid-phase extraction and non-aqueous capillary zone electrophoresis. J. Chromatogr. A.，2000，869：451-461.

[12] Menzinger F，Schmitt Ph，Freitag D，et al. Analysis of agrochemicals by capillary electrophoresis. J. Chromatogr. A.，2000，891：45-67.

[13] Nielen M W F. Sample preconcentration injection techniques in capillary electrophoresis. Trends Anal. Chem.，1993，12：345-356.

[14] Quirino J P，Terabe S，Otsuha K，et al. Sample concentration by sample stacking and sweeping using a microemulsion and a single-isomer sulfated B-cyclodextrin as pseudostationary phase in electrokinetic chromatography. J. Chromatogr. A.，1999，838：3-10.

[15] Quirino J P，Terabe S. Exceeding 5000-fold concentration of dilute analytes in micellar electro-kinetic chromatography. Science，1998，282：465-468.

[16] Quirino J P，Terabe S. Sweeping of analyte zones in electrokinetic chromatography. Anal. Chem.，1999，71：1638-1644.

[17] Reinhoud N J，Tjaden U R，Greef J V. Automated isotachophoretic analyte focusing for capillary zone electrophoresis in a single capillary using hydrodynamic back-pressure programming. J. Chromatogr. A，1993，641：155-162.

[18] Schmitt-Kopplin P，Fischer K，Freitag D，et al. Capillary electrophoresis for the simultaneous separation of selected carboxylated carbohydrates and their related 1，4-lactones. J. Chromatogr. A.，1998，807：89-100.

[19] Schmitt P，Hertkorn N，Freitag D，et al. Mobility distribution of synthetic and natural polyelectrolytes with capillary zone electrophoresis. J. AOAC Int.，1999，82（6）：1594-1603.

[20] Song L，Xu Z，Kang J，et al. Analysis of environmental pollutants by CE with emphasis on micellar electro-kinetic chromatography. J. Chromatogr. A，1997，780：297-328.

[21] Swartz M E，Merion M J. On-line sample pre-concentration on a packed-inlet capillary for improving the sensitivity of capillary electrophoretic analysis of pharmaceuticals. J. Chromatogr.，1993，632：209-213.

[22] Tanaka M，Ishida T，Araki T，et al. Double-chain surfactant as a new and useful micelle-forming reagent for micellar electrokinetic chromatography. J. Chromatogr. A.，1993，648：469-473.

[23] Wigfield Y Y，McCormack K A，Grant R. Simultaneous determination of residue of paraquat and diquat in potatoes

using HPCE with a ultraviolet detection. J. Agric. Food Chem. ，1993，41：2315-2318.

[24] Yang L，Harrata A K，Lee C S. On-line micellar electrokinetic chromatography- electrospray ionization MS using anodically migrating micelles. Anal. Chem. ，1997，69：1820-1826.

[25] 邓延倬，何金兰. 高效毛细管电泳. 北京：科学出版社，1996.

[26] 邓永智，袁东星. 有机溶剂对有机磷农药的 MECC 洗提度的影响. 第二届全国毛细管电泳学术报告会文集，1995：69-70.

[27] 罗国安，王义明. 毛细管电泳的原理及应用（一）. 色谱，1995，13（4）：254-256.

[28] 罗国安，王义明. 毛细管电泳的原理及应用（二）. 色谱，1995，13（6）：437-440.

[29] 穆乃强，许泓. 高效毛细管电泳在出口食品和畜产品检验中的应用. 第二届全国毛细管电泳学术报告会文集，1995：169-171.

[30] 苏大水，徐永. 高效毛细管电泳在农药分析中的应用. 农药科学与管理，1998，65（1）：4-6.

[31] 王大宁，董益阳，邹明强. 农药残留检测与监控技术. 北京：化学工业出版社，2006.

[32] 汪尔康. 21 世纪的分析化学. 北京：科学出版社，1999.

[33] 韦进宝，钱沙华. 环境分析化学. 北京：化学工业出版社，2002.

[34] 熊建辉，张维冰，许国旺，等. 非水毛细管电泳进展. 色谱，2000，18（3）：218-223.

第十一章

手性农药异构体的分离分析

第一节 概　　述

一、同分异构体

化合物具有相同分子式，但具有不同结构的现象，叫作同分异构现象，具有相同分子式而结构不同的化合物互为同分异构体。有机物中的同分异构分为结构异构和立体异构两大类。

（一）结构异构体

具有相同分子式，而分子中原子或基团连接顺序不同引起的同分异构称为结构异构。它们又可分为碳链异构、位置异构和官能团异构三类。

（二）立体异构体

在分子中原子或基团的结合顺序和结合方式相同，而原子或基团在空间排列的相对位置不同的，称为立体异构。立体异构又分为构型异构和构象异构。

1. 构型异构

构型异构是原子或基团在分子中不同空间排列位置所产生的异构现象，包括顺反异构、对映异构。

（1）顺反异构体　顺反异构体也称几何异构体，是存在于某些双键化合物和环状化合物中的一种立体异构现象。由于存在双键或环，这些分子的自由旋转受阻，产生两个互不相同的异构体。两个相同原子或基团在双键或环平面同一侧的为顺式异构体，用 cis-来表示；两个相同原子或基团分别在双键或环平面两侧的为反式异构体，用 $trans$-来表示。如图 11-1 所示。

当两个双键碳上没有相同的原子或基团时，通常采用 Z/E 标记法来确定它们的构型。根据 R. S. Ingold、R. S. Cann 等提出的原子和基团的优先次序规则，分别比较每个碳原子上连接的两个原子或基团的优先次序，两个优先原子或基团在 π 键平面同侧者为 Z 型，在异侧者为 E 型。如烯效唑结构式所示（图 11-2）。

具有顺反异构现象的农药品种较多，其中具有 C ═C 双键顺反异构的有久效磷、百治磷等有机磷农药，抑芽唑、烯效唑等三唑类农药；具有 C ═N 双键顺反异构的有肟醚菊酯、灭

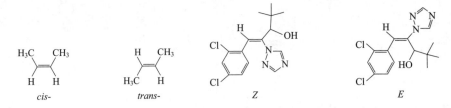

图 11-1　2-丁烯顺反异构体结构式　　　图 11-2　烯效唑顺反异构体的结构式

多威等肟醚（酯）类化合物；具有环上的顺反异构现象的有氯氰菊酯、溴氰菊酯等拟除虫菊酯类农药，丙环唑、苯醚甲环唑等三唑类农药。

（2）对映异构体

① 手性和手性分子　　手性（chirality）是指一个物体不能与其镜像相重合。如我们的双手，左右手互成镜像，但不能重合，这种性质称为手性或手征性（见图 11-3）。

手性分子是指与其镜像不能互相重合的具有一定构型或构象的分子（图 11-4）。手性一词来源于希腊语"手"（cheiro），由 Cahn 等提出用"手性"表达旋光性分子和其镜像不能相叠的立体形象的关系，见图 11-4。

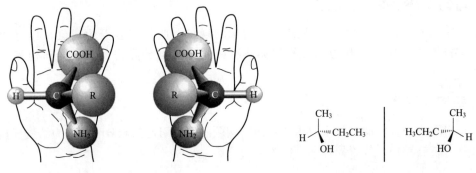

图 11-3　手性镜像对称　　　　　　　图 11-4　手性分子

这种具有手性，实物和镜像不能重合而引起的异构就是对映异构。实物和镜像是一对对映异构体，简称对映体（enantiomer）。对映异构体可以使偏振光的振动平面发生旋转，称为旋光性。其中一个对映体使偏振光振动平面向左旋转，称为左旋体，用（－）表示；一个对映体使偏振光振动平面向右旋转，称为右旋体，用（＋）表示。所以对映异构体又称为旋光异构体、光学异构体。

手性是宇宙间的普遍特征，体现在生命的产生和演变过程中。例如，自然界存在的糖以及核酸、淀粉、纤维素中的糖单元，都为 D 构型；地球上的一切生物大分子的基元材料 α-氨基酸，绝大多数为 L 构型；蛋白质和 DNA 的螺旋构象是右旋的。

② 手性碳　　当碳原子上连接的四个原子或基团都不相同时，这个碳原子就称为手性碳原子或不对称碳原子，常用"＊"表示。所有含一个手性碳原子的化合物，都有一对对映异构体。含有两个不相同的手性碳原子的化合物有 4 个光学异构体（两对对映异构体）。随着分子中含有的不相同手性碳原子数目的增加，光学异构体的数目也会增多，含有 n 个不同手性碳原子的分子理论上具有光学异构体的数目为 2^n 个。

农药分子中，除了手性碳原子外，还有手性磷原子、手性硫原子、手性氮原子。

③ 旋光度和比旋光度　　当平面偏振光通过含有光学活性化合物的液体或溶液时，能使偏振光的平面发生旋转，旋转的方向和大小可以用旋光仪测定，即旋光度。

物质旋光度的大小，甚至旋光方向，不仅与物质的结构有关，也与测定的条件密切相关，如溶液的浓度、旋光管的长度、温度、光的波长以及溶剂等。当条件一定时，物质的旋光度是一常数，用比旋光度 $[\alpha]_\lambda^t$ 表示。比旋光度定义为：

$$[\alpha]_\lambda^t = \frac{\alpha}{cL}$$

式中，α 为旋光度；c 为溶液浓度或纯液体的密度，g/mL；L 为旋光管的长度，dm；t 为测定时的温度，℃；λ 为光源的波长，nm，一般用钠光灯的 D 线，589nm。

所以，表示比旋光度时除注明温度、光波波长外，在数据后的括号内，要同时注明浓度和配制溶液用的溶剂，如 S-(+)-灭菌唑的比旋光度 $[\alpha]_D^{25} = +176.2$（$c=0.01$，$CHCl_3$）。

④ 外消旋体和内消旋体

a. 外消旋体　等量的左旋体和右旋体的混合物，由于向左和向右旋转的角度相同，使其旋光性互相抵消而组成，常用（±）表示。目前市场上销售的很多手性农药主要以外消旋体形式为主。

b. 内消旋体　指分子内含有不对称性的原子，但因具有对称因素而形成的无旋光性化合物。内消旋体是化合物，外消旋体是混合物。内消旋体分子内有一对称面，对称面两边的部分，成实物和镜像的对映关系，两部分的旋光度数相等，旋光方向相反，旋光性彼此抵消。如：（$2S,3R$)-和（$2R,3S$)-酒石酸（图 11-5），因第三碳原子和第二碳原子上连接的 4 个相同的原子或基团，所以酒石酸是含两个相同手性碳原子的化合物，这两个手性碳原子所连接基团相同但构型正好相反，因而它们引起的旋光度大小相等，方向相反，在分子内部抵消，所以不显示旋光性。

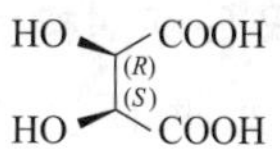

图 11-5　酒石酸内消旋体分子结构

2. 构象异构

由于单键的自由旋转，单键两端碳原子上所连接的原子或基团在空间可以产生无数个不同的相对位置。这种由于单键旋转产生的分子中原子或基团在空间的不同排列方式，称为构象。同一分子的不同构象称构象异构体。

一个分子可以有无数个构象异构体，不同的构象异构体，会因为单键的旋转而互相转化。链式烷烃典型的构象异构体有交叉式、重叠式，而环己烷构象则可分椅式和船式。其他构象异构体的例子还有分子的折叠现象，会使某些形状较稳定，并具有某些功能。

当某些分子单键之间的自由旋转受到阻碍时，也可以产生光学异构体，称为阻转异构或位阻异构现象，其异构体称为阻转异构体。阻转异构体是一类含有手性轴的旋光异构体。与大部分含不对称原子所形成的手性化合物不同的是，含手性轴的旋光异构体不一定非要化学条件才可以互相转化，它们的分子受热具有一定能量后，便有可能形成化学平衡。如图 11-6 所示，酰胺类除草剂异丙甲草胺苯环上连有较大的邻位取代基，N 原子上也

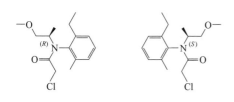

图 11-6　异丙甲草胺异构体结构式

连有较大的取代基，因此苯环与 N 原子之间的 C—N 键因受到较大的空间阻碍而不能自由旋转，从而存在两个阻转异构体，另外异丙甲草胺也具一个手性碳原子，因此共有四个光学异构体。乙草胺等也具有阻转异构现象。

二、对映体构型命名

对映体构型的命名有相对构型（D-L 命名法）和绝对构型（R-S 命名法）两种。

1. D-L 相对构型命名法

D-L 标记法是以甘油醛的构型为参照标准来进行标记的，称之为相对构型。右旋甘油醛的构型被定为 D 型，左旋甘油醛的构型被定为 L 型。构型与 D-甘油醛相同的化合物，都叫作 D 型，而构型与 L-甘油醛相同的，都叫作 L 型。需要说明的是，"D"和"L"只表示构型，不表示旋光方向。命名时，若既要表示构型又要表示旋光方向，则旋光方向用"（＋）"和"（－）"分别表示右旋和左旋。如左旋乳酸的构型与右旋甘油醛（即 D-甘油醛）相同，所以左旋乳酸的名称为 D-(－)-乳酸，相应的，右旋乳酸就是 L-(＋)-乳酸。

$$
\begin{array}{ccc}
\text{CHO} & \text{CHO} & \text{COOH} \\
\text{H} \!-\!\!\!+\!\!\!-\! \text{OH} & \text{HO} \!-\!\!\!+\!\!\!-\! \text{H} & \text{H} \!-\!\!\!+\!\!\!-\! \text{OH} \\
\text{CH}_2\text{OH} & \text{CH}_2\text{OH} & \text{CH}_3 \\
\text{D-(+)-甘油醛} & \text{L-(-)-甘油醛} & \text{D-(-)-乳酸}
\end{array}
$$

D-L 命名法使用已久，表示比较方便，但只适用于含有一个手性碳原子，且可以通过简单化学方法由甘油醛转换而来的分子（分子结构中至少含有一个 H 或一个 OH），但对结构复杂或含有多个手性碳原子的化合物该方法却并不合适。

2. R-S 绝对构型命名法

根据 IUPAC 的建议，对映体中手性中心的绝对构型采用 R、S 法的命名。判断某一指定构型是 R 或 S，要根据原子或基团的次序规则。

判断手性碳上四个取代基的优先次序规则包括：①按与手性碳相连的原子的原子序数的大小排列，原子序数大的为优先基团；②直接相连的第一个原子相同时，比较与第一个原子直接相连的第二个原子，并以此类推；③当基团中有双键或三键时，每一双键或三键当作连接两个或三个相同的原子或基团。按次序规则将手性碳原子上的四个基团排序，把排序最小的基团放在离我们眼睛最远的位置，观察其余三个基团大→中→小的顺序，若是顺时针方向，则其构型为 R（R 是拉丁文 rectus 的字头，是右的意思），若是逆时针方向，则构型为 S（sinister，左的意思）。例如：

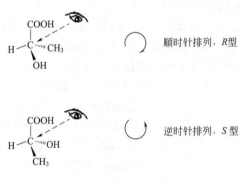

按次序规则 OH＞COOH＞CH$_3$＞H

三、旋光性和绝对构型的测定

1. 旋光性测定

手性化合物的两个对映异构体理化性质相同，只是对偏射光的偏转方向不同，用普通的检测器无法进行定性识别。对映异构体旋光度和旋光方向可以用旋光仪测定，用普通的旋光仪进行旋光测定，所需光学纯异构体量较大，操作费时费力。尽管现在开发出了微量比色池，比色池最小体积仅 0.7mL，但仍然需要一定量的单一异构体。

采用在线旋光检测器（optical rotatory detector，ORD）与液相色谱联机使用可在色谱分离后对手性化合物的对映体进行直接旋光性测定，检测灵敏度不但比普通旋光仪高，而且操作简单快速，大大提高了对映体的定性检测效率。在旋光检测器中，色谱信号为正值时，表示右旋，用"＋"表示；色谱信号为负值时，表示左旋，用"－"表示。

旋光检测器的工作原理基于法拉第补偿，其不仅能很好地应用于分析型 HPLC 对光学活性样品的检测，还能用于制备型液相色谱对光学活性样品的制备进行检测。然而，旋光信号可能随着流动相溶剂种类和检测波长的改变而发生正负反转。Dong 等通过液相色谱串联旋光检测器测定了腈菌唑在 Chiralcel OD-RH 手性柱的流出顺序为（＋)-腈菌唑、（－)-腈菌唑（见图 11-7）。

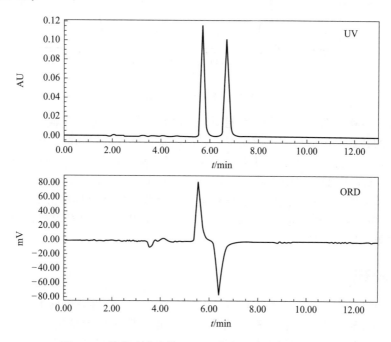

图 11-7　腈菌唑对映体 HPLC 分离的旋光和紫外谱图

圆二色检测器（circular dichroism，CD）是在对左、右圆偏振光吸收能力不同的基础上建立起来的，只对旋光活性化合物有响应，克服了旋光检测器和旋光色散检测器利用左、右圆偏振光在被测物介质中折射率不同而受温度和溶剂的变化影响大，很难做到梯度洗脱的缺点，同时它还能给出紫外的吸收信号，可以更加方便地和 CD 信号进行对比分析。Zhou 等利用液相色谱串联圆二色检测器，得出咪唑乙烟酸（IM）在 Chiralcel OJ 手性柱的流出顺序为（＋)-咪唑乙烟酸、（－)-咪唑乙烟酸（见图 11-8）。

2. 绝对构型测定

手性化合物绝对构型的测定是明确手性化合物构型与旋光性、生物活性、毒性等相关研究的基础。目前确定手性化合物分子绝对构型的主要方法有手性不对称合成法、X-射线单晶衍射法、NMR 法和光谱法等。其中，不对称合成法是从初始已知构型的化合物开始，通过控制不对称合成的条件，将其转化为目标构型的化合物的方法。不对称合成法是最早的确定对映体绝对构型的方法，很多复杂的手性分子都是通过该方法确定构型。然而，不对称合成是一项条件苛刻且繁琐的工作，且合成过程涉及诸多有机化学反应和有机试剂。NMR 法对仪器要求高，且判断相对较难。X-射线单晶衍射法是确定绝对构型的最可靠的方法之一，但需要培养手性化合物的单晶。Li 等通过 X-射线单晶衍射法确定了联苯三唑醇的绝对构型。

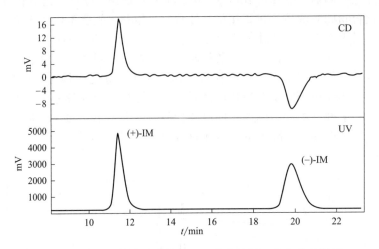

图 11-8　咪唑乙烟酸对映体 HPLC 分离的圆二色和紫外谱图

光谱学方法具有对样品要求（纯度、官能团、结晶与否等）较低，成本低廉，测量过程无损失，测定方便的特点，因而得到广泛应用。光谱法根据旋光散射和圆二色理论，结合量子化学的计算方法，被广泛应用于手性化合物绝对构型的确定，包括电子圆二色谱（electronic circular dichroism，ECD）和振动圆二色谱（vibrational circular dichroism，VCD）等。张召贤等通过实验的 ECD 结合计算的 ECD 确定了丙硫菌唑的绝对构型为 R-（－）-丙硫菌唑和 S-（＋）-丙硫菌唑。姜英等利用量子化学 DFT 计算和 VCD 光谱也对丙硫菌唑的绝对构型进行确定，其结果相同。

四、手性农药

具有手性特征的农药称为手性农药（chiral pesticide）。手性农药的手性中心主要有手性碳、手性磷及手性硫，部分手性农药含有手性轴。据欧盟杀菌剂抗性委员会（FRAC）、杀虫剂抗性委员会（IRAC）、除草剂抗性委员会（HRAC）列出的现代农药活性成分（2017 年共 759 个）中有 30%（227 个）的农药具有手性中心，包括拟除虫菊酯杀虫剂、有机磷杀虫剂、三唑类杀菌剂、酰胺类除草剂、芳氧基苯氧基丙酸酯类除草剂、咪唑啉酮类除草剂等。据估计中国农药市场手性农药占比超过 40%。并且随着农药的结构越来越复杂，手性农药的占比将不断增加。部分手性农药以高纯度单一异构体形式生产和使用，但大多数以外消旋形式生产和使用。

手性农药对映体之间具有相同的物理性质，如熔点、沸点、溶解度、折射率、pK_a 值、密度等，具有相同的热力学性质（如自由能、焓、熵等）和化学性质。对映体对偏振光的旋光能力大小相等，方向相反。对映体与手性试剂、手性溶剂反应时会表现出不同的化学性质差异，左、右旋体与旋光活性物质反应时，常表现出不同的反应速率。由于生物体中的蛋白质、多糖、核酸和酶等均为手性生物大分子，以及各种环境载体所具有的手性特征，对映体与其作用时会产生立体选择性的识别和相互作用，从而在生物活性、毒性、吸收、转移、富集、降解、清除等方面表现出差异。因此，使得对映异构体表现出不同的生物活性，往往是其中一种异构体是高效的杀虫剂、杀菌剂和除草剂，而另一种却是低效的，甚至无效或作用相反的。例如，除草剂异丙甲草胺，其除草活性主要来自 S 体，而 R 体却对小鼠具有致突变作用；（1R,3R）-反式-αS-烯丙菊酯的杀虫活性是其对映体的 200 倍。由于单一手性农药具有药效高、用药量小、三废少、对作物和环境生态更安全、相对成本更低和市场竞争力更大等优势，对农药减量使用具有重要贡献，因此手性农药已成为21世纪新农药研发的热点。

五、常见手性农药对映体的活性

手性农药对映异构体在防除病、虫、草害时往往表现出不同的生物活性，一个具有高靶标活性，而另一个却可能是低效或无效的，甚至起到相反的作用。手性农药对映体的生物活性主要表现为以下几种情况。

（1）手性对映体之间活性差别迥异　一个对映异构体活性很高，而另外一个对映异构体活性很低，甚至没有活性。如苯氧羧酸类除草剂 2,4-滴丙酸和 2 甲 4 氯丙酸等，其除草活性全部集中在 R-对映体上，其 S-对映体几乎没有除草活性；又如拟除虫菊酯类杀虫剂氯氰菊酯、溴氰菊酯和烯丙菊酯等，仅 1/8 是高效体，其余的 7 个异构体则相对低效或几乎无效。

（2）所有异构体都具有一定药效　异构体之间活性差异不大（几倍至 10 倍以内）。如马拉硫磷、己唑醇、丙硫磷、稻瘟酯等。

（3）两个对映体活性几乎没有差别　如三唑酮，这种情况非常少，此情况下不需要生产和使用光学纯的单一异构体。

（4）对映体的活性类型不同　如烯效唑和烯唑醇等，其 R 体表现较强的杀菌活性，而 S 体则具有高植物生长调节活性。

关于手性农药对映体生物活性相关信息的研究还比较局限，相关的研究主要集中于拟除虫菊酯类杀虫剂、芳氧丙酸类除草剂、三唑类杀菌剂或植物生长调节剂和有机磷农药。

（一）手性杀虫剂的生物活性差异

1. 拟除虫菊酯类杀虫剂

拟除虫菊酯分子中既有多个手性碳原子，又有三元环和双键，往往存在多个异构体，但其杀虫活性却只存在于一个或几个异构体上。

环丙烷羧酸酯类除虫菊酯杀虫剂如烯丙菊酯、氯氰菊酯等，（$1R,3R$）-构型的异构体活性较高，如第一个人工合成的拟除虫菊酯类杀虫剂烯丙菊酯，化学结构中有 3 个手性碳，共有 8 个异构体，其中（$1R,3R$）-反式-αS-菊酸酯具有高杀虫活性，而对映体（$1S,3S$）-反式-αR-异构体活性却只有（$1R,3R$）-反式-αS-异构体的 1/200。非环丙烷羧酸酯类除虫菊酯，如氰戊菊酯、氟氰戊菊酯及氟胺氰菊酯，以酸部分 S-体，醇部分也是 S-体的（$2S$，αS）具有高活性，而其对映体（$2R$，αR）几乎没有活性。常见的拟除虫菊酯类杀虫剂的对映异构体的生物活性差异见表 11-1。

表 11-1　常见的拟除虫菊酯杀虫剂对映体生物活性

农药名称	对映体的生物活性
烯丙菊酯	$1R,3R$-（＋）-反式菊酯-（＋）-S-菊醇酯活性高
溴氰菊酯	$1R,3R$-（＋）-顺式（酸）-S-（醇）酯的活性最高
氯菊酯	$1R,3R$-（＋）-cis-体高效
氯氰菊酯	$1R,3R$-（＋）-顺式（酸）-（S）-醇活性最高
氯氟氰菊酯	Z-cis-$1R,3R$-αS 高效
氟胺氰菊酯	$2S,\alpha S$-体高效
胺菊酯	$1R,3R$-（＋）-反式菊酯活性最高

农药名称	对映体的生物活性
甲氰菊酯	R(酸)-S(醇)活性最强
联苯菊酯	Z-cis-$1R$-体高效
氰戊菊酯	$2S$,aS-体高效

2. 有机磷类杀虫剂

有机磷类农药因分子结构中多含有不对称碳、磷及硫原子等而具有手性结构，且对映体之间的活性也存在较大差异。

如甲丙硫磷和地虫磷的 S-异构体药效远高于其 R-异构体，（－）-噻唑膦的毒力是（＋）-噻唑膦的 30 倍。S-丙溴磷抑制乙酰胆碱酯酶活性的程度要高于 R-丙溴磷。（＋）-苯硫磷对家蝇的杀虫活性较（－）-苯硫磷高 3 倍，对二化螟杀虫活性高 4 倍。常见的有机磷类杀虫剂的活性差异见表 11-2。

表 11-2　常见的有机磷杀虫剂对映体生物活性

农药名称	对映体的生物活性
水杨硫磷	对蚊、黏虫、小鼠的活性：（＋）-体＞（－）-体
	对家蝇的活性：（－）-体＞（＋）-体
	对离体乙酰胆碱酯酶的抑制活性：（＋）-体＞（－）-体
苯腈磷	杀虫活性：R-（＋）-体是 S-（－）-体的 20 倍
异柳磷	杀虫活性：（＋）-体＞（－）-体
甲基异柳磷	杀虫活性：S-（＋）-体＞R-（－）-体
乙基马拉硫磷	（＋）-体活性＞（－）-体活性
马拉氧磷	（＋）-体活性＞（－）-体活性
蔬果磷	杀虫活性：S-（－）-体＞R-（＋）-体
地虫硫磷	杀虫活性：R＞S
丙溴磷	杀虫活性：R-（－）-体＞S-（＋）-体
丙硫磷	R-（－）-体药效比 S-（＋）-体高 5 倍
噻唑膦	杀虫活性：（－）-体＞（＋）-体

3. 其他类手性杀虫剂

（1）茚虫威　茚虫威是美国杜邦公司开发的新型钠通道抑制剂。茚虫威结构中存在一个手性中心（图 11-9），导致了茚虫威在生物活性上具有很大的差异，研究表明，茚虫威仅 S 异构体有活性，而 R-异构体基本没有活性。因此在茚虫威产品标准中，需要对异构体比例进行测定，规定 S 体为主要成分，如 HG/T 4936—2016《茚虫威悬浮剂》中规定茚虫威的异构体 S/R 不小于 3。

（2）苯基吡唑类杀虫剂　氟虫腈、乙虫腈、丁虫腈属于苯基吡唑类杀虫剂，通过抑制神经递质 GABA 阻断门控的氯离子通道发挥药效，对大多数害虫有良好生物活性。氟虫腈、乙虫腈、丁虫腈分子中，由于亚磺酰基的存在，有一个 S 手性中心（图 11-10），有两个对映体。研究发现，氟虫腈两个对映体之间的活性差别不大，而乙虫腈和丁虫腈的 R-异构体活性高。

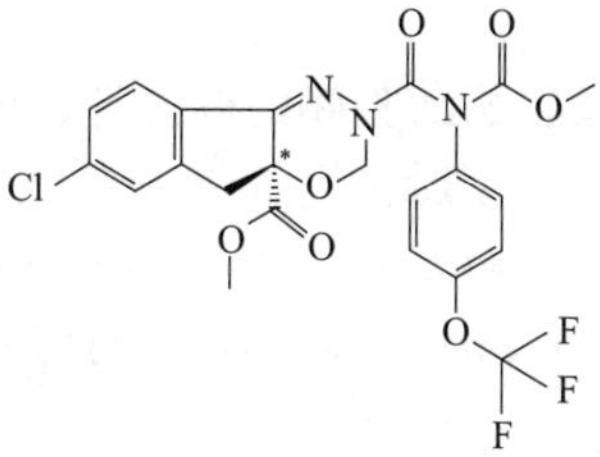

图 11-9　茚虫威化学结构

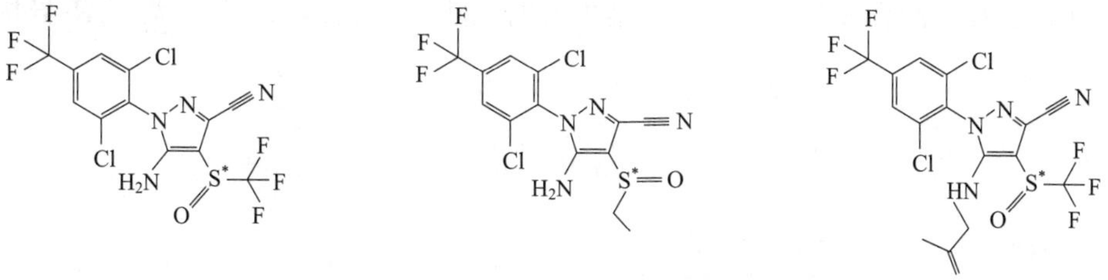

图 11-10　氟虫腈、乙虫腈、丁虫腈化学结构

（二）手性杀菌剂的生物活性差异

1. 手性三唑类杀菌剂

三唑类杀菌剂机理是抑制细胞膜中的麦角甾醇类物质的合成，进而影响细胞膜的形成，最终导致菌体死亡。此外，三唑类化合物还可以控制植物体内赤霉素的合成，延缓植物顶端生长优势，表现出植物生长调节活性。

三唑类手性杀菌剂因其特殊的分子结构，导致该类化合物异构体之间杀菌活性特征相对比较复杂。如烯效唑和烯唑醇，其 S-对映体具备较强的植物生长调节作用，而 R-对映体却具备较强的杀菌活性。三唑酮的手性中心在羰基及三唑环的 α 位上，这种特殊结构使三唑酮两个对映体极容易发生消旋化，因此三唑酮的对映体生物活性几乎没有差别。而三唑醇中 $1S,2R$ 对映体的活性要比其他几个对映体高近 1000 倍。表 11-3 列出常见手性三唑类杀菌剂对映体的生物活性。

表 11-3　常见手性三唑类杀菌剂对映异构体的生物活性

中文通用名	对映异构体生物活性
三唑酮	R-体＝S-体
三唑醇	S,R-体高效杀菌
己唑醇	R-体活性高
戊唑醇	R-体活性高
烯效唑	S-体植物生长调节活性强，R-体杀菌活性强
烯唑醇	S-体植物生长调节活性强，R-体杀菌活性强
多效唑	$2R,3R$-体的杀菌活性最高，$2S,3S$-体对植物生长抑制活性最强
苄氯三唑醇	$2R,3R$ 活性高
乙环唑	$(2S,4R)$-对映体为活性体
四氟醚唑	R-体活性高于 S-体
丙硫菌唑	R-体活性高于 S-体

2. 手性咪唑类杀菌剂

抑霉唑（图 11-11）作用机制是影响细胞膜的渗透性、生理功能和脂类合成代谢，从而破坏霉菌的细胞膜，同时抑制霉菌孢子的形成。它的高效体（*S*-体）由美国 Celgene 公司于 2001 年开发并上市。对于番茄晚疫病菌（*Phytophthora infestans*）、水稻稻瘟病菌（*Pyricularia oryzae*）、小麦白粉病菌（*Erysiphe graminis*）、小麦叶锈病菌（*Puccinia recondita*），抑霉唑 *S*-体的杀菌效果明显要好于 *R*-体。

稻瘟酯（图 11-12）是咪唑类杀菌剂，其作用机制是抑制麦角甾醇的生物合成，对子囊菌亚门、担子菌亚门、半知菌亚门真菌引起的病害有效。2001 年 Takenaka 等报道了稻瘟酯异构体（图 11-12）的合成与抑菌活性。结果表明，其 *S*-异构体的活性要高于 *R*-异构体。

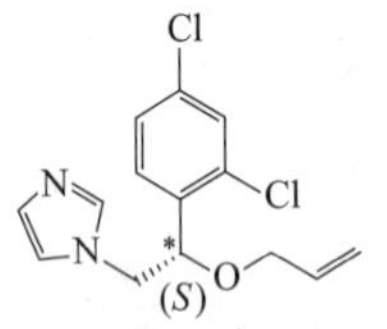

图 11-11　抑霉唑化学结构 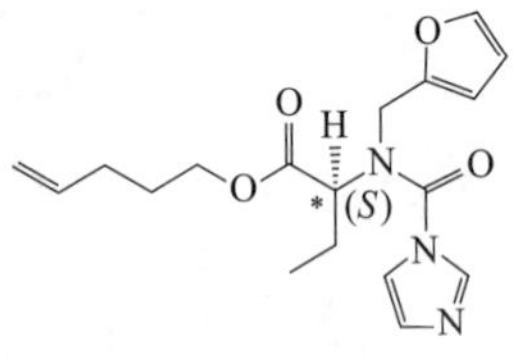　　　图 11-12　稻瘟酯化学结构

咪唑菌酮（图 11-13）属于咪唑啉酮类杀菌剂，是一种新型线粒体呼吸抑制剂，杀菌谱广，对卵菌病原菌引起的霜霉病、疫霉病、晚疫病、猝倒病、黑斑病等具有很好的防治效果。其生物活性测试结果表明，*S*-异构体比 *R*-异构体活性高。

（三）手性除草剂的生物活性差异

1. 手性酰胺类除草剂

高效麦草氟甲酯（图 11-14）施用后在土壤或植物组织中迅速水解为活性的酸结构，其中只有 *R*-异构体具有除草活性。

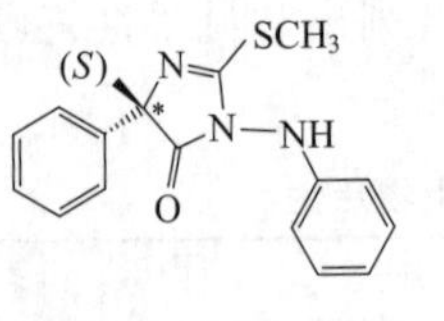

图 11-13　咪唑菌酮化学结构 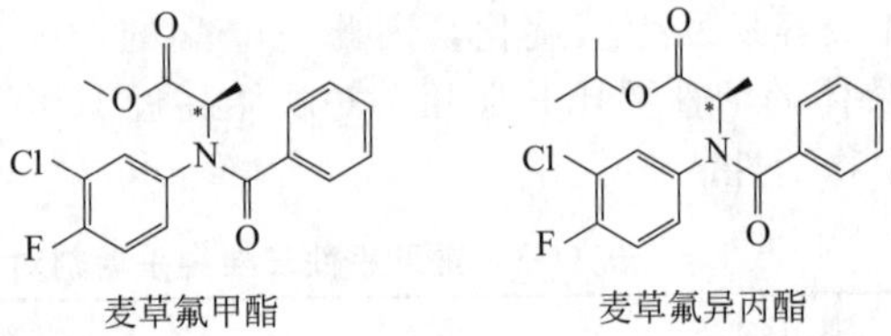　　　图 11-14　麦草氟甲酯及麦草氟异丙酯化学结构

高效异丙甲草胺结构中含手性轴及一个不对称取代碳原子，存在有四种异构体：$\alpha S, 1'S$，$\alpha R, 1'S$，$\alpha S, 1'R$，$\alpha R, 1'R$，其中 αS 与 αR 的生物活性没有显著差异，而 $\alpha RS, 1'S$-异构体的活性远大于外消旋体的活性，异丙甲草胺的除草活性主要来自 S-对映体，而 R-对映体却对小鼠具有致突变作用。

2. 手性芳氧丙酸酯类除草剂

芳氧丙酸酯类除草剂具有手性中心，手性品种也非常多，活性主要集中在 *R*-体，而 *S*-体几乎没有活性。

喹禾灵的 *R*-异构体（精喹禾灵）（图 11-15）对玉米幼苗茎基部[14]C-乙酸向脂类的渗入产生显著抑制作用，而 *S*-体则无抑制活性。吡氟氯禾灵（图 11-15）的 *R*-异构体（精吡氟氯禾灵）比 *S*-体对一年生禾本科杂草的活性高 1000 倍，但芽前土壤处理时两者的活性近

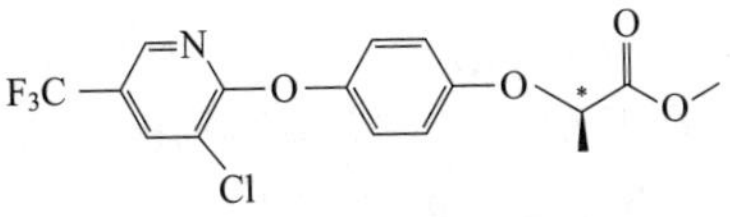

吡氟氯禾灵 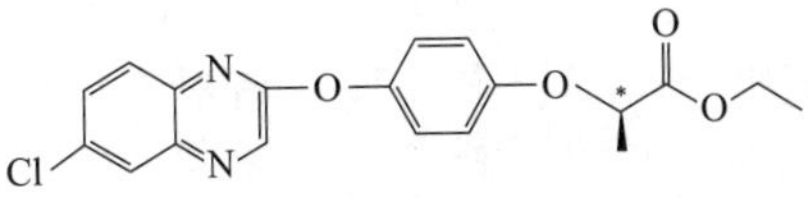   精喹禾灵

图 11-15 芳氧苯氧羧酸类除草剂的化学结构

似，分析表明，在 7 天内 S-体转变为 R-体，这说明在土壤中 S-异构体能转变为 R-异构体。

除了上述除草剂以外，还有一些常见的除草剂也具有手性结构，其活性差异明显。见表 11-4。

表 11-4　其他常见除草剂的对映异构体的活性差异

农药名称	对映体的生物活性
2,4-滴丙酸	只有 R-体有效
草铵膦	只有 S-体有除草活性
2甲4氯丙酸	R-体高效
2,4,5-涕丙酸	R-体高效
噁唑禾草灵	R-体高效
氟吡甲禾灵	R-体高效
喔草酸	R-体高效
炔草酯	R-体高效
喹禾糠酯	R-体高效
吡氟禾草灵	除草活性 R-体＞S-体，在土壤中，S-体转化为 R-体
萘氧丙草胺	R-体高效
双丙氨磷	除草活性 S-(＋)-体＞R-(－)-体
乙羧氟草醚	R-体高效
敌草胺	R-体高效
麦草氟异丙酯	S-体生物活性高于 R-体
敌草强	R-体高效
炔草酯	R-体高效
氰氟草酯	R-体高效
双酰草胺	R-体高效
异丙甲草胺	S-体高效

六、目前商品化的光学纯农药品种

已经商品化的农药中有 30％～40％是手性农药，但商品化的光学纯手性农药却数量不多。以下是几种光学纯手性农药的介绍。

1. S-氰戊菊酯（esfenvalerate）

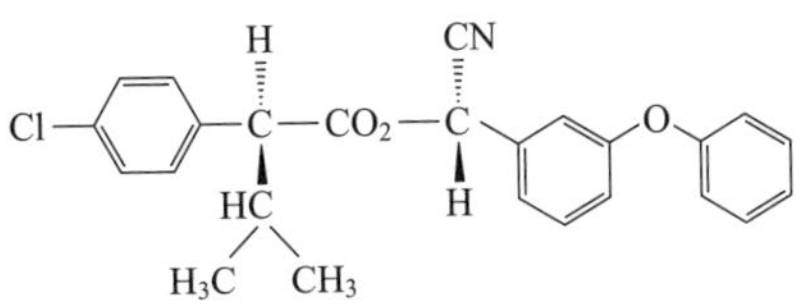

化学名称 （S)-2-(4-氯苯基)-3-甲基丁酸-(S)-α-氰基-3-苯氧基苄酯。

理化性质 白色结晶固体，熔点 $59.0 \sim 60.2℃$，比旋光度 $[\alpha]_D^{15} = +15.0°$（$c = 2.0$，CH_3OH）。25℃时的溶解度：二甲苯、丙酮、甲基异丁酮、乙酸乙酯、氯仿、乙腈、二甲基甲酰胺、二甲基亚砜等均大于 $60mg/L$；甲醇 $7 \sim 10mg/L$；正己烷 $1 \sim 5mg/L$。水中溶解度小于 $0.3mg/L$。常温下贮存稳定性在 2 年以上。

毒性 属于中毒农药，工业品大鼠急性经口 LD_{50} 为 $325mg/kg$，急性经皮 $LD_{50} > 5000mg/kg$，对兔眼睛有轻微刺激。

应用 S-氰戊菊酯杀虫谱广，以触杀和胃毒作用为主，无内吸传导和熏蒸作用，对鳞翅目害虫的幼虫效果好，对同翅目、直翅目等害虫也有较好效果，但对螨类无效。S-氰戊菊酯是氰戊菊酯的高效异构体，其杀虫剂活性要比氰戊菊酯高约 4 倍，因而使用剂量较低。

2. 溴氰菊酯（deltamethrin）

化学名称 （S)-α-氰基-3-苯氧苄基(1R,3R)-3-(2,2-二溴乙烯基)-2,2-二甲基环丙烷羧酸酯。

理化性质 溴氰菊酯纯品为白色斜方形针状结晶，熔点 $101 \sim 102℃$；比旋光度 $[\alpha]_D^{25} = +60°$（$c = 40$，C_6H_6）。难溶于水，可溶于丙酮、DMF、苯、二甲苯、环己烷等有机溶剂；对光、空气稳定；弱酸性介质中稳定，在碱性介质中易分解。

毒性 原药对大鼠急性经口 LD_{50} 为 $128mg/kg$，大鼠急性经皮 $LD_{50} > 2000mg/kg$。对皮肤、眼、鼻黏膜刺激性较大，对鱼、蜜蜂和蚕高毒。

应用 溴氰菊酯属于卤代菊酯类手性拟除虫菊酯杀虫剂，属于超高效杀虫剂品种之一，也是目前最重要的农药品种之一。

3. 精草铵膦（glufosinate-P）

化学名称 4-[羟基(甲基)磷酰基]-L-高丙氨酸。

理化性质 白色晶体，熔点 $214 \sim 216℃$，溶解度（20℃）：水中溶解度 $500g/L$ 以上，其他有机溶剂丙酮、乙酸乙酯、二氯甲烷、正己烷、甲苯在 $0.1g/L$ 以下，甲醇为 $0.80g/L$。

毒性 精草铵膦急性经口毒性 LD_{50} 为 $300 \sim 2000mg/kg$；经皮毒性 $LD_{50} > 2000mg/kg$；吸入毒性 LD_{50}（mg/L）为 1.07（雄）/1.58（雌）；眼刺激试验为轻刺激性；皮肤刺激试验为无刺激性为轻致敏性；无致突变性、致畸性和致癌性。

应用 草铵膦只有 L-型（精草铵膦）具有除草活性，其活性为外消旋体的 2 倍，精草铵膦能抑制谷氨酰胺合成酶（GS）所有已知的形式，而抑制 GS 的结果可以导致植物体内氮代谢紊乱、氨的过量积累、叶绿体解体，从而使光合作用受抑，最终导致植物死亡。

4. R-烯唑醇（diniconazole-M）

化学名称 （E)-(R)-1-(2,4-二氯苯基)-4,4-二甲基-2-(1,2,4-三氮唑-1-基)戊-1-烯-

3-醇。

理化性质 无色晶体，熔点 $134\sim156℃$，蒸气压 2.93mPa（20℃），相对密度 1.32（20℃）。比旋光度 $[\alpha]_D^{24}=-31.7°$（$c=1$，CH_3Cl），溶解度（25℃）：水 4mg/L，己烷 0.7g/L。对热、光、水分稳定。

应用 R-烯唑醇为内吸性广谱三唑类杀菌剂，其作用机理为在真菌合成麦角甾醇的过程中，烯唑醇抑制了 ^{14}C 的去甲基化作用，致使真菌在合成细胞膜时缺乏足够的麦角甾醇，最终导致其死亡。具有保护、治疗及铲除作用，对子囊菌和担子菌有明显的活性。而且还兼具一定的植物生长调节作用。

5. 精甲霜灵（metalaxyl-M）

化学名称 （R）-2-{[（2,6-二甲苯基）甲氧乙酰基]氨基}丙酸甲酯。

理化性质 淡黄色或浅棕色黏稠液体，熔点为 $-38.7℃$，沸点为 270℃（分解），蒸气压为 3.3mPa（25℃），比旋光度 $[\alpha]_D^{24}=-52.5°$（$c=1$，丙酮），水中溶解度（25℃）为 26g/L。

毒性 大鼠急性经口 LD_{50} 为 667mg/kg，大鼠急性经皮 $LD_{50}>2000$mg/kg；对兔皮肤无刺激，对兔眼睛有强烈的刺激；无"三致"性；虹鳟鱼 LC_{50}（96h）>100mg/L；水蚤（48h）$LC_{50}>100$mg/L；蜜蜂 $LD_{50}>25\mu g$/只（接触）。

应用 精甲霜灵是由先正达公司开发的酰胺类手性杀菌剂，为核糖体 RNA 聚合酶抑制剂。具有保护、治疗作用的内吸性杀菌剂，可被植物的根、茎、叶吸收，并随植物体内水分运转而转移到植物的各器官。

6. 精噁唑禾草灵（fenoxaprop-P-ethyl）

化学名称 （R）-2-[4-（6-氯-苯并噁唑-2-氧基）苯氧基]丙酸乙酯。

理化性质 外观为米色至棕色无定形的固体，纯度 88%，略带芳香气味。纯品为白色无嗅固体，20℃时相对密度为 1.3，熔点为 $88\sim91℃$，比旋光度 $[\alpha]_D^{20}=+29°$（$c=1$，CH_3Cl），水中溶解度为 0.7mg/L（pH=5.8，20℃），其他溶剂中溶解度（g/L，20℃）：丙酮 200，甲苯 200，乙酸乙酯 >200，乙醇 24。

毒性 大鼠急性经口 LD_{50} 为 $3150\sim4000$mg/kg，小鼠急性经口 $LD_{50}>5000$mg/kg。在动物体内吸收、排泄迅速，代谢物基本无毒，鱼毒 LC_{50}（mg/L，96h）：虹鳟鱼 0.46、翻车鱼 0.58，对鸟类低毒，对水生动物中等毒性。

应用 乙酰辅酶 A 羧化酶（ACCase）抑制剂。精噁唑禾草灵属选择性、内吸传导型苗后茎叶处理剂。有效成分被茎叶吸收后传导到叶基、节间分生组织、根的生长点，迅速转变成苯氧基的游离酸，抑制脂肪酸进行生物合成，损坏杂草生长点、分生组织。在耐药性作物中分解成无活性的代谢物而解毒。

7. 精喹禾灵（quizalofop-P）

化学名称　(R)-2-[4-(6-氯-2-喹噁啉氧基)苯氧基]丙酸乙酯。

理化性质　纯品为白色无嗅结晶固体，熔点为 76.1～77.1℃，相对密度为 1.36，沸点为 220℃ (26.6Pa)，蒸气压为 $1.1×10^{-4}$ mPa (20℃)，比旋光度 $[\alpha]_D^{24}=+58°$ (c=1，CH_3OH)。溶解度：水中为 0.61mg/L (20℃)，丙酮、乙酸乙酯、二甲苯＞250g/L (22～23℃)，二氯甲烷＞1000g/L (22～23℃)，甲醇为 34.87g/L (20℃)，辛烷为 7.168g/L (20℃)。精喹禾灵在高温和有机溶剂中稳定，在中性和酸性条件下稳定，在碱性条件下不稳定，在 pH=9 的缓冲溶液中半衰期为 19h。

毒性　急性经口 LD_{50}：雄大鼠 1210mg/kg，雌大鼠 1182mg/kg，雄小鼠 1753mg/kg，雌小鼠 1805mg/kg。对兔眼睛和皮肤无刺激性，虹鳟鱼 LC_{50} (96h)＞0.5mg/L，对蜜蜂无毒。

应用　乙酰辅酶 A 羧化酶 (ACCase) 抑制剂。通过杂草茎叶吸收，在植物体内向上和向下双向传导，积累在顶端及中间分生组织，抑制细胞脂肪酸合成，使杂草坏死。精喹禾灵是一种高度选择性的旱田茎叶处理剂，对阔叶作物田的禾本科杂草有很好的防效。

8. 精异丙甲草胺 (S-metolachlor)

化学名称　($\alpha RS,1S$)-2-氯-6'-乙基-N-(2-甲氧基-1-甲基乙基)乙酰邻甲苯胺。

理化性质　淡黄色至棕色液体，相对密度为 1.117 (20℃)，沸点为 334℃，蒸气压为 3.7mPa。在水中溶解度为 480mg/L (25℃)，与苯、甲苯、甲醇、丙酮、二甲苯、二氯甲烷、二甲基甲酰胺等有机溶剂互溶。

毒性　大鼠经口 LD_{50} 为 2672mg/kg，兔、鼠经皮 LD_{50}＞2000mg/kg。对兔皮肤和眼睛无刺激性。鱼毒 LC_{50} (96h)：虹鳟鱼为 1.2mg/L。蜜蜂 LD_{50}＞0.085mg/只 (经口)，＞0.2mg/只 (接触)。蚯蚓 LC_{50} (14d) 为 570mg/kg 土壤。

应用　通过阻碍蛋白质的合成而抑制细胞的生长。通过单子叶植物的胚芽鞘、双子叶植物的下胚轴吸收向上传导，种子和根也吸收传导，但吸收量较少，传导速度慢。出苗后主要靠根吸收向上传导，抑制幼芽与根的生长。

第二节　手性农药对映体分离分析及应用

手性农药的不同异构体虽然物理化学性质相似，但当手性农药释放到环境中时，由于它们与生物手性分子的相互作用，手性农药对映体的生物活性、毒性、消解行为、生物代谢和其他生物学特性通常不同，一些具有显著差异。同一种农药的不同对映体对非靶标生物的毒性通常不同，由于对映选择性降解或富集，环境和生物中对映异构体的对映体比例并不总是与外消旋体中对映体比例相同。因此，研究手性农药的手性选择性行为对手性农药准确的风险评估具有重要意义，同时对高效低风险手性农药单体识别及开发具有重要意义，如精异丙甲草胺开发，不但提高药效减少农药用量，而且避免了致畸致突变的副作用。手性分离分析方法是对映体水平分析的基础和保障，对监控手性农药生产中立体选择性合成过程、评价商品化手性农药的光学纯度，了解环境及生物体中手性农药的降解及富集情况十分重要。目前手性农药分离方法包括晶体法、膜拆分法、色谱拆分方法、化学法、酶法等。

一、对映体分离的基本理论

常见的手性分离方法有晶体法、膜拆分、色谱法、化学拆分、酶法等。

1. 晶体法

用结晶的方式进行外消旋体的分离，是手性化合物拆分的常用方法。晶体法拆分包括直接结晶法拆分和间接结晶法拆分。

（1）直接晶体拆分法　包括以下三种类型。

① 自发结晶拆分法　当外消旋体在结晶的过程中，自发的形成聚集体，两个对映体都以对映体结晶的形式等量自发析出，由于形成的聚集体结晶是对映体结晶，结晶体之间也是互为镜像的关系，因此可用人工的方法将两个对映体分开。先决条件是外消旋体必须能形成聚集体。最早实现消旋体拆分是在 1848 年，路易斯·巴斯德发现外消旋酒石酸铵钠盐能从其饱和溶液中析出互为镜像的两种晶体，并根据晶体形状的不同，借助镊子和放大镜成功地将其分离（图 11-16）。为了实现对外消旋体混合物的高效拆分，向其过饱和溶液添加某一构型对映体晶种（"优先析晶"工艺）或结晶抑制剂（"逆向析晶"工艺）以调控结晶过程是目前采用的主要手段。

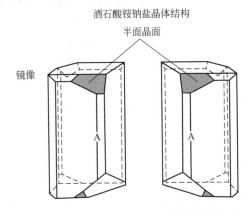

图 11-16　左旋与右旋的酒石酸铵钠盐结构式

② 优先结晶法（诱导结晶法）　是在饱和或过饱和的外消旋体溶液中加入被拆分的对映异构体高纯度晶种，该对映异构体稍稍过量造成不对称环境，结晶就会按非平衡过程优先结晶该对映体。如氰戊菊酯的酸部分 3-甲基-2-(4-氯苯基)丁酸，其两分子消旋体与一分子二乙胺的盐溶液，加入需要的对映体晶种后发生晶析得到该对映体。通过结晶诱导不对称转换方法制备成功多效唑对映体。

③ 逆向结晶法　是在外消旋体的饱和溶液中加入可溶性某一种的异构体，添加的异构体就会吸附到外消旋溶液中的同种构型异构体结晶的表面，从而抑制了这种异构体结晶的继续生长，相反构型的异构体结晶速度就会加快形成结晶析出。但是，优先结晶法和逆向结晶法一次单元操作只能获得一种对映体，且为保证目标产物光学纯度，产率一般控制在 20% 以下。宛新华教授的研究团队结合"优先析晶"和"逆向析晶"思想，制备了一类由两亲性、手性嵌段共聚物与磁性纳米粒子共组装而成的磁性纳米拆分剂。可以将单次结晶产率提高至 95% 以上，且能保持较高的光学纯度。此外，通过简单的磁场富集便可以回收纳米拆分剂。

（2）间接晶体拆分法　是将外消旋体与光学纯的化合物形成非对映异构体，利用非对映异构体的溶解度差别，使其中一个异构体结晶析出。要求其中的一个非对映异构体盐能较易地形成而结晶析出；拆分剂必须来源方便，价格低廉，易于制备或获得，在解析以后回收率高；拆分剂本身的化学性质稳定，光学纯度高。间接晶体拆分法包括：组合拆分、复合拆分、包合拆分、包结拆分等。组合拆分是采用同一结构类型的手性衍生物的拆分剂家族代替单一的手性拆分剂进行外消旋化合物的拆分。复合拆分和包合拆分是利用氢键或范德华力等化学的相互作用而产生的性质差异达到拆分的目的。包结拆分是利用拆分剂分子选择性地与外消旋化合物中的一个异构体通过氢键、范德华力等弱的分子间作用力形成稳定的超分子配合物而析出，达到手性拆分的目的。结晶法拆分具有过程简便、稳定、适于自动化操作等特点，在手性药物生产中将继续发挥重要的作用。

2. 膜拆分

膜手性拆分法由含有外消旋体混合物的流入相、膜及接收相组成，手性拆分膜的拆分过程如图 11-17 所示，外消旋体混合物在压

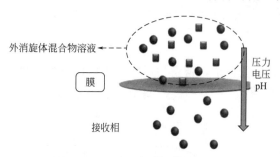

图 11-17　手性拆分膜拆分原理图
● L-异构体；■ D-异构体

力、电压以及酸碱梯度等外推动力作用下，以恒定的速率进入膜相，膜相中包含可以对外消旋体中的某种对映体进行识别的基团或物质，在膜相中，对映体分子通过不断吸附和解吸过程，在各个识别点之间进行传输。通过识别基团对对映体分子的特定性吸附，对另一种对映体吸附效果不明显或者不吸附，另一种对映体分子因此能够通过膜相，进入接收相，从而实现外消旋体的分离。手性拆分膜的拆分机理主要分为促进传质和阻碍传质两种传质模型（图 11-18）。在促进传质模型中，其中一种对映体与膜上的手性识别基团的结合能力较强，并且优先传质到达接收相，另一个结合力较弱或没有结合力的对映体的传质过程以扩散作用为主体，传质速率较慢，从而实现手性拆分的效果。促进传输模型通常存在于由手性聚合物直接制备的对称膜或者非对称膜以及复合膜中。与促进传输机理不同，阻碍传质模型中与手性识别点结合力较强的对映体被吸附在膜中，而另一对映体分子优先通过膜进入接收相中，这种传质模型通常存在于采用压力差作为推动力的手性分离膜中。

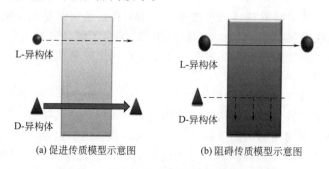

(a) 促进传质模型示意图　　　(b) 阻碍传质模型示意图

图 11-18　促进传质和阻碍传质模型示意图

① 手性拆分液膜　液膜选择性差异造成两种对映异构体的迁移速率不一致，即迁移较快的一种对映异构体在低浓相中相对于迁移较慢的异构体得到富集，从而达到手性分离的目的。

② 手性拆分固膜　固膜拆分的推动力可以是压力差、浓度差和电势差。对于固膜要求有一定的强度，膜通量要大，选择性高且稳定，同一种膜可以分离多种外消旋化合物，常用的固膜上的手性选择剂有环糊精、冠醚等。

3. 色谱法

色谱法具有快速、稳定性好、精确度高、应用范围广等优点，目前在科研、质量检验及化工生产等领域已经得到了广泛的应用。依据手性环境的引入方式不同，手性药物对映体的色谱拆分方法包括手性流动相（chiral mobile phase，CMP）法、衍生化（chiral derivatization reagent，CDR）法和手性固定相（chiral stationary phase，CSP）法。

（1）手性流动相（chiral mobile phase，CMP）法　将手性选择剂添加到流动相中，利用手性选择剂与药物消旋体中各对映体结合的稳定常数不同，以及药物与结合物在固定相上分配的差异，实现对药物对映体的分离。此法的优点在于不需对样品进行衍生化处理，可采用普通色谱柱，手性添加剂可流出，也可更换，添加物的可变范围较宽；不足之处是易引起高柱压和高吸收本底。

目前常用的手性流动相添加剂有：环糊精（cyclodextrin，CD）及其衍生物、配位基手性选择剂、手性离子对添加剂、蛋白质和大分子抗生素等。如杨丽等以 β-环糊精为手性流动相添加剂，在 C_8 反相柱上建立了己唑醇和 SR-生物烯丙菊酯对映体的高效液相色谱拆分方法（图 11-19）。杨丽等采用 U-环糊精作为手性流动相添加剂，在 C_8 反相柱上对己唑醇对映异构体拆分，在 U-环糊精浓度为 7.0mmol/L、pH 7.4 条件下，可以取得最佳分离效果（图 11-20）。

图 11-19　β-环糊精作为手性流动相添加剂的己唑醇（a）和 SR-生物烯丙菊酯（b）的拆分图

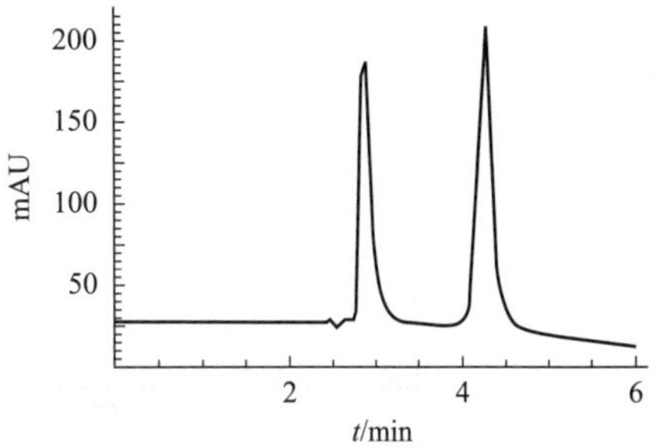

图 11-20　U-环糊精作为手性流动相添加剂的己唑醇拆分图

（2）衍生化（chiral derivatization reagent，CDR）法　将药物对映体先与高光学纯度衍生化试剂反应形成非对映异构体，再进行色谱拆分。优点是药物衍生化后可采用通用的非手性柱分离，且可选择衍生化试剂引入发色团提高检测灵敏度；缺点是操作复杂，易消旋化，对衍生化试剂要求高，同时要求对映体的衍生化反应迅速且反应速率一致。目前常用的手性衍生化试剂主要有：光学活性氨基酸类、羧酸衍生物类、异硫氰酸酯与异氰酸酯类、萘衍生物类及胺类等。蒋木庚等通过直接酯化法将烯唑醇和烯效唑样品与 R-（—）-戊菊酸反应制备成非对映衍生物。衍生化反应以 E-烯唑醇为例如图 11-21 所示，然后在普通高效液相色谱柱上实现了 R-（—）和 S-（＋）光学异构体的分离与测定，色谱图如图 11-22 所示。

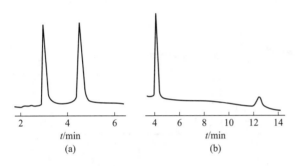

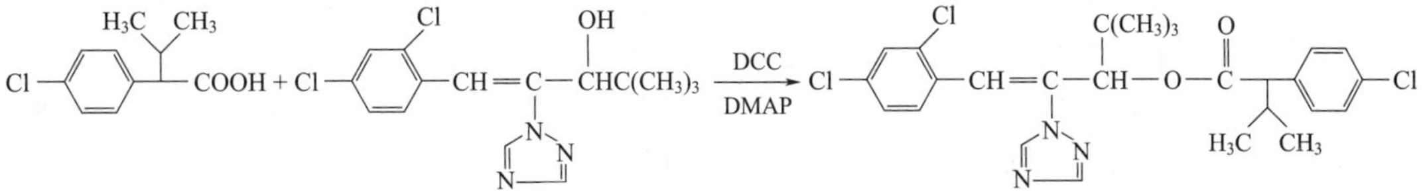

R(−)-戊菊酸　　　　　烯唑醇　　　　　　　　　R(−)-戊菊酸烯唑醇酯

图 11-21　烯唑醇与 R-（—）-戊菊酸衍生化反应

（3）手性固定相（chiral stationary phase，CSP）法　固定相由担体键合高光学纯度的手性异构体制作而成。在 CSP 色谱柱上直接拆分对映体，具有快速、简单、高效的特点。目前常用的手性固定相有：吸附型、电荷转移型、模拟酶、配体交换、蛋白质、冠醚类等手性固定相。近年来又发展了将分子印迹聚合物（MIP）用作手性固定相进行手性药物拆分。如 Li 等

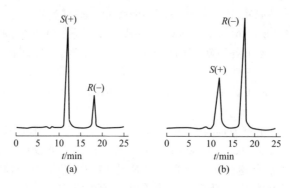

图 11-22　R-(－)-戊菊酸烯效唑酯（a）和 R-(－)-戊菊酸烯唑醇酯（b）液相色谱图

使用超高效合相色谱-三重四极杆质谱联用仪系统对氟噁唑酰胺对映体进行了分离。最终确定的最优分离条件为：使用 Chiralpak® IB-3 柱进行氟噁唑酰胺对映体的分离（图 11-23）。

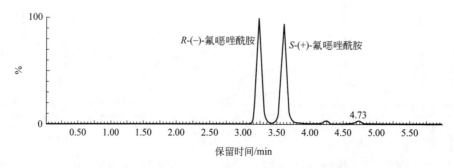

图 11-23　氟噁唑酰胺对映体色谱图

4. 化学拆分

化学拆分是指通过化学反应的方法，利用手性拆分剂将消旋体中的对映体转化为非对映异构体后，然后依据非对映体的物理性质和化学性质差异进行分离。最后去掉与它们发生反应的旋光物质，就可以得到纯的对映体。把两个对映体转变成非对映体是化学拆分法的基础。主要有两种方法：

（1）经典成盐拆分法　通过化学反应的方法，用手性试剂将外消旋体中的两种对映体转化为非对映异构体，然后利用非对映体之间的物理化学性质的不同将两者分开。拆分成功的关键是选择合适的拆分剂。

（2）包结拆分　主要利用主-客体分子之间存在很强的分子识别作用，而使得手性化合物通过氢键及分子间次级键作用选择性地与某一个对映异构体形成稳定的包结络合物而析出，从而实现对映体的分离。由于主-客体分子之间不发生任何化学反应，因而很容易通过溶剂交换过程以及逐级蒸馏等手段实现主体与客体的分离，使得溶剂可以重复使用。但该方法存在的缺陷是难以得到纯的手性衍生化试剂，且价格昂贵。

拆分剂的条件：①必须易于与被拆分物反应，易分解；②非对映体之间必须在溶解度上有较大差异；③光学纯度高；④拆分剂易得、价廉和安全。

例如甲胺磷对映体利用 L-脯氨酸乙酯使其形成非对映异构体衍生物后拆分。噻螨酮外消旋起始原料 DL-赤式-2-氨基-1-(4-氯苯基)-丙醇用 L-酒石酸进行拆分，得到（1S,2R)-异构体，从该手性原料出发，可制得（4S,5R)-噻螨酮，其活性比消旋体高（图 11-24）。咪唑啉酮类除草剂灭草喹、灭草烟的起始原料为 α-氨基氰，也可用 L-酒石酸进行成盐拆分。

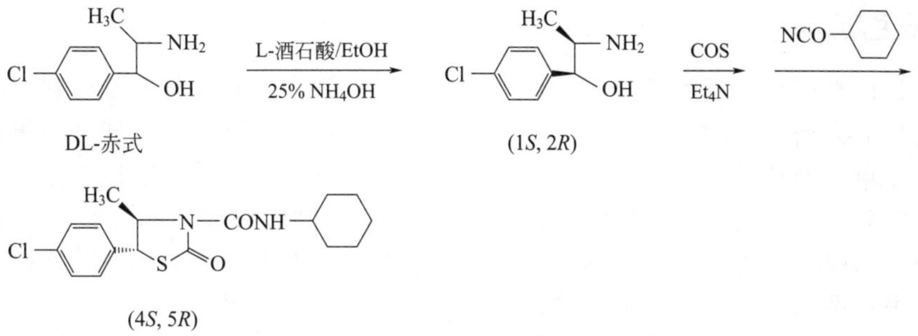

图 11-24 （4S,5R）-噻螨酮制备过程

5. 酶法

酶法主要利用酶的立体选择性，整个反应过程就是外消旋底物对映体竞争酶的活性中心，由于两者反应速率不同而产生选择性，从而使反应产物或剩余底物具有单一光学活性。与其他化学反应相比较，酶催化的反应具有条件温和、操作简便同时又不会造成环境污染等优点。酶固定化技术、多相反应器等新技术的日趋成熟，大大促进了酶拆分技术的发展，因而被广泛应用，如脂肪酶、酯酶、蛋白酶、转氨酶等多种酶已用于外消旋体的拆分。

丙炔菊醇是拟除虫菊酯的醇组分，其 S-体具有更高的活性，使用脂肪酶（*Arthrobacter* sp.）处理（±）-丙炔菊醇的醋酸酯 23h 后，R-体的醋酸酯被选择性水解，得到光学纯度为 99.2％的 R-丙炔菊醇。将这种酶拆分与化学立体转化技术相结合，可得高产率 S-丙炔菊醇。骆晨涛利用脂肪酶进行 1-(4-氯苯基)乙胺的催化拆分反应，而后经过一系列反应最终得到一种新的高效手性除草剂：S-唑嘧氯草胺（图 11-25）。Dahod 报道了 S-2-氯代丙酸甲酯的高立体选择性水解，该水解反应在四氯化碳和脂肪酶的水溶液中进行，四氯化碳作为酶的稳定剂和激活剂，大大提高了立体选择性（图 11-26）。Zeneca 公司利用脱卤酶，选择性水解 R 体，分离后得到 S-α-氯代丙酸。

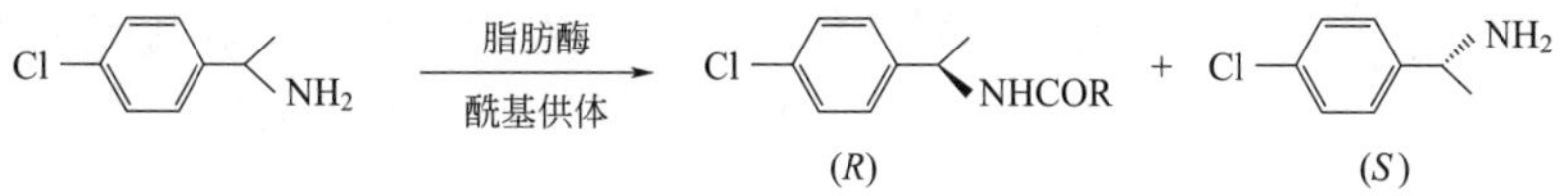

图 11-25 酶法拆分（R,S）-1-(4-氯苯基)乙胺的反应式

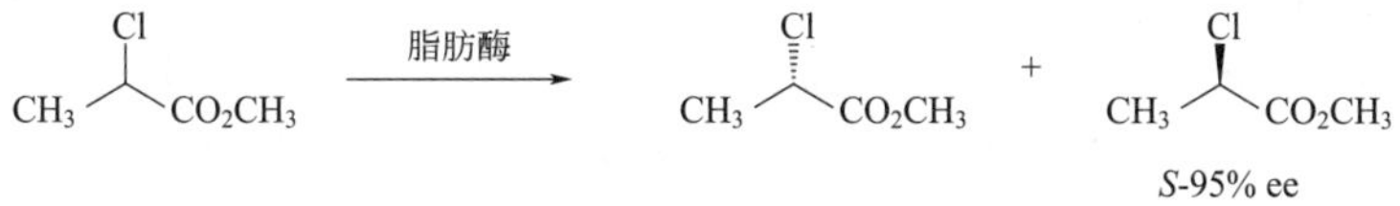

图 11-26 S-2-氯代丙酸甲酯的高立体选择性水解

二、对映体的色谱法拆分

色谱技术由于简便快捷、分离效果好，已经成为目前手性分离分析方法建立的主要手段。色谱法进行手性拆分主要有薄层色谱法、气相色谱法、高效液相色谱法、毛细管电泳法和超临界色谱法等。

（一）薄层色谱法

薄层色谱法是应用广泛的最简便的色谱技术之一，是直接分离外消旋体和控制对映体纯度最容易有效的方法，它的主要优点为设备简单、分析不受实验条件限制且分析速度快、高通量、操作简单、消耗试剂少、分析成本低廉、结果直观、能快速更换流动相系，已在化工、生化、医药、卫生等多个领域使用。然而 TLC 法检测灵敏度不高，目前主要用于定性分析。薄层色谱应用于手性化合物拆分主要包括手性试剂衍生化法、手性固定相法、手性流动相法，其中手性固定相法和手性流动相法操作简单，实际应用性好。

（1）手性试剂衍生化法　通过光学纯手性试剂使对映体转化为非对映异构体后，再使用一般薄层色谱板进行分离。但是此方法应用受限，主要由于要求手性物质分子结构中要有活性基团且易于发生衍生化反应；手性衍生化试剂的化学纯度及光学纯度要高；衍生化反应必须彻底完成且过量的衍生化试剂要易于除去；生成的非对映异构体也必须在化学上和构型上足够稳定。

（2）手性固定相法　手性固定相（chiral stationary phase，CSP）基本上是由手性选择剂与合适黏合剂（次要成分）一起构成的。目前商业化手性固定相较少，研究报道较多使用自制的手性固定相薄层板。手性固定相最常用的为以酯或氨基甲酸酯形式存在的纤维素衍生物，其他包括与硅胶、几丁质和壳聚糖等生物聚合物以及分子印迹聚合物键合的 CSP 等。此外还有浸渍手性选择剂的手性固定相（chiral-coated stationary phases，CCSP），CCSP 是通过将非手性商品化板（硅胶和硅烷化硅胶层）浸渍于合适的手性试剂溶液中，或将手性选择剂添加到用于制板的非手性相浆料中。CSP 和 CCSP 进行手性化合物的拆分时使用非手性流动相进行洗脱。如罗丹等研究建立了以 β-环糊精固载薄层色谱拆分美托洛尔对映体的方法。

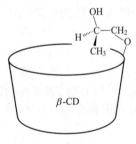

图 11-27　手性基团修饰的环糊精结构示意图

（3）手性流动相法　主要用手性离子对试剂、环糊精及其衍生物、L-氨基酸等作为 TLC 流动相手性添加剂来分离对映体。如罗丹等采用 D-10-樟脑磺酸铵作为流动相手性离子对添加剂拆分美托洛尔对映体。Hao 等人用手性基团修饰的环糊精（图 11-27）作流动相添加剂，首次使 6 个未衍生化的氨基酸在正相硅胶薄层板上获得较好分离。

（二）气相色谱法

气相色谱是较早用来进行对映体分离的一种色谱技术。它具有高效、灵敏度高、精确度高、重复性好、识别能力强、无液相流动相等优点，在分离可挥发的热稳定性手性分子方面表现出了明显的活力，如分离有机氯、有机磷和拟除虫菊酯类农药。此外，如二维气相色谱、固相微萃取及质谱联用技术等辅助技术使手性气相色谱成为复杂样品分析的优选技术。然而，气相色谱在分析一些不易挥发或热稳定较差的物质时，需要先对该物质进行衍生化处理，以提高其挥发性、热稳定性或可检性。常用的衍生剂有五氟乙酸酐、光气、异氰酸酯等。尽管气相色谱是开发得较早的一种分离对映体的色谱手段，而且仍然在许多方面保持着继续发展的势头，但是它也存在一些固有的局限性。气相色谱目前还无法满足对各种手性物质进行分析的要求，同时要实现制备比较困难。操作温度相对比较高，因此使非对映异构体之间的相互作用能差别变小，对映体分离困难。另外，柱温高会引起手性固定相的消旋化，导致对映体选择性降低。气相色谱分离对映体的三种典型的手性固定相为手性环糊精衍生物、手性氨基酸衍生物和光学活性金属配合物。其他手性 GC 固定相包括手性离子液体、多糖、环肽、金属有机骨架材料、有机微孔/介空笼子材料（porous organic cages）和环果聚糖。

1. 手性固定相

（1）手性环糊精衍生物　环糊精类大环化合物是一类由 D-吡喃葡萄糖通过 α-1,4-糖苷键聚合而成的一系列环状低聚糖，外形类似于被切掉顶部的锥形空腔。其中最重要的三个化合物是 α-环糊精、β-环糊精、γ-环糊精，分别由 6、7、8 个 D-吡喃葡萄糖单元构成（图 11-28）。环糊精分子具有"外亲水，内亲脂"的特殊结构性质。手性环糊精衍生物固定相是目前为止使用最广泛的固定相，并且已经商品化。

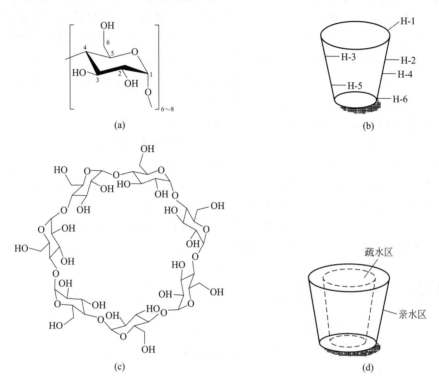

图 11-28　环糊精类大环化合物的结构式

（a）为 α,β,γ-环糊精的分子结构；（b）为 α,β,γ-环糊精圆锥结构及氢原子编号；

（c）为 β-环糊精的结构式；（d）为 β-环糊精疏水区和亲水区图解

手性环糊精衍生物的分离手性化合物的机理较为复杂，目前有三种解释：

① 包合作用机理。一般认为由于环糊精特殊的笼状结构，可与对映体形成非对映的包含物而达到拆分的目的。核磁共振波谱（nuclear magnetic resonance spectroscopy，NMR）法可用于分析 CD 包结复合物及结构特征。Anzai 等用 ^{13}C NMR 2D^1 H^{13}-CNMR 研究了 β-CD 对化合物 TG44 的包结行为，表明客体分子中的联苯部分进入 CD 空腔（图 11-29）。

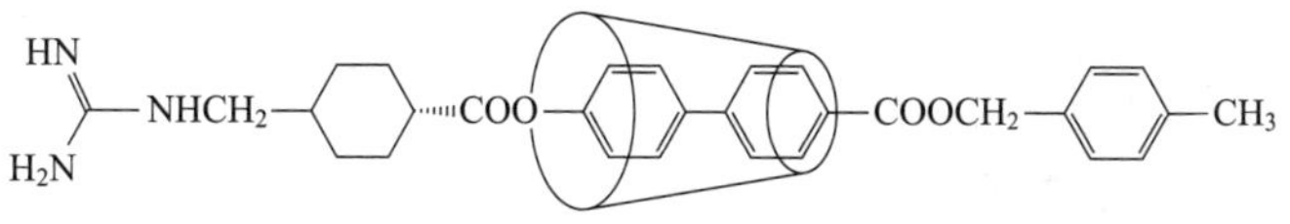

图 11-29　β-CD-TG44 包结物的空间构型

② 缔合作用机理。Armstrong 等通过对热力学参数的计算证明，环糊精及其衍生物在

手性拆分过程形成的包合物不是简单的包合作用，而是包括两种以上的分离机理。包括偶极-偶极作用、氢键、范德华力等。有时强的分子作用不一定是手性分离的主要原因，一个弱的具有手性的饱和碳氢键就可以产生手性识别。

③ 构象诱导作用机理。环糊精衍生化基团有利于分子间的相互诱导作用，增强环糊精空腔的柔韧性，使被分离分子的手性中心易于与环糊精的手性部分接近，因而拆分能力增强。

聂孟言应用分子动力学和分子力学模拟方法，模拟了 α-苯乙胺及其衍生物与七（2,6-二-O-丁基-3-O-丁酰基)-β-CD(DBBBCD) 等的手性识别过程。结果表明，在手性识别过程中，构象诱导匹配过程也同时发生，且其对映体与环糊精的构象诱导具有立体选择性，对映体与环糊精生物的优先结合部位都位于环糊精的空腔内部。它们的手性识别过程均与形成稳定的腔内结合物有关，对映体在环糊精空腔内部的结合并不是传统意义上的紧密包合，对映体可以在环糊精衍生物的空腔内部上下往复运动和转动，同时发现范德华作用既是对映体与环糊精衍生物结合的主要驱动力，也是决定手性识别过程的最主要作用力。李霞等揭示了 S-苯甘醇修饰的 β-CD 亚胺（L-PGCD）与 L-苯甘氨醇苯甲酰胺的相互作用主要是极性基团之间及含孤电子对原子间的氢键作用以及苯环之间的 π-π 相互作用；而与 D-苯甘氨醇苯甲酰胺相互作用主要是氢键作用和包合作用。

环糊精分子上引入新的功能基团可能达到更好的分离效果同时得到性质不同、选择性各异的手性固定相。室温下为固体或液体的衍生化环糊精可用聚硅氧烷稀释，并涂覆在毛细管气相色谱柱上，这种方法结合了环糊精的手性选择性和聚硅氧烷的独特性能。还可以将衍生化的 CD 键合到聚硅氧烷骨架上得到环糊精型 GC 固定相，与稀释法相比，此类固定相具有以下优点：

① 多孔聚硅氧烷可以用作键合衍生化 CD 的骨架，极性降低可以降低极性分析物的保留时间；

② 聚硅氧烷主链具有很好的热稳定性并改进色谱柱寿命；

③ 衍生化的 CD 在聚硅氧烷固定相中溶解度有限，将衍生化的 CD 键合到聚硅氧烷骨架上解决了溶解限度的问题。

（2）氨基酸衍生物固定相 该类固定相的氢键作用是对映体分离的主要作用力。由于氢键作用强度的不同，所形成的缔合物空间阻力不同，稳定性不同导致不同对映体通过色谱柱所需时间不同而分离。如 Ôi 等使用 GC 手性固定液（L-缬氨酸三肽通过三嗪环连接聚氧硅烷），分离了顺式菊酸和反式菊酸。

（3）光学活性金属配合物 分离机理是配位作用，由于对映体的配位能力不同，经多次配位与交换以后，就可以使对映体分离。金属配合物手性固定相只能在较低的温度范围内使用，与环糊精相比适用面较窄。但在大多数情况下，金属配合物手性固定相的对映体选择性要比在环糊精柱上的高。

（4）其他固定相

① 离子液体同时具有极性和弱极性固定相的特性，其手性识别机理是由于其阳离子或阴离子上具有手性特征。近年来报道了一些离子液体键合的环糊精衍生物作为手性固定相提高了手性分离度。其他包括手性氨基酸和手性胺合成的手性离子液体作为手性气相色谱的固定相。

② 多糖类手性固定相目前报道较多的为纤维素类手性固定相，手性分离机理为对映体

与纤维素衍生物高分子内部所形成的螺旋形的手性空间的适应性，以及它们之间的氢键作用、偶极作用和色散力的作用。

③ 环肽如缬氨霉素手性识别主要取决于包结作用，此外固定相与手性化合物的氢键、偶极作用也对手性识别有一定影响。宁敏等以环肽（缬氨霉素）作为气相色谱固定相涂渍毛细管柱分离 6 种手性化合物，其中如 DL-亮氨酸得到较好的分离效果（图 11-30）。

④ 手性金属有机骨架（MOF）主要成分为$\{[Cu(sala)]_2(H_2O)\}_n$。该化合物在 220℃以下具有较好的热稳定性，将该化合物涂覆于手性柱内部则能通过配位作用与手性化合物结合，从而达到分离的目的。

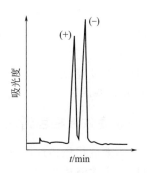

图 11-30　DL-亮氨酸的色谱分离图

⑤ 环果聚糖常见的分子类型为 CF6（图 11-31）和 CF7。目前报道的环果聚糖衍生物作为手性选择剂如 PM-CF6、PM-CF7 和 DP-CF6、DP-TA-CF6 和 DP-PN-CF6，其手性识别过程中无包合物的形成。

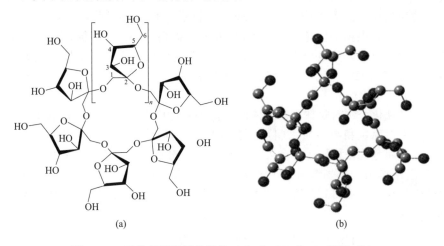

(a) (b)

图 11-31　天然环果聚糖的结构（a）和 CF6 的 3D 视图（b）
浅色球为碳原子；深色球为氧原子

2. 气相色谱联用技术

气相色谱检测器常用的包括火焰离子化检测器（FID）、电子捕获检测器（ECD）、火焰光度检测器（FPD）、氮磷检测器（NPD）和质谱检测器（MS）。如文岳中等通过在气相色谱上采用手性毛细管色谱柱（β-环糊精 BGB-172），检测器为 ECD，拆分了 2,4-滴丙酸甲酯（DCPPM）的两个对映异构体。李朝阳等用重氮甲烷将氰戊菊酸衍生化，采用气相色谱-质谱联用技术，在 β-DEX120 手性柱上成功分离了氰戊菊酸甲酯（图 11-32）。另外多维气相色谱（multidimensional gas chromatography，MDGC）也应用于手性化合物的识别和分析，第一维使用非手性极性柱进行预分离，将需要的手性组分切割后进入第二维手性柱（主要是基于环糊精的化合物）进一步分离。全二维气相色谱（comprehensive two-dimensional gas chromatography，GC×GC）GC×GC

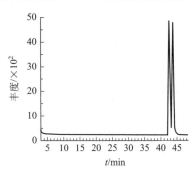

图 11-32　氰戊菊酸的 GC-MS（以甲酯形式测定）色谱图

技术在灵敏度和峰容量上有着绝对的优势，且与 MDGC 相比，所有组分都参与第二维色谱柱的分离。GC×GC 可在第一维使用手性色谱柱，在第二维使用较短的细管径非手性色谱柱。手性色谱柱也可以用于第二维，但是在第二维中使用较短的手性色谱柱会限制对映体选择性和温度控制，同时第二维也受到第一维条件的限制。GC×GC 还可与飞行时间质谱（TOF）联用。

（三）高效液相色谱法

高效液相色谱逐渐发展为对映体分离中最重要的一种手段，在对映体分离和制备中广泛应用。高效液相色谱操作时间较短且载药量较高、分离效率高、柱效高、具有高选择性、适用范围广。具有商品化的各种固定相和色谱柱适用于分析非挥发性物质，极性、非极性和热不稳定化合物。液相色谱/紫外检测法（LC/UV）是早期手性农药对映体研究最具实用性的方法之一。HPLC 与高灵敏度的检测器（例如 MS）结合使用，使得 HPLC 成为解决复杂分析工作的最强大的分析工具之一。HPLC 可以通过手性衍生试剂间接分离对映体，也可以直接通过手性流动相添加剂或手性固定相（chiral stationary phase，CSP）分离对映体。目前报道较多的为直接通过手性固定相（CSP）进行手性化合物对映体分离。目前商品化的CSP 已有 200 多种。根据手性选择剂将 CSP 分为环糊精（CD）、多糖、大环抗生素、合成手性大环化合物（冠醚，其他合成大环化合物）、手性合成聚合物、手性印迹聚合物、蛋白质、配体和离子交换 CSP 等。其中多糖和环糊精 CSP 依旧在 HPLC 手性分离中占主导地位。

目前关于手性化合物对映体在高效液相色谱中手性固定相上的分离机理主要根据"三点作用"模式。手性固定相与溶质之间可能存在偶极-偶极作用、氢键作用、π-π 作用、空间位阻作用及分子间范德华作用等，此外固定相本身结构所形成的手性空腔与对映体间还存在"立体配位"包结作用，这些作用共同导致一对对映体与固定相之间形成的非对映体络合物的稳定性产生差异，从而得到分离，这种差异性越大，实现手性分离的可能性越大。

1. 多糖类 CSP

多糖类如纤维素和直链淀粉及其衍生物是应用最多的 CSP 之一。通过在多糖的羟基上引入各种取代基可以提高其选择性，其中具有苯甲酸酯和苯基氨基甲酸酯取代基多糖衍生物是最常用的 CSP。据报道，95％的手性化合物在多糖类 CSP 上完成拆分。多糖 CSP 主链的优异手性识别特性来自多种因素：吡喃葡萄糖单元存在几个立体异构中心导致的分子手性；由于聚合物主链的螺旋扭曲而引起的构象手性；相邻聚合物链排列形成有序区域而产生的超分子手性。决定多糖手性选择剂的手性能力的另一个因素是它们的取代模式，即极性官能团的类型（通常是酯或氨基甲酸酯）和芳族取代基。取代基在芳环中的位置会影响手性选择剂的对映体分离性能。同时侧链的类型也可能对主链的螺旋结构有一些影响。溶剂效应会改变主链构象，温度变化导致 CSP 分离性能的改变。

多糖类 CSP 根据制备方法不同，可分为涂覆型 CSP 和键合型 CSP。

涂覆型的多糖衍生物 CSP 是将多糖衍生物涂覆在多孔硅胶基质上。此类 CSP 对流动相的种类有着严格的要求，在流动相中使用如二氯甲烷、氯仿、甲苯或丙酮等会导致吸附的聚合物溶解。

键合型 CSP 通过多糖衍生物共价键合到色谱柱固定相硅胶基质上，允许使用更多的溶剂作为流动相，但由于键合过程中可能发生的立体特异性构象的修饰，键合型 CSP 的手性识别潜力要低于涂覆型 CSP。

多糖类 CSP 的最新发展包括引入新的多糖衍生物（主要是新的几丁质和壳聚糖衍生物，

以及纤维素衍生物），混合选择剂（在色谱柱固定相基质上键合两种不同的多糖衍生物）和不同的色谱载体（核壳、微球等），以及采用涂覆或键合程序。

Pan 等通过超高效液相色谱串联质谱利用 Amylase-2 手性固定相建立了苯酰菌胺对映体的分析分离方法（图 11-33）。Chang 等利用 UPLC-MS/MS 在 Chiralpak AD-3R 柱上完成了乙螨唑对映体的拆分（图 11-34）。Zhou 等利用高效液相色谱仪上采用 chiralcel AD 手性色谱柱对蔬果磷对映体进行分离。Ellington 等利用 chiralcel AD 手性色谱柱分离了克线磷、丰索磷、丙溴磷和育畜磷对映体，在 chiralcel OD 手性色谱柱上分离了甲胺磷、育畜磷和壤虫磷，在 chiralcel OJ 手性色谱柱上分离了丁烯磷、地虫磷、马拉硫磷等。

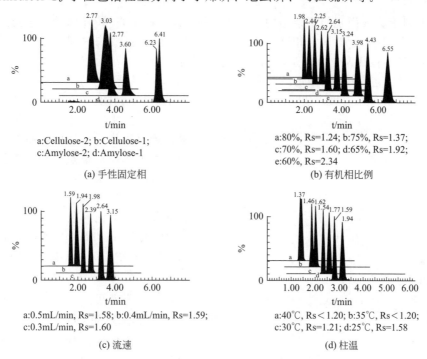

图 11-33　不同参数对苯酰菌胺对映体分离的影响

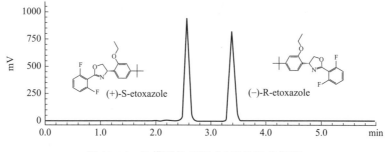

图 11-34　乙螨唑的 UPLC-MS/MS 色谱图

2. 环糊精 CSP

环糊精的分子结构能与多种有机分子形成包容配合物，具备良好的手性识别能力，应用比较广泛。此外，手性识别机制还包括手性化合物可以与分子外部形成不同类型的相互作用，包括偶极-偶极、氢键、离子、π-π 或伦敦相互作用。由于天然环糊精手性选择性较差，因此此类手性固定相的研究主要集中在对其表面羟基的衍生化上，羟基可以被各种极性或非极性取代基衍生化。

手性拆分效果较好的取代基有：二甲基苯胺甲酰酯基、二甲基苯甲酰酯基、萘甲酰酯基、乙酰酯基和羟丙基等。衍生后的环糊精 CSP 具有更强的手性分离能力而且在正相和反相的条件下均可实现对映体分离。环糊精衍生物可通过物理涂覆或与色谱载体共价键合制备，其中环糊精衍生物的共价键合是最常用的方法。Shishovska 等利用 HPLC 在手性 β-环糊精固定相 ChiraDex 上完成了对苄氯菊酯 4 个对映体的手性分离。程彪平等制备了 2 种不同单键合臂的 β-环糊精修饰 SBA-15 手性固定相，发现 2 种新固定相对三唑类农药对映体均有较好的快速拆分能力。

3. 蛋白质类 CSP

蛋白质是具有大表面积的复杂结构，包括各种立体异构中心和不同的结合位点。在高效液相色谱中以蛋白质作手性固定相进行药物拆分已被广泛采用，按其来源可分为：

① 白蛋白类　包括人血清白蛋白和牛血清白蛋白；

② 糖蛋白类　包括 α_1-酸糖蛋白，卵类黏蛋白和抗生物素蛋白；

③ 酶类　包括纤维素酶，胰蛋白酶，α-胰凝乳蛋白酶及溶菌酶。

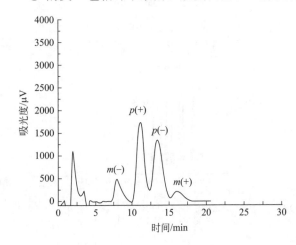

以蛋白质作 CSP 的色谱属于亲和色谱，蛋白质分子结构中氨基酸的离子结构提供手性作用位点，利用手性药物对映体与这些作用位点间产生不同的氢键结合效应、疏水效应、静电作用等而达到拆分。商品化的蛋白质 CSP 如 Chiral AGP、Ultron ES-OVM、Chiral HAS 等。Zurita-Perez J 等利用 HPLC 使用蛋白质类手性色谱柱（AGPTM）分离了咪草酸的四个异构体（图 11-35）。

图 11-35　咪草酸对映体的 HPLC-UV 色谱图

4. 大环抗生素类 CSP

大环抗生素是具有芳香基团、氨基和羟基等活性基团，有多个手性中心的物质分子。因其具有疏水作用、氢键、范德华力等多种手性识别作用，可通过不同连接方式键合到硅胶上。此类手性固定相在正相

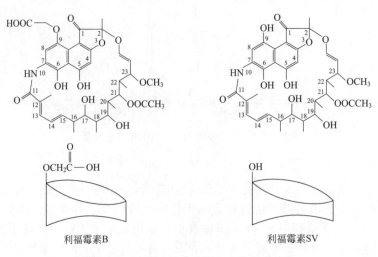

利福霉素B　　　　　利福霉素SV

图 11-36　柄状霉菌素类抗生素的分子结构

和反相色谱中均可使用，具有拆分范围广、适应性强等优点。

大环抗生素分为四类：安沙霉素、糖肽、多肽和氨基糖苷。安沙霉素类用作 CSP 最常见的是利福霉素 B 和 SV（图 11-36）。糖肽类应用最为广泛的是大环抗生素类的 CSP，包括万古霉素、游壁菌素、阿伏帕星、瑞斯托菌素 A 及其衍生物（图 11-37）。多肽类如硫链丝菌素。氨基糖苷类如卡那霉素、弗氏霉素和链霉素（图 11-38）。

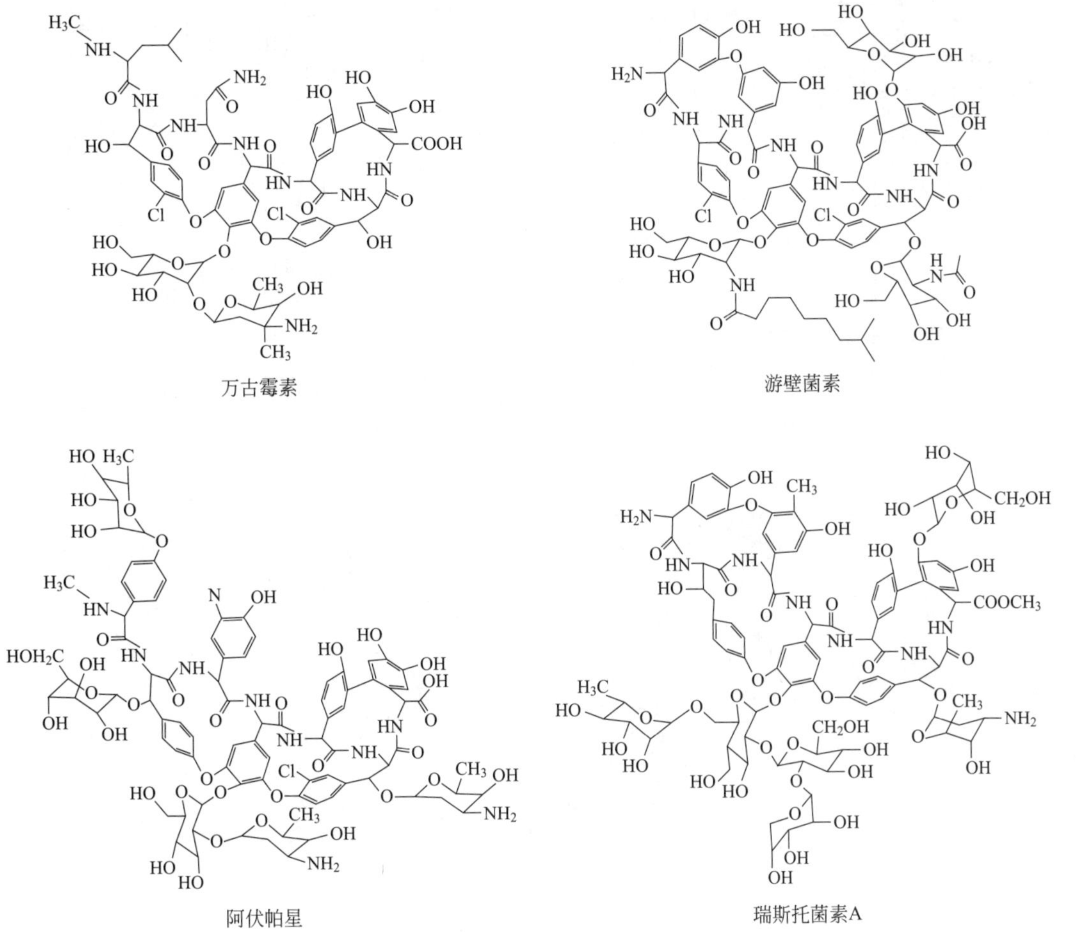

图 11-37 糖肽类抗生素分子结构

5. Pirkle 型 CSP

Pirkle 型 CSP 特点是具有多样性和多功能性。此外，它们对于某些类型的手性化合物可能具有高度特异性。其手性中心附近至少含有下列功能团之一：

（1）π-酸性或 π-碱性的芳香基团，手性识别过程发生 π-π 相互作用。

（2）发生偶极-偶极叠合相互作用的极性键或基团。

（3）可形成氢键的原子或基团。

（4）可提供立体位阻排斥、范德华力作用或构型控制的较大非极性基团。

如 Pirkle 等研制的 ULMO 和 WHELK-O1 手性固定相适用范围较广，同时具有 π-酸性和 π-碱性。该类型的手性色谱柱比较适合于分离含有苯环或者其他杂环类型的手性化合物。

6. 冠醚类 CSP

冠醚类 CSP 手性固定相的拆分机理主要是基于对映体分子与固定相内腔络合所形成的

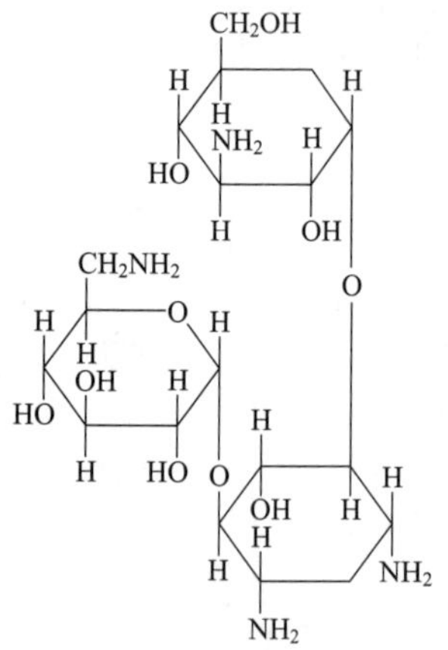

卡那霉素 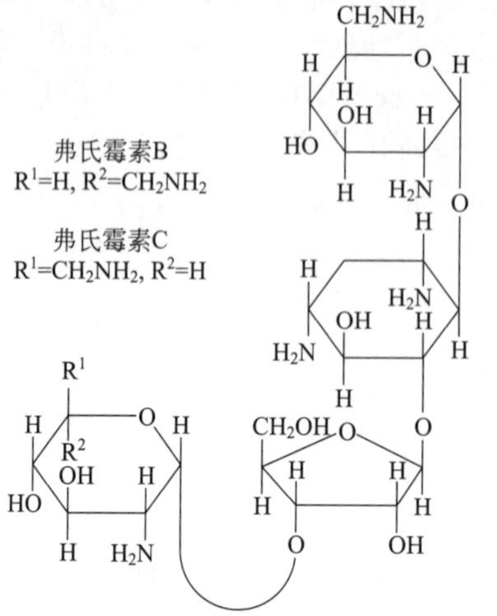　　　　　　　弗氏霉素 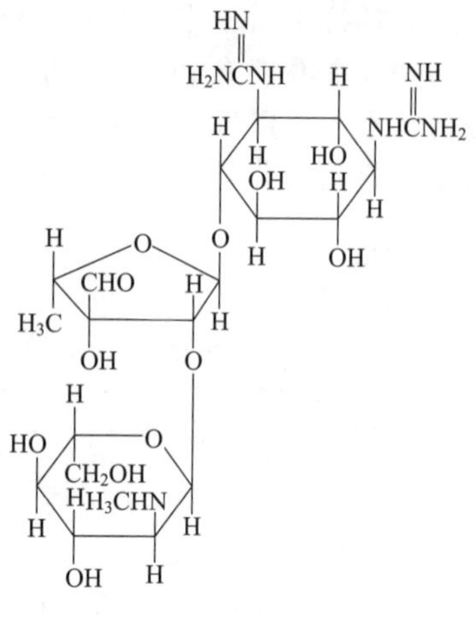　　　　　　　链霉素

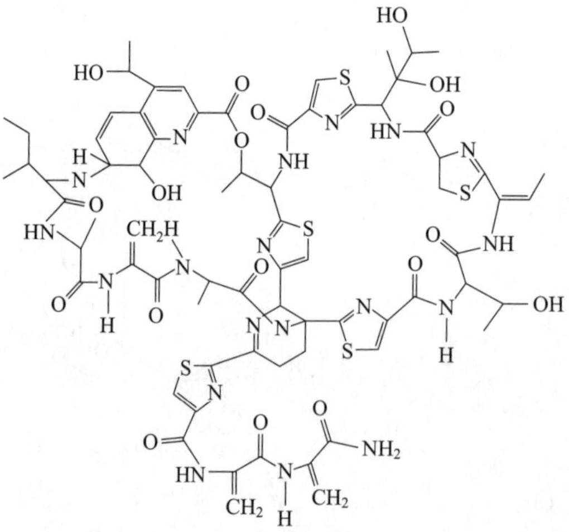

硫链丝霉素

图 11-38　多肽与氨基糖苷类抗生素的分子结构

络合物稳定性差异。其中广泛应用的为：基于手性联萘单元的冠醚 CSP、基于酒石酸单元的冠醚 CSP 和基于酚类化合物的伪冠醚 CSP。如王贤书等将 CROWNPAK CR（＋）手性柱用于手性农药草铵膦的拆分研究，报道了草铵膦可以不经衍生化而直接在手性固定相上拆分的方法（图 11-39）。

7. 分子印迹 CSP

分子印迹技术通过断裂的键将烙印分子链接在交联聚合物内，经水解反应后，烙印分子从聚合物中移去，在聚合物上留下与烙印分子形状和官能团位置结构有互补性的识别点。分子印迹空腔可识别与烙印分子具有相同或相似结构的外消旋化合物。这类 CSP 解决了针对具有手性分子的对映体分离问题，对目标分子的识别具有专一性，具有较强的化学和机械稳定性，在 HPLC 手性分离和制备方面受到人们的广泛关注；但也存在着柱效低、柱容量较小等缺点。

8. 离子交换 CSP

离子交换选择剂可分为三类：阴离子、阳离子或两性离子。手性选择剂中最常见的阴离

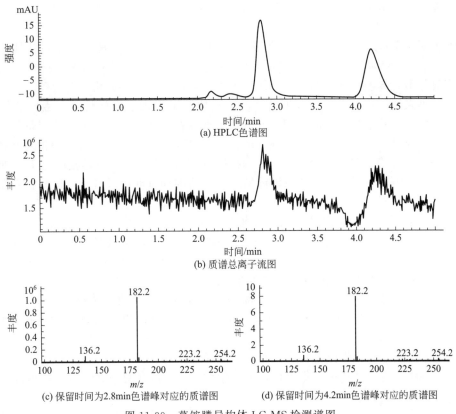

图 11-39　草铵膦异构体 LC-MS 检测谱图

子交换选择剂如金鸡纳生物碱。奎宁和奎宁丁是广泛应用于手性拆分的两种最常见的金鸡纳生物碱。阳离子交换选择剂如手性磺酸或羧酸化合物。两性离子交换选择剂将关键的阳离子和阴离子基团合并入一个手性选择剂中。两性离子 CSP 克服了阴离子和阳离子交换 CSP 仅分离带相反电荷的对映异构体的主要缺点。其手性识别机制主要为离子相互作用、氢键以及 π-π 相互作用。

9. 其他 CSP

其他 CSP 环果聚糖及其衍生物 CSP 的主要优点是它们的高负载能力和多功能性，能够手性分离碱性、酸性和中性分析物。并且它们可以在不同的洗脱模式下使用。合成聚合物类 CSP，如聚丙烯酰胺聚合物和聚甲基丙烯酰胺聚合物，光学活性的酰胺类聚合物如聚 α-氨基酸也常被用作手性选择剂。

（四）毛细管电泳法

毛细管电泳（CE）是一类以毛细管为分离通道、高压直流电场驱动的液相分离技术。毛细管电泳作为一种简单快捷、经济方便的现代技术，与 HPLC 和 GC 相比，具有分析速度快、操作简单、样品和试剂用量少以及分离模式多等优点。毛细管电泳法分离对映体时，一般是将手性选择剂添加到缓冲液中，对映体分子可与手性选择剂形成具有不同稳定性的复合物，导致迁移速度差异而得到分离。

手性化合物分离的毛细管电泳模式按分析对象在溶液中较常用的有毛细管区带电泳法（capillary zone electrophoresis，CZE）、胶束电动毛细管色谱（micellar electrokinetic capillary chromatography，MECC）、毛细管电色谱法（capillary electrochromatography，CEC）、非水

毛细管电泳（nonaqueous capillary electrophoresis，NACE）、毛细管等速电泳（capillary isotachophoresis，CITP）等。

CZE是毛细管电泳中最基本、最普遍的一种模式，常用于分离离子型对映体，分析物在具有一定 pH 缓冲能力的电解质溶液中以电场为驱动力，因淌度或迁移时间的不同而在毛细管中实现分离。各类手性试剂加入到缓冲液中，实现多种手性异构体的分离。

MECC 涉及电渗电泳和色谱分配过程，在缓冲液中加入表面活性剂，表面活性剂浓度高于临界浓度形成胶束相，分离机理为分析物根据其在胶束相和水相中的分配系数不同，分析物在水相和胶束相中多次分配以达到分离目的，MECC 体系可用于分离中性对映体。

CEC 是一种结合毛细管电泳和 HPLC 的微柱电分离技术，将固定相填充于毛细管柱内或涂布、键合于内壁，以电渗流或电渗流结合压力流推动流动相、溶质，根据它们在固定相和流动相之间的分配及自身电泳淌度的差异而得以分离。

NACE 则适用于水不溶性或不稳定农药的分析。对于手性 NACE，背景电介质需采用手性选择剂，但需保证手性选择剂在有机溶剂中的溶解度。以有机溶剂为基础的背景电介质取代含水的背景电介质增强了与质谱的兼容性，可利用低焦耳热的优势，使用较高的电压，从而缩短分析时间。另外，由于有机溶剂的介电常数低于水的介电常数，有机溶剂通过促进对映异构体和手性选择剂之间的离子对和离子-偶极相互作用来改变选择性。

CITP 又称为"移动界面"电泳技术，分析物与电解质向出口端移动时进行聚焦分离，依据分析物在电场梯度下的分布差异进行分离。

毛细管电泳法分离手性化合物主要有两种途径：

（1）间接法　将对映体进行衍生化，因共价键作用形成非对映异构体，再用普通的非手性电泳技术进行分离。

（2）直接法　将各种手性添加剂加入缓冲液中，或是采用复杂的手性固定相，对映体分别与手性添加剂结合形成包合物，根据包合常数或者分配系数的不同而实现分离。常用的手性添加剂主要有环糊精及其衍生物、大环抗生素、多糖、手性表面活性剂、手性离子化试剂、蛋白、冠醚、手性杯芳烃和立体选择性金属络合物等。

CE 常用的手性添加剂：

（1）环糊精及其衍生物　环糊精及其衍生物是毛细管电泳分离中最常用的缓冲液添加剂。

近年来，CD 作为手性添加剂在手性物质分离上得到广泛应用。如 Kodama 等采用毛细管电泳法丙基-β-环糊精为手性添加剂完成对抑霉唑对映体拆分（图 11-40）。Virginia 等将 $2,3,6,-$三-O-β-环糊精作为手性添加剂，成功地用毛细管电泳法将顺式联苯菊酯对映体分离（图 11-41）。刘银利用毛细管区带电泳法，分离了四种手性有机氮类农药灭草喹、甲氧咪草烟、烯草酮和吡喃草酮对映体。Garrison 等采用 CZE 方法，在背景溶液中加入环糊精作为手性添加剂，实现了 2,4-滴丙酸、2 甲 4 氯丙酸、2,4,5-涕丙酸三种化合物的对映体以及 2,4-滴的基线分离，七种化合物迁移时间不到 13min，而且具有很好的精密度。Nielen 等也利用毛细管电泳法通过在缓冲体系中加入一定量的环糊精手性选择剂将苯氧羧酸类除草剂 MCPB 和 MCPP 的对映体及位置异构体进行了分离检测，得到了很好的精密度、线性和重现性。该方法还成功地应用于水样中的对映体含量的测定，其检测浓度为 $1\sim4\text{mg/L}$。

图 11-40　抑霉唑对映体 CE 色谱图

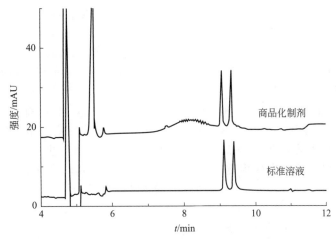

图 11-41　顺式联苯菊酯对映体 CE 色谱图

Schmitt 等采用 DM-β-CD 和 TM-β-CD 作为手性选择剂添加到 MECC 缓冲体系中，苯线磷、异柳磷、育畜磷、氯亚胺硫磷和马拉硫磷五种有机磷农药在 7min 之内得到了很好的分离，但无手性选择性。三种苯氧羧酸甲酯的对映体和六种滴滴涕的类似物也用类似的方法得到了分离。他们还对异丙甲草胺的四个光学异构体进行了分离研究，结果采用 CD-MECC 方法实现了其中三种的分离，且得到了比 HPLC 好的分离效果。

（2）大环抗生素　大环抗生素主要有安沙霉素和糖肽类。其结构中含有多个手性中心，芳香环、氧键基团和疏水"篮子"结构。大环抗生素作手性添加剂时，与分析物之间具有氢键作用、静电作用、疏水作用、π-π 立体位阻作用等，从而实现对映体的分离。安沙霉素类主要包括利福霉素 B 和利福霉素 SV。糖肽类大环抗生素包括万古霉素及其衍生物、瑞斯托菌素及替考拉宁等。Desiderio 等采用大环类抗生素万古霉素作为手性选择剂，对 2,4-滴丙酸、2 甲 4 氯丙酸、2,4,5-涕丙酸、吡氟禾草灵和噁唑禾草灵等七种除草剂及其各自的对映体进行了分析，所有待测物的对映体均在 4.5～8.4min 之内得到了基线分离。各谱峰的迁移时间和校正峰面积都有很好的精密度，检出限为 5×10^{-7} mol/L。

（3）手性表面活性剂　一类是天然的手性表面活性剂，如胆汁酸盐类，含有多个手性中心和羟基，其疏水骨架和亲水基团使得分子间的相互作用形成多个螺旋形胶束，因此具有立体选择性；另一类是人工合成的手性表面活性剂，如含长链烷基的氨基酸衍生物、烷基葡萄糖苷等，具有氢键作用和空间位阻作用而实现手性识别。

（4）冠醚　冠醚是能形成主客体配合物的大环聚醚类拆分剂。常用的是 18-冠-6-四羧酸，用于分离氨基酸和多肽等多种含氨基的对映体。冠醚既能溶于亲水性溶剂又能溶于疏水性溶剂，因此可以作为非水 CE 的手性添加剂。

（5）多糖类手性添加剂　多糖类手性添加剂主要包括线性多糖和寡聚多糖。识别机制是依据对映体与多糖位点间的疏水作用及离子作用。常用的多糖类手性添加剂分为离子型和中性，还有一些新型手性功能化材料（如功能化纳米颗粒和手性金属有机骨架材料等）在毛细管电泳分离手性物质中的应用也日益广泛。新型手性拆分剂研究还包括如新型的羟基酸手性离子液体作为拆分剂，基于 CE 建立氨基酸手性离子液体与天然 α-CD 的协同对映体系统，使用硫酸软骨素 D 作为新型拆分剂等。此外，传统的手性选择剂如环糊精（CD）、冠醚和大环抗生素等近年来在手性分离方面仍有应用。

（五）超临界色谱法

超临界流体是介于气体和液体之间的流体，它兼具液体和气体的优点，其中以 CO_2 最为常用。超临界流体色谱（SFC）以超临界流体为流动相对化合物进行分离，该技术常被认为是气相色谱法和液相色谱法的补充。与气体流动相比，超临界流体对样品的溶解度高。与常规的液体流动相比，超临界流体黏度低，扩散系数大。然而超临界 CO_2 流体的极性较低，为了增加流动相对极性化合物的溶解和洗脱能力，常加入一定量的极性溶剂作为改性剂（如甲醇、乙醇、异丙醇及乙腈等）。

SFC 的 CSP 是在 HPLC 和 GC 的 CSP 基础上发展起来的，目前有大量商品化的手性固定相，文献报道 1500 多种。SFC 分离对映体常用的手性固定相有环糊精类、多糖类、大环抗生素类、Pirkle 型、氨基酸及酰胺类 CSP。其优点是分析速度快、选择性好、柱效高等。适合于热稳定性差以及低挥发性物质的分析。其对仪器要求高，普及性较差，在一定程度上限制了该技术的应用。如 Chen 等利用超高效合相色谱串联质谱（ultra-high performance convergence chromatography/tandem mass spectrometry，UPCC-MS/MS）使用 Chiralpak IA-3 柱分离了氟啶虫胺腈对映体（图 11-42）。

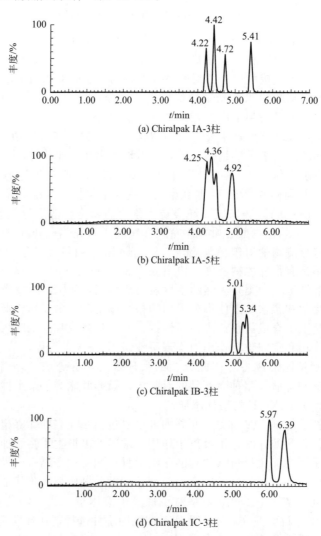

图 11-42　氟啶虫胺腈对映体分离的 UPCC-MS/MS 色谱图

SFC 其他应用：①SFC 可用于制备手性化合物单体。②用于二维色谱技术。二维色谱技术与传统一维色谱技术相比，具有高通量、高峰容量、高分辨率等优点，在复杂样品分析方面具有较大的优势。如 Alexander 等通过非手性柱/手性柱串联的 SFC/MS 分离了手性药物合成产物的两对对映异构体。

三、常见手性农药对映体的分离方法

在选择用于手性分离的最合适的分离技术时，首先必须考虑要分离的分析物的特性，例如，其挥发性和溶解性。如果化合物具有足够的挥发性，则可以通过 GC 进行手性分离，或者可以将化合物衍生化以增加其挥发性。如果对映异构体的热稳定性差并且为非挥发性化合物，可以优先考虑 LC 或其他技术。随着手性分离理论和技术的发展，手性色谱柱、手性添加剂等被广泛应用，手性农药对映体的分离如有机磷、有机氯、拟除虫菊酯、三唑类、苯氧羧酸类、酰胺类等手性农药研究受到关注。

（一）有机磷农药手性分离

手性有机磷农药可分为三类：手性中心在磷原子上；手性中心在碳原子上；同时具有碳和磷手性中心。

因此手性有机磷化合物多数含有一对对映体或者两对对映体。用于手性有机磷农药对映体分离较多的是液相色谱手性固定相拆分法。

通过 HPLC 分离手性有机磷农药对映体最有效的 CSP 是多糖类 CSP 和 Pirkle 型 CSP。Yen 等通过 Whelk-O1 色谱柱分离溴苯磷对映体。Wang 等通过 Whelk-O1 色谱柱分离了苯线磷对映体。Ellington 等利用手性 Chiralcel OD、Chiralcel OJ、Chiralcel OG、Chiralcel AD 和 Chiralcel AS 拆分了甲胺磷、育畜磷等 12 种手性有机磷农药。Wang 等报道了在正相条件下在合成的纤维素三（3,5-二甲基苯基氨基甲酸酯）CSP（CDMPC）上可手性分离水胺硫磷。Liu 等在 Chiralcel OJ 色谱柱上实现了毒壤磷对映体的基线拆分。丁烯磷在 Chiralcel OJ 上也可以良好拆分。Lin 等报道甲胺磷对映体可以在 Chiralcel OD 色谱柱上成功分离（图 11-43）。水胺硫磷对映体可以在 Chiralcel OD 色谱柱上分离。Kientz 等通过 Chiralcel OD 柱拆分了甲胺磷、乙酰甲胺磷、乙基-对硝基苯基磷酰胺酯等，而用聚合三苯基甲基异丁烯酸 CSP 可拆分苯硫磷、苯氰磷对映体。Fidalgo-Used 等通过

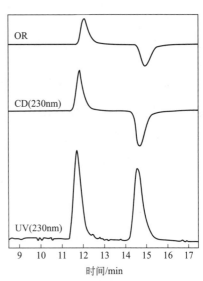

图 11-43　甲胺磷对映体在 Chiralcel OJ 柱上的 HPLC 色谱图

GC 使用 CP-Chirasil-Dex CB 固定相可实现育畜磷和敌百虫两种对映体的良好分离。

（二）有机氯农药手性分离

有机氯手性农药主要包括 α-六六六（α-HCH）、顺式氯丹、反式氯丹、七氯、环氧七氯、氯化氯丹、o,p'-DDT、o,p'-滴滴滴（o,p'-DDD）、毒杀芬等。

有机氯类手性农药对映体分离方法主要为使用环糊精衍生物 CSP 的气相色谱法和使用多糖衍生物 CSP 的液相色谱法。Oehme 等利用 β-环糊精衍生物 CSP（TBDMS-CD）使用气相色谱拆分了 α-HCH、环氧七氯、顺式氯丹、反式氯丹对映体。Baycan 等利用 β-环糊精衍生物 CSP 通过气相色谱拆分了毒杀芬、顺/反式氯丹、七氯、环氧七氯对映体。Champion

等在正相条件下使用 Chiralcel OD 拆分了顺式氯丹和反式氯丹对映体，使用 Chiralcel OJ 拆分了 α-HCH 对映体；使用 Chiralcel AD 和甲醇流动相实现了环氧七氯对映体拆分。Imran 等在反相色谱条件下利用 Chiralcel OD、Chiralcel OJ 和 Chiralcel AD 柱实现了 o,p'-DDT 及其代谢物 o,p'-滴滴滴（o,p'-DDD）对映体的拆分。

（三）拟除虫菊酯农药手性分离

拟除虫菊酯类手性农药常含有 1～3 个手性碳原子（2～8 个对映体），同时由于分子结构中大多含有三元环和双键而存在顺反异构，其立体异构体的数目理论上可多达 16～32 个，但由于空间位阻导致稳定存在的异构体少很多。

到目前为止，只含高效体的拟除虫菊酯化合物在一些环糊精气相色谱固定相上能得到较好的分离，而含有 8 个立体异构体的拟除虫菊酯化合物使用一根手性色谱柱往往只能得到部分分离，采用两根手性柱串联可以实现其拆分。刘维屏报道了使用 OA-2500I 上完成顺式苯醚菊酯和顺式氯菊酯两个异构体的分离。将两根 Chirex00G-3019-OD 串联使用，可将氯氰菊酯和氟氯菊酯的 8 个异构体基线分离。Edwards 等在 Chiralcel OD 柱上探究分离氯氰菊酯和氯菊酯 8 个异构体，其中 6 个可以达到基线分离。Hardt 等使用环糊精衍生物 CSP 的气相色谱法检测丙烯菊酯时得到了 7 个峰。李朝阳通过 Chiralcel OD 柱实现了氰戊菊酯的 4 个异构体的基线分离。高伟亮利用 Sino-Chiral OJ 柱通过超临界流体色谱探究实现高效氯氟氰菊酯异构体的基线分离。谭徐林通过新合成的含 2-氨基-3,5-二硝基苯甲酰基 CSP，成功拆分了甲氰菊酯和氰戊菊酯；溴氟菊酯在 CSP-（－）PTE-Val-2 手性固定相上获得较好的分离；氯氟氰菊酯的 8 个异构体在 CSP-（－）PTE-Ile-2 和 CSP-（－）PTE-Val-2 手性固定相上获得分离。Shea 等通过胶束电泳实现了烯丙菊酯和甲氰菊酯的基线分离。

（四）三唑类农药手性分离

三唑类手性农药分子一般含有一个手性中心（2 个对映体），如戊唑醇、己唑醇、烯唑醇等；或含有 2 个手性中心（2 对对映体），如三唑醇、多效唑、丙环唑等。

目前对三唑类农药手性分离使用最多的是液相色谱和超临界流体色谱手性固定相法。Spitzer 等使用 Chiralcel OD、Chiralcel OJ、Chiralcel AD、Chiralcel AS 手性柱对己唑醇、三唑醇对映体进行了拆分，发现以正己烷/异丙醇（90/10，V/V）的流动相条件下，OD 柱对己唑醇拆分效果明显优于其他几种手性柱。Zhou 等采用手性液相色谱，发现丙环唑、戊唑醇、烯唑醇和粉唑醇在 OD 柱上均得到基线分离。武彤等通过正相高效液相色谱研究发现在 Chiralcel OD-H 手性柱上，三唑酮、烯唑醇、粉唑醇、多效唑、双苯三唑醇 5 种农药对映体可达到基线分离；Chiralcel OJ-H 手性柱则基线拆分了三唑酮、烯唑醇、腈菌唑、多效唑、双苯三唑醇 5 种农药对映体。陈茜茜基于反相高效液相色谱串联质谱建立了腈菌唑（图 11-44）、戊唑醇（图 11-45）、氟环唑及烯唑醇对映体的拆分方法。

金丽霞利用高效液相色谱法发现在多糖手性固定相 Chiralpak AD-H 大部分的三唑类化合物得到了完全的基线分离。李远播以高效液相色谱串联质谱与反相手性固定相结合为基础建立了四氟醚唑、腈苯唑、氟环唑、烯唑醇、己唑醇、三唑酮、多效唑、腈菌唑 8 种手性农药 16 个对映体的同时分离方法。Faraoni M 等采用非手性与手性色谱柱串联的方法，实现了丙环唑 4 个对映体分离。田芹等采用 CDMPC 手性固定相和直链淀粉-三(3,5-二甲基苯基氨基甲酸酯)手性固定相（ADMPC-CSP），在反相色谱条件下成功地拆分了己唑醇、烯唑醇、烯效唑、粉唑醇、三唑酮和戊唑醇对映异构体。Zhang 等通过 Lux Cellulose-1、Lux Cellulose-2、Lux Cellulose-3、Lux Amylose-1、Lux Amylose-2 成功拆分了 21 种手性三唑类手性杀菌剂对映体。李晶通过 Chiralcel OJ-H 柱在正相条件下实现了苯醚甲环唑及其代谢

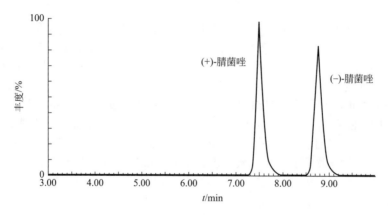

图 11-44　腈菌唑对映体在 Chiralcel OD-RH 柱上的分离色谱图

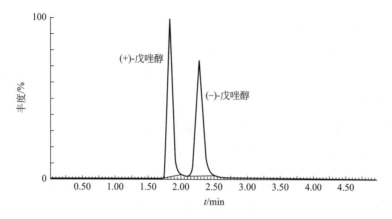

图 11-45　戊唑醇对映体在 Lux Amylose-2 柱上的分离色谱图

物 CGA205375 对映体同时基线分离。Toribio 等使用 Chiralcel AD 柱在超临界流体色谱条件下成功拆分了环菌唑、丙环唑、烯唑醇、己唑醇、戊唑醇和四氟醚唑 6 种手性农药对映体。程有普利用超临界流体色谱使用 Chiralpak IA 手性色谱柱实现了丙环唑四种异构体短时间内的基线分离。陶燕通过超临界流体色谱法利用 Chiralpak IA-3 手性柱实现粉唑醇对映体的基线分离。Tao 等通过 ACQUITY UPC^2 Trefoil AMY 1 手性柱利用超临界流体色谱实现了腈苯唑 2 个手性代谢物 4 个对映异构体的基线分离。Jiang 等通过超临界流体色谱在 Chiralcel OD-3 柱上成功拆分了丙硫菌唑及其代谢物脱硫丙硫菌唑对映体。

目前手性气相色谱拆分三唑类手性农药的报道较少。Kenneke 等利用 GC-MS 结合 β-环糊精类型的 BGB172 手性柱同时拆分了三唑酮和三唑醇，实现了三唑酮 2 个对映体的部分分离，三唑醇的 4 个对映体实现基线分离。Li 等采用 BGB-172 手性气相色谱柱实现了硅氟唑对映体的分离。

（五）苯氧羧酸类农药手性分离

苯氧羧酸类除草剂一般含有一个或两个手性中心，包括两类：①苯氧羧酸除草剂，如 2,4-滴（2,4-D）、2,4-滴丙酸、2 甲 4 氯丙酸、2,4-D 异辛酯等；②芳香苯氧羧酸酯类除草剂，如禾草灵、噁唑禾草灵和喹禾灵等。

苯氧羧酸类除草剂对映体拆分多使用毛细管电泳法和液相色谱手性固定相法。Mechref 等采用毛细管电泳法，以两种烷基配糖类表面活性剂为手性添加试剂，完成了对 2,4-滴丙酸、2甲4氯苯氧丙酸和 2-(4-氯苯氧基)丙酸等 6 种苯氧羧酸类手性除草剂的拆分。Garrison 等使用毛细管区带电泳色谱完成了 2,4-滴丙酸、2,4,5-涕丙酸和 2 甲 4 氯丙酸的基线分离。Benno A. Ingelse 等使用毛细管电泳法分离了吡氟禾草灵和噁唑禾草灵，且均获得了基线分离。Padiglioni 等使用麦角生物碱的手性固定相在高效液相色谱上分离了禾草灵酸、噁唑禾草灵、喹禾灵、2,4-滴丙酸、2,4,5-涕丙酸、2 甲 4 氯丙酸。Riering 等发现通过高效液相色谱 2 甲 4 氯丙酸只能在 NUCLEODEX α-PM 柱上分离，而 2 甲 4 氯丙酸甲酯可以在 CLEODEX α-PM 柱和 NUCLEODEX β-PM 柱上被分离。Schurig 等以涂敷有 Chirasil-Dex 聚合物的 NUCLEOSIL 柱为手性固定相在液相色谱反相条件下，实现了 2 甲 4 氯丙酸甲酯的基线分离。林坤德等采用手性高效液相色谱法在 Chiralcel OJ-H 柱上同时完成了禾草灵和禾草酸对映体的拆分。潘春秀等发现利用高效液相色谱噁唑禾草灵对映体可在 Pirkle 型 (S，S)-Whelk-Ol 手性柱上获得较好分离，禾草灵、吡氟禾草灵和喹禾灵在 CDMPC 手性柱上获得了较好分离。马斌斌使用超临界流体色谱，对吡氟禾草灵、喹禾灵等 11 种手性苯氧羧酸类除草剂进行对映体分离研究，其中 9 种获得完全或部分分离。Sanchez 等通过使用 Per-O-pentylated Per-O-methylated-β-CD 混合 CSP 的气相色谱法成功使 2,4-滴丙酸甲酯和 2 甲 4 氯丙酸甲酯等苯氧羧酸类手性除草剂对映体基线分离。Lewis 等利用气相色谱，以 Chirasil Dex CB 为 CSP 实现对 2,4-滴丙酸甲酯对映体的基线分离。文岳中等使用 β-环糊精 BGB-172 毛细管色谱柱利用气相色谱建立了 2,4-滴丙酸甲酯对映体的分离方法。

（六）酰胺类农药手性分离

酰胺类手性农药具有共同的酰胺基团，杀菌剂包括甲霜灵、苯霜灵、敌草胺等；除草剂包括甲草胺、乙草胺、丙草胺、丁草胺等。此类手性农药异构体分离方法主要为液相色谱 CSP 法和毛细管电泳法。

Polcaro 等使用 Chiracel OD-H 柱基于 HPLC 拆分了异丙甲草胺的 4 个异构体。王美云在反相色谱条件下，利用 HPLC 结合手性固定相（Lux Cellulose-2）法实现了甲霜灵对映体的基线分离。高永鑫利用 HPLC-MS/MS 与手性柱（Chiralcel OD-3R 和 Chiralpak IC）结合，建立了苯霜灵、甲霜灵和呋霜灵对映体进行手性分离的方法。周瑛等利用高效色谱在直链淀粉三-(3,5-二甲基苯基氨基甲酸酯)手性固定相（AD-RH 柱）和纤维素三-(3,5-二甲基苯基氨基甲酸酯)手性固定相（OD-RH 柱）上都实现了敌草胺对映体基线分离。黄宝美使用自行设计的毛细管电泳柱端电导检测系统，对甲霜灵对映体进行了拆分。Pan 等利用 UPLC-MS/MS 利用 Lux Amylose-2 手性柱建立了苯酰菌胺的对映体分离方法（图 11-46）。

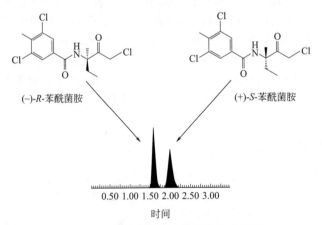

图 11-46　苯酰菌胺对映体的分离色谱图

（七）其他农药手性分离

Tan 等采用手性柱 Chiralcel OD-H 在正相色谱条件下基线分离了氟虫腈对映体。Sun 等采用 Phenomenex Lux Cellulose-1 手性柱，在 HPLC 上完全分离了茚虫威两个对映体。Tian 等使用 HPLC 在 Phenomenex Lux Cellulose-2 手性柱上分离了丁烯氟虫腈两个对映异构体。陈增龙通过超临界流体色谱系统利用 Trefoil AMY1 手性柱完成了呋虫胺及其代谢物 UF 对映体的手性分离。张青在反相 HPLC 条件下，建立了乙虫腈对映体的手性拆分方法。田明明使用 Lux Cellulose-2 手性色谱柱在反相液相色谱条件下实现了丁虫腈对映体的分离。Pan 等利用超临界流体色谱结合 Chiralpak IA 手性固定相完成了啶菌噁唑 4 个异构体的基线分离。Li 等通过超临界流体色谱结合 Chiralpak IB 手性固定相实现了氟噁唑酰胺对映体的基线分离。

四、手性农药残留分析及研究应用

通过建立手性农药对映体在不同基质中的残留分析方法，可以用于动物、植物及环境基质中手性农药对映体残留水平监测，探究手性农药在动物、植物和环境中的选择性降解、迁移等行为，开发手性农药对映体制备方法可获得高纯度的对映体，从而可开展手性农药对映体的选择性活性、毒性等研究。

（一）手性农药在动物中的选择性降解

孙明婧利用高效液相色谱法在 ADMPC 手性固定相上完成了腈菌唑对映体的拆分，并建立了腈菌唑对映体在人尿和兔血中的残留分析方法，发现消旋体腈菌唑注入到家兔体内后，在家兔体内（＋）-腈菌唑比（－）-腈菌唑降解速率快。王萍利用 CDMPC 手性固定相完成了手性农药乙氧呋草黄和稻丰散对映体拆分，研究得出在大兔血浆中左旋体优先降解。申志刚利用液相色谱结合 CDMPC 手性固定相完成粉唑醇对映体拆分，研究发现血浆中 S-粉唑醇开始相对富集，随着时间增加 R 体选择性富集。

（二）手性农药在植物中的选择性富集及降解

程有普利用 Chiralpak IA-3 手性色谱柱实现了丙环唑四种异构体短时间内的基线分离（图 11-47），利用建立的分析方法研究了丙环唑异构体田间条件下在稻田体系中的立体选择性降解行为，发现丙环唑在水稻稻秆、稻粒和稻壳中（＋）-丙环唑-B 和（－）-丙环唑-A 优先降解，不同时期不同部位选择性降解程度不同，在稻粒和稻壳上选择性降解较弱。Wang 等利用 HPLC 结合 Lux Cellulose-2 手性色谱柱拆分了甲霜灵对映体，研究得出甲霜灵在水稻植株中 R-（－）-甲霜灵比 S-（＋）-甲霜灵降解速率快，导致 S-（＋）-甲霜灵相对富集，与甲霜灵在葡萄和番茄上的选择性降解趋势相反，S-（＋）-甲霜灵优先在葡萄和番茄中降解。Dong 等利用 HPLC 结合 Chiralcel OJ-H 手性柱拆分了苯醚甲环唑对映体，研究发现苯醚甲环唑在不同作物种类中选择性降解趋势不同，（$2R,4R$）和（$2R,4S$）手性异构体在番茄中优先降解，而（$2R,4S$）和（$2S,4S$）手性异构体在黄瓜中优先降解。Ye 等利用 LC-MS/MS 结合 Lux Amylose-2 色谱柱拆分了戊唑醇对映体，发现在麦秆中 R-（－）-戊唑醇降解快，而在籽粒中 R-（－）-戊唑醇优先富集。

（三）手性农药在土壤和水中的选择性降解

Yang 等利用气相色谱在 BGB-172 色谱柱上完成了 o,p'-DDD 和（＋）-o,p'-DDT 对映

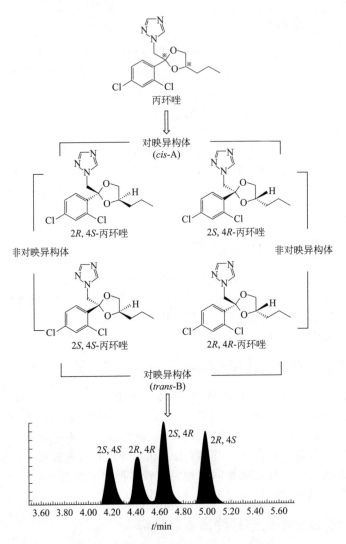

图 11-47 丙环唑对映体化学结构及色谱图

体的分离，通过建立的分析方法探究底泥样品中有机氯农药的选择性降解行为，（＋）-o,p′-DDT 和 （＋）-o,p′-DDD 在所有样品中优先降解， （＋）-α-HCH 在部分样品中优先降解。

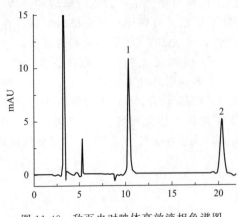

图 11-48 敌百虫对映体高效液相色谱图

Kurt-Karakus 等通过 GC-MS 在不同手性色谱柱上完成（＋）-trans-氯丹、 （－）-cis-氯丹等的手性分离，采集分析了非农区的森林和草地等生态系统的样品，得出 （＋）-trans-氯丹在 72.4％的土壤样品中优先降解，而 （－）-cis-氯丹在 10.3％中的土壤样品中优先降解，在 17.3％的土壤样品中未发现其选择性降解行为。刘卉利用 HPLC 在 Lux Cellulose-3 手性色谱柱上完成吡丙醚及其代谢物对映体拆分，得出不同地区土壤中手性异构体的选择性降解趋势并不完全相同，甚至会相反。

聂晶使用高效液相色谱法在 Chiralpak IC

柱上完成了敌百虫对映体的拆分（图 11-48），得出在自然条件和黑暗条件下 S-(＋)-敌百虫优先降解，而在无菌和无菌黑暗条件下敌百虫对映体无选择性降解行为。Kaziem 等通过 HPLC 结合 Lux Cellulose-1 手性固定相完成了氟环唑对映体的分离，得出 S,R-(－)-氟环唑的降解速率比 R,S-(＋)-氟环唑快，而氟环唑在超纯水中无选择性降解行为。

（四）手性农药对映体选择性活性和毒性差异

通过建立手性农药对映体分离制备方法得到对映体单体，从而评估其对映体选择性活性及毒性差异。

如 Dong 等利用 SFC 系统在 Chiralpak AD-H、Chiralcel OD-H 和 Chiralcel OJ-H 手性色谱柱上制备了苯醚甲环唑的 4 个对映体，探究得出苯醚甲环唑的对映体生物活性顺序为 RS-体＞RR-体＞SR-体＞SS-体，其中 RS-体是 SS-体活性的 4.9～24.2 倍；探究了苯醚甲环唑 4 个对映体对斜生栅藻、大型溞和斑马鱼的毒性差异，发现 2S,4S-异构体对三种水生生物毒性最高，2R,4S-异构体对三种水生生物毒性最低。Pan 等通过 SFC 系统结合 Chiralpak IA 色谱柱制备了丙环唑的 4 个对映体，开展了丙环唑 4 个对映体对斜生栅藻、大型溞的急性毒性实验，发现对不同生物 4 个对映体的毒性顺序不一致，最大差异倍数为 1.48～2.43 倍；丙环唑不同单体对不同病菌的活性顺序不一致。Li 等通过 HPLC 结合 Superchiral S-OJ 手性半制备色谱柱完成氟噁唑酰胺的两个对映体制备，探究氟噁唑酰胺对映体对 4 种典型靶标害虫（小菜蛾、甜菜夜蛾、蚜虫、棉红蜘蛛）的生物活性差异，得出 S-(＋)-氟噁唑酰胺异构体的生物活性比 R-(－)-氟噁唑酰胺和 rac-氟噁唑酰胺的生物活性高 52.1～304.4 倍和 2.5～3.7 倍；发现 S-(＋)-氟噁唑酰胺对意大利成年工蜂的急性毒性大于 R-(－)-氟噁唑酰胺的 30 倍，rac-氟噁唑酰胺是 S-(＋)-氟噁唑酰胺急性毒性的 4.3 倍。Gao J 等利用 HPLC 结合 Chiralcel OD 手性色谱柱完成了 R-乙虫腈和 S-乙虫腈的制备，并探究其毒性差异，得出 R-乙虫腈对蛋白核小球藻（Chlorella pyrenoidosa）的毒性比 S-乙虫腈和 rac-乙虫腈更大。

手性农药不同异构体在生物活性和非靶标生物毒性方面的差异已引起广泛关注，系统开展手性农药对映体的活性和毒性研究对研制高效低风险手性农药具有重要意义，目前已有少量高效低风险手性农药产品被开发利用。但限于手性分离技术及生产成本，还有大量的手性农药混合体在生产和使用。随着不对称合成技术的发展和大规模生产成本的降低，高效低风险手性农药产品的生产和使用将会越来越多。

参 考 文 献

[1] Anzai K，Kono H，Mizoguchi J，et al. Two-dimensional C-13-H-1 heteronuclear correlation NMR spectroscopic studies for the inclusion complex of cyclomaltoheptaose（beta-cyclodextrin）with a new *Helicobacter pylori* eradicating agent（TG44）in the amorphous state. Carbohydr Res，2006，341（4）：499-506.

[2] Armstrong D W，Li W，Pitha J. Reversing enantioselectivity in capillary gas chromatography with polar and nonpolar cyclodextrin derivative phases. Anal Chem，62（2）：214-217.

[3] Baycan K R，Oehme M. Optimization of tandem columns for the isomer and enantiomer selective separation of toxaphenes. J Chromatogr A，1999，837（1-2）：201-210.

[4] Champion Jr W L，Lee J，Garrison A W，et al. Liquid chromatographic separation of the enantiomers of *trans*-chlordane，*cis*-chlordane，heptachlor，heptachlor epoxide and α-hexachlorocyclohexane with application to small-scale preparative separation. J. Chromatogr. A，2004，1024（1-2）：55-62.

[5] Chang W X，Nie J Y，Yan Z，et al. Systemic stereoselectivity study of etoxazole：stereoselective bioactivity，acute toxicity，and environmental behavior in fruits and soils. J Agric Food Chem，67（24）：6708-6715.

[6] Chen Z，Dong F，Xu J，et al. Stereoselective separation and pharmacokinetic dissipation of the chiral neonicotinoid sulfoxaflor in soil by ultraperformance convergence chromatography/tandem mass spectrometry. Anal Bioanal Chem，

2014，406（26）：6677-6690.

[7] Dahod S K，Siuta-Mangano P. Carbon tetrachloride-promoted stereo selective hydrolysis of methyl-2-chloropropionate by lipase. Biotechnol. Bioeng.，1987，30：995-999.

[8] Del B M，Checchini L，Lepri L. Thin-layer chromatography enantioseparations on chiral stationary phases: a review. Anal Bioanal Chem，2013，405（2-3）：533-554.

[9] Desiderio C，Polcaro C M，Padiglioni P，et al. Enantiomeric separation of acidic herbicides by CE using vancomycin as chiral selector. J. Chromatogr. A，1997，781：503-513.

[10] Ding J，Welton T，Armstrong D W. Chiral ionic liquids as stationary phases in gas chromatography. Anal Chem，2004，76（22）：6819-6822.

[11] Dong F，Cheng L，Liu X，et al. Enantioselective analysis of triazole fungicide myclobutanil in cucumber and soil under different application modes by chiral liquid chromatography/tandem mass spectrometry. J Agric Food Chem，2012，60（8）：1929-1936.

[12] Dong F，Li J，Chankvetadze B，et al. Chiral triazole fungicide difenoconazole: absolute stereochemistry，stereoselective bioactivity，aquatic toxicity，and environmental behavior in vegetables and soil. Environ. Sci . Technol.，2013，47（7）：3386-3394.

[13] Edwards D P，Ford M G. Separation and analysis of the diastereomers and enantiomers of cypermethrin and related compounds. J Chromatogr A，1997，777（2）：363-369.

[14] Ellington J J，Evans J J，Prickett K B，et al. High-performance liquid chromatographic separation of the enantiomers of organophosphorus pesticides on polysaccharide chiral stationary phases. J Chromatogr A，2001，928（2）：145-154.

[15] Faraoni M，Messina A，Polcaro C M，et al. Chiral separation of pesticides by coupled - column liquid chromatography application to the stereoselective degradation of fenvalerate in soil. J. Liq. Chromatogr. Relat. Technol.，2004，27（6）：995-1012.

[16] Fidalgo-Used N，Blanco-González E，Sanz-Medel A. Evaluation of two commercial capillary columns for the enantioselective gas chromatographic separation of organophosphorus pesticides. Talanta，2006，70（5）：1057-1063.

[17] Francotte E，Wolf R M，Lohmann D，et al. Chromatographic resolution of racemates on chiral stationary phases: I. Influence of the supramolecular structure of cellulose triacetate. J Chromatogr A，1985，347：25-37.

[18] Gao J，Wang F，Wang P，et al. Enantioselective toxic effects and environmental behavior of ethiprole and its metabolites against *Chlorella pyrenoidosa*. Environ Pollut，2019，244：757-765.

[19] Garrison A W，Schmitt P，Kettrup A. Separation of phenoxyl acid herbicides and their enantiomers by high-performance capillary electrophoresis. J. Chromatogr. A，1994，688：317-327.

[20] Hao A Y，Tong L H，Zhang F S，et al. Direct thin-layer chromatographic separation of enantiomers of six selected amino acids using 2-*O*-[（*R*）-2-hydroxypropyl]-*β*-CD as a mobile phase additive. Polym. -Plast. Technol. Eng.，1995，28（11）：2041-2048.

[21] Hardt I H，Wolf C，Gehrcke B，et al. Gas chromatographic enantiomer separation of agrochemicals and polychlorinated biphenyls（PCBs）using modified cyclodextrins. J High Resolut Chromatogr，1994，17（12）：859-864.

[22] Imran A，Hassan Y A-E. Determination of chiral ratio of *o*,*p*-DDT and *o*,*p*-DDD pesticides on polysaccharides chiral stationary phases by HPLC under reversed-phase mode. Environ Toxicol.，2010，17（4）：329-333.

[23] Ingelse B A，Reijenga J C，Flieger M，et al. Capillary electrophoretic separation of herbicidal enantiomers applying ergot alkaloids. J Chromatogr A，1997，791（1-2）：339-342.

[24] Jiang D，Dong F，Xu J，et al. Enantioselective separation and dissipation of prothioconazole and its major metabolite prothioconazole-desthio enantiomers in tomato，cucumber，and pepper. J Agric Food Chem，2019，67（36）：10256-10264.

[25] Jiang Y，Fan J，He R，et al. High-fast enantioselective determination of prothioconazole in different matrices by supercritical fluid chromatography and vibrational circular dichroism spectroscopic study. Talanta，2018，187：40-46.

[26] Kaziem A E，Gao B B，Li L S，et al. Enantioselective bioactivity，toxicity，and degradation in different environmental mediums of chiral fungicide epoxiconazole. J Hazard Mater，2020，386：121951.

[27] Kenneke J F，Ekman D R，Mazur C S，et al. Integration of metabolomics and in vitro metabolism assays for investigating the stereoselective transformation of triadimefon in rainbow trout. Chirality，2010，22（2）：183-192.

[28] Kodama S，Yamamoto A，Ohura T，et al. Enantioseparation of imazalil residue in orange by capillary electrophoresis with 2-hydroxypropyl-*β*-cyclodextrin as a chiral selector. J Agric Food Chem，2003，51（21）：6128-6131.

[29] Kurt-Karakus P B，Bidleman T F，Jones K C. Chiral organochlorine pesticide signatures in global background soils.

Environ. Sci. Technol. , 2005, 39 (22): 8671-8677.

[30] Lämmerhofer M. Chiral recognition by enantioselective liquid chromatography: mechanisms and modern chiral stationary phases. J Chromatogr A, 2010, 1217 (6): 814-856.

[31] Lewis D L, Garrison A W, Wommack K E, et al. Influence of environmental changes on degradation of chiral pollutants in soils. Nature, 1999, 401 (6756): 898-901.

[32] Li J, Dong F, Xu J, et al. Enantioselective determination of triazole fungicide simeconazole in vegetables, fruits, and cereals using modified QuEChERS (quick, easy, cheap, effective, rugged and safe) coupled to gas chromatography/tandem mass spectrometry. Anal Chim Acta, 2011, 702 (1): 127-135.

[33] Li L, Gao B, Zhang Z, et al. Stereoselective separation of the fungicide bitertanol stereoisomers by high-performance liquid chromatography and their degradation in cucumber. J Agric Food Chem, 2018, 66 (50): 13303-13309.

[34] Li L, Zhou S, Jin L, et al. Enantiomeric separation of organophosphorus pesticides by high-performance liquid chromatography, gas chromatography and capillary electrophoresis and their applications to environmental fate and toxicity assays. J Chromatogr B, 2010, 878 (17-18): 1264-1276.

[35] Li R, Pan X, Wang Q, et al. Development of S-fluxametamide for bioactivity improvement and risk reduction: systemic evaluation of the novel insecticide fluxametamide at the enantiomeric level. Environ Sci Technol, 2019, 53: 13657-13665.

[36] Lin K, Liu W, Li L, et al. Single and joint acute toxicity of isocarbophos enantiomers to Daphnia magna. J Agric Food Chem, 2008, 56 (11): 4273-4277.

[37] Lin K, Zhou S, Xu C, et al. Enantiomeric resolution and biotoxicity of methamidophos. J Agric Food Chem, 2006, 54 (21): 8134-8138.

[38] Liu W, Lin K, Gan J. Separation and aquatic toxicity of enantiomers of the organophosphorus insecticide trichloronate. Chirality, 2006, 18 (9): 713-716.

[39] Mechref Y, Elrassi Z. Capillary electrophoresis of herbicides Ⅱ. Evaluation of alkylglucoside chiral surfactants in the enantiomeric separation of phenoxy acid herbicides. J Chromatogr A, 1997, 757 (1-2): 263-273.

[40] Nielen F. (Enantio-) separation of phenoxy acid herbicides using capillary zone electrophoresis. J. Chromatogr. A. , 1993, 637: 81-90.

[41] Oehme M, Müller L, Karlsson H. High-resolution gas chromatographic test for the characterisation of enantioselective separation of organochlorine compounds: Application to tert. -butyldimethylsilyl β-cyclodextrin. J. Chromatogr. A, 1997, 775 (1-2): 275-285.

[42] Padiglioni P, Polcaro C, Marchese S, et al. Enantiomeric separations of halogen-substituted 2-aryloxypropionic acids by high-performance liquid chromatography on a terguride-based chiral stationary phase. J Chromatogr A, 1996, 756 (1-2): 119-127.

[43] Pan X, Cheng Y, Dong F, et al. Stereoselective bioactivity, acute toxicity and dissipation in typical paddy soils of the chiral fungicide propiconazole. J Hazard Mater, 2018, 359: 194-202.

[44] Pan X, Dong F, Chen Z, et al. The application of chiral ultra-high-performance liquid chromatography tandem mass spectrometry to the separation of the zoxamide enantiomers and the study of enantioselective degradation process in agricultural plants. J Chromatogr A, 2017, 1525: 87-95.

[45] Pan X, Dong F, Xu J, et al. Stereoselective analysis of novel chiral fungicide pyrisoxazole in cucumber, tomato and soil under different application methods with supercritical fluid chromatography/tandem mass spectrometry. J Hazard Mater, 2016, 311: 115-124.

[46] Patil R A, Weatherly C A, Armstrong D W. Chapter 11: Chiral gas chromatography, in Polavarapu P L (ed). Chiral Analysis: Advances in Spectroscopy, Chromatography and Emerging Methods: Second Edition. Elsevier, 2018: 468-505.

[47] Petrie B, Muñoz M D C, Martín J. Stereoselective LC-MS/MS methodologies for environmental analysis of chiral pesticides. TrAC, Trends Anal Chem, 2018, 110: 249-258.

[48] Pirkle W H, Pochapsky T C. Considerations of chiral recognition relevant to the liquid chromatography separation of enantiomers. Chem Rev, 1989, 89 (2): 347-362.

[49] Polcaro C M, Berti A, Mannina L, et al. Chiral HPLC resolution of neutral pesticides. J. Liq. Chromatogr. Relat. Technol. , 2004, 27 (1): 49-61.

[50] Riering H, Sieber M. Covalently bonded permethylated cyclodextrins, new selectors for enantiomeric separations by liquid chromatography. J Chromatogr A, 1996, 728 (1-2): 171-177.

[51] Sanchez-Rasero F, Matallo M, Dios G, et al. Simultaneous determination and enantiomeric resolution of mecoprop

and dichlorprop in soil samples by high-performance liquid chromatography and gas chromatography-mass spectrometry. J Chromatogr A, 1998, 799 (1-2): 355-360.

[52] Schmitt P, Garrison A W, Freitag D, et al. Application of cyclodextrin-modified MEKC to the separation of selected neutral pesticides and their enantiomers. J. Chromatogr. A, 1997, 792: 419-429.

[53] Schurig V, Negura S, Mayer S, et al. Enantiomer separation on a Chirasil-Dex-polymer-coated stationary phase by conventional and micro-packed high-performance liquid chromatography. J Chromatogr A, 1996, 755 (2): 299-307.

[54] Shea D, Penmetsa K V, Leidy R B. Enantiomeric and isomeric separation of pesticides by cyclodextrin-modified micellar electrokinetic chromatography. J. AOAC Int. , 1999, 82: 1550-1561.

[55] Shishovska M, Trajkovska V. HPLC-method for determination of permethrin enantiomers using chiral beta-cyclodextrin-based stationary phase. Chirality, 2010, 22 (5): 527-533.

[56] Spitzer T, Yashima E, Okamoto Y. Enantiomer separation of fungicidal triazolyl alcohols by normal phase HPLC on polysaccharide-based chiral stationary phase. Chirality, 1999, 11 (3): 195-200.

[57] Sun D, Qiu J, Wu Y, et al. Enantioselective degradation of indoxacarb in cabbage and soil under field conditions. Chirality, 2012, 24 (8): 628-633.

[58] Tan H, Cao Y, Tang T, et al. Biodegradation and chiral stability of fipronil in aerobic and flooded paddy soils. Sci. Total. Environ, 407 (1): 428-437.

[59] Tao Y, Zheng Z, Yu Y, et al. Supercritical fluid chromatography-tandem mass spectrometry-assisted methodology for rapid enantiomeric analysis of fenbuconazole and its chiral metabolites in fruits, vegetables, cereals, and soil. Food Chem, 2018, 241: 32-39.

[60] Telxeira J, Tiritan M E, Pinto M M, et al. Chiral stationary phases for liquid chromatography: recent developments. Molecules, 2019, 24 (5): 865.

[61] Tian M, Zhang Q, Shi H, et al. Simultaneous determination of chiral pesticide flufiprole enantiomers in vegetables, fruits, and soil by high-performance liquid chromatography. Anal. Bioanal. Chem. , 2015, 407 (12): 3499-3507.

[62] Toribio L, Del Nozal M, Bernal J, et al. Chiral separation of some triazole pesticides by supercritical fluid chromatography. J Chromatogr A, 2004, 1046 (1-2): 249-253.

[63] Virginia Pérez-Fernández M Á G, Maria Lusia Marina. Enantiomeric separation of cis-bifenthrin by CD-MEKC: Quantitative analysis in a commercial insecticide formulation. Electrophoresis, 2010, 31 (9): 1533-1539.

[64] Wang M, Hua X, Zhang Q, et al. Enantioselective degradation of metalaxyl in grape, tomato, and rice plants. Chirality, 2015, 27 (2): 109-114.

[65] Wang P, Jiang S, Liu D, et al. Effect of alcohols and temperature on the direct chiral resolutions of fipronil, isocarbophos and carfentrazone-ethyl. Biomed Chromatogr, 2005, 19 (6): 454-458.

[66] Wang Y S, Tai K T, Yen J H. Separation, bioactivity, and dissipation of enantiomers of the organophosphorus insecticide fenamiphos. Ecotoxicol. Environ. Saf. , 2004, 57 (3): 346-353.

[67] Yang H, Li W, Liu Q. Historical trends and chiral signatures of organochlorine pesticides in sediments of Qiandao Lake, China. Bull. Environ. Contam. Toxicol. , 2017, 99 (9): 1-4.

[68] Ye X L, Peng A G, Qiu J, et al. Enantioselective degradation of tebuconazole in wheat and soil under open field conditions. Adv. Mat . Res. , 2013, 726-731: 348-356.

[69] Ye X, Cui J, Li B, et al. Enantiomer-selective magnetization of conglomerates for quantitative chiral separation. Nat. Commun. , 2019, 10 (1): 1-7.

[70] Yen J H, Tsai C C, Wang Y S. Separation and toxicity of enantiomers of organophosphorus insecticide leptophos. Ecotoxicol. Environ. Saf. , 2003, 55 (2): 236-242.

[71] Yuan L, Fu R, Tan N, et al. Separation of the cyclopeptide heterophyllin B by high-speed countercurrent chromatography and its application as a new stationary phase for capillary gas chromatography. Anal Lett, 2002, 35 (1): 203-212.

[72] Zhang G Y, Armstrong D W. 4,6-Di-O-pentyl-3-O-trifluoroacetyl/propionyl cyclofructan stationary phases for gas chromatographic enantiomeric separations. Analyst, 2011, 136 (14): 2931-2940.

[73] Zhang H, Qian M, Wang X, et al. HPLC-MS/MS enantioseparation of triazole fungicides using polysaccharide-based stationary phases. J Sep Sci, 35 (7): 773-777.

[74] Zhang Y, Breitbach Z S, Wang C, et al. The use of cyclofructans as novel chiral selectors for gas chromatography. Analyst, 2010, 135 (5): 1076-1083.

[75] Zhang Z, Zhang Q, Gao B, et al. Simultaneous enantioselective determination of the chiral fungicide prothioconazole

and its major chiral metabolite Prothioconazole-desthio in food and environmental samples by ultraperformance liquid chromatography-tandem mass spectrometry. J Agric Food Chem，2017，65（37）：8241-8247.

[76] Zhou Y，Li L，Lin K，et al. Enantiomer separation of triazole fungicides by high-performance liquid chromatography. Chirality，2009，21（4）：421-427.

[77] Zurita-Perez J，Santos-Delgado M J，Crespo-Corral E，et al. Separation of para- and meta-imazamethabenz-methyl enantiomers by direct chiral hplc using a protein chiral selector. Chromatographia，2012，75（15-16）：847-855.

[78] 车超，覃兆海. 手性农药合成研究进展. 化学通报（网络版），2002，65（1）：000042-000042.

[79] 陈茜茜. 戊唑醇手性杀菌剂在拟南芥中的选择性降解及其机制研究. 北京：中国农业科学院，2016.

[80] 陈增龙. 呋虫胺对映体选择性环境行为与毒性差异分子机制. 北京：中国农业科学院，2017.

[81] 程彪平，李来生，周仁丹，等. 两种β-环糊精单臂键合固定相液相色谱法拆分三唑类手性农药. 高等学校化学学报，2015，36（5）：872-880.

[82] 程有普. 手性农药丙环唑立体异构体稻田环境行为及其生物活性、毒性研究. 沈阳：沈阳农业大学，2014.

[83] 高伟亮. 手性多氯联苯和拟除虫菊酯类农药在超临界流体色谱中的对映体分离研究. 杭州：浙江工业大学，2011.

[84] 高永鑫. 酰苯胺类手性农药在黄粉虫体内的手性转化和选择性富集代谢. 北京：中国科学院，2014.

[85] 华维一. 药物立体化学. 北京：化学工业出版社，2005.

[86] 黄宝美，姚程炜，李松，等. 甲霜灵对映体的高效毛细管电泳拆分. 应用化学，2007，24（11）：1343-1345.

[87] 蒋木庚，杨春龙，蒋丰. 衍生化高效液相色谱法分析烯唑醇、烯效唑光学异构体. 分析化学，2001，29（9）：1043-1045.

[88] 金丽霞. 手性三唑类杀菌剂和芳氧苯氧丙酸类除草剂高效液相色谱对映体分离. 杭州：浙江工业大学，2012.

[89] 李朝阳，张智超，张玲，等. 拟除虫菊酯农药和氰戊菊酸手性分离的研究. 分析试验室，2006，25（11）：11-14.

[90] 李晶. 三唑类手性杀菌剂苯醚甲环唑的立体选择性生物活性与环境行为研究. 北京：中国农业科学院，2012.

[91] 李霞，周智明，孟子晖. β-环糊精衍生物的超分子体系识别机理及其在手性分离中的应用. 色谱，2010，28（4）：413-421.

[92] 李远播. 几种典型手性三唑类杀菌剂对映体的分析，环境行为及其生物毒性研究. 北京：中国农业科学院，2013.

[93] 林坤德，蔡喜运，陈胜文，等. 高效液相色谱拆分-荧光法同时分析水中禾草灵和禾草酸对映体. 分析化学，2006，34（5）：613-616.

[94] 刘卉. 吡丙醚及其代谢物的立体选择性环境行为及毒理效应. 北京：中国农业大学，2017.

[95] 刘维屏. 农药环境化学. 北京：化学工业出版社，2006.

[96] 刘银. 白芍中农残的色谱-质谱检测及手性农药的毛细管电泳分离方法研究. 杭州：浙江大学，2012.

[97] 罗丹，马玲，梁冰. 两种薄层色谱直接拆分美托洛尔的方法研究. 化学研究与应用，2008，20（5）：642-646.

[98] 骆晨涛. 化学酶法制备手性1-（4-氯苯基）乙胺及手性农药的合成. 杭州：浙江工业大学，2012.

[99] 马斌斌. 手性苯氧羧酸类除草剂在超临界流体色谱中的对映体分离研究. 杭州：浙江工业大学，2012.

[100] 聂晶. 海水养殖环境下敌百虫对映体选择性降解研究. 舟山：浙江海洋学院，2015.

[101] 聂孟言. 糊精衍生物固定相气相色谱手性分离机理的研究. 大连：中国科学院大连化学物理研究所，2000.

[102] 潘春秀，吴清洲，沈报春，等. 芳氧苯氧丙酸类除草剂在两种手性柱上的对映体分离. 分析化学，2006，34（2）：159-164.

[103] 邱静. 手性农药及对映体分离. 北京：化学工业出版社，2014.

[104] 申志刚. 五种手性农药在动物体内的选择性代谢行为研究. 北京：中国农业大学，2014.

[105] 孙明婧. 四种三唑类手性农药的环境行为研究. 北京：中国农业大学，2014.

[106] 孙晓杰，邢钧，翟毓秀，等. 离子液体在气相色谱固定相中的应用. 化学进展，2014，26（4）：647-656.

[107] 谭徐林. 新型高效液相色谱手性固定相的制备及其拆分性能的研究. 北京：中国农业大学，2007.

[108] 陶燕. 粉唑醇的立体降解行为及其对映体毒性、活性差异研究. 北京：中国农业科学院，2015.

[109] 田明明. 手性杀虫剂丁虫腈对映体立体选择性研究. 南京：南京农业大学，2016.

[110] 田芹，任丽萍，吕春光，等. 反相色谱条件下三唑类手性农药对映异构体的拆分. 分析化学，2010，38（5）：688-692.

[111] 王美云. 手性农药甲霜灵的立体选择性降解研究. 南京：南京农业大学，2014.

[112] 王鸣华，宋宝安. 农药立体化学. 北京：化学工业出版社，2016.

[113] 王萍. 手性农药乙氧呋草黄对映体在生物体和环境中的活性及立体选择性行为的研究. 北京：中国农业大学，2005.

[114] 王贤书，张珏萍. 手性冠醚固定相直接拆分草铵膦对映异构体. 农药，2015，54（9）：638-641.

[115] 文岳中，蔡喜运，马云，等. 衍生化-手性毛细管色谱分离和测定水中的2,4-滴丙酸. 分析化学，2004，32（11）：76-78.

［116］　武彤，李朝阳，李巧玲，等 . 三唑类手性农药高效液相色谱分离的研究 . 河北科技大学学报，2008，29（4）：219-223.

［117］　邢其毅 . 基础有机化学 . 第 3 版 . 北京：高等教育出版社，2010.

［118］　杨丽，江树人，廖勇，等 . 流动相添加剂法与手性固定相法对己唑醇光学异构体的拆分 . 农药学学报，2004，6（2）：90-92.

［119］　杨丽，廖勇，周志强，等 . 手性流动相添加剂法对两种手性化合物的直接拆分 . 分析测试学报，23（5）：133-135.

［120］　叶秀林 . 立体化学 . 北京：高等教育出版社，1980.

［121］　张青 . 手性杀虫剂乙虫腈立体选择性降解、活性、毒性和生态毒理效应研究 . 南京：南京农业大学，2017.

［122］　郑卓 . 手性农药与手性技术（一）. 精细与专用化学品，2001，9（23）：3-6.

［123］　周瑛，张世浩，刘维屏，等 . 敌草胺对映体的高效液相色谱分离及手性拆分热力学研究 . 农药学学报，2006，8（3）：260-264.

第十二章

植物源产品中农药多残留分析

在农药残留分析中，样品制备是整个分析过程中关键的步骤。残留分析样品中待测物的浓度很低，待测样品的成分十分复杂，去除背景值的干扰是核心问题。在多残留分析中，各种农药的性质如溶解度、极性和稳定性等方面都差别很大，对提取、分离和检测均提出了较高要求。

20世纪80年代初期以毛细管柱取代填充柱，可以在一次分析中分离多种化合物；且使用毛细管柱降低了载气流速，给台式质谱仪联用提供了技术条件。90年代后自动进样器开始流行，提高了实验室工作效率和方法精密度；计算机和自动化技术在控制分析仪器、数据处理方面得以广泛应用。

农药多残留分析是在复杂的样品基质中测定多种痕量农药，而农产品样品基质多样且成分复杂，溶剂提取后存在各种不同的基质成分（它们的浓度比残留农药高很多倍）。农药多残留前处理方法须充分利用农药的物理化学性质，将其从复杂基质中有效提取出来并进行进一步的净化。农药残留分析样品中常见的干扰物见表12-1。

表12-1　农药残留分析样品中常见的干扰物质

种类	代表物质	种类	代表物质
非极性化合物	石蜡、脂肪、磷脂等	黄酮与多酚类	黄酮、多酚类、多酚类衍生物等
色素	叶绿素、叶黄素等	萜类	单萜、倍半萜、二萜等
氨基酸及其衍生物	氨基酸、蛋白质、多肽等	生物碱	植物中各种生物碱
碳水化合物	糖类、淀粉等	其他	邻苯二甲酸酯等

在开发新的多残留分析方法时，应注意以下两个基本方面：

（1）要注意测定方法的各操作步骤的协调性，如采用长时间和多步骤进行样品净化不如加强萃取步骤的选择性或使用选择性较好的色谱分离和检测方式。但增加萃取的选择性，不可避免地会限制待测物的范围；使用固相萃取、固相微萃取等技术净化，对适合的多残留待测物的极性范围有一定限制；使用选择性好、精密的检测仪器，样品中高浓度的基质成分也会影响系统的运行。因此研究和引进方法时必须全面考虑以上这些因素。目前许多新的样品制备技术，是与高选择性和高特异性仪器配合使用的。新的仪器测定技术可以简化样品制备步骤，如GC-MS、HPLC-MS、GC-MS/MS、HPLC-MS/MS，还可以采用理论塔板数更高的GC和LC色谱柱、多种进样系统和自动化在线样品制备等，新的进样系统如PTV进样可自动蒸发溶剂，并采用大体积进样，可省去常规的溶剂蒸发和溶剂转换、浓缩步骤；直接进样系统可以自动改换进样口的衬管，可以引进具有高浓度非挥发性样品基质。测定时进样自动化，还可以与固相微萃取等技术联用。

（2）提高分析测定效率。实验室样品测定应该做到分析效率高且经济合理，农药残留测定方法的发展方向应是操作步骤简单化、小型化、自动化和在线联用。

① 操作步骤简单化　目前农药残留分析的发展趋势是分析速度快、单位时间测定的样品数量多、溶剂消耗量少、检测农药的范围广、分析的灵敏度高。在检测仪器足够灵敏和抗干扰能力好的情况下，样品制备已简化到"提取和进样"或"提取、稀释和进样"即可。

② 小型化　指采用尽量小体积的提取方式或采用小型前处理设备，与常规方法相比消耗较少的化学试剂和溶剂，许多新的萃取技术如 QuEChERS 方法相比常规 LLE 方法是简化和小型化的。

③ 自动化和在线联用　目前已开发出几种前处理技术与最终测定仪器联用，如 SPE-HPLC、SPME-GC、GPC-HPLC 等，还有自动进样器的使用，提高了工作效率和单位时间样品测定数量，提高了分析结果的准确度，减少了操作人员与有害化学品的接触和大量的手工操作。

如美国加州农业部的多残留筛选方法，我国的 NY/T 761—2018《蔬菜和水果中有机磷、有机氯、拟除虫菊酯和氨基甲酸酯类农药多残留的测定》中蔬菜水果中多种有机氯、有机磷、氨基甲酸酯类杀虫剂的多残留分析是使用乙腈提取，但是未用第二种溶剂如二氯甲烷等进行液液分配，而是在乙腈提取液中添加氯化钠使水相从提取液中分离，该方法可以有效地测定不同极性的农药，乙腈虽价格较贵且有一定毒性，但是溶剂用量较少。又如美国东部农业研究中心开发的 QuEChERS 法、我国 GB/T 系列的粮谷、蜂蜜、果汁和果酒、水果和蔬菜中 500 多种农药及有关化学品的气相色谱-质谱法和液相色谱-串联质谱法残留量的测定，NY/T 761—2018《蔬菜和水果中有机磷、有机氯、拟除虫菊酯和氨基甲酸酯类农药多残留的测定》，NY/T 1380—2007《蔬菜、水果中 51 种农药多残留的测定　气相色谱-质谱法》及 NY/T 1379—2007《蔬菜中 334 种农药多残留的测定气相　色谱质谱法和液相色谱质谱法》等都是使用乙腈作为提取溶剂及使用基质固相分散和分散固相萃取等简化的前处理方法。

食品和农畜产品中的农药残留分析方法有单残留分析方法和多残留分析方法。

农药单残留分析方法（SRM）是针对单个农药的残留分析方法。在开发新农药的过程中，必须提出残留分析方法给登记部门，为提供该农药在田间作物上的残留试验数据，测定其在农产品和环境中的残留，为农药登记及制定农药最大残留限量（MRL）提供依据；当已知或怀疑样品中可能有某一农药的残留，单个农药残留分析方法可以用于执法，一般要求测定该农药母体及其有毒理意义的代谢、降解产物或相关杂质。我国农业部农药检定所根据全国农药残留试验研究协作组多年的残留试验研究工作，编制了《农药残留量实用检测方法手册》第一、二、三卷，共计收录了 290 多种农药在 33 种农产品和环境样品中的残留量检测方法，是单个农药残留分析方法比较集中的资料。此外在国家标准方法（GB）、农业行业标准方法（NY）、出入境检验检疫标准方法（SN）中均发布了一些单个农药在农产品食品中的残留分析方法。美国将获得登记后的每种农药残留分析方法编制在美国食品药品管理局的《农药分析手册》（*Pesticide Analysis Manual* Vol. 2）中。一些比较新的单个农药残留分析方法可以查阅《农药残留分析方法手册》（*Handbook of Residue Analytical Methods for Agrochemicals*）。

农药多残留分析方法（MRM）是使用同一前处理方法和分析分离仪器类型（GC 或 HPLC）检测多种农药的一类分析方法。各国政府管理机构及质量检测单位选择农药多残留分析方法主要用于：①开展市场监测或监督检查，检查农畜产品、食品、饲料和环境中的农药残留是否超过 MRL 或对人类、动植物和环境有无影响，检测样品中有哪些农药残留及其含量，以便采取相应的措施。②测定和收集农产品、食品和饲料中的农药残留数据以进行农药的风险评估（安全性评价）。农药多残留分析方法可以分为单类农药多残留分析方法和多类农药多残留分析方法。目前各国已有很多多残留分析方法，可以测定样品中数十种或数百种农药的残留，我国是以国标 GB/T、行业标准 NY/T 或 SN 发布，美国则编入食品药品管理局（FDA）的《农药分析手册》第一卷和 EPA 方法中。本章重点介绍国际和国内常用的植物源产品中农药多残留分析方法。

第一节　Mills 农药多残留测定方法

Mills 多残留测定方法是 20 世纪 60 年代后期开发的方法，也是最早广泛使用的农药多残留分析方法。该方法使用乙腈提取样品，适用于当时大量使用的相对稳定的非极性并具有杂原子如卤素、磷或硫的农药。由于使用元素选择性检测器（如 FPD）测定，不含杂原子的干扰物质响应小，降低了背景干扰，提高了目标化合物的信噪比和降低了检测限。

Mills 方法的步骤（见图 12-1）与特点如下：

（1）适用于相对非极性农药的多残留分析。

（2）样品提取　①用乙腈提取（对于含水量少的样品，在提取时可加入定量水），在提取液中加入食盐水后，使用石油醚或正己烷通过多次液液分配提取出农药；②含糖量高的样品，可以加入水稀释后用乙腈提取，含糖量＞15％的样品，先用热水搅拌使其在水中分散均匀后，再用热的乙腈匀浆萃取，其他步骤同上；③对于油脂类样品，先使用石油醚提取，然后用石油醚饱和的乙腈对石油醚提取液进行液液分配，根据 p 值原理经过乙腈 2～3 次萃取后，残留农药进入乙腈相（见表 12-2），大部分脂肪留在石油醚层，再向乙腈相中加入食盐水时，农药在乙腈相中的溶解度降低并重新分配到石油醚中。

表 12-2　几种代表性农药的 p 值（正己烷/乙腈）

农药	p 值	农药	p 值
艾氏剂	0.73	氟乐灵	0.23
七氯	0.55	三氯杀螨醇	0.15
五氯硝基苯	0.41	三氯杀螨砜	0.10
p,p'-滴滴涕	0.38	对硫磷	0.044
狄氏剂	0.33	马拉硫磷	0.042
环氧七氯	0.29	甲基对硫磷	0.022
二嗪磷	0.28	保棉磷	0.008

（3）弗罗里硅土或硅胶柱净化后气相色谱测定　Mills 方法以及以后改进的方法已列入美国《农药分析手册》第一卷（PAM Vol.1）多残留分析方法 303 中。但其缺点是：称取的农作物及果蔬样品量大，一般为 100g；提取或反萃取使用的溶剂量大，约 300mL；使用 1L 的分液漏斗进行液液分配，还需使用常规柱进行净化；进行多次分配、浓缩、过柱等步骤；对于极性大和离子化的农药如百草枯、草甘膦和苯氧乙酸等会在第一次萃取时留在乙腈盐水溶液中丢失；测定油脂样品时，用石油醚提取后用乙腈反萃取时极性最弱的农药如艾氏剂也会丢失。

（4）Mills 净化方法的改进　可以在过弗罗里硅土柱时使用 20％二氯甲烷/正己烷、50％二氯甲烷/0.35％乙腈/49.65％正己烷作为淋洗溶剂，增加淋洗剂的极性，这样可以淋

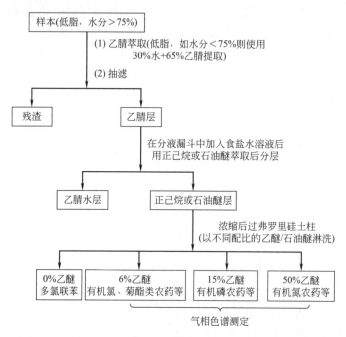

图 12-1　Mills 多残留分析方法的示意

出极性较强的农药和减少油脂的淋出。Mills 方法以乙腈作为提取溶剂，为以后开发的农药残留分析方法如 QuEChERS 方法奠定了基础。

第二节　Luke 农药多残留分析方法

继 Mills 方法后，美国 FDA 洛杉矶实验室于 20 世纪 70 年代开发了 Luke 多残留分析方法，考虑到丙酮的沸点（57℃）比乙腈（82℃）低，毒性也低，而且不会像乙腈那样对检测器有不良影响和在萃取水果时有时会形成两相，改用丙酮或丙酮/水作提取溶剂，取出部分提取液后，加入 NaCl 溶液然后用二氯甲烷和石油醚液液分配提取两次后，减压浓缩除去二氯甲烷和石油醚，溶于丙酮或 10％丙酮/石油醚后，根据气相色谱检测器的性能，必要时可以过弗罗里硅土柱或 C₁₈ 小柱净化，净化液即可进样测定。在使用过程中发现在测定极性农药如甲胺磷时，在液液分配时使用二氯甲烷和石油醚，回收率非常不稳定，改为在丙酮/水提取液中先加入 NaCl 后，仅使用二氯甲烷进行两次液液分配，取出下层二氯甲烷萃取液，合并二氯甲烷后减压浓缩除去，再按上述方法净化处理。

Luke 方法的流程图见图 12-2，该方法的特点是用丙酮提取后，用二氯甲烷和石油醚或仅用二氯甲烷进行液液分配，后者可以扩展测定许多极性农药如甲胺磷及非极性农药，丙酮不仅提取效率高，而且价格便宜，相对毒性低。最后定容的丙酮净化液分为两部分：第一部分使用气相色谱不同检测器测定，①有机磷、有机氮、有机硫和含卤素的有机农药；②甲基化后的氯代苯氧乙酸类除草剂；③溴化后的三环锡和苯丁锡。第二部分使用高效液相色谱测定，①苯并咪唑类杀菌剂，如苯菌灵与甲基硫菌灵均分解为多菌灵测定；②不稳定的含卤素农药；③有些氨基甲酸酯如涕灭威、灭多威和苯基脲类除草剂；液液分配后的水相中有离子化农药如草甘膦、伐虫脒盐酸盐用液相色谱测定，丁酰肼经强碱水解后用气相色谱测定。对最初丙酮水提取过滤后的固体残渣，先用丙酮再清洗两次白色粉末，然后用强酸提取百草枯、敌草快，提取液中加入缓冲液后即可用液相色谱测定。

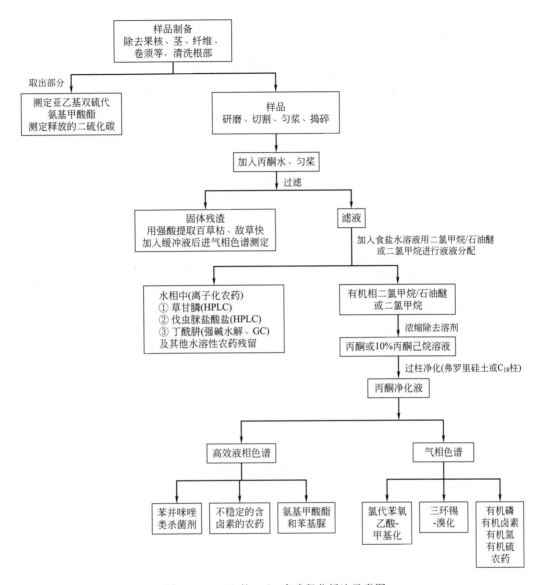

图 12-2　FDA 的 Luke 多残留分析法示意图

Luke 方法以及之后改进的方法已列入美国《农药分析手册》第一卷（PAM Vol.1）多残留分析方法 302 中，早期该方法取样量大（100g），溶剂用量大，近年来已有很大的改进，如减少取样量、使用净化柱等。FDA 长期使用此法，他们根据检测目的选择方法中的某些步骤，用多台气相色谱仪和液相色谱仪分别同时测定不同类型的农药，以适应食品检测的快速要求。我国在很长一段时期内，农药多残留测定大多依据此 Luke 方法使用丙酮作为提取溶剂。

1993 年，Luke 等为了提高农药检测灵敏度，采用离子阱质谱检测目标物，而为了适用于离子阱的检测要求，需进一步提高分析物的净化程度，从而提出了基于 Luke 法改良的 SPE 净化方法，建立了 Luke Ⅱ法。

Luke Ⅱ法与原始 Luke 法之间的区别主要体现在提高了净化能力从而减少内源性杂质对质谱检测带来的影响。最初的 Luke Ⅱ法用了多步净化步骤，首先通过 C18 净化柱来去除大部分长链脂肪以及蜡质杂质，然后流出物用二氯甲烷液液分配后，再次通过离子交换柱去除离子，色素以及糖类杂质以满足质谱的检测要求。

随后，其他科研人员针对 Luke Ⅱ法继续做了改进，建立了基于 SPE 净化的多残留方法。1999 年，Schenck 等利用 Luke 法提取目标物后，利用石墨化碳黑（GCB）和 N-丙基乙二胺（PSA）两种固相萃取柱串联对提取液进行净化，建立了应用于多种蔬菜和水果的 Luke Ⅱ法。串联 SPE 柱的应用减少了净化步骤以及有机溶剂的使用，更加省时省力。随后，Schenck 等为了研究不同材质的固相萃取柱的净化效果，将水果和蔬菜使用 Luke 法提取后分别使用 GCB、PSA、C₁₈、SAX（强阴离子交换柱）、氨基柱等 SPE 柱对提取物进行净化，使用气相色谱法检测。结果表明氨基柱和 PSA 有较好的净化能力，可以去除大多数基质杂质，GCB 可以有效去除植物色素，但是对脂肪酸等基质杂质的去除效果较弱，而 C₁₈ 及 SAX 对基质杂质的去除能力较弱，并不能很好地解决基质效应的问题。

基于不同 SPE 小柱的净化效果建立的 Luke Ⅱ法灵敏度高，降低了检测难度，对市场监管有重要的意义。

第三节　德国 DFG S19 农药多残留分析方法

DFG S19 方法是德国科学家 Specht 等于 20 世纪 80 年代初期研究开发的，在德国及欧洲其他国家广泛应用，欧盟国家在很长时间内将其作为标准方法。其特点是使用 GPC 净化，基于立体排阻即根据不同分子的尺寸大小进行分离。样品提取液通过 GPC 时，大分子的脂肪和其他杂质与小分子的农药分离。该方法可用于不同极性农药多残留分析的净化，特别适用于分离样品中的油脂类物质。S19 早期方法可用于测定 80 多种有机氯、有机磷和有机氮农药及其代谢物，后来经过不断优化测试条件，可通过 GPC 净化测定 300 多种农药和数十种环境污染物如多氯联苯等。近年来有学者对 S19 方法进行了改进，如使用对环境影响较小的溶剂，减少了对环境的污染，减少称样量和改用小型 GPC 柱减少了溶剂的使用量等方面。此法可除去食品和环境样品中分子量较大或极小的基质干扰，特别适用于粮食和油脂类样品中的农药多残留分析。

S19 方法得到广泛使用，主要由于以下几个特点：①提取不同含水量样品的方法标准化；②使用 GPC 及硅胶柱净化；③使用具选择性检测器的色谱仪器。

早期 S19 方法是以丙酮提取，使用分液漏斗将萃取物分配到二氯甲烷中，经减压蒸馏后将萃取物溶于乙酸乙酯/环己烷（1∶1，V/V）中，经 GPC 净化后用气相色谱测定。Specht 等在原 S19 方法的基础上，在样品提取液的分配过程中，研究了以乙酸乙酯/环己烷（1∶1，V/V）取代有毒、污染环境的二氯甲烷，不再使用分液漏斗进行液液分配，而是在一个容器内提取和分配，该混合溶剂与丙酮部分形成上层有机相，而亲水性的基质组分留在 NaCl 饱和的水相中，取出一定量的上层提取液即可，避免了多次提取、洗涤和基质干扰使净化柱过度负载，简化了净化步骤。其流程图如图 12-3 所示。

一、具体步骤

（一）提取

1. 含水量大于 70% 的植物样品或其他食品

称取 100g 样品于玻璃瓶中，设每 100g 样品中含水量为 $x=70g$，在 100g 样品中添加水 30mL（$100-x=30$，按水的密度为 1g/mL 计），搅拌后加入 200mL 丙酮，使样品中丙酮和水之比为 2∶1，加入 35g NaCl 后高速匀浆 2min。

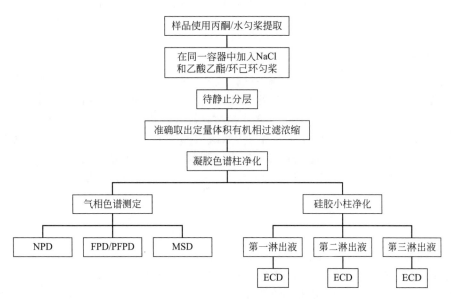

图 12-3　DFG S19 的操作流程

2. 含水量低的植物样品

称取 10～50g 含水量低的植物样品（谷物 50g，干果、干蔬菜 25g，香草、香料 10～20g），以谷物为例称样 50g，每 100g 谷物中含水量为 10g，50g 谷物中含水 5g，再加入 95mL 蒸馏水，使样品中总含水量为 100mL，搅拌后静置 10～20min，加入 200mL 丙酮和 35g NaCl 匀浆 2min。

使用 S19 法测定时需加水的作物和食品中的含水量见表 12-3。

表 12-3　作物和食品中的典型平均含水量

作物和食品中平均 含水量/(g/100g)	作物和食品名称
5	花生、可可粉、干果类(如核桃、栗子)
10	谷物、香草、未加工的咖啡、含油种子、茶叶类
75	香蕉、辣根
80	青豌豆类、马铃薯、葡萄、西芹、黑浆果
85	苹果、梨、红浆果、菠萝、樱桃、牛奶、柑橘、李子、细香葱
90	椰菜、花椰菜、草莓、青豆、葡萄柚、甘蓝、菜瓜类、胡萝卜、葡萄渣、桃、蘑菇、红甜菜、红甘蓝、 菠菜、柠檬、食用甜菜(根)、洋葱
95	菊苣、黄瓜、萝卜、菜用大黄、叶用莴苣、块根芹、茎用莴苣、番茄

3. 植物油脂

称取 5～30g（G）油脂样品于烧瓶中，加 25mL 丙酮于捣碎机中，用 25mL 乙腈分数次淋洗烧瓶中油脂样品至捣碎机中，再加入 200mL 乙腈、20g 硅酸钙和 10g 硅藻土，捣碎 2min，快速抽滤以防止溶剂挥发，使用溶剂总量为 250mL，量出一定体积的滤液（V）加入 2mL 异辛烷，旋转蒸发至 0.5～1mL，用空气流在室温下除去痕量溶剂，加入定量乙酸乙酯/环己烷（1+1），即可直接用 GPC 柱净化。实际测定的样品量为：样品量（g）＝$G \cdot V/250$。

（二）液液分配

本方法不再使用二氯甲烷和分液漏斗进行液液分配，在上述 1 和 2 的匀浆液中准确加入 100mL 乙酸乙酯/环己烷（1∶1），匀浆 1min 后静置 30～60min 待两相分离，准确量取 200mL 有机相于刻度量筒中，通过 100g 无水硫酸钠漏斗收集在 500mL 圆底烧瓶中，使用 4×20mL 乙酸乙酯/环己烷（1∶1）淋洗量筒与无水硫酸钠漏斗，合并萃取液经减压浓缩后在瓶底剩余有痕量水的残留液中加入 7.5mL 乙酸乙酯使之完全混溶，加入 5g Na_2SO_4/NaCl（1∶1，m/m）震摇，准确加入 7.5mL 环己烷，使总体积为 15mL，剧烈振摇，静置待两种混合盐沉积。

（三）GPC 柱净化

使用自动凝胶色谱仪，凝胶柱内径 25mm、长 400mm，将 50g 聚苯乙烯凝胶（Bio-Beads S-X3）用乙酸乙酯/环己烷（1∶1）淋洗剂溶胀过夜后，即可装柱。使用前必须用已知淋洗体积的农药化合物来核实该柱的性能。

定量取出上述（二）液液分配后的或（三）中的乙酸乙酯/环己烷（1∶1，V/V）样品提取液，用 GPC 柱净化，定量环为 5mL，使用乙酸乙酯/环己烷（1∶1，V/V）作为淋洗剂，流速为 5.0mL/min，在进行多残留分析时，根据预先测定的淋洗程序先将前面 20min 接收的 100mL 淋洗液弃去，再收集中间 14min 的 70mL 有农药的淋洗液，最后用淋洗液清洗凝胶柱，完成一个测试。将有农药的淋洗液浓缩至近干，用乙酸乙酯定容至 5mL。使用 GC-FPD、GC-MSD 时，一般不需进一步净化，直接进样测定即可。但是使用 GC-ECD 和使用用对含 N 农药的选择性检测器时需使用小型硅胶柱进一步净化。

（四）硅胶柱净化

使用 0.9～1g 硅胶小柱净化，定量取出通过凝胶柱的样品溶液 2.5mL，加入 5mL 异辛烷浓缩至 1mL 以除去乙酸乙酯，将 1mL 提取液加入经预淋的硅胶柱，用 1mL 正己烷淋洗后：

① 加入淋洗剂 1：正己烷＋甲苯 65∶35（V/V）10mL，收集为淋洗液 1；
② 加入淋洗剂 2：甲苯 6mL，收集为淋洗液 2；
③ 加入淋洗剂 3：甲苯＋丙酮 95∶5（V/V）6mL，收集为淋洗液 3；
④ 加入淋洗剂 4：甲苯＋丙酮 8∶2（V/V）6mL，收集为淋洗液 4；
⑤ 加入淋洗剂 5：丙酮 6mL，收集为淋洗液 5。

（五）气相色谱测定

使用不同的 GC 检测器测定时以相对保留时间来定性，使用 NPD 测定含氮和磷的农药和使用 FPD 测定有机磷农药，均以对硫磷的相对保留值为 1，使用 ECD 测定含有卤素类等农药，以艾氏剂的相对保留值为 1；同时还根据从硅胶柱接收的不同淋洗液中可能存在的农药定性，用外标法定量。在进行确证试验时，可使用两根不同极性的色谱柱，必要时需使用 GC-MS 联用技术。

下面列出了部分有机氯（表 12-4）、有机磷（表 12-5）及一些其他农药（表 12-6），共计 90 多种农药及其异构体和有毒代谢物在 GPC 柱淋出的体积范围，从表中可以看出，农药淋出体积是很集中的，大部分在 100～150mL 淋出，少数几个农药在 150～170mL 淋出，列出这些数据是为了在试验中如使用 GPC 净化样品时可以利用这些试验结果的规律作为参考。表中还列出了使用五种不同溶剂时农药从硅胶柱中的淋出次序。表 12-7 列出了不能使用 GPC 净化的农药。

表 12-4　有机氯农药从凝胶柱淋出的体积范围和使用五种溶剂组成从硅胶柱淋出的农药分布

有机氯农药	凝胶柱淋出体积范围/mL	从硅胶柱淋出(使用1g脱活硅胶)				
		正己烷/甲苯 65/35(V/V)	甲苯	甲苯/丙酮 95/5(V/V)	甲苯/丙酮 8/2(V/V)	丙酮
艾氏剂	120～150	＞90％	—	—	—	—
毒杀酚	110～150	＞90％	—	—	—	—
α-氯丹	110～140	＞90％	—	—	—	—
γ-氯丹	110～130	＞90％	—	—	—	—
杀螨酯	120～150	＜10％	60％～90％	—	—	—
o,p'-滴滴滴	110～140	＞90％	—	—	—	—
p,p'-滴滴滴	110～140	＞90％	—	—	—	—
o,p'-滴滴伊	120～150	＞90％	—	—	—	—
p,p'-滴滴伊	120～150	＞90％	—	—	—	—
o,p'-滴滴涕	120～150	＞90％	—	—	—	—
p,p'-滴滴涕	110～140	＞90％	—	—	—	—
三氯杀螨醇	120～150	10％～30％	60％～90％	—	—	—
狄氏剂	120～150	—	＞90％	—	—	—
α-硫丹	110～150	10％～30％	60％～90％	—	—	—
β-硫丹	110～150	—	＞90％	—	—	—
硫丹硫酸盐	110～140	—	＞90％	—	—	—
异狄氏剂	130～160	—	＞90％	—	—	—
芬螨酯	130～160	—	＞90％	—	—	—
七氯	110～140	＞90％	—	—	—	—
环氧七氯	125～155	60％～90％	30％～60％	—	—	—
六氯苯	140～165	＞90％	—	—	—	—
α-六六六	120～150	＞90％	—	—	—	—
β-六六六	100～130	＞90％	—	—	—	—
γ-六六六	105～135	＞90％	—	—	—	—
δ-六六六	100～130	＞90％	—	—	—	—
异艾氏剂	120～150	＞90％	—	—	—	—
甲氧滴滴涕	130～160	—	＞90％	—	—	—
五氯硝基苯	135～165	＞90％	—	—	—	—
四氯硝基苯	130～160	＞90％	—	—	—	—
三氯杀螨砜	120～150	—	＞90％	—	—	—
杀螨硫醚	125～155	＞90％	—	—	—	—

表 12-5 有机磷农药从凝胶柱淋出的体积范围和使用五种溶剂组成从硅胶柱淋出的农药分布

有机磷农药	凝胶柱淋出 体积范围/mL	从硅胶柱淋出（使用 1g 脱活硅胶）				
		正己烷/甲苯 65/35(V/V)	甲苯	甲苯/丙酮 95/5(V/V)	甲苯/丙酮 8/2(V/V)	丙酮
益棉磷	130～160	—	—	>90%	—	—
溴硫磷	120～150	60%～90%	10%～30%	—	—	—
乙基溴硫磷	110～140	>90%	<10%	—	—	—
三硫磷	120～140	—	30%～60%	—	—	—
毒虫畏	110～140	—	—	60%～90%	30%～60%	—
毒死蜱	110～140	10%～30%	60%～90%	—	—	—
二嗪磷	105～135	—	—	>90%	—	—
百治磷	130～160	—	—	—	—	>90%
甲氟磷	120～155	—	—	—	—	>90%
乐果	120～150	—	—	—	60%～90%	30%～60%
乙拌磷砜	110～140	—	—	>90%	—	—
乙拌磷亚砜	120～150	—	—	—	—	>90%
灭菌磷	120～150	—	—	60%～90%	—	—
乙硫磷	100～140	—	>90%	—	—	—
皮蝇磷	120～150	30%～60%	10%～30%	—	—	—
杀螟硫磷	120～150	—	60%～90%	—	—	—
安硫磷	120～150	—	—	60%～90%	—	—
碘硫磷	120～150	30%～60%	10%～30%	—	—	—
马拉氧磷	110～140	—	—	—	60%～90%	—
马拉硫磷	110～140	—	—	60%～90%	—	—
甲胺磷	120～150	—	—	—	—	>90%
杀扑磷	130～165	—	—	60%～90%	—	—
速灭磷	120～150	—	—	—	>90%	—
氧乐果	140～160	—	—	—	—	>90%
对氧磷	110～140	—	—	—	60%～90%	—
对硫磷	110～140	—	60%～90%	<10%	—	—
甲基对硫磷	140～170	—	60%～90%	<10%	—	—
伏杀硫磷	110～140	—	—	60%～90%	—	—
吡菌磷	110～140	—	—	>90%	—	—
治螟磷	110～130	—	60%～90%	10%～30%	—	—
虫线磷	120～150	—	—	60%～90%	—	—
三唑磷	120～140	—	60%～90%	<10%	—	—

表 12-6　其他农药从凝胶柱淋出的体积范围和使用五种溶剂组成从硅胶柱淋出的农药分布

其他农药	凝胶柱淋出体积范围/mL	从硅胶柱淋出(使用1g脱活硅胶)				
		正己烷/甲苯 65/35(V/V)	甲苯	甲苯/丙酮 95/5(V/V)	甲苯/丙酮 8/2(V/V)	丙酮
敌菌灵	105～135	—	—	>90%	—	—
乐杀螨	100～130	—	>90%	—	—	—
联苯三唑醇	100～130	—	—	—	60%～90%	—
敌菌丹	120～150	—	—	>90%	—	—
克菌丹	125～170	—	—	>90%	—	—
苯氟磺胺	100～140	—	30%～60%	30%～60%	—	—
消螨普	100～120	—	>90%	—	—	—
三氟苯唑	100～140	—	—	60%～90%	10%～30%	—
麦穗宁	120～160	—	—	—	>90%	<10%
抑霉唑	120～150	—	—	—	—	60%～90%
嗪草酮	125～150	—	—	30%～60%	—	—
增效醚	110～130	—	—	60%～90%	<10%	—
残杀威	110～130	—	—	60%～90%	10%～30%	—
除虫菊酯类	110～130	—	—	>90%	<10%	—
苄呋菊酯	110～130	—	>90%	—	—	—
三唑酮	100～130	—	—	30%～60%	30%～60%	—
三唑醇	100～130	—	—	—	60%～90%	10%～30%
氟乐灵	100～130	>90%	—	—	—	—
乙烯菌核利	100～130	—	60%～90%	<10%	—	—

表 12-7　不适合用 GPC 柱净化的农药

农药	农药
矮壮素	代森联
敌草快	伐草快
多果定	代森钠
乙嘧吩	百草枯
代森锰锌	甲基代森锌
代森锰	代森锌
威百亩	福美锌
甲基代森联	

上述 Specht 改进 DFG S19 的方法，不再使用二氯甲烷，省去液液分配步骤，但溶剂使用量仍较大，提取和分配时约需 300mL 溶剂，用 GPC 净化时约需淋洗液 250mL，仍然花费大量的时间和经费。而且 GPC 不能分离与农药分子大小相近的杂质，需要增加硅胶柱净化措施。

二、S19方法的改进

（一）Sannino法

Sannino 于 1998 年在 S19 方法的基础上研究了测定蔬菜中的 9 种苯基脲除草剂的方法，称样量减为 20g，使用 1cm 内径的小型 GPC 柱净化，具体方法如下：

1. 提取和分配

称取样品 20g 于聚四氟乙烯离心管中，加入 40mL 丙酮和 7g NaCl 高速匀浆提取 2min，加入 20mL 乙酸乙酯/环己烷（1：1，V/V）再匀浆提取 1min，然后离心 15min 后，量出有机相（约 55mL）于刻度量筒中，取出 50mL（相当于 18.2g 样品）通过预先用 15mL 乙酸乙酯/环己烷（1：1，V/V）淋洗过的有 20g 无水硫酸钠的玻璃纤维过滤器，再用 20mL 上述混合溶剂淋洗过滤器，将流出液收集在 100mL 圆底烧瓶中，减压浓缩至约 0.5mL，用乙酸乙酯/环己烷（1：1，V/V）转移至 25mL 量筒中，定容为 9mL，每毫升相当于 2.02g 样品。

2. 凝胶色谱柱净化

使用内径 1cm，长 30cm 凝胶柱，以 9g Bio-bead S-X3 树脂经溶胀后装柱，定量进样环为 1mL，取 1mL 上述提取液用 GPC 柱净化，乙酸乙酯/环己烷（1：1，V/V）为淋洗剂，流速为 1mL/min，进样后弃去前面 16min 的淋出液（16mL），收集中间 7min 淋出液（7mL），最后清洗 12min（12mL）。该方法的特点是样品量减少，使用 1cm 内径的凝胶色谱柱，大大减少了溶剂使用量，缩短了测定时间，一个样品用 GPC 净化仅需 35min 和使用 35mL 有机溶剂。收集中间 7min 的淋出液于试管中，在 30℃下氮吹至干，用 2mL 乙酸乙酯-己烷（20：80，V/V）定容。

3. 弗罗里硅土柱净化

使用 Sep-Pack 0.9g 弗罗里硅土小柱净化，取 1mL 上述经 GPC 的净化液过小柱，先用淋洗液乙酸乙酯-正己烷（20：80，V/V）3mL 淋洗，弃去。9 种苯基脲类除草剂的淋出次序如下。

(1) 乙酸乙酯-正己烷（20：80，V/V）1mL　10%～30%利谷隆。

(2) 丙酮-正己烷（15：85，V/V）5mL　70%～90%利谷隆，70%～90%绿谷隆，70%～90%溴谷隆，＞90%草不隆。

(3) 丙酮-正己烷（50：50，V/V）4mL　＞90%甲氧隆，70%～90%绿麦隆，＞90%异丙隆，70%～90%敌草隆，＞90%枯草隆。

对于胡萝卜、马铃薯样品，合并收集 1、2、3 部分淋洗液；对于其他蔬菜样品，则分别收集 1、2、3 三部分。

4. HPLC 分析

使用装有 5μm Lichropher R$_{18}$ HPLC 柱（25cm×4.6mm），进样后流动相梯度为 50%有机相（甲醇：乙腈，85：15）和 50% H$_2$O，在 15min 内有机相增加至 55%，在 30min 内有机相增加至 75%，在 10min 内回到原来的比例，然后平衡 30min。9 种除草剂在 0.010 和 0.100mg/kg 的平均回收率为 70%～98%，相对标准偏差（RSD）小于 9.3%。

本方法的特点是将 S19 方法小型化，称样量从 50g 减为 20g，提取和分配步骤使用的有机溶剂少，有机相和水相分离时使用离心，大大节省了操作时间；使用 1cm id 凝胶柱、1mL 定量进样环和 1mL/min 的流速取代了 5cm id 凝胶柱、5mL 定量进样环和 5mL/min 的流速，与早期使用的 2cm 内径凝胶柱和 5mL 定量进样环相比，节省了大量的溶剂。每个样品的农药从 GPC 淋出约需 35mL 溶剂，而且谱带也更窄。

（二）小型凝胶色谱法

Qian（2005）使用小型凝胶色谱柱净化研究了 5 种除草剂 7 种有机磷农药在稻米和麦粒中的残留量的测定方法。称取 20g 样品经丙酮提取、乙酸乙酯/环己烷分配后，定量取出净化的提取液浓缩，使用内径 1cm、柱长 20cm 内装 8g 溶胀的 Bio-bead S-X3 的 GPC 柱净化，分别以气相色谱和薄层色谱测定，回收率均达到要求。农药在该 GPC 柱上的淋出顺序见表 12-8，12 种农药残留通过小型 GPC 净化过程约需 22min（不包括洗柱的时间），不仅提取和净化的溶剂用量减少，而且节省了时间。方法的回收率满足残留分析要求。

表 12-8　农药通过凝胶色谱柱淋出顺序

淋出体积分段/mL	异丙隆/%	莠去津/%	溴谷隆/%	嗪草酮/%	扑草净/%	敌敌畏/%	久效磷/%	甲基对硫磷/%	杀螟硫磷/%	甲基嘧啶磷/%	马拉硫磷/%	对硫磷/%
1~7												
8												
9						7.0	36.9					
10	19.4	12.5										
11	30.5	31.1	17.6	18.4	21.4	40.7	63.1	15.8	14.1	17.9	16.0	5.8
12~13	32.7	35.1	31.6	31.8	30.4	41.2		31.0	31.2	30.8	31.0	45.5
14~15	17.5	21.3	29.7	25.3	22.4	10.1		30.0	31.0	30.1	30.2	47.6
16~17			21.1	24.5	11.0	1.0		22.7	0.6	21.2	22.1	1.1
18~19					8.8			0.5			0.7	
20~21					6.3							
22~23												

第四节　QuEChERS 农药多残留分析方法

QuEChERS 方法，是目前应用广泛的一种前处理方法，有关 QuEChERS 方法的基本信息，在第四章第十三节分散固相萃取进行了介绍，这里主要介绍基于 QuEChERS 方法建立的多残留分析方法及其改进方法。

一、QuEChERS 多残留分析方法举例

下面以 Lehotay 与荷兰一个官方实验室的方法确认数据为例予以具体说明。为达到满意的检测限，使用 LVI-GC-MS 和 LC-MS/MS 检测，分析了两类有代表性的样品（生菜和橘子），通过 229 种农药的添加回收实验，对 QuEChERS 方法进行了评价，并与传统的丙酮提取法（Luke 法）进行了比较。

1. 提取和净化步骤

（1）称取 15.00g±0.05g 经粉碎的样品至 50mL 聚四氟乙烯具塞离心管。

（2）每份样品中分别添加各种农药标液 300μL；使得样品中添加浓度为 10ng/g、25ng/g

或 50ng/g、100ng/g。

（3）用移液管向每份样品中量取 15mL 乙腈和 300μL 5ng/μL 灭线磷乙腈溶液（内标，空白样品除外）。

（4）拧紧塞子，用力振摇离心管（每手可持 3～5 个离心管）。

（5）打开塞子，加入 6g MgSO₄ 和 1.5g NaCl（离心管管口和边缘不要留有固体粉末）。

（6）重复（4），确保溶剂与所有样品相互作用，所产生的凝聚物在振荡过程中应完全消失。

（7）3000r/min 下离心 1min。

（8）取 5mL 上层清液于盛有 0.3g PSA 和 1.8g 无水 MgSO₄ 的聚四氟乙烯管内，进行分散固相萃取。

（9）拧紧塞子，用力振荡 20s。

（10）重复（7）。

（11）取 1mL 上清液于已标号的自动进样小瓶内，再加入 50μL 0.002mg/L 的三苯基磷酸酯（TPP，用 2%乙酸乙腈配制）。以备进样。

2. 仪器参数与测定条件

（1）GC-MS

色谱柱 CP-Sil 8-ms 毛细管柱（30m×0.25mm×0.25μm）；

载气 He（1.3mL/min）；

进样口温度 初始温度 80℃，30s 后以 200℃/min 的速率升温至 280℃；

进样体积 5μL（LVI 大体积进样）；

分流比 30∶1；

柱温程序 初始温度 75℃，保持 3min，25℃/min 的速率升温至 180℃，再以 5℃/min 的速率升温至 300℃，保持 3min（运行时间：34.2min）；

色谱-质谱接口温度 240℃；

离子阱温度 230℃；

离子化方式 电子轰击电离源（EI）；

质谱检测方式 全扫描模式（SCAN），扫描质量范围 60～550m/z；

灯电流 10μA。

（2）LC-MS/MS

色谱柱 Alltima C₁₈柱（15cm×3mm×5μm）；

流动相 甲醇-5mmol/L 甲酸水（25∶75）的比例，在 15min 内变为（95∶5，V/V），保持 15min；

流动相流速 0.3mL/min；

离子化方式 正离子模式，电喷雾电离（ESI＋）；

毛细管电压 2.0kV；

锥孔电压 35V；

离子源温度 100℃；

干燥气温度 350℃；

雾化气流速 100L/h；

干燥气（N₂）流速 500L/h；

进样量 5μL。

3. 测定结果

各种农药的色谱保留时间和质谱测定参数见表 12-9、表 12-10。

表 12-9　GC-MS 测定参数

序号	保留时间/min	农药	定性/定量离子	序号	保留时间/min	农药	定性/定量离子
1	6.102	敌敌畏	109+185	37	10.882	甲基毒死蜱	286
2	6.119	甲胺磷	94+141	38	10.941	乙烯菌核利	212+198+214+200
3	7.028	联苯	154				
4	7.199	速灭磷	127	39	11.050	甲基立枯磷	265
5	7.304	乙酰甲胺磷	136	40	11.077	甲基对硫磷	263
6	7.360	土菌灵	211	41	11.190	甲霜灵	206
7	7.407	苯胺灵	179	42	11.224	扑草净	184+241+242
8	7.596	邻苯二甲酰亚胺	147	43	11.286	甲萘威	144
9	7.719	四氢邻苯二甲酰亚胺	79	44	11.318	苯锈啶	98
10	7.856	o-邻苯基酚	169	45	11.386	螺环菌胺Ⅱ[a]	100
11	8.119	庚烯磷	215	46	11.452	甲基嘧啶磷	290+276+305
12	8.343	氧乐果	156	47	11.628	杀螟硫磷	260+277
13	8.396	残杀威	110	48	11.687	甲硫威	168+153
14	8.549	灭线磷	158+159	49	11.741	马拉硫磷	173
15	8.590	二苯胺	169	50	11.803	苯氟磺胺	123+224+167
16	8.757	氯苯胺灵	213	51	11.906	毒死蜱	314+316
17	8.873	DMSA	92	52	11.953	乙霉威	267+225
18	8.918	硫线磷	159	53	12.054	艾氏剂	263+293
19	8.979	久效磷	127	54	12.074	倍硫磷	278
20	9.056	戊菌隆	180	55	12.092	氯酞酸甲酯	301
21	9.094	亚胺氧磷	160	56	12.159	对硫磷	291
22	9.253	六氯苯	284	57	12.214	三唑酮	208
23	9.437	乐果	93+125	58	12.237	四氟醚唑	336
24	9.474	唑螨酯	213	59	12.372	二氯二苯甲酮	250+139
25	9.470	克百威	164	60	12.609	丁苯吗啉	128
26	9.500	氯硝胺	176	61	12.746	α-毒虫畏	267+269+323
27	9.782	DMST	106	62	12.856	嘧菌环胺	224
28	9.789	二嗪磷	304	63	12.973	戊菌唑	248
29	9.805	林丹	181	64	12.983	乙菌利	259+261+186+188+190
30	9.848	炔苯酰草胺	173				
31	10.018	嘧霉胺	198	65	13.040	β-毒虫畏	267+269+323
32	10.165	百菌清	266	66	13.040	甲苯氟磺胺	323+325+267+269
33	10.375	抗蚜威	166				
34	10.488	拌种胺	123	67	13.102	灭蚜磷	131
35	10.651	脱甲基抗蚜威	152	68	13.232	喹硫磷	146
36	10.804	螺环菌胺Ⅰ[a]	100	69	13.313	呋霜灵	242
				70	13.306	地胺磷	227+269

序号	保留时间/min	农药	定性/定量离子	序号	保留时间/min	农药	定性/定量离子
71	13.378	氟菌唑	278	106	17.560	戊唑醇	250
72	13.342	三唑醇	112	107	17.696	吡氟酰草胺	266+394
73	13.380	腐霉利	283+285	108	17.714	增效醚	176
74	13.454	克菌丹	79+149	109	17.742	TPP(IS)	325+326
75	13.587	灭菌丹	260+262	110	18.095	氟环唑	192
76	13.716	杀扑磷	85+145	111	18.432	哒嗪硫磷	340
77	13.771	啶斑肟	262+264	112	18.473	异菌脲	314+316
78	14.066	啶氧菌酯	335	113	18.555	联苯菊酯	181+165+167
79	14.168	嘧菌胺	222	114	18.674	溴螨酯	341+339+343
80	14.362	丙硫磷	309	115	18.726	亚胺硫磷	160
81	14.362	α-硫丹	241+239	116	18.743	苯硫膦	169+141+157
82	14.355	己唑醇	309	117	18.783	拌种咯	236+238
83	14.375	氟酰胺	173+281	118	18.878	苯氧威	88+116
84	14.522	丙溴磷	339+337	119	18.949	甲氰菊酯	181+265
85	14.847	噻嗪酮	175+105	120	19.075	三氯杀螨醇	139+251
86	14.863	腈菌唑	179	121	19.100	吡螨胺	318+276
87	14.897	乙嘧酚磺酸酯	208+273	122	19.226	喹螨醚	145
88	14.901	氟硅唑	233	123	19.354	糠菌唑	295+293
89	14.917	咯菌腈	248	124	19.670	三氯杀螨砜	358+356+354+229+231
90	14.956	醚菌酯	131				
91	15.468	环丙唑醇	222	125	19.811	伏杀硫磷	367+182
92	15.802	烯唑醇	268+270	126	20.064	保棉磷	160
93	15.846	乙硫磷	231	127	20.070	氯氟氰菊酯	181+197
94	15.833	倍硫磷亚砜	279	128	20.113	吡丙醚	136
95	15.876	β-硫丹	241+239+195+243+197	129	20.680	氟丙菊酯	289+181
				130	20.680	λ-氯氟氰菊酯	197+181
96	16.084	噁霜灵	163+132	131	20.791	吡菌磷	221
97	16.441	灭锈胺	119	132	20.841	氯苯嘧啶醇	139
98	16.514	三唑磷	257	133	21.789	联苯三唑醇	170
99	16.700	呋酰胺	232	134	21.862	cis-氯菊酯	183
100	16.844	肟菌酯	116	135	22.079	哒螨灵	309+147
101	16.958	喹氧灵	237+272+307	136	22.102	trans-氯菊酯	183
102	17.085	硫丹硫酸盐	387+389+385+270	137	22.268	氟喹唑	340
103	17.073	丙环唑	259+261	138	23.583	氯氰菊酯	181+163+165
104	17.139	环酰菌胺	177+266	139	23.785	氟氰戊菊酯 I [a]	199+157+225
105	17.646	炔螨特	335+350+135	140	24.030	醚菊酯	163

序号	保留时间/min	农药	定性/定量离子	序号	保留时间/min	农药	定性/定量离子
141	24.173	氟氰戊菊酯Ⅱ[a]	199＋157＋225	145	26.290	苯醚甲环唑	323＋325＋265＋267
142	25.122	氰戊菊酯	225	146	26.585	溴氰菊酯	253
143	25.337	氟氰胺菊酯	250	147	27.092	嘧菌酯	344
144	25.528	S-氰戊菊酯	225	148	27.369	噁唑菌酮	330＋224＋196

a 螺环菌胺和氟氰戊菊酯的2个异构体在 GC 中分裂为2个峰。

表 12-10　LC-MS/MS 测定参数

序号	保留时间/min	农药	离子对	序号	保留时间/min	农药	离子对
1	3.28	丁酰肼	161→143	28	10.27	吡虫啉	256→209
2	4.17	甲胺磷	142→94	29	10.43	久效威砜	273→216
3	4.64	乙酰甲胺磷	184→143	30	10.57	甲硫威亚砜	242→122
4	5.25	丁酮威亚砜	229→92	31	10.81	蚜灭磷	288→146
5	5.25	氧乐果	214→155	32	10.94	3-羟基克百威	255→163
6	5.29	吡蚜酮	218→105	33	11.18	敌百虫	257→221
7	5.33	杀线威肟	163→72	34	11.32	乐果	230→171
8	5.76	涕灭威亚砜	229→109	35	11.41	啶虫脒	223→126
9	5.85	灭多威肟	106→58	36	11.53	甲硫威砜	258→122
10	6.18	磺草灵	231→156	37	12.11	霜脲氰	199→128
11	6.25	丁酮威砜	245→130	38	12.44	噻虫啉	253→126
12	6.54	涕灭威砜	245→109	39	12.62	双氟磺草胺	360→129
13	6.76	蚜灭磷亚砜[a]	304→201	40	12.85	乙嘧酚	210→140
14	6.82	杀线威	237→72	41	13.09	丁酮威	213→75
15	7.59	砜吸磷	247→169	42	13.23	甲基乙拌磷亚砜	263→185
16	7.93	蚜灭磷砜	320→178	43	13.26	DMSA	201→92
17	8.05	砜吸磷	263→169	44	13.29	涕灭威	213→116
18	8.13	灭多威	163→106	45	13.30	三环唑	190→136
19	8.33	多菌灵	192→160	46	13.36	甲氧隆	229→72
20	8.59	噻虫嗪	292→211	47	13.38	噁霜灵	279→219
21	8.79	久效磷	224→127	48	13.40	甲基乙拌磷砜	279→143
22	9.36	百治磷	238→112	49	14.14	甲基吡噁磷	325→183
23	9.58	乙硫苯威砜	258→107	50	14.14	抗蚜威	239→182
24	9.87	久效威亚砜	257→200	51	14.30	地胺磷	270→196
25	9.90	脱甲基抗蚜威	225→168	52	14.35	甲基硫菌灵	343→151
26	9.91	乙硫苯威亚砜	242→107	53	14.47	内吸磷-O-亚砜	275→141
27	10.25	噻菌灵	202→175	54	14.47	福美双	241→88

序号	保留时间/min	农药	离子对	序号	保留时间/min	农药	离子对
55	14.54	残杀威	210→111	91	18.18	腈菌唑	289→70
56	14.58	抑霉唑	297→159	92	18.18	三唑酮	294→197
57	14.65	克百威	222→165	93	18.21	稻瘟灵	291→189
58	14.72	敌敌畏	221→127	94	18.21	哒嗪硫磷	341→189
59	14.89	DMST	215→106	95	18.25	氯溴隆	295→206
60	14.98	甲基内吸磷	253→89	96	18.41	多杀霉素 A[b]	733→142
61	15.02	倍硫磷亚砜	295→280	97	18.42	三唑醇	296→70
62	15.35	十二环吗啉	282→116	98	18.46	异丙菌胺	321→119
63	15.36	甲萘威	202→145	99	18.50	啶斑肟	295→93
64	15.68	乙硫苯威	226→107	100	18.50	四氟醚唑	372→159
65	15.74	噻唑磷	284→104	101	18.50	苯氟磺胺	333→123
66	15.74	硫双威	355→88	102	18.50	环酰菌胺	302→97
67	15.90	久效威	241→184	103	18.53	糠菌唑	378→159
68	15.93	绿谷隆	215→126	104	18.53	氟噻草胺	364→152
69	16.07	丁苯吗啉	304→147	105	18.74	氯苯嘧啶醇	331→268
70	16.24	甲基乙拌磷	247→89	106	18.80	乙嘧酚磺酸酯	317→166
71	16.36	螺环菌胺 I [b]	298→144	107	18.83	腈苯唑	337→125
72	16.45	溴谷隆	259→170	108	18.87	氟环唑	330→121
73	16.56	螺环菌胺 II [b]	298→144	109	18.90	多杀霉素	747→142
74	16.59	甜菜安	318→182	110	18.94	啶氧菌酯	368→145
75	16.83	甜菜宁	318→168	111	18.97	乙环唑	328→159
76	16.97	氧环唑	300→159	112	18.97	氟硅唑	316→165
77	17.03	敌草隆	233→72	113	18.99	虫酰肼	353→133
78	17.06	嘧菌酯	404→372	114	19.01	苯线磷	304→217
79	17.25	保棉磷	340→132	115	19.15	苯氧威	302→116
80	17.31	亚胺硫磷	318→160	116	19.34	甲苯氟磺胺	347→137
81	17.35	内吸磷	259→89	117	19.36	苄氯三唑醇	328→70
82	17.41	乙霉威	268→226	118	19.45	醚菌酯	314→267
83	17.49	烯酰吗啉	388→301	119	19.54	戊唑醇	308→70
84	17.50	氟苯嘧啶醇	315→252	120	19.68	戊菌唑	284→159
85	17.90	甲硫威	226→169	121	19.78	丙环唑	342→159
86	17.93	利谷隆	249→160	122	19.82	拌种胺	252→170
87	17.93	多效唑	294→70	123	19.82	倍硫磷	279→169
88	18.00	十三吗啉	298→116	124	19.89	联苯三唑醇	338→269
89	18.04	嘧霉胺	200→107	125	19.89	嘧菌环胺	226→93
90	18.18	环丙唑醇	292→70	126	19.93	噁唑磷	314→105

序号	保留时间/min	农药	离子对	序号	保留时间/min	农药	离子对
127	19.96	己唑醇	314→70	137	21.02	丙溴磷	375→305
128	19.96	叶菌唑	320→70	138	21.08	噻嗪酮	306→201
129	19.96	咪鲜胺	376→308	139	21.08	吡螨胺	334→145
130	20.07	戊菌隆	329→125	140	21.10	噻草酮	326→280
131	20.15	肟菌酯	409→186	141	21.41	烯禾啶	328→178
132	20.27	苯醚甲环唑	406→251	142	21.78	噻螨酮	353→168
133	20.37	烯唑醇	326→70	143	22.86	唑螨酯	422→366
134	20.49	四螨嗪	303→138	144	23.33	哒螨灵	365→309
135	20.54	氟菌唑	346→278	145	24.32	达草特	379→207
136	20.92	呋线威	383→195	146	25.63	醚菊酯	394→177

a 第一个作为定量峰；b 螺环菌胺 I、II 和多杀霉素 A、D 均用于定量。

4. 添加回收率实验结果

添加回收率实验中，基质匹配标准溶液的配制方法如下：1mL 空白提取液（基质浓度相当于 15g 样品/mL）中加入 20μL、50μL 0.5mg/L 的农药混合乙腈溶液，分别配制为 10μg/L 和 25μg/L 的标准溶液；1mL 空白提取液中加入 10μL、20μL 5mg/L 的农药混合乙腈溶液，分别配制为 50μg/L 和 100μg/L 的标准溶液。

标准溶液的浓度范围为 10～2500μg/L。每份溶液中加入 20μL 灭线磷乙腈溶液作内标，用适量的乙腈调整体积至 1.12mL。混匀后，取 360μL 移入 LC-MS/MS 自动进样小瓶，加入 640μL 甲醇，盖上瓶塞，摇匀后，置于自动进样盘中以待测试（GC-MS 用乙腈定容，LC-MS/MS 用乙腈和甲醇混合液定容）。

图 12-4 是两种基质中测试的 229 种农药在每个添加水平进行 LC-MS/MS 或 GC-MS 检测的回收率柱形图。图 12-5 是每个添加水平进行 LC-MS/MS 或 GC-MS 检测时的精密度考察图。综合 LC-MS/MS 和 GC-MS 检测结果，从图 12-6 可以看出，70%～80% 被测物的回收率在 90%～110% 之间，即便 10ng/g 添加水平也可以获得很好的回收率。其余大多数农药的回收率也在 70%～120% 之间，符合要求，只有很少一部分低于此标准。在方法的精密度考察方面，大多数农药在每个添加水平、6 次重复实验的 RSD<10%，而 RSD>15% 的

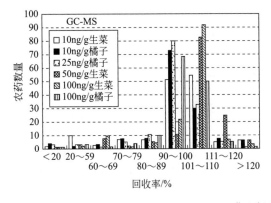
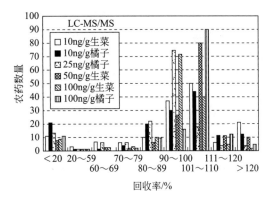

图 12-4　生菜和橘子中农药的添加回收

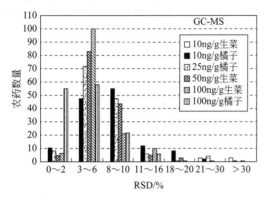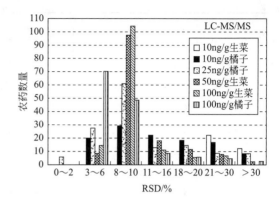

图 12-5　生菜和橘子中 6 次添加回收率实验的 RSD

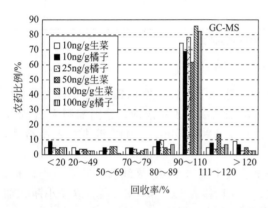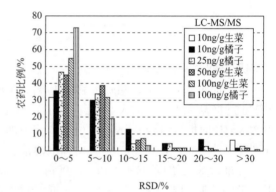

图 12-6　几种基质中农药的添加回收率和 RSD

农药多数是 10ng/g 添加水平下出现的。

5. QuEChERS 方法中存在问题的农药

　　该研究发现，以上方法中回收率均在 70％ 以下的农药有 11 种，分别是磺草灵、克菌丹、百菌清、丁酰肼、溴氰菊酯、三氯杀螨醇、灭菌丹、甲硫威砜、达草特、福美双和甲苯氟磺胺。在这 11 种农药中，克菌丹、灭菌丹、三氯杀螨醇、溴氰菊酯和百菌清用 LVI-GC-MS 测定的结果非常不可靠，百菌清、三氯杀螨醇、灭菌丹和溴氰菊酯等拟除虫菊酯类农药检测时的灵敏度也不够。但在最初开发的方法中，溴氰菊酯和氯菊酯均有很好的回收率。本方法中存在问题的这些拟除虫菊酯类农药回收率低，可能是大体积进样应用引起的。因为在进样口处填料上发生了不可逆的吸附，降低了 MS 对大多数较晚解吸的拟除虫菊酯类农药的敏感度。

　　该研究中克菌丹、灭菌丹、抑菌灵和对甲抑菌灵代表了含卤素的甲基硫类杀菌剂。在样品处理过程中，这类农药容易发生降解，回收率小于 70％。通常，这些农药的降解产物可以用 GC-MS 检测。降解产物邻苯二甲酰亚胺和四氢邻苯二甲酰亚胺回收率超过了 110％，并将灭菌丹和克菌丹覆盖了。事实上，在基质匹配标准溶液中，生菜基质很可能加快了农药母体的降解，使得最终结果中降解产物的回收率为 100％。

　　磺草灵、丁酰肼、甲硫威砜、达草特和福美双是极性非常强的农药，它们很少被包含在农药多残留分析中，在常规的监测体系中，通常采用单独的分析方法。磺草灵是含有苯基、硫、酯基和初级次级胺基团的除草剂，其回收率低是由于其分子结构特点不适合于该方法。

丁酰肼含有羧基基团，在分散净化步骤中很容易被 PSA 所吸附，无法确定其进入乙腈层的比例。甲硫威砜的降解与基质的酸碱性有关。达草特不稳定，在两种基质中的回收率均为 30%，表明达草特没有完全进入乙腈提取液中。福美双在酸性介质中不稳定，橘子中没有检测到，而在生菜中回收率低。

二、QuEChERS 方法的优化

（一）对存在问题农药分析方法的改进

针对应用 QuEChERS 方法进行多残留分析时回收率较低或无法测定的农药，Lehotay 等通过使用缓冲溶液等方法，改善了部分农药的准确度。

1. 回收率低的农药

Lehotay 等在对 200 多种农药测定时，发现在酸性介质（橘）中，相对呈碱性的农药回收率较低；甚至在中性基质中，碱性敏感型农药也发生降解。

另外，QuEChERS 方法在萃取步骤之后无蒸发浓缩，在进行 GC-MS 测定时采用大体积进样（$4\sim10\mu L$），这样的进样方式对于易挥发物质十分不利。用乙腈作为进样时的溶剂虽然在某些方面优于丙酮、环己烷等溶剂，但也有其缺点，如乙腈气化时的膨胀体积较大，容易对氮气敏感型监测器产生干扰。

2. 提出的解决办法

提取溶液中的 pH 不仅是碱性敏感型农药（如克菌丹、灭菌丹、苯氟磺胺等）稳定性的重要参数，对于酸性敏感型农药（如吡蚜酮）的稳定性也是非常重要的。吡蚜酮获得较好回收率相应的 pH 范围是 $6\sim7$，而碱性敏感型农药应小于 4。如果在分析过程中加入 HAc 和 NaAc 的混合溶液，便能保持 pH $4\sim5$，上述问题农药大都能获得满意的回收率，均在 60% 以上，但在此条件下吡蚜酮的回收率却只有 38% 左右。

改良后的 QuEChERS 方法步骤如下：

（1）称取 $15.00g\pm0.05g$ 样品至 50mL 聚四氟乙烯离心管。

（2）每份样品中加入 15mL 含 1% HAc 的乙腈溶液和内标物灭线磷乙腈溶液（空白样品除外）。

（3）加入 6g $MgSO_4$ 和 1.5g NaAC。

（4）手摇 1min（避免结块）。

（5）在 5000r/min 下离心 1min。

（6）将 8mL 上层提取液移入盛有 PSA 和无水 $MgSO_4$ 的 SPE 聚四氟乙烯管内（每毫升提取液需要 PSA 50mg，无水 $MgSO_4$ 150mg）。

（7）拧紧塞子，振摇 20s。

（8）重复步骤（5）。

（9）取上层液直接进 GC-MS 分析，或用含甲酸水溶液稀释后，进 LC-MS/MS 分析。

对于大多数农药可以获得小于 $10\mu g/kg$ 的定量限（LOQ）。如果基质不产生噪音，在 GC 分析中，净化步骤后溶剂改为甲苯会获得更低的 LOQ。其具体操作如下：

（10）移取步骤（8）离心所得的 5mL 提取液于 15mL 刻度离心管内，加入 1mL 甲苯。

（11）在 50℃、7.5psi N_2 下，浓缩至 $0.3\sim0.5mL$。

（12）加入甲苯至 1mL 后，再加入无水 $MgSO_4$ 以除去残余水分。

（13）涡旋，冲洗至管壁 6mL 刻度线以上。

（14）按步骤（5）离心。

如果提取液中仍然含有乙腈，必须采取进一步的防范措施。

3. 改进方法的应用

将橘汁作为基质，调整样品的 pH 为 2～7，分别用原始的 QuEChERS 方法和改良后的 QuEChERS 方法对特定农药进行检测，测定的回收率如图 12-7 所示。

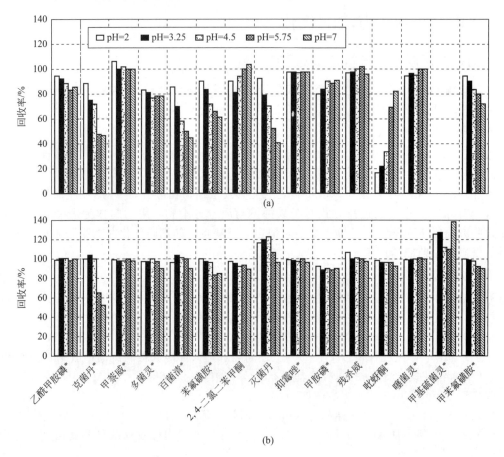

(a)

(b)

图 12-7　橘子汁中添加 500μg/kg 有代表性农药的回收率比较

（a）为原始 QuEChERS 方法；（b）为改良 QuEChERS 方法；* 为 LC-MS/MS 测定；其他为 GC-MS 测定

从图 12-7(a) 中可以看出，随着溶液 pH 的升高，碱性敏感型农药如克菌丹、灭菌丹、苯氟磺胺的回收率下降，但是在改良的方法图（b）中除克菌丹外，其他农药的回收率均达到要求。同时，吡蚜酮的测定结果也与前面的推断相符，其回收率从 15％升高至 82％。

改良 QuEChERS 方法的验证通过选取不同类别、不同性质的 32 种农药进行实验，选用的基质仍然是生菜和橘子。其回收率结果如表（12-11）。

表 12-11　用改良的 QuEChERS 方法测定生菜和橘子中农药的添加回收率和 RSD GC-MS 和 LC-MS/MS 检测的数据（最终溶剂为乙腈）

农药	生菜				橘子				($n=36$)
	10μg/kg ($n=6$)	50μg/kg ($n=6$)	250μg/kg ($n=6$)	Overall ($n=18$)	10μg/kg ($n=6$)	50μg/kg ($n=6$)	250μg/kg ($n=6$)	Overall ($n=18$)	
乙酰甲胺磷[b]	105(12)	97(4)	91(2)	98(10)	90(2)	85(2)	86(2)	87(6)	93(10)
克菌丹	—						93(11)		—

农药	生菜				橘子				(n=36)
	10μg/kg (n=6)	50μg/kg (n=6)	250μg/kg (n=6)	Overall (n=18)	10μg/kg (n=6)	50μg/kg (n=6)	250μg/kg (n=6)	Overall (n=18)	
甲萘威	105(7)	89(6)	135(17)	110(21)	69(6)	94(11)	103(11)	88(19)	99(23)
甲萘威[b]	104(5)	99(3)	100(2)	101(4)	94(3)	93(3)	96(3)	95(3)	98(5)
多菌灵[b]	105(8)	104(2)	107(2)	105(5)	88(2)	88(2)	91(2)	89(3)	97(9)
氯丹	104(4)	97(3)	99(6)	100(5)	92(4)	99(4)	97(6)	96(5)	98(6)
百菌清	135(11)	103(11)	118(16)	119(16)	—	61(10)	84(17)	72(21)	100(29)
毒死蜱	99(6)	101(3)	100(6)	100(5)	97(4)	100(6)	99(4)	99(4)	99(5)
甲基毒死蜱	105(3)	99(2)	101(5)	101(4)	97(6)	101(3)	100(4)	99(4)	100(4)
蝇毒磷	106(9)	99(7)	95(7)	100(8)	98(9)	104(11)	104(8)	102(9)	101(9)
嘧菌环胺	107(2)	99(3)	100(6)	102(5)	90(4)	96(5)	96(5)	94(5)	98(6)
嘧菌环胺[b]	101(3)	97(1)	100(2)	100(3)	98(3)	95(3)	97(3)	97(3)	98(3)
滴滴伊（DDE)	103(4)	96(3)	100(6)	99(5)	92(2)	96(6)	97(5)	95(5)	97(6)
二嗪磷	101(5)	99(2)	100(3)	100(3)	99(8)	100(3)	102(3)	100(5)	100(4)
苯氟磺胺	91(11)	93(9)	111(10)	98(13)	79(7)	78(8)	86(10)	81(9)	90(15)
苯氟磺胺[b]	65(5)	80(3)	90(3)	78(14)	76(2)	82(8)	88(2)	82(9)	80(12)
二氯二苯甲酮	103(12)	93(5)	99(7)	98(9)	99(6)	92(5)	100(5)	97(6)	98(8)
敌敌畏	96(13)	99(3)	99(3)	98(7)	101(10)	98(2)	99(2)	99(6)	98(7)
敌敌畏[b]	103(5)	100(2)	99(1)	101(4)	97(3)	95(2)	96(3)	96(3)	98(4)
狄氏剂	90(7)	99(6)	106(6)	98(9)	95(12)	97(4)	100(6)	97(8)	98(8)
硫丹硫酸盐	124(21)	101(5)	100(8)	109(17)	96(21)	96(11)	104(9)	99(14)	104(16)
灭菌丹	—	—	—	—	—	86(12)	—	—	—
环氧七氯	116(23)	102(5)	100(6)	101(6)	—	100(6)	96(9)	98(7)	100(6)
六氯苯	100(4)	95(2)	96(5)	97(4)	94(3)	92(5)	92(5)	93(4)	95(5)
抑霉唑	—	95(8)	97(7)	96(7)	—	98(11)	94(11)	96(12)	96(10)
抑霉唑[b]	89(7)	89(2)	93(2)	90(5)	94(3)	92(1)	93(3)	93(2)	92(4)
吡虫啉[b]	109(5)	100(2)	98(2)	102(6)	102(3)	97(3)	95(3)	98(4)	100(6)
林丹	106(5)	95(3)	101(4)	100(6)	93(7)	100(5)	98(6)	97(6)	99(6)
甲胺磷[b]	131(11)	101(3)	85(3)	106(20)	84(3)	81(2)	85(3)	83(5)	95(20)
戊菌唑	106(6)	99(5)	102(6)	102(6)	90(10)	99(5)	95(5)	95(7)	99(8)
戊菌唑[b]	95(2)	94(2)	93(2)	94(2)	96(3)	96(1)	97(3)	96(2)	95(3)
氯菊酯	115(8)	98(8)	97(7)	103(10)	90(8)	96(10)	100(7)	95(9)	99(10)
残杀威	93(9)	95(5)	114(3)	101(11)	87(18)	98(5)	98(4)	95(11)	98(11)
吡蚜酮[b]	108(12)	98(2)	91(2)	99(11)	82(9)	78(2)	78(9)	79(6)	89(14)
噻菌灵	—	99(7)	97(6)	98(6)	—	107(13)	95(9)	101(12)	100(10)

农药	生菜				橘子				$(n=36)$
	$10\mu g/kg$ $(n=6)$	$50\mu g/kg$ $(n=6)$	$250\mu g/kg$ $(n=6)$	Overall $(n=18)$	$10\mu g/kg$ $(n=6)$	$50\mu g/kg$ $(n=6)$	$250\mu g/kg$ $(n=6)$	Overall $(n=18)$	
噻菌灵[b]	108(8)	98(3)	97(1)	101(7)	88(4)	92(1)	90(4)	90(3)	95(8)
甲基硫菌灵[b]	102(8)	98(5)	95(2)	98(6)	106(2)	97(4)	97(2)	100(6)	99(6)
甲苯氟磺胺	95(24)	101(9)	110(12)	102(16)	89(5)	81(12)	91(9)	87(9)	95(16)
甲苯氟磺胺[b]	64(9)	82(3)	87(4)	78(14)	95(4)	97(6)	96(4)	96(4)	87(14)

b LC-MS/MS 测定结果。

受气相色谱仪进样口和毛细管柱产生的基质减低效应影响，使得克菌丹和灭菌丹这两种农药在大多数提取液中无法得以检测，唯有 $250\mu g/kg$ 添加回收的橘子样品中能够获得 90% 左右的回收率。

（二）应用气相色谱 FPD 和 ECD 检测的 QuEChERS 方法

FAO/IAEA 农药残留分析实验室等建立了以乙酸乙酯为提取溶剂的改良方法，提取溶剂由于不使用乙腈等电负性物质，可适合直接使用 GC-FPD 和 GC-ECD 分析。具体操作步骤如下：

① 称取 20g 蔬菜样品，充分混匀，加入 20mL 乙酸乙酯、8g 无水硫酸镁和 2g 无水醋酸钠，涡旋 2min。

② 3500r/min 离心 1min。

③ 移取 1mL 上清液于具塞离心管中，加入 50mg PSA 和 150mg 硫酸镁，用力振摇 1min。

④ 3500r/min 离心 1min。然后将 $500\mu L$ 上清液转入气相进样瓶，同时加入 $500\mu L$ 乙酸乙酯。

⑤ 进行 GC 检测。

三、QuEChERS 方法的拓展

食品分为非脂类食品（$<2\%$）、低脂类食品（$2\%\sim20\%$）和高脂类食品（$>20\%$）。作为一种快速、简便、便宜、高效、便携、安全的农药多残留测定方法，在开发初期，QuEChERS 方法主要用于非脂类食品中农药残留的测定，如蔬菜、水果、谷物以及干果的各种加工食品。为拓展该方法的应用范围，Lehotay 等进行了大量实验，证实 QuEChERS 方法经改良后也可用于脂类食品中农药残留的分析。

（一）在非脂类食品中的应用

在非脂类食品的样品处理步骤中，对于含水量较低的样品（$<80\%$），提取前需另加水以保证提取对象中水总量达到 10mL。若含水量低于 25% 的样品（如谷类、干果、蜂蜜、香料等），应减少称样量（表 12-12）。

改良后的 QuEChERS 方法可用于土壤中氯丹、灭蚁灵、六六六、滴滴涕等农药残留的测定。

NY/T 1380—2007《蔬菜、水果中 51 种农药多残留的测定　气相色谱-质谱法》中的方法概要如下。

表 12-12　不同样品需添加水的量

样品种类	称取质量/g	加入水的量/g	备注
谷物类	5	10	
干果	5	7.5	在样品粉碎时加入水,12.5g 均质试样用于分析
水果和蔬菜(含水量＞80%)	10	—	
水果和蔬菜(含水量 25%～80%)	10	X	X＝10g—样品中水的含量
蜂蜜	5	10	
调味品	2	10	

(1) 提取　称取 15g 试样（精确至 0.01g）于 50mL 聚苯乙烯具塞离心管中,加入 15mL 冰乙酸-乙腈（0.1＋999.9,V/V）溶液,加入 6g 无水硫酸镁,1.5g 无水乙酸钠,剧烈振荡 1min 后,以 5000r/min 的转速离心 1min,取出后待净化。

(2) 净化　称取 0.1g PSA,0.1g C_{18},0.3g 无水硫酸镁置于 5mL 玻璃具塞离心管中,吸取上清液 2mL 至此离心管中,在旋涡混合器上混合 1min,以 5000r/min 的转速离心 1min,移取上清液 1mL 于 1mL 容量瓶中。

(3) 添加内标物和分析保护剂溶液　将上步中的容量瓶放在氮吹仪上,缓缓通入氮气,室温下浓缩至低于 0.8mL,分别准确添加 100μL 内标物工作溶液和 100μL 分析保护剂（400mg/mL 3-乙氧基-1,2-丙二醇的乙腈溶液和 20mg/mL 山梨醇溶液按体积比 1：1 混合）溶液,用乙腈准确定容至 1.0mL,在旋涡混合器上混匀,待测。

(4) 色谱参考条件

色谱柱　DB-35MS（30m×0.25mm×0.25μm）石英毛细管柱或相当者;

色谱柱升温程序　95℃ 保持 1.5min,20℃/min 升至 190℃,5℃/min 升至 230℃,25℃/min 升至 290℃（保持 20min）;

载气　氦气,纯度≥99.999%,恒流模式,流速为 1.2mL/min;

进样口温度　250℃;

进样量　2μL;

进样方式　无分流进样,0.8min 后打开分流阀;

电子轰击电离源　70eV;

温度　离子源温度,230℃;四极杆温度,150℃;接口温度,280℃;

选择离子监测　每种目标化合物分别选择一个定量离子和一至三个定性离子。每组所有需要检测的化合物按照保留时间的先后顺序,分时段分别检测。

该方法适用于蔬菜、水果中 51 种农药残留量的测定,方法的检出限为 0.1～63.7μg/kg。

（二）QuEChERS 方法在低脂类食品中的应用

脂肪含量在 2%～20% 之间的食品种类繁多,包括牛奶、坚果、小麦、玉米、大豆、各种谷物、鱼、贝类、其他海产食品、肝、肾、家禽、猪肉、牛肉、鸡蛋和鳄梨等。在低脂类食品农药残留分析中,乙腈虽然不能完全溶解食品中非极性的脂肪或极性很强的蛋白质、盐类等,但仍然是一种很好的溶剂,因为它对于各种不同极性的农药均有较高的回收率。

为了拓宽 QuEChERS 方法的应用范围,Lehotay 等用鸡蛋和牛奶作为基质,前处理采用改良后的 QuEChERS 方法,针对低脂肪含量基质进行验证,测定了 30 种添加农药的回收率,与基质固相分散（MSPD）方法的回收率比较,同时将 QuEChERS 方法中的 DSPE 改装为 SPE 柱作对比。结果见表 12-13。

表 12-13　采用 DSPE、SPE 和 MSPD 测定牛奶和鸡蛋中 30 种农药的添加回收率和 RSD（GC-MS 和 LC-MS/MS 分析）

农药	QuEChERS[a]方法								MSPD[a]方法			
	DSPE				SPE 柱				牛奶		鸡蛋	
	牛奶		鸡蛋		牛奶		鸡蛋					
	50μg/kg (n=3)	500μg/kg (n=3)	50μg/kg (n=3)	500μg/kg (n=3)	50μg/kg (n=3)	500μg/kg (n=3)	50μg/kg (n=3)	500μg/kg (n=3)	50μg/kg (n=3)	500μg/kg (n=3)	50μg/kg (n=3)	500μg/kg (n=3)
乙酰甲胺磷[b]	107(3)	101(8)	107(3)	107(6)	105(2)	109(1)	103(5)	49(26)	98(1)	112(7)	77(4)	66(22)
敌菌丹	ND	97(15)	ND	66(2)	ND	120(15)	ND	97(62)	ND	123(13)	ND	97(13)
克菌丹	108(8)	105(7)	ND	71(9)	95(8)	108(7)	ND	68(37)	ND	120(10)	ND	74(7)
甲萘威[b]	112(4)	114(6)	118(1)	124(2)	113(1)	115(2)	126(2)	123(2)	105(1)	113(4)	101(2)	104(2)
多菌灵[b]	93(4)	105(5)	92(3)	139(2)	88(2)	103(4)	72(5)	66(7)	94(2)	123(10)	66(32)	127(1)
氯丹	80(4)	85(5)	74(6)	74(3)	81(7)	79(6)	67(4)	69(8)	114(6)	102(9)	102(7)	101(3)
百菌清	135(18)	91(6)	64(16)	68(3)	159(9)	100(4)	ND	90(86)	110(36)	99(9)	ND	ND
毒死蜱	100(1)	94(4)	87(6)	90(3)	95(1)	93(2)	93(4)	90(2)	116(2)	100(5)	110(5)	104(3)
甲基毒死蜱	99(2)	99(3)	96(6)	95(2)	101(3)	97(3)	101(4)	98(1)	115(1)	100(3)	103(5)	99(1)
蝇毒磷	117(5)	114(6)	124(18)	113(7)	101(3)	108(12)	152(33)	131(8)	150(5)	126(8)	128(3)	121(8)
嘧菌环胺	96(5)	96(6)	93(14)	89(4)	98(5)	85(4)	90(5)	90(4)	125(5)	113(2)	102(4)	111(6)
滴滴伊(DDE)	70(4)	75(5)	62(12)	63(5)	72(8)	70(6)	56(6)	56(9)	121(6)	102(9)	96(9)	102(6)
苯氟磺胺[b]	91(2)	105(2)	31(20)	79(4)	93(1)	113(2)	29(26)	70(19)	58(2)	104(3)	31(16)	56(28)
二氯二苯甲酮	75(7)	94(10)	84(6)	82(7)	88(7)	85(7)	78(7)	80(8)	127(1)	116(6)	132(8)	114(7)
敌敌畏	111(7)	115(5)	105(12)	106(3)	110(5)	107(3)	117(8)	115(5)	67(38)	96(10)	83(11)	86(20)
狄氏剂	88(3)	95(5)	87(9)	79(5)	83(8)	86(5)	76(8)	76(5)	133(15)	100(10)	98(13)	103(5)
硫丹硫酸盐	110(12)	102(6)	101(13)	105(5)	105(10)	101(3)	119(16)	112(5)	155(5)	119(4)	120(11)	106(6)
灭菌丹	113(1)	94(6)	51(17)	74(2)	92(9)	100(8)	ND	77(42)	97(87)	110(8)	101(26)	84(3)
环氧七氯	86(17)	97(3)	93(9)	80(2)	91(13)	89(6)	89(16)	81(3)	127(9)	101(7)	105(5)	101(4)
六氯苯	62(8)	66(4)	45(9)	45(5)	62(8)	60(9)	34(10)	36(20)	74(11)	65(8)	75(12)	81(6)
抑霉唑[b]	80(5)	83(4)	96(1)	97(2)	86(9)	90(3)	75(19)	56(69)	4(27)	1(14)	4(21)	ND
吡虫啉[b]	113(3)	119(7)	117(2)	122(4)	113(1)	116(1)	128(4)	130(4)	107(5)	121(7)	104(4)	105(2)
林丹	99(7)	106(4)	93(9)	95(0)	91(3)	97(4)	96(5)	94(1)	114(2)	97(5)	96(6)	96(3)
甲胺磷[b]	106(7)	109(5)	93(5)	100(6)	105(5)	85(6)	77(6)	77(12)	96(21)	113(19)	81(16)	92(11)
戊菌唑[b]	99(2)	101(1)	106(1)	108(2)	104(0)	108(2)	108(1)	107(9)	90(2)	79(3)	68(25)	72(7)
氯菊酯	86(8)	88(10)	86(12)	78(6)	84(3)	78(6)	79(15)	80(5)	132(10)	112(6)	112(6)	114(6)
残杀威	118(5)	110(6)	124(3)	121(6)	113(7)	110(3)	125(26)	138(27)	160(14)	110(6)	155(16)	122(5)
吡蚜酮[b]	98(2)	106(1)	93(4)	114(5)	83(1)	80(3)	72(7)	67(29)	18(6)	10(30)	11(14)	2(23)
噻菌灵[b]	111(1)	111(2)	131(0)	118(2)	103(2)	104(2)	103(2)	87(22)	8(13)	5(110)	16(54)	13(69)
甲苯氟磺胺[b]	93(1)	106(2)	40(12)	88(2)	98(2)	115(2)	41(16)	84(11)	75(3)	110(3)	46(13)	67(20)

a ND 表示未检出。

b LC-MS/MS 测定结果。

从表 12-14 可以看出，牛奶和鸡蛋基质中无论是较低添加水平 $50\mu g/kg$ 还是较高添加水平 $500\mu g/kg$，实验中 30 种农药的回收率大部分在可接受的 70％～120％范围之内，RSD＜15％。QuEChERS 方法中之所以采用 DSPE，一方面与 SPE 柱相比，两种方法获得的添加回收率差别较小，而 DSPE 方法的回收率更高、更稳定，从乙酰甲胺磷的实验结果便可看出。另一方面，DSPE 更便于操作、更廉价、更快速而且所需材料和设备更少。

（三）QuEChERS 方法在高脂类食品中的应用

李莉等建立了大豆油、花生油中多种类型农药的冷冻提取-分散固相萃取净化的测定方法。该方法经冷冻提取后取上清液 1mL，使用 50mg PSA 和 50mg C_{18} 净化后进行 GC-MS 测定。针对大豆油进行研究的 28 种农药，在 0.02～1.25mg/L 范围内线性良好，四个添加水平的回收率大于 50％，多数农药的 RSD＜20％，LOQ 为 20～250μg/kg；针对花生油测定的 33 种农药，在 0.02～1.00mg/L 范围内线性良好，四个添加水平下大部分的回收率在70％～110％之间，RSD＜20％，检出限为 0.5～8μg/kg。

总之，QuEChERS 方法的适用范围可以概括为：高脂类食品中极性或中等极性农药的提取，低脂类食品中多种类型农药的提取，非脂类食品中较宽范围各种农药的完全提取。

第五节 日本肯定列表制度农药
多残留分析方法

日本的肯定列表制度（positive list system）是一套农药残留限量标准体系，于 2006 年5 月 29 日生效。从 MRL 来源，它主要包含三个层面：①日本国内已经制定了 MRL 标准的农药种类，则沿用原标准，但考虑进口食品的生产流通和出口国农药实际使用情况时，可采用外国标准；②对于没有制定 MRL 值的农药种类或者作物，则选择采用相关国际标准，一般优先采用 Codex MRL，其次采用美国、加拿大、欧盟、澳大利亚、新西兰等制定的 MRL标准；③对尚不能确定具体"暂定标准"的农药，设定 0.01mg/kg 的"一律标准"。对于日本官方采用的监测分析方法，如果某农药 LOQ 高于 0.01mg/kg，则将 LOQ 作为 MRL。

日本公布的农药多残留分析方法根据检测目标物、检测方法以及基质的不同分为以下几个部分：①农产品中农药残留 GC-MS 方法；②农产品中农药残留 LC-MS 方法；③畜水产品中农药残留 GC-MS 测定方法；④畜水产品中兽药残留 HPLC 测定方法。

本节仅对农产品中农药残留检测部分进行介绍。该方法用乙腈从样品中提取各种农药残留，盐析后弃去水相。乙腈相进一步净化。对于谷类、豆类和种子类样品，用 C_{18} SPE 净化，然后用 Envi-Carb/LC-NH$_2$ SPE 柱净化；对于水果、蔬菜样品，只用 Envi-Carb/LC-NH$_2$ SPE 柱净化。最终采用 GC-MS、GC-MS/MS、LC-MS 或 LC-MS/MS 测定和确证。

一、农药多残留 GC-MS 分析方法

1. 提取

（1）谷物、豆类和种子等样品 取 10g 样品，加入 20mL 水，浸泡 30min，加入 50mL乙腈匀浆，过滤或离心后，残渣部分再加入 20mL 乙腈，匀浆，过滤或离心。合并滤液，用乙腈定容至 100mL。从中取出 20mL，加入 10g NaCl，20mL 0.5mol/L 磷酸缓冲液（pH7.0），振荡 10min，静置分层后弃去水相，取乙腈相进行净化。

（2）蔬菜、水果、草药、茶和啤酒花样品 取 20g 样品（对于茶叶和啤酒花样品取 5g，

加20mL水浸泡30min），加入50mL乙腈匀浆，后续处理同上。取乙腈相进行净化处理。

2. 净化

（1）谷物、豆类和种子样品　乙腈相首先过 C_{18}（Bond Elut C_{18}，6mL/1g）SPE 进行净化，SPE 柱用10mL乙腈活化后上样，用2mL乙腈洗脱。洗脱液经无水硫酸钠脱水后，于40℃下减压浓缩，氮气流吹干后用2mL甲苯∶乙腈（1∶3）溶解，以备第二种 SPE 进一步净化。

第二种 SPE 净化采用 Envi-Carb/LC-NH_2（6mL，500mg/500mg）SPE 柱。首先用10mL甲苯∶乙腈（1∶3）活化，上样后用20mL甲苯∶乙腈（1∶3）洗脱。

洗脱液在40℃下减压浓缩至<1mL，加10mL丙酮，再浓缩至<1mL，加5mL丙酮，浓缩，氮气吹干。用1mL丙酮/正己烷（1∶1）溶解后，待 GC-MS 测定。

（2）蔬菜水果样品　乙腈相直接进行第二种 SPE 净化，即 Envi-Carb/LC-NH_2（6mL，500mg/500mg）SPE 柱净化。同上浓缩后用2mL丙酮/正己烷（1∶1）溶解，待 GC-MS 测定。

3. 测定条件

色谱柱　DB-5MS（30m×0.25mm×0.25μm）；

色谱柱程序升温　50℃（保持1min），25℃/min升温至125℃，10℃/min升温至300℃（保持6.5min）；

进样口温度　250℃；

载气　He；

载气流速　1mL/min；

进样量　2μL（不分流进样）；

离子化方式（电压）　EI（70eV）。

表 12-14 列出了 GC-MS 多残留分析方法中的部分参数，见二维码。

4. 方法说明

本方法涉及 296 种农药化合物（包括异构体和降解物），大部分农药的 LOQ 在0.01mg/kg 以下，有几种农药 LOQ 偏高，如：氟氯氰菊酯、氯氰菊酯、四溴菊酯、除虫菊酯Ⅱ、氰戊菊酯、嗪草酸甲酯等。

本方法可采用多级质谱 GC-MS/MS。

如果 NaCl 加入量（10g）的体积明显高于提取液体积，可适当减少 NaCl 用量，只要能达到饱和即可。

每种化合物选取 2~4 个离子作为定性离子，其中下划线离子为定量离子。

二、农药多残留 LC-MS 分析方法 A（第一类化合物）

1. 提取

（1）谷物、豆类和种子等样品　同"一、农药多残留 GC-MS 分析方法"相应部分。

（2）蔬菜、水果、草药、茶、啤酒花等样品　同"一、农药多残留 GC-MS 分析方法"相应部分。

2. 净化

（1）谷物、豆类和种子等样品　同"一、农药多残留 GC-MS 分析方法"相应部分。但最终采用 4mL 甲醇溶解样品，备 LC-MS 分析。

（2）蔬菜、水果样品　同"一、农药多残留 GC-MS 分析方法"相应部分。但最终采用 4mL 甲醇溶解样品，备 LC-MS 分析。

3. 测定条件

色谱柱　C$_{18}$（内径 2.0～2.1mm，长 150mm，粒径 3.0～3.5μm）；

色谱柱温度　40℃；

流速　0.2mL/min；

进样量　5μL；

离子化模式　ESI（正、负离子模式）；

流动相　组分 A：5mmol/L 醋酸铵水溶液。组分 B：5mmol/L 醋酸铵甲醇溶液，梯度洗脱程序见表 12-15。

表 12-15　流动相组成

时间/min	A/%	B/%	时间/min	A/%	B/%
0	85	15	8	45	55
1	60	40	17.5	5	95
3.5	60	40	35	5	95
6	50	50			

表 12-16 为 LC-MS 和 LC-MS/MS 的参数，见二维码。

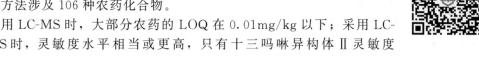

4. 方法说明

此方法涉及 106 种农药化合物。

采用 LC-MS 时，大部分农药的 LOQ 在 0.01mg/kg 以下；采用 LC-MS/MS 时，灵敏度水平相当或更高，只有十三吗啉异构体 Ⅱ 灵敏度降低。

有些农药种类在甲醇溶剂中不稳定，需要尽快测定。

三、农药多残留 LC-MS 分析方法 B（第二类化合物）

1. 提取

（1）谷物、豆类和种子等样品　取 10g 样品，加入 20mL 水，浸泡 30min，加入 50mL 乙腈匀浆，过滤或离心后，残渣部分再加入 20mL 乙腈，匀浆，过滤或离心。合并滤液，用乙腈定容至 100mL。从中取出 20mL，加入 10g NaCl，20mL 0.01mol/L 盐酸，振荡 15min，静置分层后弃去水相，取乙腈相进行净化。

（2）蔬菜、水果样品　取 20g 样品（对于茶叶样品取 5g，加 20mL 水浸泡 30min），加入 50mL 乙腈匀浆，后续处理同上。取乙腈相进行净化。

2. 净化

（1）谷物、豆类样品　乙腈相首先过 C$_{18}$（Bond Elut C$_{18}$，6mL，1g）SPE 进行净化，SPE 柱用 10mL 乙腈活化后上样。用 2mL 乙腈洗脱。洗脱液经无水硫酸钠脱水后，于 40℃下减压浓缩，氮气流吹干后用 2mL 丙酮＋正己烷（20∶80，V/V）（添加 0.5％三乙胺）溶解，以备第二种 SPE 进一步净化。

第二种 SPE 净化采用硅胶（6mL，500mg）SPE 柱。首先用 5mL 甲醇、5mL 丙酮、10mL 正己烷活化，上样后用 10mL 丙酮＋正己烷（20∶80，V/V）（添加 0.5％三乙胺）淋洗，20mL 丙酮∶甲醇（1∶1）洗脱。

洗脱液在 40℃下减压浓缩至＜1mL，氮气吹干。用 2mL 甲醇溶解，待 LC-MS 测定。

（2）蔬菜水果样品　乙腈相经无水硫酸钠脱水，40℃下减压浓缩，氮气吹干，残留物用 2mL 丙酮＋正己烷（20∶80，V/V）（添加 0.5％三乙胺）溶解后，进行第二种 SPE 净化，即硅胶柱（6mL，500mg）SPE 净化，后续操作同上。

洗脱液在 40℃下减压浓缩至＜1mL，氮气吹干。用 4mL 甲醇溶解，待 LC-MS 测定。

3. 测定条件

同方法 A。表 12-17 为 LC-MS 和 LC-MS/MS 的测定参数，见二维码。

4. 方法说明

此方法涉及 59 种农药。

按照本法制备水果或蔬菜样品溶液，采用 LC-MS 时，大部分农药 LOQ 在 0.01mg/kg 以下，采用 LC-MS/MS 时，灵敏度提高。

相对保留时间是以异噁氟草保留时间（15～18min）为标准的相对值。

第六节　我国多类型农药多残留国家标准方法示例（气相色谱-质谱法）

我国农药多残留国家标准中，气相色谱-质谱法应用较为广泛，其中包含农药种类较多的植物源产品主要有以下标准方法，分别是：

GB 23200.7—2016《食品安全国家标准　蜂蜜、果汁和果酒中 497 种农药及相关化学品残留量的测定　气相色谱-质谱法》

GB 23200.8—2016《食品安全国家标准　水果和蔬菜中 500 种农药及相关化学品残留量的测定　气相色谱-质谱法》

GB 23200.9—2016《食品安全国家标准　粮谷中 475 种农药及相关化学品残留量的测定　气相色谱-质谱法》

GB 23200.15—2016《食品安全国家标准　食用菌中 503 种农药及相关化学品残留量的测定　气相色谱-质谱法》

GB 23200.33—2016《食品安全国家标准　食品中解草嗪、莎稗磷、二丙烯草胺等 110 种农药残留量的测定　气相色谱-质谱法》

GB 23200.113—2018《食品安全国家标准　植物源性食品中 208 种农药及其代谢物残留量的测定　气相色谱-质谱法》

GB/T 23204—2018《食品安全国家标准　茶叶中 519 种农药及相关化学品残留量的测定　气相色谱-质谱法》

以下对其中几种标准方法分别介绍。

一、粮谷中农药及相关化学品残留量的测定

GB 23200.9—2016《食品安全国家标准　粮谷中 475 种农药及相关化学品残留量测定　气相色谱法-质谱法》原为 GB/T 19649—2006。标准内容规定了 475 种农药及相关化学品在粮谷中的残留量测定方法（气相色谱-质谱法），适用于大麦、小麦、燕麦、大米、玉米等样品的检测。

1. 测定方法概述

试样在加速溶剂萃取仪中用乙腈提取，提取液首先经 Envi-18 柱固相萃取柱用乙腈淋洗净化，再经 Envi-Carb 和 Sep-Pak NH₂ 串联柱，用乙腈：甲苯（3∶1）净化洗脱，经溶剂交换后加入环氧七氯作为内标物，用 GC-MS 检测。方法检出限为 0.0025～0.8000mg/kg。

2. 农药及相关化学品标准溶液的配制与分组

由于待测化合物种类较多，方法中对化合物进行了分组。按照化合物的性质和保留时间，将 475 种农药及相关化学品分成 A、B、C、D、E 五组，并根据每种化合物在仪器上的响应灵敏度，确定其在混合标准溶液中的浓度。分别配制溶剂及基质混合标准溶液，用于定性和定量分析。

3. 提取

称取 10g 试样（精确至 0.01g），与 10g 硅藻土混合，移入加速溶剂萃取仪的 34mL 萃取池中，在 10.34MPa 压力、80℃ 条件下，加热 5min，用乙腈静态萃取 3min，循环 2 次，然后用池体积 60％ 的乙腈（20.4mL）冲洗萃取池，并用氮气吹扫 100s。萃取完毕后，将萃取液混匀，对含油量较小的样品取萃取液体积的 1/2（相当于 5g 试样量），对含油量较大的样品取萃取液体积的 1/4（相当于 2.5g 试样量），待净化。

4. 净化

用 10mL 乙腈预淋洗 Envi-18 柱，然后将该柱放入固定架上，下接梨形瓶，移入上述萃取液，并用 15mL 乙腈洗涤 Envi-18 柱，收集萃取液及洗涤液，在旋转蒸发器上浓缩至约 1mL，备用。

在 Envi-Carb 柱中加入约 2cm 高无水硫酸钠，将该柱连接在 Sep-Pak NH₂ 柱顶部，用 4mL 乙腈：甲苯（3∶1）预洗串联柱，下接梨形瓶，放入固定架上。将上述样品浓缩液转移至串联柱中，用 3×2mL 乙腈：甲苯（3∶1）洗涤样液瓶，并将洗涤液移入柱中，在串联柱上加上 50mL 贮液器，再用 25mL 乙腈：甲苯（3∶1）洗涤串联柱，收集上述所有流出物于梨形瓶中，并在 40℃ 水浴中旋转浓缩至约 0.5mL。加入 5mL 正己烷进行溶剂交换两次，最后使样液体积约为 1mL，加入 40μL 内标溶液，混匀，用 GC-MS 测定。

5. 气相色谱-质谱法测定

色谱柱　DB-1701（30m×0.25mm×0.25μm）石英毛细管柱或相当者；

色谱柱温度　40℃ 保持 1min，然后以 30℃/min 程序升温至 130℃，再以 5℃/min 升温至 250℃，再以 10℃/min 升温至 300℃，保持 5min；

载气　氦气，纯度＞99.999％，流速为 1.2mL/min；

进样口温度　290℃；

进样量　1μL；

进样方式　无分流进样，1.5min 后打开分流阀和隔垫吹扫阀；

电子轰击源（EI）　70eV；

离子源温度　230℃；

GC-MS 接口温度　280℃；

选择离子监测　分五组进行检测，每种化合物分别选择一个定量离子，2～3 个定性离子。每组所有需要检测的离子按照出峰顺序，分时段分别检测。

6. 定性与定量

（1）定性测定　五组提取液分别进行 GC-MS 测定，如果检出的色谱峰的保留时间与标准样品相一致，并且在扣除背景后的样品质谱图中，所选择的离子均出现，而且所选择的离子丰度比与标准样品的离子丰度比相一致，则可判断样品中存在这种农药或相关化学品。如果不能确证，应重新进样，以扫描方式（有足够灵敏度）或采用增加其他确证离子的方式或用其他灵敏度更高的分析仪器来确证。

（2）定量测定　采用内标法单离子定量测定。内标物为环氧七氯。为减少基质的影响，定量用的标准溶液应采用基质混合标准工作溶液。标准溶液的浓度应与待测化合物的浓度相近。

二、水果和蔬菜中农药及相关化学品残留量测定

GB 23200.8—2016《食品安全国家标准　水果和蔬菜中 500 种农药及相关化学品残留量测定　气相色谱-质谱法》，原编号为 GB/T 19648—2006。方法适用于苹果、柑橘、葡萄、甘蓝、芹菜、番茄等样品中的 500 种农药及相关化学品的残留量测定，方法的检出限为 0.0063～0.8000mg/kg。

1. 测定方法概述

试样用乙腈匀浆提取，盐析离心后，取适量上清液经 Envi-18 固相萃取柱净化，再经串联 Envi-Garb 和 Sep-Pak NH₂ 固相萃取柱净化，用乙腈：甲苯（3：1）洗脱农药及相关化学品，经溶剂交换后加入环氧七氯作为内标物，用 GC-MS 检测。

2. 农药及相关化学品标准溶液的配制与分组

本方法中的标准储备溶液、五组混合标准溶液、内标溶液和基质混合标准工作溶液的配制与 GB 23200.9—2016《食品安全国家标准　粮谷中 475 种农药及相关化学品残留量测定　气相色谱法-质谱法》基本相同，只是此标准中共计 500 种农药及相关化学品，分为 A、B、C、D、E 五组。根据每种化合物在仪器上的响应灵敏度，确定其在混合标准溶液中的浓度，并配制相应的溶剂及基质混合标准溶液。

3. 提取

称取 20g 试样（精确至 0.01g）于 80mL 离心管中，加入 40mL 乙腈，用均质器 15000r/min 匀浆提取 1min，加入 5g 氯化钠，再匀浆提取 1min，将离心管放入离心机中，3000r/min 离心 5min，取上清液 20mL（相当于 10g 试样量），待净化。

4. 其余步骤

其余步骤（净化、气相色谱-质谱检测及定性定量方法）均与 GB 23200.9—2016《食品安全国家标准　粮谷中 475 种农药及相关化学品残留量测定　气相色谱法-质谱法》基本相同。

三、果汁和果酒中农药及相关化学品残留量测定

GB 23200.7—2016《食品安全国家标准　蜂蜜、果汁和果酒中 497 种农药及相关化学品残留量测定　气相色谱-质谱法》原为 GB/T 19426—2006。方法的检出限为 0.001～0.300mg/kg。这里介绍果汁、果酒的内容，关于蜂蜜部分，见第十三章。

1. 测定方法概述

试样中加入水和丙酮后，以二氯甲烷提取，经串联 Envi-Carb 和 Sep-Pak NH₂ 柱净化，用乙腈：甲苯（3：1）洗脱农药及相关化学品，经溶剂交换后加入内标用 GC-MS 检测。

2. 农药及相关化学品标准溶液的配制与分组

标准储备溶液、五组混合标准溶液、内标溶液和基质混合标准工作液的配制与本节上述两个标准类似，将 497 种化学品分为 A、B、C、D、E 五组，根据每种化合物在仪器上的响

应灵敏度，确定其在混合标准溶液中的浓度，配制相应的溶剂或基质混合标准溶液。

3. 试样的制备和保存

果汁、果酒样品，将取得的全部原始样品倒入洁净的搪瓷混样桶内，充分搅拌混匀，再将混匀样品分装出两份（每份 500mL），密封，作为试样，标明标记。将试样于常温下保存。

4. 提取

称取 15g 试样（精确至 0.01g）于 250mL 具塞三角瓶中，加入 30mL 水，于 40℃ 水浴上振荡溶解 15min。加入 10mL 丙酮，然后将瓶中内容物移入 250mL 分液漏斗中。用 40mL 二氯甲烷分数次洗涤三角瓶，并将洗液倒入分液漏斗中，小心排气，用力振摇 8 次，静置分层，将下层有机相通过装有无水硫酸钠的筒形漏斗，收集于 200mL 鸡心瓶中。再先后加入 5mL 丙酮和 40mL 二氯甲烷于分液漏斗中，振摇 1min，静置、分层后收集。如此重复提取两次，合并提取液，将提取液于 40℃ 水浴旋转蒸发至约 1mL，待净化。

5. 净化

净化方法同前述两个标准方法中的第二步净化步骤。

在 Envi-Carb 柱中加入约 2cm 高无水硫酸钠，将该柱连接在 Sep-Pak NH₂ 柱顶部，并将串联柱放在下接鸡心瓶的固定架上。加样前先用 4mL 乙腈∶甲苯（3∶1）预洗柱，当液面到达硫酸钠的顶部时，迅速将样品提取液转移至净化柱上，再用 3×2mL 乙腈∶甲苯（3∶1）洗涤样液瓶，并将洗液移入柱中。在串联柱上加上 50mL 贮液器，用 25mL 乙腈∶甲苯（3∶1）洗脱农药及相关化学品，收集所有流出物于鸡心瓶中，并在 40℃ 水浴中旋转浓缩至约 0.5mL。用 2×5mL 正己烷进行溶剂交换两次，最后将样液体积定容至 1mL，加入 40μL 内标溶液，混匀，用于 GC-MS 测定。

6. 气相色谱-质谱法

测定的条件、定性测定和定量测定均与本节前述的 GB 23200.9—2016 和 GB 23200.8—2016 相同，此处不再详述。

四、植物源性食品中农药及其代谢物残留量的测定

这里介绍 GB 23200.113—2018《食品安全国家标准　植物源性食品中 208 种农药及其代谢物残留量的测定　气相色谱-质谱法》方法。

（一）检测方法概要

方法将植物源性食品分为四类：蔬菜、水果和食用菌；谷物、油料和坚果；茶叶和香辛料；食用油。对于前三类基质，可以采用 QuEChERS 和 SPE 两种方法；对于食用油，试样经 GPC 净化。样品采用 GC-MS/MS 检测，内标法或外标法定量。LOQ 为 0.01 ～ 0.05mg/kg。

（二）农药及相关化学品标准溶液的配制与分组

按照农药的性质和保留时间，将 208 种农药及其代谢物分成 A、B 两个组，分别配制溶剂（乙酸乙酯）及基质混合标准溶液。

（三）分析步骤

1. QuEChERS 前处理

（1）蔬菜、水果和食用菌　称取 10g 试样于 50mL 塑料离心管中，加入 10mL 乙腈、4g

硫酸镁、1g氯化钠、1g柠檬酸钠、0.5g柠檬酸氢二钠及1颗陶瓷均质子，盖上离心管盖，剧烈振荡1min后4200r/min离心5min。

吸取6mL上清液加到内含900mg硫酸镁及150mg PSA的15mL塑料离心管中，对于颜色较深的试样，15mL塑料离心管中加入885mg硫酸镁、150mg PSA及15mg GCB，涡旋混匀1min。4200r/min离心5min，准确吸取2mL上清液于10mL试管中，40℃水浴中氮气吹至近干。加入20μL的内标溶液，加入1mL乙酸乙酯复溶，过微孔滤膜，用于测定。

（2）谷物、油料和坚果　称取5g试样于50mL塑料离心管中，加10mL水涡旋混匀，静置30min。加入15mL乙腈-醋酸溶液（99＋1，体积比）、6g无水硫酸镁、1.5g醋酸钠及1颗陶瓷均质子，盖上离心管盖，剧烈振荡1min后4200r/min离心5min。吸取8mL上清液加到内含1200mg硫酸镁、400mg PSA及400mg C_{18}的15mL塑料离心管中，涡旋混匀1min。4200r/min离心5min，准确吸取2mL上清液于10mL试管中，40℃水浴中氮气吹至近干。加入20μL的内标溶液，加入1mL乙酸乙酯复溶，过微孔滤膜，用于测定。

（3）茶叶和香辛料　称取2g试样于50mL塑料离心管中，加10mL水涡旋混匀，静置30min。加入15mL乙腈-醋酸溶液（99＋1，体积比）、6g无水硫酸镁、1.5g醋酸钠及1颗陶瓷均质子，盖上离心管盖，剧烈振荡1min后4200r/min离心5min。吸取8mL上清液加到内含1200mg硫酸镁、400mg PSA、400mg C_{18}及200mg GCB的15mL塑料离心管中，涡旋混匀1min。4200r/min离心5min，准确吸取2mL上清液于10mL试管中，40℃水浴中氮气吹至近干。加入20μL的内标溶液，加入1mL乙酸乙酯复溶，过微孔滤膜，用于测定。

注：上述处理中净化前的上清液吸取量可根据需要调整，净化材料（无水硫酸镁、PSA、C_{18}、GCB）用量按比例增减。

2. 固相萃取前处理

（1）提取

① 蔬菜、水果和食用菌　称取20g试样于100mL塑料离心管中，加入40mL乙腈，用高速匀浆机15000r/min匀浆2min，加入5～7g氯化钠剧烈振荡数次，4200r/min离心5min。准确吸取10mL上清液于100mL茄形瓶中。40℃水浴旋转蒸发至1mL左右，氮气吹至近干，待净化。

② 谷物、油料、坚果、茶叶和香辛料　称取5g试样于100mL塑料离心管中，加10mL水涡旋混匀，静置30min。加入20mL乙腈，用高速匀浆机15000r/min匀浆2min，加入5～7g氯化钠剧烈振荡数次，4200r/min离心5min。准确吸取5mL上清液于100mL茄形瓶中，40℃水浴旋转蒸发至1mL左右，氮气吹至近干，待净化。

（2）净化　用5mL乙腈：甲苯溶液（3∶1，体积比）预洗固相萃取柱（石墨化碳黑-氨基复合柱，500mg/500mg，容积6mL），弃去流出液。下接150mL鸡心瓶，放入固定架上。将上述待净化试样用3mL乙腈：甲苯溶液（3∶1，体积比）洗涤至固相萃取柱中，再用2mL乙腈：甲苯溶液（3∶1，体积比）洗涤，并将洗涤液移入柱中，重复2次。在柱上加上50mL储液器，用25mL乙腈：甲苯（3∶1，体积比）溶液淋洗小柱，收集上述所有流出液于150mL鸡心瓶中，40℃水浴中旋转浓缩至近干。加入50μL内标溶液，加入2.5mL乙酸乙酯复溶，过微孔滤膜，用于测定。

3. GPC前处理（对于食用油样品）

称取1g食用油试样于10mL样品瓶中，加入GPC流动相［环己烷-乙酸乙酯溶液（1＋1，体积比）］7mL混匀，将试样溶液置于GPC仪上净化，上样体积为5mL，流速为5mL/min，收集1000～2700s时间段的洗脱液。将流出液浓缩至5mL，准确吸取4mL于10mL

玻璃离心管中，40℃水浴中氮气吹至近干。加入 20μL 的内标溶液，加入 1mL 乙酸乙酯复溶，过微孔滤膜，用于测定。

4. 测定

色谱柱　14％氰丙基苯基-86％二甲基聚硅氧烷石英毛细管柱，30m×0.25mm×0.25μm，或相当者；

色谱柱温度　40℃保持 1min，以 40℃/min 程序升温至 120℃，再以 5℃/min 升温至 240℃，以 12℃/min 升温至 300℃，保持 6min；

载气　氦气，流速 1.0mL/min；

进样口温度　280℃；

进样量　1μL；

进样方式　不分流进样；

电子轰击源　70eV；

离子源温度　280℃；

传输线温度　280℃；

溶剂延迟　3min；

多反应监测　每种农药分别选择一对定量离子、一对定性离子。

每组所有需要检测离子对按照出峰顺序，分时段分别检测。

5. 定性及定量

（1）保留时间　被测试样中目标农药色谱峰的保留时间与相应标准色谱峰的保留时间相比较，相对误差应在±2.5％之内。

（2）定量离子、定性离子及子离子丰度比　在相同实验条件下进行样品测定时，如果检出的色谱峰的保留时间与标准样品相一致，并且在扣除背景后的样品质谱图中，目标化合物的质谱定量和定性离子均出现，而且同一检测批次，对同一化合物，样品中目标化合物的定性离子和定量离子的相对丰度比与质量浓度相当的基质标准溶液一致，则可判断样品中存在目标农药。定量采用内标法或外标法定量。

五、方法比较

以上前三种标准方法由于涉及的基质不同，采用的提取方法也不太相同。对于粮谷样品和蔬菜水果样品，提取溶剂均采用乙腈，但粮谷样品采用加速溶剂萃取，而蔬菜水果则直接匀浆提取；二者采用的净化方法则完全相同，均为两步固相萃取法，提取液首先经 Envi-18 柱固相萃取柱用乙腈淋洗净化，再经 Envi-Carb 和 Sep-Pak NH₂ 串联柱用乙腈∶甲苯（3∶1）净化洗脱，之后经溶剂交换后加入环氧七氯作为内标物，用 GC-MS 检测。对于果汁和果酒样品，采用试样中加入水和丙酮提取后，用二氯甲烷进行液液分配，净化步骤去掉了 Envi-18 柱固相萃取，只需经 Envi-Carb 和 Sep-Pak NH₂ 串联柱用乙腈∶甲苯（3∶1）净化洗脱。以上三个标准的 GC-MS 测定和定性定量方法基本相同。但由于涉及的化合物多达 500 种，为了所有化合物都获得满意的分析结果，采用的净化步骤也相对较为复杂。

GB 23200.113—2018《食品安全国家标准　植物源性食品中 208 种农药及其代谢物残留量的测定　气相色谱-质谱联用法》则部分采用了较为简便的 QuEChERS 前处理方法，使前处理方法大大简化，而采用 GC-MS/MS 也使方法的特异性和灵敏度有了提高。

第七节 我国多类型农药多残留国家标准方法示例（液相色谱-串联质谱法）

我国植物源产品中采用液相色谱-串联质谱法测定农药多残留的方法也很多，涉及农药品种较多的标准方法主要有以下几种，分别是：

GB 23200.11—2016《食品安全国家标准 桑枝、金银花、枸杞子和荷叶中 413 种农药及相关化学品残留量的测定 液相色谱-质谱法》

GB 23200.13—2016《食品安全国家标准 茶叶中 448 种农药及相关化学品残留量的测定 液相色谱-质谱法》

GB 23200.14—2016《食品安全国家标准 果蔬汁和果酒中 512 种农药及相关化学品残留量的测定 液相色谱-质谱法》

GB/T 20769—2008《食品安全国家标准 水果和蔬菜中 450 种农药及相关化学品残留量的测定 液相色谱-串联质谱法》

GB/T 20770—2008《食品安全国家标准 粮谷中 486 种农药及相关化学品残留量的测定 液相色谱-串联质谱法》

下面对其中的几种方法进行介绍。

一、粮谷中农药及相关化学品残留量测定

GB/T 20770—2008《粮谷中 486 种农药及相关化学品残留量的测定 液相色谱-串联质谱法》是在 GB/T 20770—2006《粮谷中 372 种农药及相关化学品残留量测定》基础上建立的，增加了农药品种，并对前处理及检测方法做了一些改进。方法适用于大麦、小麦、燕麦、大米、玉米等样品中 486 种农药及相关化学品残留量 LC-MS/MS 测定。

1. 测定方法概述

试样采用乙腈均质法提取，提取液经 GPC 净化后，LC-MS/MS 测定，外标法定量。

2. 农药及相关化学品标准溶液的配制与分组

按照化合物的性质和保留时间，将 486 种农药及相关化学品分成 A、B、C、D、E、F 和 G 七个组，并根据每种化合物在仪器上的响应灵敏度，确定其在混合标准溶液中的浓度，用甲醇分组配制混合标准溶液及相应的基质混合标准溶液。

3. 提取

称取粮谷试样 10g（精确至 0.01g），放入盛有 15g 无水硫酸钠的具塞离心管中，加入 35mL 乙腈，用均质器均质提取 1min。然后 3800r/min 离心 5min，上清液通过装有无水硫酸的筒形漏斗，收集于梨形瓶中，残渣再用 30mL 乙腈提取一次，合并提取液，将提取液用旋转蒸发仪于 40℃水浴中，蒸发浓缩至约 0.5mL，加入 5mL 乙酸乙酯：环己烷（1：1）进行溶剂交换，重复两次，最后使液体体积约为 5mL，待净化。

4. GPC 净化

（1）条件

净化柱 400mm×25mm，内装 Bio-beads S-X3 填料或相当者；

检测波长 254nm；

流动相 乙酸乙酯：环己烷（1：1，体积比）；

流速　5mL/min；

进样量　5mL；

开始收集时间　22min；

结束收集时间　40min。

（2）净化步骤　将上述提取液转移至 10mL 容量瓶中，用 5mL 乙酸乙酯：环己烷（1：1）分两次洗涤梨形瓶，并转移至上述 10mL 容量瓶中，定容至刻度，摇匀。将样液过 0.45μm 微孔滤膜滤入 10mL 试管中，供 GPC 净化；收集 22～40min 的馏分于 200mL 梨形瓶中，并在 40℃ 水浴旋转蒸发至 0.5mL。将浓缩液用氮气吹干，再用 1.0mL 乙腈：水（3：2）溶解残渣，过微孔滤膜，供液相色谱-串联质谱仪进行检测。

5. 液相色谱-串联质谱法测定

（1）条件

色谱柱　ZORBAX SB C$_{18}$（3.5μm，2.1mm×100mm）或相当者，流动相及流速见表 12-18；

表 12-18　流动相及流速

步骤	总时间/min	流速/(μL/min)	0.1%甲酸水/%	乙腈/%
0	0.00	400	99.0	1.0
1	3.00	400	70.0	30.0
2	6.00	400	60.0	40.0
3	9.00	400	60.0	40.0
4	15.00	400	40.0	60.0
5	19.00	400	1.0	99.0
6	23.00	400	1.0	99.0
7	23.01	400	99.0	1.0

柱温　40℃；

进样量　10μL；

扫描方式　正离子扫描；

检测方式　多反应监测；

电喷雾电压　4000V；

雾化气压力　0.28MPa；

干燥气温度　350℃；

干燥气流速　10L/min。

（2）定性测定　样品溶液在相同实验室条件下分别进行测定时，如果样品中检出的色谱峰的保留时间与基质标准中某种农药及其相关化学品色谱峰的保留时间一致，并且所选择的两对离子对及丰度比也一致，则可判定样品中存在这种农药或相关化学品残留。

（3）定量测定　本方法中液相色谱-串联质谱采用外标-校准曲线法定量测定。为减少基质对定量测定的影响，需用空白样品提取液来配制一系列基质标准工作液，用基质混合标准工作溶液分别进样来绘制标准曲线，并且保证所测样品中农药及相关化学品的响应值均在仪器的线性范围内。

二、水果和蔬菜中农药及相关化学品残留量测定

GB/T 20769—2008《水果和蔬菜中450种农药及相关化学品残留量的测定 液相色谱-串联质谱法》是在GB/T 20769—2006《水果和蔬菜中405种农药及相关化学品残留量测定 液相色谱法-串联质谱法》的基础上制定的，主要的变化是可测定的农药及相关化学品增加到450种，增加了电喷雾离子源（ESI）负离子模式检测的条件及农药品种。

方法适用于苹果、橙子、甘蓝、芹菜、番茄等样品中450种农药及相关化学品的定性鉴别和其中381种农药及相关化学品的定量测定。LC-MS/MS定量测定的检出限为0.01～0.606mg/kg。

1. 测定方法概述

试样用乙腈匀浆提取，盐析离心后，取上清液，经Sep-PacVac氨基固相萃取柱净化，用乙腈：甲苯（3:1）洗脱农药及相关化学品后，使用LC-MS/MS测定，外标法定量。

2. 农药及相关化学品标准溶液的配制与分组

根据农药及相关化学品的性质和保留时间，将450种农药及相关化学品分成A、B、C、D、E、F和G七个组，并根据它们在仪器上的灵敏度确定其在混合标准溶液中的浓度。分别用甲醇或空白基质提取液配制混合标准溶液。

3. 提取

称取20g水果蔬菜试样（精确至0.01g）于80mL离心管中，加入40mL乙腈，用高速组织捣碎机15000r/min匀浆提取1min，加入5g氯化钠，再匀浆提取1min，3800r/min离心5min，取上清液20mL（相当于10g试样量），在40℃水浴中旋转浓缩至约1mL，待净化。

4. 净化

在Sep-PakVac氨基固相萃取柱中加入约2cm高无水硫酸钠，并放入下接鸡心瓶的固定架上。加样前先用4mL乙腈：甲苯（3:1）预洗柱，当液面到达硫酸钠的顶部时，迅速将样品浓缩液转移至净化柱上，并更换新鸡心瓶接收，再每次用2mL乙腈：甲苯（3:1）洗涤样液瓶三次，并将洗液移入柱中。在柱上加上50mL贮液器，用25mL乙腈：甲苯（3:1）洗脱农药及相关化学品，收集所有流出物于鸡心瓶中，并在40℃水浴中旋转浓缩至约0.5mL。将浓缩液置于氮气吹干仪吹干，迅速加入1mL乙腈：水（3:2），混匀，经0.2μm微孔滤膜过滤后，进行液相色谱-串联质谱测定。

5. 液相色谱-串联质谱法测定

（1）A、B、C、D、E、F组液相色谱-串联质谱法测定条件

色谱柱 Atlantis T3，3μm，150mm×2.1mm或相当者，流动相及梯度洗脱条件见表12-19；

柱温 40℃；

进样量 20μL；

离子源 电喷雾离子源（ESI）；

扫描方式 正离子扫描；

检测方式 多反应监测；

电喷雾电压 5000V；

表 12-19　流动相及梯度洗脱条件

步骤	总时间/min	流速/(μL/min)	0.05％甲酸水/％	乙腈/％
0	0.00	200	90.0	10.0
1	4.00	200	50.0	50.0
2	15.00	200	40.0	60.0
3	23.00	200	20.0	80.0
4	30.00	200	5.0	95.0
5	35.00	200	5.0	95.0
6	35.01	200	90.0	10.0
7	50.00	200	90.0	10.0

雾化气压力　0.483MPa；

气帘气压力　0.138MPa；

辅助加热气压力　0.379MPa；

离子源温度　725℃；

监测离子对、碰撞气能量和去簇电压参见原标准 GB/T 20769—2008 附录 B。

（2）G 组液相色谱-串联质谱法测定条件

色谱柱　Inertsil C₈（5μm，150mm×2.1mm）或相当者，流动相及梯度洗脱条件见表 12-20；

表 12-20　流动相及梯度洗脱条件

步骤	总时间/min	流速/(μL/min)	5mmol/L 乙酸铵水/％	乙腈/％
0	0.00	200	90.0	10.0
1	4.00	200	50.0	50.0
2	15.00	200	40.0	60.0
3	20.00	200	20.0	80.0
4	25.00	200	5.0	95.0
5	32.00	200	5.0	95.0
6	32.01	200	90.0	10.0
7	40.00	200	90.0	10.0

柱温　40℃；

进样量　20μL；

离子源　电喷雾离子源（ESI）；

离子源温度　700℃；

扫描方式　负离子扫描；

检测方式　多反应监测；

电喷雾电压　−4200V；

雾化气压力　0.42MPa；

气帘气压力　0.32MPa；

辅助加热气压力　0.35MPa。

（3）定性测定　在相同实验室条件下进行样品测定时，如果检出的色谱峰的保留时间与标准样品相一致，并且在扣除背景后的样品质谱图中，所选择的离子都出现，而且所选择的离子丰度比与标准品的离子丰度比相一致，则可判断样品中存在这种农药或相关化学品。

（4）定量测定 本方法中液相色谱-串联质谱采用外标-校准曲线法定量测定。为减少基质对定量测定的影响，定量采用基质混合标准工作溶液绘制标准曲线。并且保证所测样品中农药及相关化学品的响应值均在仪器的线性范围内。

三、果蔬汁和果酒中农药及相关化学品残留量测定

GB 23200.14—2016《食品安全国家标准 果蔬汁和果酒中 512 种农药及相关化学品残留量的测定 液相色谱-质谱法》是在 GB/T 23206—2008《食品安全国家标准 果蔬汁和果酒中 512 种农药及相关化学品残留量的测定 液相色谱-质谱法》基础上修订的，适用于橙汁、苹果汁、葡萄汁、白菜汁、胡萝卜汁、干酒、半干酒、半甜酒、甜酒中 512 种农药及相关化学品残留的定性鉴别，也适用于 490 种农药及相关化学品残留的定量测定。

1. 测定方法概述

试样用含 1% 乙酸的乙腈溶液提取，经 Sep-PakVac 氨基固相萃取柱净化，用乙腈：甲苯（3∶1）洗脱农药及相关化学品，用液相色谱法-串联质谱测定方法检测，外标法定量。

2. 农药及相关化学品标准溶液的配制与分组

根据标准物的溶解度，按照化合物的性质和保留时间，将 512 种农药及相关化学品分成 A、B、C、D、E、F 和 G 七组，并根据每种化合物在仪器上的响应灵敏度，确定其在混合标准溶液中的浓度，分组配制混合标准溶液。

3. 试样的制备和保存

浓缩果蔬汁样品：将取得的全部原始样品倒入洁净的搪瓷混样桶内，充分搅拌均匀，再将混匀样品分装出两份（每份 500mL），密封，作为试样，标明标记。试样置于冷冻状态下（−18℃）保存。

4. 提取

称取 15g 试样（精确至 0.01g）（果酒为 15mL）于 50mL 具塞离心管中，加入 15mL 含 1% 乙酸乙腈溶液，在涡旋混合器涡旋 2min。向具塞离心管中加入 1.5g 无水乙酸钠，振荡 1min，再向离心管中加入 6g 无水硫酸镁，振荡 2min，4200r/min 离心 5min，取 7.5mL 上清液至另一干净试管中，待净化。

5. 净化

在 Sep-PakVac 固相萃取柱中加入约 2cm 高无水硫酸钠，将柱子放在下接鸡心瓶的固定架上。加样前先用 5mL 乙腈：甲苯（3∶1）预洗柱，当液面到达硫酸钠的顶部时，迅速将样品提取液转移至净化柱上，并更换鸡心瓶接收。在固相萃取柱上加上 50mL 贮液器，用 25mL 乙腈：甲苯（3∶1）洗脱农药及相关化学品，收集所有流出物于鸡心瓶中，并在 40℃ 水浴中旋转浓缩至约 0.5mL，于 35℃ 用氮气吹干，加入 1mL 乙腈：水（3∶2）溶解残渣并定容，用 0.2μm 滤膜过滤后，供液相色谱-串联质谱仪测定。

6. 液相色谱-串联质谱法测定

（1）A、B、C、D、E、F 组农药及相关化学品液相色谱-串联质谱法测定条件

色谱柱 ZORBAX SB C$_{18}$，3.5μm，100mm×2.1mm 或相当者，流动相及梯度洗脱条件见表 12-21；

柱温 40℃；

进样量 10μL；

表 12-21　流动相及梯度洗脱条件

步骤	总时间/min	流速/(μL/min)	0.1%甲酸水/%	乙腈/%
0	0.00	400	99.0	1.0
1	3.00	400	70.0	30.0
2	6.00	400	60.0	40.0
3	9.00	400	60.0	40.0
4	15.00	400	40.0	60.0
5	19.00	400	1.0	99.0
6	23.00	400	1.0	99.0
7	23.01	400	99.0	1.0

离子源模式　电喷雾离子化源；

电离源极性　正模式；

雾化气　氮气；

雾化气压力　0.28MPa；

离子喷雾电压　4000V；

干燥气温度　350℃；

干燥气流速　10L/min。

（2）G组农药及相关化学品液相色谱-串联质谱法测定条件

色谱柱　ZORBAX SB C$_{18}$，3.5μm，100mm×2.1mm或相当者，流动相及梯度洗脱条件见表12-22；

表 12-22　流动相及梯度洗脱条件

步骤	总时间/min	流速/(μL/min)	5mmol/L乙酸铵水/%	乙腈/%
0	0.00	400	99.0	1.0
1	3.00	400	70.0	30.0
2	6.00	400	60.0	40.0
3	9.00	400	60.0	40.0
4	15.00	400	40.0	60.0
5	19.00	400	1.0	99.0
6	23.00	400	1.0	99.0
7	23.01	400	99.0	1.0

柱温　40℃；

进样量　10μL；

电离源模式　电喷雾离子化；

电离源极性　负模式；

雾化气　氮气；

雾化气压力　0.28MPa；

离子喷雾电压　4000V；

干燥气温度　350℃；

干燥气流速　10L/min。

（3）定性测定　在相同实验室条件下进行样品测定时，如果检出的色谱峰的保留时间与标准样品相一致，并且在扣除背景后的样品质谱图中，所选择的离子都出现，而且所选择的离子丰度比与标准品的离子丰度比相一致（相对丰度＞50％，允许±20％偏差；相对丰度＞20％～50％，允许±25％偏差；相对丰度＞10％～20％，允许±30％偏差；相对丰度≤10％，允许±50％偏差），则可判断样品中存在这种农药或相关化学品。

（4）定量测定　本方法中液相色谱-串联质谱采用外标-校准曲线法定量测定。为减少基质对定量测定的影响，定量用标准溶液应采用基质混合标准工作溶液绘制标准曲线，并且保证所测样品中农药及相关化学品的响应值均在仪器的线性范围内。

四、方法比较

这三个标准中分析方法的不同之处在于，粮谷中的前处理方法采用 GPC 净化，而水果、蔬菜则采用 SPE 净化。果蔬汁和果酒的前处理方法则比前述果汁果酒的气相色谱-质谱方法更简单。

第八节　杀虫剂多残留分析

杀虫剂种类多、应用广泛，对粮食生产意义重大。杀虫剂在农产品和环境中的残留尤其受到人们普遍的关注。按照化学结构不同，杀虫剂可分为有机氯杀虫剂、有机磷杀虫剂、氨基甲酸酯杀虫剂、有机氮杀虫剂、拟除虫菊酯杀虫剂以及其他种类杀虫剂。本节主要介绍常用的 NY/T 761—2008《蔬菜和水果中有机磷、有机氯、拟除虫菊酯和氨基甲酸酯类农药多残留的测定》中杀虫剂多残留的测定。

一、农药多残留快速筛查方法的特点

美国加州食品农业部推出的农药多残留快速筛查方法（CDFA-MRSM 方法）是在以乙腈作为提取溶剂的多残留检测方法（Mills 方法）上发展起来的。在 20 世纪 90 年代开发后，得到了美国、日本、韩国等国家的认可。该方法采用 SPE 代替传统的 LLE，用氮吹仪代替旋转蒸发仪，大大简化了样品前处理步骤，节约了时间；同时该方法采用双柱（DB-1、DB-17）、双检测器（有机磷-FPD；有机氯、菊酯-ECD）同时定性定量代替单柱、单检测器分析，氨基甲酸酯类农药使用 HPLC-C_8 或 C_{18} 柱分离，柱后衍生化，荧光检测器测定，使分析结果的灵敏度、准确度显著提高；在简便情况下也可使用单柱单检测器来进行定性定量，增加了方法使用的灵活性和方便性。

使用该方法对四类农药（有机磷、有机氯、拟除虫菊酯和氨基甲酸酯）进行有效监测，LOQ 为 0.005～0.2mg/kg，可以检测到 200 种以上农药有效成分、代谢物和降解产物；8h 内可对 12 种样品、200 种以上农药残留进行检测，因此，该方法是一种简便、快速、灵敏、准确，适合于蔬菜、水果市场的农药多残留检测技术。

二、NY/T 761 的制定过程

农业部天津环保所引进了 CDFA-MRSM 方法，针对我国蔬菜、水果中常用、禁用农药品种和有代表性的农产品，结合我国国情在前处理设备和试剂的国产化等方面作了改进，在 9 种蔬菜、水果上进行了 56 种四类农药（含代谢物、异构体）的添加回收率实验。其添加回收率、变异系数、最低检测限都达到了原技术指标，符合农残检测技术要求，于2004年颁布 NY/T 761—2004《蔬菜和水果中有机磷、有机氯、拟除虫菊酯和氨基甲酸酯类农药多残留检测方法》，成为我国蔬菜和水果中农药残留检测的首选方法，已被农业部确定为全国蔬菜中农药残留例行监测方法，在全国41个农业质检中心推广和应用。

为了进一步扩大该方法的适用范围，在 NY/T 761—2004 的基础上，根据我国农药使用的情况和国际农产品贸易的新要求，修订颁发了 NY/T 761—2008，该方法增加了49种农药（28种有机磷、19种有机氯及拟除虫菊酯，以及速灭威、仲丁威2种氨基甲酸酯农药），共105种农药，同时扩大了使用范围，成为一种简便、快速、灵敏、准确、便于推广的适合于蔬菜、水果上的农药多残留检测技术。

三、NY/T 761—2008 方法的内容

NY/T 761—2008 方法共分为三部分：
第一部分，蔬菜和水果中54种有机磷农药的多残留检测方法；
第二部分，蔬菜和水果中41种有机氯和拟除虫菊酯类农药多残留检测方法；
第三部分，蔬菜和水果中10种氨基甲酸酯类农药及其代谢物多残留检测方法。

（一）方法概述

样品用乙腈提取，提取液滤入具塞量筒中，加入氯化钠后振摇使两相分层，取上层乙腈相分为三份：第一份浓缩定容后直接进 GC-FPD 检测有机磷农药；第二份浓缩定容后过弗罗里硅土柱层析净化，进 GC-ECD 测定有机氯及菊酯类农药；第三份浓缩定容后过氨基柱净化，经液相色谱-柱后衍生系统测定氨基甲酸酯类农药。该方法操作简便，准确可靠，适合于检测大多数蔬菜和水果。

（二）方法流程示意图

图 12-9 为 NY/T 761—2008 方法流程示意。

（三）前处理步骤

1. 样品的制备

取不少于1000g蔬菜水果样品的可食部分，用干净纱布轻轻擦去样品表面的附着物，采用对角线分割法，取对角部分，将其切碎，充分混匀放入食品加工器粉碎，制成待测样，放入分装容器中备用。

2. 提取

准确称取25.0g试料放入匀浆机中，加入50.0mL乙腈，在匀浆机中高速匀浆2min后用滤纸过滤，滤液收集到装有5～7g氯化钠的100mL具塞量筒中，收集滤液40～50mL，盖上塞子，剧烈振荡1min，在室温下静置30min，使乙腈相和水相分层。

从100mL具塞量筒中吸取10.00mL乙腈溶液三份，分别放入三个150mL烧杯中，将烧杯放在80℃水浴锅上加热，杯内缓缓通入氮气或空气流，将乙腈蒸发近干，待净化。

3. 净化

（1）有机磷农药　向烧杯中加入2.0mL丙酮，将样品溶液完全转移至15mL刻度离心管中，再用约3mL丙酮分三次冲洗烧杯，并转移至离心管，最后准确定容至5.0mL，在旋涡混合器上混匀，供 GC-FPD 测定。如样品过于混浊，应用0.2μm滤膜过滤后再进行测定。

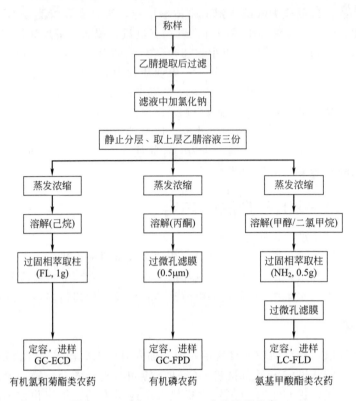

图 12-8　NY/T 761—2008 方法流程示意

（2）有机氯和菊酯类农药　向烧杯中加入 2.0mL 正己烷，盖上铝箔待净化。

将弗罗里硅土柱依次用 5.0mL 丙酮：正己烷（10：90）、5.0mL 正己烷预淋，当溶剂液面到达柱吸附层表面时，立即倒入样品溶液，用 15mL 刻度离心管接收洗脱液，用 5mL 丙酮：正己烷（10：90）刷洗烧杯后淋洗弗罗里硅土柱，并重复一次。将盛有淋洗液的离心管置于氮吹仪上，在水浴温度 50℃ 条件下，氮吹蒸发至小于 5mL，用正己烷准确定容至 5.0mL，在旋涡混合器上混匀，移入自动进样器样品瓶中，待 GC-ECD 测定。

（3）氨基甲酸酯类农药　向烧杯中加入 2.0mL 甲醇：二氯甲烷（1：99）溶解残渣，盖上铝箔待净化。

将氨基柱用 4.0mL 甲醇：二氯甲烷（1：99）预淋，当溶剂液面到达柱吸附层表面时，立即加入样品溶液，用 15mL 离心管收集洗脱液，用 2mL 甲醇：二氯甲烷（1：99）洗烧杯后过柱，并重复一次。将离心管置于氮吹仪上，水浴温度 50℃，氮吹蒸发至近干，用甲醇准确定容至 2.5mL。在混合器上混匀后，用 0.2μm 滤膜过滤，待具有柱后衍生系统的 LC-FLD 检测。

（四）检测方法

1. 有机磷农药的气相色谱检测条件

色谱柱　预柱，长 1.0m、内径 0.53mm、脱活石英毛细管柱，分析柱采用两根色谱柱，分别为：A 柱：50%聚苯基甲基硅氧烷（DB-17 或 HP-50）柱，30m×0.53mm×1.0μm；B 柱：100%聚甲基硅氧烷（DB-1 或 HP-1）柱，30m×0.53mm×1.50μm。

进样口温度　220℃。

检测器温度　250℃。

柱温　150℃（保持 2min），以 8℃/min 程序升温至 250℃（保持 12min）。

54 种有机磷农药的标准品分为 4 组，样品一式两份，标样及样品均由双塔自动进样器同时进样，在两根色谱柱上同时检测，以单柱（A柱）或双柱保留时间定性，以分析柱 A 获得的样品溶液峰面积与标准溶液峰面积比较定量。

2. 有机氯和菊酯类农药的气相色谱检测条件

色谱柱　预柱，1.0m 长、0.25mm 内径、脱活石英毛细管柱。分析柱采用两根色谱柱，分别为：A 分析柱：100％聚甲基硅氧烷（DB-1 或 HP-1）柱，30m×0.25mm×0.25μm；B 分析柱：50％聚苯基甲基硅氧烷（DB-17 或 HP-50）柱，30m×0.25mm×0.25μm。

进样口温度　200℃。

检测器温度　320℃。

柱温　150℃（保持 2min），以 6℃/min 程序升温至 270℃（保持 8min，测定溴氰菊酯保持 23min）。

41 种农药的标准品分为 3 组，样品一式两份，标样及样品均由双塔自动进样器同时进样，在两根色谱柱上同时检测，以单柱（A柱）或双柱保留时间定性，以分析柱 A 获得的样品溶液峰面积与标准溶液峰面积比较定量。

3. 氨基甲酸酯类农药的液相色谱检测条件

预柱　C_{18} 预柱，4.6mm×4.5cm；

分析柱　C_8 4.6mm×25cm，5μm，或 C_{18} 4.6mm×25cm，5μm；

柱温　42℃；

荧光检测器　激发波长 λex 330nm，发射波长 λem 465nm；

溶剂梯度与流速　见表 12-23。

表 12-23　溶剂梯度与流速

时间/min	水/%	甲醇/%	流速/(mL/min)
0.00	85	15	0.5
2.00	75	25	0.5
8.00	75	25	0.5
9.00	60	40	0.8
10.00	55	45	0.8
19.00	20	80	0.8
25.00	20	80	0.8
26.00	85	15	0.5

柱后衍生系统　0.05mol/L 氢氧化钠溶液，流速 0.3mL/min；邻苯二甲醛（OPA）试剂，流速 0.3mL/min；反应器温度包括水解温度（100℃）和衍生温度（室温）。

10 种氨基甲酸酯农药配成标准混合溶液，吸取 20.0μL 标样或净化后的样品注入色谱仪中，以保留时间定性，以样品溶液峰面积与标准溶液峰面积比较定量。

（五）方法评价

1. 关于检测方法

表 12-24、表 12-25、表 12-26 分别为有机磷类、有机氯和菊酯类、氨基甲酸酯类农药的分组表和两根色谱柱上相应的相对保留时间（RRT）。

表 12-24　有机磷类农药检测相对保留时间及检出限数据

序号	农药	保留时间/min		检出限/(mg/kg)	组别
		A-RRT,DB-17	B-RRT,DB-1		
1	敌敌畏(dichlorvos)	0.24	0.22	0.01	I
2	乙酰甲胺磷(acephate)	0.52	0.36	0.03	I
3	百治磷(dicrotophos)	0.77	0.62	0.03	I
4	乙拌磷(disulfoton)	0.82	0.80	0.02	I
5	乐果(dimethoate)	0.86	0.68	0.02	I
6	甲基对硫磷(parathion-methyl)	0.96	0.88	0.02	I
7	毒死蜱(chlorpyrifos)	1.00	1.00	0.02	I
8	嘧啶磷(pirimiphos-ethyl)	1.03	1.05	0.02	I
9	倍硫磷(fenthion)	1.07	0.99	0.02	I
10	辛硫磷(phoxim)	1.19	1.10	0.3	I
11	灭菌磷(ditalimfos)	1.24	1.14	0.02	I
12	三唑磷(triazophos)	1.51	1.29	0.01	I
13	亚胺硫磷(phosmet)	1.88	1.44	0.06	I
14	敌百虫(trichlorfon)	0.24	0.22	0.06	II
15	灭线磷(ethoprophos)	0.63	0.60	0.02	II
16	甲拌磷(phorate)	0.69	0.67	0.02	II
17	氧乐果(omethoate)	0.72	0.53	0.02	II
18	二嗪磷(diazinon)	0.78	0.79	0.02	II
19	地虫硫磷(fonofos)	0.82	0.78	0.02	II
20	甲基毒死蜱(chlorpyrifos-methyl)	0.94	0.89	0.03	II
21	对氧磷(paraoxon)	0.97	0.91	0.03	II
22	杀螟硫磷(fenitrothion)	1.01	0.94	0.02	II
23	溴硫磷(bromophos)	1.06	1.04	0.03	II
24	乙基溴硫磷(bromophos-ethyl)	1.10	1.14	0.03	II
25	丙溴磷(profenofos)	1.20	1.19	0.04	II
26	乙硫磷(ethion)	1.32	1.29	0.02	II
27	吡菌磷(pyrazophos)	1.95	1.71	0.08	II
28	蝇毒磷(coumaphos)	2.39	1.86	0.09	II
29	甲胺磷(methamidophos)	0.30	0.19	0.01	III
30	治螟磷(sulfotep)	0.69	0.65	0.01	III
31	特丁硫磷(terbufos)	0.75	0.77	0.02	III
32	久效磷(monocrotophos)	0.81	0.61	0.03	III
33	除线磷(dichlofenthion)	0.86	0.88	0.02	III
34	皮蝇磷(fenchlorphos)	0.94	0.93	0.03	III
35	甲基嘧啶磷(pirimiphos-methyl)	0.98	0.96	0.02	III
36	对硫磷(parathion)	1.01	1.00	0.02	III

序号	农药	保留时间/min		检出限 /(mg/kg)	组别
		A-RRT,DB-17	B-RRT,DB-1		
37	异柳磷(isofenphos)	1.08	1.09	0.02	Ⅲ
38	杀扑磷(methidathion)	1.23	1.11	0.03	Ⅲ
39	甲基硫环磷(phosfolan-methyl)	1.28	1.03	0.03	Ⅲ
40	伐灭磷(famphur)	1.51	1.31	0.03	Ⅲ
41	伏杀硫磷(phosalone)	1.82	1.58	0.05	Ⅲ
42	益棉磷(azinphos-ethyl)	2.33	1.68	0.06	Ⅲ
43	二溴磷(naled)	0.24	0.22	0.02	Ⅳ
44	速灭磷(mevinphos)	0.43	0.36	0.02	Ⅳ
45	胺丙畏(propetamphos)	0.78	0.76	0.02	Ⅳ
46	磷胺-1(phosphamidon-1)	0.87	0.78	0.04	Ⅳ
	磷胺-2(phosphamidon-2)	0.95	0.86		
47	毒壤磷(trichloronate)	0.98	1.04	0.03	Ⅳ
48	马拉硫磷(malathion)	1.02	0.97	0.03	Ⅳ
49	水胺硫磷(isocarbophos)	1.10	1.00	0.03	Ⅳ
50	喹硫磷(quinalphos)	1.13	1.09	0.03	Ⅳ
51	杀虫畏(tetrachlorvinphos)	1.18	1.14	0.04	Ⅳ
52	硫环磷(phosfolan)	1.33	1.02	0.03	Ⅳ
53	苯硫磷(EPN)	1.67	1.47	0.04	Ⅳ
54	保棉磷(azinphos-methyl)	2.19	1.55	0.09	Ⅳ

表 12-25　有机氯和拟除虫菊酯类农药检测相对保留时间及检出限数据

序号	农药	保留时间/min		检出限 /(mg/kg)	组别
		A-RRT,DB-1	B-RRT,DB-17		
1	α-六六六(α-BHC)	0.63	0.69	0.0001	Ⅰ
2	西玛津(simazine)	0.66	0.78	0.01	Ⅰ
3	莠去津(atrazine)	0.70	0.76	0.01	Ⅰ
4	δ-六六六(δ-BHC)	0.71	0.89	0.0001	Ⅰ
5	七氯(heptachlor)	0.91	0.86	0.0002	Ⅰ
	毒死蜱(chlorpyrifos)	1.00	1.00		
6	艾氏剂(aldrin)	1.01	0.93	0.0001	Ⅰ
7	o,p'-滴滴伊(o,p'-DDE)	1.16	1.14	0.0002	Ⅰ
8	p,p'-滴滴伊(p,p'-DDE)	1.24	1.20	0.0001	Ⅰ
9	o,p'-滴滴滴(o,p'-DDD)	1.26	1.25	0.0004	Ⅰ
10	p,p'-滴滴涕(p,p'-DDT)	1.44	1.38	0.0009	Ⅰ
11	异菌脲(iprodione)	1.52	1.49	0.001	Ⅰ
12	联苯菊酯(bifenthrin)	1.58	1.41	0.0006	Ⅰ
13	顺式氯菊酯(cis-permethrin)	1.81	1.80	0.001	Ⅰ

序号	农药	保留时间/min		检出限/(mg/kg)	组别
		A-RRT,DB-1	B-RRT,DB-17		
14	氟氯氰菊酯-1(cyfluthrin-1)	1.90	1.89	0.002	I
	氟氯氰菊酯-2(cyfluthrin-2)	1.91	1.91		
	氟氯氰菊酯-3(cyfluthrin-3)	1.93	1.93		
	氟氯氰菊酯-4(cyfluthrin-4)	1.93			
15	氟胺氰菊酯-1(*tau*-fluvalinate-1)	2.21	2.18	0.002	I
	氟胺氰菊酯-2(*tau*-fluvalinate-2)	2.23	2.22		
16	β-六六六(β-BHC)	0.66	0.80	0.0004	II
17	林丹(γ-BHC)	0.70	0.78	0.0002	II
18	五氯硝基苯(pentachloronitrobenzene)	0.73	0.75	0.0002	II
19	敌稗(propanil)	0.83	0.93	0.002	II
20	乙烯菌核利(vinclozolin)	0.88	0.87	0.0004	II
21	硫丹-1(endosulfan-1)	1.18	1.14	0.0003	II
	硫丹-2(endosulfan-2)	1.30	1.33		
22	p,p'-滴滴滴(p,p'-DDD)	1.33	1.32	0.0003	II
23	三氯杀螨醇(dicofol)	1.45	1.44	0.0008	II
24	高效氯氟氰菊酯(*lamda*-cyhalothrin)	1.70	1.55	0.0005	II
25	氯菊酯(permethrin)	1.82	1.83	0.001	II
26	氟氰戊菊酯-1(flucythrinate-1)	1.99	2.04	0.001	II
	氟氰戊菊酯-2(flucythrinate-2)	2.03	2.11		
27	氯硝胺(dicloran)	0.65	0.76	0.0003	II
28	六氯苯(hexachlorobenzene)	0.67	0.64	0.0002	III
29	百菌清(chlorothalonil)	0.73	0.87	0.0003	III
30	三唑酮(tridimefon)	1.01	0.99	0.001	III
31	腐霉利(procymidone)	1.11	1.14	0.002	III
32	丁草胺(butachlor)	1.20	1.10	0.003	III
33	狄氏剂(dieldrin)	1.25	1.21	0.0004	III
34	异狄氏剂(endrin)	1.30	1.32	0.0005	III
35	乙酯杀螨醇(chlorobenzilate)	1.32	1.29	0.003	III
36	o,p'-滴滴涕(o,p'-DDT)	1.36	1.27	0.001	III
37	胺菊酯-1(tetramethrin-1)	1.53	1.54	0.003	III
	胺菊酯-2(tetramethrin-2)	1.55			
38	甲氰菊酯(fenpropathrin)	1.59	1.50	0.002	III
39	氯氰菊酯-1(cypermethrin-1)	1.95	2.02	0.003	III
	氯氰菊酯-2(cypermethrin-2)	1.97	2.05		
	氯氰菊酯-3(cypermethrin-3)	1.98	2.07		
	氯氰菊酯-4(cypermethrin-4)	1.99			

序号	农药	保留时间/min		检出限/(mg/kg)	组别
		A-RRT,DB-1	B-RRT,DB-17		
40	氰戊菊酯-1(fenvalerate-1)	2.14	2.38	0.002	Ⅲ
	氰戊菊酯-2(fenvalerate-2)	2.19	2.48		
41	溴氰菊酯-1(deltamethrin-1)	2.26	2.74	0.001	Ⅲ
	溴氰菊酯-2(deltamethrin-2)	2.32	2.86		

表 12-26　氨基甲酸酯类农药检测相对保留时间及检出限数据

序号	农药	保留时间/min	检出限/(mg/kg)
		RRT(C_{18},FLD)	
1	涕灭威亚砜(aldicarb sulfoxide)	0.53	0.02
2	涕灭威砜(aldicarb sulfone)	0.59	0.02
3	灭多威(methomyl)	0.66	0.01
4	三羟基克百威(3-hydroxycarbofuran)	0.79	0.01
5	涕灭威(aldicarb)	0.90	0.009
6	速灭威(metolcarb)	0.94	0.01
7	克百威(carbofuran)	0.97	0.01
8	甲萘威(carbaryl)	1.00	0.008
9	异丙威(isoprocarb)	1.06	0.01
10	仲丁威(fenobucarb)	1.13	0.01

有机磷、有机氯和菊酯类农药的检测方法相对来说较为容易，采用 GC-FPD 或 GC-ECD 就可以得到很好的响应，检测灵敏度高，选择性也较好。只是在农药品种较多的情况下需要分组进样。

氨基甲酸酯杀虫剂的残留分析有其独特性。第一，氨基甲酸酯杀虫剂虽然是含氮化合物，可以在 GC 中用氮磷检测器选择性地检出，但由于其中大多数化合物在高温条件下不稳定，需进行衍生化后才能在 GC 上进行检测，或是使用 HPLC 等其他方法进行分析。第二，氨基甲酸酯杀虫剂的代谢产物往往在毒理学上有重要的意义，例如涕灭威会转化为有毒的涕灭威亚砜或涕灭威砜。因此，在分析母体化合物残留量的同时还必须将这些有毒理学意义的代谢产物的检测也包括在内。第三，大多数氨基甲酸酯杀虫剂是极性化合物，且在碱性介质中不稳定，因此在样品制备过程中，不能简单地采用一般的样品制备方法。第四，氨基甲酸酯杀虫剂用氮磷检测器进行 GC 分析或紫外检测器进行 HPLC 分析时，都存在灵敏度问题，但本方法通过柱后衍生化后用荧光检测器进行分析可以解决这一问题。

近年来，柱后水解和衍生后进行荧光检测复杂基质中氨基甲酸酯的方法已经越来越普遍，这是一个两步反应，氨基甲酸酯在 100℃ 下柱后水解生成甲胺，甲胺在有 2-巯基乙醇（2-ME）存在的碱溶液中与邻苯二甲醛（OPA）反应，生成具有强荧光的物质，然后被检出。柱后衍生系统需在柱后安装两个试剂运送泵，一个输送 NaOH 溶液，另一个输送 OPA/2-ME，并有可能产生混合和流动脉冲。此外流动相中分析物的稀释也可能导致谱带扩展，为此，很多人做了改进工作，包括固相反应器、UV-发光反应器等。Simon 等提出了一个以 NaOH、邻苯二甲醛和 N,N-二甲基-2-巯基乙胺盐酸盐作为一步柱后衍生的反应系统。N,N-二甲基-2-巯基乙胺盐酸盐的应用使得衍生化样品比在其他溶剂系统中更稳定。采用这种柱后衍生-荧光检测系统，氨基甲酸酯类农药的检测可以具备高灵敏度和选择性，满足残留分析的要求。

2. 方法的回收率及检出限

NY/T 761—2008 方法对 105 种农药进行了分组，根据各农药在对应检测器上的响应值，配比有所不同。按照分组及配比情况，对 105 种农药在八种代表性的蔬菜、水果（番茄、菜豆、黄瓜、油菜、甘蓝、韭菜、苹果、柑橘）上进行添加回收率实验，每种蔬菜、水果上添加 3 个浓度水平（有机磷 0.05～0.20mg/kg、0.10～0.40mg/kg 和 0.50～2.00mg/kg；有机氯及拟除虫菊酯 0.05～0.50mg/kg、0.10～1.0mg/kg 和 0.50～5.00mg/kg；氨基甲酸酯 0.05mg/kg、0.1mg/kg、0.5mg/kg），每个浓度水平做 3 个重复。方法的添加回收率在 70%～120% 之间，变异系数小于 20%，方法检出限在 0.0001～0.3mg/kg 之间，符合农残检测技术要求。

第九节　杀菌剂多残留分析

一、有机硫杀菌剂的多残留分析

有机硫杀菌剂是指毒性基团或成型基中含有硫的有机合成杀菌剂，是一类最早研制的有机杀菌剂。有机硫杀菌剂具有高效、低毒、杀菌谱广、药害少、不易产生抗药性等优点。

按照已知的化学结构，有机硫杀菌剂主要分为三种类型。

（1）二硫代氨基甲酸盐类衍生物　是最重要的一类有机硫杀菌剂，包括亚乙基二硫代氨基甲酸盐类（代森类）和二甲基二硫代氨基甲酸盐类（福美类）。代森类主要有锌盐、锰盐和铵盐等，代表品种有代森锌和代森锰锌等；福美类代表品种有福美铁、福美锌、如福美双等。

（2）三氯甲硫基类　含有三氯甲硫基的多种衍生物，如酰胺、酰羟铵、酰肼、醇类、酚类、硫醇类、硫酚类、磺酰胺类、硫代磺酸类、杂环类等。其中酰胺类最重要，主要的品种有克菌丹和灭菌丹。

（3）氨基磺酸盐和取代苯磺酸类　如氨基磺酸钠、敌锈钠等。

以下分别介绍代森类、福美类杀菌剂的残留分析方法。

（一）亚乙基二硫代氨基甲酸盐类杀菌剂残留测定方法

1. 概述

亚乙基二硫代氨基甲酸盐类（ethylenebisdithiocarbamates，EBDC），即代森类杀菌剂，是一类广泛使用的保护性杀菌剂，其主要品种有代森锰、代森锌、代森锰锌、代森钠、代森铵、代森环等。最常用的品种为代森锌和代森锰锌。该类杀菌剂主要用于防治果树、蔬菜、西瓜等作物的叶斑病、叶霉病、霜霉病、炭疽病等。从农药残留角度，人们关心其在蔬菜、水果中的残留。由于该类药剂几乎没有内吸作用，使用后主要残留在植物体表面，因此，提取比较容易。该类杀菌剂的杂质及其在环境中的降解产物亚乙基硫脲（ethylenethiourea，ETU）（丙森锌等产品的杂质或代谢物中则含有亚丙基硫脲 PTU），能引起试验动物甲状腺瘤，具有致癌性、致突变性和致畸性，因此亚乙基二硫代氨基甲酸盐类杀菌剂的安全问题受到高度重视。

亚乙基双二硫代氨基甲酸盐类农药多数都不溶于水和有机溶剂，其在农产品上的残留量是以母体化合物酸解产生的 CS₂ 的量来表达的，国际上和国内针对其在农产品上制定的 MRL 也是特指酸解转化的 CS₂ 的量。目前国内外有多种分析亚乙基双二硫代氨基甲酸盐类农药残留的方法，包括液相色谱法、分光光度法、原子吸收光谱法、气相色谱法和顶空气相色谱法。

（1）分光光度法　早期的 Keppel 方法是基于 EBDC 在氯化亚锡存在下在酸性介质中生成 CS₂，再生成 N,N-双(2-羟基乙基)二硫代氨基甲酸铜（Ⅱ）的络合物，在分光光度计上进行检测。胡秀卿等利用此方法检测了黄瓜中的丙森锌的残留。Denise 等又将 Keppel 方法进行了改进，在密闭的容器中在己烷存在的条件下酸化样品产生 CS₂ 用于测定亚乙基双二硫代氨基甲酸盐类农药残留，产生的 CS₂ 溶于有机相中被带入到一个流动进样系统中，形成铜络合物后进行定量测定。Keppel 方法目前也是欧洲用于监测亚乙基双二硫代氨基甲酸盐类农药的标准方法。该方法的主要缺点是装置较为复杂，对其气密性和抽气流的稳定性都有较为严格的要求，并且每个样品都必须在回流设备上加热至少 1h，再加上每次操作的温度和时间不可能绝对一致，使得分析的可重复性及分析精密度受到影响。

（2）顶空气相色谱法　随着顶空气相色谱的发展，酸解生成的 CS₂ 也可直接采用顶空气相色谱法进行分析。此方法是将待测样品在密闭系统中与还原酸溶液反应，二硫代氨基甲酸盐被分解，定量释放出 CS₂，取液体上方的气体用气相色谱法测定 CS₂ 含量。采用该方法，我国进出口商品检验局制订了行业标准 SN 0139—1992《出口粮谷中二硫代氨基甲酸酯残留量检验方法》和 SN 0157—1992《出口水果中二硫代氨基甲酸酯残留量检验方法》，这两个标准至今现行有效。顶空测定 CS₂ 的方法应用广泛，姚建仁等（1989）利用此方法建立了 4 种蔬菜（番茄、黄瓜、大白菜、扁豆）中 3 种 EBDC 农药（代森锰锌、代森锌、福美双）的残留检测方法，方法回收率范围为 80.7%～101.2%，最小检测浓度为 0.01mg/kg。陈鹭平等（2004）也采用该方法测定了茶叶中二硫代氨基甲酸酯总残留量，最低检测限可达 0.1mg/kg，添加浓度为 0.1～1.0mg/kg 时，回收率为 83%～93%，RSD<5.6%。顶空气相色谱法前处理操作简便，可批量进行前处理操作，大大缩短了检测时间，提高了工作效率，但是由于顶空进样要求较高，会带来进样重复性差的问题，且由于所有的二硫代氨基甲酸酯或盐类化合物在这种酸解条件下均可释放出 CS₂，因此酸解后检测 CS₂ 含量的方法能够测定该类化合物的总残留量，缺乏专一性。

（3）酸解-溶剂吸收-气相色谱法　由于顶空气相色谱法需要专门的顶空进样器，且对顶空进样的气密性和精密度要求较高，有报道采用正己烷或异辛烷等有机溶剂吸收二硫化碳，然后采用常规进样器进 GC-FPD 或 ECD 检测的方法。该方法更容易操作，且精密度更高。

秦曙等（2010）采用该方法检测 22 种基质中的 4 种二硫代氨基甲酸盐类农药残留。方法首先将样品中的二硫代氨基甲酸盐类农药在密闭的顶空瓶中经 SnCl₂-HCl 溶液酸解，反应生成的 CS₂ 气体被瓶中的正己烷吸收，形成 CS₂ 的正己烷溶液；然后采用 GC-FPD（硫滤光片）测定有机相中的二硫化碳，即得到样品中二硫代氨基甲酸盐类农药的残留量。作者采用该方法对苹果、葡萄等基质中残留的代森锰锌、代森联、丙森锌和福美双进行了方法确认，添加水平为 0.06～3.0mg/kg 时，平均回收率为 72%～110%，RSD<22.0%，采用外标法定量，方法的检出限范围为 0.01～0.1mg/kg。该方法简单、快速、准确、重复性好，适用于不同基质中二硫代氨基甲酸盐类的残留检测。

刘阳等（2016）采用类似的方法使样品酸解，形成的 CS₂ 的正己烷溶液以 GC-μECD 进行检测。作者采用该方法对苹果、青菜基质中代森联、丙森锌和代森锰锌进行了方法确证，添加水平为 0.20～2.0mg/kg 时，平均回收率为 71%～112%，精密度为 2.5%～9.4%。采用外标法定量，方法的 LOQ 为 0.05～0.30mg/kg。建立的方法准确、简便，为不同基质中代森锰锌、代森联和丙森锌的检测提供了参考。

（4）衍生化-高效液相色谱法　较为常用的二硫代氨基甲酸酯残留量检测方法还可以是衍生化-高效液相色谱法。常用的衍生化方法有苯二硫醇衍生化和离子对甲基化衍生液相色谱法，前者由于十字花科蔬菜中存在的异硫氰酸酯也会发生反应，因此不适用于十字花科作物中的分析，更多地用在尿液、血浆及动物组织中该类农药的残留检测。下面主要介绍离子对甲基化衍生液相色谱法。

离子对甲基化衍生液相色谱法最早由 Gustafsson 和 Thompson（1981）用于福美双的含量分析，代森类杀菌剂在上述条件下甲基化反应后供液相色谱分析，在 UV 272nm 下可以得到很好的结果。后来 Lo 等（1996）使用该方法分析了丙森锌、代森锌、代森锰及代森锰锌等杀菌剂。这种方法在二硫代氨基甲酸酯类杀菌剂的分析测定中，选择性比顶空气相色谱法要高，可以分别测定二硫代氨基甲酸酯或盐类化合物的残留量，例如在同一根液相色谱柱上分离时，威百亩首先从色谱柱中流出，其次是福美类（福美铵、福美锌、福美铁和福美双），然后是代森类（代森钠、代森锌、代森锰、代森锰锌、代森联等），最后才是丙森锌。马婧玮等（2007）在此基础上对方法进行了改进，建立了简单快速的代森锰锌在复杂基质花生中残留量的检测方法，栾鸾也采用该方法建立了黄瓜中福美双、代森锰锌、丙森锌三种二硫代氨基甲酸盐类化合物的同时检测方法，三种化合物的甲基化衍生物在液相色谱 C_{18} 柱上的保留时间分别为 7.4min、8.8min、10.4min。方法的回收率和精密度都符合残留分析要求。

2. 顶空气相色谱法测定茶叶中二硫代氨基甲酸盐总残留量

以陈鹭平等（2004）建立的茶叶中二硫代氨基甲酸酯总残留量的测定为例来说明顶空气相色谱法的衍生和方法建立过程。

（1）方法概述　在密闭容器内二硫代氨基甲酸酯或盐类杀菌剂与无机酸反应分解生成 CS_2 并全部气化进入反应瓶上部空间的气相之中，通过测定反应瓶内液-气平衡状态下气相中 CS_2 的量，来确定代森类农药的残留量。残留量以 CS_2 来表示。

（2）分析方法　准确称取 5.0g 试样于 250mL 顶空瓶中，加入 0.3g 抗坏血酸，再加入 80mL 氯化亚锡溶液，立即封闭瓶口，置于 80℃烘箱中加热 2h，每隔 30min 振摇一次。用顶空注射器准确吸取顶空瓶内气体 100μL 注入气相色谱仪进行分析，外标法定量。

气相色谱条件　色谱柱：HP-50 毛细管柱（Crosslinked 50% PhMe Silicone, 30m×0.53mm×1.0μm）；进样口温度：140℃；柱温度：50℃；ECD 温度：190℃；载气：氮气，2mL/min，尾吹气：30mL/min。

（3）试样前处理方法的优化　在二硫代氨基甲酸酯/盐类化合物的酸解过程研究中发现，如果样液中存在金属离子（特别是铜离子），则会抑制二硫代氨基甲酸酯的酸解，而在试样溶液中加入适量抗坏血酸，可以缓解这种抑制作用，提高回收率。试验结果表明，每 5g 茶叶样品加入 0.3g 抗坏血酸可得到最佳回收率。

（4）色谱柱的选择　先后选用了 SE-30、HP-5、HP-50、DB-1、SPB-1701 等毛细管柱，对分离效果进行比较发现，HP-50 在测定 CS_2 时的峰形好、灵敏度高，所以确定用 HP-50 作分析柱。

（5）方法评价　对茶叶样品分别添加相当于 0.1mg/kg、0.5mg/kg 和 1.0mg/kg CS_2 的福美双、福美锌、代森锌、代森钠和福美铁，进行回收率试验，并分别在茶叶中添加福美类（福美锌）和代森类（代森锌）进行实验室内精密度试验，结果表明回收率范围为 83.2%～92.8%，RSD<5.6%，LOQ 为 0.1mg/kg，可以满足茶叶中二硫代氨基甲酸酯残留的检测。

3. 甲基化衍生-高效液相色谱法检测代森锰锌在花生中的残留量

以马婧玮等（2007）建立的代森锰锌在复杂基质花生中残留量的检测方法为例来说明离

子对甲基化衍生-液相色谱法的建立过程。

（1）方法概述　参考 Gustafsson 等（1981）报道的在福美双含量分析中采用的衍生化原理，建立了代森锰锌在花生中残留量的分析方法。

该方法将代森锰锌在碱性条件下与乙二胺四乙酸二钠（EDTA-2Na）水溶液作用转化为代森钠，再用碘甲烷引入甲基，最后由 HPLC 测定该甲基化产物，取得了满意的结果。在甲基化反应中，以阳离子表面活性剂四丁基硫酸氢胺作为相转移催化剂，使代森钠由水相转移到有机相中，使反应得以顺利进行。根据研究证明，L-半胱氨酸盐酸盐是有效的抗氧化剂。碘甲烷的浓度在 0.01～0.10mol/L 范围内，回收率是恒定的。当以体积比为 3∶1 的氯仿-正己烷为溶剂时，回收率最高。该方法具有较好的特异性，采用 HPLC 进行定性和定量，具有较好的应用推广价值。

该分析方法的衍生化反应原理为：在碱性条件下，用 EDTA-2Na 将代森锰锌（1）转化为代森钠（2），后者再与碘甲烷发生甲基化反应，得到甲基化产物（3），由 HPLC 检测该甲基化产物。

其反应式如图 12-9。

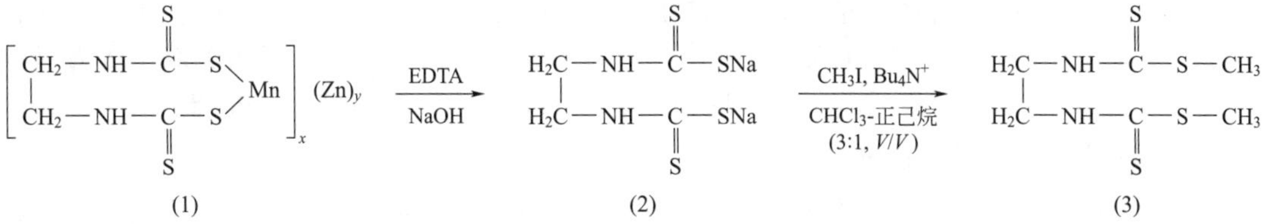

图 12-9　代森锰锌的衍生化反应方程式

（2）分析方法

① 溶液配制　将 2.5g L-半胱氨酸盐酸盐与 46.73g EDTA-2Na 及 500mL 水、9g 氢氧化钠于烧杯中溶解，配制成 pH 9.5～9.6 的 L-半胱氨酸盐酸盐和 EDTA-2Na 混合溶液备用（溶液Ⅰ）；将氯仿 225mL、正己烷 75mL 和碘甲烷 1mL 混合，制得 0.05mol/L 碘甲烷与氯仿-正己烷（3∶1，体积比）混合溶液备用（溶液Ⅱ）。

准确称取代森锰锌标样 0.0333g（准确至 0.2mg）于 25mL 容量瓶中，用溶液Ⅰ溶解并定容，配成浓度为 1000mg/L 的标样储备液，于冰箱中储存。

② 样品处理　取 20g 捣碎的花生样品于 250mL 三角瓶中，加入 100mL 溶液Ⅰ，密封，20℃恒温条件下使用空气浴机械振荡器在 150r/min 下，剧烈振荡 10min；转移至离心管中，再在 3800r/min 下离心 5min，转移上清液于 250mL 三角瓶中；样品残渣再用 50mL 溶液Ⅰ涡旋 2min 提取，步骤同上。合并上清液于 250mL 三角瓶中搅拌，用 6mol/L 的盐酸调 pH＝8.0，加 5mL 0.41mol/L 的四丁基硫酸氢胺水溶液，调节 pH＝7.0。搅拌，加入 40mL 溶液Ⅱ，剧烈振荡 10min，静置 10min，弃水层，转移下层有机相于 100mL 离心管中，于 3800r/min 下离心 5min。弃水层，有机相用少量无水硫酸钠干燥，上清液转移至 100mL 旋蒸瓶中，加 5mL 1,2-丙二醇-二氯甲烷（1∶4，体积比）溶液，于 30℃水浴中旋蒸浓缩，残留物用 1mL 乙腈溶解，摇匀，经 0.45μm 过滤器过滤后进 HPLC 分析。

③ 色谱条件　色谱柱：Agilent TC-C$_{18}$柱（5μm，4.6mm×250mm）；柱温：25℃；流速：1.0mL/min；进样量：20μL；紫外检测器：272nm；流动相：乙腈∶水＝50∶50（体积比）。

（3）方法评价　花生样品用 L-半胱氨酸盐酸盐和 EDTA-2Na 的混合溶液振荡提取，在 pH 6.5～8.5 时，用 0.05mol/L 的碘甲烷与三氯甲烷-正己烷（3∶1，体积比）的混合溶液进行甲基化反应。有机层经浓缩后，用乙腈定容，采用 HPLC 仪检测。结果表明，代森锰锌的添加浓度在 0.05～2.00mg/kg 范围内，平均回收率为 76.1%～86.2%，RSD＜10.2%，LOQ 为 0.05mg/kg。满足农药残留分析要求。

（二）二甲基二硫代氨基甲酸盐类杀菌剂残留测定方法

1. 概述

二甲基二硫代氨基甲酸盐类杀菌剂也称福美类杀菌剂，重要的品种有铵盐、锌盐、铁盐等，目前在我国使用的主要是砷盐中的福美砷和氧化物福美双。

二甲基二硫代氨基甲酸盐类杀菌剂和以上提到的亚乙基二硫代氨基甲酸盐类杀菌剂（代森类）具有非常相似的化学结构，也可以采用上述的酸解后顶空气相色谱或有机溶剂吸收后检测 CS_2 的方法或者采用离子对甲基化衍生后液相色谱检测的方法进行残留量测定。

除了采用上述方法外，福美类化合物可以在提取净化之后直接采用 HPLC-UV 检测，不需要衍生化过程。如王会利等（2006）建立了福美双在蘑菇上的残留检测方法，10g 蘑菇样品先用 30mL 二氯甲烷超声提取 5min，抽滤后，残渣用 20mL 二氯甲烷再次超声提取 5min，提取液合并后，由于二氯甲烷提取的蘑菇样品中杂质较少，无需进一步净化，直接用 KD 浓缩器吹干后用乙腈定容至 1mL，HPLC 分析。添加水平为 0.3～30mg/kg 时，平均回收率为 73.94%～86.47%，RSD＜15.78%。宋国春等（2000）建立了福美双在棉花及土壤中的残留分析方法，对样品进行了提取和净化，下面以该方法为例进行介绍。

2. 福美双在棉花中残留量分析方法

（1）方法概述　样品用二氯甲烷提取，弗罗里硅土-中性氧化铝柱层析净化，HPLC-UV 测定的残留方法。

（2）分析方法

① 福美双在棉叶和棉籽中的提取方法　称样 5g，加 50mL 二氯甲烷超声波提取 15min，经无水硫酸钠漏斗过滤，滤渣用 150mL 二氯甲烷分 3 次洗涤，合并二氯甲烷溶液，再加入 2mL 乙二醇，在 55℃下减压浓缩至 2～3mL，过层析柱。层析柱为内径 2.5cm，长 25cm，从上至下依次装入 2cm 无水硫酸钠，10g 弗罗里硅土，5g 中性氧化铝，2cm 无水硫酸钠。用 50mL 二氯甲烷预淋，弃掉。加入样品，再用二氯甲烷洗脱，接收 150mL，在 55℃下浓缩至 2mL，用甲醇定容至 5mL，过 0.45μm 滤膜，HPLC 检测。

② 色谱分析条件　色谱柱 ZORBAX SB C_{18}（25cm×4.6mm），波长 255nm，流动相为甲醇：水=1:1，流速 1mL/min，进样量 20μL，保留时间 10min。

结果表明，添加回收率为棉叶 78.3%～84.3%、棉籽 77.0%～81.6%、土壤 77.5%～93.8%；变异系数棉叶 3.7%～4.0%、棉籽 2.6%～4.0%、土壤 2.3%～3.4%；最低检出浓度为 0.025～0.05mg/kg。准确度符合要求，福美双与杂质能得到很好分离，线性关系良好。该方法简单、快速、准确、符合农药残留分析要求。

（三）亚乙基硫脲残留测定方法

随着亚乙基双二硫代氨基甲酸盐类（EBDC）杀菌剂的广泛应用，人们发现在施用过该类药剂的食物中及其在动植物体内代谢的过程中会产生一种叫亚乙基硫脲（ETU）的物质。ETU 作为 EBDC 的有毒代谢物，主要特征是长期影响甲状腺的功能。所以需要一个灵敏可靠的方法分析食品中的 ETU 含量。已报道的 ETU 残留分析方法主要有 TLC、GC、HPLC 及放射性测定法。这里介绍 GC 和 HPLC 方法。

1. GC 方法

ETU 是极性、可溶于水的化合物，需要用极性溶液提取。乙醇和甲醇常被用于生物样品中 ETU 的提取，混合溶剂如甲醇-氯仿、甲醇-丙酮和三氯乙酸共同使用时效果更好。ETU 具有较强的极性，通常 GLC 方法难以直接测定其残留量，主要是由于色谱峰严重拖尾和检测灵敏度达不到残留分析的要求。目前报道的 GLC 测定方法是将 ETU 衍生，以衍生物形式进行定量分析。用于衍生的化合物有溴丁烷、苄氯和三氟乙酸酐等。Dubey 等（1997）将 ETU 用苄氯与三氟乙酸酐衍生，通过 GC-ECD 或 GC-NPD，检测了食品中 ETU 的含量。冯秀琼等（1997）用 GC 研究了 ETU 在苹果及土壤中的残留情况。朱鲁生曾对亚乙基硫脲环境毒理研究进展进行综述，详细介绍了气相色谱分析亚乙基硫脲的衍生法。但是，ETU 经衍生后用 GC 分析残留的方法，使残留分析的操作程序复杂化，且减慢了样品分析的速度，加大了分析数据的误差，误差往往是衍生不完全造成的。Bolzoni 等（1993）用配有 FPD 的毛细管柱气相色谱分析了杏、梨、桃、苹果等水果中的 ETU 的含量，得到较好的检测效果。GC 方法也适于测定浆果和烟草浓缩物中 ETU 的含量。

2. HPLC 方法

用 HPLC 方法对 ETU 的残留量进行分析也是目前常用的一种方法。因为 ETU 具有很高的水溶性，所以通常可用反相 HPLC 检测 ETU，UVD 选择 240nm 时 ETU 会有很强的吸收峰。HPLC 方法需要较多的净化步骤，且灵敏度比 GC 低，但避免了衍生化的步骤。

Savolainen 和 Pysalo 报道了用 HPLC 研究 ETU 在小鼠体内的代谢物，发现亚乙基脲（EU）是 ETU 在哺乳动物体内的主要代谢物。Hogendoorn 等（1991）研究指出，用 HPLC-UVD 分析水样中 ETU 的含量时，将水样过 C_{18} 分析柱后，如果水样中 ETU 的浓度达 $10\mu g/L$ 时则不用浓缩可直接进样测定，否则要用液-液萃取方法先进行浓缩。另外，Nascimento 等（1997）用 HPLC-UVD 研究血清中 ETU 的残留情况，也得到了较好的结果。

二、苯并咪唑类杀菌剂的多残留分析

（一）概述

苯并咪唑类杀菌剂是指含有苯并咪唑的分子结构或通过生物体转化成具有苯并咪唑杂环分子结构的化合物。常见的有苯菌灵、多菌灵、噻菌灵、麦穗灵和甲基硫菌灵等杀菌剂，而 2-氨基苯并咪唑（2-AB）为此类杀菌剂的主要降解产物，该物质对人体皮肤及眼睛有毒害作用。

甲基硫菌灵在分析过程中会转变成多菌灵，由于甲基硫菌灵易降解和 2-氨基苯并咪唑极性很强，其残留测定较为困难。因此，很多国家和组织规定的农作物产品中甲基硫菌灵的最大残留限量以多菌灵表示。

国内外测定苯并咪唑类杀菌剂的标准方法是以甲醇为提取剂，经酸-碱液液分配使蔬菜样品中的部分或全部甲基硫菌灵转变成多菌灵进行测定。由于一些化合物的不稳定性和强极性，苯并咪唑类杀菌剂的多残留测定方法报道不多。Amadeo 等采用 HPLC-API-MS（大气压电离质谱）方法建立了蔬菜、水果中吡虫啉和 4 种苯并咪唑类杀菌剂（多菌灵、噻苯哒唑、苯菌灵和甲基硫菌灵）的多残留分析方法。样品用乙酸乙酯提取后，用 C_8 反相色谱柱分离，直接进 HPLC 电喷雾质谱检测器。

（二）农产品中苯并咪唑类农药残留量的测定——高效液相色谱法

牟仁祥等（2008）采用 QuEChERS 方法提取、PSA 分散固相萃取和离子对液相色谱法建立了蔬菜中 4 种苯并咪唑类杀菌剂（多菌灵、噻菌灵、甲基硫菌灵和代谢物 2-氨基苯并咪唑）的残留分析方法，并将该方法扩展到了所有的农产品，制定了浙江省地方标准 DB33/T

705—2008《农产品中苯并咪唑类农药残留量的测定　高效液相色谱法》。此后，随着色质联用技术的应用，该地方标准被废止，但该方法及其建立过程仍对这四种化合物在其他基质上的检测分析提供了重要的参考。

1. 方法概述

样品中的苯并咪唑类农药用乙腈提取，硫酸镁盐析，PSA 净化，经反相离子对色谱分离，根据保留时间定性，外标法定量。

2. 分析方法

（1）样品提取与净化　称取样品 25g，加入 25mL 乙腈，高速匀浆 2min，加入 15g 无水硫酸镁，剧烈振摇 1min，以 4000r/min 离心 5min。称取 50mg PSA 和 200mg 无水硫酸镁置于 2mL 离心管中，加入 1mL 样品提取溶液（上层乙腈），盖上塞子，振荡，以 10000r/min 离心 5min，取上清液 0.5mL，加入 0.5mL 离子对溶液，混匀，过 0.45μm 滤膜，待测定。

离子对试剂（4.1mmol/L）的配制方法：吸取 7.0mL 磷酸于 200mL 水中，加入 1.0g 癸烷磺酸钠，溶解，再加入 10.0mL 三乙胺，稀释至 1000mL。

（2）仪器条件

流动相　量取 600mL 离子对试剂，加入 400mL 甲醇，超声波脱气，此溶液 pH 约为 2.4；

流速　1.25mL/min；

色谱柱　ZORBAX Eclipse XDB-C$_{18}$（4.6mm×250mm，5μm，Agilent）；

柱温　45℃；

进样量　40μL；

二极管阵列检测器（DAD），检测波长　多菌灵 275nm，甲基硫菌灵 265nm，噻菌灵 300nm，2-氨基苯并咪唑 275nm（图 12-10）。

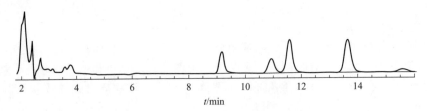

t/min

图 12-10　空白苹果样品标准添加色谱图

色谱图四个化合物依次为多菌灵、甲基硫菌灵、噻菌灵和代谢物 2-氨基苯并咪唑

3. 方法评价

添加水平为 0.5mg/kg 时，4 种农药的添标回收率在 75%～99% 之间，RSD<9.9%，满足残留分析要求。

（三）进出口食品中苯并咪唑类农药残留量的测定——液相色谱-串联质谱法

中国出入境检验检疫行业标准 SN/T 2559—2010《进出口食品中苯并咪唑类农药残留量的测定　液相色谱-质谱质谱法》采用 QuEChERS 方法提取、分散固相萃取净化，由于采用了选择性和灵敏度更高的串联质谱检测方法，其应用可以扩展到更多更复杂的基质。

1. 方法概述

样品中的 6 种苯并咪唑类农药（多菌灵、噻菌灵、甲基硫菌灵、硫菌灵、麦穗宁和烯菌灵）用乙腈提取，提取液经 C$_{18}$、PSA 和 GCB 净化，用液相色谱-串联质谱检测和确证，外标法定量。

2. 分析方法

（1）提取　对于大米、小麦、茶叶和核桃仁样品，将 5g 样品置于 50mL 离心管中，加入 5mL 水，混匀后静置 15min。加入 1g 无水硫酸镁、2g 氯化钠和 15mL 乙腈，涡旋提取后离心。将上清液转移至 25mL 容量瓶中。再用 10mL 乙腈重复提取一次，合并提取液，用乙腈定容至刻度，待净化。

对于柑橘、葡萄、菠菜、土豆、猪肉、鱼肉、猪肝和牛奶样品，将 5g 样品置于 50mL 离心管中，加入 3mL 水，混合。用 0.5mol/L 氢氧化钠溶液调节溶液 pH 6～7 后，加入 1g 无水硫酸镁、2g 氯化钠和 15mL 乙腈。其他步骤同上。

（2）净化　准确移取 10mL 上述提取液于 15mL 具塞离心管中，加入 2g 无水硫酸镁、200mg PSA 和 200mg C_{18}（对于柑橘、菠菜和茶叶样品，还要加入 10mg GCB），涡旋混合后离心。取上清液 5.0mL 至尖嘴刻度离心管中，在 40℃ 下氮吹浓缩至近 0.5mL，用水定容至 1.0mL，过有机滤膜后测定。

（3）测定　液相色谱采用 C_{18} 色谱柱（150mm×4.6mm，5μm），色谱分离采用梯度洗脱程序。液质检测采用电喷雾电离（正离子模式），检测方式采用多反应检测（MRM）模式。

3. 方法评价

该方法简便快速，在 12 种不同基质中的添加回收率和精密度均符合残留分析的要求，方法的 LOQ 均为 0.005mg/kg（茶叶，0.01mg/kg）。

三、三唑类杀菌剂的多残留分析

（一）概述

三唑类农药是由三唑为中间体合成的一系列农药，按照作用对象的不同，三唑类农药可分为杀菌剂、杀虫杀螨剂、除草剂和植物生长调节剂 4 种，其中以杀菌剂为主。

三唑类杀菌剂为含有 1,2,4-三唑环的有机含氮杂环类化合物，化学结构上共同特点是主链上含有羟基（酮基）、取代苯基和 1,2,4-三唑基团化合物。早期的三唑类杀菌剂有三唑酮、三唑醇、己唑醇、戊唑醇、烯唑醇、环丙唑醇、三氟苯唑等；进入 20 世纪 80 年代，出现了氟硅唑、呋醚唑、粉唑醇等，之后又开发了腈菌唑、戊菌唑、唑菌酯、丙环唑、乙环唑、氟环唑等，大约有 30 个品种。此外，三唑磷、氯唑磷和唑蚜威为三唑类杀虫杀螨剂；氨唑草酮则为除草剂；三唑类作为植物生长调节剂也有广泛应用，特别是多效唑、烯效唑、抑芽唑等应用较广。目前三唑类农药在蔬菜、水果中的残留问题受到关注，三唑类农药在农产品中的残留检测也受到重视。

三唑类农药残留的前处理方法主要有柱层析、固相萃取、固相微萃取、液-液分配等，主要检测方法有 GC-ECD/NPD/FPD、HPLC、CE 及其各种联用技术，如三唑酮等在 GC-ECD 上有很好的响应，三唑磷在 GC-FPD 上响应较高，氟硅唑在 GC-NPD 上响应较高，均可以采用 GC 检测，另外有一些三唑类化合物则极性较强，只能采用 HPLC 检测。通常利用 GC 或 GC-MS 检测的农药有三唑酮、丙环唑、腈菌唑、戊菌唑、氟硅唑、多效唑、三唑磷等，使用 HPLC 或 HPLC-MS 检测的农药有四氟醚唑、丙环唑、戊菌唑、粉唑醇、三唑醇、戊唑醇等。

三唑类农药的残留分析方法并不复杂，但能够包括较多三唑类农药的多残留方法报道不多，游明华等则采用固相萃取-气相色谱-质谱分析测定了环境水样中的 9 种三唑类农药，

Schermerhom 等利用 C_{18} 柱萃取、阳离子和阴离子混合固相萃取柱净化、LC-MS/MS 检测，建立了苹果、桃子、面粉中 14 种三唑类农药及其 8 种代谢产物的痕量分析方法。

（二）环境水样中 9 种三唑类农药的 SPE-GC-MS 分析

1. 方法概述

在环境水样中添加了 9 种三唑类农药三唑酮、多效唑、己唑醇、烯效唑、腈菌唑、氟硅唑、丙环唑、戊唑醇、苯醚甲环唑，应用 C_{18} 柱萃取/富集，NH_2 柱净化，气相色谱-质谱联用技术检测，建立了环境水样中 9 种三唑类农药同时分析的方法。同时采用替代物（surrogate）法和内标法进行了质量控制方法的摸索。

2. 分析方法

（1）样品预处理方法　取 1.0L 水样，加入 5mg/L 的环丙唑醇 50μL 作为替代物，通过 0.45μm 水相滤膜过滤后，以 4～6mL/min 的流速通过 C_{18} 柱（萃取前依次用 10mL 乙酸乙酯、3mL 甲醇、10mL 超纯水淋洗）；上样完毕后，抽干 C_{18} 柱中的残留水分，用 15mL 乙酸乙酯在常压下洗脱目标物，洗脱液用氮气吹至近干，然后用 9mL 丙酮-正己烷（体积比为 1∶1）溶解后分 3 次转移目标物，常压下通过预先用 10mL 丙酮-正己烷（体积比为 1∶1）淋洗过的 NH_2 柱进行净化，柱后淋出液用氮气吹至近干，加入 5mg/L 的硅氟唑 50μL 作为内标物，用丙酮-正己烷（体积比为 1∶1）定容至 0.5mL 备用。

（2）气相色谱和质谱条件

① 色谱条件　HP-5MS 色谱柱（30m×0.25mm×0.25μm），载气为高纯 He，恒流模式，流速为 1.0mL/min；进样口温度 260℃，不分流进样，进样量 2.0μL；升温程序：初始温度 70℃，保持 1.0min，先以 25℃/min 速度升至 170℃，再以 2℃/min 速度升至 190℃，保持 10.0min，最后以 20℃/min 速度升至 280℃，保持 9.5min，再在 300℃ 下保持 5min。

② 质谱条件　电子轰击电离源（EI），离子源温度 230℃，四极杆质量分析器温度 150℃，选择离子监测模式（SIM），溶剂延迟 9.0min。色谱图如图 12-11 所示。

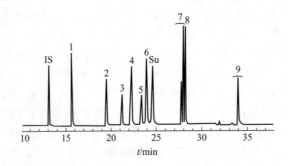

图 12-11　9 种目标农药、内标物和替代物（0.5mg/L）的选择离子监测的总离子流色谱图
1—三唑酮；2—多效唑；3—己唑醇；4—烯效唑；5—腈菌唑；6—氟硅唑；
7—丙环唑；8—戊唑醇；9—苯醚甲环唑；IS—硅氟唑；Su—环丙唑醇

3. 方法评价

目标化合物在 0.025～0.500mg/L 范围内定量离子的响应与质量浓度呈现良好的线性关系。以仪器信噪比（S/N）为 5 时所对应的标准溶液浓度为仪器检出限，根据前处理方法的浓缩倍数（2000 倍）计算，方法的检出限为 0.002～0.009μg/L。该方法操作简单、灵敏度高、选择性好，符合多种农药残留分析的要求。在方法质量控制方面，选用了我国尚未生产和使用的环丙唑醇和硅氟唑作为替代物和内标物，所建立的方法满足表层水中痕量农药残留的检测要求。

（三）苹果、桃子和面粉中 22 种三唑类杀菌剂的 LC-MS/MS 残留检测

1. 方法概述

Patricia 等利用 C$_{18}$ 柱萃取、阳离子和阴离子混合固相萃取柱净化、LC-MS/MS 检测，建立了苹果、桃子、面粉等基质中 14 种三唑类农药及其 8 种代谢产物的痕量分析方法。

实验选择的三唑类杀菌剂有丙环唑、腈苯唑及其代谢物 RH-9129 和 RH-9130、环丙唑醇、苯醚甲环唑、戊唑醇和其代谢物 HWG 2061、己唑醇和糠菌唑及两者的立体异构体、氟环唑、四氟醚唑、灭菌唑及其代谢物 RPA-404886 和 RPA-406341、三唑酮、三唑醇和腈菌唑，还包括三唑类杀菌剂共同的代谢物：1,2,4-三唑（T），及其两个共轭物三唑丙胺酸（triazolylalanine，TA）和三唑乙酸酯（triazolylacetic acid，TAA）。

2. 分析条件

液相色谱系统，带有三重四极杆质谱检测器，Waters Symmetry C$_{18}$ 柱（4.6mm × 250mm，5.0μm）。四元泵梯度淋洗，流速 0.30mL/min；柱温 35℃；进样量 50μL。

二级质谱条件：电喷雾正离子电离；毛细管电压 3.20kV；抽取电压 3V；离子源温度 120℃；去溶剂化温度 300℃。

流动相：0.2% 甲酸水溶液；0.2% 甲酸甲醇溶液。

淋洗液：①1% NH$_4$OH 甲醇溶液，淋洗 MCX 阴离子交换柱；②1% 乙酸甲醇溶液，淋洗 MAX 阳离子交换柱。

3. 样品前处理方法（以苹果为例）

（1）提取　称取 10g 样品，加入 60mL 甲醇-水（1∶1，V/V），匀浆 2min，4000r/min 离心 10min。将上清液转出。残留物再用 60mL 甲醇-水（1∶1，V/V）提取一次，离心，合并上清液。上清液通过一个玻璃微纤漏斗转入 250mL 具塞刻度量筒，加入内标，用甲醇-水（1∶1，V/V）稀释至 200mL，加盖摇匀。移取 20mL 上述提取液到活化好的 C$_{18}$ 小柱上。

（2）C$_{18}$ SPE 净化　柱子依次用 1 倍柱体积的甲醇、甲醇-水（1∶1，V/V）活化。然后上样 20mL，开始接收，再用 5mL 甲醇-水（1∶1，V/V）淋洗，真空抽干。此时，三种共同代谢物 T、TA、TAA 以及它们的同位素标记内标物 IS-T、IS-TA、IS-TAA 都被淋洗下来，在淋洗液中待下一步（3）净化。

全部 14 种三唑类杀菌剂和其中的 5 个代谢物留在了 C$_{18}$ 柱中，用 20mL 甲醇将它们淋洗出来，接收淋洗液，45℃ 浓缩至近干，用 1mL 甲醇溶解，涡旋，然后加入 1mL 水，涡旋，必要时可过 0.45μm 滤膜，进 LC-MS/MS 分析。

（3）MCX，MAX 小柱的 SPE 净化　将 MCX 和 MAX 柱子分别依次用两倍柱体积的甲醇和两倍柱体积的水活化，然后将二者串联（MCX 在 MAX 的上方），上面增加一个放液体的容器。上样前可装载 3/4 体积的水以加快淋洗速度。然后上样，可以适当加压使流出速度为 1～2 滴/s。弃去流出液。然后用 2 倍柱体积的水和 2 倍柱体积的甲醇依次淋洗，仍弃去流出液。将串联在一起的两根柱子分开，抽干。

代谢物 T、TA 及其同位素标记内标物 IS-T、IS-TA 一起留在了 MCX 柱中。用 20mL 1% NH$_4$OH 甲醇溶液（V/V）淋洗，收集淋洗液（阳离子部分）。另一个代谢物 TAA 和它相对应的同位素标记物 IS-TAA 留在了 MAX 柱中，用 20mL 1% 乙酸甲醇溶液（V/V）淋洗，收集淋洗液（阴离子部分）。将这两部分分别进行浓缩，至 2～4mL，MAX 部分可以到近干，然后用 1.0mL 甲醇-水（1∶1，V/V）溶解，必要时过膜，用 LC-MS/MS 进样测定。

将 MCX 部分浓缩至 2～4mL，然后转移到一个 13mL 刻度离心管中，氮气吹干至＜0.5mL，然后用甲醇定容至 0.50mL，再加水使最终体积到 1.0mL，涡旋，必要时过膜，用 LC-MS/MS 进样测定。

桃子和面粉的前处理方法和苹果的相似，只是提取溶剂和淋洗剂等一些细节有所改变。具体可参见原文。

4. 方法评价

在本方法中，对于三个共同代谢物 1,2,4-三唑（T）、TA 和 TAA，采用的是内标法定量，其相对应的同位素标记物为相应的内标物；其他化合物均采用外标法定量。

在方法建立初期，所有的化合物都是采用外标法定量的，但是，使用外标法定量时，1,2,4-三唑（T）、TA 和 TAA 的回收率低于 70%。后来使用它们对应的同位素标记物 IS-T、IS-TA 和 IS-TAA 作为内标物，采用内标法定量，回收率得到了提高。因此，本方法中这三种化合物采用内标法定量，而其余的 19 种化合物是外标法定量。

该方法曾尝试采用不同的分离柱，但由于 1,2,4-三唑（T）、TA 和 TAA 这三个代谢物流出很快，难以分离，只有 Waters Symmetry C$_{18}$（4.6mm×250mm）可使这三个化合物完全分开，其他 19 种化合物采用梯度洗脱均可以完全分开。

每个化合物在 1.0～100ng/mL 范围内都呈线性关系，相关系数 $r>0.992$。LOQ 是通过添加样品的信噪比（S/N＞10）计算得到的。苹果样品的 LOQ 为 2.0～22μg/kg；桃子样品的 LOQ 为 2.0～28μg/kg；面粉样品的 LOQ 为 0.70～32μg/kg。

有一些文献也采用了其他检测方法（LC-MS，GC-MS）对这 14 种三唑类杀菌剂和其中的 5 种代谢物进行检测，但是对于 1,2,4-三唑（T）、TA 和 TAA 三种化合物，它们较高的极性决定了它们只能用液相色谱方法检测。

第十节 除草剂多残留分析

一、苯氧羧酸类除草剂的多残留分析

（一）概述

苯氧羧酸类除草剂是在 α-C 上带有取代基的羧酸除草剂。其化学结构通式如下：

取代基 X 主要有芳氧基、杂环氧基、苯氧基等，脂肪酸主要有乙酸、丙酸、丁酸等。苯氧羧酸类除草剂杀草谱较广，可广泛地应用于水稻、玉米、小麦、大麦、甘蔗、苜蓿等农田及饲料牧草场，主要用于防治一年生、多年生阔叶杂草及莎草科杂草，多在出苗后进行叶面喷雾，进行出苗前土壤处理时也可防治禾本科杂草及多年生杂草种子繁殖的幼芽期杂草。

苯氧羧酸类除草剂一般易溶于水，因此在农田生态系统中会迁移，引起土壤、地下水、大气等污染。苯氧羧酸类除草剂本身中等毒性，但是其代谢产物（特别是一些卤化物）对人类和生物体都会造成危害。

苯氧羧酸类除草剂在植物体、土壤、水体等介质中的残留测定方法因不同品种的结构特性而异，目前主要以气相色谱法、高效液相色谱法为主。苯氧羧酸类除草剂一般极性较强，挥发性很差，若采用气相色谱法测定，需要使用各种衍生化方法对该类除草剂衍生，常见的衍生化方法有甲酯化和五氟溴苄（PFBBr）酯化法，匡华等对这两种方法都进行了研究；另外，牟仁祥等采用高效液相色谱-质谱法检测了稻米中13种苯氧羧酸类除草剂的多残留，本节以这三种方法为例对苯氧羧酸类除草剂的多残留方法进行介绍。

（二）GC-ECD同时测定大豆中13种苯氧羧酸类除草剂残留

1. 方法概述

大豆中13种苯氧羧酸类除草剂（对氯苯氧乙酸、对氯苯氧丙酸、苯氧丁酸、麦草畏、2甲4氯、2甲4氯丙酸、2甲4氯丁酸、2,4-滴、3,4-滴、2,4,5-涕、2,4,5-涕丙酸、2,4-滴丙酸、2,4-滴丁酸）多残留量的GC-ECD方法，样品经过正己烷预除脂后，用乙腈和50mmol/L盐酸混合液（体积比7：3）提取，提取液经过与乙腈饱和的正己烷液液分配除脂，用阴离子交换柱净化后，用五氟溴苄（PFBBr）衍生化，衍生产物经硅胶柱净化后，采用GC-ECD检测，外标法定量。

2. 分析方法

（1）样品前处理

① 提取　取5.00g粉碎的大豆试样置于具塞50mL离心管中，加入30mL正己烷，振荡5min后，高速离心（转速5000r/min），弃去正己烷层，重复操作1次，然后向离心管中加入30mL乙腈：50mmol/L HCl（体积比为7：3）振荡20min，离心，收集上清液，重复提取1次，合并提取液。

② 液液分配　于40℃减压旋转蒸发除去乙腈，将剩余液转入分液漏斗，加入10mL饱和氯化钠溶液与40mL的正己烷（乙腈饱和）混合振荡2min。静置分层后除去有机相，重复操作1次。将下层液用1mol/L的HCl溶液调节pH＜2，加30mL乙酸乙酯振荡混匀2min，静置分层后，收集乙酸乙酯层，下层液再用乙酸乙酯重复萃取2次，合并乙酸乙酯层，40℃下减压旋转蒸发至近干。加入3mL 50mmol/L的HCl溶液溶解，待净化。

③ SPE净化　将提取后的溶液用活化好的OASIS MAX小柱净化。依次用3mL甲醇、3mL水活化、平衡小柱，加入样品溶液，依次用3mL 2％氨水、30％甲醇的水溶液（含2％甲酸）、甲醇淋洗，最后用6mL含30％甲醇的水溶液（含2％甲酸）洗脱。收集最后洗脱液，用N_2吹干。

④ 衍生化　用870μL丙酮溶解残渣，加入30μL 30％ K_2CO_3水溶液（质量浓度），100μL 5％的PFBBr衍生化试剂，立即封好，在60℃保温1h。将衍生反应后剩余物用N_2吹干，用3mL甲苯：正己烷（体积比2：8）溶解。

⑤ 硅胶柱净化　依次用10mL正己烷、甲苯：正己烷（体积比2：8）活化硅胶柱，上样，先用10mL甲苯：正己烷（体积比2：8）淋洗，最后用8mL甲苯：正己烷（体积比9：1）洗脱。收集洗脱液，挥干溶剂，用正己烷定容，GC-ECD测定。

（2）色谱条件　气相色谱仪，配有ECD，毛细管柱HP-5MS（30m×0.25mm×0.25μm）；载气流速1.0mL/min，进样口温度为230℃；ECD温度为300℃；程序升温：60℃保持1min，以25℃/min升到180℃，保持1min，以2℃/min升到205℃保持3min，再以10℃/min升到260℃，保持5min。

3. 方法评价

苯氧羧酸类除草剂进行PFBBr酯化反应衍生后可采用GC-ECD检测，可以得到较好的分离效果和检测灵敏度。13种苯氧羧酸类除草剂质量浓度在0.005～0.1mg/kg之间，与峰面积呈线性关系，相关系数为0.9954～0.9993；0.01mg/kg和0.1mg/kg 2个水平的加标回收率均在70％以上，RSD＜20％，方法的检测限满足农药残留分析要求。

（三）GC-MS 法同时测定大豆中 14 种苯氧羧酸类除草剂残留

1. 方法概述

匡华等建立了 GC-MS 选择离子监测（SIM）法测定大豆中 14 种苯氧羧酸类除草剂多残留检测方法。样品经乙腈-酸化水（含 10％浓硫酸）提取后，用乙酸乙酯进行液液分配，再采用 GPC 净化，然后又采用 SPE 柱净化，最后用三甲硅基重氮甲烷（TMS）进行甲酯化反应，采用 GC-MS 选择离子监测（SIM）法测定，用外标法定量。

2. 分析方法

（1）样品前处理

① 提取　称取约 5.00g 大豆粉置于 50mL 离心管中，加 30mL 乙腈-酸化水（含 10％浓硫酸）（7：3，V/V），轻微振荡 20min，避免乳化，离心 5min。重复提取一次，合并上清液。

② 液液分配净化条件　于 30℃左右慢速旋转蒸发上清液至 6～7mL，将残液转移至分液漏斗，加入 10mL 饱和食盐水，用 HCl 调节 pH 小于 2，用 20mL 乙酸乙酯液液分配，重复萃取 2 次，合并上清液，将溶液通过酸化的无水硫酸钠柱（将无水硫酸钠 650℃灼烧 4h，冷却后取适量乙醚覆盖，按每 100g 加 0.1mL 浓硫酸混匀，挥干乙醚后置于干燥器中备用）脱水，40℃浓缩近干后吹干，立即加入 10mL 二氯甲烷超声溶解，过膜后过 GPC 净化。

③ GPC 条件　流动相二氯甲烷 5mL/min，定量环 5mL（相当于 2.5g 样品），收集 80～140mL 馏分，冲洗体积 25mL。馏分于 40℃旋转蒸发近干，用 1mL 10％硫酸溶解进行 SPE 净化。

④ SPE 条件　Waters Oasis MAX 3mL SPE 小柱依次用 3mL 甲醇和 3mL 10％ H_2SO_4 活化。上样后，依次用 3mL 2％氨水、甲醇淋洗，最后用 6mL 甲醇（含 0.1mol/L HCl）溶液洗脱。净化后的溶液用酸化的无水硫酸钠除水，吹干甲醇至约 0.4mL，加入 1.6mL 甲苯。

衍生化条件：在上述溶液中加入 20μL 三甲基硅重氮甲烷（TMS）溶液，密封后混匀，室温下超声 30min，吹干溶剂后用正己烷定容至 0.5mL，GC-MS 测定。

（2）色谱-质谱条件　载气流速 1.0mL/min；MSD 温度 280℃；进样口 260℃；电离源 EI 70eV；HP-5 毛细管柱（30m×0.25mm×0.25μm）；柱温 60℃，以 10℃/min 升温至 140℃，然后以 4℃/min 升温至 200℃，保持 5min，再以 30℃/min 升温至 280℃，保持 5min，溶剂延迟 11min；SIM 模式。

3. 方法评价

与（二）相比，本方法主要采用的是三甲硅基重氮甲烷（TMS）进行甲酯化衍生反应，增加了 GPC 净化过程，最后改用 GC-MS 测定。方法可实现大豆中 14 种苯氧羧酸类除草剂的多残留检测，回收率在 78.8％～94.3％之间，LOQ 在 0.006～0.05mg/kg，满足农药残留分析要求。

（四）HPLC-MS 法同时测定稻米中 13 种苯氧羧酸类除草剂残留

1. 方法概述

HPLC-MS 选择离子监测（SIM）同时测定稻米中 13 种苯氧羧酸类除草剂多残留的方法，样品经过乙腈提取，盐酸酸化，SCX 阳离子交换吸附剂分散固相萃取净化后，采用 HPLC-MS 测定。13 种除草剂为草灭畏、二氯吡啶酸、麦草畏、氯氟吡氧乙酸、4-氯苯氧乙酸、2,4-滴、2甲4氯、三氯吡氧乙酸、2甲4氯丙酸、2,4-滴丙酸、2,4,5-涕、2,4-滴丁酸、2甲4氯丁酸。

2. 分析方法

（1）提取 称取10g粉碎的稻米试样（精确到0.01g）于100mL离心管中，加入20mL水，振摇，静置10min，加入25.0mL乙腈，在高速分散机中高速匀浆2min，将离心管以4000r/min离心5min，取上清液10mL，加入1.0mL 1.0mol/L盐酸，振摇，加入氯化钠2.5g，振摇，静置10min使乙腈和水层分开。

（2）净化 取上述1mL上层乙腈提取液于2mL离心管中，加入100mg SCX阳离子交换吸附剂，放入离心机中，以7000r/min离心5min，取0.5mL于50℃用氮气缓慢吹干后，加入0.5mL甲醇，过0.22μm滤膜，用于液相色谱-质谱测定。

（3）色谱-质谱条件

色谱柱 ZORBAX XDB-C$_{18}$色谱柱（150mm×2.1mm，3.5μm）；

流动相 5mmol/L乙酸铵甲醇溶液（A液）-5mmol/L乙酸铵水溶液（B液）；

流动相梯度洗脱程序 0～26min，10%A～70%A；26～26.5min，70%A～10%A；

流速 0.3mL/min；

柱温 40℃；

进样量 10μL。

质谱条件 ESI负离子模式检测；毛细管电压3000V；干燥气：10L/min，350℃。

图12-12为13种苯氧羧酸类除草剂混合标准溶液的总离子流图。

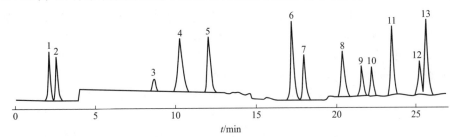

图12-12 13种苯氧羧酸类除草剂混合标准溶液的总离子流图

1—草灭畏；2—二氯吡啶酸；3—麦草畏；4—氯氟吡氧乙酸；5—4-氯苯氧乙酸；6—2,4-滴；

7—2甲4氯；8—三氯吡氧乙酸；9—2甲4氯丙酸；10—2,4-滴丙酸；11—2,4,5-涕；

12—2,4-滴丁酸；13—2甲4氯丁酸

3. 方法评价

苯氧羧酸类除草剂多残留分析的报道多采用气相色谱或气质联用测定，由于此类化合物不易气化，需要进行衍生化后再结合GC-ECD或MSD测定。但衍生化操作步骤较繁琐、分析成本较高、单个样品的检测周期较长。本方法通过提取后采用分散固相萃取净化技术、HPLC-MS检测，建立了稻米中13种苯氧羧酸类除草剂多残留分析方法。在0.02～1.0mg/L范围内，13种苯氧羧酸类除草剂的质量浓度和定量离子的峰面积呈良好的线性关系，线性相关系数0.9954～0.9998，准确度、灵敏度（0.005～0.01mg/kg）符合残留检测的要求。

二、苯基脲类除草剂的多残留分析

（一）概述

取代脲类除草剂是一类重要的除草剂，其化学结构核心是脲基，化学结构通式如下：

$$R_2 \atop R_3 \rangle N{-}C{-}NH{-}R_1$$
$$O$$

在脲分子中氨基上的取代基不同，从而形成脲类除草剂的不同品种，包括苯基脲类、氢化芳香脲类以及杂环脲类等，其中最重要的是苯脲类除草剂，它们作为光合作用的抑制剂广泛应用于不同农作物芽前和苗后的阔叶与一年生杂草的控制。苯脲类除草剂中，已有报道灭草隆和利谷隆对人有致癌的可能，异丙隆已被列入欧洲的"黑名单"。苯脲类除草剂能持久稳固于环境中，这不仅污染了土壤、地表水和地下水，而且污染的水被用来灌溉农田又污染了农作物。

苯脲类除草剂易溶于有机溶剂，可用传统的 LLE 进行净化，但处理取样量大的水样时，要使用 SPE 方法。由于大多数苯脲类除草剂对热不稳定，容易光解，这就给分析带来了困难。目前，苯脲类除草剂残留常用的测定方法主要有 GC、GC-MS、HPLC、HPLC-MS、毛细管电泳法、荧光光度法、免疫技术等。

1. GC 和 GC-MS 方法

大多数苯脲类化合物热不稳定，一般情况下不能直接用 GC 分析，但可以用 GC 直接测定苯脲类除草剂的降解产物，或者经过柱前衍生后间接测定。也有使用 GC 进行直接检测的报道。Escuderos-Morenas（2003）研究表明，含甲氧基的少数几个苯脲类除草剂如氯溴隆、利谷隆、绿谷隆是热稳定的，可直接采用 GC-NPD 测定。该方法将马铃薯样品用甲醇提取后，加入一定的水和 KCl，用石油醚-二氯甲烷（1:1）进行液液分配，然后过 C_8-SPE 小柱净化，采用 GC-NPD 测定。这三种除草剂在马铃薯样品中的回收率为 84%~101%，检测限达 6~7μg/kg。

Pena 等（2002）采用 GC-MS 建立了 7 种苯脲类除草剂（氯溴隆、氟草隆、敌草隆、利谷隆、溴谷隆、绿谷隆、灭草隆）在植物样品中的多残留分析方法，也不需要衍生化，植物样品经酸化的溶液提取，提取液浓缩后通过连续 SPE 装置净化，采用 LiChrolut-EN 固相萃取柱，用乙酸乙酯淋洗，采用 GC-MS 检测，回收率可达到 95% 以上。在设定的色谱分离条件下，7 种除草剂得到了很好的分离，而且在不同的保留时间还检测到了它们的异氰酸酯降解产物，不需要进行衍生化。方法采用了 GC-MS 选择离子监测（SIM）模式，检测限达到0.5~5.0μg/L，RSD 为 7.0% 左右，浓缩系数达到 100（取 10mL 提取液时）。GC-MS 方法由于采用了提取离子的方式，比常规的 LC-UV 方法分辨能力更高，选择性更好。

大多数苯脲类化合物热不稳定，需要衍生化以后采用 GC 或 GC-MS 测定，常用的衍生化试剂有七氟丁酸酐（HFBA）、四甲基氢氧化铵（TMAH）或者氢氧化三甲锍（TMSH），以及碘甲烷。衍生化产物可采用 GC-NPD、GC-MS 检测。方法虽然灵敏度高，但缺点就是衍生化过程非常繁杂，对样品的净化也提出了更高的要求。为了避开繁杂的衍生化过程，可采用 HPLC 检测苯脲类除草剂。

2. HPLC 方法

通常情况下，带有 UVD 或 DAD 检测器的 HPLC 适用于苯脲类化合物的分析。例如，Sannino（1998）采用 HPLC 方法建立了 9 种苯脲类除草剂（甲氧隆、溴谷隆、绿谷隆、绿麦隆、异丙隆、敌草隆、利谷隆、枯草隆、草不隆）在马铃薯、胡萝卜和混合蔬菜中的多残留分析方法。样品用丙酮提取，用乙酸乙酯-环己烷（5:5，V/V）液液分配后，采用乙酸乙酯-环己烷（5:5，V/V）作为淋洗剂进行 GPC 净化，GPC 采用了 1cm 内径的 Bio-beads S-X3 树脂小柱，可节约溶剂和分析时间。然后通过弗罗里硅土小柱进行 SPE 净化。液相色谱条件采用梯度洗脱的方法，除草剂残留可以在 C_{18} 反相柱上很好地被分离，采用 UV 检测器在 242nm 处检测。9 种化合物在不同样品中的平均回收率范围为 70%~98%，添加水平为 0.010mg/kg 和 0.100mg/kg，LOQ 为 0.01mg/kg。

李方实等（2001）采用 SPE-HPLC 同时测定了水中的 16 种苯脲除草剂。方法采用 Li-Chrospher 100 RP C$_{18}$ 柱，紫外检测波长为 240nm，流动相为乙腈水溶液，流速为 1mL/min，采用梯度洗脱方式，HPLC 分析时间少于 20min。水中的除草剂用 C$_{18}$ 柱固相萃取富集 1000 倍，在优化的条件下，各成分的添加回收率为 87.8%～103.7%。此方法的检测限低于欧盟允许的水中除草剂含量上限的 1/10。

3. HPLC-MS 方法

HPLC 对 GC 难分析的热稳定性差的苯脲类物质有独特的效果，而且可以避开衍生化过程，然而配以常规 UVD 或 DAD 的液相色谱法也有其缺点，相对来说灵敏度不高，易受基质的干扰，不能满足样品中痕量或超痕量残留苯脲类除草剂的检测需求。因此，HPLC-MS 及高灵敏度的荧光检测等方法在苯脲类除草剂的残留分析中得到了应用。在检测水样方面，有采用 HPLC-MS 检测苯脲类除草剂残留分析的报道，但涉及的农药种类不多。

4. 其他方法

支建梁等（2008）报道的采用 SPE-在线柱后紫外光分解和衍生化的 HPLC-荧光检测建立了蔬菜中 15 种苯脲除草剂的多残留分析方法，方法选择性好，灵敏度高。样品采用乙腈提取，弗罗里硅土固相萃取柱净化，目标化合物由反相 C$_{18}$ 柱分离，经柱后紫外光分解和衍生化后进行荧光检测。2009 年，该方法被颁布为农业行业标准 NY/T 1726—2009《蔬菜中非草隆等 15 种取代脲类除草剂残留量的测定 液相色谱法》，之后该标准被 GB 23200.18—2016《食品安全国家标准 蔬菜中非草隆等 15 种取代脲类除草剂残留量的测定 液相色谱法》所代替。方法的内容基本没有改变。

（二）柱后紫外光解荧光衍生化液相色谱法测定蔬菜中 15 种苯脲除草剂残留

1. 方法概述

由于大多数苯脲除草剂热不稳定，会在 GC 的高温进样口和柱分离中降解，又无荧光性质，尽管有紫外吸收，但其在紫外线作用下可光解。因此，可将其光解产物伯胺与荧光剂反应产生荧光，进而通过 HPLC-FLD 进行检测。支建梁等参考美国农药分析手册并对方法进行改进，改装了柱后衍生装置，采用 SPE 柱净化样品，建立了蔬菜中非草隆、丁噻隆、甲氧隆、灭草隆、绿麦隆、伏草隆、异丙隆、敌草隆、绿谷隆、溴谷隆、炔草隆、环草隆、利谷隆、氯溴隆和草不隆 15 种苯脲除草剂的多残留 HPLC-FLD 检测方法。

2. 分析方法

（1）提取 称取 25g 蔬菜试样（精确到 0.01g），置于 150mL 三角烧瓶中，加入 50.0mL 乙腈，在高速分散机中高速匀浆 2min 后用滤纸过滤，将滤液收集到装有 5～7g 氯化钠的 100mL 具塞量筒中，盖上盖子，剧烈振荡 1min，静置 10min 使乙腈相和水相分层。

（2）净化 取上述 10mL 上层提取液于 15mL 试管中，于 50℃下用氮气缓慢吹干后，加入 2.0mL 正己烷溶解残渣。将弗罗里硅土柱（1000mg/6mL）依次用 5mL 丙酮-正己烷（体积比为 4:6），5mL 正己烷预淋洗，加入样品溶液，并用 15mL 试管收集流出液，用 10mL 丙酮-正己烷（体积比为 4:6）分两次洗样品溶液试管后一并过弗罗里硅土柱。将收集的流出液置于 45℃水浴中用氮气缓慢吹干后，加入 2.5mL 乙腈振荡溶解残渣，再加入 2.5mL 水，振摇后过 0.22μm 滤膜，滤液待液相色谱分离检测。

（3）色谱条件

色谱柱 ZORBAX Eclipse Plus C$_{18}$ 柱（250mm×4.6mm，5μm）；

柱温 25℃；

进样量　20μL；

流动相梯度　A 相为乙腈，B 相为水，A 相从初始的 30% 经 15min 升到 50%，再经 15min 升到 90% 并保持 2min，流速为 0.75mL/min，荧光激发波长和荧光发射波长分别为 350nm 和 450nm，柱后衍生剂的流速为 0.2mL/min。

系统由 HPLC 和经改装的 PCX5200 柱后衍生仪构成，如图 12-13 所示。

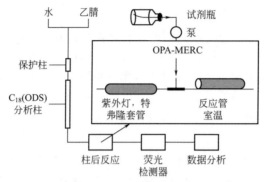

图 12-13　柱后紫外光解荧光衍生液相色谱检测系统示意图
OPA-MERC 为柱后衍生试剂；OPA 为邻苯二甲醛；MERC 为巯基乙胺

3. 柱后衍生系统的选择

① 紫外光解波长的选择　根据紫外检测器的多波长扫描结果，254nm 波长为 13 种除草剂的最大吸收波长和 2 种除草剂的较大吸收波长，因此选用主波长为 254nm 的紫外灯。

② 光解管长度的影响　考虑到光解产物的稳定性以及此类除草剂在紫外灯的照射下是否分解完全，比较了 1.5m、3.0m、6.0m 3 种长度的光解管，结果表明，光解管越长，灵敏度越高，但 6.0m 长度的光解管比 3.0m 长度的光解管的所产生的峰宽要大 20% 左右。综合考虑，选择了 3.0m 长度的光解管。

③ 柱后衍生化试剂（OPA-MERC）的配置　移取 5mL 10mg/mL 邻苯二甲醛溶液和 5mL 200mg/mL 用四硼酸钠溶液溶解的巯基乙胺溶液，加入 500mL 四硼酸钠溶液，混匀脱气，备用。

4. 方法评价

方法采用了在线柱后衍生系统使苯脲除草剂的光解产物衍生成具有荧光响应的物质，而荧光检测器只对带有荧光基团的物质产生响应，因此可有效去除样品中杂质的干扰，显著提高方法的选择性和灵敏度，同时简化操作步骤。洋葱、菠菜、黄瓜等样品中方法添加回收率（$n=3$）为 75.4%～121.6%，15 种苯脲除草剂的 LOD 为 0.005～0.05mg/kg。满足农药残留分析的要求。

三、磺酰脲类除草剂的多残留分析

（一）概述

磺酰脲类除草剂是近 20 年来开发的高效、广谱、高选择性除草剂，从 1982 年氯磺隆问世至今这类除草剂已开发的有 34 个品种。该类化合物分子中具有磺酰脲结构，其化学结构通式包括芳环、磺酰脲桥及杂环三部分：

磺酰脲类除草剂大部分品种蒸气压低，低毒，既可作土壤处理，也可进行茎叶处理，选择性强，对阔叶杂草特效，在土壤中持效期较长，是一类超高效除草剂，也是迄今为止活性最高、用量最低的一类除草剂。目前这类除草剂主要用于禾谷作物防除阔叶杂草及某些禾本科杂草，以提高农作物产量。由于大多数磺酰脲类除草剂属于长残效除草剂，在土壤中残留的微量农药会对一些敏感后茬作物造成药害，因此其残留检测和环境安全受到关注。

磺酰脲类除草剂的用量非常少，相应的残留量也很低，因此，要求残留分析方法的检测极限要达到 1μg/kg，甚至更低的水平，加之该类化合物的热和化学不稳定性，增加了磺酰脲除草剂残留检测的难度。

磺酰脲类除草剂挥发性低且对热不稳定，一般不适于直接采用 GC 分析，必须通过化学衍生生成易挥发和热稳定的化合物；但衍生化条件要求较高，操作繁琐，分析成本较高，不符合多种残留同时快速检测的要求。目前磺酰脲类除草剂多采用 HPLC 分析，为了得到较高的灵敏度，常采用 HPLC-MS 或者 HPLC-MS/MS 法进行检测。

（二）大米中 12 种磺酰脲类除草剂的 HPLC-UV 残留检测方法

1. 方法概述

隋凯等采用乙腈和水进行提取，通过 Envi-18（C$_{18}$）硅胶柱和 Envi-Carb GCB 柱净化，并以 3 种不同比例的丙酮和正己烷混合溶剂分 3 步洗脱，采用高效液相色谱-紫外检测器同时检测烟嘧磺隆、甲磺隆、氯磺隆、胺苯磺隆、醚苯磺隆、苄嘧磺隆、吡啶磺隆、苯磺隆、啶嘧磺隆、氯嘧磺隆、氟嘧磺隆、环胺磺隆等 12 种磺酰脲类除草剂的残留。

2. 分析方法

（1）样品的提取净化　称取经粉碎混匀后的大米样品约 15.0g（过 20 目筛）置于100mL 离心管中，加入 20mL 水和 40mL 乙腈，高速均质 3min，于 3000r/min 速率下离心10min，将上清液全部通过 Envi-18 硅胶柱，将滤液转移至 250mL 的分液漏斗中，加入 6g NaCl，振摇 3min，取乙腈层 20mL，加入 10g 无水硫酸钠，过滤至鸡心瓶中，用旋转蒸发仪蒸发至干。

用 3mL 丙酮-正己烷（体积比为 5∶95）混合溶剂充分溶解残渣，转移至离心管中离心5min，取上清液 2mL，通过 Envi-Carb 石墨化碳柱，用 3mL 丙酮-正己烷（体积比为 2∶98）混合溶剂淋洗，弃去洗脱液，然后用 3 种不同比例的丙酮和正己烷混合溶剂分 3 步依次洗脱并分别收集。

①用 10mL 丙酮-正己烷（体积比为 5∶95）混合溶剂淋洗石墨化碳柱，将滤液收集于 a 瓶中。②用 10mL 丙酮-正己烷（体积比为 20∶80）混合溶剂淋洗，将滤液收集于 b 瓶中。③用 15mL 丙酮-正己烷（体积比为 50∶50）混合溶剂淋洗石墨化碳柱，将滤液收集于 c 瓶中。

将上述 a、b、c 瓶中的滤液在氮吹仪上通氮气分别吹干，用 0.5mL 乙腈溶解，供HPLC 测定。

（2）色谱条件　色谱柱：Waters Symmetry shield RP8 柱（150mm×4.6mm，5μm）。流动相 A 液为乙腈，B 液为 5mmol/L 冰乙酸，流速 1.0mL/min。梯度洗脱程序：0～13min，30%A；13～25min，30%A～40%A；25～50min，40%A～65%A；50～55min，30%A。检测波长：240nm。进样量：10μL。柱温：40℃。

3. 方法的评价

在大米样品中分别添加不同水平的 12 种磺酰脲类除草剂标准溶液，按前述实验方法及条件进行回收率测定，0.01～0.50mg/kg 添加水平（啶嘧磺隆、苯磺隆、吡嘧磺隆的添加水平为 0.02～0.50mg/kg）的回收率为 72.2%～106.5%，RSD<6.4%，检出限为 0.01～0.02μg/g。

① 相对于 HPLC-MS 的方法来说，该方法使用了更容易普及的 HPLC-UV 检测方法，但同时对样品的前处理和净化也提出了更高的要求，因此前处理 SPE 淋洗条件也更苛刻，更复杂。

② C$_{18}$ 柱的净化效果　考虑到样品中含水量低这一特点，方法预先向样品中加入适量的水，当加水量增加至 20mL，采用乙腈-水（体积比为 2∶1）对样品进行提取并通过 ENVI-18 硅胶柱过滤净化，然后加盐使乙腈相分层，得到了很好的提取和净化效果。

③ GCB 柱洗脱溶剂的极性对回收率的影响　考虑到同时检测的多种磺酰脲类化合物之间的极性差异较大，采用不同比例的丙酮和正己烷混合溶剂进行分步洗脱，当丙酮的比例由 5% 增加至 50% 时，可以实现 12 种组分的选择性提取。而洗脱收集之前采用 3mL 丙酮-正己烷（体积比为 2∶98）混合溶剂淋洗，可以使弱极性的杂质得以充分除去。

（三）其他方法

叶贵标等（2006）采用 HPLC-MS 方法建立了 10 种磺酰脲除草剂在土壤中的残留分析方法，并评价了 Cleanert C$_{18}$ 和 Oasis HLB 以及另外一种新型固相萃取小柱 Cleanert HXN 在土壤中磺酰脲类除草剂多残留分析中的净化效果及回收率情况。10 种磺酰脲类除草剂在土壤空白样品中的添加回收率实验表明，采用 HPLC-MS 检测，除苯磺隆外，其余 9 种磺酰脲类除草剂回收率在 80.2%～104.2% 之间，RSD<4.26%；而苯磺隆的回收率只有 11%～35%，这可能是由于苯磺隆对酸太敏感，在 pH 2.5 时有分解的可能。以 3 倍信噪比计算本实验土壤中 9 种磺酰脲类除草剂的 LOD 在 0.6～315μg/kg 范围内。

以该方法为基础，我国建立了 NY/T 2067—2011《土壤中 13 种磺酰脲类除草剂残留量的测定　液相色谱串联质谱法》。该标准增加了环氧嘧磺隆、醚苯磺隆、氟磺隆和氟嘧磺隆 4 种目标化合物，没有收录回收率低的苯磺隆，同时将检测方法改用为 HPLC-MS/MS。

四、三嗪类除草剂的多残留分析

（一）概述

三嗪类（三氮苯类）除草剂是开发较早的一类除草剂，目前仍在大量施用，如莠去津等。

三氮苯类除草剂按 N 原子在苯环上分布均匀与否可分为两类：一类是均三氮苯类，其除草剂的基本化学结构中的六元环中的三个碳和三个氮是对称排列。目前，多数除草剂品种均属此类。另一类是偏三氮苯类除草剂，其六元环中的三个碳和三个氮是不对称排列的。

均三氮苯类除草剂的基本化学结构式为：

均三氮苯类除草剂的命名有如下的规律：按三氮苯环上 X 取代基的不同及其英文名称字尾的特点主要分为三类：—Cl 取代的英文名词尾为-zine，中文通用名词尾为"津"；—SCH$_3$ 取代的英文词尾为-tryne，通称"净"类；以—OCH$_3$ 取代的英文词尾为-tone，通称"通"类；若 X 为羰基，则命名为"酮"类。

三嗪类除草剂的检测方法比较灵活，目前报道的方法有 GC-NPD、HPLC、UPLC、GC-MS/MS（CI）、LC-MS/MS 等检测方法。

（二）HPLC 测定大豆中 13 种三嗪类除草剂的多残留

1. 方法概述

祁彦等建立了同时检测大豆中西玛通、西玛津、氰草津、莠去通、嗪草酮、西草净、莠去津、扑灭通、特丁通、莠灭净、特丁津、扑草净、异丙净等 13 种三嗪类除草剂多残留的反相高效液相色谱方法。样品经乙腈提取，GPC 和中性氧化铝小柱净化，然后采用 HPLC-DAD 检测器测定，外标法定量。

2. 分析方法

（1）样品的提取和净化　称取磨碎大豆粉 10.00g 置于 50mL 具塞离心管中，加入乙腈 40mL，涡旋 2min 混匀，振荡 30min，以 4000r/min 离心 5min，将上清液在约 32℃水浴中减压浓缩至约 1mL，N_2 吹干，用 10mL 二氯甲烷溶解定容。由 GPC 自动进样系统吸入上述提取样品液，以 100% 二氯甲烷为流动相，流量 5mL/min，检测波长 228nm，收集 14min 之后到 24min 的馏分 50mL，减压浓缩至 4~5mL。过 Al_2O_3 小柱（6mL/1000mg）进一步净化，上样，再加入 6mL 二氯甲烷洗脱，流速均为 1mL/min，收集全部流出液，N_2 吹干，用 1mL 甲醇-水（8:2，V/V）溶解定容，过滤膜，待测定。

（2）色谱分离条件　色谱柱：Kromasil KR100 C_{18}（250mm×4.0mm，5μm）。流动相：乙腈/水，梯度洗脱程序见表 12-27。流速 1.0mL/min；柱温 30℃；检测波长 228nm；进样量 10μL。色谱图如图 12-14 所示。

表 12-27　流动相梯度洗脱程序

洗脱时间/min	0	2	11	12	16	27	28	35
水/%	80	65	60	57	57	40	35	25
乙腈/%	20	35	40	43	43	60	65	75

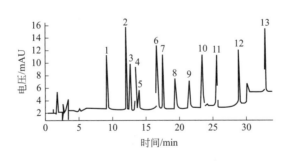

图 12-14　13 种三嗪类除草剂标准混合物的色谱

1—西玛通；2—西玛津；3—氰草津；4—莠去通；5—嗪草酮；6—西草净；7—莠去津；8—扑灭通；
9—特丁通；10—莠灭净；11—特丁津；12—扑草净；13—异丙净

3. 方法评价

13 种三嗪类除草剂在 0.06~5.0mg/L 范围内线性良好，在 0.02~1.0μg/g 浓度范围内，13 种三嗪类除草剂的回收率介于 71.9%~101.9% 之间；RSD<10.7%，均符合残留检测的要求。

（三）LC-MS/MS 检测粮谷中 26 种三嗪类除草剂残留量

1. 方法概述

王海涛等采用 SPE 结合 LC-MS/MS 建立了大米、大麦、小麦、玉米和大豆等粮谷中 26 种三嗪类除草剂残留量的高效液相色谱-串联质谱分析方法。样品经乙腈提取，Oasis MCX 固相萃取柱净化，用 LC-MS/MS 测定。

2. 分析方法

（1）样品提取　粮谷样品经粉碎机粉碎，过 40 目筛后，取 10.00g 放入 50mL 具塞离心管中，加入 20mL 乙腈均质提取 1～2min，然后振荡 20min，3500r/min 离心 5min，取上清液于鸡心瓶中；残渣再用 20mL 乙腈重复振荡提取 1 次，合并上清液，于 40℃下旋转蒸发至干；用 1mL 5％甲酸 CH_2Cl_2 溶液溶解残渣，待净化。

（2）样品净化　依次用 4mL 丙酮和 2mL CH_2Cl_2 活化 Oasis MCX 固相萃取柱（3mL，60mg，Waters），样液过柱，再用 1mL 5％甲酸 CH_2Cl_2 溶液洗涤鸡心瓶 1 次，洗涤液也过固相萃取柱，弃去流出液，用 2mL CH_2Cl_2 淋洗固相萃取柱，用吸耳球吹出柱内残留液体，用 4mL 5％氨水乙腈溶液洗脱并收集于 5mL 刻度试管中，用吸耳球吹出柱内残留液体。洗脱液于 40℃下氮气吹干，用 V（乙腈）：V（水）＝2：3 溶液溶解残渣并定容至 2mL，过 0.22μm 滤膜后测定。

（3）液相色谱-串联质谱分析条件

色谱柱　CAPCEIL PAK MG C_{18} 柱（100mm×2.0mm，3μm）；

柱温　30℃；

流速　0.2mL/min；

进样体积　10μL；

流动相　A 为 0.1％甲酸，B 为乙腈；

梯度洗脱程序　0min，30％B；15min，90％B；15.1min，30％B；16min，30％B；

离子源　电喷雾离子化源（ESI）；

扫描模式　正离子模式；

检测方式　选择反应监测（SRM）；

电喷雾电压　4500V；

毛细传输管温度　350℃；

碰撞气　高纯度氩气。

3. 方法评价

该方法线性范围为 1～500μg/L，26 种三嗪类除草剂在此范围内线性良好，相关系数为 0.9973～0.9999。在 10～100μg/kg 浓度范围内，加标回收率在 67.9％～102.3％之间，RSD＜9.1％。可同时满足进出口粮谷中多种三嗪类除草剂残留的检验需要。

（四）其他分析方法

张敬波等（2006）建立了 GC-NPD 同时检测玉米中 12 种三嗪类除草剂（西玛通、西玛津、莠去津、扑灭津、特丁通、特丁津、环丙津、西草净、扑草净、特丁净、甲氧丙净、环嗪酮）残留量的方法。玉米样品用乙腈提取，强阳离子交换（SCX）固相萃取柱净化后，用 DB-5 弹性石英毛细管柱（30m×0.25mm×0.25μm）分离样品，氮磷检测器测定。12 种三嗪类除草剂在 0.01～2.0mg/L 范围内线性关系良好，相关系数均大于 0.998，最低检测限为 0.01mg/kg，添加回收率为 84.0％～106.8％，RSD＜4.7％。

朱春红等（2007）建立了超高效液相色谱（UPLC）快速、准确、高灵敏度测定小麦中20种三嗪类除草剂残留量的分析方法，并用于实际样品的分析。样品经丙酮提取、弗罗里硅土柱净化，用超高效液相色谱-DAD测定。该法在5min内即可完成20种三嗪类除草剂的分离及检测，在0.05～6.0mg/L范围内线性良好，相关系数＞0.999。在0.02～1.0mg/kg浓度范围内，其中19种三嗪除草剂平均加标回收率在72.94％～100.08％之间，RSD＜10.1％。此方法可同时满足进出口小麦中多种三嗪类除草剂残留量的检验需要。

李晓静等（2007）基于月桂酸可以直接进入电喷雾电离源，且对三嗪类农药在电喷雾电离源的电离强度没有明显影响的特点，建立了以月桂酸为表面活性剂的毛细管胶束电动色谱-电喷雾质谱联用（MEKC-ESI MS）同时测定稻田水中嗪草酮、氰草津、西草津、莠去津、扑灭通、莠灭净、扑灭津及特丁净等8种三嗪类农药的方法。500mL稻田水样通过ODS C_{18} 固相萃取小柱，分别以纯水、5％的甲醇水溶液冲洗固相萃取柱后，用5mL甲醇洗脱柱上农药。在以40mmol/L月桂酸和140mmol/L氨水作为缓冲溶液、70％的异丙醇（含3.0mmol/L的醋酸铵）作为鞘液的条件下，各组分分离良好；各组分检出限为0.040～0.10μg/L；回收率在87.2％～97.3％之间。

张新忠等（2008）建立了GC-MS/MS（CI）同时测定土壤中16种三嗪类除草剂多残留的方法，测定16种三嗪类除草剂仅需12min。样品采用乙腈与盐酸混合溶液，加入氯化钠超声波辅助提取，离心后，乙腈层经GCB柱净化，流出液浓缩后用环己烷定容，GC-MS/MS测定。16种三嗪类除草剂在0.05（0.1）～8.0mg/L范围内线性良好，相关系数在0.9952～0.9999之间；在0.005～0.02mg/kg添加水平范围内，平均添加回收率在91.41％～114.12％之间；RSD＜16.8％，检出限均低于0.005mg/kg。

第十一节　植物生长调节剂多残留分析

植物生长调节剂是用于调节植物生长发育的一类化合物，包括人工合成的和从生物体中提取的天然植物激素。由于植物生长调节剂化学结构各不相同，有的兼具有几种不同的作用方式，因此分类方式也不同。植物生长调节剂根据作用方式可分为：植物生长促进剂、植物生长抑制剂和植物生长延缓剂3类；按其功能可分为生长素类、赤霉素类、细胞分裂类、催熟剂类和生长抑制剂类5类，而有的化合物兼具几种不同的功能。

植物生长调节剂大多属于低毒类农药，也有少数微毒或无毒的，但是某些调节剂或其水解产物具有潜在的致癌、致畸和致突变作用，如丁酰肼的水解产物不对称二甲基肼具有致畸作用，应得到足够重视。

目前，在果蔬及粮食生产中使用较多的植物生长调节剂有2,4-D、萘乙酸、赤霉素、氯吡脲、乙烯利、矮壮素、甲哌𬭩、多效唑、烯效唑、马来酰肼（青鲜素）、丁酰肼等。此外，有一些除草剂或杀菌剂，也具有一定的植物生长调节功能，因此有些残留分析方法也把它们与植物生长调节剂一起建立多残留分析方法。

植物生长调节剂类化合物的化学结构和性质各异，其残留分析方法也各自不同，且残留分析方法要求检测的残留量低，对净化、测定的要求较高，因此早期有关植物生长调节剂的残留分析方法一般只能分析其中一种或几种化合物。随着色谱-质谱联用技术的发展，植物生长调节剂的多残留分析也逐渐发展起来。由于大多数植物生长调节剂是极性化合物，因此多采用液相色谱配备紫外、荧光、质谱等手段进行检测。

一、基于液相色谱的分析方法

1. HPLC-UV 或荧光检测

早期开发的植物生长调节剂的多残留分析方法多采用液相色谱紫外检测器或衍生化荧光分析的方法进行测定，如 Shin 等（2011）采用液-液萃取、柱净化、HPLC-UV 检测的方法同时分析了大白菜、苹果、辣椒、糙米和大豆样品中的 2,4-D、麦草畏和 4-氯苯氧乙酸（4-CPA），并采用串联质谱对所测得的结果进行确认。在所有待测基质中，方法的 LOQ 均为 0.02mg/kg；周艳明等建立了 10 种果蔬中 7 种植物生长调节剂（玉米素、吲哚乙酸、吲哚丁酸、脱落酸、α-萘乙酸、氯吡脲、烯效唑）的 HPLC 分析方法，样品经体积分数 80% 的甲醇提取后，过 C_{18} 固相萃取柱净化，用带有紫外检测器的液相色谱仪测定，外标法定量，方法的 LOQ 为 0.01～0.1mg/kg；Chen H 等以 6-O-乙基哌嗪荧光素作为柱前荧光衍生化试剂（衍生化反应见图 12-15），采用衍生化液相色谱-荧光检测的方法同时测定了蔬菜中吲哚丁酸、α-萘乙酸和 2,4-D 三种内源性植物激素的残留，其检出限较低，分别为 14.8nmol/L、7.24nmol/L 和 4.43nmol/L，回收率范围为 94.2%～102.4%，RSD<3.55%。

图 12-15　衍生化试剂 6-O-乙基哌嗪荧光素（APF）与羧酸类植物激素的衍生化反应

2. SPE-HPLC-串联质谱检测

随着联用技术的发展，色谱-质谱联用技术在植物生长调节剂的多残留分析检测方面得到了越来越多的应用。

Blasco 等（2004）首次采用液相色谱-大气压化学电离-四极离子阱质谱分析了柑橘中抑霉唑等 6 种农药。样品经乙酸乙酯提取后旋转蒸发至近干，再用甲醇复溶后直接进样，在 MS、MS/MS 和 MS^3 质谱模式下的最低检出限为 0.0005～0.3mg/kg，回收率为 72%～94%，RSD<19%。研究发现虽然 $HPLC-APCI-MS^3$ 的灵敏度低于 HPLC-APCI-MS 和 HPLC-APCI-MS/MS，但选择性和重复性更好。

吴凤琪等（2010）建立了水果中 8 种外源性植物生长调节剂（乙烯利、丁酰肼、抑芽丹、赤霉素、玉米素、氯吡脲、矮壮素、α-萘乙酸）的 SPE-LC-MS/MS 分析方法，使用乙腈提取，Certify Ⅱ（混合模式硅胶基）柱进行净化。结果显示在 2.0～100.0mg/L 范围内，8 种植物生长调节剂的回收率为 70.0%～101.0%，RSD<10%。

王静静等（2011）建立了果蔬中 6 种植物生长抑制剂（氯化胆碱、矮壮素、甲哌鎓、嘧啶醇、多效唑、烯效唑）的 SPE-HPLC-ESI-MS/MS 方法，使用甲醇提取，HLB 柱进行净化。在 1.0～200.0μg/L 范围内线性良好（$r>0.99$），加标水平为 2.0μg/kg、10.0μg/kg、50.0μg/kg 时，6 种目标化合物的平均加标回收率为 81%～104%，RSD<5.0%，方法的检出限为 0.15～0.35μg/kg，LOQ 为 0.47～1.10μg/kg。方法前处理简单，不需要衍生化处理，回收率和精密度等均符合残留分析的要求。

陈金斌等（2018）报道了超高效液相色谱-串联质谱法同时测定果蔬中 34 种植物生长调节剂残留量的方法，该方法也采用了固相萃取柱净化方法。样品 2.0g 用乙腈 10.0mL 提取，经

Oasis PRiME HLB 固相萃取柱净化。取流出液 5.0mL，氮气吹至近干，用甲醇（1+9）溶液溶解残渣并定容至 1.0mL。以 Waters CSH 氟苯基色谱柱为固定相，以甲醇-5mmol/L 乙酸铵溶液（含体积分数为 0.10%的乙酸）为流动相进行梯度洗脱，采用电喷雾正、负离子源和多反应监测模式检测，外标法定量。检出限（S/N=3）为 0.01～0.20μg/kg。添加回收率为 71%～115%，RSD<16%。

3. QuEChERS-UPLC-MS/MS 检测

随着 QuEChERS 前处理方法的广泛应用以及超高效液相色谱-串联质谱法的逐渐普及，多残留分析研究中可以一次同时分析的植物生长调节剂的种类和数量越来越多。

郝杰等（2018）建立了蔬菜、水果中 34 种植物生长调节剂残留量的测定方法。样品经粉碎后，用 QuEChERS 法进行前处理，5g 样品经 10mL 乙腈溶液提取，4g 无水硫酸镁+1g 氯化钠+1g 柠檬酸钠+0.5g 三水合二柠檬酸氢二钠盐析脱水后，根据不同样品状态，取上清液用不同净化剂进行 d-SPE 净化；色谱条件以 Waters Acquity HSS T3 柱进行分离，乙腈-水作为流动相，梯度洗脱；质谱离子化为电喷雾正负离子切换模式，多反应监测模式分段扫描检测；基质匹配外标峰面积法定量。化合物在 2～100μg/kg 范围内呈良好线性关系，34 种植物生长调节剂的检出限为 2～10μg/kg，平均回收率为 70.6%～118.3%，RSD<14.9%。虽然严格来说，其中一些化合物不属于植物生长调节剂，但该方法较为全面地包含了常用的植物生长调节剂，方法前处理快速、灵敏、准确，满足目前国内外对植物生长调节剂残留限量的要求，可为常见蔬菜、水果中植物生长调节剂的监管提供技术支撑。

黄志波等（2019）建立了超高效液相色谱-质谱/质谱法（UPLC-MS/MS）测定豆芽中 21 种植物生长调节剂残留量的方法。样品前处理采用 QuEChERS 方法，用酸化乙腈提取，浓缩置换溶剂后，经 0.2μm 滤膜过滤，以 C_{18} 色谱柱分离待测物，采用多反应监测（MRM）离子扫描模式，外标法进行定量。方法检出限为 0.001～0.005mg/kg，样品添加回收率为 61.5%～118.3%，RSD<8.3%（$n=6$）。该方法简单快捷，定量准确。

4. QuEChERS-HPLC-Q-TOF 等高分辨质谱分析技术

高分辨质谱以其独特的优势在植物生长调节剂的多残留分析中得到了应用。

黄何何（2014）运用高效液相色谱-四极杆飞行时间串联质谱（HPLC-Q-TOF-MS/MS）开展了水果中 21 种植物生长调节剂的多残留检测和筛查方法的研究。主要是运用 HPLC-Q-TOF-MS/MS 的精确质量数据库检索功能，通过建立 21 种植物生长调节剂的精确质量数据库和谱库，从而实现大量水果样品中植物生长调节剂的多残留快速筛查。水果样品首先经过 QuEChERS 方法进行前处理后，采用 Agilent XDB-C_{18}（150mm×4.6mm，5μm）色谱柱分离，以 5mmol/L 乙酸铵（含 0.1%甲酸）水-乙腈为流动相进行梯度洗脱，将采集的信息与数据库和谱库进行比对，实现化合物的筛查与确证。在此基础上，作者进一步采用 QuEChERS 前处理和高效液相色谱-三重四极串联质谱（HPLC-MS/MS）方法建立了同时测定苹果、梨、草莓、葡萄和柑橘等水果中 21 种植物生长调节剂的残留分析方法。水果样品采用含 1%乙酸的乙腈提取，选用 C_{18} + $MgSO_4$ 作为净化材料，以 Agilent XDB-C_{18}（150mm×4.6mm，5μm）色谱柱进行分离，5mmol/L 乙酸铵（含 0.1%甲酸）水-乙腈作为为流动相进行梯度洗脱，采用多反应监测（MRM），正负离子分段扫描模式。21 种植物生长调节剂的平均回收率在 73%～111%之间，RSD<17%，LOQ 为 0.1～15.0μg/kg，满足农药残留分析要求。

姚恬恬等建立了超高效液相色谱-四极杆飞行时间串联质谱（UPLC-Q-TOF-MS/MS）同时测定果蔬中 19 种植物生长调节剂残留的分析方法。样品前处理采用 QuEChERS 方法，采用 HAc-乙腈溶液（1：99，V/V）提取，C_{18}、GCB 和 PSA 吸附剂净化。采用 C_{18} 色谱柱分离，通过保留时间匹配以及母离子、主要碎片离子的精确质量数进行定性分析，基质标准溶液外标法定量。在优化条件下，19种植物生长调节剂的检出限（S/N＝3）为0.03～14μg/kg，回收率为70.1％～116.2％，RSD＜10.6％（n＝6）。该方法操作简单、准确。

廖浩等（2019）建立了超高效液相色谱-四极杆/静电场轨道阱（Orbi-Trap）高分辨质谱测定豆芽中11种植物生长调节剂的检测分析方法。样品前处理基于QuEChERS方法，以10mL含1％甲酸的乙腈提取，C_{18}净化，0.1％甲酸-5mmol/L乙酸铵水溶液梯度洗脱，RRHD SB-Aq色谱柱分离，在电喷雾离子源（ESI）、全扫描/数据依赖二级质谱扫描（Full MS/Data Dependent-MS～2）监测模式下正负切换同时进行检测。结果表明，11种化合物线性关系良好，LOQ为0.3～3μg/kg；平均加标回收率为84.6％～113.1％，RSD＜8.3％。方法简单快速、灵敏度高、结果准确。

二、基于气相色谱的分析方法

采用气相色谱对部分植物生长调节剂进行检测也有报到。这里介绍采用GC-MS对豆芽中10种植物生长调节剂的残留检测方法。

豆芽在作坊式生产中，存在添加植物生长调节剂催发豆芽生长的现象，添加的植物生长调节剂主要有2,4-D乙酯、2,4-D丁酯、4-氯苯氧乙酸（CPA）、6-苄基腺嘌呤（6-BA）、2,4-二氯苯氧乙酸（2,4-D）、β-萘乙酸、吲哚乙酸、吲哚丁酸、多效唑、激动素等。吴平谷等（2014）采用GC-MS建立了豆芽中可能使用的10种植物生长调节剂的残留检测方法。该方法根据植物生长调节剂的化学结构式，在酸性条件下将它们分成两类，一类是以分子形式存在的化合物，如2,4-D乙酯、2,4-D丁酯、CPA、β-萘乙酸、2,4-D、吲哚乙酸及吲哚丁酸；另一类是以离子形式存在的化合物，呈碱性，带正离子，如多效唑、激动素及6-BA。以分子形式存在的中性化合物2,4-D乙酯和2,4-D丁酯等采用QuEChERS方法提取和净化后，直接采用GC-MS测定；CPA、β-萘乙酸、2,4-D、吲哚乙酸和吲哚丁酸等5种羧酸类植物生长调节剂则需要采用固相萃取柱净化后，采用三氟化硼甲醇甲酯化衍生后测定；碱性化合物多效唑、激动素、6-BA等则经SPE净化和浓缩后进行GC-MS分析。

具体前处理过程为：豆芽先用酸性乙腈提取，浓缩后用甲醇复溶，部分提取液经含C_{18}、GCB和PSA填料的QuEChERS试剂盒净化后用GC-MS分析2,4-D乙酯和2,4-D丁酯的残留量。另一部分提取液经MCS固相萃取柱净化，先用5mL甲醇洗脱得组分1，再用5％氨化甲醇洗脱得组分2；组分1浓缩后用10％三氟化硼甲醇溶液甲酯化，提取后用GC-MS测定4-氯苯氧乙酸、α-萘乙酸、2,4-二氯苯氧乙酸、吲哚乙酸、吲哚丁酸的残留量，组分2浓缩后用GC-MS测定多效唑、激动素、6-苄基腺嘌呤的残留量。结果表明，豆芽中添加水平为0.01～0.1mg/kg，平均回收率范围为70％～93％，RSD＜12％，LOQ为0.01～0.025mg/kg。

植物生长调节剂化合物种类较多，化学性质各异，且多属于极性较高的化合物，如果采用液相色谱质谱联用技术进行检测，与气质联用相比，不仅可以扩大化合物的检测范围，而且不需要复杂的衍生化和净化手段，使植物生长调节剂的多残留分析更为简便。基于这一特性，简便快速的QuEChERS前处理方法和高效液相色谱-串联质谱联用技术在植物生长调节剂的多残留分析中更为适用，而且近年来发展起来的高分辨质谱也为植物生长调节剂的快速筛查提供了便利条件。

参 考 文 献

[1] Amadeo R F，Ana T，Ana A，et al. Determination of imidacloprid and benzimidazole residues in fruits and vegetables by liquid chromatography-mass spectrometry after ethyl acetate multiresidue extraction. J. AOAC Int.，2000，83

(3)：748-755.

［2］ Anastassiades M，Lehotay S J，Stajnbaher D，et al. Fast and easy multiresidue method employing acetonitrile extraction/partitioning and "dispersive solid-phase extraction" for the determination of pesticide residues in produce. J. AOAC Int. ，2003，86：412-413.

［3］ Blasco C，Font G，Pico Y. Multiple-stage mass spectrometric analysis of six pesticides in oranges by liquid chromatography-atmospheric pressure chemical ionization-ion trap mass spectrometry. J. Chromatogr. A. ，2004，1043（2）：231-238.

［4］ Bolzoni L，Sannino A，Bandini M. Determination of ethylene thiourea and propylene thiourea in tomato products and in fruit purees. Food Chem. ，1993，47（3）：299-302.

［5］ Brinkman J H W，VanDijk A G，Wagenaar R，et al. Determination of daminozide residues in apples using gas chromatography with nitrogen phosphorus detection. J. Chromatogr. A. ，1996，723（2）：355-360.

［6］ Chen H，Zhang Z X，Zhang G M，et al. Liquid chromatographic determination of endogenous phytohormones in vegetable samples based on chemical derivatization with 6-oxy（acetylpiperazine）fluorescein . J. Agric. Food Chem. ，2010，58（8）：4560-4564.

［7］ Debbarh I，Titier K，Deridet E，et al. Identification and quantitation by high-performance liquid chromatography of mancozeb following derivatization by 1,2-benzenedithiol. J. Anal. Toxicol. ，2004，28（1）：41-45.

［8］ Denise B，Paulo C. Improvement in the determination of mancozeb residues by the carbon disulfide evolution method using flow injection analysis. J. Agric. Food Chem. ，1999，47：212-216.

［9］ Do Nascimento P C，Bohrer D，Garcia S，et al. Liquid chromatography with ultraviolet absorbance detection of ethylene thiourea in blood serum after microwave irradiation asan auxiliary cleanup step. Analyst，1997，122：733-735.

［10］ Dubey J K，Heberer T，Stan H J. Determination of ethylenethioureain food commodities by a two-step derivation method and gas chromatography with electron-capture and nitrogen-phosphorous detection. J. Chromatogr. A. ，1997，765：31-38.

［11］ Escuderos-Morenas M L，Santos-Delgado M J，Rubio-Barroso S，et al. Direct determination of monolinuron，linuron and chlorbromuron residues in potato samples by gas chromatography with nitrogen phosphorus detection. J. Chromatogr. A. ，2003，1011（1-2）：143-153.

［12］ Esparza X，Moyano E，Galceran M T. Analysis of chlormequat and mepiquat by hydrophilic interaction chromatography coupled to tandem mass spectrometry in food samples. J. Chromatogr. A. ，2009，1216（20）：4402-4406.

［13］ FDA. Pesticide analytical manual：Vol. Ⅰ multiresidue methods，1998.

［14］ FDA. Pesticide analytical manual：Vol. Ⅱ Single Residue Methods，1998.

［15］ Fillion J，Sauve F，Selwyn J. Multi-residue method for the determination of residues of 251 pesticides in fruits and vegetables by gas chromatography/mass spectrometry and liquid chromatography with fluorescence detection. J AOAC Int，2000，83（3）：698-713.

［16］ Gerecke A C，Tixier C，Bartels T，et al. ，Determination of phenylurea herbicides in natural waters at concentrations below 1ng/L using solid-phase extraction，derivatization，and solid-phase microextraction-gas chromatography-mass spectrometry. J. Chromatogr. A. ，2001，930：9-19.

［17］ Gilvydis D M，Walters S M. Lon-pairing liquid chromatographic determination of benzimidazole fungicides in food. J. Assoc. of Anal. Chem. ，1990，73：753-761.

［18］ Gustafsson K H，Thompson T R A. High-presure liquid chromatographic determination of fungicidal dithiocarbamates. J Agric. Food Chem. ，1981，29（4）：729-732.

［19］ Hans G J M，Ruud C J V D，Rob J V，et al. Determination of daminozide in apples and apple leaves by liquid chromatography-mass spectrometry. Journal of Chromatography A，1999，833（2）：53-60.

［20］ Hans-Peter T，Hans Z. Manual of pesticide residue analysis，Vol. Ⅰ，Method S19. VCH Publishers，Weinheim，Federal Replublic Germany，1987.

［21］ Hans-Peter T，Jochen K. Manual of pesticide residue analysis，Vol. Ⅱ，Method S19. VCH Publishers，Weinheim，Federal Replublic Germany，1992.

［22］ Hogendoorn E A，Van Zoonen P，Brinkman VAT. Column-switching RPLC for the trace-level determination of ethylene thiourea in aqueous samples. Chromatographia，1991，31（5-6）：285-292.

［23］ Holland P T，Malcolm C P. Multiresidue analysis of fruits and vegetables∥Cairns T，Sherma J. Emerging strategies for pesticide analysis. Boca Raton：CRC press，1992.

［24］ Hu J，Li J. Determination of forchlorfenuron residues in watermelon by solid-phase extraction and high-performance liquid chromatography. J. AOAC Int. ，2006，89（6）：1635-1640.

［25］ Karg F P M. Determination of phenylurea pesticides in water by derivatization with heptafluorobutyric anhydride and gas chromatography-mass spectrometry. J. Chromatogr. A，1993，634：7-100.

［26］ Keppel G E. Collaborative study of the determination of dithiocarbamate residues by a modified carbon disulfide evolution methodology. Assoc Off Analyt Chem，1971，54：528-532.

［27］ Kobayshi M，Tankano I，Tamura Y，et al. Clean-up method of forchlorfenuron in agricultural products for HPLC analysis. Shokuhin Eiseigaku Zasshi.，2007，48（5）：148-152.

［28］ Lehotay S J，Kok A，Hiemstra M，et al. Validation of a fast and easy method for the determination of residues from 229 pesticides in fruits and vegetables using gas and liquid chromatography and mass spectrometric detection. J. AOAC. Int.，2005，88（2）：595-614.

［29］ Lehotay S J，Matovská Kateina，Jong Y S. Evaluation of two fast and easy methods for pesticide residue analysis in fatty food matrixes. J. AOAC. Int.，2005，88（2）：630-638.

［30］ Lehotay S J，Matovská K，Lightfield A R. Use of buffering and other means to improve results of problematic pesticides in a fast and easy method for residue analysis of fruits and vegetables. J. AOAC. Int.，2005，88（2）：615-629.

［31］ Liu C H，Mattern G C，Singer G M，et al. Determination of daminozide in apples by gas chromatography/chemical ionization-mass spectrometry. J. Assoc. Off. Anal. Chem.，1989，72（6）：984-986.

［32］ Liu C M，Li D M，Li J C，et al. One - pot sample preparation approach for profiling spatial distribution of gibberellins in a single shoot of germinating cereal seeds. Plant J.，2019，99（5）：1014-1024.

［33］ Liu D，Qian C F. Comparison of thin layer and gas chromatographic methods for the determination of herbicide residues in grain and soil// Validation of thin-layer chromatographic methods for pesticide residue analisis. IAEA-TEC-DOC-1462，2005，175-180.

［34］ Lo C C，Ho M H，Hung M D. Use of high-performance liquid chromatographic and atomic adsorption methods to distinguish propineb，zineb，maneb，and mancozeb fungicides. J. Agric. Food Chem.，1996，44：2720-2723.

［35］ Luke M A，Langham W S，Kodama D M，et al. Current and future status of pesticide multiresidue methodology// Frehse H. Proceedings of the 7th International Congress of Pesticide Chemistry (IUPAC). Hamburg：VCH，1990.

［36］ Michel M，Buszewski B. Optimization of a matrix solid-phase dispersion method for the determination analysis of carbendazim residue in plant material. J Chromatogr：B，2004，800：309-314.

［37］ Mol H G J，Van Dam R C J，Vreeken R J，et al. Determination of daminozide in apples and apple leaves by liquid chromatography-mass spectrometry. J. Chromatogr. A.，1999，833（2）：53-60.

［38］ Moros J，Armenta S，Garrigues S，et al. Comparison of two vibrational procedures for the direct determination of mancozeb in agrochemicals. Talanta，2006，72（1）：1-8.

［39］ Nascimento P C，Bohrer D，Garcia S，et al. Liquid chromatography with ultraviolet absorbance detection of ethylene thiourea in blood serum after microwave irradiation asan auxiliary cleanup step. Analyst，1997，122：733-735.

［40］ Newsome W H. A method for the determination of maleic hydrazide and its β-D-glucoside in foods by high-pressure anion-exchange liquid chromatography. J. Agric. Food Chem.，1980，28（2）：270-272.

［41］ Peña F，Cárdenas S，Gallego M，et al. Analysis of phenylurea herbicides from plants by GC/MS. Talanta，2002，56（4）：727-734.

［42］ Qian C F，Liu D. Determination of organophosphorus pesticides in grain by TLC// Validation of thin-layer chromatographic methods for pesticide residue analysis. IAEA-TECDOC-1462，2005，187-192.

［43］ Riediker S，Obrist H，Varga N，et al. Determination of chlormequat and mepiquat in pear，tomato，and wheat flour using on-line solid-phase extraction (Prospekt) coupled with liquid chromatography-electrospray ionization tandem mass spectrometry. J. Chromatogr. A，2002，966（1）：15-23.

［44］ Sannino A. Determination of phenylurea herbicide residues in vegetables by liquid chromatography after gel permeation chromatography and Florisil cartridge cleanup. J AOAC Int.，1998，81（5）：1048-1053.

［45］ Savolainen K，Pysalo H. Glass capillary gas-liquid chromatography method for determining ethylenethiourea without derivatization. J. Agric. Food Chem.，1979，27（1）：194-197.

［46］ Savolainen K，Pysalo H. Identification of the main metabolite of ethylene thiourea in mice. J. Agric. Food Chem.，1979，27（6）：1177.

［47］ Schenck F J，Howard-King V. Rapid solid phase extraction cleanup for pesticide residues in fresh fruits and vegetables. Bull. Environ. Contam. Toxicol.，1999，63：277-281.

［48］ Schenck F J，Lehotay S J，Vega V. Comparison of solid-phase extraction sorbents for cleanup in pesticide residue analysis of fresh fruits and vegetables. J. Sep. Sci.，2002，25（14）：883-890.

［49］ Schermerhorn P G，Golden P E，Krynitsky A J，et al. Determination of 22 triazole compounds including parent fungicides and metabolites in apples，peaches，flour，and water by liquid chromatography/tandem mass spectrometry. J. AOAC Int.，2005，88（5）：1491-1499.

[50] Seiber J N. Extraction，cleanup and fractionation methods. New York：John Willy and Sons，INC，1999.

[51] Shin E H，Chol J H，Abd Ei-Aty A M，et al. Simultaneous determination of three acidic herbicide residues in food crops using HPLC and confirmation via LC-MS/MS. Biomed. Chromatogr. 2011，25（1/2）：124-135.

[52] Suzuki T，Nemoto S，Saito Y. Determination of plant growth regulator，daminozide and 1，1-dimethylhydrazine in fruits and fruit juice by gas chromatography. Shokuhin Eiseigaku Zasshi，1990，31（2）：177-181.

[53] Thomas C，Milton A L，Kin S C，et al. Multiresidue pesticide analysis by ion-trap technology：A clean-up approach for mass spectral analysis. Rapid Commun. Mass Spectrom.，1993，7：1070-1076.

[54] Tseng S H，Chang P C，Chou S S. A rapid and simple method for the determination of ethephon residue in agricultural products by GC with headspace sampling. J. Food Drug Anal.，2000，8（3）：213-217.

[55] Valverd A，Aguilera A，Ferrer C，et al. Analysis of forchlorfenuron in vegetables by LC/TOF-MS after extraction with the buffered QuEChERS method. J. Agric. Food Chem.，2010，58（5）：2818-2823.

[56] Walters S M. Cleanup of samples//Zweig G，Sherma J. Analytical methods for pesticides and plant growth regulators Vol. ⅩⅤ". New York：Academic Press，1986.

[57] Specht W，Pelz S，Gilsbach W. Gas chromatographic determination of pesticide residues after clean-up by gel-permeation chromatography and mini-silica gel column chromatography. Fresen. J. Anal. Chem.，1995，353：183-190.

[58] Zhang W，He L S，Zhang R，et al. Development of a monoclonal antibody-based enzyme-linked immunosorbent assay for the analysis of 6-benzylaminopurine and its ribose adduct in bean sprouts. Food Chem.，2016，207：233-238.

[59] 陈金斌，张伊，张晓景，等. 固相萃取-超高效液相色谱-串联质谱法测定果蔬中 34 种植物生长调节剂的残留量. 理化检验（化学分册），2018，54（7）：774-782.

[60] 陈鹭平，邹伟，吴敏，等. 气相色谱法测定茶叶中的二硫代氨基甲酸酯总残留量. 检验检疫科学，2004，14（增刊）：22-25.

[61] 陈卫军，张耀海，李云成，等. 果蔬中常用植物生长调节剂分析方法研究进展. 食品科学，2012（11）：283-289.

[62] 冯秀琼，李琥，赵秋霞，等. 代森锰锌及其代谢物乙撑硫脲在苹果及土壤中的残留研究. 农药，1997，36（5）：31-33.

[63] 郝杰，姜洁，毛婷，等. QuEChERS-超高效液相色谱-串联质谱法同时测定蔬果中 34 种植物生长调节剂的残留量. 食品科学，2018，39（8）：267-275.

[64] 胡秀卿，李振，吴珉，等. 紫外分光光度法检测黄瓜中丙森锌的残留. 农药，2005，44（11）：519.

[65] 黄何何. 水果中 21 种植物生长调节剂的多残留检测及筛查技术. 福州：福建农林大学，2014.

[66] 黄士忠，姚健仁. 农药多组分残留量气相色谱分析法. 北京：中国科学技术出版社，1991.

[67] 黄志波，何健安，梁志刚，等. 超高效液相色谱-串联质谱法测定豆芽中 21 种植物生长调节剂. 化学试剂，2019（4）：392-397.

[68] 黄志强，聂洪勇，彭三和. 溴化法气相色谱测定食品中杀虫脒残留量. 色谱，1991，9（1）：53-55.

[69] 匡华，储晓刚，侯玉霞，等. 气相色谱法-ECD 同时测定大豆中 13 种苯氧羧酸类除草剂的残留量. 中国食品卫生杂志，2006（6）：503-508.

[70] 匡华，侯玉霞，储晓刚，等. 气相色谱-质谱法同时测定大豆中 14 种苯氧羧酸类除草剂. 分析化学，2006（12）：1733-1736.

[71] 李方实，Martens D，Kettrup A. 固相萃取-高效液相色谱法同时测定水中的 16 种苯脲除草剂. 色谱，2001，19（6）：534-538.

[72] 李丽华，郑玲. 固相微萃取-气相色谱联用技术测定芒果原浆中乙烯利的残留量. 分析试验室，2007（增刊1）：287-289.

[73] 李腾飞，赵风年，张超，等. 高效液相色谱-三重四极杆质谱法同时测定番茄中水杨酸和赤霉酸. 食品科学，2016，37（8）：182-186.

[74] 李晓静，黄丽涵，徐远金. 月桂酸毛细管胶束电动色谱-质谱测定农田水中的三嗪类农药. 分析化学，2007，35（10）：1487-1490.

[75] 廖浩，蒋湘，苏海雁，等. 超高效液相色谱-四极杆/静电场轨道阱高分辨质谱测定豆芽中的 11 种植物生长调节剂. 食品科技，2019，44（2）：333-338.

[76] 刘阳，宋宁慧，刘济宁，等. 气相色谱测定不同基质中二硫代氨基甲酸酯类农药残留. 农药，2016，55（7）：510-513，519.

[77] 刘雨思，王波，闫衡，等. SPE-UPLC 法测定豆芽中 6-苄基腺嘌呤含量及其残留动态. 食品工业科技，2015，36（22）：61-66.

[78] 栾娈. 二硫代氨基甲酸盐类杀菌剂的衍生化液相色谱分析. 北京：中国农业大学, 2008.

[79] 马婧玮, 董姝君, 游文宇, 等. 甲基化衍生-高效液相色谱法检测代森锰锌在花生中的残留量. 农药学学报, 2007, 9（3）：297-300.

[80] 牟仁祥, 陈铭学. 稻米中13种苯氧羧酸类除草剂多残留的高效液相色谱-质谱测定. 分析测试学报, 2008, 27（9）：973-976.

[81] 牟仁祥, 谢绍军, 闵捷, 等. PSA分散固相萃取和离子对液相色谱测定蔬菜中苯并咪唑类残留的研究. 分析测试学报, 2008, 27（3）：280-283.

[82] 农业部农药检定所. 农药标准应用指南. 北京：中国农业出版社, 2008.

[83] 农业部农药检定所. 农药残留量实用检测方法手册1. 北京：中国农业科技出版社, 1995.

[84] 全国农药残留试验研究协作组. 农药残留量实用检测方法手册（第二卷）. 北京：化学工业出版社, 2001.

[85] 农业部农药检定所. 农药残留量实用检测方法手册（第三卷）. 北京：中国农业出版社, 2005.

[86] 潘广文, 赵增运, 胡忠阳, 等. 高效离子排斥色谱法测定蔬菜中的马来酰肼. 色谱, 2010, 28（7）：712-715.

[87] 潘建伟, 罗荣杰, 李淑娟, 等. 气相色谱-质谱法测定蜂蜜中杀虫脒及其代谢物残留量的研究. 检验检疫科学, 2002, 12（1）：28-33.

[88] 祁彦, 占春瑞, 张新忠, 等. 高效液相色谱法测定大豆中13种三嗪类除草剂多残留量. 分析化学, 2006, 34（6）：787-790.

[89] 秦曙, 乔雄梧, 王霞, 等. 气相色谱法检测22种基质中的4种二硫代氨基甲酸盐类农药残留. 色谱, 2010, 28（12）：1162-1167.

[90] 任铁真, 岳永德. 乙撑硫脲的降解和残留分析研究. 安徽农业大学学报, 2001, 28（3）：242-245.

[91] 国家质量监督检验检疫总局食品安全局, 中国检验检疫科学研究院. 日本厚生劳动省食品中农用化学品残留检测方法. 北京：中国标准出版社, 2006.

[92] 国家质量监督检验检疫总局食品安全局, 中国检验检疫科学研究院. 日本厚生劳动省食品中农用化学品残留检测方法增补本1. 北京：中国标准出版社, 2007.

[93] 沈在忠, 钱传范. 20种农药在作物中多残留分析方法研究. 环境科学学报, 1991, 11（2）：223-230.

[94] 宋国春, 于建垒, 李美, 等. 福美双在棉花及土壤中残留量分析方法. 农药科学与管理, 2000, 21（5）：13-14.

[95] 隋凯, 李军, 卫锋, 等. 固相萃取-高效液相色谱法同时检测大米中12种磺酰脲类除草剂的残留. 色谱, 2006, 24（2）：152-156.

[96] 王海涛, 张睿, 李育左, 等. 高效液相色谱-串联质谱法检测粮谷中三嗪类除草剂残留量. 分析试验室, 2009, 28（增刊）：236-240.

[97] 王会利, 陈长龙, 胡继业, 等. 百菌清和福美双在蘑菇上的残留研究. 农药学学报, 2006, 8（3）：283-287.

[98] 王金花, 卢晓宇, 黄梅, 等. 超高效液相色谱-质谱法快速分析番茄及其制品中矮壮素和缩节胺残留量. 分析化学, 2007, 35（10）：1509-1512.

[99] 王静静, 鹿毅, 杨涛, 等. HPLC-MS/MS法同时测定果蔬中6种植物生长抑制剂残留. 分析测试学报, 2011, 30（2）：128-134.

[100] 王一茜, 张广华, 何洪巨. 蔬菜中主要生长调节剂残留检测方法的研究进展. 现代仪器, 2012（2）：6-10.

[101] 吴凤琪, 靳保辉, 陈波, 等. 水果中8种外源性植物生长调节剂的液相色谱-串联质谱测定. 中国农学通报, 2010, 26（15）：115-119.

[102] 吴平谷, 谭莹, 张晶, 等. 分级净化结合气相色谱-质谱联用法测定豆芽中10种植物生长调节剂. 分析化学, 2014（6）：866-871.

[103] 薛晓锋, 赵静, 邱静, 等. 气相色谱-质谱法同时测定蜂蜜中的双甲脒及其代谢物残留. 现代科学仪器, 2005（1）：65-67.

[104] 姚建仁, 郑永权, 焦淑珍. 蔬菜中有机硫杀菌剂残留量气相色谱检测方法. 中国农业科学, 1989, 22（5）：76-80.

[105] 姚恬恬, 刘翻, 金鑫, 等. QuEChERS-超高效液相色谱-串联四极杆飞行时间质谱法同时测定果蔬中19种植物生长调节剂残留. 分析科学学报, 2019, 35（5）：543-550.

[106] 叶贵标, 张微, 崔昕, 等. 高效液相色谱/质谱法测定土壤中10种磺酰脲类除草剂多残留. 分析化学, 2006, 34（9）：1207-1212.

[107] 游明华, 孙广大, 陈猛, 等. 环境水样中9种三唑类农药的固相萃取-气相色谱-质谱分析. 色谱, 2008, 26（6）：704-708.

[108] 余苹中, 宋稳成, 李雪生, 等. 液相色谱-电喷雾串联四极杆质谱测定水果中的丁酰肼. 农药, 2010（3）：191-193.

[109] 张卢军, 潘灿平, 马婧玮, 等. 逆固相基质分散净化和气质联机法测定土壤DDT残留. 生命科学仪器, 2006

（4）：35-38.

[110]　张新忠，马晓东，张伟国，等．气相色谱化学电离二级质谱法测定土壤中 16 种三嗪类除草剂的残留．分析化学，2008，36（6）：781-788.

[111]　赵丽娟，秦曙，乔雄梧，等．乙撑双二硫代氨基甲酸盐类农药残留研究进展．农药，2007，46（11）：727-730.

[112]　赵增运，吴斌，沈崇钰，等．高效液相色谱法测定蜂蜜中的双甲脒残留．中国养蜂，2005，56（5）：4-7.

[113]　郑永权，姚建仁，邵向东，等．蜂蜜中双甲脒残留量检测方法．农药科学与管理，2000，21（3）：14-16.

[114]　支建梁，牟仁祥，陈铭学，等．柱后紫外光解荧光衍生液相色谱法测定蔬菜中残留的 15 种苯脲除草剂．色谱，2008，26（1）：93-97.

[115]　周艳明，忻雪．高效液相色谱法测定果蔬中 7 种植物激素的残留量．食品科学，2010，31（18）：301-304.

[116]　朱春红，凌云，雍炜，等．小麦中 20 种三嗪类除草剂残留量的超高效液相色谱测定．现代科学仪器，2007，17（4）：70-73.

[117]　张敬波，姜文凤，董振霖，等．气相色谱法同时测定玉米中 12 种三嗪类除草剂的残留量．色谱，2006，24（6）：648-651.

[118]　朱鲁生．乙撑硫脲环境毒理研究进展．环境科学进展，1995，3（4）：64-69.

[119]　庄无忌．各国食品和饲料中农药、兽药残留量限量大全．北京：中国对外经济贸易出版社，1995.

第十三章

动物源产品中农药多残留分析

　　动物源产品指供人食用的动物组织以及蛋、奶和蜂蜜等初级动物性产品。随着社会发展、人口增加和生活质量的提高，人类对高质量动物蛋白的需求日益增长，动物源产品在数量上满足消费者需求的同时，其安全性也面临着诸多问题和挑战。通过饲料或直接使用等途径残存于动物源产品中的农药残留，近年来受到大众的重点关注。

　　农药在促进农作物的生长、防治病虫害以及调节植物生长方面有不可忽视的作用。然而，因养殖动物区域农药的喷施，或者养殖动物通过食用含有农药残留的饲料、水体内会蓄积农药残留。畜禽产品中的农药残留一般存在于动物脂肪、肌肉、奶、蛋，以及内脏如肝、肾中。农药的使用不可避免造成一定的环境污染，通过河流汇集以及大气沉降，农药进入到水生动物的食物链中，在鱼、虾或者贝类体内累积，浓度高于水环境中数倍。在水产养殖场，鱼饲料中的农药也是潜在的污染源。奶牛可能通过食用农药污染的饲料，以及由于防虫直接喷洒的方式，导致农药在体内蓄积残留，从而转移至牛奶中。牛奶和奶制品消费量大，尤其是婴幼儿或者儿童阶段，因此更是受到人们的广泛关注。

　　动物源产品种类繁多，农药进入动物体内后进行了复杂的代谢过程，这些都为动物源中农药残留的定义评估、残留分析方法建立增加了难度。下面就 FAO 和 WHO 的农药残留专家联席会议（JMPR）对于动物源初级产品的分类以及最大残留限量的建立进行介绍，同时对动物源产品中的农药残留分析方法进行论述。

第一节　动物源产品的分类和
农药残留评估

一、JMPR 动物源初级农产品分类

　　国际食品法典委员会（CAC）对于动物源食品初级农产品分为两栖动物和爬行动物、水生动物产品、无脊椎动物、哺乳动物产品及禽类产品等五类，分类如表 13-1 所示。

表 13-1　CAC 对动物源初级农产品分类

类别		品种举例
两栖动物和爬行动物产品	蛙类，蜥蜴，蛇，龟	蛙类，蜥蜴，蛇，龟（AR0148）；爬行动物（AR0149）；蛙类（AR0990）；蜥蜴（AR 0991）；蛇（AR 0992）；龟（AR 0993）；牛蛙（AR 5143）；印度牛蛙（AR 5145）等

类别		品种举例
水生动物产品	甲壳类	甲壳类（WC0143），淡水甲壳类（WC0144），海水甲壳类（WC0145），蟹（WC0146），淡水小龙虾（WC0976），淡水虾（WC0977），龙虾（WC0978）等
	洄游鱼类	鲑鱼（WD 0121），鳟鱼（WD 0123），鳗鱼（WD0890）等
	鱼可食用内脏	鲨鱼肝（WL0131），鳕鱼肝（WL0927）
	鱼籽	鱼籽（WR0140），太平洋鲑鱼鱼籽（WR0121），大西洋鲑鱼鱼籽（WR0893）等
	淡水鱼	淡水鱼（WF0115），黑鲈鱼（WF0856），鲤鱼（WF0859），鲶鱼（WF0860），鲈鱼（WF0864），梭鱼（WF0865）等
	海鱼	海鱼（WS0125），鳕鱼和类鳕鱼（WS0126），沙丁鱼和类沙丁鱼（WS0130），鲨鱼（WS0131），金枪鱼（WS0132）等
	海洋哺乳动物	海洋哺乳动物（WM0141），海豚、海豹和鲸鱼的脂肪（WM0142），海豚（WM0970），海豹（WM0971），鲸鱼（WM0972），江豚（WM5051），海狮（WM5053）等
无脊椎动物产品	软体动物和其他无脊椎动物	软体动物，包括头足类（IM0150），海生双壳软体动物（IM0151），蛤蜊（IM 1000），牡蛎（IM 1004），扇贝（IM 1005），可食用蜗牛（IM 1007），鱿鱼（IM 1008）
哺乳动物产品	哺乳动物可食用内脏	牛、山羊、马、绵羊、猪可食用脂肪（MO0096）；牛、绵羊、猪可食用脂肪（MO0097）；牛、山羊、猪、绵羊肾（MO0098）；牛、山羊、猪、绵羊肝（MO0099）；哺乳动物可食用内脏（MO0105）；水牛可食用内脏（MO0810）；骆驼可食用内脏（MO0811）；牛可食用内脏（MO0812）；牛肾（MO1280）等
	哺乳动物脂肪	哺乳动物脂肪（乳脂肪除外）（MF0100），水牛脂肪（MF0810），骆驼脂肪（MF0811），牛脂肪（MF0812），羊脂肪（MF0814），马脂肪（MF0816），猪脂肪（MF0818）
	哺乳动物肉类（海洋哺乳动物除外）	哺乳动物肉类（海洋哺乳动物除外）（MM0095）；牛、绵羊、马、猪、山羊肉（MM0096）；牛、猪、绵羊肉（MM0097）；水牛肉（MM0810）；骆驼肉（MM0811）；牛肉（MM0812）；鹿肉（MM0813）等
	生乳	乳（ML0106）；牛乳、羊乳（ML0107）；水牛乳（ML0810）；骆驼乳（ML0811）等
禽类产品	蛋类	蛋类（PE 0112），鸡蛋（PE 0840），鸭蛋（PE 0841），鹅蛋（PE0842）
	禽类内脏	禽类可食用内脏（PO0111），鸡可食用内脏（PO0840），鸭可食用内脏（PO0841），鹅肝（PO0849）等
	禽类脂肪	禽类脂肪（PF0111），鸡脂肪（PF0840），鸭脂肪（PF0841），鹅脂肪（PF0842），火鸡脂肪（PF0848）
	禽肉类（包括鸽肉）	禽肉（PM0110），鸡肉（PM0840），鸭肉（PM0841），鹅肉（PM0842），鸽肉（PM0846）等

　　我国 GB 2763—2021《食品安全国家标准 食品中农药最大残留限量》中修订了动物源食品的分类以及农药残留分析中的测定部位，将动物源产品分为哺乳动物肉类（海洋哺乳动物除外）、哺乳动物内脏（海洋哺乳动物除外）、哺乳动物脂肪（海洋哺乳动物除外）、哺乳动物脂肪（乳脂肪除外）、禽肉类、禽类内脏、禽类脂肪、蛋类、生乳、乳脂肪和水产品等，

随着人们对动物源产品安全性的关注，对于动物源产品的分类也将会更加全面、详细。

二、JMPR 对动物源产品农药残留的评估

肉、蛋和奶等动物源产品中的农药残留可能来自动物食用含有农药残留的饲料或为控制体外寄生虫等害虫直接向家畜使用的农药。如果出现将农药直接用于家畜、动物场所或动物圈舍，或农药在作物、动物饲料、饲料作物中的农药残留量达到显著水平的情况，需要开展农药在家畜中的代谢评估。JMPR 将动物源产品中的农药残留分为因进食饲料而引起的农药残留情况和动物及其圈舍的直接处理两种情况进行评估。若某农药适用于两种场景，则需开展联合评估。

（一）因进食饲料而引起的农药残留评估程序（图 13-1）

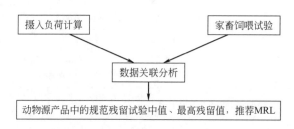

图 13-1　动物源产品中最大残留限量的推荐程序

- 家畜代谢试验：通过代谢研究确定农药残留物定义和提供农药脂溶性方面的数据，确定畜禽肌肉、脂肪、内脏、牛奶和蛋中的残留组成；
- 测定 GAP 条件下动物饲料和加工副产品中的残留水平；
- 通过饲料中的残留水平和家畜取食的饲料组成计算家畜摄入负荷值；
- 家畜饲喂试验：测定家畜膳食中的残留水平与家畜组织和奶、蛋中的残留水平之间的关系曲线；
- 将摄入负荷值和家畜饲喂试验研究结果关联分析，用来评估动物农产品中的残留水平；
- 评估动物源产品的规范残留试验中值和最高残留值，推荐最大残留限量。

1. 摄入负荷计算

动物可能会长期暴露于某些含有最高农药残留水平的农产品中，这些农产品主要由初级动物饲料、加工副产品和一些农产品组成，评估时这三种饲料产品都需考虑在内。

初级动物饲料分为豆类动物饲料，如苜蓿饲料、干豌豆和花生饲料；谷物秸秆、干草料、青贮饲料，如大麦秆、玉米青贮饲料；混合饲料，如饲料甜菜、萝卜叶、甘蔗饲料和杏仁壳等。

经常作为饲料的加工副产品有谷物副产品，如稻糠、麦麸；水果和蔬菜加工副产品，如苹果渣和甜菜渣；混合植物源的次级农产品，如棉籽粕。

还有一些农产品也可以用作动物饲料，例如粮谷类中的小麦和玉米；根菜类中的马铃薯；芸薹类蔬菜中的卷心菜等。

通过残留试验和加工试验对农药残留进行评估，得到饲料中的残留水平［规范残留试验中值（STMR）、最高残留值（HR）］。

2. 家畜饲喂试验

动物饲喂试验用于建立饲料中农药残留水平与动物组织、奶、蛋等产品中农药残留水平

的关系，结合摄入负荷可以评估得到动物产品中的规范残留试验中值、最高残留值，可以通过对试验动物经过数周的连续饲喂后，检测动物组织、牛奶和蛋类中的农药残留的方式来进行。一般设置高、低、中三个浓度，饲喂的中剂量应与通过饲料计算的残留摄入负荷相接近。

反刍动物（泌乳期奶牛）和家禽（蛋鸡）是家畜残留试验的典型试验动物。一般情况下，牛的饲喂试验结果可以类推到其他家畜（反刍动物、马、猪、兔等），蛋鸡的饲喂试验结果可以类推到其他家禽（火鸡、鹅、鸭等）。如果动物试验中大鼠的农药代谢机理与牛、山羊和鸡中的不同，如：代谢程度存在差异、残留物性质不同或出现具有已知潜在毒理学关注的次级结构代谢物，则需要评价猪体内的农药代谢情况。

对于畜类残留试验，对照组设 1 只试验动物；给药组至少设 3 个剂量水平，每个给药剂量组至少 3 只试验动物；对于禽类残留试验，对照组设 3 只试验动物，给药组至少设 3 个剂量水平，每个给药剂量组至少 9 只试验动物。进行饲喂试验时，通常将农药以胶囊的形式添加到饲料中，保证农药和饲料彻底混合，并对饲料进行定期分析检测，保证整个试验期间对该农药的持续暴露。

用于动物饲喂试验的供试物应该能够代表饲料中的残留物。供试物的残留定义可能由母体化合物以及 1 个或多个代谢物组成，如母体化合物或某个代谢产物是饲料中的主要残留物时，动物饲喂试验仅用该母体化合物。通常不推荐使用混合化合物进行饲喂。

动物饲喂试验周期要足够长，以保证肉、蛋、奶等动物产品中的农药残留达到稳定水平，并便于观察停止给药后农药残留降解情况，定量测定正常给药情况下动物产品中的农药残留水平。

同一动物体内不同部位的脂肪中农药残留水平可能不同，因此，对于脂溶性农药（$\lg K_{ow} > 3$）的试验应对分析的脂肪样品进行全面描述，包括脂肪种类（如肾周脂肪、肠脂肪、皮下脂肪）、在动物体内的位置和脂质含量（精制或萃取脂肪为 100%）。

3. 规范残留试验中值（STMR）和最高残留值（HR）的评估

通过饲喂试验可以获得饲料中残留浓度与不同动物源性食品中 STMR 和 HR 之间的关系。当畜禽饲喂试验的剂量与摄入负荷一致时，可以直接估算动物性食品中的 STMR 和 HR；当畜禽饲喂试验的剂量与摄入负荷不一致时，可以通过内插法或转换系数法估算 STMR 和 HR，并最终推荐最大残留限量（MRL）。内插法可参考图 13-2。

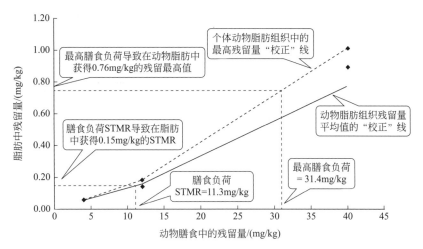

图 13-2　奶牛膳食中 α-氯氰菊酯残留量与牛肉脂肪中 α-氯氰菊酯残留量的关系图

（二）动物及其圈舍的直接农药处理

农药根据标签的适用范围，可直接施用于家畜，以控制虱子、苍蝇和螨虫等，使用方法包括烟熏、蘸施、喷施、灌注及注射，尽管标签上有限制，但也不能排除肉、蛋、奶中存在农药残留的可能性，因此需提供动物产品中农药残留水平的相关研究，且该研究应能反映最大暴露条件以及直接吸收、摄入或污染等所有可能的残留转移途径。

动物及圈舍的直接处理要对反刍动物（牛）、非反刍动物（猪）、家禽（鸡）分别进行独立的试验。与饲喂试验不同，对动物直接给药试验通常不进行外推，如对山羊施药，那么制定的限量仅限于山羊。制剂也可能影响残留水平，因此可能要求对不同制剂类型分别进行试验。

应该根据农药登记标签中可能导致最高残留的使用方法，在规定的剂量和时间内用药，用于最大残留水平的评估。

三、农药的脂溶性与残留定义的确定

某种农药在动物源产品和植物源产品中可能会由于代谢途径不同而具有不同的代谢物，因而，动物源产品和植物源产品中农药残留物定义也有可能不同。如苯醚甲环唑在植物源产品中的膳食摄入评估残留物定义为苯醚甲环唑，而在动物源产品中的膳食摄入评估残留物定义为苯醚甲环唑和 1-[2-氯-4-(4-氯苯氧基)-苯基]-2-(1,2,4-三唑)-1-基乙醇之和，以苯醚甲环唑表示；呋虫胺在植物源产品中的膳食摄入评估残留物定义为呋虫胺与 1-甲基-3-(四氢化-3-呋喃甲基)尿素（UF）及 1-甲基-3-(四氢化-3-呋喃甲基)二氢胍（DN）的总和，以呋虫胺表示，在动物源产品中的膳食摄入评估残留物定义为呋虫胺与 1-甲基-3-(四氢化-3-呋喃甲基)尿素（UF）之和，以呋虫胺表示。

在建议或修订残留物定义时，除考虑动物和植物代谢试验中发现的残留成分、毒理学特性等方面外，脂溶性也是很重要的一个方面。脂溶性是残留物的一种性质，主要通过在家畜代谢和饲喂试验中观察到的肌肉和脂肪之间的残留物的分配来评估。动物产品的抽样方案和检测方法也应将残留物的脂溶性考虑在内。

有时通过代谢或饲喂试验难以对脂溶性评估得出明确结论，在缺少其他有用信息的情况下，JMPR 选择物理参数辛醇-水分配系数（通常以 $\lg K_{ow}$）作为脂溶性指标。图 13-3 为 $\lg K_{ow}$ 与脂肪肌肉间分配系数的函数。

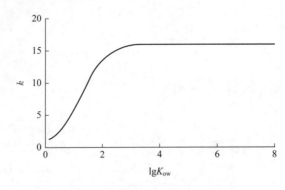

图 13-3　$\lg K_{ow}$ 与脂肪肌肉间分配系数的函数

k 表示脂肪与肌肉间的残留浓度比

对于 $\lg K_{ow}>3$ 的化合物，其分配系数与 $\lg K_{ow}$ 不相关。2005 年，JMPR 确定通常情况下化合物 $\lg K_{ow}>3$ 时认为是脂溶性。农药的脂溶性信息需在残留定义中予以描述，如氟吡甲禾灵的残留定义为氟吡甲禾灵及其所有共轭物，残留物为脂溶性。

如果一种农药的残留评估定义由母体和代谢物组成，代谢物的脂溶性可能与母体化合物不同，在这种情况下，应考虑每一个化合物的 $\lg K_{ow}$ 信息。比如嘧菌环胺的 $\lg K_{ow}$ 为 4，动物源残留物定义为母体化合物。代谢试验中山羊脂肪中的嘧菌环胺残留量比肌肉中残留量高 75 倍，表明脂肪中残留的溶解性大于肌肉。基于以上代谢试验数据，残留物被指定为脂溶性。氟酰胺的 $\lg K_{ow}$ 为 3.17，动物源食品的残留物定义为氟酰胺和三氟甲基苯甲酸之和。牛的饲喂试验表明，肌肉和脂肪中氟酰胺的残留量相当，因此定义为非脂溶性。

对于非脂溶性农药来说，可使用肌肉组织估算最高残留水平，并推荐肉中的最大残留限量值；对于脂溶性农药，肉中的残留限量应该以附着的脂肪或脂肪组织中的含量计。CAC 限量标准中，这种情况一般是在最大残留限量后加"脂肪"以说明，如二嗪磷在牛、猪、羊的肉类中的限量为"2（脂肪）"。我国 GB 2763—2021 对于这样的情况通常在动物食品名称/类别后进行说明，注明"以脂肪中的残留量计"。

第二节　动物源产品中农药残留分析前处理方法

动物源产品基质复杂，脂肪和蛋白质含量高，因此，此类样品前处理的关键在于去除脂肪等干扰物质。下面从提取和净化两方面进行介绍。

一、提取

1. 提取溶剂选择

农药种类繁多，有不同的结构和物理化学性质，涵盖了极性较大的有机磷类农药，及极性较小的菊酯类农药；食品本身成分复杂，有很多干扰测定的成分，这些都给食品中农药残留的测定造成了困难，因此，选择一种合适的溶剂至关重要。动物源食品中农药残留的提取多使用丙酮、乙腈、乙酸乙酯、丙酮＋正己烷、正己烷饱和过的乙腈溶液或乙腈和正己烷的混合溶剂。

周萍萍等使用丙酮提取，经石油醚液液萃取和 GPC 净化后测定了鸡蛋、牛奶、猪肉等中的艾氏剂、狄氏剂、异狄氏剂、氯丹、七氯、六氯苯、滴滴涕、灭蚁灵和毒杀芬 9 种持久性有机氯农药。

吕冰等建立了动物性食品中 167 种农药残留分析方法，比较了乙腈、丙酮、丙酮-正己烷（1∶1，V/V）分别作为提取溶剂时对 167 种农药的提取效率。结果表明，丙酮-正己烷（1∶1，V/V）为提取溶剂时，对氧化乐果、敌敌畏及毒草胺等一些极性较强的农药提取效率较差，回收率在 50％以下。选择丙酮和乙腈为提取溶剂时，绝大部分农药均能取得较好的回收率，但丙酮的提取液颜色较深且有时会出现乳化现象，因此最终选择乙腈作为提取溶剂。

叶瑞洪等在进行牛奶、植物油和动物肌肉中 61 种有机磷农药残留分析方法建立时对于提取溶剂进行了优化和讨论。三种基质中目标农药提取主要溶剂均选择乙腈，但针对不同基质的特点有所不同。牛奶样品由于含水量很高，与乙腈互溶，直接使用乙腈提取，盐析分配。动物肌肉样品中含有大量的油脂，而乙腈中可溶入的油脂量极少，目标物有机磷类农药在正己烷和油脂中的溶解度远远小于它们在乙腈中的溶解度，加入少量的水可提高乙腈对肌肉组织的渗透性，因此采用水、乙腈、正己烷均质的提取方法。植物油样品与乙腈互溶性较差，先使用正己烷溶解，再用乙腈萃取，这样可提高对目标物的提取效率，又可减少植物油中最主要的干扰杂质油脂的溶入量。

邢宇比较了丙酮、乙腈、乙酸乙酯、乙腈＋水（1：1，V/V）提取猪肉、鸡肝和蜂王浆中农药残留的效率，提取液为乙腈＋水（1：1，V/V）时，部分极性较强的分析物损失，乙腈和乙酸乙酯提取效率相近，乙腈具有良好的沉淀动物源食品中蛋白的效果，因此，最终选用乙腈作为提取溶剂。

纪欣欣等使用液相色谱-串联质谱法同时测定动物脂肪中111种农药残留，方法中比较了7种溶剂的提取效果，提取效率从高到低依次为乙腈、1％醋酸乙腈、正己烷-丙酮（1：1，V/V）、环己烷-乙酸乙酯、正己烷-丙酮（3：1，V/V）、正己烷-二氯甲烷（4：1，V/V）、正己烷。

我国关于动物源产品中农药残留检测的部分国家标准中针对某些特殊物理化学性质的农药也给出了提取溶剂的选择，如GB 23200.61—2016《食品安全国家标准　食品中苯胺灵残留量的测定　气相色谱-质谱法》中鳗鱼、猪肉、鸡肝中的苯胺灵用乙酸乙酯-正己烷（1：1，V/V）混合溶剂提取；GB 23200.48—2016《食品安全国家标准　食品中野燕枯残留量的测定　气相色谱-质谱法》中猪肉和牛肉中的野燕枯使用水和丙酮提取；GB 23200.32—2016《食品安全国家标准　食品中丁酰肼残留量的测定　气相色谱-质谱法》中鱼、鸡肉、茶叶、蜂蜜中的丁酰肼使用水进行提取；GB 23200.82—2016《食品安全国家标准　肉及肉制品中乙烯利残留量的检测方法》中猪肉、牛肉、鸡肉中的乙烯利使用甲醇提取。也有部分方法，使用GPC净化，直接使用环己烷-乙酸乙酯（1：1，V/V）作为提取剂，如GB 23200.78—2016《食品安全国家标准　肉及肉制品中巴毒磷残留量的测定　气相色谱法》和GB 23200.79—2016《食品安全国家标准　肉及肉制品中吡菌磷残留量的测定　气相色谱法》猪肉中巴毒磷和猪肉、鸡肉和牛肉中吡菌磷的提取。

2. 提取方式选择

动物源产品中农药残留的常用提取方式包括固液萃取、液液萃取、索氏提取、加速溶剂萃取等。

（1）固液萃取　固液萃取法是提取固体形式的动物源食品中农药残留的常见方式。选择适合的有机溶剂，定量加入绞碎的动物源产品，经均质、振荡、涡旋等提取方式，使残留农药进入到有机溶剂中，以提取基质中的目标农药。

（2）液液萃取　对于液体形式的动物源产品，如生乳、蜂蜜、鸡蛋等，使用液液萃取技术。邓小娟等使用乙腈提取牛奶中的24种有机氯及菊酯类农药，加入氯化钠盐析，同时加入乙酸铅沉淀蛋白质以提高乙腈对牛奶中农药的提取效果。

（3）索氏提取　索氏提取法较为经典，原理是虹吸作用和溶剂回流，使固态样品不断接触提取溶剂。Frenich等使用索氏提取法，加入150mL乙酸乙酯提取分析鸡肉、牛肉和羊肉中的有机氯和有机磷农药，结果表明，选择的农药中敌敌畏、乐果、百菌清等农药回收率低于70％。

（4）加速溶剂萃取　加速溶剂萃取（ASE）是近几年发展起来的提取固体物质中的有机物残留的方法，是在较高温度和压力条件下用有机溶剂萃取，具有溶剂用量小、挥发性小、提取时间短和自动化程度高等优点，因此ASE被广泛用于动物内脏器官、肌肉、蛋、奶和鱼肉样品中的农药提取。

Wu等应用加速溶剂萃取法测定了牛肉、猪肉、鸡肉和鱼肉样品中的109种农药，ASE在80℃、1500psi条件下加热5min，静态时间5min，测试了乙腈、正己烷：丙酮（2：1，V/

V)、环己烷：乙酸乙酯（1:1，V/V）分别作为提取剂的提取效率。结果表明，这三种提取溶剂对大多数农药的提取效率相近，使用正己烷：丙酮（2:1，V/V）的回收率为（64.3%±5.3%）～（90.4%±6.1%），使用环己烷：乙酸乙酯（1:1，V/V）的回收率为（68.1%±6.3%）～（92.4%±4.4%），使用乙腈的回收率在（69.0%±5.7%）～（95.4%±7.5%），但是，使用乙腈提取时共提物中脂肪最少，因此最终选择乙腈作为提取溶剂。

Frenich 等应用加速溶剂萃取法测定鸡肉、猪肉和羊肉中的有机氯和有机磷等 45 种农药残留，ASE 使用乙酸乙酯为提取溶剂，在 120℃、1800psi 条件下加热 6min，静态时间 5min，使用气相色谱-质谱进行测定，除甲胺磷、敌敌畏、乙酰甲胺磷等农药外，多数农药的回收率在 70.0%～92.9% 之间。

佟玲等将采集的动物样品绞碎，冷冻干燥后加入弗罗里硅土，使用二氯甲烷-丙酮（1:1，V/V），在系统压力 10MPa，温度 90℃，加热时间 5min，静态时间 5min，冲洗体积 60%，循环 2 次的试验条件下，从动物组织中提取了 17 种有机氯农药及 7 种指示性多氯联苯，回收率在 81.6%～113.4% 之间。

纪欣欣等提取动物脂肪中 111 种农药残留时比较了加速溶剂提取（ASE）、均质提取、振荡提取的效率，结果表明，均质提取、ASE 提取和振荡提取时，回收率为 60%～120% 的目标化合物分别占到 76.6%、68.2% 和 66.2%，因此，对该项研究而言，均质提取效果最好。

二、净化

动物源食品中的油脂、蛋白质等物质会污染色谱柱，影响色谱分辨率，使色谱柱的分离效果下降，还可能缩短其使用寿命。净化可以有效减少基质影响，提高方法的特异性，是农药残留检测前处理中必不可少的一环。目前动物源产品中常用的净化方法有 SPE、基质固相分散萃取法、GPC 以及分散固相萃取（DSPE）法等。

1. SPE

SPE 是利用固体吸附剂将液体样品中的目标化合物吸附，从而与样品的基体以及干扰化合物实现分离，然后再利用洗脱或加热解吸附，来达到净化和富集分析物的目的。动物源食品中农药残留检测常用的 SPE 柱有 C_{18}、N-丙基乙二胺（PSA）、弗罗里硅土、氨基柱和氧化铝柱。不同的柱子有不同的特性，要根据样品和待测组分的性质选择相应的 SPE 柱。如 C_{18} 柱对油脂分子的去除效果最为理想，同时还可以除去其他非极性的杂质，特别适用于油脂含量高的动物肌肉样品的净化；PSA 含有极性官能团，能从样品中吸附极性化合物，对于样品中的脂肪酸、色素等具有良好的净化效果，同时 PSA 还可以通过螯合作用去除金属离子。此外，由于基质和干扰物的复杂性，为了加强净化效果，还可以将不同的 SPE 柱串联组合净化。

SPE 技术在动物源食品的农药残留分析中应用较为广泛。

郇志博等使用乙腈作为提取溶剂，NH_2 SPE 小柱净化，建立了鸡蛋、鸡肉、猪肉和生乳中三唑酮和三唑醇的残留分析方法，结果表明，2 种农药在 4 种基质中 0.005～0.1μg/mL 的浓度范围内呈良好的线性关系，三唑酮、三唑醇在 4 种基质中的平均回收率为 81.1%～110.6%、75.1%～102.9%，相对标准偏差分别为 1.4%～7.7% 和 1.2%～7.9%，方法步骤简单，耗时短，提高了测定效率。

吴南村等建立了蟹肉中乙烯菌核利、腐霉利和氯氰菊酯等 9 种农药残留测定方法，比较了弗罗里硅土、Carbon-PSA 和 Carbon-NH_2 SPE 柱的效果，结果表明弗罗里硅土柱不能很好地去除色素和脂类等杂质，Carbon-NH_2 和 Carbon-PSA 净化效果类似，相对来说，Carbon-NH_2 净化效果最佳，0.02mg/kg、0.2mg/kg、0.5mg/kg 添加水平的回收率范围为 73.3%～94.7%。

2. 基质固相分散

基质固相分散（MSPD）是在 SPE 基础上发展起来的，合并了传统样品前处理过程中所需的样品均化、组织细胞裂解、提取、净化等过程，从而避免了样品均化、乳化、浓缩等造成的待测物损失。MSPD 常用的吸附剂有 C_8、C_{18}、石墨化碳黑、硅胶、中性氧化铝、酸性氧化铝、弗罗里硅土等。

Tania 等建立了牛组织中有机磷农药的残留测定方法，将 0.05g 样品与 0.2g C_{18} 吸附剂分散研磨，之后装入已有 0.05g 硅胶的不锈钢柱中进行净化，使用 HPLC-DAD 检测。

3. GPC

GPC 是可以分离大分子类干扰物质的方法，能把农药残留从各种复杂基质中分离出来，但有些小分子干扰物可能会被夹带洗脱，不能完全分离，因此有时需要与其他技术连用。GPC 可以有效地去除动物源产品中的脂肪，因此在动物源食品的农药残留分析中广泛应用。

Frenich 等使用两种方法分析动物肝脏中有机氯类和有机磷类农药的多残留，第一种首先使用乙酸乙酯进行固液萃取，GPC 净化测定了 34 种农药，第二种使用 C_{18} 进行 DSPE 提取净化，并使用弗罗里硅土 SPE 柱进行进一步净化测定了 25 种化合物，尽管第二种方法净化效果较好，但使用 GPC 后方法回收率在 70%～115% 范围内，相对标准偏差（RSD）小于 20%，因此最终选择 GPC 进行净化。

姚翠翠等使用 GPC-气相色谱串联质谱法测定了动物脂肪（猪脂肪、鸡脂肪、牛脂肪和羊脂肪）中 164 种农药残留，方法使用 Bio-Beads S-X3 作为净化填料，流动相为环己烷：乙酸乙酯（1∶1，V/V），收集时间为 24～48min，三个添加水平下，150 种农药的回收率在 70%～120%，RSD＜20%，该方法可用于不同动物脂肪中 150 种农药多残留的定量测定和 14 种农药的定性测定。现有的动物源产品中农药多残留分析方法因为基质较为复杂，净化方法不局限于只使用 SPE 或 GPC，而是两种方法同时使用。

吕冰等使用乙腈提取肉类、水产类动物性食品中的 167 种农药，使用 GPC 和 Carbon-NH_2 萃取柱联合净化，气相色谱-串联质谱检测，0.01mg/kg、0.04mg/kg 的添加水平下，回收率为 66.4%～111.5%，RSD＜17.8%。

吕飞等使用氨基 SPE 柱净化、在线 GPC-GC-MS 建立了猪肉、鸡蛋、牛奶、猪脂肪等动物源性食品中环草敌、克百威、西玛津、二嗪磷、噻虫嗪、杀扑磷、乙氧氟草醚等 17 种农药的分析方法，回收率在 61.2%～126%。

杜鹃等采用乙腈提取，以 GPC 和弗罗里硅土 SPE 柱联合进行净化，建立了猪肉、鸡肉、鱼肉和虾肉等动物性食品中硫丹、DDT 等 30 种有机氯农药，在 5.0μg/kg、10.0μg/kg、20.0μg/kg 的添加水平下，回收率在 55.0%～119.1%。

马丽芳等建立了在线凝胶色谱-气相色谱-质谱联用法测定淡水鱼（草鱼、鲫鱼、鲈鱼）中氧乐果、甲拌磷、五氯硝基苯等 25 种农药的残留分析方法，在线凝胶色谱的使用实现了试样提纯到分析的自动化，减少了偶然误差，提高了方法的灵敏度和结果的准确性。

纪欣欣等测试了 SPE 和 GPC 对动物脂肪中 154 种农药的净化效果，方法采用三种净化方式，第一种方法先使用氨基柱净化，再过 NH_2-Carb 串联固相萃取柱，第二种使用 C_{18} 柱净化后使用 NH_2-Carb 串联固相萃取柱净化，第三种使用凝胶渗透色谱净化，结果表明，目标化合物经三种方式净化后，平均回收率为 60%～120% 的比例分别为 49.4%、62.3% 和 68.2%，由于 SPE 柱净化后净化液中仍有少量油脂存在，因此，GPC 是除去大分子比较理想的方法，尤其对于脂肪含量较高的基质。

4. DSPE

DSPE 方法的典型应用如 QuEChERS 方法，样品前处理由乙腈或含 1% 乙酸的乙腈作为提取剂进行提取，离心使得提取液与样品基质分层，样品萃取液通过 DSPE 净化。QuEChERS 方法自发布以来，在蔬菜、水果、谷物、土壤中农药残留检测方面获得了普遍应用，在动物源食品中的应用也日渐广泛。

QuEChERS 法是在提取物中直接加入吸附剂，如 PSA、C_{18} 或弗罗里硅土等，通过振摇或离心的方式达到净化的目的。PSA 具有弱阴离子交换功能可去除极性有机酸、部分色素和糖类，C_{18} 可用于去除脂肪和非极性杂质，弗罗里硅土用于去除样品中的油脂类物质，多壁碳纳米管具有独特的结构和巨大的表面积，能有效吸附蔬菜和水果中的干扰物质，石墨化碳黑主要吸附提取液中的色素，但也有可能造成部分农药回收率的损失。部分实例如下。

冯程程详细研究了弗罗里硅土、C_{18} 和多壁碳纳米管作为吸附剂的净化效果，通过试验最终确定，鸡肉和鸡蛋中进行氟虫腈及其三个主要代谢物测定时选择弗罗里硅土最佳，而猪肉、牛奶和猪肝选择多壁碳纳米管更合适。

Juan Manuel Molina-Ruiz 等使用 QuEChERS 方法建立了鸡肝中有机磷、有机氯和氨基甲酸酯类农药的残留分析方法，其中优化了 DSPE 的吸附剂，分别比较了 PSA＋GCB、PSA＋C_{18}、PSA＋SAX、PSA＋NH_2 4 种吸附剂组合的净化效果，使用 C_{18} 时，林丹的异构体回收率相对偏低，可能是由于 C_{18} 的性质，造成了部分农药的吸附。吸附剂的使用量并不是一个关键的因素，但是使用过多时会造成乳化现象。

韩丙军等使用 PSA、C_{18} 作为吸附剂进行 DSPE 净化，测定了牛奶、猪肉、猪肝和鸡蛋中氯虫苯甲酰胺、螺螨酯、联苯三唑醇和噻菌灵的残留，为 4 种新型农药在动物源食品中残留量的测定提供技术依据。

范广宇等使用含 0.1%（V/V）甲酸的乙腈提取，使用 PSA 和石墨化碳黑（GCB）进行净化，西玛津、莠灭净、乐果、三唑磷等 22 种农药在文蛤、扇贝、赤贝和青蛤中的平均回收率为 65.2%～109.4%。方法对于 DSPE 中的吸附剂 PSA 和 GCB 用量进行了测试，结果表明，加入 50mg、75mg、100mg PSA 净化作用相当，但 GCB 超过 20mg 时，多数农药回收率有降低趋势。

第三节　动物源产品中农药最大残留限量和标准分析方法

一、动物源产品中农药最大残留限量

我国 GB 2763—2021《食品安全国家标准　食品中农药最大残留限量》中规定了 134 种农药在肉、蛋、奶等居民日常消费的动物源产品中 799 项农药最大残留限量，为我国动物源产品的监测和保障动物源产品的安全提供依据。随着我国农药残留限量标准的不断完善和补充，动物源产品中的限量会更加全面和科学。

表 13-2 以哺乳动物肉类（海洋动物除外）为例，列出了该产品中农药的最大残留限量及其检测方法，可以看到，部分农药成分有相应的标准分析方法，包括 GB/T 20772—2008、GB/T 23210—2008、GB/T 23211—2008、GB/T 5009.19—2008、GB/T 5009.162—2008 等推荐方法以及 GB 23200 系列强制方法。涕灭威、2,4-滴和 2,4-滴钠盐等很多农药目前还没有标准分析方法，因此，需要开展动物源产品中农药残留分析方法的研究，以便加快制定动物源产品中标准分析方法的建立。

表 13-2 我国哺乳动物肉类（海洋动物除外）中的最大残留限量及推荐方法（GB 2763—2021）

序号	农药中文名称	最大残留限量/(mg/kg)	检测方法
1	丙炔氟草胺	0.02	GB 23200.31
2	噻虫胺	0.02	GB 23200.39
3	噻虫嗪	0.02	
4	嘧菌酯	0.05[f]	GB 23200.46
5	腈菌唑	0.01	
6	苯醚甲环唑	0.2[f]	GB 23200.49
7	喹氧灵	0.2[f]	GB 23200.56
8	吡丙醚	0.01[f]	GB 23200.64
9	二甲戊灵	0.2[f]	GB 23200.69
10	氟苯虫酰胺	2[f]	GB 23200.76
11	乙烯利	0.01	GB 23200.82
12	2甲4氯（钠）	0.1	GB 23200.104
13	丁硫克百威	0.05[f]	GB/T 19650
14	噻节因	0.01	GB/T 20771
15	丙环唑	0.01[f]	GB/T 20772
16	敌草腈	0.01	
17	啶虫脒	0.5	
18	氟硅唑	1[f]	
19	甲胺磷	0.01	
20	甲基毒死蜱	0.1[f]	
21	甲基嘧啶磷	0.01	
22	甲萘威	0.05	
23	乐果	0.05	
24	联苯三唑醇	0.05[f]	
25	螺螨酯	0.01[f]	
26	灭线磷	0.01	
27	噻嗪酮	0.05	
28	杀扑磷	0.02	
29	霜霉威和霜霉威盐酸盐	0.01	
30	啶酰菌胺	0.7[f]	GB/T 22979
31	丁苯吗啉	0.02	GB/T 23210
32	甲拌磷	0.02	
33	氯氟氰菊酯和高效氯氟氰菊酯	0.05[f]	
34	虫酰肼	0.05[f]	GB/T 23211
35	炔螨特	0.1[f]	
36	杀螟硫磷	0.05	GB/T 5009.161
37	氯菊酯	1[f]	GB/T 5009.162
38	氯氰菊酯和高效氯氰菊酯	2[f]	
39	氰戊菊酯和S-氰戊菊酯	1[f]	

序号	农药中文名称	最大残留限量/(mg/kg)	检测方法
40	艾氏剂	0.2[f]	
41	滴滴涕	0.2(脂肪含量10%以下,以原样计); 2(脂肪含量10%以上,以脂肪计)	
42	狄氏剂	0.2[f]	
43	林丹	0.1(脂肪含量10%以下,以原样计); 1(脂肪含量10%及以上,以脂肪计)	GB/T 5009.19、 GB/T 5009.162
44	硫丹	0.2[f]	
45	六六六	0.1(脂肪含量10%以下,以原样计); 1(脂肪含量10%以上,以脂肪计)	
46	氯丹	0.05[f]	
47	七氯	0.2	
48	异狄氏剂	0.1[f]	
49	联苯菊酯	3[f]	SN/T 1969
50	甲氰菊酯	0.01	SN/T 2233
51	丙溴磷	0.05[f]	SN/T 2234
52	氟虫脲	0.05	SN/T 2540
53	氟酰脲	10[f]	
54	涕灭威	0.01	SN/T 2560
55	丁氟螨酯	0.01	SN/T 3539
56	硝磺草酮	0.01	SN/T 4045
57	苯丁锡	0.05	SN/T 4558
58	2,4-滴和2,4-滴钠盐	0.2[*]	
59	矮壮素	0.2[*]	
60	百草枯	0.005[*]	
61	百菌清	0.02[*]	
62	苯并烯氟菌唑	0.03[*]	
63	苯菌酮	0.01[*]	
64	苯嘧磺草胺	0.01[*]	
65	苯线磷	0.01[*]	
66	吡虫啉	0.1[*]	
67	吡噻菌胺	0.04[*]	
68	吡唑醚菌酯	0.5[*f]	
69	吡唑萘菌胺	0.01[*]	
70	丙硫菌唑	0.01[*]	
71	草铵膦	0.05[*]	
72	除虫脲	0.1[*f]	
73	敌草快	0.05[*]	
74	敌敌畏	0.01[*]	
75	多杀霉素	2[*f](牛肉除外)	
76	噁唑菌酮	0.5[*]	

序号	农药中文名称	最大残留限量/(mg/kg)	检测方法
77	二嗪磷	2*	
78	粉唑醇	0.02*	
79	呋虫胺	0.1*	
80	氟苯脲	0.01*	
81	氟吡呋喃酮	1.5*	
82	氟吡菌胺	0.01*f	
83	氟吡菌酰胺	1.5*	
84	氟啶虫胺腈	0.3*	
85	氟氯氰菊酯和高效氟氯氰菊酯	0.2*f	
86	氟噻虫砜	0.01*	
87	氟噻唑吡乙酮	0.01*	
88	活化酯	0.02*	
89	甲氨基阿维菌素苯甲酸盐	0.004*	
90	甲氧咪草烟	0.01*	
91	克百威	0.05*	
92	联苯吡菌胺	2*	
93	联苯肼酯	0.05*f	
94	螺虫乙酯	0.05*	
95	螺甲螨酯	0.15*	
96	氯氨吡啶酸	0.1*	
97	氯丙嘧啶酸	0.01*	
98	氯虫苯甲酰胺	0.2*f	
99	麦草畏	0.03*	
100	咪鲜胺和咪鲜胺锰盐	0.5*f	
101	咪唑菌酮	0.01*f	
102	咪唑烟酸	0.05*	
103	咪唑乙烟酸	0.01*	
104	醚菊酯	0.5*f	
105	醚菌酯	0.05*	
106	嘧菌环胺	0.01*f	
107	嘧霉胺	0.05*	
108	灭多威	0.02*	
109	灭蝇胺	0.3*	
110	嗪氨灵	0.01*	
111	氰氟虫腙	0.02*f	
112	噻草酮	0.06*	
113	噻虫啉	0.1*	

序号	农药中文名称	最大残留限量/(mg/kg)	检测方法
114	噻螨酮	0.05 *ᶠ	
115	三唑醇	0.02 *	
116	三唑酮	0.02 *	
117	杀线威	0.02 *	
118	四螨嗪	0.05 *	
119	特丁硫磷	0.05 *	
120	戊菌唑	0.05 *	
121	溴氰虫酰胺	0.2 *	
122	异丙噻菌胺	0.02 *	

* 表示临时限量；

f 以脂肪中的残留量表示。

2019 年，我国发布的 GB 31650—2019《食品安全国家标准　食品中兽药最大残留限量》中规定了阿苯达唑等 104 种（类）兽药的最大残留限量。在 104 种兽药中，包含了双甲脒、阿维菌素、氟氯氰菊酯、三氟氯氰菊酯、氯氰菊酯、溴氰菊酯、二嗪磷、敌敌畏、倍硫磷、氰戊菊酯、氟胺氰菊酯、马拉硫磷、辛硫磷、敌百虫等，既可以作为农药使用，又可以作为兽药直接用于动物的化合物种类。

我国的国家食品安全国家标准审评委员会设农药残留和兽药残留专业委员会负责食品中农药残留和兽药残留限量、检验方法与规程标准的审查。但由于两个专业委员会各自在农药领域或兽药领域进行化合物评估，通常情况下，二者没有交叉。对于既可以作农药又可以作兽药的化合物，两个委员会可能会分别制定动物源产品中的限量标准，由于缺乏协调一致的工作机制，各自制定的 MRL 有可能会不一致。如二嗪磷在 GB 31650—2019 中规定牛、猪、羊肌肉中最大残留限量为 0.02mg/kg，而在 GB 2763—2019 规定猪肉、牛肉、羊肉中限量为 2mg/kg；敌敌畏在 GB 31650—2019 规定猪肌肉中残留限量为 0.1mg/kg，在 GB 2763—2019 中规定哺乳动物肉类（海洋哺乳动物除外）为 0.01mg/kg。同时，两个标准中对于个别产品的表述也不同。分析方法方面，GB 2763—2019 中推荐了动物源产品基质中农药残留测定的标准分析方法，无标准分析方法时定为临时限量，GB 31650—2019 未推荐相应的标准分析方法。为保证农药兽药两用化合物限量标准的一致性，我国国家卫生健康委和农业农村部联合发布了国卫办食品函〔2020〕640 号"关于印发食品中农药、兽药残留标准管理问题协商意见的通知"，提出了两个部门协调一致的工作机制。

国际上同样也存在类似问题，国际食品法典农药残留专家会议（JMPR）和国际食品法典兽药残留专家会议（JEMRA）针对农药兽药两用化合物的限量制定也提出了协调一致的工作机制。

二、动物源产品中农药残留分析标准方法示例

动物源产品中农药残留分析方法的建立和研究是保障我国动物源食品安全的基础，并为动物源食品的出口贸易壁垒问题提供科学依据和支持。

动物源产品中的国家标准方法涉及牛肉、羊肉、鸡肉、鱼肉、鸡肝、猪肝、牛奶、蜂蜜等基质，目标农药包括常用的杀虫剂、杀菌剂和除草剂，下面选择典型的国家标准方法，就常见的前处理技术和检测方法进行介绍。

（一）GB 23200. 93—2016《食品安全国家标准　食品中有机磷农药残留量的测定　气相色谱-质谱法》

1. 方法概述

猪肉、鸡肉、牛肉、鱼肉中有机磷农药残留用水-丙酮溶液均质提取，二氯甲烷液-液分配，凝胶色谱柱净化，再经石墨化碳黑 SPE 柱净化，气相色谱-质谱检测，外标法定量。

2. 提取

动物源产品经捣碎机充分捣碎均匀，于−18℃保存。测定时称取解冻后的试样 20.00g，使用 20mL 水和 100mL 丙酮均质提取 3min，过滤后残渣再用 50mL 丙酮重复提取一次，合并滤液，40℃水浴浓缩至 20mL。

将浓缩液转移至分液漏斗中，加入 150mL 氯化钠水溶液和 50mL 二氯甲烷提取，收集二氯甲烷相。水相再用 50mL 二氯甲烷重复提取 2 次，合并二氯甲烷相，于 40℃水浴中浓缩至近干。加入 10mL 环己烷-乙酸乙酯溶解残渣，用 0.45μm 滤膜过滤，待 GPC 净化。

3. GPC 净化

凝胶净化柱使用 Bio-Beads S-X3，700mm×25mm（i.d.）或相当之，流动相为乙酸乙酯-环己烷（1+1，V/V），流速为 4.7mL/min，收集 23～31min 区间组分，于 40℃下浓缩至近干，并用 2mL 乙酸乙酯-正己烷溶解残渣，待 SPE 净化。

4. SPE 净化

将石墨化碳黑 SPE 柱（视需要，可以在石墨化碳黑 SPE 柱上再加 1.5cm 高的石墨化碳黑）用 6mL 乙酸乙酯-正己烷预淋洗，弃去；将 2mL 待净化液上样，并用 3mL 乙酸乙酯-正己烷分 3 次洗涤浓缩瓶，洗涤液倒入 SPE 柱，再用 12mL 乙酸乙酯-正己烷洗脱，收集上述洗脱液，于 40℃水浴中旋转蒸发至近干，用乙酸乙酯溶解并定容至 1.0mL，供气相色谱-质谱测定和确证。

5. 测定

色谱柱：30m×0.25mm（i.d.），膜厚 0.25μm，DB-5 MS 石英毛细管柱，或相当者；色谱柱温度：50℃（2min）以 30℃/min 升至 180℃，保持 10min，再以 30℃/min 升至 270℃，保持 10min；进样口温度：280℃；色谱-质谱接口温度：270℃；载气：氦气，纯度≥99.999%，流速 1.2mL/min；进样量：1μL；进样方式：无分流进样，1.5min 后开阀；电离方式：EI；电离能量：70eV；测定方式：选择离子监测方式（见表 13-3），溶剂延迟：5min；离子源温度：150℃；四极杆温度：200℃。

表 13-3　选择离子监测方式的质谱参数表

| 序号 | 农药名称 | 保留时间/min | 特征碎片离子/（m/z） | | | 定量限/（μg/kg） |
			定量	定性	丰度比	
1	敌敌畏	6.57	109	185,145,220	37∶100∶12∶07	0.02
2	二嗪磷	12.64	179	137,199,304	62∶100∶29∶11	0.02
3	皮蝇磷	16.43	285	125,109,270	100∶38∶56∶68	0.02
4	杀螟硫磷	17.15	277	260,247,214	100∶10∶06∶54	0.02
5	马拉硫磷	17.53	173	127,158,285	07∶40∶100∶10	0.02
6	毒死蜱	17.68	197	314,258,286	63∶68∶34∶100	0.01

序号	农药名称	保留时间/min	特征碎片离子/(m/z)			定量限/(μg/kg)
			定量	定性	丰度比	
7	倍硫磷	17.80	278	169,263,245	100:18:08:06	0.02
8	对硫磷	17.90	291	109,261,235	25:22:16:100	0.02
9	乙硫磷	20.16	231	153,125,384	16:10:100:06	0.02
10	蝇毒磷	23.96	362	226,210,334	100:53:11:15	0.10

6. 结果

结果显示，猪肉中 10 种有机磷农药在 0.02～1.00mg/kg 时，回收率为 71.2%～97.1%；鸡肉中 10 种有机磷农药在 0.02～1.00mg/kg 时，回收率为 74.3%～94.8%；牛肉中 10 种有机磷农药在 0.02～1.00mg/kg 时，回收率为 70.6%～96.9%；鱼肉中 10 种有机磷农药在 0.02～1.00mg/kg 时，回收率为 76.3%～93.3%。

（二）GB 23200.4—2016《食品安全国家标准 除草剂残留量检测方法 第4部分：气相色谱-质谱/质谱法测定 食品中芳氧苯氧丙酸酯类除草剂残留量》

1. 方法概述

猪肉、鱼、禽蛋中的 2,4-滴丁酯、氟吡禾灵、吡氟禾草灵、炔草酯、禾草灵、氰氟草酯、噁唑禾草灵、精喹禾灵等芳氧苯氧丙酸酯类除草剂残留使用经正己烷饱和过的乙腈（含1%冰醋酸）提取，基质分散固相萃取净化，用气相色谱-质谱/质谱仪测定，外标法定量。

2. 提取

取有代表性猪肉、鱼、禽蛋样品约 500g，切碎后，用组织捣碎机充分捣碎均匀，装入洁净容器，密封并标明标记。

称取 5.00g 试样，加入 15g 无水硫酸镁、6g 无水乙酸钠和 50mL 经正己烷饱和过的乙腈（含 1%冰醋酸），均质提取 5min，静置 10min，过滤于 150mL 浓缩瓶中。残渣再加入 20mL 提取溶剂提取一次，合并两次滤液，40℃下旋转浓缩至干。用 2mL 乙腈溶解残渣，待净化。

3. 净化

将相应样品提取液转移到事先装有 200mg PSA 填料、150mg 石墨化碳黑填料和 100mg C_{18} 填料的小试管中，充分涡旋 1min，过滤膜，供气相色谱-质谱测定和确证。

4. 测定

色谱柱：DB-5MS 弹性石英毛细管柱，30m×0.25mm（内径）×0.25μm，或相当者；柱温：初始温度 50℃（2min），以 30℃/min 升至 180℃，再以 5℃/min 升至 280℃（保持10min）；进样口温度：250℃；色谱-质谱接口温度：280℃；载气：氦气，纯度大于等于99.999%；载气流速：1mL/min；进样量：1μL；进样方式：不分流进样，1.2min 后开阀；离子源：电子轰击离子源（EI 源）；离子源温度：230℃；电子能量：70eV；溶剂延迟时间：9.0min。选择离子见表 13-4。

5. 结果

结果显示，在重复性条件下获得的两次独立测定结果的绝对差值与算数平均值的比值符合实验室内重复性要求；在再现性条件下获得的两次独立测定结果的绝对差值与算数平均值的比值符合实验室间再现性要求。方法的定量限为 0.005mg/kg，三个添加水平 0.005mg/kg、

表 13-4　选择离子及保留时间

中文名称	保留时间/min	母离子(m/z)	子离子(m/z)	碰撞能量/V
2,4-滴丁酯	12.07	175.9	111.0	15
		277.1	185.0	5
		185.6	155.0	15
氟吡禾灵	15.31	288.9	180.0	30
		316.7	91.0	15
吡氟禾草灵	17.32	254.5	146.0	25
		282.3	91.0	20
		383.4	282.0	10
炔草酯	19.20	238.8	130.0	15
		349.8	266.0	10
禾草灵	19.68	254.2	162.0	15
		341.1	253.0	10
氰氟草酯	22.49	256.3	120.0	10
		357.4	256.0	10
噁唑禾草灵	23.74	288.8	91.0	20
			119.0	10
		361.8	288.0	10
精喹禾灵	26.23	299.8	91.0	20
		372.9	299.0	10

0.01mg/kg 和 0.02mg/kg 添加回收率和相对标准偏差符合要求。

（三）GB/T 20772—2008《动物肌肉中 461 种农药及相关化学品残留量的测定 液相色谱-串联质谱法》

1. 方法概述

用环己烷-乙酸乙酯均质提取试样，GPC 净化，液相色谱-串联质谱仪检测，外标法定量。

2. 提取

称取 10g 猪肉、牛肉、羊肉、兔肉、鸡肉试样，放入盛有 20g 无水硫酸钠的 50mL 离心管中，加入 35mL 环己烷＋乙酸乙酯混合溶剂（1＋1，V/V），均质器 15000r/min 均质提取 1.5min，3000r/min 离心 3min，上清液通过装有无水硫酸钠的漏斗收集于鸡心瓶中，残渣用 35mL 环己烷＋乙酸乙酯混合溶剂重复提取一次，离心过滤后，合并提取液，40℃水浴浓缩至 5mL，待净化。

若以脂肪计，将提取液收集于已称重的鸡心瓶中，40℃水浴浓缩至 5mL 后，50℃氮气吹干，再次称重，记下脂肪质量。

3. 净化

凝胶净化柱使用 Bio-Beads S-X3，400mm×25mm（i.d.）或相当之，检测波长为 254nm，流动相为乙酸乙酯-环己烷（1＋1，V/V），流速为 5mL/min，收集 22～40min 区

间组分，于 40℃ 水浴旋转蒸发至 0.5mL，氮气吹干，再用 1mL 乙腈＋水（3＋2，V/V）溶解残渣，经 0.2μm 滤膜过滤，液相色谱-串联质谱检测。

4. 测定

液相色谱-串联质谱仪：配有电喷雾离子源（ESI）；色谱柱：ZOEBAX SB-C18，3.5μm，100mm×2.1mm，A、B、C、D、E、F 组流动相梯度洗脱条件见表 13-5；柱温：40℃；进样量：10μL；扫描方式：正离子扫描；检测方式：多反应监测；电喷雾电压：4000V；雾化气压力：0.28MPa；干燥气温度：350℃；干燥器流速：10L/min。

表 13-5　A、B、C、D、E、F 组流动相梯度

步骤	总时间/min	流速/(μL/min)	流动相 A(0.1%甲酸水)/%	流动相 B(乙腈)/%
0	0.00	400	99.0	1.0
1	3.00	400	70.0	30.0
2	6.00	400	60.0	40.0
3	9.00	400	60.0	40.0
4	15.00	400	40.0	60.0
5	19.00	400	1.0	99.0
6	23.00	400	1.0	99.0
7	23.01	400	99.0	1.0

G 组流动相梯度洗脱条件见表 13-6。柱温：40℃；进样量：10μL；扫描方式：负离子扫描；检测方式：多反应监测；电喷雾电压：4000V；雾化气压力：0.28MPa；干燥气温度：350℃；干燥器流速：10L/min。

表 13-6　G 组流动相梯度

步骤	总时间/min	流速/(μL/min)	流动相 A(5mmol/L 乙酸铵水)/%	流动相 B(乙腈)/%
0	0.00	400	99.0	1.0
1	3.00	400	70.0	30.0
2	6.00	400	60.0	40.0
3	9.00	400	60.0	40.0
4	15.00	400	40.0	60.0
5	19.00	400	1.0	99.0
6	23.00	400	1.0	99.0
7	23.01	400	99.0	1.0

5. 定性测定

在相同实验条件下进行样品测定时，如果检出的色谱峰的保留时间与标准样品相一致，并且在扣除背景后的质谱图中所选择的离子均出现，所选择的离子丰度比与标准样品的离子丰度比一致，则可判定样品中存在这种农药。

6. 定量测定

液相色谱-串联质谱采用外标-校准曲线法定量测定，标准溶液采用基质混合标准工作溶液绘制标准曲线。

三、动物源产品中农药多残留分析国家标准方法

目前，我国对肉、蛋等动物性食品中的农药还未开展有效的残留污染调查和评估，随着人们对动物源产品安全性的重视，农药残留将可能成为动物性食品定期监测的污染物，简捷、可靠、有效的农药残留国家标准为建立健全动物源食品中的农药残留检测体系提供重要的技术支撑。

下面对于我国现行涉及动物源基质的农药多残留国家标准分析方法进行简要的总结（表 13-7）。

表 13-7　我国动物源食品中农药多残留检测的国家标准方法列表

标准号及名称	动物源基质	农药	方法概述
GB/T 20772—2008 动物肌肉中 461 种农药及相关化学品残留量的测定　液相色谱-串联质谱法	猪肉、牛肉、羊肉、兔肉、鸡肉	461 种农药及相关化学品	样品用环己烷-乙酸乙酯均质提取，GPC 净化，LC-MS/MS 检测，外标法定量。可用于 461 种农药的定性鉴别，396 种农药的定量测定，方法检出限为 0.04μg/kg～4.82mg/kg
GB/T 19650—2006 动物肌肉中 478 种农药及相关化学品残留量的测定　气相色谱-质谱法	猪肉、牛肉、羊肉、兔肉、鸡肉	478 种农药及相关化学品	样品用环己烷＋乙酸乙酯(1＋1)均质提取，提取液浓缩定容后，用 GPC 净化，供 GC-MS 检测。方法检出限可达到 0.0025～0.3mg/kg
GB/T 23211—2008 牛奶和奶粉中 493 种农药及相关化学品残留量的测定　液相色谱-串联质谱法	牛奶和奶粉	493 种农药及相关化学品	样品用乙腈提取，C_{18} SPE 柱净化，乙腈洗脱农药及相关化学品，LC-MS/MS 测定，外标法定量。该方法测定牛奶中 441 种化学品的方法检出限达到 0.01～2.41μg/L；奶粉中的 427 种化学品的方法检出限达到 0.04μg/kg～8.04mg/kg
GB/T 23210—2008 牛奶和奶粉中 511 种农药及相关化学品残留量的测定　气相色谱-质谱法	牛奶和奶粉	511 种农药及相关化学品	牛奶用乙腈振荡提取，提取液浓缩后经 C_{18} SPE 柱净化，乙腈提取农药及相关化学品，GC-MS 测定，内标法定量。该方法测定牛奶中 487 种化学品的方法检出限达到 0.0008～0.4mg/L；奶粉中的 489 种化学品的方法检出限达到 0.0042～2.0mg/kg
GB/T 5009.161—2003 动物性食品中有机磷农药多组分残留量的测定	畜禽肉及其制品、乳与乳制品、蛋与蛋制品	甲胺磷、敌敌畏、乙酰甲胺磷、久效磷、乐果、乙拌磷、甲基对硫磷、杀螟硫磷、甲基嘧啶磷、马拉硫磷、倍硫磷、对硫磷、乙硫磷	蛋去壳，制成匀浆；肉品去筋后，切成小块，制成肉糜，乳品混匀待用。样品使用丙酮振摇提取，二氯甲烷萃取，浓缩后乙酸乙酯-环己烷溶解，GPC 净化，GC-FPD 检测，以保留时间定性，外标法定量。该方法检出限可达到 1.2～12.0μg/kg
GB/T 5009.162—2008 动物性食品中有机氯和拟除虫菊酯农药多组分残留量的测定	肉类、蛋类、乳类	六六六、滴滴涕、六氯苯、七氯、氯丹、艾氏剂、狄氏剂、异狄氏剂、灭蚁灵、五氯硝基苯、硫丹、除螨酯、烯丙菊酯、杀螨酯、胺菊酯、甲氰菊酯、氯菊酯、氯氰菊酯、氰戊菊酯、溴氰菊酯	样品根据含水量加入不同体积的水，经丙酮和石油醚振摇提取，GPC 净化，气相色谱电子捕获检测器检测，以保留时间定性，外标法定量；采用选择离子监测的 GC-MS 确证。该方法检出限可达到 0.2～12.5μg/kg

标准号及名称	动物源基质	农药	方法概述
GB/T 5009.163—2003 动物性食品中氨基甲酸酯类农药多组分残留高效液相色谱测定	肉类、蛋类及乳类食品	涕灭威、速灭威、克百威、甲萘威、异丙威	样品使用丙酮振摇提取,二氯甲烷萃取,浓缩后乙酸乙酯-环己烷溶解,GPC净化,用RHPLC-UVD检测,根据色谱峰的保留时间定性,外标法定量。该方法检出限达到 $3.2\sim13.3\mu g/kg$
GB/T 5009.19—2008 食品中有机氯农药多组分残留量的测定	肉类、蛋类、乳类	HCH、DDT、六氯苯、五氯硝基苯、五氯苯胺、七氯、五氯苯基硫醚、艾氏剂、异狄氏剂、β-硫丹、异狄氏剂醛、硫丹硫酸盐、异狄氏剂酮、灭蚁灵	样品使用丙酮振摇提取,二氯甲烷萃取,浓缩后乙酸乙酯-环己烷溶解,GPC净化,GC-ECD检测。该方法在肉类、蛋类、乳类基质中检出限达到 $0.018\sim0.634\mu g/kg$
GB 23200.3—2016 食品安全国家标准 除草剂残留量检测方法 第3部分:液相色谱-质谱/质谱法测定 食品中环己烯酮类除草剂残留量	猪肉、牛肝、鸡肝、牛奶	吡喃草酮、禾草灭、噻草酮、烯草酮、烯禾啶、丁苯草酮、三甲草酮、环苯草酮	样品中残留的环己烯酮类除草剂用酸性乙腈或乙腈提取,提取液经PSA、十八烷基硅烷(ODS)和石墨化碳黑净化,用LC-MS/MS检测和确证,外标法定量。方法定量限为 $5\mu g/kg$
GB 23200.4—2016 食品安全国家标准 除草剂残留检测方法 第4部分:气相色谱-质谱/质谱法测定 食品中芳氧苯氧丙酸酯类除草剂残留量	蜂蜜、猪肉、鱼、禽蛋	2,4-滴丁酯、氟吡禾灵、吡氟禾草灵、炔草酯、禾草灵、氰氟草酯、噁唑禾草灵、精喹禾灵等芳氧苯氧丙酸酯类除草剂残留量的气相色谱	样品中残留的芳氧苯氧丙酸酯类除草剂经正己烷饱和过的乙腈(含1%冰醋酸)提取,基质分散固相萃取净化,用GC-MS/MS测定,外标法定量。方法定量限为0.005mg/kg
GB 23200.5—2016 食品安全国家标准 除草剂残留量检测方法 第5部分:液相色谱-质谱/质谱法 测定食品中硫代氨基甲酸酯类除草剂残留量	鸡肉、鸡肝和鱼肉	克草敌、禾草敌、菌草敌、禾草丹、燕麦敌、丁草敌、野麦畏、灭草敌、环草敌	采用乙腈提取样品中残留的硫代氨基甲酸酯除草剂,提取液经HLB和Envi-Carb SPE柱净化,LC-MS/MS检测和确证,内标法定量。方法定量限为 $5.0\mu g/kg$
GB 23200.28—2016 食品安全国家标准 食品中多种醚类除草剂残留量的测定 气相色谱-质谱法	龙虾仁、鳗鱼、猪肉、蜂蜜	三氟硝草醚、乙氧氟草醚、除草醚、苯草醚、吡草醚、喹氧灵、氟乳醚、甲氧除草醚、甲羧除草醚、乳氟禾草灵、乙羧氟草醚	样品经正己烷饱和过的乙腈(含1%冰醋酸)提取,DSPE净化,气相色谱-负化学离子源质谱法进行测定与确证,外标法定量。方法定量限为0.01mg/kg
GB 23200.39—2016 食品安全国家标准 食品中噻虫嗪及其代谢物噻虫胺残留量的测定 液相色谱-质谱/质谱法	鸡肝、猪肉、牛奶	噻虫嗪、噻虫胺	用0.1%乙酸-乙腈超声提取样品中的噻虫嗪和噻虫胺残留物,采用基质分散固相萃取剂净化,UPLC-MS/MS测定,外标法定量。方法定量限为0.01mg/kg
GB 23200.46—2016 食品安全国家标准 食品中嘧霉胺、嘧菌胺、腈菌唑、嘧菌酯残留量的测定 气相色谱-质谱法	牛肉、鸡肉、鱼、蜂蜜	嘧霉胺、嘧菌胺、腈菌唑、嘧菌酯	用丙酮或乙酸乙酯、丙酮和氯化钠水溶液提取样品中残留的嘧霉胺、嘧菌胺、腈菌唑、嘧菌酯,经液液萃取和石墨化碳黑柱/氨基柱组合柱净化,用GC-MS(SIM)检测,外标法定量。该方法中嘧霉胺、嘧菌胺、腈菌唑的定量限达到0.01mg/kg,嘧菌酯为0.005mg/kg

标准号及名称	动物源基质	农药	方法概述
GB 23200.50—2016 食品安全国家标准 食品中吡啶类农药残留量的测定 液相色谱-谱/质谱法	猪肉、鱼肉、猪肝和牛奶	吡虫啉、啶虫脒、咪唑乙烟酸、氟啶草酮、啶酰菌胺、噻唑烟酸和氟硫草定	样品中残留量的农药用氯化钠盐析后乙腈提取，提取液经石墨化碳黑或 C$_{18}$ SPE 小柱净化，用 LC-MS/MS 检测和确证，外标法定量。方法定量限为 0.005mg/kg
GB 23200.54—2016 食品安全国家标准 食品中甲氧基丙烯酸酯类杀菌剂残留量的测定 气相色谱-质谱法	牛肉、猪肉、鸡肉、鸡蛋和牛	嘧菌酯、醚菌胺、嘧螨酯、氟嘧菌酯、醚菌酯、苯氧菌酯(Z,E)、肟醚菌胺、啶氧菌酯、吡唑醚菌酯和肟菌酯	样品用有机溶剂超声提取，GPC 净化，洗脱液浓缩并定容后，GC-MS 测定，外标法定量。方法定量限为 0.005mg/kg
GB 23200.69—2016 食品安全国家标准 食品中二硝基苯胺类农药残留量的测定 液相色谱-质谱/谱法	鸡蛋、猪肉和鸡肝	氟乐灵、二甲戊灵、氨磺乐灵、仲丁灵、氨氟乐灵、氨氟灵、甲磺乐灵和异丙乐灵	样品用乙腈振荡提取，石墨化碳黑 SPE 柱和 HLB SPE 柱净化，LC-MS/MS 测定和确证，外标法定量。方法定量限为 0.01mg/kg
GB 23200.71—2016 食品安全国家标准 食品中二缩甲酰亚胺类农药残留量的测定 气相色谱-质谱法	蜂蜜、鱼肉、鸡肉、猪肾、猪肉	乙烯菌核利、乙菌利、腐霉利、异菌脲	样品用丙酮-正己烷混合溶剂提取，经 GPC 净化和 SPE 净化，GC-MS 测定，外标法定量。该方法中乙烯菌核利、乙菌利、腐霉利的定量限达到 0.005～0.01mg/kg，异菌脲为 0.01～0.02mg/kg
GB 23200.72—2016 食品安全国家标准 食品中苯酰胺类农药残留量的测定 气相色谱-质谱法	牛肉、牛肝、鸡肉、鱼肉、牛奶	25 种酰胺类农药	样品用丙酮-正己烷振荡提取，石墨化碳黑 SPE 柱或中性氧化铝 SPE 柱净化，GC-MS 测定和确证，外标法定量。方法定量限为 0.01mg/kg
GB 23200.73—2016 食品安全国家标准 食品中鱼藤酮和印楝素残留量的测定 液相色谱-质谱/质谱法	蜂蜜、猪肝、鱼肉、虾肉、鸡肉、牛奶	鱼藤酮、印楝素	样品中残留的鱼藤酮和印楝素采用乙腈提取，提取液经氯化钠盐析后经正己烷除脂，以聚苯乙烯-二乙烯基苯-吡咯烷酮聚合物填料的 SPE 小柱净化，LC-MS/MS 检测及确证，外标法定量。该方法中鱼藤酮的定量限达到 0.0005mg/kg，印楝素为 0.002mg/kg
GB 23200.85—2016 食品安全国家标准 乳及乳制品中多种拟除虫菊酯农药残留量的测定 气相色谱-质谱法	液体乳、乳粉、炼乳、乳脂肪、干酪、乳冰激凌和乳清粉	17 种菊酯类农药	样品采用氯化钠盐析，乙腈匀浆提取，分取乙腈层，分别用 C$_{18}$ SPE 柱和弗罗里硅土 SPE 净化，洗脱液浓缩溶解定容后，供 GC-MS 检测和确证，外标法定量。方法定量限为 0.005～0.02mg/kg
GB 23200.86—2016 食品安全国家标准 乳及乳制品中多种有机氯农药残留量的测定 气相色谱-质谱/质谱法	液态奶、奶粉、酸奶(半固态)、冰激凌、奶糖	27 种有机氯农药	样品中的有机氯农药残留用正己烷-丙酮(1+1,体积比)溶液提取，提取液经浓缩后，经 GPC 和弗罗里硅土柱净化，用 GC-MS/MS 测定和确证，外标峰面积法定量。方法定量限为 0.8μg/kg
GB 23200.88—2016 食品安全国家标准 水产品中多种有机氯农药残留量的检测方法	鳕鱼	14 种有机氯农药(BHC、六氯苯、七氯、环氧七氯、艾氏剂、狄氏剂、异狄氏剂、DDT)	样品经与无水硫酸钠一起研磨干燥后，用丙酮-石油醚提取农药残留，提取液经弗罗里硅土柱净化，净化后样液用 GC-ECD 测定，外标法定量。方法定量限为 0.005～0.025mg/kg

标准号及名称	动物源基质	农药	方法概述
GB 23200.90—2016 食品安全国家标准 乳及乳制品中多种氨基甲酸酯类农药残留量的测定 液相色谱-质谱法	纯奶、酸奶、奶粉、奶酪和果奶	14 种氨基甲酸酯类农药	样品用乙腈提取,提取液经 SPE 净化后,甲醇洗脱,用 LC-MS/MS 检测和确证,外标法定量。方法定量限为 0.01mg/kg
GB 23200.91—2016 食品安全国家标准 动物源性食品中 9 种有机磷农药残留量的测定 气相色谱法	火腿和腌制鱼干(鲞)	敌敌畏、甲胺磷、乙酰甲胺磷、甲基对硫磷、马拉硫磷、对硫磷、喹硫磷、杀扑磷、三唑磷	样品经乙腈振荡提取,以 GPC 净化,用 GC-FPD 测定,外标法定量。方法中火腿的定量限为 0.01mg/kg,腌制鱼干(鲞)为 0.05mg/kg
GB 23200.93—2016 食品安全国家标准 食品中有机磷农药残留量的测定 气相色谱-质谱法	清蒸猪肉罐头、猪肉、鸡肉、牛肉、鱼肉	敌敌畏、二嗪磷、皮蝇磷、杀螟硫磷、马拉硫磷、毒死蜱、倍硫磷、对硫磷、乙硫磷、蝇毒磷	样品用水-丙酮溶液均质提取,二氯甲烷液-液分配,GPC 净化,再经石墨化碳黑 SPE 柱净化,GC-MS 检测,外标法定量。方法定量限为 0.01~0.10μg/g
GB 23200.94—2016 食品安全国家标准 动物源性食品中敌百虫、敌敌畏、蝇毒磷残留量的测定 液相色谱-质谱/质谱法	分割肉、盐渍肠衣和蜂蜜	敌百虫、敌敌畏、蝇毒磷	样品中的敌百虫、敌敌畏、蝇毒磷用二氯甲烷或乙酸乙酯提取,提取液经浓缩、脱脂后,用 LC-MS/MS 测定,外标峰面积法定量,子离子丰度比定性。方法定量限为 0.01mg/kg
GB 23200.104—2016 食品安全国家标准 肉及肉制品中 2 甲 4 氯及 2 甲 4 氯丁酸残留量的测定 液相色谱-质谱法	分割牛肉、鱼肉、猪肉、鸡肉、牛肉罐头	2 甲 4 氯和 2 甲 4 氯丁酸	在酸性条件下,用二氯甲烷提取样品中残留的 2 甲 4 氯,2 甲 4 氯丁酸,提取液经溶剂置换后采用 LC-MS/MS 检测,外标法定量。方法定量限为 0.01mg/kg

第四节 蜂产品中的农药残留检测技术

蜂产品主要包括蜂蜜、蜂王浆、蜂花粉、蜂蜡、蜂胶等产品。蜂蜜中水分含量约为 20%,是以糖为主要成分的混合物,其中果糖和葡萄糖含量较高,还有少量的麦芽糖、蔗糖和其他复合碳水化合物以及少量其他成分,如矿物质(钙、铜、铁、镁、磷和钾)、蛋白质、氨基酸、维生素、类黄酮、色素、有机酸等。蜂蜜是备受人们喜爱的食品,随着生活水平的提高,其消费量也逐渐增大,本节主要对蜂蜜中的农药残留分析检测技术进行介绍。

蜂蜜中的农药残留来源有两种,一是直接污染,在蜂蜜收获期间,因蜂房疾病治疗而使用部分杀虫剂、杀螨剂,如双甲脒、溴螨酯、氟胺氰菊酯等,控制瓦螨(Varroa jacobsoni)时,会用到氟胺氰菊酯、双甲脒、溴螨酯和蝇毒磷等。二是间接污染,蜜蜂在采蜜过程中,通过接触土壤、空气、水和花粉也可能会发生农药的间接污染,并经过身体或饲料转运而污染蜂房和蜂蜜。

关于蜂蜜中农药残留监测方面有一些报道。Wiest 和 Balayiannis 等发现蜂蜜中蝇毒磷的检出率是 77% 和 74%,多菌灵的检出率是 64%,噻虫胺的检出率为 65%。在 Nakajima 等的研究中,双甲脒和其主要代谢物 2,4-二甲基苯胺在 127 个蜂蜜样品中均可检出,检测浓度高达 20mg/kg;在匈牙利、中国、美国、阿根廷和日本的蜂蜜样品中,双甲脒和其代谢物的检出率则分别为 92%、81%、60%、58% 和 32%,这说明双甲脒已被广泛应用于养蜂业。

氯酚、三唑醇、毒死蜱、马拉硫磷和拟除虫菊酯在蜂蜜中的检出率也很高，但由于分析的样本数量较少而缺乏统计意义。六氯苯和三氯杀螨醇是最常检测到的化合物，部分文献报道检出率甚至高达 100%。

因此，为了保证消费者的安全，必须对蜂蜜中的农药进行监测，高效、准确地分析检测技术至关重要，下面对蜂蜜中农药残留限量制定以及农药残留测定中常用的前处理方法进行介绍。

一、蜂蜜中的农药最大残留限量制定情况

目前，我国尚未制定蜂蜜等蜂产品中的农药残留限量，表 13-8 列出了部分制定了蜂蜜中农药最大残留限量（MRL）的国家和地区，包括巴西有 29 种农药，欧盟 20 种，英国 21 种，美国 4 种，澳大利亚 5 种。

表 13-8　几个国家制定的蜂蜜中农药最大残留限量

化合物	蜂蜜中的最大残留限量/(μg/kg)				
	巴西	欧盟	美国	英国	澳大利亚
艾氏剂*	10	10	—	10	—
α-硫丹*	10	10	—	10	—
4,4'-DDE*	10	50	—	50	—
4,4'-DDD*	10	50	—	50	—
4,4'-DDT*	10	50	—	—	—
灭蚁灵*	10	—	—	—	—
异狄氏剂*	10	10	—	10	—
三氯杀螨醇*	20	50	—	50	—
乙烯菌核利*	20	50	—	50	—
七氯*	10	10	—	10	—
α-HCH*	10	—	—	—	—
β-HCH*	10	—	—	—	—
γ-HCH*	10	—	—	—	—
克百威*	50	10	—	10	—
甲萘威*	20	50	—	50	—
克菌丹*	50	50	—	50	—
氟胺氰菊酯*	—	50	20	—	10
氯氰菊酯*	—	—	—	—	5
氯菊酯*	20	—	—	—	—
氟氯苯氰菊酯*	20	50	—	50	—
甲氰菊酯*	10	—	—	nf	—
溴氰菊酯*	20	30	—	30	—
双甲脒*	200	—	200	—	—
蝇毒磷*	—	—	150	—	—
毒死蜱*	20	—	—	—	—
乐果*	20	—	—	—	—
乙拌磷*	10	10	—	10	—
甲基嘧啶磷*	50	—	—	—	—

化合物	蜂蜜中的最大残留限量/(μg/kg)				
	巴西	欧盟	美国	英国	澳大利亚
对硫磷 *	20	—	—	—	—
苯线磷 *	10	10	—	10	—
特丁硫磷 *	10	—	—	10	—
丙溴磷 *	20	50	—	50	—
唑螨酯	—	50	100	50	—
氟虫腈	—	5	—	51	10
土霉素	—	—	—	—	300
磷化氢	—	—	—	10	10

* 巴西根据农业，畜牧和食品供应部的国家残留和污染物控制计划（PNCRC）制定限制的农药；

nf 表示没有使用量。

二、蜂蜜中农药残留分析前处理方法

1. 液液萃取

液液萃取（LLE）是蜂蜜中农药测定最常用的萃取和纯化技术。LLE法多用于一类化合物的提取，在处理多个样品时工序复杂，容易污染，且需消耗大量的有毒有机溶剂。尽管存在这些缺点，LLE仍常用于蜂蜜中农药残留检测的样品制备。LLE中使用较广泛的有机溶剂有乙酸乙酯、乙腈和甲醇，此外开发使用的还有轻质石油、丙酮等。

LLE经常与SPE联合使用，最常使用的吸附剂是硅酸镁，其他使用的吸附剂包括十八烷基硅烷、辛基硅烷、硅胶、聚二甲基硅氧烷、聚二乙烯基苯、二氧化硅和PSA。Moniruzzaman等创新了蜂蜜中农药残留检测的LLE方法，提高了提取效率，Kujawski等则在硅藻土载体上使用LLE方法测定了蜂蜜中的13种农药残留。

另一项创新是液液萃取与低温冷冻净化技术（LLE-LTP）的开发和应用。Goulart等采用LLE-LTP分析了牛奶中的溴氰菊酯和氯氰菊酯，以2∶1（V/V）的比例向样品中加入乙腈，形成含有水和乙腈的单一液相；随后将混合物冷却至−20℃并将固体物质捕集在冷冻水相中，而在−46℃下冷冻的乙腈保持液态，很容易实现乙腈相和水相的分离。该方法显著提高了拟除虫菊酯的回收率。Pinho等提出使用LLE-LTP从蜂蜜中提取毒死蜱、高效氯氟氰菊酯、氯氰菊酯和溴氰菊酯，并对样品量、均质化技术、硅酸镁的添加（作为第二个净化步骤）和萃取液的组成进行了优化，结果发现加入氯化钠可以提高毒死蜱的回收率，但对其他杀虫剂的回收率没有改善。

2. SPE

SPE是基于目标化合物在吸附剂上的保留，然后使用适当的溶剂进行洗脱的过程。它将样品提取和净化程序结合在一起，可获得干扰较少的样品提取物，直接用于GC或LC的分析。SPE具有操作简单、稳定性好、速度快、溶剂消耗量低的优点，已成为复杂基质分析中有力的方法。Debayle等（2008）采用新型的聚合材料（二乙烯基苯-并-N-乙烯基吡咯烷酮）SPE对蜂蜜样品中的农药进行提取和净化，药物的回收率高，基质效应低。

3. QuEChERS

QuEChERS是由Steve Lehotay等在2003年开发的一种快速、简便、廉价、有效、稳定和安全的样品前处理方法，通常使用无水硫酸镁和氯化钠的盐析和DSPE提取/分离目标化合物。QuEChERS取代了传统方法中许多复杂的常用分析步骤，操作步骤简单，通用性强，目前已成为蜂蜜中农药残留分析的最常用方法。但该方法要求样品中含有较高的水分，在处理中可能导致待检化合物的浓度降低，需要进行样品浓缩处理。

4. 吹扫捕集技术

在毛细管中使用吸附剂进行的吹扫和捕集技术可用于蜂蜜中农药的检测。将4g蜂蜜和8g水加入小瓶中，随后通过隔膜引入二氧化硅毛细管；在100℃加热期间轻轻搅拌混合物，并用4mL/min N_2气流吹扫60min以蒸发挥发性农药；最后将毛细管放入40℃的烘箱中60min以除去水分，随后进行色谱分析。与其他样品萃取技术相比，吹扫和捕集技术检测限较低，为蜂蜜中多种低残留农药的检测提供了可能性。

5. 分散液液微萃取

分散液液微萃取（DLLME）是Rezaee等（2006）开发的一种小型化制备技术，也被广泛用于蜂蜜中农药残留的测定。在DLLME中，使用注射器将萃取和分散溶剂同时且快速地注入含水样品中，利用萃取溶剂中的细小液滴从样品中提取分析物，然后用离心的方法促进相分离和分析物的富集。

影响DLLME效果的参数主要有萃取和分散溶剂的类型和体积、样品pH和离子强度、萃取时间、离心速度和盐含量等。Li等开发了一种新型的微萃取技术，称为离子液体连接双磁性微萃取（IL-DMME），用于蜂蜜中的拟除虫菊酯类农药的检测。该方法的优点是通过使用合成离子液体和非改性磁性纳米颗粒（MNP）将DLLME与分散微固相萃取（D-m-SPE）组合，易于实现高回收率。另外被广为认可的是将DLLME与超声辅助（UA）和温控（TC）技术结合。Zhang等认为UA方法有助于提高蜂蜜中的农药检测效率，而Farajza-deh等则发现高温可以提高溶剂在水相中的分散，提高回收率，降低LOD，提高灵敏度，缩短提取时间，获得良好的重复性和再现性，并成功应用于蜂蜜中超痕量三唑类农药的测定。另外，Vichapong等开发了耦合注射器辅助的辛醇-水分配微萃取（IS-DLLME）方法，用于测定蜂蜜中的新烟碱类杀虫剂。

6. 填充吸附剂的微萃取

由Abdel-Rehim于2004年开发的填充吸附剂微萃取（microextraction by packed sorbent，MEPS）是一种小型化的SPE技术。但与一般SPE不同，MEPS直接把吸附剂装入注射器的筒和针之间，而不是一个单独的SPE柱。这种技术集萃取、预浓缩和洗脱于一体，不需要使用单独的萃取装置，易于与GC或LC一起使用。Salami等采用MEPS和气相色谱与质谱联用（MEPS-GC-MS）方法分析了蜂蜜中22种农药的多残留分析，所有化合物的回收率均在82%~114%之间，满足分析要求，且吸附剂可重复40次以上，样品损失率小，提取时间缩短至约4min。

7. 固相微萃取

固相微萃取（SPME）是由Pawliszyn及其合作者于1990年开发的，将采样和预浓缩结合在一起的一种前处理方法。Campillo等开发使用顶空固相微萃取（HS-SPME）测定蜂蜜中的有机锡化合物（OTCs），经优化发现100mm聚二甲基硅氧烷纤维最适合用于从含有样品的水溶液的顶部空间预浓缩衍生的分析物，可以使得所有化合物的响应更高，纤维使用寿命延长。

Zhang等使用多孔聚（甲基丙烯酸-共聚-乙烯-二甲基丙烯酸酯）整体纤维单片材料测定蜂蜜中的苯并咪唑和苯胺，方法的检测限可低至0.086~0.28μg/L。Zali等则将聚苯乙烯纳米纤维用作SPME不锈钢丝上的涂层材料，在提取时间为10min，提取温度为70℃，解吸温度为 250℃，解吸时间为 5min，NaCl 为 2.5%（w/v），250r/min 旋转搅拌的最优条件下，天然蜂蜜（pH 3.2～4.5）中七种不同极性农药的检测限范围可低至为 0.1～0.2μg/L，且每个纤维材料可以使用至少 100 次而没有明显的物理损坏或提取效率的损失。

8. 搅拌棒吸附萃取

搅拌棒吸附萃取（SBSE）是采用覆盖有吸附剂（通常为聚二甲基硅氧烷，PDMS）的搅拌棒在一定时间内搅拌样品，分析物通过在吸附剂和水相之间的分配常数不同而进行分配富集，随后通过进样器温度（GC 法）或通过流动相（LC 法）进行解吸。SBSE 具有回收率高、重现性好、使用方便等优点，是一种很好的样品前处理选择，Yu 等在参数优化后将其用于提取蜂蜜中的有机磷等农药。

9. 单滴微萃取

单滴微萃取（SDME）是一种可同时实现提取和预浓缩分析化合物的技术，通过悬浮在微量注射针末端的有机溶剂微滴与样品溶液接触来实现分离浓缩。样品的稀释倍数、体积、pH、离子强度（NaCl%）、供体溶液的搅拌速率、提取时间以及搅拌溶液中微滴的深度都是影响蜂蜜中农药 SDME 效率的主要变量。Tsiropoulos 和 Amvrazi 对这些参数进行优化后，采用 SDME 法制备蜂蜜中雷帕霉素和氯苯嘧啶醇的样品的回收率分别为 70.8% 和 120%，可高效实现蜂蜜中的农药分析。

10. 磁性分散固相萃取

磁性分散固相萃取（MDSPE）由 Safarikova 和 Safarik 开发，基于磁性或可磁化吸附剂进行使用。在 MDSPE 中，利用添加到溶液或悬浮液中的磁性吸附剂来提取分析物。然后，使用适当的磁性分离器将吸附了分析物的吸附剂回收，再将分析物从吸附剂中洗脱并分析。通常用于 MDSPE 的吸附剂是磁性纳米颗粒（MNPs），如 Fe_3O_4 或 γ-Fe_2O_3。然而，MNP 难以分散在含水样品中，这可能影响它们的稳定性并失去其复杂基质中的吸附能力。与传统 SPE 吸附剂相比，MNP 具有高表面积和独特的磁性。

Du 等基于磁性钴铁氧体填充碳纳米管（MFCNT），将 5g 掺有有机氯农药标准溶液的蜂蜜溶于 100mL 水中，得到最终浓度为 5.0μg/L 的样品。将每个加标样品（体积为 25mL）混合放于锥形瓶中并用 10mg MFCNT 萃取。将小瓶以 120r/min 搅拌 40min。通过磁铁将 MFCNT 与溶液分离，干燥并悬于 200μL 乙酸乙酯中。将小瓶保持在超声波洗涤器中 15min 以解吸 MFCNT 上的 OCP。用磁铁分离悬浮液，将 2μL 等分试样注入 GC-ECD 中进行分析。优化后，最佳条件为：水作为稀释溶剂，振荡频率为 120r/min，萃取时间为 40min，乙酸乙酯作解吸溶剂，200μL 解吸溶剂，解吸时间为 15min，回收率在 83.2%～128.7% 之间。

三、蜂蜜中农药残留分析标准方法示例

下面以 GB 23200.7—2016《食品安全国家标准　蜂蜜、果汁和果酒中 497 种农药及相关化学品残留量的测定　气相色谱-质谱法》和 GB/T 20771—2008《蜂蜜中 486 种农药及相关化学品残留量的测定　液相色谱-串联质谱法》为例，介绍蜂蜜中农药多残留测定方法。由于二者前处理过程基本一致，因此将二者合并介绍。

1. 方法概述

试样用二氯甲烷提取，经串联 Envi-Carb 和 Sep-Pak NH₂ 固相萃取柱净化，用乙腈-甲苯溶液（3+1）洗脱农药及相关化学品，用气相色谱-质谱仪检测。液相色谱-串联质谱仪检测时，采用 Sep-Pak NH₂ 固相萃取柱净化。

2. 试验制备

对无结晶的蜂蜜样品，将其搅拌均匀。对有结晶的样品，在密闭情况下，置于不超过60℃的水浴中温热，振荡，待样品全部融化后搅匀，迅速冷却至室温。分出 0.5kg 作为试样，置于样品瓶中，密封，并标明标记。

3. 提取

气质测定时：称取 15g 试样（精确至 0.01g）于 250mL 具塞三角瓶中，加入 30mL 水，40℃水浴振荡溶解 15min；随后加入 10mL 丙酮，然后将瓶中内容物移入 250mL 分液漏斗中；用 40mL 二氯甲烷分数次洗涤三角瓶，并将洗液倒入分液漏斗中，小心排气，用力振摇数次，静置分层，将下层有机相通过装有无水硫酸钠的筒形漏斗，收集于 200mL 鸡心瓶中；再先后加入 5mL 丙酮和 40mL 二氯甲烷于分液漏斗中，振摇 1min，静置、分层后收集。如此重复提取两次，合并提取液，将提取液于 40℃水浴旋转蒸发至约 1mL，待净化。

液质测定时：加入 20mL 水。其他同上。

4. 净化

气质测定时：在 Envi-Carb 柱中加入约 2cm 高无水硫酸钠，将该柱连接在 Sep-Pak NH$_2$柱顶部，并将串联柱放入下接鸡心瓶的固定架上。加样前先用 4mL 乙腈：甲苯（3：1）预洗，当液面到达硫酸钠的顶部时，迅速将样品提取液转移至净化柱上，再用 3×2mL 乙腈：甲苯（3：1）洗涤样液瓶，并将洗液转移至柱中。在固相萃取柱上加上 50mL 贮液器，用 25mL 乙腈：甲苯（3：1）洗脱目标物，合并于鸡心瓶中，在 40℃水浴中旋转浓缩至约 0.5mL。用 2×5mL 正己烷进行溶剂交换两次，最后使样液体积约为 1mL，加入 40μL 内标溶液，混匀，用于气相色谱-质谱测定。

液质测定时：在 Sep-Pak 氨基固相萃取柱中加入约 2cm 高无水硫酸钠，放入下接鸡心瓶的固定架上。操作同上，洗脱液在 40℃水浴中旋转浓缩至约 0.5mL，氮气吹干，1mL 乙腈＋水（3＋2）溶解残渣，用 0.2μm 滤膜过滤后于液相色谱-串联质谱测定。

5. 气相色谱-质谱法测定方法

色谱柱：DB-1701（30m×0.25mm×0.25μm）石英毛细管柱或相当效果的其他色谱柱；

色谱柱温度：40℃保持 1min，然后以 30℃/min 程序升温至 130℃，再以 5℃/min 升温至 250℃，再以 10℃/min 升温至 300℃，保持 5min；

载气：氦气，纯度≥99.999%；

流速：1.2mL/min；

进样口温度：290℃；

进样量：1μL；

进样方式：无分流进样，1.5min 后开阀；

电子轰击源：70eV；

离子源温度：230℃；

GC-MS 接口温度：280℃；

选择离子监测：多离子监测。

497 种农药按照保留时间分为五组，定量离子、定性离子等参数见标准文本。

定性测定条件：进行样品测定时，如果检出的色谱峰的保留时间与标准样品相一致，并且在扣除背景后的样品质谱图中，所选择的离子均出现，而且所选择的离子比与标准样品的离子比相一致，则可判断样品中存在这种农药化合物。如果不能确证，应重新进样，以扫描方式（有足够灵敏度）或采用增加其他确证离子的方式或用其他灵敏度更高的分析仪器来确证。

定量测定条件：本方法采用内标法单离子定量测定。内标物为环氧七氯。为减少基质的影响，采用基质混合标准工作溶液定量。标准溶液的浓度应与待测化合物的浓度相近。

6. 液相色谱-质谱法测定方法

（1）A、B、C、D、E、F组液相色谱-串联质谱法

色谱柱：Atlantis T3，$3\mu m$，$150mm \times 2.1mm$（内径）；

柱温：40℃；

进样量：$20\mu L$；

扫描方式：正离子扫描；

流动相梯度洗脱条件：见表13-9；

检测方式：多反应监测；

电喷雾电压：5500V；

雾化气压力：0.483MPa；

气帘气压力：0.138MPa；

辅助加热气：0.379MPa；

离子源温度：725℃；

监测离子对，碰撞气能量和去簇电压见标准文本。

涉及444种农药残留的检测。

表13-9 液相色谱-串联质谱梯度洗脱条件

总时间/min	流速/(μL/min)	水/%	乙腈/%
0.00	200	90.0	10.0
4.00	200	50.0	50.0
15.00	200	40.0	60.0
23.00	200	20.0	80.0
30.00	200	5.0	95.0
35.00	200	5.0	95.0
35.01	200	90.0	10.0
50.00	200	90.0	10.0

（2）G组液相色谱-串联质谱法

色谱柱：Inertsil C8，$5\mu m$，$150mm \times 2.1mm$（内径）；

柱温：40℃；

进样量：$20\mu L$；

扫描方式：负离子扫描；

流动相梯度洗脱条件：见表13-10；

检测方式：多反应监测；

电喷雾电压：-4200V；

雾化气压力：0.42MPa；

气帘气压力：0.315MPa；

辅助加热气：0.35MPa；

离子源温度：700℃；

监测离子对，碰撞气能量和去簇电压见标准文本。

G 组涉及 35 种农药成分的检测。

表 13-10　液相色谱-串联质谱梯度洗脱条件

总时间/min	流速/(μL/min)	水/%	乙腈/%
0.00	200	90.0	10.0
4.00	200	50.0	50.0
15.00	200	40.0	60.0
20.00	200	20.0	80.0
25.00	200	5.0	95.0
32.00	200	5.0	95.0
32.01	200	90.0	10.0
40.00	200	90.0	10.0

（3）H 组液相色谱-串联质谱法

色谱柱：Atlantis T3，5μm，150mm×4.6mm（内径）；

柱温：40℃；

进样量：20μL；

扫描方式：正离子扫描；

流动相梯度洗脱条件：见表 13-11；

检测方式：多反应监测；

雾化气压力：0.56MPa；

气帘气压力：0.133MPa；

辅助加热气：0.28MPa；

离子源温度：400℃；

监测离子对，碰撞气能量和去簇电压见标准文本。

H 组涉及 2 种农药成分（bendiocarb 和溴环锡）的检测。

表 13-11　液相色谱-串联质谱梯度洗脱条件

总时间/min	流速/(μL/min)	水/%	乙腈/%
0.00	500	80.0	20.0
2.00	500	5.0	95.0
10.00	500	5.0	95.0
10.01	500	80.0	20.0
20.00	500	80.0	20.0

（4）I 组液相色谱-串联质谱法

色谱柱：Atlantis T3，5μm，150mm×4.6mm（内径）；

柱温：40℃；

进样量：20μL；

离子源：APCI；

扫描方式：多反应监测；

流动相梯度洗脱条件：见表 13-10；

雾化气压力：0.42MPa；

气帘气压力：0.084MPa；

辅助加热气：0.28MPa；

离子源温度：425℃；

监测离子对，碰撞气能量和去簇电压见标准文本。

Ⅰ组涉及 5 种成分的检测。

定性条件：进行样品测定时，如果检出的色谱峰的保留时间与标准样品相一致，并且在扣除背景后的样品质谱图中，所选择的离子均出现，而且所选择的离子丰度与标样样品的离子丰度相一致，则可判定为样品中存在这种农药残留。

定量条件：本方法中液相色谱-串联质谱采用外标-校准曲线法定量测定。为减少基质对定量测定的影响，应采用基质混合标准工作溶液来绘制标准曲线，并且保证所测样品中农药响应值均在仪器的线性范围内。

四、蜂产品中农药残留分析国家标准方法

除 GB 23200.7—2016《食品安全国家标准　蜂蜜、果汁和果酒中 497 种农药及相关化学品残留量的测定　气相色谱-质谱法》和 GB/T 20771—2008《蜂蜜中 486 种农药及相关化学品残留量的测定　液相色谱-串联质谱法》以外，我国还制定了一些蜂蜜及蜂产品中农药残留测定标准方法（见表 13-12），这些方法的建立，为我国蜂蜜及蜂产品中农药残留限量的制定提供了支持，也为相关产品的农药残留监管提供了检测依据。

表 13-12　我国蜂蜜及蜂产品中农药残留标准方法列表

标准号及名称	动物源基质	农药	方法概述
GB 23200.95—2016 食品安全国家标准　蜂产品中氟胺氰菊酯残留量的检测方法	蜂蜜	氟胺氰菊酯	试样碱化后用正己烷-丙酮提取，提取液经蒸干后用乙腈和正己烷进行液液分配法净化，使被测物进入乙腈层。乙腈提取液再经蒸干，用正己烷溶解残渣，溶液供 GC-ECD 测定，外标法定量。方法定量限为 0.02mg/kg
GB 23200.96—2016 食品安全国家标准　蜂蜜中杀虫脒及其代谢产物残留量的测定　液相色谱-质谱/质谱法	蜂蜜（洋槐蜜、荆条蜜、蜂果蜜、杂花蜜、野蜂蜜等）	杀虫脒及其代谢物（4-氯邻甲苯胺）	试样用氢氧化钠水溶液稀释溶解，经 HLB 固相萃取柱净化，LC-MS/MS 测定，外标法定量。方法定量限为 5μg/kg
GB 23200.97—2016 食品安全国家标准　蜂蜜中 5 种有机磷农药残留量的测定　气相色谱法	蜂蜜	敌百虫、皮蝇磷、毒死蜱、马拉硫磷、蝇毒磷	蜂蜜加水稀释后，用乙酸乙酯提取样品中有机磷农药，低温浓缩，用 GC-FPD 测定，外标法定量。方法定量限为 0.01mg/kg
GB 23200.98—2016 食品安全国家标准　蜂王浆中 11 种有机磷农药残留量的测定　气相色谱法	蜂王浆	敌敌畏、甲胺磷、灭线磷、甲拌磷、乐果、甲基对硫磷、马拉硫磷、对硫磷、喹硫磷、三唑磷、蝇毒磷	用乙腈提取样品中有机磷农药，提取液经凝胶色谱柱净化，用 GC-FPD 测定，外标法定量。方法定量限为 0.01mg/kg
GB 23200.99—2016 食品安全国家标准　蜂王浆中多种氨基甲酸酯类农药残留量的测定　液相色谱-谱质谱法	蜂王浆	甲硫威、噁虫威、异丙威、甲萘威、灭多威、克百威、抗蚜威、仲丁威	试样用乙腈提取，经中性氧化铝柱层析净化，LC-MS/MS 测定，外标法定量。方法定量限为 0.01mg/kg

标准号及名称	动物源基质	农药	方法概述
GB 23200.100—2016 食品安全国家标准 蜂王浆中多种菊酯类农药残留量的测定 气相色谱法	蜂王浆	联苯菊酯、甲氰菊酯、高效氯氟氰菊酯、氯菊酯、氟氯氰菊酯、氯氰菊酯、氟胺氰菊酯、氰戊菊酯、溴氰菊酯	试样中的菊酯类农药残留经正己烷＋丙酮(1＋1,V/V)混合溶剂提取，用弗罗里硅土固相萃取柱净化，GC-ECD测定，外标法定量。方法定量限为0.01mg/kg
GB 23200.101—2016 食品安全国家标准 蜂王浆中多种杀螨剂残留量的测定 气相色谱-质谱法	蜂王浆	杀螨醚、灭螨猛、杀螨酯、乐杀螨、乙酯杀螨醇、溴螨酯、三氯杀螨砜、哒螨灵	试样中给的杀螨剂残留经正己烷＋丙酮(1＋1,V/V)混合溶剂提取，用弗罗里硅土固相萃取柱净化，气相色谱-质谱-负化学源测定，外标法定量。方法定量限为0.01mg/kg
GB 23200.102—2016 食品安全国家标准 蜂王浆中杀虫脒及其代谢产物残留量的测定 气相色谱-质谱法	蜂王浆	杀虫脒及其代谢物	样品用三氯乙酸溶液沉淀蛋白质，在碱性条件下用正己烷＋丙酮(1＋1,V/V)混合溶剂提取，提取液经正己烷-乙腈液液分配净化后，气相色谱-质谱测定和确证，外标法定量。方法定量限为0.01mg/kg
GB 23200.103—2016 食品安全国家标准 蜂王浆中双甲脒及其代谢产物残留量的测定 气相色谱-质谱法	蜂王浆	双甲脒及其代谢物	样品经酸水解，碱化后用正己烷＋乙醚(2＋1,V/V)混合溶剂提取，酸、碱液液分配净化，气相色谱-质谱测定和确证，外标法定量。方法定量限为0.01mg/kg

参 考 文 献

[1] Abdel-Rehim M，Andersson A，Breitholtz-Emanuelsson A，et al. MEPS as a rapid sample preparation method to handle unstable compounds in a complex matrix：Determination of AZD3409 in plasma samples utilizing MEPS-LC-MS-MS. J Chromatogr Sci. ，2008，46：518-523.

[2] Abdel-Rehim M. New trend in sample preparation：on-line microextraction in packed syringe for liquid and gas chromatography applications-I. Determination of local anaesthetics in human plasma samples using gas chromatography-mass spectrometry. J Chromatogr B. ，2004，801：317-321.

[3] Amendola G，Pelosi P，Dommarco R. Solid-phase extraction for multi-residue analysis of pesticides in honey. J Env Sci Health. ，2011，46：24-34.

[4] Anastassiades M，Mastovska K，Lehotay S J. Evaluation of analyte protectants to improve gas chromatographic analysis of pesticides. J. Chromatogr. A. ，2003，1015：163-184.

[5] Anthemidis A N，Ioannou K I G. Recent developments in homogeneous and dispersive liquid-liquid extraction for inorganic elements determination：a review. Talanta. ，2009，80：413-421.

[6] Arthur C L，Pawliszyn J. Solid-phase microextraction with thermal desorption using fused-silica opticalfibers. Anal. Chem. ，1990，62：2145-2148.

[7] Balayiannis G，Balayiannis P. Bee honey as an environmental bioindicator of pesticides occurrence in six agricultural areas of Greece. Arch Env Contam Toxicol. ，2008，55：462-470.

[8] Baltussen E，Cramers C A，Sandra P J F. Sorptive sample preparation—a review. Anal Bioanal Chem. ，2002，373：3-22.

[9] Blasco C，Fernandez M，Pico Y，et al. Comparison of solid-phase microextraction and stir bar sorptive extraction for determining six organophosphorus insecticides in honey by liquid chromatography-mass spectrometry. J. Chromatogr. A. ，2004，1030：77-85.

[10] Blasco C，Vazquez-Roig P，Onghena M，et al. Analysis of insecticides in honey by liquid chromatography-ion trap-mass spectrometry：comparison of different extraction procedures. J. Chromatogr. A. ，2011，1218：4892-4901.

[11] Blomberg L G. Two new techniques for sample preparation in bioanalysis：Microextraction in packed sorbent
（MEPS) and use of a bonded monolith as sorbent for sample preparation in polypropylene tips for 96-well plates. Anal
Bioanal Chem. , 2009, 393：797-807.

[12] Bonzini S, Tremolada P, Bernardinelli I, et al. Predicting pesticide fate in the hive（part 1）：experimentally deter-
mined tau-fluvalinate residues in bees, honey and wax. Apidologie. , 2011, 42：378-390.

[13] Campillo N, Vinas P, Penalver R, et al. Solid-phase microextraction followed by gas chromatography for the specia-
tion of organotin compounds in honey and wine samples：A comparison of atomic emission and mass spectrometry de-
tectors. J Food Compos Anal. , 2012, 25：66-73.

[14] Chen H X, Ying J, Chen H, et al. LC determination of chloramphenicol in honey using dispersive liquid-liquid mi-
croextraction. Chromatographia. , 2008, 68：629-634.

[15] Chienthavorn O, Dararuang K, Sasook A, et al. Purge and trap with monolithic sorbent for gas chromatographic
analysis of pesticides in honey. Anal Bioanal Chem. , 2012, 402：955-964.

[16] Choudhary A, Sharma D C. Pesticide residues in honey samples from Himachal Pradesh（India）. Bull Env Contam
Toxicol, 2008, 80：417-422.

[17] Cieslik E, Sadowska-Rociek A, Ruiz J M M, et al. Evaluation of QuEChERS method for the determination of or-
ganochlorine pesticide residues in selected groups of fruits. Food Chem. , 2011, 125：773-778.

[18] Debayle D, Dessalces G, Grenier-Loustalot M F. Multi-residue analysis of traces of pesticides and antibiotics in honey
by HPLC-MS-MS. Anal Bioanal Chem. , 2008, 391：1011-1020.

[19] Du Z, Liu M, Li G K. Novel magnetic SPE method based on carbon nanotubes filled with cobalt ferrite for the analy-
sis of organochlor ine pesticides in honey and tea. J. Sep. Sci. , 2013, 36（20）：3387-3394.

[20] Eissa F, El-Sawi S, Zidan N E. Determining pesticide residues in honey and their potential risk to consumers. Pol J
Env Stud. , 2014, 23：1573-1580.

[21] Fallico B, Zappala M, Arena E, et al. Effects of conditioning on HMF content in unifloral honeys. Food Chem. ,
2004, 85：305-313.

[22] Fan C, Li N, Cao X L. Determination of chlorophenols in honey samples using in-situ ionic liquid-dispersive liquid-
liquid microextraction as a pretreatment method followed by high-performance liquid chromatography. Food Chem. ,
2015, 174：446-451.

[23] Farajzadeh M A, Mogaddam M R A, Ghorbanpour H. Development of a new microextraction method based on ele-
vated temperature dispersive liquid-liquid microextraction for determination of triazole pesticides residues in honey by
gas chromatography-nitrogen phosphorus detection. J. Chromatogr. A. , 2014, 1347：8-16.

[24] Finola M S, Lasagno M C, Marioli J M. Microbiological and chemical characterization of honeys from central Argen-
tina. Food Chem. , 2007, 100：1649-1653.

[25] Frenich A G, Vidal J L M, Sicilia A D C, et al. Multiresidue analysis of organochlorine and organophosphorus pesti-
cides in muscle of chicken, pork and lamb by gas chromatography-triple quadrupole mass spectrometry.
Anal. Chim. Acta. , 2006, 558：42-52.

[26] Galeano M P, Scordino M, Sabatino L, et al. Analysis of six neonicotinoids in honey by modified QuEChERS：
Method development, validation, and uncertainty measurement. Int J Food Sci. , 2013, 2013：1-7.

[27] Garcia-Chao M, Agruna M J, Calvete G F, et al. Validation of an off line solid phase extraction liquid chromatogra-
phy-tandem mass spectrometry method for the determination of systemic insecticide residues in honey and pollen sam-
ples collected in apiaries from NW Spain. Anal Chim Acta. , 2010, 672：107-113.

[28] Goulart S M, Queiroz M, Neves A A, et al. Low-temperature clean-up method for the determination of pyrethroids
in milk using gas chromatography with electron capture detection. Talanta. , 2008, 75：1320-1323.

[29] Kamel A. Refined methodology for the determination of neonicotinoid pesticides and their metabolites in honey bees
and bee products by liquid chromatography-tandem mass spectrometry（LC-MS/MS）. J. Agric. Food Chem. , 2010,
58：5926-5931.

[30] Kolberg D I, Prestes O D, Adaime M B, et al. Development of a fast multiresidue method for the determination of
pesticides in dry samples（wheat grains, flour and bran）using QuEChERS based method and GC-MS. Food Chem. ,
2011, 125：1436-1442.

[31] Kujawski M W, Barganska A, Marciniak K, et al. Determining pesticide contamination in honey by LC-ESI-MS/
MS-Comparison of pesticide recoveries of two liquid-liquid extraction based approaches. LWT-Food Sci Technol. ,
2014, 56：517-523.

[32] Kujawski M W, Namiesnik J. Challenges in preparing honey samples for chromatographic determination of contami-

nants and trace residues. TrAC- Trends Anal Chem. ，2008，27：785-793.

[33] Kujawski M W，Namiesnik J. Levels of 13 multi-class pesticide residues in Polish honeys determined by LC-ESI-MS/MS. Food Control. ，2011，22：914-919.

[34] Li M，Zhang J H，Li Y B，et al. Ionic liquid-linked dual magnetic microextraction：a novel and facile procedure for the determination of pyrethroids in honey samples. Talanta. ，2013，107：81-87.

[35] Lichtmannegger K，Fischer R，Steemann F X，et al. Alternative QuEChERS-based modular approach for pesticide residue analysis in food of animal origin. Anal Bioanal Chem. ，2015，407：3727-3742.

[36] Lopez D R，Ahumada D A，Diaz A C，et al. Evaluation of pesticide residues in honey from different geographic regions of Colombia. Food Control. ，2014，37：33-40.

[37] Malhat F M，Haggag M N，Loutfy N M，et al. Residues of organochlorine and synthetic pyrethroid pesticides in honey，an indicator of ambient environment，a pilot study. Chemosphere，2015，120：457-461.

[38] Molina-Ruiz J M，Cieslik E，Walkowska I. Optimization of the QuEChERS method for determination of pesticide residues in chicken liver samples by gas chromatography-mass spectrometry. Food Anal. Methods. ，2015，8：898-906.

[39] Moniruzzaman M，Chowdhury M A Z，Rahman M A，et al. Determination of mineral，trace element，and pesticide levels in honey samples originating from different regions of Malaysia compared to Manuka Honey. Biomed Res Int. ，2014，2014：1-10.

[40] Mukherjee I. Determination of pesticide residues in honey samples. Bull Env Contam Toxicol. ，2009，83：818-821.

[41] Nakajima T，Tsuruoka Y，Kanda M，et al. Determination and surveillance of nine acaricides and one metabolite in honey by liquid chromatography tandem mass spectrometry. Food Addit Contam. ，2015，32：1-6.

[42] Orso D，Martins M L，Donato F F，et al. Multiresidue determination of pesticide residues in honey by modified QuEChERS method and gas chromatography with electron capture detection. J Braz Chem Soc. ，2014，25：1355-1364.

[43] Panseri S，Catalano A，Giorgi A，et al. Occurrence of pesticide residues in Italian honey from different areas in relation to its potential contamination sources. Food Control. ，2014，38：150-156.

[44] Pena-Pereira F，Lavilla I，Bendicho C. Miniaturized preconcentration methods based on liquid-liquid extraction and their application in inorganic ultratrace analysis and speciation：a review. Spectrochim Acta Part B. ，2009，64：1-15.

[45] Pinho G P，Neves A A，Queiroz M，et al. Optimization of the liquid-liquid extraction method and low temperature purification（LLE-LTP）for pesticide residue analysis in honey samples by gas chromatography. Food Control，2010，21：1307-1311.

[46] Pirard C，Widart J，Nguyen B K，et al. Development and validation of a multiresidue method for pesticide determination in honey using on-column liquid-liquid extraction and liquid chromatography-tandem mass spectrometry. J. Chromatogr. A. ，2007，1152：116-123.

[47] Prestes O D，Friggi C A，Adaime M B，et al. QuEChERS-Um método moderno de preparo de amostra para determinação multiresíduo de pesticidas em alimentos por métodos cromatográficos acoplados à espectrometria de massas. Quim Nova. ，2009，32：1620-1634.

[48] Rezaee M，Assadi Y，Hosseinia M R M，et al. Determination of organic compounds in water using dispersive liquid-liquid microextraction. J. Chromatogr. A. ，2006，1116：1-9.

[49] Rial-Otero R，Gaspar E M，Moura I，et al. Chromatographic-based methods for pesticide determination in honey：an overview. Talanta，2007，71：503-514.

[50] Safarikova M，Safarik I. Magnetic solid-phase extraction. J Magn Magn Mater. ，1999，194：108-112.

[51] Salami F H，Queiroz M E C. Microextraction in packed sorbent for the determination of pesticides in honey samples by gas chromatography coupled to mass spectrometry. J Chromatogr Sci. ，2013，51：899-904.

[52] Satta A，Floris I，Eguaras M，et al. Formic acid-based treatments for control of Varroa destructor in a Mediterranean area. J Econ Entomol. ，2005，98：267-273.

[53] Silva S J N，Schuch P Z，Vainstein M H，et al. Determinação do 5-hidroximetilfurfural em méis utilizando cromatografia eletrocinética capilar micellar. Food Sci Technol. ，2008，28：46-50.

[54] Valencia T M G，Llasera M P G D. Determination of organophosphorus pesticides in bovine tissue by an on-line coupled matrix solid-phase dispersion-solid phase extraction-high performance liquid chromatography with diode array detection method. J. Chromatogr. A. ，2011，1218：6869-6877.

[55] Tsiropoulos N G，Amvrazi E G. Determination of pesticide residues in honey by single-drop microextraction and gas

chromatography. J AOAC Int. ，2011，94：634-644.

[56] Viana I M O，Lima P P R，Soares C D V，et al. Simultaneous determination of oral antidiabetic drugs in human plasma using microextraction by packed sorbent and high-performance liquid chromatography. J Pharm Biomed Anal. ，2014，96：241-248.

[57] Vichapong J，Burakham R，Srijaranai S. In-coupled syringe assisted octanol-water partition microextraction coupled with high-performance liquid chromatography for simultaneous determination of neonicotinoid insecticide residues in honey. Talanta. ，2015，139：21-26.

[58] Wang F M，Chen J H，Cheng H Y，et al. Multi-residue method for the confirmation of four avermectin residues in food products of animal origin by ultra-performance liquid chromatography-tandem mass spectrometry. Food Addit. Contam. Part A-Chem. ，2011，28（5）：627-639.

[59] Wang J，Kliks M M，Jun S J，et al. 2010. Residues of organochlorine pesticides in honeys from different geographic regions. Food Res Int，2010，43（9）：2329-2334.

[60] Wiest L，BuletéA，Giroud B，et al. Multi-residue analysis of 80 environmental contaminants in honeys，honeybees and pollens by one extraction procedure followed by liquid and gas chromatography coupled with mass spectrometric detection. J. Chromatogr. A. ，2011，1218：5743-5756.

[61] Wu G，Bao X，Zhao S，et al. Analysis of multi-pesticide residues in the foods of animal origin by GC-MS coupled with accelerated solvent extraction and gel permeation chromatography cleanup. Food Chem. ，2011，126：646-654.

[62] Yavuz G H，Guler G O，Aktumsek A，et al. Determination of some organochlorine pesticide residues in honeys from Konya，Turkey. Environ Monit Assess. ，2010，168：277-283.

[63] Ye L，Wang Q，Xu J P，et al. Restricted-access nanoparticles for magnetic solid-phase extraction of steroid hormones from environmental and biological samples. J. Chromatogr. A. ，2012，1244：46-54.

[64] Yu C H，Hu B. Sol-gel polydimethylsiloxane/poly（vinylalcohol）-coated stir bar sorptive extraction of organophos-phorus pesticides in honey and their determination by large volume injection GC. J Sep Sci. ，2009，32：147-153.

[65] Zacharis C K，Rotsias I，Zachariadis P G，et al. Dispersive liquid-liquid microextraction for the determination of or-ganochlorine pesticides residues in honey by gas chromatography-electron capture and ion trap mass spectrometric de-tection. Food Chem. ，2012，134：1665-1672.

[66] Zali S，Jalali F，Es-Haghi A，et al. Electrospun nanostructured polystyrene as a new coating material for solid-phase microextraction：application to separation of multipesticides from honey samples. J Chromatogr B. ，2015，1002：387-393.

[67] Zhang Y，Huang X J，Yuan D X. Determination of benzimidazole anthelmintics in milk and honey by monolithic fi-ber-based solid-phase micro-extraction combined with high-performance liquid chromatography-diode array detec-tion. Anal Bioanal Chem. ，2015，407：557-567.

[68] 邓小娟，李文斌，晋立川，等. QuEChERS-气相色谱法测定牛奶中 24 种有机氯及菊酯类农药残留. 食品科学，2016，37（8）：141-145.

[69] 杜娟，吕冰，朱盼，等. 凝胶渗透色谱-固相萃取联合净化气相色谱-质谱联用法测定动物性食品中 30 种有机氯农药的残留量. 色谱，2013，31（8）：739-746.

[70] 范广宇，唐秀，张云青，等. 高效液相色谱-串联质谱法同时测定贝类中 22 种农药残留. 色谱，2019，37（6）：612-618.

[71] 冯程程. 五种动物源食品中氟硅唑、氟虫腈及其代谢物残留分析研究. 北京：中国农业科学院，2018.

[72] 韩丙军，黄海珠，何燕，等. UPLC- MS/MS 测定动物源食品中 4 种农药残留. 食品研究与开发，2017，38（20）：130-134.

[73] 纪欣欣，石志红，曹彦忠，等. 凝胶渗透色谱净化/液相色谱-串联质谱法对动物脂肪中 111 种农药残留量的同时测定. 分析测试学报，2009，28（12）：1433-1439.

[74] 联合国粮食及农业组织组编. 刘丰茂，叶贵标主译. 联合国粮食及农业组织用于推荐食品和饲料中最大残留限量的农药残留数据提交和评估手册. 第 3 版. 北京：中国农业大学出版社，2020.

[75] 联合国粮食及农业组织农药残留专家联席会议. 农药最大残留限量和膳食摄入风险评估培训手册. 2012 版. 北京：中国农业出版社，2013.

[76] 吕冰，陈达炜，苗虹. 凝胶渗透色谱-固相萃取净化/气相色谱-串联质谱法测定动物性食品中 167 种农药残留. 分析测试学报，2015，34（6）：639-645.

[77] 吕飞，李华东，叶英，等. 建立同时快速测定动物源性食品中 17 种农药的在线凝胶渗透色谱-气相色谱-质谱联用法. 中国食品卫生杂志，2016：28（1）：69-74.

[78] 马丽芳，胡贵祥，夏祥. 高效萃取吸管-在线凝胶色谱-气相色谱-质谱法测定淡水鱼中的农药残留量. 食品安全质

量检测学报，2019，10（24）：8470-8478.

[79]　佟玲，杨佳佳，阎妮，等．加速溶剂提取/GC-MS 同时测定动物组织中有机氯农药和多氯联苯．岩矿测试，2014，33（2）：262-269.

[80]　吴南村，刘春华，张群，等．固相萃取净化-气相质谱法检测螃蟹可食部分的 9 种农药残留．农药科学与管理，2017，38（12）：15-19.

[81]　邢宇．基于新型分散固相萃取技术测定动物源食品中的农药多残留．泰安：山东农业大学，2016.

[82]　郇志博，谢德芳．三唑酮和三唑醇在 4 种动物基质中的残留分析方法研究．热带作物学报，2016，37（12）：2434-2440.

[83]　姚翠翠，石志红，曹彦忠，等．凝胶渗透色谱-气相色谱串联质谱法测定动物脂肪中 164 种农药残留．分析实验室，2010，29（2）：84-92.

[84]　叶瑞洪，苏建峰．分散固相萃取-超高效液相色谱-串联质谱法测定果蔬、牛奶、植物油和动物肌肉中残留的 61 种有机磷农药．色谱，2011，29（7）：618-623.

[85]　郑锋，庞国芳，李岩，等．凝胶渗透色谱净化气相色谱-质谱法检测河豚鱼、鳗鱼和对虾中 191 种农药残留．色谱，2009，27（5）：700-710.

[86]　周萍萍，陈惠京，赵云峰，等．动物性食品中持久性有机氯农药的残留分析．中国食品卫生杂志，2010，22（3）：193-198.

第十四章

环境样品中农药多残留分析

第一节 概 述

一、环境样品中的农药残留与分析

在使用化学防治方法对农业有害生物进行防治的过程中，受限于所用农药自身的理化性质和现有施药技术的限制，通常只有小部分的农药能到达靶标位点并产生药效，而其余大部分则会逸散在农田生态系统和周边的环境中，部分在自然条件下较稳定的农药会在环境中长期存在，并通过生态系统的物质循环造成环境污染。《农药登记管理办法》规定，农药登记申请提交的资料应至少包括产品的毒理学、残留化学、环境行为与环境影响等试验报告和有关风险评估报告，明确农药在环境中的分布和动态变化情况，揭示农药对环境的可能不良影响，从而为农药登记与科学管理提供必要的科学依据，有利于保护生态环境安全和保障消费者与职业人群的身体健康。

农药用于预防和控制病、虫、草和其他靶标生物，主要在农业、林业保护上发挥重要作用。农药使用后，部分通过水解、光解或微生物降解等途径被分解，有些农药或其代谢产物与生物体或土壤形成轭合残留，其他部分则在环境中发生迁移、淋溶等环境行为。通过挥发或植物蒸腾作用残存在空气中的农药可通过干湿沉降进入到土壤和水体中，水体和土壤中的农药残留也可通过挥发进入到大气中。土壤中农药残留可通过淋溶作用污染地下水，而水体中的农药也可能通过灌溉水的地表径流污染土壤。除农耕使用之外，农药在城市环境等其他领域也有广泛应用，例如，在园艺（花园、草坪、运动场地等）、绿化带（高速公路、飞机场、铁路、工业区等）中的使用（如 2,4-D、2 甲 4 氯丙酸、氨磺乐灵、异噁酰草胺、二氯吡啶酸等）；用于密封材料的合成、充当化妆品罐内的防腐剂（如异噻唑啉酮、敌草隆等）；用于房屋外立面和屋顶的保护材料（如多菌灵、去草净）等。城市范围内的农药使用量与农业用药相当，通过降雨冲刷、污水处理、混合下水道溢流等途径进入城市地表水环境系统。很多研究发现，许多农药在城市水体中被高频率检出，而且其浓度水平在施用季节会随降雨量的增加而上升，有些还会超过对水生生物保护的最大浓度限量，如敌草隆等。Wittmer 等所在 Eawag 研究组在 2010 年分析了 600 多个水样中的 23 种农药，发现对于不同来源的农药在浓度上体现了复杂和明显的规律，例如，二嗪磷在居民区庭院中的常规使用，导致其每年的背景检出始终大于 50ng/L；敌草隆在城市建筑外立面中的使用，导致其在降雨过程中的检出水平在 100~300ng/L；除草剂在农业和市区的施用，随降雨冲刷会出现季节性的浓度峰值，如 2 甲 4 氯丙酸（1600ng/L）、莠去津（2500ng/L）。总的来说，农药的剂型、理化性质（如水溶性、扩散系数、蒸气压、沸点、亨利常数、酸碱解离常数、分配系数和有机碳吸附系数等参数）、土壤性质（如水分和有机质的含量）、作物及耕作方式、城市水循环及排放方式、城市交通流量状况，以及降水、温度、湿度、风速和风向等气象因素条件都影响农药的环境行为和残留规律。

在被农药残留污染的环境中，一些化学结构稳定的农药可通过生物富集作用在食物链中进行传递和积累，对环境中各种生物和食物的安全构成严重威胁。最典型的例子就是滴滴涕（DDT），DDT 是一种生产成本低、生产工艺简单、广谱而高效的有机氯农药，曾在农业害虫的控制和疟疾防治方面发挥了巨大的作用。但 DDT 对人类和野生动物具有较强的慢性毒性和生物富集作用，并能在自然环境中长途迁移和稳定存在，半衰期长达数十年，是国际公认的持久性有机污染物（persistent organic pollutants，POPs）。美国等多个国家从 1972 年开始禁用 DDT，中国也在 1982 年禁止 DDT 在农业领域中应用，并在 2009 年对其实施全面禁用。DDT 从获得诺贝尔奖（1948，瑞士化学家 Paul Hermann Müller）到被全球禁用的案例为人类敲响了警钟——药效已非评判农药优劣性的唯一标准，农药对人类和环境的安全性更值得关注。开展环境样品中农药残留分析方法研究，有助于开展农药施用后的环境监测和风险排查，为农药的安全合理使用提供必要的科学依据。

在农药药害与污染鉴别方面，环境样品中农药残留分析方法的建立与使用非常必要。农药环境污染事故通常可分为人畜急性中毒事故、水生生物中毒事故和农作物受害事故三种类型，具有突发性、地域不确定性和危害严重性。受不同类型农药的作用靶标存在一定的特异性等因素的影响，造成不同农药环境污染事故的农药类型也有所区分，如造成人畜急性中毒事故的通常是杀虫剂和杀鼠剂，尤其是高毒的有机磷农药；而造成水生生物事故的主要有菊酯类杀虫剂和一些除草剂品种；使农作物受到药害的则多为磺酰脲等长残效除草剂。造成农药环境污染的因素可能有很多，除了农药的使用过程中产生的农药残留外，农药生产厂家发生生产安全事故、农药在运输途中发生泄露等情况也可能会造成农药环境污染，应引起足够的关注。

二、环境中农药残留分析的特殊性和复杂性

农药多残留分析的环境样品有空气、土壤和各种水体样品。与食用农产品样品相比较，环境样品中的农药残留分析具有其特殊性与复杂性。植物源样品和动物源样品中所含有的污染物主要来自农药、兽药、化肥等人为添加物，污染物来源单一而种类较少；而空气、水和土壤等环境样品其污染物来源广泛、种类繁多，且各污染物的理化性质和量差异较大，环境样品中农药残留还具有水平相对较低且背景复杂的特点，而很多场合下要求分析方法拥有更低的检出限，这就对环境样品的采集和前处理与检测手段提出了更高的要求。因此，针对各种水体、大气和土壤，需要采用专门的采样设备和手段或材料，尽可能获得代表性强的样品；环境样品的储藏和运输也需有一定的质量控制措施；环境样品的前处理过程要尽可能去除基质干扰并增加富集倍数；检测手段要求灵敏度高、特异性好、快捷可靠。再加之农药残留物的多变性等特点，为环境样品中的农药残留分析带来了更大的挑战。

农药在空气、水和土壤环境中的残留通常是动态变化的，随时空分布通常是不均匀的。目前，我国的环境样品中农药多残留分析方法标准主要涉及传统的有机氯和有机磷农药，尚缺少其他种类的农药多残留分析方法标准。

第二节　环境样品的采样和分析

从环境样品中提取农药残留的传统方法是液液萃取法和索氏提取法，即根据"相似相溶"的原则以及可能被检出的农药的极性大小来选用相应的提取溶剂，如可使用正己烷、二氯甲烷等低极性的溶剂提取对硫磷等极性较小的有机磷农药以及大部分有机氯农药和拟除虫菊酯类农药，而乐果、敌敌畏等极性较大的有机磷农药则可以用丙酮等高极性溶剂进行提取。溶剂提取法需要消耗大量的有机溶剂，操作繁琐且耗时也较长，固相萃取法（SPE）逐渐成了主流。国内外研究者还建立了分散固相萃取（DSPE）、基质固相分散（MSPD）、固相微萃取（SPME）、分子印迹固相萃取（MISPE）、凝胶渗透色谱（GPC）、超声波萃取（UE）、微波萃取（MAE）、超临界流体萃取（SFE）、加速溶剂萃取（ASE）、搅拌棒吸附萃取（stir bar sorptive extraction，SBSE）、空气搅拌-液液微萃取（air-agitated liquid-liquid micro-extraction，AALLME）、分散液液微萃取法（DLLME）等高效便捷的提取方法。

美国环境保护署（EPA）在 20 世纪 70 年代初就开始先后开发了一系列的环境污染物监测方法，并不断修订完善已有的分析方法，从采样、前处理、检测到数据分析等各个流程都为相关工作者提供了重要的参考。如 EPA 600 系列、EPA 500 系列等，因规定了严格的质量保证/质量控制程序，从而能较好地保证检测结果的准确性，其检测对象包括了有机氯、有机磷、三嗪类和氨基甲酸酯类农药等。

以下按照空气、水样品和土壤分类，从采样和检测两方面介绍环境样品中农药多残留分析方法的主要研究进展。

一、空气样品中农药多残留分析

空气是生物生存的重要物质基础之一，其污染源主要有工业污染源、生活污染源和交通污染源三种，在空气中残留的农药通常都具有一定的挥发性，如熏蒸剂溴甲烷可随蒸腾气流进入大气破坏臭氧层等，近年来新兴的无人机施药更是增加了空气受到农药污染的风险，室内使用的卫生杀虫剂也具有一定的安全风险。

空气样品的采集可以分为直接采样、有动力浓缩采样（主动采样）和被动采样三种，其中直接采样是使用聚合物袋、玻璃容器以及不锈钢采样罐等采样容器直接对空气进行捕集的方法，这种方法虽然采样简便、不需要特殊的采样器械，但通常只能检测一些浓度较高的组分。有动力浓缩采样法又称主动采样法，通常是借助抽气装置（通常是泵）提供的动力，以一定的气体流量将空气中的待测组分吸收并浓缩在气体吸收管的吸收液中，具有采样迅速、可根据采样体积和样品浓度直接获得污染物在空气中浓度的特点，但由于使用成本较高、需要电力供应等不足而在户外应用较少，常用于室内环境空气监测。被动采样通常分为平衡采样和动力学（非平衡）采样两类。被动采样是基于被分析物的化学势在原本环境和采样介质间的差异，通过气体分子扩散、吸附、沉淀作用及渗透原理进行采样的一种技术，常用的吸附剂有半渗透膜、聚氨酯、高分子树脂聚合物等。被动采样器具有结构简单、轻巧便携、无需电源、易于维护和使用成本低等特点，动力学被动采样技术成为农药残留分析空气样品采集最常用的采样方法。

气体由于其特殊的物质状态而具有较强的流动性，空气中飘浮的农药分子容易扩散，其浓度通常较低，且容易受到风速和风向的影响，采样时应以大气污染源为起点，采用放射状布点法，并在主导风上风向设置对照点，使用被动采样器采集，将空气中残留的农药收集到滤膜和吸附材料上。一般用索氏提取器提取后，还要经过液液萃取、固相萃取和层析等多种净化方式处理后，才能保证足够的净化程度满足仪器分析的要求。

代表性文献报道实例：

谭爱军等建立了工作场所空气中有机磷、有机氯、拟除虫菊酯类农药共 42 种组分的快速测定方法，即用聚氨酯泡沫（polyurethane foam，PUF）和玻璃纤维滤纸采集空气中多种混合农药毒物，用丙酮-正己烷（$V_{丙酮}：V_{正己烷}=1：1$）解吸，解吸液浓缩定容后直接用气相色谱-质谱联用仪进行分析测定，LOD 为 0.003～0.18mg/m³。

李娟等报道了一种检测环境空气中 22 种痕量有机氯及其降解产物的 GC-MS 方法，试验采用带有 PUF/玻璃纤维的大流量采样器进行采样，滤膜放入快速溶剂萃取仪中用二氯甲烷-丙酮混合溶液（$V_{二氯甲烷}：V_{丙酮}=9：1$）对待测组分进行提取，氮吹浓缩后用正己烷定容，过弗罗里硅土小柱净化，之后用正己烷-丙酮混合溶液（$V_{正己烷}：V_{丙酮}=9：1$）洗脱，氮吹浓缩定容，GC-MS 选择离子扫描，方法的空白添加回收率为 62.1%～118.0%，相对标准偏差（RSD）小于 15.2%。

陆海霞等曾对杭州地区茶园空气中有机农药的残留情况进行调查，报道了一种用双路大气采样器直接采样，活性炭吸附，丙酮洗脱，收集洗脱液待测，用气相色谱-电子捕获检测器（GC-ECD）分析有机氯和拟除虫菊酯类农药，用气相色谱-火焰光度检测器（GC-FPD）检测有机磷农药的气相色谱检测法，能同时检测空气中多种农药及相关化学品，其中包括：六六六、DDT 和三氯杀螨醇及其具有毒理学意义的代谢产物；溴氰菊酯、甲氰菊酯、联苯菊酯、氯氰菊酯和氰戊菊酯共 5 种拟除虫菊酯类农药；甲基对硫磷、乙酰甲胺磷、喹硫磷、二嗪磷、乐果、水胺硫磷、倍硫磷、甲胺磷、杀螟硫磷和抗蚜威共 10 种有机磷农药。

Caroline 等建立了一种 ASE 法提取、固相微萃取（SPME）预富集和 GC-MS 分析相结合的气体样品中敌草腈、氟乐灵、噁唑禾草灵等 23 种农药残留的检测方法，其中用树脂处理方法的 LOD 值在 48～1065pg/m³ 之间，而过滤处理方法的 LOD 值在 2～744pg/m³ 之间。

Aaron 等用含有预先经过甲醇、丙酮、二氯甲烷、正己烷和正己烷＋丙酮（$V_{正己烷}：V_{丙酮}=1：1$）处理的 XAD-2 吸附剂的玻璃纤维收集器在爱荷华州东部的 3 个采样点采集了 136 个空气样品，建立了一种用索氏提取法提取，然后依次用旋转蒸发仪和氮吹仪浓缩定容至 100μL，浓缩液通过含有硅酸镁和乙酸乙酯的巴斯德吸管净化，能同时检测空气中的氟乐灵等 31 种除草剂、毒死蜱等 14 种杀虫剂和三环唑等 6 种杀菌剂的 GC-MS 法。

Mario 等报道了两种用 XAD-2 离子交换树脂固相萃取，分别用气相色谱-氮磷检测器（GC-NPD）和气相色谱-离子阱质谱仪（GC-ITMS）检测，可同时检测大气中痕量的 38 种有机磷农药的方法，并应用于检测意大利中部 Molise 地区的空气在不同季节中的农药残留，试验结果显示两种方法的 LOD 值均在 0.01～0.03pg/μL 之间，RSD＜9.0%。

二、水样品中农药多残留分析

水是自然界中最常见的化合物之一，农业灌溉和农药施用都离不开它，自然环境中的水体容易受到工业废水、生活废水、农业灌溉等的污染，通常含有较多的杂质，为农药残留检测带来一定的难度。水体受到农药污染的主要原因包括农药随灌溉水流向其他水体、土壤中的农药随地表径流或通过淋溶作用渗入地下水、农药厂产生的污水未经处理后直接排放等，从不同水体受到农药污染的程度来看，从严重到较轻一般为农药厂田水＞田沟水＞径流水＞塘水＞浅层地下水＞河流水＞自来水＞深层地下水＞海水。采样过程中用到的所有装置都需依次经去离子水、甲醇、乙酸乙酯、甲醇清洗干净，在通风橱中晾干。所有玻璃容器都在马弗炉 450℃温度下灼烧 4h，除去可能影响试验结果的干扰物质。采集水样前，需用实际水样润洗三遍所有需要用到的器皿和容器。水样的存储容器最好用棕色硬质玻璃瓶，采样时瓶内装满，不留有气泡；避免动作过大，以免采集到水底的沉积物。

代表性文献报道实例：

冯海强建立了一种直接法固相微萃取（SPEM）技术，可同时检测水体中的敌敌畏、速灭磷、甲基对硫磷等 8 种有机磷农药，采用气相色谱-火焰光度检测器检测，LOD 值在 11.1～310.3ng/L 之间，在 0.2μg/L 和 4μg/L 两个加标水平下的回收率基本在 70%～120% 之间，符合农药残留检测的要求，而且具有前处理简便、基本不需要使用有毒药品和有机溶剂的优点。

仇秀梅等报道了一种用正己烷液液萃取，无水硫酸钠脱水，平行蒸发仪浓缩，正己烷定容，可检测地下水中 16 种有机氯农药的气相色谱法，LOD 值为 0.6～1.5ng/L，回收率达到 80.1%～109.0%。

郭敏建立了一种方法，用 Envi-18 固相萃取小柱净化，正己烷＋丙酮（$V_{正己烷}:V_{丙酮}=1:1$）洗脱，氮吹，正己烷定容，GC 配备微池电子捕获检测器（μECD）检测水体中六六六、DDT、毒死蜱和氟虫腈等 23 种农药的残留，LOD 值为 5～50ng/L。

朱定姬等建立了一种 SBSE 提取，GC-MS 检测水中 20 种有机氯农药的方法，LOD 值在 8～118ng/L，回收率在 52%～117% 之间，相对标准偏差在 3.7%～13.7% 之间。何欣等建立了一种用乙腈提取，固相萃取小柱富集净化，以乙腈-0.1%（体积分数）甲酸水溶液为流动相梯度洗脱，在电喷雾离子源正离子模式（ESI＋）下采用多反应监测（MRM）模式检测，可同时对环境水样中噻虫嗪、氟虫腈、丙环唑、氯磺隆和苄嘧磺隆等 24 种农药残留进行检测的高效液相色谱-串联质谱法（HPLC-MS/MS），LOD 值为 0.05～0.71ng/L。

Kolodziej 等采用 Oasis HLB 固相萃取柱提取水样中 12 种目标农药，结合稳定同位素内标稀释-LC-MS/MS 法对目标分析物进行萃取富集和分析检测，以均含 5mmol/L 乙酸铵-0.1%氨水添加物的甲醇：水（10：90，V/V）作为起始流动相梯度洗脱，质谱检测，取得了满意的回收率、分离效果和质谱响应。方法定量限（LOQ）在 0.01～16ng/L 范围内（除异菌脲240ng/L），加标回收测定的绝对回收率为 52%～118%，相对回收率为 81%～125%，RSD＜20%。

宋伟等报道了一种用 HLB 固相萃取柱富集，然后依次串联自填无水硫酸钠柱除水和 LC-NH$_2$柱净化，依次用丙酮＋正己烷（$V_{丙酮}:V_{正己烷}=1:1$）和乙酸乙酯洗脱，氮吹，丙酮＋正己烷（$V_{丙酮}:V_{正己烷}=1:1$）定容，可同时检测水样中 87 种农药残留的 GC-MS 检测方法，LOD 值为 0.1～6.6ng/L。

Bouraie 等用二氯甲烷提取，正己烷定容，GC-ECD 法检测，对埃及 El-Rahawy 地区的地表水和地下水中有机氯农药残留情况进行了调查，LOD 值低至 0.1ng/L。

Mir 等采用 GC-FID，建立并比较了 AALLME 法和 DLLME 法检测水中戊菌唑、己唑醇、烯唑醇、戊唑醇和灭菌唑共 5 种三唑类农药残留，并对 AALLME 法中萃取剂的种类与添加量、空气搅拌循环次数；DDLLME 法中萃取剂和提取剂的种类与添加量；以及两种方法的离心速率、离心时间和 pH 都进行了优化。两种方法的基本步骤和精密度数据如下：AALLME 法将水样在玻璃离心管中用二溴乙烷萃取，用玻璃注射器从管中反复抽出并注入混合物 7 次，离心后取 1μL 下层萃取液，进行 GC-FID 检测，LOD 值为 0.20～1.1ng/mL，RSD＜4%；DLLME 法将水样在玻璃离心管中加入甲醇为萃取剂、二溴乙烷为萃取剂，离心后，取 1μL 下层萃取液，进行 GC-FID 检测，LOD 为 1.9～5.9ng/mL，RSD＜5%，试验结果表明这两种方法均能简便、快速、廉价、高效和准确地应用于不同水样中三唑类农药的检测中，但相较之下 AALLME 法在重复性、有机溶剂用量、LOD 和富集因子等方面存在着更大的优势。

Koukouvinos 等建立了一种基于白光反射光谱的生物传感器同时测定饮用水中毒死蜱、烯菌灵和噻菌灵的电化学分析方法，并用 LC-MS/MS 法验证了其准确性，重复性达到

4.9%～8.2%，其中毒死蜱和烯菌灵的 LOD 值低至 60pg/mL，噻菌灵的 LOD 值为 80pg/mL，添加回收率在 86%～116%。

三、土壤样品中农药多残留分析

土壤样品的采集相对简单，但也有一定的采样要求，如应避免在农药、肥料施用时以及冻土季节采集，采样点要避开农田田埂、地头和堆肥处，采样时应清除明显的动植物残体和石块等杂物，土壤样品带回实验室后一般不能烘干，避免在此过程中农药残留产生损失，可以分出部分样品用于水分含量测定，之后折算干重土壤中农药残留量。

代表性文献报道实例：

陈莉等建立了一种石油醚＋丙酮（$V_{石油醚}$：$V_{丙酮}$＝2：1）提取，弗罗里硅土层析净化，石油醚＋乙酸乙酯（$V_{石油醚}$：$V_{乙酸乙酯}$＝9：1）洗脱，GC-ECD 法检测，单点外标法定量，可同时检测土壤中氯氰菊酯、氰戊菊酯和溴氰菊酯的分析方法，回收率在 87.02%～95.49%之间，最小检出量可低至 1.00pg，具有灵敏度高、操作简便等特点。

赖国银等建立了一种用 QuEChERS 前处理方法进行提取，C_{18} 色谱柱分离，0.1%甲酸-10mmol/L 乙酸铵甲醇溶液和 0.1%甲酸-10mmol/L 乙酸铵水进行梯度洗脱，外标法定量，可同时检测土壤中 23 种农药残留的 QuEChERS-超高效液相色谱-四级杆-飞行时间质谱法，方法的 LOD 值为 1.6μg/kg，LOQ 为 5μg/kg。

王娜报道了一种以丙酮＋正己烷（$V_{丙酮}$：$V_{正己烷}$＝1：1）为溶剂的超声辅助液液萃取法，柱层析法净化，丙酮＋正己烷（$V_{丙酮}$：$V_{正己烷}$＝1：9）混合溶液洗脱，氮吹浓缩及定容，最后用电子捕获检测器检测土壤中 23 种有机氯农药的 GC 法，用外标法定量，根据待测组分在两根不同极性的色谱柱上的保留时间来准确定性，方法的 LOD 值为 0.011～0.112μg/kg。

韩梅等建立了一种用乙腈提取，石墨化碳/氨基固相萃取小柱净化，乙腈＋甲苯（$V_{乙腈}$：$V_{甲苯}$＝3：1）混合溶液洗脱 5 次，浓缩后用丙酮＋正己烷（$V_{丙酮}$：$V_{正己烷}$＝1：9）定容待测，可同时检测土壤中 125 种农药的气相色谱-串联质谱（GC-MS/MS）法，其中除甲胺磷、敌敌畏和氧乐果以外的 122 种农药在 0.08mg/kg、0.2mg/kg 和 0.4mg/kg 的加标水平下的平均添加回收率在 71.3%～121.6%之间，RSD＜13%，LOD 值在 0.1～8.1μg/kg。

姬承东等曾对湖南省某高尔夫球场草坪土壤中的有机农药的残留进行研究，报道了一种能同时检测土壤中对硫磷、马拉硫磷、敌敌畏、DDT、六六六、三氟氯氰菊酯等 30 种有机农药及其相关化学品的 GC-MS 法，方法的主要步骤是超声辅助丙酮-石油醚（$V_{丙酮}$：$V_{石油醚}$＝4：1）液液萃取，柱层析法净化，依次用丙酮、正己烷-丙酮（$V_{正己烷}$：$V_{丙酮}$＝4：1）和甲醇洗脱，旋蒸至近干后用正己烷定容到 1mL 待测，最后用气相色谱-质谱仪检测，LOD 值为 1～12mg/mL，平均回收率在 71.57%～121.38%之间，RSD＜7.90%。

刘艳对土壤中氨基甲酸酯类农药和三唑类农药的分析方法进行了研究，建立了一种能检测涕灭威、克百威、丙环唑和三唑醇等 18 种农药及相关化学品的 LC-MS/MS 法，即用 QuEChERS 方法提取和净化，离心后直接取上清液待测，内标法定量，并对质谱的多反应监测离子对、三重四级杆参数和 ESI 离子源参数，以及液相色谱的色谱柱、流动相梯度条件进行了优化，使各组分的 LOD 为 0.010～0.130μg/kg，添加回收率达到 64.7%～104.7%，RSD＜16.83%。

Watanabe 等报道了一种风干土壤样品加水后剧烈振荡 48h 提取，离心后直接用含辣根过氧化物酶的试剂盒进行检测的酶联免疫吸附法（ELISA），并用高效液相色谱法（HPLC）验证了该方法的准确性，对日本的 21 种具有代表性的土壤样品中的呋虫胺、噻虫胺和吡虫啉进行了快速检测，3 种新烟碱类农药的添加回收率分别为 73%～111%、72%～113% 和 76%～126%，较 HPLC 法高出约 10%，这可能是由于待测组分在 HPLC 法复杂的前处理过程中有所损害，作者同时提出该方法的基质干扰问题可通过使用水或缓冲液稀释样品提取液的方法克服。

Senar 等建立并优化了一种以丙酮-石油醚（$V_{丙酮}$：$V_{石油醚}$＝1：1）为萃取剂，对土壤样品中的有机氯农药残留进行微型超声萃取，GC-ECD 检测，方法的添加回收率在 82%～106% 之间，18 种有机氯农药的 LOD 值在 0.02～1.34μg/kg 之间。

Goncalves 等报道了一种用 SFE 法提取，检测土壤样品中莠去津、毒虫威和喹硫磷等 20 种农药及其相关化学品残留的 GC-MS/MS 检测方法，LOD 值在 0.1～3.7μg/kg 之间，RSD＜15.7%。

第三节　环境样品中农药多残留分析标准示例

目前我国现行的农药及其相关化学品多残留分析方法的国家标准中，检测的大多是粮谷、果蔬等农产品，环境样品中农药及其相关化学品的多残留分析方法的国家标准较少，且修订时间较早，使用的提取和净化方法较为传统。下面简要介绍典型的水体、土壤和空气中农药残留分析方法标准。

一、饮用水中农药及相关化学品残留量的测定　液相色谱-串联质谱法

在 GB/T 23214—2008《饮用水中 450 种农药及相关化学品残留量的测定　液相色谱-串联质谱法》中，试样用 1% 乙酸乙腈溶液提取，Sep-Pak Vac 柱净化，用乙腈＋甲苯（$V_{乙腈}$：$V_{甲苯}$＝3：1）洗脱农药及相关化学品，LC-MS/MS 仪检测，外标法定量。

（一）测定方法

1. 农药及相关化学品标准溶液的配制

以下所用的无水乙酸钠、无水硫酸钠和无水硫酸镁为分析纯试剂，甲苯、甲酸、乙酸和乙酸胺为优级纯试剂，甲醇、乙腈、丙酮、正己烷、异辛烷为色谱纯试剂，水为 GB/T 6682—2008《分析实验室用水规格和试验方法》规定的一级水。其中无水硫酸钠和无水硫酸镁在使用前应在 650℃ 灼烧 4h，贮存于干燥器中，冷却后备用。

（1）标准储备溶液的配制　分别称取 5～10mg（精确至 0.1mg）农药及相关化学品各标准物质（纯度≥95%）于 10mL 容量瓶中，根据标准物的溶解度选甲醇、甲苯、丙酮、乙腈或异辛烷溶解并定容至刻度（溶剂选择参见 GB/T 23214—2008 附录 A）。标准储备溶液避光 4℃ 保存，可使用一年。

（2）混合标准溶液的配制　按照农药及相关化学品的保留时间，将 450 种农药及相关化学品分成 A、B、C、D、E、F、G 七个组，并根据每种农药及相关化学品在仪器上的响应灵敏度，确定其在混合标准溶液中的浓度。该标准对 450 种农药及相关化学品的分组及其混合标准溶液浓度参见 GB/T 23214—2008 附录 A。

依据每种农药及相关化学品的分组、混合标准溶液浓度及其标准储备液的浓度，移取一定量的单个农药及相关化学品标准储备溶液于 100mL 容量瓶中，用甲醇定容至刻度。混合标准溶液避光 4℃ 保存，可使用一个月。

（3）基质混合标准工作溶液的配制　农药及相关化学品基质混合标准工作溶液是用样品

空白溶液配成不同浓度的基质混合标准工作溶液 A、B、C、D、E、F、G，用于作标准工作曲线。基质混合标准工作溶液应现用现配。

2. 样品的制备与保存

（1）试样的制备　将取得的全部原始样品倒入洁净的聚四氟乙烯样桶内，密封，作为试样，标明标记。

（2）试样的保存　将试样置于冷藏状态下保存。

3. 样品提取

移取 25mL 试样（精确至 0.1mL）于 100mL 具塞离心管中，加入 40mL 1%乙酸乙腈溶液，在旋涡混合器上混合 2min。向具塞离心管中加入 4g 无水乙酸钠，再振荡 1min，再向离心管中加入 15g 无水硫酸镁，振荡 5min，4200r/min 离心 5min，准确移取 20mL 上清液至鸡心瓶中，在 40℃水浴中旋转浓缩至约 2mL 待净化。

4. 样品净化

在 Sep-Pak Vac 柱中加入约 2cm 高无水硫酸钠，并将柱子放入下接鸡心瓶的固定架上。加样前先用 5mL 乙腈＋甲苯（$V_{乙腈}：V_{甲苯}＝3：1$）预洗柱，当液面到达硫酸钠的顶部时，迅速将样品提取液转移至净化柱上，并更换新鸡心瓶接收。在净化柱上加上 50mL 贮液器，用 25mL 乙腈＋甲苯（$V_{乙腈}：V_{甲苯}＝3：2$）洗脱农药及相关化学品，合并于鸡心瓶中，并在 40℃水浴中旋转浓缩至约 0.5mL，于 35℃下氮气吹干，1mL 乙腈＋水（$V_{乙腈}：V_{水}＝3：2$）定容，经 0.2μm 微孔滤膜过滤后供 LC-MS/MS 分析。

5. 液相色谱-串联质谱测定

（1）A、B、C、D、E、F 组液相色谱串联质谱仪器条件

色谱柱　ZORBAX SB-C$_{18}$，3.5μm，100mm×2.1mm（内径）或相当者；

色谱柱温度　40℃；

进样量　10μL；

电离源模式　电喷雾离子化；

雾化气　氮气；

雾化气压力　0.28MPa；

离子喷雾电压　4000V；

干燥气温度　350℃；

干燥气流速　10L/min；

监测离子对、碰撞气能量和源内碎裂电压参见 GB/T 23214—2008；

流动相流速　0.4mL/min。

流动相梯度洗脱条件见表 14-1。

表 14-1　流动相梯度洗脱条件

时间/min	流动相 A(0.1%甲酸水)/%	流动相 B(乙腈)/%
0.00	99.0	1.0
3.00	70.0	30.0
6.00	60.0	40.0
9.00	60.0	40.0
15.00	40.0	60.0
19.00	1.0	99.0
23.00	1.0	99.0
23.01	99.0	1.0

（2）G组液相色谱串联质谱仪器条件　除流动相 A 更改为 5mmol/L 乙酸铵水外，其他仪器条件均与其他各组相同。

（3）定性分析　在相同实验条件下进行样品测定时，如果检出的色谱峰的保留时间与标准样品相一致，并且在扣除背景后样品质谱图中，所选择的离子均出现，而且所选择的离子丰度比与标准样品的离子丰度比相一致（相对丰度＞50％，允许±20％偏差；相对丰度＞20％～50％，允许±25％偏差；相对丰度＞10％～20％，允许±30％偏差；相对丰度≤10％，允许±50％偏差），则可判断样品中存在这种农药或相关化学品。

（4）定量测定　本标准中液相色谱-串联质谱采用外标-校准曲线法定量测定。为减少基质对定量测定的影响，定量用标准溶液应采用基质混合标准工作溶液绘制标准曲线。并且保证所测样品中农药及相关化学品的响应值均在仪器的线性范围内。450 种农药及相关化学品多反应监测（MRM）色谱图参见 GB/T 23214—2008 附录 C。

（5）平行试验　按以上步骤对同一试样进行平行试验。

（6）空白试验　除不称取试样外，均按上述步骤进行。

（二）结果

液相色谱-串联质谱测定采用标准曲线定量，标准曲线法定量结果按式(14-1)计算：

$$X_i = c_i \times \frac{V_1}{V_2} \times \frac{1000}{1000} \tag{14-1}$$

式中　X_i——试样中被测组分残留量，mg/L；

　　　c_i——从标准曲线上得到的被测组分溶液浓度，μg/mL；

　　　V_1——样品溶液定容体积，mL；

　　　V_2——样品溶液所代表试样的体积，mL。

计算结果应扣除空白值。

水样中 450 种农药及相关化学品残留测定方法的 LOD 为 0.010μg/L～0.065mg/L，详见 GB/T 23214—2008 附录 A。方法的精密度数据参见 GB/T 23214—2008 附录 D。

二、水、土中有机磷农药测定的气相色谱法

GB/T 14552—2003《水、土中有机磷农药测定　气相色谱法》涉及 10 种有机磷农药在地表水、地下水和土壤中的残留量测定的气相色谱法。其中土样中的农药残留在锥形瓶中加水静置 10min 后再用丙酮和水的混合液（$V_{丙酮}：V_水 = 1：5$）提取，水样中的农药残留则直接在分液漏斗中用丙酮提取，随后二者均用液液萃取法和凝结净化步骤除去杂质，用 GC-NPD 或 GC-FPD 检测，根据色谱峰的保留时间定性，外标法定量。

（一）测定方法

1. 农药及相关化学品标准溶液的配制

以下所用的丙酮、石油醚、二氯甲烷、乙酸乙酯、氯化钠、无水硫酸钠和氯化铵等均为分析纯试剂，其中丙酮、石油醚和二氯甲烷均需经过重蒸，无水硫酸钠在使用前需在 300℃烘 4h 后放入干燥器备用。

（1）农药标准溶液的制备　准确称取一定量的农药标准样品（纯度为 95.0％～99.0％，准确到±0.0001g），用丙酮为溶剂，分别配制浓度为 0.5mg/mL 的速灭磷、甲拌磷、二嗪磷、水胺硫磷、甲基对硫磷、稻丰散；浓度为 0.7mg/mL 杀螟硫磷、异稻瘟净、溴硫磷、杀扑磷储备液，在冰箱中存放。

（2）农药标准中间溶液的配制　用移液管准确量取一定量的上述 10 种储备液于 50mL 容量瓶中，用丙酮定容至刻度，配制成浓度为 50μg/mL 的速灭磷、甲拌磷、二嗪磷、水胺硫磷、甲基对硫磷、稻丰散，及 100μg/mL 的杀螟硫磷、异稻瘟净、溴硫磷、杀扑磷的标准中间溶液，在冰箱中存放。

（3）农药标准工作液的配制　分别用移液管吸取上述中间溶液每种 10mL 于 100mL 容量瓶中，用丙酮定容至刻度，得混合标准工作溶液，在冰箱中存放。

（4）凝结液　20g 氯化铵和 85% 磷酸 40mL，溶于 400mL 蒸馏水中，用蒸馏水定容至 2000mL，备用。

2. 样品的采集与保存

（1）土壤样品的采集　按照 NY/T 395—2012《农田土壤环境质量监测技术规范》标准在田间采集土样，充分混匀后取 500g 装入样品瓶中备用，另取 20g 测定含水量。

（2）水样品的采集　按照 NY/T 396—2000《农田水源环境质量监测技术规范》标准取具代表性的地表水或地下水，用细口磨砂瓶取 1000mL，装水前先用水样冲洗样品瓶 2～3 次。

（3）样品的保存　水样在 4℃ 冰箱中保存；土壤保存在 −18℃ 冷冻箱中备用。

3. 样品提取和净化

（1）水样的提取和净化　取 100.0mL 水样于 500mL 分液漏斗中，加入 50mL 丙酮振摇 30 次，取出 100mL，相当于样品量的三分之二，移入另一 500mL 分液漏斗中，加入 10～15mL 凝结液（用浓度为 0.5mol/L 的氢氧化钾溶液调至 pH 为 4.5～5.0）和 1g 助滤剂，振摇 20 次，静置 3min，过滤到另一 500mL 分液漏斗中，加 3g 氯化钠，依次用 50mL、50mL、30mL 二氯甲烷萃取三次，合并有机相，经一装有 1g 无水硫酸钠和 1g 助滤剂的筒形漏斗过滤，收集于 250mL 平底烧瓶中，加入 0.5mL 乙酸乙酯，先用旋转蒸发器浓缩至 3mL，在室温下用氮气或空气吹浓缩至近干，用丙酮定容 5mL，供气相色谱测定。此外亦可遵照 GB/T 5009.20—2003《食品中有机磷农药残留量的测定》中 6.2 的净化步骤进行。

（2）土样的提取和净化　准确称取已测定含水量的土样 20.0g，置于 300mL 具塞锥形瓶中，加水，使加入的水量与 20.0g 样品中水分含量之和为 20mL，摇匀后静置 10min，加 100mL 丙酮水的混合液（$V_{丙酮}/V_{水} = 1:5$），浸泡 6～8h 后振荡 1h，将提取液倒入铺有二层滤纸及一层助滤剂的布氏漏斗减压抽滤，取 80mL 滤液（相当于 2/3 样品），除以下步骤凝结 2～3 次外，其余同水样净化。此外亦可遵照 GB/T 5009.20—2003 中 6.2 的净化步骤进行。

4. 气相色谱法测定

（1）测定条件 A（配备 NPD）

玻璃柱 a　1.0m×2mm（i.d.），填充涂有 5% OV-17 的 Chrom Q，80～100 目的担体；

玻璃柱 b　1.0m×2mm（i.d.），填充涂有 5% OV-101 的 Chromsorb WHP，100～120 目的担体；

色谱柱温度　200℃；

进样口温度　230℃；

检测器温度　250℃；

载气　氮气（N₂）36～40mL/min；

燃气　氢气（H₂）4.5～6mL/min；

助燃气　空气 60～80mL/min；

检测器　NPD。

（2）测定条件 B（配备 NPD）

色谱柱　石英弹性毛细管柱 HP5，30m×0.32mm（i.d.）；

色谱柱温度　130℃保持 3min，然后以 5℃/min 程序升温至 140℃，恒温 65min；

进样口温度　220℃；

检测器温度　300℃；

载气　氮气（N_2）3.5mL/min；

燃气　氢气（H_2）3mL/min；

助燃气　空气 60mL/min；

尾吹气　氮气（N_2）10mL/min。

（3）测定条件 C（配备 FPD）

色谱柱　石英弹性毛细管柱 DB17，30m×0.53mm（i. d.）；

色谱柱温度　150℃保持 3min，然后以 8℃/min 程序升温至 250℃，恒温 10min；

进样口温度　220℃；

检测器温度　300℃；

载气　氮气（N_2）9.8mL/min；

燃气　氢气（H_2）75mL/min；

助燃气　空气 100mL/min；

尾吹气　氮气（N_2）10mL/min。

（4）共同测定条件　进样方式为注射器进样；进样量：1～4μL。

（5）定性分析　吸取 1μL 混合标准溶液注入气相色谱仪，记录色谱峰的保留时间。再吸取 1μL 试样，注入气相色谱仪，记录色谱峰的保留时间，根据色谱峰的保留时间定性。

（6）定量测定　吸取 1μL 混合标准溶液注入气相色谱仪，记录色谱峰的峰高（或峰面积）。再吸取 1μL 试样，注入气相色谱仪，记录色谱峰的峰高（或峰面积），根据色谱峰的峰高（或峰面积）采用外标法定量。

（二）结果计算

水样和土样中有机磷农药残留量（X）按式(14-2) 计算。

$$X = \frac{c_{is} \times V_{is} \times H_i(S_i) \times V}{V_i \times H_i(S_{is}) \times m} \tag{14-2}$$

式中　X——样本中农药残留量，mg/kg 或 mg/L；

c_{is}——标准溶液中 i 组分农药浓度，mg/mL；

V_{is}——标准溶液进样体积，μL；

$H_i(S_i)$——样本溶液中 i 组分农药的峰高或峰面积，mm 或 mm^2；

V——样本溶液最终定容体积，mL；

V_i——样本溶液进样体积，μL；

$H_{is}(S_{is})$——标准溶液中 i 组分农药的峰高或峰面积，mm 或 mm^2；

m——称样质量，g（这里只用提取液的 2/3，应乘 2/3）。

水样、土样中 10 种有机磷农药及相关化学品残留测定方法的 LOD 值分别为 0.086～0.572μg/L 和 0.43～2.9μg/kg，详见 GB/T 14552—2003 附录 A 中表 A.4。方法的变异系数为 2.71%～11.29%，详细的精密度数据参见 GB/T 14552—2003 附录 A 中表 A.1 和 A.2。方法的加标回收率为 86.5%～98.4%，详细的准确度数据参见 GB/T 14552—2003 附录 A 中表 A.3。

三、环境空气中有机氯农药残留量的测定

HJ 900—2017《环境空气　有机氯农药的测定　气相色谱-质谱法》，涉及 23 种有机氯

农药及相关化学品,采用气相色谱-质谱法进行测定。试样用大流量采样器采集,将环境空气气相和颗粒物中的有机氯农药采集到滤膜和PUF上,用乙醚-正己烷混合剂在索氏提取器中提取,提取液经脱水、浓缩,依次使用硅酸镁固相萃取柱和硅酸镁层析柱净化,洗脱液经浓缩和溶剂交换后加入内标液用气相色谱-质谱分离检测,根据保留时间和特征离子丰度比定性,内标法定量。

(一)测定方法

1. 农药及相关化学品标准溶液的配制

以下所用丙酮、正己烷和二氯甲烷均为农残级,硫酸为优级纯,乙醚为色谱纯。

(1)异狄氏剂和4,4′-DDT标准溶液　$\rho = 1.0 mg/L$。直接购买市售有证标准溶液,用正己烷稀释。

(2)对三联苯-D14　纯度98%以上。分析替代物,亦可采用其他氘代物或样品中不含有的类似物。可直接购买市售有证标准溶液。

(3)分析替代物贮备液　$\rho = 2000 \mu g/mL$。称取对三联苯-D14约0.1g,准确至0.1mg,置于50mL容量瓶中,用少量二氯甲烷溶解后,用正己烷定容,混匀。

(4)分析替代物中间液　$\rho = 40.0 \mu g/mL$。移取500μL分析替代物贮备液于25mL容量瓶中,用正己烷定容,混匀。

(5)分析替代物使用液　$\rho = 2.00 \mu g/mL$。移取100μL分析替代物贮备液于100mL容量瓶中,用正己烷定容,混匀。

(6)硫丹Ⅰ-D4或4,4′-DDT-D8贮备液　$\rho = 100 \mu g/mL$。采样替代物,亦可采用其他同位素标记物。直接购买市售有证标准溶液,溶剂为异辛烷。

(7)采样替代物中间液　$\rho = 20.0 \mu g/mL$。取1.00mL采样替代物贮备液于5mL容量瓶中,用正己烷定容,混匀。

(8)采样替代物使用液　$\rho = 2.00 \mu g/mL$。取1.00mL采样替代物中间液于10mL容量瓶中,用正己烷定容,混匀。

(9)内标贮备液　$\rho = 750 \mu g/mL$。直接购买市售有证标准溶液,含菲-D10、䓛-D12或其他氘代多环芳烃。

(10)内标中间液　$\rho = 75.0 \mu g/mL$。取1.00mL内标贮备液于10mL容量瓶中,用正己烷定容,混匀。

(11)内标使用液　$\rho = 15.0 \mu g/mL$。取2.00mL内标中间液于10mL容量瓶中,用正己烷定容,混匀。

(12)标准贮备液　$\rho = 2000 \mu g/mL$。直接购买市售有证标准溶液,包括α-六六六、γ-六六六、β-六六六、δ-六六六、七氯、艾氏剂、环氧七氯B、γ-氯丹、α-氯丹、硫丹Ⅰ、4,4′-DDE、狄氏剂、异狄氏剂、4,4′-DDD、硫丹Ⅱ、4,4′-DDT、异狄氏醛、硫丹硫酸酯、甲氧DDT和异狄氏酮共20种有机氯农药的混合溶液。六氯苯、2,4′-DDT和灭蚁灵为单标溶液,浓度为2000μg/mL。亦可配制23种有机氯农药混合溶液。

(13)标准中间液　$\rho = 40.0 \mu g/mL$。移取1.00mL有机氯农药标准贮备液于50mL容量瓶中,用正己烷定容,混匀。

(14)标准使用液　$\rho = 1.0 \mu g/mL$。分别移取250μL分析替代物中间液、500μL采样替代物中间液和250μL标准中间液于10mL容量瓶中,用正己烷定容,混匀。

(15)十氟三苯基膦(DFTPP)贮备液　$\rho = 100 \mu g/mL$。可直接购买市售有证标准溶液,也可用标准物质制备,溶剂为二氯甲烷。

（16）十氟三苯基膦（DFTPP）使用液　$\rho = 4.0\mu g/mL$。移取 1.00mL 十氟三苯基膦贮备液于 25mL 容量瓶中，用二氯甲烷定容，混匀。

注：所有溶液（1～16）均转移至具有聚四氟乙烯衬垫的螺口玻璃瓶内，4℃以下冷藏，密封避光保存。

2. 空气样品的采集与保存

（1）环境空气样品的采集　按 HJ 194—2017《环境空气质量手工监测技术规范》和 HJ 691—2014《环境空气半挥发性有机物采样技术导则》要求布设采样点位，进行气象参数的测定和样品采集。现场采集样品前向 PUF 添加 125μL 采样替代物使用液，放置 1h 后，依次安装滤膜夹、采样筒套筒（采样头由滤膜夹和采样筒套筒 2 部分组成，详细结构见图 14-1），连接采样器，调节采样流量，开始采样。采样结束后取下滤膜，采样尘面向里对折，从采样筒套筒中取出玻璃采样筒，用铝箔纸包好，放入保存盒中密封保存。

（2）现场空白样品的采集　将密封保存的空白玻璃采样筒和滤膜带到采样现场，向 PUF 添加 125μL 采样替代物使用液，放置 1h 挥干溶剂后，安装在采样头上不进行采样，之后卸下采样筒和滤膜，用与样品相同的方法进行保存，随样品一起运回实验室。

（3）样品的保存　样品采集后常温避光保存，24h 内提取；否则应于 4℃以下避光冷藏，7d 内提取完毕。样品提取液在 4℃以下冷藏保存，40d 内完成分析。

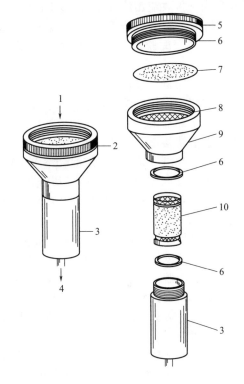

图 14-1　采样头示意图
1—气流入口；2—滤膜夹；3—采样筒套筒；
4—气流出口；5—滤膜上压环；6—硅橡胶
密封圈；7—滤膜；8—不锈钢筛网；
9—滤膜支架；10—玻璃采样筒

3. 样品提取

将滤膜和玻璃采样筒转移至索氏提取器，向 PUF 添加 125μL 分析替代物使用液，加入 300～500mL 乙醚-正己烷（$V_{乙醚}:V_{正己烷} = 1:9$）混合溶剂回流提取 16h 以上，每小时回流 3～4 次。提取完毕冷却至室温，取出底瓶，冲洗提取杯接口，将清洗液一并转移至底瓶。加入无水硫酸钠（已预先在马弗炉中 400℃烘烤 4h 并冷却待用）至硫酸钠颗粒可自由流动，放置 30min 脱水干燥。

注：若采用自动索氏提取，用乙醚-正己烷混合溶剂（$V_{乙醚}:V_{正己烷} = 1:9$）回流提取不少于 40 个循环。只要能达到该标准规定的质量控制要求，亦可采用其他样品提取方式。

4. 样品浓缩

将样品提取液转移至旋转蒸发仪、氮吹浓缩仪或其他性能相当的浓缩装置中，在 45℃以下浓缩，将溶剂置换为正己烷，浓缩至 1mL 左右。如果采用硫酸净化，浓缩至 10mL 左右。

5. 样品净化

硫酸净化　将样品提取浓缩液转移至 60mL 分液漏斗中，加入 5mL 硫酸（$\rho = 1.84g/cm^3$）；轻轻振摇并放气，振摇 1min，静置分层后弃去硫酸层。重复上述操作至硫酸层无色。有机相加入 5mL 氯化钠溶液（$\rho = 50g/L$），混合均匀，静置分层后弃去水相，向有机相中加入无水硫酸钠脱水，浓缩至 1mL 以下，待净化。如不需进一步净化，定容至 1.0mL，加入 $10.0\mu L$ 内标使用液，转移至样品瓶中待分析。此净化方法不适用于狄氏剂、异狄氏剂、硫丹 I、硫丹 II、异狄氏醛、异狄氏酮和甲氧 DDT 的测定。

硅酸镁固相萃取柱净化　取固相萃取柱（1000mg/6mL），依次用 10mL 丙酮和 10mL 正己烷预淋洗，弃去流出液。保持液面稍高于柱床，将样品提取浓缩液或硫酸净化浓缩液转移至柱内，接收流出液，用 1mL 正己烷洗涤样品瓶两次，将洗涤液转移至固相萃取柱，用 10mL 丙酮-正己烷混合溶剂（$V_{丙酮}$：$V_{正己烷} = 1 : 9$）洗脱，控制流速小于 2mL/min，继续接收洗脱液。洗脱液浓缩定容至 1.0mL，加入 $10.0\mu L$ 内标使用液，转移至样品瓶中待分析。

硅酸镁层析柱净化　在玻璃层析柱底部填充预先使用二氯甲烷回流提取 2～4h 并干燥保存的玻璃棉，以正己烷湿法填入 20g 已在 130℃活化至少 18h 的硅酸镁（150～$250\mu m$），排出气泡，上部加入 1～2cm 无水硫酸钠。用 60mL 正己烷预淋洗，保持液面稍高于柱床，将提取浓缩液转移至层析柱，用 1mL 正己烷洗涤样品瓶 2 次，一并转移至层析柱内，弃去流出液。用 200mL 乙醚-正己烷混合溶剂（$V_{乙醚}$：$V_{正己烷} = 6 : 94$）洗脱层析柱，洗脱速度 2～5mL/min，接收流出液作为第一级洗脱液。继续用 200mL 乙醚-正己烷混合溶剂（$V_{乙醚}$：$V_{正己烷} = 15 : 85$）洗脱层析柱，接收流出液作为第二级洗脱液。用 200mL 乙醚-正己烷混合溶剂（$V_{乙醚}$：$V_{正己烷} = 1 : 1$）洗脱层析柱，接收流出液作为第三级洗脱液。如果不分级接收，可直接使用 200mL 丙酮-正己烷混合溶剂（$V_{丙酮}$：$V_{正己烷} = 1 : 9$）洗脱层析柱，接收洗脱液。洗脱液浓缩定容至 1.0mL，加入 $10.0\mu L$ 内标使用液，转移至样品瓶中待分析。

第一级洗脱液中包括全部的多氯联苯，除硫丹类、狄氏剂、异狄氏剂及其降解产物外，其他农药基本在此级；狄氏剂、硫丹 I、异狄氏剂分布在第一级或第二级，也可能两级共存；硫丹 II、异狄氏酮、硫丹硫酸酯主要分布在第三级洗脱液中；异狄氏醛分布在第二级和第三级洗脱液中。

注：受固相萃取柱和层析柱规格、硅酸镁用量的影响，洗脱剂的用量可能不同，各级洗脱液中有机氯农药的洗脱效率存在差异，各实验室在使用前需进行条件实验，只要能达到本标准规定质量控制要求，亦可采用其他样品净化方式。

6. 气相色谱-质谱法测定

（1）条件

色谱柱　低流失石英毛细管色谱柱（30m×0.25mm×$0.25\mu m$）；

色谱柱温度　50℃保持 1min，以 25℃/min 程序升温至 180℃，保持 2min，以 5℃/min 程序升温至 280℃，保持 5min；

载气　氦气，纯度＞99.999%，流速：1.0mL/min；

进样口温度　250℃；

进样量　$2.0\mu L$；

进样方式　不分流进样，在 0.75min 分流，分流比 60 : 1；

电子轰击源　70eV；

离子源温度　250℃；

传输线温度　280℃。

选择离子扫描（selected ion monitor，SIM）程序　分别取 $250\mu L$ 分析替代物中间液、$500\mu L$ 采样替代物中间液、$250\mu L$ 有机氯农药中间液，加入 $10.0\mu L$ 内标贮备液，按上述仪器参考条件进行全扫描分析，根据保留时间确定选择离子程序，见 HJ 900—2017 附录表 C.1。

（2）定性测定　以选择离子扫描或全扫描方式采集数据，根据试样中目标化合物的相对保留时间（relative retention time，RRT）、辅助定性离子和定量离子峰面积比值（Q）定性。试样中目标化合物的相对保留时间与标准曲线中间点该化合物相对保留时间的差值控制在±0.03以内。试样中目标化合物的 Q 值与标准系列中间点该化合物的 Q 值的差值控制在±30％以内。

（3）定量测定　根据定量离子的峰面积，采用内标法定量。在本次所测的23种有机氯农药及相关化学品中，α-六六六、六氯苯、β-六六六、γ-六六六、δ-六六六、七氯、艾氏剂、环氧七氯、γ-氯丹、硫丹Ⅰ和α-氯丹的内标推荐使用䓛-D12，4,4′-DDE、狄氏剂、异狄氏剂、硫丹Ⅱ、4,4′-DDD、2,4′-DTT、异狄氏醛、硫丹硫酸酯、4,4′-DDT、异狄氏酮、甲氧DDT和灭蚁灵的内标则推荐使用菲-D10。此外，采样替代物硫丹Ⅰ-D4的内标推荐使用䓛-D12，采样替代物4,4′-DDT-D8和分析替代物对三联苯-D14的内标则推荐使用菲-D10。特征离子和SIM程序见HJ 900—2017附录C。

（二）结果

环境空气中有机氯农药的质量浓度（ρ）按式(14-3)计算，利用平均相对响应因子计算的试样中有机氯农药的质量浓度（ρ）按式(14-4)计算。

$$\rho = \frac{\rho_i \times V \times F}{V_s} \tag{14-3}$$

$$\rho = \frac{\rho_{is} \times A_i \mathrm{RRF}_i}{\overline{\mathrm{RRF}_i} \times A_{is}} \tag{14-4}$$

式中　ρ——环境空气中目标化合物的质量浓度，ng/m³；

ρ_i——由平均相对响应因子或标准曲线所得试样中目标化合物的质量浓度，μg/L；

V——试样的浓缩定容体积，mL；

F——试样的稀释倍数；

V_s——标准状态下（101.325kPa，273K）的采样体积，m³；

ρ_{is}——内标的浓度，μg/L；

A_i——试样中目标化合物的定量离子峰面积；

$\overline{\mathrm{RRF}_i}$——平均相对响应因子；

RRF_i——相对影响因子；

A_{is}——内标定量离子的峰面积。

当采样体积为350m³（标准状态），浓缩定容体积为1.0mL，采用SIM扫描方式，环境空气中23种有机氯农药及相关化学品残留测定方法的LOD值为0.03～0.07ng/m³，测定下限为0.12～0.28ng/m³。详见HJ 900—2017附录A。方法的精密度数据参见HJ 900—2017附录D。

参　考　文　献

[1] Aaron M P，Keric H. Gas-phase concentrations of current-use pesticides in Iowa. Environ. Sci. Technol.，2005（39）：2952-2959.

[2] Bouraie M M E，Barbary A A E，Yehia M. Determination of organochlorine pesticide（OCPs）in shallow observation wells from El-Rahawy Contaminated Area，Egypt. Environ. Res. Eng. Manag.，2011，57（3）：28-38.

[3] Burkhardt M，Kupper T，Hean S，et al. Biocides used in building materials and their leaching behavior to sewer systems. Water Science and Technology，2007，56（12）：63-67.

[4] Caroline R，Marie F，Marie N，et al. Coupling ASE，sylilation and SPME-GC/MS for the analysis of current-used

pesticides in atmosphere. Talanta，2014，121（4）：24-29.

[5] Eiki W，Nobuyasu S，Yutaka M，et al. Potential application of immunoassays for simple，rapid and quantitative detections of phytoavailable neonicotinoid insecticides in cropland soils. Ecotoxicol. Environ. Saf.，2016，132：288-294.

[6] Ensminger M P，Budd R，Kelley K C，et al. Pesticide occurrence and aquatic benchmark exceedances in urban surface waters and sediments in three urban areas of California，USA，2008-2011. Environmental Monitoring and Assessment，2012，185（5）：3697-3710.

[7] Gasperi J，Garnaud S，Rocher V，et al. Priority pollutants in wastewater and combined sewer overflow. Science of the Total Environment，2008，407（1）：263-272.

[8] Goncalves C，Carvalho J J，Azenha M A，et al. Optimization of supercritical fluid extraction of pesticide residues in soil by means of central composite design and analysis by gas chromatography-tandem mass spectrometry. J. Chromatogr. A，2006，1110（1-2）：6-14.

[9] Hernando M D，Hernando M D，Rodríguez A，et al. Environmental risk assessment of emerging pollutants in water：Approaches under horizontal and vertical EU legislation. Critical Reviews in Environmental Science and Technology，2011，41（7）：699-731.

[10] Hou F，Tian Z，Peter K T，et al. Quantification of organic contaminants in urban stormwater by isotope dilution and liquid chromatography-tandem mass spectrometry. Analytical and Bioanalytical Chemistry，2019，411（29）：7791-7806.

[11] Huang X，Pedersen T，Fischer M，et al. Herbicide runoff along highways. 1. Field observations. Environmental Science & Technology，2004，38（12）：3263-3271.

[12] Jungnickel C，Stock F，Brandsch T，et al. Risk assessment of biocides in roof paint. Part 1：experimental determination and modelling of biocide leaching from roof paint. Environmental Science and Pollution Research，2008，15：258-265.

[13] Koukouvinos G，Tsialla Z，Petrou P S，et al. Fast simultaneous detection of three pesticides by a White Light Reflectance Spectroscopy sensing platform. Sens. Actuators B Chem.，2016，238（1）：1214-1223.

[14] Mario V R，Pasquale A，Giuseppe C，et al. Sampling of organophosphorus pesticides at trace levels in the atmosphere using XAD-2 adsorbent and analysis by gas chromatography coupled with nitrogen-phosphorus and ion-trap mass spectrometry detectors. Anal. Bioanal. Chem.，2012，404（5）：1517-1527.

[15] Mir A F，Mohammad R A M，Abdollah A A. Comparison of air-agitated liquid-liquid microextraction technique and conventional dispersive liquid-liquid micro-extraction for determination of triazole pesticides in aqueous samples by gas chromatography with flame ionization detection. J. Chromatogr. A，2013，1300：70-78.

[16] Schoknecht U，Wegner R，Horn W，et al. Emission of biocides from treated materials test procedures for water and air. Environmental Science and Pollution Research，2003，10（3）：154-161.

[17] Senar O，Ali T，Mehmet E A. Application of miniaturised ultrasonic extraction to the analysis of organochlorine pesticides in soil. Anal. Chim. Acta，2009，640（1）：52-57.

[18] Singer H，Jaus S，Hanke I，et al. Determination of biocides and pesticides by on-line solid phase extraction coupled with mass spectrometry and their behaviour in wastewater and surface water. Environmental Pollution，2010，158（10）：3054-3064.

[19] Wittmer I K，Bader H P，Scheidegger R，et al，Significance of urban and agricultural land use for biocide and pesticide dynamics in surface waters. Water Research，2010，44：2850-2862.

[20] 曾令平，马天，罗张怡. 空气采样技术及不确定度分析. 中国测试技术，2004（6）：26-28.

[21] 陈莉，章钢娅，靳伟，等. 土壤中拟除虫菊酯类残留农药的气相色谱测定方法研究. 土壤学报，2006（5）：764-771.

[22] 仇秀梅，董学林，刘亚东，等. 液液萃取-气相色谱法同时测定地下水中16种有机氯农药. 环境污染与防治，2016，38（11）：72-78.

[23] 董祥芝，邹力，段士然，等. 环境样品中农药残留检测的研究进展. 科技传播，2011（17）：37-38，45.

[24] 冯海强. SPME-GC分析茶饮料和水体中8种有机磷农药. 杭州：浙江大学，2010.

[25] 冯雪娜. 水质环境监测中样品采集与保存过程的质量控制研究. 绿色环保建材，2020（1）：46-49.

[26] 龚娟，孟霞. 大气中持久性有机污染物的被动采样分析. 环境与发展，2018，30（7）：81-82.

[27] 郭敏，单正军，孔德洋，等. 固相萃取-气相色谱法测定水体中29种农药的残留量. 农药学学报，2011，13（2）：180-185.

[28] 郭新宇. 大气中有机污染物采集及分析注意事项特点浅析. 资源节约与环保，2016（6）：303.

[29] 韩梅，侯雪，邱世婷，等. 固相萃取/气相色谱-串联质谱法测定土壤中多种农药残留. 分析试验室，2019，38

(6)：685-694.

[30] 何欣，马洋帆，赵红霞，等.固相萃取/高效液相色谱-串联质谱法同时检测环境水样中24种农药残留.分析测试学报，2017, 36 (12)：1487-1493.

[31] 胡继业.农药残留分析与环境毒理.北京：化学工业出版社，2010.

[32] 黄宝勇，欧阳喜辉，潘灿平.色谱法测定农产品中农药残留时的基质效应.农药学学报，2005 (4)：299-305.

[33] 姬承东，周芸芸，顾跃.湖南清水湖高尔夫球场草坪土壤有机农药残留研究.草原与草坪，2015, 35 (3)：55-61.

[34] 赖国银，袁文萱，曾琪，等.QuEChERS-超高效液相色谱-四极杆-飞行时间质谱法同时测定土壤中23种农药.农药，2019, 58 (6)：443-447.

[35] 李娟，章勇.GC/MS法测定环境空气中痕量POPs类有机氯农药及降解产物.环境监测管理与技术，2008, 20 (6)：33-36.

[36] 李卫建.土壤环境中农药残留提取方法综述∥全国耕地土壤污染监测与评价技术研讨会论文集.农业部环境监测总站，2006：47-50.

[37] 林玉锁.农药环境污染调查与诊断技术.北京：化学工业出版社，2003.

[38] 林云杉.福建果园表层土壤中DDT残留调查与评价.安徽农学通报，2018, 24 (7)：76-77.

[39] 刘维屏.农药环境化学.北京：化学工业出版社，2006.

[40] 刘霞，李静，施超欧，等.主动采样法采集博物馆空气中微量污染气体.环境监测管理与技术，2010, 22 (1)：25-28.

[41] 刘艳.环境样品中卤乙酸及含氮农药多残留分析方法研究.北京：中国地质科学院，2011.

[42] 陆海霞，励建荣，夏会龙.杭州市茶园空气中有机农药的调查.中国食品学报，2007 (3)：18-23.

[43] 沈学崴.农用地土壤环境监测现场采样、制备及注意事项.环境保护与循环经济，2020, 40 (1)：73-75.

[44] 宋伟，林姗姗，孙广大，等.固相萃取-气相色谱-质谱联用同时测定河水和海水中87种农药.色谱，2012, 30 (3)：318-326.

[45] 宋鑫，杭学宇，茅力.环境和生物样品中有机氯农药残留检测研究进展.理化检验（化学分册），2016, 52 (2)：238-243.

[46] 谭爱军，陈剑刚，张彩虹，等.气-质谱联用法快速测定工作场所空气中多组分农药中毒.实用预防医学，2008, 15 (3)：633-637.

[47] 王惠，吴文君.农药分析与残留分析.北京：化学工业出版社，2007.

[48] 王娜.超声提取-气相色谱法测定土壤中的多种有机氯农药残留.环境化学，2011, 30 (2)：569-570.

[49] 肖曲，郝冬亮，刘毅华，等.农药水环境化学行为研究进展.中国环境管理干部学院学报，2008 (3)：58-61.

[50] 谢慧.土壤中DDT和DDE的生物强化降解及对土壤微生物群落结构的影响.泰安：山东农业大学，2013.

[51] 徐明华，胡冠九.我国环境中需重点控制的农药残留及其检测方法.中国环境监测，2013, 29 (3)：103-108.

[52] 张大弟，张晓红.农药污染与防治.北京：化学工业出版社，2001.

[53] 朱定姬，黄克建，林翠梧，等.搅拌棒吸附子萃取与GC-MS法测定水中20种有机氯农药.分析测试学报，2009, 28 (11)：1323-1327.

[54] 朱青青，刘国瑞，张宪，等.大气中持久性有机污染物的采样技术进展.生态毒理学报，2016, 11 (2)：50-60.

[55] 朱秀华，王鹏远，施泰安，等.持久性有机污染物的环境大气被动采样技术.环境化学，2013, 32 (10)：1956-1969.

第十五章

茶叶中农药残留分析

第一节　茶产品中农药残留分析的特殊性和复杂性

　　茶树是属于山茶科（Theaceae）、山茶属（Camellia）的一种经济植物。茶叶是用茶树幼嫩芽梢加工而成的茶产品。茶叶与其他植物相比，其内含成分较为丰富，包括茶多酚、咖啡碱、茶氨酸、茶多糖、茶皂素、香气成分、色素、维生素和各种矿物质等多种化学成分，尤其是茶多酚类、色素类化合物的含量较高，因此茶叶中农药残留分析时的干扰也比其他植物大，增加了分析难度，容易导致检测结果不稳定、重现性差，或方法检测限过高，影响检测结果的准确性。茶叶中各种成分的含量见表 15-1。在这些成分中，以茶多酚类和色素类化合物对残留检测的干扰最大，应在提取和净化的过程中设法去除。一般可选用对多数农药都有较好溶解度的丙酮、乙腈作为提取溶剂。乙腈对茶叶中脂类、色素等杂质的提取比丙酮略少。对低极性农药可选用非极性溶剂（如苯、正己烷）或中等极性的溶剂（如二氯甲烷）提取以减少茶多酚等成分的浸出。

表 15-1　茶树鲜叶和成茶中的内含成分

项目	鲜叶/（g/100g 干重）	成茶/%
多酚类化合物	25～40	10～25
咖啡碱	3～4	2～3
氨基酸	2～4	2～3
蛋白质	15～20	24～31
色素类物质	0.5～1	0.5～1.5
脂质	2～3	4～5

　　茶叶产地分布在亚热带和热带，通常病虫害发生较多，化学防治必不可少。茶树叶片与其他植物的叶片相比具有明显较高的单位重量表面积。因此，在同样的农药施用剂量下，在单位重量的表面积较大的茶树上会有较高的农药残留。茶树鲜叶中的含水量约为 75%，因此将鲜叶加工成成茶后，1 份成茶实际上相当于 4 份鲜叶脱水后的产品，农药残留量理论上包括 4 份鲜叶中的农药残留量。

　　根据加工工艺不同，茶可以分为绿茶、红茶、乌龙茶、白茶、黄茶和黑茶等不同茶类，它们与茶鲜叶的成分有较大差异。红茶加工过程中，由于多酚类物质氧化形成了茶黄素、茶红素和茶褐素类物质等品质成分（红茶茶黄素类 1%～5%，茶红素类 6%～15%，茶褐素类 4%～7%），对某些农药的测定会有一定干扰。

绿茶的加工包括：鲜叶→摊放→杀青→（揉捻）→干燥→精制。红茶的加工过程包括：鲜叶→萎凋→揉捻→发酵→干燥→精制等。茶叶在加工过程中，农药残留还会部分分解或流失，因此在农药登记残留试验中，需要将鲜叶加工为成品茶，并测定最终产品中的农药残留量。

茶叶是茶产品在市场中流通的主要形式，限量标准中制定的茶叶中的农药残留标准针对的是成品茶。茶叶作为一种饮品，人们饮茶时摄入的一般不是茶叶，而是茶叶的水浸出物，因此测定茶汤中的农药残留是膳食风险评估中评估茶叶农药摄入量的重要基础，JMPR 要求在开展膳食摄入风险评估，制订茶叶中 MRL 标准时应考虑茶汤中农药的浸出率。

第二节　国内外茶叶中农药残留分析进展

茶叶是人们的日常生活必需品，也是我国的一种重要出口农产品。我国建立了茶叶中农药登记田间试验的残留分析方法、市场监测残留分析方法、进出口检验筛查多残留方法，形成了较完善的方法体系。茶叶中农药残留测定遇到的最大困难是多酚类化合物和色素类物质的干扰，应在净化时将这些共提物去除。可在提取液中加入以氯化铵为主的凝结液，使得这些杂质和色素被沉淀，再通过过滤把这些沉淀去除以达到净化的目的；或使用弗罗里硅土、GCB、PSA 等固相萃取材料来达到净化效果。采用不同极性的溶剂进行选择性提取也是可行的策略，如对一些低极性的农药，可用温水萃取 1～2 次，使得提取液中的多酚类化合物和色素部分进入水相，减少干扰物的数量。对加工或发酵程度比较低的绿茶，其含有多酚类和色素类杂质比较多，需要采取更多的净化材料量或手段，而对乌龙茶、红茶、黑茶（普洱茶熟茶）等发酵、半发酵茶，可适当减少净化材料用量。如果前处理净化和检测方法是适用于普通绿茶基础之上建立的，一般也可适用于其他茶类。另外，茶叶的老嫩程度不同，净化效果也有差异，嫩叶做成的茶叶，一般基质干扰较少。

一、常规气相色谱检测方法

20 世纪 50 年代末，国际上已开始对茶叶中的农药残留问题予以重视。当时茶园中使用的农药主要是植物源农药（鱼藤、除虫菊）和矿物源农药（波尔多液、石灰硫黄合剂）和滴滴涕、六六六等有机氯类农药。美国 Carson 的《寂静的春天》一书的出版引起了人们对有机氯农药在食品中残留的关注。各国从 20 世纪 60 年代起开始研究茶叶中滴滴涕和六六六的残留检测方法。有机氯类农药通常是低极性化合物，各国常用低极性溶剂如正己烷、环己烷提取以减少茶叶中的共提物，或在正己烷、环己烷中加入少量极性溶剂（如丙酮），增加对 β-六六六的提取率。在净化方法上一般采用浓硫酸磺化处理以消除样品中的色素、脂肪等杂质，用 GC-ECD 测定，定量限为 1～10μg/kg。

拟除虫菊酯类农药的极性和有机氯农药相似，因此在残留测定时，通常采用低极性溶剂提取、弗罗里硅土层析柱净化（针对氯菊酯、溴氰菊酯、溴氟菊酯、氰戊菊酯），或弗罗里硅土＋Darco G60 层析柱净化（针对氯氰菊酯、联苯菊酯），然后用 GC-ECD 测定，定量限为 1～10μg/kg。

茶叶中的有机磷农药残留的检测难度较大。有机磷农药包含的品种众多，其中有的极性低，如辛硫磷、杀螟硫磷、对硫磷、甲基对硫磷等；有的极性高，如甲胺磷、乐果、氧乐果、敌敌畏等。对极性低的有机磷农药可用低极性或中极性的溶剂提取，如正己烷、二氯甲烷、氯仿；对高极性的有机磷农药则要用高极性的溶剂提取，如丙酮；或者采用有机溶剂乙腈与水混合提取后，加入氯化钠盐析，分取有机溶剂乙腈层进行净化。有机磷农药可用弗罗里硅土层析柱、767活性炭＋Darco G60活性炭＋中性氧化铝层析柱净化，然后用GC-FPD或NPD测定。

从20世纪80年代中后期起，为了适应检测需求，逐渐开展了茶叶中农药多残留检测方法开发与应用。节省溶剂的固相萃取技术（SPE）在前处理过程中开始广泛应用，固相萃取的填料包括硅胶、弗罗里硅土、氧化铝、C_{18}、C_8、SCX、SAX、NH_2、PSA、GCB及其他复合材料等。

郝桂明等建立了采用硫酸磺化法净化，GC-ECD测定茶叶中12种有机氯农药残留量的方法。

靳保辉等用正己烷＋丙酮（2＋1）提取，经弗罗里硅土柱净化，正己烷＋乙酸乙酯（9＋1）淋洗，氮吹，正己烷定容后，GC-ECD检测茶叶中25种有机氯农药残留。

Nakamura等采用丙酮提取，经匀浆和过滤，浓缩，加入凝结剂（10g氯化铵和20mL磷酸溶解于800mL蒸馏水中得到）和硅藻土545，振摇，使提取液中的多酚类和色素等共提取物沉淀，再抽滤分离，可测定茶叶中烯丙菊酯、氟氯氰菊酯、氯氟氰菊酯、氯氰菊酯、溴氰菊酯、甲氰菊酯、氰戊菊酯、氟氰戊菊酯、氟胺氰菊酯、瓜叶菊素、茉酮菊素、除虫菊素、胺菊酯和四溴菊酯等14种菊酯类农药的残留。

Tsumura等报道了茶叶中13种拟除虫菊酯类农药及降解产物3-苯氧基苯甲酸（PBA）的残留检测方法，茶叶采用丙酮提取，加入凝结剂，使杂质和色素通过凝结剂形成沉淀并被同时加入的硅藻土所吸附，过滤液再用正己烷液-液分配，浓缩后，经弗罗里硅土层析柱净化，GC-ECD检测，3-苯氧基苯甲酸需用六氟异丙醇进行酯化衍生化后，GC-ECD测定。

Bisen等报道了用异丙醇＋正己烷（1＋2）提取后，经硅胶柱净化，用GC-ECD检测氰戊菊酯、三氯杀螨醇，用GC-NPD检测马拉硫磷、久效磷、乐果、喹硫磷等农药残留的方法。

张莹等报道了1g茶叶中加入2～3mL蒸馏水和过量无水硫酸钠，匀浆处理1min，再先后两次加入2mL乙酸乙酯匀浆提取，再用2mL正己烷＋乙酸乙酯（1＋1）匀浆提取，合并提取液浓缩后，活性炭固相柱净化，GC-FPD测定14种有机磷农药（敌敌畏、甲胺磷、乙酰甲胺磷、甲拌磷、氧乐果、乙拌磷、久效磷、乐果、马拉硫磷、杀螟硫磷、喹硫磷、杀灭磷、乙硫磷、亚胺硫磷）多残留检测方法。

二、色谱-质谱联用检测方法

随着SPE和分散固相萃取等净化方法的不断拓展，色谱-质谱联用的检测方法得到广泛应用。

李拥军等用正己烷＋丙酮（1＋1）提取，活性炭和中性氧化铝柱净化，GC-MS测定茶叶中6种除虫菊酯类农药残留。

Hirahara等报道了采用乙酸乙酯匀浆提取，离心分离浓缩后，用丙酮＋正己烷（3＋7）复溶解，SAX/PSA固相萃取柱净化，GC-MS测定茶叶中200种农药残留（其中有机磷农药42种、有机氯农药10种、菊酯类农药13种、氨基甲酸酯类农药16种、其他农药119种等），其中128种农药检出限在0.005～0.01mg/kg之间。

Yoshii等在2004年报道了采用丙酮提取，C_{18}固相萃取柱净化，LC-MS/MS检测甲氨基阿维菌素、伊维菌素和阿维菌素等农药残留。

黄志强等在 2007 年报道了茶叶中 102 种农药的多残留检测法，用丙酮＋乙酸乙酯＋正己烷（1＋2＋1）提取，经 GPC 凝胶柱净化后再通过石墨化碳柱进一步净化，用 GC-MS 检测 120 种农药，可在 120min 内完成测定。

对于一些内吸性较强、水溶性较强的农药，在干茶样品前处理时可先加少量水浸泡（CEN 标准方法中推荐 2g 干茶样品加水 10mL），再用乙腈提取，经盐析等除水后净化，或用 QuEChERS 方法处理，可以避免实际样品假阴性结果或者回收率低的情况。QuEChERS 方法作为一种快速前处理技术，广泛应用于水果、蔬菜及环境样品的前处理。近年来针对茶叶基质净化和待测物富集的改良 QuEChERS 方法研究也较多，其中 PSA 和 GCB 是较早应用于 QuEChERS 净化茶叶基质的固相分散萃取材料。

Zhang 等将 $MgSO_4$、PSA 和 GCB 用于茶叶中 68 种农药残留净化，用 GC-NCI-MS 和 UPLC-MS/MS 法检测。

Steiniger 等应用两次分散固相萃取净化，气相色谱离子阱质谱法测定茶叶中 22 种农药，由于 GCB 对平面结构农药的吸附，研究中的净化吸附剂材料只选用了 PSA 和 C_{18}，除二嗪磷和马拉硫磷外，其他 20 种农药的回收率均满足农残分析的要求。

范春林等对比了 QuEChERS 方法和 SPE 方法净化处理茶叶中的 653 种农药残留的效果，10g 茶叶样品用 40mL 醋酸乙腈涡旋提取，20mL 上清液使用 130mg PSA、130mg GCB 和 300mg $MgSO_4$ 进行净化，结果显示，QuEChERS 方法色素去除效果低于 SPE 方法，但是方法提取净化效率高于 SPE 方法。

Kanrar 等对比了 Florisil、PSA、NH_2、GCB、Si 和 ODS 等净化材料对茶叶中 42 种残留农药提取净化的影响。1g 样品经 10mL 水浸泡后，加入 10mL 乙酸乙酯＋环己烷（9＋1）提取，盐析，涡旋，离心后，2mL 上清液经 25mg（PSA、GCB 和 Florisil）和 300mg Na_2SO_4 净化后上样分析，结果表明上述吸附剂组合对待测物的净化效果最好且成本低。

有研究报道了一些新型材料用作分散固相萃取（DSPE）净化材料，以提高对茶叶基质的净化能力。如碳纳米管、竹炭、磁性纳米粒子等用作 QuEChERS 净化材料用于茶叶中农药残留分析，净化去除色素能力和消除基质效应方面优于 GCB、C_{18} 等材料。但总的来说，对干茶叶样品而言，QuEChERS 方法净化效果不是很理想，多数场合下不如 SPE 方法。QuEChERS 方法因具有操作简单、节省时间等优点，适合特异性高、抗污染能力较好的 LC-MS/MS 和 GC-MS/MS 等检测方法。经 QuEChERS 净化的茶叶样品如用 GC-ECD 来检测，容易产生干扰，并可能污染 ECD 检测器。

三、茶汤中农药残留检测方法

根据农药残留膳食摄入准则，加工因子对于加工食品中农药残留造成的膳食摄入风险的评价尤其重要。对于茶叶而言，农药残留除了在鲜叶制作成干茶过程中的变化外，其在冲泡过程中从干茶转移到茶汤中的量也是摄入风险的重要评价参数。因为茶叶一般是冲泡饮用，摄入的是茶汤中的农药残留，长期以来国际和国内都用成茶中的农药残留水平作为制订茶叶中农药残留 MRL 标准，过低估计了饮茶时茶汤中农药的摄入量。因此在制定茶叶中农药残留 MRL 标准时，应该考虑到茶汤中农药残留水平，也就是不同农药浸出率不同的影响。20世纪 80 年代，陈宗懋院士就提出以茶汤中农药残留水平作为茶叶 MRL 标准制定和风险评价的原则，该原则在 2016 年第 48 届 CCPR 会议得到了认可，JMPR 要求在今后制定茶叶中 MRL 标准时应考虑茶汤中农药的浸出率。

茶汤中农药残留可用乙腈或二氯甲烷对茶汤进行液液萃取，浓缩后测定，也可采用吸附剂富集净化后测定。如陈宗懋等将茶汤倒入装有一种 Extrelex 吸附剂的层析柱中，平衡

30min 后，用二氯甲烷＋正己烷（2＋1）淋洗，淋洗液经浓缩后进行气相色谱测定。日本 Onoda 等在茶汤中加入碱性醋酸铅溶液（中性醋酸铅加氧化铅按 42：13 比例混合，加水溶解配制成饱和溶液，加入到茶浸出液中），可使其中的多酚类化合物和皂苷产生沉淀以减少在测定时这些共提物的干扰。张新忠等采用 BondElut C_{18}-SPE 柱对 100mL 茶汤萃取富集，用 5mL 甲醇＋水（3＋7）淋洗，用 20mL 甲醇洗脱，超高效液相色谱串联质谱法测定建立了茶汤中氟环唑、茚虫威和苯醚甲环唑的残留分析方法，并研究了茶叶经冲泡后茚虫威在茶汤中的 3 次总浸出率平均值为 5.2％。Wang X 等通过试验研究总结了茶叶冲泡茶汤过程中不同农药的浸出率（TR）与化合物的水溶解度（Ws）存在相关性，满足方程 $\lg TR = 1.242 + 0.306 \lg Ws$，$R^2 = 0.893$。

第三节　茶叶中农药残留分析技术与应用

一、检测程序及原理

茶叶样品，主要是指干茶成品。1 份干茶大约由 4 份鲜叶炒制而成，干茶中的农药残留相当于浓缩了 4 倍鲜叶中的残留。茶叶和普通农产品的区别在于，茶叶中成分复杂，包括茶多酚、咖啡碱、色素等以及数百种挥发性成分。

（一）茶叶中农药残留检测程序与步骤

可分为：采样/抽样、制样、提取、浓缩、净化、测定（定性、定量）、出具检测报告等。

1. 采样/抽样

委托送检的茶叶样品应该是经取样、混合均匀的有代表性的样品，经过密封和稳妥包装，并附有清晰、易于识别、不易缺失的标签；对于没经过加工的茶鲜叶样品，田间采集时，应按随机法、对角线法等多点取样，使样品有代表性，取回的茶鲜叶样品经过摊晾，叶片表面上没有明显的水分后，方可进行检测。取样过程中关键是要做到均匀性，保证所取样品能代表整个样本。

2. 制样

成品茶叶（干茶），一般先经磨碎机粉碎，过 0.45mm 筛后，再用溶剂提取；鲜叶样品粉碎比较困难，可以加溶剂进行组织捣碎，同时完成提取。

3. 提取

干茶经粉碎后根据不同农药的性质，加相应的提取溶剂提取。大批量样品的处理也可浸泡过夜（12h）提取。鲜叶样品的提取，可将样品粉碎后加乙腈、正己烷＋丙酮混合溶剂或苯，浸泡提取。如果是对不同性质的农药同时提取检测，一般多采用乙腈或丙酮提取。

4. 浓缩

提取液经无水硫酸钠层过滤后，用旋转浓缩器在 40℃水浴上进行浓缩。灵敏度能达到的情况下，采用 QuEChERS 方法或其他方法进行提取，也可省略浓缩步骤。

5. 净化

茶叶中成分复杂，简单的液-液分配或者 DSPE 净化，效果多不明显。样品提取后，一般需要经固相萃取柱或其他方式净化，根据需要采用不同的溶剂洗脱，达到净化目的。

6. 测定

净化后的样品溶液，根据待测物的不同性质，可采取不同仪器检测方法测定，包括 GC-ECD、GC-FPD、GC-NPD、HPLC、GC-MS 和 LC-MS 等。测定包括定性和定量分析。

当测定出现阳性结果时，一般还要根据前面所用方法，进行样品重复测定。或者更换检测方法，采用不同色谱柱或者不同检测器进行定性确证，确保检测结果的准确性、可靠性。

定量分析一般用外标法进行计算。如果存在基质效应的情况，需要采用基质匹配标准溶液来进行定量，或者采用内标法消除基质效应的影响。所用农药标准溶液的浓度，应与样品待测溶液中农药残留物的浓度相近。

7. 出具检测报告

（二）茶叶中农药残留分析关键步骤

1. 提取

茶叶中残留农药的提取，是茶叶中农药残留检测的重要起始步骤。该过程本质上是液-固萃取，包括溶解和扩散两个过程，主要影响因素有：萃取溶剂的性质、样品的特性、提取温度、提取时间等。一方面要最大限度地从茶叶中提取出残留农药，这样检测结果才能较真实地反映茶叶中的农药残留量；另一方面对干扰物的提取要尽量少，干扰物过多，检测时可能产生错误的信号或者掩盖待测物的信号，造成检测结果假阳性或假阴性。干扰物的去除主要通过净化步骤来实现，如果过多干扰物提取出来，会给下一步的净化带来较大困难，因此优化提取过程，就可以简化净化步骤。

提取溶剂的选择，可从两个方面考虑：所要检测的农药的种类和性质、提取溶剂对茶叶中生化成分的共提取情况。根据"相似相溶"的原则，低极性的农药可用低极性的溶剂提取，高极性的农药用高极性的溶剂提取。对于有机氯类农药，比如六六六、滴滴涕类都是非极性的农药，不溶于水，用正己烷作为提取溶剂比较理想，为了让溶剂对茶叶有一定渗透性，可以加入适当比例的丙酮，这也适用于对拟除虫菊酯类农药的提取。有机磷类农药，因其性质从非极性到极性的跨度比较大，如敌敌畏、甲胺磷、氧乐果等水溶性很好，而水胺硫磷、三唑磷等水溶性很小，可选用丙酮、乙腈、乙酸乙酯等溶解范围较广的有机溶剂，这些溶剂虽然对茶叶的生化成分茶多酚、咖啡碱、色素等的提取效率也很高，但有机磷类农药的检测所常用的火焰光度检测器（FPD）对它们并不敏感。如果有更有效的后续净化手段，选用丙酮、乙腈等溶剂，即使造成茶叶共提取物的增加，也还是可以接受的。对于一些具有内吸性质的农药，如乐果和吡虫啉等，在用溶剂提取前，先加少量水浸润茶叶，可以提高提取效率，当然同时带来的净化难度也会增大。

目前浸泡提取、振荡提取、组织捣碎以及超声波提取是大多数实验室使用的方法。新的提取技术也在得到应用，如超临界流体萃取（SFE）、微波萃取（MAE）、加速溶剂萃取（ASE）等。超临界流体萃取（SFE）更多应用于植物成分的提取等工业生产过程，微波萃取（MAE）、加速溶剂萃取（ASE）可能会在更多领域被应用。

2. 净化

茶叶中农药残留的净化方法，一般也因农药性质分类的不同而异。如六六六、滴滴涕、八氯二丙醚等稳定的有机氯类化合物，用酸性硅藻土磺化法，能有效地去除茶叶中的生化杂质，减少检测中假阳性的发生，同时有很高的添加回收率，且操作简便。拟除虫菊酯类农药，用硅镁型吸附剂（弗罗里硅土）净化，配合适当的淋洗溶剂，能在吸附色素、脂类等杂质的同时，有较高的回收率。有机磷类农药，因提取时多用丙酮、乙腈等溶剂，茶叶共提取物很多，净化时可以使用 GCB 材料。

净化时淋洗溶剂的选择，也要考虑"相似相溶"的原则，尽量选用与目标化合物性质相近或有相同官能团的溶剂，同时考虑到不同固相萃取材料的特性。例如，GCB 具有正六边形微观结构，淋洗溶剂中加少量苯系溶剂能减少 GCB 对含有苯环结构的农药（如三唑磷、稻丰散、百菌清等）的永久吸附，而提高回收率。

近年来，随着多类农药残留同时分析逐渐增多，不同填料类型的分散固相萃取混合净化、TPT 等混合填料固相萃取柱净化逐渐增多，但是这些都是通用型净化方法，涉及到一些特殊农药化合物时，还要具体问题具体分析。

3. 检测

茶叶中的有机氯、拟除虫菊酯、有机磷类等农药残留，可以选用气相色谱检测，根据化合物结构不同，选择不同检测器检测，如有机氯、拟除虫菊酯类可选用 GC-ECD，有机磷类可选用 GC-FPD、GC-NPD 等；近年来这些农药用气相色谱-质谱联用技术检测也已经很成熟，GC-SIM-MS 或者 GC-MS/MS 使用也来越多，但是在一些情况下，通用型质谱检测器灵敏度比 ECD、FPD 等专一性检测器要低，优点是采用保留时间和质谱双重定性，准确度更高。

对于在茶园生产中曾经有使用过或者近些年有推广使用的一些氮杂环类农药品种，如新烟碱类、昆虫生长调节剂类、植物源类、微生物源类农药以及氨基甲酸酯类农药等，这些农药更适合用液相色谱分离，早期都是配备 UVD 或者 DAD 检测，或者如氨基甲酸酯类采用柱后衍生荧光检测，但是 UVD 等对于茶叶基质来说，前处理净化要求更严格，经常出现假阴性或假阳性结果。而 LC-MS 技术能够很好地解决假阴性或假阳性问题，但定量分析时需要注意其基质效应。

二、气相色谱检测法

（一）茶叶中有机氯类农药残留检测

有机氯类农药如六六六、滴滴涕、三氯杀螨醇、八氯二丙醚等，其极性弱，残留检测时多使用正己烷、石油醚、苯等提取。为使溶剂对茶叶样品有更好的浸润和渗透作用，可加入适当比例的丙酮；以弗罗里硅土柱或磺化法净化，磺化法又分液液分配磺化和酸性硅藻土柱磺化。弗罗里硅土柱净化对茶叶中的色素类杂质不能去除完全，易造成干扰。液液分配磺化法操作较为复杂，酸性硅藻土柱磺化具有净化效果好、操作简便的优点，特别适用于对酸稳定的有机氯农药的检测，如六六六、滴滴涕、八氯二丙醚等。

典型方法简要介绍如下：

1. 提取

称取粉碎后的茶叶样品 5.0g，放入 100mL 具塞三角瓶中，加入 25mL 提取溶剂正己烷＋丙酮（22＋3），浸泡过夜，经无水硫酸钠层过滤到 25mL 容量瓶中，用少量正己烷多次淋洗滤渣，定容至 25mL。

2. 净化

用酸性硅藻土柱磺化，酸性硅藻土的配制是按 10g 硅藻土（Celite 545）中加入 4mL 浓硫酸的比例，搅拌均匀，因浓硫酸有很强吸水性，容易使酸性硅藻土受潮而失效，必须现配现用。玻璃柱层析柱（22cm×0.8cm）中，依次添加 2g 无水硫酸钠、1g 酸性硅藻土和 2g 无水硫酸钠，用移液管取 5mL 样品提取液上柱，用正己烷淋洗，接取 10mL 淋洗液，混匀待测。

3. 测定

GC-ECD，色谱柱 DB-1701，30m×0.32mm×0.25μm。柱温 150℃ 保持 0.5min，以 5℃/min 升至 190℃，保持 4min，再以 4℃/min 升至 210℃，保持 8min，再以 4℃/min 升至 215℃，保持 10min。进样口温度 260℃，检测器温度 290℃。载气高纯氮（纯度 99.999%），流速 2.4mL/min。尾吹气流速 25mL/min。不分流进样，不分流时间 0.5min，进样量 1.0μL。外标法测定（图 15-1）。

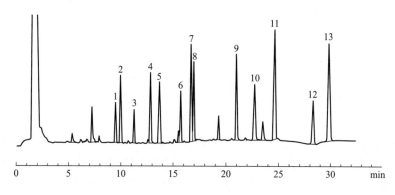

图 15-1　有机氯农药色谱

有机氯农药出峰时间：1—α-六六六 9.43min；2—五氯硝基苯 9.92min；3—γ-六六六 11.19min；
4—五氯苯胺 12.78min；5—八氯二丙醚 13.64min；6—β-六六六 15.64min；7—三氯杀螨醇 16.64min；
8—δ-六六六 16.89min；9—腐霉利 20.93min；10—p,p'-滴滴伊 22.67min；
11—o,p'-滴滴涕 24.58min；12—p,p'-滴滴滴 28.23min；13—p,p'-滴滴涕 29.79min

在 0.01~1.0mg/kg 的添加水平下，13 种有机氯农药平均回收率在 82%~106% 之间，相对标准偏差为 0.8%~13.8%，该方法的检出限为 0.01~0.05mg/kg。

（二）茶叶中有机磷类农药残留检测

有机磷类农药具有适用范围广、高效、高毒性和降解快等特性，曾经在茶园中广泛使用，目前只有敌百虫、敌敌畏、辛硫磷、马拉硫磷、杀螟硫磷等少数品种还在茶树上有登记使用。我国出口欧盟的茶叶中，需要检测有机磷农药敌敌畏、甲胺磷、乙酰甲胺磷、乐果、水胺硫磷、三唑磷、毒死蜱等，欧盟对茶叶中有机磷农药的 MRL 要求较为严格，如甲胺磷为 0.05mg/kg，乐果为 0.05mg/kg，水胺硫磷为 0.01mg/kg，三唑磷为 0.02mg/kg 等。

有机磷类农药极性跨度大，可以用丙酮、乙腈等溶剂提取。对有机磷类农药残留检测技术的相关研究较多。陈芳、王华、刘长武等分别对食品及环境中有机磷类农药残留的分析方法进行了综述；楼国柱、姚青、汤富彬、杨基峰等分别对茶叶中有机磷类农药残留检测进行了研究。经典的用来萃取食品中有机磷农药残留的提取方法，广泛应用的有三种：①先用丙酮萃取样品，再用二氯甲烷和石油醚混合溶剂对提取液进行液液分配；②含水量高的水果、蔬菜样品，直接用乙腈萃取；③样品经无水硫酸钠脱水，再用乙酸乙酯提取。干茶由于本身含水量低（一般小于 8%），采用极性较强的溶剂（乙腈、丙酮等）提取，大多数有机磷农药可以得到较高的回收率，同时可以避免萃取到脂类物质而干扰测定结果，也可采用加速溶剂提取（ASE）和微波辅助提取（MAE）来辅助提高提取效率，这两种方法使用的溶剂量少，耗时短。常用的净化方法有液-液萃取法，弗罗里硅土或活性炭吸附柱层析法，凝胶渗透色谱法（GPC）和固相萃取法（SPE）等。有机磷农药可采用 FPD 测定，也可以用 NPD 进行测定。此外，有机磷农药中带有—NO$_2$ 基团的对硫磷、甲基对硫磷、杀螟硫磷，带有

—CN 基团的辛硫磷、杀螟腈，带有卤素的毒死蜱、甲基毒死蜱、丙硫磷、皮蝇磷、丙溴磷、氯硫磷和伏杀硫磷等还可以用 ECD 进行测定。

典型方法简要介绍如下：

1. 提取

称取粉碎后的茶叶样品 10.0g，放入 250mL 具塞三角瓶中，加入丙酮 100mL，浸泡过夜，经无水硫酸钠层过滤后，残渣再用 100mL 丙酮浸泡 1h，合并滤液，在旋转蒸发器仪上浓缩到小于 2mL，用氮气吹干，乙腈定容至 10mL，待净化。

2. 净化

在固相萃取装置上装好 GCB 的 SPE 柱，用 3mL 乙腈活化 SPE 柱，1.0mL 提取液上样，用 15mL 乙腈＋苯（3＋1）分三次洗脱，洗脱液收集于鸡心瓶中，于 40℃ 水浴中减压浓缩至干，用 2mL 乙腈定容，GC-FPD 测定。

3. 测定

GC-FPD。色谱柱：HP-5 毛细管色谱柱，30m×0.32mm×0.25μm。检测条件：进样口温度 250℃，柱温 100℃ 保持 2min，以 20℃/min 升至 150℃，保持 1min，再以 15℃/min 升至 240℃，保持 12min；检测器温度 250℃。载气高纯氮（纯度 99.999%）：2.5mL/min。尾吹气（高纯氮）：30mL/min。不分流进样，不分流时间 0.5min，进样量 1.0μL；定量方法：峰面积外标法定量（图 15-2）。

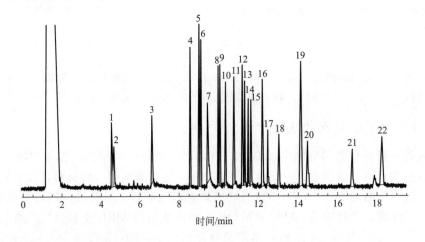

图 15-2　有机磷农药色谱

有机磷农药出峰时间：1—甲胺磷 4.61min；2—敌敌畏 4.72min；3—乙酰甲胺磷 6.67min；

4—灭线磷 8.61min；5—治螟磷 9.01min；6—甲拌磷 9.15min；7—乐果 9.50min；

8—二嗪磷 10.04min；9—乙拌磷 10.13min；10—异稻瘟净 10.40min；11—甲基对硫磷 10.85min；

12—杀螟硫磷 11.23min；13—马拉硫磷 11.36min；14—毒死蜱 11.53min；15—水胺硫磷 11.66min；

16—喹硫磷 12.25min；17—杀扑磷 12.52min；18—丙溴磷 13.09min；19—乙硫磷 14.16min；

20—三唑磷 14.52min；21—苯硫磷 16.78min；22—伏杀硫磷 18.29min

在 0.05～1.0mg/kg 的添加水平下，22 种有机磷农药平均回收率在 81%～108% 之间，相对标准偏差为 1.1%～8.9%，该方法的检出限为 0.01～0.04mg/kg。

（三）茶叶中拟除虫菊酯及部分其他农药残留检测

拟除虫菊酯类农药是茶园中使用较多的一类农药，包括联苯菊酯、甲氰菊酯、氯氟氰菊酯、氯氰菊酯、溴氰菊酯和氰戊菊酯（1999 年已在茶叶上禁用）等。出口茶叶中有几种菊酯类农药的最大残留限量（MRL）较低，如欧盟要求顺式氰戊菊酯在茶叶中 MRL 值为 0.05mg/kg，美国要求氯氟氰菊酯为 0.01mg/kg。拟除虫菊酯类农药极性较低，常用的提取溶剂如正己烷、石油醚、丙酮或正己烷-丙酮、石油醚-丙酮等都可以有效提取。弗罗里硅土作为吸附剂净化，对出口茶叶中拟除虫菊酯及部分其他农药残留进行检测，是 AOAC 推荐的方法。

典型方法简要介绍如下：

1. 提取

称取粉碎后的茶叶样品 10.0g，放入 250mL 具塞三角瓶中，加入 100mL 丙酮，浸泡过夜，经无水硫酸钠层过滤后，50mL 丙酮淋洗滤渣，合并滤液，于 40℃水浴中减压浓缩至干，用正己烷溶解残余物，定容至 10mL。

2. 净化

用弗罗里硅土柱净化，弗罗里硅土应先经 650℃灼烧 3～4h，冷却后，密封保存，使用之前，加入 7％水脱活，不同批次弗罗里硅土的吸附性可能会有差异，加水的比例可根据回收率试验进行调整。玻璃层析柱（22cm×0.8cm）中，依次加入 2g 无水硫酸钠、1g 弗罗里硅土和 2g 无水硫酸钠，先用 10mL 正己烷预淋，移取上述正己烷定容样品提取液 2mL（相当于 2g 茶样）到层析柱上，用正己烷＋苯＋丙酮（440＋50＋10）混合溶液，淋洗定容到 10mL 容量瓶中，待测定。

3. 测定

GC-ECD 检测，色谱柱为 OV-1701 毛细管柱，30m×0.32mm×0.25μm。检测条件：气化室温度 250℃；柱温 200℃，保持 1min，以 20℃/min 升至 242℃，保持 45min；检测器温度 290℃，载气（N₂）流速 2mL/min，尾吹 28mL/min，不分流进样，不分流时间 0.5min。进样量 1μL。外标法测定（图 15-3）。

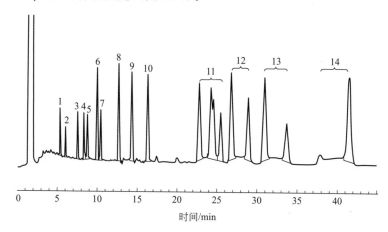

图 15-3　拟除虫菊酯及部分其他农药色谱

拟除虫菊酯及部分其他农药出峰时间：1—α-硫丹 5.29min；2—噻嗪酮 5.96min；

3—β-硫丹 7.47min；4—虫螨腈 8.50min；5—联苯菊酯 8.68min；6—硫丹硫酸酯 9.92min；

7—甲氰菊酯 10.32min；8—三氯杀螨砜 12.60min；9—氯氟氰菊酯 14.22min；10—哒螨酮 16.21min；

11—氯氰菊酯（22.67、24.13、24.45、25.35）min；12—氟氰戊菊酯（26.6、28.82）min；

13—氰戊菊酯（30.82、33.58）min；14—溴氰菊酯（37.73、41.39）min

在 0.01～1.0mg/kg 的添加水平下，14 种拟除虫菊酯类和其他农药平均回收率为 83%～106%，相对标准偏差为 1.0%～11.5%，该方法的检出限为 0.01～0.1mg/kg。

三、色谱-质谱联用多残留检测技术

随着质谱仪器和计算机技术的发展，质谱的灵敏度、扫描速度、谱库检索、谱图的后处理等都有了很大提高，色谱-质谱联用检测技术也得到快速发展。而伴随着农产品中农药残留检测前处理技术的发展和多残留检测的需要，使得用色谱-质谱联用技术一次性检测农产品中多种农药成为可能。常规气相色谱法通常需要用不同检测器（FPD、NPD、ECD 等）对不同种类的农药残留进行检测，而在气相色谱-质谱联用技术中，可对包括有机氯类、拟除虫菊酯类、有机磷类等几大类农药种类中可以用气相色谱分离的农药同时进行多残留检测。国际上有美国、加拿大、日本等国的 200 多种农药在农产品中的多残留测定方法；中国农业科学院茶叶研究所用气相色谱-质谱联用仪建立了同时检测茶叶中的有机氯、拟除虫菊酯、有机磷等 30 多种农药残留的方法；庞国芳、陈宗懋院士等开发的茶叶中 490 种农药残留的 GC-MS、GC-MS/MS 方法作为国家标准方法 GB/T 23204—2008 颁布。

随着液相色谱技术的发展，尤其是超高效液相色谱技术的出现，液相色谱质谱技术测定上百种农药残留技术得到了更快速的发展，庞国芳、陈宗懋院士等开发的茶叶中 448 种农药残留的 LC-MS/MS 方法，作为国家标准方法 GB 23200.13—2016 颁布。

GB/T 23204—2008 方法首先选用对多数农药提取效果较高的溶剂如丙酮和乙腈，结合加速溶剂萃取（ASE）等技术进行提取，经过 C_{18}、GCB 和氨基柱等净化，用气相色谱-质谱联用选择离子方式检测，根据农药保留时间，每种农药选择 2～4 个离子，分时段分组进行扫描，比全扫描方式检测减少了杂质的干扰，提高了信噪比。GB 23200.13—2016 方法是对样品进行提取净化后，用液相色谱-串联质谱联用选择多反应监测离子对检测，根据农药保留时间，每种农药选择 2～3 对子母离子对，分时段分组进行扫描，能进一步减少杂质的干扰，提高了信噪比。方法中试样用乙腈均质提取，Cleanert-TPT 或 Envi-Carb/PSA 固相萃取柱净化，用乙腈-甲苯（3+1，V/V）洗脱农药，GC-MS，GC-MS/MS 和 LC-MS-MS 检测，基质匹配内标校准曲线法定量。

（一）茶叶中农药多残留气相色谱质谱测定法

1. 气相色谱质谱法测定茶叶中 30 多种有机氯、拟除虫菊酯和有机磷农药多残留

（1）方法概述　茶叶样品用乙腈提取，提取液先经 GCB 柱净化，再经氨基柱净化，用乙腈＋苯（3+1）洗脱农药，气相色谱-质谱联用选择离子方式检测。

（2）提取　称取粉碎后的茶叶样品 5.0g，放入 100mL 具塞三角瓶中，加入 100mL 乙腈提取溶剂，浸泡 12h，经 20g 无水硫酸钠层过滤，残渣加 50mL 乙腈在振荡器上振摇 1h 后，过滤，合并滤液，在 40℃水浴上浓缩到约 2mL，用乙腈定容至 5mL。

（3）净化　GCB 柱可以有效吸附茶叶提取液中的色素等杂质，而对多数农药仍有很高的回收率，氨基柱可以对石墨化碳黑柱未去除的杂质，起进一步净化的作用，对回收率影响很小。GCB 柱和氨基柱串联固定在固相萃取装置上，先用 10mL 乙腈预淋洗，用移液管从定容 5mL 的提取溶液中移取 1mL，转移到 GCB 和氨基串联柱上，用 15mL 乙腈＋苯（3+1）淋洗，接取淋洗液，转至 100mL 鸡心瓶中，40℃水浴浓缩近干。用氮气吹干，加入 1mL 正己烷＋丙酮（1+1）混合溶液，溶解，待测定。

（4）测定

① 气相色谱-质谱条件　色谱柱：Rtx-1701，30m×0.25mm×0.25μm。柱箱温度：初

始温度 100℃ 保持 1min，以 20℃/min 升温至 200℃，保持 20min，再以 5℃/min 上升至 240℃，保持 20min，再以 0.5℃/min 上升至 245℃，保持 15min。进样口温度：250℃。进样量：2μL。进样方式：不分流进样，进样时间 1min。载气：氦气（99.999%），流速 1.58mL/min。电子轰击源：70eV。离子源温度：200℃。GC-MS 接口温度：250℃。

分时段选择离子监测：根据化合物保留时间，出峰时间较近的化合物分为一组，每种化合物确定一个定量离子，2～3 个定性参考离子，检测各时段中所有确定要检测的离子。每种化合物的保留时间、定量离子及参考离子，见表 15-2。

② 测定 采用单离子外标法测定。为减少基质的影响，定量应尽量采用基质标准溶液。标准溶液的组分浓度应与待测样液中目标化合物的浓度相近。在绿茶中添加三种浓度的回收率试验，除个别农药外，平均添加回收率在 73%～100%，相对标准偏差（RSD）在 20% 范围内，检出限在 0.02～0.2mg/kg。

表 15-2　34 种农药组分的保留时间、定量离子及参考离子

序号	农药	保留时间/min	定量离子	参考离子 1	参考离子 2	参考离子 3
1	甲胺磷（methamidophos）	5.53	94(100)	95(58)	141(33)	
2	灭线磷（ethoprophos）	7.77	158(100)	97(73)	139(58)	
3	甲拌磷（phorate）	8.40	75(100)	121(32)	97(18)	260(18)
4	α-六六六（alpha-BHC）	8.87	181(100)	183(95)	219(90)	109(62)
5	五氯硝基苯（quintozene）	9.26	237(100)	295(64)	214(74)	
6	γ-六六六（gama-BHC）	10.05	181(100)	183(89)	219(85)	
7	异稻瘟净（iprobenfos）	10.81	204(44)	91(100)	43(21)	
8	乐果（dimethoate）	11.63	87(100)	93(48)	125(35)	
9	β-六六六（beta-BHC）	13.56	181(80)	183(85)	109(100)	219(74)
10	毒死蜱（chlorpyrifos）	13.79	314(48)	97(100)	197(90)	
11	三氯杀螨醇（dicofol）	14.65	139(100)	111(39)	250(22)	
12	δ-六六六（delta-BHC）	14.89	181(83)	111(100)	219(68)	
13	杀螟硫磷（fenitrothion）	15.44	125(97)	277(54)	260(30)	
14	对硫磷（parathion）	16.79	291(55)	139(32)	155(25)	
15	α-硫丹（alpha-endosulfan）	17.44	241(80)	237(86)	339(34)	239(65)
16	喹硫磷（quinalphos）	18.05	146(100)	157(66)	156(47)	
17	p,p'-滴滴伊（p,p'-DDE）	19.73	246(100)	318(71)	176(39)	
18	噻嗪酮（buprofezin）	23.22	105(91)	106(53)	172(32)	
19	o,p'-滴滴涕（o,p'-DDT）	24.79	235(100)	237(61)	165(41)	
20	苯线磷（fenamiphos）	25.59	303(100)	154(70)	217(40)	288(40)
21	β-硫丹（beta-endosulfan）	28.90	195(100)	241(80)	339(34)	207(66)
22	p,p'-滴滴滴（p,p'-DDD）	29.22	235(100)	237(62)	165(42)	
23	p,p'-滴滴涕（p,p'-DDT）	30.61	235(100)	237(61)	165(41)	
24	三硫磷（carbophenothion）	30.82	157(100)	121(53)	342(38)	
25	联苯菊酯（bifenthrin）	33.96	181(100)	165(32)	182(16)	
26	硫丹硫酸酯（endosulfan sulfate）	34.77	272(89)	387(100)	274(80)	
27	溴螨酯（bromopropylate）	35.38	341(100)	339(51)	185(45)	

序号	农药	保留时间/min	定量离子	参考离子1	参考离子2	参考离子3
28	甲氰菊酯(fenpropathrin)	36.62	125(32)	181(55)	265(20)	
29	哒嗪硫磷(pyridaphenthion)	38.43	340(70)	97(100)	199(69)	
30	三氯杀螨砜(tetradifon)	39.45	159(100)	227(30)	356(41)	
31	伏杀硫磷(phosalone)	42.26	182(100)	121(54)	367(21)	
32	氯菊酯Ⅰ(permethrin Ⅰ)	42.72	183(100)	163(27)	127(13)	
33	高效氯氟氰菊酯(*lambda*-cyhalothrin)	43.55	197(88)	181(100)	208(50)	
34	氯菊酯Ⅱ(permethrin Ⅱ)	44.23	183(100)	163(27)	127(13)	
35	哒螨灵(pyridaben)	45.44	147(100)	117(12)	364(3)	
36	氯氰菊酯Ⅰ(cypermethrin Ⅰ)	56.26	163(100)	181(88)	209(21)	
	氯氰菊酯Ⅱ(cypermethrin Ⅱ)	58.32	163(100)	181(58)	209(17)	
	氯氰菊酯Ⅲ(cypermethrin Ⅲ)	58.82	163(100)	181(89)	209(17)	
	氯氰菊酯Ⅳ(cypermethrin Ⅳ)	60.07	163(100)	181(89)	209(20)	
37	氰戊菊酯Ⅰ(fenvalerate Ⅰ)	66.95	125(100)	167(84)	225(29)	419(14)
	氰戊菊酯Ⅱ(fenvalerate Ⅱ)	70.46	125(100)	167(84)	225(29)	419(14)

2. 茶叶中农药多组分残留 GC-MS 分析方法（GB/T 23204—2008）

（1）**方法概述**　茶叶试样用乙腈均质提取，Cleanert-TPT 或 Envi-Carb/PSA 固相萃取柱净化，用乙腈-甲苯（3+1，*V/V*）洗脱农药，GC-MS 和 GC-MS/MS 检测，基质匹配内标校准曲线法定量。该方法适用于绿茶、红茶、普洱茶、乌龙茶中 490 种农药和化学污染物残留的 GC-MS，GC-MS-MS 定性定量测定。

（2）**提取**　称取 5g 试样（精确至 0.01g），于 80mL 离心管中，加入 15mL 乙腈，13500r/min 均质提取 1min，4200r/min 离心 5min，取上清液于 100mL 鸡心瓶中。残渣用 15mL 乙腈重复提取一次，离心，合并二次提取液，40℃水浴旋转蒸发浓缩至约 1mL，待净化。

（3）**净化**

① SPE 柱活化　在 Cleanert-TPT 柱中加入约 2cm 高无水硫酸钠，放入固定架上，下接鸡心瓶，用 10mL 乙腈-甲苯（3+1，*V/V*）淋洗 Cleanet-TPT 柱，弃去淋出液。

② 试样提取液净化　当淋洗液液面到达无水硫酸钠层顶面时，将上述茶叶试样浓缩液转移至 Cleanert-TPT 柱中，换上新鸡心瓶收集洗脱液；用 3×2mL 乙腈-甲苯（3+1，*V/V*）洗涤试样浓缩液瓶，待试样浓缩液液面到达无水硫酸钠层顶面时，将洗涤液移入柱中。在 SPE 柱上部连接上 30mL 贮液器，再用 25mL 乙腈-甲苯（3+1，*V/V*）洗涤小柱，鸡心瓶中洗脱液于 40℃水浴中旋转浓缩至约 0.5mL。

③ 定容与过滤　在上述浓缩净化液中，加入 40μL 环氧七氯内标工作溶液，于 35℃水浴中用氮气吹干，1.5mL 正己烷溶解残渣，超声混合均匀，经 0.2μm 滤膜过滤后进行测定。

（4）**测定**

① GC-MS 仪器条件

色谱柱　DB-1701 毛细管柱（30m×0.25mm×0.25μm），或等效者；

柱温　40℃保持 1min，以 30℃/min 程序升温至 130℃，再以 5℃/min 升温至 250℃，

再以 10℃/min 升温至 300℃，保持 5min；

载气　氦气纯度≥99.999％，流速为 1.2mL/min；

进样口温度　290℃；

进样量　1μL；

进样方式　无分流，1.5min 打开吹扫阀；

离子化模式　电子轰击（EI）；

离子源极性　正离子；

离子源电压　70eV；

离子源温度　230℃；

GC-MS 进样口温度　280℃；

溶剂延迟　14min；

离子监测模式　选择离子监测（SIM）。每种化合物分别检测 1 个定量离子，2 个定性离子。所有检测离子按照出峰时间，分时段分别检测。

②GC-MS/MS 仪器条件　除离子监测模式与 GC-MS 不同外，GC-MS/MS 其他检测条件与 GC-MS 一致。GC-MS/MS 离子监测方式为多反应监测模式（MRM）：每种化合物分别检测 1 对定量母离子/子离子，1 对定性母离子/子离子（图 15-4）。

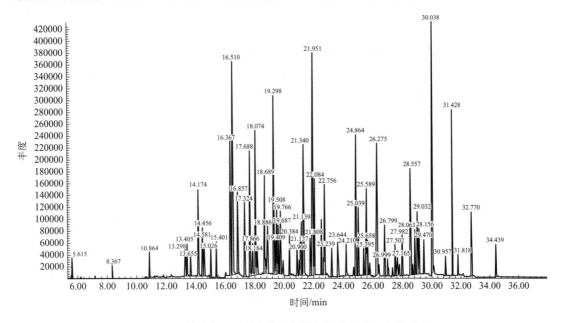

图 15-4　茶叶中 490 种农药及相关化学品部分标准物质在
红茶基质中选择离子监测 GC-MS 图

其他仪器测定条件，农药的保留时间、监测离子对、碰撞裂解电压能量等参见 GB/T 23204—2008，方法的检出限为 0.004～0.4mg/kg。

（二）茶叶中农药多残留液相色谱质谱测定法

1. 超高效液相色谱串联质谱法测定茶叶中新烟碱类农药多残留

新烟碱类农药，如吡虫啉、啶虫脒、噻虫嗪、噻虫胺、噻虫啉、呋虫胺等，可用于防治茶小绿叶蝉、蓟马、黑刺粉虱、蚜虫等。但是新烟碱类农药对授粉昆虫蜜蜂等具有神经毒性危害性，欧盟近年来对部分新烟碱类农药采取了禁限用的措施，这类化合物在茶叶中的

MRL 值要求也很严格，如吡虫啉、啶虫脒在茶叶中的 MRL 值均为 0.05mg/kg。同时大多数新烟碱类农药水溶解度较高，从而在茶叶-茶汤冲泡过程中水浸出率较高，带来人体饮用风险较大，所以近年来正在逐步减少在茶园中施用。新烟碱类农药大多为内吸性杀虫剂，而且水溶性较好，检测干茶样品时，样品需先加水浸润（否则容易造成假阴性结果），再用乙腈提取，提取液先用碱溶液进行液-液萃取去除部分杂质，再经 GCB 固相萃取柱进一步净化后待测。

典型方法介绍如下：

（1）提取　准确称取粉碎后的茶叶样品 1.00g，放入 250mL 具塞三角瓶中，加入 2mL 水，浸润 30min 后加入 20mL 乙腈，静置过夜。

（2）净化　提取液过滤转移到 250mL 分液漏斗中，加 20mL 浓度为 40mmol/L 的 NaOH 水溶液、5g NaCl，振摇，静置分层。上清液乙腈层过 GCB 柱，再用 10mL 乙腈＋苯（3＋1）洗脱，收集洗脱液，旋转蒸发浓缩至干，加入 1mL 甲醇＋水（1＋1）溶液溶解，过 $0.22\mu m$ 滤膜，待 UPLC-MS/MS 测定，基质外标法定量。

（3）测定　　仪器：Waters Acquity UPLC-Premier XE MS/MS。色谱柱：Acquity UPLC HSS-T3 柱（100mm×2.1mm，$1.8\mu m$）。进样量：$5\mu L$。流动相：0.1% 甲酸甲醇、10mmol/L 乙酸铵溶液。流速：0.20mL/min。流动相比例见表 15-3（必要时可根据实际情况进行调整）。

表 15-3　流动相比例与流速

时间/min	0.1%甲酸甲醇/%	10mmol/L 乙酸铵/%
0	10	90
1.5	70	30
5.0	85	15
7.5	99	1
9.0	100	0
9.8	100	0
10.3	10	90
12.0	10	90

质谱电离扫描方式：ESI＋-MRM。电喷雾电压：3.0kV。离子源温度：120℃。脱溶剂气温度：350℃。锥孔反吹气流量：N_2，50L/h。脱溶剂气流量：N_2，650L/h。碰撞气：Ar，0.30mL/min。倍增电压：650V。化合物其他质谱条件见表 15-4。

表 15-4　新烟碱类农药质谱检测参数

化合物	离子对	锥孔电压/V	碰撞裂解电压/V	保留时间/min
呋虫胺	203＞129.4*	15	12	2.39
	203＞114	15	12	
噻虫嗪	292＞211*	20	12	2.55
	292＞181	20	28	
吡虫啉	256＞175*	28	20	2.78
	256＞209	28	15	
噻虫胺	250＞269*	15	15	2.82
	250＞132	20	20	

化合物	离子对	锥孔电压/V	碰撞裂解电压/V	保留时间/min
啶虫脒	223＞126*	30	15	2.86
	223＞56	30	15	
氯噻啉	262＞181*	22	15	2.86
	262＞122	22	25	
噻虫啉	253＞126*	30	18	3.02
	253＞99	30	45	

＊定量离子对。

2. 茶叶中农药多组分残留 LC-MS/MS 分析方法（GB 23200. 13—2016）

（1）方法概述　茶叶试样用乙腈均质提取，Cleanert-TPT 或 Envi-Carb/PSA 固相萃取柱净化，用乙腈-甲苯（3＋1，V/V）洗脱农药，LC-MS/MS 检测，基质匹配内标校准曲线法定量。该方法适用于绿茶、红茶、普洱茶、乌龙茶中 448 种农药和化学污染物残留的 LC-MS/MS 定性定量测定。

（2）提取　称取 5g 试样（精确至 0.01g），于 80mL 离心管中，加入 15mL 乙腈，13500r/min 均质提取 1min，4200r/min 离心 5min，取上清液于 100mL 鸡心瓶中。残渣用 15mL 乙腈重复提取一次，离心，合并二次提取液，40℃水浴旋转蒸发浓缩至约 1mL，待净化。

（3）净化

① SPE 柱条件化　在 Cleanert-TPT 柱中加入约 2cm 高无水硫酸钠，放入固定架上，下接鸡心瓶，用 10mL 乙腈-甲苯（3＋1，V/V）淋洗 Cleanet-TPT 柱，弃去淋出液。

② 试样提取液净化　当淋洗液液面到达无水硫酸钠层顶面时，将上述茶叶试样浓缩液转移至 Cleanert-TPT 柱中，换上新鸡心瓶收集洗脱液；用 3×2mL 乙腈-甲苯（3＋1，V/V）洗涤试样浓缩液瓶，待试样浓缩液液面到达无水硫酸钠层顶面时，将洗涤液移入柱中。在 SPE 柱上部连接 30mL 贮液器，再用 25mL 乙腈-甲苯（3＋1，V/V）洗涤小柱，鸡心瓶中洗脱液于 40℃水浴中旋转浓缩至约 0.5mL。

③ 定容与过滤　在上述浓缩净化液中，加入 40μL 甲基毒死蜱内标工作溶液，于 35℃ 水浴中用氮气吹干，1.5mL 乙腈-水（3∶2，V/V）溶解残渣，超声混合均匀，经 0.2μm 滤膜过滤后进行测定。

（4）测定

① LC-MS/MS 仪器条件

色谱柱　ZORBAX SB-C_{18}，3.5μm，100mm×2.1mm 或等效者；

流动相比例和流速　见表 15-5；

柱温　40℃；

进样量　10μL；

离子化模式　电喷雾离子化（ESI）；

离子源极性　正离子；

雾化气　氮气；

雾化气压力　0.28MPa；

离子喷雾电压　4000V；

干燥气温度　350℃；

干燥气流速　10L/min。

表 15-5　流动相比例和流速

时间/min	流速/(μL/min)	流动相 A(0.1%甲酸)/%	流动相 B(乙腈)/%
0.00	400	99.0	1.0
3.00	400	70.0	30.0
6.00	400	60.0	40.0
9.00	400	60.0	40.0
15.00	400	40.0	60.0
19.00	400	1.0	99.0
23.00	400	1.0	99.0
23.01	400	99.0	1.0

② 其他仪器测定条件，如农药的保留时间、监测离子对、碰撞裂解电压能量等可参见国家标准 GB 23200.13—2016。方法的检出限（LOD）范围在 0.00003～4.820mg/kg 之间。

四、我国茶叶中农药最大残留限量项目的检测

我国 GB 2763—2021《食品安全国家标准　食品中农药最大残留限量》，涉及茶叶的农药最大残留限量有 71 项（见表 15-6），包括有机氯、拟除虫菊酯、有机磷、氨基甲酸酯、新烟碱类等杀虫剂，还有一些杀菌剂和除草剂。由于该标准按单个农药来制定 MRL 并推荐检测方法，没有考虑到同类型农药检测方法的协调一致，也不是专门针对茶叶来推荐检测方法，有的只是借用其他植物源产品的检测方法，因此涉及的茶叶中 71 种农药残留量的检测方法较多。

表 15-6　我国茶叶中的农药最大残留限量和检测方法

序号	农药名称	最大残留限量 /(mg/kg)	国家标准推荐的检测方法	参考分类检测方法，检测仪器
1	六六六（BHC）	0.2	GB 23200.113—2018、GB/T 5009.19—2008、NY/T 761—2008	参考本章"茶叶中有机氯类农药残留检测"，GC-ECD 或者 GC-MS
2	滴滴涕（DDT）	0.2	GB 23200.113—2008、GB/T 5009.19—2008、NY/T 761—2008	
3	氟氯氰菊酯和高效氟氯氰菊酯（cyfluthrin and *beta*-cyfluthrin）	1	GB 23200.113—2018、GB/T 23204—2008	参考参考第三节"超高效液相色谱串联质谱法测定茶叶中新烟碱类农药多残留"，GC-ECD 或者 GC-MS
4	氟氰戊菊酯（flucythinate）	20	GB 23200.113—2018、GB/T 23204—2008	
5	甲氰菊酯（fenpropathrin）	5	GB 23200.113—2018、GB/T 23376—2009	
6	联苯菊酯（biphenthrin）	5	GB 23200.113—2018、SN/T 1969—2007	
7	硫丹（endosulfan）	10	GB/T 5009.19—2008	
8	氯氟氰菊酯和高效氯氟氰菊酯（cyhalothrin and *lambda*-cyhalothrin）	15	GB 23200.113—2018	
9	氯菊酯（permethrin）	20	GB 23200.113—2018、GB/T 23204—2008	

序号	农药名称	最大残留限量 /(mg/kg)	国家标准推荐的检测方法	参考分类检测方法，检测仪器
10	氯氰菊酯和高效氯氰菊酯（cypermethrin and *beta*-cypermethrin）	20	GB 23200.113—2018、GB/T 23204—2008	参考参考第三节"超高效液相色谱串联质谱法测定茶叶中新烟碱类农药多残留"，GC-ECD 或者 GC-MS
11	溴氰菊酯（deltamethrin）	10	GB 23200.113—2018、GB/T 5009.110—2003	
12	虫螨腈（chlorfenapyr）	20	GB/T 23204—2008	
13	氰戊菊酯和 S-氰戊菊酯（fenvalerate and esfenvalerate）	0.1	GB 23200.113—2018、GB/T 23204—2008	
14	三氯杀螨醇（dicofol）	0.2	GB 23200.113—2018、GB/T 5009.176—2003	
15	百菌清（chlorothalonil）	10	NY/T 761—2008	
16	杀螟硫磷（fenitothion）	0.5	GB 23200.113—2018	参考本章"茶叶中有机磷类农药残留检测"，GC-FPD，或者 GC-MS
17	乙酰甲胺磷（acephate）	0.1	GB 23200.113—2018、GB 23200.116—2019	
18	敌百虫（trichlorfor）	2	NY/T 761—2008	
19	甲胺磷（methamidophos）	0.05	GB 23200.113—2018	
20	甲拌磷（phorate）	0.01	GB 23200.113—2018、GB/T 23204—2008	
21	甲基对硫磷（parathion-methyl）	0.02	GB 23200.113—2018、GB/T 23204—2008	
22	甲基硫环磷（posfolan-methyl）	0.03 *	NY/T 761—2008	
23	甲基异柳磷（isofenphos-methyl）	0.01	GB 23200.113—2018、GB 23200.116—2019	
24	乐果（dimethoate）	0.05	GB 23200.113—2018、GB 23200.116—2019	
25	硫环磷（posfolan）	0.03	GB 23200.13—2016、GB 23200.113—2018	
26	氯唑磷（isazofos）	0.01	GB 23200.113—2018、GB/T 23204—2008	
27	灭线磷（ethopropophos）	0.05	GB 23200.13—2016、GB 23200.113—2018、GB/T 23204—2008	
28	内吸磷（demeton）	0.05	GB/T 23204—2008、GB 23200.13—2016	
29	水胺硫磷（isocarbophos）	0.05	GB 23200.113—2018、GB/T 23204—2008	
30	特丁硫磷（terbufos）	0.01 *		
31	辛硫磷（phoxim）	0.2	GB/T 20769—2008	
32	氧乐果（omethoate）	0.05	GB 23200.13—2016、GB 23200.113—2018	
33	丙溴磷（profenofos）	0.5	GB 23200.13—2016、GB 23200.113—2018	
34	毒死蜱（chlorpyrifos）	2	GB 23200.113—2018	

序号	农药名称	最大残留限量 /(mg/kg)	国家标准推荐的检测方法	参考分类检测方法, 检测仪器
35	苯醚甲环唑(difenoconazole)	10	GB 23200.8—2016、GB 23200.49—2016、GB 23200.113—2016、GB/T 5009.218—2008	参考 GB/T 23204—2008,GB 23200.113—2018,GC-MS
36	哒螨灵(pyridaben)	5	GB 23200.113—2018、GB/T 23204—2008、SN/T 2432—2010	
37	噻嗪酮(buprofezin)	10	GB/T 23376—2009	
38	乙螨唑(etoxazole)	15	GB 23200.113—2018	
39	醚菊酯(etofenprox)	50	GB 23200.13—2016	
40	喹螨醚(fenazaquin)	15	GB 23200.13—2016、GB/T 23204—2008	
41	吡虫啉(imidacloprid)	0.5	GB/T 20769—2008、GB/T 23379—2009、NY/T 1379—2007	新烟碱类农药参考本章"超高效液相色谱串联质谱法测定茶叶中新烟碱类农药多残留",或者前处理参考 QuEChERS 方法,LC-MS/MS
42	啶虫脒(acetamiprid)	10	GB/T 20769—2008	
43	噻虫嗪(thiamethoxam)	10	GB 23200.11—2016、GB/T 20770—2008	
44	氯噻啉(imidaclothiz)	3		
45	呋虫胺(dinotefuran)	20	GB/T 20770—2008	
46	噻虫胺(clothianidin)	10	GB 23200.39—2016	
47	噻虫啉(thiacloprid)	10	GB 23200.13—2016	
48	烯啶虫胺(nitenpyram)	1	GB 23200.13—2016	参考 GB/T 23204—2008,GB 23200.113—2018,LC-MS/MS
49	除虫脲(diflubenzuron)	20	GB/T 5009.147—2003、NY/T 1720—2009	
50	丁醚脲(diafenthiuron)	5*	GB 23200.13—2016	
51	丁硫克百威(carbosulfan)	0.01	GB 23200.13—2016	
52	啶氧菌酯(picoxystrobin)	20	GB/T 23204—2008	
53	多菌灵(carbendazim)	5	GB/T 20769—2008、NY/T 1453—2007	
54	灭多威(methomyl)	0.2	GB 23200.112—2018	
55	噻螨酮(hexythiazox)	15	GB 23200.8—2016、GB/T 20769—2008	
56	克百威(carbofuran)	0.02	GB 23200.112—2018	
57	茚虫威(indoxacarb)	5	GB/T 23200.13—2016	
58	吡唑醚菌酯(pyraclostrobin)	10	GB/T 20770	
59	氟虫脲(flufenoxuron)	20	GB/T 23204—2008	
60	吡蚜酮(pymetrozine)	2	GB 23200.13—2016	
61	甲氨基阿维菌素苯甲酸盐(emamectin benzoate)	0.5	GB/T 20769—2008	
62	甲萘威(carbaryl)	5	GB 23200.13—2016、GB 23200.112—2018	
63	西玛津(simazine)	0.05	GB 23200.113—2018	
64	莠去津(atrazine)	0.1	GB 23200.113—2018	

序号	农药名称	最大残留限量 /(mg/kg)	国家标准推荐的检测方法	参考分类检测方法，检测仪器
65	依维菌素(ivermectin)	0.2	GB/T 22968—2008	参考 GB/T 23204—2008，GB 23200.113—2018，LC-MS/MS
66	唑虫酰胺(tolfenpyrad)	50	GB/T 20769—2008	
67	杀螟丹(cartap)	20	GB/T 20769—2008	
68	印楝素(azadirachtin)	1	GB 23200.73—2016	
69	百草枯(paraquat)	0.2	SN/T 0293—2014	
70	草铵膦(glufosinate)	0.5*		参考 GB 23200.108—2018
71	草甘膦(glyphosate)	1	SN/T 1923—2007	

* 表示临时限量。

　　表 15-6 中序号 1～34 为有机氯、拟除虫菊酯、有机磷类等农药，可以同时提取，例如 10 g 茶叶样品用 50mL 丙酮提取，浓缩定容 10mL，分取 1mL 提取液，吹干后，分别按照有机氯、拟除虫菊酯、有机磷方法，用普通气相色谱检测，也可以参考 GB/T 23204—2008 用 GC-MS 或 GC-MS/MS 检测。序号 35～40 等农药，在普通气相色谱上灵敏度不高，可以用 GC-MS/MS 检测。序号 41～48 等 8 种新烟碱类农药的水溶解性较好，可参考本章"超高效液相色谱串联质谱法测定茶叶中新烟碱类农药多残留"。序号 49～66 等农药可参考 GB/T 23204—2008 等方法，用 LC-MS/MS 检测。杀螟丹、印楝素、百草枯等分别参考国标推荐的方法。除草剂草甘膦可参考 SN/T 1923—2007《进出口食品中草甘膦残留量的检测方法 液相色谱-质谱/质谱法》，先衍生化，再用 LC-MS/MS 检测。

参 考 文 献

[1] Bisen J S, Hajra N G. Persistence and degradation of some insecticides in Darjeeling tea. J. Plantation Crops. 2000, 28 (2): 123-131.

[2] BS EN 15662: 2008. Foods of plant origin-detetrmination of pesticide residues using GC-MS and/or LC-MS/MS following acetonitrile extraction/partitioning and clean-up by dispersive SPE-QuEChERS-method. 2008.

[3] Chen Z, Wang Y. Chromatographic methods for the determination of pyrethrin and pyrethroid pesticide residues in crops, foods, and environmental samples. J. Chromatogr. A., 1996, 754: 367-395.

[4] Deng X, Guo Q, Chen X, et al. Rapid and effectivesample clean-up based on magnetic multiwalled carbon nanotubes for the determination of pesticide residues in tea by gas chromatography-massspectrometry. Food Chem, 2014, 145: 853-858.

[5] Fan C, Chang Q, Pang G, et al. High-throughput analytical techniques for determination of residues of 653 multiclass pesticides and chemical pollutants in tea, part Ⅱ: Comparative study of extraction efficiencies of three sample preparation techniques. J AOAC Int, 2013, 96 (2): 432-440.

[6] Hirahara Y, Kimura M, Inoue T, et al. Validation on screening methods for the determination of 186 pesticides in 11 agricultural products using gas chromatography. J. Health sci., 2005, 51 (5): 617-627.

[7] Hou X, Lei S, Qiu S, et al. A multi-residue method for the determination of pesticides in tea using multi-walled carbon nanotubes as a dispersive solid phase extraction absorbent. Food Chem, 2014, 153: 121-129.

[8] Huang Z, Li Y, Chen B, et al. Simultaneous determination of 102 pesticide residues in Chinese teas by gas chromatography-mass spectrometry. J. Chromatogr. B, 2007, 853: 154-162.

[9] Kanrar V, Mandal S, Bhattacharyya A. Alidation and uncertainty analysis of a multiresidue method for 42 pesticides in made tea, tea infusion and spent leaves using ethyl acetate extraction and liquid chromatography-tandem mass spectrometry. J Chromatogr A, 2010, 1217: 1926-1933.

[10] Kumar V, Tewary D K, Ravindranath S D, et al. Investigation in tea on fate of fenazaquin residue and its transfer in brew. Food Chem. Toxicol., 2004, 42: 423-428.

[11] Nakamura Y, Tonogai Y, Tsumura Y, et al. Determination of pyrethroid residues in vegetables, fruits, grains, beans and green tea leaves: applications to pyrethroid residues monitoring studies. J. AOAC Int., 1993, 76 (6): 1348-1361.

[12] Shahram S, Maryam A, Hossein R, et al. An applicable strategy for improvement recovery in simultaneous analysis of 20 pesticides residue in tea. J. Food Sci., 2013, 78 (5): 792-796.

[13] Shanker A, Sood C, Kumar V, et al. A modified extraction and clean-up procedure for the determination of parathion-methyl and chlorpyrifos residues in tea. Pest Manag. Sci., 2001, 57: 458-462.

[14] Steiniger D, Lu G, Butler J, et al., Determination of multiresidue pesticides in green tea by using a modified QuEchERS extraction and ion-trap gas chromatography/mass spectrometry. J AOAC Int, 2010, 93: 1169-1179.

[15] Tewary D K, Kumar V, Ravindranath S D, et al. Dissipation behavior of bifenthrin residues in tea and its brew. Food Control, 2005, 16: 231-237.

[16] Tsumura Y, Wada I, Fujiwara Y, et al. Simultaneous determination of 13 synthetic pyrethroids and their metabolite, 3-phenoxybenzoic acid in tea by gas chromatography. J. Agric. Food Chem., 1994, 42: 2922-2925.

[17] Wang X, Zhou L, Zhang X, et al. Transfer of pesticide residue during tea brewing: Understanding the effects of pesticide's physico-chemical parameters on its transfer behavior. Food Res. Int., 2019, 121: 776-784.

[18] Xu X, Yu C, Han J, et al. Multi-residue analysis of pesticides in tea by online SEC-GC/MS. J. Sep. Sci., 2011, 34: 210-216.

[19] Yoshii K, Ishimitsu S, Tonogai Y, et al. Simultaneous determination of emamectin, its metabolites, milbemectin, ivermectin and abamectin in tomato, Japanese radish and tea by LC/MS. J. Health Sci., 2004, 50 (1): 17-24.

[20] Zhang X, Mobley N, Zhang J, et al. Analysis of agricultural residues on tea using d-SPE Sample. J. Agric. Food Chem, 2010, 58: 11553-11560.

[21] Zhao P, Wang L, Jiang Y, et al. Dispersive cleanup of acetonitrile extracts of tea samples by mixed multiwalled carbon nanotubes, primary secondary amine, and graphitized carbon black sorbents. J. Agric. Food Chem, 2012, 60: 4026-4033.

[22] Zhou L, Luo F J, Zhong X Z, et al. Dissipation, transfer and safety evaluation of emamectin benzoate in tea. Food Chem., 2015, 202: 199-204.

[23] 陈芳, 杨冰仪, 龙军标. 有机磷农药残留检测的研究进展. 中国卫生检验杂志, 2007, 2 (17): 382-384.

[24] 陈宗懋, 陈雪芬, 王运浩, 等. 联苯菊酯在茶树害虫防治中的应用及其残留研究. 茶叶科学研究报告, 1986: 32-42.

[25] 陈宗懋, 韩华琼, 何伟康. 二氯苯醚菊酯 (除虫精) 在茶叶中残留降解动态. 昆虫学报, 1981, 24 (1): 9-16.

[26] 陈宗懋, 韩华琼, 刘光明. 辛硫磷在茶叶中残留消解动态的研究. 昆虫学报, 1975, 18 (2): 133-140.

[27] 陈宗懋, 韩华琼, 岳瑞芝. 乐果在茶叶中残留降解动态的研究. 植物保护学报, 1980, 7 (3): 191-196.

[28] 陈宗懋, 韩华琼, 岳瑞芝. 溴氰菊酯 (DECIS) 在茶叶中的残留降解. 昆虫学报, 1983, 26 (2): 146-153.

[29] 陈宗懋, 万海滨, 王运浩. 喹硫磷在茶叶中的残留降解. 植物保护学报, 1986, 13 (3): 205-210.

[30] 陈宗懋, 王运浩, 万海滨, 等. 速灭杀丁在茶叶中残留降解的研究. 茶叶科学研究报告, 1985: 49-55.

[31] 陈宗懋, 王运浩, 薛玉柱, 等. 氯氰菊酯在茶叶中降解规律的研究. 茶叶科学研究报告, 1986: 245-251.

[32] 郝桂明, 李欢欣, 赵春杰, 等. 气相色谱法测定茶叶中有机氯类农药残留量. 食品科学, 2001, 22 (11): 73-75.

[33] 贾玮, 黄峻榕, 凌云, 等. 高效液相色谱-串联质谱法同时测定茶叶中 290 种农药残留组分. 分析测试学报. 2013, 32: 9-22.

[34] 靳保辉, 陈沛金, 谢丽琪, 等. 茶叶中 25 种有机氯农药多残留气相色谱测定方法. 分析测试学报, 2007, 26 (1): 104-106, 109.

[35] 李拥军, 黄志强, 戴华, 等. 茶叶中多种拟除虫菊酯类农药残留量的气相色谱-质谱测定. 分析化学, 2002, 30 (7): 865-868.

[36] 李媛, 肖乐辉, 周乃元, 等. 在茶叶农药残留测定中用四氧化三铁纳米粒子去除样品中的色素. 分析化学, 2013, 41: 63-68.

[37] 刘光明, 黄雅俊, 陈宗懋. 茶叶中溴氟菊酯残留降解动态的研究. 中国茶叶, 1999, 21 (3): 18-19.

[38] 刘长武, 翟广书, 买光熙, 等. 蔬菜水果中 27 种有机磷农药残留快速扫描检测方法研究. 农业环境科学学报, 2003, 22 (3): 360-363.

[39] 楼国柱, 白晓荣, 徐倩, 等. 茶叶中 7 种有机磷农药残留的快速检测方法. 食品科学, 2004, 25 (9): 159-161.

[40] 罗逢健, 陈宗懋, 汤富彬, 等. 固相萃取和气相色谱-质谱法测定茶叶中 34 种农药残留. 农药, 2010, 45 (5): 363-366.

[41] 庞国芳. 农药兽药残留现代分析技术. 北京: 科学出版社, 2007.

[42]　汤富彬，陈宗懋，罗逢健．固相萃取-气相色谱法检测茶叶中的有机磷农药残留量．分析试验室，2007，26（2）：43-47．

[43]　宛晓春．茶叶生物化学．北京：中国农业出版社，2003．

[44]　王华，熊汉国，潘家荣．有机磷农药残留快速检测方法研究进展．中国公共卫生，2007，23（4）：500-501．

[45]　王维国，李重九，李玉兰，等．有机质谱应用-在环境、农业和法庭科学中的应用．北京：化学工业出版社，2006．

[46]　温裕云，弓振斌，姚剑敏．柱后光化学反应荧光检测高效液相色谱法测定茶叶中的五种菊酯类农药残留．分析化学，2005，33（3）：301-304．

[47]　小野田恭久，今村昌子．茶浸出液中の残留農薬分析における酢酸鉛処理の効用．日本農薬学会志，1980，5：101-105．

[48]　杨基峰，左惠敏，何旭元．茶叶中有机磷农药残留量的GC-MS测定．分析试验室，2006，25（7）：67-70．

[49]　姚青．茶叶中7种有机磷农药残留的快速检测方法．福建分析测试，2006，2：21-24．

[50]　张新忠，罗逢健，陈宗懋．超高效液相色谱串联质谱法测定茶叶茶汤和土壤中氟环唑苗虫威和苯醚甲环唑残留．分析化学，2013，41（2）：215-222．

[51]　张新忠，罗逢健，陈宗懋．分散固相萃取净化超高效液相色谱串联质谱法研究茶叶与茶汤中苗虫威残留降解规律．分析测试学报，2013，32（1）：1-8．

[52]　张莹，黄志强，李拥军．气相色谱法测定茶叶中多种有机磷农药残留量．色谱，2001，19（3）：273-275．

第十六章

农药残留风险评估与管理

第一节　概　　述

使用农药可以有效地提高农业生产率，但消费者多期望购买的食品中没有或仅存在痕量农药残留。农药残留管理的核心是基于科学的风险评估建立合理的最大残留限量（maximum residue limit，MRL），在生产者和消费者之间找到平衡点；批准的标签施用农药量应是有效防治病虫草害的剂量，在膳食摄入评估中，农产品和食品中的农药残留量应对公众的健康和环境无不良影响。

商品农药使用必须通过注册和登记，其使用条件（如剂型、施药剂量与时间、施药次数、安全间隔期等）均应有规定，且应在产品标签上明确。农药在得到登记前，必须依据药效和残留等科学数据建立其良好农业规范。国际食品法典委员会（CAC）将使用农药的良好农业规范（也包括某一个国家的安全使用）定义为实际有效防治有害生物的必需条件，它包括一定范围的农药使用剂量及批准的最高使用剂量，并要求施药后的农药残留量尽可能达到最低水平。

各国设定农药在农产品、食品中 MRL，其基本目的是为了从法律层面对食品中允许存在的农药残留量予以规定，用于管理在农产品和食品生产和储存过程中是否遵守 GAP、产品中的残留量是否超过 MRL，以及规范进出口贸易中对产品的要求。

一、有关术语

（1）良好农业规范（good agricultural practice，GAP）　是指在兼顾环境、经济和社会可持续性的条件下，为获得安全健康的食物和非食用农产品，而应用于农业生产和产后过程的一系列农事操作的集合。农药使用的良好农业规范是指使用农药时应遵守登记农药的标签所确定的使用方法、使用范围、用药剂量、用药次数和安全间隔期等。

（2）危害（hazard）　食品中潜在的会对人类健康产生不良作用的生物、化学或物理性因素或条件。

（3）风险（risk）　是指食品中因存在某种危害而对人类健康或环境产生不良作用的可能性和严重性。

（4）风险分析（risk analysis）　是基于科学的、按照结构化方法进行的开放透明的过程。风险分析框架主要包括三个环节：风险评估、风险管理、风险交流。风险评估为管理提供基本的科学依据和建议，风险管理者基于科学评估结果综合实际情况予以决策。农药登记资料的获得和报告、膳食摄入评估与最大残留水平的推荐属于风险评估领域，农药的登记、农药残留限量标准的批准或者修订等属于风险管理范畴，农药登记信息与各种标准、指南、法规的征求意见公开、监测结果的发布和各种讨论属于风险交流环节。

（5）风险评估（risk assessment） 是指对人类由于接触危险物质而对健康具有已知或可能的严重不良作用的科学评估。包括危害识别（hazard identification），危害特征描述（hazard characterization），暴露评估（exposure assessment）和风险特征描述（risk characterization）。

（6）风险管理（risk management） 根据风险评估的结果，选择和实施适当的管理措施，尽可能有效地控制食品风险，从而保障公众健康。这个过程有别于风险评估，是权衡选择政策的过程，需要考虑风险评估的结果和与保护消费者健康及促进公平贸易有关的其他因素。如必要，应选择采取适当的控制措施，包括取缔手段。

（7）风险交流（risk communication） 在风险评估者、风险管理者、消费者以及其他相关团体之间就风险的有关信息和意见进行相互的交流。信息交流贯穿整个过程，交流的内容可以是危害和风险，或与风险有关的因素，或对风险的理解，或对风险评估结果的解释，或对风险管理决策的制定基础等。

（8）国家估算每日摄入量（national estimated daily intake，NEDI） 是对长期农药残留摄入的估计。它是基于每人每日平均食物消费量和规范残留试验中值计算的，包括食品加工过程中残留变化，其他来源的膳食摄入和有毒理学意义的转化产物，以毫克为单位。

（9）国家估算短期摄入量（national estimated short term intake，NESTI） 是对短期农药残留摄入的估计。它是基于每人每日（餐）某种食物高摄入量和规范残留试验的最高残留值计算的，主要考虑食品可食部分的残留，包括其他来源的膳食摄入和有毒理学意义的转化产物，以毫克为单位。

二、农药最大残留限量

食品（包括农产品）中农药 MRL 制定是根据农药使用的良好农业规范（GAP）和规范农药残留试验，评估农药最大残留水平，参考农药残留风险评估结果，推荐 MRL，其数值必须是毒理学上可以接受的，最后由各国政府部门按法规公布。农药 MRL 既是保证食品安全的基础，也是促进生产者遵守 GAP、控制不必要的农药使用、保护生态环境的基础，还是提高农产品竞争力、促进农产品贸易的基础。

MRL 的制定最早可追溯到 20 世纪初，英国对从美国进口的苹果中砷酸化合物首先制定了允许残留量，以后各国对在食用和饲料作物上使用的农药都要求制定允许残留量或 MRL。制定农药 MRL 的目的是控制食品或农产品中过量农药残留以保障食用者的安全。新农药申请登记时必须提供其在各类作物上的最大残留量数据，供政府部门对其在农产品中残留的潜在危害作出评价。各国政府均以法规的形式公布 MRL，对超过 MRL 的农产品应采取措施，禁止食用或销售，同时指导和推行合理用药。农产品中农药残留监测值大于 MRL，表明未按推荐剂量和次数施药，是检验是否合理使用的尺度之一。由于各国病虫害防治措施有差异，膳食结构不同，以及有的农产品进口国家要求过严等因素，各国的 MRL 往往不一致。为了减少国际贸易纠纷和促进农产品贸易，CAC 制订了国际标准，各国也积极采纳 CAC 国际标准。

（一）Codex MRL 国际标准

CAC 是由联合国粮农组织（FAO）和世界卫生组织（WHO）于 1963 年共同建立的制定国际食品标准的政府间组织，以保障消费者的健康和确保食品贸易公平为宗旨，负责协调各成员国和成员国组织在食品安全领域中相关技术指南及标准的制定工作。随着各国政府和国际间组织在食品安全标准领域合作的推进，CAC 在努力构建安全的食品贸易标准和公平的食品贸易机制，以及加强农产品和食品安全管理方面发挥了重要的引领和导向作用。在制定 CAC 农药残留限量标准的过程中，涉及的主要机构是国际食品法典农药残留委员会（CCPR）和农药残留专家联席会议（JMPR）。JMPR 是风险评估机构，CAC 和 CCPR 是风险管理机构。JMPR 是独立的科学机构，负责向 CAC、CCPR 提交科学评估结果和建议。JMPR 负责评估和推荐农药 MRL 标准草案，提交给 CCPR 审议，审议通过后的标准草案再提交给 CAC 大会审议，通过后成为正式食品法典标准。通常先由 FAO 和 WHO 的农药残留专家联席会议（JMPR）评议某农药残留的安全性、允许摄入量和残留数据，提出 MRL 建议值，提供 CCPR 讨论通过，再报送 CAC 大会讨论通过后成为 CAC 最大残留限量标准（CXL，Codex MRL）。Codex MRL 标准几乎涉及所有种植、养殖农产品及其加工制品。截止到 2020 年，Codex MRL 已有 5662 项，涉及 232 种农药和 410 种农产品。Codex MRL 已成为 WTO 涉及农药残留问题的国际农产品及食品贸易的仲裁依据，对全球农产品及食品贸易具有重大影响。

CAC 自 1966 年至今基本上每年召开一次会议。2006 年 7 月，第 29 届 CAC 大会确定我国成为 CCPR 新任主席国。从 2007 年开始，我国每年组织召开 CCPR 年会，这也为我国充分利用主席国这一平台，加强国际合作和交流提供了便利，可以更好地了解和掌握相关国际组织和其他国家在农药残留限量标准制定方面的最新动态，提升我国农药残留标准的制（修）订水平。我国也积极参与了 Codex MRL 的制定，如茶叶上硫丹、氯氰菊酯、茚虫威，水稻上乙酰甲胺磷、甲胺磷、三唑磷等标准就是由我国提交数据而制定的。

（二）我国制定的 MRL 标准

我国最早制定的农药 MRL 标准是 1977 年的 GBn 53—1977《食品中六六六、滴滴涕残留量》，该标准在 1981 年被 GB 2763—1981《粮食、蔬菜等食品中六六六、滴滴涕残留量标准》所替代。随后，我国又发布了多个涉及 MRL 的国家标准，如 GBn136—1981、GB 4788—1984，GB 5127—1985 等。在我国 2001 年加入世贸组织之前，总共 34 项标准，涉及 79 种农药的 195 个 MRL 标准。2005 年，GB 2763—2005《食品中农药最大残留限量》标准发布。该标准对我国历次发布的农残国标进行了整合和修订，在一定程度上改变了我国农残国标零星分散的局面。该标准有 136 种农药，残留限量 477 个。

我国曾经制定的农药 MRL 国家标准主要有：

GB 2763—2005《食品中农药最大残留限量》及第 1 号修改单

GB 2715—2005《粮食卫生标准》中的 4.3.3 农药最大残留限量

GB 25193—2010《食品中百菌清等 12 种农药最大残留限量》

GB 26130—2010《食品中百草枯等 54 种农药最大残留限量》

GB 28260—2011《食品安全国家标准 食品中阿维菌素等 85 种农药最大残留限量》。

农药曾经制定的 MRL 行业标准主要有：

NY 1500—2009《农产品中农药最大残留限量》

NY 660—2003《茶叶中甲萘威、丁硫克百威、多菌灵、残杀威和抗蚜威的最大残留限量》

NY 661—2003《茶叶中氟氯氰菊酯和氟氰戊菊酯的最大残留限量》

NY 662—2003《花生中甲草胺、克百威、百菌清、苯线磷及异丙甲草胺最大残留限量》

NY 773—2004《水果中啶虫脒最大残留限量》

NY 774—2004《叶菜中氯氰菊酯、氯氟氰菊酯、醚菊酯、甲氰菊酯、氟胺氰菊酯、氟

氯氰菊酯、四聚乙醛、二甲戊乐灵、氟苯脲、阿维菌素、虫酰肼、氟虫腈、丁硫克百威最大残留限量》

NY 775—2004《玉米中烯唑醇、甲草胺、溴苯腈、氰草津、麦草畏、二甲戊乐灵、氟乐灵、克百威、顺式氰戊菊酯、噻吩磺隆、异丙甲草胺最大残留限量》

NY 831—2004《柑橘中苯螨特、噻嗪酮、氯氰菊酯、苯硫威、甲氰菊酯、唑螨酯、氟苯脲最大残留限量》

NY 1500—2007《农产品中农药最大残留限量》

NY 1500—2008《蔬菜、水果中甲胺磷等 20 种农药最大残留限量》

NY 1500—2009《农产品中农药最大残留限量》

在对上述农药 MRL 标准重新进行风险评估的基础上，2012 年食品安全国家标准 GB 2763—2012《食品中农药最大残留限量》发布，涉及 322 种农药在 10 大类农产品上的 2293 个 MRL 标准，有效解决了之前农药残留标准重复、交叉、老化等问题，实现了我国食品中农药残留标准的合并统一。GB 2763 在 2014 年再次进行了更新，涉及 387 种农药，3650 个 MRL 标准。在 GB 2763—2016 中，MRL 数量达到 4140 个，GB 2763—2019 中，涉及 483 种农药，MRL 数量达到 7107 个。GB 2763—2021 中，涉及 564 种农药，MRL 数量达到 10092 个。GB 2763《食品安全国家标准　食品中农药最大残留限量》是我国监管食品中农药残留的唯一强制性国家标准，极大促进了我国农产品安全和国际贸易。

（三）我国 MRL 标准制定程序

2017 年我国农业部第 2308 号公告发布了《食品中农药最大残留限量制定指南》，规范了食品中农药 MRL 标准制定的程序和技术要求，规定了我国农药 MRL 制定的程序，现将主要内容介绍如下：

1. 一般程序

（1）确定规范残留试验中值（STMR）和最高残留值（HR）　在农药使用的 GAP 条件下进行规范残留试验，根据残留试验结果，确定 STMR 和 HR。

（2）确定每日允许摄入量（ADI）和/或急性参考剂量（ARfD）　根据毒物代谢动力学和毒理学评价结果，制定 ADI。对于有急性毒性作用的农药，制定 ARfD。

（3）推荐 MRL　根据规范残留试验数据，确定最大残留水平；依据我国膳食消费数据，计算国家估算每日摄入量，或短期膳食摄入量，进行膳食摄入风险评估，推荐农药 MRL 国家标准。

依据《用于农药最大残留限量标准制定的作物分类》，可制定适用于同组作物上的 MRL。

2. 再评估

发生以下情况时，应对制定的农药 MRL 进行再评估：

① 批准农药的 GAP 变化较大时；

② 毒理学研究证明有新的潜在风险时；

③ 残留试验数据监测数据显示有新的摄入风险时；

④ 农药残留标准审评委员会认定的其他情况。

再评估应遵从农药 MRL 标准制定程序。

3. 周期评估

为保证农药 MRL 的时效性和有效性，实行农药 MRL 周期评估制度，评估周期为 15 年，临时限量和再残留限量的评估周期为 5 年。

4. 特殊情况

（1）临时限量　当下述情形发生时，可以制定临时限量标准：

① ADI 是临时值时；

② 没有完善或可靠的膳食数据时；

③ 没有符合要求的残留检验方法标准时；

④ 农药或农药/作物组合在我国没有登记，当存在国际贸易和进口检验需求时；

⑤ 在紧急情况下，农药被批准在未登记作物上使用时，制定紧急限量标准，并对其适用范围和时间进行限定；

⑥ 其他资料不完全满足评估程序要求时。

临时限量标准的制定应参照农药 MRL 标准制定程序进行。当获得新的数据时，应及时进行修订。

（2）再残留限量　对已经禁止使用且不易降解的农药，因在环境中长期稳定存在而引起在作物上的残留，需要制定再残留限量（extraneous maximum residue limit，EMRL）。目前我国制定的艾氏剂、狄氏剂、氯丹、滴滴涕、异狄氏剂、七氯等在作物上的残留限量，均为再残留限量。

（3）豁免残留限量　当存在下述情形时，豁免制定残留限量：

① 当农药毒性很低，按照标签规定使用后，食品中农药残留不会对健康产生不可接受风险时；

② 当农药的使用仅带来微小的膳食摄入风险时。

豁免制定残留限量的农药，需要根据具体农药的毒性和使用方法逐个进行风险评估确定。

目前我国有 44 种农药豁免制定食品中 MRL 标准（GB 2763—2021），具体名单见表 16-1。

表 16-1　我国豁免制定食品中 MRL 的农药名单

序号	农药中文通用名称	序号	农药中文通用名称
1	苏云金杆菌	23	棉铃虫核型多角体病毒
2	荧光假单胞杆菌	24	苜蓿银纹夜蛾核型多角体病毒
3	枯草芽孢杆菌	25	三十烷醇
4	蜡质芽孢杆菌	26	地中海实蝇引诱剂
5	地衣芽孢杆菌	27	聚半乳糖醛酸酶
6	短稳杆菌	28	超敏蛋白
7	多粘类芽孢杆菌	29	S-诱抗素
8	放射土壤杆菌	30	香菇多糖
9	木霉菌	31	几丁聚糖
10	白僵菌	32	葡聚烯糖
11	淡紫拟青霉	33	氨基寡糖素
12	厚孢轮枝菌（厚垣轮枝孢菌）	34	解淀粉芽孢杆菌
13	耳霉菌	35	甲基营养型芽孢杆菌
14	绿僵菌	36	甘蓝夜蛾核型多角体病毒
15	寡雄腐霉菌	37	极细链格孢激活蛋白
16	菜青虫颗粒体病毒	38	蝗虫微孢子虫
17	茶尺蠖核型多角体病毒	39	低聚糖素
18	松毛虫质型多角体病毒	40	小盾壳霉
19	甜菜夜蛾核型多角体病毒	41	(Z)-8-十二碳烯乙酯
20	黏虫颗粒体病毒	42	(E)-8-十二碳烯乙酯
21	小菜蛾颗粒体病毒	43	(Z)-8-十二碳烯醇
22	斜纹夜蛾核型多角体病毒	44	混合脂肪酸

（4）香料/调味品产品中农药 MRL 在没有规范残留试验数据的条件下，可以使用监测数据，但需要提供详细的种植和生产情况以及足够的监测数据，制定程序参照农药 MRL 标准制定。

第二节 农药残留风险评估

风险分析是用来估计人体健康和安全风险的方法，它可以确定并实施合适的方法来控制风险，并与利益相关方就风险及所采取的措施进行交流。CAC 对风险分析 3 个主要环节定义如下：

（1）风险评估 一个以科学为依据的过程，包括：危害识别，危害描述，暴露评估，风险表述；

（2）风险管理 不同于风险评估，是一个与所有相关方磋商后，权衡各种政策方案，考虑风险评估和其他与保护消费者健康、促进公平贸易活动有关的因素，并在必要时选择适当防控措施的过程；

（3）风险交流 在风险分析全过程中，由风险评估者、风险管理人员、消费者、产业界、学术界和其他相关各方就风险、风险相关因素和风险认知等信息和看法的互动式交流，包括风险评估结果的解释和风险管理决定的依据。

每个环节都是整个风险分析中不可分割的部分，是将科学的和公共卫生的原则联合应用于决策和设定主次。

在 CAC 及其程序框架中，CAC 及其下属机构 CCPR（风险管理者）负责有关风险管理，而 FAO/WHO 联合专家机构 JMPR（风险评估者）主要负责提供风险评估的建议。

CCPR 应用的风险分析原则于 2007 年第 30 届 CAC 大会审议通过，并列入国际食品法典委员会《程序手册》中。该原则的目的是促进在食品法典框架内统一应用风险分析工作原则；CCPR 负责风险管理、JMPR 负责风险评估，两者进行风险交流。

JMPR 或各国农药管理机构是通过风险评估过程来评价由农药造成的风险水平。2015年我国农业部第 2308 号公告发布了《食品中农药残留风险评估指南》，用于指导我国食品（包括食用农产品）中农药残留风险评估。实际上农药的风险评估是对风险的量化和其特性的描述过程，评价其发生的可能性和潜在的不利影响的性质（种类）和数量（大小）。食品中农药残留风险评估是指通过分析农药毒理学和残留化学试验结果，根据消费者膳食结构，对因膳食摄入农药残留产生健康风险的可能性及程度进行科学评价。农药风险评估主要包括毒理学评估、农药残留化学评估和膳食摄入评估。

一、毒理学评估

农药毒理学评估是对农药的危害进行识别，并对其危害特征进行描述。通过评价毒物代谢动力学试验和毒理学试验结果，推荐出 ADI 和/或 ARfD。

毒物代谢动力学评价是对农药在实验动物体内的吸收、分布、生物转化过程、排泄和蓄积等进行评价。毒理学评价是对农药及其有毒代谢产物的急性毒性、短期毒性、长期毒性、致癌性、致畸性、遗传毒性和生殖毒性等进行评价。根据毒物代谢动力学和毒理学评价结果，确定未观察到有害作用剂量水平（no observed adverse effect level，NOAEL），采用适当的不确定系数，制定 ADI。对于有急性毒性作用的农药，制定 ARfD。

各国政府机构和世界卫生组织（WHO）均规定了必须进行的毒理学试验及必须观察的资料，只有完成了所有的毒理学试验并证明试验结果有效时，才可制定 ADI。短期的或急性毒性作用只在一次或几天内进行。农产品、食品和商品中的农药残留低于 Codex MRL 标准可以认为人食用是安全的，Codex MRL 是通过评估人的慢性和急性膳食摄入来断定的。过去长期以来仅进行慢性摄入的评估，20 世纪末期认识到需要评估急性摄入，经过了一系列磋商和国际研讨会，提出了急性摄入评估的原则。但是由于不同人群摄入的资料和在一次摄入农产品中或其可食部分中的农药残留的分布都需要收集或汇总，当时的信息很有限，JMPR 在 1999 年第一次估算了急性摄入。

（一）每日允许摄入量

每日允许摄入量（acceptable daily intake，ADI）是指人类终生每日摄入某物质，而不产生可检测到的危害健康的估计量，以每千克体重可摄入的量表示（mg/kg bw）。在美国也称慢性毒性参考剂量（chronic reference dose，CRfD）。农药 ADI 是在分析评价相关毒理资料的基础上，找到最敏感动物的最相关的敏感终点，并经过数据评价和统计分析以及数据外推等获得的。2012 年中华人民共和国农业部第 1825 号公告发布了《农药每日允许摄入量制定指南》，规定了 ADI 的制定程序，现将主要内容介绍如下。

1. 确定 NOAEL 或 BMDL

在全面分析农药毒理学性质的基础上，找到最敏感动物的最相关的敏感终点。一般情况下，可用于制定农药 ADI 的资料为慢性毒性试验、致癌试验和两代繁殖毒性试验等数据，通过分析和评价，获得最敏感动物的最敏感终点。再根据敏感终点，选择最合适的试验，确定与制定农药 ADI 相关的 NOAEL。如果有合适的剂量-反应模型或无法确定 NOAEL 或农药长期暴露量与 ADI 接近时，推荐用基准剂量（benchmark dose，BMD）方法来推导 ADI。一般用基准剂量可信下限（benchmark dose lower confidence limit，BMDL）代替 NOAEL。

2. 选择不确定系数

在推导 ADI 时，存在实验动物数据外推和数据质量等因素引起的不确定性，常用一个量化的系数，即不确定系数，来处理因上述问题造成的不确定性。

不确定系数一般为 100，即将实验动物的数据外推到一般人群（即种间差异）以及从一般人群外推到敏感人群（即种内差异）时所采用的系数。种间差异和种内差异的系数均为 10。

除种间差异和种内差异的不确定性外，还要考虑毒性资料的质量和可靠性以及有害效应的性质等因素。根据具体情况，对不确定系数进行适当放大或缩小。如：当实验动物在不产生母体毒性的剂量而出现致畸作用时，通常增加 10 倍系数；当有可靠资料，如可靠的人群资料时，可以根据实际情况对种间差异的不确定系数进行调整。

选择不确定系数时，应针对每种农药的具体情况进行分析和评估，并充分利用专家的经验。虽然存在多个不确定性因素，甚至在数据严重不足的情况下，不确定系数最大也一般不超过 10000。推导 ADI 过程中的不确定性来源及系数见表 16-2。

表 16-2　推导 ADI 过程中的不确定性来源及系数

不确定性来源	系数
从实验动物外推到一般人群,包括:	10（总计）
毒代动力学差异	4
毒效动力学差异	2.5
从一般人群外推到敏感人群,包括:	10（总计）
毒代动力学差异	3.16
毒效动力学差异	3.16

不确定性来源	系数
从 LOAEL 到 NOAEL	10
从亚慢性试验推导到慢性试验	10
出现严重毒性	10
实验数据不完整	10

3. 推导 ADI

在确定 NOAEL 或 BMDL 后，除以不确定系数可以推算出 ADI。即：

$$ADI = \frac{NOAEL}{UF} \quad 或 \quad ADI = \frac{BMDL}{UF}$$

式中　ADI——每日允许摄入量，mg/kg bw；

　　NOAEL——未观察到有害作用剂量水平，mg/kg bw；

　　BMDL——基准剂量可信下限，mg/kg bw；

　　　UF——不确定系数。

4. 特殊情况

特殊情况下，可能要制定临时 ADI、类别 ADI，某些情况下也可能不需要制定 ADI。具体情况如下。

（1）制定临时 ADI　毒理学资料有限；或有最新资料对已制定 ADI 的农药安全性提出疑问，需要进行修订，在要求进一步准备资料期间仍需要制定 ADI 时，应制定临时 ADI，制定临时 ADI 时使用较大的不确定系数。

（2）制定类别 ADI　毒性作用机制相同，或细胞内靶标相同，或毒理学效应相同的农药；化学结构相似的同一类农药，可制定类别 ADI。

（3）无需制定 ADI　当有充分资料表明不存在长期膳食暴露风险时，可以不制定 ADI。

张丽英、陶传江于 2015 年编著的《农药每日允许摄入量手册》，收录了我国已经制定的 554 种农药的 ADI。

（二）急性参考剂量

农药残留的摄入量可能在短期内造成急性中毒，因此在 20 世纪 90 年代初期提出了 ARfD 以评估短期摄入的风险，急性参考剂量是指人类在 24 小时或更短时间内，通过膳食或饮用水摄入某物质，而不产生可检测到的危害健康的估计量，以每千克体重可摄入的量表示，单位为 mg/kg bw。

2017 年中华人民共和国农业部第 2586 号公告发布《农药急性参考剂量制定指南》，规定了农药急性参考剂量的制定程序，现将主要内容介绍如下。

制定农药急性参考剂量首先应全面评价农药的毒性。一般根据提交的农药登记毒理学报告等资料，对农药的毒理学特征进行全面分析和评估，掌握农药的全部毒性信息。

1. 制定 ARfD

在全面评价和分析农药的毒性特征后，可按以下步骤进行：

（1）确定 NOAEL 或 BMDL　选择与急性暴露相关的终点。在全面评价毒资料的基础上，选择与一次（或一天）染毒最相关的毒理学终点。常见的可能与制定 ARfD 有关的毒理学终点包括：临床体征变化、体重变化、摄食和饮水量变化、死亡、高铁血红蛋白症、神经毒性、致畸作用和发育毒性等。应尽量利用现有毒理学数据提供的相关信息，如在短期重复染毒试验中观察到的急性毒性作用，特别是试验开始阶段观察到的有关变化。

判定敏感终点。根据相关终点选择合适的试验，该试验中相关终点应进行充分的检查和评价，以判定与人最相关的最敏感终点。

确定 NOAEL。根据最敏感终点，确定相应的 NOAEL，作为制定 ARfD 的基础。

用 BMDL 代替 NOAEL。如有合适的剂量-反应模型，或无法确定 NOAEL，或农药短期膳食暴露量与 ARfD 接近时，可用 BMD 方法来推导 ARfD。一般用 BMDL 代替 NOAEL。

（2）选择不确定系数 在推导 ARfD 时，存在实验动物数据外推和数据质量等因素引起的不确定性，可采用不确定系数来减少上述不确定性。

不确定系数一般为 100，即将实验动物的数据外推到一般人群（种间差异）以及从一般人群推导到敏感人群（种内差异）时所采用的系数。种间差异系数和种内差异的系数均为 10。

选择不确定系数时，除种间差异和种内差异外，还要考虑毒性资料的质量和可靠性以及有害效应的性质等因素，再结合具体情况和有关资料，对不确定系数进行适当放大或缩小。如：当实验动物在不产生母体毒性的剂量而出现致畸作用时，通常增加 10 倍不确定系数；当有可靠资料，如可靠的人群资料时，可以根据实际情况对种间差异的不确定系数进行调整。

选择不确定系数时，应针对每种农药的具体情况进行分析和评估，并充分利用专家的经验。虽然存在多个不确定性因素，甚至在数据严重不足的情况下，不确定系数最大一般也不超过 10000。推导 ARfD 过程中的不确定性来源及系数同 ADI（见表 16-2）。

（3）计算 ARfD 确定 NOAEL 或 BMDL 后，再除以适当的不确定系数，即可得到 ARfD。ARfD 计算公式如下：

$$ARfD = NOAEL/UF \quad 或 \quad ARfD = BMDL/UF$$

2. 制定农药急性参考剂量应注意的有关问题

（1）一般情况下，一种农药制定一个 ARfD。在有些情况下，可能需要针对不同人群制定相应的 ARfD，如一个针对普通人群，其他针对特殊人群（如儿童等敏感人群）。

（2）某些情况下，可能还要针对作物中出现并且被包含在残留定义中，或在人体中出现但在毒理学动物试验中没有检测到的主要代谢物（如这些代谢物可能出现急性毒性，且与母体化合物的毒性特性不一致）制定相应的 ARfD。

（3）若推导出的 ARfD 低于已经制定的 ADI，则应该考虑是否需要修订 ADI。如果经过评价后认为没有理由修订 ADI，则取 ADI 值作为 ARfD 值。

（4）当所制定的 ARfD 比较保守，且经过短期膳食风险评估后认为存在健康风险，可考虑对 ARfD 进行精确化，如补充特定的急性染毒毒性试验等。

3. 判定是否需要制定 ARfD

符合以下条件之一的可以不制定 ARfD：

（1）剂量达 500mg/kg 时，没有出现急性染毒相关的毒性作用；

（2）单次经口染毒试验中，剂量达 1000mg/kg 时，没有出现染毒相关的死亡；

（3）急性染毒试验中，动物仅发生死亡，但是死亡的原因与人类暴露不相关。

二、农药残留化学评估

农药残留化学评估是对农药残留物在食品和环境中的残留行为的评价，通过评价动植物代谢试验、田间残留试验、饲喂试验、加工过程和环境行为试验等试验结果，推荐规范残留试验中值（STMR）和最高残留值（HR）。

（一）农药残留物

在对某特定农药残留进行研究时，需参考毒理学评估结果，进行动植物代谢试验，对农药代谢规律、最终产物进行评价，确定该农药成分的残留物。根据应用的目的不同，农药的残留物可能不同，如用于 MRL 符合性监测的残留物或用于膳食摄入风险评估的残留物，植物源或动物源农产品中农药降解代谢途径不同，残留物定义也可能不同。

通常情况下，农药残留物包含了农药母体及其具有毒理学意义的代谢物、降解产物及杂质等。但在实际确定某种农药的残留物时，不一定需要涵盖全部的代谢或降解产物。

残留物的监测定义应：①尽可能检测单个化合物；②适用于监督良好农业规范的遵守情况；③如果可能的话，同种农药在不同农产品中具有相同的残留物。

残留物的评估定义应包括所有具有毒理学意义的化合物。在建议或修订残留物定义时，JMPR 一般考虑以下因素：

① 在动植物代谢过程中发现的残留物成分；

② 膳食摄入评估时，代谢物和降解产物的毒理学特性；

③ 规范田间残留试验中确定的残留物性质；

④ 残留物是否为脂溶性物质；

⑤ 监管分析方法的实用性；

⑥ 其他农药是否也产生相同的代谢物和分析物；

⑦ 代谢物成分是否已作为另一种农药登记使用；

⑧ 某特定残留物定义是否已得到本国政府认可并长期习惯上接受；

⑨ 食品添加剂联合专家委员会是否标记了可能在动物产品中产生的残留物。

如何确定残留物的定义，CAC 未发布专门的程序文件，但在《农药最大残留限量和膳食摄入风险评估培训手册 农药残留》和《联合国粮食及农业组织用于推荐食品和饲料中最大残留限量的农药残留数据提交和评估手册》两个文件中进行了相关论述。2009 年，经济合作与发展组织（OECD）修订的农药残留物定义导则，已被收录到 FAO 的相关手册中，作为 JMPR 专家用于推荐农药残留物定义时的指导性文件。朱光艳对国际上农药残留物定义的制定原则进行了综述，就不同监管体系中农药残留物定义的一般原则、残留物的组成及各国的不同规定进行了阐述。我国制定了 NY/T 3096—2017《农作物中农药代谢试验准则》、NY/T 3557—2020《畜禽中农药代谢试验准则》，对我国农药残留物的确定进行了描述。

（二）农药残留田间试验

农药残留田间试验是为需要登记注册的农药提供其在农产品和食品中的残留数据的田间试验。FAO 指出，用于评估最大残留水平的规范残留田间试验是一项科学研究，在研究中，农药在作物上的施药是按照特定的反映生产实际的条件，即是根据 GAP 进行的残留田间试验，GAP 是由官方推荐的或由国家认可的、在有效防治有害生物的实际条件下，农药的安全使用并使其残留量达到最低水平，是在考虑对一般人群和职业人群的健康、环境安全等情况下推荐的。JMPR 认可各国农药登记时使用的按 GAP 进行的规范残留田间试验及其数据，但为了比较田间试验中农药的使用模式，在提交的报告中应该将有关剂型、使用剂量、喷洒浓度、使用次数、安全间隔期等资料列出。

1. JMPR 推荐的最大残留水平

在规范残留田间试验数据的基础上，可得到以下评估数据：

（1）规范残留试验中值（supervised trials median residue，STMR），以 mg/kg 计，是根据 GAP 进行的一系列田间试验，以标签上的最高剂量和最短安全间隔期（pre-harvest interval，PHI）施药（最大 GAP，cGAP）后在农产品（商品）的可食部分中的预期残留水平。每个田间试验只取一个值，将所有各地区田间试验的残留数据集中，取其残留中值，其残留量应包括 JMPR 在摄入评估中的残留定义的所有组分。

例如：根据 JMPR（2002）资料，美国在水稻上使用氟酰胺剂量为 $0.56 \sim 0.62$ kg（a.i.）/hm^2，PHI 30 天，共有 10 个规范残留田间试验，最终残留数据如下（mg/kg）：

0.22、0.25、0.62、0.99、1.1、1.3、1.4、1.7、1.7、6.2

中位数是将数据从小到大按序排列，对奇数观察值的中位数是中间那个数，对偶数观察值的中位数是中间两个数值的平均值，因此此数据集的中位数为 1.2mg/kg。

（2）最高残留值（highest residue，HR），以 mg/kg 计，是根据 GAP 进行的一系列独立田间试验，以标签上最大剂量和最短 PHI 施药后在农产品（商品）的可食部分中的最高残留水平，每个田间试验只取一个值，将所有田间试验的残留数据集中，取其最高残留值，最高残留值应包括 JMPR 在摄入评估中的残留定义的所有组分。

（3）最高残留水平（maximum residue levels，mrl），以 mg/kg 计，由 JMPR 根据递交上来的所有按 GAP 进行一系列田间试验中以最高剂量施药和最短 PHI 后在农产品（商品）中的最高残留值，来估算的最大残留水平。JMPR 认为该估算的最大残留水平可以推荐作为法典最大残留限量（Codex maximum residue limit，Codex MRL）。同时注意以下几点：

① 农药残留田间试验应该覆盖实际生产中的不同条件，如施药技术、季节、栽培措施和不同作物品种。

② 制定 MRL 的试验应该取最大登记用药量相当的试验条件的数据。在农业生产上有时农民施药时计量不准，但使用剂量必须控制在标签上最大使用量的 ±（25%～30%）以内。

③ 安全间隔期（PHI）是指最后一次施药到收获的间隔日期，试验中使用的间隔期范围由农药残留的持久性决定，农药降解慢则 PHI 的范围可以宽一些。如果残留为未检出，应该使用较高施药剂量的数据。

如果所有根据标签中最高使用剂量试验的残留数据均低于残留量测定方法的 LOQ，则设定规范残留试验中值（STMR）为 LOQ。

当某一农产品或食品所有必需的数据都已收集，就可以检查田间试验的数量是否够，不同地理区域的数据是否可以组合起来，一般至少应有 8 个独立的残留田间试验，然后由 JMPR 估算出该农药在某种作物上的 STMR、HR、mrl，估算出农药在某种作物上的最大残留水平由 JMPR 推荐到 CCPR 用于制定 Codex MRL，STMR 用于长期摄入的评估，HR 用于短期摄入的评估。

残留田间试验的设计应该涵盖一定范围的实际使用情况，应该在使用该农药的不同地区和不同作物品种上进行，如果使用该农药的地区范围很小，则可以在不同季节进行。一组设计完好的田间试验可以提供能反映不同试验条件的一系列残留数据，但是应该考虑到数据的变异性。试验虽然是按照标签上相同的模式使用的农药，但是由于不同的操作者、不同的施药工具、生产实际中一系列的不同条件和耕作措施、在不同的季节和年代进行等因素，残留数据必然会有相当的变异性。因此以农作物规范大田残留试验数据为基础，制定所施农药在大田中的 MRL 是很复杂的过程。

2. 制定农药 MRL 的残留田间试验次数

OECD 规定，在 GAP 一致的条件下，某作物的试验点数可在各成员国单独建议的作物试验点数基础上减少 40%，但是减少后的总试验点不得少于 8 个，并且不能低于任一成员国单独建议的试验点数。表 16-3 列举了 OECD 各成员国建议的大麦上农药残留试验所需点数。根据 40% 减少原则，各地区均可在各单独成员国提交的试验点数基础上减少 40%，但任一地区的试验点数不能少于 2 个。另外，大棚作物至少需 8 个点，采收后施药处理的作物需 4 个点，并且每种作物至少需要在 50% 的试验点进行消解动态试验。

表 16-3　OECD 不同成员国建议的农药残留试验所需点数（以大麦为例）

国家或地区	试验点数	缩减 40% 后的试验点数
美国/加拿大	24	14
欧盟	16	10
日本	2	2
澳大利亚	8	5
新西兰	4	2
OECD 总计	54	33

JMPR 通常根据施药条件的不同，农产品、商品在生产、膳食和贸易上重要性的不同，要求 6~8 个田间试验。此外，还可以将农产品、商品分组，将某一产品的数据外推至其他产品或组中，互相充分利用已有数据。

NY/T 788—2018《农作物中农药残留试验准则》规定了我国在进行农作物中农药残留试验的基本要求、田间试验设计、最终残留量试验、残留消解试验、田间样品、实验室样品、残留物检测、试验记录和实验报告等要求。按照农药登记残留试验区域布局原则和要求确定农药规范残留试验的地点和试验点数。

3. 食品加工的影响

研究农产品和食品加工过程中农药残留的目的：

（1）确定加工过程中生成的分解产物和反应产物；

（2）根据加工产品中的农药残留量与未加工产品中的农药残留量计算加工因子（加工因子＝加工食品中的残留量/未加工食品中的残留量）；

（3）用于膳食摄入计算。

模拟的加工过程应该等同或相当于产品的实际加工过程，如果谷物粉碎过程中的第一步是清洁处理，则模拟的粉碎过程也应该有净化步骤。加工因子主要用于将规范残留田间试验得到的产品的 STMR 或 HR 转换为加工产品的 STMR-P 或 HR-P，可用于膳食摄入评估。

如果一个食品的加工因子未显著超过 1，则不需评估其加工食品中的最高残留水平，如果一个食品的加工因子显著大于 1（JMPR 要求大于 1.4），则必须同时评估其加工食品中的最高残留水平和评估其在规范残留田间试验中的残留量。

我国制定的 NY/T 3095—2017《加工农产品中农药残留试验准则》规定了加工农产品中农药残留试验的方法和技术要求。

4. 样品储藏稳定性

样品储藏稳定性是研究农产品中农药残留在储藏时期的稳定性。如果残留试验样品在冷冻储藏 30 天内监测分析，可以不进行农药残留样品储藏稳定性研究。储藏稳定性试验可以使用代表作物的储藏稳定性数据，而不需要所有作物都进行储藏稳定性试验。我国颁布了 NY/T 3094—2017《植物源性农产品中农药残留储藏稳定性试验准则》。

5. 农药残留田间试验的评价

MRL 的制定主要依靠田间残留数据，田间试验设计应该根据实际情况，设有不同的施药技术、季节、耕作制度和作物品种等。JMPR 制定了评价田间残留试验数据和评估 MRL 和 STMR 的指南：

（1）每个独立的田间试验只取一个数据点。

（2）评估不同国家的残留数据是根据试验中的 GAP 和该国的登记资料要求或具有相似气候和耕作措施的邻国的 GAP。

（3）从不同国家的 GAP 获得的残留数据通常可以组合在一起，除非数据来自不同的群体。

（4）试验条件应该是农药登记及标签上的最大施药量、最短间隔期和最多使用次数。

施药剂量应该不得超过规定剂量的±25％。

施药次数对残留的影响是由残留的持久性、每次施药的间隔期及作物的特性决定的，残留消解试验提供持久性数据，可以协助做出决定。

PHI 的范围也由农药残留的持久性决定，可以从残留消解曲线获得。PHI 允许的范围是官方 PHI 水平±30％。

（5）如田间试验的残留数据太低，检测不出，可以使用较高施药剂量的数据。

（6）从一个田间试验的重复小区中获得几个数据时，应该采用最高的数据。

（7）在相同的田间试验样品重复分析得出多个数据时，取平均值。

（8）同一个 GAP 田间试验的 PHI 样品的残留值，低于另一个较长 PHI 的残留值，则选择较高的残留值。

（9）当所有的残留数据均＜LOQ，则 STMR 应该设定在 LOQ，除非通过代谢试验或加大剂量试验，证明实际残留实际为零。

6. 基于大田试验数据制定农药 MRL 的方法

调查了以农作物规范田间残留试验数据为基础，制定所施农药在大田中 MRL 的方法。该方法最初是由美国 EPA 和加拿大卫生局共同建立的北美自由贸易协定（NAFTA）残留限量协调工作组研究提出的，是以统计学原理为基础，根据田间试验数据来制定 MRL 的方法。JMPR 于 2006 年对此方法予以认可，同时指出不再使用 JMPR 在 2001 年提出的按比例缩放法（scaling step）。

以前各国确定 MRL 的方法，都是从一批规范残留田间试验数据中找出最高的残留值，然后将数值向上进位（rounding up）得出最大残留水平建议值，而不是依据统计学原理。因此，不同的评估人、机构和政府在向上进位和设定最大残留水平时意见往往不一致，该残留水平究竟应该设定在比田间的最高残留值高多少才合适，没有可以依据的基本原则。事实上应该至少有方法使评估者根据相同的或类似的一组大田残留数据，可以得出基本相同的最大残留水平的建议值。

对 MRL 制定过程进行协调，目的之一是减少贸易壁垒。然而，这种协调是假设管理机构能够使用相同的数据集来建立 MRL 的。这种协调可以显著减少贸易壁垒并且应该可以促进各国政府管理机构对大田试验数据的共享。尽管该原工作组从官方来讲只是北美自由贸易协定 MRL 协调工作组的一个项目，但是来自欧盟和美国加州农药管理局的观察员们均参加了会议并提供了很多有价值的信息和讨论。

在制定 MRL 时考虑平衡问题是非常重要的，即必须确保 MRL 制定在足够高的水平以排除依标签施药后农药残留量超过 MRL 的可能。假设 MRL 设在残留数据集 95 百分位数的 95％置信上限时，可以确信（95％置信水平）在此条件下建立的 MRL 会高于测出的最高残留量（即根据该作物标签规定的最大单位面积施药量和农药收获前的最短安全间隔期获得的可能最高残留量）。推荐 MRL 时要考虑不能设得太高以致检测不出违规大剂量或多次使用农药的现象。同时，制定的 MRL 也不宜太低而导致依标签施药后实际测定残留值超标率很高。一般规定 MRL 应该取残留数据集第 95 百分位数的 95％置信上限和第 99 百分位数两者中的最小值。

迄今，国内外开发了很多 MRL 计算器。MRL 计算器应简单适用（仅需要有计算器或电子表格）、以公认的统计学原理和方法为基础。计算理论 MRL 值要选择合适的统计方法，必须考虑数据集的几个因素：①数据的分布；②数据的数量；③无效数据（＜LOQ）的百分数。如 NAFTA 计算器中，考虑以下因素：①对数正态分布 95/99 规则；②中值 95％预测上限法；③平均值＋3 SD。该计算器首先对残留数据集进行分析：

（1）理想的田间试验数据集：①有较大的样本，②所有数据都＞LOQ，③近似对数正态分布，则选择"对数正态分布 95/99 规则"。

（2）如果样本量较少，则使用 99th 百分位数。此时比使用 95％/95th 百分位数更好。

（3）如果样本量少，可以使用残留中值 95％上限预测法。

（4）大于 10％的数据＜LOD，则使用最大似然估计计算。

（5）不是对数正态分布，建议使用平均值＋3 SD 运算法则。

图 16-1 为估算 MRL 的操作规程。

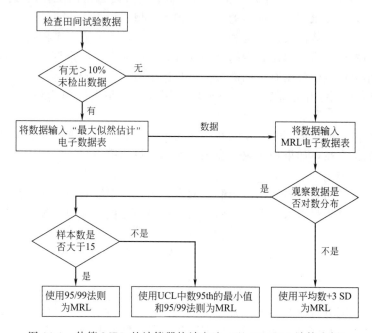

图 16-1　估算 MRL 的计算器统计方法（以 NAFTA 计算为例）

目前，JMPR 专家鼓励利用最新、操作简便且简洁的 OECD MRL 计算器进行 mrl 水平的推荐。通过该 MRL 计算器推荐的 mrl 能够反映数据集中的 95％残留分布情况。该计算器计算出以下 3 个结果的最大值作为该计算器推荐的 MRL：①最高残留值；②平均值＋4×SD；③3×平均值×CF。其中 CF 是由数据集中未检出（＜LOQ）数据个数得到的校正因子。

目前 FAO 专家在选择相似的残留数据群时也使用其他统计方法，且在有合适的数据包情况下，考虑统计因素。使用 OECD 计算器时，一般需要 15~20 个有效数据才能实现推荐 MRL 涵盖残留数据集 95％分布区间，从而避免 mrl 被低估和高估情况的发生。OECD MRL 计算器用户指南［ENV/JM/MONO（2011）2］和 OECD MRL 计算器统计白皮书［ENV/JM/MONO（2011）3］中给出了计算器应用的详细说明和基本统计学原理。

总之，MRL 是农药残留在食品和饲料中的法定限量。在抽查食品和饲料中农药残留时，如果超过 MRL，则被判为非法。MRL 是根据规范残留田间试验的数据制定的，主要是从规范残留田间试验中依据农药标签上规定的在一个生长季节中使用最高施药剂量、最多施药次数和最短安全间隔期的田间试验中采样的，使试验作物上有最高的残留浓度。

　　递交的残留数据的数量、评估者的经验和判断都会影响提出的 MRL 值。因此估算 MRL 的操作规程可以减少评估者的偏见和增加 MRL 值的一致性。估算时应该遵循以下概念：MRL 的制定必须通过对人体健康的风险评估。MRL 本身不是根据对健康的影响而制定的，超过 MRL 对健康有影响，也不一定是对健康有危害，但是超过 MRL 的样品可以肯定是不正确或误用农药的。因此，制定的 MRL 是两方面平衡的结果。

7. 比例推算评估农药最大残留水平的指导原则

　　2013 年第 36 届 CAC 大会审议通过了比例推算评估农药最大残留水平的指导原则，具体内容如下：

　　(1) 比例推算适用于土壤、种子和叶面处理的杀虫剂、杀菌剂、除草剂、植物生长调剂，但不包括脱叶剂。

　　(2) 从 0.3 倍到 4 倍 GAP 条件下的残留试验数据可使用比例推算，数据集中存在可检出的残留时才有效，如果都是未检出的残留，则不能使用该方法。

　　(3) 采用该方法计算的误差范围和根据 ±25% 规则计算的误差范围应一致。

　　(4) 只有当施药剂量是 cGAP 中的唯一变量时才能使用比例推算，对于额外不确定度的引入，例如使用全球残留数据时，则需要分析具体个案。

　　(5) 比例推算不适用于采后处理和水培使用农药的情况，因为没有充分的数据可供分析。

　　(6) 比例推算可同时适用于大作物和小作物，但不能外推到整个作物组或亚组。

　　(7) 对于加工产品，如果加工因子在某一施药剂量范围内是恒定的，那么加工因子也可用作比例推算的数据集。

　　(8) 对于暴露评估，则没有这些限制，假定每个试验中能获得比例推算的必要信息，则该方法可适用于计算果皮和果肉上的残留分布；饲料的比例推算数据集也可用于家畜膳食负担值的计算。

　　(9) 该方法只有在 GAP 条件下的残留数据不充分且存在额外的、有助于评估的残留试验数据时，才可考虑使用。

　　(10) 虽然该方法可用于 100% 比例缩放的大数据集或需要至少含有 50% 的 GAP 数据，但前提是建立在个案分析的基础上，并与比例因子相关，且这些 GAP 试验数据还必须经确证是对重要膳食摄入和评估结果有用的数据。该指导原则有利于增加评估农药 MRL 标准的残留数据，推进农药 MRL 标准的制定进程。

　　经济合作与发展组织 (OECD) 制定的《OECD 农药残留化学试验准则》规定了 OECD 国家进行农药残留化学试验遵循的方法和操作规程，其中包括农药在农作物中的代谢、后茬农作物代谢、家畜体内代谢、农产品中农药残留的储藏稳定性和加工农产品中农药残留的特性以及加工中农药残留量。美国环保局残留化学试验准则 8600 系列规定美国农药残留化学试验相关的方法和程序。

三、膳食摄入评估

　　JMPR 根据规范残留田间试验的残留中值 (STMR) 或农产品、食品加工后的残留中值 (STMR-P)，来评估从食品中慢性摄入的农药残留量。膳食摄入量是从 17 个全球环境监测系统/人群组膳食摄入量资料（global environmental monitoring system/Food consumption cluster system，GEMS/Food）获得，用于计算国际日常摄入评估量（IEDI）。慢性摄入量的计算是将每种食品中农药摄入量的总和（食品中的农药残留量×食品摄入量）同 ADI 做比较。2005 年以前的 JMPR 评估使用 5 个膳食分区，2005 年开始使用 13 个膳食分区，2014 年开始使用 17 个膳食分区。

短期摄入是根据规范残留田间试验的 HR 来评估在某一天或某一餐中的最高摄入量，许多国家已经提供了大容量样品重量和水果蔬菜等的单个重量，但还需要较多的数据。短期摄入是以每种食品分别计算，如：将［大容量样品重量×HR(×变异因子)］与 ARfD 比较。JMPR 建议只有当风险评估未超过慢性（长期）和急性（短期）摄入界限时，才可将估算的最高残留水平作为最高残留限量。

农药能否被推荐使用的基本条件是以 GAP 施药后收获的农产品、食品中的残留不会对消费者的健康有不良影响为根据。为了对消费者的摄入进行评估及提供为制定 MRL 进行的田间试验与施药条件的可行性信息，JMPR 对膳食摄入的安全性进行评估。首先根据毒理学试验，可以得出 ADI 和 ARfD。所谓安全性评估是保证消费者摄入食品中的某一农药的残留量在短期内不得超过其 ARfD，在长时期内不得超过其 ADI。

总膳食研究（total diet study）是 WHO 推荐的暴露评估技术，用于评价一个国家或一个地区代表性人群膳食污染物暴露量和营养素摄入量的评价。我国已开展了 5 次总膳食研究，我国农药残留膳食摄入评估是依据总膳食研究得到的膳食结构数据，结合残留化学评估推荐的 STMR 或 HR，计算国家估算每日摄入量（national estimated daily intake，NEDI），与毒理学评估推荐的 ADI 进行比较；计算国家估算短期摄入量（national estimated short term intake，NESTI），与毒理学评估推荐的 ARfD 进行比较。根据毒理学、残留化学和膳食摄入评估结果（ADI、ARfD、NEDI 或 NESTI）进行分析评价，并向风险管理机构推荐 MRL 或风险管理建议。

（一）长期膳食摄入评估

通过食品摄入的农药主要由食品中农药残留的浓度和每人每日食品的平均摄入量两个因素决定（食品中的残留量×食品的摄入量），过去使用理论最高日摄入量（TMDI），食品中的残留量以 MRL 计。目前使用全球与地区性评估的日摄入量（international estimated daily intake，IEDI）取代 TMDI，以规范残留田间试验的残留中值（STMR）取代 MRL，并考虑可食部分的残留和食品加工等因素。全球与地区性评估的日摄入量（IEDI）和过去常用的理论最高日摄入量（TMDI）相比，可以提供比较现实的但仍然夸大的慢性摄入评估。其最主要的改进是以规范残留田间试验的残留中值（STMR）取代 MRL，并考虑可食部分的残留和食品加工等因素。

IEDI 计算公式如下（WHO1997）：

$$IEDI = \sum STMR_i \times E_i \times P_i \times F_i$$

式中　i——商品代号；

　STMR——规范残留田间试验的残留中值（supervised field trial median residue）；

　　E——可食部分因子（edible portion factor）；

　　P——加工因子（processing factor）；

　　F——（全球环境监测系统-地区性食品污染与监测项目）食品消费因子［GEMS Food regional）food consumption factor］。

规范残留田间试验的残留中值（STMR）应该包括残留定义中的所有残留物。全球与地区性评估的日摄入量（IEDI）是从地区性的食品消费数据计算的，如果有足够资料，可以精确到各国家级水平。这些实际食品摄入数据及该农药处理的作物面积百分数或国家监测数据均可使用。但是必须注意对于膳食摄入和执法的残留定义是不一样的，同时测定方法的LOD也应该低，以便可以获得实际的摄入评估。

对长期通过食品摄入的农药进行风险评估，如果估算得到的摄入量小于100% ADI，表明该农药引起的膳食摄入对人体健康的风险为可接受。

（二）短期膳食摄入评估

短期急性毒性膳食摄入评估较长期慢性毒性摄入评估复杂，慢性毒性是长期摄入，是根据平均膳食摄入水平和残留中值计算；而急性毒性是短期摄入，是在短期极端情况下发生，必须考虑其可能性和发生率是很小的。一般关注以下可能的情况：

在一天内或一次事件中高剂量摄入某一种食品（食品的高剂量摄入是按摄入人群的97.5th百分位点计），①食品中的农药残留是按规范残留田间试验中的最高残留量（HR）计，②在食品中某一单位的残留水平是HR的 v 倍（$v×$HR）。

当食品如苹果和胡萝卜，即使从相同施药处理的同一田间施药采样，其残留水平也会有很大差异，将变异系数（因子）的默认值 v 定为3。

急性膳食摄入的计算是将每种食品分开计算的，因为上述列出的可能性同时在几种食品中发生的可能性很小，如果计算出来的急性摄入小于ARfD，则该食品是可以食用的，可以通过登记注册。

评价摄入某种食品中农药的短期风险，FAO/WHO磋商会议推荐了一个国际/国家评估短期摄入（IESTI/NESTI）的方法，该方法又经急性膳食摄入特别工作组于1999年修改，IESTI是以食品摄入量乘以HR（规范残留田间试验最高残留）计算，将IESTI与ARfD比较，以占ARfD的百分数表示。如果某一作物/农药组合的IESTI（或NESTI）除以ARfD小于100%，是安全的。

使用IESTI或NESTI计算公式如下：

对于 $U<25g$
$$IESTI=HR×LP/bw$$
$$IESTI=(HR\text{-}P)×LP/bw$$

对于 $U≥25g$

如 $LP>U$
$$IESTI=[HR×v×U+(LP-U)×HR]/bw$$

如 $LP<U$
$$IESTI=HR×v×LP/bw$$

式中　HR——在规范残留田间试验中的产品的可食部分的最高残留；

　　　HR-P——经加工后的HR；

　　　LP——每天摄入食品的最高数量，kg。也称大份额膳食消费量，是任何一个会员国提供给GEMS/food工作组的数据，是代表摄入人群消费量的97.5th的百分位数；

　　　U——中等大小作物的单个重量，kg；

　　　v——变异因子；

　　　bw——体重，kg。

第三节　农药进口限量与一律限量

发达国家的农药残留限量体系通常包括：正式限量、临时限量、进口限量、一律限量。这些限量标准并非均基于本国残留数据制定，其中进口限量和一律限量就是例外。以农药

MRL 标准已达 16 万项的欧盟为例：苹果中农药 MRL 标准有 487 个，其中 358 个为一律限量，占总数的 73.5%；荔枝中限量 486 个，其中 464 个为一律限量，占总数的 95.5%。一律限量作为技术手段，既保证本国消费者安全，更发挥着"绿色贸易壁垒"的重要作用，也是发达国家农药残留标准数量庞大的主要原因。

根据世界贸易组织（WTO）的卫生及植物卫生措施（SPS）协定，每个世贸组织成员均可采取本国或地区的技术性措施，以保证本国或地区的利益与人民健康。如果进口的商品中含有某种农药残留，而该农药尚未在进口国制定 MRL 时，会造成进口与出口方之间的贸易纠纷。进口国可依据农产品生产国的 GAP 和残留数据，制定该农药在进口农产品上的进口限量（import MRL）。亚太经合组织（APEC）为加强 APEC 成员之间制定农药残留限量和农药膳食评估方法的协调一致与透明度，减少贸易争端，于 2016 年起草了《进口商品中农药最大残留限量制定指南》，此外发达地区如美国、欧盟、加拿大、日本等国家或组织均制定了进口限量的规定或指南文件。

我国近年来也在讨论制定进口限量的可行性，主要思路是参考国际组织、其他国家和地区进口限量设置的一般原则和方法，充分考虑到我国食品国际贸易的相关利益，降低我国居民膳食风险，保护居民健康以及结合中国农产品和食品生产实际，依据《中华人民共和国食品安全法》《中华人民共和国农产品质量安全法》《农药管理条例》《食品中农药最大残留限量制定指南》《食品中农药残留风险评估应用指南》等相关法律法规进行制定。

一、一律限量和进口限量

"一律限量"，也称默认限量或一律标准，这一概念最早始于 2015 年日本开始实行的《食品中残留农业化学品肯定列表制度》（positive list system），规定了食品中所有农业化学品残留不得超过规定的最大限量标准，未制定最大限量标准的农业化学品残留不得超过 0.01mg/kg（一律限量，uniform limit）。日本实施肯定列表制度后，食品中农药 MRL 从 9321 项增至 5 万多项，实现了对所有食品中所有农业化学品的全覆盖式管理。此后，多个国家或国际组织也制定了本国或本地区的一律限量，制定一律限量成为这些国家保证本国消费者安全的主要手段，也成为农药残留限量标准体系中的补充手段。

"进口限量"是针对进口方尚未制定 MRL，但进口商品中可能含有的农药制定的限量。如何制定进口限量，各国采取的原则不同。有些国家直接采用 Codex MRL，当无 Codex MRL 时，需要进口商或农药生产者向农药管理机构提交资料，以证明农产品的安全性，并申请制定商品中农药的进口限量。如何采用 Codex MRL，各国也有不同规定，有些国家自动认可 Codex MRL，而有些国家，不直接采用 Codex MRL，只能将其作为参考限量。"进口限量"的制定有助于减少各国和地区贸易之间的差异与纠纷，保护进口国居民膳食安全与健康。

二、不同国家和地区一律限量和进口限量的制定

国外建立"一律限量"政策及做法：日本实行的"一律限量"制度中规定，"一律限量"的值一般为 0.01mg/kg，ADI 特别低的农药限量值为"不得检出"，而对分析方法定量限（LOQ）超过 0.01mg/kg 的农药按 LOQ 执行。韩国实行的"一律限量"制度中规定，一律限量值均为 0.01mg/kg。欧盟规定除实行"一律限量"（0.01mg/kg）外，还实行默认值制度（default value，0.01mg/kg、0.02mg/kg、0.05mg/kg）。美国和加拿大虽未制定"一律限量"，但在相关法规中对尚未制定限量的农药实施不得检出（ND）的要求，其目的与欧盟、日本和韩国的"一律限量"制度一致。此外，美国还实行"零残留"制度（zero tolerance），这与不得检出做法类似。新西兰实行"一律限量"制度，其限量值为 0.1mg/kg。

进口限量的制定：亚太经合组织（APEC）在 2016 年制定了《进口商品中农药最大残留限量制定指南》。第 1 部分主要为术语和目录，对制定背景及国际食品法典委员会（CAC）制定农药 Codex MRL 程序等进行了简要介绍；第 2 部分为申请流程，主要介绍如何申请制定进口限量；第 3 部分为所需材料，主要介绍申请制定进口限量所需准备的相关资料；附件部分通过实例，介绍了制定进口限量的不同场景。

制定进口限量，农药需先在农产品出口国取得登记并已制定 MRL，出口商或农药生产商再向进口国提交农药的相关信息，包括 ADI、ARfD、所涉及农产品名称、所申请制定的MRL，当涉及到加工农产品时，还应提交加工系数，以制定加工农产品中 MRL。不同国家要求可能存在差别，但核心数据要求基本一致。制定进口限量必须提交符合进口经济体要求的所有数据。进口限量制定后，根据 WTO 规则，也应向所有 WTO 成员通报。

（一）日本

1. 日本"一律限量"制定

日本于 2002 年成立了食品安全委员会，日本厚生劳动省（MHLW）于 2003 年 5 月 30日发布了《食品卫生法》修订案，开始对食品中农业化学品残留物引入肯定列表制度。

2003 年《食品卫生法》修订案第 11 条第 3 款规定，任何食品只要含有《农药取缔法》中规定的农药活性物质，或含有《确保饲料安全及品质改善法律》中规定的饲料添加剂，或含有《药事法》中规定的兽药（包括由活性成分发生化学变化而产生的物质，但不包括经日本厚生劳动省确定的不会对人体健康造成负面影响的豁免物质），并且其含量超过了MHLW 确定的不会对身体健康产生负面影响的水平（一律标准），就不得生产、进口、加工、使用、制备、销售或者存储，但食品中已建立 MRL 的化学物质除外。

2005 年 11 月 MHLW 发布 497～499 号公告，自 2006 年 5 月 29 日起正式施行《食品残留农业化学品肯定列表制度》。在该制度下，日本的农业化学品残留限量标准分为五类：

（1）豁免物质　列入豁免物质的化学品通常不会对人类健康产生影响，无需制定限量；

（2）禁用物质　在所有食品中均不得检出（ND），当残留分析方法 LOQ 高于 0.01mg/kg时，限量值按照 LOQ 执行；

（3）暂定标准　即原来未制定限量，肯定列表实施后日本参考 CAC、本国其他限量标准及其他国家标准，暂时制定的农药 MRL；

（4）现行标准　即实施肯定列表前已制定的限量，之后可继续沿用；

（5）一律标准　即对以上四类未涵盖的所有农业化学品在所有农产品中的残留制定的统一标准，以每人 1.5μg/（人·d）的毒理学阈值作为计算基准，确定限量值为 0.01mg/kg。

肯定列表中现行标准涉及农业化学品 63 种，农产品食品 175 种，残留限量标准 2470条；"暂定标准"涉及农业化学品 734 种（其中农药 498 种，182 种兽药，34 种兼作农药和兽药，1 种兼作农药和饲料添加剂，16 种兼作兽药和饲料添加剂，3 种饲料添加剂）、农产品食品 264 种，暂定限量标准 51392 条；"禁用物质"为 15 种；"豁免物质"68 种；其他的均为"一律标准"，即食品中农业化学品 MRL 不得超过 0.01mg/kg。

"一律限量"是"肯定列表制度"的本质和核心内容，从根本上改变了日本对食品中农业化学品残留的管理规定，管辖的农业化学品品种和食品种类范围从有限扩展到全覆盖，弥补了食品中农业化学品残留管理的空白点，健全了管理体制，为日本对食品中农业化学品残留限量的管理构建了完备的体系框架。

2. 日本进口限量制定过程与方法

提交申请　只要在出口国取得登记，就可以向 MHLW 申请制（修）订 MRL；如果申请者在国外，需要有日本的联系人。

数据资料包括 ①残留数据、毒理学数据及 GLP 声明；②附加材料；③其他资料，如化学品在其他国家登记的信息及 MRL 等。

程序包含 ①首先对提交的申请进行审查；②然后根据对建议的 MRL 的评估展开讨论；③最后根据《食品卫生法》的规定完成 WTO 通报，同时准备发布制（修）订的 MRL。

（二）欧盟

1. 欧盟的"一律限量"及相关制度

欧盟食品安全局（European Food Safety Authority，EFSA）按（EC）No 178/2002 指令规定负责食品安全评估和管理。

2005 年 2 月 23 日欧盟颁布了欧洲议会和理事会规定的（EC）No 396/2005，这是制（修）订欧盟统一的农药 MRL 的"基本规定"。从 2008 年 9 月 1 日起，欧盟正式实施新的农药残留标准体系，对欧盟 27 个成员国实行统一的农产品和食品的农药残留标准。对于没有设立残留限量的农药，和日本一样，欧盟一般也是要求小于 0.01mg/kg。

欧盟通过修订和简化欧洲议会和理事会条例（EC）No 396/2005，统一协调了欧盟农药残留的设定原则，简化了现有的相关法规体系，建立新的农药残留标准体系，对欧盟各成员国间的农药残留限量进行了统一限定。欧洲议会和理事会条例（EC）No 396/2005 增加了 7 个附录，简化了农药 MRL 以及所适用的食品和饲料。这 7 个附录及其法律依据具体如下：

附录 Ⅰ 附录 Ⅰ列出了农药 MRL 所适用的食品和饲料目录。该附录包括 315 种产品，其中有水果、蔬菜、调味料、谷物和动物产品。

附录 Ⅱ 附录 Ⅱ列出了所制定的农药 MRL 的清单。该附录详细列出了 245 种农药的 MRL。

附录 Ⅲ 附录 Ⅲ列出了欧盟暂定农药 MRL 的清单。该暂定标准存在于对 2008 年 9 月 1 日前欧盟各成员国所设定的 MRL 的协调统一过程中。附录 Ⅲ详细列出了 471 种农药的暂定残留标准。

附录 Ⅳ 附录 Ⅳ列出了 52 种由于其低风险而不需要制定 MRL 的农药。

附录 Ⅴ 附录 Ⅴ列出了 MRL 默认标准不包括 0.01mg/kg 的农药清单（0.01mg/kg、0.02mg/kg 或者 0.05mg/kg 作为欧盟的最大残留限量数值，有些是因为历史上老的分析方法所限制，有些是因为基质很难分析。所有这些都与方法的 LOQ 相关）。

附录 Ⅵ 附录 Ⅵ列出了加工食品和饲料的农药 MRL 的转化因子清单。

附录 Ⅶ 附录 Ⅶ列出了作为熏蒸剂的农药清单，欧盟成员国允许该熏蒸剂的使用是为了适用于产品投放到市场前的特定减损。

对于上述附录中没有提到的农药，欧盟将其默认限量值均设定为 0.01mg/kg［具体参见欧洲议会和理事会条例（EC）No 396/2005 中的 Art 18（1b）］。

No 396/2005 中的 Art 18（1b）规定：不在附录 Ⅱ、Ⅲ规定的限量，不属于附录 Ⅳ中规定的豁免物质，不属于附录 Ⅴ列出的残留限量默认标准不包括 0.01mg/kg 的农药清单，欧盟将其默认限量值均设定为 0.01mg/kg。

2. 欧盟进口限量制定过程和方法

欧盟没有单独制定进口限量的指导文件，进口限量的评估过程与制定 MRL 一致。

申请进口限量时，数据的提供取决于欧盟内部对活性物质的认知。若该活性物质从未在欧盟中通报或授权，则要求提供有关毒物学、分析方法和残留行为的完整数据；申请的某农药应在出口国授权使用；出口国尚未批准的特殊用途提出进口限量请求，需要提交以下信息：①出口国现行相关法规文献副本（包括残留物定义），或在出口国未制定 MRL 时的说明；②出口国授权使用的证据。

申请应与出口国已生效的 MRL 的残留物定义一致；申请组限量时，若出口国中的 GAP 仅针对某个产品时，应考虑产品分组与欧盟是否一致，明确具体产品。

（三）亚太经济合作组织进口限量制定过程和方法

亚太经济合作组织（Asia-Pacific Economic Cooperation，APEC），简称亚太经合组织，是亚太地区重要的经济合作论坛，具有亚太地区最高级别的政府间经济合作机制。APEC 进口限量其实是根据请求接受或采用 Codex MRL 或采用出口经济体 MRL 或修改进口国国内标准，使得与 Codex MRL、地区 MRL 标准（例如，东南亚国家联盟）或与农药/商品组合上有往来贸易的国家或地区之间的 MRL 协调一致。

1. 申请总体流程

提出申请前　向进口经济体机构通报计划申请的范围信息、资料要求，并确认评估时间。

提交申请　提供待审查信息，如已制定 Codex MRL 但未经认可，无 Codex MRL，进口经济体也没有农药 MRL，或国内 MRL 标准更低。

执行评估　初步筛选确保所申请的 MRL 达到评估所需的基本标准，编写评估总结报告及相关的配套支持文件。

注意事项　完成政府内部有关评估结果和批准认可的程序步骤。

评估结果　批准或不批准。如果批准，准备正式通知申请方，依照 WTO 规则进行 SPS 通报。

2. 制定过程

（1）情形 1　当所出口的农产品中含有某种农药，而进口国尚未制定 MRL，两国之间也没有签订双边贸易时，如果已有 Codex MRL，采用 Codex MRL 为申请农药与商品组合确定 MRL。

图 16-2 是基于 Codex MRL 及摄入估算制定进口商品农药 MRL 申请的方法。

（2）情形 2　无 Codex MRL，进口经济体不具备农药 MRL，或国内 MRL 标准更低。

图 16-3 给出的是无 Codex MRL、进口经济体农药 MRL 标准更低或没有 MRL 标准的情况下，进口商品农药 MRL 申请方法。

（3）特殊情形　当收到的进口限量制定申请包括单个农产品和一类农产品时，应首选制定一类农产品上的组限量。

（4）概括说，整个制定过程包括

① 没有国家膳食暴露评估，采用/认可现有 Codex MRL。

② 有 Codex MRL，依据 Codex MRL 进行膳食暴露评估。

③ 无 Codex MRL，参考 JMPR 或其他相关的 ADI 和 ARfD 进行膳食暴露评估。

④ 申请进口限量偏高，若 NEDI＜ADI 且 NESTI＜ARfD，则制定修改后的进口限量。

⑤ 没有 Codex MRL，但有 JMPR 评估值，若 NESTI＞ARfD，则拒绝进口限量申请。

⑥ 没有 Codex MRL，也没有 JMPR 评估值，若 NEDI＜ADI 且 NESTI＜ARfD，则可制定进口限量。

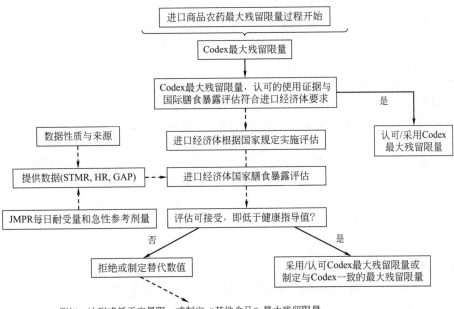

图 16-2 基于 Codex MRL 及摄入估算制定进口商品农药 MRL 的申请流程
* 国家法规可阻止自动采用或认可 Codex 最大残留限量

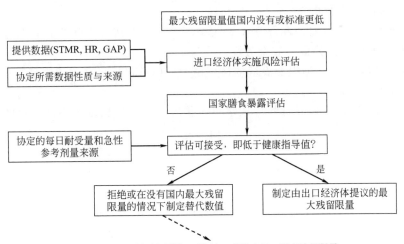

图 16-3 无 Codex MRL、进口经济体农药 MRL 标准更低或没有 MRL
标准的情况下，进口商品 MRL 的申请流程

（四）美国和加拿大

1. 美国和加拿大，实行不得检出制度

美国未制定默认 MRL（default MRL）标准，而是实行不得检出的制度。规定商品可检测到的农药残留量必须低于相应的 MRL，否则，即使残留量非常低，也被认为是非法的。对于部分农药，美国实行"零残留"（zero tolerance）制度。

美国提出"零残留"概念主要基于以下 4 种情况：①未确定农药对温血动物物种的安全

剂量；②农药对一种或多种试验动物有致癌性或其他显著的生理学影响；③该农药化合物有一定毒性，但使用时一般在水果蔬菜或其他作物不生长时使用或采用特殊的施用方式，不会导致农产品中的农药残留；④产品在进行国际贸易前，残留的农药通过洗涤、刷洗或风化等GAP过程已去除而几乎不再有残留。

加拿大农药残留限量标准由加拿大卫生部有害生物管理局（PMRA）负责制定，除已制定的限量标准外，采用"一律标准"，限量值为 0.1mg/kg。设定为 0.1mg/kg 主要是由于 20 世纪 70 年代分析方法的灵敏度不足以检测低于 0.1mg/kg 的农药残留量。PMRA 于 2003年，建议（讨论）取消 0.1mg/kg 的一律限量，取而代之的是制定相应的限量标准和进口限量标准。但截至目前，该数值尚未修改。2008 年 6 月之前，农药残留限量标准的法律基础为《食品药物法》（Food and Drug Act）。2008 年 6 月 16 日，加拿大发布 C-28 法案，将农药残留限量标准的法律基础改为《有害生物控制产品法》（Pest Control Products Act），除个别豁免物质外，对无限量标准的农药残留实施不得检出要求。

2. 北美自由贸易协议进口限量制定过程与方法

北美自由贸易协议（North American Free Trade Agreement，NAFTA）是美国、加拿大及墨西哥在 1992 年签署的关于三国间全面贸易的协议。根据需要，对国内没有登记的部分农药-作物组合制定了少量的进口限量。

（1）总体要求　要求产品化学、残留化学、毒理学数据适用于加拿大和美国的进口限量或 MRL 的建立。如果已有 Codex MRL，加拿大和美国更倾向于采用 Codex MRL 作为 MRL。

（2）申请格式和数据要求

① 产品化学　加拿大对产品化学需求与美国一致，申请人必须公开农药助剂成分，必要时需要提供某些助剂的残留与安全数据。

② 农药使用 GAP　必须提交农药的使用说明，信息包括最高施用剂量、每年最大的使用量、施用时间、PHI 等。

③ 安全数据　支撑进口限量的毒理学数据要求与美国、加拿大国内限量的毒理学数据要求相同。

④ 残留量　残留量测定结果，包括分析方法、代谢物相关研究结果。

⑤ 去除残留的方法　若推荐的限量具有不可接受的风险，可以减少残留量的措施，如清洗、去皮、烹饪等。

⑥ 建议限量值　申请人必须基于残留试验最大残留量推荐一个限量值。若有 Codex MRL，可以采用 Codex MRL。

⑦ 支持申请的合理依据　申请人应阐述残留数据如何支持建议的限量值。

（3）毒理学数据要求　申请人需提交完整的毒理学数据，即使曾经向 JMPR 提交过相关数据。加拿大和美国分别独立进行审查数据，接受两国进行的农药联合审查结果。加拿大和美国还各自保留有权要求一些附加研究，如必要时评估人体危害、膳食风险、毒性机制或化学品其他方面的信息。

（4）残留化学数据需求　残留化学数据需求在原则上和在美国或加拿大国内注册的农药残留限量所需数据是一样的。田间试验必须反映预计产生最大残留水平标签用法；田间试验的数量源于美国登记农药残留限量所需数量，同时考虑到商品最大消费量占美国或者加拿大的饮食的百分比（见表 16-4）。使用区域地图来进行田间试验的区域划分。如果用于加工的初级农产品出口到美国或加拿大，或加工后产品出口到这两国，必须进行加工研究。

表 16-4　NAFTA 国家建立进口限量时所需试验点数比较

美国田间试验所需最大次数	不同进口百分比(重量)的作物在 NAFTA 国家所需试验点数		
	0～10%	10%～35%	35%～75%
20	5	16	20
16	5	12	16
12	3	8	12
8	3	5	8
5	3	3	5
3	2	3	3

（五）韩国

1. 韩国的"一律限量"

韩国农药残留限量标准主要由食品药品管理局负责，于 2016 年 12 月 31 日开始实施肯定列表制度，适用范围为水果、坚果和种子、热带和亚热带水果。自 2019 年 1 月 1 日起，其适用范围扩大到所有农产品。

韩国共制定了 466 个农药化合物在 213 种植物源产品、35 种动物源产品上的 7941 项 MRL。除韩国已制定的 7261 条涵盖农作物使用的 441 种农药、人参使用的 78 种农药以及畜产品使用的 83 种农药限量标准外，对其他产品均按"一律限量"标准执行。韩国的"一律限量"设定为 0.01mg/kg。

2. 韩国进口限量制定过程与方法

韩国还设有进口限量。对于韩国没有制定限量的某产品，如果在出口国合法使用，韩国可以通过风险评估确定对健康无风险的限量。

一般性规定　可以在线申请，最长为 365 个工作日。需要支付一定的费用。

数据资料　对于在韩国没有登记的农药，需要同时提交毒理学资料和残留资料；如果已在韩国登记，则只需提交残留资料。毒理学资料包括急性毒性、亚慢性毒性、慢性毒性、基因毒性、致畸性研究、代谢研究、其他毒理学资料等；残留资料包括理化性质和防治对象等基本信息、规范残留试验数据等。

制定原则　主要作物要求有 6 个数据点，小作物有 3 个数据点；采用 OECD 计算器估算最大残留水平；对于除草剂，如果显示无残留，MRL 可以设定为方法的 LOQ；除坚果、柑橘、热带水果、豆类外，一般针对单个作物建立限量标准；采用国际食品法典的比例推算原则。

（六）澳大利亚和新西兰的相关规定

1. 澳大利亚和新西兰限量标准体系

澳大利亚有两套 MRL 系统：一个针对国内产品，一个针对进口产品。

国内 MRL 由农药监管机构、澳大利亚农药和兽药管理局（Australian Pesticides and Veterinary Medicines Authority，APVMA）确定，用于监测澳大利亚病虫害防控所用的国内产品。2008 年 APVMA 发布了新的农药 MRL 标准，新标准包括 5 个部分：①500 多种农药的共 4000 多项 MRL；②食品和动物的分类，该分类参考了 CAC 的食品和动物分类；③残留物定义；④动物源食品中的 MRL，共涉及 184 种农药的 570 项 MRL；⑤无需制定

MRL 的豁免物质清单。

进口限量由澳新食品标准局（Food Standards Australia New Zealand，FSANZ）确定。

新西兰也有两套 MRL 系统，一个针对国内产品，一个针对进口产品。国内产品登记和 MRL 制定由新西兰食品安全局负责，共涉及 282 种农药约 1200 项 MRL，还制定了豁免物质清单。对没有设定限量标准的，执行"一律标准"，即含量不得超过 0.1mg/kg。

进口限量由 FSANZ 确定。

2. 澳大利亚新西兰进口限量制定过程

① 征求 MRL 申请，进行预申请。

② 制定草案，进行行政管理评估。

③ 正式评估：参考本国 ADI 和 ARfD 值进行评估；若无本国 ADI 和 ARfD，参考 JMPR 的标准；有 Codex MRL，同时有进口产品的残留数据支持，则采用 Codex MRL。

④ 审查并评估申请资料，决定是否批准。

⑤ 若批准申请，由部长作出决定。

⑥ 完成修订，在联邦立法部门进行登记。

（七）中国香港进口限量

2007 年之前，香港无农药 MRL 标准，按照《香港法例》132 章《公共卫生及市政条例》中一般性规定（即所有出售的食品必须卫生、无杂质，适合人类食用）进行管理。

2012 年，香港食环署的食物安全中心发布《食物内除害剂残余规例》（2014 年 8 月 1 日实施），给出了 MRL 标准、再残留限量标准及豁免清单，并决定每年召开两次技术会议制定 MRL 标准。

香港地区没有相关的残留试验研究，因此 MRL 标准并无进口限量和普通限量标准之分，其标准主要采纳于 Codex MRL、GB 2763、美国 EPA 等。标准制定的原则和技术资料与国际食品法典要求基本一致。

第四节　GLP 和农药登记试验质量管理规范

良好实验室规范（GLP）是指在实验室、温室和田间进行的非临床的有关人类健康和环境安全试验的设计、实施、检验、结果记录、归档及报告等的组织过程和试验条件的质量体系均应该达到一定的规范性要求。GLP 规范适用于医药、农药、化妆品、兽药以及食品和饲料添加剂和工业化学品等各种被试物质的非临床安全性测试。被试物质通常是合成化合物，也可能来自自然环境或生物体，有些情况下还可能是活的生物体。进行这些试验的目的是为获得被试物质的特性和对人类健康和环境安全的数据。凡是需要登记和认可管理的医药、农药、食品和饲料添加剂、化妆品、兽药和类似产品以及工业化学品等上述物质，在进行非临床的有关人类健康和环境安全试验时都应该遵循 GLP 准则。推行 GLP 准则的目的是促进试验数据质量的提高，高质量的试验数据具有可比性，也是各国之间数据相互认可的基础。如果一个国家认可和信赖其他国家获得的试验数据，就可以避免进行重复试验，节省时间和资源。因此实施 GLP 准则将有助于消除贸易技术壁垒，可以更好地保护人类健康和环境安全。

如果实验室具备和达到 GLP 条款要求，并向认定机构提出申请，通过一系列的考查，GLP 认定机构则认为其具备了 GLP 条件，该实验室即可获得认可。GLP 实验室的建立和认定活动始于 20 世纪 70 年代末，当时国际上许多国家的实验室存在着实验技术不科学、管理不规范等问题，无法判断其所出具数据的真实性和准确性，因此有关部门制定了约束实验室实验行为的良好实验室规范，并组织了有关 GLP 的认定活动。目前很多国家和组织都有经过认证的 GLP 实验室，GLP 实验室应该严格按照规范运作，能够保证出具试验数据的准确性和完整性，而且所出具的数据在已认证的不同国家实验室可以相互认可，以避免重复试验和检测。建立 GLP 实验室已是各国技术先进和管理规范的标志。

OECD 成员国一直关注测定和评价化学品，确定其潜在危害性，最终降低其风险性，并致力于化学品控制的立法工作。控制立法的一个基本原则就是要求化学品评价必须以高质量、严格和可重复的安全性试验数据为基础。实施 GLP 准则的目的是提高数据的质量和正确性，以便确定化学品和化学产品的安全性。GLP 是一个管理概念，涵盖了实验室试验的计划、实施、监控、记录和报告等组织过程及条件要求，其原则要求试验机构在为国家权威管理部门提供数据而进行的化学品评价和其他与人类健康及环境保护有关的产品的试验过程中必须遵循 GLP。美国 EPA 也要求所有农药产品登记资料中有关试验中项目的执行、设备运行和资料的记录等均应遵照 GLP。

我国根据 GLP 的理念，以农业部公告（第 2570 号）的形式（附件 2）发布了《农药登记试验质量管理规范》，以此来规范农药登记试验行为，规定了农药登记残留试验应遵从的实验室基本要求。

一、组织和人员

任何一个为完成某种特定工作的单位或部门，都必须根据工作需要建立相应的组织管理体系，并对组成人员作出相应的要求。GLP 本质上是一种管理体系，用于规范实验技术人员的科研活动，保障数据的完整、可靠和真实。因此在中国、美国或 OECD 等国家和组织的 GLP 规范中，都将"组织和人员"的要求列为第二章的内容进行论述，这也足以证明在 GLP 实验室的建设中机构和人员相关要求的重要性。

（1）农药登记残留试验单位应是相对独立的专职机构，有机构法人证书或法人单位授权证明，能够独立、客观、公正地从事试验活动，并承担相应的法律责任。试验单位应建立完善的组织管理体系，配备试验的试验单位负责人（TFM）、试验项目负责人（SD）、质量保证（QA）人员、试验人员、档案管理员、样品管理员等。

（2）GLP 机构的质量管理体系的核心内容主要由三方面组成，一是对实验室全面负责和管理的 TFM，二是对具体试验项目组织实施和管理的 SD，三是根据《农药登记试验质量管理规范》和标准操作规程对机构的设施设备和试验的运行进行检查和实施质量保证的 QA 人员。各类人员职责在《农药登记试验质量管理规范》第二章 组织和人员中有详细描述，在此不再展开叙述。

（3）在构成质量管理体系的各要素中，人是最基本，也是最重要的元素，对于从事农药登记试验的科研人员，基本要求包括两个方面：一方面，要求严谨的科学作风和良好的职业道德，由于农药登记试验工作直接维系农药的安全使用。因此，认真、严谨的科学素养是研究人员必须具备的基本素质。另一方面，研究人员还应当具备所承担研究工作所需要的知识结构、工作经验和业务能力。

由于工作岗位不同，因此各岗位人员所需要的工作能力也不尽相同。尽管在《农药登记试验质量管理规范》中没有明确要求试验机构建立教育培训管理体系，但在实践中，人们发现，一个 GLP 实验室的体系建设从不完善到完善，是一个渐进性的发展过程。此外，技术人员为了满足所承担的研究工作，也需要不断提高业务能力。因此在试验机构中，人员不但是质量管理体系的制定者，又是管理体系的执行者，也是影响质量管理水平的最大因素。正因如此，几乎所有的试验机构都会把对人员的培训作为保障质量管理水平的最重要手段之一。

① 培训内容　由于实验室各岗位人员分工不同，培训内容也不完全一样，但对《农药登记试验质量管理规范》的要求和标准操作规程（SOP）是各类人员都必须掌握的基本内容。至于专业知识和试验技术技能的培训，涉及的专业领域比较广，各实验室应根据具体情况组织实施。

② 培训形式　一般分为实验室内部培训和外部培训。可以采取多种多样的培训形式，如技术培训班、学术会议等。实验室对于每位员工应制定年度培训计划，并按计划有步骤地进行培训。

③ 业务考核　经过教育培训，应对培训者进行必要的考核，考核也可分为多种形式，如现场提问、实际演练、考试等。各岗位人员应通过相应考核后颁发上岗证，持证上岗。实验室进行的各种培训和考核，均应建立完整的记录，内部培训应记录培训的日期、时间及培训内容；外部培训应有培训证书或相关证据，所有参加培训的人员应有相应的培训反馈，对培训效果进行评价。

二、质量保证

（一）质量保证部门

1. 质量保证部门（QAU）基本要求

（1）试验机构应有书面的质量保证计划，确保所承担的试验遵循《农药登记试验质量管理规范》。

（2）任命至少1名熟悉试验程序和本规范的人员开展质量保证工作，QA人员直接对TFM负责。

（3）QA人员不得参与所负责的质量保证的试验。

（4）对于多场所试验，应确保试验的全过程和各场所遵循《农药登记试验质量管理规范》。

2. 质量保证人员的任职资格

《农药登记试验质量管理规范》没有对QA人员的资质有明确的要求。但是，一般来讲QA人员必须具备以下三方面条件：

（1）应熟悉并理解《农药登记试验质量管理规范》　在工作中QA人员应该能够熟练地运用《农药登记试验质量管理规范》的条款，深刻地理解其精髓。

（2）具备农药登记试验的专业经验　QA人员必须掌握一定的专业知识，具备相关的工作经验，熟悉实验室内部的主要SOP，以便开展有效的检查。

（3）人员本身的素质　如中立性、客观性等。QA人员要以《农药登记试验质量管理规范》、农药登记试验评审规则、本实验室的SOP为依据，客观地、中立地、有理有据地提出不符合事项和合理建议，促进质量管理工作的日趋完善。

总之，一个合格的质量保证人员应该具有高度的责任心，有相适应的学历、资历和经历。

3. 质量保证人员的职责

QA人员的职责在《农药登记试验质量管理规范》第八条中有详细描述。

（二）质量保证工作的实施

1. 试验项目检查

（1）试验计划书检查　试验计划书的检查是QAU对试验项目实施检查的开始，当接收到 SD 递交的试验计划后，由 QA 人员对试验计划按照如下要点进行检查：

① 试验计划的内容是否符合《农药登记试验质量管理规范》第九章第三十四条的要求，各实验室应有试验计划书制（修）订的 SOP。

② 是否符合有关试验计划书制定的 SOP 的要求。

③ 试验操作是否引用相关的 SOP，如果 SOP 不能全部涵盖实验操作时，在试验计划中是否有详细的描述。

④ 试验操作日程是否具体，一些重要的操作日期，如方法的建立，田间试验，样品检测等是否合理。

⑤ 试验中部分试验向外部委托时，记载事项是否合适。

⑥ 错、别、漏字等。

（2）原始数据检查　《农药登记试验质量管理规范》中原始数据的定义是：在试验中记载研究工作的原始记录和有关文件材料或经核实的复印件。例如：观察记录、试验记录本、照片、底片、色谱图、缩微胶片、磁性载体、计算机打印资料、自动化仪器记录材料等。即能够保证试验重现所需具备有关文书材料和原始数据。《农药登记试验质量管理规范》第三十五条对原始数据有如下规定：试验中生成的所有数据应当直接、及时、准确、字迹清楚地记录，并有记录人员签署姓名和日期。更改任何原始数据应当按规定方式修改，注明更改理由，不得涂改、掩盖先前的记录，并由更改数据人员签署姓名和日期。

对原始数据的检查要点如下：

① 原始数据的定义是否符合《农药登记试验质量管理规范》第四十三条第十六项的规定。

② 原始数据是否记录在规范统一的记录表格上，表格设计是否合理。

③ 原始数据的记录方式是否有利于长期保存，一般应使用蓝黑碳素笔，不能使用铅笔。如果试验过程中必须使用铅笔记录，如现场绘制田间试验的小区分布草图，应在返回实验室后立即将草图复印，并于原件一并归档。

④ 原始数据修改方法是否有 SOP 加以规范，修改方法是否符合 SOP 的要求。

⑤ 试验发生偏离时，是否采取了适当措施，纠错程序是否有 SOP 进行规范。

⑥ 各操作者和 SD 的签名及签署时间。

⑦ 归档前的原始记录是否得到恰当的保存（如加锁的书柜等）。

⑧ 是否按照试验计划或 SOP 的要求进行了完成记录。

总之，原始数据应做到"数据真实完整、字迹清晰可辨、用语科学规范"。

（3）试验报告的检查　试验报告检查分为两个方面，一是试验报告撰写形式的检查，二是原始数据、二次数据以及图表结论之间一致性的核对检查。检查要点如下：

① 试验报告的内容是否符合《农药登记试验质量管理规范》第三十七条的规定。

② 是否符合实验室内有关试验报告编写的 SOP 的要求。

③ 记载的试验方法，试验过程是否与试验计划一致。

④ 原始数据-二次数据-试验报告之间的一致性。

⑤ 试验结果、讨论与结论之间的一致性。

⑥ SD 是否对原始数据的正确性及完整性进行确认。

⑦ 错、别、漏字等。

2. 试验过程检查

对试验过程的现场检查是 QA 人员对研究项目进行质量保证的重要工作内容。对于试验过程进行现场检查的原则是要能涵盖该项目的主要操作环节，保证主要操作过程严格遵守试验计划及相关 SOP 的要求。试验过程检查随试验类型的不同而异，农药登记残留试验中主要操作过程如下：

（1）田间试验的准备　被试物的领用和称取，试验用地的背景调查，试验小区的规划与划分等；

（2）田间试验的施药　喷雾器的清洗、喷雾器流速的测定、行进速度的确定、喷雾的实施、环境要素的记录等；

（3）田间试验的采样　采样数量和部位、样品的包装和运输、样品的处理和缩分、缩分后样品的质量和数量、标签的使用、样品的储藏状态和储藏条件等；

（4）标准溶液配制；

（5）分析方法的建立和确认；

（6）样品前处理；

（7）样品分析及数据处理。

3. 试验机构检查

实验室整体设施的检查应定期进行，至少每年 1 次，具体的检查频度没有限制性的规定，应根据试验单位的实际运行现状确定，并可以根据实际情况进行调整，试验设施检查的主要项目应包括以下内容：

（1）组织机构、人员档案、培训记录及管理；

（2）主计划表的管理；

（3）标准操作规程的制定、修订和管理；

（4）试验设施检查；

（5）仪器设备的使用、维护、维修、检定、校准和管理；

（6）被试物、对照物、试剂和样品的管理状态；

（7）档案的管理状态；

（8）计算机安全管理与审计追踪。

4. 检查结果的报告

检查报告应及时提交项目负责人和机构负责人，并要求负责人对检查发现的事项作出及时回应，同时采取进一步的纠正、改善措施。

三、试验设施

《农药登记试验质量管理规范》第四章对试验场所、被试物、对照物、样本及化学试剂等存放设施、档案设施和废弃物处置设施有着明确规定：

（一）试验场所

《农药登记试验质量管理规范》对试验场所的要求，目的是确保试验质量不会因为现有设施的不当而受到不良影响，并不是要求为满足研究需要而必须具备"最新"的设计或设施，而是要充分考虑到试验研究的目的和潜在的影响因素，以及如何才能确保达到研究目的，从而采用"适当"的设计和管理措施。至于试验场所如何布局、设计和管理才是"适当"的，应有试验单位根据其项目类型，所处环境等因素综合判断得出。

除了试验场所要有良好的设计和布局，相应的管理措施也是确保试验设施符合《农药登记试验质量管理规范》要求的重点，包括对设施环境的控制和维持，以及相关设备的维护管理。

（二）重要场所的具体要求

被试物、对照物和样本的储藏区域，是试验单位中比较敏感的场所和区域，应该对进入该区域的人员进行限制，以免外来人员携带污染源与场所内的被试物等产生交叉污染。

被试物和样本的留样按照档案管理要求，因此其储存区域视同档案室，档案室不仅需要满足档案长期保存的需要，配备相应的防水、防火、防虫、防鼠、防盗措施，同时需要制定一定的制度以阻止非预期的数据访问。出了物理安全性，还需要在管理制度方面制定相应的安全措施，以杜绝已归档的资料发生被篡改、遗失等现象。试验单位负责人应确保这些措施已在本单位的 SOP 中得到描述。

四、仪器、材料和试剂

仪器、材料和试剂对试验的最终结果有着直接的影响，因此对实验室内的各种仪器设备和试验材料进行有限管理是确保试验数据准确可信、试验质量可控的重要条件。

《农药登记试验质量管理规范》第五章对仪器、材料和试剂的管理提出了基本要求，其根本目的是确保试验条件的一致性和可控性，以确保试验结果的可靠、稳定和可追溯。

（一）仪器设备管理

仪器设备因使用目的和在质量管理体系中所起的作用不同，其管理的侧重点也有所不同。在制定管理制度时应充分考虑到灵活性和适用性，既要避免管理缺失，又要进行控制，避免不必要的成本投入。为确保仪器设备得到充分的检查、清洁和维护，就需要结合仪器设备本身不同的性质根据用途和性能预期进行事前评估。评估是对仪器设备的使用环境、目的、用途、性能预期和接收准则进行的综合评判，其目的是为每一台仪器制定合乎逻辑的并适合的管理措施。评估的内容可以包括：是否直接产生数据、是否用于校准其他设备、有无重大安全性问题、使用操作的复杂程度、是否与计算机系统连接并由此带来数据安全性和完整性问题。通过评估，仪器可以从管理角度分为不同的类别，不同的试验机构可以根据自身的需求来制定自己的仪器分类准则，以下介绍的仪器分类方法可供参考：

A 类　非测量辅助设备，不直接进行计量读数，对试验结果不产生直接的影响。而状态只有正常和故障两种，一旦有故障，其对试验过程的影响直观，可以立即发现。例如回旋混匀器、离心机、多管涡旋混合仪、旋转蒸发仪等。

B 类　简单测量仪器或需检定/校准才能使用的辅助设备。该类仪器均须定期进行检定/校准以确保其状态，否则可能有隐患存在而影响试验结果的可靠性。例如电子天平、移液器、温度记录仪、电冰箱等。

C 类　分析测量仪器，主要包括仪器和计算机分析系统的精密仪器。该类仪器均须定期进行检定/校准、验证以确保其状态，否则直接影响试验结果的可靠性。例如气相色谱-质谱联用仪、液相色谱-质谱联用仪、气相色谱、液相色谱仪等。

在上述分类体系中，A 类设备一般并不需要特殊的校准、检定等措施，对这类设备的维护以日常清洁保养为主；B 类设备必须在投入使用前充分确认其性能，并制定周期性维护和校验计划；C 类设备应该结合实际使用环境和使用方法对设备本身，测试方法以及数据产生、存储过程进行确认和验证，并且制定完善的维护保养、周期校准和定期回顾检查的计划。

虽然《农药登记试验质量管理规范》没有对检定进行强制要求，但一些重要剂量设备，如天平、砝码的检定合格结果更具有专业性和说服力。

（二）材料和试剂

试验中使用的试剂和溶液多种多样，根据管理要求不同，一般分为两类：

1. 一般试剂和溶液

一般试剂和溶液主要指无购买限制，可常规保存的无毒或低毒物质，这类试剂或溶液应该来源明确，品名、批号、保存条件和有效期表示清晰，并确保在有效期内使用。市售的试剂或溶液第一次开瓶使用时，应贴上开瓶标签，标明开瓶人、开瓶日期和有效期。实验室自行配制的溶液应该贴有配制标签，标明名称、浓度、保存条件、配制人、配制日期和有效期等信息，并确保在其有效期内使用。

2. 特殊试剂和溶液

特殊试剂和溶液主要包括易燃易爆物、危险化学品、易制毒物质等，此类物质除满足上述一般试剂和溶液的管理要求外，还需符合国家相关的管理制度，如国务院令第 344 号《危险化学品安全管理条例》、国务院令第 445 号《易制毒化学品管理条例》等法律法规中对易燃易爆物、危险化学品、易制毒物质的购买、使用和废弃物处理等管理环节的具体规定。

五、标准操作规程

标准操作规程（SOP）是描述如何进行试验操作或试验活动的文件化规程，首先 SOP 必须是书面文件，文件的介质应该是纸质形式，电子版形式也可接受，但口头言传、录音和录像资料等非书面形式并不是 SOP。其次，SOP 所规范的对象是常规的、重复性的试验操作，目的是获得完整可靠的试验结果，非常规的操作不是 SOP 所规范的对象，一般在试验计划中进行规范。最后，虽然 SOP 的定义中未明确说明 SOP 是一种标准的操作程序，但从 SOP 的名称可以看出，SOP 是一种操作标准，这种标准性体现在以下三个方面：GLP 实验室的所有相关人员必须严格遵守；日常工作中必须自始至终的遵守 SOP；各项工作都必须制定和严格执行 SOP。

SOP 有以下几个特点：

（1）SOP 涵盖面的广泛性　GLP 实验室所制定的 SOP，需要覆盖整个农药登记残留试验的各个不同业务领域和岗位，涉及各种试验操作技术和业务管理等。因此 SOP 的制定是 GLP 实验室软件建设的主要内容，是评价一个实验室成熟性的重要方面。

（2）SOP 内容的可操作性　SOP 应简单易懂，具体细致，使经过培训的人员能够正确理解，一份 SOP 的文字叙述一定要清楚，只能有一种理解，不能出现多种理解的叙述，否则在试验中就可能发生错误的操作而影响试验结果的真实性和可重复性。但可操作性和科学性并不冲突，农药登记残留试验属于应用科学研究的范畴，所有的技术方法和试验的运行管理都必须是科学合理的。

（3）SOP 在执行上具有强制性　GLP 实验室的 SOP，是用于农药登记残留试验工作必须遵循的技术文件，是具有强制性的文件，没有任何随意性。

SOP 应包含的内容在《农药登记试验质量管理规范》第三十二条有详细的规定。除此之外，还有一些方面的行为需要 SOP 去规范，例如：①档案的备份、转移和恢复；②被试物、样品和资料在各部门或各人员之间的转移和交接；③人员的着装，突发事件应急预案；④关键岗位人员替代程序等。

六、试验项目实施

农药登记残留试验项目在实施时主要分为以下几个步骤。

（一）前期准备

（1）技术服务合同的签订　合同签订时应尽量详细记录被试物信息，包括被试物生产日期、批号、封样时间、封样号及有效期等，试验信息包括施药剂量、施药次数、施药间隔、施药方法、安全间隔期等信息，同时协议中尽可能明确试验地点、被试物和标准品的数量、被试物和样品留样的处置等信息。

（2）SD任命　每个试验启动前由单位负责人任命SD，任命书中至少包括项目名称和项目编号，并经TFM签字任命。

（3）质量保证部门任命QA人员。

（二）试验前的准备

SD在接到任命书后，应立即开展与该项目有关的文献资料准备，核对试验信息，查询相关准则和技术规范，准备相关SOP，为试验计划书的撰写做好准备工作。

（三）试验计划

试验项目启动之前，应当制定书面的试验计划，试验计划应当有QA人员审查，有SD签名批准并注明日期，必要时还需得到TFM和委托方的认可。《农药登记试验质量管理规范》第三十四条详细描述了试验计划应该包含的主要内容，各试验单位应该根据此规定以及本单位的研究经验，制定有关试验计划书撰写的SOP，对试验计划书的格式、内容的确认、批准以及管理进行规定，使各试验项目的试验计划在格式和内容上能够基本统一，并且为SD起草试验计划提供依据。建议试验单位对试验计划的格式以模板形式作出统一规定，否则同一试验单位不同项目之间，不同专业之间的试验计划格式混乱，容易出现内容遗漏，也不利于试验人员参照执行，因此试验计划以模板的形式规定比较合理。

（四）项目实施

试验人员应严格按照试验计划和SOP中的操作方法进行，并对所作的任何操作及时准确地记录，并进行签名和标注日期。试验产生的所有数据应做到及时、直接、准确、清楚和不易消除。记录的数据需要修改时，应保持原记录清晰可辨，并注明修改的理由及修改日期，并签字确认。实验室应对试验数据的采集和原始记录的填写制定相关的SOP加以规范，若试验中出现偏离，试验人员应准确记录并及时向SD汇报，由SD评估偏离对最终试验结果的影响，并做出适当的修正措施。纠正措施与处理后的结果应准确记录。

（五）试验报告

每个试验项目均应有一份最终试验报告，SD应在最终报告上签署姓名和日期，对数据的有效性、真实性和完整性负责。同时说明遵从《农药登记试验质量管理规范》和试验计划的程度，以及偏离对试验结果的影响。试验报告的内容应符合《农药登记试验质量管理规范》第三十七条的内容以及相关试验准则的要求。尽管《农药登记试验质量管理规范》没有对试验报告的格式做出明确规定，但建议试验单位对本单位的试验报告的格式以模板形式做出统一规定。SD撰写完成报告后，应将报告提交给QA审核，QA对报告草稿进行审查，并对试验数据进行质量控制，查找报告中可能存在的任何问题，把问题反馈给SD，SD修改或确认后，质量保证负责人对报告签字，并提供质量保证声明，完成对试验报告的审核。

七、归档和保存

　　档案是指试验单位在从事农药登记试验以及其他各项活动时直接形成的对试验单位和社会具有保存价值的各种文字、图表、声像等不同形式的历史记录。档案工作是农药登记试验单位管理工作的组成部分，是反映和追溯农药登记试验工作真实性的一项重要工作，也是做好农药登记试验研究的基础性工作之一。《农药登记试验质量管理规范》第三十八条详细规定了需要归档保存的材料。除此之外，试验计划中应明确列出试验项目应当保存的记录清单。《农药登记试验管理办法》第二十九条明确了档案的保存期限：农药登记试验单位应当将试验计划、原始数据、标本、留样被试物和对照物、试验报告及与试验有关的文字材料保存至试验结束后至少五年，期满后可移交申请人保存。申请人应当保存至农药退市后至少五年。同时对于质量容易变化的标本、被试物和对照物留样样品，保存期应以能够进行有效评价为期限。对于试验单位的组织机构、人员、质量保证部门检查记录、主计划表、SOP 等试验机构运行与质量管理记录应当长期保存。

参 考 文 献

［1］　Codex alimentarius commission procedural manual. Twenty-fourth edition. 2015. Issued by the Secretariat of the Joint FAO/WHO Food Standards Programme，FAO，Rome.

［2］　Denis Hamilton. Evaluation of supervised residue trials/residue evaluation（pome fruits），international workshop on food safety risk assessment. 2008.

［3］　Denis Hamilton. The JMPR process for risk assessment of pesticide residues in Food/JMPR residue assessment，international workshop on food safety risk assessment. 2008.

［4］　FAO/WHO. Discussion Paper on principles and guidance for the use of the concept of proportionality to estimate maximum residue limits for pesticides prepared by Australia and Germany. CX/PR 13/45/6. The 45th Session of Codex Committee on Pesticide Residues，China：Beijing，2013；Agenda Item 6b.

［5］　ENV/JM/MONO（2002）9. OECD series on principles of GLP and compliance monitoring，No. 13. The application of the OECD principles of GLP to the organization and management of multisite studies.

［6］　ENV/JM/MONO（99）22. OECD series on principles of GLP and compliance monitoring，No. 6（Revised）. The application of the GLP principles to field studies.

［7］　ENV/JM/MONO（2011）3. OECD series on pesticides，No. 56. OECD MRL calculator：statistical white paper.

［8］　ENV/JM/MONO（2011）2. OECD series on pesticides，No. 56. OECD MRL calculator：user guide.

［9］　EURACHEM/CITAC guide CG4. Quantifying uncertainty in analytical measurement. second edition. 2000.

［10］　FAO. Evaluation of pesticide residues for estimation of maximum residue levels and calculation of dietary intake-training Manual. 2011.

［11］　FAO manual on the submission and evaluation of pesticide residues data for the estimation of maximum residue levels in food and feed. Third edition. 2016.

［12］　FAO plant production and protection paper 187，Pesticide residue in food，Joint FAO/WHO Meeting on Pesticide Residues. 2006.

［13］　FAO plant production and protection paper 191，Pesticide residue in food，Joint FAO/WHO Meeting on Pesticide Residues. 2007.

［14］　FAO plant production and protection paper 193，Pesticide residue in food，Joint FAO/WHO Meeting on Pesticide Residues. 2008.

［15］　FDA. Pesticide analytical manual Vol. Ⅱ. FDA，2002.

［16］　ISO/IEC17025. General requirements for the competence of testing and calibration laboratories. First edited. 1999.

［17］　Joint FAO/WHO Meeting on Pesticide Residues CX/PR 09/41/5. Proposed draft revision of the guidelines on the estimation of uncertainty of the results for the determination of pesticide residues.

［18］　NAFTA Tolerance/MRL Harmonization Workgroup（USEPA and Pesticide Management Regulatory Agency）. Guidance for setting pesticide tolerances based on field trial data. 2005.

［19］　REP13/CAC. Report of the 36th session of the JOINT FAO/WHO food standards programme codex alimentarius commission. Italy，2013：11.

［20］ REP13/PR. Report of the 45th Session of the Codex Committee on Pesticide Residues. China，2013：7-8.

［21］ 单炜力，简秋 . 联合国粮食及农业组织用于推荐食品和饲料中最大残留限量的农药残留数据提交和评估手册：农药残留 . 第 2 版 . 北京：中国农业出版社，2012。

［22］ 单炜力，简秋 . 农药最大残留限量和膳食摄入风险评估培训手册：农药残留 . 北京：中国农业出版社，2012。

［23］ 季颖，李富根，刘丰茂，等 . 农药残留物手册 . 北京：中国农业出版社，2018.

［24］ 李晶，徐军，董丰收，等 . 由规范残留试验数据推荐农药最大残留限量的方法概述 . 农药学学报，2010，3（3）：237-248.

［25］ 穆兰，朴秀英，刘丰茂，等 . 韩国农药残留肯定列表制度对我国农产品出口贸易的影响 . 农药科学与管理，2019，40（4）：12-15.

［26］ 联合国粮农组织和世界卫生组织 . 食品法典委员会程序手册 . 第 24 版 .2015.

［27］ 宋稳成，叶纪明，何艺兵 . 国际食品法典农药残留标准介绍 . 农药科学与管理，2008，29（8）：43-45.

［28］ 宋稳成 . 牛蒡中硫线磷残留量测定不确定度的评定 . 化学计量与分析术，2009（6）：78-79.

［29］ 王运浩，杨永珍 . 经济合作与发展组织良好实验室规范准则与管理条例 . 北京：化学工业出版社，2006.

［30］ 薛佳莹，单炜力，刘丰茂，等 . 国际上农药登记残留试验作物区域划分及试验点数要求 . 农药学学报，2013，15（1）：1-7.

［31］ 张丽英，陶传江 . 农药每日允许摄入量手册 . 北京：化学工业出版社，2015.

［32］ 张伟 . 中国药物 GLP 理论与实践 . 北京：中国医药科技出版社，2013.

［33］ 郑永权 . 农药残留研究进展与展望 . 植物保护，2013，39（5）：90-98.

［34］ 中国实验室国家认可委员会 . 化学分析中不确定度的评估指南 . 北京：中国计量出版社，2002.

［35］ 朱光艳 . 国际上农药残留物定义的制定原则综述 . 农药学学报，2015，17（6）：633-639.

附　录

本书中出现的缩写、中英文对照

缩写	中文全称	英文全称
AALLME	空气搅拌-液液微萃取技术	air-agitated liquid-liquid micro-extraction
AART	自动调整保留时间	automatic adjustment of retention time
ABS	亲和素-生物素系统	avidin-biotin system
AChE	乙酰胆碱酯酶	acetyl cholinesterase
ACIS	（日本农林水产省的）农药检查所	Agricultural Chemicals Inspection Station
ADI	每日允许摄入量	acceptable daily intake
AED	原子发射检测器	atomic emission detector
AFID	碱盐离子化检测器	alkali flame ionization detector
Ag	抗原	antigen
AgUV	硝酸银-紫外照射法	silver nitrate＋UV exposure
AMD	自动多维梯度展开	automated multiple development
amu	原子质量单位	atomic mass unit
AOAC	美国分析化学家协会	Association of Official Analytical Chemists
APCI	大气压化学电离	atmospheric pressure chemical ionization
APEC	亚洲太平洋经济合作组织	Asia-Pacific Economic Cooperation
API	大气压离子化	atmospheric pressure ionization
APGC	大气压气相色谱电离源	atmospheric pressure gas chromatography
APPI	大气压光电离	atmospheric-pressure photoionization
APVMA	澳大利亚农药和兽药管理局	Australian Pesticides and Veterinary Medicines Authority
AR	分析纯试剂	analytical reagent
ARfD	急性毒性参考剂量	acute reference dose
ASE	加速溶剂萃取	accelerated solvent extraction
BChE	丁酰胆碱酯酶	butyrylcholinesterase

缩写	中文全称	英文全称
BMD	基准剂量	benchmark dose
BMDL	基准剂量可信下限	benchmark dose lower confidence limit
BSA	牛血清蛋白	bovine serum albumin
BTV	穿透体积	breakthrough volume
CAC	国际食品法典委员会	Codex Alimentarius Commission
CCPR	国际食品法典农药残留委员会	Codex Committee on Pesticide Residues
CCS	碰撞截面	collision cross section
CCSP	浸渍手性选择剂的手性固定相	chiral-coated stationary phases
CD	环糊精	cyclodextrin
CD	圆二色检测器	circular dichroism
CDFA	(美国)加州食品农业部	California Department of Food and Agriculture
CDR	手性衍生化试剂	chiral derivatization reagent
CE	凝聚萃取	coacervation extraction
CE	毛细管电泳	capillary electrophoresis
CEC	毛细管电色谱	capillary electrochromatography
CEIA	毛细管免疫电泳	capillary electrophoresis immunoassay
CF-FAB	连续流快原子轰击	continuous-flow FAB
CFLME	连续流动液膜萃取	continue flow liquid membrane extraction
CFR	(美国)联邦法典法规	Code of Federal Regulation
cGAP	最大 GAP	critical good agriculture practice
CGE	毛细管凝胶电泳	capillary gel electrophoresis
CGIA	胶体金标记免疫分析	colloidal gold immunoassay
CI	化学电离	chemical ionization
CID	碰撞诱导裂解	collision induced dissociation
CIEF	毛细管等电聚焦	capillary isoelectric focusing
CIPAC	国际农药分析协作委员会	Collaboratire International Pesticide Anaytical Council
CITP	毛细管等速电泳	capillary isotachophophoresis
CLIA	化学发光免疫分析	chemiluminescence immunoassay
CMC	临界胶束浓度	critical micelle concentration
CMC	羧甲基纤维素	carboxy methyl cellulose
CMP	手性流动相	chiral mobile phase
CMPA	手性流动相添加剂	chiral mobile phase additive
CNAS	中国合格评定国家认可委员会	China National Accreditation Service for Conformity Assessment
CNL	持续中性丢失	continue neutral loss
COA	标准物质分析证书	certificate of analysis
Codex MRL	国际食品法典最大残留限量	Codex Maximum Residue Limit
CP	化学纯	chemical pure

缩写	中文全称	英文全称
CP	手性农药	chiral pesticide
cPAD	人群慢性毒性校正剂量	chronic population adjusted dose
CPE	浊点萃取	cloud point extraction
CRfD	慢性毒性参考剂量	chronic reference dose
CRM	有证标准品	certified reference material
CSP	手性固定相	chiral stationary phase
CTAB	十六烷基三甲基溴化铵	cetyltrimethyl ammonium bromide
CV	变异系数	coefficient of variation
CZE	毛细管区带电泳	capillary zone electrophoresis
DAD	光电二极管阵列检测器	photodiode array detector
DFPD	双火焰型火焰光度检测器	dual flame photometric detector
DLI	直接液体进样	direct liquid introduction
DLLME	分散液液微萃取法	dispersive liquid-liquid micro-extraction
DMS	差分离子迁移谱	differential mobility spectrometry
DSPE	分散固相萃取	dispersive solid phase extraction
DTNB	二硫代二硝基苯甲酸	5,5-dithiobis nitrobenzoic acid
DVB	二乙烯基苯	divinylbenzene
EAcI	碘化乙酰硫代胆碱为基质的抑制猪、马血清酶法	enzyme inhibition with pig or horse blood serum and acetylthiocoline iodide substrate
EβNA	乙酸-β-萘酯牛肝酶抑制法	enzyme inhibition with cow liver extract and β-naphthyl-acetate substrate
ECD	电子捕获检测器	electron capture detector
ECD	电子圆二色谱	electronic circular dichroism
ED	内分泌干扰物	endocrine disruptors
EDMA	乙二醇二甲基丙烯酸酯	ethylene glycol dimethacrylate
EE	偶电子离子	even-electron ion
EED	环境内分泌干扰物	environmental endocrine disruptors
EFSA	欧盟食品安全局	European Food Safety Authority
EI	电子电离	electron ionization
EIA	酶免疫分析法	enzyme immunoassay
EIC	提取离子流色谱图	extracted ion chromatogram
EKC	毛细管电色谱	electro chromatography capillary
ELISA	酶联免疫吸附法	enzyme linked immunosorbent assay
ELSD	蒸发光散射检测器	evaporative light scattering detector
EMC	增强多电荷扫描	enhanced multiple charged scan
EMRL	再残留限量	extraneous maximum residue limit
EMS	增强型质谱全扫描	enhanced MS scan
EOF	电渗流	electroosmotic flow

缩写	中文全称	英文全称
EPA	(美国)环境保护署	Environmental Protection Agency
EPC	电子气路控制	electric pneumatic control
EPI	增强型子离子扫描	enhanced production full scan
ER	增强分辨率扫描	enhanced resolution scan
ESI	电喷雾电离	electrospray ionization
ESy	萃取针筒技术	extracting-syringe technique
EU	欧盟	European Union
FAB	快速原子轰击	fast atom bombardment
FAN	真菌孢子抑制法	fungi spore(aspergillus niger) inhibition
FAIMS	高场不对称波形离子迁移谱	high field asymmetric waveform ion mobility spectrometry
FAB	动态快原子轰击接口	dynamic fast atom bombardment
FAO	联合国粮食及农业组织	Food and Agriculture Organization of the United Nations
FDA	食品药品管理局	Food and Drug Administration
FFDCA	联邦食品、药品和化妆品法	Federal Food, Drug and Cosmetic Act
FI	场致电离	field ionization
FIA	荧光免疫分析	fluorescence immunoassay
FID	火焰离子化检测器	flame ionization detector
FIFRA	联邦杀虫剂、杀菌剂和杀鼠剂法	The Federal Insecticide, Fungicide, Rodenticide Act
FIIA	流动注射免疫分析	flow-injection immunoassay
FLD	荧光检测器	fluorescence detector
FPD	火焰光度检测器	flame photometric detector
FQPA	(美国)食品安全保护法	Food Quality Protection Act
FS	全扫描	full scan
FSANZ	澳新食品标准局	Food Standards Australia New Zealand
FSIS	(美国)食品安全检验所	The Food Safety and Inspection Service
FT-ICR-MS	傅里叶变换离子回旋共振质谱仪	fourier-transform ion cyclotron resonance mass spectrometer
FWHM	最高谱带的半高宽	full wide of half maximum
GAP	良好农业规范	good agricultural practice
GC	气相色谱	gas chromatography
GCB	石墨化碳黑	graphitized carbon black
GC×GC	全二维气相色谱	comprehensive two-dimensional gas chromatography
GC-MS	气相色谱与质谱联用技术	gas chromatography-mass spectrometry
GEMS	全球环境监测系统	global environmental monitoring system
GHS	全球统一化学品分类和标签系统	Globally Harmonized System of Classification and Labelling of Chemicals
GLP	良好实验室规范	good laboratory practice
GMO	转基因生物	genetically modified organism

缩写	中文全称	英文全称
GPC	凝胶渗透色谱法	gel permeation chromatography
GUM	测量不确定度评定和表示指南	guide to the evaluation and expression of uncertainty in measurement
GR	优级纯	guaranteed reagent
HACCP	危害分析及关键控制点	hazard analysis critical control point
HF-LPME	中空纤维液相微萃取	hollow-fiber LPME
HHP	高危害农药	highly hazardous pesticides
HILIC	亲水作用色谱	hydrophilic interaction liquid chromatography
HPCE	高效毛细管电泳	high performance capillary electrophoresis
HPLC	高效液相色谱法	high performance liquid chromatography
HPTLC	高效薄层色谱法	high performance thin layer chromatography
HR	最高残留值	highest residue
HS-SDME	顶空-滴溶剂微萃取	headspace SDME
HVR	高变区	hypervariable region
IA	免疫分析	immunoassay
IAC	免疫亲和色谱	immunoaffinity chromatography
IC	离子色谱法	ion chromatography
IEC	离子交换色谱法	ion-exchange chromatography
IEDI	国际估算每日摄入量	international estimated daily intake
IESTI	国际估算短期摄入量	international estimated short term intake
Ig	免疫球蛋白	immunoglobulin
IMS	离子迁移谱	ion mobility spectrometry
IPC	离子对色谱法	ion pair chromatography
IS	内标	internal standard
ISP	离子喷雾	ion spray
ITMS	离子阱质谱仪	ion trap mass spectrometer
IUPAC	国际纯粹与应用化学联合会	International Union of Pure and Applied Chemistry
JECFA	食品添加剂联合专家委员会	Joint FAO/WHO Expert Committee on Food Additives
JMPR	农药残留专家联席会议	Joint FAO/WHO Meetingof Pesticide Residues
LC-MS/MS	液相色谱-串联质谱法	liquid chromatography-tandem mass spectrometry
LDI	激光解吸电离	laser desorption ionization interface
LE	前导电解质	leading electrolyte
LIA	脂质体免疫分析法	liposome immunoassay
LIF	激光诱导荧光检测器	laser induced fluorescence detector
LIT	线性离子阱	linear ion trap
LLE	液液萃取	liquid-liquid extraction
LOD	检出限	limit of detection

缩写	中文全称	英文全称
LOQ	定量限	limit of quantification
LPL	报告限	lower practical levels
LPME	液相微萃取	liquid phase micro-extraction
LR	实验纯	laboratory reagent
LTP	低温冷冻净化	low temperature purification
LVI	大体积进样	large volume injection
m/z	质荷比	mass-to-charge ratio
MAE	微波辅助萃取	microwave assisted extraction
MAFF	(日本)农林水产省	Ministry of Agriculture Forestry and Fisheries
MALDI	基质辅助激光解吸电离	matrix assisted laser desorption ionization
MASE	微波辅助溶剂萃取	microwave assisted solvent extraction
MBI	传送带接口	moving band interface
McAb	单克隆抗体	monoclonal antibody
MDGC	多维气相色谱	multidimensional gas chromatography
MDL	最小检出量	minimum detection level
MDSPE	磁性分散固相萃取	magnetic dispersive solid phase extraction
ME	基质效应	matrix effect
MECC	胶束电动毛细管色谱	micellar electrokinetic capillary chromatography
MEPS	填充吸附剂微萃取	microextraction by packed sorbent
MHLW	(日本)厚生劳动省	Ministry of Health Labor and Welfare
MIP	分子印迹聚合物	molecularly imprinted polymer
MISPE	分子印迹固相萃取	molecularly imprinted polymer solid phase extraction
MIP-SPE	分子印迹聚合物固相萃取	molecularly imprinted polymer-based on SPE
MIP-SPME	分子印迹聚合物固相微萃取	molecularly imprinteel polymer solid phase microextraction
MIT	分子印迹技术	molecular imprinting technique
MLPME	膜液相微萃取	membrane liquid-phase micro-extraction
MME	胶束介质萃取	micelle-mediated extraction
MMLLE	微孔膜液液萃取	microporous membrane liquid-liquid extraction
MNP	磁性纳米粒子	magnetic nanoparticles
MOE	(日本)环境省	Ministry of Environment
MOFs	金属有机框架材料	metal-organic frameworks
m-PFC	滤过型固相净化装置	multi-plug filtration clean-up
MRL	最大残留限量	maximum residue limit
mrl	最高残留水平	maximum residue levels
MRM	多反应监测	multiple reaction monitoring
MRM	农药多残留分析	multi-residue method
MSD	质谱检测器	mass spectrum detector
MS/MS	串联质谱	tandem mass spectrometry

缩写	中文全称	英文全称
MSPD	基质固相分散	matrix solid phasedispersion
MWCNT	多壁碳纳米管	multiwalled carbon nanotube
NACE	非水毛细管电泳	nonaqueous capillary electrophoresis
NAFTA	北美自由贸易协议	North American Free Trade Agreement
NBFB	对硝基苯-氟硼酸盐法	p-nitrobenzene-fluoroborate
NCI	负化学离子源	negative chemical ionization
ND	未检出	non-detectable,no detectable residues
NEDI	国家估算每日摄入量	national estimated daily intake
NESTI	国家估算短期摄入量	national estimated short term intake
NMR	核磁共振波谱	nuclear magnetic resonance spectroscopy
NOAEL	未观察到有害作用剂量水平	no observed adverse effect level
NPD	氮磷检测器	nitrogen phosphorus detector
NPHPLC	正相高效液相色谱法	normal phase HPLC
OE	奇电子离子	odd-electron ion
OECD	经济合作与发展组织	Organization for Economic Cooperation and Development
OPP	（美国）农药项目办公室	Office of Pesticide Programs
OPPTS	（美国）农药和毒性物质预防办公室	the office of prevention pesticides and toxic substances
ORD	旋光检测器	optical rotatory detector
o-TKI	邻联甲苯胺-碘化钾法	o-tolidine＋potassium iodide
P＆T	吹扫-捕集	purge ＆ trap
PAC	加工农产品	processed agricultural commodities
PAD	脉冲安培检测法	pulsed amperometric detection
PAD	人群校正剂量	population adjusted dose
PAH	多环芳烃	polycyclic aromatic hydrocarbons
PBI	粒子束接口	particle beam interface
Pc	临界压力	critical pressure
PcAb	多克隆抗体	polyclonal antibody
PDAD	光电二极管阵列检测器	photo-diode array detector
PDB	对二甲胺基苯甲醛	p-dimethylamino-benzaldehyde
PDECD	脉冲放电电子捕获检测器	pulsed discharge ECD
PDI	等离子体解吸离子化	plasma desorption ionization
Pf	加工因子	processing factor
PFBBr	五氟苄基溴	pentafluorobenzyl bromide
PFPD	脉冲火焰光度检测器	pulse FPD
PGC	多孔石墨碳	porous graphitic carbon
PHI	安全间隔期	pre-harvest interval
pI	等电点	isoelectric point

缩写	中文全称	英文全称
PIC	鹿特丹公约,关于在国际贸易中对某些危险化学品和农药采用事先知情同意程序的鹿特丹公约	Convention on International Prior Informed Consent Procedure for Certain Trade Hazardous Chemicals and Pesticides in International Trade Rotterdam (The Rotterdam Convention)
PLE	加压液体萃取	pressurized liquid extraction
PLS	农药肯定列表制定	Pesticide Positive List System
PME	聚合物膜萃取	polymeric membrane extraction
PMRA	加拿大卫生部有害生物管理局	Pest Management Regulatory Agency (Health Canada)
POPs	持久性有机污染物	persistent organic pollutants
PR	农药残留	pesticide residue
PSA	N-丙基乙二胺	primary secondary amine
psi	压强单位:磅力每平方英寸	pounds per square inch
PSI	等离子体喷雾接口	plasma spray ionization interface
PT	能力验证试验	proficiency test
PTFE	聚四氟乙烯	polytetrafluoroethylene
PTV	程序升温气化	programmed temperature vaporization
PUF	聚氨酯泡沫	polyurethane foam
PVC	聚氯乙烯	polyvinyl chloride
Q	单四极质量分析器	single quadrupole analyzer
QA	质量保证	quality assurance
QAU	质量控制部门	quality assurance unit
QC	质量控制	quality control
QM^+	准分子离子	quasi-molecular ion
QQQ	三重四极杆质量分析器	triple quadrupole analyzer
Q-TOF	四极杆飞行时间质量分析器	quadrupole-time of flight analyzer
Q-Trap	四极离子阱质量分析器	quadrupole ion-trap analyzer
QuEChERS	快速、简便、经济、有效、耐用、安全	quick, easy, cheap, effective, rugged and safe
r	相关系数	correlation coefficient
R^2	决定系数	coefficient of determination
RAC	初级农产品	raw agricultural commodities
REI	重返间隔期	restricted-entry interval; re-entry interval
R_f	比移值	retardation factor value
RF	射频电压	radio-frequency voltage
RIA	放射免疫分析	radioimmunoassay
RM	标准物质	reference material
RPHPLC	反相 HPLC	reversed phase HPLC
RRT	相对保留时间	relative retention time
RS	拉曼散射/拉曼光谱	Raman scattering/spectrascpoy

缩写	中文全称	英文全称
RSD	相对标准偏差	relative standard deviation
S/N	信噪比	signal-to-noise
SBSE	搅拌棒吸附萃取	stir bar sorptive extraction
SCD	吹扫共蒸馏	sweep-codistillation
SCF	超临界流体	supercritical fluid
SCX	强阳离子交换剂	strong cation exchanger
SD	项目负责人	study director
SDeS	癸烷磺酸钠	sodium decane sulfonate
SDL	检测力	screening detection limit
SDoS	十二烷基磺酸钠	sodium laurylsulfonate
SDME	单滴溶剂微萃取	single drop micro-extraction
SDS	十二烷基硫酸钠	sodium dodecylsulfate
SD	标准偏差	standard deviation
SEC	空间排阻色谱法	size exclusion chromatography
SERS	表面增强拉曼光谱	surface enhanced Raman spectroscopy
SFE	超临界流体萃取	supercritical fluid extraction
SIM	选择离子监测	selected ion monitoring
SLME	支载-液体膜萃取	supported-liquid membrane extraction
SOP	标准操作规程	standard operation procedure
SPE	固相萃取	solid phase extraction
SPME	固相微萃取	solid phase micro-extraction
SPS	卫生与植物卫生措施协定	Agreement on the Application of Sanitary and Phytosanitary Measures
SR	斜率比	slope ratio
SRM	农药单残留分析	single residue method
SRM	选择反应检测	selected reaction monitoring
SSI	声波喷雾电离	sonic spray ionization
STMR	规范残留试验中值	supervised trials median residue
STS	十四烷基磺酸钠	sodium 1-tetradecanesulphonate
TBT	技术性贸易壁垒协定	trade barrier technical agreement
Tc	临界温度	critical temperature
TCPSIA	控温相分离免疫分析	temperature controlled phase separation immunoassay
TDF	时间延迟碎裂扫描	time delayed fragmentation
TE	终末电解质	terminating electrolyte
TIC	总离子流色谱图	total ion chromatogram
TID	热离子检测器	thermionic detector
TLC	薄层色谱法	thin layer chromatography
TMDI	理论日最大摄入量	theoretical maximum daily intake
TMS	三甲基硅重氮甲烷	(trimethylsilyl)diazomethane
TOF	飞行时间质量分析器	time of flight analyzer

缩写	中文全称	英文全称
Trap-TOF	离子阱-飞行时间质谱	ion trap-time of flight
TSI	热喷雾接口	thermospray interface
TWIMS	行波离子迁移谱	travelling wave ion mobility spectrometry
UE	超声波萃取	ultrasonic extraction
μECD	微池电子捕获检测器	micro electron capture detector
UNEP	联合国环境规划署	United Nations Environment Programme
UPCC-MS/MS	超高效合相色谱串联质谱	ultrahigh performance convergence chromatography/tandem mass spectrometry
UPLC	超高效液相色谱	ultra performance liquid chromatography
USDA	美国农业部	United States Department of Agriculture
UVD	紫外检测器	ultraviolet detector
VCD	振动圆二色谱	vibrational circular dichroism
WDT	休药期	withdrawal time
WHO	世界卫生组织	World Health Organization
WTO	世界贸易组织	World Trade Organization